U0319711

简明镁合金材料手册

刘静安　谢水生　马志新　编

北　京
冶 金 工 业 出 版 社
2016

内 容 提 要

本书在简要介绍了镁资源及原镁生产方法与技术的基础上，系统地阐述了镁及镁合金材料的产品、加工工艺、生产技术与装备等，重点对镁加工业的新产品、新材料、新工艺、新技术和新装备进行了详细介绍。内容丰富，实用性强，是镁及镁合金材料与技术领域一部大型实用工具书。

全书共分4篇18章，第1篇主要介绍了镁及镁合金的特性与用途，分类及加工方法与生产工艺流程，品种、规格、应用及技术质量要求等。第2篇主要介绍了镁冶炼方法及镁合金的成分、组织和性能等。第3篇主要介绍了镁及镁合金材料制备与加工技术，包括镁及镁合金防腐与表面强化生产技术等。第4篇主要介绍了镁及镁合金的应用、回收利用及生产安全与防护。此外，附录中列出了国内外镁及镁合金现行标准目录及产业政策、发展规划和相关法规等。

本手册是镁及镁合金材料制备与加工企业及科研院所的工程技术人员和研究人员必备的工具书，也可供从事金属材料生产、科研、教学、设计、产品研发与深加工的技术人员、管理人员阅读，并可作为大专院校相关专业师生的参考用书。

图书在版编目(CIP)数据

简明镁合金材料手册/刘静安，谢水生，马志新编．—北京：冶金工业出版社，2016.8

ISBN 978-7-5024-7223-8

Ⅰ.①简… Ⅱ.①刘… ②谢… ③马… Ⅲ.①镁合金—金属材料—手册 Ⅳ.①TG146.2-62

中国版本图书馆CIP数据核字(2016)第116610号

出 版 人　谭学余
地　　址　北京市东城区嵩祝院北巷39号　邮编　100009　电话　(010)64027926
网　　址　www.cnmip.com.cn　电子信箱　yjcbs@cnmip.com.cn
责任编辑　张登科　夏小雪　美术编辑　彭子赫　版式设计　孙跃红
责任校对　王永欣　责任印制　牛晓波
ISBN 978-7-5024-7223-8
冶金工业出版社出版发行；各地新华书店经销；固安华明印业有限公司印刷
2016年8月第1版，2016年8月第1次印刷
787mm×1092mm　1/16；57.75印张；1401千字；906页
248.00元

冶金工业出版社　投稿电话　(010)64027932　投稿信箱　tougao@cnmip.com.cn
冶金工业出版社营销中心　电话　(010)64044283　传真　(010)64027893
冶金书店　地址　北京市东四西大街46号(100010)　电话　(010)65289081(兼传真)
冶金工业出版社天猫旗舰店　yjgycbs.tmall.com

（本书如有印装质量问题，本社营销中心负责退换）

前　言

2007年，作者编写的《镁合金制备与加工技术》一书出版至今已经10年了，深受广大读者欢迎，为我国镁工业及镁合金加工技术的发展做出了贡献。与10年前相比，如今的中国的镁工业及镁合金材料产业与技术取得了快速的发展，不仅生产规模、产能、产量有了很大的扩展和提高，生产方式与方法、工艺技术与装备，以及产品品种、规格、质量等也有很大的提升，镁合金材料的应用范围不断扩大。中国已经成为世界镁工业资源、产能、产量、消费大国和进出口大国。但是，我国还不是镁工业强国，特别是在新材料、新工艺、新技术、新装备的研制和开发，核心技术的自主创新能力，综合技术、经济指标及环保安全等方面与世界先进水平仍然有较大的差距，这也是我国广大镁工业工作者所面临的重要任务。

为了充分发挥镁业大国的优势，扩大镁材的应用领域和市场，在技术、装备、环保卫生及产品品种、质量与综合技术经济诸方面尽快赶超世界先进水平贡献一份力量，作者在2007年已出版的《镁合金制备与加工技术》一书的基础上，根据当前国内外经济、技术、社会发展的趋势及镁产业与技术的发展动向与市场需求，结合作者长期在一线生产实践、科研、教学中积累的丰富经验、科研成果与体会，查阅、翻译、整理了大量国内外最新的技术文献资料、科研成果和专利等，精心编写了本手册，以供广大的镁冶炼企业、镁材料生产与加工企业、深加工企业及设计研究院所与大中专学校的生产、技术、质量、购销、设计、教学、科研等部门的相关人员查阅和参考，强化镁合金开发应用的技术创新体系和核心技术开发能力，把我国建设成真正的镁业大国和镁业强国。

全书共分4篇18章，第1篇绪论，包括1~4章，主要介绍了镁及镁合金工业与技术的发展历史、现状与趋势；镁及镁合金的特性与用途；镁及镁合金材料的分类及加工方法与生产工艺流程；镁及镁合金材料的品种、规格、应用及技术质量要求。第2篇镁冶金及镁合金，包括5~8章，主要介绍了原镁的生产方法与生产工艺技术；粗镁精炼与电解镁锭的制备；镁合金的分类、牌号、状态、化学成分与性能；镁合金的组织、性能、品种及应用。第3篇镁及镁合金材料制备与加工技术，包括9～15章，主要介绍了镁合金的熔炼与铸造技术；铸造镁合金材料的铸造成型技术；镁及镁合金塑性成型技术；镁及镁合金材料的热处理与精整矫直技术；镁及镁合金材料的深加工技术（二次成型）；镁及镁合金材料的防腐及表面强化处理生产技术；镁及镁合金新材料制备及加工新技术。第4篇镁及镁合金的应用、回收利用及生产安全与防护，包括16～18章，主要介绍了镁及镁合金材料的市场需求与应用开发；镁及镁合金废料回收与再生综合利用；镁及镁合金材料的安全生产与防护。此外，在附录中列出了国内外镁及镁合金现行标准目录，产业政策、发展规划及相关法规等。总之，本手册的内容涉及镁及镁合金材料加工工业与技术的方方面面，是镁及镁合金材料生产与应用开发方面一部大型实用性工具书。

本手册在编写过程中，密切结合生产实际，力求数据翔实、内容新颖丰富、全面系统、图文并茂，具有实用性和可查阅性。我们衷心希望本手册能为从事镁合金研究工作的学者和从事镁合金开发、应用研究的广大技术人员提供帮助或指导。

本手册主要由刘静安、谢水生、马志新编写。其中，1～8章由刘静安编写；10、11章由刘静安与马志新编写；12～15章由谢水生编写；16章由常毅传编写；9、17章及附录由马志新编写；18章由谢伟滨编写。全书最后由刘静安教授、谢水生教授统稿并审定。

本手册在编写与出版过程中，得到了不少专家、学者、企业技术人员和工人师傅的指导、关心和帮助，同时参考了国内外有关专家、学者的文献资料，并始终得到了冶金工业出版社的重视和支持，在此一并表示衷心的感谢。

由于镁合金材料正处在发展中，诸如合金的各类标准，一些基础理论远不如铝合金成熟，所以本手册局限性和疏漏之处在所难免，真诚希望同行专家、读者给予批评指正，提出宝贵意见。

作 者

2016年5月20日

目　录

第1篇　绪　论

第3篇　镁及镁合金材料制备与加工技术

附录

第1篇

绪　论

1 镁及镁合金工业与技术的发展历史、现状与趋势

1.1 概述

镁于1774年首次被人们发现，并以希腊古城Magnesia命名，元素符号为Mg，属周期表中ⅡA族碱土金属元素，相对原子质量为24.305。纯镁的密度为1.738g/cm³，是轻金属的一种。

镁是具有银白色金属光泽的金属，化学性质活泼，在空气中由于氧化而迅速变暗。镁与铍、钛一样，呈密排六方晶体结构，晶格常数为$a=0.3202$nm、$c=0.5199$nm。在室温下滑移系少，故加工性能比面心立方晶格的铝要差得多。

镁的资源十分丰富，是自然界中分布最广的元素之一。在地壳中的含量高达2.7%，仅次于O、Si、Al、Fe、Ca，居第六位；在工业金属中仅次于Al和Fe而居第三位。同时，占地球表面积70%的海洋也是一个天然的镁资源宝库。据估算，每立方米海水中约含有1.3kg镁，仅死海一处的镁，若能得到充分开发，就可供人类使用上万年，可以说海水是镁金属取之不尽的源泉。由于镁的化学活性很高，在自然界中只能以化合物形式存在。主要存在于白云石、菱镁矿、光卤石矿、橄榄石矿、蛇纹石、盐矿、地下卤水以及盐湖和海水中。含镁的化合物主要有碳酸盐类、硅酸盐类、硫酸盐类和氯化物盐类等。目前，主要用电解法和热还原法来生产金属镁。

在镁中添加不同合金元素，可以形成具有不同性能和用途的镁合金。镁合金是目前世界上最轻质的商用金属工程结构材料。

镁及镁合金既可以铸造成型的方式制备出各种铸件或压铸件，也可通过各种塑性加工和热处理加工出不同品种、规格、性能和用途的管、棒、型、线材、板、带、条、箔材、锻件和模锻件等半成品，然后进行切削加工、冷冲成型和表面处理等深加工成各种零件或结构部件。与其他结构材料相比，镁及其合金具有一系列的优点，如密度低、比强度和比刚度高、阻尼减振降噪能力强、电磁屏蔽性能优异、抗辐射、摩擦时不起火花、热中子捕获截面小、液态成型性能优越、切削加工和热成型性好、可焊接和胶接、对碱、煤油、汽油和矿物油具有化学稳定性、易于回收利用等，符合“21世纪绿色结构材料”的特征，越来越受到人们的青睐。近年来，镁材在汽车、摩托车等交通工具、计算机、通信、仪器仪表、家电等电子电器工业、轻工、化工、冶金、航空航天、国防军工等部门获得了广泛的应用。随着镁的提炼及加工技术的发展，以及成本的下降，镁材已成为钢铁和铝之后的第三类金属材料，在全球范围内将得到快速发展。将为国防军工的现代化、国民经济的高速持续发展、人民生活水平的提高以及人类社会的进步做出贡献。特别是在轻量化方面，将为现代化、高速化的交通运输工具、绿色建筑工程及其他零部件的应用提供节能、减排、安全、舒适的绿色轻金属材料，以促进人类与自然的和谐发展。

但是，由于镁元素具有某些特性，以及基础研究滞后和人们应用习惯的影响及应用开发工作的滞后，镁及镁合金材料的应用潜力仍然没有充分发挥，很难在近期内与钢铁、铝及铝合金材料相抗衡。因此，加大力度、加快速度对镁及镁合金材料的研究开发，并努力拓展其应用范围是我国乃至全球各国的重要任务之一。

1.2 镁及镁工业的发展历史

1.2.1 世界镁及镁工业的发展历史

自1808年英国化学家汉弗雷·戴维（Humphrey Davy）确认氧化镁是一种新金属元素的氧化物，到2013年已经历了205年的历史。其中，值得关注的是：1852年德国人罗赫特·邦森（Rohert Bunsen）建造了一个小型的实验室用电解槽来电解熔融状态的氯化镁。1886年德国葛锐涉姆·伊利克创（Griesheim Elektron）公司使用经过改进的邦森电解槽建起了世界第一家商业化镁厂，开创了镁金属产业化的先河，至今已有130年的历史。直到1916年，美国道屋（DOW）化学公司建立了自己的第一家电解氯化镁法生产镁的工厂。从此，镁工业走上了快速发展的道路。1910年全世界产镁约10t/a，1930年才增长到1200t/a。

在第二次世界大战的刺激下，镁工业获得了飞速发展。从1935年开始，德、法、奥、意、前苏联等国分别新建了镁厂。二战期间，美国的镁产能扩大了10倍。1939年世界镁产量上升到32000t/a，1943年世界镁产量达23.5万吨/年。在此期间，镁制品主要用来制造燃烧弹、照明弹、电光弹以及陆用军车和飞机等军用装备的零部件。

二战结束后，世界镁年产量又大幅回落，1946年世界镁产量下降到2.5万吨/年，美国原镁产量降低到4834t/a。为促进镁工业的发展，各国开始考虑镁在民用工业上的开发与应用。在此之后的20年中，DOW化学公司在开发镁合金工业及其生产技术方面取得了突破性的进展，为镁及其合金在冶金、电子、航空航天、电器、轻工、汽车、交通运输、化学化工、印刷、文体等部门的应用开辟了道路，使镁工业出现了连续发展的势头。二战以后，世界镁产量年均增长率一直保持在7%左右，1998年年平均产销量达36万吨/年，此后以每年9%左右的速度递增。2000年世界原镁产能已超过64万吨/年，实际产量已达48.8万吨/年以上。自2007年开始，世界受到金融危机和严重经济衰退的影响（除中国以外），世界镁工业也处于衰退之中。

从镁及镁工业的生产方法与技术进步来看，镁工业化生产的130年中，其发展历史可以分为三个阶段：

（1）化学法阶段。1808年英国科学家H.戴维从氯化镁中分离出了镁。1929年法国科学家A.布西用钾和钠的蒸气还原熔融的氯化钠。到了19世纪60年代，英国和美国才开始用化学法得到了多一点的金属镁。此阶段经历了78年（1808～1886年），但是没有形成工业规模。

（2）熔盐电解法阶段。1830年英国科学家M.法拉第首先用电解熔融氯化镁方法制得了纯镁。1852年P.本在实验室范围内对此法进行了较详细的研究，直到1886年在德国开始镁的工业生产。1886年以后，镁的需求量增加。20世纪70年代以来盐水氯化镁在HCl气体中脱水——电解法成为当时具有先进水平的工艺方法。

(3) 热还原法阶段。由于镁的需求量越来越大，光靠电解法生产镁不能满足镁的需求，所以许多科学家在化学法的基础上，研究了热还原法炼镁。氯化镁真空热还原法炼镁是1913年开始的。第一次用硅作还原剂还原氯化镁是1924年由Л. Х. 安吉平和A. Ф. 阿拉欠舍夫实现的。1932年，安吉平、阿拉欠舍夫用铝硅合金作还原剂还原氯化镁。1941年，加拿大Toronto大学教授L. M. 皮江在渥太华建立了一个以硅铁还原煅烧白云石炼镁的试验工厂，并获得成功。1942年，加拿大政府在哈雷白云石矿建立了一个年产5000t金属镁的硅热法炼镁厂。皮江法炼镁成为工业炼镁的第二大方法。

1949年法国着手研究了半连续生产的硅热法炼镁工艺流程，1950年建立了扩大试验炉，1959年建成了第一家日产2t镁的半连续热硅法镁厂，1971年扩产为年产镁9600t。半连续炼镁（即熔渣导电半连续还原炉）成为当今镁工业生产中具有先进水平的工艺方法之一。

1.2.2 我国镁及镁工业的发展历史

1949年以前，我国虽然有丰富的炼镁资源，但是在漫长的岁月里，我国的金属镁生产几乎是处于空白状态。1938年7月日本在东北成立满洲镁工业株式会社，1943年10月在营口建成采用电解法生产、设计能力为800t/a的镁工厂投产，到1945年8月，仅生产出691t镁。由于一些生产技术问题没能得到很好解决，一直没有达到生产能力。1943年采用碳化钙还原氧化镁的热还原法，在抚顺铝厂建成年产300t的试验厂，试产出少量镁。上述工厂在1949年解放前都受到严重损坏，设备技术资料散失。

1954年，国家批准引进苏联菱镁矿氯化电解法炼镁技术。在抚顺铝厂建设年产3000t电解镁项目，被列入国家“一五”期间156项工程之一。抚顺铝厂的镁生产工艺是以菱镁矿氯化制取无水氯化镁，经电解生产金属镁。1957年底电解镁项目投产，炼出了新中国第一块金属镁锭。抚顺铝厂成为中国第一家电解法镁生产厂，翻开了新中国镁冶炼工业的新篇章。

从1958年起到20世纪60年代，我国在镁工业发展方面做了大量工作，曾筹建了多个镁厂，但是，由于种种原因都停产了。直到1966年初，在兰州205厂建成650t/a的皮江法镁车间，这是我国第一个工业生产金属镁的硅热法镁车间，用内径1.8m的竖式炉煅烧白云石，有一台由40个还原罐组成的横罐式还原炉。还原、精炼均以煤气为燃料。

20世纪60年代末到70年代末，我国曾在抚顺、郑州、兰州、民和等厂家进行过内热硅热法卧式还原炉的炼镁试验和生产工作，取得了一定的进展。

1970年开始，遍布沿海10个省市迅速发展了17个以上海水、卤水、白云石为原料的地方小镁厂（车间），其中采用电解法的有12家。这些小镁厂从小到大，从土到洋，边试验、边生产、边建设，逐渐配套完善。到1976年共生产出1242t金属镁，缓解了国内对镁的急需。当时，买不到进口镁，从1975～1978年的4年间只进口了662t镁，这仅是1974年进口镁量的15.5%，是1973年的9.9%。后来，这些小镁厂因工艺方法没有过关，生产规模小，特别是吨镁电解电耗达到55000kW·h，生产处于多产多亏、少产少亏的局面，加之地方电力紧张，不能保证正常生产，相继停产。进入20世纪90年代以来，随着改革开放深入发展和市场经济的不断深化，镁工业和其他各行各业一样，也有了突飞猛进的发展。1995～1996年皮江法镁厂几乎遍布全国各省市，共建有400多家。到2000年底，据统计120多家生产企业生产能力超过30万吨，产量近20万吨，出口量16.5万吨，产量占世界总产量的1/3以上，出口量占世界消费量1/3以上，已成为世界最大的原镁生产国和最大的镁产品出口国。表1－1和图1－1列出了我国1995～2015年的镁产量。

表1－1 我国1995～2015年的镁产量

年份	1995	1996	1997	1998	1999	2000	2001	2002	2003	2004
产量/万吨	6.35	4.3	7.6	7.05	12.07	14.21	19.97	32.5	34.18	44.24

年份	2005	2006	2007	2008	2009	2010	2011	2012	2013	2014	2015
产量/万吨	45.08	51.97	62.47	63.07	50.18	65.38	66.06	69.83	76.97	87.39	85.21

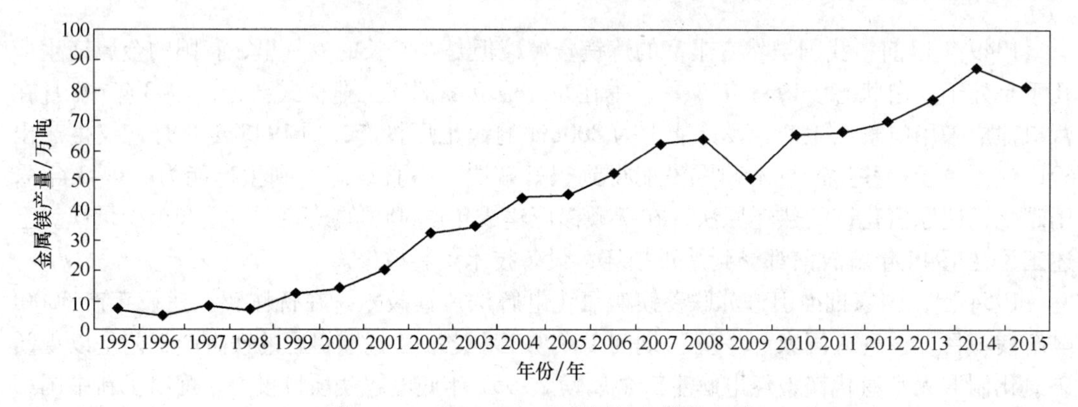

图1－1 1995～2015年我国的金属镁产量

由图1－1可见，近20年来，我国的金属镁产量一直是以比较高的速度增长。只有2009年的产量，因受到2008年开始的世界经济危机的影响，有所下降。随后，在国家拉动内需的政策影响下，金属镁产量又恢复了一定的增长速度。

在镁及镁合金加工产业方面，东北轻合金有限责任公司（原101厂）是建国初期陈云同志向党中央撰写报告，由毛泽东、朱德、周恩来、刘少奇亲自审定、签批筹建的中国第一个铝镁合金加工企业，是国家“一五”期间156项重点工程项目之一，于1956年11月正式开工生产。主要产品有铝、镁及其合金板、带、箔、管、棒、型、线、粉材、锻件等。产品广泛应用于航空航天、兵器舰船、交通运输、包装容器等领域，为中国经济建设和国防军工事业的发展做出了不可磨灭的贡献，被誉为“祖国的银色支柱”和“中国铝镁加工业的摇篮”。后来，东北轻合金有限责任公司将镁板、带、箔产品生产转给洛阳铜加工集团镁板带厂，1965年投产。洛阳铜加工集团镁板带厂成为中国第一家镁板带生产厂。直到2000年，因为镁合金加工材的需求一直不大，我国的镁板带生产主要是以洛阳铜加工集团为主。2000年以后，镁及镁合金的需求呈现较大的增长，促进了许多民营企业的加入，因此出现了不少镁及镁合金板带、挤压材、压铸件的生产厂家，详细见后面章节的介绍。

1.3 镁及镁工业的现状与发展趋势

1.3.1 世界镁及镁工业的现状与发展趋势

1.3.1.1 原镁生产规模与产量

自20世纪80年代初以来世界的镁产量呈增长趋势，年增长率为2%以上。全球前5名产镁大国是中国、挪威、美国、俄罗斯和以色列。其中，中国自1990年以来镁工业高速发展，原镁产量由1990年的0.53万吨猛增到2005年的45.08万吨，见表1-2。

表1-2 世界前5名产镁国的原镁产量 （万吨）

国别	2000年	2001年	2002年	2003年	2004年	2005年
中国	14.21	19.97	32.5	34.18	44.24	45.08
挪威	8.5	7.8	4.0	3.5	3.5	3.6
美国	7.2	5.0	4.0	2.5	2.5	2.8
俄罗斯	4.0	4.5	5.2	4.0	4.5	5.2
以色列	3.0	2.5	2.5	2.6	2.8	3.0

目前，世界原镁产能已达到200万吨/年左右，其中我国高达180万吨/年左右。2012年，世界原镁产量85.13万吨/年，其中我国占82.02%。尽管全球遭受经营危机和经济大衰退的影响，中国原镁产能及产量仍然以13%和10%左右的水平增长。随着世界经济形势的好转，镁的冶炼方法和加工技术的进步，凭借镁资源十分丰富以及镁及镁材的轻量化应用前景非常广阔，预计在今后一段相当长的时间内，世界的原镁生产规模（产能）和产量将保持在4%~5%的增长水平，而我国将保持在8%~10%的增长水平。表1-3列出了2000~2015年全球及我国的原镁产量。中国已经成为镁的生产大国和出口大国。

表1-3 2000~2015年全球及中国的原镁产量

年份	2000	2001	2002	2003	2004	2005	2006	2007	2008	2009	2010	2011	2012	2013	2014	2015
全球产量/万吨	47	47.86	52.41	49.08	63.34	65.78	70.87	77.67	77.77	64.98	80.48	80.66	85.13	87.8	90.7	97.2
中国生产量/万吨	14.21	19.97	32.5	34.18	44.24	45.08	51.97	62.47	63.07	50.18	65.38	66.06	69.83	76.97	87.39	85.21
占全球的比例/%	30.23	41.72	62.01	69.64	69.84	68.53	73.33	80.43	81.09	77.22	81.23	81.89	82.02	87.7	96.3	87.7

1.3.1.2 世界镁及镁工业的发展及消费量

21世纪开始，世界镁工业的发展呈现了不平衡趋势。早些时期，西方国家共有11家镁生产厂，而现在仅存在有3家原镁生产厂，即：美国犹他州的美国镁业公司，产能4.3万吨/年；以色列的死海镁业公司，产能3.3万吨/年；挪威海德鲁公司在加拿大Becan-vour的镁厂，产能4.8万吨/年。根据国际镁业协会2003年第二季度的统计资料，2003年第二季度西方国家镁交易量为3.3万吨，比第一季度交货量4.1万吨减少12.3%，比2002

年第一季度的4.16万吨减少了13.5%。

尽管世界镁工业供应基础的结构可能正在发生变化，但汽车工业仍是传统最终用户市场，仍然是可以依靠的推动镁产量增长的主要工业。镁合金在汽车部件上的应用主要是压铸件，镁合金压铸件是镁金属市场中最可靠的市场份额。海德鲁公司是世界上汽车工业镁合金的最大供应商。2002年欧洲对镁合金压铸件的需求占全世界总需求的34%，亚洲占14%，这两个地区的需求仍在增长。相比之下，2002年北美对镁合金压铸件的需求则从1996年占全球总需求的70%下降到48%，欧洲每辆轿车用镁量为2.5kg，欧洲的各种类型的轿车共使用300种不同的镁合金部件。汽车方向盘可用镁合金制成，已经有85%的轿车采用了镁合金方向盘，在开发的耐高温镁合金是汽车发动机的理想材料，德国宝马汽车公司生产出来镁汽车发动机主体。

尽管对于镁合金压铸件在汽车上的应用在相当长一段时间里会呈现增长趋势，但也应当看到，一些主要轿车生产厂最近已经在寻找金属之外的材料。镁在汽车部件方面完全可以代替铝，但成本比较高。在对汽车用材料做出选择时总要考虑到材料价格。

目前，世界上镁的消费主要集中在三大领域，用于铝合金生产、镁合金压铸件生产及炼钢脱硫，占总消费量的91%左右，其中，镁合金压铸件的发展速度最快。镁合金压铸件的消费市场中，北美、拉美及西欧用量最多，在过去的10~20年里，镁合金压铸件在汽车上的使用量上升迅速，每年以15%左右递增，这种趋势今后几年还会进一步增加。

日本近几年也开始重视镁合金压铸件的应用开发，其主要消费领域是3C产业。亚洲的镁合金电子产品占全球的14.8%，其中90%是由日本和中国台湾的厂商提供的。以笔记本电脑用镁合金零配件为例，2002年日本和中国台湾的厂商占有全球85%的市场。由于镁合金结构件的广泛应用，全世界对镁及镁合金材料的需求与日俱增，市场不断扩大。近年来，由于现代化汽车和交通运输业的快速发展和轻量化的需求，镁及镁合金的铸造材（75%以上）和加工材（挤压材以10%、锻造材以5%、轧制材以5%、其他材以5%）获得了广泛的推广应用。在电子信息产业3C产品上应用的镁及镁合金板材和挤压材；在国防军工上应用的镁及镁合金管材、棒材及模锻件等，也大大的增长。镁及镁合金铸造材与加工材的应用比例在镁材的总消耗量上有很大的增长，这种趋势越来越明显。表1-4是日本2005~2015年的金属镁需求量。

表1-4 2005~2015年日本的金属镁需求量

年份	2005	2006	2007	2008	2009	2010	2011	2012	2013	2014	2015(预测)
压铸/t	9633	9930	9640	7684	5493	6878	5742	6379	5800	5800	5900
铸件/t	80	95	109	92	120	76	92	55	70	70	70
注塑成型/t	1565	1261	1030	587	328	168	220	400	300	300	300
加工材/t	1051	1091	1116	905	342	1165	1104	1384	1890	900	900
铝合金加工/t	18312	18694	20237	20124	17552	20185	19616	19485	18800	21000	21500
钢铁脱硫/t	9922	9041	9048	7859	4075	5814	6124	4140	3950	5500	5000
球墨铸铁/t	1534	2548	2526	2352	2238	2358	2306	2327	2340	2725	2700
钛的冶炼/t	420	525	584	724	600	400	1193	740	600	420	500
其他粉末/t	3066	2823	2286	1795	1241	897	1340	606	620	1200	1300

1.3.1.3 镁及镁合金材料的发展特点及趋势

（1）2000年前后的发展情况。国外对于镁及其合金的研究开发较早，到目前镁及其合金材料的开发应用已进入相对比较成熟的阶段，并已达到产业化的工业规模，表1-5为2003年世界各国一些厂家的生产能力。其中北美是目前镁及其合金材料用量最多的地区，其发展速度约为年增长率30%，而欧洲镁及镁合金产业的年发展速度达到了60%。但比较来看，国外不同国家和地区对于镁及其合金材料的开发应用仍然存在较大的差异，表现突出的仍然集中在德国、俄罗斯、美国、加拿大、日本等对镁合金研究开发较早的国家。

表1-5 2003年世界各国一些厂家的生产能力

生产厂家	产能/t	生产厂家	产能/t
US Magnesium/Magcorp	43000	Brasmag	11000
Timminco	7000	Russian Exports	35000
Dead Sea Maghesiurn	33000	Chinese Exports	298000
Bela Stena	3000	Ust Kamenogorst Export	5000
SAIM	7000	India	1500

1）德国。德国发展镁合金历史悠久，早在1894年就研究开发出了Mg-Al合金，1934年德国镁及其合金的产量就已达到6000t。而且长期以来，尤其是1990年以来，德国在镁合金压铸领域一直居世界领先地位。可以说，德国是推动镁合金发展，特别是镁合金压铸发展的先驱和主力军，1997年德国由联邦科技教育部牵头，联合大众汽车公司等50余家企业和慕尼黑工业大学等6所大学及研究所，投资2500万马克进行了一项为期3年的“MADICA”（镁合金压铸）发展项目，其目的在于解决镁合金压铸生产及加工中的各种关键技术难题，建立一套完整的镁合金压铸及加工的工业规范，并将镁合金压铸件进一步应用于汽车、计算机、航空、通信、医疗和轻工等领域。在政府、企业和科研部门的共同努力下，该项目自实施以来，取得了丰硕的成果，拓宽了镁合金在德国及欧盟工业领域的应用。近年来，德国主要致力于现代交通运输与汽车轻量化方面的镁合金材料的研究开发，在电子电器工业上也投入大量人力和财力推广应用镁合金材料，并取得了可喜的成果，在许多领域推广和应用。如：近年来，由德国科学技术协会牵头，启动了欧洲最大的镁合金及镁合金压铸项目“SFB390”。该项目的主要目标是研究镁合金在结构件中的应用，其共分为17个子项目，其中7个子项目涉及金属学及微观结构领域，7个子项目主要研究镁压铸件的生产工艺，而另外3个项目则侧重于新型镁合金材料的研制。此外，为了便于项目参与人之间的信息交换与交流，该项目还开发了一个计算机数据库作为支持系统。

2）美国。美国是世界上镁资源丰富的国家之一，也是开发应用镁最早（1865年）的国家之一。但该国早期对镁的开发主要用于生产镁丝和镁粉，而且大量的菱镁矿仅用于耐火材料的生产，而对于镁合金材料的开发却相对较晚。自1980年以来，以汽车工业为龙头，美国镁合金材料的开发应用开始得到迅速发展。福特、通用和克莱斯勒等著名汽车公司一直致力于新型镁合金和镁合金离合器壳体、转向柱架、进气歧管及照明夹持器等汽车零部件的研究、开发和应用，大大促进了镁合金的发展。由于镁合金在应用中显示出的巨大优势，因此其研究和开发逐渐受到政府的关注和重视。1996年，政府能源部与通用、福特和克莱斯勒三大集团签署了一项名为"PNGV"（新一代交通工具）的合作计划，目的在于生产出符合市场要求的节能轿车。政府的这一行为极大地促进了镁合金的开发及应用。此外，在汽车行业的带动下，镁合金在通信、计算机等行业的应用也随之不断扩大。表1-6列出了美国2003年镁产品的进出口情况。

表1-6 美国2003年镁产品的进出口情况

项 目	进口/t	出口/t	项 目	进口/t	出口/t
金属Mg	27300	8770	废料	16200	5040
合金	38800	2320	总计	83400	20400
板、管、线材等	1160	4260			

目前，美国仍然是镁消费大国，也是镁合金及其应用研究开发最先进的国家。政府各部门、学术界和企业都投入大量的人力、财力和物力从事镁及镁合金材料的基础研究和应用开发，主要研究新型镁合金及其用途、镁合金的铸造新技术、加工新技术，以扩大镁合金在国防、军事、电子、信息及其交通轻量化方面的应用，在许多方面已经取得了突破。

3）日本。日本镁工业在战后相当长的时间发展缓慢，但随着20世纪80年代末期，镁合金先进低压金属型铸造装置在日本的成功开发，日本镁工业的发展十分迅速，并在镁合金的研究开发与应用上具有一定的地位。到目前，日本已基本形成了以官（政府投资）、产（镁合金生产企业、镁合金制品应用企业）、学（高等学校、国家研究所）为一体的镁合金研究开发队伍，并全方位地从基础到应用对镁合金及其制品展开了深入研究，研究内容涉及高性能镁合金的制造技术、镁合金加工设备制造技术、储氢镁合金的制备技术及镁合金的循环再生技术等，其中在原材料一次制造方面重点开展了快速凝固法、固相反应法和ECAE等工艺的研究，在二次加工方面则重点开展了压延、挤压、锻造、板材加工、焊接、表面处理等研究工作。以这些技术为支撑，日本开发出了一系列镁合金压铸产品，如丰田汽车公司首先制造出了镁合金汽车轮毂、转向轴系统、凸轮罩等零部件。此外，三菱公司与澳大利亚工业科技合作，也开发出了超轻量镁合金发动机等。目前，日本的各家汽车公司都生产和应用了大量的镁合金壳体类零部件，而且日本正在开发6500kN、13000kN和18000kN三种压铸机，以便为大型镁合金零部件提供生产手段。此外，日本还在计算机、通信等领域进行了镁合金的开发与应用，1997年3月，松下公司也开发出了新型便携式电脑外壳；同年，索尼公司也成功开发出了结构紧凑的数字摄像系统VTR的镁合金压铸件外壳。

目前，日本对于镁及镁合金的研究开发极为重视，如为了降低环境负担，使日本成为"循环性社会"，日本针对镁及镁合金正在开展以下研究工作：①室温条件下镁合金的变形；②无余量热加工；③替代地球温暖化系数较高的SF_6气体的其他压铸防燃保护气体的开发；④0.5mm厚度的便携式电子产品的镁合金外壳的生产；⑤高可靠性表面处理和耐蚀性研究；⑥高可靠性、高环境适应性焊接方法研究；⑦提高镁合金回收过程中的回收率技术；⑧利用玻璃、石灰等合成Mg_2Si/MgO粒子等新型材料技术；⑨大尺寸镁合金原料或半成品材料的生产技术。

4）加拿大。加拿大镁资源丰富，镁产业十分发达，早就建设了几个世界级的大型原镁生产厂。随着镁材应用领域的扩大，1995 年与挪威海德鲁公司共建镁研究中心，其宗旨在于通过优化设计、新工艺和材质的研究开发，获得具有优良性能的镁合金压铸零部件，从而进一步拓宽镁合金的应用。在政府的参与下，加拿大镁合金的开发应用得到了突飞猛进的发展。

5）俄罗斯。前苏联对镁及镁合金的科学研究及生产工艺开发做了大量富有开拓性的工作，除成功研发出砂模铸造法、永久模铸造法、压铸法和无熔剂熔炼等镁合金铸造工艺外，还深入开展了高性能镁合金（镁－锂、镁－钇、镁－稀土）锭的铸造生产研究，并首次在世界上铸出了直径达 700mm 的镁合金锭，模锻成直径达 3m 的各种锻件。目前，俄罗斯已形成了一个完整的镁矿开采—冶炼—镁合金研发与加工—废料再生的完整产业链，包括了铸锭加工、熔炼与圆锭铸造、挤压与热处理、应用与防腐蚀处理以及切削加工等。俄罗斯镁工业的成就促进了镁产品在汽车工业、光学器械工业、飞机制造业、航空航天工业等上的应用，如前苏联发射到月球上的登月车就是用镁合金制造的。

除以上几国外，挪威、以色列、乌克兰、意大利、瑞士、澳大利亚、瑞典等也在镁及镁合金的开发应用方面做了大量的工作，并取得了不少的成果。但自 20 世纪末以来，随着中国镁工业的崛起，世界镁工业生产格局被打破，一些国家镁工业的发展受到一定的阻碍。如：面对中国金属镁的竞争优势，道屋公司于 1998 年退出镁业；加拿大诺兰达采用先进技术新建的金属镁厂难以正常投产；澳大利亚拟建的新厂由于大股东撤资而无法建设；法国普基公司的金属镁厂也被迫关闭。迫于成本压力，海德鲁公司于 2006 年 7 月宣布，其属下的三个镁厂将全部关闭。近年来，由于世界金融危机和经济衰退也波及许多国家的镁业发展。

（2）近十年的发展情况。近十年来，由于我国镁及镁合金材料产业的迅速发展，国外的金属镁产业基本保持原来的生产规模和产量，部分国家的产能及产量在逐步减少，只有我国的产能及产量在迅速增长。表 1－7 列出了世界主要金属镁生产国家及产量。

表 1－7　2000～2011 年世界主要国家产镁量　　（万吨）

年份	以色列	哈萨克斯坦	挪威	俄罗斯	巴西	加拿大	美国	中国	世界合计
2000	3.17	1.04	4.14	4.10	0.57	8.57	9.40	14.21	47.00
2001	3.40	1.65	4.07	4.40	0.55	8.34	5.00	19.97	47.86
2002	2.80	1.80	0.31	4.00	0.50	8.00	2.50	32.50	52.41
2003	2.60	1.80		4.00	0.50	3.50	2.50	34.18	49.08
2004	0.80	1.60		3.50	1.50	5.40	4.30	44.24	63.34
2005	2.80	2.50		3.80	1.50	5.80	4.30	45.08	65.78
2006	2.80	2.00		3.60	1.50	4.70	4.30	51.97	70.87
2007	3.00	2.00		2.80	1.50	1.60	4.30	62.47	77.67
2008	3.50	2.00		3.50	1.20	0.00	4.50	63.07	77.77
2009	2.90	2.10		3.70	1.60		4.50	50.18	64.98
2010	3.00	2.00		4.00	1.60		4.50	65.38	80.48
2011	2.80	2.00		3.70	1.60		4.50	66.06	80.66

1.3.2 我国镁及镁工业的现状与发展趋势

中国是镁资源大国，菱镁矿储量世界第一，占世界已查明储量的1/4，而且具有世界各国难以比拟的质量优势和可规模开采经营优势。我国有巨大的市场需求，钢铁和铝的产量雄居世界第一。汽车年产量2012年突破了1950万辆，居世界第一，为镁材的应用提供了广阔的市场。我国有丰富的能源和劳动力资源，以及政府的高度重视和引导与民营企业的积极参与等优越条件，因此，已经成为世界的镁生产大国和出口大国。但还不是镁应用强国，特别是在镁合金材料的研制开发与应用方面与世界先进水平还有一定的距离。

1.3.2.1 原镁产量及进出口量

2013年，我国的原镁产能达到154.05万吨/年，产量达到76.97万吨/年，占全世界总产量的83%，是世界上第一大镁生产国，2009～2013年我国金属镁产能产量及同比变化见表1-8。由于西方国家的成本居高不下，原镁产能和产量不会有大的增长，而中国的产能和产量还会进一步增加。所以，中国占据世界第一大原镁生产大国的地位，在相当一段时间内不会改变。预计在今后十年内中国的原镁生产规模和材料仍然会保持以6%～8%的年增长趋势发展。

表1-8 2009～2013年中国金属镁产能产量及同比变化 (万吨)

年 份	原镁产能	原镁产量	镁合金产量	镁粒（粉）产量
2009	131.85	50.18	16.36	11.13
2010	138.87	65.38	20.96	14.28
2011	146.50	66.06	27.68	
2012	152.25	69.83	31	
2013	154.05	76.97	35.15	

表1-9是我国1995～2006年来的原镁产量和出口量。

表1-9 我国1995～2006年的原镁产量和出口量

年 份	1995	1996	1997	1998	1999	2000	2001	2002	2003	2004	2005	2006
产量/万吨	9.35	7.3	9.2	12.3	15.7	19.5	21.6	26.8	35.4	45.0	46.7	52.56
出口量/万吨	4.69	4.91	7.81	9.99	13.7	16.6	17.3	20.9	29.8	38.4	35.3	34.98

欧盟、日本和美国是中国镁的三大出口市场。2005年我国原镁出口量为35.3万吨，较2004年的38.4万吨下降了7.97%，2005年出口镁产品的种类及数量见表1-10。

表1-10 2005年我国镁产品出口品种及数量

名 称	全年数量/万吨	比上年增减/%
含镁量至少为99.8%的未锻轧镁	18.19	20.11
其他未锻轧镁	9.29	15.40
镁废碎料	0.33	-2.94

续表 1－10

名　称	全年数量/万吨	比上年增减/%
镁锉屑、车屑及颗粒，已按规格分级；镁粉	7.14	2.88
镁加工材	0.16	128.57
镁制品	0.2	42.86
总　量	35.31	－7.97

表 1－11 为 2009 年和 2010 年中国镁产品出口量变化一览表。

表 1－11　2009 年和 2010 年中国镁产品出口量变化一览表

名　称	2009		2010	
	数量/万吨	数量同比/%	数量/万吨	数量同比/%
原镁（锭）	11.74	－40.41	19.03	62.01
镁合金	6.36	－36.89	8.59	34.94
废镁、碎镁	0.02	－12.75	0.07	199.39
镁屑、镁粒、镁粉	4.07	－52.58	8.5	108.66
镁加工材	0.28	－52.92	0.72	155.75
镁及镁合金制品	0.87	37.06	1.49	72.44
合　计	23.35	－41.09	38.40	64.45

1.3.2.2　我国的金属镁消费量及消费结构

中国镁产品的消费主要分布在铝合金添加元素、铸件和压铸件、金属还原剂、稀土合金、炼钢脱硫等方面。随着我国国民经济的高速发展，镁的消费量在逐年增加。2011 年消费量为 27.68 万吨，占总产量的 41.9%；到 2015 年消费量已经达到 36.52 万吨，占总产量的 42.86%。我国的镁主要用于制造镁合金等非结构型消费，而在压铸件、铸件以及加工产品等方面比例较小，大大落后于工业发达国家。这种现象将会很快改变。

近年来，我国工业化进展加快，特别是要求轻量化的现代汽车、现代交通运输业的高速发展，以及电子信息工业的 3C 产品激增，大大改变了我国镁及镁合金材料的品种和结构。镁及镁合金铸件、压铸件、塑性加工材料（板、带、管、棒、型材及锻件等）及其深加工产品零部件应用大大增加，预计这种发展趋势还会更进一步明显，见表 1－12。

表 1－12　我国 2011～2015 年镁的消费量及消费结构　（万吨）

年份	铝合金添加合金	铸件、压铸件	金属还原剂	稀土镁合金	炼钢脱硫	球墨铸铁球化剂	其他	合计	占国内产量比/%
2011	7.80	9.18	3.80	0.60	3.00	2.70	0.60	27.68	41.90
2012	8.10	9.73	6.15	0.60	3.12	2.70	0.60	31.00	44.39
2013	8.82	10.46	8.47	0.70	3.20	2.80	0.70	35.15	45.66
2014	9.75	11.27	8.15	0.80	3.30	3.00	0.80	37.07	42.42
2015	12.56	11.66	4.40	0.80	3.30	3.00	0.80	36.52	42.86

1.3.2.3 我国镁及镁合金材料的研究与开发

（1）高纯优质镁形成批量生产能力。高纯优质镁主要用于满足特定用户如医药、军工、科研及特殊变形加工的需求。一贯重视精品生产的河南维恩克（鹤壁）镁基材料有限公司以其创新的专利技术能够低成本大批量生产高纯（Mg 含量大于 99.99%）和低锰（Mn 含量小于 0.004%）镁；新乡久立镁业有限公司突破质量关后，产能的 80% 以上为高纯镁；山西广灵精华化工有限责任公司优质镁（Mg 含量大于 99.98%）的生产能力可达 2000t/a。表 1－13 为几家企业生产的优质镁的化学成分。此外，惠冶、闻喜银光、加美华等也曾试产优质品。

表 1－13 几家企业生产的优质镁的化学成分（质量分数） （%）

生产企业	杂质含量							含镁量
	Fe	Si	Mn	Al	Cu	Ni	Cr	
久 立	0.0011	0.0015	0.0005	0.0004	0.0004	0.0001	0.0004	99.995
精 华	0.004	0.004	0.003	0.002	0.0005	0.0008	0.003	99.98
维恩克	0.002	0.003	0.003	0.003	0.003	0.001	0.003	99.98

（2）镁合金企业不断提高产品质量。镁合金生产企业普遍重视提高产品质量，例如云海特种金属有限公司、维恩克（鹤壁）镁基材料有限公司、闻喜银光镁业公司、曼格斯普太原镁业公司等生产的压铸用合金除主成分完全合格外，其氧化夹杂和熔剂夹杂均控制在很低的水平，深受国内外压铸厂商的欢迎。维恩克（鹤壁）镁基材料有限公司提高产品质量的主要措施是采用新技术和新工艺，即清洁燃料技术、节能环保技术、镁的再生和资源综合利用技术、生产过程机械化和自动化技术、镁熔体除气除渣技术、电磁和超声波搅拌技术、粗镁直接合金化短流程制备镁合金材料技术等。

（3）镁牺牲阳极质量世界领先。维恩克技术材料（临沂）有限公司，经过 2002 年以来的机构重组，上下游产品的整合，工艺技术、环保设施的改造和扩建，再加上运用现代企业管理模式，至今已能生产近百种型号铸造和挤压镁阳极，产能超过 6000t/a，占有世界 60% 以上的市场份额。特别是镁阳极的电化学性能超过了 ASTM 标准，见表 1－14。

表 1－14 镁阳极电化学性能与 ASTM 标准比较

电化学性能	维恩克镁阳极			ASTM B92M—83	
	Mg－Mn 高电位阳极	AZ63B	AZ31B（挤压）	Mg－Mn	AZ63
开路电位/V	1.77～1.82	1.57～1.67	1.57～1.67	1.70～1.75	1.50～1.55
闭路电位/V	1.64～1.69	1.52～1.57	1.52～1.57	1.57～1.62	1.45～1.50
电流效率/%	≥50	≥50	≥50	≥50	≥50

注：维恩克镁阳极化学组成等同 ASTM B843—1993，但 ASTM B843—1993 未规定电化学性能，而 ASTM B92M—83 化学成分与此相同，并规定有化学性能，故今引用并与其对比。

该公司建有世界领先的镁合金电化学性能试验室以及热水器用镁、铝合金牺牲阳极腐蚀性能专用试验室。

（4）镁合金变形加工材批量生产有新突破。以生产高品质立式半连铸变形镁合金棒/板坯著称的维恩克技术材料（临沂）有限公司从产品的洁净化和晶粒细化入手，不断提高产品内部和外部质量，其生产的棒、板坯等均经过白度计测试、荧光探伤、超声波探伤、金相分析、盐雾试验、湿室测试等，从而保证了产品质量。

洛阳华陵镁业有限公司也是镁合金、半连铸板坯和型材（异型挤压镁、锌、铝阳极）的生产企业，总产能近5000t/a，能生产光洁度好的厚度5～100mm、宽0.6～2m的镁合金板材，能力为每月200～300t，产品质量超过国标，出口韩国。华陵为继洛铜之后的镁合金板材规模生产企业，质量有新突破。

山西闻喜镁业公司正在建造3600t的挤压机用扁挤压技术开坯生产冷轧镁合金薄板生产技术，并装备了一条8000t立式模锻液压机生产镁合金轮毂和模锻镁合金锻件。

焦作黄河镁合金有限公司与日住金、三协铝合作，在2002～2003年扩建自产原镁原料基地，产能达2000t/a。同时，更新了装备、采用气体保护设施，并强化了镁合金生产过程的控制。

（5）提高装备水平有新进展。近年来皮江法炼镁企业装备水平有所提高。除采用回转窑煅烧外，采用微机电子配料及封闭连动线的生产厂家占35%。此外，采用多级精炼、机械化搅拌和连续浇铸镁锭的厂家增多。在原镁生产中，采用机械化出渣，取代人工操作，减轻劳动强度，且改善环境。

1997年开始，蒸汽射流泵应用于皮江法炼镁，操作更加方便，真空度更加可靠，取得了满意的应用效果。采用蒸汽射流泵，一般能带150～170只罐，预抽20～30min达30～40Pa，主抽后能保持真空5～10Pa。具有节电、节油、备件费和维修费用低等优点，已被许多新、老厂选用。蒸汽射流泵的应用是对传统皮江法生产装备的提升，使皮江法炼镁工艺技术更加完善。

（6）还原渣的利用与环保治理取得新进展。2002年广灵精华与闻喜银光利用还原渣生产325号、425号复合硅酸盐水泥，分别生产水泥35万吨/年和5万吨/年。因此，闻喜银光镁业（集团）有限公司、广灵精华化工（集团）有限责任公司、维恩克（集团）和南京云海特种金属有限公司等先后通过了ISO 14001环境论证单位。许多新扩建的大型企业中，将利用先进工艺装备与环保同步，着力建成技术型、环保型企业。由此表明，我国镁业环保有了新的进步。广灵精华化工（集团）有限责任公司、南京云海特种金属有限公司等，都正在申请ISO 14001环保管理体系论证。许多新扩建的大型企业中，将利用先进工艺装备与环保同步，着力建成技术型、环保型企业。由此表明，从2002年开始我国镁业环保有了新的进步。

1.3.2.4 镁及镁合金生产工艺技术的创新

中国虽然是镁生产大国和出口大国，镁合金材料品种、质量应用及生产装备和环保安全等也有了一定的进步，但从整体来看，我国镁及镁合金材料产业的发展水平与工业发达国家相比，还有很大的差距，特别是基础研究、新合金新材料的研制开发与应用、结构材料的铸造生产和塑性加工技术与装备等方面的工作还比较弱，处于起步阶段。例如，2005年我国的镁合金铸件和压铸件产量还不足26000t，生产厂家也不多，主要生产厂家有：上海乾通和重庆镁业的产量最大，年产约3000t镁压铸件，主要产品是桑塔纳车变速箱壳体和长安汽车与隆鑫摩托上的部分零件；西北林机是我国最早生产镁压铸件的工厂，主要产品用于链锯、汽油发动机等。近年来，广东等地陆续设厂生产电子和电器产品用的镁合金压铸件，如深圳的嘉瑞和富士康等。目前，我国已经能生产镁合金的压铸装备，如深圳力劲机械公司与清华大学合作开发出从160~3000t的十多种冷室压铸机和热室压铸机。近年来，国内部分企业也从意大利、瑞士、德国等国引进了800t、1000t大中型先进压铸机，大大提高了我国镁压铸生产水平。我国的台湾地区镁合金产业发展很快，目前已有20多家企业采用国际先进的装备生产电子产品的配件，如：手提电脑外壳，手提电话及电视零件。为了降低生产成本，一些台商已经将技术引入大陆。

目前，我国在镁合金的塑性加工和深加工方面的研发力量比较薄弱，镁合金挤压件、板带材、锻件的生产技术水平比较低，应用领域也比较窄，需要大力发展。

近年来，我国镁及镁合金材料的科研与技术创新十分活跃，在研制新型镁合金及其加工工艺方面的基础研究和应用研究两方面都进展显著，如压铸、塑性加工新方法、新技术、新设备等方面的应用研究都取得了突破性的进展，这为进一步发展我国镁及镁合金材料工业，早日建成镁业强国奠定了很好的技术基础。

1.3.2.5 存在的问题与差距

（1）镁的生产地区分布不均衡。山西、宁夏、陕西三省的镁总产量占全国总产量的绝大部分。我国镁生产规模在10000t/a以上的企业主要分布在山西、宁夏两省。

（2）镁工业集中度不高，无序竞争严重，产业结构不合理，技术水平不高。2005年产量居全国前十位的生产企业，其产量合计仅占全国总产量的52.99%。全国100多家企业中，大多数企业的生产规模在5000t/a以下，企业无序竞争、低价格竞争情况严重，加之企业应用开发严重滞后，技术和设备落后，产品技术含量低，环境污染严重，企业效益受到影响。

（3）镁工业生产一体化程度不高，产品结构不合理，造成资源严重浪费。突出表现在镁冶炼能力过剩，深加工能力不足，60%以上作为初级原料低价出口，属于典型的以牺牲资源和环境为代价的原料出口型工业。

（4）镁企业的生产主要以满足出口需要为主，呈资源型出口，内需开发不足。如2005年我国镁产品产量为46.7万吨，其中出口量为35.3万吨，国内消费量为10.55万吨，两者之比为3.3∶1。同时，全国上百家镁生产企业为了出口，无序竞争，竞相压价，严重影响我国镁工业整体效益。产品开发和应用迟缓，加工技术落后，相关行业用镁积极性不高，制约了镁材在相关行业的应用。

（5）企业运营水平不高。我国镁企业受生产规模小，企业实力不足的影响，缺乏对专利、商标、文化和品牌等无形资产的规划，运作不到位，投入远远不能适应企业发展和市场开拓需要，建立境外推行品牌战略和企业形象提升战略的企业微乎其微。

（6）基础研究亟待加强。与工业发达国家相比，在材料体系化、加工工艺稳定化、有效的耐蚀防腐手段、基础数据库的建立、专用设备中关键技术的突破、生产中安全问题等方面仍相对落后，难以全面支撑起我国镁产业发展的技术需求。

（7）技术含量低，生产装备落后，产品质量不稳定。皮江法炼镁工艺落后，机械化、自动化程度低，产品质量不够稳定；电解法炼镁的新工艺——用水氯镁石二次脱水制备无水氯化镁作电解法炼镁原料，尚未产业化和商品化；镁合金及其加工材料的生产工艺、技术、设备还比较落后，产品的品种、规格、质量与发达国家相比仍有差距。某些合金除满足化学成分要求外，力学性能难于保证，除少数厂家产品被用户认可外，多为初级产品，用户需再次熔炼后才能使用，而这也是造成“资源型出口，内需开发不足，扩大应用迟缓”的原因之一。

（8）对环保重视不够，环保治理投入不足。目前，大部分皮江法炼镁企业仍以煤炭为主要能源。因此，皮江法炼镁如何控制 SO_2 有害气体的排放，以及还原渣如何处理，是摆在镁业界面前的一项重要课题。

（9）能源结构需要调整。当前，大多数企业以煤直接燃烧作能源，煤燃烧产生的大部分热量被烟气带走，热效值利用不高，影响了镁产品的竞争力提升。

1.3.2.6 *发展前景与趋势*

（1）加强科技创新，“官、产、学、研、用”结合，推动企业技术进步。按市场机制的要求，把技术创新与体制创新紧密结合起来，让企业真正成为参与和投入的主体，并实现“官、产、学、研、用”结合。主要应从以下三个方面开展工作：

1）促进我国镁冶炼加工企业与有条件有实力的高等院校、研究院所的有机结合，解决好镁产业高质化问题；

2）促进有核心竞争力的镁合金加工企业与汽车零部件生产企业、计算机、通信、航空和交通等应用领域的企业，以共同制订专项合作计划或形成上、下游多种方式合作的有机结合，打通镁合金加工业与制品应用的通道，实现镁产业链的扩展和延伸；

3）促成镁合金制品加工企业与机器制造业发达地区的设备制造专业化集团及有关院校之间，形成实施镁合金加工装备研发专项计划的有机结合。

依靠科技创新和高新技术改造镁工业；结合国内镁资源条件全面优化现行生产工艺；通过技术改造不断提高生产的机械化、连续化、自动化水平，从而达到改进产品质量、节能降耗、降低成本、改善环保条件的目的，全面提高我国镁工业的产业技术水平。

（2）加大新产品开发力度，拓宽内需市场，扩大应用领域，优化出口结构。针对目前出口主要以初级产品为主的现状，研究开发高科技含量、高附加值的新产品、新合金、新材料，同时引进与合作生产优质的镁合金铸件、压铸件、挤压型材、管材和棒材、板带材或家电、电子、汽车等零部件终端产品，拓展镁在交通运输、电子信息、通信、计算机、声像器材、手提工具、电机、林业、纺织、核动力、炼钢、化工、医药、石油、军事、航空航天等领域的应用，拉动国内市场，改善镁产品出口结构，逐渐将原镁产业优势转化为镁产品市场优势。在加速开发拓宽内需市场的同时，争取与外商合作，全面开发国际市场，逐步与国外用户建立长期供销关系，力争有较稳定的国外销售市场。同时，加强国内用户间的信息交流，减少进口，杜绝浪费。

（3）重视节能降耗和环保安全，发展循环经济，走可持续发展之路。要建立从前沿高技术研发到产业化技术开发的技术研发创新体系；进一步研究镁合金的基础特性；尽快进行镁合金深加工产品生产工艺技术的研究；要以前期基础较好、未来有较大应用潜力和技术创新空间的研究方向为重点；突出环保、节能降耗技术开发和工程应用技术开发；加强镁产业链上的薄弱环节的研发工作。在自我开发的同时，也要积极注意引进国外科研成果及新工艺、新技术，使我国镁工业的技术水平得到尽快提升，形成具有自主知识产权的镁合金及镁产品的研究开发体系。

发展镁工业要坚持科学发展观和可持续发展的原则。坚持统筹规划、合理开发，提高镁资源的利用率，最大限度地节约资源。加强镁的回收和再生利用，发展循环经济，实现镁工业的可持续发展必须高度重视保护环境，提高环保意识，加强环境污染的控制和治理，正确解决环境与发展的关系，以实现环境与经济效益的可持续发展。

(4) 对外开放、重视贸易问题对镁产业发展的影响。对外开放，继续走“引进来”、“走出去”之路，尽快提高国际化生产经营水平。反倾销是已被世界贸易组织认定的许可和保护本国产业和商品的有力工具，欧美等国家认定中国为非市场经济国家，通过参照第三国的成本价格，认定中国有倾销行为，实际是保护本国和地区的企业利益而人为构成的关税壁垒。在对应上述问题方面，镁行业协会要与企业加强沟通、增强企业应诉的责任感，落实“谁应诉、谁受益”原则；建立海关审价制度，制止低价出口。同时，要与国内外镁产品的直接使用方和外贸公司等中间环节建立长期的合作关系。鼓励外商在中国投资镁合金及加工工业，并给予优惠政策。

(5) 加强人才培养和对外交流与合作。在知识创新、技术创新时代，领先科技，振兴经济，教育是基础，人才是关键。镁合金的研究开发是一个多领域、多层次、多部门合作的、持续的过程，通过在相关专业的人才培养过程中增加镁及镁合金的内容，加强对镁合金的宣传力度，培育一批高质量的、具有创新精神和能力的专业科技人才队伍非常重要。按照“不求所有，不求所在，但求所为”的方针，以多种形式吸引国内外优秀人才为镁产业发展服务。同时，加强对外合作与交流，及时掌握国际国内的发展动态和市场需求情况，选准突破点，做出自己的特色。

(6) 全面创新，提高镁行业的国际竞争力，加强政策导向，促进镁产业高速健康发展。在观念创新方面，要牢固树立市场经济的观念、意识和思维（商品、竞争、诚信、共赢），坚持科学发展观，坚持全面、协调、可持续发展；在体制创新方面，进行资产股份化、股东多元化改革；在机制创新方面，建立有效的激励机制和必要的约束机制；在管理创新方面，以人为本，以法为本，推行信息化、科学化管理；在科技创新方面，逐步实现传统产业的高新化和高新技术产业化。

镁工业是正在崛起的具有广阔市场前景的新兴产业，国家应制定和推行有利于镁产业持续、健康、有序发展的法律和政策，在突出全社会和国家整体利益的前提下，确定镁产业的发展目标，用相应的技术政策和出口政策，促使我国镁产业改变目前为发达国家提供原镁等初级产品的地位。针对国内镁的消费市场尚未形成、内需严重不足的状况，应制定鼓励推广镁的应用的政策，促使镁行业与应用行业，如汽车工业、摩托车工业、3C 产业等有机结合起来，鼓励企业整合资源，追求利益最大化，培植终端市场。

我国正处于国民经济持续发展时期，也是镁产业发展的良好时机。我国有发展镁业的优越条件和良好基础，只要更进一步合理调配和使用资源，加强宏观调控，调整产业和产品结构，加强科技创新和技术进步，加强现代化科学管理，中国在不久的将来会由镁业大国变为镁业强国。

2 镁及镁合金的特性与用途

2.1 镁的基本特性

2.1.1 镁的物理性能

镁的常见基本物理性能见表 2－1。

表 2－1 镁的基本物理性能

性 质		数 值
原子序数		12
原子价		2
相对原子质量		24.3050
原子体积/$cm^3 \cdot mol^{-1}$		14.0
原子直径/nm		0.320
泊松比		0.33
密度/$g \cdot cm^{-3}$	室温	1.738
	熔点	1.584
电阻温度系数（0～100℃）		3.9×10^{-3}
电阻率 ρ/nΩ·m		47
热导率 λ/W·$(m \cdot K)^{-1}$		153.6556
20℃下的电导率/$(\Omega \cdot m)^{-1}$		23×10^6
再结晶温度/℃		150
熔点/℃		650±1
镁单晶的平均线膨胀系数（15～350℃）	沿 a 轴	27.1×10^{-6}
	沿 c 轴	24.3×10^{-6}
熔化潜热/$kJ \cdot kg^{-1}$		360～377
681℃下的表面张力/$N \cdot m^{-1}$		0.563

性 质		数 值
沸点/℃		1107±3
汽化潜热/$kJ \cdot kg^{-1}$		5150～5400
升华热/$kJ \cdot kg^{-1}$		6113～6238
燃烧热/$kJ \cdot kg^{-1}$		24900～25200
镁蒸气比热容 c_p/kJ·$(kg \cdot K)^{-1}$		0.8709
MgO 生成热 Q_p/$kJ \cdot mol^{-1}$		0.6105
结晶时的体积收缩率/%		3.97～4.2
磁化率 ψ		6.27×10^{-3}～6.32×10^{-3}
声音在固态镁中的传播速度/$m \cdot s^{-1}$		4800
标准电极电位/V	氢电极	－1.55
	甘汞电极	－1.83
对光的反射率/%	λ=0.500μm	72
	λ=1.000μm	74
	λ=3.000μm	80
	λ=9.000μm	93
收缩率/%	固－液	4.2
	熔点至室温	5

2.1.1.1 原子特性

镁的元素符号 Mg，原子序数 12，电子轨道分布 $1s^22s^22p^63s^2$。镁有三种同位素，即 78.99% Mg^{24}、10.00% Mg^{25} 和 11.01% Mg^{26}。镁的相对原子质量为 24.3050，原子体积为 14.0cm^3/mol，原子直径为 0.32nm，自由原子中的电子排列：(2)(8)2。

2.1.1.2 晶体结构

标准大气压下纯镁为密排六方结构，镁单胞内沿主要晶面和晶轴方向的原子排布，如图2-1所示。基于Stager和Drickamer等人的研究数据，Perez-Al-buerne等认为当压力大于5×10^3MPa时，纯镁可能以复合密排六方相MgⅡ存在，但至今未能证实。镁晶格常数的理论估计值为$a=0.32092$nm，$c=0.52105$nm，已有的实际测量值与之接近，误差一般在±0.01%内。对于按*ABAB*顺序堆积的原子层，若采用理想钢球，则$c/a=1.633$。实验数据表明室温下镁晶格的$c/a=1.6236$，这表明镁晶格几乎是理想的紧密堆积。镁晶格常数a和c与温度的关系，如图2-2所示。

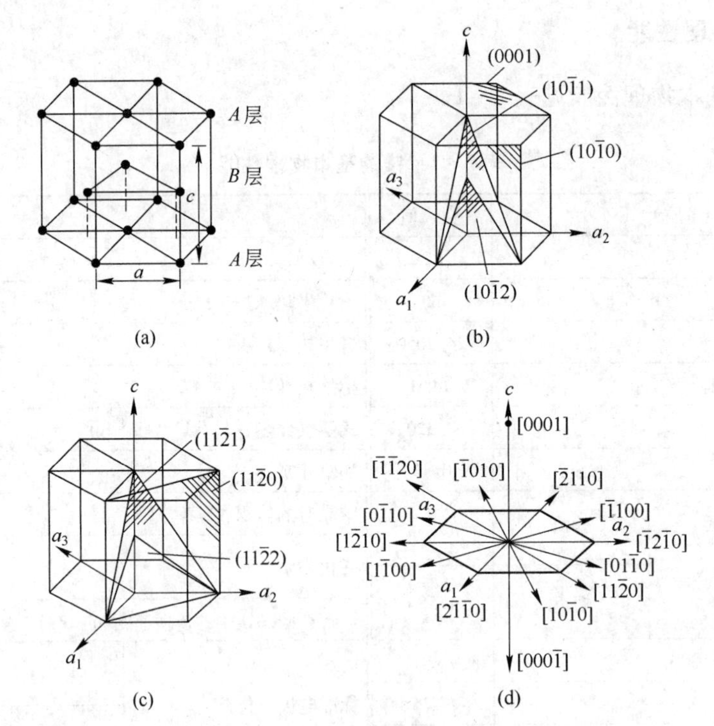

图2-1 镁单胞的原子结构

（a）原子位置；（b）基面、晶面和［1$\bar{2}$10］区的主要晶面；

（c）［1$\bar{1}$00］区主要晶面；（d）主要晶向

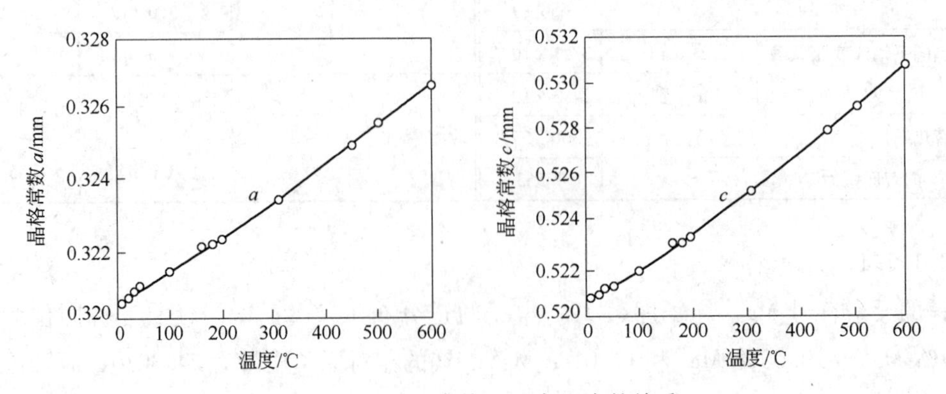

图2-2 镁晶格常数a、c与温度的关系

低于225℃时，镁的主要滑移系为{0001}〈$11\bar{2}0$〉，次滑移系为{$10\bar{1}0$}〈$11\bar{2}0$〉，高于225℃时，滑移还可以在{$10\bar{1}1$}〈$11\bar{2}0$〉上进行。孪晶出现在{$10\bar{1}2$}晶面簇上，二次孪晶出现在{$30\bar{3}4$}晶面上。高温下，{$10\bar{1}3$}晶面上也出现孪晶。在纯镁中还没有发现确定的解理面，纯镁断裂是大量晶内裂纹汇合的结果。接近或低于室温时，由于{$30\bar{3}4$}孪晶面和高度有序晶面如{$10\bar{1}4$}、{$10\bar{1}5$}与{$11\bar{2}4$}等上的晶内裂隙纹汇合，纯镁会发生断裂。纯镁和传统铸造镁合金的脆性源自于晶间失效和在孪晶区或大晶粒的（0001）基面上的局部穿晶断裂。晶界裂纹和气蚀是影响镁高温断裂的重要因素。

2.1.1.3 块体性能

20℃下，镁的密度为1.738g/cm^3；接近熔点650℃时，固态镁的密度大约为1.65g/cm^3，液态镁的密度约为1.58g/cm^3。凝固结晶时，纯镁体积收缩率为4.2%。固态镁从650℃降温至20℃时，体积收缩率为5%左右。由于镁在铸造和凝固冷却时的收缩量大，从而会导致铸件中形成微孔，使铸件具有低韧性和高缺口敏感性。

2.1.1.4 热力学性能

在标准大气压下，纯镁的熔点为（652±1）℃，沸点为1107℃。随着压强增加，镁的熔点逐渐升高，如图2-3所示。在镁中添加Pb、Al和Sb等元素将提高镁的沸点，而添加Zn、Cd则降低镁的沸点。

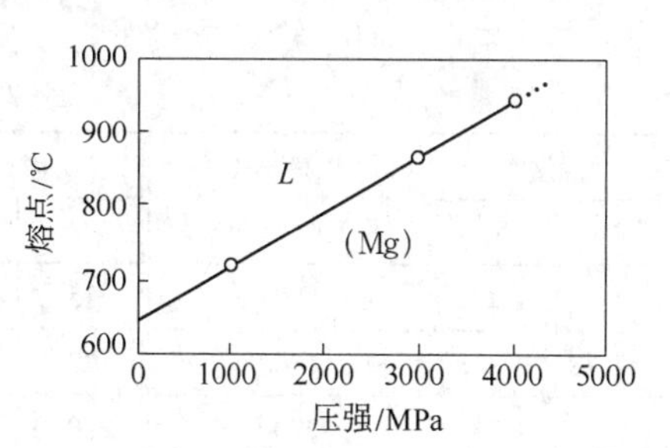

图2-3 纯镁熔点-气压的关系

低温下多晶镁的线膨胀系数见表2-2。根据实验数据，多晶镁在0~550℃范围内的线膨胀系数可表示为：

$$a_1 = (25.0 + 0.0188t) \times 10^{-6} \tag{2-1}$$

式中，a_1为线膨胀系数，℃$^{-1}$；t为摄氏温度，℃。由该公式推导出来的不同温度下，多晶镁平均线膨胀系数见表2-3。添加元素对镁线膨胀系数的影响情况如图2-4所示。

表2-2 低温下镁的线膨胀系数

温度/℃	-250	-225	-200	-150	-100	-50
线膨胀系数/℃$^{-1}$	0.63×10^{-6}	5.4×10^{-6}	11.0×10^{-6}	17.9×10^{-6}	21.8×10^{-6}	23.8×10^{-6}

表2-3 多晶镁的平均线膨胀系数

温度区间/℃	20~100	20~200	20~300	20~400	20~500
线膨胀系数/℃$^{-1}$	26.1×10^{-6}	27.1×10^{-6}	28.1×10^{-6}	29.0×10^{-6}	29.9×10^{-6}

表2-4列出了纯镁的低温和高温热导率测量值。镁中添加合金元素后，热导率一般下降，几种常见合金元素对镁热导率的影响如图2-5所示。根据Bungardt和Kallenbach公式：

$$k = 22.6T/\rho + 0.0167T \tag{2-2}$$

式中，k为热导率；ρ为电阻率；T为绝对温度。可以计算出镁的室温和高温热导率，其结果见表2-5。

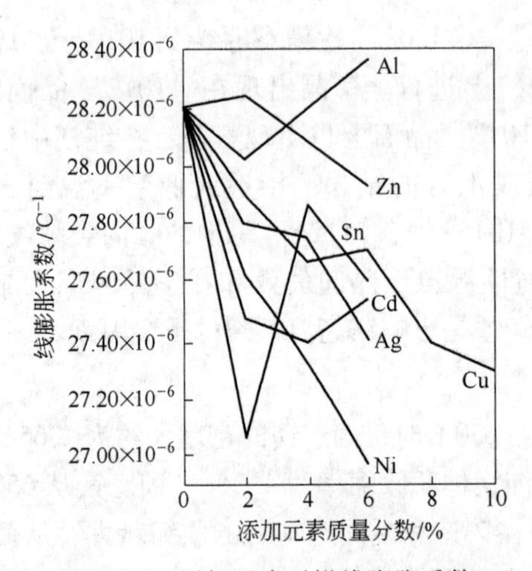

图 2－4 添加元素对镁线膨胀系数（0～300℃）的影响

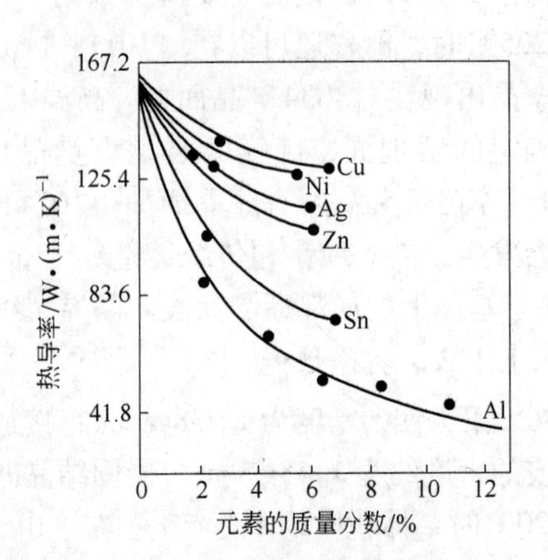

图 2－5 几种常见合金元素对镁热导率的影响

表 2－4 镁热导率测量值

温度 K	温度 ℃	热导率 k /W·(m·K)$^{-1}$	温度 K	温度 ℃	热导率 k /W·(m·K)$^{-1}$	温度 K	温度 ℃	热导率 k /W·(m·K)$^{-1}$
1	－272	986	15	－258	4110	150	－123	161
2	－271	1960	20	－253	2720	200	－73	159
3	－270	2900	30	－243	1290	250	－23	157
4	－269	3760	40	－233	719	300	27	156
5	－268	4500	50	－223	465	350	77	155
6	－267	5080	60	－213	327	400	127	153
7	－266	5470	70	－203	249	500	227	151
8	－265	5670	80	－193	202	600	327	149
9	－264	5700	90	－183	178			
10	－263	5580	100	－173	169			

表 2－5 镁热导率的计算值

温度 K	温度 ℃	热导率 k /W·(m·K)$^{-1}$	温度 K	温度 ℃	热导率 k /W·(m·K)$^{-1}$	温度 K	温度 ℃	热导率 k /W·(m·K)$^{-1}$
255	－18	155.7	366	93	153.7	589	316	153.2
273	0	155.3	422	155	153.2	644	391	153.7
293	20	154.5	477	204	152.8	700	427	154.1
311	38	154.1	533	260	152.8	755	482	154.9

20℃下镁的比热容 c_p 为 1.025kJ/(kg·K)，比热容与温度的关系如图 2－6 所示。镁在－243℃以上的德拜特征温度 θ 为 326K(53℃)，熔化潜热 ΔH 为 360～377kJ/kg。20℃下的升华潜热 ΔH 为 6113～6238kJ/kg，汽化潜热 ΔH 为 5150～5400kJ/kg。表 2－6 列出了镁的部分蒸气压值。镁的蒸气压与温度的关系如图 2－7 所示。

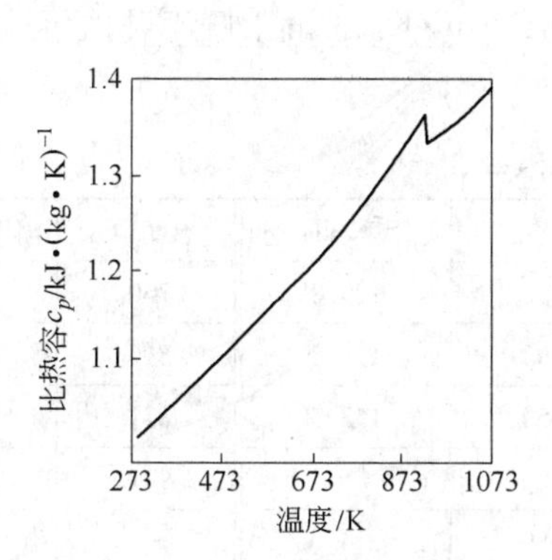

图 2-6 镁比热容与温度的关系

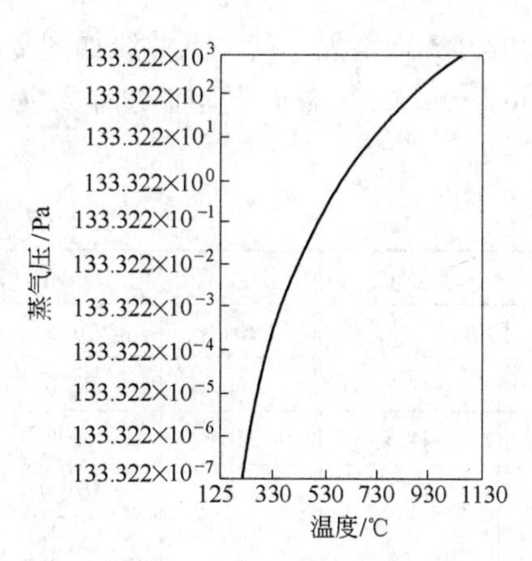

图 2-7 镁的蒸气压与温度的关系

表 2-6 镁的部分蒸气压值

温度/℃	蒸气压/atm	温度/℃	蒸气压/atm	温度/℃	蒸气压/atm
给定温度下的蒸气压		727	1.36×10^{-2}	321	10^{-7}
25.15	1.5×10^{-20}	827	5.76×10^{-2}	371	10^{-6}
127	5.2×10^{-14}	927	1.90×10^{-1}	430	10^{-5}
227	3.9×10^{-10}	1027	5.14×10^{-1}	503	10^{-4}
327	1.38×10^{-7}	1103	1.00	592	10^{-3}
427	8.92×10^{-6}	1127	1.19	709	10^{-2}
527	1.99×10^{-4}	给定蒸气压时的温度		870	10^{-1}
627	2.21×10^{-3}	209	10^{-10}	1103	10
650（固体）	3.55×10^{-3}	241	10^{-9}		
650（液体）	3.55×10^{-3}	278	10^{-8}		

注：1atm = 101325Pa。

镁在空气中加热至 632 ~ 635℃ 时会燃烧，燃烧热为 24900 ~ 25200kJ/kg。

468℃下镁的自扩散系数为 $4.4\times10^{-10}cm^2/s$；550℃下为 $3.6\times10^{-9}cm^2/s$；627℃下为 $2.1\times10^{-8}cm^2/s$。

650℃下液态镁的动力学黏度大约为 1.25MPa·s；700℃下约为 1.13MPa·s。

650 ~ 852℃时，镁的表面张力为 0.545 ~ 0.563N/m；而在 894 ~ 1120℃范围内，镁的表面张力为 0.502 ~ 0.504N/m。液态镁的表面张力与温度的关系如图 2-8 所示。

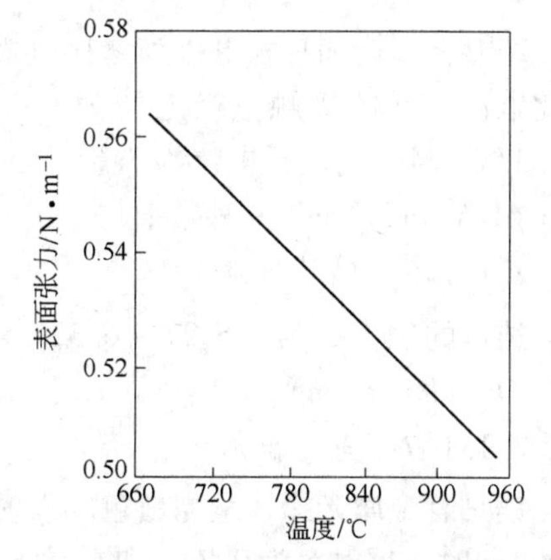

图 2-8 液态镁的表面张力与温度的关系

2.1.1.5 电学性质

纯镁的电导率为 38.6% IACS。室温下添加合金元素对镁电导率的影响如图 2-9 所示。20℃下镁单晶 a 轴向电阻率 ρ 为 45.3nΩ·m，c 轴向电阻率为 37.8nΩ·m。镁的电阻率随温度的升高而增加，其关系曲线如图2－10所示。20℃下镁单晶a轴向电阻温度系数为0.165nΩ·m/K，c轴向电阻温度系数为0.143nΩ·m/K。多晶固态镁和液态镁的电阻率见表2－7。

表2－7 镁的电阻率

温度/℃	电阻率/nΩ·m	温度/℃	电阻率/nΩ·m	温度/℃	电阻率/nΩ·m	温度/℃	电阻率/nΩ·m
固态		204	74.5	538	129.8	760	280.1
0	41.0	260	83.6	593	139.5	816	282.9
20	44.5	316	92.8	650	153.5	871	285.6
38	47.2	371	101.9	液态		921	288.5
93	56.3	427	111.1	650	274.0		
149	65.4	482	120.3	704	277.4		

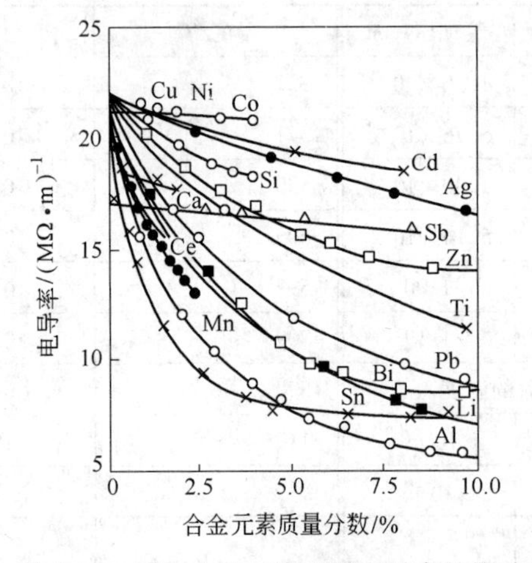

图2－9 添加合金元素对镁电导率的影响

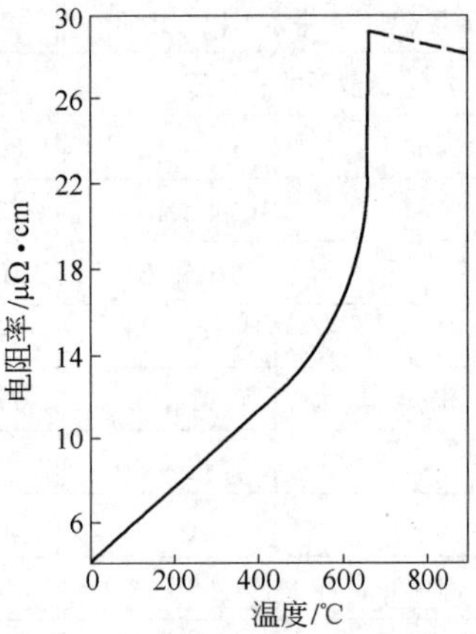

图2－10 温度对镁电阻率的影响

25℃下以饱和甘汞电极为参比电极，镁的接触电极电位为44mV；27℃下以铜电极为参比电极，镁的接触电极电位为－0.222mV。相对标准氢电极，镁的标准电极电位为－2.37V；Mg^{+}的离子电位为7.65eV；Mg^{2+}的离子电位为15.05eV。已报道的镁的功函数有3.61eV和3.66eV两种数值。

2.1.1.6 磁学性质

纯镁的磁化率为（6.27～6.32）×10^{-3}，磁导率为1.000012，霍尔系数为－1.06×10^{-16}Ω·m/(A·m)。

2.1.1.7 光学性质

镁具有金属光泽，呈亮白色。入射光波长为0.50μm时，镁的反射率为0.72；波长为1.00μm时，反射率为0.74；波长为3.0μm时，反射率为0.8；波长为9.0μm时，反射率为0.93。日光吸收率为0.31。22℃下辐射系数为0.07。波长为0.589μm时，吸收率为4.42，折射率为0.37。颜色为光亮银白色。

2.1.1.8 声学性质

声波在拉拔并退火的镁材中的传播速度为5.77km/s；横波传播速度为3.05km/s；纵波

传播速度为4.94km/s。

2.1.1.9 原子核特性

在热中子发射中，天然镁及同位素的中子吸收截面值（单位：barn/atom，1barn = $10^{-24}cm^2$）如下：天然镁为0.063 ±0.004，^{24}Mg为0.03，^{25}Mg为0.27，^{26}Mg为0.03。

镁的放射性同位素有关数据列于表2-8中，X射线吸收系数为32.9m^2/kg。

表2-8 镁的放射性同位素

放射性同位素	半衰期	衰变能/MeV	射线	放射能/MeV
^{21}Mg	0.21s	—	β（+）	
			质子	（3.44，4.03，4.81，6.45）
^{22}Mg	3.9s	5.04	γ	0.074，0.59
^{23}Mg	12s	4.06	β（+）	3.0
			γ	0.44
^{27}Mg	9.5min	2.61	β（-）	1.75，1.59
			γ	0.84，1.01
^{28}Mg	21.3h	1.84	β（-）	0.45，2.87
			γ	0.032，1.35，0.95，0.40，（1.78）

注：括号中数据为短周期裂变元素产生的射线。

2.1.2 镁的力学性能

室温下镁的拉伸性能和压缩性能见表2-9。高温下镁的力学性能见表2-10。温度和应变速率对镁拉伸性能的影响如图2-11和图2-12所示。

表2-9 20℃镁的典型力学性能

试样规格	σ_b/MPa	$\sigma_{0.2}$/MPa	$\sigma_{0.2}$(压缩)/MPa	δ/%	硬度	
					HRE	HB①
砂型铸件 ϕ13	90	21	21	2~6	16	30
挤压件 ϕ13	165~205	69~105	34~55	5~8	26	35
冷轧薄板	180~220	115~140	105~115	2~10	48~54	45~47
退火薄板	160~195	90~105	69~83	3~15	37~39	40~41

①载荷500kg，球面直径10mm。

表2-10 高温下镁的力学性能

温度/℃	镁铸件		变形镁材			
	σ_b/MPa	δ/%	σ_b/MPa	$\sigma_{0.2}$/MPa	δ_1/%	ψ/%
100	0.92	10	100	75	30	30.5
200	0.56	28	70	25	42.5	38.5
300	0.25	58	20	16	68.5	95.5
400	0.085	80	10	5	60.0	93.5

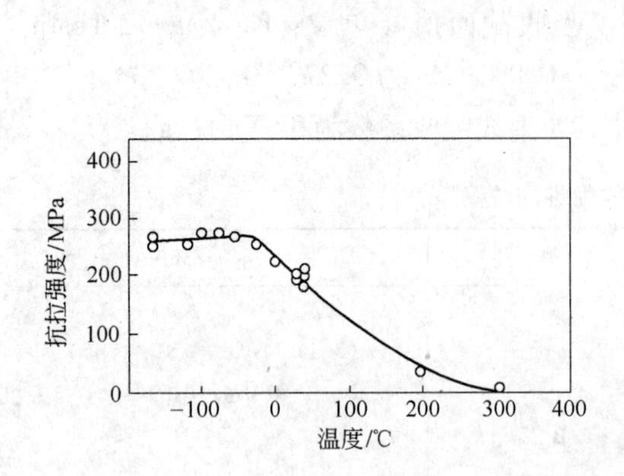

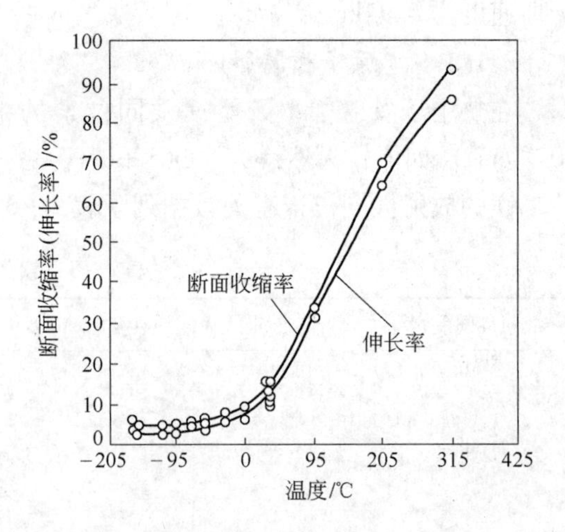

图2-11 试验温度对镁拉伸性能的影响

（试验材料：ϕ15.875mm挤压棒材；应变速率：1.27mm/min）

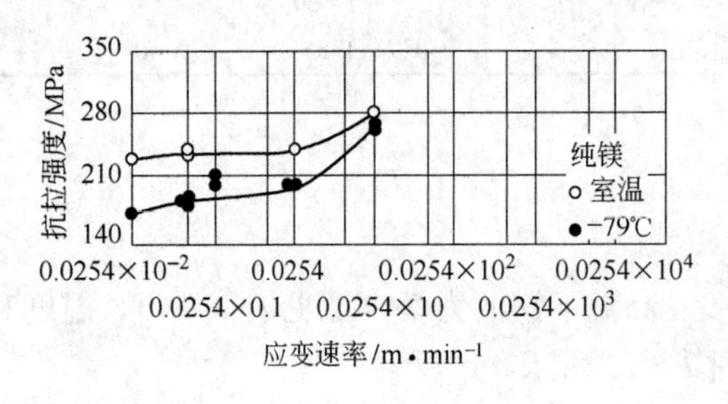

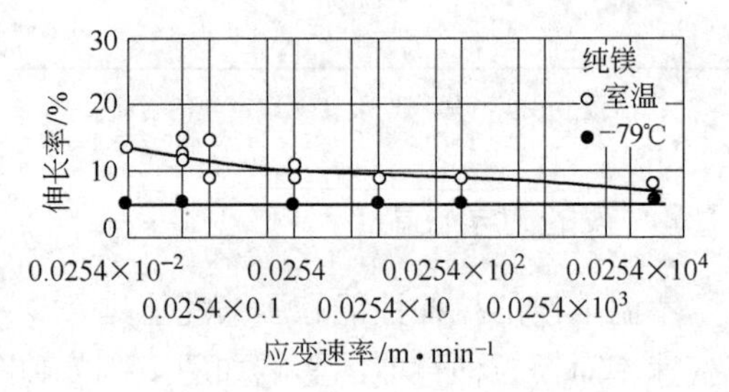

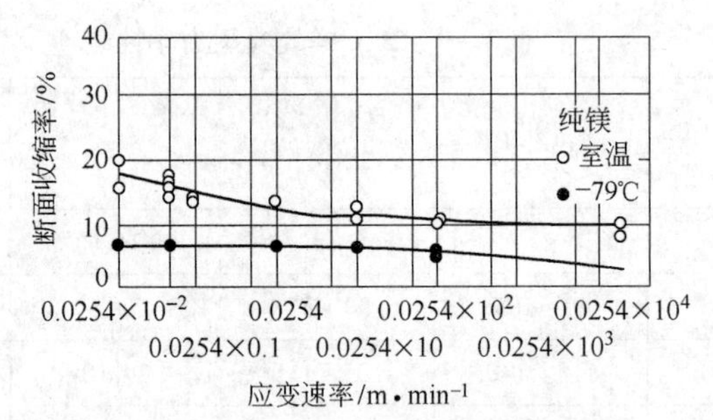

图2-12 镁在室温和-80℃时的拉伸性能

20℃下镁的最高纯度为99.98%时，动态弹性模量为44GPa，静态弹性模量为40GPa；镁的纯度为99.80%时，动态弹性模量为45GPa，静态弹性模量为43GPa。随着温度的增加，镁的弹性模量下降，弹性模量与温度的关系如图2-13所示。纯镁的泊松比ν为0.33，阻尼性能如图2-14所示，纯镁的蠕变断裂数据如图2-15和图2-16所示。20℃下镁-镁摩擦的摩擦系数为0.36。液态镁的动力学黏度在650℃下为1.23MPa·s，在700℃下为1.13MPa·s。当温度为660~852℃时，镁熔体的表面张力为0.545~0.563N/m；当温度为894~1120℃时，镁熔体的表面张力为0.502~0.504N/m。

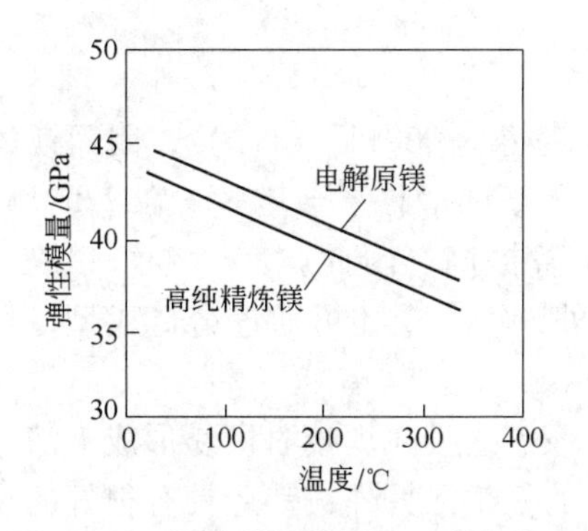

图2-13　镁的弹性模量与温度的关系

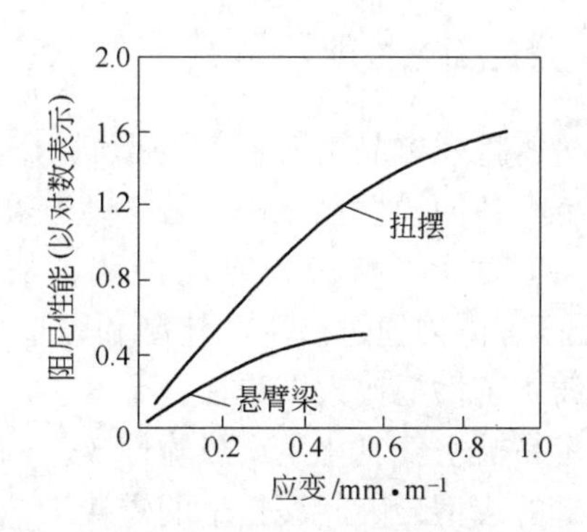

图2-14　镁的阻尼性能与应变的关系图

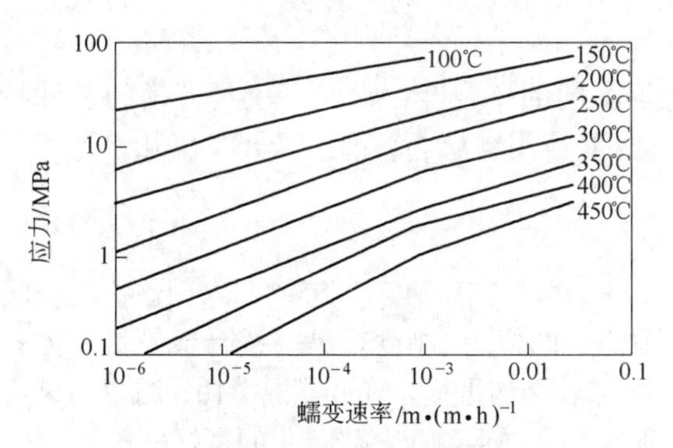

图2-15　镁的蠕变速率与应力和温度的关系

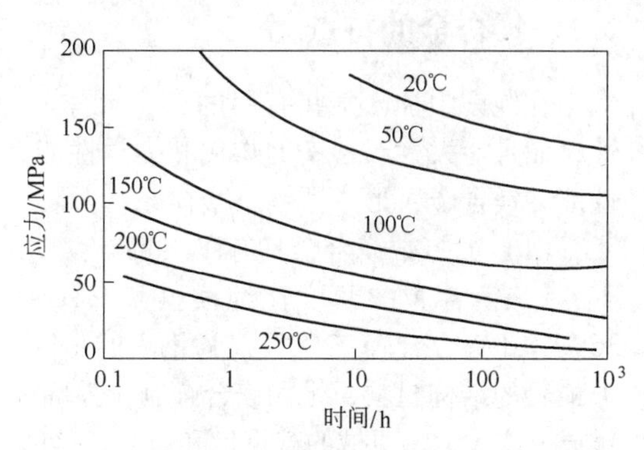

图2-16　镁的应力断裂寿命与应力和温度的关系

2.1.3　镁的化学性能与腐蚀性能

（1）镁的化学性能。镁的化学性能很活泼，固体镁在常温、干燥空气中，一般是比较稳定的，不易燃烧。但是，在熔融状态时，容易燃烧，并且生成氧化镁（MgO）。在300℃时，镁与空气中的 N_2 作用生成 Mg_3N_2，使镁的表面成为棕色，当温度达到600℃，反应迅速。镁在沸水中可以与 H_2O 作用，使水释放出 H_2。

镁能溶解在无机酸（HCl、H_2SO_4、HNO_3、H_3PO_4）中，但能耐氢氟酸和铬酸的腐蚀。盐卤、硫化物、氮化物、碳酸氢钠溶液对镁有侵蚀作用，镁在 NaOH 和 $NaCO_3$ 溶液中是稳定的，但有机酸能破坏镁。

镁能将许多氧化物（TiO_2、VO_2、LiO_2）和氯化物（$TiCl_4$、$ZrCl_4$）还原。

（2）镁的腐蚀性能。镁的标准电极电位为-2.37V，比铝（-1.71V）低，是电负性很强的金属，其耐蚀性很差。镁在潮湿大气、海水、无机酸及其盐类、有机酸甲醇等介质中均会发生剧烈的腐蚀；只有在干燥的大气、碳酸盐、氟化物、铬酸盐、氢氧化钠的溶液、苯、四氯化碳、汽油、煤油及不含水和酸的润滑油中才稳定。镁在室温下很容易被空气氧化，生成一层很薄的氧化膜。这种薄膜多孔疏松，脆性较大，远不如铝及铝合金的氧化膜坚实致密，耐蚀性很差。在储存和使用过程中，必须采取适当的措施防止镁的腐蚀，如表面氧化和涂油、涂装等。详见第14章“镁及镁合金材料的防腐及表面强化处理生产技术”。

2.1.4 镁的工艺性能

镁为密排六方晶格，室温变形时只有单一的滑移系 $\{0001\}\langle 11\bar{2}0\rangle$，因而镁的塑性比铝的低，各向异性也比铝显著。随着温度的升高，镁的滑移系会增多，在225℃以上发生 $(10\bar{1}1)$ 面上 $[11\bar{2}0]$ 方向滑移，从而塑性显著提高。因此，镁合金可以在300～500℃温度范围内通过挤压、轧制和锻造成型。此外，镁合金还可通过铸造成型，且镁合金的压铸工艺性能比大多数铝合金好。

镁容易被空气氧化生成热脆性较大的氧化膜，该氧化膜在焊接时极易形成夹渣，严重阻碍焊缝的成型，因此镁合金的焊接工艺比铝合金的复杂。另外，镁还具有很好的切削加工性能。详见本手册第13章“镁及镁合金材料的深加工技术（二次成型）”。

2.2 镁合金的特点

在纯镁中加入某些有用的合金元素可获得不同的镁合金，它们不仅具有镁的各种特性，而且能大大改善镁的物化和力学性能，扩大其应用领域。目前，已开发出几十种不同性能的镁合金，形成了镁合金体系。

（1）大多数镁合金具有以下特点：

1）镁合金的密度比纯镁（1.738g/cm^3）稍高，为1.74～1.85g/cm^3，比铝合金轻36%，比锌合金轻73%，仅为钢铁的1/4，因而其比强度比刚度很高。镁合金是目前世界上最轻的结构材料，采用镁合金制作零部件，可减轻结构重量，降低能源消耗，减少污染物排放，增大运输机械的载重量和速度，是航空航天和交通运输工具轻量化的良好材料。

2）镁合金的比弹性模量与高强度铝合金、合金钢大致相同，用镁合金制造刚性好的整体构件，十分有利。镁合金的焊接性能和抗疲劳性能也不错。

3）镁合金弹性模量较低，当受外力作用时应力分布更为均匀，避免过高的应力集中。

4）镁合金有高的振动阻尼容量，即高的减振性、低惯性。

5）镁及其合金在高温和常温下都具有一定的塑性，因此可用压力加工的方法获得各种规格的棒材、管材、型材、锻件、模锻件和板材以及压铸件、冲压件和粉材等。

6）镁合金具有优良的切削加工性能，其切削速度大大高于其他金属，因其较高的稳定性，铸件的铸造和加工尺寸精度高。

7）镁在碱性环境下是稳定的，有抗盐雾腐蚀性能。

8）镁与铁的反应性低，压铸时压铸模熔损少，使用寿命长，镁的压铸速度比铝高。

9）镁在铸造工业方面具有较大的适应性，几乎用所有的特种铸造工艺都可以铸造。

（2）与其他合金材料相比，镁合金也存在如下缺点：

1）镁的化学活性很强，在空气中易氧化，易燃烧，且生成的氧化膜疏松，所以镁合金必须在专门的熔剂覆盖下或保护气氛下熔炼。加工车间和制粉车间要特别注意防火。

2）抗盐水腐蚀能力差，因此必须进行防腐处理。

3）同钢铁材料接触时，易产生电化学腐蚀。

4）杨氏模量、疲劳强度和冲击值等零件设计方面的材料性能比铝低。当代替铝合金制零件时，厚度要增加，有时得不到所期望的轻量效果。

5）镁合金的铸造性差，凝固时易产生显微气孔，因而降低铸件的力学性能。

6）铸件的综合成本比铝合金高，加工件的价格远远高于铝合金。

2.3 镁及镁合金的主要应用领域

由于镁及镁合金具有以上的一系列特性，因此其用途十分广阔，几乎遍及各个领域。

(1) 照明器制造方面。由于铝含量超过 30% 的镁 - 铝合金细粉在燃烧时能发出极明亮的折光，故镁的第一个工业用途就是用在照明器制造方面，如用于制造照相用的闪光灯等。镁粉还被用于制作供夜航摄影用的曳光管、各种焰火、高能燃料和燃烧器。

(2) 冶金工业方面。在冶金工业中，镁被用于生产球墨铸铁：用镁脱除一部分硫和使石墨球化，从而使铸铁的韧性和强度大大提高。镁还被广泛地用于钢脱硫。此外，在生产黄铜和青铜之类的铜合金以及生产镍合金时，镁是十分有用的脱氧剂或“除气剂”。在 Betterton - Kroll 制铅法中，必须将钙与镁结合使用，以便除去铅中的铋。

在冶金工业中，镁的最大用途之一是作为铝合金的合金元素，它可以改善材料的强度和抗腐蚀性能。此外，镁还被添加到压铸锌合金中以改善其力学性能和尺寸稳定性。镁还被用作其他锌产品的组分，包括屋面板、光刻板、生产干电池用的锌板和镀锌浴液等。添加镁，还可使镍、镍 - 铜合金和铜 - 镍 - 锌合金的性能得到很大改善。

(3) 化学工业方面。在化工方面，著名的生产复杂和特殊有机化合物和金属有机化合物的 Grignard 法就必须使用镁。镁还用于生产镁的链烃基化合物和芳基化合物；在润滑油中用作中和剂；用于氩气和氢气的提纯；在生产真空管的过程中用作“吸收剂”；用于生产氢化硼、氢化锂和氢化钙；对锅炉用水进行去氧和去氯。

(4) 电化学方面。镁和镁合金的铸造与加工产品在电化学方面的应用，包括阴极保护、制造电池和光刻等。镁牺牲阳极用于延长各种金属装置的寿命，其中包括：家用和工业用热水器；各种地下构建物，例如地下电缆、管线、井体、储槽和塔基等；以及海水冷凝器、船壳、压载箱和在海洋环境中使用的钢桩。镁还用于制造各种电池，包括干电池和蓄电池（例如海水赋能电池），而且由于其具有良好的蚀刻性能和力学性能并且又耐磨损，故镁十分适合于制作光刻板。

(5) 结构件方面。由于镁具有许多特别优良的性能，故已被成功地用于制作各种结构件。单就它质量极轻这一特点而言，使它在用于制造使用过程中需要移动或升降的零部件方面占据了非常大的优势。因密度小而具有低惯性，使镁特别适合于制作高速运动的零部件。此外，镁的低密度还使零件的断面尺寸可以加大，从而可以不必使用大量的加强筋，达到简化零件结构和加工工序的目的。除此之外，镁合金的其他性能也在各种不同用途中起着十分显著的作用，如制造飞机和导弹所需的高温性能（与塑料和以聚合物为基的合成材料相比较），制造车轮所需的疲劳强度，制造飞机和导弹电子装置箱体所需的减振性能，制造电子装置箱体及夹具和装具等所需的尺寸稳定性，制造工模具所需的机械加工性能，制造行李箱所需的抗硌伤性能，制造纺织机械所需的无印痕特性，水泥行业所需的耐碱性，制造 X 光底片盒所需的对 X 光的低阻抗性能，制造核燃料罐所需的对热中子的低阻抗性能等。因此，镁已被用于制造一些军事装备，例如掩体支架、迫击炮底座和导弹等。镁还被用于制造飞机和陆地车辆的框架、壁板、地板、支架、轮毂，以及发动机的缸体、缸盖箱和活塞等零件。镁也被用于制造各种工业机械，例如纺织机上的经线卷轴和电动机端盖等；在制造货物装卸转运设备（例如船坞板和集装箱等）时也使用镁。制造粉刷工用的工具、手工工具、计算机柜和其他办公机械时也要使用镁。镁还被用于制造家庭用品（例如缝纫机）和运动器材（例如射箭运动员用的箭弓柄）。近年来，镁合金材料在电子、通信以及汽车、摩托车工业上的应用有了大的突破，前景十分可观。

3 镁及镁合金材料的分类及加工方法与生产工艺流程

3.1 镁及镁合金材料的分类

为了满足国防军工和国民经济各部门及人民生活各方面的需求，世界原镁（包括再生镁）产量除了一部分（25%左右）用于冶金等用途外，绝大部分（75%左右）被加工成铸件、压铸件、板、带、条、管、棒、型材、模锻件、冲压件及其深加工件等镁及镁合金材料，其分类如图3－1所示。

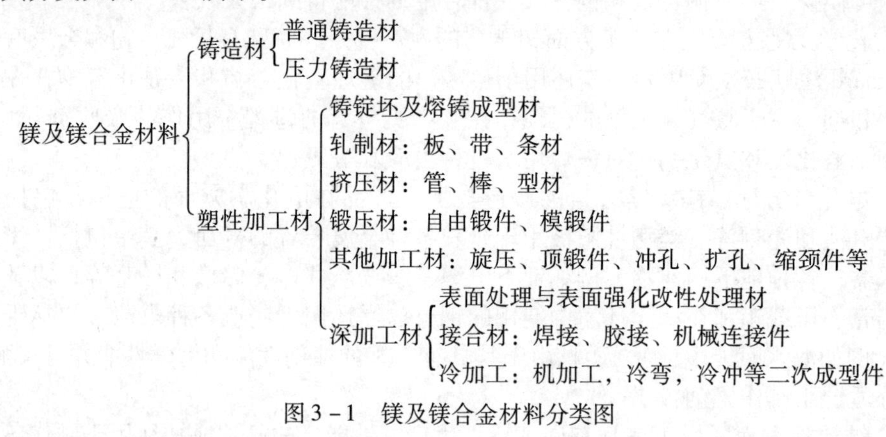

图3－1 镁及镁合金材料分类图

3.2 镁及镁合金材料制备与加工方法概述

3.2.1 镁及镁合金塑性加工成型方法的分类和特点

除了冶金等用途的原镁和废（碎）镁外，只有经重熔（熔炼）得到镁合金铸锭，然后用不同加工方法加工成一定形状与组织性能的产品方可实际应用。目前，就有金属的成型工艺（方法）绝大多数都可用于镁及镁合金的成型加工，其中最主要的有铸造法、塑性成型法和深加工法等。其中铸造法又可分为：砂型铸造、金属型铸造、低压铸造、高压铸造和熔炼铸造。塑性加工法可分为挤压、锻压和冲压法与轧制法等。

各类成型工艺的主要特点如下：

（1）砂型铸造适合于生产形状复杂且体积大的铸件，其铸件质量好，但生产效率不高。

（2）金属型铸造适合于生产形状复杂且体积大的铸件，铸件质量好但成本高。

（3）低压铸造适合于生产形状复杂的中等体积的铸件，铸件的质量好而成本也低。

（4）高压铸造适合于生产尺寸与形状精度要求高的中、小型铸件，其铸件质量稳定，生产批量大，成本最低。与铝合金压铸件相比，高压铸造更适合于薄壁铸件生产，且具有精度高、生产周期短、压铸模寿命长等优点，是当前应用最广泛的镁及镁合金加工成型工艺。

(5) 熔炼铸造适合于生产要求尺寸最精确且形状非常复杂，而产品组织性能高的铸件，铸件质量好但成本高。熔炼铸造法还可为变形镁合金制备圆形、扁形或异形铸锭坯料。

(6) 挤压成型适合于生产管、棒、型材，其产品性能高、成本较低。适合于品种多、批量小、长度大的产品生产，特别适合于塑性较低的难变形的镁合金挤压成型。

(7) 锻压成型适合于生产形状比较复杂的零件，其产品性能高、质量好、成本适中。

(8) 冲压成型适合于生产简单形状的零件，产品质量好、性能高、成本低。一般用于镁及镁合金板、带材和部分形材和管材的二次成型或三次成型。

(9) 轧制成型适合于批量大、用途广、通用性强的镁及镁合金板材和带材生产。板材和带材的宽度和厚度可变化，长度无限，是镁合金的良好加工方法，但其投资大、建设周期长，而且对塑性类的镁合金薄板生产难度大。

(10) 镁及镁合金材料深加工包括表面处理、连接和冷加工及机加工等。适合于铸造材和加工材的二次成型或三次成型和零部件的生产。

3.2.2 镁及镁合金铸造材料加工成型方法的分类和特点

镁及镁合金铸造材占镁及镁合金材料的75%以上，广泛应用于现代汽车和交通运输工业及电子信息和国防军工上。

按生产工艺方法不同，镁及镁合金铸造材可分为普通铸造材和压力铸造材两大类。这两大类铸造材的生产工艺方法与铝及铝合金、铜及铜合金、锌及锌合金等的铸造材的生产方法基本相同，即用的生产设备、工模具及生产工艺技术也大致相似。即不同之处主要是根据不同性能的镁合金选用不同的工艺参数和工艺操作规范。

(1) 普通铸造材料主要包括砂型铸造材、重力铸造材、金属型铸造材等，其相应的铸造工艺方法为砂型铸造、重力铸造、金属形铸造等，其工作原理和工艺操作基本上与铝及铝合金普通铸造材相似。

(2) 压力铸造材主要包括低压铸造材、挤压铸造材和高压铸造材等，其相应的铸造工艺方法为低压铸造法、挤压铸造法和高压铸造法等。其工作原理、生产设备和工艺操作也基本上与铝及铝合金压力铸造材相似。

(3) 铸造材的其他加工方法还有半固态加工法等将在以下章节中论及。

3.2.3 镁及镁合金塑性加工成型方法的分类和特点

塑性加工成型是镁及镁合金材料最重要的加工方法之一，而且，随着现代汽车和交通运输工业及国民经济的高速持续发展，越来越显示出其重要作用。镁及镁合金塑性加工材料的应用将不断拓宽，成为最重要的镁及镁合金材料。

镁及镁合金塑性加工材料的加工方法与镁及镁合金加工材的生产方法大致相同。因镁及镁合金加工材的生产、应用起步较晚，正处于成长发展阶段，因此本节仍对其基本原理与特点作一简单介绍。

镁及镁合金塑性成型方法很多，分类标准也不统一。目前，通常按工件在加工时的温度特征和工件在变形过程中的应力－应变状态来进行分类。

3.2.3.1 按加工时的温度特征分类

按工件在加工过程中的温度特征分类，镁及镁合金加工方法可分为热加工、冷加工和温加工。

（1）热加工。热加工是指镁及镁合金锭坯在进行充分再结晶的温度以上所完成的塑性成型过程。热加工时，锭坯的塑性较高而变形抗力较低，可以用吨位较小的设备生产变形量较大的产品。为了保证产品的组织性能，应严格控制工件的加热温度、变形温度与变形速度、变形程度以及变形终了温度和变形后的冷却速度。常见的镁合金热加工方法有热挤压、热轧制、热锻压、热顶锻、液体模锻、半固态成型、连续铸轧、连铸连轧、连铸连挤等。镁合金的热加工一般在350～500℃完成，此时材料的塑性最好。热挤压、热轧、热锻是最常用的热加工方法。

（2）冷加工。冷加工是指在不产生回复和再结晶的温度以下所完成的塑性成型过程。冷加工的实质是冷加工和中间退火的组合工艺过程。冷加工可得到表面光洁、尺寸精确、组织性能良好和能满足不同性能要求的最终产品。最常见的冷加工方法有冷挤压、冷顶锻、管材冷轧、冷拉拔、板带箔冷轧、冷冲压、冷弯、旋压等。与铝及铝合金不同，镁及镁合金在室温下的塑性较差，易于产生裂纹，生产难度也大，成本也高，因此冷加工应用较少。

（3）温加工。温加工是介于冷、热加工之间的塑性成型过程。温加工大多是为了降低金属的变形抗力和提高金属的塑性性能（加工性）所采用的一种加工方式。最常见的温加工方法有温挤、温轧、温顶锻等。对镁及镁合金来说，温加工是一种很好的、值得推广的加工方法。有时可以采用温加工替代冷加工来生产某些产品。在挤压材拉矫和板带材二次成型中常采用温加工。

3.2.3.2 按变形过程的应力－应变状态分类

按工件在变形过程中的受力与变形方式（应力－应变状态），镁及镁合金加工可分为轧制、挤压、拉拔、锻造、旋压、成型加工（如冷冲压、冷变、深冲等）及深度加工等，如图3－2所示。图3－3示出了部分加工方法的变形力学简图。

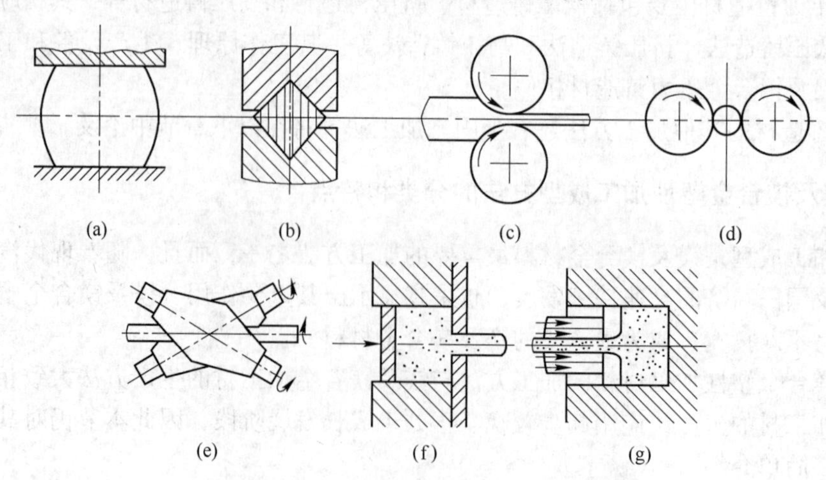

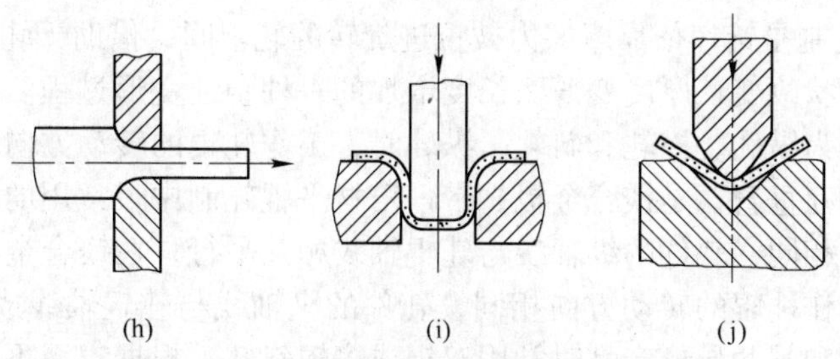

图 3－2 镁加工按工件的受力和变形方式的分类

（a）自由锻造；（b）模锻；（c）纵轧；（d）横轧；（e）斜轧；（f）正挤压；（g）反挤压；（h）拉拔；（i）冲压；（j）弯曲

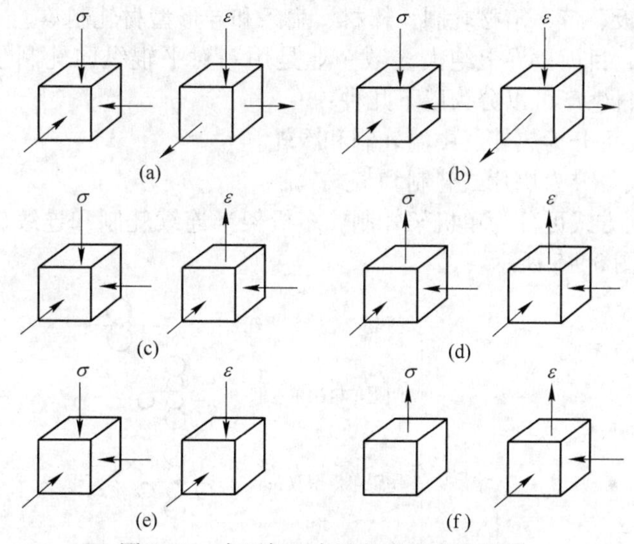

图 3－3 主要加工方法的变形力学简图

（a）平辊轧制；（b）自由锻造；（c）挤压；（d）拉拔；（e）静力拉伸；（f）在无宽展模压中锻造或平辊轧制宽板

镁及镁合金材料通过熔炼和铸造生产出铸坯锭，作为塑性加工的坯料，铸锭内部结晶组织粗大而且很不均匀，从断面上看可分为细晶粒带、柱状晶粒带和粗大的等轴晶粒带，如图 3－4 所示。铸锭本身的强度较低，塑性较差，在很多情况下不能满足使用要求。因此，在大多数情况下，铸锭都要进行塑性加工变形，以改变其断面的形状和尺寸，改善其组织与性能。为了获得高质量的铝材，铸锭在熔铸过程中，必须进行化学成分纯化、融体净化、晶粒细化、组织性能均匀化，以保证得到高的冶金质量。

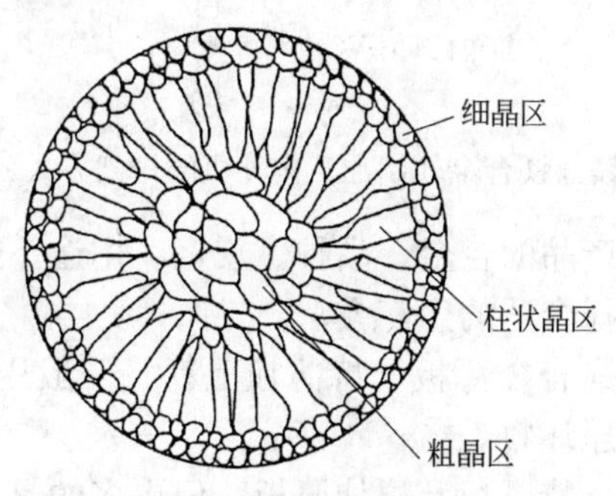

图 3－4 镁合金铸锭的内部结晶组织

（1）轧制。轧制是锭坯依靠摩擦力被拉进旋转的轧辊间，借助于轧辊施加的压力，使其横断面减小，形状改变，厚度变薄而长度增加的一种塑性变形过程。根据轧辊旋转方向不同，轧制又可分为纵轧、横轧和斜轧。纵轧时，工作轧辊的转动方向相反，轧件的纵轴线与轧辊的轴线相互垂直，是镁合金板、带、箔材平辊轧制中最常用的方法；横轧时，工作轧辊的转动方向相同，轧件的纵轴线与轧辊轴线相互平行，在镁合金板带材轧制中很少使用；斜轧时，工作轧辊的转动方向相同，轧件的纵轴线与轧辊轴线成一定的倾斜角度。在生产镁合金管材和某些异形产品时常用双辊或多辊斜轧。根据辊系不同，镁合金轧制可分为两辊（一对）系轧制，多辊系轧制和特殊辊系（如行星式轧制、V 形轧制等）轧制。根据轧辊形状不同，镁合金轧制可分为平辊轧制和孔形辊轧制等。根据产品品种不同，镁合金轧制又可分为板、带、箔材轧制，棒材、扁条和异形型材轧制等。

在实际生产中，目前世界上绝大多数企业是用一对平辊纵向轧制镁及镁合金板、带材。镁合金板、带材生产可以分为以下几种：

1）按轧制温度可分为热轧、中温轧制和冷轧。

2）按生产方式可分为块片式轧制和带式轧制。

3）按轧机排列方式可分为单机架轧制，多机架半连续轧制和连续轧制以及连铸连轧和连续铸轧等，如图 3－5 所示。

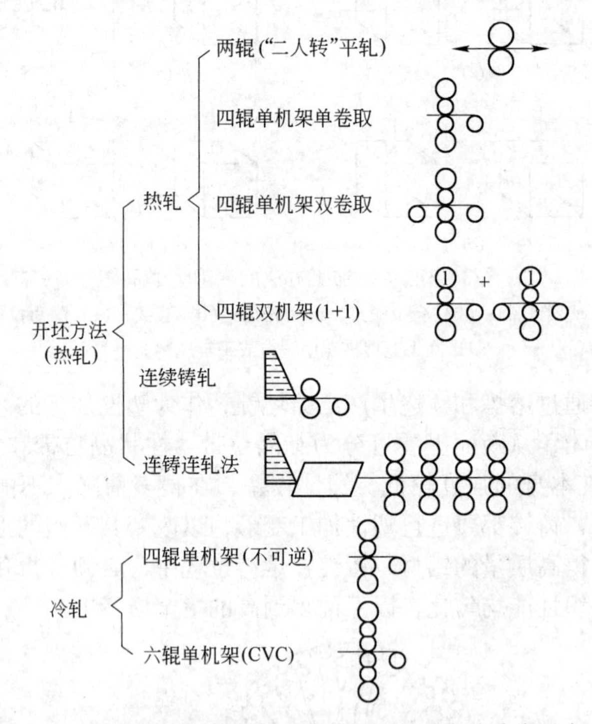

图 3－5 镁及镁合金轧制加工按轧机的排列方式分类示意图

在生产实践中，可根据产品的合金、品种、规格、用途、数量与质量要求与市场需求及设备配置与国情等条件选择合适的生产方法。

冷轧主要用于生产镁及镁合金薄板、特薄板毛料，一般用单机架多道次的方法生产。冷轧坯料有时也用锻压或挤压坯料。

热轧用于生产热轧厚板、特厚板及拉伸厚板，但更多的是用作热轧开坯，为冷轧提供高质的毛料。用热轧开坯生产毛料生产效率高、宽度大、组织性能优良，可作为高性能特薄板的冷轧坯料，但设备投资大，占地面积大，工序较多而生产周期较长。目前，国内外镁及镁合金热轧与热轧开坯的方法主要有：两辊单机架轧制；四辊单机架单卷取轧制；四辊单机架双卷取轧制；四辊两机架（热粗轧+热精轧，简称1+1）轧制；四辊多机架（1+2，1+4，1+5等）热连轧等。在目前条件下，镁及镁合金的热轧与热轧开坯最常用的方法还是两辊单机架单卷取轧制和四辊单机架双卷取轧制。多机架轧制尚在研究开发阶段。

为了降低成本，节省投资和占地面积，对于普通用途的冷轧板带材和冷轧用毛料，国外广泛采用连铸连轧法和连续铸轧法等方法进行生产。国内也在进行广泛的研究开发，并取得了很好的结果。

（2）挤压。挤压是将锭坯装入挤压筒中，通过挤压轴对金属施加压力，使其从给定形状和尺寸的模孔中挤出，产生塑性变形而获得所要求的挤压产品的一种加工方法。按挤压时金属流动方向不同，挤压又可分为正向挤压法、反向挤压法和联合挤压法。正挤压时，挤压轴的运动方向和挤出金属的流动方向一致，而反向挤压时，挤压轴的运动方向与挤出金属的流动方向相反。按锭坯的加热温度，挤压可分为热挤压和冷挤压。热挤压时是将锭坯加热到再结晶温度以上进行挤压，冷挤压是在室温下进行挤压，温挤压介于二者之间。目前，热挤压是生产镁及镁合金材料最广泛的加工方法。

（3）拉拔。与铝及铝合金不同，由于镁及镁合金在冷态下的塑性较差，不太适合于管、棒、型、线材的加工方法。根据所生产的产品品种和形状不同，拉伸可分为线材拉伸、管材拉伸、棒材拉伸和型材拉伸。目前，正在研究开发温轧和温拉拔。如有大批量的需求和应用，必须彻底改变镁合金的性能，提高它的塑性，即需要大大的细化晶粒或采用超塑性变形方法，并实现加工过程的自动化生产。

（4）锻造。锻造是锻锤或压力机（机械的或液压的）通过锤头或压头对镁及镁合金铸锭或锻坯施加压力，使金属产生塑性变形的加工方法。镁合金锻造有自由锻和模锻两种基本方法。自由锻是将工件放在平砧（或型砧）间进行锻造；模锻是将工件放在给定尺寸和形状的模具内，然后对模具施加压力进行锻造变形，从而获得所要求的模锻件。

（5）镁材的其他塑性成型方法。镁及镁合金除了采用以上四种最常用、最主要的加工方法，来获得不同品种、形状、规格及各种性能、功能和用途的镁加工材料以外，目前还研究开发出了多种新型的加工方法，它们主要有：

1）压力铸造成型法，如低、中、高压成型，挤压成型等。这是镁及镁合金材料加工成型最好和应用最广泛的加工方法之一。

2）半固态成型法，如半固态轧制、半固态挤压、半固态拉拔、液体模锻等。

3）连续成型法，如连铸连挤、高速连铸连轧、Conform 连续挤压法等。

4）复合成型法，如层压轧制法，多坯料挤压法和镁基复合材料加工方法等。

5）变形热处理法等。

6）制粉法和粉末冶金方法及喷射成型法。

7）深度加工。深度加工是指将塑性加工所获得的各种镁材，根据最终产品的形状、尺寸、性能或功能、用途的要求，继续进行（一次、两次或多次）加工，使之成为最终零件或部件的加工方法。镁材的深度加工对于提高产品的性能和质量，扩大产品的用途和拓宽市场，提高产品的附加值和利润、变废为宝和综合利用等都有十分重大的意义。

镁及镁合金加工材料的深度加工方法主要有以下几种：

1）表面处理法，包括化学氧化上色、阳极氧化着色、电镀及喷涂等。

2）焊接、胶接、机械连接及其他接合方法。

3）冷冲压成型加工，包括落料、切边、深冲（拉伸）、切断、弯曲、缩口、胀口等。

4）切削加工。

5）复合成型等。

3.3 镁及镁合金材料的生产工艺流程举例

镁及镁合金材料中以铸造材居多，铸造材中又以压铸材生产与应用最广泛，估计约占整个镁材年生产量的70%以上，其他铸造材产销量不大，约占10%以下。塑性加工材品种繁多，以挤压材（管、棒、型材）和轧制材（板、带材）应用最广，以年产消量计，挤压材约占塑性加工材的70%左右，轧制材占20%左右，其他仅占百分之几。因此，下面仅对镁及镁合金压铸材、挤压材和轧制的生产工艺流程进行分析并举例。

3.3.1 镁及镁合金压铸材的生产工艺流程

压铸即压力铸造的简称，它是在高压作用下，将液态或半液态合金液以高的速度压入铸型型腔，并在压力下凝固成型而获得轮廓清晰、尺寸精确铸件的方法。高压高速是压铸的两大特点，也是区别其他铸造方法的基本特征。压铸的压力通常在几兆帕至几十兆帕，充填速度通常在0.5～70m/s，充填时间很短，一般为0.01～0.03s。

压铸法是镁及镁合金材料的主要成型方法，压铸材是镁及镁合金材料中应用最广泛的材料，其压铸工艺流程如图3－6所示。

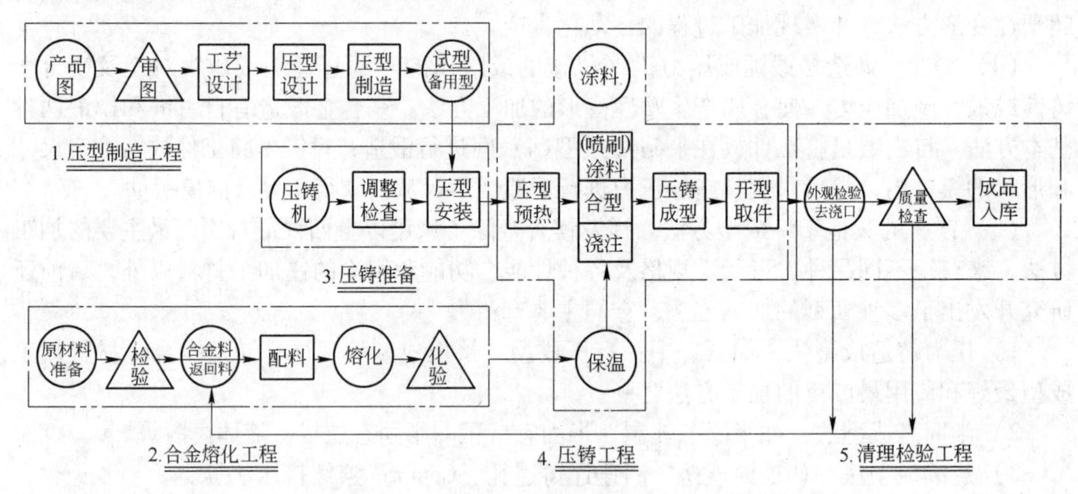

图3－6 镁及镁合金压铸工艺流程

3.3.2 镁及镁合金挤压材的生产工艺流程

镁及镁合金挤压材包括管材、型材和棒材，其年产销量是仅次于压铸材的镁及镁合金材料，也是应用最广泛的镁及镁合金塑性加工材。正向单动热挤压法是生产镁及镁合金挤压材的主要工艺方法，近年来，初动挤压机和双动反向挤压机也开始用于管材的生产。镁及镁合金挤压材的典型工艺流程如图3－7所示。

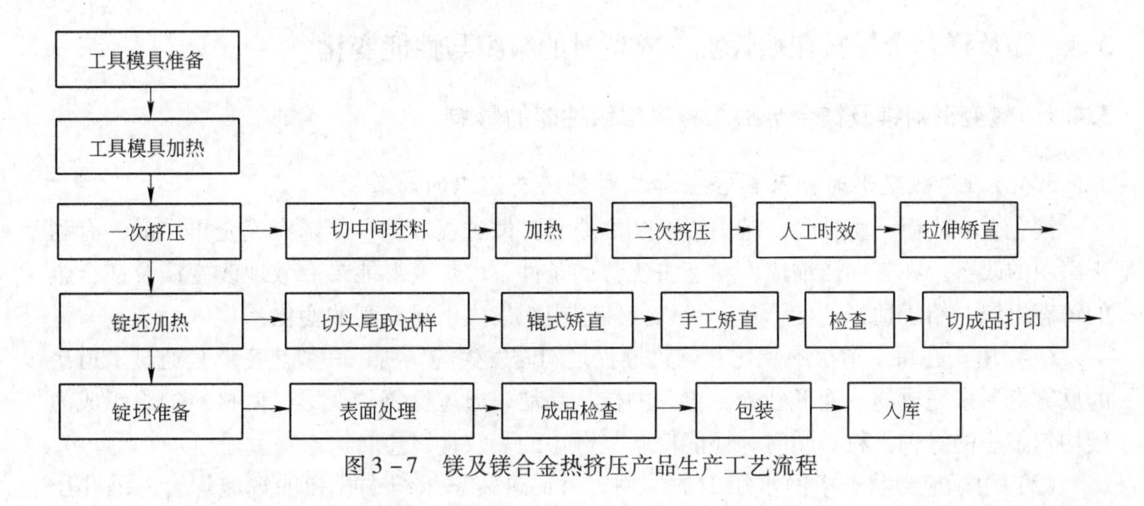

图3-7 镁及镁合金热挤压产品生产工艺流程

3.3.3 镁及镁合金轧制材的生产工艺流程

镁及镁合金轧制材主要包括厚板、中板、薄板及带材，是一种重要的镁材产品，在国民经济中用途日益广泛。

板、带材的生产基本上有两种方法：块片式生产法和带式生产法，块片式生产法是热轧后，将热轧坯料切成一定尺寸的小块，再继续对每一小块热轧坯料分别进行冷轧，加工成所要求尺寸的成品；带式是在热轧后不进行中断，而以带卷形式继续进行冷轧，轧到成品尺寸后，再根据订货要求切成一定尺寸的板片或成卷供货。

镁及镁合金板、带材的坯料可用铸锭→热轧坯，也可用铸锭→挤压坯或铸锭→锻压坯。其典型的工艺流程如图3-8所示。

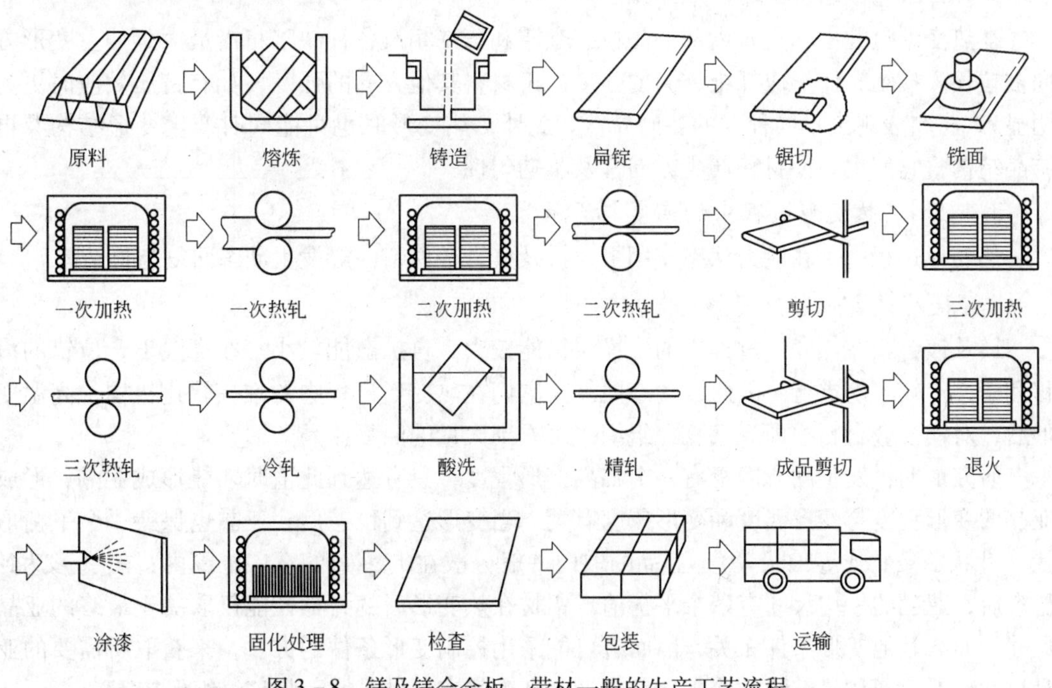

图3-8 镁及镁合金板、带材一般的生产工艺流程

3.4 镁及镁合金材料在塑性加工成型时的组织与性能变化

3.4.1 热变形对镁及镁合金加工材料组织性能的影响

3.4.1.1 热变形时镁及镁合金加工材料铸态组织的改善

镁合金在高温下塑性高、抗力小，加之原子扩散过程加剧，伴随有完全再结晶，有利于组织的改善。在三向压缩应力状态占优势的条件下，热变形能最有效地改变镁及镁合金的铸态组织。给予适当的变形量，可以使铸态组织发生下述有利的变化：

(1) 由于在每一道次中硬化和软化过程是同时发生的，所以一般热变形是通过多道次的反复变形来完成的。变形破碎了粗大的柱状晶粒，通过反复的变形，使材料的组织成为较均匀细小的等轴晶粒。同时，还能使某些微小的裂纹得以愈合。

(2) 由于应力状态中静水压力的作用，可促进铸态组织中存在的气泡焊合，缩孔压实，疏松压密，变为较致密的组织结构。

(3) 由于高温原子热运动能力加强，在应力作用下，借助原子的自由扩散和异扩散，有利于铸锭化学成分的不均匀性相对减少。

通过热变形，铸锭组织改变了变形组织（或加工组织），使其具有较高的密度、均匀细小的等轴晶粒及比较均匀的化学成分，因而塑性和抗力的指标都有明显的提高。

3.4.1.2 热变形制品晶粒度的控制

热变形后制品晶粒度的大小，取决于变形程度和变形温度（主要是加工终了温度）。在完全软化的温度范围内加工镁及镁合金材料时，为了获得均匀细小的晶粒，每道次的变形量应大于临界变形程度。

3.4.1.3 热变形时的纤维组织

在热变形过程中，金属内部的晶粒、杂质和第二相及各种缺陷将沿最大延伸主变形方向被拉长、拉细，而形成纤维方向的强度高于材料其他方向的强度（如有挤压效应时更为明显），材料表现出不同程度的各向异性。此外，热变形时也可能同时产生变形结构及再结晶结构，它们也会使材料产生方向性及不均匀性。

3.4.1.4 热变形过程中的回复与再结晶

热变形过程中，在应力状态作用下，镁及镁合金材料一般发生动态回复与再结晶。

A 镁及镁合金在热变形过程中的回复

镁及镁合金在热变形过程中的堆垛层错能较大，自扩散能较小。在高温下，位错的滑移和攀移比较容易进行。因此，动态回复是它们在热变形过程中的唯一软化机构。高温变形后，对镁合金材料立即观察，在组织中可看到大量的回复亚晶。

研究证明：发生动态回复有一个临界变形程度，只有达到此值时才能形成亚晶；形成亚晶的变形程度与变形温度和变形速度有关。当变形达到稳态后，亚晶也保持一个平衡形状（针状、条状或等轴状等），亚晶的取向一般分散在1°~7°的宽广范围内；热变形达到稳态后，亚晶的平均尺寸有一个平衡值。铝材在热变形后的力学性能仅取决于最终的亚晶尺寸，而与其他变形条件无关，因而有可能采用控制变形条件的方法，来获取所需要的亚晶尺寸，然后通过足够快的冷却速度来抑制产生静态再结晶，而将该组织保持下来。

B 镁材热变形过程中的再结晶

热变形进入稳态后，镁材内部发生全面的动态再结晶，随着变形的继续，回复与再结晶又反复进行，其组织状态已不随变形量的增加而变化。但是，由动态再结晶而导致软化的铝材，其组织一般难以保持，因为就在热变形完结后，静态再结晶即迅速发生而替代了那种“加工结构”。所以，热变形过程中的再结晶，包括与变形同时发生的动态再结晶和各道次之间，变形完结后冷却时所发生的静态再结晶。但热变形时起软化作用的主要还是动态再结晶。研究结果表明：

（1）动态再结晶的临界变形程度很大。

（2）动态再结晶易于在晶界及亚晶界处形核。

（3）由于动态再结晶的临界变形程度比静态再结晶大得多，因此，一旦变形停止，马上会发生静态再结晶。

（4）变形温度越高，发生动态再结晶与静态再结晶所需时间就越短。

应控制变形条件，以获得最佳的组织结构。

3.4.2 冷变形对镁及镁合金加工材料组织性能的影响

3.4.2.1 冷变形对镁及镁合金加工材料内部组织的影响

A 晶粒形状的变化

镁材冷加工后，随着外形的改变，晶粒皆沿最大变形发展方向被拉长、拉细或压扁。冷变形程度越大，晶粒形状变化也越大。在晶粒被拉长的同时，晶间的夹杂物也跟着拉长，使冷变形后的金属出现纤维组织。

B 亚结构

金属晶体经过充分冷塑性变形后，在晶粒内部出现了许多取向不同、大小为 10^{-3} ~ 10^{-6}cm 的小晶块，这些小晶块（或小晶粒间）的取向差不大（小于 1°），所以它们仍然维持在同一个大晶粒范围内，这些小晶块称为亚晶，这种组织称为亚结构（或镶嵌组织）。亚晶的大小、完整程度、取向差与材料的纯度、变形量和变形温度有关。当材料中含有杂质和第二相时，在变形量大和变形温度低的情况下，所形成的亚晶小，亚晶间的取向差大，亚晶的完整性差（即亚晶内晶格的畸变大）。冷变形过程中，亚晶结构对金属的加工硬化起重要作用，由于各晶块的方位不同，其边界又为大量位错缠结，对晶内的进一步滑移起阻碍作用。因此，亚结构可提高镁及镁合金加工材料的强度。

C 变形织构

镁及镁合金在冷变形过程中，内部各晶粒间的相互作用及变形发展方向因受外力作用的影响，晶粒要相对于外力轴产生转动，而使其动作的滑移系有朝着作用力轴的方向（或最大主变形方向）做定向旋转的趋势。在较大冷变形程度下，晶粒位向由无序状态变成有序状态的情况，称为择优取向。由此所形成的纤维组织，因具有严格的位向关系，称为变形织构。具有冷变形织构的材料进行退火时，由于晶粒位向趋于一致，总有某些位向的晶块易于形核长大，往往形成具有织构的退火组织，这种组织称为再结晶织构。

冷变形材料中形成变形织构的特性，取决于变形程度、主变形图和合金的成分与组织。变形程度越大，变形状态越均匀，则织构越明显。主变形图对产生织构有决定性的影响，如拉伸和圆棒挤压时可得到丝织构，而宽板轧制、带材轧制和扁带拉伸时可得到板织构等。织构使材料具有明显的各向异性，在很多情况下会出现织构硬化。在实际生产中，要控制变形条件，充分利用其有利的一面，而避免其不利的一面。

D 晶内及晶间的破坏

因滑移（位错的运动及其受阻、双滑移、交叉滑移等）、双晶等过程的复杂作用以及晶粒所产生的相对移动与转动，造成了在晶粒内部及晶界处出现一些显微裂纹、空洞等缺陷，使镁材密度减小，这是造成显微裂纹和宏观破断的根源。

3.4.2.2 冷变形对镁加工材料性能的影响

A 理化性能

（1）密度。冷变形后，因晶内及晶间出现了显微裂纹或宏观裂纹、裂口空洞等缺陷，使镁材密度减小。

（2）电阻。晶间物质的破坏使晶粒直接接角、晶粒位向有序化、晶间及晶内破裂等，都对电阻的变化有明显的影响。前两者使电阻随变形程度的增加而减少，后者则相反。

（3）化学稳定性。经冷变形后，材料内能增高，使其化学性能更不稳定而易被腐蚀，特别是易产生应力腐蚀。

B 力学性能

镁材经冷变形后，一方面，由于发生了晶内及晶间的破坏，晶格产生了畸变以及出现了第二类残余应力等，塑性指标急剧下降，在极限状态下可能接近于完全脆性的状态；另一方面，由于晶格畸变、位错增多、晶粒被拉长细化以及出现亚结构等，其强度指标大为提高，即出现加工硬化现象。

C 织构与各向异性

镁材经较大冷变形后，由于出现织构，材料呈现各向异性。例如，镁合金薄板在深冲时易出现明显的制耳。应合理控制加工条件，以充分利用织构与各向异性有利的一面，而避免或消除其不利的一面。

4 镁及镁合金材料的品种、规格、应用及技术质量要求

4.1 镁及镁合金材料的基本特性与应用

4.1.1 几种常用结构材料主要性能的对比及镁合金材料的特点

4.1.1.1 几种常用结构材料的物理、力学性能对比

几种常用结构材料的物理、力学性能对比见表4－1。

表4－1 几种常用结构材料的物理、力学性能对比

材料	镁铸件		镁锻件		铝铸件		铝锻件		铸铁	钢	塑胶 ABS
合金牌号	AZ91	AM50	AZ80－T5	Z31－H24	A380	A356－T6	6061－T6	5182－H24①	H350	镀锌板	
制取方法	压铸	压铸	挤压	轧板	压铸	永久模	挤压	轧板	砂模	轧板	
密度/$g\cdot cm^{-3}$	1.81	1.77	1.80	1.77	2.68	2.76	2.70	2.70	7.15	7.8	1.07
熔点/℃	598	620	610	630	595	615	652	638	1175	1515	260
热导率/$W\cdot(m\cdot ℃)^{-1}$	51	65	78	77	96	159	167	123	41	46	0.28
线膨胀系数/$℃^{-1}$	26×10^{-6}	26×10^{-6}	26×10^{-6}	26×10^{-6}	22×10^{-6}	21.5×10^{-6}	23.6×10^{-6}	24.1×10^{-6}	10.5×10^{-6}	10.7×10^{-6}	76.5×10^{-6}
弹性模量/GPa	45	45	45	45	71	72	69	70	100	210	2.1
抗拉强度/MPa	240	210	380	290	324	262	310	310	293	390	43
屈服强度/MPa	160	125	275	220	159	186	275	235		320	39
疲劳强度/MPa	85	85			138	90	95		128		
伸长率/%	7	15	7	15		5	12	8	0	26	16.5
屈强/质量比（以AZ91为100）	100	80	172.8	140.6	67.1	76.2	115	98.5		32.6	41

①美国ASTM标准，其成分（质量分数）是Mg 4.5%，Mn 0.35%，Fe 0.35%，Zn 0.25%，Si 0.20%，其余为Al。

4.1.1.2 镁合金材料与其他结构材料相比较具有的优异特性

与其他结构材料相比，镁合金具有以下特点：

（1）镁合金的密度是钢的23%，铝的67%，塑料的176%，它是金属结构材料中最轻的。镁合金的屈服强度与铝合金的大体相当，只稍低于碳钢的，是塑料的4～5倍；其弹性模量更远高于塑料的，是它的20多倍。因此在相同的强度和刚度情况下，用镁合金做结构件可以大大减轻零件的质量，这对航空工业、汽车工业、手提电子器件均有很重要的

意义。据悉，汽车质量每减轻10%，可节油5%，这对节约能源、降低环境污染方面均有实际意义。因此，镁及镁合金是理想的绿色轻量化材料。

（2）镁合金与铝合金、钢、铁相比具有较低的弹性模量，在同样受力条件下，可消耗更大的变形功，具有降噪、减振功能，可承受较大的冲击振动负荷。

（3）镁合金具有较好的铸造性能和加工性能。镁与铁的反应速度很低，熔炼时可采用铁坩埚，熔融镁对坩埚的侵蚀小，压铸时对压铸模的侵蚀小，与铝合金压铸相比，压铸模使用寿命可提高3~5倍，通常可维持在20万次以上。铸造镁合金的铸造性能良好，镁合金压铸件的最小壁厚可达0.6mm，而铝合金的为1.2~1.5mm。镁的结晶潜热比铝的小，在模具内凝固快，生产率比铝压铸件的高出40%~50%，最高可达两倍。镁合金有相当好的切削加工性能，切削时对刀具的消耗很低，切削消耗功能很小。镁合金、铝合金、铸铁、低合金钢切削同样零件消耗的功率比值为：1∶1.8∶3.5∶6.3。

（4）镁合金电磁屏蔽性能和导热性均较好，适合于做发出电磁干扰的电子产品的壳、罩，尤其是紧靠人体的手机外壳。镁合金与铝、铜等有色金属一样具有非火花性，适合做矿山设备和粉粒操作设备。镁合金表面具有非黏附性，适合于做在冰、雪、沙尘中运动的器件。镁合金有较好的耐磨性，适宜做缠绕、滑动设备。

（5）镁合金有较高的尺寸稳定性和稳定的收缩率，铸件和加工件尺寸精度高，除Mg-Al-Zn合金外，大多数镁合金在热处理过程中及长期使用中由于相变而引起的尺寸变化接近于零，适合做样板、夹具和电子产品外罩。

（6）镁的化学活性很强，在空气中容易氧化，特别是在高温下，若氧化反应放出的热量不能及时发散，则容易引起燃烧，因此在熔化镁合金时要采取防止氧化的措施。镁氧化膜的密度小于基体金属的密度，故疏松多孔，远不如铝合金表面氧化膜那样坚实致密，因此无明显保护作用。镁的电极电位很低，电化次序在常用金属中居最后一位，所以镁的抗蚀性较差。镁在干燥及氢氟酸、铬酸、矿物油（如汽油、煤油）和碱性介质中比较稳定，可用作输油管道；而在潮湿大气、淡水、海水及大多数酸、盐溶液中容易腐蚀，故在镁合金的生产、加工、储存及使用期间，表面应采取适当的防护措施，如表面氧化处理或涂漆。镁合金在与其他金属接触时易造成接触腐蚀，但Al-Mg合金除外，因此镁合金部件在使用中应只让它和绝缘材料接触，或者用Al-Mg合金（如5052）做它的垫片，就可以防止它的电化腐蚀。

因为镁的电极电位低，可以用它作牺牲阳极，保护其他金属物件免受电化腐蚀。

（7）镁合金对缺口的敏感性比较大，易造成应力集中。在125℃以上的高温条件下，多数镁合金的抗蠕变性能较差，在选材和设计零件时应考虑这一点。

（8）可回收。与塑料类材料相比，镁合金具有可回收性。这对降低制品成本、节约资源、改善环境都是有益的。

4.1.2 工业镁合金的基本特点与应用倾向

工业镁合金主要可分为铸造镁合金和变形镁合金。铸造镁合金和变形镁合金在成分、组织性能与用途上存在很大差异。铸造镁合金主要应用于汽车零件、机件壳罩和电气构件等。铸造镁合金多用压铸工艺生产，其主要工艺特点为生产效率高、精度高、铸件表面质量好、铸态组织优良、可生产薄壁及复杂形状的构件等。合金元素Al可使镁合金强化并具有优异的铸造性能。为了易于压铸，镁合金中的含 Al 量需大于 3%。稀土元素能够改善镁合金的铸造性能。为了使镁合金能够大量用作结构材料，开展变形镁合金的研制非常必要。由于密排六方的镁变形能力有限，易开裂，因此早期的变形镁合金要求其兼有良好的塑性变形能力和尽可能高的强度，对其组织的设计，大多要求不含金属间化合物，其强度的提高主要依赖合金元素对镁合金的固溶强化和塑性变形引起的加工硬化。例如，最初采用 Mg－1.5% Mn（质量分数）合金，加入 Th 以明显改善镁合金的强度、塑性及高温性能。目前，变形镁合金中主要含有 Al、Mn、RE、Y、Zr 和 Zn 等合金元素。这些元素一方面能提高镁合金的强度，另一方面能提高热变形性，以利于锻造和挤压成型。AZ31B 和 AZ31C 是最重要的工业用变形镁合金，具有良好的强度和延展性，两者区别在于所容许的杂质含量。AZ 系列合金随 Al 含量提高而轧制开裂倾向增大，因此 AZ61 合金很少以板材形式出售。目前开发成功的 ZK60 也是一种很有前途的新型变形镁合金。

表 4－2 列出了按 ASTM 系列的常规工业镁合金的基本特性及应用倾向（参考 2.3 节）。

表 4－2 主要工业镁合金的基本特性（按 ASTM 系列）及应用倾向（参考 2.3 节）

产品品种、合金牌号状态	特性及应用倾向	产品品种、合金牌号状态	特性及应用倾向
砂型铸件和永久型铸件		AS41A－F③	类似于 AS21－F，延展性和抗蠕变性能降低，强度和铸造性能提高
AM100A－T61	气密性好，强度和伸长率匹配良好	AZ91A、B 和 D－F④	铸造性能优良、强度较高
AZ63A－T6	室温强度、延展性和韧性良好	锻件	
AZ81A－T4	铸造性能、韧性和气密性良好	AZ31B－F	锻造性能优良，强度适中，可锤锻，但很少应用
AZ91C 和 E－T6	普通合金，强度适中	AZ61A－F	强度比 AZ31B－F 高
AZ92A－T6	气密性和强度适中	MZ80A－T5	强度比 AZ61A－F 高
EQ21A－T6	气密性和短时间高温力学性能优良	MZ80A－T6	抗蠕变性能比 AZ80A－T5 高
EZ33A－T5	铸造性能、阻尼性、气密性和 245℃ 抗蠕变性能优良	M1A－F	抗腐蚀性高，中等强度，可锤锻，但很少应用
HK31A－T6①	铸造性能、气密性和 350℃ 抗蠕变性能优良	ZK31－T5	强度高，焊接性能适中
HZ32A－T5①	铸造性能、气密性良好和 260℃ 抗蠕变性能比 HK31A－T6 优良	ZK60A－T5	强度接近 AZ80A－T5，但延展性更高
K1A－F	阻尼性良好	ZK61A－T5	类似于 AZ60A－T5
QE22A－T6	铸造性能、气密性良好和 200℃ 屈服强度较高	ZM21－F	锻造性能和阻尼性良好，中等强度
QH21A－T6①	铸造性能、气密性、抗蠕变性和 250℃ 屈服强度较高	挤压件	
WE43A－T6	室温和高温强度较高，抗腐蚀性良好	AZ10A－F	成本低，强度适中
WE54A－T6	类似于 WE43A－T6，150℃ 下会缓慢失去延展性	AZ31B 和 C－F	中等强度

续表 4-2

产品品种、合金牌号状态	特性及应用倾向	产品品种、合金牌号状态	特性及应用倾向
ZC63A-T6	气密性良好，强度和铸造性能比AZ91C优良	AZ61A-F	成本适中，强度高
ZE41A-T5	气密性好，中等强度高温合金，铸造性能比ZK51A优良	AZ80A-T5	强度比AZ61A-F高
ZE63A-T6	特别适合于强度高、薄壁和无气孔铸件	M1A-F	抗腐蚀性高，强度低，可锤锻，但是很少应用
ZH62A-T5①	室温屈服强度高	ZC71-T6	成本适中，强度和延展性高
ZK51A-T5	室温强度和延展性良好	ZK21A-F	强度适中，焊接性能良好
ZK61A-T5	类似于ZK51A-T5，屈服强度较高	ZK31-T5	强度高，焊接性能适中
ZK61A-T6	类似于ZK61A-T5，屈服强度较高	ZK40A-T5	强度高，比ZK60A的挤压性能好，但不适合焊接
压铸件		ZK60A-T5	强度高，不适合焊接
AE42-F	强度高和150℃抗蠕变性能优良	ZM21-F	成型性和阻尼性能良好，中等强度
AM20-F	延展性和冲击强度较高	片材与板材	
AM50A-F	延展性和能量吸收特性优异	AZ31B-H24	中等强度
AM60A和B-F②	类似于AM50A-F，强度稍高	ZM21-0	成型性和阻尼性能良好
AS21-F	类似于AE42	ZM21-H24	中等强度

①已废弃不用的合金。

②A和B性能差不多，但AM60B铸件杂质含量为：≤0.005% Fe、≤0.002% Ni和≤0.010% Cu。

③A和B性能差不多，但AS41B铸件杂质含量为：≤0.0035% Fe、≤0.002% Ni和≤0.020% Cu。

④A、B和D性能相同，在AZ91B中Cu含量为：≤0.30%，AZ91D铸件中杂质含量为：≤0.005% Fe、≤0.002% Ni和≤0.030% Cu。

4.2 镁及镁合金铸造材料的品种、规格及技术质量要求

4.2.1 一般铸件

在镁合金铸造产品中，一般铸件仅占10%左右。但其品种繁多，目前常见的品种主要有砂型铸件、金属型铸件、熔模铸件、壳模铸件等。规格范围很广，常用的有上千种。镁合金一般铸件的品种、状态、规格、尺寸与公差范围以及质量要求，详见GB/T 13820—1992（镁合金铸件）、GB/T 1177—1991（铸造镁合金）、GB/T 19078—2003（铸造镁合金锭）、HB 964—1982（铸造镁合金技术标准）、ASTM B 80—1997（镁合金砂型铸件）、ASTM B 199—1999（镁合金永久型模铸件）、ASTM B 403—1996（镁合金熔模铸件）、JISHS 203、2000（镁合金铸件）等技术标准。

4.2.2 压铸件

压铸是镁合金铸造最主要的成型方法，世界上镁合金铸造产品的93%左右是用压铸工艺生产的，这主要是由于镁合金有很好的压铸工艺性能。

（1）镁合金液黏度低，流动性好，易于充满复杂型腔，用镁合金可以很容易生产出壁厚为1.0~2.0mm的压铸件，最小壁厚可达0.6mm，而铝合金压铸件的最小壁厚则是2.3~3.5mm。

（2）镁合金压铸件的尺寸精度比铝压铸件高50%。

（3）镁合金压铸件的铸造斜度为1.5°，而铝合金为2°~3°。

（4）镁合金的熔点和结晶潜热都比铝合金低，压铸过程中对模具冲蚀比铝合金小，且不易黏模，其模具寿命可比铝合金的长2~4倍。

（5）镁合金压铸周期比铝合金短，因而生产率可比铝合金提高25%。

（6）镁合金铸件的加工性能优于铝合金铸件，镁合金铸件的切削速度可比铝合金件提高50%，加工耗能比铝合金低50%。

镁合金压铸件品种繁多，规格范围十分宽广，主要用于汽车、摩托车等现代化交通工具和航天航空、机械制造、电子电器等工业部门。目前，世界上已开发出数千种镁合金压铸件，主要品种有低压铸件、高压铸件、真空压铸件、精密压铸件、充氧压铸件、挤压和液态挤压铸件、半固态压铸件等。镁合金压铸件的最大投影面积（冷室压铸）可达3m^2左右，最小（热室压铸）可达0.01m^2；最重可达几十公斤，最小只有几十克；最小壁厚可达0.5~0.6mm。可见，其规格范围是十分广的。镁合金压铸件的品种、状态、规格、尺寸与公差以及质量要求等可详见GB/T 19078—2003（铸造镁合金锭）、GB/T 13820—1992（镁合金铸件）、HB 964—1982（铸造镁合金技术标准）、ASTM B 93—1998（砂型铸造、永久模铸件和压铸件用镁合金锭）、ASTM B 94—1994（镁合金压模铸造）、JISHS 303—2000（镁合金压铸件）、ГОСТ 2856—1979（铸造镁合金技术条件）等标准。

4.3　镁及镁合金塑性加工材料的品种、规格及技术质量要求

4.3.1　板、带材

镁合金轧制产品主要有平直薄板、厚板、薄板带卷、圆片等。因镁合金的冷轧性能不好，从而普通厚板一般在热轧机上直接生产，薄板一般采用冷轧和温轧成型。镁合金厚板的厚度范围为11.0~70mm，薄板为0.8~10mm。有的国家或企业将镁合金板材分为厚板、中板和薄板，厚板为22~70mm，中板为6.0~21mm，薄板为0.5~5.0mm，见表4-3。镁合金板、带材的品种、状态、规格、尺寸与公差以及技术质量要求，基本上与镁及镁合金板、带材相似，详见GB/T 5154—1985（镁合金板材）、ASTM B 90—1998（镁合金薄板和厚板）、BS 3370—1970(93)（一般工程用镁合金板、带）、JISH 4201—1998（镁合金板）、ГОСТ 21990—1976（镁及镁合金板技术条件）、ГОСТ 22635—1977（镁板技术条件）等标准。

表4-3　镁及镁合金板材的规格范围

名　称	尺寸范围/mm		
	厚　度	宽　度	长　度
薄板	0.5~5.0	500~1000	2000~3000
中板	6.0~21.0	500~1000	2000~3000
厚板	22.0~70.0	500~1000	2000~3000

4.3.2 管、棒、型、线材

镁合金在225℃以上具有良好的塑性，可以温挤压或热挤压成各种不同形状和规格的棒材、管材、型材和线材，从原则上说，凡铝合金能生产的品种规格镁合金都能生产。

镁合金棒材可分为圆棒、方棒、多角棒等，其合金品种、规格、尺寸与公差以及技术质量要求，详见GB/T 5155—2003（镁合金热挤压棒材）、ASTM B 107—1994（镁合金挤压棒材）、BS 3373—1970（93）（一般工程用变形镁合金棒材）、JISH 4203—1990（镁合金棒）、NFA 65－727/737（镁合金半成品：挤压矩形/圆形棒材尺寸和公差）等标准。

镁合金管材可分为厚壁管、薄壁管、圆管、方管、矩形管、焊合管和无缝管等，其合金状态、品种、规格、尺寸公差及技术质量要求详见YB 630—66（镁合金管材）、YS/T 1517—2004（镁合金热挤压管材）、ASTM B 107—2000（镁合金挤压棒、型、管和线材）、NFA 65－727（镁合金半成品：挤压圆管尺寸和公差）、JISH 4202—1998（镁合金无缝管）等技术标准。

镁合金型材品种繁多，主要分实心型材、空心型材、半空心型材、异形型材、壁板型材等，其合金状态、品种、规格、尺寸公差及技术质量要求详见GB/T 5156—2003（镁合金热挤压型材）、ASTM B 107—1994（镁合金挤压型材）、BS 3373—1970（93）（一般工程用变形镁合金型材）；JISH 4204（镁合金挤压型材）；DIN 9712—1969（镁和镁合金挤压型材）；NFA 65－767—1981（镁合金型材尺寸与公差）、ГОСТ 19657—1984（镁合金挤压型材技术条件）等标准。

镁合金线材的品种规格较少，很多国家尚未形成规模，也未制订技术标准。目前常用的合金状态、品种规格、尺寸公差及质量要求详见美国标准ASTM B 107—1994（镁合金线材）。

4.3.3 锻件

镁合金锻造产品可分为自由锻件和模锻件，其品种规格范围与铝合金大致相同。镁合金锻件的合金、状态、品种、规格、尺寸公差及技术质量要求详见HB 6690（镁合金锻件）、ASTM B 91—1997（镁合金锻件）、BS 3373—1970（93）（一般工程用变形镁合金锻坯）、DIN 9005T1—1973（镁合金模锻件交货条件）、DIN 9005T2/T3（镁合金模锻件设计规则和允许偏差）等标准。

4.3.4 粉材

镁合金粉材应用十分广泛，品种很多，详见GB/T 5150—2004（镁及镁合金粉）、GB 5149（镁粉）等标准。

第 2 篇

镁冶金及镁合金

5 原镁的生产方法与生产工艺技术

5.1 镁资源及分布

镁在地壳中的储藏量极其丰富，其储藏量为2.8%（如图5-1所示），存在于地壳$w(Mg)=2.5\%$，海水$w(Mg)=0.14\%$和盐泉与湖水中。在地壳表层储量居第6位。在大多数国家都能发现镁矿石。已知镁矿多达60余种，其中有工业价值的有菱镁矿（$MgCO_3$）、白云石（$MgCO_3 \cdot CaCO_3$）、光卤石（$KCl \cdot MgCl_2 \cdot 6H_2O$）、方镁石（MgO）、北镁石（$Mg(OH)_2$或$MgO_2 \cdot H_2O$）、橄榄石（$(MgFe)_2SiO_4$）、水氯镁石（$MgCl_2 \cdot 6H_2O$）和蛇纹石（$3MgO \cdot 2SiO_2 \cdot 2H_2O$）等（见表5-1）。然而，镁的最主要资源还是海水。镁在海水、盐湖卤水中含量非常高，每立方海水中约含有1.4kg镁，溶解在海水中的镁的总量达6×10^{16}t。因而，海水为人们提供了取之不尽的镁资源。

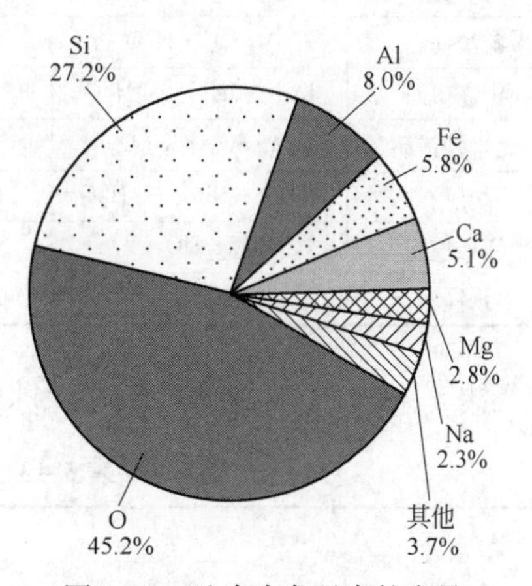

图5-1 地壳中各元素的含量

表5-1 含镁的主要矿物

矿物名称		组成	Mg/%
碳酸盐类	菱镁矿（Magnesite）	$MgCO_3$	28.8
	白云石（Dolomite）	$MgCO_3 \cdot CaCO_3$	13.2
	水碳镁石（Hydromagnesite）	$MgCO_3 \cdot Mg(OH)_2 \cdot 3H_2O$	26
硅酸盐类	滑石（Talc）	$3MgO \cdot 4SiO_2 \cdot H_2O$	19.2
	橄榄石（Olivine）	$(MgFe)_2SiO_4$	28
	蛇纹石（Serpentin）	$3MgO \cdot 2SiO_2 \cdot 2H_2O$	26.3
	海水（Sea water）	$3MgO \cdot 4SiO_2 \cdot 2H_2O$	0.13
硫酸盐类	硫酸镁石（Kiesrite）	$MgSO_4 \cdot H_2O$	17.6
	钾镁矾石（Kainite）	$MgSO_4 \cdot KCl \cdot 3H_2O$	9.8
	无水钾镁矾（Langbeinite）	$2MgSO_4 \cdot K_2SO_4$	11.7
氯化物盐类	光卤石（Carnallite）	$KCl \cdot MgCl_2 \cdot 6H_2O$	8.8
	卤水（Brine）	$NaCl \cdot KCl \cdot MgCl_2$	可变
其他	方镁石（Periclase）	MgO	60
	水镁石（Brucite）	$Mg(OH)_2$	41.6
	尖晶石（Spinel）	$MgO \cdot Al_2O_3$	17

目前，世界炼镁工业上使用的原料多为菱镁矿、白云石、光卤石及海、盐湖水中的$MgCl_2$。表5－2为镁矿物的组成和性质。

表5－2 镁矿物的组成与性质

矿物名称	化学式	含量（质量分数）/%		密度 /g·cm^{-3}	莫氏硬度
		MgO	Mg		
菱镁矿	$MgCO_3$	47.8	28.8	2.9~3.1	3.75~4.25
白云石	$CaCO_3 \cdot MgCO_3$	21.8	13.2	2.8~2.9	3.5~4.0
水氯镁石	$MgCl_2 \cdot 6H_2O$	19.9	12.0	1.6	1~2
光卤石	$KCl \cdot MgCl_2 \cdot 6H_2O$	14.6	8.8	1.6	2.5
硫酸镁石	$MgSO_4 \cdot H_2O$	29.2	17.6	2.6	3.5
钾镁矾石	$KCl \cdot MgSO_4 \cdot 3H_2O$	16.2	9.8	2.2	2.5~3.0
无水钾镁矾	$2MgSO_4 \cdot K_2SO_4$	19.4	11.7	2.8	3.5~4.0
蛇纹石	$3MgO \cdot 2SiO_2 \cdot 2H_2O$	43.6	26.3	2.6	3~5.5
镁橄榄石	Mg_2SiO_4	57.3	34.6	3.2	6.5~7.0
水镁石	$Mg(OH)_2$	69.1	41.6	2.4	2.5

表5－3~表5－5为我国与原苏联镁矿的化学组成。

表5－3 中国和原苏联的菱镁矿组成

国家与产地	含量（质量分数）/%				
	MgO	CaO	R_2O_3	SiO_2	灼减
中国：辽宁大石桥	46.43	1.99	0.37	0.78	50.46
原苏联：萨特金	45.2~46.2	0.3~1.6	0.9~1.2	0.2~1.8	50.8~51.9
原苏联：塔里斯克	47.0~47.2	0.6~0.7	0.6~2	0.2	50.8~51.1
中国：江苏南京	20.89	—	—	0.72	46.5
中国：湖南湘乡	20.05	33.29	0.08	0.51	47.5
中国：广西贵县	>20	—	<0.6	<0.2	46.8
原苏联：乌拉尔	20.8	32.1	0.5	0.8	45.9
原苏联：西伯利亚	19.1~21.3	30.5~31.4	0.1~0.4	43.2~46.4	
原苏联：哈萨克共和国	20.5~21.7	30.2~30.5	0.8~2.4	0.4~1.5	45.6~46.9

表5－4 中国和原苏联的白云石组成

国家与产地	含量（质量分数）/%				
	MgO	CaO	R_2O_3	SiO_2	灼减
中国：江苏南京	20.89	—	—	0.72	46.5
中国：湖南湘乡	20.05	33.29	0.08	0.51	47.5
中国：广西贵县	>20	—	<0.6	<0.2	46.8
原苏联：乌拉尔	20.8	32.1	0.5	0.8	45.9
原苏联：西伯利亚	19.1~21.3	30.5~31.4	0.1~0.4	0.1~0.7	43.2~46.4
原苏联：哈萨克共和国	20.5~21.7	30.2~30.5	0.8~2.4	0.4~1.5	45.6~46.9

表 5－5 中国和原苏联盐湖水与光卤石组成

国家与产地	含量(质量分数)/%						
	$MgCl_2$	KCl	NaCl	$CaCl_2$	SO_4^{2-}	H_2O	不溶物
中国：青海盐湖水氯镁石	45.78	—	—	碱金属氯化物 0.82	0.097	(B_2O_3) 0.0062	0.094
中国：青海盐湖水氯镁石	43.58	—	—	0.62	1.77	0.030	0.105
中国：青海盐湖水氯镁石	34.58	—	—	0.74	0.055	0.002	0.140
中国：青海人造光卤石	32.27	23.74	5.6	2.9×10^{-4} (B)	0.25	38.5 (H_2O)	—
原苏联：索列卡姆	26.10	19.70	23.30	—	—	28.5	1.8
原苏联：斯塔斯富尔	21.30	15.70	21.6	0.3 ($CaCl_2$)	13.0 ($MgSO_4$)	26.1	2.0

国家与产地	Na^+	Mg^{2+}	K^+	Ca^{2+}	Cl^-	SO_4^{2-}	HCO_3^-	平均矿化度/$g\cdot L^{-1}$
中国：青海察尔汉盐湖晶间卤水	71	29	12	1.0	202	6	0.3	350
原苏联：别勒滩盐湖晶间卤水	25	64	23	0.5	240	7	0.1	350

表 5－6 为海水中含量较高的化学元素，表 5－7 为海水中盐类成分。

表 5－6 海水中含量较高的化学元素

元素	O	H	Cl	Na	Mg	S	Cu	K	Br	C	Sr	B	Si	F
含量/$mg\cdot L^{-1}$	857000	108000	19000	10500	1300	900	400	380	65	28	8	4.8	3	1.3

表 5－7 海水中盐类成分

盐类名称	NaCl	$MgCl_2$	Na_2SO_4	$CaCl_2$	KCl	$NaHCO_3$	KBr	H_2BO_3	$SrCl_2$
含量(质量分数)/%	2.348	0.498	0.394	0.110	0.066	0.019	0.010	0.003	0.002

大自然中的镁是非常丰富的，几乎世界上所有国家都发现有镁矿石。广阔的海洋中也遍布镁资源。我国是镁资源大国。据资料统计，在已探明的陆地资源中，我国的镁储量最大，居世界第一，其次是前苏联、加拿大、法国、南非、巴西、东南亚等国家和地区。美国大陆的镁矿资源不多，金属镁大部分是以海水为原料制取。我国海岸线很长，沿海各地提取食盐后副产大量卤水是生产金属镁的重要原料。菱镁矿是生产金属镁最重要的矿石，是一种碳酸盐矿物，其分子式为 $MgCO_3$，理论上含 MgO 47.82%，CO_2 52.18%。世界上最大的菱镁矿矿床在中国营口大石桥地区，其储量与质量（品位）居世界第一。白云石是碳酸镁与碳酸钙的复盐，其分子式为 $CaCO_3\cdot MgCO_3$，理论上含 MgO 21.8%，CaO_3 0.4%，CO_2 48.8%。原苏联的白云石矿的储量和品位在世界上居首位，中国广西、湖南、江苏等地的白云石矿的储量和品位也居世界前列。光卤石是氯化镁和氯化钾的含水复盐，其分子式为 $KCl\cdot MgCl\cdot 6H_2O$，理论上含 $MgCl_2$ 34.5%，KCl 26.7%，H_2O 38.8%，其中 $MgCl_2/KCl=1.0(mol)$。世界上最大的光卤石矿床在俄罗斯的乌拉尔和德国的埃利贝区，我国青海盐湖也有大量的光卤石，且质量优异。

近年来，我国对镁资源进行了广泛的探查，2006 年已探明的菱镁矿石保有储量 30.09 亿吨，约占世界探明储量的 1/4。在我国，符合炼镁要求的Ⅰ、Ⅱ级矿占 78%，主要分布在辽宁和山东、山西、宁夏、内蒙古、广西、河南等各省区。其中辽宁省储量为25.7亿吨，约占全国总储量的85%以上，矿石品位高达40%。辽宁菱镁矿资源具有以下特点：一是资源集中，矿床巨大；二是品位高、杂质少，MgO含量大于46%的Ⅰ、Ⅱ级矿石约占总储量的1/2；三是矿石储存条件优越，易剥离，好开采。我国菱镁矿储量及分布情况见表5-8。

表5-8　我国菱镁矿储量及分布情况

地　区	矿区数	已利用矿区数	储量/万吨			MgO/%
			总　计	(A+B+C)级	D级	
辽宁	12	6	257676	113737	143939	>46
河北	2	1	1438	1000	438	>38
安徽	1		333		333	
山东	4	2	28715	16932	11783	>43
四川	3	1	783	174	609	38~43
西藏	1		5710		5710	44.02
甘肃	2	1	3087		3087	44.05
青海	1		82	50	32	38.45
新疆	1		3110		3110	45.37
全国	27	11	300934	131893	169041	

菱镁矿石经过燃烧，碳酸镁分解为氧化镁和二氧化碳。氧化镁具有较强的耐火性能和绝缘性能，广泛应用于冶金、建材、轻工、化工、医药、航空、航天、军工、电子、农牧等行业。

白云石资源遍及全国各省区，已探明储量在40亿吨以上。白云石的组成见表5-9。宁夏回族自治区矿藏丰富，现已探明白云石矿储量超过亿吨，其中同心县白云石是国内综合指标最好的矿石之一。镁的主要加工原料白云岩在贺兰山下储量丰富，品位很高。目前，宁夏回族自治区全区金属镁生产企业14家，生产能力由过去的500t增长到现在的2万多吨，金属镁产量1.17万吨，占全国总产量的10%，其中约90%出口到美国、德国、日本等20多个国家，与山西、河南两省并列为我国镁业三强。

表5-9　白云石的组成

产　地	含量(质量分数)/%				
	MgO	CaO	$R_2O_3$①	SiO_2	灼减
海南枫树乡	21.52	30.44	0.64	1.53	45.4
广西贵港	20.45	30.78	0.27	0.32	47.3
贵州乌当下坝	21.85	30.87	0.072	0.54	47.03
江苏南京	21.18	30.93	0.15	0.09	47.5
湖南新化县坪溪乡	21.26	33.27	0.27	0.32	47.3
湖南湘乡棋梓桥	20.05	32.29	0.08	0.50	47.6
湖南临湘城关	20.76	30.0	0.50	1.8	46.2
湖南宜章县	21.76	30.64	0.035	0.37	46.72
湖北石门坎	20.65	30.36	0.63	2.56	45.1

①R_2O_3表示Al_2O_3、Fe_2O_3含量之和。

我国青海盐湖含有丰富的镁资源，柴达木盆地拥有丰富的钾、镁盐矿，其中察尔汗盐湖总面积达5856km^2，具有储量大、品位高、类型全、资源组合好等特点。据初步探测，柴达木盆地盐湖保有储量为48.15亿吨（其中氯化镁31.43亿吨，硫酸镁16.72亿吨），工业储量12.72亿吨（其中氯化镁12.55亿吨，硫酸镁0.17亿吨）。镁盐储量占我国总储量的89.3%，其中卤水平均含氯化镁17.74%，高出海水氯化镁含量30倍。

5.2 国内外近代镁冶金的发展概况

镁冶金同其他金属冶炼相比是一个比较新的工业门类。它的发展过程大体经历了金属还原镁的化合物、熔盐电解和热还原三个阶段。

镁的化合物是17世纪末发现的。1695年美国的物理学家葛留在埃蒲苏的矿泉中发现了硫酸镁，后来又发现了碳酸镁。1755年英国人布拉克（D. Black）正式确定了镁元素的存在，1808年英国化学家戴维（H. Davy）电解汞和MgO混合物，通过加热驱走了汞，分离出单体镁。1828年法国科学家布塞（A. Bussy）等人开始尝试用钾蒸气还原氧化镁和还原氯化镁制取金属镁的方法，后又用还原熔融氧化镁。由于用钠和钾还原镁的化合物的方法很不经济，后来很快就被电解法所代替。1830年法拉第（Farady）第一次用电化学的方法电解熔融氯化镁获得了金属镁。1852年本生（Bunsen）在实验室里对电解法进行了较为详细的研究，并由试验研究走向工业化生产，1885年建立了工业电解槽。后来戴维等许多科学家对电解质、阳极和阴极材料、添加剂以及水分、硫酸盐等杂质对电解过程的影响做了详细的研究。1897年美国的贝尔达乌取得了电解熔融氯化镁与氯化钠的混合物制取金属镁的专利权，格梅林根于1899年取得了用电解天然光卤石制取金属镁的专利权。电解熔融氯化物制取金属镁的方法在19世纪末已初具规模，金属镁成了工业金属。后来，电解熔融氯化物制取金属镁的方法在工艺设备方面又进行了一系列的改进。直到目前为止，电解法仍然是生产金属镁的主要工艺方法之一。

自20世纪30年代开始，金属热还原法开始建立并极受重视，尤其是硅热法炼镁。由于具有工艺较简单、无污染、建厂快、投资省等优点，已成为生产金属镁的一种主要方法。金属镁的生产结构，反映了电解法和热法制镁的竞争能力。金属镁的生产发展仅有70余年的历史，由于一度作为战略物资用于军事工业，所以其产量波动很大。第一次世界大战前仅有少数几个国家生产金属镁，战争期间产量增长，战后又下降。第二次世界大战期间，镁产量曾猛增至24.85万吨，战后下降。自20世纪50年代以来，镁的应用范围不断扩大，产量也稳步上升。目前，世界原镁的产能已高达200万吨/年左右，年产量达87万吨以上。

我国镁工业起步较晚。1957年抚顺铝厂镁分厂投产，采用菱镁矿氯化制取的氯化镁为原料，电解生产金属镁，以后又进行了热法炼镁试验研究。近年来，硅热法炼镁有了较快的发展，电解法工艺技术开发也在加快进行。目前，我国原镁产能已达180万吨/年以上，年产量达73万吨左右，年销量达32万吨左右，成为世界真正的镁业大国，镁的产能、年度销量，连续三年位居世界第一，也是世界原镁的出口大国，正在向镁业强国进军。

5.3 原镁的生产方法、生产工艺与设备

5.3.1 概述

镁的生产方法分为两大类，氯化镁熔盐电解法和热还原法（硅热法炼镁、炭热法炼镁与碳化物热法炼镁）。世界各国的炼镁方法都是根据自己的资源特点来组织镁工业生产的，而且都有自己的独特经验。

电解法炼镁可分为电解熔融氯化镁和电解溶于熔盐中的氧化镁。电解法又依氯化镁的制得方法不同分为四种：道乌法（DOW）、阿码克斯法（Amax）、诺斯克法（Norsk Hydro）和氧化镁氯化法。道乌法以海水为原料，阿码克斯法以盐湖中的卤水为原料，诺斯克法以海水或 $MgCl_2$ 含量高的卤水为原料，氧化镁氯化法以菱镁矿为原料。

由于电解熔盐中氧化镁法存在电解温度高、电解单位消耗大、工艺指标低等缺点，因而没有得到推广，其工艺技术经济指标也不能与已经成熟的电解熔融氯化镁法和热法相比较。

硅热还原法又分为皮江法（Pidgeon）、波尔扎诺法（Bolzano）和玛格尼特法（Magnetherm）三种。

皮江法的原料为白云石，还原剂为硅铁，矿化剂为萤石。将原料粉碎至200目左右，制成球团，装入还原罐，在1200℃的高温和小于13.3Pa的真空下热还原制得结晶镁，经精炼后铸成镁锭，也称外热法。我国目前大都采用此法。

波尔扎诺法原理及原料和皮江法相同，只是改外加热为内加热，因此也称为内热法或改良皮江法。其因在意大利波尔扎诺地方首先建厂而得名。与皮江法的不同之处在于：原料制成砖状，不是小球状，还原炉尺寸约为 $\phi 2m \times 5m$，钢外壳，内砌耐火材料。内部有若干串联的电阻环，砖形料放在电阻环上直接加热，镁结晶器在还原炉上部，精炼工艺与皮江法相同。

玛格尼特法起源于法国，中国、日本曾使用过该法。原料为白云石，还原剂为硅铁，造渣剂为铝土矿。在真空电炉中进行还原反应，反应温度为1600℃左右，真空度为20～100mmHg[1]。所有炉料均呈液态，产品为液态镁，炉渣也为液态。单相交流电导入炉渣层中，用以加热并熔化炉渣，炉渣是电阻体。炉底有一出口，可排渣和残余的硅铁。上部冷凝器中收集液态镁，冷凝器定期更换。该法也称半连续法，其反应式为：

$$2(CaO \cdot MgO)(s) + 2Si(Fe)(s) + nAl_2O_3(s) =\!=\!= 2Mg(g) + 2CaO \cdot SiO_2 \cdot nAl_2O_3(l) + Si-Fe(l)$$

不同炼镁方法各种利弊简单比较见表5－10，从表中可以看到，不同生产方法的镁产品质量、基建投资、生产规模等存在差异。

表5－10 各种炼镁方法比较

项　目	电解法	皮江法	波尔扎诺法	玛格尼特法
生产规模	大型	可大可小	较大	较大
基建投资	大	小	稍大	较大

[1] 1mmHg＝133.322Pa，下同。

续表 5-10

项 目	电解法	皮江法	波尔扎诺法	玛格尼特法
镁纯度/%	99.8	≥99.8	≥99.9	99.8
主要杂质	Fe：$250\times10^{-6}\sim400\times10^{-6}$	—	—	Si：$600\times10^{-6}\sim1000\times10^{-6}$ Mn：$600\times10^{-6}\sim800\times10^{-6}$
机械化自动化	高	低	稍高	较高

根据理论计算，用各种原材料提炼单位质量原镁所需的能量比提炼其他金属的高，但是制备单位体积原镁所需的能量比铝或锌的低，甚至可与聚合物媲美。表 5-11 列出了氯化物熔盐电解法和热还原法生产镁的化学反应及所需能量的对比情况。氯化镁主要来自镁盐、卤水和海水等，氧化镁则来源于含镁矿石，如白云石、水镁石（天然氢氧化镁石）、菱镁矿。近 20 年来，人们在炼镁技术方面取得了很大突破。在电解氯化镁制镁方面突破了氯化镁溶液脱水制取无水氯化镁的关键技术，如以钾肥生产中的溶液和盐湖水为原料来生产镁。此外，在镁电解槽结构和容量方面有很大发展，如发展了无隔板电解槽，扩大了电解槽的容量，并且进一步降低能耗。在硅热还原法炼镁方面，半连续作业的真空还原炉更加大型化，并且采用电子计算机控制，单台设备日产镁达 7~7.5t。炼镁技术的进步使镁的价格大幅度下降，镁铝价格比从 1.8 降至 1.4，甚至更低。随着镁的结构应用不断扩大以及进一步替代铝用于结构件中，制镁行业发展迅速。目前，电解熔融氯化镁的制镁产量占总产量的 80%。

表 5-11 氯化物熔盐电解法和热还原法生产镁的化学反应及所需能量对比

生产方法	反应方程式	消耗能量/J		
		理论值	电解过程	全部过程
电解法	$MgCl_2(l) = Mg(l) + Cl_2(g)$	2.5×10^7 ($T=928K$)		$(8.3\sim11.2)\times10^7$
热还原法	$2CaO\cdot MgO+(xFe)Si+nAl_2O_3 = xFe+SiO_2\cdot 2CaO\cdot nAl_2O_3(l)+2Mg(g)$	1.9×10^7 ($T=1823K$)	$(4.0\sim4.8)\times10^7$	$(11.5\sim12.6)\times10^7$

注：表中括号里 l 指液态，g 指气态。

5.3.2 原镁的生产方法与生产工艺和设备

5.3.2.1 炼镁生产工艺流程举例

从发现金属镁到工业化生产原镁已有快两百年的历史，人们已在炼镁技术积累了丰富的经验，并获得了很大突破，现代炼镁方法主要有氯化镁溶盐电解法和热还原法（硅热法炼镁、炭热法炼镁和碳化物热法炼镁）两大类。各国根据各自的资源种类和特点研究开发了有各自特色的炼镁方法和工艺技术。以下介绍了几个主要产镁国家现行的炼镁方法及典型的工艺流程。

A 中国常用的炼镁方法及典型工艺流程

（1）用菱镁矿生产镁的工艺流程。图 5-2 所示是中国用菱镁矿生产镁的工艺流程。

流程的特点是菱镁矿颗粒在竖式电炉中于1000℃温度下氯化，获无水氯化镁熔体，氯化镁熔体采用$MgCl_2-NaCl-CaCl_2-KCl$四元系电解质在6.4万安培的有隔板电解槽或11万安培无隔板电解槽中电解，吨镁直流电耗为15000～16000kW·h，电流效率为88%～90%，吨镁氯耗为1.6t。粗镁采用熔剂精炼法获得商品镁。

（2）水氯镁石与氯化铵合成铵光卤石脱水炼镁工艺流程。图5－3所示是中国将水氯镁石与氯化铵合成铵光卤石脱水炼镁的工艺流程。按$MgCl_2-NH_4Cl-H_2O$系等温图中60℃、115℃的等温线按$NH_4Cl/MgCl_2=1.0$(mol)配制铵光卤石溶液，在450～530℃热空气中喷雾脱水，二次沸腾氨化脱水，再在具有基础熔体的熔融槽中于700℃温度下进行熔融脱氨，氯化镁熔体在700～720℃温度下在有隔板电解槽中电解获得粗镁，然后精炼获得金属镁。

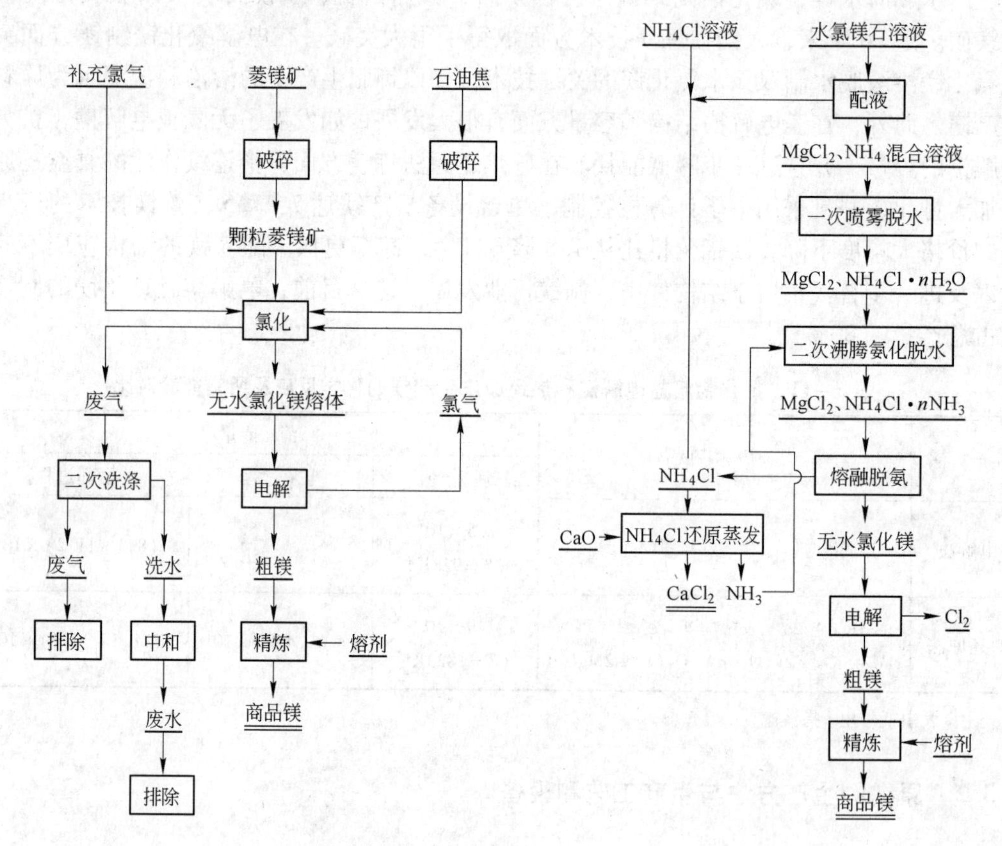

图5－2 中国用菱镁矿生产镁的工艺流程

图5－3 铵光卤石脱水炼镁工艺流程

（3）光卤石脱水炼镁工艺流程。图5－4所示为光卤石脱水炼镁工艺流程。流程的特点是天然光卤石净化，结晶获人造光卤石（$KCl\cdot MgCl_2\cdot 6H_2O$），再一次沸腾脱水后，在氯化器中进行熔融氯化脱水，获无水光卤石熔体，然后在11万安培电流的无隔板电槽中电解获粗镁，精炼后得商品镁。

B 挪威海水－白云石或菱镁矿酸浸脱水炼镁工艺流程

（1）海水－白云石炼镁工艺流程。图5－5所示是用海水－白云石的炼镁工艺流程，

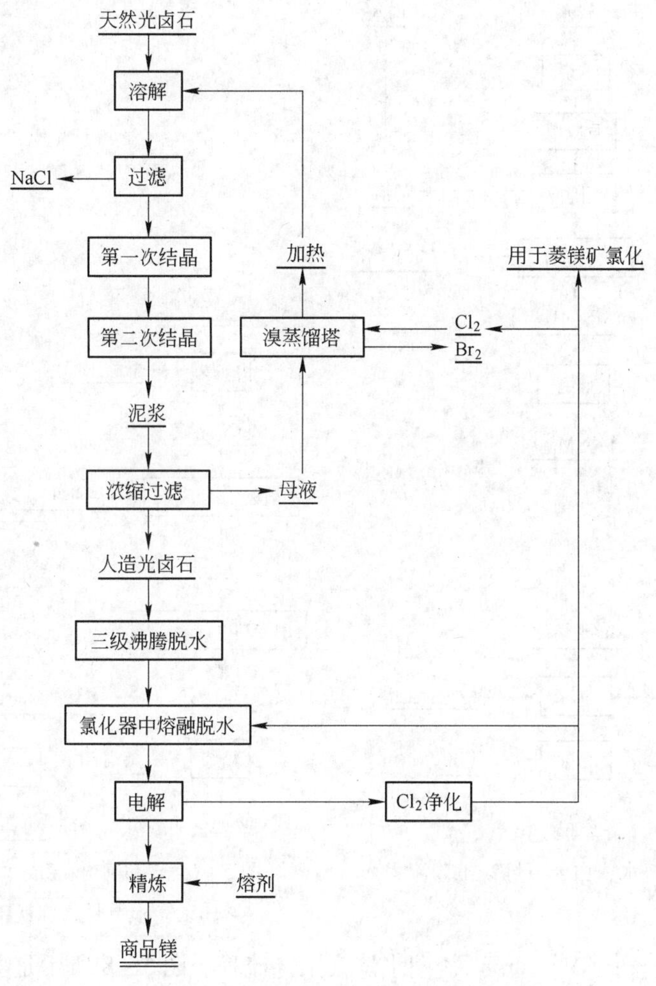

图5-4 中国光卤石脱水炼镁工艺流程

流程的特点是将燃烧的白云石与海水反应生成 $Mg(OH)_2$，再经煅烧成 MgO，再与煤焦、卤水合成 MgO 球团，再氯化成无水氯化镁熔体，在45kA 有隔板槽（I·G）及300kA 无隔板槽中电解获粗镁，精炼后获商品镁，其运营成本为1870 美元/吨。

（2）菱镁矿酸浸成 $MgCl_2$，二段 HCl 彻底脱水电解炼镁工艺流程。图5-6 所示是挪威用中国的菱镁矿，用盐酸（HCl）酸浸后获 $MgCl_2$ 溶液经二段 HCl 彻底脱水后的炼镁工艺流程。流程的特点是菱镁矿用盐酸浸出后经除杂获氯化镁溶液，经二段 HCl 气体彻底脱水获无水氯化镁（固体），含 $MgCl_2>95\%$、$MgO<0.2\%$、$H_2O<0.4\%$，在 40kA（NH）专利槽中电解，直流电耗为每千克镁 12～13kW·h。

C 美国海水和盐湖水炼镁工艺流程

（1）道屋（DOW）化学公司的海水炼镁工艺流程。图5-7 所示是道屋化学公司的海水炼镁工艺流程，流程的特点是海水经过石灰乳处理，盐酸中和后获得 $MgCl_2$ 溶液，再经浓缩，多层炉脱水后获 $MgCl_2\cdot1.5H_2O$，在电解槽中直接电解 $MgCl_2\cdot1.5H_2O$（电解质为 $MgCl_2-NaCl-CaCl_2$ 三元系熔体）获粗镁，精炼后获商品镁。

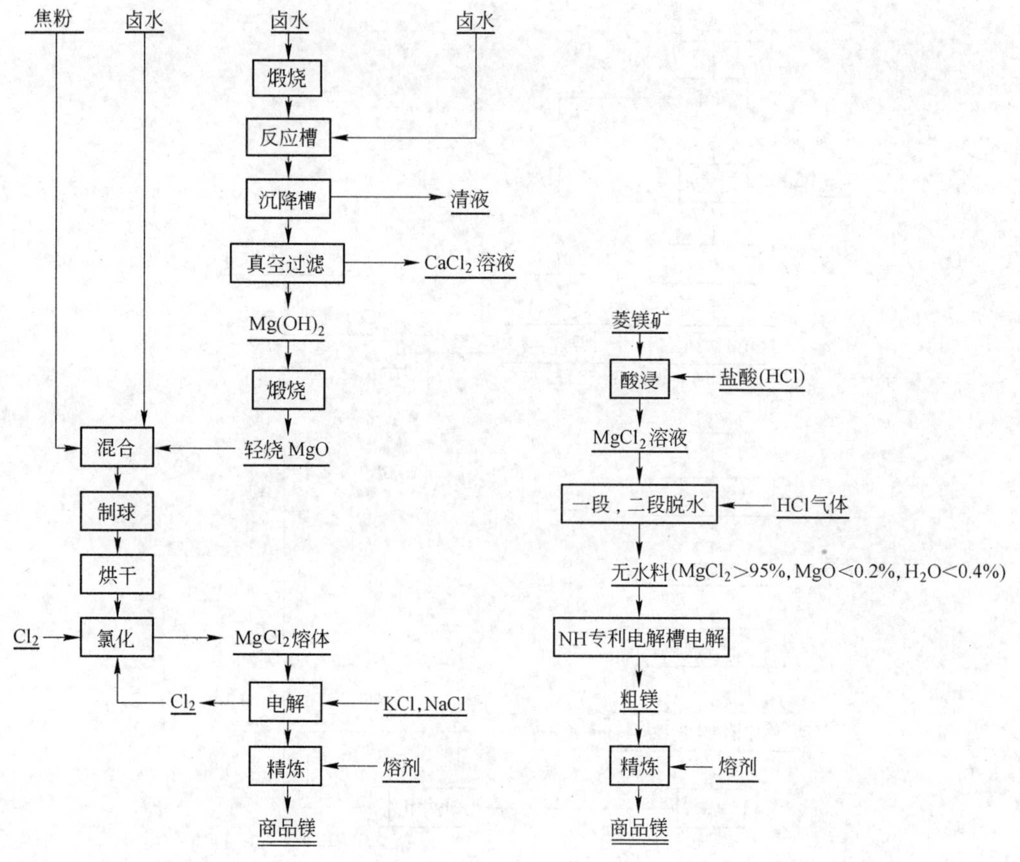

图 5-5 挪威海水-白云石炼镁工艺流程

图 5-6 菱镁矿酸浸成 $MgCl_2$ 溶液在 HCl 气体中脱水炼镁工艺流程

（2）美国铅公司（Magcorp）盐湖水炼镁工艺流程。图 5-8 所示是美国铅公司用盐湖水炼镁工艺流程，流程的特点是经过除 SO_4^{2-} 和 B 后浓缩的卤水（即 $MgCl_2$ 溶液），经一次喷雾脱水，二次熔融氯化脱水后获得无水氯化镁熔体，然后在 110kA（I. G.）槽和无隔板槽中电解，获商品镁。目前该工艺的运营成本为吨镁 2068 美元，该工艺环保不达标，急需治理。

D 日本白云石硅热法炼镁工艺流程

图 5-9 所示是日本古河镁厂与宇部镁厂白云石硅法炼镁工艺流程。流程的特点是生产工艺过程简单，在真空热还原的条件下析出的镁纯度高；为了获得较高的还原效率和硅的利用率，对还原炉料的物理化学性质及还原条件要求较高，还原剂硅铁中 Si > 75%，炉料粒度 100% 过 100 目筛，还原时还原温度 > 1200℃，真空度 3 ~ 7Pa。

E 法国马利纳半连续热还原法炼镁

图 5-10 所示是法国马利纳半连续热还原法炼镁工艺流程，流程的特点是煅烧白云石、硅铁、煅烧铝土矿三种粒料在三相或单相真空电炉中还原，还原炉产能高，一台 4500kW 的电炉日产镁为 6.5t，但从该工艺中获得的镁，含硅量较高。

F 无水 $MgCl_2$ 电解制镁法

澳大利亚镁业公司菱镁矿酸浸后，氯化镁溶液用溶剂络合脱水用 NH_3 螯合结晶脱水，

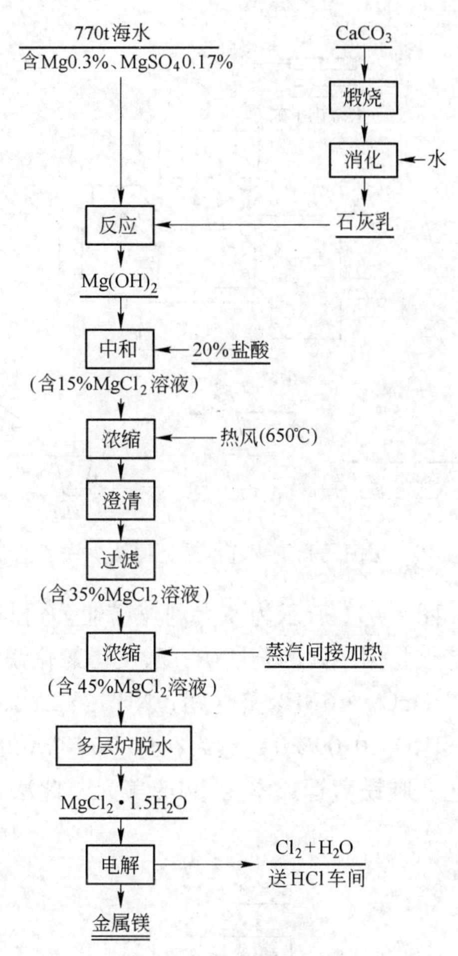

图5－7　道屋化学公司海水炼镁工艺流程

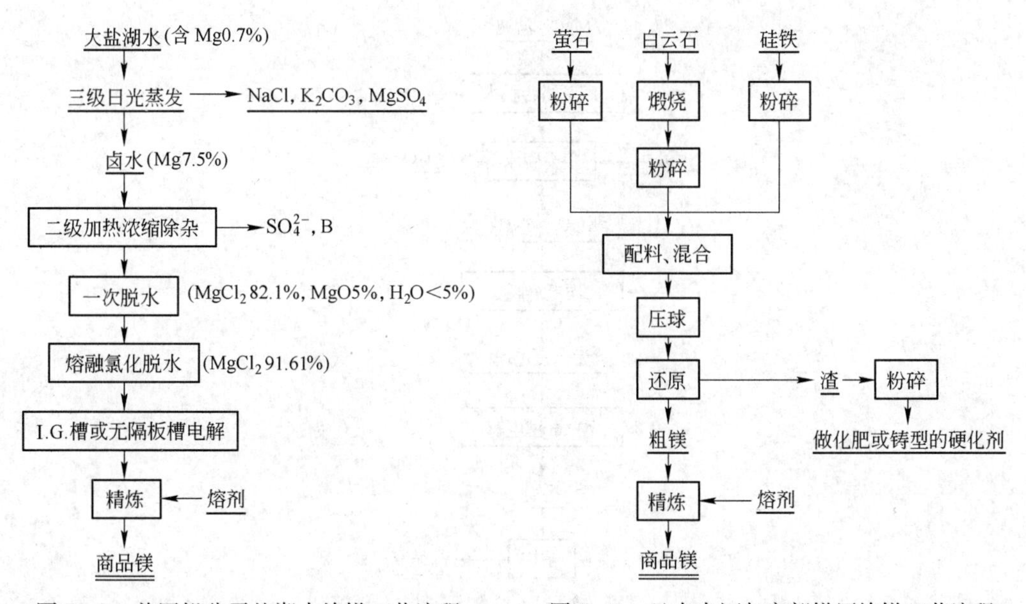

图5－8　美国铅公司盐湖水炼镁工艺流程

图5－9　日本古河与宇部镁厂炼镁工艺流程

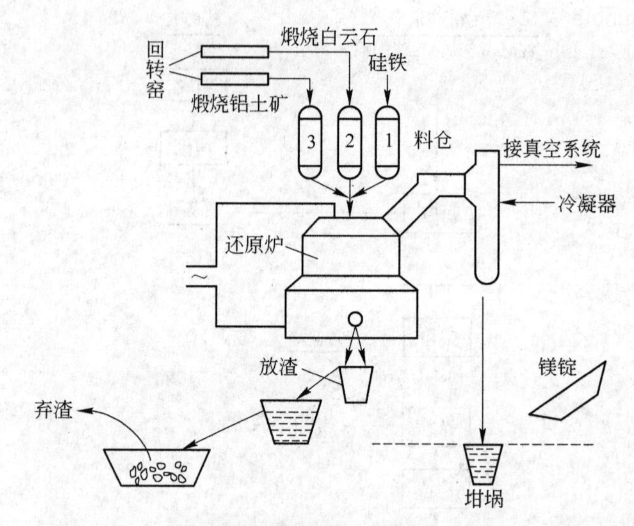

图5-10 法国马利纳半连续热还原法炼镁工艺流程

获无水 $MgCl_2$ 电解制镁法。图5-11所示为澳大利亚镁业公司与澳大利亚 Crest 镁厂的炼镁工艺流程。工艺流程的特点是用中国的菱镁矿，酸浸得氯化镁溶液，用甘醇为溶剂进行络合脱水，再在氨中喷淋得 $MgCl_2 \cdot 6NH_3$ 螯合物，NH_3 经二次低温400~450℃脱氨得无水氯化镁（MgO<0.09%，H_2O<0.09%），然后在90~170kA的Alcan槽中电解，实现了低温脱水和低能耗电解工艺，吨镁营运成本为1403美元，此法为当今最先进的生产工艺之一。

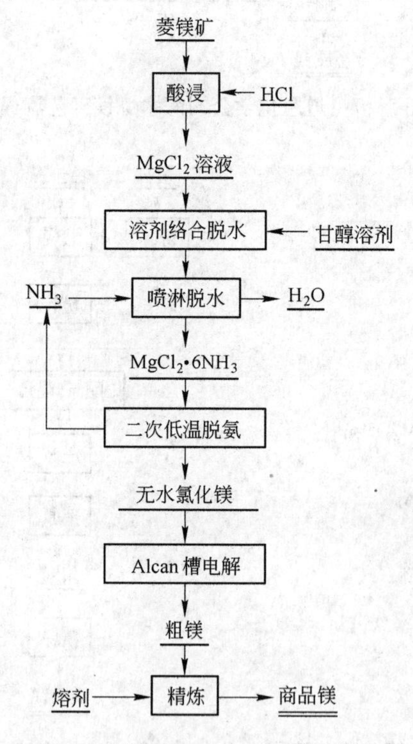

图5-11 澳大利亚溶剂络合、用 NH_3 螯合脱水炼镁工艺流程

G 加拿大 Magnola 镁厂蛇纹石酸浸与 KCl 合成光卤石脱水电解炼镁工艺

图 5－12 所示为加拿大用蛇纹石酸浸得氯化镁溶液后与 KCl 合成光卤石脱水炼镁工艺，流程的特点是蛇纹石（MgO 40%，SiO_2 38%）用盐酸酸浸获 $MgCl_2$ 溶液，再与 KCl 合成光卤石（$KCl \cdot MgCl_2 \cdot 6H_2O$），经二次脱水，获无水光卤石熔体，在 200kA 无隔板电解槽中电解，直流电耗为每千克镁 14kW · h，其运营成本为 1630 美元/吨。

H 原苏联光卤石脱水炼镁与光卤石－镁钛联合工艺流程

图 5－13 所示是原苏联光卤石－镁钛联合工艺流程。苏联光卤石炼镁的工艺都是一次沸腾脱水，二次熔融氯化脱水再电解。光卤石－镁钛联合工艺流程，其特点与光卤石脱水炼镁一样，只是将电解产出的氯气用于氯化 TiO_2 制得 $TiCl_4$，用镁还原 $TiCl_4$ 可获得海绵钛，副产的 $MgCl_2$ 返回无水光卤石电解槽电解，重新获得金属镁。该联合工艺流程不仅平衡了氯气，而且解决了钛系统中 $MgCl_2$ 的电解，简化了工艺。

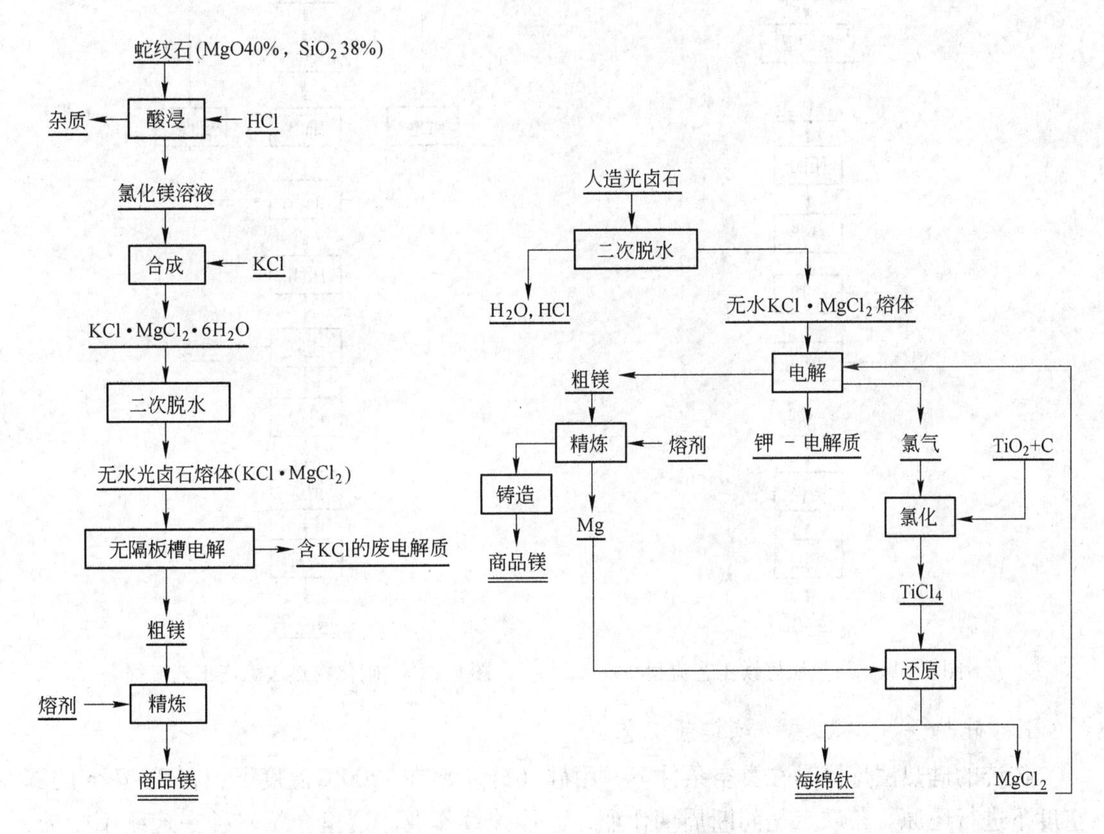

图 5－12 加拿大蛇纹石酸浸合成光卤石脱水炼镁工艺流程

图 5－13 原苏联光卤石－镁钛联合工艺流程

I 炭热还原法炼镁的工艺流程

图 5－14 所示是炭热法炼镁工艺流程。流程的特点是还原温度高（>1800℃），还原过程所获得镁为镁粉尘，需经压团、蒸馏才能获得结晶镁，经熔化、铸锭可获得商品镁，还原过程中所用的还原剂为石油焦，价格低廉。

J 碳化物热法炼镁工艺流程

图5－15所示是碳化物热法炼镁工艺流程。流程的特点是采用菱镁矿和CaC_2为原料，其还原过程与硅热法炼镁相似。

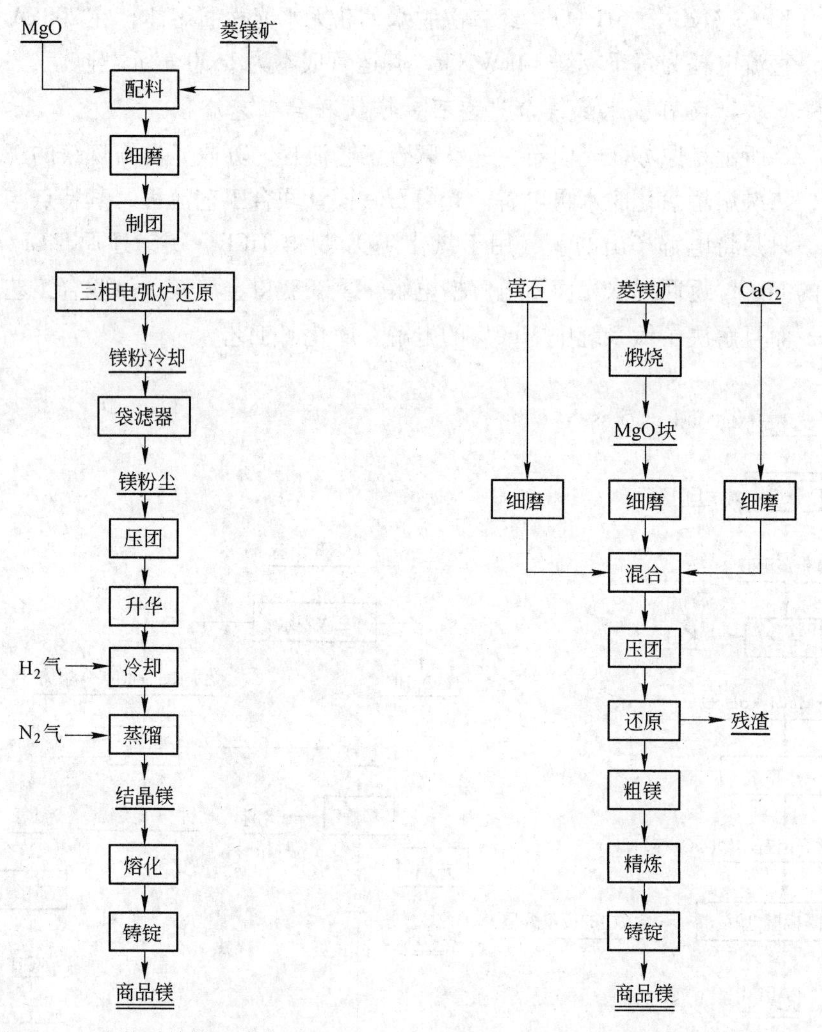

图5－14 炭热法炼镁工艺流程　　图5－15 碳化物热法炼镁工艺流程

K 硅热法（皮江法）炼镁新工艺

传统的硅热法炼镁是在真空条件下，用硅（硅铁）在1200℃温度下，在3～7Pa的真空度下进行还原。其缺点是间断周期作业，不能连续作业。这里介绍一种在连续不断的，最好在外部预热了的惰性气流中，通常是在填充床反应器中实现硅热法炼镁。其工艺流程如图5－16所示。

5.3.2.2 电解法炼镁生产工艺与设备

A 原料准备

电解法炼镁的原料主要有海水、盐湖卤水、光卤石、菱镁矿、蛇纹石等，这些原料最终都要变成$MgCl_2$，才能进行电解。因此电解法中，$MgCl_2$的制备是十分重要的工序。

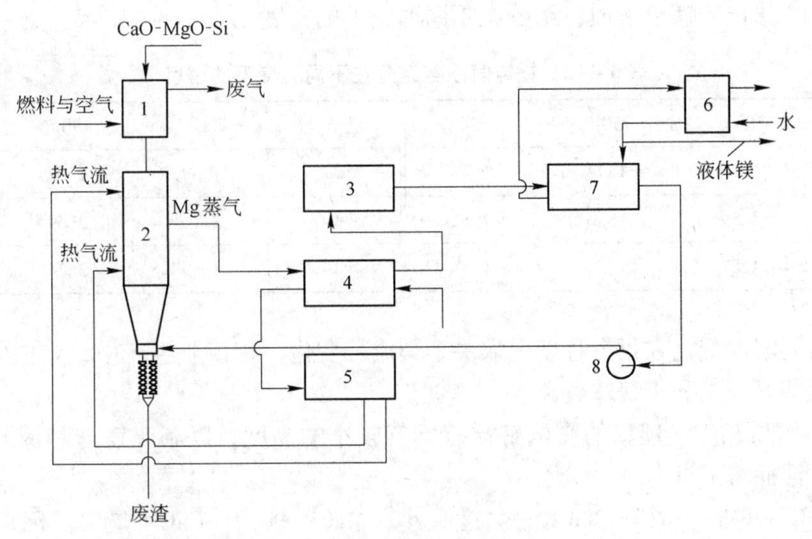

图5-16　硅热法炼镁新工艺

1—团块预热器；2—填充床反应器；3—气体净化器；4—蓄热室；
5—气体加热器；6—热交换器；7—冷凝器；8—鼓风机

用盐湖卤水制取 $MgCl_2$ 相对简单，将卤水浓缩、提纯、脱水后，即可用于电解。用海水作原料制取 $MgCl_2$ 时，一种方法是从海水中提取 $Mg(OH)_2$，然后用石灰乳沉淀 $Mg(OH)_2$；用盐酸处理 $Mg(OH)_2$，制得 $MgCl_2$ 溶液；$MgCl_2$ 溶液提纯与浓缩；电解含水氯化镁［$MgCl_2 \cdot (1 \sim 2) H_2O$］。另一种方法是将 $Mg(OH)_2$ 煅烧得到 MgO，MgO 与焦炭混合制团，用电解槽产生的氯气氯化，得到无水氯化镁。

用菱镁矿作原料时，先将天然菱镁矿在700～800℃温度下煅烧，得到活性较好的轻烧氧化镁。80%的氧化镁要磨细到小于0.144mm的粒度，然后与炭素还原剂混合制团。炭素还原剂可选用褐煤（因其活性较好）。团块在竖式电炉中氯化，制得无水氯化镁。

一般无水氯化镁组成为：$MgCl_2 \approx 95\%$，$CaCl_2 \approx 2\%$，$KCl + NaCl \approx 1\%$，$MgO \approx 0.1\%$。

B　电解质与电解槽

镁电解质的组成视制取 $MgCl_2$ 的原料不同而异。若采用光卤石作原料，则电解质的组成通常为：$MgCl_2$ 5%～15%、KCl 70%～85%、NaCl 5%～15%，电解温度为680～720℃。如用氧化镁作原料时，则电解质的组成通常为：$MgCl_2$ 12%～15%、NaCl 40%～45%、$CaCl_2$ 38%～42%、KCl 5%～7%、NaCl∶KCl≈6%～7%，电解温度为690～720℃。

（1）电解质的熔点。电解质各成分熔点为：

$MgCl_2$：718℃，KCl：768℃，NaCl：800℃，$CaCl_2$：774℃，$BaCl_2$：962℃，LiCl：606℃。

以光卤石为原料的电解质的熔点大约为600～650℃。

以氧化镁为原料的电解质的熔点大约为570～640℃。

（2）电解质的密度。工业镁电解的一个重要特点是：液体金属镁漂浮在熔融电解质之上。由于氯气也向上逸出，容易发生逆反应，所以在阴极和阳极之间需要用隔板隔离，因而镁电解槽比较复杂。

镁的密度650℃时为1.59g/cm³，750℃时为1.582g/cm³。它比电解质的密度小。

表5－12给出了镁电解质各组分在不同温度下的密度。

表5－12 镁电解质各组分在不同温度下的密度 （g/cm^3）

组 分	700℃	750℃	800℃	组 分	700℃	750℃	800℃
LiCl	1.46	1.44	1.41	$MgCl_2$	1.69	1.67	1.66
NaCl	1.59	1.56	1.52	$CaCl_2$	2.11	2.09	2.07
KCl	1.57	1.54	1.51	$BaCl_2$	3.30	3.24	3.17

电解质的密度变化在很大程度上取决于其成分变化。在工业生产中，希望电解质与镁的密度差大些好，以利于镁珠分离。

（3）电解质黏度。理想的镁电解质宜具有较小的黏度，以利于镁珠和渣与电解质分离，镁珠上浮而渣下沉。

在800℃左右时，KCl、NaCl的黏度最小，$MgCl_2$ 较大，$CaCl_2$ 最大。因此电解质中 $CaCl_2$ 浓度增大时，对镁电解过程不利。

（4）电解质的电导率。在镁电解质各组分当中，LiCl电导率最好，其次是NaCl，$MgCl_2$ 最差。

（5）电解质的湿润性。镁对电解质和钢阴极的湿润性，影响镁电解的电流效率。镁对钢阴极的湿润性改善时，则镁珠容易汇集，有利于提高电流效率。当电解质对钢阴极表面的湿润性好时，会妨碍镁珠对钢阴极的湿润，从而妨碍镁珠的汇集并使电流效率降低。

（6）电解质的分解电压。电解质各组分的分解电压见表5－13。从表中可见，$MgCl_2$ 的分解电压最低，优先进行电解。温度升高时，分解电压减少。

表5－13 电解质各组分在800℃时的分解电压 （V）

组 分	LiCl	KCl	NaCl	$MgCl_2$	$CaCl_2$	$BaCl_2$
分解电压	3.30	3.37	3.22	2.51	3.23	3.47

（7）镁的溶解度。镁溶解在 $MgCl_2$ 溶液中，大部分生成低价氯化镁（$MgCl_2$）。一部分则以胶体状态存在于溶液中。镁在镁电解质中的溶解度是很小的，其范围为0.004%～0.02%（质量分数）。

镁电解槽分两种形式：有隔板槽和无隔板槽。有隔板槽是有内衬的钢板槽，阳极用石墨，阴极用铸钢，两极之间有隔板；无隔板槽，即两极之间无隔板，但在槽内沿纵向砌筑隔墙，将槽膛分成电解室和集镁室两部分，墙上有导镁沟，阴极上析出的镁可沿此沟进入集镁室。

还有一种第三代新型镁电解槽——双极性镁电解槽。用一块导电板放在阳极和阴极之间，则其对着阳极的一面为阴极，对着阴极的一面为阳极，此导电板就成为双极性电极。据称，产量可以成倍增长。

C 电流效率与电能消耗

遵照法拉第定律，每通一法拉第电量，阴极上析出1mol Mg，同时，阳极上析出1mol

Cl_2。据此推算出 Mg 和 Cl 的电化学当量为：

$$Mg = 0.4534 g/(A \cdot h)$$

$$Cl = 1.32278 g/(A \cdot h)$$

每制取 1g Mg，理论上需要 3.917g $MgCl_2$，同时产出 2.917g Cl_2。

实际上产出的镁量，由于镁的再氯化反应，即阴极上产出的镁被阳极气体氯气所氯化，重新生成 $MgCl_2$，造成镁的损失。

通常以镁的实际产量在理论产量中的百分数来计算电流效率，即

$$电流效率(\%) = (Q_{实际}/Q_{理论}) \times 100\% = (Q_{实际}/0.4534It) \times 100\%$$

$$= 2.205 \times (Q_{实际}/It) \times 100\%$$

式中 $Q_{实际}$——实际产量；

$Q_{理论}$——理论产量；

I——平均电流强度；

t——时间。

现代工业电解槽的电流效率一般为 85%～90%。

镁电解槽中，电解质循环是引起电流效率降低的主要原因。温度对电流效率也有影响，温度越高，电流效率越低。在 680～800℃范围内，温度每升高 10℃，电流效率约降低 0.8%。电解质中的硫酸盐和氧化镁也对电流效率有影响。

镁电解中的电能消耗率是由槽电压与镁的电化学当量值决定的，即

$$\omega = U_{槽}/0.4534r = 2.205 \times U_{槽}/r$$

式中 $U_{槽}$——槽电压（包括槽外母线电压降分摊值），V；

r——电流效率，%。

由此可见，降低槽电压或提高电流效率，都有利于降低电能消耗率。

D 电解法炼镁的生产工艺与设备

（1）镁电解槽的结构。镁电解工业生产 116 年以来，在电解槽的结构上出现了较大的变化，由简单的无隔板槽到带有隔板的底插阳极、旁插阳极到上插阳极的电解槽，电解过程的生产指标得到了明显改善。20 世纪中期工业上又出现了新型的大电流强度的无隔板电解槽，及制镁流水作业线。20 世纪末又出现了双极电解槽。

1）上插阳极电解槽。上插阳极电解槽的结构如图 5－17～图 5－19 所示，上插阳极电解槽又称 IG 槽。它由以下几部分组成：

①槽体和槽壳。电解槽槽膛用耐火砖砌筑，电解过程中要求槽膛有足够的化学稳定性、热稳定性和机械强度，在高温下能经得起电解质、镁和氯气的侵蚀，不变形，不破损。如果槽膛发生变形，那么阳极设施、阴极设施和槽体的密闭性受到破坏，就会导致电解质渗漏。为了防止槽体破损，对于砌筑材料和砌筑质量有严格的要求。槽体外部由厚钢板构成的槽壳加固，并焊有补强板和槽沿板。

②阳极设施。阳极设施由两个隔板和一个阳极构成。隔板嵌入电解槽纵墙内衬上的凹槽中，配置在阳极的两边，起着隔离阳极产物和阴极产物的作用。隔板上盖着耐火混凝土制成的阳极盖。阳极盖像一个开口朝下的箱罩，在顶部有阳极插入口，后端壁上有氯气排出口。这样隔板与阳极盖就构成了一个口朝下的箱式罩，氯气收集在这里，并从这里排出。

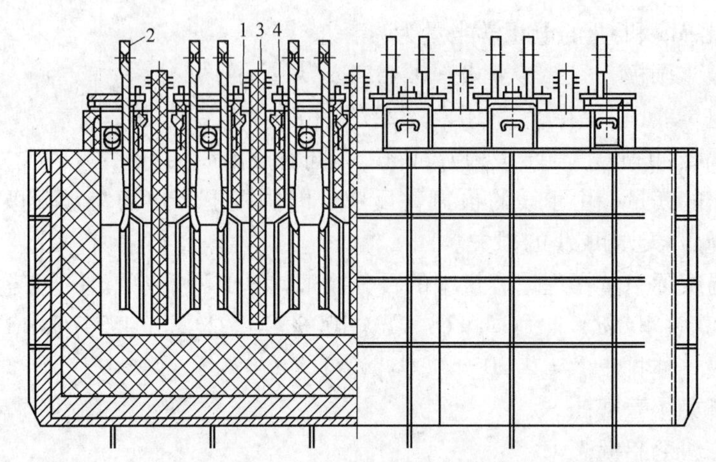

图5－17 上插阳极电解槽纵剖面图

1—隔板；2—钢阴极；3—石墨阳极；4—阳极母线支承点

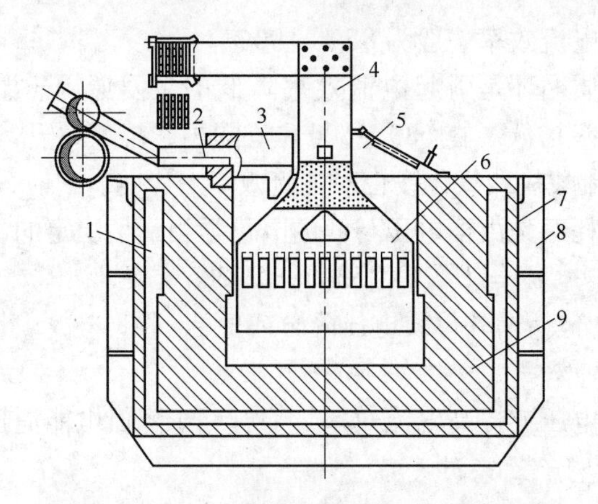

图5－18 上插阳极电解槽阴极室横剖面图

1—黏土砖；2—阴极室出气口；3—阴极室盖；4—阴极头；
5—阴极室前盖板；6—阴极；7—槽壳；8—补强板；9—绝热层

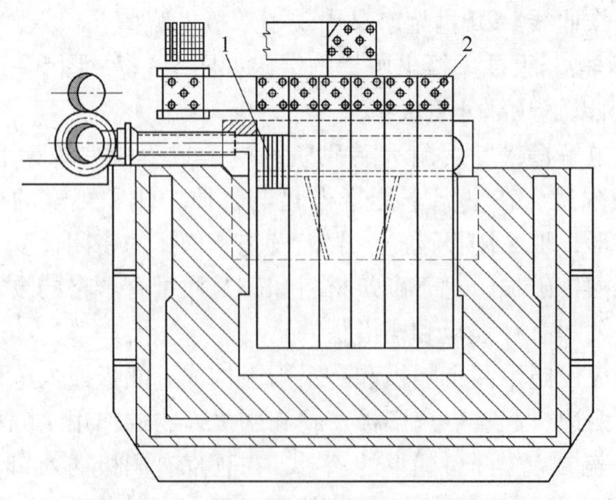

图5－19 上插阳极电解槽阳极室横剖面图

1—氯气出口；2—阳极母线

阳极是用5～7块石墨条彼此用石墨粉水玻璃黏结而成。阳极由阳极盖上的插入口插入电解槽，阳极与阳极盖间的缝隙用石棉绳严密填充，并灌以矾土水泥砂浆。阳极借助铜母线连接到导电母线上。铜母线用钢板、螺钉紧固在阳极头上。在生产条件下，槽内露在电解质外面的阳极部分温度为600～700℃，露在阳极盖外面的阳极头温度为300～450℃。温度高于200℃时，阳极就明显氧化。为了防止阳极的氧化，在生产实践中，阳极先在正磷酸溶液中浸泡7天，可以延长其使用寿命。正磷酸所以能起保护作用，是因为它在270～290℃的温度下，转变为玻璃状的偏磷酸，并将石墨块表面的孔隙覆盖，使阳极抗氧化温度提高到300～400℃。为了便于阳极气体从阳极间排出，将靠近排气口的石墨块削去一些以减少阳极气体排出的阻力。

隔板是电解槽上重要部件，用以分离两极产物，电解时隔板浸入电解质20～25cm，起液封作用。隔板的材质要求很高，不能有裂缝，孔隙率不能大于16%；在电解温度下不变形，抗氯气腐蚀，隔板通常用三块耐火材料板凸凹嵌接而成。

③阴极和阴极盖。阴极由铸钢阴极体和焊在阴极体上的钢板组成，板面向阳极方向伸出。在铸钢阴极体上有供电解质循环和使镁珠移向阴极室的孔。为了保护露在电解质外面的阴极体不被氧化和氯气的侵蚀，在其表面涂以长石粉和水玻璃的保护涂料。

阴极盖分前盖、中盖和后盖。中盖部分有两根铸钢条横搁在相邻的两个阳极盖上，阴极头的挂耳就悬挂在铸钢条上。阴极前盖是一块钢板，打开前盖便可进行加料、出镁、出渣和排除废电解质等操作。后盖是一块预制好的耐火材料盖。在后盖处的电解槽纵墙上有阴极气体排出口，与阴极排气系统相连。

④母线装置。如图5－20所示，电解槽母线装置由下列部分组成：阳极导电母线、阴极导电母线、阳极支路母线和阴极支路母线。阳极支路母线一端与阳极铜导电板相接，另一端与阳极导电母线相接；阴极支路母线一端与阴极相接，另一端与阴极导电母线相接。

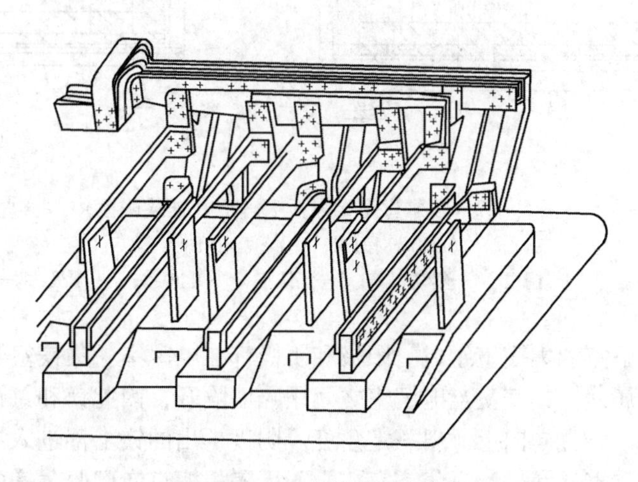

图5－20　电解槽的母线装置

在电解厂房内，电解槽是相互串联的，通常一个系列的电解槽配置在一个厂房中。在厂房中，电解槽通常排成两排，中间有过道。导电母线配置在电解槽的上部或地下室中。

2）无隔板电解槽。无隔板镁电解槽有两种类型，一种是借电解质循环运动使镁进入集镁室的无隔板槽，如图5-21所示。另一种是借导镁槽使镁进入集镁室的阿尔肯型无隔板电解槽，如图5-22所示。

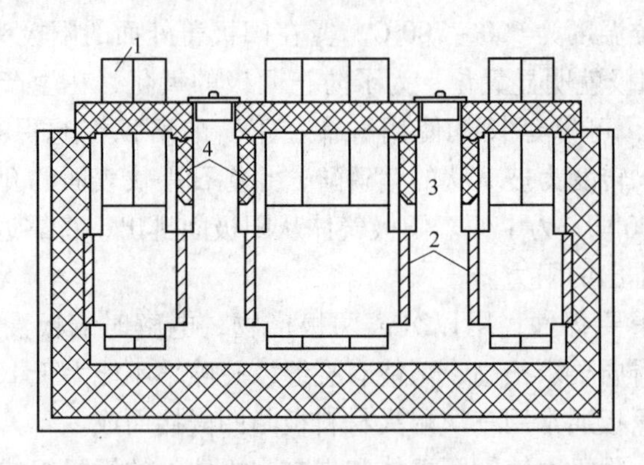

图5-21 上插阳极框架式阴极无隔板电解槽

1—阳极；2—阴极；3—集镁室；4—隔板

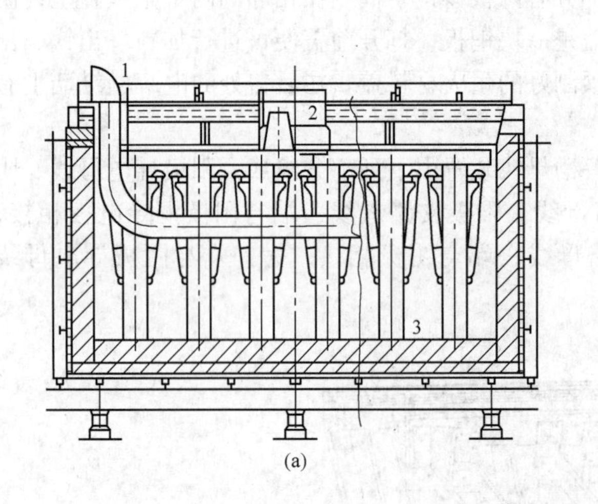

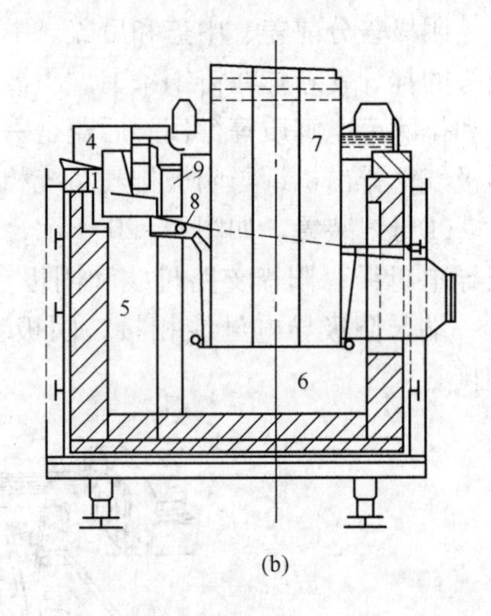

图5-22 阿尔肯型无隔板电解槽（框式阴极）

（a）纵剖面图；（b）横剖面图

1—调温管；2—出镁井；3—阴极；4—集镁室盖；5—集镁室；6—电解室；7—阳极；8—导镁槽；9—隔墙

无隔板槽由电解室和集镁室组成。阳极和阴极都在电解室。集镁室收集由电解室阴极上导镁槽送来的金属镁。集镁室与电解室之间用隔墙隔开，因此镁和氯被隔开。导镁槽焊在阴极顶部，朝集镁室方向向上倾斜一定角度。阴极析出的镁上浮进入导镁槽后，在电解质浮力的作用下，顺着导镁槽流入集镁室。由于无隔板槽有专门收集镁的集镁室，因此电解室中不设隔板。另外阴极是双面工作的，因此电解室中没有阳极室与阴极室，故结构紧凑。无隔板槽的阴极是从纵墙插入槽内的，阴极采用框式结构，以增大有效工作面，电解室全封闭，加料、出镁、出渣都在集镁室内进行。目前循环集镁的无隔板槽电流强度已达250～300kA，阿尔肯型无隔板电解槽的电流强度已达120～150kA。阿尔肯型无隔板槽电解温度很低，正常时为660～670℃，出镁时提高到670～675℃，为维持恒定的温度，阿尔肯型电解槽设有调温管，调温管浸在电解质中，管内通以空气，调节空气流量即可控制槽温。

无隔板槽有很多优点：电解室密闭好，氯气浓度高，氯气与镁分离好、电解温度低，电流效率高。电解槽结构紧凑，单位槽底面积镁的生产率高，无隔板槽无阴极排气，集镁室排气又不多，因而热损失小，极距可以缩短加上电流效率高，所以能耗低。但无隔板槽的阴极是从纵墙插入的，安装、检修困难。无隔板槽阴极固定，极距不能调整，阴极钝化后，无法取出清除，因此无隔板在管理上要求较严，对原料的纯度要求很高。

3）道屋型电解槽。道屋型电解槽为美国道屋化学公司使用的一种槽型，它是一种钢制槽子，没有内衬，安装在砖砌炉内，用天然气加热。电解原料为 $MgCl_2 \cdot 1.55H_2O$。圆柱形石墨阳极通过耐火盖板悬挂到槽内，每一个阳极都有一个钢制阴极环绕着。未彻底脱水的粒状料连续缓慢地加入槽内，以保持恒定的电解质水平。原料进入槽内后，大部分水分很快就蒸发了。阴极析出的镁上升到电解质上部，然后经过倒槽进入槽前部的集镁井，定期取出铸锭。道屋槽电解温度为700～720℃。电解质成分为20% $MgCl_2$、20% $CaCl_2$、60% NaCl。槽电压为6～6.5V，电流效率为75%～85%，吨镁电能单耗18000～18500kW·h，镁的纯度高于99.9%。这种电解槽的电流强度已达115kA。道屋槽因加料中水分高，因此除电流效率低外，渣量也多，阳极消耗快。

4）双极电解槽。双极电解槽的特点是电流向位于电解槽两端的单电极（阳极和阴极）供电，并且每一电极都有双极性。用双极电解槽生产时，大大降低母线上的电流，母线是按比较小的电流（5～10kA）计算的，如果串联20块双极时，就相当于100～200kA电流的电解槽，并且长度也不大。除此之外，电解室的电压（从一个双极的“正极”到第二个双极的“负极”）不超过3.5～4.0V，这就能够大大地降低电能的单耗。

双极电解槽目前在生产实践中工作性质不稳定。若双极电极用石墨制成，那么镁在阴极上是以很细小的镁珠析出，由于镁珠与氯气相互作用，致使金属镁损失很大。在用石墨和钢制作双极时，又难找到防止石墨与钢接触处受到氯气腐蚀的方法。如果采用金属或合金来制作双极或采用某种涂料来防止钢和石墨接触处的防腐问题，那么双极电解槽会成为最佳电解槽。

双极电解槽的集镁室配置在双极侧面的纵壁上，也可设置在电解槽的两端，可以从集镁室中进行真空除渣。

表5－14所示是各种槽型的技术性能。

表5－14 各种槽型的技术性能

容量/kA	150	105～110	62	80	300	150	100
电流效率/%	80	80～85	80～85	93.2	90～93	78～80	82
直流电耗/kW·h	18	17	7	13.9	12.8～15	13.5～14	9.5～10
吨镁氯产出率/t					>2.8	2.75～2.8	～2.9
氯气浓度/%		90	85	97	96		>97

续表 5 - 14

吨镁石墨单耗/kg	100					28 ~ 30	0.65
吨镁渣量/kg				30			2 ~ 5
槽电压/V	6.5	6.5	6 ~ 6.5	5 ~ 7	5	4.5 ~ 5	
极距/cm	4	5 ~ 6				6.5 ~ 8	0.4 ~ 2.5
温度/℃	700	750	750	660 ~ 670	720 ~ 730	670 ~ 690	655 ~ 695
阳极电流密度/A · cm^{-2}			0.666	0.8		0.35	0.3 ~ 1.5
阴极电流密度/A · cm^{-2}			0.865			0.45	
阳极寿命/月		10 ~ 18			18 ~ 36	16	
槽寿命/月				24 ~ 30	36 ~ 60	28	

（2）镁电解工艺操作方法与步骤。

1）电解槽启动。新砌筑的电解槽在 110 ~ 200℃温度下烘 2 ~ 3 天（用电加热器烘烤），在七天内逐渐加热到 350 ~ 380℃（在阳极旁边测量温度）。加热结束后，将生产电解槽中的电解质以及少量熔融光卤石或氯化镁倒入槽内，将阴极（全部或部分）接通交流电源，将电解质加热到 700 ~ 720℃，并保温两天，然后接到直流回路上。启动时的阳极气体从阴极排气系统排出。当氯气浓度达 60%（容积）后，再接入阳极排气系统。

实践生产中，往往是当阴极埋入电解质中仅 300 ~ 500mm 深度时，就将电极接到直流电路上。当槽电压升高时，电解质会很快加热到 720 ~ 740℃，此后在 4 ~ 5h 内将电解槽中的电解质水平调整到正常水平。这样启动电解槽是很快的，但阳极氧化厉害。电解槽在启动状态下保持 1.5 ~ 2 天后，再将电解槽调整到正常工艺制度下生产。

2）电解工艺操作。电解工艺操作包括：加料、出镁、出渣、排废电解质、更换阳极和阴极、洗刷阴极工作面等工序。

①加料。将熔融氯化镁注入电解槽内，$MgCl_2$ 熔体是每天分四次加入，用光卤石供料时，每天加料 2 次。用有隔板电解槽时，将熔体加入阴极室。用无隔板槽时，熔体从集镁室加入，每次加料沿集镁室的长度更换加料点。

为了保持电解质中 $MgCl_2$ 的浓度，用光卤石槽中的废电解质进行调整。为了使镁珠汇集，将粒状或粉状的 CaF_2 或 MgF_2 加到电解质表面上（通常在出镁前加入），其吨镁的添加量为：当电解光卤石熔体时为 30kg，电解 $MgCl_2$ 熔体时为 10kg，生产时应严格控制其加入量。

如果加入电解槽中的 $MgCl_2$ 浓度较低，那么熔体中的 NaCl，$CaCl_2$ 等成分就会积累，这样就破坏了电解质的组成，又会使电解质水平增高，电解槽就加不进料，因此电解槽应定期排除一部分电解质。以 $MgCl_2$ 熔体为原料时排除的废电解质中 $MgCl_2$ 浓度应低于 7% ~ 8%；以光卤石为原料时，$MgCl_2$ 浓度应低于 5% ~ 6%。废电解质用离心泵抽出，一般在出镁后进行。

②出镁。用真空抬包从电解槽中吸出熔融金属镁。这种抬包的工作原理是利用真空吸

出熔融镁，并利用电解质密度的不同进行分离。出镁时电解温度不应低于690℃，电解质水平不低于18cm，$MgCl_2$ 浓度不低于8%。

③排渣。由于加入电解槽中的 $MgCl_2$ 熔体中含有 MgO，以及 $MgCl_2$ 的水解，镁的氧化等，会生成大量的 MgO 渣，其吨镁渣率约为0.2t。沉渣积于槽底，如不定期排出常引起电解槽短路，还会使阴极钝化。以 $MgCl_2$ 为原料的四成分电解质电解时，一般每隔10～15天排渣一次。排渣采用人工方法或机械方法。用人工捞渣不仅劳动强度大，而且容易造成镁的损失，生产实践表明，人工捞渣时，渣含镁一般达3%～5%。

④温度、极距的测量与调整。镁电解过程中最佳温度的选择与确定，是获得高电流效率的一个重要条件。为了更清楚地了解镁电解槽中维持一定温度制度的条件，这里分析一下关于电解槽中电能利用问题。镁电解槽的功率：

$$P = IU \tag{5-1}$$

式中 I——电流强度，A；

U——电解槽槽电压，V。

而

$$U = U_{母线} + U_{阳极} + U_{阴极} + U_{电解质} + E_{分解} \tag{5-2}$$

在 τ 时间内的电能消耗为：

$$Q = \tau P = IU_{母线}\tau + IU_{阳极}\tau + IU_{阴极}\tau + IU_{电解}\tau + IE_{分解}\tau \tag{5-3}$$

在电流经过母线、阳极、阴极和电解质时，电能直接转变为热能，其值相当于式(5-3)中前四项，其中 $IU_{母线}\tau$ 项的热能未用于电解槽的加热，而损失于周围介质中。$(IU_{阳极} + IU_{阴极} + IU_{电解质})\tau$ 三项的热能则直接消耗于电解质的加热上。$IE_{分解}\tau$ 为 $MgCl_2$ 分解所消耗的电能。如果电流效率为100%，则这项电能完全用于 $MgCl_2$ 的分解。如果电流效率小于100%，则 $MgCl_2$ 分解消耗的能量为 $\eta IE_{分解}\tau$，其差额为：

$$IE_{分解}\tau - \eta IE_{分解}\tau = (1-\eta)IE_{分解}\tau$$

根据损失的机理可知，镁的损失主要为化学损失，这些化学反应为放热反应。因此，$(1-\eta)IE_{分解}\tau$ 项的能量也消耗于加热电解质上。将用于加热电解质的电能的和称为发热电能，则发热功率为：

$$P_{发热} = I[U_{阳极} + U_{阴极} + U_{电解质} + (1-\eta)E_{分解}] \tag{5-4}$$

对于结构已定的电解槽来说，$U_{阳极}$ 与 $U_{阴极}$ 实际上是不变的，因此，电解槽发热功率的变化与电流强度（I）、电解质的电压降（$U_{电解质}$）及电流效率有关。在既定的电流强度与电流效率的条件下，发热功率只与电解质电压降有关，也就是与电解质电阻和极距有关：

$$U_{电解质} = \rho LD \tag{5-5}$$

式中 ρ——电解质比电阻，Ω·cm；

L——极距；

D——电流密度的几何平均值。

式（5-4）表明，随着电流效率的提高，发热功率减小。相反，电流效率降低时，发热功率增加。因此，以高电流效率工作的电解槽，在其他条件相同的情况下，有走向冷槽的趋势，而在电流效率降低时，电解槽的温度会升高。

对于结构一定的电解槽，从发热功率来看，可以按如下方法来调整电解温度：增大极距，可使发热功率增大，电解槽温度即可上升，故在电解槽温度降低时，就有必要增大极距；改变阴极气体排气量，可以在30~40℃的范围内调整电解质的温度，也可以用提高或降低电解质中$MgCl_2$浓度的方法在一定的范围内调整电解质的温度；电解槽在启动后的初期，如果热支出大于热收入，电解质温度降低时，可以增大电极电流密度，即临时取掉一个或两个阴极的办法来增加发热功率。

在生产实践中对极距的测量与调整，一般是用尺量距离或用毫伏计测量极间电压降，然后根据生产情况进行调整。

3）电解槽故障及其处理。电解过程中电解槽可能出现如下几种故障。

①热槽：由于极距增大；阳极气体管路堵塞，氯气排放量减少和阴极气体排气量减少；电解质成分不合理，电阻增大；电流密度提高；电流效率降低等原因，可以引起电解槽热槽。发生热槽时，电解质温度达730~740℃，电解质发白，并剧烈挥发，镁珠在电解质中翻滚，造成二次反应损失增大，电流效率降低。在生产实践中，对于热槽应根据其发生的原因进行处理。可以通过调整极距，清理阳极与阴极管路，增大气体排气量；提高电解质中的NaCl含量；检查阴极、阳极工作情况，根据检查结果更换阴极或阳极，或清洗阴极工作面，或加入固体氯化镁来调整热槽。

②冷槽：当电解槽的极距较小，阴极排气量过大，阴极与阳极发生短路或系列电流降低时，都可能发生冷槽，冷槽时电解质温度低于690℃，表面呈暗红色并有结壳。出镁时镁液表面脏而且与电解质分离不好。如果冷槽严重，温度低于镁的熔点，镁成海绵状析出，容易引起两极短路。根据冷槽原因，可提高$MgCl_2$含量，调整极距，减少阴极排气量，消除短路，冷槽严重时，可能切断两个阴极电路，或另用交流电加热。

③电解质沸腾：电解质沸腾是电解过程中的一种不正常现象，它使电解质循环加快，电解质表面出现泡沫。此时电解槽中的电解质、液态镁以及氯气泡的正常运动规律便遭到破坏，导致电流效率降低，阳极氯气逸出槽外，既损失了氯，又恶化了劳动条件。镁电解槽电解质产生沸腾的原因是由于电解质中的杂质，如SO_4^{2-}、MgO、C粒和水分（H_2O、MgOHCl）引起的。电解质中SO_4^{2-}含量超过1%（质量）时，引起电解质沸腾，会改变阳极上气泡的析出特性，进而影响了电解质的循环。电解质中的MgO或MgOHCl在电解过程中易于被阳极氯气氯化，而引起电解质沸腾，尤其$MgCl_2$水解产生的MgO和MgOHCl为甚。由于在氯化物熔体中的溶解度很小，其分解电压又低，所以悬浮在电解质的微细MgO更容易被阳极氯气所氯化。

电解质中$MgCl_2$浓度过高，也容易出现电解质沸腾现象，这是由于下列水解反应生成了MgO的缘故。

$$MgCl_2 + H_2O = MgO + 2HCl$$

$$MgCl_2 + H_2O = MgOHCl + HCl$$

$$MgOHCl = HCl + MgO$$

随着电解质循环，进入阳极集氯室，被氯气氯化，电流效率显著下降。如果电解槽加固体料或含水的$MgCl_2$，那么$MgOH^+$会在阴极分解生成MgO，而且所生成的MgO带正电荷，由于电泳作用移向阴极放电。铁、钛、锰、硼等杂质在阴极析出后沉积在阴极上很容易吸附MgO，使阴极钝化。阴极钝化后，为使分散的镁珠汇集，可加入少量CaF_2或NaF。为消除钝化膜，可将阴极从电解槽中取出，用机械方法刷洗阴极表面。实践表明，用贫槽电解的方法，可消除钝化膜。只要周期使用这种方法，就可以避免阴极钝化的出现。

④阳极气体和阴极气体的处理。生产1t金属镁副产2.71t氯气。这部分氯气必须预先除去其中所含的水分及升华物。氯气的干燥是在氯压机中进行的，在氯压机中，水分被硫酸吸收，经过干燥后的氯气（85% Cl_2）可以送氯化炉使用。

在电解过程中，由于电解质的循环或其他原因，部分氯气会从阳极室进入阴极室，阳极气体进入阴极室后，使阴极气体中氯气浓度增高。这种气体如果直接排入大气是不符合工业卫生要求的。因此，在排入大气以前必须用石灰乳中和清洗。

5.3.2.3　热还原法（皮江法）炼镁生产工艺与设备

热还原法根据还原剂不同，又分为硅热法、碳化物热还原法和炭热法，其中硅热法应用最普遍，而后两种在工业上应用较少。硅热法又分为外热法和内热法。采用硅铁还原氧化镁生产金属镁的工艺有 Pidgeon 工艺和 Magnétherm 工艺。Pidgeon 工艺属于外热法；Magnétherm 工艺属于内热法，根据生产的连续性又分为间歇式和半连续式。Pidgeon 工艺和 Magnétherm 工艺应用极为广泛。

皮江法是1941年由加拿大科学家皮江（L. M. Pidgeon）教授首先发明的一种硅热还原炼镁工艺，称为 Pidgeon 工艺。该工艺将煅烧后的白云石和硅铁按一定配比磨成细粉，压成团块，装在由耐热合金制成的蒸馏器内，在1150～1200℃及10^{-2}～10^{-1}Torr（1Torr = 133.322Pa）条件下还原得到蒸气镁，冷凝结晶成固态镁，再熔成镁锭，这就叫皮江法镁。此法是典型的热还原法，因此热还原法有时也称为皮江法。

A　皮江法炼镁的理论基础

（1）反应机理。有色金属在自然界中大多以各种化合物的形式存在。许多金属的制取都是采用还原剂还原法。金属氧化物还原的难易程度取决于它的稳定性。所谓稳定性是指加热时它离解为金属和氧气的难易程度。

氧化物标准生成自由能变化是氧化物稳定性的量度，即金属对氧亲和力大小的量度。金属对氧的亲和力越大，氧化物越稳定，也就越难被还原。对氧亲和力大的金属可以还原对氧亲和力小的金属。不同元素对氧的亲和力按下列顺序依次增大：Cu、Pb、Ni、Co、P、Fe、Zn、Cr、Mn、V、Si、Ti、Mg、Ca。但还原反应是个复杂的物理化学过程，不能仅靠此来判断反应能否进行。Si 还原煅烧白云石的反应可用下式来表示，即

$$2(CaO \cdot MgO) + Si \xlongequal{\quad} 2CaO \cdot SiO_2 + 2Mg$$

其反应机理有多种见解，总之是具有中间过程的多相反应。

第一种观点认为：在用硅铁还原煅烧白云石时，CaO · MgO - Si 系的反应速度很大，是由于还原过程中有气相参与反应，并认为与氧化镁发生作用的是蒸气状态的硅，或是蒸气压较高的一氧化硅（SiO）。

第二种观点认为：CaO · MgO - Si 系之间的反应是由于过程中生成了中间化合物（$CaSi_2$和 CaSi），然后进行固相和液相之间的还原反应。

第三种观点认为：CaO · MgO - Si 系之间的反应，首先是在温度600～800℃时，先生成中间化合物（$CaSi_2$），当温度超过890～1020℃时，$CaSi_2$ 熔化并分解出钙的蒸气，然后是氧化镁与钙的蒸气产生还原反应。

皮江法炼镁还原反应在高于镁的沸点和真空状态下进行，所以还原出来的镁是气体状

态。对于这种还原反应，反应物（原料及还原剂）应具有较低的蒸气压且在还原温度下不形成熔体。生成物金属应具有较高的蒸气压。实验证明：用 Si 和 Si－Fe 还原氧化镁时，镁的平衡蒸气压基本一致时，MgO 用 Si 还原，在 1 个大气压时平衡温度为 1716℃，用 Si－Fe 时则为 1717℃；在 1mmHg 时，平衡温度为 1161℃和 1166℃。实际上当体系中剩余压力为 1mmHg 时，在 1200℃的温度下，MgO 与 Si 的反应较显著。

（2）原料的结构与性质。皮江法炼镁的原料主要有白云石、硅铁、矿化剂，这些原料的结构及性质直接影响原镁产品的品质。

适用于皮江法炼镁的白云石应是微晶型结构、粒状结构或隐晶结构。优质的白云石不夹杂石英、方解石、泥沙和生物化石。白云石的密度为 2.86g/cm^3，硬度为 3.5～4.0。白云石的化学组成见表 5－15。

表 5－15　白云石的化学组成　（%）

MgO	CaO	SiO_2	Fe_2O_3	Al_2O_3	K_2O	Na_2O	ZnO	MnO
19～21	30～33	<0.5	<0.5	<0.5	<0.05	<0.05	<0.001	<0.001

为了避免炉料在还原过程中熔融，$Fe_2O_3 + Al_2O_3$ 含量最好小于 0.5%，SiO_2 的含量也要小于 0.5%。为了避免还原后的镁被钾、钠燃烧而损失，$Na_2O + K_2O$ 的含量最好小于 0.05%。

硅铁还原剂对于皮江法炼镁的还原过程是十分重要的。硅铁的反应性与硅铁中的 Si、$FeSi_2$、FeSi、Fe_3Si_2 等组分有关。还原性最好的是 Si，其他的 Fe－Si 化合物反应速度都较慢，而且随着铁含量的增加，还原反应不易进行。含硅量高的硅铁脆而硬，易碎，易氧化。

X 射线衍射图表明，含硅量 85% 以上的硅铁，几乎全是以 Si 存在。含硅量 75% 的硅铁，由 Si 和 $FeSi_2$ 组成。含硅量 45% 的硅铁几乎没有 Si，只有 FeSi 和 $FeSi_2$。而含硅量 25% 的硅铁，则完全由 FeSi 和 Fe_3Si_2 组成。常用含硅量 75% 的硅铁作为皮江法的还原剂，其组成为 Si 含量 49.86%，$FeSi_2$ 含量 50.14%。

皮江法炼镁还原反应是固相间反应过程，反应速度与物料间的相互扩散有关，炉料中加入难熔的矿化剂有利于物料间的相互扩散，加快反应速度。

实验证明，CaF_2 或 MgF_2 的添加，有利于还原反应的进行，可提高镁产出率。工业生产通常在配料中加入 1%～3% 的萤石粉，要求其含 CaF_2 大于 90%，粒度小于 0.075mm。

氧化钙放置在大气中，会吸收空气中的水分，发生如下变化，即：

$$CaO + H_2O = Ca(OH)_2$$

$$Ca(OH)_2 + CO_2 = CaCO_3 + H_2O$$

煅烧白云石的吸湿和 CaO 完全相同，而且时间越长，吸湿越大。$Ca(OH)_2$ 和 $CaCO_3$ 不仅能氧化还原析出的镁，生成氧化镁和氧化钙，而且还能氧化还原剂硅铁中的 Si，同时吸湿后的煅烧白云石，在真空和比较低的温度下会发生离解，使反应区的剩余压力增大，减慢镁的升华速度。

压制好的球团料，放置在空气中，也会和煅烧白云石一样，吸收空气中的水分和

CO_2，使球团中的 CaO 和 MgO 变成 $Ca(OH)_2$ 和 $Mg(OH)_2$ 或复原为 $CaCO_2$，同时，球团体积和质量增大，发生膨胀、碎成小块或粉末。空气中的水蒸气分压越高，空气的温度越高，球团的吸湿率就越高。

因此，煅后白云石和压制好的球团料，都不宜长期存放，应尽快投入到下工序。

皮江法炼镁是固相之间的反应，生成物是气态的镁和炉渣 $2CaO \cdot SiO_2$。因此，要求入炉的球团料在还原温度下不熔融，否则将影响反应的效率。当炉料中 SiO_2、Al_2O_3 含量较高时，还原过程中，炉料易发生熔融现象。SiO_2、Al_2O_3、Fe_2O_3、Mn_3O_4 等杂质都能降低炉料的熔点，因此，炼镁用白云石应尽量少含这些杂质。

(3) 镁蒸气的冷凝与结晶。镁属于高蒸气压金属类。熔化温度时的蒸气压为 2.63mmHg 柱，超过熔点以后，蒸气压急剧地升高，1107℃时达到 1 个大气压。

在还原过程中，必须使结晶器内的镁蒸气分压大于在结晶器温度下的饱和蒸气压。或者说，镁蒸气的平衡压力大于不参加反应的剩余气体的压力，这样镁蒸气才能冷凝生成结晶镁。

1200℃用硅还原白云石时，镁的平衡蒸气压为 34 ~ 36mmHg 柱，远远没有达到镁的饱和蒸气压，所以镁蒸气不易冷凝。而同样分压的镁蒸气进入冷凝区域后，由于温度降到 500 ~ 600℃，镁蒸气就成了过饱和状态，镁就冷凝下来。

皮江法炼镁还原过程是在真空条件下进行的。实际上还原出来的镁蒸气不可能达到平衡，还原区的镁蒸气压力 $p_{实际}$ 比平衡压力低。当进入镁结晶区的镁蒸气压力 $p_{实际} >$ 2.63mmHg 柱时，镁蒸气先冷凝成液态，如有条件继续冷却才变成固体。当 $p_{实际} <$ 2.63mmHg 柱时，镁蒸气直接冷凝成固态。

为了减少镁的氧化燃烧损失，提高精炼实收得率，希望得到致密的镁结晶体，结晶区的温度越高、剩余压力越低，则结晶镁越致密。试验表明，冷凝器内剩余压力低于 0.1mmHg 柱时，可以得到平整的纤维状结晶镁，而与镁的温度关系不大。剩余压力高于 0.2mmHg 柱时，得到的是树枝状结晶镁。形成树枝状结晶镁的压力上限与冷凝器的温度有关，温度越高，其剩余压力的上限也越高。在温度接近 700℃和 17mmHg 柱时，镁成为细而脆的网状结构。在更高的剩余压力和较低的温度下，镁成为粉状出现。为了提高冷凝效率，似乎冷凝器温度低一点好，但温度低时镁的结晶状态不好。温度太低，镁蒸气来不及扩散到冷凝表面，在空间就冷凝下来，形成粉状镁。

冷凝器必须在接近镁熔点的温度下进行，才能得到理想的结晶镁，即接近于“热运行”状态下生产出来的粗镁是最好的。粗镁热端表面光滑，带有舌状或坡状物都意味着是最好的生产条件。当冷凝器有液体镁出现或有充分过热的镁蒸气进入真空系统、冷凝器并堵塞真空时，被称为产生了热粗镁。Brown 先生认为：热粗镁应保持在产品的 0.5%，没有热粗镁产生，意味着生产过程温度过低。

煅烧白云石灼减过高和炉料受潮时，会影响结晶镁的品质，不仅增大了剩余压力，而且会使粗镁氧化或氮化，使粗镁污染，降低镁的精炼收得率。

B 工艺流程和炉料的制备

(1) 工艺流程。首先白云石要经过煅烧，由碳酸盐变为氧化物，即

$$CaCO_3 \cdot MgCO_3 \xlongequal{} CaO \cdot MgO + 2CO_2 \uparrow$$

然后，按煅烧白云石: 硅铁: 萤石粉 = 80% : 17% : 3% 的比例配料，经磨粉、压球后，

送还原炉内进行还原。还原温度为1200℃，真空度小于0.1mmHg。其反应式为：

$$2(CaO \cdot MgO) + Si(Fe) \xlongequal{} 2Mg\uparrow + 2CaO \cdot SiO_2(Fe)$$

镁蒸气经冷凝器冷凝为粗镁，再经熔化→精炼→铸锭后即为成品，工艺过程如皮江法工艺流程图5－23所示。

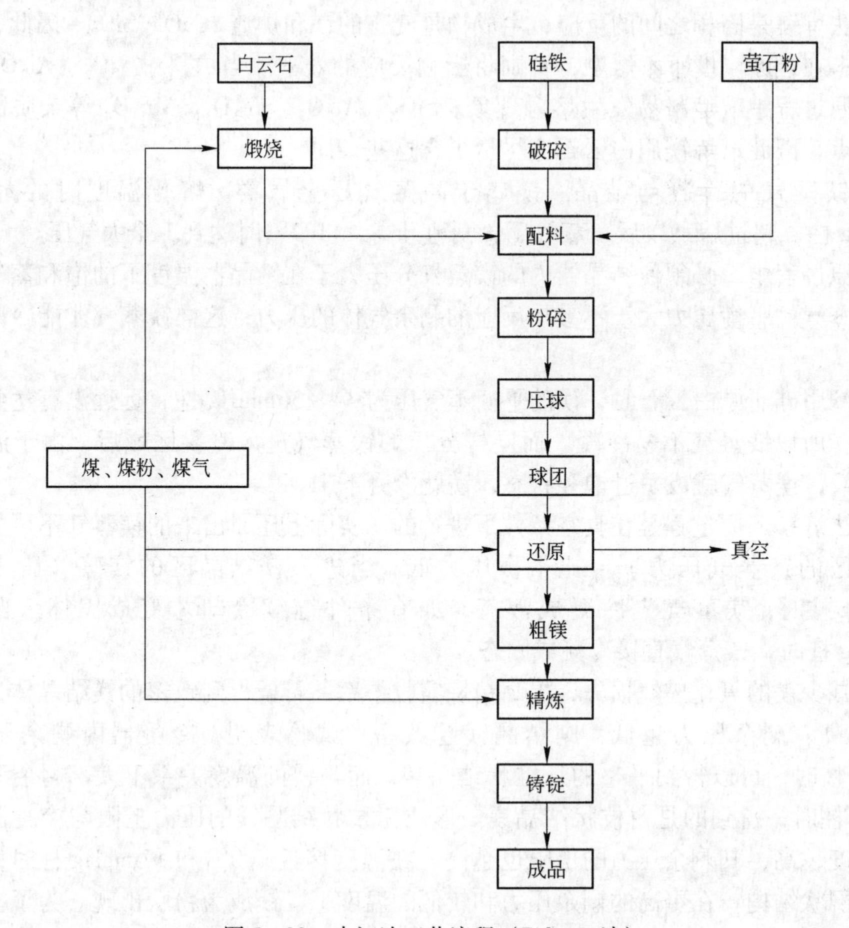

图5－23 皮江法工艺流程（Pidgeon 法）

（2）白云石煅烧。白云石煅烧是皮江法炼镁的重要工序，煅后白云石品质的好坏，将对还原过程的产量和品质有重要影响。衡量白云石煅烧品质主要有两个指标：煅烧后水化活性和灼减。煅烧白云石的活性度是用其与水的亲和力大小来衡量的，亲和力越大，活性度越高。计算公式为：

$$\eta_{活性} = (W_{水化} - W_{水化前})/W_{水化前} \times 100\% \quad (5-6)$$

式中 $\eta_{活性}$——煅后活性度；

$W_{水化}$——水化后质量；

$W_{水化前}$——水化前质量。

一般情况下，要求煅后活性度达到30%以上。

煅后灼减反映了白云石分解过程中 CO_2 和水分的排除程度，一般要求煅后灼减小于0.5%。灼减过高将对结晶镁的品质和状态有很大影响。

另外，还要求白云石要有一定的热强度，在煅烧时不能崩裂甚至产生过多的粉料。通常用耐磨指数 R_1 和灰比 R_2 来表示白云石的热强度，即

$$R_1 = (W_{-0.5mm}/W_{+0.5mm}) \times 100\% \quad (5-7)$$

$$R_2 = (W_{-0.1mm}/W_{+0.5mm}) \times 100\% \quad (5-8)$$

式中 R_1——耐磨指数，一般要求 $R_1 < 10\%$；

R_2——灰比，一般要求 $R_2 < 3\%$；

$W_{-0.5mm}$——粒度小于0.5mm的质量；

$W_{-0.1mm}$——粒度小于0.1mm的质量；

$W_{+0.5mm}$——粒度大于0.5mm的质量。

影响煅后品质的主要因素是煅烧温度和煅烧时间。不同地区白云石的煅烧条件要通过实验来确定，不能一概而论。

煅烧白云石的设备主要有回转窑、竖窑、隧道窑等。一些大型企业多采用回转窑来煅烧白云石。回转窑产量大，生产稳定，机械化自动化程度高，煅后品质好，尤其是灼减低，一般都低于1%，好的可以低于0.5%，但回转窑一次性投资较大。竖窑多为一些小镁厂采用，现常用的有混烧式和反射式，反射式较混烧式好。竖窑虽投资较小，但煅后白云石品质不稳定，灼减往往大于1.5%。隧道窑较少采用，主要用于煅烧热强度较低的白云石。

(3) 炉料的配料计算。还原炉料主要成分为煅后白云石、硅铁和萤石粉。实际的配料比要大于理论的配入量。日本古河镁厂的经验认为，硅铁配入量应过量20%～30%，可以获得较好的镁产出率，即Si/2MgO(mol) =1.2～1.3。

试验研究表明，Si/2MgO从0.9增大至1.3时，镁的产出率呈直线上升，而硅的利用率则直线下降。因此应该有一个合理的配料比，即经济的配料比，这要根据实际情况由实验来确定。目前情况下，工厂采用配料比一般为煅后白云石:硅铁:萤石粉=80:16.5:2.5(煅后白云石中MgO≥38%，硅铁中Si≥75%时)。严格地讲，该配料比应随煅后白云石中MgO含量和硅铁中Si含量的变化而变化。

现在国内许多厂家都采用微机自动配料，每批料50kg，保证了配料的准确性和均匀性。

(4) 磨粉工艺及设备。配好的料要经磨粉设备磨成粉状，日本宇部镁厂要求煅后白云石粒度要达到0.125mm以上，硅铁粒度0.088mm以上的要达到70%～80%，萤石粉粒度0.075mm以上。炉料细度越细、还原反应就越快越充分。意大利波尔扎诺镁厂磨后硅铁粒度要求80%，达到小于0.033mm，约400目。因此，其硅铁单耗不足1t。

磨粉设备主要有雷蒙磨、球磨机、棒磨机等。雷蒙磨结构较复杂，投资大，但粉料细度完全可以达到要求。球磨机是目前应用最广泛的磨粉设备，投资不大，构造简单，经久耐用，粉料细度也能基本达到要求，其存在的最大问题就是有时易产生“黏磨”现象。棒磨机近几年被有些工厂所采用，基本和球磨机原理相同，就是研磨体由球改为棒，缺点是振动太大，而粉料细度不如球磨机好，达标产品只能达到50%左右。

(5) 制球工艺及设备。皮江法炼镁的还原反应是在还原剂硅铁和煅后白云石粒子间的表面进行的。粒度越细，制团压力越大，粒子间接触越好，越有利于还原反应的进行。因

此，磨好的炉料要压制成具有一定密度的球团，才能送去还原。

制球设备为对辊式压球机，一般其压力在150~200MPa为宜。此时，球团密度可达$2g/cm^3$左右，还原效率和硅利用率都较好。密度再大，会影响镁蒸气的逸出，所以已无必要。

实际生产中，主要是控制球团的成球率，尽量减少粉料入还原炉，一般成球率可达85%以上。国外曾研究过核桃状、杏仁状、棒状三种外形的团块，压制后过筛时，杏仁状与核桃状团块的粉料较棒状的少。就镁的产出率而言，杏仁状的低，核桃状和棒状的几乎相等。因此，核桃状团块被认为是最理想的团块形状。

制好的球团装入袋中送还原车间还原，如前所述，球团会吸湿而影响还原效果，因此球团应现压现用，不宜久存。

C 球团的真空还原工艺及还原炉的结构与操作规范

（1）各种因素对还原效率的影响。炉料经过压形后，送至还原炉还原罐中进行真空热还原，在1200℃（实际上为1150~1180℃）、1~13Pa的真空度（即体系的剩余压力）下实现还原作业，还原罐的装料量由还原罐的大小而定，对于$\phi_{外}$ 320/$\phi_{内}$ 260×(2400~2700)mm的还原罐装料量为120kg球团，对于$\phi_{外}$ 393/$\phi_{内}$ 339×(2700~3000)mm的还原罐装料量为230~240kg球团。还原罐用耐热合金钢离心浇铸，合金钢的材质有HK-40（即25Cr-20Ni）、HI（即28Cr-16Ni）和$3Cr_{24}Ni_7NSi$（即24Cr-7Ni）三种，这三种材质中以HK-40为最好，高温抗氧化性能最佳。

炉料在真空条件下还原后，根据所获得结晶镁（即粗镁）可按下式计算还原效率，即镁的产生率和硅的利用率。

$$\eta_{Mg} = \frac{Q}{W \times N \times M \times \dfrac{q_{Mg}}{q_{MgO}}} \times 100\% \tag{5-9}$$

$$\eta_{Si} = \frac{Q}{W \times n \times m \times \dfrac{2q_{Mg}}{q_{Si}}} \times 100\% \tag{5-10}$$

式中 Q——产镁量，kg；

W——装入还原罐中球团质量，kg；

N——球团中煅白的百分数；

n——球团中硅铁的百分数；

M——煅白中MgO的百分含量；

m——硅铁中Si的百分含量；

q_{Mg}——镁的原子量，g；

q_{Si}——硅的原子量，g；

q_{MgO}——MgO的分子量，g。

球团在还原过程中，对镁的还原效率与硅的利用率有较大影响的有下列因素。

1）还原温度的影响。在给定还原时间、制球压力及配硅比等条件下，在$p=1716.2\times10^5$Pa，$M=1.1$，$t=1\sim2$h，真空度为1~3Pa时，镁的还原效率和硅的利用率与温度的关系如图5-24所示。

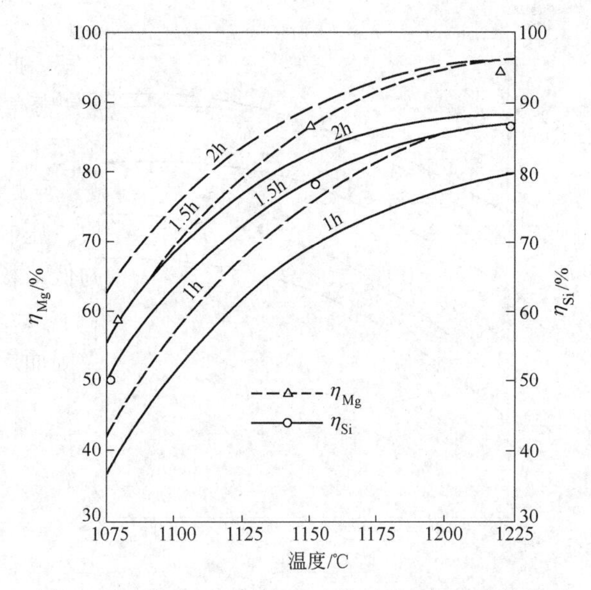

图 5－24 镁的还原效率和硅的利用率与温度的关系

图 5－24 表明，随着温度的升高，在同一还原时间内，镁的还原效率和硅的利用率都有不同程度的提高。在低温区域内 $t<1125$℃，镁的还原效率和硅的利用率与温度的关系近似直线，曲线的斜率较大，也就是说，在低温区域内，同一时间内镁的还原效率和硅的利用率增加更为明显，温度超过 1150℃以后，还原效率增加较少，曲线趋于平缓。为了达到较高的还原效率，温度必须超过 1150℃，但是温度超过 1200℃以后，同一时间内，还原效率增加也不多。由于还原罐材质在高温下抗氧化性能较小，故还原温度最好不超过 1200℃，其最佳还原温度为 1150～1180℃。为了提高不寄托效率，可提高还原体系的真空度（即降低剩余压力），真空度越高，在同一温度下，还原效率越高。工业生产实践表明，在 1150～1180℃，真空度为 1～13Pa，还原 8h 后，还原效率可达 85%～88%，硅的利用率可达 75%以上。

2）还原时间的影响。在一定的还原温度和体系的剩余压力下，增加还原时间，镁的还原效率与硅的利用率增大。在 $p=1716.2\times10^5$Pa，$M=1.1$，真空度为 1～3Pa，温度为 1100℃、1150℃和 1200℃等条件下，不同还原时间下的还原效率如图 5－25 所示。

图 5－25 表明，随着反应时间的延长，还原效率随之增加，在反应开始阶段，还原效率增加较快，曲线斜率也较大，以后反应速度急剧减小，当反应进行到一定时间后，曲线斜率几乎为零，即反应速度近于零。由此表明，反应到一定时间后，再延长时就没有意义了。图 5－25 还表明，提高还原温度比延长还原时间能提高还原效率，但是生产上由于还原罐材质的原因，不能用提高还原温度来缩短还原周期达到高产的目的。工业生产表明，在 1150～1180℃，真空度为 1～3Pa，还原时间 8h 就可以了。

3）球团的压形压力的影响。球团的真空热还原，在温度、还原时间、配硅比一定的条件下，随着制球压力的增大还原效率增大。但是制球压力有一个最佳值，超过这个最佳值后，就是增大还原温度，延长还原时间，增大配硅比都对还原效率影响不大，反而降低。图 5－26 所示是不同温度下，$M=1.1$，还原时间 1.5h，还原效率与压形压力的关系曲线。

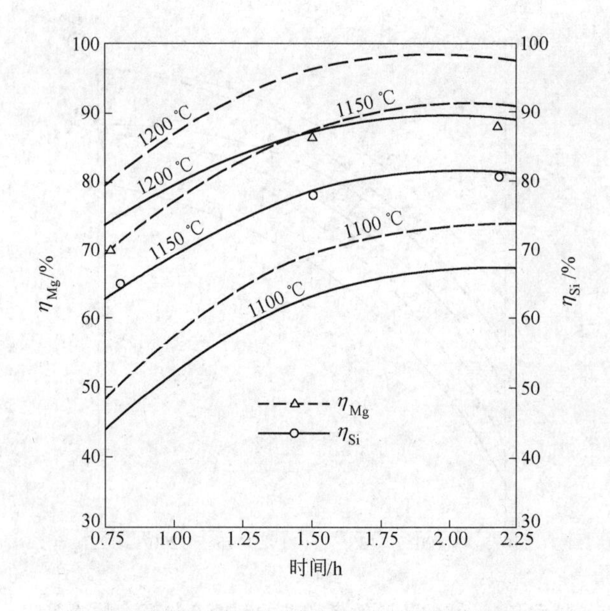

图5-25 不同温度下，镁的还原效率和硅的利用率与时间的关系

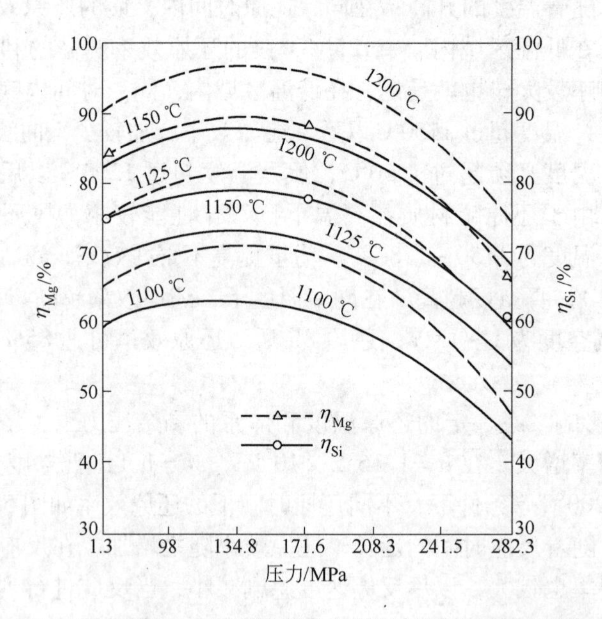

图5-26 不同温度下，还原效率和硅利用率与球团成型压力的关系

图5-26表明，压力从612.9×10^5Pa增高至281.9×10^5Pa时，还原效率先是慢慢的增大，当达到一个最高点后，就很快的下降，这说明压形压力对还原效率不是一直不变的，而是存在一个最佳值，这个最佳压形压力用$\overline{p}_m$表示，$\overline{p}_m$值与还原温度、配硅比和还原时间的关系不大，在1372.9×10^5~1471×10^5之间，在这个压形压力下制得的球团，在上述还原条件下，还原效率最高。

实践表明，成型压力较小时，即球团内孔隙度较大，还原剂（Si）与煅白（CaO·MgO）颗粒接触面积小，硅原子扩散路程也长，因而对硅原子的扩散不利，但对镁蒸气通过球团的内孔隙向球团外面扩散将是有利的。在压力较低的范围内（$p<\bar{p}_m$），随着压力的增加，硅原子的扩散速度明显增加，而对镁原子的扩散速度影响不大，但是总的还原效率还是随着压形压力的增大而提高。当压形压力 $p>\bar{p}_m$ 后，团块的孔隙度变小，镁蒸气向外扩散速度降低，由于镁蒸气的扩散速度为还原总反应速度的控制步骤，硅原子就是扩散再快，也不能提高还原反应速度，因而当 $p>\bar{p}_m$ 时，还原效率随着压形压力的增加而降低。

生产实践表明，当压形压力较小时，颗粒之间有架桥的现象（指煅白颗粒），颗粒无塑性变形，保持原来粒子的形状，颗粒之间的接触面积小，因而球团内孔隙率大，球团强度小。当压形压力较大时，颗粒之间无架桥现象，颗粒变形不大，这样既增能增加接触的机会，又能保持一定的孔隙率，故在这种情况下，总的反应速度最大。但是压力更高时，$p>\bar{p}_m$ 时，颗粒间发生明显变形，球团内孔隙率变得很小，这对镁蒸气的扩散极为不利，故反应速度最小。

总之为了保证球团成型，并有一定的抗压强度，以及较高的热传导率，更重要的是为了保证反应和颗粒之间有较大的接触表面，球团成型的压力应足够大；另一方面为了保证镁蒸气有足够的扩散速度，球团必须保证有一定的孔隙率，因而成型压力又不能太高。通过试验证明，其最佳压力 $p_m=1372.9\times10^5\sim1471\times10^5$Pa，可获得较高的还原效率。

4）配硅比的影响。按还原反应：

$$2(MgO\cdot CaO)+Si=\!=\!=2Mg+2CaO\cdot SiO_2$$

配硅比　　$M=Si/2MgO=1.0\,mol$

此时镁的产出率一定，而硅的利用率最大。如果增大配硅比，则镁的产出率增大，硅的利用率降低。因此，镁的产出率随配硅比的增加而增大，硅的利用率随配硅比增大而降低。图 5－27 所示是不同还原温度下，当 $p=1716.2\times10^5$Pa，$t=1.5$h 还原效率与配硅比之间的关系曲线。

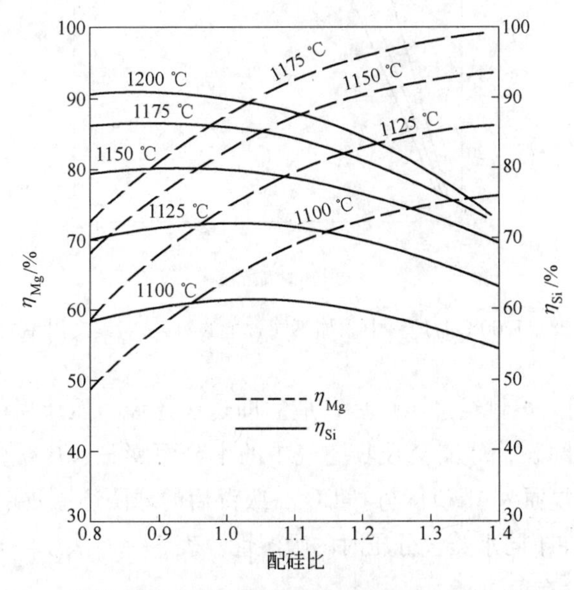

图 5－27　不同温度下镁的还原效率和硅利用率与配硅比之间的关系

图5－27表明：当配硅比增大时，镁的还原效率增大，硅的利用率降低。也就是说，提高了镁的产量，却增大了还原剂的消耗量。当$M=1.25$以后镁的还原效率增加很小，而硅的利用率则降低很多。当$M<1.0$时，硅的利用率基本上保持一定，而镁的还原效率却很低，尽管硅的利用率较高，但由于镁的还原效率很低，在工业生产中是不合算的，因此最佳的配硅比应在1.0～1.25之间。

配硅比对镁的还原效应影响较大，但这是指所用的还原剂硅铁中含硅量必须在一定范围内，即含硅量在75%～78%之间，如果硅铁品位很低，含硅量在62%～72%之间，即使增大配硅比，镁的还原效率也很低，因为硅铁的金相组成为Si、$FeSi_2$、FeSi和Fe_3Si_2四种，其反应性为$Si>FeSi_2>FeSi>Fe_3Si_2$，硅铁品位在62%～72% Si之间，其合金相基本上为FeSi与Fe_3Si_2。故反应性较差，就硅含量而言，其反应性为：

$$85\%\ Si>75\%\ Si>72\%\ Si>62\%\ Si$$

因此对硅热法炼镁而言，通常选用75%Si的硅铁，它具有较大的反应性及经济性。

5）添加剂萤石的影响。为了提高还原反应的速度，在炉料中添加CaF_2或MgF_2，但在生产时通常添加天然萤石粉。天然萤石粉中CaF_2含量可达94%～98%，能满足还原反应的要求，添加CaF_2可以增大氧化物表面的反应能。CaF_2属于非表面活性物质，可以加速还原反应的进行，但其添加量有一定的范围，如图5－28所示。添加1% CaF_2效果不显著，添加3% CaF_2，对还原反应有利。添加量过多，对镁的产出率影响不大。添加量超过4%，还原后的炉渣发软性，不易扒渣，而且在扒渣时易黏附在还原罐罐壁上。

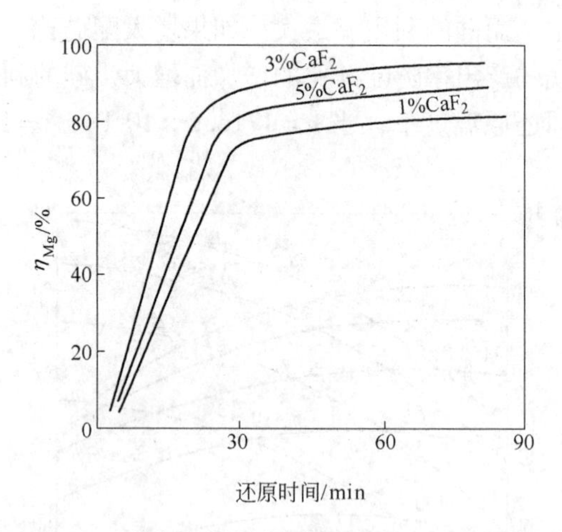

图5－28 1200℃时炉料中添加不同含量的CaF_2对镁产出率的影响

6）球团贮存时间。炉料经过压形后，应立即送去还原，压形后的球团其贮存时间最好不超过4h，贮存时间长，球团会吸收空气中的水分而膨胀、疏松，还能吸收空气中的CO_2，使MgO与CaO复原为$MgCO_3$与$CaCO_3$，吸湿后的球团还原效率极低。

表5－16为球团在不同水蒸气分压时的吸湿性。表5－16表明：球团的吸湿与空气中的水蒸气分压（p_{H_2O}）有关。

表5-16　球团在不同水蒸气分压时的吸湿性

水蒸气分压		相对湿度/%					
		100		80		60	
温度/℃	压力/Pa	料温/℃	吸湿/$g \cdot m^{-2}$	料温/℃	吸湿/$g \cdot m^{-2}$	料温/℃	吸湿/$g \cdot m^{-2}$
10	1.23	10	1.29×10^{-3}	13.4	1.64×10^{-3}	18.0	1.95×10^{-3}
15	1.68	15	1.74×10^{-3}	18.5	2.01×10^{-3}	223.2	2.22×10^{-3}
20	2.33	20	2.00×10^{-3}	23.8	2.02×10^{-3}	28.5	2.26×10^{-3}
25	3.17	25	2.10×10^{-3}	28.9	2.20×10^{-3}	38.9	2.50×10^{-3}
30	4.25	30	2.60×10^{-3}	33.9	2.87×10^{-3}	39.2	2.92×10^{-3}
35	5.62	35	2.66×10^{-3}	39.1	2.94×10^{-3}	44.6	3.01×10^{-3}
40	7.38	40	4.20×10^{-3}	44.2	4.50×10^{-3}	49.9	4.80×10^{-3}

7）炉料中杂质的影响。炉料中有 SiO_2、Al_2O_3、Fe_2O_3、ZnO、MnO 及 Na_2O 和 K_2O，它们都是由煅白硅铁和萤石带入的。这些杂质在还原过程中如 ZnO、K_2O、Na_2O、MnO 等会被还原，与镁蒸气同时析出与冷粒，进入结晶镁中，使结晶镁中含有 Zn、K、Na、Mn 等金属杂质。有的杂质如 Fe_2O_3、Al_2O_3、SiO_2 会与 MgO 和 CaO 造渣，生成铁酸盐（nCaO · $m$$Fe_2O_3$）、铝酸盐（$n$CaO · $m$$Al_2O_3$）和硅酸盐（2MgO · SiO_2），降低了 CaO 与 MgO 的利用率，而且有些是低熔点化合物，熔结在球团表面，阻止镁蒸气的扩散，有的使球团熔结并黏附在罐壁上，影响扒渣，因此这些氧化物对硅热法炼镁来说是有害杂质。

（2）还原炉及还原罐的结构与操作规范。

1）用煤气或重油为燃料的还原炉结构。用煤气或重油加热的还原炉，通常是16个横罐还原炉，其规格为10.54m×3.59m×2.94m，如图5-29和图5-30所示。

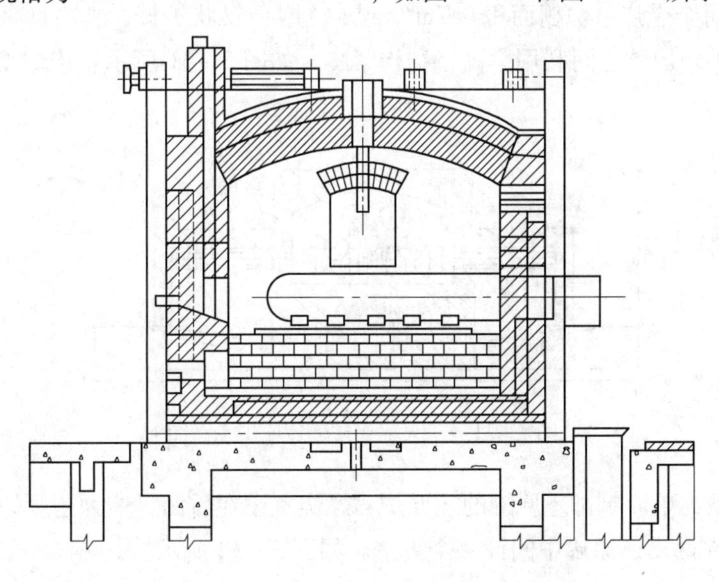

图5-29　用煤气或重油加热的还原炉

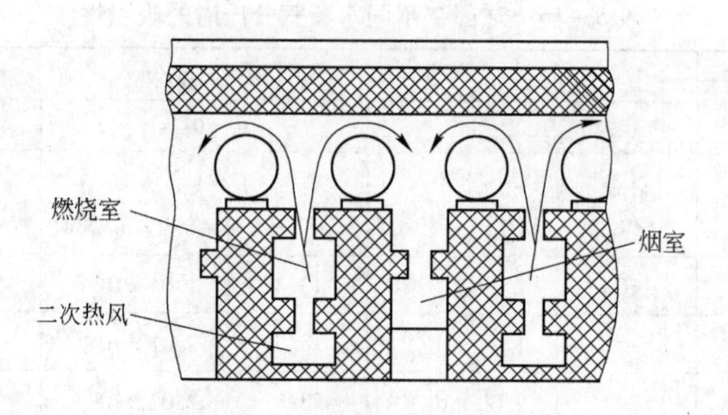

图5－30 还原炉加热示意图

16个还原罐的还原炉为矩形炉膛，罐间中心距为600mm，罐呈单面单排排列，炉子背面分布有8支DW－1.5型低压喷嘴，火焰从燃烧室进入炉膛空间，围绕还原罐周边，靠烟囱的抽力将燃烧后的烟气抽入炉底部支烟道，经烟道与烟道闸门、热交换器后进入烟囱。经过预热后的二次风由副烟道进入二次风管，再通过炉底第二层二次风道送入炉内。炉壁厚520mm，包括一层耐火砖，一层轻质保温砖、硅酸铝纤维毡或石棉板和外壳钢板。

图5－30表明，还原炉底部两个还原罐中间设有燃烧室或烟室。还原炉是一个倒焰炉又是一个贮热炉。还原炉的拱顶较平（弧度较小），由于还原炉炉顶表面的热损失量占还原炉表面热损失的50%，故炉顶通常铺有150mm的硅酸铝纤维棉。还原炉顶设有10支铂－铑热电偶及高温计来测量炉膛温度。炉膛内装有16支耐热合金钢还原罐，16个还原罐分成四组，每组与一套真空机组相接，每台还原炉还设有备用真空机组和一台水环式预抽泵，故每台还原炉有6套真空机组。

2）用煤为燃料的还原炉结构。燃煤还原炉有两种，一种是前后两面设有四个燃烧室（每面两个），每个燃烧室炉栅面积0.7m^2，装倾斜15°梁状炉栅，左右两面装上下交错两排还原罐，这种炉炉膛空间利用率高，结构紧凑，如图5－31所示。该炉型两端装还原罐5~11个。

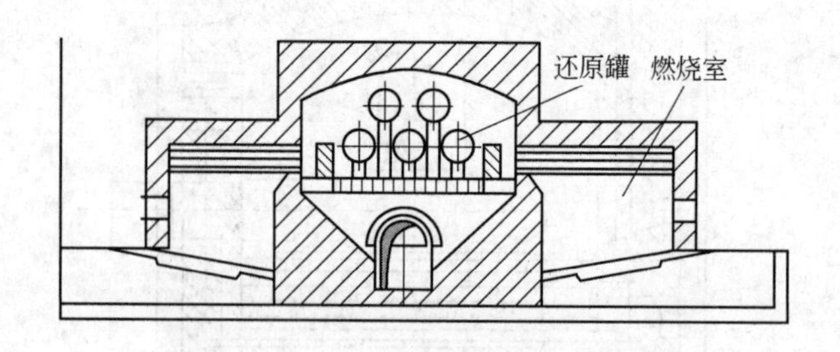

图5－31 单火室双排罐还原炉示意图

第二种炉型为单面单排还原罐的还原炉，燃烧室设在后面，这种还原炉装有14—16—22支还原罐。在两支还原罐中间设一个火室，如图5－32所示。

3）还原罐的结构。还原罐的结构如图5－33所示。

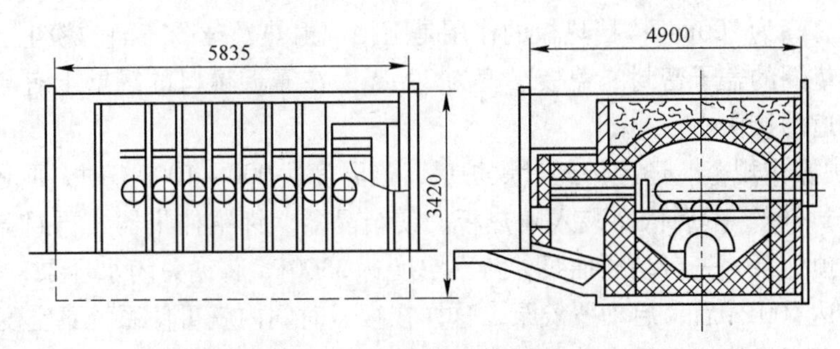

图 5－32 单排罐燃煤还原炉

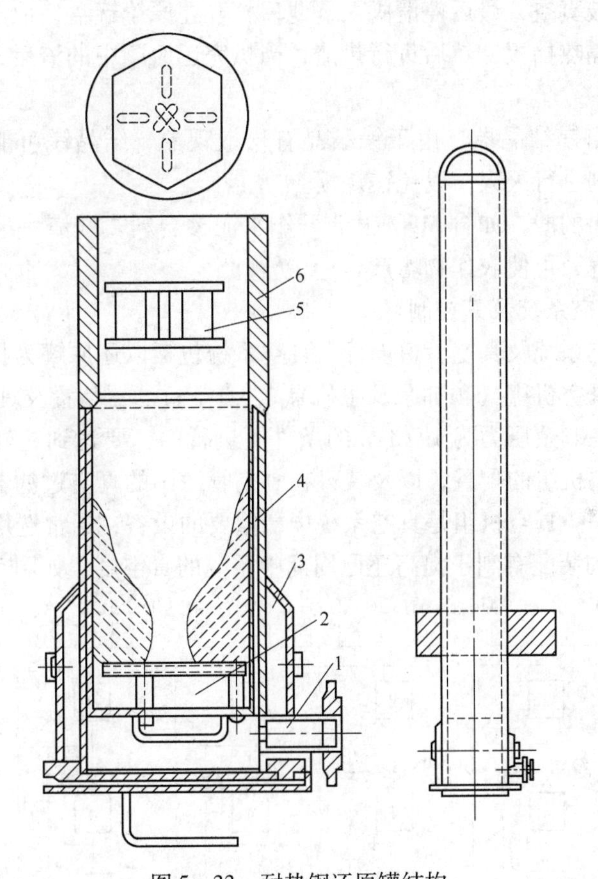

图 5－33 耐热钢还原罐结构

1—抽真空管；2—钾、钠捕集器；3—冷却水套；4—镁结晶器；5—挡热板；6—还原罐

炉内高温部分是用耐热镍铬高温合金钢制成（有 $3Cr_{24}Ni_7N$、HK－40、HI 三种材料），其规格为 $\phi_{外}(320\sim330)/\phi_{内}(260\sim270)\times(2400\sim2700)$ mm，低温部分（即炉外部分）用铸钢管制成，其规格为 $\phi_{外}(290\sim300)/\phi_{内}(280\sim290)\times(600\sim750)$ mm。在铸钢管部分焊有水套，水套用厚 3mm 的钢板制成，还原罐总长为 3000～3450mm，还原罐低温部分通常伸出炉膛（即镁结晶器部分），在铸钢管内装有一个钾、钠捕集器和一个一头大、一头小的筒形镁结晶器，用 3mm 钢板制成，其规格为 $\phi_{外}(280\sim290)/\phi_{内}(260\sim270)\times(500\sim600)$ mm。在合金钢筒与铸钢管连接处内装有一个与还原罐内径几乎相等的挡热板，它是由两层厚 5mm 的钢板焊制的，上板为圆形，下板为六角形，上板与下板上有相错 90°的四

个孔，挡热板总高为100mm，挡热板的作用是阻挡辐射热及球团表面的粉尘。还原罐用带有真空橡皮热垫圈的盖子密封，盖板厚度为20mm，在靠近罐口的罐壁上有与真空系统相连接的真空管道的接头。

4）还原炉操作规范。还原炉经过烘炉后，当温度达900～1000℃时，向还原罐中加入球团120～125kg/罐，然后依次装入隔热板、镁结晶器、钾钠捕集器，再封盖。接真空机组，如果装有预抽泵，先启动预抽泵，待真空度达3300Pa后，关闭水环泵，启动滑阀泵，当系统真空度达400Pa后，启动罗茨泵，这样在很短时间内就可使系统真空度达1～13Pa。在还原期间真空度最好能保持在1～3Pa，大约还原8～10h后，可以认为反应已终止，此时先停罗茨泵，再破真空，最后停滑阀泵，此后打开还原罐罐盖，取出钾钠捕集器，取出镁结晶器，再取出隔热挡板，然后进行扒渣，当扒完还原罐中的渣后，再重新加料，进入下一炉的生产。

从还原罐中取出镁结晶器，由于镁结晶有松散现象，结晶镁可能着火燃烧，可用含30%硫磺的灭火熔剂进行灭火，以免镁烧损。

从还原罐中扒出的渣，如含MgO很低可作水泥掺合料，残渣一般可作铸型硬化剂或作硅肥，其肥效很好，可使农作物增产。

5）还原炉的真空系统及其控制。

①还原炉的真空系统及真空管道设计。真空系统包括以还原罐为核心的其他配置，如真空管路、阀门、真空机组（预抽泵及主机泵），真空过滤器装置及真空测试仪等。

硅热法炼镁是在剩余压力为1～3Pa的条件下进行的，要达到这样的条件就取决于真空管路的设计与真空机组的配置，以及装设在真空管道中的真空过滤器的结构和真空阀门的质量及其装配水平。真空机组是真空系统中最重要的设备，通常选用两级泵（即预抽泵和主机真空机组）的装配有利于提高还原周期中系统的真空度，如图5－34所示。

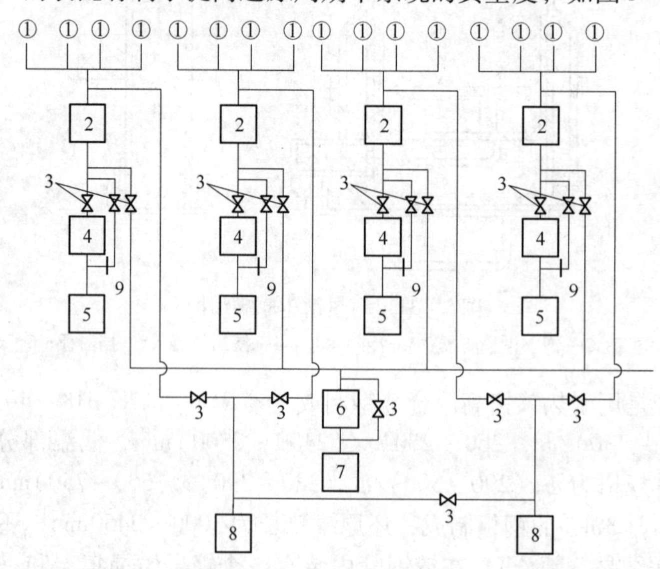

图5－34 真空系统图（一台还原炉的真空工程）

1—还原罐；2—真空过滤器及麦氏真空仪；3—阀门；4—ZJ－600罗茨泵；5—H－70滑阀泵；6—备用ZJ－600罗茨泵；7—备用H－70滑阀泵；8—2SK－6水环泵；9—旁通管

真空机组选定后，按图5－34所示把还原罐、阀门、真空过滤器、真空测试仪、真空机组（预抽泵与主机真空机组）、旁通管，用真空管路连结成一个真空系统，一个完整的真空工程。每四个还原罐接入同一管路同一真空机组，不仅缩短了管路，减少了弯头，而且减少了互相干扰，提高了生产的灵活性和真空机组的使用效率，也便于检漏。为了使一台还原炉能连续的工作，每一台还原炉还必须设置一台备用真空机组。

对于真空管道的设计，应力求简单可靠，要尽量减少弯头、阀门、波纹管和其他装置，管路应尽量增粗缩短，以增加管路流导。为此应将真空机组安装在还原炉上空的平台上，以缩短真空管路，可以缩短预抽真空时间，管路漏气点也可以大大减少，使整个系统在生产上安全可靠，系统的真空度容易达1～13Pa。真空机组安装在还原炉的侧面（旁边），虽然可以缩短真空管路，但还原炉的还原条件（温度及粉尘）对真空机组的影响较大。

从还原炉抽气口到与罗茨泵气体进口处的这段管路是非常重要的。对于ϕ260mm×3200mm的还原罐，真空抽气管直径为80mm，接入水平真空管（直径为150mm），水平真空管的直径为200mm的主真空管相接并与ZJ罗茨泵的进口相接，罗茨泵出口直径为150mm，与H滑阀泵进气口相接，滑阀泵的排气管选用直径为65mm的管直通室外。

为便于安装管道，减少粉尘进入真空泵污染真空泵油及破除还原终了的真空，在真空管道中设ϕ80mm和ϕ150mm的波纹管，ϕ21mm的手动放气阀，真空阀（80mm球阀）在真空管道中尽量少用蝶阀。在真空过滤器前装置真空测试仪（或麦氏真空规），组成完整的真空系统。

按以上的装配来设计的真空管路有如下特点：

·具有较大的抽气速度，容易降低系统中的剩余压力，且易保持与稳定。

·由于装有两段波纹管（还原罐抽气管上和ZJ罗茨泵与H滑阀泵之间），弥补了真空管道安装误差和热变形，且有效的解决了管道振动，使系统能稳定而可靠地连续工作。

·装有容量较大的真空过滤器，气体经过过滤器时，流速大大下降，因而可捕集大量的粉尘，对延长泵的换油时间和提高泵的使用寿命有利。

·ZJ罗茨泵配有旁通管和自动旁通阀，使粗抽真空时，气流经旁通管流过，减少了对罗茨泵泵腔的污染，防止因过早启动罗茨泵而造成过载。

·真空测量仪，装在过滤器前（即还原罐端），可以真实的反映还原罐中的真空度，如果装在真空过滤器后，往往因过滤器堵塞，所测定的真空度不能表示还原罐的真空度。

②气导率的计算。根据真空技术方程，被抽容器的排气速率与真空泵的抽气速率有如下关系：

$$\frac{1}{S_{容}}=\frac{1}{S_{泵}}+\frac{1}{U} \tag{5-11}$$

式中 $S_{容}$，$S_{泵}$——容器的排气速率与真空泵的抽气速率，L/s；

U——管路的总气导率，L/s。

在$U>>S_{泵}$时，上式可写成：

$$S_{容}=\frac{S_{泵}}{1+\frac{S_{泵}}{U}}=S_{泵} \tag{5-12}$$

因此时被抽容器的排气速率由泵的抽气速率所决定。因此，要使真空泵充分发挥其性能，应尽量选用气导率大的管路，一般选用与泵入口直径相同的管径。

在13.3～0.1333Pa真空范围内，管路内的气体流动状态属黏滞状态，它的气导率按如下经验公式计算：

$$U=182\frac{D^3}{L}P \tag{5-13}$$

式中 D——管路直径，cm；

L——管路长，cm；

P——管内真空度，mmHg（1mmHg = 133.3Pa）。

在此情况下，可见选用H－70或H－150滑阀泵是适合的。

③真空机组的选择。硅热法炼镁的真空环境条件是相当恶劣的，被抽气体中含粉尘、水蒸气及CO_2气体，而且温度也高，因此选用2SK－6水环泵作预抽泵对生产非常有利。这种泵的特点是能耗少、噪声低，除抽出一般性气体外，还能抽出水蒸气及粉尘，所以当还原罐封盖后就启动它，可以使大量的粉尘与水蒸气不进入滑阀泵的真空油中，减少了污油的处理量，并使还原罐中的压力由98066.5Pa降至3300Pa，此时再启动主机泵中的滑阀泵，当真空度达400Pa，再启动罗茨泵。

主机泵是由罗茨泵与滑阀泵组成的。在还原期间，还原罐内的真空度需达1～13Pa，预抽泵（水环泵）达不到这样的真空度，必须由主机泵来达到。主机泵称为真空机组，真空泵的前级泵为H滑阀泵，次级泵为ZJ罗茨泵。由于还原时要求系统真空高达1～13Pa，对ϕ(260～280)mm×3200mm的还原罐，如果一组真空机组只需带4个还原罐，选用H－70滑阀泵和ZJ－600罗茨泵就可以了。如果一组真空机组需带7～11支罐则需选用H－150滑阀泵和ZJ－1200罗茨泵，才可能使系统真空度达1～13Pa，通常稳定在1～3Pa。在真空机组中选用ZJ－罗茨泵作增压泵，是由于罗茨泵的汞腔与转子之间有一定缝隙，不需润滑油润滑，因此不存在油被污染的问题，同时ZJ－罗茨泵对少量粉尘也不敏感，且具有较大的抽速，但是罗茨泵不能单独直接把气体排到大气中去，故必须与滑阀泵串联使用。图5－35是H－70滑阀泵与ZJ－600罗茨泵的抽速特性。

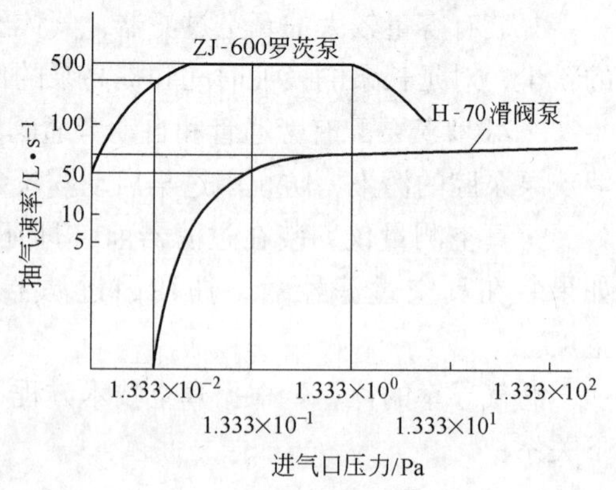

图5－35 H－70滑阀泵与ZJ－600罗茨泵的抽速特征曲线

启动H－70滑阀泵后，要使还原罐内真空度达13Pa时，其抽气速率已降至50L/s以下，而还原过程中由于炉料放气与还原罐渗漏，以50L/s的抽气速率来加大反应速度是不够的。为了提高反应期的初速，必须将ZJ－600罗茨泵串联使用，才能使真空度达1～13Pa，ZJ－600罗茨泵的抽速可达500L/s左右，此时ZJ－600罗茨泵能充分发挥其定额抽率，且其抽率比H－70滑阀泵大8～10倍。

按 ZJ－600 罗茨泵与 H－70 滑阀泵串联搭配经验公式：

$$S_{前}=\left(\frac{1}{5}-\frac{1}{10}\right)S_{次} \tag{5-14}$$

式中 $S_{前}$——前级泵的抽速（即 H－70 滑阀泵），L/s；

$S_{次}$——次级泵的抽速（即 ZJ－600 罗茨泵），L/s。

设
$$S_{前}=\frac{1}{8}S_{次} \tag{5-15}$$

则
$$S_{前}=\frac{1}{8}\times600=75\text{L/s} \tag{5-16}$$

由此可见，选用 H－70 滑阀泵作为 ZJ－600 罗茨泵的前级泵是适宜的。对 H－150 滑阀泵必须配 ZJ－1200 的罗茨泵才是恰当的。

配置一个 H－70 滑阀泵与 ZJ－600 罗茨泵的真空机组带 ϕ280mm×3200mm 还原罐 4 个，达到额定真空度 1～3Pa 的时间较短。真空系统的抽气时间可按下式计算：

$$t=\frac{V}{S_{泵}}\varphi \tag{5-17}$$

式中 t——抽气时间，s；

V——被抽系统的总体积，L；

φ——与系统的初始压力，最终压力和黏滞性有关系数；

$S_{泵}$——泵的抽气速率。

根据生产实际，被抽系统（罐、真空过滤器、管道等）的总气体体积为 300L。$S_{泵}$ = 70L/s，φ = 20，则：

$$t=\frac{3000}{70}\times20=857.1\text{s}\approx14.3\text{min}$$

计算表明，抽气时间是较短的，即启动 ZJ 罗茨泵后仅需 14.3min 就可以达到额定真空度，考虑系统漏气、炉料放气等原因，实际抽气时间延长 1 倍，即：

$$t=2\times14.3=28.6\text{min}$$

以上计算充分证明对 ϕ280mm×3200mm 还原罐，4 个罐一组，选用 H－70 滑阀泵和 ZJ－600 罗茨泵组成真空机组是合理的。

D 结晶镁（粗镁）精炼工艺

（1）结晶镁中的杂质及其分析。皮江法炼镁产品品质在几种炼镁方法中是最好的，可保证达到 GB 3499—1995 三级，好的可达到二级。其杂质主要有 Fe、Si、Mn、Al、Zn、Ni、Cu 等，还有一些氧化物和非金属夹渣。这些杂质主要来源于炼镁的原料白云石和硅铁，也有在生产过程中从其他途径混入的。

（2）杂质在结晶镁中的分布情况。

1）Fe 在结晶镁的外周及两端特别多，最高可达 100mg/kg 以上。

2）Si 在结晶镁的外周特别多，端部稍多，最高可达 200mg/kg 以上。

3）Mn 在结晶镁的内部和高温部多，外部及低温部少，最高可达 40mg/kg 以上。

4）Cu 和 Mn 的分布有相似倾向，一般都很低，在 3mg/kg 以下。

5）Zn 在结晶镁的外周部和低温部特别高，高温部位低，最高可达 1000mg/kg 以上。

6）Al 在结晶镁的内部高，与 Mn 相似，最高可达 50mg/kg 以上。

（3）杂质的可能混入途径。

1）Fe、Si 蒸气压极低，蒸馏的可能性非常小，从分析其在结晶镁的分布情况可以认为是混入球团中的硅铁粉末，在封罐、开罐阶段飞扬进入结晶镁中。

2）Zn 的蒸气压较高，ZnO 容易被还原。因此，一般认为 Zn 的混入是由于白云石中的 ZnO 被 Si 还原，在还原的初期滞留在冷凝器中。如白云石中 Zn 含量为 60mg/kg，则粗镁中 Zn 含量可达 200～300mg/kg。

3）硅铁及白云石中含有 Mn，硅铁中的 Mn 一部分被蒸馏而进入粗镁中。白云石中的 Mn 难以被还原，一般认为不可能向粗镁中转移。

4）Al、Cu1200℃时其蒸气压为 10^{-1}～10^{-2}mmHg，其行为类似 Mn，认为是从硅铁中而来。

因此，为保证产品品质首先要控制好原材料中的杂质含量，尤其是硅铁中的杂质含量；其次要控制整个生产环节，严格执行各工序操作规程。

（4）结晶镁的精炼方法。结晶镁中的非金属杂质（氧化物等）和金属杂质（Mn、Zn、Al、Si）对镁的力学性能影响很大，使镁变脆，极限扩张强度变小，致使镁不适于压力加工。金属杂质 Fe、Cu、Ni 使镁的耐腐蚀性变坏。因此要尽量减小和除去这些杂质，以获得高品质的金属镁。另外，结晶镁的形状也不便于储存和运输，必须经精炼铸锭后，作为商品出售。一般多采用熔剂精炼法进行精炼。

精炼的工艺过程为：首先把精镁放入坩埚中熔化成镁液，然后加熔剂进行精炼，同时不停地搅拌，使熔剂和镁液充分接触。精炼后，要静置 30min 左右，使金属杂质、非金属杂质和残留熔剂沉入坩埚底部。最后，浇铸成镁锭或其他产品。

最常用的精炼熔剂为二号钙熔剂，其化学组成见表 5－17。

表 5－17　二号钙熔剂的化学组成

熔　剂	化学成分/%					
	$MgCl_2$	KCl	NaCl	$CaCl_2$	$BaCl_2$	MgO
钙熔剂	38±3	37±3	8±3	8±3	9±3	≤2
精炼熔剂	（90%～94%的钙熔剂）+（6%～10% CaF_2）					
覆盖熔剂	（75%～80%的钙熔剂）+（20%～25% S）					

所得镁锭还可用升华精炼法、电解精炼法、区域熔炼法等进一步制得纯度更高的镁，以供特殊用途。

E　皮江法生产的安全环保

皮江法炼镁生产过程中，存在的主要安全问题是：金属镁的燃烧、爆炸，高温热辐射及粉尘、噪声，有害气体等。

还原罐在开罐时，因在冷端聚集的金属钾、钠燃点很低，很易燃烧，进而引起结晶镁的燃烧和爆炸。精炼时，有时会因坩埚破损而引起镁液泄漏，发生爆炸事故，严重时会造成人员烫伤。还原罐出镁、扒渣时，温度很高，粉尘也很多，易发生烫伤等事故。炉料车间粉尘也比较大。另外，精炼车间生产中会产生硫化物和氯化物气体，对人体造成损害。

对于镁的燃烧和爆炸，主要是加强安全意识和安全防护工作。为防止坩埚泄漏，要建立定期检查制度，制定合理的坩埚使用寿命。对于粉尘泄漏点，主要是加强密封。精炼车间的有害气体要及时排空，保证车间内浓度符合国家标准。

中国皮江法炼镁目前有三大主要污染源：燃煤炉的黑烟、粉尘和大量的还原渣。

近年来，中国多数皮江法镁厂为减少基础投资和降低生产成本都采用燃煤还原炉和精炼炉。对于燃煤的黑烟有不少厂已采取了各种方式进行治理，取得了良好效果，排出烟气的林格曼黑度可达1度以下。

炉料车间还原渣出炉时的粉尘，还可通过加集尘器和集尘罩解决，另外要加强泄漏点的密封。

还原渣是皮江法炼镁的最大量的废弃物，每吨镁要排放6～7t还原渣，其成分为$2CaO \cdot SiO_2$，属无毒渣，国内有的厂家已成功用于生产水泥。日本曾大量用作酸性土壤改良剂和铸造型砂使用。国内也正在研究其用于炼钢和建材等领域。

总的来说，对皮江法炼镁只要稍作努力，污染物安全可以治理。

5.3.2.4 炼镁新工艺的发展

随着科技的进步和国民经济的持续高速发展，各种新型的炼镁新技术、新工艺大量涌现。不过，到目前为止，最有价值的方法仍然以电解法炼镁和热还原法炼镁为主，研究开发工作也是以上述两种方法为基础进行的，本节仅举两例说明。

A 马格坎新炼镁工艺——第二代电解法炼镁新工艺

加拿大镁业公司（MagCan）的一座新镁厂于1990年秋正式投产，工厂位于加尔伯达省卡尔加里市以南48km处，采用一种全新的工艺或者叫第二代炼镁工艺生产镁。该厂的生产能力为62.5kt/a，于20世纪90年代中期全部建成，从而跻身于世界最大炼镁厂之林。

第二代炼镁法是英国开发的，经过实验室试验与中间试验的不断改进与完善，证实可用于工业生产，马格坎工厂的顺利投产，说明该法在技术上是完全可行的与先进的。马格坎法与旧的以菱镁矿为原料的炼镁法相比，流程大大简化。

马格坎法的主要优点是：菱镁矿石的碳—氯化是在一道工序里完成的，生产的无水氯化镁熔体送往电解前，电解出高纯度镁。按新法炼镁，不但可节省大量投资，而且能源消耗大幅度下降，劳务费用也显著减少，经济效益十分可观。

为了开拓镁市场，扩大镁在交通车辆上的应用，必须生产优质镁。为此，加拿大镁业公司在厂内建立了质量保证体系（QAP），对生产过程进行全面质量管理；另外，根据新工艺特点，建设了先进的设备齐全的实验室，成立了技术力量雄厚的研究队伍，以解决新法在以后的长期生产过程中可能产生的种种技术问题，研究新的合金，开发新的应用领域，提高镁的竞争能力。

加拿大镁业公司卡尔加里市镁厂当前的主导产品是ASTM9990A原镁与高纯度的AZ91D镁合金，根据用户需要也可供应其他镁合金，锭的质量可从7kg到450kg。

新厂对安全与环境保护是按当前最严格与最高的标准设计的，不但能满足现行的环保法规与条令要求，而且考虑到了日趋严格的要求。因此，在今后一段相当长的时间内不需要进行改造。加拿大镁业公司积极参与国际镁业协会、国家镁工艺研究所组织的开拓镁市场的开发工作。工厂的布局充分考虑了远景规划的设想，对扩建工程所需的地盘与设施留有足够的余地与方便条件。

第二代炼镁法——马格坎炼镁法是一种先进的新颖的炼镁法，具有明显的优越性，特别是在节能方面。但工艺电解镁的总能耗约为16500kW·h/t，而且马格坎法生产镁能耗可降低10%左右，即为14850kW·h/t左右。建议我国在建设新的以菱镁矿为原料的炼镁厂时引进马格坎炼镁法。

B 介绍一种硅热法炼镁新工艺

传统的硅热法炼镁是在真空条件下，用硅（硅铁）在1200℃温度下，3~7Pa真空度下进行还原，其缺点是不能连续生产。这里介绍一种在连续不断的，最好在外部预热了的惰性气流中，通常是在填充床反应器中实现硅热法炼镁，其工艺流程如图5-16所示。

新的工艺流程安全是连续作业，在常压下运转，不用真空。其核心是填充床式气体-固体反应器，在反应器中氢气起到双重作用，供给反应的热量和夹带镁蒸气（氢气是惰性气体），镁通过一种新颖的方法被冷凝下来，氢气则循环使用。

将煅烧后的白云石（煅白）和硅（硅铁）混合成混合料，再压制成团块，并在填充床中用燃料和过量空气燃烧产物的热量预热到1000℃，填充床反应器中的物料是自流的，一部分顺流，一部分逆流，并设有备用的内加热装置，来解决供热问题。在顺流段，当剧烈的吸热反应进行得非常迅速时，热气流将显热传给团块料，这样团块料的温度稳定地保持低于其烧融的温度（1450~1500℃）。下一阶段的反应是通过反应器的逆流段在较低的温度下完成。尽管氢气流能够供给还原反应所消耗的全部热量，但在设计上仍然考虑了电热来保证反应器内部所需的热量。

为了保证金属的纯度，在还原时，不让氧化了的金属容器内表面与反应产物接触，因此金属纯度高，是本工艺流程的主要优点。从反应器排出的气体，经过净化，冷却到刚刚高于露点的温度。其主要目的是除去气体中夹带的氧化物微粒，但也有少量从反应器正常加料中排出的非金属挥发物（主要是氟化物）。

新的工艺流程中消除了皮江法炼镁工艺中冷凝工序中的那些缺陷，只要冷凝成液态镁就能够直接浇铸成锭。本方法是从熔池中把镁液直接送入一种机械式喷淋器，当喷洒成液滴后立即冷凝成颗粒镁。采用装有液体碱金属的循环管路，经过余热锅炉将熔池中多余的热量传走。

要把镁冷凝成液体镁时，就必须将液态镁（熔点时具有133.3Pa的蒸气压）时所产生的镁蒸气（相当于反应器出口气体中所夹带的金属总量的10%）冷凝下来，这就必须使出口气体过冷到熔点以下大约150℃。于是不可避免地会有一部镁冷凝成固体，所以根据技术角度和市场销售情况来考虑，把镁全部冷凝成固体镁似乎还更适宜。为此，生产流程设计了两种冷凝方式交替进行：冷凝成全部固体或液体镁和固体镁的混合物。

这个新工艺完全摆脱了现有硅热法炼镁技术的限制，能够连续作业，可以完全实现机械化和自动化控制。因此这个工艺在经济上是相当有吸引力的，其生产成本比皮江法可降低30%~40%，降低能耗约一半，减少劳动力约1/3。

由于该工艺配备了完善的热回收系统，从而大大地节省了热能。该工艺可保证大约回收45%的升华热。这45%也正好是当循环气流按冷凝范围从露点冷却到返回温度时，氢气中所含热量的回收率。循环氢气流中的余热通过直接热交换器可回收90%以上。将液体金属作为热交换器，换热介质的技术应用于金属冷凝是很有发展前途的。

硅热法炼镁新工艺，是以现有技术为基础的，是将某些技术结合在一起并匹配成最先进的镁的生产工艺。该工艺当充分发展时，有希望在技术上成为金属镁生产最先进、最精细和最有竞争力的流程。

6 粗镁精炼与电解镁锭的制备

6.1 概述

由电解法或热还原法炼镁获得粗镁中，通常含有金属和非金属两类杂质。常见的金属杂质主要有铁、铜、硅、铝、镍、锰、钾、钠等；非金属杂质主要是镁、钾、钠和钙等氯化物和镁、硅、铝、铁等氧化物。如果这种粗镁不经过精炼直接熔融铸锭是不符合要求的，因为它不能长期贮存。例如，存在金属镁锭中的金属杂质，会与镁形成贾法尼电池，发生电化学腐蚀。在这个过程中，镁起阳极作用，铁与镍等杂质起阴极作用，由于氯的超电压较低，加速了镁的腐蚀。即使是精炼后的镁，当镁锭中铁含量在0.03%~0.04%以上，这种镁锭还得进行表面处理，不然也不能长期贮存。

金属镁因方法不同，其杂质也不同。电解法炼镁获得的粗镁，其氯化物杂质主要是电解质，以及在电解过程中在阴极上由于电化学作用析出的钾、钠、铁和硅、锰等金属杂质，以及电解槽内衬材料及铁制部件的破损，使粗镁中含有铝和硅。热法炼镁获得的结晶镁中主要含有蒸气压较高的钾、钠、锌等金属杂质以及来自炉料的非金属氧化物杂质，如MgO、CaO、Fe_3O_3、SiO_2、Al_2O_3等。

杂质的存在，对金属镁性能有着不良的影响，它们除降低镁的抗腐蚀性能外，一些金属杂质如K、Na、Ca等会使镁的一些力学性能变坏。

表6-1为国外镁锭的质量标准，表6-2为我国重熔镁锭的质量标准。

表6-1 国外镁锭的质量标准

国别	牌号	化学成分/%												
		Al	Mn	Zn	Si	Cu	Fe	Ni	Pb	Sn	Ti	Na	其他杂质单个	杂质总和
ISO 8287—84	Mg 99.8	0.06	0.1	—	0.05	0.02	0.05	0.002	—	—	—	—	0.05	0.20
	Mg 99.95	0.01	0.01	0.01	0.01	0.005	0.003	0.001	0.005	0.005	—	—	0.01	0.05
	Mg 99.98	0.004	0.002	0.005	0.001	0.0005	0.002	0.0005	0.005	0.005	—	—	—	0.002
美国 ASTM B92M—83	9980A	—	0.10	—	—	0.02	—	0.001	0.01	0.01	—	—	0.05	—
	9980B	—	0.10	—	—	0.02	—	0.005	0.01	0.01	—	—	0.05	—
	9990A	0.003	0.004	—	0.005	—	0.04	0.001	—	—	—	—	0.01	—
	9995A	0.01	0.004	—	0.005	—	0.003	0.001	—	—	0.01	—	0.005	—
	9998A	0.004	0.002	—	0.003	0.0005	0.002	0.0005	0.001	—	0.001	—	0.005	—
原苏联 ГОСТ 804—72	Mg 99.96	0.006	0.004	—	0.004	0.002	0.004	0.002	—	—	—	0.1	—	0.04
	Mg 99.95	0.006	0.01	—	0.004	0.003	0.004	0.0007	—	—	0.014	0.005	—	0.05
	Mg 99.90	0.02	0.03	—	0.009	0.004	0.04	0.001	—	—	—	0.01	—	0.1

续表 6-1

国别	牌号	化学成分/%												
		Al	Mn	Zn	Si	Cu	Fe	Ni	Pb	Sn	Ti	Na	其他杂质单个	杂质总和
加拿大 CAS HG2	9980	—	0.15	—	—	0.02	—	0.001	0.01	0.01	—	—	0.05	0.20
	9990	—	0.01	—	0.01	0.005	—	0.001	0.005	0.001	—	—	0.05	0.10
	9995	—	0.001	—	0.01	0.002	—	0.001	0.003	0.001	—	—	0.01	0.05
	9998	—	0.002	—	0.003	0.001	—	0.001	0.001	0.001	—	—	0.01	0.02
	9999	—	0.001	—	0.001	0.001	—	0.001	0.001	0.001	—	—	—	0.01
挪威 希德罗厂标	—	0.015	0.02	0.001	0.001	0.002	0.035	0.0005	0.002	—	—	—	—	—
英国 BS 2970—59	—	0.02	0.05	—	0.03	0.005	0.04	0.002	—	—	—	—	—	—
日本 JISH 2150—61	99.90	0.01	0.01	0.05	0.01	0.005	0.01	0.001	—	—	—	—	—	—
	99.8	0.05	0.10	0.05	0.05	0.02	0.05	0.001	—	—	—	—	—	—
德国 DIN17800 1—1961	Mg 99.5	—	0.01	—	0.01	0.002	0.003	0.001	—	—	—	—	0.01	—
	Mg 99.8	—	0.10	—	0.10	0.02	0.05	0.002	—	—	—	—	0.05	—

表 6-2　我国重熔镁锭的质量标准（GB 3499—95）

牌　号	化学成分/%								
	Mg	Fe	Si	Ni	Cu	Al	Cl	Mu	Ti	杂质总和
特级镁锭	99.96	0.004	0.004	0.0002	0.002	0.006	0.003	0.003	—	0.04
一级镁锭	99.95	0.004	0.005	0.0007	0.003	0.006	0.003	0.01	0.014	0.05
二级镁锭	99.90	0.04	0.01	0.001	0.004	0.02	0.005	0.03	—	0.10
三级镁锭	99.80	0.05	0.03	0.002	0.02	0.05	0.005	0.06	—	0.20

注：1. 杂质 Na 和 K 的含量，不包括在规定杂质总和内，但生产单位应保证所有牌号的镁中含 Na 不大于 0.01%，含 K 不大于 0.05%。
2. 镁的含量以 100.00% 减规定杂质总和来决定。
3. 未作规定的其他单项杂质元素（不包括保证元素），含量大于 0.010% 时，应计入杂质总和。但供方不作常规分析。
4. 如有特殊要求，由供需双方另行协议，镁锭质量为（7.0 ± 1.0）kg 或（8.0 ± 1.0）kg。

6.2　粗镁的精炼方法与工艺

粗镁的精炼方法有熔剂精炼、重力（沉降）精炼、区域熔炼精炼、真空升华精炼和电解精炼。但在工业生产中常用的方法是熔剂精炼及真空升华精炼，真空升华精炼可得高纯镁。

6.2.1　熔剂精炼

6.2.1.1　熔剂的物理化学性质

电解法获得熔融粗镁和热还原法获得的结晶镁都可以用氯化物熔剂来除去粗镁中的金

属杂质和非金属杂质，但是这种氯化物熔剂应具有如下物化性质。

（1）在工业生产中不具有化学毒性和强腐蚀性。

（2）具有一定的精炼性，即能和镁中杂质发生物理化学反应并生成镁不溶性渣。

（3）应比镁具有更低的熔点，采用 $MgCl_2/KCl = 1.0(mol)$，熔剂的熔点在490～550℃。

（4）在熔融状态下，熔盐密度应比镁大，并有适当的密度差，熔盐和镁液能很好的分层；加入 $BaCl_2$ 会增大熔剂的密度，故添加量应适当。

（5）在精炼和分离过程中熔剂熔盐应有较小的黏度，使镁液在精炼过程中能彻底澄清。

（6）熔剂熔体在整个精炼过程中和镁液有适当的界面张力，在熔炼阶段，较小的界面张力能较好的保护镁不被燃烧或氧化。在精炼静置阶段，有较大的界面张力，能使镁能更好的熔合并和熔剂分离。因此熔剂中应含有氟化物（CaF_2 或 NaF 或 MgF_2），氟化物作为非表面活性物质，添加于熔剂中，可以增大熔体的界面张力，通常添加的是 CaF_2。CaF_2 在氯化物熔体中，以悬浮状态存在，溶解度很小，但是它能较大的提高氯化物熔体和镁液间的界面张力，1%～2% CaF_2 能使熔体的界面张力提高5%～8%。添加 CaF_2 能增强熔体对氧化物杂质的吸附湿润性，改善镁的汇聚，并能使部分氧化物发生化学反应。

$$SiO_2 + 2CaF_2 = SiF_4 + 2CaO$$

（7）熔剂中阳离子应不与熔融镁发生置换反应，以免被二次污染，但熔剂中的 $MgCl_2$ 可与金属杂质发生置换反应并与氧化物杂质形稳定或不稳定的配合物：

$$MgCl_2 + 2K(Na) = 2KCl(2NaCl) + Mg$$

$$CaO(MgO) + MgCl_2 = CaO(MgO) \cdot MgCl_2$$

$$5MgO + MgCl_2 = 5MgO \cdot MgCl_2$$

用于粗镁精炼的熔剂种类很多，国内外都有所不同，见表6－3和表6－4。

表6－3 国外镁厂所用的熔剂

国别与牌号		熔剂成分/%
苏联	BN－1（标准）	$MgCl_2$ 40～43，KCl 34～37，NaCl 6～8，CaF_2 4～5，$BaCl_2$ 4～5，MgO 1～2
	BN－2（加重）	$MgCl_2$ 34～38，KCl 29～33，NaCl 6～8，CaF_2 9～11，$BaCl_2$ 14～16，MgO≤1.5
	BN－3（钡熔剂）	$MgCl_2$ 40，KCl 34～43，∑(NaCl + $CaCl_2$)8～10，$BaCl_2$ 6～9，CaF_2 2，MgO≤1.5
日本，DOW 230		$MgCl_2$ 34，KCl 55，$BaCl_2$ 9，CaF_2 2
美国	M－230	$MgCl_2$ 31～37，KCl 43，$BaCl_2$ 8～11，CaF_2 2～5，MgO≤4.0
	M－130	$MgCl_2$ 40，KCl 55，CaF_2 5
	M－70	$MgCl_2$ 70，KCl 30
英国	B－1	$MgCl_2$ 68，KCl 28.5，NaF 4.5，CaF_2 3
	B－2	$MgCl_2$ 34，$CaCl_2$ 30，(KCl + NaCl)35，MgO 1.0

表6－4 我国精炼粗镁用的2号钙熔剂

熔剂名称	熔剂成分/%
基础熔剂（2号钙熔剂）	$MgCl_2$ 38±3，KCl 37±3，NaCl 8±3，$CaCl_2$ 8±3，$BaCl_2$ 9±3，MgO <2.0
精炼熔剂	基础熔剂 90～94 + CaF_2 6～10

续表6-4

熔剂名称	熔剂成分/%
撒粉熔剂（覆盖熔剂）	基础熔剂75~80+20~25硫磺粉，粒度<0.4mm
新熔剂（中南大学推荐熔剂）	$MgCl_2$ 47.67，KCl 37.33，NaCl 5，$BaCl_2$ 7.5，CaF_2 2.5

6.2.1.2 精镁中杂质除去的机理

A 非金属杂质的除去

采用热还原法炼镁时，还原所获得的结晶镁中含有MgO、CaO、SiO_2、Mg_3N_2、2CaO、SiO_2、$2MgO \cdot SiO_2$及Al_2O_3等非金属质，比电解法炼镁获得粗镁多得多。Mg_3N_2置放在空气中吸收变成$Mg(OH)_2$、NH_3。存在粗镁中的非金属杂质其行为是各不相同的，大部分氧化物能被KCl、NaCl润湿，部分氧化物如MgO、CaO能和$MgCl_2$形成稳定化合物。

$$MgO(CaO) + MgCl_2 = MgO(CaO) \cdot MgCl_2$$

$$5MgO + MgCl_2 = 5MgO \cdot MgCl_2$$

熔入熔盐中的氧化物杂质，都会增大熔盐的密度；提高凝固点，使熔盐黏度增大；大部分氧化物杂质被熔盐浸渍后，在熔体中表现为表面活性物质，降低熔盐的表面张力；氧化物能吸附在镁珠或镁液表面，使镁和熔剂成分散性体系，不利于镁液的汇集。因此，采用熔剂法精炼粗镁时其氧化物杂质实际上是被熔剂的物理化学吸附而除去的。

B 金属杂质的除去

采用熔剂精炼时，K、Na一般都能在熔剂中发生置换反应被除去：

$$2Na(K) + MgCl_2 = 2NaCl(KCl) + Mg$$

而其他金属，如Al、Fe、Zn、Mn、Cu、Ni都不和熔剂发生反应。在这些金属杂质中，Fe是最有害的元素，在精炼时必须向熔剂中掺入添加剂来除铁，如用海绵钛、四氯化钛、锆、铍以及硼和硼的化合物。

用海绵钛除Fe有较好的效果，这是因为海绵钛对杂质铁元素有很强的吸附性，并生成密度较大的结合体在镁液中沉降，其反应为：

$$Ti + (Mg + X) = Mg + (Ti + X)$$

如用四氯化钛（$TiCl_4$）精炼除铁，其作用基本上与海绵钛除铁一样，

$$2Mg + TiCl_4 = 2MgCl_2 + Ti$$

生成的Ti再吸附粗镁中的铁，用$TiCl_4$除铁，其效果虽然差不多，但其过程与设备都比用海绵钛除铁复杂。

用海绵钛除铁与所生成的钛铁结合体的沉降效果有关，即与精炼后静置时间、精炼搅拌时间、静置温度有关。其中精炼搅拌时间与静置时间应由精炼坩埚中熔体量以及工业操作过程而定。用海绵钛除铁，海绵钛的添加量与精镁中铁、钛含量的关系见表6-5。

表6-5 海绵钛加入量与精镁中铁、钛含量关系

精镁中含Fe与Ti量	海绵钛加入量/%				
	0.05	0.01	0.2	0.3	0.4
Fe含量/%	0.0031	0.0027	0.0016	0.0014	0.0015
Ti含量/%	0.0089	0.013	0.019	0.022	0.033

海绵钛的添加量可控制在 0.05% ~0.5%，在加入 CaF_2 熔剂精炼 3min 后，加入钛粉进行搅拌精炼，在 740℃时恒温静置 20min，可将粗镁中的 Fe 降至 0.0031% ~0.0015%。

表 6-6 为静置温度与精镁中 Ti、Fe 含量的关系。

表 6-6　静置温度与精镁中的 Ti、Fe 含量的关系

精镁中 Ti、Fe 含量	静置温度/℃					
	700	720	740	760	780	800
Ti 含量/%	0.016	0.013	0.020	0.027	0.031	0.041
Fe 含量/%	0.0021	0.0014	0.0017	0.0028	0.0042	0.0056

表 6-6 的数值表明，用海绵钛除铁后，其静置温度为 720℃，此时精镁中 Ti 与 Fe 的含量最低，因而 720℃是钛添加剂除铁的最佳静置温度。

用硼化物（B_2O_3、H_3BO_3、$Na_2B_4O_4 \cdot H_2O$）除铁，可以获得好的效果。用 B_2O_3 除 Fe，随 B_2O_3 添加量增加，精镁中铁显著降低。

表 6-7 为 B_2O_3 添加量与精镁中含铁量的关系。

表 6-7　B_2O_3 添加量与精镁中含铁量的关系

B 加入量/%		0.025	0.05	0.075	0.1	0.2	0.3	备　注
B_2O_3 加入量/%		0.080	0.161	0.241	0.322	0.0644	0.966	B 加入量达 0.2% ~0.3%时，渣较黏且熔点高
精镁中铁、硼含量/%	Fe	0.004	0.0036	0.0029	0.0017	0.00079	0.00038	
	B	都小于 0.0004						

表 6-7 数值表明：当 B 含量达 0.05%时，精镁中的 Fe 量已降至 0.0036%。

6.2.1.3　熔剂精炼炉及其作业

精炼过程是在精炼炉中实施的。精炼炉有不同的结构，图 6-1 所示为坩埚式精炼炉的结构示意图。在耐火砖砌筑的炉膛中，装有盛金属镁的精炼坩埚，精炼时，以电阻丝等

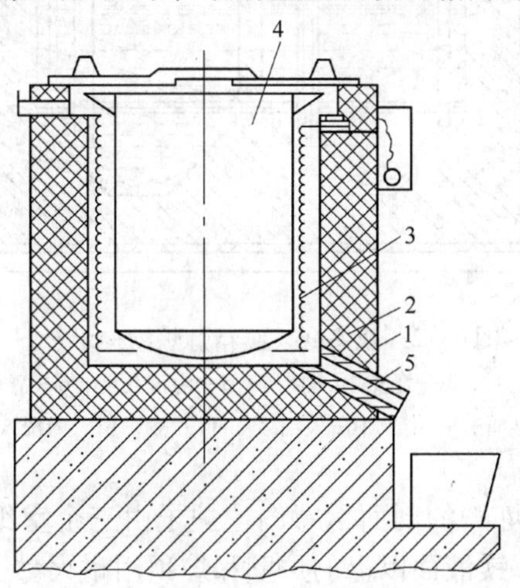

图 6-1　坩埚式精炼电炉结构示意图

1—外壳；2—内衬；3—加热装置；4—坩埚；5—事故排出口

加热器进行加热，使坩埚中的镁液保持在710℃，以每吨镁大约20kg的熔体量加入精炼熔剂，同时对镁液进行搅拌，以增加熔剂与镁中的杂质间的接触机会，提高精炼除杂的效果。大约搅拌10min后，提高镁液的温度至740℃，并静置10min，使熔剂从镁液中分离出来，在上述温度下，杂质铁在熔融镁中的溶解度增大，镁中含铁量增大，为了降低镁中的铁含量，必须将镁液的温度降低到710℃，使溶解在镁液中的铁量降低到合格的含量；然后再浇铸成锭。

铸锭一般在连续铸锭机上进行，铸锭过程中，使用硫磺粉在镁的上方形成还原性的 SO_2 保护气氛，或喷射 SF_6 气体来保护，以防止镁的氧化。

近年来，对镁的熔剂精炼在工艺设备上作了较大的改进。采用不用熔剂的沉降精炼法代替熔剂精炼，用连续式精炼炉取代坩埚式精炼炉，从而降低了熔剂等原料消耗和能量消耗，提高了生产效率。

图6-2所示为双室式连续精炼炉的结构示意图。炉膛分为搅拌室和出镁室两部分，中间以墙隔开，同时隔墙上又设有溢流口，将两室连通。炉膛底部有熔融盐层，其上为金属镁层。用浸在镁中的管式电加热器可调解地维持炉膛温度在700~720℃范围内。粗镁经加料室的注镁管注入其中，在进行沉降精炼后，由出镁室的排镁管排出。沉降下来的渣经过熔盐层沉入炉底。两室炉底均以45°角度从四周向中间倾斜，以便于沉渣集中于室中央底部。炉渣定期（每周一次）经炉顶清理口清出。为保护镁不为空气所氧化，以加压的惰性气体氩向液态镁的表面喷撒覆盖熔剂。这种精炼炉容积介于10~20t之间，昼夜产能相应为25~40t，电耗每吨镁80~150kW·h，氩气耗量为每吨镁1m³，熔剂耗量为每吨镁1~2kg。镁的燃烧和随渣带走的损失为0.25%~3.0%。这种炉子存在的问题是管式加热器的使用寿命仅2~7周。

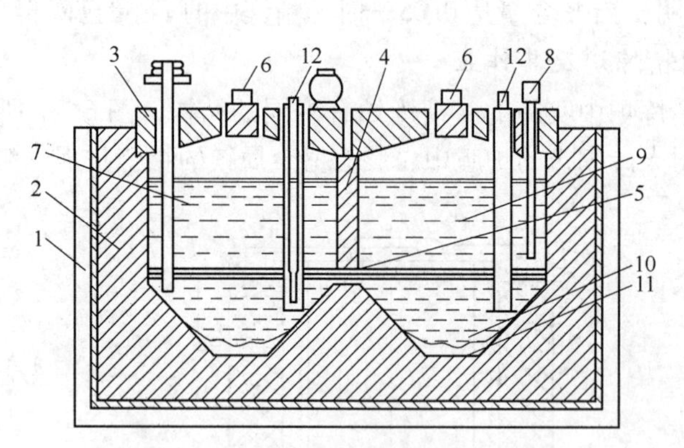

图6-2 双室式连续精炼炉结构示意图

1—外壳；2—内衬；3—盖板；4—隔墙；5—溢流孔道；6—清理；7—注镁管；
8—排镁管；9—镁；10—熔融盐；11—渣；12—内浸式加热器

图6-3所示为连续精炼炉的剖面示意图。炉子由三个室组成，它们均用镁砖衬里并砌筑于一个气密的钢壳中，镁液面以上的炉壁和炉顶用耐火黏土砖砌筑。用盐浴电阻管式加热器加热镁，加热器是通过炉顶插入炉内的。通过炉顶还插入三个测量每个室内温度的热电偶和两个接触液面仪（测量最高和最低金属镁液面高度）以及一个零电极。在炉顶上

还有注镁和出渣用的密封盖孔。粗镁通过一个几乎伸到炉底的钢漏斗管加入第一室中，在该室中主要是沉降出熔剂和氧化物夹杂以及除掉大部分铁。后者是通过相应地调整镁的温度达到的。当往第一室的下部加入下一批粗镁时，澄清好的金属镁通过隔墙上部分的小孔溢流到第二室。在镁经第二室通过的时间内，要完成清除熔剂和氧化物夹杂的提纯过程。金属镁通过炉隔墙和炉底上的流沟或通过隔墙距炉底500～600mm高处的溢流孔流入第三铸锭室。精炼好的镁用电磁泵从第三室即送到连续铸锭机上。

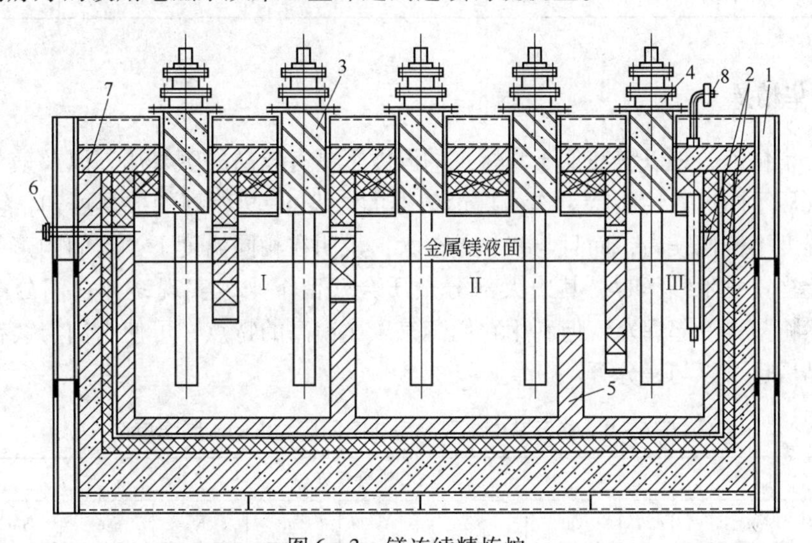

图6－3 镁连续精炼炉

1—炉壳；2—内衬；3—热绝缘管；4—加热元件；5—隔墙；6—加热管；7—热绝缘层；8—吸出管；Ⅰ，Ⅱ，Ⅲ—精炼室

在连续精炼炉中，能保证镁很好地除去熔剂杂质。精炼好的镁中氮含量不超过0.001%(质量分数)。镁在炉内精炼期间，其中铁含量降低了0.005%～0.007%。精炼后镁中平均含铁量等于0.035%，而在粗镁中含铁量是0.045%。在连续浇铸镁锭时，炉子的生产能力实际上是受铸造机和泵的生产能力所限制。

采用连续精炼炉精炼粗镁，可以使精炼过程在惰性气氛下和孔盖密封条件下进行。在这种条件下，镁的烧损率实际上已完全消除，而且即或是在炉子气密不严时，用熔剂保护镁，镁烧损也是比采用坩埚精炼炉时少得多。

表6－8为连续精炼炉和间断生产的坩埚精炼炉工作特性的比较指标。在750～800℃温度下用电磁泵来即送镁和配料，当扬程为6M时，泵的输送镁的能力可达到$5m^3/h$。连续精炼炉的主要优点就是在操作时，具有非常好的劳动条件，此外，它的产能比坩埚电炉要大5～6倍。

表6－8 连续精炼炉和坩埚炉的主要生产指标

指　　标	坩 埚 炉	连续精炼炉		
		熔剂保护	硫磺保护	氩气保护
粗镁/$kg \cdot t^{-1}$	1020	1010	1008	1007
熔剂/$kg \cdot t^{-1}$	16	1	—	—
硫磺/$kg \cdot t^{-1}$	—	—	0.125	—

续表 6-8

指 标	坩埚炉	连续精炼炉		
		熔剂保护	硫磺保护	氩气保护
3号钢/kg·t^{-1}	0.5	0.8	0.8	0.8
氩气单耗/m^3·t^{-1}	—	—	—	0.75
电能单耗/kW·h·t^{-1}	300	55	55	55

6.2.2 升华精炼

镁的升华精炼，是以镁在低于其熔点的温度下具有较高的蒸气压，以及镁与其中所含的杂质蒸气压不同这一性质特点作为理论依据的。表6-9所列的数据可知，镁中部分杂质的沸腾温度不但比镁高，而且与镁相差很大，说明在相同温度下，它们的蒸气压差别也很大，因此当镁发生升华时，其中大部分杂质会残留下来，实现镁与它们分离。碱金属钾、钠虽然将与镁一起挥发，但利用它们蒸气压比镁高的特点，可使它们与镁在不同区域冷凝、结晶后也可以与镁分开。

表6-9 镁及其中主要杂质在不同压力下的沸腾温度

压力/Pa	沸腾温度/℃									
	Mg	Fe	Cu	Si	Al	Ca	K	Na	NaCl	KCl
10^5	1107	2735	2595	2287	2560	1487	774	892	1464	1407
1	516	1564	1412	1572	1110	688	261	340	743	704

一般选取精炼温度为575~600℃，蒸馏系统的剩余压力为10~20Pa，镁冷凝区的温度为475~550℃。

镁的升华精炼在真空炉中进行，图6-4所示为一种精炼炉的结构示意图。钢质真空

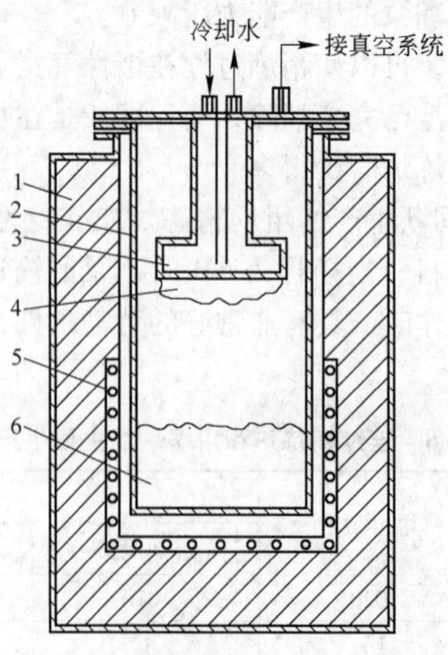

图6-4 镁升华精炼炉结构示意图

1—电炉炉体；2—真空罐；3—结晶器；4—结晶镁；5—电炉加热装置；6—原料镁

罐体放置在电炉炉膛中，罐内下部堆装需要精炼的原料镁，处在电炉的高温区，因此镁被加热升华。罐的上部处在电炉的低温区，内置有水冷却的结晶器。镁蒸气在结晶器的面向罐底的表面冷凝结晶，碱金属钾钠蒸气在结晶器的面向罐盖方向的表面冷凝，与镁分离。罐内与真空系统相连，以造成和维持必要的真空度。为延长钢罐的使用寿命，罐与电炉之间的空间也可以抽成真空。

真空升华精炼可以生产纯度为99.99%的镁，见表6－10。

表6－10 精炼前后原镁与精镁中杂质的含量变化情况

杂质	Si	Al	Mn	Zn	Cu	Ca	Fe
精炼前含量/%	0.03～0.006	0.008～0.003	0.012～0.009	0.07～0.005	0.01～0.002	0.01	0.03
精炼后含量/%	0.01～0.032	0.001～0.002	0.001～0.0015	0.003～0.004	0.0006～0.001	0.008～0.009	0.001～0.003

精炼得到结晶状的镁。如需要，应在真空条件下或惰性气体中进行熔化和铸锭，以防受玷污。

6.3 电解镁锭的表面处理及质量检测与控制

6.3.1 镁锭腐蚀的原因及其特点

精炼铸锭后的镁锭，如果不经过防护处理，会遭受大气的腐蚀，这是它自身的特性所决定的。

金属镁是耐腐蚀性能最差的金属之一，因为它的化学活性高，是一种热力学上很不稳定的金属。镁的平衡电位很低，其平衡电位为：

$$E_{Mg/Mg^{2+}} = -2.36 + 0.0295\lg[Mg^{2+}]$$

它是金属材料中电极电位最低的，镁在酸性、中性和弱碱性溶液中，都能受到腐蚀而变成镁离子。镁在各种pH值下都会产生析氢腐蚀。

各种类型的大气均会对镁产生程度不同的腐蚀作用。在干燥大气中，镁由于遭到氧化而失去金属光泽，表面上形成一层暗色的疏松多孔的膜，这层膜不能对其下面的镁提供有效的防护。在潮湿的大气中，镁表面受到腐蚀，其产物组成和含量大多数为：

$MgCO_3 \cdot 3H_2O$ 61.5%、$MgSO_4 \cdot 7H_2O$ 26.7%、$Mg(OH)_2$ 6.4%、含碳物质2.5%。该腐蚀产物的组成随大气成分的不同而有所变化。大气湿度增加，会加快腐蚀速度。当镁与金属性比它强的各种金属接触时，两者之间会形成微温贾法尼电池，镁为阳极而遭到腐蚀。

精炼后的镁锭表面及缩孔中常常残留精炼熔剂，其主要成分为$MgCl_2$、KCl等，它们对镁产生强烈的腐蚀作用，尤其是$MgCl_2$和$CaCl_2$，这两种氯化物有强烈的吸水性，在大气中吸水而分解。其分解反应为：

$$MgCl_2 + H_2O = MgO + 2HCl$$

$$CaCl_2 + H_2O = CaO + 2HCl$$

分解析出的HCl形成了腐蚀电池的电解液，使镁锭从内腐蚀直至镁锭表面。对于金属杂质含量极低的镁锭，则不须防护，如我国的特级和一级镁锭不需要作表面处理。

6.3.2 镁锭的表面处理

根据镁锭表面腐蚀的原因，其表面处理方法为：首先除去附着在其表面的能引起腐蚀作用的杂质（氯化物和铁鳞等杂物）；然后在镁锭表面施加防护性保护膜。这种保护膜应具有如下特点：

（1）应具有耐大气的腐蚀能力。

（2）具有足够的强度，能经受搬运和运输过程中的摩擦和碰撞而不会破损。

（3）当镁锭重熔使用时，该膜层应容易脱除，且不影响金属质量和污染环境。

（4）膜层不要求有装饰性能。

工业上采用的镁锭防护方法主要有以下几种。

A 铬酸盐纯化法

这是目前工业上应用的主要工业方法。

对于杂质含量（Ni、Fe、Si、Cu 等）高的镁锭，主要采用铬酸盐钝化。所谓铬酸盐钝化是以铬酸、铬酸盐或重铬酸钾作为主要成分的溶液来处理镁锭，使镁锭表面形成由二价铬和六价铬及金属本身的化合物来组成膜层，这种膜层有抑制金属腐蚀和防护的作用。

进行钝化处理，是将镁锭浸到钝化液中，这时金属表面被溶液氧化，形成金属离子进入溶液中，由于溶液为酸性溶液，发生如下反应：

$$3Mg + 2HNO_3 = 3MgO + H_2O + 2NO$$

钝化液（$K_2Cr_2O_7$）是一种氧化性很强的氧化剂，可使镁氧化，并还原为三价铬，钝化液中还配有 NH_4Cl。其反应为：

$$3Mg + 2NH_4Cl + K_2Cr_2O_7 = 3MgO + Cr_2O_3 + 2NH_3 + H_2O + 2KCl$$

NH_4Cl 在镀膜时，能起到活化的作用。上述两个反应同时发生，但膜的生成速度必须大于镁的溶解速度，生成膜的体积（$V_{膜}$）又必须大于溶解金属的体积（$V_{金属}$），即：

$$V_{膜}/V_{金属} > 1$$

否则生成的膜是多孔的不连续的，当然熔解掉的金属层应很薄，一般只有零点几微米。进入溶液中的金属离子进而又参与成膜反应，成为膜的组成部分。镁锭表面的钝化膜大致为 $Cr_2O_3 \cdot Cr_3$，同时还包含有镁的化合物。

铬酸盐钝化膜之所以能够起防护作用，有两个方面的原因，一是膜本身有很好的耐腐蚀作用，又十分致密，能起到隔离保护作用；二是膜中含有可溶性六价铬的化合物，对镁能起抑制腐蚀作用。膜的防护作用，与处理的工艺条件有关。如果膜很薄，或被钝化的表面很粗糙，以及钝化液中含有悬浮颗粒物杂质，则膜呈多孔状，其防护性较差。

镁锭表现所形成的钝化膜为浅金色及其他颜色，这与钝化液的组成 pH 值和钝化处理时间有关。

关于镁锭钝化所用钝化液的组成及工艺条件，有各种不同的方案，如：

（1）重铬酸钠（$Na_2Cr_2O_7$）：15%，硝酸（HNO_3）：密度 1.42、22%，溶液温度室温，浸渍时间：0.25～3min。

（2）重铬酸钠（$Na_2Cr_2O_7$）：20%，硝酸（HNO_3）：密度 1.42、22%，溶液温度：18～22℃，浸渍时间：0.5～2min。

（3）重铬酸钠：15%，高锰酸钾：5%，氢氧化钠：0.2%，pH值：6～7.1，温度：19～25℃，浸渍时间20min。

在钝化处理之后，由于镁锭表面所残留的钝化液会降低钝化膜的耐腐蚀性能，因此需认真的用水清洗。

需要注意的是，耐腐蚀性能差是铬酸盐钝化膜的一个严重缺点。

如前所述，由于钝化膜可能有孔隙，膜层的耐磨性能又差，因此在钝化后尚须进一步采取防护措施，如涂油和以蜡纸包覆等。

B 镁锭的阳极氧化处理

阳极氧化，是一种通过电解反应来增加基体金属氧化膜的厚度，提高膜层性能的表面处理方法。这种膜层具有很好的耐腐蚀和耐磨损的性能。

镁的阳极氧化可以在碱性溶液中进行，也可以在酸性溶液中进行。如：

（1）在碱性溶液中阳极氧化。该法的电解质组成为：氢氧化钠（NaOH）140～160g/L；水玻璃（密度1.397）15～18mL/L；酚3～5g/L。

操作条件：电流密度0.5～1.0A/cm^2；电压4～6V；温度60～70℃；时间30min；阴极材料：铁板。

（2）在酸性溶液中进行氧化处理时，该法的电解液的组成为：氟化氢铵250～300g/L；重铬酸钾60～80g/L；磷酸（85%）60～70g/L。

操作条件：电压（交流）70～90V；起始电流密度5～6A/dm^2；温度70～80℃；时间30～40min。

阳极氧化膜为两层结构。靠近基体的底层结构致密，称为阻挡层，表面为多孔层。由于表层多孔，故易吸收环境中的水分和腐蚀性气液，引起腐蚀，因此它需进行封孔处理。封孔时，可以用含$K_2Cr_2O_7$ 0.5～1.0g/L，Na_2HPO_4 0.2～0.4g/L溶液，温度为70～80℃的热水进行浸渍，时间为20min。

C 有机膜包覆法

这种方法是在镁锭上包覆一层有机质薄膜，以达到将镁锭与周围介质隔离，避免对镁发生腐蚀行为的一种工艺方法。例如将经过预处理并烘干后的镁锭于60℃下浸渍到环氧树脂溶液中，取出后以热空气干燥，使附在表面上的液态膜中的溶剂挥发，再加热到适当温度，使树脂聚合。

以上三种工艺方法相互比较各种利弊。其中，以铬酸盐钝化法较为成熟，工业应用效果较好。阳极氧化工艺过程复杂。环氧树脂膜包覆的镁锭，在使用前脱除有机膜时会产生难闻的气味，有害于生产环境。

在对镁锭进行上述各种防护处理之前，都必须仔细认真地对镁锭进行预处理，其过程包括：刷除镁锭表面还可能嵌附的铁鳞，用水清洗，用稀酸溶液、用2%铬酸酐溶液进行酸洗，除去附着在镁锭表面及缩孔中的氯化物、氧化物和碱式氧化物等杂质污物，以净化镁锭的表面。经过预处理，既可除掉镁锭表面的腐蚀源，又可增强后续处理形式的膜层与镁的结合力。预处理的作用十分重要，不可轻视。

6.3.3 镁锭钝化液——含铬废水的处理

采用镀铬膜来处理表面，废液中含有三价铬和六价铬。三价铬毒性较小，而六价铬毒性较大，是一种严重污染环境的有害物质。

含铬废液可用如下方法处理，其工艺流程如图6-5所示。

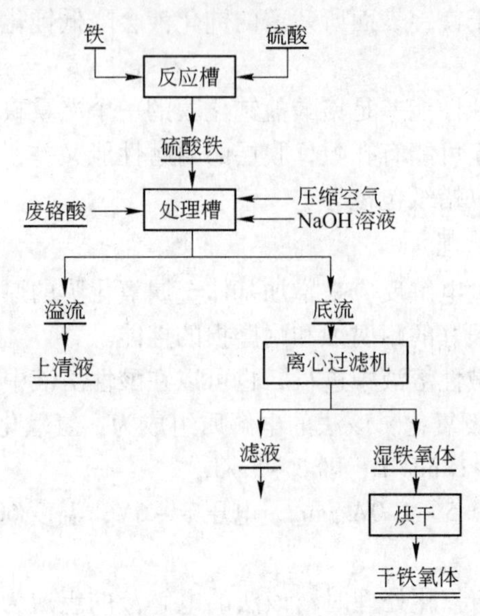

图6-5 废铬液处理的工艺流程

用硫酸与铁屑制成硫酸亚铁，再加入废铬酸液，将六价铬还原为三价铬，然后加入NaOH溶液中和，沉淀铁氧化，其反应为：

$$Cr_2O_7^{2-} + 6e + 14H^+ \longrightarrow 3Cr^{3+} + 7H_2O$$

$$6Fe^{2+} - 6e \longrightarrow 6Fe^{3+}$$

加热通入空气：

$$Fe^{2+} + Fe^{3+} + Cr^{2+} + OH^- \xrightarrow{O_2} Fe^{3+}[Fe^{2+}Cr_x^{3+}Fe_{1-x}^{3+}]O_4$$

反应后的铬铁氧体中 $\{Fe^{3+}[Fe^{2+}Cr_x^{3+}Fe_{1-x}^{3+}]O_4\}$ 的 x 值在0~1之间，处理后的上清液中含 $6Cr^{6+}$ 小于0.0005mg/L，沉渣磁性很强，含 Cr^{3+} 在0.0008~0.03mg/L，符合国家工业三废排放标准。

6.3.4 镁锭的质量检验

镁的质量检验，按GB标准，特级、一级镁为不镀膜的镁锭，二级镁锭为镀膜镁锭，用重铬酸钾溶液进行镀膜，表面为浅金色。镁锭平整、清洁，表面不允许有残留溶剂、夹渣、飞边、硫磺及氧化黑孔等存在，但允许有修整过的痕迹。

对于镁锭质量分析的取样和制样必须遵循如下规定，即在同一批号镁锭中，任意选三块，被选的试样，先经酸洗、水洗、烘干后，在其底面沿中心线的中点及距离两端部100mm处各钻一孔（共三个孔），孔径15~21mm，为防止钻孔发热，可加入乙醇冷却，但不得用其他油类。试样重200g（为除去表面氧化层，应将距表面0.5~1.5mm深的镁屑除去），钻出的镁屑装在铝盘内，用磁铁吸尽可能混入的铁屑，然后混合均匀，用四分法缩减，经处理后的试样作为化学分析试样，当分析结果即使有一个指标不合格时，可从该批号取双倍数的镁锭进行该项目的重复分析，其分析结果为该批号镁锭的最终结果，即表示其质量。

7 镁合金的分类、牌号、状态、化学成分与性能

7.1 工业纯镁

工业纯镁的纯度可达99.9%以上，因强度低和其他一些原因，很少在工程上用作结构材料。在纯镁中加入铝、锌、锰、稀土、锆、锂、银、铈、钍等元素，合金化后得到的高强度轻质镁合金，可广泛用作结构材料。目前，也生产出几种非合金化工业纯镁，用于非结构用途，如用作功能材料和化工材料等。

7.1.1 工业纯镁的牌号和化学成分

原生电解镁和硅热还原金属镁的纯度可达99.8%以上，根据一些具体的技术规范对其单个或多个杂质元素含量加以限制可以满足多数化学和冶金用途的要求。因此，大多数商用纯镁都是原生电解镁或硅热还原金属镁。而某些对某一具体杂质含量有特殊要求或纯度要求很高的场合可采用一些特殊牌号的高纯镁。高纯度的精炼镁通常是用原生镁真空精炼而成。表7-1为常用工业（商用）纯镁的牌号及化学组成。

表7-1 工业纯镁的牌号及杂质含量（质量分数） （%）

名称	化学成分									其他金属元素		Mg
	Al	Ca	Cu	Fe	Mn	Ni	Pb	Si	Sn	单一元素	总量	
原生电解镁	0.005	0.0014	0.0014	0.029	0.06	<0.0005	0.0007	0.0015	<0.001	<0.05	<0.13	99.87
二级电解镁	—	—	<0.02	<0.05	<0.01	<0.001	<0.01	—	<0.01	<0.05	<0.10	99.90
三级电解镁	<0.004	<0.003	<0.005	<0.03	<0.01	<0.001	<0.01	<0.005	<0.005	<0.05	<0.08	99.92
四级电解镁	<0.002	<0.003	<0.004	<0.03	<0.004	<0.001	<0.005	<0.005	<0.005	<0.05	<0.07	99.93
五级电解镁	—	—	<0.003	<0.003	<0.004	<0.001	<0.005	<0.005	<0.005	<0.01	<0.05	99.95
硅热还原镁	0.007	0.004	<0.001	0.001	0.002	<0.0005	0.001	0.006	0.001	<0.01	<0.04	99.96
高纯度精炼镁	0.0004	0.001	0.0002	0.0007	<0.001	<0.0005	<0.0005	<0.001	<0.001	<0.01	<0.02	99.98

7.1.2 金属元素对纯镁组织和性能的影响

镁中最常见的金属元素有铝、铁、硅、铜、镍、钠、钾、铍、钙等。铍和钙为有益元素，铝能溶于镁中形成固溶体，对镁的组织和性能没有明显影响。其他金属元素为有害杂质，其中以铁、铜、镍的危害为最大。

铁、钠、钾、不溶于镁内，而以纯金属形式存在于晶界。硅、铜、镍在镁中的溶解度

极小，常与镁形成 Mg_2Si、Mg_2Cu、Mg_2Ni 等金属间化合物，以网状形式分布于晶界。钠、钾能使合金的偏析及收缩增大，导致合金力学性能降低。

少量的铁、铜、镍、硅对镁的力学性能影响不大，但会强烈降低镁的耐蚀性能，尤以铁、铜、镍为甚。图7-1所示为少量铁、铜、镍对镁耐蚀性的影响情况。

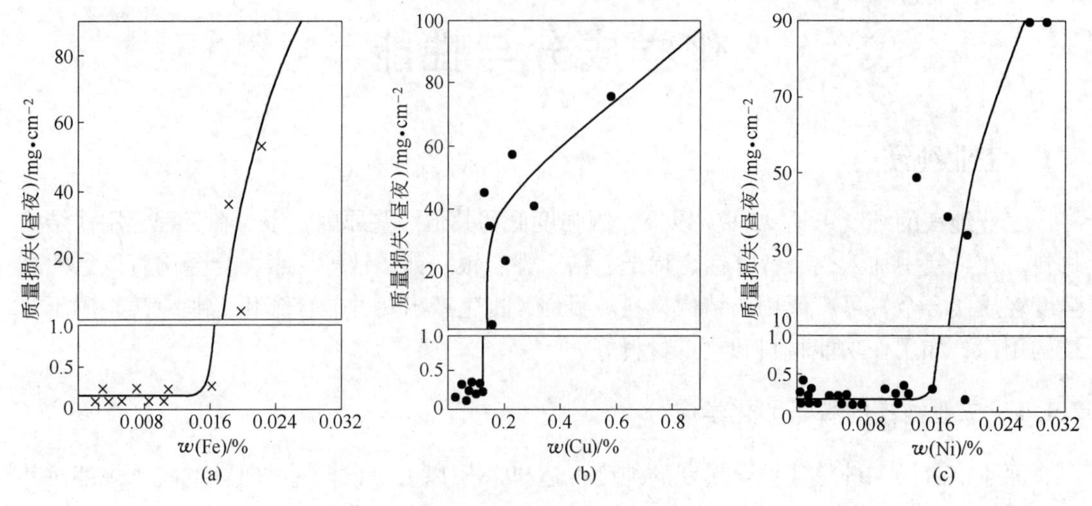

图7-1 杂质元素铁、铜和镍对镁耐蚀性的影响

(a) 铁；(b) 铜；(c) 镍

由图7-1(a) 可知，只有当铁含量小于0.016%时，才对镁的耐蚀性不产生影响。实际生产中铁的含量远远超过这个范围。为了消除铁的有害影响，通常在镁及镁合金中加入一定量的锰（0.15%~0.5%）。锰能与铁生成化合物并沉积于熔体底部，从而消除铁的有害影响。

由图7-1(b)、(c) 可知，只有当铜和镍含量分别小于0.15%和0.016%时，才对镁的耐蚀性能不产生影响。实际生产的镁及镁合金中，铜和镍的含量均在此限度以内，因此其影响一般可不予以考虑。

铁在镁熔体中的溶解度与温度的关系见表7-2。

表7-2 铁在镁熔体中的溶解度与温度的关系

温度/℃	溶解在液态镁中的铁/%	温度/℃	溶解在液态镁中的铁/%
650~655	0.025~0.026	800	0.10~0.12
660~670	0.026~0.027	850	0.16
665~675	0.028	900	0.186~0.201
680~690	0.033~0.034	950	0.22~0.24
700	0.035~0.040	1000	0.32
725	0.045	1100	0.56
750	0.050~0.051	1200	0.84

注：在铁管中将试样加热至规定温度，然后在水中淬火。

熔炼时加入少量的铍（0.005%～0.02%），可在熔体表面上形成一层致密的氧化膜，提高了熔体的抗氧化能力。但当铍含量超过0.02%时，会导致晶粒粗大，降低力学性能，并使合金的热脆倾向增大。

钙加入镁中可减少镁的氧化及显微疏松。有时在变形镁合金中加入少量的钙（0.05%～0.2%），可细化组织，提高力学性能。但钙含量超过0.3%时，会使镁的焊接性能变坏。

7.1.3　工业纯镁的性能

工业纯镁是在电解原镁或硅热还原金属镁的基础上，精炼或控制某些杂质含量制成的，镁含量都大于99%。因此，其基本的物理性能，如晶体结构、密度、线膨胀系数、扩散系数、比热容、导热系数、电阻系数、沸点、蒸气压、热电动势等基本相同或相似，详见2.1节。本节重点介绍工业纯镁的使用性能，如力学性能、耐蚀性能和工艺性能等。

7.1.3.1　力学性能

纯镁的室温力学性能见表7－3，高温力学性能见表7－4。

表7－3　纯镁在20℃时的力学性能

材料品种及状态	σ_b/MPa	$\sigma_{0.2}$/MPa	δ/%	ψ/%	HB	σ_{-1}/MPa	E/GPa	G/GPa	泊松系数μ
挤压棒材	200	90	11.5	12.5	400	—	45	16	0.35
退火板材	190	95	16.0	—	400	63	45	16	0.35
冷轧板材	260	190	9.0	—	500	—	45	16	0.35

表7－4　纯镁的挤压棒材在高温时的力学性能

温度/℃	σ_b/MPa	$\sigma_{0.2}$/MPa	δ/%	ψ/%	α_K/kJ·m^{-2}
200	60	25	42.5	36.5	23
250	30	20	41.5	92.5	50
300	20	16	58.5	95.5	125
350	18	12	95.0	98.0	170
400	10	5	60.0	93.5	103
450	6	4	65.5	95.5	135

7.1.3.2　耐蚀性能

镁的标准电位为－2.363V，比铝的标准电位（－1.663V）低，是负电性很强的金属，其耐蚀性很差。

镁很容易与空气中的氧化合，生成一层很薄的氧化膜（MgO）。这种薄膜多孔疏松，远不如铝及铝合金的氧化膜坚实致密，参见表7－5，因此其保护作用很差。镁在各种介质中的耐蚀情况参见表7－6。

表7-5 纯镁及某些常用金属的氧化膜的相对致密性

金属	氧化物	氧化物的分子体积与金属的原子体积之比	金属	氧化物	氧化物的分子体积与金属的原子体积之比
不能生成致密氧化膜的金属			铝	Al_2O_3	1.24
钾	K_2O	0.41	铅	PbO	1.29
锂	Li_2O	0.57	锡	SnO_2	1.34
钠	Na_2O	0.57	锌	ZnO	1.57
钙	CaO	0.64	镍	NiO	1.60
硅	SiO_2	0.73	铍	BeO	1.71
镁	MgO	0.79	铜	Cu_2O	1.71
能生成致密氧化膜的金属			铬	Cr_2O_2	2.03
镉	CdO	1.21	铁	Fe_2O_3	2.16

表7-6 纯镁在各种介质中的腐蚀情况

介质种类	腐蚀情况	介质种类	腐蚀情况
淡水、海水、潮湿大气	腐蚀破坏	甲醚、乙醚、丙酮	不腐蚀
有机酸及其盐	强烈腐蚀破坏	石油、汽油、煤油	不腐蚀
无机酸及其盐（不包括氟盐）	强烈腐蚀破坏	芳香族化合物（苯、甲苯、二甲苯、酚、甲酚、萘、蒽）	不腐蚀
氨溶液、氢氧化铵	强烈腐蚀破坏	氢氧化钠溶液	不腐蚀
甲醛、乙醛、三氯乙醛	腐蚀破坏	干燥空气	不腐蚀
无水乙醇	不腐蚀		

为了防止镁的腐蚀，在储存使用之前，需采取适当的防腐措施，如进行表面氧化和涂油、涂漆保护。

镁及镁合金在与其他金属接触时，还可能产生接触腐蚀。因此，在和铝及铝合金（铝-镁系合金除外）、铜及铜合金、镍及镍合金、钢及贵金属接触时，需在接触面上垫以浸油纸、石蜡纸或其他对镁无腐蚀作用的材料。

在一定条件下，镁可与其他元素反应形成化合物，表7-7和表7-8为部分镁化合物的性质与生成热。

表7-7 部分镁化合物的性质

名称	分子式	相对分子质量	颜色	密度 /g·cm^{-3}	熔点 /℃	沸点 /℃	生成热 /kJ·mol^{-1}
氮化镁	Mg_3N_2	100.93	黄绿色	—	—	—	+500.3
氢氧化镁	$Mg(OH)_2$	58.34	无色	2.36	—	—	+908.3
偏硅酸镁	$MgSiO_3$	100.39	无色	3.16	1560	—	—
氧化镁	MgO	40.33	白色	3.2~3.7	<2500	2800	+609.4
硫酸镁	$MgSO_4$	120.37	白色	2.66	1120	—	+1263.6
七水硫酸镁	$MgSO_4·7H_2O$	246.47	无色	1.68	—	—	—
碳酸镁	$MgCO_3$	84.32	白色	3.04	—	—	+1114.4
氯化镁	$MgCl_2$	95.21	无色	1.32	718	—	+631.2

表 7-8　部分镁金属间化合物的生成热

金属间化合物	生成热/kJ·mol^{-1}	金属间化合物	生成热/kJ·mol^{-1}	金属间化合物	生成热/kJ·mol^{-1}
$Mg_{17}Al_{12}$	29.3	Mg_3La	13.4	Mg_3Ce	18.0
MgCd	19.2	Mg_2Sn	83.6	MgCe	27.2
Mg_4Ca_3	25.5	Mg_3Pr	11.7	$MgZn_2$	17.6
MgLa	12.1	MgPr	17.1		

7.1.3.3　工艺性能

镁的工艺塑性比铝低，其原因是镁为密排六方晶格。在室温变形时，只有单一的滑移系（基面），因此，其各向异性也比铝显著。但当温度高于 225℃时，镁的滑移系增多，塑性显著提高，因此镁及镁合金的压力加工大都在加热状态下进行。

纯镁的主要工艺参数见表 7-9。

表 7-9　纯镁的主要工艺参数

铸造温度/℃	热加工温度范围/℃	开轧温度/℃	挤压温度/℃	两次退火间最大允许压下量/%
670~710	230~480	470~480	400~440	50~60

镁变形后，强度提高而塑性降低。欲恢复其塑性，可进行再结晶退火。再结晶退火温度可根据再结晶全图来决定，如图 7-2 所示。退火也是纯镁的唯一热处理方式。

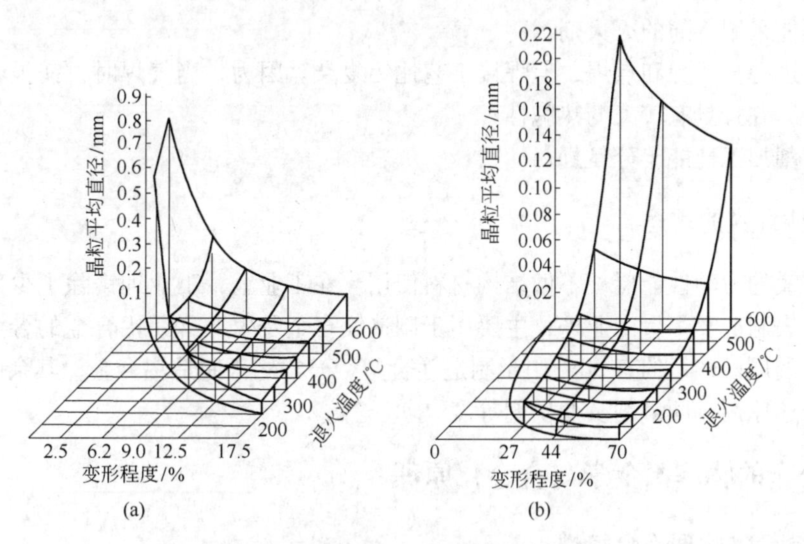

图 7-2　纯度为 99.9% 镁的再结晶图

（a）压棒材，通过圆筒形阴模镦粗，退火 30min；（b）制棒材，通过圆筒形阴模冷挤压，退火 30min

纯镁的再结晶温度与纯度有关，不同纯度镁的再结晶温度见表 7-10。

表 7-10　镁的纯度对再结晶温度的影响

纯度/%	开始再结晶温度/℃	再结晶终了温度/℃	备　注
99.8	170	260	10% 变形，退火 1h
99.9	150~175	250~275	20%~30% 变形，退火 1h

续表7－10

纯度/%	开始再结晶温度/℃	再结晶终了温度/℃	备 注
99.99	100～125	225～250	20%～30%变形，退火1h
99.994	75～100	200～225	20%～30%变形，退火1h

少量添加元素对镁的再结晶温度的影响可分为三类：

（1）能显著提高再结晶温度的元素：锆、铈、铜、锰、钙、钍；

（2）能稍微提高再结晶温度的元素：铝、镉、锡、锌、镍；

（3）对再结晶温度几乎无影响的元素：铬、硅、铁，但硅和铁能提高再结晶终了温度。

由于镁与氧的亲和力大，其氧化膜又无保护作用，在高温下极易氧化甚至燃烧，因此在熔炼镁及镁合金时必须在专用熔剂（氯盐和氟盐的混合物）覆盖保护下进行，否则熔体金属很容易被氧化烧损。铸造时，也需在模子中加入硫磺粉或通入SO_2气体进行保护，以防止氧化。

在镁及镁合金材料加热时，必须事先清除材料边角处的毛刺及碎屑，否则很容易由于激烈氧化而引起燃烧。不允许将镁材与铝材放在一起加热，更不允许将镁材在硝盐槽内进行热处理。

如果镁及镁合金材料发生燃烧时，可采用二号熔剂、干砂或石棉布进行灭火，严禁使用水，也不能采用普通的灭火剂。

镁可以进行氩弧焊和点焊，但焊接工艺比铝复杂。因为，当气焊时，镁很容易形成氧化膜及熔渣，并且具有较大的热脆性。

镁的切削加工性能十分良好。

7.1.4 工业纯镁的用途

工业纯镁的力学性能低，不做结构材料使用。在工业上，工业纯镁除了少部分用于化学工业、仪表制造及军事工业外，主要用于制造镁合金及生产含镁铝合金的合金元素。目前，世界上的原镁产量约有50%用于制造镁合金，33%用于制造铝合金，其余的用作生产某些合金的还原剂、脱氧剂及变质剂等。

7.2 镁合金的物理冶金学与合金化原理

7.2.1 镁合金的物理冶金特性

常温下，金属镁具有密排六方晶格结构，原子直径为0.320nm，可以固溶多种元素，如锌、锰和铝等。常规镁合金存在固溶强化和沉淀强化两种强化机制。影响镁合金固溶体类型的因素很多，如晶体结构、原子价态和电化学因素等。如果溶剂与溶质原子半径差不大于15%就会生成宽广固溶体（固溶度较大的固溶体）。溶剂与溶质原子半径差越大，固溶度越有限。原子价态差异影响合金元素在镁中的固溶度，合金元素的原子价态与镁越接近，则其固溶度越大，趋向于形成无限固溶体。在原子尺寸因素有利的情况下，镁的强正电性对合金元素的固溶影响非常大。镁同硅、锡等元素具有很强的化学亲和性，将形成稳定性很高的化合物。周期表中ⅡB族元素锌、镉具有与镁相同的晶体结构，即密排六方结构，在镁中具有很高的固溶度。高于250℃时，镉能与镁形成连续固溶体，大多数合金元素与镁形成二元共晶合金，有时也会形成包晶系。二元镁合金中主要合金元素固溶度见表7－11。

表7－11　二元镁合金中主要合金元素固溶度及其与镁形成的合金系

合金元素	原子分数/%	质量分数/%	固溶体类型	合金元素	原子分数/%	质量分数/%	固溶体类型
Li	17.0	5.5	共晶系	Mn	1.0	2.2	包晶系
Al	11.6	12.7	共晶系	Th	0.52	4.75	共晶系
Ag	3.8	15.0	共晶系	Ce	0.1	0.5	共晶系
Y	3.35	12.4	共晶系	Cd	100	100	完全固溶
Zn	2.4	6.2	共晶系	In	19.4	53.2	包晶系
Nd	约0.1	约0.6	共晶系	Tl	15.4	60.5	共晶系
Zr	1.0	3.8	包晶系	Sc	约15	约24.5	包晶系
Pb	7.75	41.9	共晶系	Bi	1.1	8.9	共晶系
Tu	6.3	31.8	共晶系	Ca	0.82	1.35	共晶系
Tb	4.6	24.0	共晶系	Sm	约1.0	约6.4	共晶系
Sn	3.35	14.5	共晶系	Au	0.1	0.8	共晶系
Ga	3.1	8.4	共晶系	Ti	0.1	0.8	包晶系
Yb	1.2	8.0	共晶系				

合金元素对镁合金的固溶强化效果与溶质及溶剂原子半径差有关。二者半径差越大，固溶强化效果越显著。为了达到有效的固溶强化效果，尽量选择与镁原子半径相差较大的元素。如果合金元素在镁中的固溶度大于0.5%（原子分数），并且原子半径差足够大，则可能出现显著的固溶强化效应。对于镁的沉淀强化机制来说，实现沉淀强化有两点要求：其一是合金元素在镁中的固溶度随温度下降而减小；其二是合金元素与镁反应所生成的沉淀产物在材料使用温度下是稳定的。某些合金元素在镁中的固溶度受原子尺寸因素影响强烈，但是总体而言随温度的降低而减小，这正是沉淀强化所要求的。大多数镁合金都存在沉淀强化机制，而一些铝合金中的沉淀强化影响并不显著。一般而言，镁合金中的沉淀析出过程非常复杂，其中一个共性是形成与镁晶格一致的有序六方沉淀相（具有DO_{19}结构），它与时效AlCu合金中形成的θ相类似。通常在镁合金中产生最大程度的加工硬化时，就会出现这种相。DO_{19}单胞a轴长度是镁a轴的2倍，而c轴长度相同。沉淀相为片状或盘状，沿$\{10\bar{1}0\}_{Mg}$和$\{11\bar{2}0\}_{Mg}$晶面排列，平行于$\langle 0001 \rangle_{Mg}$方向。$(10\bar{1}0)_{Mg}$和$(11\bar{2}0)_{Mg}$晶面交替排列，呈$Mg_3X$结构，由镁原子堆垛而成。只要改变次近邻原子的结合力，就能沿这些晶面形成低能界面。结构特征表明：在较宽的温度范围内，沉淀相相对稳定是提高镁合金蠕变抗力的关键因素。一些镁合金固溶体的脱溶过程及产物见表7－12。

表7-12 一些镁合金固溶体的脱溶过程及产物

合 金	脱 溶 过 程
Mg-Al	SSSS[1]→在（0001）$_{Mg}$晶面上形核的平衡析出相 $Mg_{17}Al_{12}$
Mg-Zn（-Cu）	SSSS → G. P. 区 → $MgZn_2$ → $MgZn_2$ → Mg_2Zn_3 G. P. 区：圆盘状；∥{0001}$_{Mg}$；（连续） $MgZn_2$：棒状；⊥{0001}$_{Mg}$；hcp；$a=0.52$nm；$c=0.85$nm；（连续） $MgZn_2$：圆盘状；∥{0001}$_{Mg}$；$(11\bar{2}0)_{MgZn_2}$ ∥ $\{10\bar{1}0\}_{Mg}$；hcp；$a=0.52$nm；$c=0.848$nm；（半连续） Mg_2Zn_3：三角形；$a=1.724$nm；$b=1.445$nm；$c=0.52$nm；$r=138°$；（不连续）
Mg-RE（Nd）	SSSS → G. P. 区 → β″ → β′ → β G. P. 区：（Mg-Nd）；片状∥$\{10\bar{1}0\}_{Mg}$；（连续） β″：Mg_3Nd?；hcp；DO_{19}超格子；片状；$(0001)_{\beta''}$ ∥ $(001\bar{0})_{Mg}$；$(10\bar{1}0)_{\beta''}$ ∥ $(10\bar{1}0)_{Mg}$ β′：Mg_3Nd；fcc；片状；$a=0.736$nm；$(011)_{\beta'}$ ∥ $(0001)_{Mg}$；$(\bar{1}\bar{1}1)_{\beta'}$ ∥ $(\bar{2}110)_{Mg}$；（不连续） β：$Mg_{12}Nd$；bct；$a=1.03$nm；$c=0.593$nm；（半连续）
Mg-Y-Nd	SSSS → ? → β″ → β′ → β β″：DO_{19}超格子；六边形；片状；$(0001)_{\beta''}$ ∥ $(0001)_{Mg}$；$\{10\bar{1}0\}_{\beta''}$ ∥ $\{10\bar{1}0\}_{Mg}$ β′：$Mg_{12}NdY$?；斜方；片状；$(0001)_{\beta'}$ ∥ $(0001)_{Mg}$；$[100]_{\beta'}$ ∥ $[\bar{2}110]_{Mg}$；$[010]_{\beta'}$ ∥ $[01\bar{1}0]_{Mg}$ β：$Mg_{11}NdY_{2?}$；bcc；$(011)_{\beta}$ ∥ $(0001)_{Mg}$；$[1\bar{1}1]_{\beta}$ ∥ $[1\bar{2}10]_{Mg}$；（不连续）
Mg-Th	SSSS → β″ → β β″：Mg_3Th?；hcp；DO_{19}超晶格；圆盘∥$\{10\bar{1}0\}_{Mg}$；（连续） Mg_2Th：（Ⅰ）β′六边形；（Ⅱ）β′fcc；（半连续） β：$Mg_{23}Th_6$；fcc；$a=1.41$nm；（不连续）
Mg-Ag-RE（Nd）	SSSS → 类棒状 → γ 类棒状：G. P. 区；⊥{0001}$_{Mg}$；（连续） γ：六边形；棒状；$a=0.963$nm；$c=1.024$nm；∥[0001]$_{Mg}$；（连续） SSSS → 椭球形 → β → $Mg_{12}Nd_2Ag$ 椭球形：G. P. 区；∥（0001）$_{Mg}$；（连续） β：六边形；等轴；$a=0.556$nm；$c=0.521$nm；$(0001)_{\beta}$ ∥ $(0001)_{Mg}$；$(11\bar{2}0)_{\beta}$ ∥ $(10\bar{1}0)_{Mg}$；（半连续） $Mg_{12}Nd_2Ag$：络合物；六边形；板条状；（不连续）

①SSSS为过饱和固溶体状态，即 Supersaturation Solution State 的缩写。

镁具有强正电性，能与大部分合金元素生成金属间化合物，其稳定性随合金元素电负性的增加而增加。在所有能形成的金属间化合物中，AB、AB_2 和 CaF_2 型是最常见的三种。AB 型化合物如 MgTl、MgAg、CeMg 和 SnMg 等具有简单立方 CsCl 结构，Mg 要么充当正电性组元，要么充当负电性组元。AB_2 型化合物包括半径比 R_A/R_R 为 1.23 的 Laves 相，存在三种结构：$MgCu_2$ 型面心立方晶格、$MgZn_2$ 型六方结构和 $MgNi_2$ 型六方结构。CaF_2 型化合物具有面心立方结构，镁与元素周期表中十四列元素形成这类化合物，如 Mg_2Si、Mg_2Sn 等。在镁中添加合金元素的最大量与该元素在熔融镁中的溶解度、合金元素的交互作用等有关，见表 7-13 和表 7-14。

表 7-13 合金元素在镁中的溶解度及合金化

添加元素	添加形式	有效溶解度/%	合金化效率/%
Al	金　属	100	90~100
Sb	金　属	100	100
As	金属颗粒	—	60~100
Ba	金　属	100	25~100
Be	Al-Be 和 $BeCl_2$	0.01	10~30
Bi	金　属	100	100
B	BCl_2 和金属粉末	—	<5
Cd	金　属	100	100
Ca	80Ca-20Mg 和金属	100	50~100
Ce	封装在石英管内的金属	—	0(含 Si 为 0.23)
Cr	金属、金属粉末和 $CrCl_3$	0.04	0~8
Co	金属粉末、切屑和金属	约 5	1~100
Cu	金　属	100	100
Ga	金属粒子	100	85~100
Ge	金　属	100	70~100
Au	金　属	100	100
In	金　属	100	95~100
I	I_2	—	0
Fe	金属粉末、切屑和 $FeCl_3$	约 0.1	10
Pb	金　属	100	100
Li	金　属	100	95
Mn	$MnCl_2$、Al-Mn/Mn 粉/片晶	约 5.0	75/50~90/95~90
Hg	金　属	100	70
RE	金属、REF_3 和 $RECl_3$	100	80~100
Mo	$MoCl_4$、金属和金属粉末	≥1.0	100/0~45
Ni	金　属	100	100
Nb	金属、金属粉末	0	0

续表 7-13

添加元素	添加形式	有效溶解度/%	合金化效率/%
Os	金属粉末	—	58
Pd	金 属	100	100
P	Fe_2P	约0.01	0~60
Pt	金 属	100	100
K	金 属	约0.02	5~15
Rh	金 属	约0.5	100
Rb	封装在石英管内的金属	0	0(含 Si 量为 0.10)
Ru	金属粉末	≥0.003	<1
Sm	稀土金属混合物	0	0
Se	金 属	—	0~38
Si	FeSi(95% Si) 和金属粉末	100	35~85
Ag	金 属	100	100
Na	金 属	约0.1	10~80
Sr	金 属	100	30~100
Ta	金属/金属粉末	约0.015	0/0~1.5
Te	金 属	约0.2	20~50
Tl	金 属	100	95~100
Th	金属、ThF_4 和 $ThCl_4$	100	75~100
Sn	金 属	100	100
Ti	金属、$TiCl_4$	≥10	0~100/10
W	金属、金属粉末	≥0.2	0~21
U	金 属	—	<10
V	金属粉末、VCl_4	≥0.02	0
Y	REF_3 混合物	—	约0
Zn	金 属	100	95~100
Zr	金 属	0.95	20~50

表 7-14 与熔融态镁形成界面的化合物

Al-Ba	Al-Th	Be-Zr	Fe-Li	Li-Th	Ni-Zr③
Al-Co	Al-Zr	Bi-Ca	Fe-Zr	Li-Zr	Pb-Zr
Al-Fe①	B-Fe	Bi-Li	Li-MM-Mn②	MM-Sb②	Sb-Th
Al-Mn①	B-Mn	Ca-Sb	Li-Mn	MM-Si②	Sb-Zr
Al-MM-Li②	Be-Fe	Co-Zr	Li-Ni	Mn-Si	Si-Th
Al-Ni	Be-Mn	Cu-Li	Li-Sb	Mn-Zr	Si-Zr

①可能为三元化合物；

②MM 表示混合稀土；

③如果单独考虑各组元，某些化合物在熔融的镁中是可溶的，有些高熔点化合物在熔融镁中不可溶。

7.2.2 镁合金的晶粒细化机理

镁合金的一个重要缺点是晶粒粗大和分布不均匀，给强度和塑性带来极坏的影响，表7－15是AZ92合金晶粒度对铸件力学性能的影响。因此，晶粒细化是镁合金化必须考虑的重要问题之一。

表7－15 AZ92（Mg－9Al－2Zn）合金晶粒度对铸件力学性能的影响

晶粒度/mm	σ_b/MPa	δ/%	晶粒度/mm	σ_b/MPa	δ/%
0.076	286	10.6	0.635	216	4.5

Mg－Al合金晶粒细化的传统方法是对液态合金进行过热处理，将合金过热到850℃左右保温30min，然后快冷到铸造温度浇注。这种处理最适于砂模铸造，尤其是含Al、Mn和杂质Fe的合金细化效果最为明显。但细化原因还没有一致的看法，Nelson用电子衍射研究Mg－8Al－0.2Mn合金后指出，过热处理的合金有$MnAl_4$相（六方晶格）存在，但在715℃以下或1000℃加热的合金，没有这种含Mn相存在。据此他认为$MnAl_4$或具有六方晶格的其他高熔点化合物在结晶过程中起晶核作用，是晶粒细化的主要原因。

另一种观点认为液态合金冷却到铸造温度结晶出来的Al_4C_3化合物是结晶核心。现在熔炼含Al合金常用的挥发性含C化合物，如甲烷、丙烷、四氯化碳、六氯乙烷或固体炭粉等，有明显的细化晶粒作用，就可能是液态合金中的Al与C反应生成Al_4C_3或$AlN \cdot Al_4C_3$等结晶核心的结果。

过热处理法的缺点是只适用于Mg－Al系合金，而且必须快速冷却到铸造温度在短时间内即铸造完毕，否则过热处理效果即消失，铸造工艺难以控制。

在德国还发展了另一种处理方法，向液体合金中加入少量无水$FeCl_3$，生成高熔点含Fe化合物，起结晶核心作用。这种方法的缺点是$FeCl_3$易于潮解，还原到Mg合金中的Fe（0.005%）有损抗蚀性。加Mn可以消除Fe的有害影响，但能降低$FeCl_3$的细化效果。

后来发现Zr是Mg合金的有效晶粒细化剂，Zr在液态Mg中的溶解度虽不大（645℃，0.58%），但在固态Mg中却有很高的溶解度，如图7－3所示。加入0.2%～0.7%Zr即能显著细化晶粒，消除铸件的显微缩孔或疏松，改善铸锭质量和塑性加工性能。此外，Zr还有净化作用，同杂质Fe形成Zr_2Fe_3和$ZrFe_2$化合物，沉积于坩埚底部，使合金的纯度和抗蚀性提高。

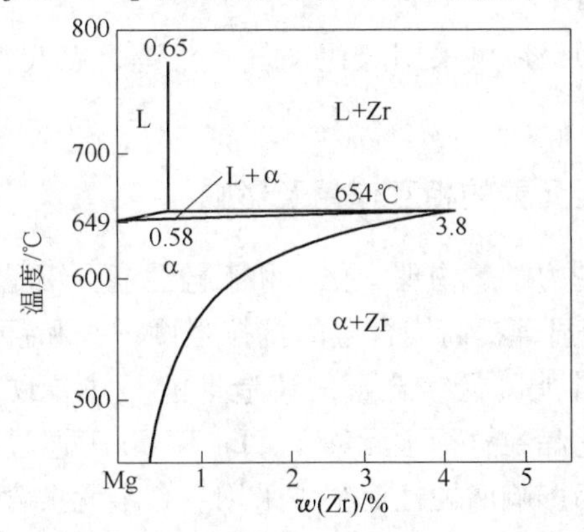

图7－3 Mg－Zr系二元状态图（部分）

值得说明的是，Zr必须充分溶解在Mg液中才有细化晶粒的作用，如图7－3所示，在理论上溶于Mg液中的Zr必须超过0.58%，才能得到预期的效果。为了保证这一点，在坩埚底部必须保持过剩的Zr，才能保证Mg液中溶解足够的Zr。因此在浇铸前应避免倒换坩埚，应直接用原坩埚铸造，否则Mg液中溶解的Zr量会立即下降。如果必须倒换坩埚，应向新坩埚中补加Zr，以保证晶粒细化效果。

Zr的晶粒细化作用可用包晶反应的形核机理来说明。但应注意同Zr共存元素的影响，有些元素，如Zn、Cd、Ce、Ca、Th、Ag、Cu、Bi、Ti和Pb等，能促进Zr的晶粒细化作用；有的元素，如Al、Si、Mn、Ni、Sb、Fe和H等，通过降低Zr在Mg液中的溶解度，或者形成Zr化合物，而起阻碍作用。因此，Zr在Mg－Zn－Zr、Mg－Ce－Zr和Mg－Th－Zr合金中的晶粒细化作用非常有效，但应限制Mn含量，也不能用Al作这类合金的合金元素。

Zr对Mg铸件力学性能的影响见表7－16，0.7%Zr即能显著细化晶粒，能同时提高强度和塑性，效果甚为显著。

表7－16 Zr对纯Mg铸件力学性能的影响

牌 号	状 态	σ_b/MPa	$\sigma_{0.2}$/MPa	δ/%
工业纯Mg	铸造	95	18	6.0
Mg－0.68Zr	铸造	165	38	13.1
Mg－0.66Zr	铸造	179	60	18.5

7.2.3 镁合金的热处理

镁合金分铸造用和变形用两类，两类合金均可进行退火、自然时效、淬火和人工时效等热处理，其状态符号和应用范围与铸造铝合金基本相同，只是Mg合金的扩散速度慢，淬火敏感性低，可用静止或流动空气淬火，在个别情况下也用热水淬火（如T61），冷却强度比空冷的T6高。值得指出的是，绝大多数Mg合金对自然时效不敏感，淬火后在室温能长期保持淬火状态，即使人工时效，时效温度也要比Al合金高（达175～250℃）。另外，Mg合金的氧化倾向比Al合金高，为了防止燃烧，加热炉应保持中性气氛或通入SO_2气体保护（0.5%～1.0%SO_2）。

Mg合金与Al合金不同，还可采用氢化（气）处理，以改善组织和性能，详见Mg－RE－Zn－Zr合金部分。

7.2.4 镁合金中各种合金元素的相互作用及影响

合金元素影响镁合金的力学、物理、化学和工艺性能。铝是镁合金中最重要的合金元素，通过形成$Mg_{17}Al_{12}$相能显著提高镁合金的抗拉强度；锌和锰也具有类似的作用；银能提高镁合金的高温强度；硅能降低镁合金的铸造性能，并导致脆性；锆与氧的亲和力较强，能形成氧化锆质点细化晶粒；稀土元素Y、La和Ce等通过沉淀强化而大幅度提高镁合金强度；铜、镍和铁等因影响腐蚀性而很少采用。合金元素含量对镁合金电阻率的影响如图7－4所示。

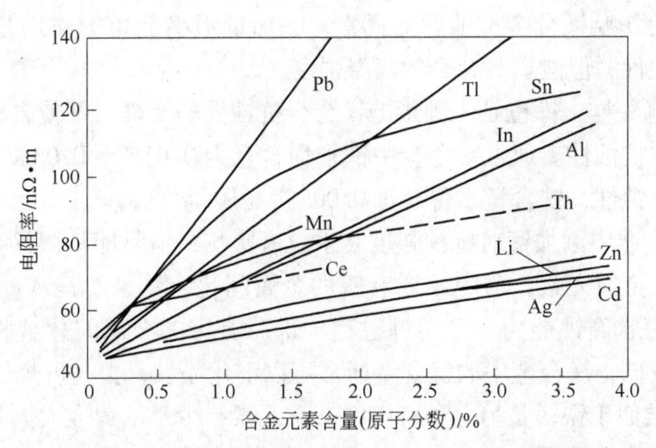

图7-4 合金元素含量对镁合金电阻率的影响

特别值得注意的是，合金用作结构材料时，合金元素对加工性能的影响比对物理性能的影响重要得多。下面分别介绍镁合金中常见合金元素的作用。

（1）锂。锂在镁中的固溶度相对较高，可以产生固溶强化效应，并能显著降低镁合金的密度，甚至能够得到比纯镁密度还低的镁锂合金。锂还可以改善镁合金的延展性，特别是当锂含量达到约11%（质量分数）时，能形成具有体心立方结构的β相，从而大幅度提高镁合金的塑性变形能力。锂能提高镁合金的延展性，同时也会显著降低强度和抗蚀性。温度稍高时，Mg-Li合金会出现过时效现象，但有时也能产生时效强化效应。由于Mg-Li合金的强度问题，至今为止其应用仍然非常有限。此外，锂增大了镁蒸发及燃烧的危险，只能在保护密封条件下冶炼。当锂含量达到约30%（质量分数）以上时，镁锂合金具有面心立方结构。

（2）铍。微量的铍（一般低于30×10^{-6}）能有效地降低镁合金在熔融、铸造和焊接过程中金属熔体表面的氧化。目前，压铸镁合金和锻造镁合金都成功地应用了这种特性。铍含量过高时存在晶粒粗化效应，因此砂铸镁合金中需谨慎使用，变形镁合金也要控制其含量。

（3）铝。铝是镁合金中最常用的合金元素。铝与镁能形成有限固溶体，在共晶温度（437℃）下的饱和溶解度为12.7%（质量分数）。在提高合金强度和硬度的同时，也能拓宽凝固区，改善铸造性能。由于溶解度随温度下降而显著减小，所以镁铝合金可以进行热处理。含铝量过高时，合金的应力腐蚀倾向加剧，脆性提高。市售镁合金的铝含量通常低于10%（质量分数）。铝含量为6%（质量分数）时，合金的强度和延展性匹配得最好。

（4）钙。少量的钙能够改善镁合金的冶金质量，许多生产厂家利用这一点来实现镁合金的冶金质量控制。添加钙的目的主要有两点：其一是在铸造合金浇注前加入来减轻金属熔体和铸件热处理过程中的氧化；其二是细化合金晶粒，提高合金蠕变抗力，提高薄板的可轧制性。钙的添加量应控制在0.3%（质量分数）以下，否则薄板在焊接过程中容易开裂。钙还可以降低镁合金的微电池效应。在Mg-Cu-Ca合金中，由于Mg_2Ca的析出，中和了Mg_2Cu相的电池效应，从而导致阴极活性区减小。快速凝固AZ91合金中添加2%Ca后，腐蚀速率由0.8mm/a下降至0.2mm/a。然而Ca在水溶液中不稳定，在pH值较高时能形成$Ca(OH)_2$。此外，添加钙将导致铸造镁合金产生黏模缺陷和热裂。

（5）铜。铜是影响镁合金抗蚀性的元素，添加量不小于0.05%（质量分数）时，显著降低镁合金抗蚀性，但能提高合金的高温强度。

（6）铁。与铜一样，铁也是一种影响镁合金抗蚀性的元素。即使含极微量的杂质也能大大降低镁合金的抗蚀性。通常镁合金中铁平均含量为0.01%~0.03%（质量分数）。为了保证镁合金的抗蚀性，铁含量不得超过0.005%（质量分数）。

（7）锰。镁合金中添加锰对抗拉强度几乎没有影响，但是能稍微提高屈服强度。锰通过除去铁及其他重金属元素，避免生成有害的金属间化合物来提高 Mg－Al 合金和 Mg－Al－Zn 合金的抗海水腐蚀能力，在熔炼过程中部分有害的金属间化合物会分离出来。锰在镁中的固溶度较低，镁合金中的锰含量通常可以细化晶粒，提高可焊性。

（8）镍。镍类似于铁，是另一种有害的杂质元素，少量的镍会大大降低镁合金的抗蚀性。常用镁合金的镍含量为0.01%~0.03%（质量分数）。如果要保证镁合金的抗蚀性，镍含量不得超过0.005%（质量分数）。

（9）稀土。稀土是一种重要的合金化元素，开发高温稀土镁合金是近年来的研究热点。稀土镁合金的固溶和时效强化效果随着稀土元素原子序数的增加而增加，因此稀土元素对镁的力学性能的影响基本是按镧、铈、富铈的混合稀土、镨、钕的顺序排列。镁合金中添加的稀土元素分两类，一类为含铈的混合稀土，另一类为不含铈的混合稀土。含铈的混合稀土是一种天然的稀土混合物，由镧、钕和铈组成，其中铈含量为50%（质量分数）；不含铈的混合稀土为85%（质量分数）钕和15%（质量分数）镨的混合物。稀土元素原子扩散能力差，既可以提高镁合金再结晶温度和减缓再结晶过程，又可以析出非常稳定的弥散相粒子，从而能大幅度提高镁合金的高温强度和蠕变抗力。有研究表明，Gd、Dy 和 Y 等通过影响沉淀析出反应动力学和沉淀相的体积分数来影响镁合金的性能，Mg－Nd－Gd 合金时效后的抗拉强度高于相应的 Mg－Nd－Y 和 Mg－Nd－Dy 合金。镁合金中添加两种或两种以上稀土元素时，由于稀土元素间的相互作用，能降低彼此在镁中的固溶度，并相互影响其过饱和固溶体的沉淀析出动力学，后者能产生附加的强化作用。此外，稀土元素能使合金凝固温度区间变窄，并且能减轻焊缝开裂和提高铸件的致密性。

（10）硅。镁合金中添加硅能提高熔融金属的流动性，与铁共存时，会降低镁合金的抗蚀性。添加硅后生成的 Mg_2Si 具有高熔点（1085℃）、低密度（$1.9g/cm^3$）、高弹性模量（120GPa）和低线膨胀系数（$7.5\times10^{-6}℃^{-1}$），是一种非常有效的强化相，通常在冷却速度较快的凝固过程中得到。特别是与稀土一起加入时，可以形成稳定的硅化物来改善合金的高温抗拉性能和蠕变性能，但对合金抗腐蚀行为不利。

（11）银。银在镁中的固溶度大，最大可达到15.5%（质量分数）。银的原子半径与镁的相差11%，当 Ag 溶入 Mg 中后，间隙式固溶原子造成非球形对称畸变，产生很强的固溶强化效果。同时 Ag 能增大固溶体和时效析出相之间的单位体积自由能。此外，Ag 与空位结合能较大，可优先与空位结合，使原子扩散减慢，阻碍时效析出相长大，阻碍溶质原子和空位逸出晶界，减少或消除了时效处理时在晶界附近出现的沉淀带，使合金组织中弥散性连续析出的 γ 相占主导地位。因此，镁合金中添加银，能增强时效强化效应，提高镁合金的高温强度和蠕变抗力，但降低合金抗蚀性。有关银对 Mg－Al－Zn 合金显微组织和力学性能影响的研究表明：随 Ag 含量增加，合金屈服强度和抗拉强度显著提高。

（12）钍。镁合金中添加钍能提高合金在370℃以上的蠕变强度。常规镁合金中含2%～3%（质量分数）钍，与锌、锆和锰结合。Th能够提高镁合金的焊接性能。Th是提高镁合金高温强度和蠕变性能的最佳元素，但是具有放射性，其应用受到很大限制。

（13）锡。在镁合金中添加锡并与少量的铝结合是非常有用的。锡能提高镁合金的延展性，降低热加工时的开裂倾向，从而有利于锤锻。

（14）锑。Sb能细化Mg－Al－Zn－Si合金晶粒，并改变Mg_2Si相的形貌，由粗大的汉字形颗粒变为细小的多变形颗粒，其晶粒细化效果甚至比Ca更显著。Sb和混合稀土一起加入Mg－Al－Zn－Si合金时，镁合金的抗蚀性大大提高，甚至优于AE42合金；其室温力学性能优于AZ91合金；其高温性能优于AE42合金。

（15）锌。锌在镁中最大固溶度为6.2%（质量分数），是除铝以外的另一种非常有效的合金化元素，具有固溶强化和时效强化的双重作用。锌通常与铝结合来提高室温强度。当镁合金中铝含量为7%～10%（质量分数）且锌添加量超过1%（质量分数）时，镁合金的热脆性明显增加。锌也同锆、稀土或钍结合，形成强度较高的沉淀强化镁合金。高锌镁合金由于结晶温度区间间隔太大，合金流动性大大降低，从而铸造性能较差。此外，锌也能减轻因铁、镍存在而引起的腐蚀作用。

（16）锆。锆在镁中的固溶度很小，在包晶温度下仅为0.58%（质量分数），具有很强的晶粒细化作用。α－Zr的晶格常数（$a=0.323$nm，$c=0.514$nm）与镁（$a=0.321$nm，$c=0.521$nm）非常接近，在凝固过程中先形成的富锆固相粒子将为镁晶粒提供异质形核位置。锆可以添加到含锌、稀土、钍或这些元素的合金中充当晶粒细化剂。锆不能添加到含铝的合金中，因为它能同这些元素形成稳定的化合物而从固溶体中分离出来。此外，锆也能与熔体中的铁、硅、碳、氮、氧和氢等形成稳定的化合物。由于只有固溶体中的锆用于晶粒细化，从而对合金有用的只是固溶的那部分锆，而并不是所有的锆。目前锆细化镁合金的机理尚不十分清楚，普遍认为锆可以作为镁合金形核的基底。锆在变形镁合金中可以抑制晶粒长大，因而含锆镁合金在退火或加工后仍具有较高的力学性能。

（17）钇。钇在镁中的固溶度较高，为12.4%（质量分数），同其他稀土元素一起能提高镁合金高温抗拉性能及蠕变性能，改善腐蚀行为。高温力学性能的改善可归因于固溶强化、对合金枝晶组织的细化和沉淀产物的弥散化。镁中添加4%～5%（质量分数）钇能形成WE54、WE43合金，在250℃以上的高温性能优良。就Mg－Y二元合金而言，合金的延性随Y含量的增加而由高延性→延性→脆性转变，当Y大于8%（质量分数）时，Mg－Y合金就会产生脆性。然而从实用的观点，钇价格昂贵且难以加进熔融的镁中。

常见合金元素对镁合金组织和性能的影响，见表7－17。

表7－17 常见合金元素对镁合金组织与性能的影响

元素	熔炼及铸造性质	力学性能	腐蚀性能
Ag		在同时加入稀土时，改善高温抗拉和蠕变性能	对腐蚀不利
Al	改善铸造性能，有形成显微疏松的倾向	提高强度，低温下（<120℃）沉淀硬化；对蠕变性能不利	提高耐蚀性，增加应力腐蚀敏感性

续表 7-17

元素	熔炼及铸造性质	力学性能	腐蚀性能
Ca	有效的晶粒细化作用，可抑制熔融金属的氧化	改善蠕变性能	对腐蚀不利
Be	在很低浓度（$<30\times10^{-6}$）时，可明显降低熔体表面的氧化导致晶粒粗大		
Cu	易形成非晶态的合金系，改善铸造性能		对腐蚀不利，必须限制
Fe	镁与低碳钢坩埚几乎不反应		对腐蚀不利，必须限制
Li	增大蒸发及燃烧危险，只能在有保护的及密封的炉中熔炼	降低密度，增加延性	强烈降低耐蚀性，Mg-Li-Al 合金在空气中也产生应力腐蚀
Mn	以沉淀 FeMnAl 化合物来控制铁含量，细化沉淀产物	提高韧性，增大蠕变抗力	由于控制铁的作用而提高耐蚀性，过量的 Mn 则增加腐蚀速度
Ni、CO	易形成非晶态的合金系		对腐蚀不利，必须限制
RE	改善铸造性能，减少显微疏松，细化晶粒	在室温下和高温下固溶强化和沉淀硬化；改善高温抗拉及蠕变性能	提高耐蚀性；提高应力腐蚀敏感性
Si	降低铸造性能，与许多其他合金元素形成稳定的硅化物，与 Al、Zn 及 Ag 相溶，弱的晶粒细化剂	改善蠕变性能	有害
Th	抑制显微疏松	改善高温抗拉及蠕变性能，改善延性最有效	
Y	晶粒细化作用	改善高温抗拉及蠕变性能	改善腐蚀行为
Zn	增加熔体流动性，弱的晶粒细化剂，有形成显微疏松和热裂倾向	沉淀硬化，改善室温强度，如不加入 Zr 则有脆化及热脆倾向	较小影响，增加应力腐蚀敏感性；加入足量的 Zr 可补偿 Cu 的有害影响
Zr	最有效的晶粒细化剂，与 Si、Al 及 Mn 不相溶，从溶体中清除 Fe、Al 及 Si	稍改善室温下抗拉强度	提高耐蚀性，降低应力腐蚀敏感性

7.3 镁合金的分类与基本特性

7.3.1 镁合金的分类

镁合金的分类方法很多，各国不尽统一。但总的来说，不外乎根据镁中所含的主要元素（化学成分）、成型工艺（或产品形式）和是否含锆三种原则来分类。

7.3.1.1 按照合金成分分类

镁合金可分为含铝镁合金和不含铝镁合金两大类。因多数不含铝镁合金都添加锆以细化晶粒组织（Mg－Mn 合金除外）。因此，工业镁合金系列又可分为含锆镁合金和不含锆镁合金两大类。以五个主要合金元素 Mn、Al、Zn、Zr 和稀土为基础，组成基本镁合金系：Mg－Mn、Mg－Al－Mn、Mg－Al－Zn－Mn、Mg－Zr、Mg－Zn－Zr、Mg－RE－Zr、Mg－Ag－RE－Zr、Mg－Y－RE－Zr。Th 也是镁合金中的一种主要合金元素，亦可组成镁合金系：Mg－Th－Zr、Mg－Th－Zn－Zr、Mg－Ag－Th－RE－Zr。但因 Th 具有放射性，除个别情况外，已很少使用。

7.3.1.2 根据加工工艺或产品形成分类

工业镁合金可分为铸造镁合金和变形镁合金两大类，如图 7－5 所示。两者没有严格的区分，铸造镁合金 AZ91、AM20、AM50、AM60、AE42 等也可以作为变形镁合金。

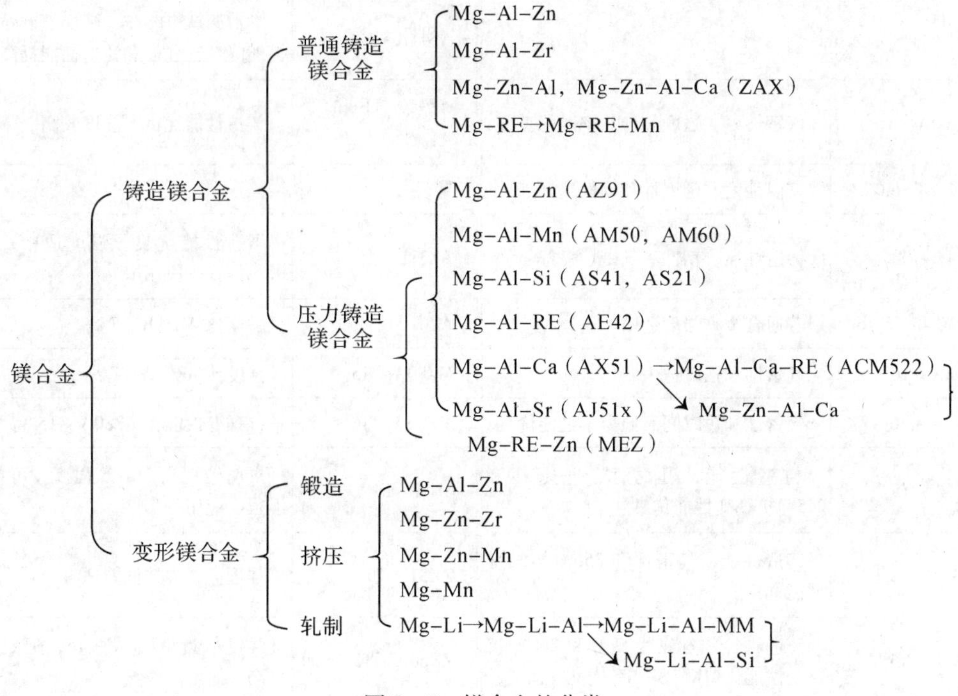

图 7－5 镁合金的分类

7.3.2 镁合金的基本特性

镁合金主要可分为铸造镁合金和变形镁合金。铸造镁合金和变形镁合金在成分、组织性能与用途上存在很大差异。铸造镁合金主要应用于汽车零件、机件壳罩和电气构件等。铸造镁合金多用压铸工艺生产，其主要工艺特点为生产效率高、精度高、铸件表面质量好、铸态组织优良、可生产薄壁及复杂形状的构件等。合金元素 Al 可使镁合金强化，并具有优异的铸造性能。为了易于压铸，镁合金中的含 Al 量需大于 3%。稀土元素能够改善镁合金的铸造性能。为了使镁合金能够大量用作结构材料，开展变形镁合金的研制非常必要。由于密排六方的镁变形能力有限，易开裂，因此早期的变形镁合金要求其兼有良好的塑性变形能力和尽可能高的强度。对其组织的设计，大多要求不含金属间化合物，其强度的提高主要依赖合金元素对镁合金的固溶强化和塑性变形引起的加工硬化。例如，最初采用 Mg－1.5% Mn（质量分数）合金，加入 Th 以明显改善镁合金的强度、塑性及高温性能。目前，变形镁合金中主要含有Al、Mn、RE、Y、Zr和Zn等合金元素。这些元素一方面能提高镁合金的强度，另一方面能提高热变形性，以利于锻造和挤压成型。AZ31B和AZ31C是最重要的工业用变形镁合金，具有良好的强度和延展性，两者区别在于所容许的杂质含量。AZ系列合金随Al含量提高而轧制开裂倾向增大，因此AZ61合金很少以板材形式出售。目前开发成功的ZK60也是一种很有前途的新型变形镁合金。表7－18列出了按ASTM系列的常规工业镁合金的基本特性。

表7－18 主要工业镁合金的基本特性（按ASTM系列）

产品品种、合金状态	特 性	产品品种、合金状态	特 性
砂型铸件和永久型铸件		AS41A－F[3]	类似于AS21－F，延展性和抗蠕变性能降低，强度和铸造性能提高
AM100A－T61	气密性好，强度和伸长率匹配良好	AZ91A、B和D－F[4]	铸造性能优良、强度较高
AZ63A－T6	室温强度、延展性和韧性良好	锻件	
AZ81A－T4	铸造性能、韧性和气密性良好	AZ31B－F	锻造性能优良，强度适中，可锤锻，但很少应用
AZ91C和E－T6	普通合金，强度适中	AZ61A－F	强度比AZ31B－F高
AZ92A－T6	气密性和强度适中	MZ80A－T5	强度比AZ61A－F高
EQ21A－T6	气密性和短时间高温力学性能优良	MZ80A－T6	抗蠕变性能比AZ80A－T5高
EZ33A－T5	铸造性能、阻尼性、气密性和245℃抗蠕变性能优良	M1A－F	抗腐蚀性高，中等强度，可锤锻，但很少应用
HK31A－T6[1]	铸造性能、气密性和350℃抗蠕变性能优良	ZK31－T5	强度高，焊接性能适中
HZ32A－T5[1]	铸造性能、气密性良好和260℃抗蠕变性能比HK31A－T6优良	ZK60A－T5	强度接近AZ80A－T5，但延展性更高
K1A－F	阻尼性良好	ZK61A－T5	类似于AZ60A－T5
QE22A－T6	铸造性能、气密性良好和200℃屈服强度较高	ZM21－F	锻造性能和阻尼性良好，中等强度
QH21A－T6[1]	铸造性能、气密性、抗蠕变性和250℃屈服强度较高	挤压件	
WE43A－T6	室温和高温强度较高，抗腐蚀性良好	AZ10A－F	成本低，强度适中
WE54A－T6	类似于WE43A－T6，150℃下会缓慢失去延展性	AZ31B和C－F	中等强度
ZC63A－T6	气密性良好，强度和铸造性能比AZ91C优良	AZ61A－F	成本适中，强度高

续表 7-18

产品品种、合金状态	特 性	产品品种、合金状态	特 性
ZE41A-T5	气密性好，中等强度高温合金，铸造性能比 ZK51A 优良	AZ80A-T5	强度比 AZ61A-F 高
ZE63A-T6	特别适合于强度高、薄壁和无气孔铸件	M1A-F	抗腐蚀性高，强度低，可锤锻，但是很少应用
ZH62A-T5①	室温屈服强度高	ZC71-T6	成本适中，强度和延展性高
ZK51A-T5	室温强度和延展性良好	ZK21A-F	强度适中，焊接性能良好
ZK61A-T5	类似于 ZK51A-T5，屈服强度较高	ZK31-T5	强度高，焊接性能适中
ZK61A-T6	类似于 ZK61A-T5，屈服强度较高	ZK40A-T5	强度高，比 ZK60A 的挤压性能好，但不适合焊接
压铸件		ZK60A-T5	强度高，不适合焊接
AE42-F	强度高和 150℃抗蠕变性能优良	ZM21-F	成型性和阻尼性能良好，中等强度
AM20-F	延展性和冲击强度较高	片材与板材	
AM50A-F	延展性和能量吸收特性优异	AZ31B-H24	中等强度
AM60A 和 B-F②	类似于 AM50A-F，强度稍高	ZM21-0	成型性和阻尼性能良好
AS21-F	类似于 AE42	ZM21-H24	中等强度

①已废弃不用的合金。

②A 和 B 性能差不多，但 AM60B 铸件杂质含量为：≤0.005% Fe、≤0.002% Ni 和≤0.010% Cu。

③A 和 B 性能差不多，但 AS41B 铸件杂质含量为：≤0.0035% Fe、≤0.002% Ni 和≤0.020% Cu。

④A、B 和 D 性能相同，在 AZ91B 中 Cu 含量为：≤0.30%；AZ91D 铸件中杂质含量为：≤0.005% Fe、≤0.002% Ni 和≤0.030% Cu。

7.4 镁合金的牌号和状态表示方法及化学成分

7.4.1 ASTM 命名法及镁合金的化学成分

目前，国际上习惯于采用美国 ASTM 镁合金命名法来表示镁合金牌号。

7.4.1.1 镁合金牌号表示方法

ASTM 命名法规定镁合金名称由字母—数字—字母三部分组成。第一部分由两种主要合金元素的代码组成，按含量高低顺序排列，元素代码见表 7-19。第二部分由这两种元素的质量分数组成，按元素代码顺序排列。第三部分由指定的字母如 A、B 和 C 等组成，表示合金发展的不同阶段。大多数情况下，该字母表征合金的纯度，区分具有相同名称、不同化学组成的合金。“X”表示该合金仍是实验性的。例如：AZ91D 是一种含铝约 9%（质量分数），锌约 1%（质量分数）的镁合金，是第四种登记的具有这种标准组成的镁合金。ASTM 规定该合金的化学组成（质量分数）为：Al 8.3% ~ 9.7%；Zn 0.35% ~

1.0%；Si≤0.10%；Mn≤0.15%；Cu≤0.30%；Fe≤0.005%；Ni≤0.002%；其他≤0.02%。Fe、Cu和Ni降低镁合金的抗蚀性，因而需要严格控制其含量。

表7－19　镁合金牌号中的元素代码

英文字母	元素符号	中文名称	英文字母	元素符号	中文名称
A	Al	铝	M	Mn	锰
B	Bi	铋	N	Ni	镍
C	Cu	铜	P	Pb	铅
D	Cd	镉	Q	Ag	银
E	RE	混合稀土	R	Cr	铬
F	Fe	铁	S	Si	硅
G	Ca	钙	T	Sn	锡
H	Th	钍	W	Y	钇
K	Zr	锆	Y	Sb	锑
L	Li	锂	Z	Zn	锌

7.4.1.2　镁合金状态代号表示方法

ASTM镁合金命名法中还包括表示镁合金状态的代码系统，由字母外加一位或多位数字组成，见表7－20。合金代码后为状态代码，以连字符分开，如AZ91C－F表示铸态Mg－9Al－Zn合金。

表7－20　镁合金牌号中的状态代码

代码		状态	代码		状态
一般分类	F	铸态	T细分	T1	冷却后自然时效状态
	O	退火、再结晶（对锻制产品而言）		T2	退火状态（仅指铸件）
	H	应变硬化状态		T3	固溶处理后冷加工状态
	T	热处理获得不同于F、O和H的稳定状态		T4	固溶处理状态
	W	固溶处理（不稳定状态）		T5	冷却和人工时效状态
H细分	H1或H1×××	仅应变硬化状态		T6	固溶处理和人工时效状态
	H2或H2×××	应变硬化和部分退火		T61	热水中淬火和人工时效状态
	H3或H3×××	应变硬化后稳定化处理		T7	固溶处理和稳定化处理状态
				T8	固溶处理、冷加工和人工时效状态
				T9	固溶处理、人工时效和冷加工状态
				T10	冷却、人工时效和冷加工状态

7.4.1.3　镁合金的化学成分

美国按ASTM牌号系统命名的主要镁合金的化学成分见表7－21。常见的压铸镁合金和变形镁合金的化学成分分别列于表7－22和表7－23中。

表 7-21 镁合金的化学成分(ASTM,质量分数) (%)

合金			Al	Zn	Mn	RE	Zr	Cu	Fe	Ni	Si	其他	其他每种杂质	其他杂质之和
Mg-Al	铸造合金	AZ63A	5.5~6.5	2.7~3.3	0.18~0.50			0.2		0.01	0.20			0.30
		AZ81A	7.2~8.0	0.50~0.90	0.15~0.50			0.08		0.01	0.20			0.30
		AZ91A	8.5~9.5	0.45~0.90	≥0.15			0.08		0.01	0.20			0.30
		AZ91B	8.5~9.5	0.45~0.90	≥0.15			0.25		0.01	0.20			0.30
		AZ91C	8.3~9.2	0.45~0.90	0.15~0.50			0.08		0.01	0.20			0.30
		AZ91D	8.5~9.5	0.45~0.90	≥0.17			0.015	0.004	0.001	0.05		0.01	
		AZ91E	8.3~9.2	0.45~0.90	0.17~0.50			0.015	0.005	0.0010	0.20		0.01	0.30
		AZ92A	8.5~9.5	1.7~2.3	0.13~0.50			0.20		0.01	0.20			0.30
		AM100A	9.4~10.6	0.20	0.13~0.50			0.08		0.01	0.20			0.30
		AM60A	5.7~6.3	0.20	≥0.15			0.25		0.01	0.20			0.30
		AM60B	5.7~6.3	0.20	≥0.27			0.008	0.004	0.001	0.05		0.01	
		AM50A	4.5~5.3	0.20	0.28~0.50			0.008	0.004	0.001	0.05		0.02	
		AM20(b)	1.7~2.5	0.20	≥0.2			0.008	0.004	0.001	0.05			0.01
		AS41A	3.7~4.8	0.10	0.22~0.48			0.04		0.01	0.60~1.40			0.30
		AS41B	3.7~4.8	0.10	0.35~0.60			0.015	0.0035	0.001	0.60~1.40		0.01	
		AS21(a)	2.2		0.1						1.0			
		AE42(b)	3.6~4.4	0.2	≥0.1	2.0~3.0		0.04	0.004	0.001				0.01
	变形合金	AZ10A	1.0~1.5	0.2~0.6	≥0.20			0.10	0.005	0.005	0.10	0.40Ca		0.30
		AZ31B	2.5~3.5	0.6~1.4	≥0.20			0.05	0.05	0.005	0.10	0.04Ca		0.30
		AZ31C	2.4~3.6	0.5~1.5	≥0.15			0.10		0.03	0.10			0.30
		AZ61A	5.8~7.2	0.40~1.5	≥0.15			0.05	0.0005	0.005	0.10			0.30
		AZ80A	7.8~9.2	0.20~0.8	≥0.12			0.05	0.005	0.005	0.10			0.30
Mg-Zn	铸造合金	ZC63		5.5~6.5	0.25~0.75			2.4~3.0		0.010	0.20			0.30
		ZK51A		3.8~5.3			0.3~1.0	0.03		0.010				0.30
		ZK61A		5.7~6.3			0.3~1.0	0.03		0.010	0.01			0.30
		ZE41A		3.7~4.8	0.15	1.0~1.75	0.3~1.0	0.03		0.010				0.30
		ZE63A(c)		5.5~6.0		2.1~3.0	0.4~1.0	0.10		0.01				0.30
		ZH62A(c)		5.2~6.2			0.5~1.0	0.10		0.01		1.4~2.2Th		0.30

续表 7-21

合金			Al	Zn	Mn	RE	Zr	Cu	Fe	Ni	Si	其他	其他每种杂质	其他杂质之和
Mg-Zn	变形合金	ZC71(a)	0.02	6.5	0.5			1.25						
		ZK21A		2.0~2.6			0.45~0.8	0.10		0.01				0.30
		ZK31(d)		2.5~3.5			0.5~1			0.002				
		ZK40A		3.5~4.5			≥0.45			0.01				0.30
		ZK60A		4.8~6.2			≥0.45	0.10						0.30
		ZK61(e)		5.5~6.5			0.6~1			0.01				
		ZE10A		1.0~1.5		0.12~0.22								0.30
		ZM21(d)		2~2.8	1~1.5			0.003	0.003	0.001	0.01	0.30Ca		
Mg-Mn	变形合金	M1A			1.2~2.0			0.05		0.01	0.10			0.30
		MA8(f)			2.0	0.3Ce								
Mg-Zr	铸造合金	K1A					0.3~1.0	0.30		0.010	0.01			0.30
Mg-RE	铸造合金	EK30A(g)		≥0.30		2.5~4.0	0.20	0.10		0.01				0.30
		EZ33A(c)		2.0~3.1		2.5~4.0	0.50~1.0	0.10		0.01		1.3~1.7Ag		0.30
		EQ21A				1.5~3.0	0.3~1.0	0.05~0.10		0.01		4.75~5.5Y		0.30
		WE54		0.20	0.15	1.5~4.0	0.40~1.0	0.03		0.005	0.01	3.7~4.3Y		0.30
		WE43		0.20	0.15	2.4~4.4	0.3~1.0	0.03		0.005	0.01	0.005Na		0.30
Mg-Li	变形合金	LA141A①	1.0~1.4		≥0.15			0.005		0.005	0.04	0.005Na		0.20
		LS141A②	0.05		≥0.15			0.05	0.005	0.005	0.50~0.60			
Mg-Ag	铸造合金	QE22A③		0.2	0.15	1.9~2.4	0.3~1.0	0.03		0.010				0.30
		QH21A③		0.2	0.15	0.6~1.6	0.3~1.0	0.30		0.010	0.01	1.0Th		0.30
Mg-Th	铸造合金	HK31A(c)		0.30			0.40~1.0	0.10		0.001		2.5~4.0Th		0.30
		HZ32A		1.8~2.4		0.10	0.3~1.0	0.03		0.010		2.6~3.8Th		

注:(a)取自 ASM Specialty Handbook;(b)取自 Hydro Magnesium Spezifikationen;(c)取自 ASTM B 80;(d)取自 CSA HG.5;(e)取自 CSA HG.9;(f)前苏联牌号;(g)取自 ASTM 275,其他铸造合金均取自 ASTM B 93。其他变形合金均取自 ASTM B 275,未指明时,均指最大含量。

①含 13.1% ~15.0% Li;

②含 12.0% ~15.0% Li;

③含 2.0% ~4.0% Ag。

表 7-22 常见的压铸镁合金的化学成分（质量分数） (%)

合 金	Al	Zn	Mn	Si	Cu	Ni	Fe	其 他	Mg
AZ91D	8.3~9.7	0.35~1.0	0.15~0.50	≤0.01	≤0.0030	≤0.002	≤0.005	≤0.02	余量
AM69B	5.5~6.5	≤0.22	0.24~0.5	≤0.10	≤0.010	≤0.002	≤0.005	≤0.02	余量
AM50A	4.4~5.4	≤0.22	0.26~0.6	≤0.10	≤0.010	≤0.002	≤0.004	≤0.02	余量
AM20	1.7~2.5	≤0.20	≥0.20	≤0.05	≤0.008	≤0.001	≤0.004	≤0.01	余量
AS41B	3.5~5.0	≤0.12	0.35~0.7	0.50~1.5	≤0.02	≤0.002	≤0.0035	≤0.02	余量
AS21	1.9~2.5	0.15~0.25	≥0.20	0.7~1.2	≤0.008	≤0.001	≤0.004	≤0.01	余量
AE42	3.6~4.4	≤0.20	≥0.10	2.0~3.0 (RE)	≤0.04	≤0.001	≤0.004	≤0.01	余量

表 7-23 常见的变形镁合金的化学成分（质量分数） (%)

合金	Al	Zn	Mn	Si	Cu	Ni	Fe	Mg
AZ31B	2.5~3.5	0.7~1.3	0.2(最小)	0.30(最大)	0.05(最大)	0.005(最大)	0.005(最大)	余量
AZ61A	5.8~7.2	0.4~1.5	0.15(最小)	0.30(最大)	0.05(最大)	0.005(最大)	0.005(最大)	余量
AZ80A	7.8~9.2	0.5(最小)	0.2~0.8	0.30(最大)	0.05(最大)	0.005(最大)	0.005(最大)	余量
M1A			1.20(最小)	0.30(最大)	0.05(最大)	0.005(最大)		余量
ZK60A		4.8~6.2	Zr0.45(最小)					

7.4.2 国际标准中镁合金牌号、状态的表示方法

国际标准 ISO 3116 中采用 WD 加 5 位数字来表示变形镁合金的牌号，见表 7-24。ISO/DIS 16220 中用元素符号来表示铸造镁合金的牌号，如 MgZn4RE1Zr 代表 Zn、RE 和 Zr 的含量分别为 3.5% ~5.0%、1.0% ~1.75%、0.1% ~1.0% 的铸造镁合金。ISO 标准中镁合金的状态表示法基本上与 ASTM 的表示法相同。

表 7-24 ISO 3116 中变形镁合金所采用的数字牌号的结构含义

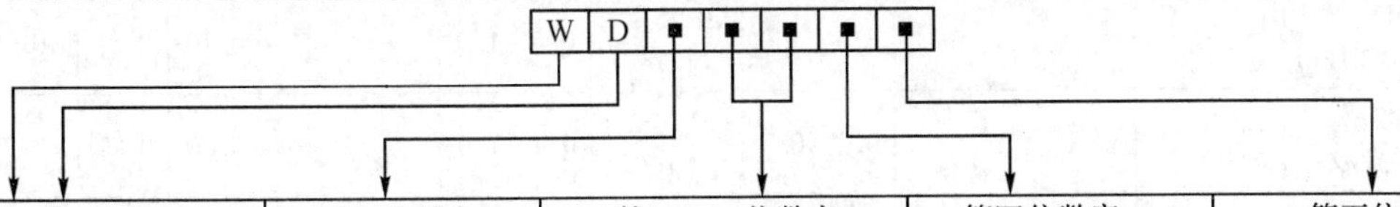

W D ■ ■ ■ ■ ■

W D	第一位数字	第二、三位数字	第四位数字	第五位数字
代表变形镁及镁合金	表示名义含量最大的元素 1—Mg 6—RE 2—Al 7—Zr 3—Zn 8—Ag 4—Mn 9—Y 5—Si	表示合金主要组成元素，即组别 11—Mg+Al+Zn 12—Mg+Al+Mn 13—Mg+Al+Si 21—Mg+Zn+Cu 51—Mg+Zn+RE+Zr 52—Mg+RE+Ag+Zr 53—Mg+RE+Y+Zr	表示同一组别中的顺序号	表示改型情况：0为原始合金；其他数字为改型合金，即在原始合金基础上，对个别元素进行调整

7.4.3 我国镁及镁合金牌号、状态命名系统及化学成分

我国的镁合金牌号由两个汉语拼音和阿拉伯数字组成，前面汉语拼音将镁合金分为变形镁合金（MB）、铸造镁合金（ZM）、压铸镁合金（YM）和航空镁合金。例如，1 号铸

造镁合金为ZM1，2号变形镁合金为MB2，5号压铸镁合金为YM5，5号航空铸造镁合金为ZM－5。表7－25和表7－26分别列出了国产变形镁及镁合金与铸造镁合金的牌号。

表7－25 国产变形镁合金的牌号和主要成分（GB/T 5153—2003）

合金牌号	主要成分（质量分数）/%						杂质（质量分数）(不高于)/%						
	Al	Mn	Zn	Ce	Zr	Mg	Al	Cu	Ni	Zn	Si	Be	其他杂质
一号镁合金 MB1	—	1.3～2.5	—	—	—	余量	0.3	0.05	0.01	0.3	0.15	0.02	0.2
二号镁合金 MB2	3.0～4.0	0.15～0.5	0.2～0.8	—	—	余量	—	0.05	0.005	—	0.15	0.02	0.3
三号镁合金 MB3	3.5～4.5	0.3～0.6	0.8～1.4	—	—	余量	—	0.05	0.005	—	0.15	0.02	0.3
五号镁合金 MB5	5.5～7.0	0.15～0.5	0.5～1.5	—	—	余量	—	0.05	0.005	—	0.15	0.02	0.3
六号镁合金 MB6	5.0～7.0	0.2～0.5	2.0～3.0	—	—	余量	—	0.05	0.005	—	0.15	0.02	0.3
七号镁合金 MB7	7.8～9.2	0.15～0.5	0.2～0.8	—	—	余量	—	0.05	0.005	—	0.15	0.02	0.3
八号镁合金 MB8	—	1.5～2.5	—	0.15～0.35	—	余量	0.3	0.05	0.01	0.3	0.15	0.02	0.3
十五号镁合金 MB15	—	—	5.0～6.0	—	0.3～0.9	余量	0.05	0.05	0.005	0.1 (Mn)	0.05	0.02	0.3

表7－26 国产铸造镁合金的牌号和主要化学成分（GB 1177—99）

合金牌号（合金系列）	化学成分①（质量分数）/%										
	Al	Mn	Si	Zn	RE②	Zr	Ag	Fe	Cu	Ni	杂质总量
ZM1（ZMgZn5Zr）				3.5～5.5	—	0.5～1.0	—	0.10	0.01	0.30	
ZM2（ZMgZn4RE1Zr）				3.5～5.0	0.75～1.75	0.5～1.0	—		0.10	0.01	0.30
ZM3（ZMgRE3ZnZr）				0.2～0.7	2.5～4.0②	0.4～1.0			0.10	0.01	0.30
ZM4（ZMgRE3Zn2Zr）				2.0～3.0	2.5～4.0②	0.5～1.0			0.10	0.01	0.30
ZM5（ZMgAl8Zn）	7.5～9.0	0.15～0.5	0.30	0.2～0.8	—	—	—	0.06	0.20	0.01	0.50
ZM6（ZMgRE2ZnZr）				0.2～0.7	2.0～2.8③	0.4～1.0			0.10	0.01	0.30
ZM7（ZMgZn8AgZr）				7.5～9.0	—	0.5～1.0	0.6～1.2		0.10	0.01	0.30
ZM10（ZMgAl10Zn）	9.0～10.2	0.1～0.5	0.30	0.6～1.2	—	—	—	0.06	0.20	0.01	0.50

①可以加入≤0.002%铍稀土。

②RE为含铈量45%的混合稀土。

③含钕量≥85%的混合稀土金属，其中钕加镨不少于95%。

根据 GB/T 5153—2003，变形镁及镁合金牌号的命名规则如下：

（1）纯镁牌号以 Mg 加数字的形式表示，Mg 后的数字表示含镁的质量分数；

（2）镁合金的牌号以英文字母加数字再加英文字母的形式表示，前面的英文字母是其最主要的合金组成元素代号（元素代号应符合表 7－27 的规定），其后的数字表示其最主要的合金组成元素的大致含量，最后面的英文字母为标识代号，用以标识各具体组成元素相异或元素含量有微小差别的不同合金。

表 7－27　镁合金牌号中的元素代号

元素代号	元素名称	元素代号	元素名称	元素代号	元素名称
A	铝	H	钍	R	铬
B	铋	K	锆	S	硅
C	铜	L	锂	T	锡
D	镉	M	锰	W	钇
E	稀土	N	镍	Y	锑
F	铁	P	铅	Z	锌
G	钙	Q	银		

GB/T 5153—2003 镁合金牌号命名法示例之一：

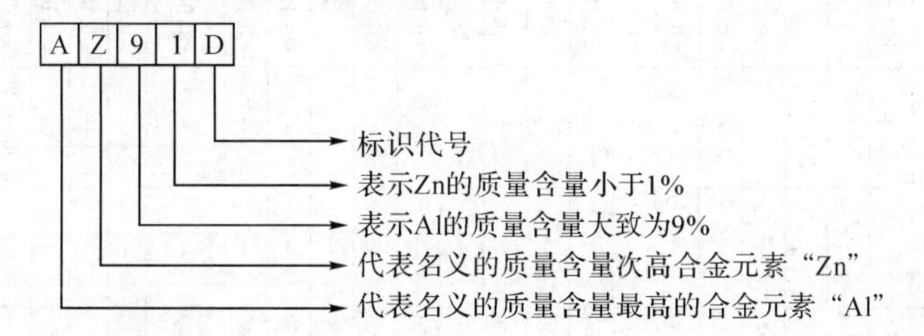

GB/T 5153—2003 镁合金牌号命名法示例之二：

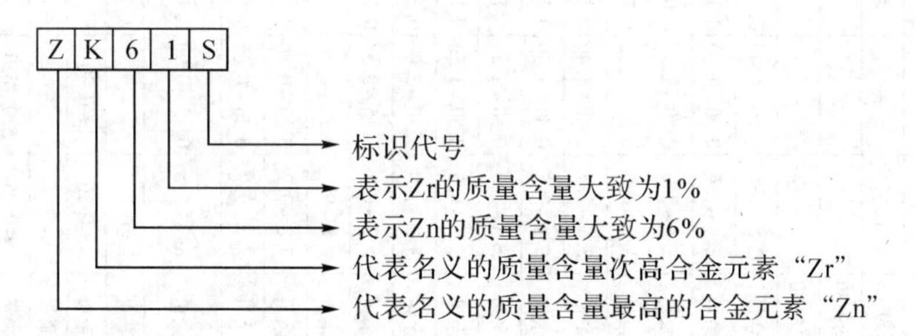

我国变形镁及镁合金牌号旧的编号（GB/T 5153—1985）与新的编号（GB/T 5153—2003）对照见表 7－28。

表 7－28　镁合金新、旧牌号对照表

新牌号	M2M	AZ40M	AZ41M	AZ61M	AZ62M	AZ80M	MK20M	ZK61M	Mg99.50	Mg99.00
旧牌号	MB1	MB2	MB3	MB5	MB6	MB7	MB8	MB15	Mg1	Mg2

按 GB/T 5153—2003 规定的镁及镁合金的化学成分列于表 7－29 中，其仲裁分析按 GB/T 13748 规定的方法进行。

表7－29　我国变形镁及镁合金的化学成分(GB/T 5153—2003)

合金组别	牌　号	对应ISO 3116的数字牌号	化学成分(质量分数)/%													其他元素②	
			Mg	Al	Zn	Mn	Ce	Zr	Si	Fe	Ca	Cu	Ni	Ti	Be	单个	总计
纯Mg	Mg99.95	—	≥99.95	≤0.01	—	≤0.004	—	—	≤0.005	≤0.003	—	—	≤0.001	≤0.01	—	≤0.005	≤0.05
	Mg99.50①	—	≥99.50	—	—	—	—	—	—	—	—	—	—	—	—	—	≤0.50
	Mg99.00①	—	≥99.00	—	—	—	—	—	—	—	—	—	—	—	—	—	≤0.10
MgAlZn	AZ31B	—	余量	2.5~3.5	0.60~1.40	0.20~1.00	—	—	≤0.08	≤0.003	≤0.04	≤0.01	≤0.001	—	—	≤0.05	≤0.30
	AZ31S	ISO－WD21150	余量	2.4~3.6	0.50~1.50	0.15~0.40	—	—	≤0.10	≤0.005	—	≤0.05	≤0.005	—	—	≤0.05	≤0.30
	AZ31T	ISO－WD21151	余量	2.4~3.6	0.50~1.50	0.05~0.40	—	—	≤0.10	≤0.05	—	≤0.05	≤0.005	—	—	≤0.05	≤0.30
	AZ40M	—	余量	3.0~4.0	0.20~0.80	0.15~0.50	—	—	≤0.10	≤0.05	—	≤0.05	≤0.005	—	≤0.01	≤0.01	≤0.30
	AZ41M	—	余量	3.7~4.7	0.80~1.40	0.30~0.60	—	—	≤0.10	≤0.05	—	≤0.05	≤0.005	—	≤0.01	≤0.01	≤0.30
	AZ61A	—	余量	5.8~7.2	0.40~1.50	0.15~0.50	—	—	≤0.10	≤0.005	—	≤0.05	≤0.005	—	—	—	≤0.30
	AZ61M	—	余量	5.5~7.0	0.50~1.50	0.15~0.50	—	—	≤0.10	≤0.05	—	≤0.05	≤0.005	—	≤0.01	≤0.01	≤0.30
	AZ61S	ISO－WD21160	余量	5.5~6.5	0.50~1.50	0.15~0.40	—	—	≤0.10	≤0.005	—	≤0.05	≤0.005	—	—	≤0.05	≤0.30
	AZ62M	—	余量	5.0~7.0	2.0~3.0	0.20~0.50	—	—	≤0.10	≤0.05	—	≤0.05	≤0.005	—	≤0.01	≤0.01	≤0.30
	AZ63B	—	余量	5.3~6.7	2.5~3.5	0.15~0.60	—	—	≤0.08	≤0.003	—	≤0.01	≤0.001	—	—	—	≤0.30
	AZ80A	—	余量	7.8~9.2	0.20~0.80	0.12~0.50	—	—	≤0.10	≤0.005	—	≤0.05	≤0.005	—	—	—	≤0.30
	AZ80M	—	余量	7.8~9.2	0.20~0.80	0.15~0.50	—	—	≤0.10	≤0.05	—	≤0.05	≤0.005	—	≤0.01	≤0.01	≤0.30
	AZ80S	ISO－WD21170	余量	7.8~9.2	0.20~0.80	0.12~0.40	—	—	≤0.10	≤0.005	—	≤0.05	≤0.005	—	—	≤0.05	≤0.30
	AZ91D	—	余量	8.5~9.5	0.45~0.90	0.17~0.40	—	—	≤0.08	≤0.004	—	≤0.025	≤0.001	—	0.0005~0.003	≤0.01	—
MgMn	M1C	—	余量	≤0.01	—	0.50~1.30	—	—	≤0.05	≤0.01	—	≤0.01	≤0.001	—	—	≤0.05	≤0.30
	M2M	—	余量	≤0.20	≤0.30	1.3~2.5	—	—	≤0.10	≤0.05	—	≤0.05	≤0.007	—	≤0.01	≤0.01	≤0.20
	M2S	ISO－WD43150	余量	—	—	1.2~2.0	—	—	≤0.10	—	—	≤0.05	≤0.01	—	—	≤0.05	≤0.30
MgZnZr	ZK61M	—	余量	≤0.05	5.0~6.0	≤0.10	—	0.30~0.90	≤0.05	≤0.05	—	≤0.05	≤0.005	—	≤0.01	≤0.01	≤0.30
	ZK61S	ISO－WD3260	余量	—	4.8~6.2	—	—	0.45~0.80	—	—	—	—	—	—	—	≤0.05	≤0.30
MgMnRE	ME20M	—	余量	≤0.20	≤0.30	1.3~2.2	0.15~0.35	—	≤0.10	≤0.05	—	≤0.05	≤0.007	—	≤0.01	≤0.01	≤0.30

①Mg99.50、Mg99.00的镁含量(质量分数)＝100%－(Fe＋Si)含量(质量分数)－除Fe、Si之外的所有含量(质量分数)≥0.01%的杂质元素的含量(质量分数)之和。

②其他元素指在本表表头中列出了元素符号，但在本表中却未规定极限数值含量的元素。

铸造镁合金的牌号命名及化学成分详细示于 GB 1177—99 中。

镁及镁合金的状态代号与铝及铝合金的大致相同，也可采用 ASTM 的状态代号。

近年来，我国仿制或直接使用了一些 ASTM 的镁合金牌号，表 7－30 中列出了中国镁合金牌号与美国镁合金牌号对照表。

表 7－30 中国镁合金牌号与美国镁合金牌号对比

种类	系列	成分（质量分数）/%					
		中国	美国	Al	Mn	Zn	其他
变形镁合金	Mg－Mn	MB1	M1	0.20	1.30～2.50	0.3	—
		MB8	M2	0.20	1.30～2.20	0.3	0.15～0.35Ce
	Mg－Al－Zn	MB2	AZ31	3.0～4.0	0.15～0.50	0.2～0.8	
		MB3	—	3.7～4.7	0.30～0.60	0.8～1.4	
		MB5	AZ61	5.5～7.0	0.15～0.50	0.5～1.5	
		MB6	AZ63	5.0～7.0	0.20～0.50	2.0～3.0	
		MB7	AZ80	7.8～9.2	0.15～0.50	0.2～0.8	
	Mg－Zn－Zr	MB15	ZK60	0.05	0.10	5.0～6.0	0.3～0.9Zr
铸造镁合金	Mg－Zn－Zr	ZM－1	ZK51A	—	—	3.5～5.5	0.5～1.0Zr
		ZM－2	ZE41A	—	0.7～1.7RE	3.5～5.0	0.5～1.0Zr
		ZM－4	EZ33		2.5～4.0RE	2.0～3.0	0.5～1.0Zr
		ZM－8	ZE63		2.0～3.0RE	5.5～6.5	0.5～1.0Zr
	Mg－RE－Zr	ZM－3	—		2.5～4.0RE	0.2～0.7	0.3～1.0Zr
		ZM－6	—	—	2.0～2.8RE	0.2～0.7	0.4～1.0Zr
	Mg－Al－Zn	ZM－5	AZ81A	7.5～9.0	0.2～0.8	0.15～0.5	

7.4.4 世界各国主要镁合金牌号、状态与化学成分对照

世界各主要工业发达国家都有自己的镁合金牌号、状态和化学成分标准及命名体系，分别列于 ISO、ASTM、EN、DIN、BS、NF、JIS 和 ГОСТ 与 GB 标准中。表 7－31 举例列出了前苏联部分工业镁合金的牌号和化学成分。表 7－32 列出了几个主要工业发达国家部分镁合金相近牌号对照。表 7－33～表 7－66 分别列出了不同国家几种典型的工业纯镁、变形镁合金和铸造镁合金的牌号和化学成分的对照。

表 7－31 前苏联部分工业镁合金的牌号和化学组成

合金牌号	合金系	化学组成（主要元素，质量分数）/%					
		Al	Zn	Mn	Si	Ce	Mg
铸造合金							
МЛ1	Mg－Si	—	—	—	1.0～1.5	—	余量
МЛ2	Mg－Mn	—	—	1.0～2.0	—	—	余量
МЛ3	Mg－Al－Zn	2.5～3.5	0.5～1.5	0.15～0.5	—	—	余量
МЛ4	Mg－Al－Zn	5.0～7.0	2.0～3.0	0.15～0.5	—	—	余量
МЛ5	Mg－Al－Zn	7.5～9.3	0.2～0.8	0.15～0.5	—	—	余量
МЛ6	Mg－Al－Zn	9.0～11.0	2.0 以下	0.1～0.5	—	—	余量

续表7-31

合金牌号	合金系	化学组成（主要元素，质量分数）/%					
		Al	Zn	Mn	Si	Ce	Mg
变形合金							
MA1	Mg-Mn	—	—	1.3~2.5	—	—	余量
MA2	Mg-Al-Zn	3.0~4.0	0.2~0.8	0.15~0.5	—	—	余量
MA3	Mg-Al-Zn	5.5~7.0	0.5~1.5	0.15~0.5	—	—	余量
MA4	Mg-Al-Zn	6.5~8.0	2.5~3.5	0.15~0.5	—	—	余量
MA5	Mg-Al-Zn	7.8~9.2	0.2~0.8	0.15~0.5	—	—	余量
MA8	Mg-Mn-Ce	—	—	1.5~2.5	—	0.15~0.5	余量

表7-32 几个主要国家部分镁合金相近牌号对照

中国（YB）	美国（ASTM）	英国（BS）	德国（DIN）	日本（JIS）	前苏联（ГОСТ）	法国（NF）
变形镁合金						
MB1	M1A	MAG101	MgMn2	—	MA1	G-M2
MB2	AZ31B	MAG111	MgAl3Zn	—	MA2	—
MB3	—	—	—	—	MA2-1	—
MB5	AZ61A	MAG121	MgAl6Zn	AZ61A	MA3	—
MB6	AZ63A	—	MgAl6Zn3	—	MA4	—
MB7	AZ80A	—	MgAl8Zn	—	MA5	—
MB8	—	—	—	—	MA8	—
MB14	—	—	—	—	BM17	—
MB15	ZK60A	MAG161	MgZn6Zr	—	MA14	—
铸造镁合金						
ZM5	AZ81A AZ91C	MAG1 3L122	G-MgAl8Zn1 G-MgAl9Zn1	—	МЛ5	GA8Z GA9Z
ZM10	AM100A	MAG3 3L125	G-MgAl9Zn1	—	МЛ6	GA9Z

（1）原生镁锭牌号和化学成分对照见表7-33~表7-36。

表7-33 Mg9998牌号和化学成分（质量分数）对照 （%）

标准号	牌号	Mg（不小于）	杂质元素含量（不大于）											
			Fe	Si	Ni	Cu	Sn	Al	Mn	Cl	Ti	Pb	Zn	其他单个
GB/T 3499	Mg9998	99.98	0.002	0.003	0.0005	0.0005	—	0.004	0.002	0.002	0.001	0.001	—	0.005
ISO 8287	Mg99.98	99.98	0.002	0.003	0.0005	0.0005	0.005	0.004	0.002	—	—	0.005	0.005	总和 0.02
EN 12421	EN MB99.95A EN MB10030	99.95	0.003	0.006	0.001	0.005	0.005	0.01	0.006	Ca 0.003	Na 0.003	0.005	0.005	0.005

续表 7 - 33

标准号	牌 号	Mg（不小于）	杂质元素含量（不大于）											
			Fe	Si	Ni	Cu	Sn	Al	Mn	Cl	Ti	Pb	Zn	其他单个
ГОСТ 804	Mг96	99.96	0.004	0.004	0.002	0.002	—	0.006	0.004	—	Na 0.01	—	—	总和 0.04
ASTM B92M UNS	9998A M19998	99.98	0.002	0.003	0.0005	0.0005	—	0.004	0.002	—	0.001	0.001	—	0.005

表 7 - 34　Mg9995 牌号和化学成分（质量分数）对照　　（%）

标准号	牌 号	Mg（不小于）	杂质元素含量（不大于）											
			Fe	Si	Ni	Cu	Sn	Al	Mn	Cl	Ti	Pb	Zn	其他单个
GB/T 3499	Mg9995	99.95	0.003	0.01	0.001	0.002	—	0.01	0.01	0.003	—	—	0.01	0.005
ISO 8287	Mg99.95	99.95	0.003	0.01	0.001 +Fe 0.005	0.005	0.005	0.01	0.01	—	Sn 0.005	0.005	0.01	0.01 总和 0.05
EN 12421	EN MB99.95A EN MB10030	99.95	0.003	0.006	0.001	0.005	0.005	0.01	0.006	Ca 0.003	Na 0.003	0.005	0.005	0.005
ГОСТ 804	Mг95	99.95	0.004	0.004	0.007	0.003	—	0.006	0.01	—	0.014	Na 0.005	—	总和 0.05
ASTM B92M UNS	9995A M19995	99.95	0.003	0.005	0.001	—	—	0.01	0.004	—	0.01	—	—	0.005

表 7 - 35　Mg9990 牌号和化学成分（质量分数）对照　　（%）

标准号	牌 号	Mg（不小于）	杂质元素含量（不大于）									
			Fe	Si	Ni	Cu	Al	Mn	Cl	Na	Zn	其他单个
GB/T 3499	Mg9990	99.90	0.04	0.02	0.001	0.004	0.02	0.03	0.005	—	—	0.01
ГОСТ 804	Mг90	99.90	0.04	0.009	0.001	0.004	0.02	0.01	—	0.01	—	总和 0.1
JIS H2150	1 级	99.90	0.01	0.01	0.001	0.005	0.01	0.01	—	—	0.05	—
ASTM B92M UNS	9990A M19990	99.90	0.04	0.005	0.001	—	0.003	0.004	—	—	—	0.01

表 7 - 36　Mg9980 牌号和化学成分（质量分数）对照　　（%）

标准号	牌 号	Mg（不小于）	杂质元素含量（不大于）											
			Fe	Si	Ni	Cu	Sn	Al	Mn	Cl	Na	Pb	Zn	其他单个
GB/T 3499	Mg9980	99.80	0.05	0.03	0.002	0.02	—	0.05	0.05	0.005	—	—	—	0.05
ISO 8287	Mg99.8	99.80	0.05	0.05	0.002	0.02	—	0.05	0.1	—	—	—	—	0.05 总和 0.02

续表7-36

标准号	牌号	Mg（不小于）	杂质元素含量（不大于）											
			Fe	Si	Ni	Cu	Sn	Al	Mn	Cl	Na	Pb	Zn	其他单个
EN 12421	EN MB99.80A EN MB10020	99.80	0.05	0.05	0.001	0.02	0.01	0.05	0.05	Ca 0.003	0.003	0.01	0.05	0.05
ASTM B92M UNS	9980A M19980	99.80	—	—	0.001	0.02	0.01	—	0.10	—	0.006	0.01	—	0.05

（2）变形镁及镁合金牌号和化学成分对照见表7-37～表7-58。

表7-37 Mg99.95、Mg99.50、Mg99.00牌号和化学成分（质量分数）对照 （%）

标准号	牌号	Mg（不小于）	Al	Mn	Si	Fe	Ni	Ti	其他单个（不大于）	
			不大于						单个	总计
GB/T 5153	Mg99.95	99.95	0.01	0.004	0.005	0.003	0.001	0.01	0.005	0.05
GB/T 5153	Mg99.50	99.50	—	—	—	—	—	—	—	0.50
GB/T 5153	Mg99.00	99.00	—	—	—	—	—	—	—	1.0

表7-38 AZ31B牌号和化学成分（质量分数）对照 （%）

标准号	牌号	Mg	Al	Zn	Mn	Si	Fe	Ca	Cu	Ni	Be	其他元素（不大于）	
						不大于						单个	总计
GB/T 5153	AZ31B	余量	2.50～3.50	0.60～1.40	0.20～1.0	0.08	0.003	0.04	0.01	0.001	—	0.05	0.30
BS 3370	Mg-Al3Zn1Mn	余量	2.50～3.50	0.60～1.40	0.15～0.40	0.10	0.03	0.04	0.1	0.005	—	—	—
NF A65-717	G-A3Z1	余量	2.50～3.50	0.5～1.5	≥0.20	0.1	0.03	0.04	0.1	0.005	—	—	—
ГОСТ 14957	MA2	余量	3.0～4.0	0.2～0.8	0.15～0.50	0.10	0.05	—	0.05	0.005	0.002	—	0.3
ASTM B90 UNS	AZ31B M11311	余量	2.50～3.50	0.60～1.40	0.20～1.0	0.10	0.005	0.04	0.05	0.005	—	—	0.30

表7-39 AZ31S牌号和化学成分（质量分数）对照 （%）

标准号	牌号	Mg	Al	Zn	Mn	Si	Fe	Cu	Ni	Ca	Be	其他元素（不大于）	
						不大于						单个	总计
GB/T 5153	AZ31S	余量	2.4～3.6	0.50～1.5	0.15～0.40	0.10	0.005	0.05	0.005	—	—	0.05	0.30
ISO 3116	WD21150	余量	2.4～3.6	0.50～1.5	0.15～0.40	0.10	0.005	0.05	0.005	—		0.05	0.30
BS 3370	Mg-Al3Zn1Mn	余量	2.50～3.50	0.60～1.40	0.15～0.40	0.10	0.03	0.1	0.005	0.04	—	—	—

续表 7－39

标准号	牌 号	Mg	Al	Zn	Mn	Si	Fe	Cu	Ni	Ca	Be	其他元素（不大于）	
						不大于						单个	总计
NF A65－717	G－A3Z1	余量	2.50～3.50	0.50～1.5	≥0.20	0.1	0.03	0.1	0.005	0.04	—	—	—
ГОСТ 14957	MA2	余量	3.0～4.0	0.2～0.8	0.15～0.5	0.10	0.05	0.05	0.005	—	0.002	—	0.3
ASTM B90 UNS	AZ31B M11311	余量	2.5～3.5	0.6～1.4	0.20～1.0	0.10	0.005	0.05	0.005	0.04	—	—	0.3

表 7－40 AZ31T 牌号和化学成分（质量分数）对照 （%）

标准号	牌 号	Mg	Al	Zn	Mn	Si	Fe	Cu	Ni	Ca	Be	其他元素（不大于）	
						不大于						单个	总计
GB/T 5153	AZ31T	余量	2.4～3.6	0.50～1.5	0.05～0.40	0.10	0.05	0.05	0.005	—	—	0.05	0.30
ISO 3116	WD21150	余量	2.4～3.6	0.50～1.5	0.05～0.40	0.10	0.05	0.05	0.005	—		0.05	0.30
BS 3370	Mg－Al3Zn1Mn	余量	2.50～3.50	0.60～1.40	0.15～0.40	0.10	0.03	—	0.005	0.04	—	—	—
NF A65－717	G－A3Z1	余量	2.50～3.50	0.5～1.5	≥0.20	0.1	0.03	0.1	0.005	0.04	—	—	—
ГОСТ 14957	MA2	余量	3.0～4.0	0.2～0.8	0.15～0.5	0.10	0.05	0.05	0.005	—	0.002	—	0.3
ASTM B90 UNS	AZ31B M11311	余量	2.50～3.50	0.6～1.4	0.20～1.0	0.10	0.005	0.05	0.005	0.04	—	—	0.30

表 7－41 AZ40M 牌号和化学成分（质量分数）对照 （%）

标准号	牌 号	Mg	Al	Zn	Mn	Si	Fe	Cu	Ni	Be	Ca	其他元素（不大于）	
						不大于						单个	总计
GB/T 5153	AZ40M	余量	3.0～4.0	0.2～0.8	0.15～0.50	0.1	0.05	0.05	0.005	0.01	—	0.01	0.30
ISO 3116	Mg－Al3Zn1Mn	余量	2.5～3.5	0.5～1.5	≤0.20	0.1	0.03	0.01	0.005	—	0.04	—	0.03
DIN 1729.1 W－Zr	MgAl3Zn 3.5312	余量	2.5～3.5	0.5～1.5	0.15～0.40	0.1	0.03	0.1	0.005	—	—	—	0.1
BS 3370	Mg－Al3Zn1Mn	余量	2.5～3.5	0.6～1.4	0.15～0.40	0.1	0.03	0.1	0.005	—	0.04	—	—
NF 65－717	G－A3Z1	余量	2.5～3.5	0.5～1.5	≤0.20	0.1	0.04	0.1	0.005	—	—	—	—
ГОСТ 14957	MA2	余量	3.0～4.0	0.2～0.8	0.15～0.5	0.1	0.05	0.05	0.005	0.002	—	—	0.30
JIS H4203	MB1	余量	2.5～3.5	0.5～1.5	≤0.15	0.1	0.01	0.1	0.005	—	0.04	—	0.30
ASTM B107 UNS	AZ31B M11311	余量	2.5～3.5	0.6～1.4	0.2～1.0	0.1	0.005	0.05	0.005	—	0.04	—	0.30

表7－42 AZ41M牌号和化学成分（质量分数）对照 （%）

标准号	牌 号	Mg	Al	Zn	Mn	Si	Fe	Cu	Ni	Be	其他元素（不大于）	
						不大于					单个	总计
GB/T 5153	AZ41M	余量	3.7～4.7	0.8～1.4	0.3～0.6	0.10	0.05	0.05	0.005	0.01	0.01	0.30
ГOCT 14957	MA2－1	余量	3.8～5.0	0.8～1.5	0.3～0.7	0.10	0.04	0.05	0.004	0.002	—	0.3

表7－43 AZ61A牌号和化学成分（质量分数）对照 （%）

标准号	牌 号	Mg	Al	Zn	Mn	Si	Fe	Cu	Ni	其他元素（不大于）	
						不大于				单个	总计
GB/T 5153	AZ61A	余量	5.8～7.2	0.4～1.5	0.15～0.50	0.1	0.005	0.05	0.005	—	0.30
ISO 3116	Mg－Al6Zn1Mn	余量	5.5～7.2	0.5～1.5	0.15～0.40	0.1	0.03	0.1	0.005	—	0.03
DIN 1729.1 W－Zr	MgAl6Zn 3.5612	余量	5.5～7.0	0.5～1.5	0.15～0.40	0.1	0.03	0.1	0.005	—	0.1
BS 3370	Mg－Al6Zn1Mn	余量	5.5～6.5	0.5～1.5	0.15～0.40	0.1	0.03	0.1	0.005	—	—
NF 65－717	G－A6Z1	余量	5.5～6.5	0.5～1.5	0.15～0.40	0.1	0.03	0.1	0.005	—	—
JIS H4203	MB2	余量	5.5～7.2	0.5～1.5	0.15～0.40	0.1	0.01	0.1	0.005	—	0.30
ASTM B107 UNS	AZ61A M11610	余量	5.8～7.2	0.4～1.5	0.15～0.50	0.1	0.005	0.05	0.005	—	0.30

表7－44 AZ61M牌号和化学成分（质量分数）对照 （%）

标准号	牌 号	Mg	Al	Zn	Mn	Si	Fe	Cu	Ni	Be	其他元素（不大于）	
						不大于					单个	总计
GB/T 5153	AZ61M	余量	5.5～7.0	0.5～1.5	0.15～0.50	0.1	0.05	0.05	0.005	0.01	0.01	0.30
ISO 3116	Mg－Al6Zn1Mn	余量	5.5～7.2	0.5～1.5	0.15～0.40	0.1	0.03	0.1	0.005	—	—	0.03
DIN 1729.1 W－Zr	MgAl6Zn 3.5612	余量	5.5～7.0	0.5～1.5	0.15～0.40	0.1	0.03	0.1	0.005	—	—	0.1
BS 3370	Mg－Al6Zn1Mn	余量	5.5～6.5	0.5～1.5	0.15～0.40	0.1	0.03	0.1	0.005	—	—	—
NF 65－717	G－A6Z1	余量	5.5～6.5	0.5～1.5	0.15～0.40	0.1	0.03	0.1	0.005	—	—	—
JIS H4203	MB2	余量	5.5～7.2	0.5～1.5	0.15～0.40	0.1	0.01	0.1	0.005	—	—	0.30
ASTM B107 UNS	AZ61B M11611	余量	5.8～7.2	0.4～1.5	0.15～0.50	0.1	0.005	0.05	0.005	—	—	0.30

表7－45 AZ61S牌号和化学成分（质量分数）对照 （%）

标准号	牌 号	Mg	Al	Zn	Mn	Si	Fe	Cu	Ni	其他元素（不大于）	
						不大于				单个	总计
GB/T 5153	AZ61S	余量	5.5～6.5	0.5～1.5	0.15～0.4	0.10	0.005	0.05	0.005	0.05	0.30
ISO 3116	WD21160	余量	5.5～6.5	0.5～1.5	0.15～0.4	0.10	0.005	0.05	0.005	0.05	0.30
DIN 1729.1 W－Zr	MgAl6Zn 3.5612	余量	5.5～7.0	0.5～1.5	0.15～0.4	0.1	0.03	0.1	0.005	—	0.1
BS 3370	Mg－Al6Zn1Mn	余量	5.5～6.5	0.5～1.5	0.15～0.4	0.1	0.03	0.1	0.005	—	—

续表 7-45

标准号	牌 号	Mg	Al	Zn	Mn	Si	Fe	Cu	Ni	其他元素（不大于）	
						不大于				单个	总计
NF A 65-717	G-A6Z1	余量	5.5~6.5	0.5~1.5	0.15~0.4	0.1	0.03	0.1	0.005	—	—
JIS H4203	MB2	余量	5.5~7.2	0.5~1.5	0.15~0.4	0.1	0.01	0.1	0.005	—	0.30
ASTM B107 UNS	AZ61A M11610	余量	5.8~7.2	0.4~1.5	0.15~0.5	0.1	0.005	0.05	0.005	—	0.30

表 7-46 AZ62M、AZ63B 牌号和化学成分（质量分数）对照 （%）

标准号	牌 号	Mg	Al	Zn	Mn	Si	Fe	Cu	Ni	Be	其他元素（不大于）	
						不大于					单个	总计
GB/T 5153	AZ62M	余量	5.0~7.0	2.0~3.0	0.20~0.50	0.10	0.05	0.05	0.005	0.01	0.01	0.30
GB/T 5153	AZ63B	余量	5.3~6.7	2.5~3.5	0.15~0.60	0.08	0.003	0.01	0.001	—	—	0.30

表 7-47 AZ80A 牌号和化学成分（质量分数）对照 （%）

标准号	牌 号	Mg	Al	Zn	Mn	Si	Fe	Cu	Ni	其他元素（不大于）	
						不大于				单个	总计
GB/T 5153	AZ80A	余量	7.8~9.2	0.2~0.8	0.12~0.50	0.1	0.005	0.05	0.005	—	0.30
ISO 3116	Mg-Al8Zn1Mn	余量	7.5~9.2	0.2~1.0	0.10~0.40	0.1	0.005	0.05	0.005	—	0.30
DIN 1729.1 W-Zr	MgAl8Zn 3.5812	余量	7.8~9.0	0.2~0.8	0.12~0.30	0.1	0.005	0.05	0.005	—	0.30
NF A 65-717	G-A8Z	余量	7.5~9.2	0.2~1.0	0.10~0.40	0.1	0.005	0.05	0.005	—	—
JIS H4203	MB3	余量	7.5~9.2	0.2~1.0	0.15~0.50	0.1	0.01	0.05	0.01	—	0.30
ASTM B107 UNS	AZ80A M11800	余量	7.8~9.2	0.2~0.8	0.10~0.40	0.1	0.005	0.05	0.005	—	0.30
ГOCT 14957	MA5	余量	7.8~9.2	0.2~0.8	0.12~0.50	0.1	0.05		0.005		0.30

表 7-48 AZ80M 牌号和化学成分（质量分数）对照 （%）

标准号	牌 号	Mg	Al	Zn	Mn	Si	Fe	Cu	Ni	Be	其他元素（不大于）	
						不大于					单个	总计
GB/T 5153	AZ80M	余量	7.8~9.2	0.2~0.8	0.15~0.50	0.1	0.05	0.05	0.005	0.01	0.01	0.30
ISO 3116	Mg-Al8Zn1Mn	余量	7.5~9.2	0.2~1.0	0.10~0.40	0.1	0.005	0.05	0.005	—	—	0.30
DIN 1729.1 W-Zr	MgAl8Zn 3.5812	余量	7.8~9.0	0.2~0.8	0.12~0.30	0.1	0.005	0.05	0.005	—	—	0.30
NFA 65-717	G-A8Z	余量	7.5~9.2	0.2~1.0	0.10~0.40	0.1	0.005	0.05	0.005	—	—	—
ГOCT 14957	MA5	余量	7.8~9.2	0.2~0.3	0.15~0.50	0.1	0.05	0.05	0.005	0.002	—	0.30
JIS H4203	MB3	余量	7.5~9.2	0.2~1.0	0.10~0.40	0.1	0.01	0.05	0.01	—	—	0.30
ASTM B107 UNS	AZ80A M11800	余量	7.8~9.2	0.2~0.8	0.12~0.50	0.1	0.005	0.05	0.005	—	—	0.30

表7-49 AZ80S牌号和化学成分（质量分数）对照 （%）

标准号	牌 号	Mg	Al	Zn	Mn	Si	Fe	Cu	Ni	其他元素（不大于）	
						不大于				单个	总计
GB/T 5153	AZ80S	余量	7.8~9.2	0.2~0.8	0.12~0.40	0.1	0.005	0.05	0.005	0.05	0.30
ISO 3116	WD21170	余量	7.8~9.2	0.2~0.8	0.12~0.40	0.1	0.005	0.05	0.005	0.05	0.30
DIN 1729.1 W-Zr	MgAl8Zn 3.5812	余量	7.8~9.2	0.2~0.8	0.12~0.30	0.1	0.005	0.05	0.005	—	0.30
NF A 65-717	G-A8Z	余量	7.5~9.2	0.2~1.0	0.10~0.40	0.1	0.005	0.05	0.005	—	—
ГОСТ 14957	MA5	余量	7.8~9.2	0.2~0.3	0.15~0.50	0.1	0.05	0.05	0.05	—	0.30
JIS H4203	MB3	余量	7.5~9.2	0.2~1.0	0.10~0.40	0.1	0.01	0.05	0.01	—	0.30
ASTM B107 UNS	AZ80A M11880	余量	7.8~9.2	0.2~0.8	0.12~0.50	0.1	0.005	0.05	0.005	—	0.30

表7-50 AZ91D牌号和化学成分（质量分数）对照 （%）

标准号	牌 号	Mg	Al	Zn	Mn	Si	Fe	Cu	Ni	Be	其他元素（不大于）	
						不大于					单个	总计
GB/T 5153	AZ91D	余量	8.5~9.5	0.45~0.9	0.17~0.40	0.08	0.004	0.025	0.001	0.0005~0.003	0.01	—
ISO 3116	Mg-Al8Zn1Mn	余量	7.5~9.2	0.2~1.0	0.10~0.40	0.1	0.005	0.05	0.005	—	—	0.03
NF A 65-717	G-A8Z	余量	7.5~9.2	0.2~1.0	0.10~0.40	0.1	0.005	0.05	0.005	—	—	—
ГОСТ 14957	MA5	余量	7.8~9.2	0.2~0.3	0.15~0.50	0.1	0.05	0.05	0.005	0.002	—	0.30
JIS H4203	MB3	余量	7.5~9.2	0.2~1.0	0.10~0.40	0.1	0.01	0.05	0.01	—	—	0.30
ASTM B107 UNS	AZ91D M11917	余量	8.5~9.5	0.45~0.9	0.17~0.40	0.05	0.004	0.025	0.001	—	0.01	—

表7-51 MIC牌号和化学成分（质量分数）对照 （%）

标准号	牌 号	Mg	Mn	Ce	Al	Zn	Si	Fe	Cu	Ni	Ca	其他元素（不大于）	
					不大于							单个	总计
GB/T 5153	MIC	余量	0.5~1.3	—	0.01	—	0.05	0.01	0.01	0.001	—	0.05	0.30
BS 3370	Mg-Mn1.5	余量	1.0~2.0	—	0.05	0.03	0.02	0.03	0.02	0.005	0.02	—	—
ГОСТ 14957	MA8ПЧ	余量	1.0~1.5	0.15~0.35	0.01	0.06	0.01	0.01	0.01	0.002	—	—	0.10
ASTM B107 UNS	M1A M15100	余量	1.2~2.0	—	—	—	0.10	—	0.05	0.01	0.30	—	0.30

表7-52 M2M牌号和化学成分（质量分数）对照 （%）

标准号	牌 号	Mg	Mn	Al	Zn	Si	Fe	Cu	Ni	Be	Ca	其他元素（不大于）	
				不大于								单个	总计
GB/T 5153	M2M	余量	1.3~2.5	0.20	0.30	0.10	0.05	0.05	0.007	0.01	—	0.01	0.20
DIN 1729.1 W-Nr	MgMn2 3.5200	余量	1.2~2.0	0.05	0.30	0.10	0.005	—	0.001	—	—	—	0.10
BS 3370	Mg-Mn1.5	余量	1.0~2.0	0.05	0.03	0.02	0.03	0.02	0.005	—	0.02	—	—

续表 7-52

标准号	牌 号	Mg	Mn	Al	Zn	Si	Fe	Cu	Ni	Be	Ca	其他元素（不大于）	
				不大于								单个	总计
NF A65-717	G-M2	余量	1.2~2.0	0.05	0.30	0.10	0.03	0.05	0.005	—	—	—	—
ГOCT 14957	MA1	余量	1.3~2.5	0.10	0.30	0.10	0.05	0.05	0.007	0.002	—	—	0.2
ASTM B107 UNS	M1A M15100	余量	1.2~2.0	—	—	0.10	—	0.05	0.01	—	0.30	—	0.30

表 7-53 M2S 牌号和化学成分（质量分数）对照 （%）

标准号	牌 号	Mg	Mn	Al	Zn	Si	Fe	Cu	Ni	Ca	Be	其他元素（不大于）	
				不大于								单个	总计
GB/T 5153	M2S	余量	1.2~2.0	—	—	0.10	—	0.05	0.01	—	—	0.05	0.30
ISO 3116	WD43150	余量	1.2~2.0	—	—	0.10	—	0.05	0.01	—	—	0.05	0.30
BS 3370	Mg-Mn1.5	余量	1.0~2.0	0.05	0.03	0.02	0.03	0.02	0.005	0.02	—	—	—
NF A65-717	G-M2	余量	1.2~2.0	0.05	0.30	0.10	0.03	0.05	0.005	—	—	—	—
ГOCT 14957	MA8	余量	1.3~2.2	0.10	0.3	0.10	0.05	0.05	0.007	0.002	—	—	0.30
ASTM B107 UNS	M1A M15100	余量	1.2~2.0	—	—	0.10	—	0.05	0.01	—	0.30	—	0.30

表 7-54 ZK61M 牌号和化学成分（质量分数）对照 （%）

标准号	牌 号	Mg	Zn	Zr	Al	Mn	Si	Fe	Cu	Ni	Be	其他元素（不大于）	
					不大于							单个	总计
GB/T 5153	ZK61M	余量	5.0~6.0	0.30~0.90	0.05	0.10	0.05	0.05	0.05	0.005	0.01	0.01	0.30
ISO 3116	Mg-Zn6Zr	余量	4.8~6.2	0.45~0.80	—	—	—	—	0.03	0.005	—	—	0.30
BS 3370	Mg-Zn6Zr	余量	4.8~6.2	0.45~0.80	0.02	0.15	0.01	0.01	0.03	0.005	—	—	—
NF A65-717	G-Z5Zr	余量	4.8~6.2	0.45~0.80	0.02	0.15	0.01	0.01	0.03	0.005	—	—	—
ГOCT 14957	MA14	余量	5.0~6.0	0.30~0.90	0.05	0.10	0.05	0.03	0.05	0.005	0.002	—	0.30
JIS H4203	MB6	余量	4.8~6.2	0.45~0.80	—	—	—	—	0.03	0.005	—	—	0.30
ASTM B107 UNS	ZK60A M16600	余量	4.8~6.2	≥0.45	—	—	—	—	—	—	—	—	0.30

表 7-55 ZK61S 牌号和化学成分（质量分数）对照 （%）

标准号	牌 号	Mg	Zn	Zr	Al	Mn	Si	Fe	Cu	Ni	Be	其他元素（不大于）	
					不大于							单个	总计
GB/T 5153	ZK61S	余量	4.8~6.2	0.45~0.80	—	—	—	—	—	—	—	0.05	0.30
ISO 3116	WD32260	余量	4.8~6.2	0.45~0.80	—	—	—	—	—	—	—	0.05	0.30
BS 3370	Mg-Zn6Zr	余量	4.8~6.2	0.45~0.80	0.02	0.15	0.01	0.01	0.03	0.005	—	—	—
NF A65-717	G-Z5Zr	余量	4.8~6.2	0.45~0.80	0.02	0.15	0.01	0.01	0.03	0.005	—	—	—
ГOCT 14957	MA14	余量	5.0~6.0	0.30~0.90	0.05	0.10	0.05	0.03	0.05	0.005	0.002	—	0.30
JIS H4203	MB6	余量	4.8~6.2	0.45~0.80	—	—	—	—	0.03	0.005	—	—	0.30
ASTM B107 UNS	ZK60A M16600	余量	4.8~6.2	≥0.45	—	—	—	—	—	—	—	—	0.30

表7－56 ME20M牌号和化学成分（质量分数）对照 （%）

标准号	牌号	Mg	Mn	Ce	Al	Zn	Si	Fe	Cu	Ni	Be	其他元素（不大于）	
					不大于							单个	总计
GB/T 5153	ME20M	余量	1.3~2.2	0.15~0.35	0.20	0.30	0.10	0.05	0.05	0.007	0.01	0.01	0.30
BS 3373	Mg－Mn1.5	余量	1.0~2.0	—	0.05	0.03	0.02	0.03	0.02	0.005	—	—	—
NF A65－717	G－M2	余量	1.2~2.0	—	0.05	0.03	0.10	0.03	0.05	0.005	—	—	—
ГОСТ 14957	MA8	余量	1.3~2.2	0.15~0.35	0.10	0.30	0.10	0.05	0.05	0.007	0.002	—	0.30
ASTM B107 UNS	M1A M15100	余量	1.2~2.0	—	—	—	0.10	—	0.05	0.01	Ca 0.30	—	0.30
ГОСТ 14957	MA14	余量	5.0~6.0	0.30~0.90	0.05	0.10	0.05	0.03	0.05	0.005	0.002	—	0.30
JIS H4203	MB6	余量	4.8~6.2	0.45~0.80	—	—	—	—	0.03	0.005	—	—	0.30
ASTM B107 UNS	ZK60A M16600	余量	4.8~6.2	≥0.45	—	—	—	—	—	—	—	—	0.30

表7－57 ZK61S牌号和化学成分（质量分数）对照 （%）

标准号	牌号	Mg	Zn	Zr	Al	Mn	Si	Fe	Cu	Ni	Be	其他元素（不大于）	
					不大于							单个	总计
GB/T 5153	ZK61S	余量	4.8~6.2	0.45~0.80	—	—	—	—	—	—	—	0.05	0.30
ISO 3116	WD32260	余量	4.8~6.2	0.45~0.80	—	—	—	—	—	—	—	0.05	0.30
BS 3370	Mg－Zn6Zr	余量	4.8~6.2	0.45~0.80	0.02	0.15	0.01	0.01	0.03	0.005	—	—	—
NF A65－717	G－Z5Zr	余量	4.8~6.2	0.45~0.80	0.02	0.15	0.01	0.01	0.03	0.005	—	—	—
ГОСТ 14957	MA14	余量	5.0~6.0	0.30~0.90	0.05	0.10	0.05	0.03	0.05	0.005	0.002	—	0.30
JIS H4203	MB6	余量	4.8~6.2	0.45~0.80	—	—	—	—	0.03	0.005	—	—	0.30
ASTM B107 UNS	ZK60A M16600	余量	4.8~6.2	≥0.45	—	—	—	—	—	—	—	—	0.30

表7－58 ME20M牌号和化学成分（质量分数）对照 （%）

标准号	牌号	Mg	Mn	Ce	Al	Zn	Si	Fe	Cu	Ni	Be	其他元素（不大于）	
					不大于							单个	总计
GB/T 5153	ME20M	余量	1.3~2.2	0.15~0.35	0.20	0.30	0.10	0.05	0.05	0.007	0.01	0.01	0.30
BS 3373	Mg－Mn1.5	余量	1.0~2.0	—	0.05	0.03	0.02	0.03	0.02	0.005	—	—	—
NF A65－717	G－M2	余量	1.2~2.0	—	0.05	0.03	0.10	0.03	0.05	0.005	—	—	—
ГОСТ 14957	MA8	余量	1.3~2.2	0.15~0.35	0.10	0.30	0.10	0.05	0.05	0.007	0.002	—	0.30
ASTM B107 UNS	M1A M15100	余量	1.2~2.0	—	—	—	0.10	—	0.05	0.01	Ca 0.30	—	0.30

（3）铸造镁合金牌号和化学成分对照见表7－59~表7－66。

表 7-59 ZMgZn5Zr 牌号和化学成分（质量分数）对照 （%）

标准号	牌号	Mg	Zn	Zr	Si	Cu	Ni	杂质合计
					不大于			
GB/T 1177	ZMgZn5Zr(ZM1)	余量	3.5~5.5	0.5~1.0	—	0.10	0.01	0.30
ASTM B80 UNS	ZK51A M16510	余量	3.5~5.3	0.5~1.0	—	0.10	0.01	0.30

表 7-60 ZMgZn4REZr 牌号和化学成分（质量分数）对照 （%）

标准号	牌号	Mg	Zn	RE	Zr	Mn	Si	Cu	Fe	Ni	杂质合计
						不大于					
GB/T 1177	ZMgZn4RE1Zr (ZM2)	余量	3.5~5.0	0.75~1.75	0.5~1.0	—	—	0.10	—	0.01	0.30
ISO/DIS 16220	ZMgZn4RE1Zr	余量	3.5~5.0	1.0~1.75	0.1~1.0	0.15	0.01	0.03	0.01	0.005	0.01 (其他)
EN 1753	EN MBMgZn4RE1Zr 35110	余量	3.5~5.0	1.0~1.75	0.1~1.0	0.15	0.01	0.03	0.01	0.005	0.01 (其他)
JIS H2221	MC 110	余量	3.7~4.8	1.0~1.75	0.3~1.0	0.15	0.01	0.03	—	0.010	—
ASTM B80 UNS	ZE41A M16411	余量	3.7~4.8	1.0~1.75	0.3~1.0	0.15	0.01	0.03	—	0.010	0.30

表 7-61 ZMgRE3ZnZr 牌号和化学成分（质量分数）对照 （%）

标准号	牌号	Mg	RE	Zn	Zr	Mn	Si	Cu	Ni	杂质合计
						不大于				
GB/T 1177	ZMgRE3ZnZr (ZM3)	余量	2.5~4.0	0.2~0.7	0.4~1.0	—	—	0.10	0.01	0.30
ASTM B80 UNS	WE43A M18430	余量	2.4~4.4	0.20	0.3~1.0	0.15	0.01	0.03	0.005	0.30

表 7-62 ZMgRE3Zn2Zr 牌号和化学成分（质量分数）对照 （%）

标准号	牌号	Mg	Zn	RE	Zr	Mn	Si	Cu	Fe	Ni	杂质合计
						不大于					
GB/T 1177	ZMgRE3Zn2Zr (ZM4)	余量	2.5~4.0	2.0~3.0	0.5~1.0	—	—	0.10	—	0.01	0.30
ISO/DIS 16220	MgRE3Zn2Zr	余量	2.4~4.0	2.0~3.0	0.1~1.0	0.15	0.01	0.03	0.01	0.005	0.01 (其他)
EN 1753	EN MBMg RE3Zn2Zr 65120	余量	2.4~4.0	2.0~3.0	0.1~1.0	0.15	0.01	0.03	0.01	0.005	0.01 (其他)
JIS H2221	MC 18	余量	2.6~3.9	2.0~3.0	0.3~1.0	—	0.01	0.03	—	0.01	—
ASTM B93M UNS	EZ33A M12331	余量	2.6~3.9	2.0~3.0	0.3~1.0	—	0.01	0.03	—	0.01	0.30

表7-63 ZMgAl8Zn牌号和化学成分（质量分数）对照 （%）

标准号	牌号	Mg	Al	Zn	Mn	Zr	Si	Cu	Fe	Ni	其他元素	杂质合计
						不大于						
GB/T 1177	ZMgAl8Zn（ZM5）	余量	7.5~9.0	0.2~0.8	0.15~0.5	—	0.30	0.20	0.05	0.01	—	0.50
ISO/DIS 16220	MgAl8Zn1	余量	7.2~8.5	0.45~0.9	≥0.17	—	0.05	0.025	0.004	0.001	0.01	—
EN 1753	EN MBMg Al8Zn1 21110	余量	7.2~8.5	0.45~0.9	≥0.17	—	0.05	0.025	0.004	0.001	0.01	—
ГОСТ 2856	МЛ5	余量	7.5~9.0	0.2~0.8	0.15~0.5	0.002	0.25	0.1	0.06	0.01	0.1	0.5
JIS H2221	MC 12A	余量	8.3~9.2	0.45~0.9	0.15~0.35	—	0.20	0.08	—	0.010	—	—
ASTM B93M UNS	AZ91C M11915	余量	8.3~9.2	0.45~0.9	0.15~0.35	—	0.20	0.08	—	0.010		0.30

表7-64 ZMgRE2ZnZr牌号和化学成分（质量分数）对照 （%）

标准号	牌号	Mg	RE	Zn	Zr	Mn	Si	Cu	Ni	杂质合计
						不大于				
GB/T 1177	ZMgRE2ZnZr(ZM6)	余量	2.0~2.8	0.2~0.7	0.4~1.0	—	—	0.10	0.01	0.30
ASTM B93M UNS	WE54A M18540	余量	1.5~4.0	0.2	0.4~1.0	0.15	0.01	0.03	0.005	0.30

表7-65 ZMgZn8AgZr牌号和化学成分（质量分数）对照 （%）

标准号	牌号	Mg	Zn	Ag	Zr	Cu	Ni	Si	杂质合计
						不大于			
GB/T 1177	ZMgZn8AgZr（ZM7）	余量	7.5~9.0	0.6~1.2	0.5~1.0	0.10	0.01	—	0.30

表7-66 ZMgAl10Zn牌号和化学成分（质量分数）对照 （%）

标准号	牌号	Mg	Al	Zn	Mn	Si	Cu	Fe	Ni	杂质合计
						不大于				
GB/T 1177	ZMgAl10Zn（ZM10）	余量	9.0~10.2	0.6~1.2	0.1~0.5	0.30	0.20	0.05	0.01	0.50
ISO/DIS 16220	MgAl9Zn1 No2	余量	8.0~10.0	0.3~1.0	—	0.30	0.20	0.03	0.01	0.05（其他）
EN 1753	EN MBMgAl9Zn1 (B)21110	余量	8.0~10.0	0.3~1.0	—	0.30	0.20	0.03	0.01	0.05（其他）
JIS H2221	MC 15	余量	9.4~10.6	0.2	0.13~0.35	0.20	0.08	—	0.01	—
ASTM B93M UNS	AM100A M10101	余量	9.4~10.6	0.2	0.13~0.35	0.20	0.08	—	0.01	0.30

7.5 主要镁合金的相图、相结构与相组成

7.5.1 Mg－Al 系合金

7.5.1.1 相图

图 7－6 所示为镁－铝合金相图。铝与镁形成有限固溶体，其中虚线表示界限尚不确定（以下同），在共晶温度 437℃时的溶解度为 12.7（质量分数/%，以下同）。溶解度随温度降低而显著减小，在室温时约为 2%。铝含量（质量分数）大于 6% 的合金为热处理可强化合金。但商业镁合金中，铝含量一般不超过 10%。铝的加入可以有效提高合金的强度和硬度，改善合金的铸造性能。含铝约 6% 的镁合金具有最佳强度和塑性的配合。

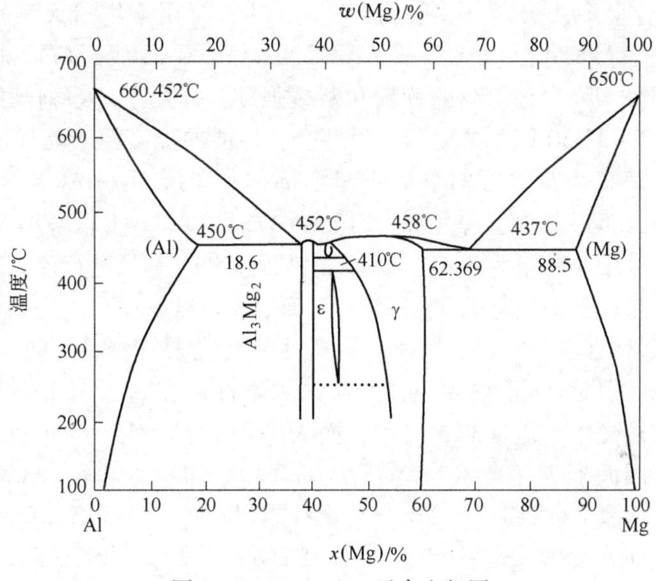

图 7－6 Mg－Al 二元合金相图

7.5.1.2 相结构及其组成

含铝量大于 2% 时，铸造组织中的化合物相为（$Mg_{17}Al_{12}$或 Mg_4Al_3），当铝含量超过 8% 时，这些化合物以共晶形式沿晶界呈不连续网状分布。430℃左右的退火或固溶处理可以使全部或部分 β 相溶解。在随后的淬火时效过程中，平衡 β 相直接在镁基体的（0001）基面上析出，无 GP 区或中间化合物析出。β 相与基体之间具有以下位向关系：$(0001)_{Mg} \parallel (1\bar{1}0)_{\beta}$； $[01\bar{1}0]_{Mg} \parallel [11\bar{2}]_{\beta}$。由于无共格或半共格中间沉淀相析出，因而 Mg－Al 系合金时效硬化效果不明显。$Mg_{17}Al_{12}$可以以连续和不连续沉淀两种方式从镁固溶体中析出。当时效温度高于约 205℃时，$Mg_{17}Al_{12}$以 widmanstatten 方式析出；当时效温度较低、铝含量大于 8% 时，通常以不连续沉淀方式析出，β 相在晶界形核，并向晶内长成层片状；在大约 290℃时，层片状 β 开始粗化，370℃左右重新溶解在基体镁中。$Mg_{17}Al_{12}$为体心立方结构，其晶格常数 $a = 1.05438$nm。$Mg_{17}Al_{12}$的析出会增大合金的应力腐蚀开裂敏感性；P. Uzan 等人的研究结果则表明，$Mg_{17}Al_{12}$虽然相对于镁基体来说是阴极相，但是晶界上分布的该相却可以作为腐蚀障碍，而提高合金的抗腐蚀能力。

Mg－Al 系合金中，一般添加锌及少量的锰。加入锌可以使固溶体强化，提高合金的

室温强度，并略提高耐蚀性。但是，在含铝7%～10%的镁合金中添加大于1%的锌，将增加合金的热收缩率。锰可提高合金耐蚀性。加入的锰可能与铝化合生成针状或短棒状的Mn－Al化合物。当合金中含有杂质铁时，在淬火条件下，还可能在晶内沿一定取向析出FeAl相。锌对共晶化合物种类和形态的影响比较复杂。当合金中加入锌时，共晶化合物以离异共晶形式存在，而且当合金中Zn/Al之比超过1∶3时，共晶化合物的组成将由$Mg_{17}Al_{12}$向$Mg_{12}(Al, Zn)_{49}$转变。在Mg－10%Zn－2%Al的合金中，除存在$Mg_{12}(Al, Zn)_{49}$外，还存在MgZn相，但不存在$Mg_{17}Al_{12}$化合物相；Mg－10%Zn－4%Al合金中只存在$Mg_{32}(Al, Zn)_{49}$一种化合物相；Mg－10%Zn－6%Al合金中的中间相则主要为$Al_2Mg_5Zn_2$。Z. Zhang等人将这些含锌量较高的Mg－Zn－Al系中的复杂三元中间化合物相统称为$Mg_xZn_yAl_z$型化合物相，$Mg_{32}(Al, Zn)_{49}$相有利于提高合金的蠕变抗力。

铸造Mg－Al合金中，铝含量一般为6%～10%，可用来铸造大型复杂和薄壁零件，典型牌号如AZ63A、AZ81A、AZ91A－E、AZ92A、AM100A。为适应特殊性能要求，开发了新的压铸合金牌号。如为获得高的韧性和断裂强度，开发了一系列高纯、低铝的合金，如AM60A、AM60B、AM50A、AM20等。这些合金性能的提高源于晶界$Mg_{17}Al_{12}$颗粒的减少，可用于轮毂、座椅框架、方向盘等汽车零部件。变形Mg－Al合金中铝含量为0～8%，锌含量为0～1.5%，典型牌号如AZ10A、AZ31B、AZ31C、AZ61A、AZ80A等，可用于锻件和板材，其中含铝量为8%的AZ80是高强度和唯一可进行淬火时效强化的合金，但应力腐蚀倾向严重，已被更好的Mg－Zn－Zr系合金取代。

Mg－Al系合金具有良好的力学性能、铸造性能和抗大气腐蚀性能，是目前室温下应用最广泛的合金系。但是AZ和AM系镁合金的力学性能在高于120～130℃时急剧下降。这是因为镁合金的蠕变主要是借晶界滑动，而$Mg_{17}Al_{12}$的熔点约为460℃，在不高的温度下即为一软质相，因而不能有效钉扎晶界造成的。Mg－Al合金中加入1%的钙，可以提高合金的蠕变强度，但是Ca含量超过1%合金具有热裂倾向。降低铝含量和加入硅，也可以改善蠕变性能，从而开发了AS系镁合金，如AS41A、AS41B、AS21等。这是因为Al含量降低使$Mg_{17}Al_{12}$数量减少，同时Si与Mg结合生成细小的硬质相Mg_2Si，阻碍了晶界滑动，从而提高了蠕变抗力。Mg_2Si呈角状，棱角光滑，呈淡蓝色。AS21具有较低的铝含量，蠕变性能优于AS41A和AS41B，但是铸造性能差。Mg－Al－Si系合金的蠕变性能仍低于相应的压铸铝合金（如A380）。在Mg－Al合金中添加RE，可以进一步提高合金的蠕变性能，如AE42，其蠕变强度优于Mg－Al－Si合金，且具有较好的综合性能，但是稀土的添加将导致成本的大幅度增加。稀土对蠕变性能的影响机制至今仍未弄清楚。研究表明，在晶界形核的$Mg_{12}RE$颗粒可能通过阻碍晶界滑动而提高蠕变性能，并且指出Mg－Al－RE合金只适用于冷却速度较快的压铸件，因为冷速低于压铸冷速将导致粗大Al－RE化合物生成。H. Westengen等人对Mg－4Al－1.4RE（50% Ce，25% La，20% Nd，3% Pr）合金铸态组织的研究表明，加入Mg－Al合金中的RE并没有与镁形成Mg－RE或Mg－RE－Al相，而是与Al化合形成了$Al_{11}RE_3$和$Al_{10}RE_2Mn_7$相；并且认为这是由于铝在镁基体中偏析致使铝在晶界和晶内的浓度不同而造成的；此外，还存在着$Mg_{17}Al_{12}$相。对Mg－Al－RE系合金相的不同检测结果很可能是由于不同的样品制备条件引起的。在AZ合金系基本成分基础上，提高锌含量、降低铝含量（如ZA104），合金蠕变抗力提高，而成本并不增加，同时又具有较好的铸造性能，是一种有开发潜力的铸造镁合金系。日本开发了一种新的耐热压铸镁合金（ACM522），其成分为 Mg-5Al-2Ca-2RE-0.3Mn，组织为初生 α-Mg 和在晶界分布的黑色 Al-Ce 相粒子和浅色的由 Al-Ca、Mg-Ca 等相组成的化合物。ACM522 具有比 AE42 合金更高的蠕变抗力，其耐热性和耐蚀性可以与 A384 铝合金媲美，而且铸造性能良好。

7.5.2 Mg-Zn 系合金

7.5.2.1 相图

锌是镁合金中另一个重要的合金元素，锌在镁中的固溶度为6.2%，除了起固溶强化作用外，时效硬化也是很有效的。锌还可以消除镁合金中铁、镍等杂质元素对腐蚀性能的不利影响。文献中发表的 Mg-Zn 二元合金相图有两种不同的形式，如图 7-7（a）、（b）所示。其不同之处主要表现在相区富镁端的共晶温度和共晶化合物的存在范围上；共晶化合物的组成稍有差异，分别为 Mg_7Zn_3 和 $Mg_{51}Zn_{20}$，Mg/Zn 之比大致在 2.3~2.4 之间。

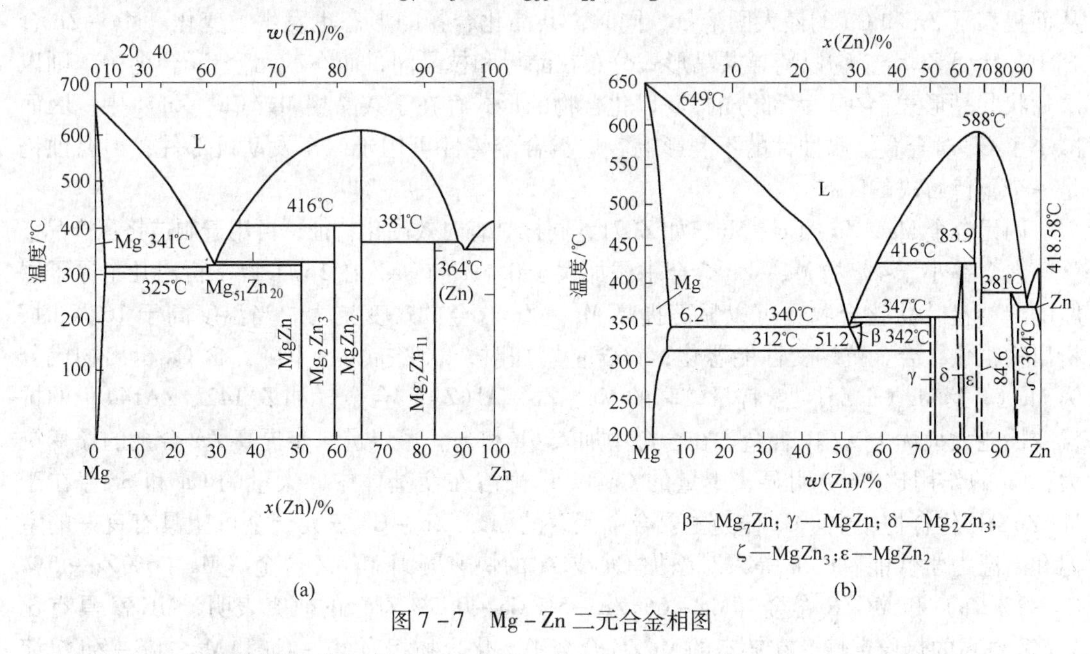

图 7-7 Mg-Zn 二元合金相图

7.5.2.2 相结构及其组成

Mg-9Zn 二元合金铸态组织的共晶相主要为 $Mg_{51}Zn_{20}$。另外，还有合金凝固冷却过程中由 $Mg_{51}Zn_{20}$ 化合物分解而来的 MgZn 相和 $MgZn_2$ 相。合金经 315℃、4h 固溶处理后，$Mg_{51}Zn_{20}$ 完全分解形成与 $MgZn_2$ Laves 相晶体结构相同的中间相。$Mg_{51}Zn_{20}$ 具有体心正交点阵，晶格常数 $a=1.4083$nm，$b=1.4486$nm，$c=1.4025$nm。

与 Mg-Al 合金不同，Mg-Zn 合金在时效过程中有共格 GP 区和半共格中间沉淀相形成，其时效析出序列为：

$$\text{SSSS} \rightarrow \text{GP 区} \rightarrow \beta'_1(MgZn_2) \rightarrow \beta'_2(MgZn_2) \rightarrow Mg_2Zn_3$$

这里，SSSS 表示过饱和固溶体（以下同）。

其中，GP 区呈圆盘状，与基体完全共格，盘平行于 $\{0001\}_{Mg}$。

β'_1 呈棒状，与基体完全共格，棒垂直于 $\{0001\}_{Mg}$；密排六方结构，$a=0.52$nm，$c=$

0.85nm；该相的析出对应于合金的时效硬化峰值。

β_2'呈圆盘状，与基体半共格，盘平行于 $\{0001\}_{Mg}$，$(11\bar{2}0)_{MgZn} \parallel (10\bar{1}0)_{Mg}$；密排六方结构，$a=0.52nm$，$c=0.848nm$；$\beta_2'$的大量析出使合金开始发生过时效。

过时效生成的平衡非共格析出相 Mg_2Zn_3 属三角晶系，$a=1.724nm$，$b=1.445nm$，$c=0.52nm$，$\gamma=138°$。

但是，Mg－Zn 二元合金难以晶粒细化，易于形成微孔洞，因而不用于商业铸件或变形产品。

在 Mg－Zn 合金中加入 Cu 可以显著提高合金塑性和时效强化程度。时效硬化与上述提到的棒状 $\beta_1'(MgZn_2)$ 共格相和圆盘状 $\beta_2'(MgZn_2)$ 半共格相两种主要析出相相关，有 Cu 存在时，β_1'和 β_2'中至少一种析出相的浓度比不含 Cu 时增加。室温下 Mg－Zn－Cu 合金铸件的力学性能与 AZ91 相仿，而且有较好的高温稳定性。一种典型的 Mg－Zn－Cu 砂型铸件的牌号为 ZC63。Cu 的加入可以提高共晶温度，因而可以在更高的温度下进行固溶处理，从而提高了 Zn 和 Cu 的最大固溶量。同时，共晶化合物的形态也发生了变化。Mg－Zn 合金中，Mg－Zn 合金物以离异共晶形式分布在晶界和枝晶间，而在三元含 Cu 合金中，则以层片状共晶形式存在。大部分的 Cu 以化合物的形式存在于共晶相 $Mg(Cu, Zn)_2$ 中，因而减小了 Cu 对合金抗腐蚀性的不利影响。这类合金铸件可用于汽车发动机部件，但腐蚀仍是一个亟待解决的问题。

四元合金 Mg－Zn－Cu－Mn，如 ZC71，同样具有时效硬化特征，可用于制造挤压产品。

在含锌小于4%的 Mg－Zn 合金中添加大于0.5%的 Ca，在167℃以下析出几个原子层厚的细小盘片状化合物，可以显著提高 Mg－Zn 合金的蠕变抗力。当温度高于167℃时，析出物粗化，合金抗蠕变性能恶化；锌含量增加时，蠕变抗力也下降。含 Ca 析出物成分为 Mg_2Ca 及 $Mg_5Ca_2Zn_5$。含锌量较高的 Mg－Zn－Al(ZA) 合金（如 ZA142、ZA144）的抗蠕变性能大大优于 AZ91 合金。在合金中加入 Ca 和 Sr，可以进一步提高 ZA 合金的蠕变抗力，Ca 的作用比 Sr 更明显。少量的 Ca 和 Sr 固溶在镁基体中，大量的 Ca 和 Sr 存在于 $Mg_xZn_yAl_z$ 化合物相中。Ca 作为主要合金元素的 Mg－Zn－Ca 三元合金可望具有良好的室温和高温力学性能。Park 等人对添加 Ca 或 Zr 的快速凝固 MCZZ 合金（Mg－6%Zn－5%Ca－2%Co）和 MCZC 合金（Mg－6%Zn－5%Ca－0.5%Zr）的研究表明，MCZC 具有比 MCZZ 更高的热稳定性。在铸态的 MCZC 合金中，化合物相为 Mg－Ca 和 Mg－Co－Zn 沉淀相；150℃、1h 时效后，沿晶界析出大量更细小的 Mg－Ca－Zn－Co 四元沉淀相，使合金得到进一步强化。Mg－Ca－Zn－Co 四元合金相具有与 MgCaZn 三元相相同的晶体结构。温度升高至300℃，四元 Mg－Ca－Zn－Co 化合物相逐渐粗化。在 MCZZ 合金中，只存在 MgZnCa 一种化合物相。

Mg－Zn 合金中一般添加含量大于0.5%的锆。在 Mg－Zn 合金中，加入锆可有效细化晶粒。Mg－Zn－Zr 合金铸造组织为镁固溶体和 Mg－Zn 块状化合物，并可能存在 Zn_3Zr_2 金属间化合物。Zn_3Zr_2 金属间化合物可能在熔铸过程中，由于不合适的熔炼或熔体转移工艺而形成；也可能在铸造过程中，由于异常的慢冷而形成。Mg－Zn－Zr 合金属高强度镁合金，一般锌含量不超过6%～6.5%，也有锌含量高达9%的铸造合金。随锌含量增加，抗拉强度和屈服强度提高，伸长率略有下降，铸造性能、工艺塑性和焊接性能恶化。铸造 Mg－Zn－Zr 三元合金典型牌号有 ZK51A、ZK61A，变形合金有 ZK21A、ZK31、ZK40A、

ZK60A、ZK61。由于锌增加热裂倾向和显微疏松，铸造合金中锌含量高于4%时合金便不可焊，因此在使用上受到较大限制。但是对变形合金却不存在这一问题，如ZK40A和ZK60A均是常用的挤压产品合金。铸造Mg－Zn－Zr合金采用T1沉淀处理或T6固溶时效处理，变形Mg－Zn－Zr挤压制品或锻件只在人工时效状态下使用。

为了解决Mg－Zn－Zr合金锌含量高而给工艺上带来的困难，可以采取牺牲强度来达到改善合金工艺性能的目的，如降低锌含量，或添加稀土金属或钍，从而形成了Mg－Zn－RE－Zr和Mg－Zn－Th－Zr系合金。添加RE或Th后，由于形成了Mg－Zn－RE(Th)化合物，固溶体中锌含量大大降低，从而使合金热裂、显微疏松倾向大为改善。但也正是由于晶界上分布了含锌和稀土的脆性化合物，而且由于Mg－Zn－RE相十分稳定，一般的固溶处理不能使其溶解或破碎，同时化合物的形成使固相线温度降低，从而降低了时效前的固溶处理效果，因此，通过一般的固溶处理不能明显地提高合金的力学性能。含钍化合物脆性较小，对合金力学性能的降低较稀土小，另外钍的加入还使离散Mg－Zn共晶化合物转变为层片状的Mg－Th－Zn共晶化合物。目前得到广泛应用的Mg－Zn－RE－Zr铸造合金为ZE41A，人工时效后具有中等强度，可用于直升机传动箱体；Mg－Zn－Th－Zr系合金如ZH62A；开发出的该类变形合金牌号有ZE10A板材，ZE42A和ZE62锻件，但目前无相应产品。将含稀土的Mg－Zn－Zr合金置于H_2中固溶处理，合金可以恢复到未添加稀土时的高性能水平。这是因为固溶处理时，氢扩散到合金基体中去，与晶界上的Mg－Zn－RE相中的稀土元素反应，生成不连续而细小的颗粒状稀土氢化物，而Mg－Zn－RE相中的锌则释放出来并扩散到基体内强化了合金，从而使合金兼有优良的铸造性能和力学性能。这一工艺目前已成功地应用于ZE63A薄壁铸件的处理中。

H. Westengen等人对添加1.5% RE对Mg－8Zn合金组织和性能的影响的研究表明，RE的加入不仅改变了铸态组织中原有二元相的结构形态，而且生成了一种新的三元共晶相，Westengen将其称为T相。T相具有较宽的成分组成范围，主要为Mg 52.6 Zn 39.5 RE 7.9或（MgZn）92.1RE7.9。T相具有C心正交结构，其晶格常数$a=0.96$nm，$b=1.12$nm，$c=0.94$nm。另外，RE的加入还改变了合金的时效硬化特征：RE阻碍了β_2'相的析出，因而推迟了过时效的发生。

7.5.3 Mg－Mn系合金

7.5.3.1 相图

在镁合金中加入锰可以提高合金的应力腐蚀抗力。锰对合金的力学性能影响不大，但降低合金塑性。Mg－Mn二元合金相图如图7－8所示。

7.5.3.2 相结构及其组成

Mg－Mn合金室温下的组织为α(Mg)固溶体和角状的初生锰。当合金中有铝存在时，Mn与Al化合生成MnAl、$MnAl_4$或$MnAl_6$等化合物相，而且这些化合物可能同时存在于同一个化合物颗粒中，Al/Mn之比由颗粒中心向表面逐渐增加。固溶处理将使MnAl和$MnAl_4$相向$MnAl_6$化合物相转变。Mn－Al化合物通常呈短棒状或针状，有时则具有不规则、锯齿形的表面，这是化合物在半固态或早期凝固过程中的生长造成的。当有足够量的铁杂质元素存在时，将生成硬脆的Mn－Al－Fe化合物，取代Mn－Al化合物。另外还可能形成MgFeMn化合物相，该相的形成有利于提高镁合金的耐热性。

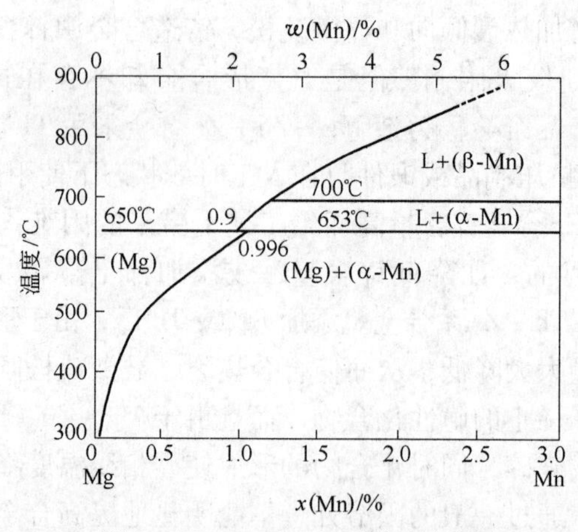

图7-8 Mg-Mn二元合金相图

Mg-Mn系合金在盐水溶液中有很好的抗腐蚀性，并且易于焊接。Mg-Mn合金具有中等强度，可用于制造各种型材和锻件，已用来制造飞机蒙皮、壁板及外形复杂的模锻件和汽油等系统中要求耐蚀性高的附件。典型牌号如MIA。

在Mg-Mn二元系中添加少量Ce(0.15%~0.35%)，由于Ce的作用使晶粒细化，从而可以使合金强度明显提高，如前苏联开发的MA8镁合金。Ce的添加使Mg-Mn合金中出现Mg_9Ce化合物相。

在Mg-Mn合金中加入Sc的Mg-Mn-Sc三元合金可望用于300℃以上的工作温度。Sc提高镁固溶体的熔点，而且在镁基体中具有低的扩散系数，是提高镁合金高温性能最具潜力的合金元素之一。Sc加到Mg-Mn合金中，在时效过程中生成了与基体共格的Mn_2Sc第二相，该相的生成可以显著提高合金的抗蠕变性、提高强度和硬度。该类合金的成分如MgSc6Mn1和MgSc15Mn1。由于Sc比较贵，开发了Sc含量较低的Mg-Mn-Sc系合金，如MgMn1Gd5Sc0.8和MgMn1Gd5Sc0.3，平衡状态下镁合金中相的种类和数量与温度的关系，如图7-9所示。

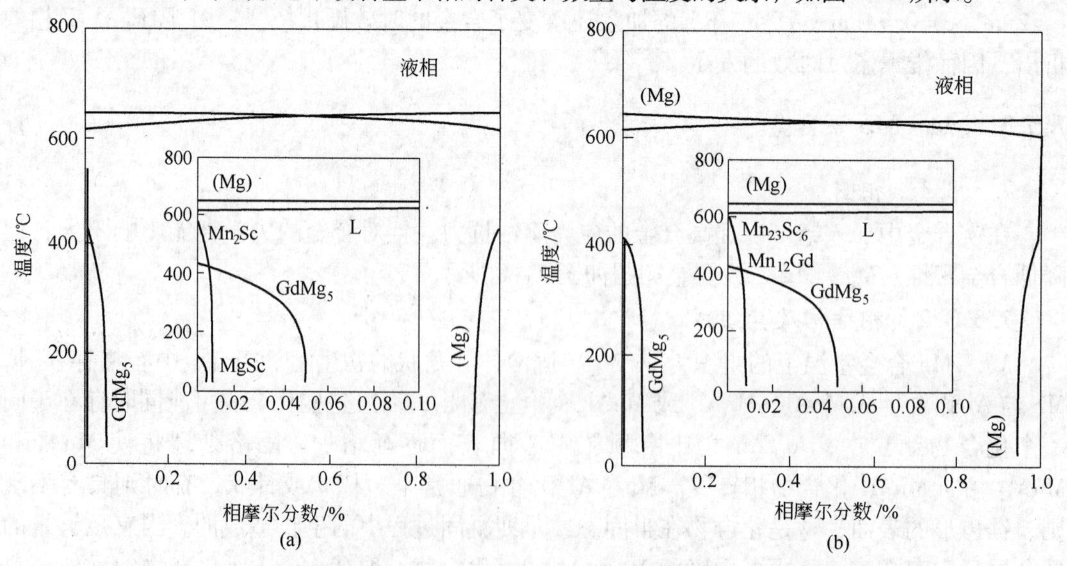

图7-9 平衡状态下镁合金中的相的种类和数量与温度的关系

(a) MgMn1Gd5Sc0.8镁合金；(b) MgMn1Gd5Sc0.3镁合金

Mg－Sc－Mn 合金中加入 Ce，可以提高合金的塑性。在 Mg－Sc－Mn－Ce 四元系中，化合物为 Mn_2Sc 和 $Mg_{12}Ce$。目前该类合金尚处于实验室研究阶段，未得到商业化应用。

7.5.4 Mg－Zr 系合金

7.5.4.1 相图

目前，Mg－Zr 二元合金相图有如图 7－10(a)、(b) 所示的两种形式。

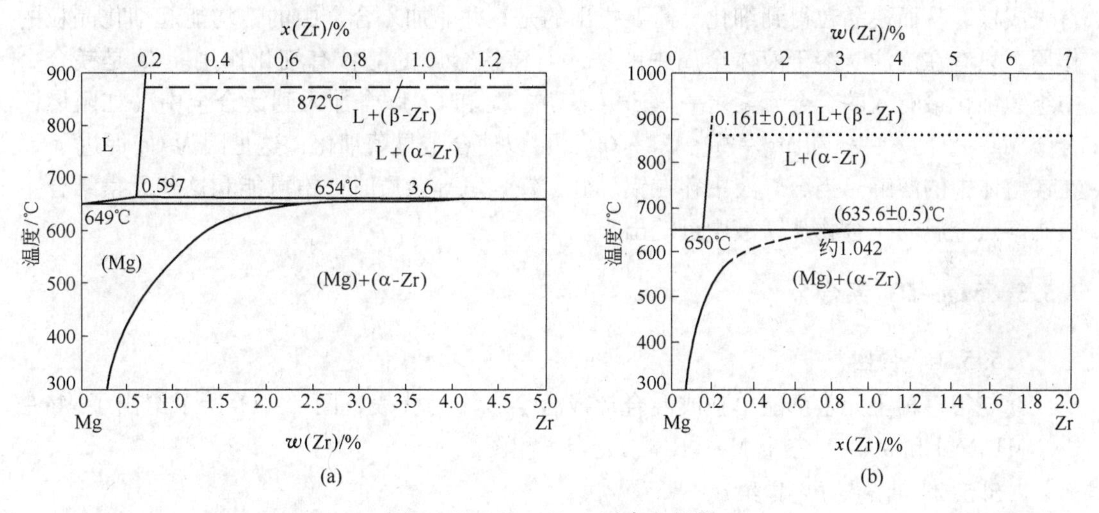

图 7－10 Mg－Zr 二元合金相图

7.5.4.2 相结构及其组成

表 7－67 为 Mg－Zr 系二元合金的相反应及结构特点。在一定温度下，镁与锆发生包晶反应：L＋α(Zr) →α(Mg)。

表 7－67 Mg－Zr 系二元合金的相反应及结构特点

反 应	Zr 含量（质量分数）/%			温度/℃	反应类型
L ⟷ Mg		0		650	熔化反应
L＋α(Zr)⟷α(Mg)	0.161±0.011		－1.042	653.6±0.5	包晶反应
L ⟷ β(Zr)		100		1855	熔化反应
β(Zr)⟷α(Zr)		100		863	同素异形反应

α 为锆在镁中的固溶体。锆以 α(Zr) 状态存在，不与镁形成化合物。在液态下，α(Zr)在熔融镁中的溶解度很小，654℃时只有 0.6%。Mg－Zr 相图的这一特点给合金熔炼工艺带来很大困难，在熔化合金时锆不易溶入液体金属中，容易出现成分偏析。在铸造的 Mg－Zr 和 Mg－Zn－Zr 合金组织中，常常可以看到许多富锆偏析区。偏析区的中心部分锆浓度很高，甚至是纯 α(Zr) 质点，由中心向外，浓度逐渐降低。侵蚀后偏析区呈年轮状，有时也呈花朵状。高温均匀化退火可以消除锆偏析现象。

锆在液态镁中的最大固溶度为0.6%。锆对镁的铸造组织有显著的细化作用，但只以锆合金化的镁合金往往强度达不到要求，因此锆通常是作为晶粒细化剂添加到其他合金系（Mg-Zn、Mg-RE、Mg-Th、Mg-Ag）中与其他合金元素一起使用。目前，只以锆合金化得到商业化应用的Mg-Zr合金只有KIA这一种牌号的铸造镁合金，主要是应用其优异的阻尼性能在铸态下使用。Mg-Zr合金的组织为镁固溶体以及镁晶粒内少量分布的细小锆晶体。

冷却时从液体中结晶出锆质点，包晶温度时，锆质点与液体相互作用先生成富锆的固溶体，此过程一直进行到残余液体中锆含量减少到下限时为止。由于锆质点及富锆固溶体首先成核，从而使晶粒得到细化。需要指出的是，并非加入合金中的锆均能起细化晶粒的作用，只有在浇注时溶于液体金属中的锆才对铸造金属的晶粒有细化作用。Ca是镁合金中组织细化最有效的合金元素之一。研究表明，Zr和Ca联合加入到镁合金中（如阻燃镁合金Mg-Y-Ca-Zr和Mg-Zn-Ca-Zr），可以使合金显著细化，这是因为Ca促进了Zr在镁熔体中的溶解。当金属液中存在铝、硅、铁、氢等杂质时，锆可能和这些元素结合生成高熔点金属间化合物从镁液中沉淀出来。

7.5.5 Mg-RE系合金

7.5.5.1 相图

镁与很多稀土元素都能单独或混合形成合金，作为代表，图7-11所示给出了Mg-Ce、Mg-Nd和Mg-Y三个Mg-RE二元合金相图。

7.5.5.2 相结构及其组成

Mg-RE系合金是重要的耐热合金系，在200~300℃具有良好的抗蠕变性能。镁与大多数单种稀土元素或混合稀土（Ce或Nd）均形成固溶体（但固溶度均较低），而且在相图富镁端均具有简单共晶特征。富镁端共晶化合物的类型随稀土原子序数变化而逐渐发生变化，如图7-12所示，对轻稀土为$REMg_{12}$（如Ce），对重稀土为RE_5Mg_{24}(如Y)。稀土在镁中溶解度随稀土原子半径的增大而降低。Mg-RE合金中晶界上网状分布的低熔点共晶化合物可以抵制显微疏松的形成，因而合金具有良好的铸造工艺性能。铸态下，合金由等轴α晶粒和晶界网状化合物组成。时效时，晶内析出细小沉淀相，由于时效析出相的强化作用以及晶界相的存在，阻碍了晶界滑动而使Mg-RE合金具有良好的抗蠕变性能。随着稀土元素在镁中溶解度的增大，稀土对改善合金常温力学性能和高温性能的作用也随之提高。

Mg-RE系具有时效硬化特征。以Mg-Nd为例，其时效析出序列为：

$$SSSS \rightarrow GP区 \rightarrow \beta'' \rightarrow \beta'(Mg_3Nd) \rightarrow \beta(Mg_{12}Nd)$$

其中，GP区呈盘状，与基体完全共格，盘平行于$\{10\bar{1}0\}$ Mg。

β″为具有DO_{19}型超结构的密排六方沉淀相，可能具有Mg_3Nd的化学组成，呈盘状，与基体完全共格：

$$(0001)\beta''//(0001)Mg$$

$$\{1010\}\beta''//\{10\bar{1}0\}Mg$$

DO_{19}晶胞的a轴是基体镁的2倍，c轴与镁相同。该相对应于合金的时效硬化峰值，而且能在较大的温度范围内相对稳定地存在。β″析出相的存在可能是合金蠕变性能提高的一个主要因素。

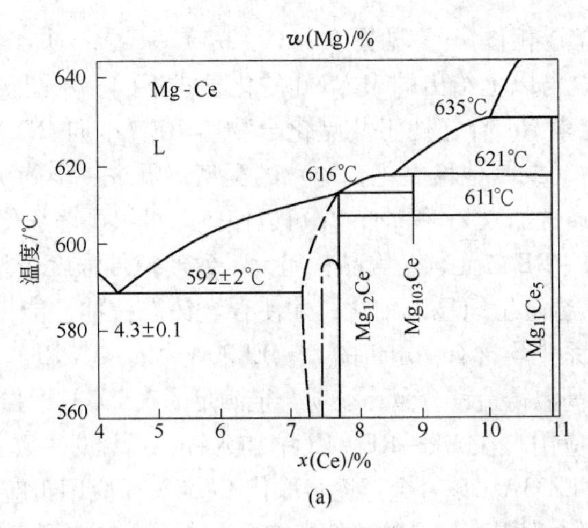

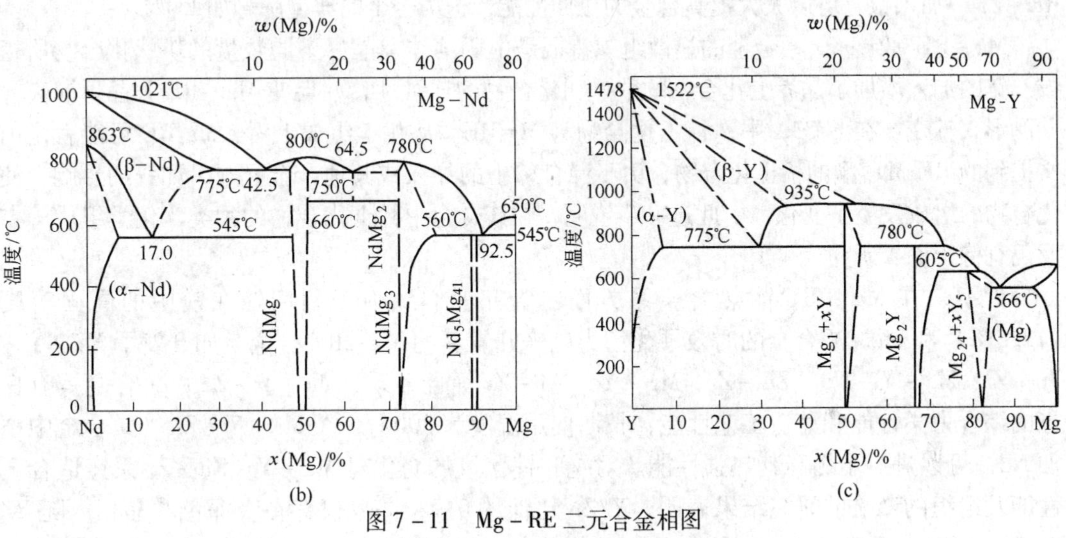

图 7－11　Mg－RE 二元合金相图

（a）Mg－Ce；（b）Mg－Nd；（c）Mg－Y

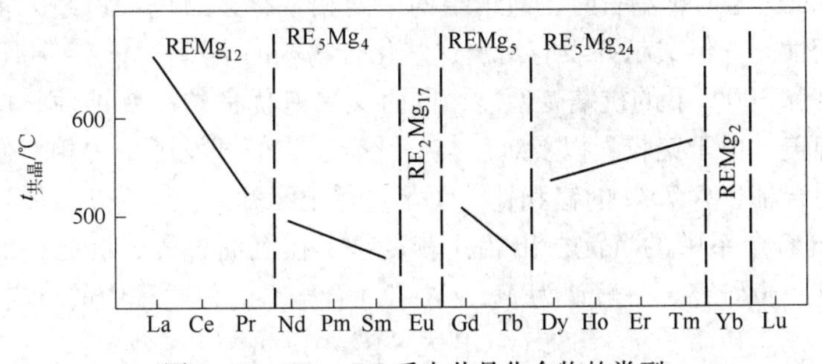

图 7－12　Mg－RE 系中共晶化合物的类型

β′(Mg_3Nd) 呈盘状，面心立方结构，$a=0.736$nm，与基体半共格：

$(011)β'//(0001)Mg$

$\{\bar{1}\bar{1}1\}β'//\{\bar{2}110\}Mg$

过时效生成的平衡沉淀相为 β($Mg_{12}Nd$)，体心四方晶系，$a=1.03$nm，$c=0.593$nm，与基体之间的共格关系消失。

从 Mg－Nd 二元合金相图（参见图 7－11（b））来看，时效析出平衡相应该具有 Nd_5Mg_{41} 的化学组成，这与以上给出的 $Mg_{12}Nd$ 的化学式不同。从图 7－12 所示共晶化合物类型的变化规律看，元素 Nd 恰好处于共晶化合物由 $REMg_{12}$ 向 RE_5Mg_{41} 转型的过渡线上，因此对含钕稀土化合物（或其他稀土化合物）的类型仍需进一步确认。

Mg－RE 合金系中通常加入 Zr 和 Zn，Zr 可以使铸态组织显著细化，Zn 可以进一步提高合金的抗蠕变性能。Mg－RE 二元合金因晶粒粗大，致使拉伸强度极差，实际上不能作为结构件使用。加入 Zr 后，合金组织显著细化，才使合金铸态拉伸性能提高到了可以接受的水平，因此 Mg－RE 二元系中均含有一定量的 Zr。EK30A（Mg－3% RE－0.7% Zr）是第一个以稀土为主要合金元素的高温铸造镁合金，该项合金满足了在 205℃下强度和蠕变性能的要求，在航空发动机上得到了应用。在 Mg－RE－Zr 中加入锌，可以进一步提高合金的力学性能。这类合金的典型牌号如 EZ33A，该合金正逐步取代 EK30A 而应用于航空发动机上。在 Mg－RE－Zr 中加入银，可以大大提高合金的拉伸性能，这类合金的典型牌号如 EQ21A。

Mg－RE－Zn－Zr 系合金的显微组织特征是由固溶体及晶界不同数量的块状化合物所组成。锌的加入增加了晶界上化合物的数量和化合物的连续性，并促使 Mg－RE 共晶体向离异共晶形式转变。在 EZ33A 中，稀土化合物为 Mg_9RE。从化学组成上看，Mg_9RE 可能就是前文提到的 RE_5Mg_{41} 型的稀土化合物，由于混合稀土的加入或其他合金元素，如锌的影响，使化合物的组成发生了变化。由此进一步说明，在镁合金中稀土化合物的种类、化学组成等方面仍有待于深入研究。

近年来在 Mg－RE 耐热合金系方面，研究者们致力于利用钇在镁中的高固溶度（12.5%）和 Mg－Y 合金的时效硬化潜力，来开发新的 Mg－RE 合金。如开发了 Mg－Y－Zn－Zr、Mg－Y－Nd－Zn－Zr、Mg－Y－Nd－Zr 等合金系。Mg－Y－Zn－Zr 合金具有良好的综合力学性能和铸造工艺性能，长期使用温度为 300℃；在 Mg－Y－Zn－Zr 合金中添加 Nd，可以进一步提高其热强性能。对钇和锌含量的变化对 Mg－Y－Zn－Zr 系铸造合金性能及组织的影响的研究结果表明，Y/Zn 比低约 0.9，晶界仅存在一深色共晶相；随 Y/Zn 比的增高，晶界开始出现第二种白色块状化合物相并逐渐增多，深色相则逐渐减少直到消失；当 Y/Zn 比为 1.5 左右时，组织结构中两相共存，白色相占绝大多数，此时合金具有最佳抗蠕变性能。但文献并没有给出这些化合物相的类型。Mg－Y－Nd－Zr 合金兼有良好的室温强度和 300℃下的抗蠕变性能，同时又具有优良的抗腐蚀性，抗腐蚀性可以与铝基铸造合金媲美。由于钇较贵以及难以与镁化合，人们开发了一种相对便宜的混合稀土来替代钇，该混合稀土含 75% 的钇和钆、铒等重稀土元素。

Mg－Y－Nd 合金系中的沉淀析出相比较复杂。在沉淀过程、沉淀相的成分、结构等方面仍有待于进一步研究。一般认为 Mg－Y－Nd 合金系时效过程中的析出序列为：

$$SSSS \rightarrow GP\text{区} \rightarrow \beta'' \rightarrow \beta' \rightarrow \beta$$

β″与 Mg－RE 二元系中的时效析出相 β″相同。

β′呈盘状，可能具有 $Mg_{12}NdY$ 的化学成分，体心单斜，与基体之间存在以下位向关系：

$(0001)\beta' // (0001)Mg$

$[100]\beta' // [2\bar{1}\bar{1}0]Mg$

$[010]\beta' // [01\bar{1}0]Mg$

β 为平衡沉淀相，体心立方，与基体之间的共格关系消失，可能具有 $Mg_{11}NdY_2$ 的化学成分。β 与基体之间存在以下位向关系：

$(01\bar{1})\beta // (0001)Mg$

$[1\bar{1}1]\beta // [0\bar{2}10]Mg$

极细小的盘状 β″析出相在 200℃以下的时效过程中形成，而通常 Mg－Y－Nd 合金的 T6 处理是在 250℃下进行，高于 β″的固相线，因而实际上将直接析出 β′相。

在 Mg－Y－Nd 合金系中，6% Y 和 2% Nd 的合金成分可以获得最高的强度和足够好的塑性。该系合金中第一个商业化的合金为 WE54，该合金具有优异的高温性能，已用于飞机和赛车汽缸上。但是，WE54 合金长时间暴露在 150℃环境温度下，由于晶内 β″相的二次析出，将导致合金塑性的逐渐降低，直至降低到不能接受的水平。适当降低 Y 含量、升高 Nd 含量，合金强度虽有轻微下降，但可以保持良好的塑性，在此基础上开发了 WE43 合金。

7.5.6 Mg－Li 系合金

7.5.6.1 相图

图 7－13 所示为 Mg－Li 二元合金相图。Mg－Li 合金中根据 Li 含量（质量分数，下同）及结构的不同，一般分为三种类型：

（1）$w(Li) < 5.7\%$，这类合金由 Li 在 Mg 中的固溶体 α 相组成，具有密排六方（hcp）结构，一般无工业用途的合金；这种合金由于轴比 c/a 减小，滑移系 {1010} 或 {1011}。

（2）$5.7\% < w(Li) < 10.3\%$，这类合金具有（α＋β）两相组织，其中 β 相是 Mg 在 Li 中的固溶体，为体心立方（bcc）结构，具有较高的塑性。

（3）$w(Li) > 10.3\%$，这类合金全部由 β 相组成，从而将镁的六方晶格改变为体心立方晶格，大大改善了镁合金的冷压成型性能。工业 Mg－Li 合金中 Li 含量一般要达到 15%。

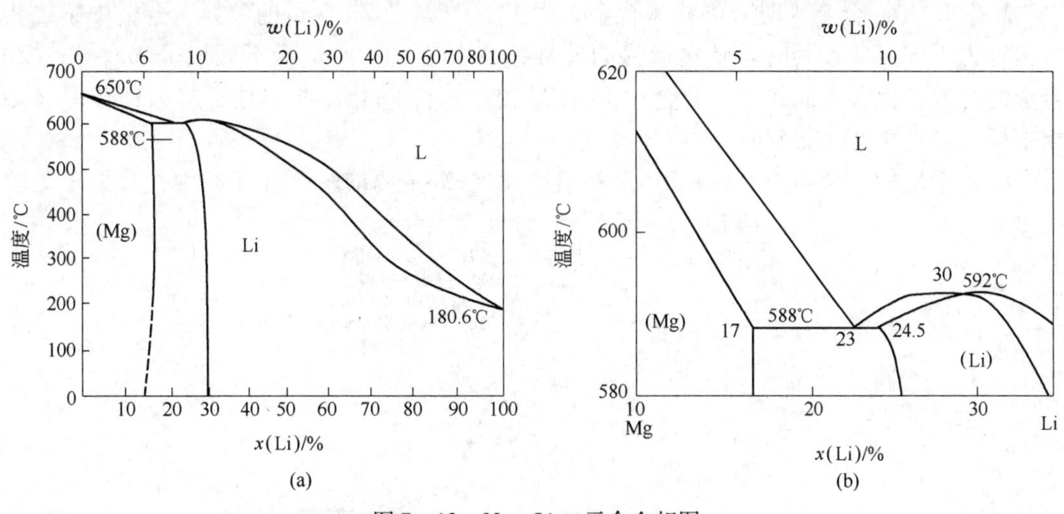

图 7－13 Mg－Li 二元合金相图

（a）完整相图；（b）富镁端的放大

7.5.6.2 相结构及其组成

Li 的密度只有 0.53，以锂合金化的 Mg－Li 合金是目前最轻的合金，而且具有高的比强度和比刚度，是追求部件轻量化的最理想的合金材料。但是，锂对一些杂质特别敏感(尤其是钠)，当钠含量超过0.06%，合金塑性就急剧下降。由于Mg－Li合金化学活性极高，以及腐蚀抗力低等问题，Mg－Li合金迄今只得到了有限应用，并且尚未商业化生产。商业化应用比较成功的两种Mg－Li合金为LA141A和LS141A。1960年代曾开发出航空和军事用的板材、挤压产品和锻件。

锂的加入会降低合金的强度，但提高了合金的塑性。Mg－Li合金中一般添加铝、锌或硅。加入铝可以起到提高合金的蠕变抗力和稳定性能的作用。LA141A和LS141A中的锂含量均为13%～15%，因此具有单一的体心立方晶格的β相固溶体。LA141A中除β相外，还存在面心立方晶格的LiAl和面心立方晶格的Li_2MgAl等亚稳的金属间化合物相。Li－Al具有很高的化学活性，对合金抗腐蚀性能不利。加入合金中的硅可能与镁化合生成Mg_2Si相。也有一些牌号的Mg－Li合金，如LA91，具有α(Mg)/β(Li)两相混合组织。研究发现，在含锂8%～10%，由α(Mg)和β(Li)两相组成的合金中，当添加少量的Al、Zr、Pb、Ag或Y时，合金具有超塑性。

含Li量较低、具有六方晶格的Mg－Li合金虽然塑性较差，但具有较高的热化学稳定性。在Mg－Li－Al(Li 5.3%)合金中加入RE，合金兼有优良的变形性能和热化学稳定性。Mg－Li－Al－RE合金的组织为α－Mg和在晶粒内分布的球状Al_2RE和Al_4RE颗粒，未观察到低熔点的$Mg_{17}Al_{12}$相。Al_xRE在大气中具有很好的稳定性，挤压变形可以使Al_xRE中间相更均匀地分布。

Mg－Li合金同样具有时效硬化效应，但Mg－Li合金在不太高的温度下即具有过时效倾向。LA141A合金通常采用T7处理，固溶处理温度为288℃，稳定化处理温度为177℃。稳定化处理还可以消除Mg－Li合金对应力腐蚀开裂的敏感性。尽管如此，Mg－Li合金焊件在焊接之后必须立即进行去应力处理，以防止应力腐蚀开裂。

Mg－Li－Zn合金为时效硬化型合金，由于Li含量及Zn含量的差异，合金中第二相析出行为不同，导致其时效硬化行为的差异；如图7－14所示为不同成分Mg－Li－Zn合金的时效硬化行为曲线。当合金中Li含量较少，合金由α相组成，时效时于基体α相中析出稳定相θ(MgLiZn)而产生硬化。

Li含量增加，合金由(α+β)两相组成，且Zn主要溶解于β晶粒中；其中α晶粒

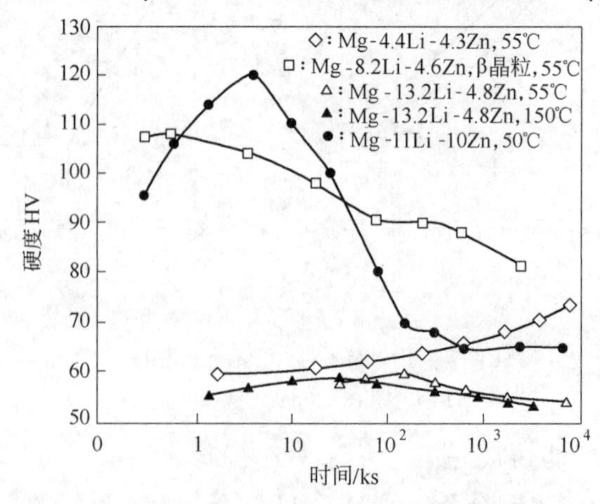

图7－14　不同成分Mg－Li－Zn合金的时效硬化行为曲线

基本无时效硬化效应，而 β 晶粒将出现时效硬化及过时效的软化效应。这里 β 晶粒的时效硬化效应主要是亚稳相 θ′($MgLi_2Zn$) 析出而导致的；过时效效应则是由于 β 晶粒中析出 α 粒子及稳定的 θ 相所造成的。

Li 含量进一步增加，合金全部由 β 相组成，同样由于 β 晶粒中 θ′相及 α 粒子和稳定的 θ 相析出，而导致合金的时效硬化及过时效的软化。β 晶粒的时效析出过程及析出相的作用如下：

$$\beta \xrightarrow[\text{时效硬化}]{\text{析出 } \theta'(MgLi_2Zn)} \xrightarrow[\text{过时效软化}]{\text{析出 } \alpha+\theta(MgLiZn)}$$

研究还表明，Mg－Li－Zn 合金时效温度越高，达到峰值硬度的时间越短，且峰值硬度越低。同时 β 晶粒中的 Zn 含量越低，θ 相析出延迟，硬化效果更好。

Mg－Li－Al 合金经固溶（350℃，1h）－淬火处理后的时效（50℃）过程中，由于 Spinodal 分解，将出现时效硬化及过时效的软化效应，如图 7－15 所示。

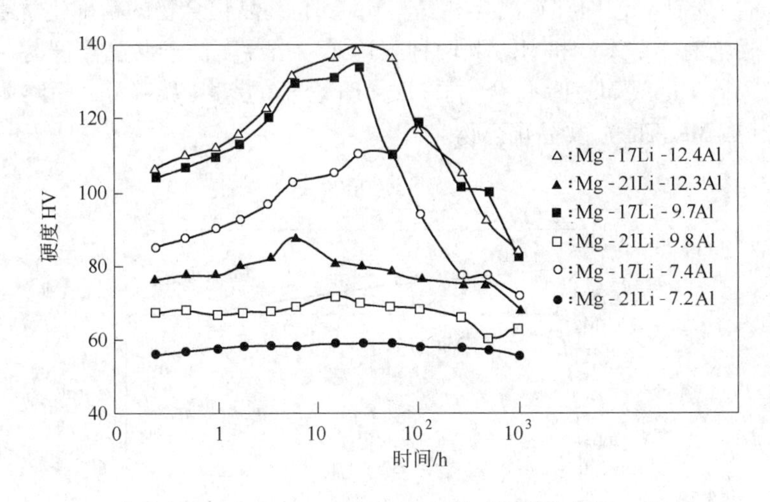

图 7－15　Mg－Li－Al 合金的时效硬化曲线

Zr 是一种常用的微量合金元素，研究表明，加 Zr 后 Mg－Li 合金铸态组织晶粒细化，冷加工性（压延量）增加，（α＋β）相合金的压延量可达到 90%，而不含 Zr 的合金通常是 β 相合金的压延量才可达到 90%。同时，Zr 抑制再结晶，加工组织的再结晶温度提高，以变形孪晶及滑移带为再结晶形核点。

Mg－Li 合金中添加稀土元素对合金有较好的强化作用，并可通过提高析出相的热稳定性，改善合金在较高温度下的力学性能。表 7－68 为 Mg－Li 合金的主要力学性能。

表 7－68　Mg－Li 合金的主要力学性能

合　金	σ_b/MPa	$\sigma_{0.2}$/MPa	δ/%	备　注
Mg－11%～15%Li－1.0%～1.5%Al（LA141）	145	125	23	板、带（T7 态）
	122	85	17	铸态
Mg－8.7%Li	132	93	52	棒材，350℃挤压
Mg－8.8%Li－6.4%Al	239	184	33	棒材，350℃挤压

续表 7－68

合 金	σ_b/MPa	$\sigma_{0.2}$/MPa	δ/%	备 注
Mg－8.2%Li－6.8%Al－1.2%Si－2.7%Ce－1.8%La	260	200	14	棒材，350℃挤压
Mg－10.6%Li－1.57%Al	117	100	40	板材300℃，1h淬火＋180℃，2h时效

由于含Li多的合金时效时发生β→$MgLi_2X$→MgLiX转变（X为第三金属组元），$MgLi_2X$为又硬又强的强化相，而MgLiX较软，过时效时析出MgLiX使合金强度降低，Li含量越高，软化速度越快。因此，人们逐渐把研究的重点放在双相组织（α＋β）的Mg－Li合金上。

7.5.7 Mg－Th系合金

7.5.7.1 相图

Mg－Th二元合金相图如图7－16所示。钍在镁中的最大固溶度为4.75%。由于合金偏析，合金仅含2%钍时，即存在离异共晶。Mg－Th共晶化合物的精确化学组成仍有待于进一步证实，目前有$Mg_{23}Th_6$和Mg_4Th两种表达式。当温度低于共晶温度时，还可能从镁固溶体中析出$Mg_{23}Th_6$或Mg_4Th化合物。Mg－Th合金的组织为α(Mg)固溶体和晶界分布的块状Mg_4Th(或$Mg_{23}Th_6$)共晶化合物。

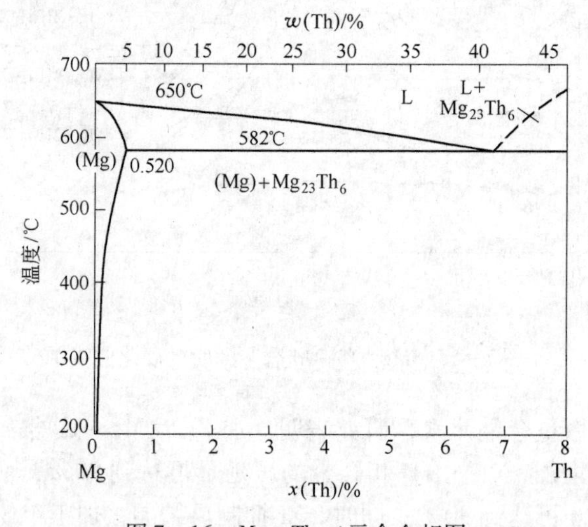

图7－16 Mg－Th二元合金相图

图7－17所示为镁－钍系二元合金相图的相分析详图。在589℃，钍含量为42%时，发生共晶反应，形成简单的二元共晶组织：α＋Mg_4Th。在589℃时，钍在镁中的最大溶解度为4.5%，且随温度降低而减小，故Mg－Th合金是可以热处理强化的。

7.5.7.2 合金化与相组成

钍作为主要合金元素的Mg－Th合金是最近几年才发展起来的合金系，主要用于导弹和航天飞行器。在镁合金中，钍的作用和稀土非常相似。钍可以提高合金在高达370℃下的蠕变强度；此外，钍还可以改善合金的铸造性能和含锆合金的焊接性能。Mg－Th合金中钍含量一般为2%～3%；与Mg－RE合金系一样，Mg－Th合金中通常加入锆和锌。考虑到钍对环境的污染，含钍镁合金正逐步被其他合金代替，但是目前在使用的含钍镁合金仍有不少。

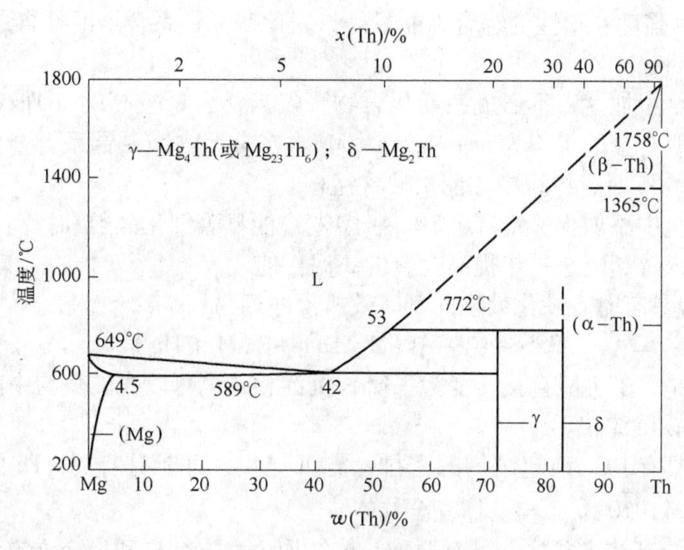

图 7－17　镁－钍二元系合金相图

以钍做主要合金元素的镁合金比含稀土的镁合金具有更高的耐热性。当前研究和应用得较多的镁钍系合金有镁－钍－锰、镁－钍－锆、镁－钍－锌－锆系，其主要化学成分列于表 7－69 中。

表 7－69　镁－钍系变形镁合金的主要化学成分　（%）

合金牌号	国别	钍	锰	锌	锆
HM21XA	美	1.5～2.5	0.35～0.8	—	—
MA13	俄	1.5～2.5	0.4～0.8	—	—
HM31XA	美	2.5～3.5	>1.2	—	—
ВМД1	俄	2.5～3.5	1.2～2.0	—	—
HK31XA	美	2.5～4.0	—	—	0.5～1.0
ZH62A	美	1.4～2.2	—	5.2～6.2	0.5～1.0

化合物 Mg_4Th 是镁－钍合金的强化相，它有很高的热稳定性，在高温下不易软化，因而显著地提高了合金的耐热性。

不同钍含量对镁－钍合金力学性能的影响如图 7－18 所示。由图可以看出，当钍含量

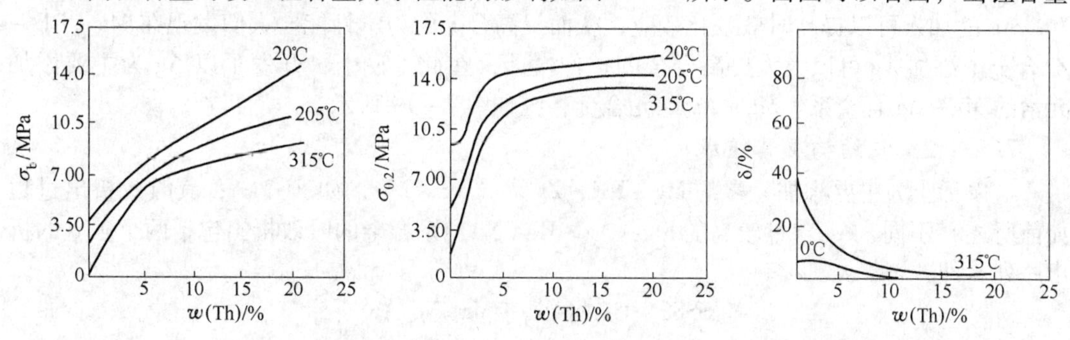

图 7－18　钍含量对镁－钍合金室温及高温力学性能的影响

为3%时，合金的强度和塑性的综合性能最好，因此镁-钍系合金的钍含量一般在1.5%~4.0%范围内。

向镁-钍合金中加锰，不形成三元化合物，仅当锰含量较高时（Th/Mn≤5:1）才有含锰相出现，这时合金的组织为 $\alpha + Mg_4Th + Mn$。在常用的镁-钍系合金中，只有当锰含量超过0.5%~0.8%时，组织中才能出现含锰相。

向镁-钍合金中添加少量锆（0.5%~1.0%）能显著细化晶粒和提高合金的高、低温力学性能。再加入锌，能进一步提高合金的高温性能。

Mg-Th 合金具有时效硬化效应。其时效析出序列为：

$$SSSS \rightarrow \beta'' \rightarrow \beta'(Mg_2Th) \rightarrow \beta(Mg_{23}Th_6)$$

需要指出的是，β″可能直接转变为平衡β沉淀相，也可以先转变为中间过渡相β′，然后再转变为平衡β沉淀相。

其中，β″为具有 DO_{19} 型超结构的密排六方沉淀相，可能具有 Mg_3Th 的化学组成，呈盘状，盘平行于 $\{10\bar{1}0\}_{Mg}$，与基体完全共格。

$\beta'(Mg_2Th)$ 与基体半共格，具有两种晶体结构，六方结构和面心立方结构。

$\beta(Mg_{23}Th_6)$ 为过时效生成的平衡沉淀相，与基体之间的共格关系消失，面心立方结构，$a = 1.43nm$。

β″相通常对应于合金的时效硬化峰值。Mg-Th 合金中晶内细小弥散析出相以及晶界含钍化合物相是这类合金具有高的蠕变抗力的主要原因。Mg-Th-Zr 合金的显微组织与 Mg-RE-Zr 类似。Mg-Th-Zr 系合金的典型牌号如 HK31A，曾被用来制作板材和铸件。与 Mg-RE-Zr 系合金相似，Mg-Th-Zr 系合金中加入锌可以进一步提高合金的蠕变抗力。Mg-Th-Zn-Zr 系合金的典型牌号如 HZ32A。锌的加入使合金中形成一种沿晶界分布的针状相，该相的形成可能是合金蠕变抗力提高的一个原因。在含钍大于2%的 Mg-Th 系合金中添加约2%的锌，合金中生成一种针状或片状相；锌含量提高至约3%时，这种针状相完全取代块状相；当锌含量继续增至大于5%时，这种块状相又消失了。与 Mg-Y-Zn-Zr 系合金类似，Mg-Th-Zn-Zr 合金中 Th/Zn 之比与组织、结构、抗蠕变性能之间也有明显规律。研究表明，Th/Zn 之比在1.4左右时，显微组织中晶界棕色相数量超过蓝色相，合金具有最佳蠕变性能。但是目前尚没有文献给出这些化合物的组成和晶体结构；锌对 Mg-Th 系合金时效析出的影响及机理迄今也未弄清。

7.5.8 Mg-Ag 系合金

7.5.8.1 相图

Ag 的加入可以提高时效硬化效应，从而提高合金的力学性能。人们发现在 Mg-RE-Zr 合金中添加 Ag 可以大大提高合金的拉伸性能，在此基础上，开发了以 Ag 为主要添加元素的 Mg-Ag 合金系。Mg-Ag 二元合金相图如图7-19所示。

7.5.8.2 相结构及其组成

与以稀土为主要添加元素的 Mg-RE-Zr 系（Ag<2%，如 EQ21A；其时效析出过程如前所述）不同，Ag 含量较高的 Mg-Ag-RE(Nd) 系合金的时效析出包括两个独立的析出序列。即：

$$SSSS \rightarrow GP区 \rightarrow \gamma \rightarrow Mg_{12}Nd_2Ag$$

$$SSSS \rightarrow GP'区 \rightarrow \beta \rightarrow Mg_{12}Nd_2Ag$$

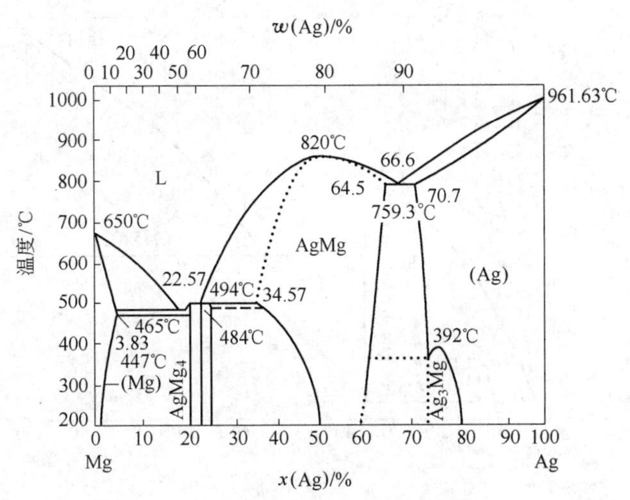

图 7－19 Mg－Ag 二元合金相图

其中，GP 区呈棒状，棒垂直于（0001）$_{Mg}$与基体完全共格。

γ 亦呈棒状，密排六方结构，$a=0.963$nm，$c=1.024$nm，与基体完全共格。

$Mg_{12}Nd_2Ag$ 为平衡沉淀相，呈板条状，与基体之间的共格关系消失。

GP′区呈椭球状，平行于（0001）$_{Mg}$，与基体完全共格。

β 呈等轴状，密排六方结构，$a=0.556$nm，$c=0.521$nm，与基体半共格：

$$(0001)_{\beta}//(0001)_{Mg}$$

$$(11\bar{2}0)_{\beta}//(10\bar{1}0)_{Mg}$$

在时效过程中，是否同样存在 DO_{19}超结构的析出相仍未得到证实，但某些特征表明 γ 相很可能就是具有 DO_{19}超结构的析出相。Mg－Ag－RE 合金的时效硬化峰值和最高蠕变抗力对应于 γ 相和 β 相的析出。此外，Ag 的加入还细化了析出相的尺寸。在铸态或固溶不充分的 Mg－Ag－RE 合金中，还存在着 Mg_9RE 共晶化合物。

目前，应用最广泛的 Mg－Ag 铸造合金牌号为 QE22A，已用于飞机变速箱等部件。QE22A 合金具有很高的屈服强度，250℃以下的瞬时拉伸和疲劳性能也较高，200℃的蠕变性能与 EZ33A 相当，但这种合金在温度稍高时将发生过时效而使抗蠕变性能急剧恶化。如果以钍代替部分稀土，则可以进一步提高合金的高温性能。这类合金的典型牌号如 QH21A 铸造合金。QH21A 合金的铸造性能与 QE22A 相似，室温性能稍高于 QE22A，高温性能明显提高，其使用温度提高了 30～40℃；在含钇合金开发以前，QH21A 具有 250℃下最佳的拉伸强度和蠕变抗力。但是由于钍具有放射性，与其他 Mg－Th 合金一样，该合金正逐步被废弃。

7.5.9 其他二元合金及三元合金的相图选编

镁合金的相图很多，同一种合金，用不同的方法和标识尺度，也可得出不同形式的相图。除了以上所列举的最常用的二元镁合金的相图外，下面还选编了一些较典型二元和三元镁合金相图，以供参考。

下面选编的二元相图有：Mg－Si，Mg－Pr，Mg－Nd，Mg－Y，Mg－Ce 等；三元相图有：Mg－Al－Mn，Mg－Al－Zn，Mg－Zn－Zr 及 Mg－Al－Zn 富镁角等温截面图，Al－Li－Mg 等，详见图 7－20～图 7－28。

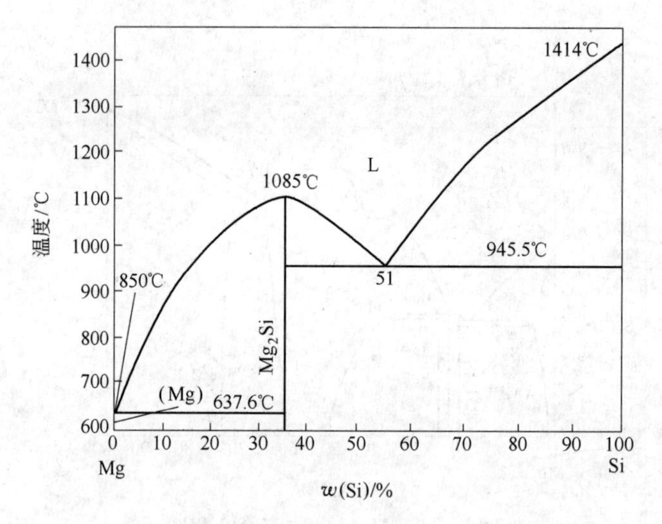

图7-20 镁-硅（Mg-Si）二元系相图

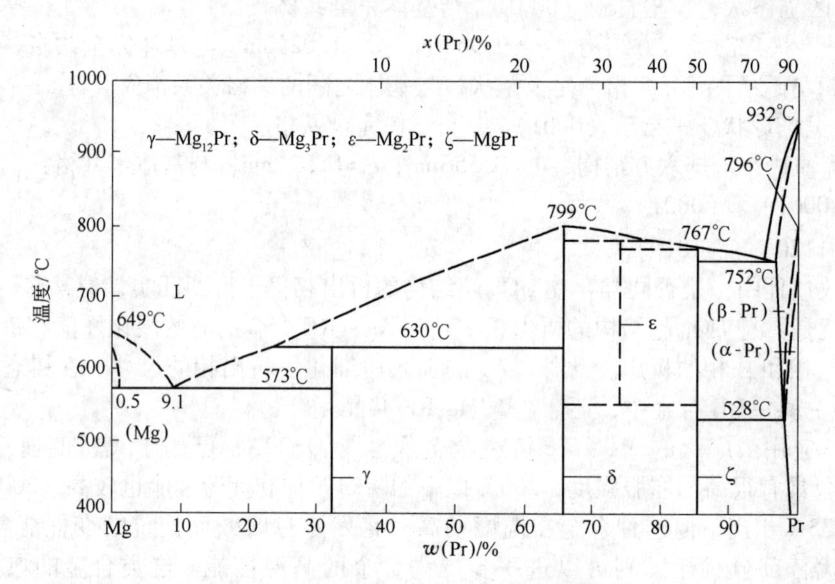

图7-21 镁-镨（Mg-Pr）二元系相图

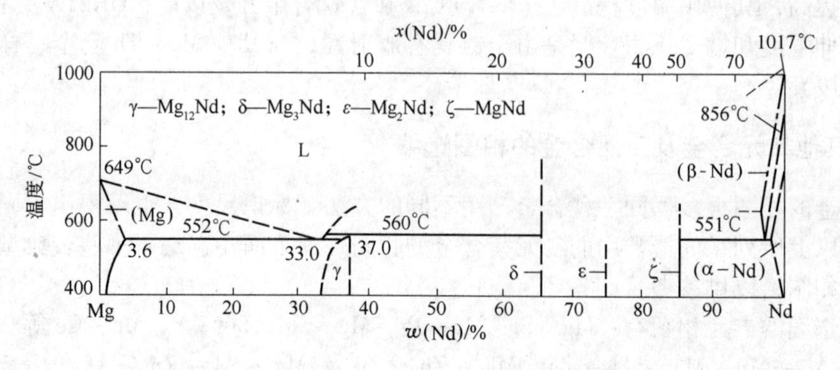

图7-22 镁-钕（Mg-Nd）二元系相图

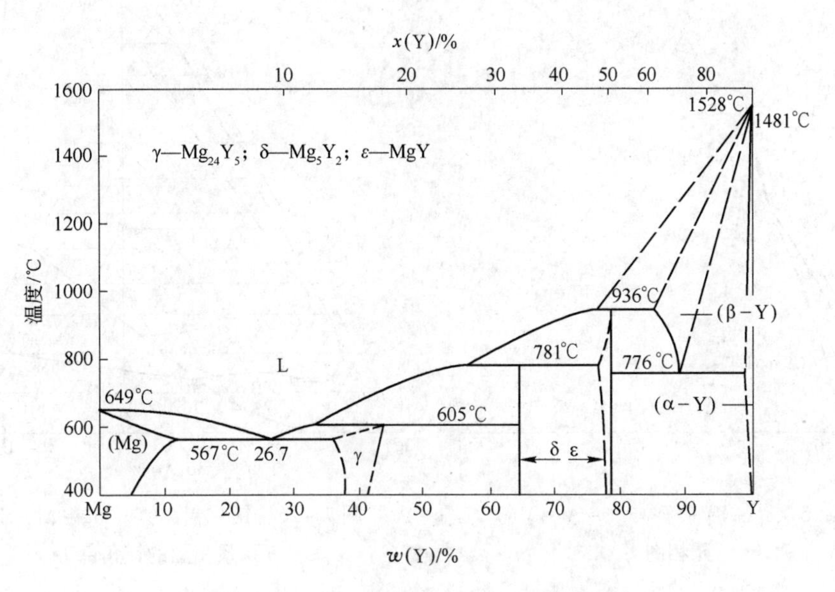

图 7-23 镁-钇（Mg-Y）二元系相图

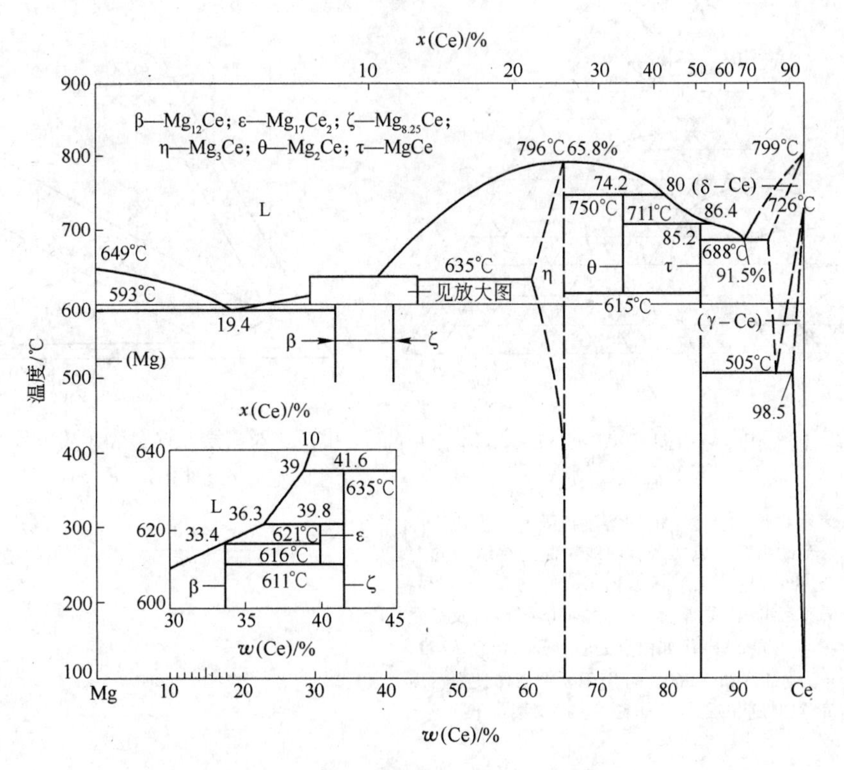

图 7-24 镁-铈（Mg-Ce）二元系相图

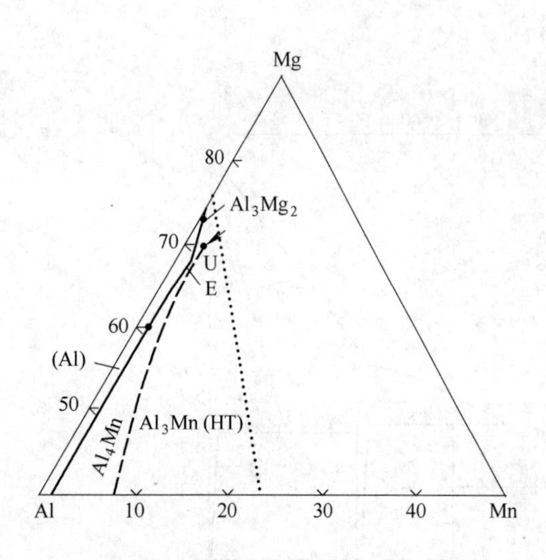

图7-25 镁-铝-锰(Mg-Al-Mn)三元相图

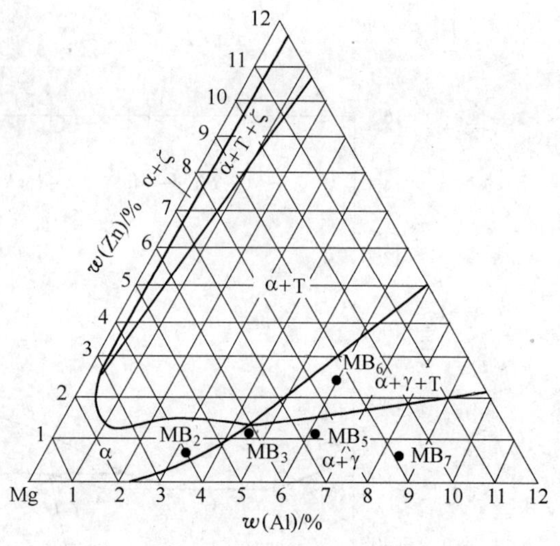

图7-26 镁-铝-锌(Mg-Al-Zn)三元系相图的镁角部分

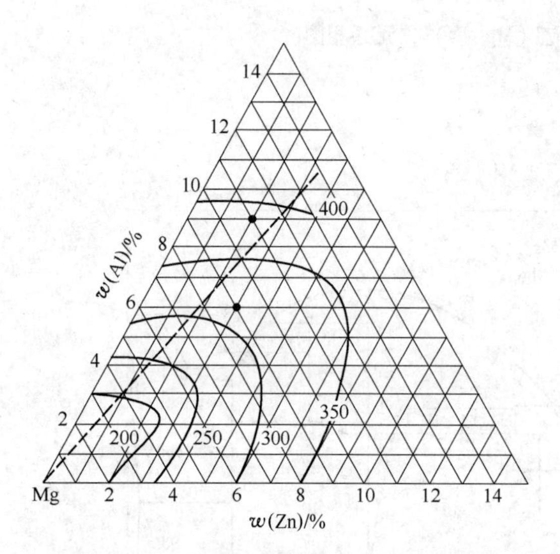

图7-27 镁-铝-锌(Mg-Al-Zn)合金系镁角的三元等温截面图

(实线表示在给定温度下的固溶度极限的等温线。虚线把铸态合金的组织分成两区。虚线左侧的组织为固溶体和粗大的 $Mg_{17}Al_{12}$，这一区域内的黑点为合金 AZ92。虚线右侧的铸态组织为固溶体、粗大的 $Mg_{17}Al_{12}$ 以及三元合金化合物 $Mg_3Zn_2Al_3$，例如白点处的成分为合金 AZ63。其典型合金为 AM50 和 AM60，可用于要求高伸长率、高韧性和高抗弯曲性能的工件，如轮毂、座椅架及车门等)

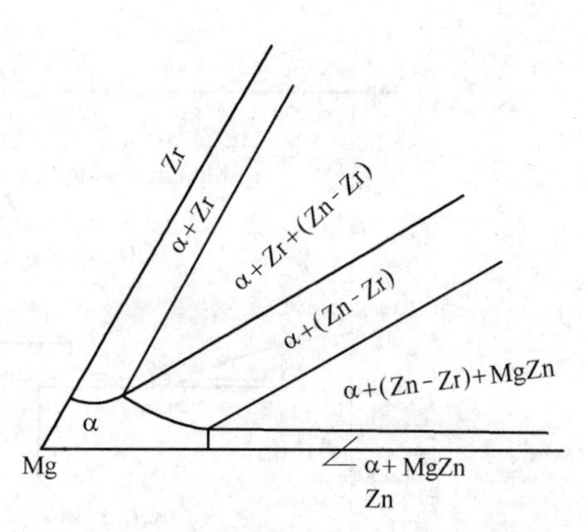

图7-28 镁-锌-锆(Mg-Zn-Zr)三元相图(示意图)

8　镁合金的组织、性能、品种及应用

8.1　概述

按加工方式、产品的品种与用途，可分为铸造镁合金和变形镁合金，二者在组织与性能方面有些差异，但没有铸造铝合金和变形铝合金之间的差异大。如 Mg - Al 系合金中，既包括铸造镁合金又包括变形镁合金，是目前品种最多，应用最广泛的镁合金系列。按合金成分镁合金可分为含铝镁合金和不含铝镁合金（或含锆镁合金和不含锆镁合金）。不同系列的合金中各主要合金元素对镁合金组织与性能的影响在前面的 7.2.4 节中进行了讨论，各系合金的相组织的结构与组成以及相图也在第 7 章中进行了分析。表 8 - 1 综合性地列出了铸造镁合金和变形镁合金的典型室温力学性能。本章主要按铸造镁合金、变形镁合金和无锆镁合金、含锆镁合金以及其他镁合金简单论述镁合金组织特点与特性，并举例详细介绍具体镁合金的各种性能、产品品种、状态、用途等基本技术性能信息资料，供各用户查阅之用。

表 8 - 1　主要镁合金的标准化学成分和典型室温力学性能

合　金	化学组成（质量分数）/%						抗拉强度/MPa	屈服强度			50mm伸长率/%	剪切强度/MPa	硬度HR③
	Al	Mn①	Th	Zn	Zr	其他②		拉伸/MPa	压缩/MPa	承载/MPa			
砂型和永久型铸件													
AM100A - T61	10.0	0.10	—	—	—	—	275	150	150	—	1	—	69
AZ63A - T5	6.0	0.15	—	3.0	—	—	275	130	130	360	5	145	73
AZ81A - T4	7.6	0.13	—	0.7	—	—	275	83	83	305	15	125	55
AZ91C 和 E - T6④	8.7	0.13	—	0.7	—	—	275	145	145	360	6	145	66
AZ92A - T6	9.0	0.10	—	2.0	—	—	275	150	150	450	3	150	84
EQ21A - T6	—	—	—	—	0.7	1.5Ag2.1D	235	195	195	—	2	—	65 ~ 85
EZ33A - T5	—	—	—	2.7	0.6	3.3RE	160	110	110	275	2	145	50
HK31A - T6	—	—	3.3	—	0.7	—	220	105	106	275	8	145	55
HZ32A - T5	—	—	3.3	2.1	0.7	—	185	90	90	255	4	140	57
K1A - F	—	—	—	—	0.7	—	180	55	—	125	1	55	—
QE22A - T6	—	—	—	—	0.7	1.5Ag2.1D	260	195	195	—	3	—	80
QH21A - T6	—	—	1.0	—	0.7	1.5Ag1.0D	275	205	—	—	4	—	—
WE43A - T6	—	—	—	—	0.7	4.0Y3.4RE	250	165	—	—	2	—	75 ~ 95
WE54A - T6	—	—	—	—	0.7	5.4Y3.0RE	250	172	172	—	2	—	75 ~ 95
ZC63A - T6	—	0.25	—	6.0	—	2.7Cu	210	125	—	—	4	—	55 ~ 65
ZE41A - T5	—	—	—	4.2	0.7	1.2RE	205	140	140	350	3.5	160	62

续表 8－1

合金	化学组成（质量分数）/%						抗拉强度/MPa	屈服强度			50mm伸长率/%	剪切强度/MPa	硬度HR③
	Al	Mn①	Th	Zn	Zr	其他②		拉伸/MPa	压缩/MPa	承载/MPa			
砂型和永久型铸件													
ZE63A－T6	—	—	—	5.8	0.7	2.6RE	300	190	195	—	10	—	60～85
ZH62A－T5	—	—	1.8	5.7	0.7	—	240	170	170	340	4	165	70
ZK51A－T5	—	—	—	4.6	0.7	—	205	165	165	325	3.5	160	65
ZK61A－T5	—	—	—	6.0	0.7	—	310	185	185	—	—	170	68
ZK61A－T6	—	—	—	6.0	0.7	—	310	195	195	—	10	180	70
压铸件													
AE42－F	4.0	0.1	—	—	—	2.5RE	230	145	145	—	11	—	60
AM20－F	2.1	0.1	—	—	—	—	210	90	90	—	20	—	45
AM50－F	4.9	0.26	—	—	—	—	230	125	125	—	15	—	60
AM60A 和 B－F⑤	6.0	0.13	—	—	—	—	240	130	130	—	13	—	65
AS21－F	2.2	0.1	—	—	—	10Si	220	120	120	—	13	—	55
AS41A－F⑥	4.2	0.20	—	—	—	10Si	240	140	140	—	15	—	60
AZ91A，B，D－F⑦	9.0	0.13	—	0.7	—	—	250	160	160	—	7	20	70
锻件													
AZ31B－F	3.0	0.20	—	1.0	—	—	260	170	—	—	15	130	50
AZ61A－F	6.6	0.15	—	1.0	—	—	295	180	125	—	12	145	55
AZ80A－T5	8.5	0.12	—	0.5	—	—	345	250	195	—	6	160	72
AZ80A－T6	8.5	0.12	—	0.5	—	—	345	250	170	—	11	172	75
M1A－F	—	1.2	—	—	—	—	250	160	—	—	7	110	47
ZK31－T5	—	—	—	3.0	0.6	—	290	210	—	—	7	—	—
ZK60A－T5	—	—	—	5.5	0.45①	—	305	215	160	285	16	165	65
ZK61－T5	—	—	—	6.0	0.8	—	275	160	—	—	7	—	—
ZM21－F	—	0.5	—	2.0	—	—	200	125	—	—	9	—	—
挤压件													
AZ10A－F	1.2	0.2	—	0.4	—	—	240	145	69	—	10	—	—
AZ31B 和 C－F⑧	3.0	0.2	—	1.0	—	—	255	200	97	230	12	130	49
AZ61A－F	6.5	0.15	—	1.0	—	—	305	205	130	285	16	140	60
AZ80A－T5	8.5	0.12	—	0.5	—	—	380	275	240	—	7	165	80
M1A－F	—	1.2	—	—	—	—	255	180	83	195	12	125	44
ZC71－T6	—	0.5	—	6.5	—	1.25Cu	295	324	—	—	3	—	70～80
ZK21A－F	—	—	—	2.3	0.45①	—	260	195	135	—	4	—	—
ZK31－T5	—	—	—	3.0	0.6	—	295	210	—	—	7	—	—
ZK40A－T5	—	—	—	4.0	0.45①	—	275	255	140	—	4	—	—
ZK60A－T5	—	—	—	5.5	0.45①	—	350	285	250	405	11	180	82
ZM21－F	—	—	—	2.0	—	—	235	155	—	—	8	—	—

续表 8 - 1

合金	化学组成（质量分数）/%						抗拉强度/MPa	屈服强度			50mm伸长率/%	剪切强度/MPa	硬度HR③
	Al	Mn①	Th	Zn	Zr	其他②		拉伸/MPa	压缩/MPa	承载/MPa			
片材与板材													
AZ31B - H24	3.0	0.20	—	1.0	—	—	290	220	180	325	15	160	73
ZM21 - O	—	0.5	—	2.0	—	—	240	120	—	—	11	—	—
ZM21 - H24	—	0.5	—	2.0	—	—	250	165	—	—	6	—	—

①最小量。

②RE（稀土）和 Pr（主要含钕和镨的混合稀土）。

③载荷 500kg，球径 10mm。

④C 和 E 的性能相同，但 AZ91E 铸件中含≥0.17% Mn、≤0.005% Fe、≤0.0010% Ni 和≤0.015% Cu。

⑤A 和 B 性能相同，但在 AM60B 铸件中含≤0.005% Fe、≤0.002% Ni、≤0.010% Cu。

⑥A 和 B 性能相同，但在 AS41B 铸件中含≤0.0035% Fe、0.002% Ni、0.002% Cu。

⑦A、B 和 D 性能相同，但 AZ91B 铸件中含≤0.30% Cu，AZ91D 铸件中含≤0.0005% Fe、≤0.002% Ni 和≤0.030% Cu。

⑧B 和 C 性能相同，但 AZ31C 铸件中含≥0.15% Mn、≤0.03% Ni 和≤0.1% Cu。

8.2 无锆镁合金的组织特点与基本特性

8.2.1 Mg - Al - Mn 系合金

Mg - Al - Mn 系合金属无锆镁合金，该系合金中铸造镁合金的使用量相对于加工镁合金占有压倒优势，特别是在欧洲最为明显：传统的情况是，铸造镁合金占全部产品的 85% ~90%。商业上最早使用的合金元素为铝、锌和锰，而且 Mg - Al - Zn - Mn 合金系至今仍然是一种最广泛用于生产铸件的合金。

铝在 473℃下在镁中的最大固溶度为 12.7%，在室温下降低到 2%。在原铸造状态下，β 相 $Mg_{17}Al_{12}$ 在靠近晶粒边界处形成，这种现象在多数缓慢冷却的砂铸件或金属模铸件中很常见；在温度接近 430℃时，退火或固溶处理将使 β 相全部或部分溶解。可以预计，后续的淬火和时效将引发大量的沉淀硬化，但是，时效使得过饱和固溶体直接转换为粗大的弥散平衡沉淀 β 相，且不会出现 GP 区或中间沉淀物。此外，β 相可以通过不连续的沉淀来形成，此时，甚至有粗大的晶胞从晶粒边界伸展出去。基于 Mg - Al 系的工业合金，由于对时效的反应相当不敏感，通常在铸造状态下使用。

以铝作为主合金元素的镁合金系的主要特点是成本低、易于加工、具有良好的强度、延展性和抗大气腐蚀性等。当未控制重金属杂质含量时，通常加入锌来提高强度和增强对盐水的耐腐蚀性，同样也加入锰来提高抗腐蚀性。当铜、铁和镍等重金属的含量被控制到最低极限时，这些合金对盐水的耐腐蚀性极好。所有类型的铸造和加工产品均是用这些合金生产的。

镁 - 铝铸造合金通常含有 6% ~10% 的铝。这一组合金中的常用结构合金包括 AZ63A、AZ81A、AZ91A ~ EAZ92A 和 AM100A。此外，AZ63B 合金被用作钢结构阴极保护用的阳极。这些合金中最广泛使用的是压铸形式的 AZ91D。但是，这种合金的抗腐蚀性能受到阴极杂质（例如铁、镍）的不良影响，为了满足某些用途，已经对这些杂质制定了严格的限制。高纯 AZ91 合金（例如 AZ91D）在盐雾实验中的腐蚀速率比 AZ91C 低 100 倍，与铸造铝合金的腐蚀速率相接近。

对改善某些特定性能的要求，促进了其他压铸合金的发展。对要求更高的延展性和断裂韧性的用途，可提供一系列铝含量较低的高纯合金，例如 AM60A、AM60B、AM50A 和 AM20。性能的提高在于减少了晶界上的 $Mg_{17}Al_{12}$颗粒量；这些合金用于汽车部件，包括轮毂、座椅架和方向盘。

与铸造合金一样，多数加工镁合金也是基于 Mg－Al－Mn 系合金研发出来的。这些合金通常含有 0～8% 的铝，以提高室温强度，而锌的含量保持在 0～1.5%，以限制热加工过程中的热脆性。这一组合金中常用的结构合金包括 MIA、AZ10A、AZ31B、AZ31C、AZ61A 和 AZ80A。此外，MIC 合金还用于生产供阴极保护用的热水器阳极，AZ21XI 用于生产冲击挤压电池阳极，一种 AZ31 合金用于制造照相感光板（PE）。

在温度高于 120～130℃时，AZ 组和 AM 组合金的力学性能均急剧降低。产生这种现象的主要原因是：由于晶界滑移而造成镁合金产生蠕变，$Mg_{17}Al_{12}$(其熔点约为 460℃，在低温下比较软）在这些合金中并不能起到固定晶界的作用。因此，各种商业要求导致了研究基于 Mg－Al 系的其他合金。

添加 1% 的钙可提高 Mg－Al 合金的蠕变抗力，但是，钙含量超过 1% 会使合金易于产生热裂纹。通过降低铝含量和加入硅也可以改变蠕变性能。这将降低 $Mg_{17}Al_{12}$的量，而且对于冷却相当迅速的压铸件，硅与镁相组合将在晶界上形成精细和较硬的 Mg_2Si。例如，在温度高于 130℃时，AS41A、AS41B 和 AS21 这三种合金的蠕变抗力均优于 AZ91。AS21（具有更低的铝含量）的性能优于 AS41A 和 AS41B，但更难于铸造，因为其流动性更差。这些合金经过了大规模的开发，用于著名的大众公司甲壳虫牌汽车的几代发动机上。

鉴于 Mg－Al－Si 合金的蠕变性能仍远低于竞争对手 A380 之类铝压铸合金（如图 8－1 所示），故几年前就将注意力转向了含有稀土金属元素（以自然稀土混合物状态加入）的 Mg－Al 合金。并且，这些合金仅适于生产压铸件，因为冷却速度小于压铸速度会导致形成粗大的 RE 混合物颗粒。一种 AE42 成分的合金有良好的性能组合，其蠕变抗力优于 Mg－Al－Si 合金（如图 8－1 所示）。蠕变性能受添加稀土元素影响的机理目前还不清楚，不过已在经时效的二元 Mg－1.3% RE 合金上检测到精细的弥散沉淀物。另外，已经观察到，在蠕变过程中晶界上形成了稳定的 $Mg_{12}Ce$ 颗粒，这可能会减小晶界的滑移，但是，添加稀土元素的成本是添加硅的几倍。

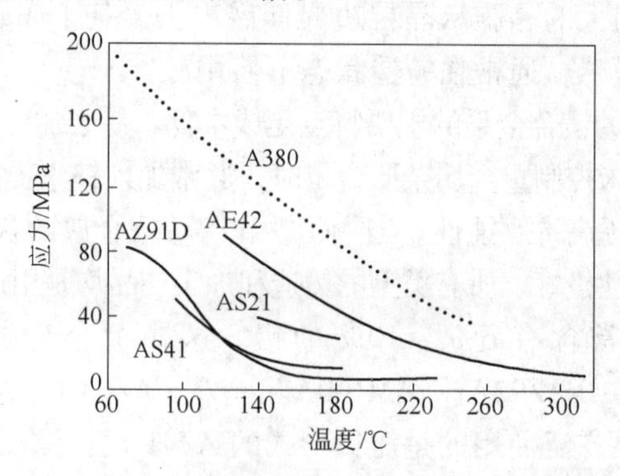

图 8－1 100h 内产生 0.1% 蠕变应变条件下，在基于 Mg－Al 系的铸造合金和 A380 铝铸造合金中所产生的应力

8.2.2 Mg－Zn－Cu系合金

二元Mg－Zn合金与Mg－Al合金的相似之处是，都对时效硬化有反应；而Mg－Al合金不同之处是它还将形成共格GP区和半共格中间沉淀物。但是，这些合金难于细化晶粒，且容易形成显微疏松，因此它们不用于生产商业铸件或加工产品。但是，在过去，曾用一种三元Mg－Zn－Mn合金ZM21生产加工产品，而这些缺陷对该产品并不构成什么大问题。

几年前进行的工作显示，Mg－Zn合金中添加铜会明显增加延展性和对时效硬化的反应。另外，Mg－Zn－Cu铸件在室温下的力学性能与AZ91相似。这些合金更容易回火，且高温稳定性也更好。一种典型的Mg－Zn－Cu砂铸合金是ZC63。向Mg－Zn合金中逐渐添加铜可提高共晶温度，这一点是很重要的，因为它允许在高温下进行固溶热处理，因而可最大限度地溶解锌和铜。共晶组织液发生变化，从在二元合金中分离（Mg－Zn化合物分布在晶界和枝晶臂周围）变化到三元含铜合金中完全为层状。时效硬化与两个主要沉淀物β_1'(杆状)、β_2'(板状或蝶状）相关：它们似乎与在经时效的Mg－Zn合金中观察到的相似。但是，当含有铜时，这些沉淀物至少一种的浓度变大。尽管含有铜对多数镁合金的抗腐蚀性具有不良影响，但它对Mg－Zn－Cu合金的情况却不相同，可能是因为多数的铜融入了共晶相$Mg(Cu, Zn)_2$中的缘故。用这些合金制造的铸件正在推广于汽车发动机。但是，腐蚀依然是个问题。

一种与ZC63相似的四元Mg－Zn－Cu－Mn合金ZC71也可进行时效硬化，并在过去曾被生产成加工产品（挤压材）。

8.2.3 Mg－Li系合金

在过去几年中，通过向镁中添加合金元素锂及其他元素如铝、锌或硅，已经开发出了几种超轻型合金。但是，已发现这些合金的用途有限，目前尚无进行大规模商业生产。

已获得一定商业成功的两种Mg－Li合金是LA141A和LS141A。这两种合金是在20世纪60年代以板材、挤压材和铸件的形式生产的，主要用于航空和军事用途。例如，它们用于土星－V工程中计算机的外壳、Gemini计算机项目中的电路模块盖、Minuteman导弹的加速器外壳和TOW导弹发射器瞄准装置的零件等。

上述合金用于这些用途的原因是，这些零件要求质量很轻，并且刚性和强度非常好（有关这些合金的性能，见表8－2、表8－3和图8－2～图8－8)。LA141A合金的室温弹性模量为42GPa，这几乎与普通镁合金的值45GPa一样高。但是，LA141A合金在室温下的密度仅为1.35g/cm^3，而多数普通镁合金的密度为1.80g/cm^3。这使得LA141A合金的抗弯刚度（挠曲刚度）在相同的重量下为普通镁合金的两倍多。LS141A的弹性模量为41GPa，但密度仅为1.33g/cm^3。这使其抗弯刚度甚至大于LA141A(且是铝的抗弯刚度的5倍多)。

表8－2 LA141A和LS141A合金在室温下的性能

性 能	LA141A	LS141A	性 能	LA141A	LS141A
弹性模量/GPa	42	41	密度/g·cm^{-3}	1.35	1.33
抗拉强度/MPa	144	136	线膨胀系数/μm·(m·K)$^{-1}$	21.8	—
抗拉屈服强度/MPa	123	110	比热容/kJ·(kg·K)$^{-1}$	1.499	—
50mm标距的伸长率/%	23	23	热导率/W·(m·K)$^{-1}$	80	—
硬度（HRE）	55～65	—	电阻率/nΩ·m	152	—

表8-3 温度对LA141A合金线性热膨胀系数的影响

温度范围/℃	线膨胀系数/μm·(m·K)$^{-1}$	温度范围/℃	线膨胀系数/μm·(m·K)$^{-1}$
-130~+24	21.5	100~200	22.2
24~100	21.7		

LA141A和LS141A合金的锂含量均为13%~15%，而LA141A合金中的铝含量为0.75%~1.75%，LS141A合金中的硅含量为0.5%~0.8%，可以看出，两种镁合金的锂含量均大于形成β相合金所变形的约11%这一数值，因此可在室温下形成。但是，所生产的有些Mg-Li合金（例如LA91）具有混合α/β显微组织。在LA141A合金的bcc固溶相中发现的金属间化合物包括fcc LiAl和fcc Li_2MgAl（这是一个亚稳相）。

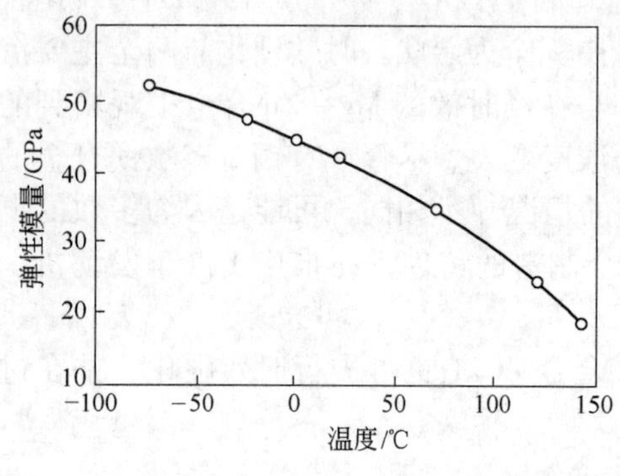

图8-2 温度对LA141A合金弹性模量的影响

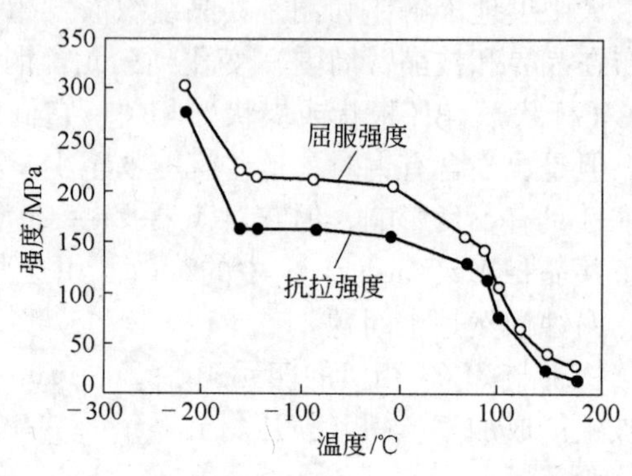

图8-3 温度对LA141A合金力学性能的影响

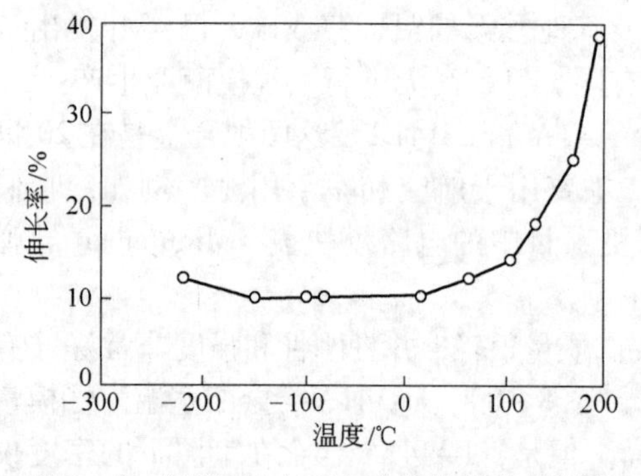

图8-4 温度对LA141A合金伸长率的影响

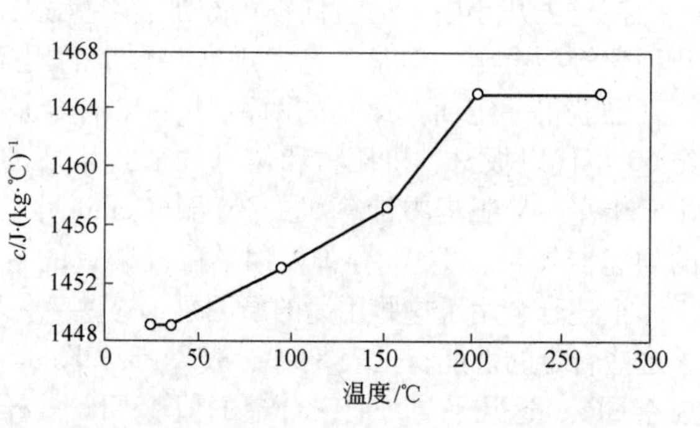

图8-5 温度对LA141A合金比热容的影响

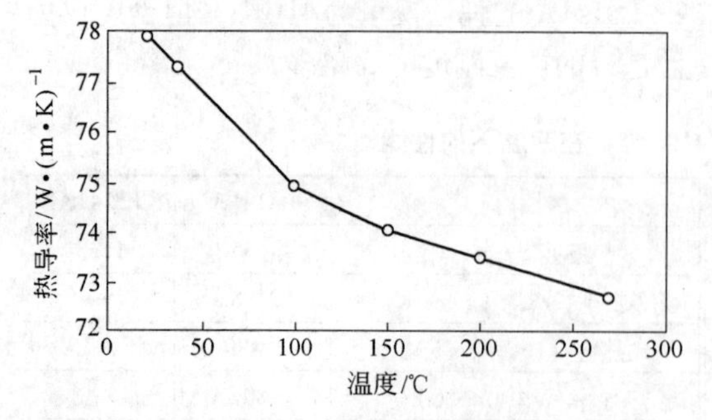

图8-6 温度对LA141A合金热导率的影响

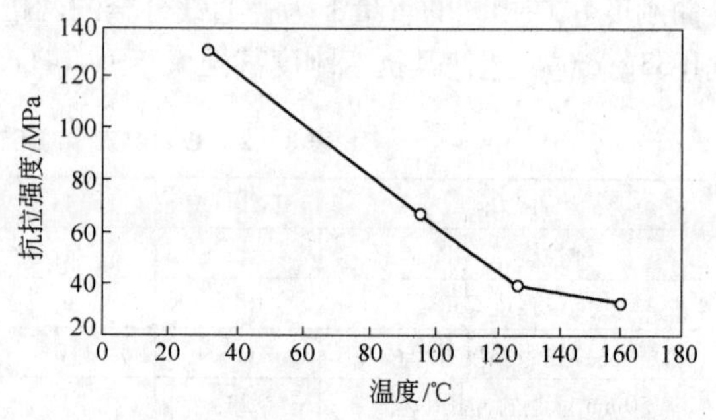

图8-7 温度对LS141A合金抗拉强度的影响

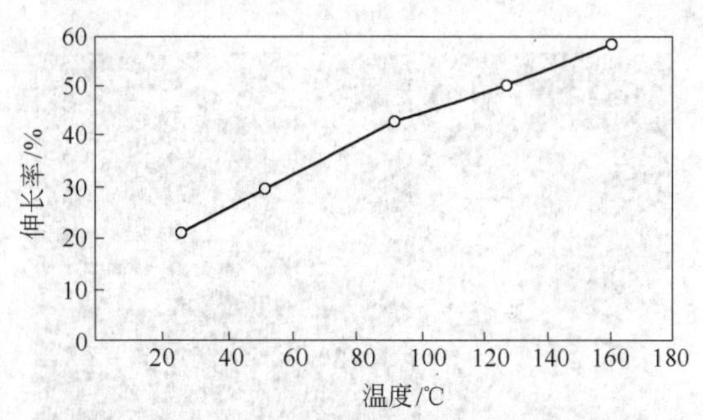

图 8－8 温度对 LS141A 合金伸长率的影响

如上所述，Mg－Li 合金适合于时效硬化，LA141A 通常在 T7 状态（在 288℃下进行固溶热处理，其处理时间为每毫米厚度 1h，然后进行空气淬火，最后在 177℃下稳定化处理 3～6h）下使用。已经发现这种稳定化处理可以消除 Mg－Li 合金对应力腐蚀裂纹（SCC）的敏感性。但是，所有的焊接件立即进行消除应力处理，以防止出现应力腐蚀裂纹。

与其他镁合金非常相似，Mg－Li 合金也可以进行焊接和机加工。但是，Mg－Li 合金存在一些问题是，它比其他镁合金化学活性大得多。另外，由于微化学反应的影响，使 Mg－Li 合金的抗腐蚀性随铝含量的增加而降低。氟化物阳极处理膜已用作 Mg－Li 合金的底漆，但目前尚未发现可以在温度循环变化和高湿度实验中完全保护 Mg－Li 合金的涂层。

8.3 含锆镁合金的组织特点与基本特性

锆在熔融镁中的最大溶解度仅为 0.6%，并且由于二元 Mg－Li 合金在铸造状态下的强度对多数商业用途来说不够高，因此需要添加其他元素。这些合金元素的选择是基于它们与锆的兼容性、铸造特性和所希望的性能。这一点，已经在达到以下两个主要目标方面有了很大的进展：获得满意的抗拉性能（包括获得更高的“屈服强度/抗拉强度”比率）和蠕变抗力，而且它们都是在航空工业应用方面所必须的。

8.3.1 Mg－Zn－Zr 系合金

添加锆可以细化 Mg－Zn 晶粒，因而就产生了三元铸造合金（如 ZK51A 和 ZK61A）和加工合金（如 ZK21A、ZK40A、ZK31、ZK40A、ZK60A 和 ZK61 等）。由于 Zn 会增大热脆性和显微缩孔，因此在这个系中的铸造合金若含 Zn 量超过约 4% 就不能焊接，故它们的实际用途很少。但是，这些缺陷对加工合金影响不大，故 ZK40A 和 ZK60A 两种合金通常以挤压材形式提供产品。

8.3.2 Mg－RE－Zr 系合金

如表 7－11 所示，镁将与几种单独的稀土元素形成固溶体，并且各二元系的富镁区均为简单共晶体。对于添加有比较廉价的稀土金属混合物（其主要成分为铯或钕）的金属，也会出现这种情况。存在于晶体中的熔点相当低的网状共晶体有抑制微孔隙度的作用，因此这些合金具有良好的铸造特性。在原铸造状态下，这种合金通常具有被晶界网络包围的成核 α 晶粒（如图 8－9 所示）。时效将引起晶内沉淀，并且，如上所述，它们所呈现出的良好蠕变抗力应归因于沉淀物的强化作用和存在晶界相等因素，而后者可以降低晶界滑移。

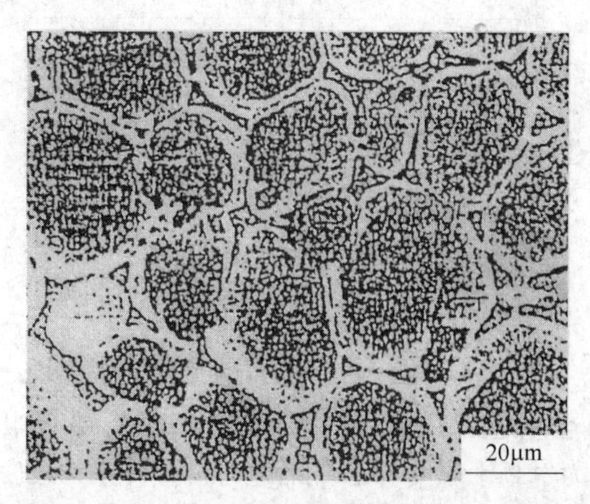

图8-9 铸造状态的Mg-RE-Zr合金ZE33，在400℃下加热48h（照片放大550倍）

通过添加锆来细化晶粒，可以提高Mg-RE-Zr合金的性能，如果再加入锌就可以进一步提高合金的强度。这个合金系中最广泛使用的铸造合金为ZE41A，当进行人工时效后，该合金具有中等强度，用于制造直升飞机的变速箱。在这个合金系中已生产的加工合金包括ZE10A合金板材，ZE42A和ZE62合金锻件。

铸造合金ZE33A可获得更高的抗拉性能。若要进一步提高该合金的强度可能需要更高的锌含量，但是这将导致形成含有锌和稀土金属的块状晶粒相，从而引起热脆和降低固相线温度，因而也就减小了在时效前进行固溶热处理的机会。这种块状晶粒相可以通过在温度为480℃的氢气气氛中进行长时间的特殊热处理来分解，并且这种热处理已经成功地应用于ZE63A合金制造的薄壁铸件上。

一个最近的研究项目着眼于利用镱在镁中特别高的固溶度（12.5%）和Mg-Y合金的时效硬化能力。这项研究已经生产出了一系列的Mg-Y-Nd-Zr铸造合金，该合金在室温下具有高的强度，在温度高达300℃时仍具有良好的蠕变抗力。同时，该合金经热处理后，其抗腐蚀性高于高温镁合金，并与许多铝基铸造合金相类似。从实用的观点来看，纯镱的价格昂贵；且镱的熔点高（1522℃），它与氧具有较强的亲和力，因而不易与镁形成合金。以后发现了较廉价的含有约75%Y和由重稀土元素（例如钆、铒）形成的稀土混合物，它们可以替代纯镱。这样就改变了熔炼方法，使这类合金可以在氩气和SF_6等惰性气体中进行加工。

而Mg-Y-Nd合金中的沉淀问题也比较复杂。当在低于200℃的温度下进行时效时，可形成极细的具有DO_{19}组织的β″板片相。但是，T6处理通常要在250℃下进行时效，这个温度高于β″的固相线温度，并可导致形成薄片状的体心正交β′相沉淀，据认为其成分为$Mg_{12}NdY$。且已发现，含有约6%Y和2%Nd的合金其强度最高，具有更高的延展性。这类合金中的第一个商用合金是WE54，它的高温性能优于现有的镁合金（见图8-10）。但是，据披露，若将其长时间置于约150℃的高温下，会使其延展性逐渐降低到不能接受的水平，并发现这种变化源于β″相在整个晶粒中的缓慢二次沉淀。如果镱的含量降低，而钕的含量增加，则可明显看出，仍可维持足够的延展性，只是总体强度稍有降低。在此基础上，又开发出了另一成分的替代合金WE43（见图8-10）。

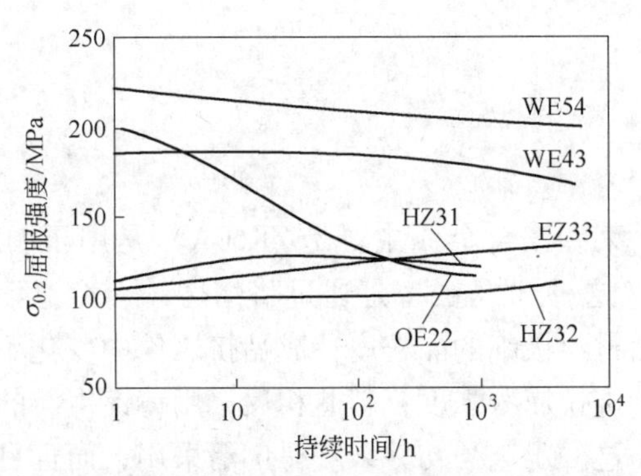

图 8－10 250℃高温对几种含有稀土元素的铸造镁合金在室温下的 0.2%屈服强度极限的影响（实验温度为 20℃）

8.3.3 Mg－Th 系合金

添加钍可提高镁合金的蠕变抗力，Mg－Th 合金已用于温度高达 350℃的工作环境中。如同稀土元素一样，钍可以改善合金的铸造性能，并且使合金可以焊接。

用这种合金生产的几种产品（包括 HM21 薄板和厚板、AHM3A 薄板和厚板及铸件等）曾经在相当长的一段时间内被用户所接受，但是现在已被认为过时了。HK 合金的显微组织与 Mg－RE－Zr 合金的显微组织相类似。对这种合金进行沉淀硬化，同样导致形成有序的 DO_{19} 相（其可能的成分为 Mg_3Th 或 $Mg_{23}Th_6$，见表 7－12）。其良好的蠕变抗力归因于存在一个与另一个（在晶界断续形成的）含钍相并存于晶粒中的细化弥散相。在研究 Mg－RE 系合金的同时，已经开发出了添加锌的 Mg－Th 铸造合金，例如 HZ32A 和 HZ62A。含锌可进一步提高合金蠕变强度（见图 8－10），这至少部分地归因于具有沿晶界形成的针状相。但是，关于锌对 Mg－Th 系合金沉淀的确切影响仍知之甚少。

8.3.4 Mg－Ag 系合金

当发现通过添加银可以大大提高 Mg－RE－Zr 合金较低的抗拉强度时，人们认识到了 Mg－Ag 系合金的潜在重要性。用富钕稀土化合物替代富铯化合物可以进一步提高合金的强度，并且已经开发出了用于高温环境的几种合金材料。

最广泛使用的 Mg－Ag 铸造合金是 QE22A，该合金已用于几种航空用途，其中包括飞机起落架轮子、齿轮箱和直升飞机的旋翼头。如果银含量低于 2%，则沉淀过程似乎与Mg－RE 合金的沉淀过程相类似，并形成 Mg－Nd 沉淀物。但是，有报道称，当银含量更高时，存在两种独立的沉淀过程，并最终导致形成一种平衡相，其可能的成分为 $Mg_{12}－Nd_2－Ag$(见表 7－12)。目前尚未确认存在含有 DO_{19} 组织的相，尽管一种 γ 沉淀物被认为可能是这种相。最大时效硬度和蠕变抗力似乎与 γ＋β 相沉淀物的存在有关系，添加银还可细化沉淀物。

用钍部分替代稀土元素可以进一步提高合金的高温性能。在分析含钇合金之前，一种铸造合金 QH21A 是在温度高达 250℃的情况下具有最高抗力强度和蠕变抗力值的合金。还应指出的是，上文提及的 Mg－Y 含钇合金具有高的抗腐蚀性能，而 QE22A 和 QE21A 合金因为含有贵金属银，故不具备此优点。另外，与其他 Mg－Th 合金一样，QH21A 合金由于钍的放射性而正在被淘汰。

8.4 新型合金

8.4.1 快速凝固合金

在20世纪50年代，某些镁合金（主要是ZK60A）是用压制的金属“丸粒”而不是熔铸来生产挤压制品的。这种“丸粒”是通过将熔融的合金微滴快速凝固成“多粒状”球形颗粒而制成的。初始材料极细的晶粒度在成品挤压件中变化不大。因此，该材料的抗压屈服强度基本上等于其抗拉屈服强度；与此相反，用铸锭生产的挤压镁合金制品的抗压屈服强度则偏低。但是，这种工艺当初并未获得广泛采用，而且目前已经不再使用。

另一种合金快速凝固方法称为快速凝固处理法（RSP），该方法在过去的十年中已经引起了广泛的兴趣，因为它使用极高的冷却速度（例如$10^5 \sim 10^6$K/s），不仅能产生精细、均匀的显微组织，而且还可以提高固溶度，并生成一些新的相。使用RSP可以提高力学性能，特别是在高温下的力学性能。

上述方法还可以提高合金材料的抗腐蚀性能，其原因是：用此法获得的更加均匀的显微组织可以使通常起阴极中心作用的元素和颗粒弥散开；各种元素固溶度的增大，可以使轻金属的电极电位向惰性方向改变。

已经用RSP方法将几种镁合金制成几种“熔体施压”板条。然后通过机械研磨将这些板条加工成粉末，封装在罐中，并挤压成棒材。曾经进行过涉及基于Mg－Al系的80多种合金成分的研究，所添加的元素包括锌、稀土元素混合物、硅、锶和钙。在另一项由英国Mag－nesiu Elektyron有限公司和美国Allied Signal公司联合研究的项目中，研制出了一种称作EA55RS(Mg－5% Al－5% Zn－5% Nd）的合金，但是，这种合金目前尚未投入大规模的实用化生产。

松散RSP材料的显微组织彼此相似，它包含晶粒度细达0.3～5μm的晶粒，化合物的弥散体为$Mg_{17}Al_{12}$、Al_2Ca、Mg_3Nd和$Mg_{12}Ce$。抗力强度有可能超过500MPa，相比之下，普通铸造镁合金的最大抗力强度值为250～300MPa，某些RSP合金在中等高温下显示出较高的蠕变抗力，但是其他一些RSP合金的蠕变变形却较大，其原因可能是细化的显微组织增大了晶界的滑移。因此，有些RSP合金在150℃这样较低的温度下还可以进行超塑变形。

8.4.2 非晶合金

利用液态激冷技术（例如熔体雾化法）所生产的具有非晶（玻璃状）原子结构的合金的力学性能明显地高于具有正常结晶组织的普通合金。例如，有几种非晶镁合金达到了很高的强度和延展性。最具有发展前景的合金是具有普通Mg－M－Ln合金成分的三元合金，其中M为镍或铜，Ln为镧族元素，如钇（如图8－11所示）。含有镧族元素是一个很重要的特征，例如，Mg－Y具有相当高的负混合焓。另外，镧族元素原子尺寸比镁大，但铜和镍比镁小。因此，如果三种集结在一起，便可能会降低局部应变能。据认为，这两个因素将在合金从熔融状态冷却下来的过程中降低原子的总体扩散性，因而将抑制结晶相的成核。

对某些非晶Mg－M－Ln合金带材的试验表明，其抗力强度范围为610～850MPa，这大大超过了普通铸造镁合金最高强度约为300MPa的最大值。这些带材的弹性模量为40～61GPa(普通铸造镁合金为456MPa)，硬度值为193～127DPN(普通铸造镁合金为85DPN)。虽然多数这类非晶合金的拉伸断裂应变（包括弹性应变）为0.014～0.018(表明去弹性变形能力极小或几乎没有)，但却显示出良好的弯曲韧性。在一项较新的研究中，通过快速凝固85% Mg－12% Zn－3% Ce合金（它具有混合的非晶体/晶体显微组织）所获得的带材甚至达到了更高的抗力强度值，并且在断裂前有明显的塑性变形。结晶相包含有hcp镁的超细颗粒（其锌和铈的含量看来好像达到了过饱和)，并均匀地弥散在整个非晶体基体中。在激冷状态下，带材的抗力强度为665MPa；通过在110℃退火20s，此强度可以提高到930MPa以上，并将平均粒度从3nm增加到20nm。含有这些颗粒似乎有助于产生均匀化塑性变形，而不是常见的局部剪切变形；所记录的伸长率分别为7%和3%。

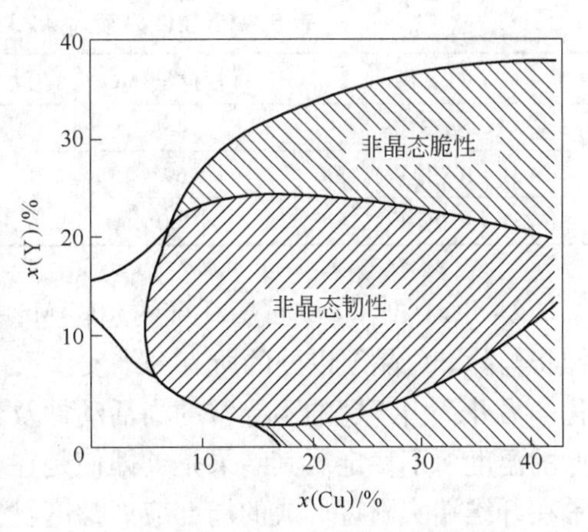

图8－11　显示出韧性非晶合金成分的Mg－Cu－Y合金相图

非晶合金处于亚稳态，当加热到某一临界温度T时将引发结晶作用。已经发现T_x随溶质质量的增加而提高，并且有T_x与熔化温度的比率高达0.64，这相当于T_x＝326℃。因此，这些非晶体镁合金显示出相当高的热稳定性，从而为获得具有这种组织的大体积铸件和带材打开了道路。在这方面，研究人员已经成功地通过将熔融金属注入铜模中而生产出了具有非结晶组织的激冷铸造缸体。非结晶组织已经在直径为5mm的65% Mg－25% Cu－10% Y合金棒材中得到确认。尽管铜模中的冷却速度低到仅为10^2K/s，产品的力学性能也与用冷却速度很快的熔体旋压法生产的带材相似。

8.4.3　以镁为基体的复合材料（MMC）

它有镁合金基体与陶瓷颗粒（SiC、Al_2O_3）和石墨等加强材料构成，其目的是获得普通合金所无法提供的性能。生产镁合金复合材料的最佳方法是将散粒搅拌入熔体中，然后再进行压铸或模压铸造。由于镁可与氧气和氮气发生反应，并吸收散粒表面上的氧气和氮气，因而可以加速散粒被熔融金属湿润的过程。关于这一点镁基体比铝基体具有某些优越性。与镁反应形成的多层Ng_2Si化合物，特别有助于增强SiC散粒的润湿度。

具有优异力学性能的模压铸件已经由AZ91合金制成，该合金用各种纤维来强化，其中包括SiC纤维、玻璃纤维和一种被称为Saffil的已获得专利的Al_2O_3纤维。例如，含有16(体积)% Saffil纤维的AZ91模压铸件，在180℃的蠕变寿命比未加强的合金增长了一个数量级，在这个温度的疲劳耐久极限可提高1倍。根据混合物的标准定则，室温弹性模量随纤维的体积百分比的增加而线性增加；当Saffil的体积百分比为30%时，室温弹性模量是未加强AZ91合金弹性模量的2倍。但是，一旦体积百分比增加量大于10%～15%，则延展性和断裂韧性值均非常低。含有加强散粒的加工镁合金的力学性能也得到了改善。例如，含有20(体积)% SiC晶须，则AZ31合金挤压材的弹性模量可以增加1倍多，但其伸长率从15%降低至1%（见表8－4）。

表8-4 SiC晶须对AZ31合金挤压材力学性能的增强作用

材 料	弹性模量/MPa	抗力强度/MPa	屈服强度/MPa	50mm标距的伸长率/%
AZ31	45	290	221	15
AZ31+10(体积)%SiC	69	368	314	1.6
AZ31+20(体积)%SiC	100	447	417	0.9

对SiC、Al_2O_3或石墨纤维的超轻Mg-Li合金基体的使用也进行了试验。但是，由于锂将与除SiC晶须以外的所有纤维发生反应。因此，在加热和加工过程中，纤维会明显老化。另外，由于锂的不寻常的高活动性及合金的晶格有空位，导致合金的力学性能在相当低的温度下不稳定。其结果是，即使是在应变速率（例如10^{-2}/s）下，也会使所希望的通常在纤维端头附近形成的局部应力梯度发生连续衰减。

8.5 镁粉

在第二次世界大战期间，当大量地用于信号技术和爆破技术时，镁粉就显示出了它的重要性。镁粉目前用于：（1）生产Grignard试剂，它们为金属有机卤化物，如乙基氯化镁（C_2H_5MgCl），用于有机合成药物、香水和其他精细化制品；（2）产生化学还原作用，例如在产铍和铀时；（3）用作闪光信号装置和闪光灯的光源；（4）改良其他合金的冶金性能，例如在生产球磨铸铁和从高炉的热铁产品中去除硫时；（5）用作生产电焊条的添加剂。曾经用镁粉来生产结构用途的挤压制品，但目前镁粉已经不用于生产这些部件了。

几乎所有的镁粉均是由纯镁生产的，但也有一些含铝量达50%的镁-铝合金粉末用于生产照明弹和高温金属脱硫。镁粉可用各种粉碎方法由固态或液态生产。镁粉的生产方法可以简单地划分为车削、刮削、刨削、液态雾化和液态乳化等。

8.5.1 车削铸锭法用于生产粗的碎粒

这些碎粒主要用于生产Grignard试剂。这些碎粒的形状与切断屑刀具产生的车屑相似。这种碎屑直接在空气中生产，不用控制气氛。图8-12和图8-13所示是镁车屑扫描电镜照片。

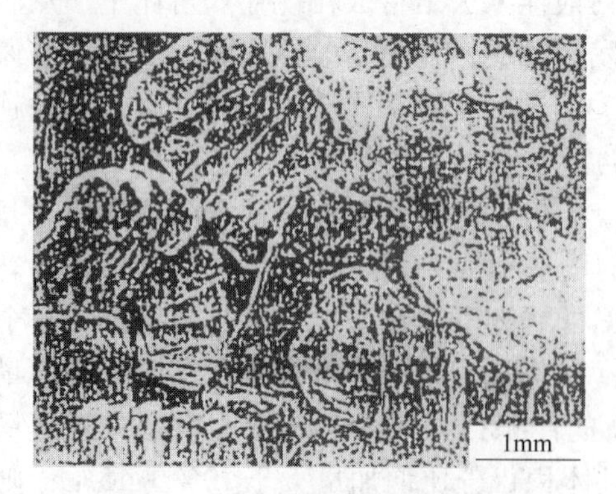

图8-12 镁车屑扫描电镜照片
（颗粒尺寸为4.75~1.77mm，采用Grignard浸蚀剂（照片放大9倍））

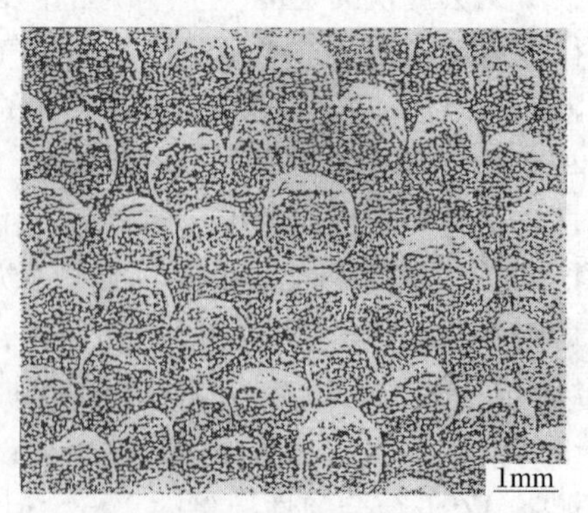

图8-13 机械粉碎（刨削和铣削）的镁颗粒的扫描电镜显微照片
（颗粒尺寸：-10~+15mm，松装密度1.0g/cm³（照片放大13倍））

8.5.2 刮削

这种镁粉的生产方法是在旋转宽筒上压靠一把锉刀，从而产生出尺寸从0.297～0.05mm不等的卷曲碎屑。这种镁粉被用于化学反应或发闪光信号，它们直接在空气中生产，不需要控制气氛。尽管这种方法在美国已不再使用，但在欧洲仍然使用。充填与供货容器中的粉末的松装密度约为0.3～0.5g/cm^3。可以用球磨机来磨圆这些颗粒，使松装密度增加到0.6～0.8g/cm^3。

8.5.3 刨削、铣削和研磨

将致密铸锭送入破碎机中，再进入锤磨机中，以便生产出颗粒为2.0～0.044mm的粉末。颗粒的形状从非常不规则到球形。松装密度从小于0.5g/cm^{3}至大于1g/cm^3。镁粉是直接在空气中生产，有时要控制工艺气氛。

用破碎、铣削法生产的镁粉用于制造军用信号弹、鞭炮和生产铀。另外，这些镁粉还用于化学和制药工业及钢铁工业，其主要用作脱壳剂和生产球磨铸铁的润滑剂。

现在有一种利用研磨法来生产粒度小于0.044mm的信号弹用镁粉的新方法。图8－14所示是一张经研磨的镁颗粒的扫描电镜显微照片。

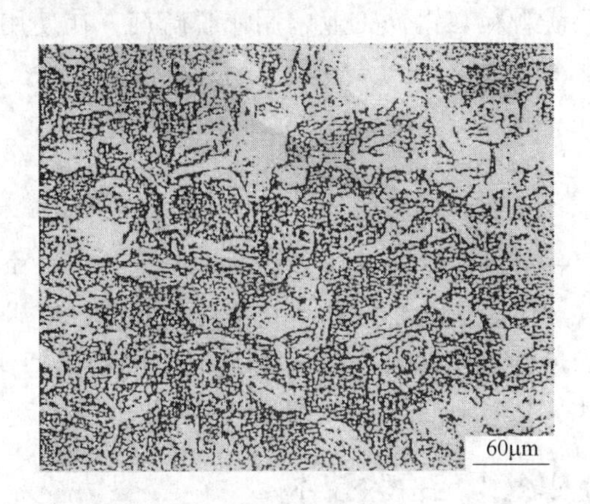

图8－14 经机械粉碎（磨削）的镁颗粒的扫描电镜显微照片

（颗粒尺寸：－100目，松装密度0.45～0.6g/cm^3，Fisher颗粒度21μm（照片放大67倍））

8.5.4 雾化

该方法利用一个高速气流或水平旋转盘来将液态镁流束分解为液滴，液滴然后冷凝为固态颗粒，颗粒度从约2.0mm到小于0.044mm不等。图8－15和图8－16示出了两个雾化镁粉的试样。

雾化作用需要在非氧化气氛中进行：氦气、氩气和甲烷是合适的气体。由于氮气将会与镁反应生成氮化镁（Mg_3N_2），故不能使用。颗粒的形状取决于气氛的质量。如果气氛中不含氧气和水分，则颗粒为球形。如果向气氛中加入少量水分和氧气，则颗粒形状变为不规则的球形。无论颗粒目数的大小，松装密度均处于0.7～0.8g/cm^{3}范围内。

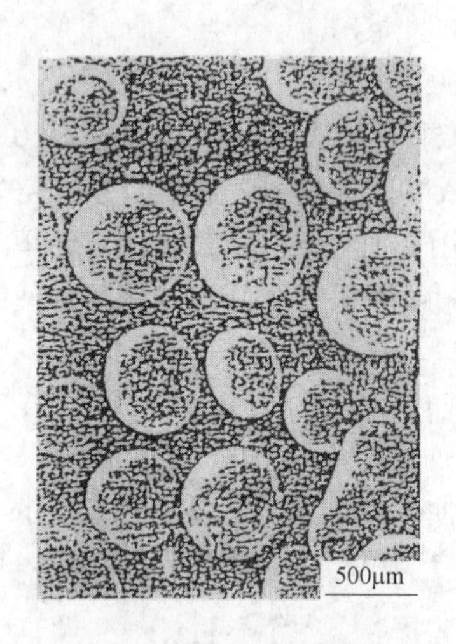

图8-15 雾化镁颗粒的扫描电镜显微照片
（颗粒尺寸：-0.595~+0.297mm，由HartMetals，lnc公司提供（照片放大22倍））

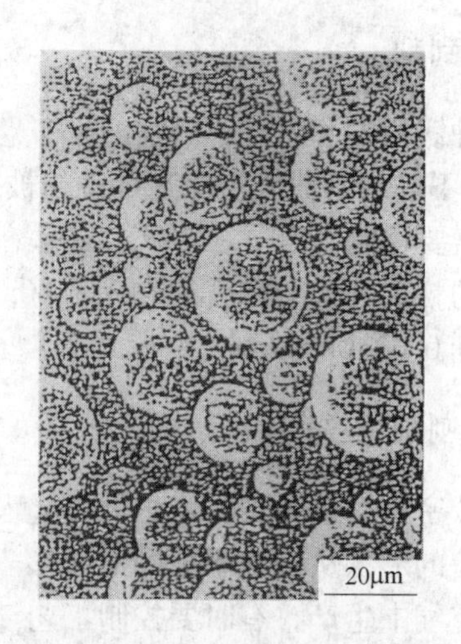

图8-16 雾化镁颗粒的扫描电镜显微照片
（颗粒尺寸：-0.075~+0.044mm，由HartMetals，lnc公司提供（照片放大420倍））

在一些文献上介绍了一项俄罗斯技术，在旋转杯上对镁和溶剂同时进行雾化，以制成溶剂包覆的镁颗粒。这些镁颗粒在钢铁工业中用作脱硫剂，在使用时，直接将这种溶剂包覆的镁颗粒压注到铁水和钢水中。由于这些颗粒是溶剂包覆的，因此，不需要进行气氛控制。

8.5.5 乳化

在有关文献上介绍了一种生产盐包覆镁颗粒的生产工艺。这个工艺过程在含硼液态剂中搅拌液态镁，使镁在溶剂中乳化为小球体。在凝结过程中，镁颗粒通过研磨和筛选而分离出来。每个颗粒均为少量的盐所包覆，这样最终形成的粉末适用于液态钢和铁的脱硫。这些颗粒为球形，其尺寸从0.841mm到0.297mm不等。

8.6 镁及镁合金的金相组织与检验技术

选择用于金相检验的镁合金试样应具有代表性。例如检验板材的纵向和横向试样，应考虑大铸锭的边部和中心部分，铸造裂纹的开口处应作为裂纹的起源点进行研究等。

8.6.1 试样制备

（1）切取。用带锯或弓形锯从金属块上切取试样。应小心操作，以避免金属冷作硬化，冷作硬化可能改变试样的显微组织，并使合金组分的分析复杂化。

由于粗放锯切、夹具挤压或猛烈锤击而被严重冷作硬化的试样，在靠近被加工表面处容易产生机械双晶。通过将研磨和抛光工序的时间延长至去除划痕时所需时间的2倍，便可将冷作硬化的表面层除掉。在制备试样时应磨去1mm厚的金属表层。除非所制备的试样随后要被加热至再结晶温度以上，由研磨和抛光所造成的表层冷变形对显微组织几乎没有影响。

（2）试样的镶嵌。对于那些由于尺寸太小而不便于研磨和抛光的试样，或者要研究其边缘部分的试样，可将其镶嵌在一个常用的塑料制镶料上。最好采用冷态镶嵌材料，因为当使用需要施加压力的镶嵌材料（例如酚醛塑料）时，可能会使试样产生冷作硬化。板材试样可以夹在一起而形成叠板。在夹紧和用螺栓固定时，必须小心操作，以防产生冷作硬化。

（3）试样打磨。利用打磨带、旋转砂轮或砂纸进行干法和湿法人工打磨。用于打磨的磨料为氧化铝（Al_2O_3）、碳化硅和金刚砂。

对干法打磨，使由 60、180 和 320 号粒度的 Al_2O_3 粉末和 0 级金刚砂（最好是）在垂直方法主旋转，砂轮的转速为 500 ~ 1400r/min。在砂轮下方有一个油槽用来收集打磨时产生的粉尘。试样在打磨过程中绝不能过热；过热会影响显微组织，并会使塑料镶样和金属试样发生分离。更换磨粒尺寸时，试样应旋转 90°，并用一块浸满水溶性溶剂（例如工业酒精）的布来清洁，以避免粗大的研磨颗粒被带入细磨粒的砂轮上。要保持表面平行和平整，施加在试样尾端的压力要大于前端的压力。

最好是采用湿法打磨，因为这样可以避免试样过热，并保持磨盘的锋利边露在外面。从粗磨到细磨，最常用的磨料为传统的200mm 水平抛光轮或240、320、400 号粒度的砂轮和600 粒度的碳化硅砂纸。在研磨过程中，使一小股水直接对着砂轮，以冲走研磨掉的碎屑。在更换砂轮或砂纸时，试样可旋转 90°。对一个直径 32mm 的固定试样，每次可用 2min 的时间进行干磨或湿磨。

（4）机械抛光。机械抛光可分为两个步骤进行，即粗抛光和精抛光。粗抛光可去除在最终打磨中之后残留的大部分干扰金属。精抛光可消除粗抛光残留的表面划痕。

利用两个抛光步骤的抛光盘均由中等粗糙度的绒布（例如可清洗的棉绒或黏结软绒纤维）所制成。在进行粗抛光时，将用600 号粒度的 Al_2O_3 粉末与蒸馏水配置的悬浮液（每 500mL 水）注到抛光盘上；要获得最佳效果，应使绒布中所含的水分合适，以免卡住试样。试样的旋转方向应与砂轮的旋转方向相反。抛光时间应为最终打磨操作去除率之间差异所造成的“浮雕”抛光现象。

对于精抛光，在抛光轮上施加的悬浮液的组成为每 500mL 水中悬浮有 10g $\alpha-Al_2O_3$。为了便于抛光，有时还将 15mL 经过滤的软皂液加入到抛光液中。试样在整个盘面上横向移动，并且向抛光盘的旋转方向相反的方向转动，以便改变试样与轮子的接触点和均匀分配磨料。反向旋转还可避免在富镁或富锆相的硬颗粒周围形成“彗星尾”。

精抛光是在比较湿的抛光盘上用中等压力进行的，过轻的压力会造成试样车屑“浮雕”抛光和产生粗的织构。通过用磨料悬浮液冲洗轮子，并于最后 5s 在试样上使用轻的压力，可最大限度地减小划痕。抛光之后，应迅速地将试样置于流动的自来水中，并用湿的手指或棉球小心地擦去细磨料。然后用酒精冲洗试样，并用干净的热空气将其吹干。

对于抛光试样上的轻微划痕和冷作硬化的表面金属，还可以通过轻度浸蚀和轻度再抛光来消除。如果在抛光浆料中使用了肥皂，必须将肥皂全部冲洗掉，因为如果使用了含有乙二醇的浸蚀剂，它可能造成大量的蚀斑。

（5）化学抛光。尽管化学抛光不像机械抛光那样清晰地显露出试样表面的细微情况，但它在多数情况下均可满足常规检验的需要。在化学抛光之前，试样用000 号金刚砂砂纸或600号粒度的碳化硅砂纸来打磨。然后，用约10%的硝酸乙醇浸蚀剂擦洗30~60s。通常将含有1%的浓硝酸（HNO_3）的乙二醇浸蚀剂用作缓效化学抛光剂。在缓效抛光之后，对试样进行常规浸蚀；此时最好是使用无水乙醇或甲醇，以免产生斑蚀。

（6）电解抛光。当需要无划痕的表面以满足严格的无浸蚀检验的要求时，便应采用电解抛光。电解抛光对抛光大量试样时很有用；全部试棒可在4~8h内抛光完毕。电解抛光镁合金时，使用传统的装置和不锈钢电极。电解液由3份85%的磷酸（H_3PO_4）和5份95%的乙醇所构成；在混合之前，磷酸和乙醇均冷却至2℃左右。电解抛光前，试样应利用000号金刚砂砂纸并以煤油和石蜡混合物作为润滑剂进行抛光，然后用溶剂清洗干净。

一个静止电解槽中的阴极和试样的间距为20mm。将3V电压接通30s，然后再降低至1.5V，并保持到获得所希望的光洁表面时为止。在电流保持接通的状态下，将试样从电解液中取出，并迅速地用快速流动的自来水进行冲洗。如果让试样在断电之后仍留在电解液中，则会发生化学浸蚀而产生粗糙的表面。

使用电解溶纤剂（乙二醇－乙醚）中含有10%盐酸（HCl）的电解液，可以实现更加快速的抛光。在电解抛光过程中，这种电解液必须保持在4℃以下。

8.6.2 低倍组织检查

（1）断裂面特征。使铸态材料如铸锭、扁锭和砂铸件断裂，并检查其晶粒尺寸变化情况、气孔、热裂、氧化物杂质、在基体中溶解度有限的相、成核情况和非晶质化合物的溶解度等。而对挤压件和锻压件也是在使之断裂之后显示出金属流谱、晶粒度变化情况、氧化物纵条、在基体中溶解度有限的相、叠痕和塑性变形量的变化情况等。

由受拉、疲劳破坏和应力腐蚀所造成的断裂，显示出明显不同的特性。受拉或受拉—冲击引起的穿晶断裂，并会留下粗糙和有条纹的表面轮廓。断裂有可能沿着底部结晶面出现；在这些条件下，各晶粒的成纹情况不同。如果受拉断裂在高温下出现，则会显示出带有几个几何面的晶间界面；此高温主要取决于合金成分的含量和应变速率，通常为230℃左右。

（2）疲劳断裂为穿晶型，但相对比较平滑。扇形条纹从一个或多个原始点向外放射。应力腐蚀断裂的特点是裂纹有很多分支。

（3）低倍试验腐蚀。低倍腐蚀常用的浸蚀剂为含有5%~20%乙酸的水溶液，以显示铸件的不连续性和锻件中的流动性。浸蚀剂要在制备面上擦洗10s至3min，然后用自来水冲洗。

当含有大量锌的合金在乙酸溶液中浸蚀时，会产生密集的黑色沉淀物，通过冲洗立即浸入48%氢氟酸（HF）的10%~100%水溶液中，可以消除这些沉淀物。这种浸蚀剂的反应能力与HF的浓度成正比。对于某些组织类型，保持黑色沉淀物可能较为可取，特别是当沉淀物很薄时。最好是使用乙酸－硝酸盐溶液来高倍浸蚀含锌镁合金，因为它不会形成黑色沉淀物。试样浸入20%乙酸＋5%硝酸钠（$NaNO_3$）的水溶液中1~5min，然后用水冲洗并用空气吹干。

对铸件应使用一种乙酸－苦味醇浸蚀剂，以显示冲击挤压或锻造零件的晶粒组织，因为这些零件具有均匀的再结晶组织及最小的合金组分。零件浸入浸蚀剂10s至1min，再转入一个乙醇容器中均匀地冲洗被浸蚀的表面，然后用温热的流动乙醇进行冲洗，并用热风吹干。

8.6.3 高倍组织检验

用于显微检验的浸蚀剂和浸蚀时间取决于试样的化学成分、物理状态和试样的状态等。铸造状态或时效状态铸件的浸蚀时间可为5～10s，在固溶热处理状态的浸蚀时间为60s。用于镁合金试样的浸蚀剂列于表8－5中，表中还列有其化学成分、浸蚀过程、特点和用途等。

对于处于铸造状态的砂铸、金属模铸造和压铸合金，以及处于时效状态的几乎所有的合金，应使用乙二醇浸蚀剂，这对镁－钍合金特别适用。使用乙醇－苦味醇浸蚀剂有选择地浸染晶粒，特别适宜于用对色调敏感的光或偏振光进行观察。

对处于固溶热处理状态的铸造金属及多数加工合金，表8－5中的乙二醇、乙醇－乙二醇和乙醇－苦味醇液浸蚀剂均可以满足要求。表8－5的浸蚀剂10用于显露含镁和锆合金的晶粒组织。

表8－5 镁合金低倍和高倍检验的常用浸蚀剂

浸蚀剂	化学成分	浸蚀过程	特点及用途
1	硝酸乙醇浸蚀液：1～5mL HNO_3（浓缩），100mL 乙醇（95%）或甲醇（95%）	将试样擦洗或浸入浸蚀剂几秒至1min，并在水中清洗，然后在酒精中清洗并干燥	显示一般的组织
2	乙二醇：1mL HNO_3（浓缩），24mL 水，75mL 乙烯乙二醇	将试样面朝上浸入浸蚀剂，用棉花将铸态或时效处理后的金属擦洗3～5s，对热处理态金属擦洗1min，在水中清洗，然后用酒精清洗并干燥	显示一般的组织；显示镁－稀土和镁－钍合金的组分
3	乙酸乙二醇：20mL 乙酸，1mL HNO_3（浓缩），60mL 乙烯乙二醇，20mL 水	将试样面朝上浸入浸蚀剂，并小心搅拌原铸造态或时效金属1～3min，固溶热处理金属10s。在水中清洗，然后用酒精清洗，并干燥	显示一般的组织和经热处理铸件的晶界；显示镁－稀土和镁－钍合金的晶界
4	10mL HF（48%），90mL H_2O	将试样面朝上浸入浸蚀剂1～2s，在水中清洗，然后用酒精清洗，并干燥	使 $Mg_{17}Al_{12}$ 相变黑，并使 $Mg_{32}(Al,Zn)_{49}$ 保持不受浸蚀和白色
5	磷酸 苦味醇液：0.7mL H_3PO_4，4～6g 苦味酸，100mL 乙醇（95%）	将试样擦洗或浸入浸蚀剂10～20s直到抛光面变黑，用酒精清洗，并干燥	用于评估大块相的数量，浸染基体和使基体相为白色。随着镁离子含量在使用过程中的增加，浸染情况会进一步改善
6	乙酸苦味醇液：5mL 乙酸，6g 苦味酸，100mL H_2O，100mL 乙醇（95%）	将试样面朝上浸入浸蚀剂，并小心搅拌直至面变为棕色。用酒精蒸汽清洗，用空气干燥	一种通用浸蚀剂，利用浸蚀速率和浸染的染色来确定多数合金和状态的晶界，更便于揭示冷作硬化和双晶

续表 8-5

浸蚀剂	化学成分	浸蚀过程	特点及用途
7	乙酸苦味醇液：20mL 乙酸，3g 苦味酸，20mL H_2O，50mL 乙醇（95%）	与浸蚀剂 6 相同，但需浸蚀至少 15s 以便产生厚膜	裂纹覆膜的取向与基面痕迹相平行。覆膜在各个高合金成分区域内破裂。可将正常合金含量所包围的熔化空洞和低合金含量的显微缩孔区别开
8	乙酸苦味醇液：10mL 乙酸，3g 苦味酸，20mL H_2O，50mL 乙醇（95%）	与浸蚀剂 6 相同	比浸蚀剂 6 更容易显示晶界，特别是在“稀释”合金中
9	0.6g 苦味酸，10mL 乙醇（95%），90mL H_2O	将试样面朝上浸入浸蚀剂 15~30s，用酒精清洗，并干燥	在 HF 浸蚀之后使用，使基体变黑，从而更好地对基体和白色三元相显示
10	2mL HF（48%），2mL HNO_3（浓缩），96mL H_2O	将试样面朝上浸入浸蚀剂，并小心搅拌，不要擦洗	显示镁-锌-锆合金中的晶粒组织和成核情况

含有 6% 苦味醇液的磷酸-苦味醇液浸蚀剂（表 8-5 中的浸蚀剂）使镁固溶体变黑，而使其他相不变。斑蚀量取决于固溶体的饱和度，这种浸蚀剂特别适用于快速评估固溶热处理金属中的未溶解第二相的量，这是因为它使得变黑的基体和未浸蚀的第二相之间的反差极大。

在用磷酸苦味醇液浸蚀剂进行浸蚀时，试样面朝上浸入浸蚀剂中 10~20s，或直到抛光面变黑为止。接着，在乙醇中清洗并干燥；或先在乙醇中清洗，再在水中清洗，然后再在乙醇中清洗，并干燥。直接在水中清洗会减轻斑蚀程度，并降低反差。通过将试样浸入浸蚀剂，然后将其取出并置于空气中可以加速浸蚀。磷酸-苦味醇液浸蚀剂还可以用于分辨晶界和片状析出物。

当合金 AZ31B 和其他通常为变形状态的低合金对表 8-5 中的乙醇-苦味醇液浸蚀剂 6 的反应不好时，建议使用稍有不同的乙酸-苦味醇液浸蚀剂 7。

当浸蚀剂不能显示晶界轮廓时，可以使用偏振光，或将试样夹在一个虎钳中以产生孪晶。AZ81 合金的晶界在固溶热处理后最容易看清。在含有稀土金属或钍的镁-锆低合金中，必须特别小心，不要将被枝晶间相包围的晶胞与晶粒相混淆。

8.6.4　镁及镁合金的显微组织特征

大多数镁合金都分属于以下 5 个组：（1）镁-铝-锰（含有或不含锌或硅）；（2）镁-锌-锆（含有或不含钍）；（3）镁-稀土金属-锆（含有或不含锌或银）；（4）镁-钍-锆（含有或不含锌）；（5）镁-锂-铝。但是应当注意，含有钍的镁合金目前尚无厂家接受订货。

镁合金通过滑移和孪晶方式发生塑性变形。与其他金属一样，只有当抛光面发生变形或变形的试样接着进行热处理而在滑移面上产生沉淀时，才能看到滑移线。但是孪晶不会被抛光所破坏，浸蚀之后，可以扁豆状来辨认它们。

镁合金在保护性气氛中进行固溶热处理——通常为0.5%的二氧化硫或3%～5%二氧化碳。如果没有保护性气氛，则会出现高温氧化或“燃烧”现象。靠近金属表面的共晶体沉淀物最容易被氧化。如果同时出现共晶体熔化，则这种高温氧化作用特别快。共晶体熔化在显微镜下显示为小孔，它们与显微缩松的外观图像不一致（通常情况下，显微缩松的外形更加不规则）。

镁-铝合金中产生空洞的起因尚难以确定，它们可以在固溶热处理后，通过沉淀的$Mg_{17}Al_{12}$组分的分布来识别。如果紧靠空洞处极少或没有形成沉淀，则产生空洞的原因一定是显微缩松。在这个区的沉淀比周围区域的多，这一点证明空洞是由热处理时共晶体的熔化所造成的。

氧化膜有时在铸件的显微组织中呈现为薄而黑的不规则线条。在坩埚中形成的氧化膜通常较厚而成簇，并可能含有夹杂的富镁颗粒。倾注时氧化物“管”破碎及填充铸模时的金属流所产生的氧化膜较薄而且扩展范围广。

下面是各主要元素在镁合金中形成第二相的相组成及分布形貌。

（1）铝。铝在镁中的固溶体和金属间化合物$Mg_{17}Al_{12}$会形成一种共晶体。在对铸件进行正常空冷时，根据合金是否含有锌，这种共晶体将具有两种不同的形态。在不含锌的合金中，共晶体为非晶化合物形态，这种化合物含有镁固溶体岛状物；在含有锌的合金中，它成为另一种完全不同的形态——固溶体中的化合物颗粒，而且该固溶体与相邻的一次固溶体相互混杂在一起。

由固溶体中析出的沉淀物$Mg_{17}Al_{12}$可能是连续或非连续的。在时效温度高于205℃时，它以连续的Widmanstaten形状出现。当低温时效且铝的含量高于8%时，更容易形成从晶界开始的非连续片状沉淀物。在约290℃下，片状沉淀物开始聚合，而且约370℃下，它再次溶解在基体中。

（2）锰。在含锰但不含铝的镁合金中，锰成为主元素颗粒。当合金中有铝存在时，锰将与铝相结合形成化合物MnAl、$MnAl_4$或$MnAl_6$。这些化合物可以包含在一个单个的颗粒中，并且铝与镁的含量比率从颗粒的中央至表面逐渐增加。固溶热处理将把这种颗粒转换为$MnAl_6$。当含有足够的铁时，可将锰-铝化合物转变为非常硬的锰-铝-铁化合物。

锰-铝化合物颗粒常常以块状或针状的形式出现。这些颗粒有时具有不规则的锯齿状表面，这是在黏糊状和早期凝固阶段中成长时所形成的。

（3）稀土金属。稀土金属在镁中的溶解度较低，在镁-混合稀土合金和镁-镨钕混合物合金中，晶界上通常有过多的Mg_9RE化合物。

（4）硅。硅以Mg_2Si颗粒的形式存在于镁合金中。这些颗粒的显著特征是，具有尖角的外形、平整的边部和淡蓝的颜色。

（5）钍。在589℃的共晶温度下，可将4.5%的钍溶于镁中；但是，由于合金的偏析，即使含2%钍的镁合金也常常含有分离型共晶体，并在晶界上呈现块状的Mg_4Th化合物。当温度低于共晶温度时，这种化合物将从固溶体中沉淀出来。在铸件中，沉淀物形成于晶粒内部，很难观察到。在加工组织的晶界上经常可以清晰地看到沉淀物。

向镁－锌合金中添加钍可将含有镁－锌化合物的变异共晶体改变为含有镁－钍－锌化合物的片状共晶体。

（6）锌。在340℃的共晶温度下，在镁中可以溶解6.2%的锌；但是，当低于共晶温度时，通常会产生镁－锌化合物沉淀物，而且这种沉淀物只有在将合金过时效之后才能用电子显微镜清晰地分辨出来。

当锌加入镁－铝合金时，镁－铝共晶体完全处于一种分离形态，并且其中的块状$Mg_{17}-Al_{12}$化合物颗粒（如果锌－铝的比例超过1∶3则为$Mg_{32}(Al-Zn)_{49}$化合物）被镁固溶体所包围。往镁－稀土金属合金中添加锌，可增加晶界上化合物的数量和连续性。添加锌还可促使镁－稀土共晶体改变为分离形态。若向含有大于2%的钍的镁合金中添加约2%的锌，将会形成针状或片晶形态的化合物。当锌的含量增加到约3%时，针状化合物将完全替代块状化合物；但是，当锌的含量进一步增加到大于5%时，块状化合物又将再次出现。

（7）锆。镁合金中的锆含量小于1%，并通常被添加在含有锌、稀土金属或钍的镁合金中。在二元镁－锆合金中，偶尔可以在晶粒内部看到一些富镁颗粒。在更复杂的合金中，锆可与锌形成化合物；并且还有可能与包括铝、铁、硅和氢等在内的一些杂质元素形成化合物。

下面仅举AZ31B－O合金薄板（如图8－17所示）和ZE10A－H24合金薄板（如图8－18所示）相显微照片，请参阅相关手册。

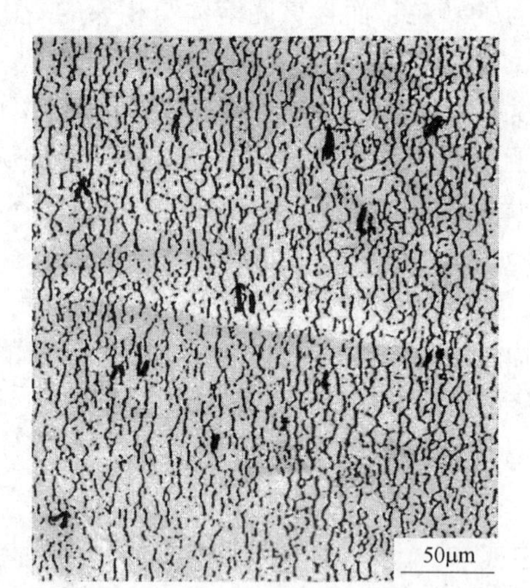

图8－17 AZ31B－O合金薄板退火再结晶组织的纵向视图
（锰－铝化合物的颗粒（深黑色）和碎化$Mg_{17}Al_{12}$（外形轮廓），浸蚀剂8（照片放大200倍））

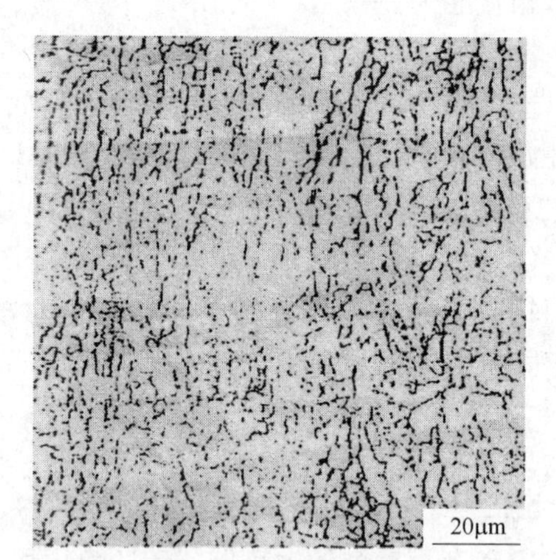

图8－18 ZE10A－H24合金薄板加工组织的纵向视图
（显示拉长的晶粒和机械孪晶（由平行线划定界限），这是由温轧板所造成的，浸蚀剂7（照片放大500倍））

8.7 主要铸造镁合金的基本技术性能

镁合金铸造有多种方法，包括重力铸造和压力铸造，可细分为砂型铸造、永久模铸造、半永久模铸造、熔模铸造、挤压铸造、低压铸造和高压铸造等。通常所说的压铸

(DieCasting) 是指高压铸造。对于具体材料，应根据其化学成分、工艺要求来选择合适的铸造方法。合金成分和铸造工艺对组织结构有重要的影响。合金元素，尤其是稀土元素RE引起中间相结构的复杂变化，对镁合金的组织和性能产生很大的影响。

铸造镁合金可分为普通铸造（砂型铸造、永久模铸造）镁合金和压力铸造（压铸）镁合金。常见的普通铸造镁合金有 Mg-Al-Zn、Mg-Zn-Zr、Mg-Zn-Al(Mg-Zn-Al-Ca)、Mg-RE、Mg-RE-Mn 等系合金；常见的压铸镁合金有 Mg-Al-Zn、Mg-Al-Mn、Mg-Al-Si、Mg-Al-RE、Mg-Al-Ca、Mg-Al-Sr、Mg-RE-Zn 等系合金。本节将对几种最常用的重要铸造镁合金的基本技术性能举例介绍。

8.7.1 国外主要铸造镁合金的基本技术性能

8.7.1.1 AM50A

(1) 铸件技术规范。

ASTM：B94。

UNS 牌号：M10500。

欧洲标准：EN1753，MC21220。

(2) 铸锭技术规范。

ASTM：B93。

UNS 牌号：M10501。

欧洲标准：EN1753，MC21220。

合金成分范围：Al 4.4%～5.4%，Mn 0.26%～0.6%。

杂质成分范围：Si(最大) 0.10%，Zn(最大) 0.22%，Fe(最大) 0.004%，Cu(最大) 0.010%，Ni(最大) 0.002%，其他（最大），每种 0.02%。若未满足对锰含量下限或铁含量上限的要求，则 Fe/Mn 之比不应超过 0.015。

杂质超限的不良后果：增加铁、铜和镍含量会降低合金的抗盐水腐蚀性能。

(3) 用途。

典型用途：原铸造状态（F）下的合金压铸件用于汽车轮毂产品，以及其他要求具备良好延展性和韧性与适当的屈服和拉伸性能相结合的零部件。

(4) 力学性能。

力学性能（F 状态）：抗力强度为 210MPa；屈服强度为 125MPa；伸长率在 5mm 时为 10%。

压缩屈服强度：F 状态时为 113MPa。

硬度：F 状态时为 60HB。

泊松比：0.35。

弹性模量：抗拉弹性模量为 45GPa。

(5) 物理性能。

密度：20℃时为 1.77g/cm^3。

液相线温度：620℃。

初始温度：435℃。

线膨胀系数：20～100℃温度范围内为 26.0μm/(m·K)。

比热：在20℃时为1.02kJ/(kg·K)。

熔化潜热：370kJ/kg。

热导率：在20℃时，F状态下为65W/(m·K)。

电阻率：在20℃时，F状态下为130nΩ·m。

（6）加工性能。

铸造温度：655~690℃。

可焊性：不可焊。

8.7.1.2 AM60A，AM60B

（1）铸件技术规范。

ASTM：B94。

UNS牌号：AM60A为M10601；AM60B为M10603。

欧洲标准：EN1753，MC21230。

铸锭技术规范：ASTM，B93；UNS牌号：AM60A为M10601，AM60B为M10603。

（2）化学成分。

AM60A合金成分范围：Al 5.5%~6.5%，Mn 0.13%~0.6%，Si(最大) 0.5%，Cu(最大) 0.35%，Zn(最大) 0.22%，Ni(最大) 0.03%，Mg余量。

AM60B合金成分范围：Al 5.5%~6.5%，Mn 0.25%~0.6%，Si(最大) 0.01%，Zn(最大) 0.22%，Fe(最大) 0.005%，Cu(最大) 0.010%，Ni(最大) 0.002%，其他(最大)，每种0.2%余量。若未满足对Mn含量下限或Fe含量上限的要求，则Fe/Mn之比不应超过0.021。

杂质超限的不良后果：增加铁、铜和镍含量会降低合金的抗盐水腐蚀性能。

（3）用途。

典型用途：原铸造状态（F）下的合金压铸件用于汽车轮毂产品和其他要求良好的延展性和韧性与适当的屈服和拉伸性能相结合的零部件。AM60A仅适用于不要求具有良好的耐盐水腐蚀性的地方。AM60A和AM60B合金与AZ91合金相比，延展性和韧性较好但强度较低弱。

（4）力学性能。

力学性能（F状态）：抗力强度为225MPa；屈服强度为130MPa；伸长率在标距为50mm时为8%。

压缩屈服强度：F状态时为130MPa。

硬度：F状态时为63HB。

泊松比：0.35。

弹性模量：抗拉弹性模量为45GPa。

冲击强度：F状态下的摆锤-V切口冲击能量为2.8J。

（5）物理性能。

密度：20℃时为1.8g/cm^3。

液相线温度：615℃。

固相线温度：565℃。

初熔温度：435℃。

线膨胀系数：20～100℃温度范围内为26.0μm/(m·K)。

比热：在20℃时为1.0kJ/(kg·K)。

熔化潜热：370kJ/kg。

热导率：在20℃时，F状态下为61W/(m·K)。

(6) 加工性能。

铸造温度：650～680℃。

可焊性：不可焊。

(7) 耐腐蚀性。

AST ME177 盐水喷雾腐蚀试验。AM60B 为 $<0.13mg/cm^2/d$（$<20mils/a$）。

8.7.1.3 AM100A

(1) 铸件技术规范。

AST：永久性铸件为4483；熔模铸件T6状态下为4455。

ASTM：砂型铸件B80；永久性铸件为B199；熔模铸件为B403。

SAE：J465，原来的SAE合金牌号为B403。

UNS牌号：M10100。

(2) 铸锭技术规范。

ASTM：B93。

UNS牌号：M10101。

化学成分（ASTM铸件）：合金成分范围：Al 9.3%～10.7%，Mn 0.10%～0.35%。

杂质成分：Zn（最大）0.30%，Si（最大）0.30%，Cu（最大）0.10%，Ni（最大）0.01%，其他（最大），每种0.30%。

杂质超限的不良后果：增加铁、铜和镍含量会降低合金的耐盐水腐蚀性能。增加锌含量会降低压力致密性。硅含量大于0.5%会降低伸长率。

(3) 用途。

典型用途：工业用和军用压力密封性能的砂型永久型铸件，其拉伸强度、屈服强度和伸长率等综合性能良好。此种金属已不再被广泛使用。

(4) 力学性能。

拉伸性能：见表8-6。

极限承载强度：T4状态下为475MPa；T61状态下为560MPa。

承载屈服强度：T4状态下为310MPa；T61状态下为470MPa。

硬度：见表8-6。在-78℃时，F状态时为63HB或75HRE；T4状态为60HB或73HRE；T6状态为85HB或90HRE。

泊松比：0.35。

弹性模量：抗拉弹性模量为45GPa；剪切弹性模量为17GPa。

冲击强度：在20℃和F状态下的V切口摆锤冲击能量为0.8J；T4状态下为2.7J；T61状态下为0.9J。

疲劳强度：在循环次数为 5×10^8 的R·R·莫尔型试验条件下：F和T6状态为70MPa；T4状态为75MPa。

表8-6 室温下AM100A合金砂型铸件典型力学性能

状态	抗拉强度/MPa	抗拉或压缩屈服强度①/MPa	标距50mm时的伸长率/%	硬度		抗剪强度/MPa
				HB	HRE	
F	150	83	12	53	61	125
T4	275	90	13	52	62	140
T6	275	110	16	67	—	—
T61	275	150	22	60	80	145
T7	260	125	18	67	78	—

①拉伸或压缩屈服强度数值相同。

（5）物理性能。

密度：20℃时为1.81g/cm^3。

液相线温度：595℃。

固相线温度：465℃。

初始温度：427℃。

线膨胀系数：18~100℃温度范围内为25μm/(m·K)。

比热：在25℃时为1.05kJ/(kg·K)。

（6）加工性能。

铸造温度：砂型铸件为735~840℃；永久性铸件为650~810℃；铸锭为650~750℃。

可焊性：采用AM100A焊条的气体保护电弧，焊接性能优良。

8.7.1.4 AS41A、AS41B

（1）铸件技术规范。

ASTM：B94。

UNS牌号：AS41A为M10410；AS41B为M10412。

欧洲标准：EN1753，MC21320。

（2）铸锭技术规范。

ASTM：B93。

UNS牌号：AS41A为M10411；AS41B为M10413。

欧洲标准：EN1753，MC21320。

化学成分（ASTM铸件）：AS41A合金成分范围：Al 3.5%~5.0%，Mn 0.20%~0.50%，Si 0.50%~1.50%，Cu(最大) 0.06%，Zn(最大) 0.12%，Ni(最大) 0.03%，Mg余量；AS41B合金成分范围：Al 3.5%~5.0%，Si 0.50%~1.50%，Mn(最小) 0.35%，Zn(最大) 0.12%，Fe(最大) 0.0035%，Cu(最大) 0.020%，Ni(最大) 0.002%，其他(每种)(最大) 0.2%，Mg余量。若未满足对锰含量下限或铁含量上限的要求，则Fe/Mn之比不应超过0.010%。

杂质超限的不良后果：增加铁、铜和镍含量会降低合金的耐盐水腐蚀性。

（3）用途。典型用途：工作温度达到175℃的汽车用压铸结构件。在原铸造状态（F

状态）下使用。温度高达175℃时，合金的蠕变特性仍优于AZ91A、AZ91B、AZ91D和AM60A合金，而且抗拉强度、抗拉屈服强度和伸长率也十分良好。AS41B具有极好的抗盐水腐蚀性能。

（4）力学性能。

力学性能（F状态）：抗力强度为215MPa。

屈服强度为140MPa；伸长率在标距为50mm时为6%。

压缩屈服强度：F状态时为140MPa。

硬度：F状态时为59HB。

泊松比：0.35。

弹性模量：抗拉弹性模量为45GPa。

冲击强度：在20℃和F状态下的V－切口摆锤冲击能量值为2.0J。

（5）物理性能。

液相线温度：620℃。

固相线温度：570℃。

线膨胀系数：20～100℃温度范围内为26.1μm/(m·K)。

熔化潜热：413kJ/kg。

热导率：在20℃时，F状态下为68W/(m·K)。

在570℃（固态）时为117W/(m·K)。

（6）加工性能。

铸造温度：650～680℃。

可焊性：不可焊。

（7）抗腐蚀性。

ASTM B177盐水喷雾腐蚀试验。AS41B为 $<0.25mg/cm^2/d$ （$<20mils/a$）。

8.7.1.5 AZ63A

（1）铸件技术规范。

AMS：砂型铸件F状态为4422；T5状态为4424。

ASTM：砂型铸件为B80。

SAE：J465，先前的SAE合金牌号为50。

欧洲标准：M11630。

（2）铸锭技术规范。

ASTM：B93。

UNS牌号：M11631。

欧洲标准：M11631。

化学成分（ASTM铸件）：合金成分范围：Al 5.1%～6.7%，Zn 2.5%～3.5%，Mn 0.15%～0.35%。

杂质成分：Si（最大）0.30%，Cu（最大）0.25%，Ni（最大）0.01%，其他（最大（总量））0.30%。

杂质超限的不良后果：硅含量过多将导致合金易脆；铜含量过多将降低力学性能；镍含量过多会降低抗腐蚀性能。

（3）用途。

典型用途：要求强度适中且延展性和韧性良好的工业用和军用砂型和永久型铸件。这种合金已基本上被 AZ91 合金所取代。

（4）力学性能。

抗拉强度：F 和 T5 状态下为 200MPa；T4，T6 和 T7 状态下为 275MPa。

屈服强度：F 和 T4 状态下为 97MPa；T5 状态下为 105MPa，T6 状态下为 130MPa，T7 状态下为 115MPa。

伸长率在标距 50mm 内，F 和 T7 状态下为 6%，T4 状态下为 12%，T5 状态下为 4%，T6 状态下为 5%。

8.7.1.6 AZ81A 合金

（1）铸件技术规范。

ASTM：砂型铸件 B80；永久性铸件为 B199；蜡模铸件为 B403。

SAE：J465，原来的 SAE 合金牌号为 B505。

UNS 牌号：M11810。

欧洲标准：EN 1753，MC21110。

（2）铸锭技术规范。

ASTM：B93。

UNS 牌号：M11811。

欧洲标准：EN 1753，MC21110。

化学成分（ASTM 铸件）：合金成分范围：Al 7.0% ~8.1%，Zn 4.1% ~1.0%，Mn 0.13% ~0.35%。

杂质成分范围：Si（最大）0.30%，Cu（最大）0.10%，Ni（最大）0.01%，其他（总和最大）0.30%。

杂质超限的不良后果：硅含量过多将导致合金易脆；铜含量过多将降低力学性能和（或）抗盐水腐蚀性能；镍含量过多将降低抗盐水腐蚀性能。

（3）用途。

典型用途：工业用和军用永久型铸件和蜡模铸件要求合金强度良好并且延展性和硬度极佳。此合金易于铸造，且不容易产生显微缩孔，可在固溶处理条件下使用（T4 状态）。

（4）力学性能。

拉伸性能：T4 状态抗拉强度为 275MPa；屈服强度为 83MPa；伸长率在 50mm 时为 15%。

剪切强度：T4 状态下为 145MPa。

极限承载强度：400MPa。

承载屈服强度：240MPa。

压缩屈服强度：83MPa。

硬度：55HB 或 66HRE。

泊松比：0.35。

弹性模量：抗拉弹性模量为 45GPa；剪切弹性模量为 17GPa。

冲击强度：在20℃和F状态下的V－切口摆锤冲击能量值为6.1J。

（5）物理性能。

密度：20℃时为1.80g/cm^3。

液相线温度：602℃。

固相线温度：472℃。

初熔温度：421℃。

引燃温度：在炉内加热时为543℃。

线膨胀系数：20～200℃温度范围内为27.2μm/(m·K)。

热导率：在20℃时为51.1W/(m·K)。

电阻率：在250℃F状态下为128nΩ·m；T4状态下为150nΩ·m。

（6）加工性能。

铸造温度：705～845℃。

可焊性：采用AZ92A焊条的气体保护电弧，焊接性能良好。

8.7.1.7　AZ91A、AZ91B、AZ91C、AZ91D、AZ91E合金

（1）铸件技术规范。

AMS：模铸件：AZ91A/F状态下为4490；砂型铸件：AZ9C/T6状态下为4437，AZ91E/T6状态下为4446。

AMSTM：模铸件：AZ91A，AZ91B和AZ91D为B94；砂型铸件：AZ91C和AZ91E为B80；永久型铸件：AZ91C和AZ91E为B199；蜡模铸件：AZ91C和AZ91E为B403。

SAE：J465，原来的SAE合金牌号AZ91A为B501，AZ91B为501A，AZ91C为B504。

UNS牌号：AZ91A为M11910，AZ91B为M11912，AZ91C为M11914，AZ91D为M11616，AZ91E为M11919。

欧洲标准：EN 1753，MC 21120。

（2）铸锭技术规范。

ASTM：B93。

UNS牌号：AZ91A为M11911，AZ91B为M11913，AZ91C为M11915，AZ91D为M11617，AZ91E为M11918。

欧洲标准：EN 1753，MC21120。

化学成分：AZ91A合金成分范围：Al 8.3%～9.7%，Mn 0.13%～0.50%，Zn 0.35%～1.0%，Si（最大）0.50%，Cu（最大）0.10%，Ni（最大）0.03%，余量为Mg；AZ91B合金成分范围：Al 8.3%～9.7%，Mn 0.13%～0.50%，Zn 0.35%～1.0%，Si（最大）0.50%，Cu（最大）0.35%，Ni（最大）0.03%，余量为Mg；AZ91C合金成分范围：Al 8.1%～9.3%，Mn 0.13%～0.35%，Zn 0.40%～1.0%，Si（最大）0.30%，Cu（最大）0.10%，Ni（最大）0.01%，其他（总和最大）0.30%，余量为Mg；AZ91D合金成分范围：Al 8.3%～9.7%，Mn 0.15%～0.50%，Zn 0.35%～1.0%，Si（最大）0.10%，Fe（最大）0.005%，Cu（最大）0.30%，Ni（最大）0.002%，其他（总和最大）0.20%，余量为Mg，如果不能满足Mn含量的最小极限的要求，则Fe/Mn之比应不超过0.032；AZ91E合金成分范围：Al 8.1%～9.3%，Mn 0.17%～0.35%，Zn 0.40%～1.0%，Si

（最大）0.20%，Fe（最大）0.005%，Cu（最大）0.15%，Ni（最大）0.0010%，其他（每种最大）0.01%，（总和最大）0.30%，余量为Mg，如果Fe含量超过0.005%，则Fe/Mn之比应不超过0.032。

杂质超限的不良后果：随着铁、铜或锰含量的增加，合金的抗腐蚀性能将降低。硅含量大于0.5%时将降低合金的伸长率。如果AZ91D或AZ91E合金中铁的含量超过0.005%，则允许的铁/锰之比应不超过0.032，抗腐蚀性能将迅速降低。

（3）用途。

典型用途：除铁、铜和镍含量外，具有相同标准成分含量的AZ91A，AZ91B和AZ91D合金是用于原铸造状态条件下（F状态）的模铸件合金。AZ91D是一种具有极佳抗腐蚀性能的高纯合金，最常用的镁模铸件合金；AZ91A和AZ91B能够用辅助金属铸造以降低合金造价；它们必须在不要求最大抗腐蚀性能的条件下使用。AZ91W是一种用于密封砂型和永久型铸件，抗力强度和中等屈服强度很高，具有极佳抗腐蚀性能的高纯合金。AZ91C用于不要求最大抗腐蚀性能条件下的砂型和永久性、型铸件。

（4）力学性能。

拉伸性能：见表8-7。

表8-7 AZ91A、AZ91B、AZ91C、AZ91D和AZ91E铸件的典型室温力学性能

性能		F状态下AZ91A、AZ91B和AZ91D铸件	AZ91C和AZ91E砂型铸件		
			F状态下	T4状态下	T6状态下
抗拉强度/MPa		230	165	275	275
抗拉屈服强度/MPa		150	97	90	145
标距为50mm时的伸长率/%		3	2.5	15	6
0.2%残留变形时的压缩屈服强度/MPa		165	97	90	130
极限承载强度/MPa		—	415	415	515
承载屈服强度/MPa		—	275	305	360
硬度	HB	63	60	55	70
	HRE	75	66	62	77
摆锤V-切口冲击能量/J		2.7	0.79	4.1	1.4

（5）加工性能。

可焊性：对于AZ91C和AZ91E，使用AZ91CHUO AZ91A焊条，采用气体保护电弧焊易于焊接；焊后需要进行应力消除材料，而ZA91A、ZA91B和AZ91D则不可焊接。

铸造温度：对于AZ91C和AZ91E，砂型铸件为705~845℃，永久型铸件为650~815℃；对于ZA91A、ZA91B和AZ91D，压铸件为640~675℃。

热脆温度：400℃。

（6）抗腐蚀性能。

ASTM B117喷盐试验。AZ91D为<0.13mg/d；AZ91E-T6为<0.63mg/d。

8.7.1.8　ZA92A 合金

（1）铸件技术规范。

AMS：T6 状态砂型铸件为 4434；蜡模铸件为 4453；永久型铸件为 4484。

ASTM：砂型铸件为 B80；永久型铸件为 B199；蜡模铸件为 B403。

SAE：J465，先前的 SAE 合金牌号为 B500。

UNS 牌号为 M11920。

（2）铸锭技术规范。

ASTM：B93。

UNS 牌号为 M11921。

（3）化学成分（ASTM 铸件）。

合金成分范围：Al 8.3%～9.7%，Mn 0.10%～0.35%，Zn 1.6%～2.4%。

杂质成分：Si（最大）0.30%，Cu（最大）0.25%，Ni（最大）0.01%，其他（总和最大）0.30%。

杂质超限的不良后果：铜或镍含量过多将降低合金的抗盐水腐蚀性能。硅含量大于 0.5% 时将降低合金伸长率。

（4）用途。

典型用途：民用或军用用压力密封砂型和永久型铸件，具有很高的抗拉强度和良好的屈服强度。

（5）力学性能。

拉伸性能：见表 8－8。

表 8－8　AZ92A 砂型铸件的典型拉伸性能

状　态	抗拉强度/MPa	屈服强度/MPa	伸长率/%	状　态	抗拉强度/MPa	屈服强度/MPa	伸长率/%
F	170	97	2	T6	275	150	3
T4	275	97	10	T7	275	145	3
T5	170	115	1				

承载屈服强度：在 F、T4 和 T5 状态下为 315MPa；T6 状态下为 450MPa。

硬度：在 F 状态下为 65HB 或 76HRE；在 T4 状态下为 63HB 或 76HRE；在 T5 状态下为 69HB 或 80HRE；在 T6 状态下为 81HB 或 88HRE；在 T7 状态下为 78HB 或 86HRE。

泊松比：0.35。

弹性模量：抗拉弹性模量为 45GPa；剪切弹性模量为 17GPa。

冲击强度：在 20℃ 和 F 状态下的 V－切口摆锤冲击能量值：在 T7 状态下为 0.7J；在 T4 状态下为 2.7J；T6 状态下为 1.1J。

疲劳强度：用 R·R·莫尔型试验在循环次数为 5×10^{8} 时，在 F 和 T6 状态下为 83MPa；在 T4 和 T7 状态下为 90MPa；在 T5 状态下为 76MPa。

（6）物理性能。

密度：20℃ 时为 1.83g/cm³。

液相线温度：595℃。

固相线温度：445℃。

初熔温度：400℃。

引燃温度：在炉内空气中加热时为532℃。

线膨胀系数：20～200℃温度范围内为27.2μm/(m·K)。

比热：在25℃时为1.05kJ/kg。

熔化潜热：373kJ/kg。

氢超电势：在原铸造状态下为0.3V。

（7）加工性能。

铸造温度：砂型铸件为705～845℃；永久型铸件为650～815℃。

可焊性：采用AZ92A焊条时的气体保护电弧，焊接性能良好；焊后需进行应力消除处理。

8.7.1.9 EQ21A合金

（1）铸件技术规范。

AMS：砂型铸件T6状态下为4417。

ASTM：砂型铸件为B80；永久型铸件为B199；蜡模铸件为B403。

UNS牌号为M18330。

欧洲标准：EN1753，MC65220。

（2）铸锭技术规范。

ASTM：B93。

UNS牌号为M11921。

（3）化学成分（ASTM铸件）。

合金成分范围：银1.3%～1.7%，富钕稀土1.5%～3.0%，锆0.40%～1.0%，铜0.05%～0.10%。

杂质极限成分：镍（最大）0.01%，其他（总和最大）0.30%。

杂质超限的不良后果：锆含量低于0.5%时将导致原铸造状态下的晶粒略微粗大并将降低合金力学性能。

（4）用途。

典型用途：民用或军用砂型和永久型铸件，用于固溶处理并且人工时效状态（T6状态）屈服强度（温度至200℃）。该合金与QE22A等效，但是由于其含银量较低因而造价也相应降低。铸件具有极佳的短时高温力学性能并且是密封和可焊的。

（5）力学性能。

拉伸性能（T6状态）：拉伸强度为235NPa，屈服强度为170NPa，伸长率在50mm时为2%。

线膨胀系数：20～200℃温度范围内为26.7μm/(m·K)。

比热：20～200℃温度范围内为1.00kJ/kg。

熔化潜热：374kJ/kg。

热导率：113W/(m·K)。

电阻率：在20℃时为28nΩ·m。

（6）加工性能。

铸造温度：砂型铸件为750~820℃。

可焊性：采用与被焊金属化学成分相同的焊条进行气体电弧焊接。

固相线温度：515~525℃。

时效温度：200℃。

8.7.1.10　EZ33A 合金

（1）铸件技术规范。

AMS：砂型铸件 T5 状态下为4442。

ASTM：砂型铸件为 B80；永久型铸件为 B199；蜡模铸件为 B403。

SAE：J465，先前的 SAE 合金牌号为 B506。

UNS 牌号为 M12330。

欧洲标准：EN1753，MC65220。

（2）铸锭技术规范。

ASTM：B93。

UNS 牌号为 M12331。

欧洲标准：EN1753，MC65120。

（3）化学成分（ASTM 铸件）。

合金成分范围：稀土2.5%~4.0%，锌2.0%~3.1%，锆0.50%~1.0%。

杂质极限成分：铜（最大）0.10%，镍（最大）0.01%，其他（总和最大）0.30%。

（4）用途。

典型用途：民用和军用压力密封砂型和永久型铸件基本不含显微孔隙，应用于 T5 状态下，要求强度良好至260℃。

（5）力学性能。

拉伸性能（T5 状态）：拉伸强度为160NPa，屈服强度为110NPa，伸长率在50mm 时为3%。

8.7.1.11　K1A 合金

（1）铸件技术规范。

ASTM：砂型铸件为 B80。

UNS 牌号为 M18010。

（2）铸锭技术规范。

ASTM：B93。

UNS 牌号为 M18011。

（3）化学成分（ASTM 铸件）。

合金成分范围：锆0.40%~1.0%，其他（总和最大）0.30%，余量为镁。

（4）用途。

典型用途：K1A 的高减震能力用于铸造状态条件（F 状态）下。模铸件比原砂型铸件的力学性能略微好一点。

（5）力学性能。

砂型铸件（F 状态）的拉伸性能：拉伸强度为180NPa，屈服强度为55NPa，伸长率为19%。

模铸件（F状态）的拉伸性能：拉伸强度为165NPa，屈服强度为83NPa，伸长率为8%。

剪切强度：砂型铸件在F状态下为55NPa。

承载性能：在F状态下，砂型铸件的极限承载强度为317MPa；承载屈服强度为125MPa。

（6）物理性能。

密度：20℃时为1.74g/cm^3。

液相线温度：650℃。

固相线温度：550℃。

线膨胀系数：20～200℃温度范围内为27μm/(m·K)。

熔化潜热：343～360kJ/kg。

热导率：20℃时为122W/(m·K)。

（7）加工性能。

铸造温度：砂型铸件为750～820℃。

可焊性：易于焊接和固焊。

8.7.1.12 QE22A

（1）铸件技术规范。

ASM：砂型铸件为4418。

ASTM：砂型铸件为B80；永久性铸件为B199；蜡模铸件为B403。

UNS牌号为M18220。

欧洲标准：EN1573，MC65210。

（2）铸锭技术规范。

ASTM：B93。

UNS牌号为M18221。

欧洲标准：EN1753，MC65210。

（3）化学成分（ASTM铸件）。

合金成分范围：银2.0%～3.0%，富钕稀土1.8%～2.5%，锆0.40%～1.0%。

杂质极限成分：铜（最大）0.1%，镍（最大）0.01%，其他（总和最大）0.30%。

杂质超限的不良后果：锆含量低于0.5%时将导致原铸造状态下的晶粒略微粗大并将降低合金力学性能。

（4）用途。

典型用途：民用或军用砂型和永久型铸件用于固溶处理并且人工时效状态（T6状态）具有很高的屈服强度（温度至200℃）。

（5）力学性能。

拉伸性能（T6状态）：抗力强度为260MPa，屈服强度为195NPa，伸长率在50mm时为3%。

（6）物理性能。

固相线温度：535℃。

线膨胀系数：20～200℃温度范围内为26.7μm/(m·K)。

比热：在 20～100℃温度范围内为 1.00kJ/(kg·K)。

熔化潜热：3730kJ/kg。

热导率：20℃时为 113W/(m·K)。

（7）加工性能。

铸造温度：砂型和永久型铸件为 750～820℃。

可焊性：采用与被焊金属化学成分相同的焊条时的其他保护电弧，焊接性能良好。

固溶温度：520～530℃。

时效温度：200℃。

8.7.1.13 WE43A 合金

（1）铸件技术规范。

ASM：砂型铸件在 T6 状态下为 4427。

ASTM：砂型铸件为 B80。

UNS 牌号为 M18430。

欧洲标准：EN1753，MC95320。

（2）铸锭技术规范。

ASTM：B93。

UNS 牌号为 M18430。

欧洲标准：EN1573，MC95320。

（3）化学成分（ASTM 铸件）。

合金成分范围：Y3.7%～4.3%，稀土 2.4%～4.4%，锆 0.40%～1.0%。

杂质成分范围：锰（最大）0.15%，锌（最大）0.20%，铜（最大）0.03%，硅（最大）0.005%，镍（最大）0.005%，其他（每种最大）0.30%，余量为镁。

稀土：是由 2.0%～2.5% 的钕以及余量包括主要成分铽、铒、钇的重稀土（HRE）元素组成。

HRE 组成直接与合金的钇含量有关（也就是说，钇在一个标称 80Y－20HRE 的混合物中存在）。

杂质超限的不良后果：锆含量低于 0.5% 时将导致原铸造状态下的晶粒略微粗大并将降低合金力学性能。

（4）用途。

典型用途：军用和航天砂型铸件用于固溶处理过的和人工时效状态（T6 状态）下。铸件在高温条件下（≤250℃）可长时间（＞5000h）保持性能不变，并且具有密封和可焊接性。

（5）力学性能。

拉伸性能（T6 状态）：抗力强度为 250MPa，屈服强度为 162NPa，伸长率在 50mm 时为 2%。

泊松比：0.27。

硬度：75～95HB。

弹性模量：在 20℃时拉伸弹性模量为 44.2GPa。

（6）物理性能。

密度：20℃时为1.84g/cm³。

液相线温度：640℃。

固相线温度：550℃。

热导率：在20℃时为51.3W/(m·K)；在100℃时为59.9W/(m·K)。

比热：在20℃时为0.966kJ/(kg·K)。

电阻率：在20℃时为1.48nΩ·m。

（7）加工性能。

铸造温度：砂型铸件为750~820℃。

可焊性：采用与被焊金属化学成分相同的焊条进行气体保护电弧焊接。

（8）抗腐蚀性能。

ASTM B117喷盐试验，0.1~0.2mg/cm²/d。

8.7.1.14 WE54A合金

（1）铸件技术规范。

ASM：砂型铸件在T6状态下为4426。

ASTM：砂型铸件为B80。

UNS牌号为M18410。

欧洲标准：EN1573，MC95310。

（2）铸锭技术规范。

ASTM：B93。

UNS牌号为M18410。

欧洲标准：EN1753，MC95310。

（3）化学成分（ASTM铸件）。

合金成分范围：Y4.75%~5.5%，稀土1.5%，锆0.40%~1.0%。

杂质成分范围：锰（最大）0.15%，锌（最大）0.20%，铜（最大）0.03%，硅（最大）0.01%，镍（最大）0.005%，其他（每种最大）0.2%，其他（总和最大）0.30%，余量为镁。

稀土：是由1.5%~2.5%的钕以及余量包括主要成分铽、铒、钇的重稀土（HRE）元素组成。

HRE组成直接与合金的钇含量有关（也就是说，钇在一个标称80Y-20HRE的混合物中存在）。

杂质超限的不良后果：锆含量低于0.5%时将导致原铸造状态下的晶粒略微粗大并将降低合金力学性能。

（4）用途。

典型用途：民用砂型铸件用于经固溶处理过的和人工时效状态（T6状态）下。铸件在高温条件下（300℃）可长时间（>5000h）保持性能不变，并且具有密封性和可焊性。

（5）力学性能。

拉伸性能（T6状态）：抗力强度为250MPa，屈服强度为172MPa，伸长率在50mm时为2%。

压缩性能屈服强度为172MPa。

泊松比：0.27。

硬度：75~95HB。

弹性模量：在20℃时拉伸弹性模量为44.4GPa。

（6）物理性能。

密度：20℃时为1.85g/cm^3。

液相线温度：640℃。

固相线温度：550℃。

热导率：在20℃时为52W/(m·K)。

电阻率：在20℃时为173nΩ·m。

（7）加工性能。

铸造温度：砂型铸件为750~820℃。

可焊性：采用与被焊金属化学成分相同的焊条进行气体保护电弧焊接。

（8）抗腐蚀性能。

ASTM B117 喷盐试验，0.1~0.2mg/cm^2/d。

8.7.1.15 ZC63A 合金

（1）铸件技术规范。

ASTM：砂型铸件为B80。

UNS 牌号为M16631。

欧洲标准：EN1753，MC32110。

（2）铸锭技术规范。

ASTM：B93。

UNS 牌号为M16631。

欧洲标准：EN1753，MC931220。

（3）化学成分（ASTM 铸件）。

合金成分范围：锌5.5%~6.5%，铜2.4%~3.0%，锰0.25%~0.75%。

杂质成分范围：硅（最大）0.20%，镍（最大）0.10%，其他（总和最大）0.30%，余量为镁。

（4）用途。

典型用途：民用和军用砂型铸件用于经固溶处理过的和人工时效状态（T6 状态）下。该合金比 AZ91C 合金的使用和铸造性能优良，适用于要求密封性和可焊性的用途。

（5）力学性能。

拉伸性能（T6 状态）：抗力强度为210MPa，屈服强度为125MPa，伸长率在50mm 时为4%。

泊松比：0.27。

硬度：55~65HB。

弹性模量：在20℃时拉伸弹性模量为45GPa。

（6）物理性能。

密度：20℃时为1.87g/cm^3。

液相线温度：635℃。

固相线温度：465℃。

线膨胀系数：20℃为27μm/(m·K)。

比热：在20℃为0.960kJ/(kg·K)。

热导率：在20℃时为122W/(m·K)。

熔化潜热：3730kJ/kg。

电阻率：在20℃时为54nΩ·m。

（7）加工性能。

可焊性：采用与被焊金属化学成分相同的焊条进行气体保护电弧焊接。

8.7.1.16 ZE41A 合金

（1）铸件技术规范。

AMS：砂型铸件在T5状态下为4439。

ASTM：砂型铸件为B80。

UNS 牌号为 M16410。

欧洲标准：EN1753，MC35110。

（2）铸锭技术规范。

ASTM：B93。

UNS 牌号为 M16441。

欧洲标准：EN 1753，MC35110。

（3）化学成分（ASTM 铸件）。

合金成分范围：锌3.5%～5.0%，稀土（如混合稀土）0.75%～1.75%，锆0.40%～1.0%。

杂质成分范围：锰（最大）0.15%，铜（最大）0.10%，镍（最大）0.01%，其他（总和最大）0.30%，余量为镁。

杂质超限的不良后果：可溶杂质含量小于0.6%时将增加晶粒尺寸并且降低合金力学性能，同时可焊性也相应降低。

（4）用途。

典型用途：军用和航天砂型铸件用于人工时效状态（T5状态），其可铸造性比ZK51A合金更好并且强度良好（至93℃），适用于要求密封性的用途。

（5）力学性能。

拉伸性能（T5状态）：抗拉强度为205MPa，屈服强度为140MPa，伸长率在50mm时为3.5%。

压缩性能（T5状态）：压缩强度为345MPa，压缩屈服强度为140MPa。

承载性能：极限承载强度为485MPa，承载屈服强度为350MPa。

泊松比：0.35。

硬度：62HB 或 72HRE。

弹性模量：拉伸弹性模量为45GPa；剪切弹性模量为17GPa。

冲击强度：V－切口摆锤的冲击能量值1.4J。

（6）加工性能。

铸造温度：砂型铸件为750～820℃。

可焊性：采用与被焊金属化学成分相同的焊条时的气体保护电弧，焊接性能良好；在进行氢气处理前完成所有焊接；要求在温度为345℃(650F）时进行应力消除处理。

8.7.1.17 ZE63A 合金

（1）铸件技术规范。

AMS：砂型铸件在T6状态下为4425。

ASTM：砂型铸件为B80。

UNS 牌号为M16530。

（2）铸锭技术规范。

ASTM：B93。

UNS 牌号为M16311。

（3）化学成分（ASTM 铸件）。

合金成分范围：锌5.5%～6.0%，稀土2.1%～3.0%，锆0.40%～1.0%。

杂质成分范围：铜（最大）0.10%，镍（最大）0.01%，其他（总和最大）0.30%，余量为镁。

杂质超限的不良后果：低溶锆量将导致晶粒尺寸过大，并且将降低力学性能。

（4）用途。

典型用途：航天和军用砂型铸件及蜡模铸件用于经固溶处理后及人工时效状态（T6状态）下，具有极佳的可铸造性和压力密封性。特别适用于要求力学性能高并且不含孔隙的薄壁铸件。为提高力学性能要求在氢气中进行特殊热处理，这样将导致铸件的壁厚受到限制。

（5）力学性能。

拉伸性能（T6状态）：抗拉强度为300MPa，屈服强度为190MPa，伸长率在$5.65\sqrt{A}$时为10%。

（6）加工性能。

铸造温度：砂型铸件为750～820℃。

可焊性：采用ZE63A焊条时的气体保护电弧焊接性能很好；焊接必须在热处理之前进行。

8.7.1.18 ZK51A 合金

（1）铸件技术规范。

AMS：砂型铸件在T5状态下为4443。

ASTM：砂型铸件为B80。

SAE：J465，先前的SAE 合金牌号为B509。

UNS 牌号为M16510。

（2）铸锭技术规范。

ASTM：B93。

UNS 牌号为M16511。

（3）化学成分（ASTM 铸件）。

合金成分范围：锌3.6%～5.5%，锆0.50%～1.0%。

杂质成分范围：铜（最大）0.10%，镍（最大）0.01%，其他（总和最大）0.30%，余量为镁。

杂质超限的不良后果：可溶锆含量低于0.7%将导致晶粒粗大并且将降低力学性能。

（4）用途。

典型用途：航天和军用砂型铸件用于人工时效状态（T6状态）下，具有很高的屈服强度和良好的延展性。此合金适用于制作尺寸小或结构相当简单的高应力部件。不要求固溶处理。

（5）力学性能。

拉伸性能（T5状态）：抗拉强度为205MPa；屈服强度为140MPa，伸长率在50mm时为3.5%。

剪切强度：在T5状态下为150MPa。

压缩性能（T5状态）：压缩强度为345MPa，压缩屈服强度为140MPa。

承载性能（T5状态）：极限承载强度为485MPa，承载屈服强度为350MPa。

（6）加工性能。

铸造温度：砂型铸件为750～820℃。

在冷却过程中体积发生变化：温度范围从600～20℃时收缩率为5%。

可焊性：采用ZE33A或ZK51A焊条（最好采用EZ33A）的气体保护电弧焊的应用受到一定限制，无须但也可以进行预处理，需要进行焊后热处理。

8.7.1.19 ZK61A合金

（1）铸件技术规范。

AMS：砂型铸件在T5状态下为4444。

ASTM：砂型铸件为B80。

SAE：J465，先前的SAE合金牌号为B513。

UNS牌号为M16611。

（2）铸锭技术规范。

ASTM：B93。

UNS牌号为M16611。

（3）化学成分（ASTM铸件）。

合金成分范围：锌5.5%～6.0%，锆0.6%～1.0%。

杂质成分范围：铜（最大）0.10%，镍（最大）0.01%，其他（总和最大）0.30%，余量为镁。

（4）用途。

典型用途：用于断面厚度均匀和结构简单的高应力航空和军用铸件。当用于形状复杂的铸件时，不但成本高，而且易产生微孔隙和收缩裂纹。这种铸件的焊接性能较差。有时在人工时效（T5）状态下使用，但是通常在固溶热处理加入人工时效（T6）状态下使用，以使铸件的各种性能指标达到最佳化。

（5）力学性能。

拉伸性能（T6状态）：抗力强度为310MPa，屈服强度为195MPa，伸长率在标距50mm时为10%。

疲劳性能：不低于镁－铝－锌合金的疲劳性能。

（6）物理性能。

密度：20℃时为1.83g/cm³。

液相线温度：635℃。

固相线温度：520℃。

线膨胀系数：20~200℃为27μm/(m·K)。

比热：在300℃为1.084kJ/kg；在600℃为1.182kJ/kg；在650℃为1.372kJ/kg。

（7）加工性能。

可焊性：不易焊接。添加稀土或钍可降低孔隙率和提高可焊性。

铸造温度：砂型铸件为705~815℃。

8.7.2 国内主要铸造镁合金的基本技术性能

8.7.2.1 ZM1合金

（1）概述。ZM1合金是一种镁－锌－锆系合金，添加合金强化元素锌及细化晶粒元素锆后，合金具有高的抗拉强度、屈服强度和良好的塑性。该合金铸造性能尚好，力学性能的壁厚效应较小，但热裂倾向和显微疏松倾向较大，铸造时必须采用相应的工艺措施，该合金适应于需求高的抗拉强度、屈服强度和受冲击载荷大的零件，如飞机、轮缘、支架等，该合金在人工时效状态（T1）下应用。

材料牌号 ZMgZn5Zr。

材料代号 ZM1。

相近牌号 Mg－Zn5Zr(ISO)，ZK51A(美国)，Z5Z，MAG4(英国)，МЛ12(俄罗斯)，G－Z5Z5(法国)，MC6(日本)。

材料的技术标准：GB/T 1177—1991《铸造镁合金》；

HB 964—1982《铸造镁合金技术标准》。

相应的化学成分，见表8－9。

表8－9 ZM1合金的化学成分（质量分数） （%）

<table>
<tr><th rowspan="2">标 准</th><th colspan="4">合金元素</th><th colspan="6">杂质（不大于）</th></tr>
<tr><th>Zn</th><th colspan="2">Zr</th><th>Mg</th><th>Si</th><th>Fe</th><th>Ni</th><th>Cu</th><th>Be</th><th>杂质总量</th></tr>
<tr><td>GB/T 1177—1991</td><td>3.5~5.5</td><td colspan="2">0.5~1.0</td><td>余量</td><td>—</td><td>—</td><td>0.01</td><td>0.10</td><td>0.002</td><td>0.3</td></tr>
<tr><td rowspan="2">HB 964—1982</td><td rowspan="2">3.5~5.5</td><td>Zr溶解</td><td>Zr总量</td><td rowspan="2">余量</td><td rowspan="2">0.01</td><td rowspan="2">0.01</td><td rowspan="2">0.03</td><td rowspan="2">0.03</td><td rowspan="2">0.001</td><td>其他单个</td></tr>
<tr><td>≥0.5</td><td>0.5~1.0</td><td>0.05</td></tr>
</table>

热处理制度：按HB 5462—1990《镁合金铸件热处理》的规定。

1）时效：175℃保温28~32h，空冷。

2）时效：195℃保温16h，空冷。

品种规格与供应状态：

1）铸件采用砂型铸造工艺或金属型铸造工艺生产。

2）人工时效（T1）状态下应用。

熔炼与铸造工艺：

1）合金的熔炼和浇注应在同一坩埚内进行。如采取熔炼坩埚转注金属液到铸造坩埚的工艺，则会造成合金中锆的损失。锆的加入是合金液升温到780~800℃时，以镁-锆中间合金形式加入。经彻底搅拌后对合金进行熔炼。要用足够的溶剂来控制合金的氧化燃烧。

2）合金制备过程中要防止铝、铁、硅、锰等元素沾污合金，因为这些元素会妨碍锆的晶粒细化效果。

3）由于锆的溶解度低，且易与各种杂质元素形成化合物而损失，锆的加入量必须为合金中所要求含锆量的3~5倍。

4）该合金晶粒的细化程度与合金中的溶解锆含量密切相关，所以熔炼技术和温度控制是极为重要的。

应用概况与特殊要求：合金已用于多种飞机机轮铸件，并可广泛用于各种飞机受力构件。

（2）物理及化学性能。热性能：

1）熔化温度范围：560~640℃。

2）热导率：见表8-10。

3）比热容：见表8-11。

4）线膨胀系数：见表8-12。

表8-10　ZM1合金的热导率

θ/℃	50	100	200
λ/W·(m·℃)$^{-1}$	113	117	121

表8-11　ZM1合金的比热容

θ/℃	20~100	20~200
c/J·(kg·℃)$^{-1}$	967	1022

表8-12　ZM1合金的线膨胀系数

θ/℃	20~100	20~200
α/℃$^{-1}$	25.8×10^{-6}	26.2×10^{-6}

5）密度：$\rho=18.2\text{g/cm}^3$。

电性能：20℃时，电阻率$\rho=62\text{n}\Omega\cdot\text{m}$。

磁性能：无磁性。

化学性能：

1）抗氧化性能。镁合金在空气中的燃点为400℃和400℃以上，但燃烧的难易程度还与材料本身的尺寸和形状有关。细小颗粒与粉尘状态的镁极易燃烧。机械加工和锯切时产生的细屑较大，着火的危险程度也低于粉末，但切屑一旦加热到燃点以上就容易燃烧。厚大截面的镁合金，只有在延长加热之后才燃烧。熔融镁合金与水接触产生巨大反应，因此，危险性比其他金属大。

2）耐腐蚀性能。镁在干燥空气中有很好的耐蚀性，但在潮湿空气、水（尤其是海水）中的化学性是不稳定的，与大多数无机酸相互作用剧烈。在工业气氛中，镁的耐蚀性与中碳钢相近。镁的氧化膜不致密，故需经表面处理后，方可在大气条件下长期使用。

镁合金对硒酸、氟化物、氢氟酸作用稳定，形成不溶性盐。与铝相反，镁合金不与苛性碱相互作用，在汽油、煤油、润滑油中也很稳定。镁是负电性最高的金属之一，不允许与铝（铝-镁合金除外）、铜合金、钢等零件直接接触装配，否则将导致电化学腐蚀。

铁、硅、铜、镍、氯化物和其他夹杂物以及某些铸造缺陷会降低镁合金的腐蚀稳定性。合金中的锆可消除杂质的有害作用并细化晶粒，从而大大提高合金的耐蚀能力。

（3）力学性能。

1）技术标准规定的性能，见表8-13。

2）室温下的力学性能。

3）硬度，室温硬度HBS62。

表8-13 ZM1合金技术标准规定的性能

性能		σ_b/MPa	$\sigma_{0.2}$/MPa	δ_5/%	σ_b/MPa	δ_5/%	σ_b/MPa	δ_5/%
技术标准		GB/T 1177			HB 964—1982		HB 965—1982	
热处理状态		T1						
砂型单铸		≥235	≥140	≥5	≥235	≥5	—	—
铸件切取	平均值①	—	—	—	—	—	≥206	≥2.5
	最小值①	—	—	—	—	—	≥176	

①系指从铸件上切取的三根试样平均值。

②系指从铸件上切取的三根试样中，允许有一根低于平均值，但不低于最小值。

4）室温弹性模量：$E=42$GPa。

5）切变模量：$G=17$GPa。

6）泊松比：$\mu=0.35$。

（4）组织结构。

1）相变温度：液相线温度640℃，固相线温度550℃。

2）时间-温度-组织转变曲线。

3）合金组织结构。铸态组织为α-Mg固溶体加晶界分布少量MgZn块状化合物，晶界和富锌区分布有微粒状MgZn化合物沉淀，常有可见的晶内偏析。时效处理后，晶粒内部析出沉淀物。在铸件厚大部位冷却速度缓慢时，可能形成Zn_3Zr_2化合物比重偏析。

（5）工艺性能与要求。

1）铸造温度705~815℃。

2）铸件设计要求：

①铸件形式要求简单，截面均匀；

②铸件不同截面的交接应圆滑过渡并在转接处应有较大的圆角，避免截面突变；

③由于合金的显微疏松倾向很大，铸件设计应特别注意合金的补缩；

④铸件具有较高和均匀的力学性能，显微疏松降低铸件性能的程度比镁-铝-锌系

ZM5 合金为轻。

3）铸造性能。用浇注试棒长度的方法测定流动性为182mm。凝固时形成显微疏松的倾向较大，但随合金成分中锌含量的降低而稍有减轻。锌在下限时，显微疏松由分散趋向集中。热烈倾向性试验测定的第一个裂纹是在环的宽度为25～27.5mm 处形成。线收缩率为1.5%。

4）焊接性能。该合金焊接性能较差，不易补焊。

5）零件热处理工艺。焊接铸件仅采用时效处理。

6）表面处理工艺。

①铸件表面应经化学氧化处理，使其表面形成一层防护层。在处理之前铸件必须经吹砂、除油，按 HB/Z 5078—1978《镁合金化学氧化工艺》的规定。

②根据零件的不同用途，在氧化处理后进行涂油或涂漆保护，按 HB/Z 5006—1974《飞机镁合金零件涂漆工艺》的规定。

7）切削加工及磨削性能。合金具有优良的切削加工性能，可在较其他金属大的吃刀量下，并以很高的速度进行切削加工。切削掉一定量金属所需要的功率低于其他任何金属。切削加工时，用和不用切削液一般都不磨削和抛光，即可得到极好的光洁表面。

8.7.2.2 ZM2 合金

(1) 概述。ZM2 合金是一种镁－锌－锆系 ZM1 合金基础上，添加混合稀土，改善铸造性能、焊接性能的一种镁合金，它具有高的抗拉强度和中等塑性，室温力学性能不及 ZM1 合金高，但高温蠕变和瞬时强度、疲劳强度则明显高于 ZM1 和 ZM5 合金。该合金铸造性能良好，热裂倾向小，显微疏松倾向低，焊接性能好，推荐用于飞机、发动机和导弹的各种镁铸件，也可用在170～200℃下长期工作的零件，该合金在人工时效状态（T1）下应用。

1）材料牌号 ZMgZn4RE1Zr。

材料代号 ZM2。

2）相近牌号 Mg－Zn4REZr（ISO），ZE41A（美国），RZ5、MAG5（英国），G－Z4TRZr、RZ5（法国），G－MgZn4SE1Zr1、RZ25（德国）。

3）材料的技术标准。

GB/T 1177—1991《铸造镁合金》；

HB 964—1982《铸造镁合金技术标准》。

4）化学成分，见表8－14。

表8－14 ZM2 合金的化学成分

<table>
<tr><th rowspan="2">标 准</th><th colspan="5">合金元素</th><th colspan="6">杂 质</th></tr>
<tr><th>Zn</th><th>RE①</th><th colspan="2">Zr</th><th>Mg</th><th>Si</th><th>Fe</th><th>Ni</th><th>Cu</th><th>Be</th><th>总量</th></tr>
<tr><td>GB/T 1177—1991</td><td>3.5～5.0</td><td>0.75～1.75</td><td colspan="2">0.5～1.0</td><td>余量</td><td>—</td><td>—</td><td>0.01</td><td>0.10</td><td>0.002</td><td>0.30</td></tr>
<tr><td rowspan="2">HB 964—1982</td><td rowspan="2">3.5～5.0</td><td rowspan="2">0.7～1.7</td><td>溶解</td><td>总量</td><td rowspan="2">余量</td><td rowspan="2">0.01</td><td rowspan="2">0.01</td><td rowspan="2">0.01</td><td rowspan="2">0.03</td><td rowspan="2">0.001</td><td>其他单个</td></tr>
<tr><td>≥0.5</td><td>0.5～1.0</td><td></td></tr>
</table>

①铈的质量分数不小于45%的铈混合稀土金属，其中稀土金属总量不小于98%。

5）热处理制度

①时效：325 ±5℃保温 5 ~8h，空冷。

②时效：330℃保温 2h，空冷；175℃保温 16h，空冷。

③时效：330℃保温 2h，空冷；140℃保温 48h，空冷。

6）品种规格与供应状态。

①合金主要用于砂型铸造工艺生产，也可用于金属型铸造。

②铸件在人工时效状态下应用。

7）熔炼与铸造工艺。

①ZM2 合金的熔炼铸造工艺与其他含稀土、锆的合金相似。锌以金属形式加入，其损耗可忽略不计。稀土以混合稀土金属加入，其损耗量视熔铸条件而变。

②合金制备过程中要防止铝、铁、硅、锰等元素污染合金，因为这些元素会妨碍锆对合金的晶粒细化效果。

③由于锆的溶解度低，且易与各种杂质元素形成化合物而损失，锆的加入量必须为合金中所要求含量的 3 ~5 倍。

④锆的质量分数与合金的力学性能密切相关，如图 8 –19 所示。因此，要特别注意熔炼操作和温度控制。

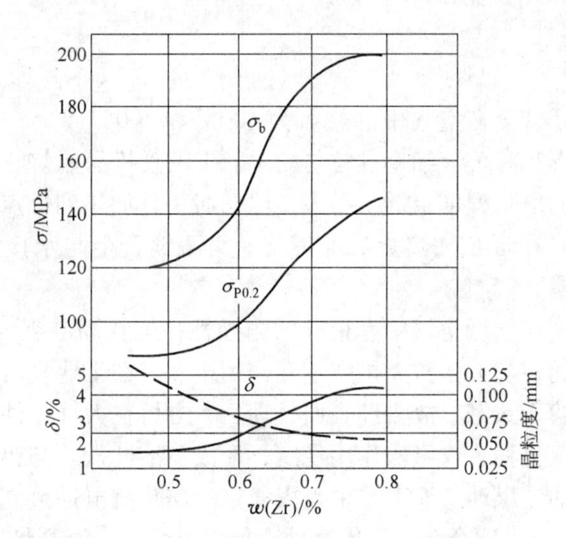

图 8 –19　锆的质量分数对合金（T1 状态）拉伸性能影响（名义成分为 3.5% Zn，1.75% RE）

8）应用概况与特殊要求。

①合金已用于涡轮喷气发动机的前支承壳体、飞机电极壳体等零件，并可用于各类机匣铸件及结构件。

②在规定的成分范围内，低锌、高稀土的合金具有最好的铸造、焊接工艺性能，但拉伸性能最低。反之，高锌、低稀土合金，拉伸性能最高，而铸造、焊接性能最差。

（2）物理及化学性能。

1）热性能：

①熔化温度范围：525 ~645℃。

②热导率：见表 8 –15。

③比热容：见表8－16。

④线膨胀系数：见表8－17。

表8－15 ZM2合金的热导率

θ/℃	50	100	150	200
λ/W·(m·℃)$^{-1}$	117	121	126	126

表8－16 ZM2合金的比热容

θ/℃	20～100	20～200	20～300
c/J·(kg·℃)$^{-1}$	946	1005	1043

表8－17 ZM2合金的线膨胀系数

θ/℃	20～100	20～200	20～300
α/℃$^{-1}$	25.8×10^{-6}	26.2×10^{-6}	27.2×10^{-6}

2）密度：$\rho=1.85\mathrm{g/cm^3}$。

3）电性能：20℃时的电阻率$\rho=60\mathrm{n\Omega\cdot m}$。

4）磁性能：无磁性。

5）化学性能。

①抗氧化性能。镁合金在空气中的燃点为400℃和400℃以上，但燃烧的难易程度还与材料本身的尺寸和形状有关。细小颗粒与粉尘状态的镁极易燃烧。机械加工和锯切时产生的细屑较大，着火的危险程度也低于粉末，但切屑一旦加热到燃点以上就容易燃烧。厚大截面的镁合金，只有在延长加热之后才燃烧。熔融镁合金与水接触产生巨大反应，因此，危险性比其他金属大。

②耐腐蚀性能。镁在干燥空气中有很好的耐蚀性，但在潮湿空气、水（尤其是海水）中的化学性是不稳定的，与大多数无机酸相互作用剧烈。在工业气氛中，镁的耐蚀性与中碳钢相近。镁的氧化膜不致密，故需经表面处理后，方可在大气条件下长期使用。

镁合金对硒酸、氟化物、氢氟酸作用稳定，形成不溶性盐。与铝相反，镁合金不与苛性碱相互作用，在汽油、煤油、润滑油中也很稳定。镁是负电性最高的金属之一，不允许与铝（铝－镁合金除外）、铜合金、钢等零件直接接触装配，否则将导致电化学腐蚀。

铁、硅、铜、镍、氯化物和其他夹杂物以及某些铸造缺陷会降低镁合金的腐蚀稳定性。合金中的锆可消除杂质的有害作用并细化晶粒，从而大大提高合金的耐蚀能力。

（3）力学性能。

1）技术标准规定的性能，见表8－18。

表8－18 ZM2合金技术标准规定的性能

技术标准	合金状态	试样形式	θ/℃	σ_b/MPa	$\sigma_{p0.2}$/MPa	δ_5/%
				不小于		
GB/T 1177—1991	T1	砂型单铸	室温 200	200 —	135 —	2.0 —

续表 8－18

技术标准	合金状态	试样形式		θ/℃	σ_b/MPa	$\sigma_{p0.2}$/MPa	δ_5/%
					不小于		
HB 964—1982	T1	砂型单铸		室温 200	185 110	— —	2.5 —
HB 965—1982	T1	铸件切取	平均值①	室温	165	—	1.5
			最小值②	室温	145	—	—

①系指从铸件上切取的三根试样平均值。

②系指从铸件上切取的三根试样中，允许有一根低于平均值，但不低于最小值。

2）室温下的力学性能。

①硬度：室温硬度 HBS 62。

②拉伸性能：室温拉伸性能见表 8－19。

表 8－19 ZM2 合金室温拉伸性能

铸造形式	热处理状态	σ_b/MPa	$\sigma_{p0.01}$/MPa	$\sigma_{0.2}$/MPa	δ_{10}/%	ψ/%
砂型单铸	T1	230	102	152	6.2	6.7

（4）组织结构。

1）相变温度。

2）时间－温度－组织转变曲线。

3）合金组织结构。合金铸态组织为 α－Mg 固溶体加晶界分布的 α－Mg 加化合物断续网状共晶所组成，330℃温度下时效处理 4h 后，晶内析出细小沉淀。

（5）工艺性能与要求。

1）铸造温度 675～815℃。

2）铸件不同截面的交接应圆滑过渡并在转接处设有较大的圆角，避免截面突变。

3）合金壁厚敏感性小，铸件具有均匀的力学性能。

4）铸造性能。合金具有良好的铸造工艺性。用浇注试棒长度的方法测定流动性为 170mm。合金凝固时形成显微疏松的倾向较小。热裂倾向性试验测定的第一个裂纹是在环宽度为 22.5mm 处形成，按 HB 5462—1990 的规定。线收缩率为 1.5%。

5）ZM2 合金可用于氩弧焊焊接，合金在锌含量低、稀土含量高的情况下焊接性能好；反之则较差。

6）焊接后消除应力。

7）零件热处理工艺。铸件仅经时效处理。

8）表面处理工艺。

①铸件表面应经化学氧化处理，使其表面形成一层防护层。在处理之前铸件必须经吹砂、除油，按 HB/Z 5078—1978《镁合金化学氧化工艺》的规定。

②根据零件的不同用途，在氧化处理后进行涂油或涂漆保护，按 HB/Z 5006—1974《飞机镁合金零件涂漆工艺》的规定。

9）切削加工及磨削性能。合金具有优良的切削加工性能，可在较其他金属大的吃刀量下，并以很高的速度进行切削加工。切削掉一定量金属所需要的功率低于其他任何金属。切削加工时，用和不用切削液一般都不磨削和抛光，即可得到极好的光洁表面。

8.7.2.3 ZM3 合金

（1）概述。ZM3 合金是以混合稀土金属为主要合金元素的热强铸镁合金。由于稀土作用，合金在 200~250℃下保持较高的强度和良好的持久、抗蠕变性能，但室温强度性能低于其他各系合金。ZM3 铸件具有高的致密性和良好的可焊性，热裂倾向低，无显微疏松倾向。适用于在 150~250℃范围长期工作的发动机、附件和仪表等机匣、壳体零件和室温下要求高气密性的铸件。ZM3 通常在铸态（F）或退火（T2）状态下应用。

1）材料牌号 ZMgRE3ZnZr。

材料代号 ZM3。

2）相近牌号 МЛ11（俄罗斯），EK41A－T5（美国）。

3）材料的技术标准。

GB/T 1177—1991《铸造镁合金》；

HB 964—1982《铸造镁合金技术标准》。

4）化学成分，见表 8－20。

表 8－20 ZM3 合金的化学成分

标准	合金元素					杂质					
	RE①	Zn	Zr		Mg	Si	Fe	Ni	Cu	Be	杂质总量
GB/T 1177—1991	2.5~4.0	0.2~0.7	0.4~1.0		—	—	—	0.01	0.01	0.002	0.30
HB 964—1982	2.5~4.0	0.2~0.7	溶解 ≥0.3	总量 0.4~1.0	余量	0.01	0.01	0.01	0.03	0.001	其他单个 0.05

①铈的质量分数不小于铈混合稀土金属，其中稀土金属总量不小于 98%。

5）热处理制度。

①铸态。

②退火：325±5℃保温 3~5h，空冷。

6）品种规格与供应状态。

①铸件主要采用砂型铸造工艺生产，也可用于金属型铸造。

②铸件在铸态下应用，必要时进行退火处理以消除内应力。

7）熔炼与铸造工艺。

①ZM3 合金的熔炼铸造工艺在焊接的低碳钢坩埚中进行。含锆合金焊接的熔炼工艺不同于含铝的镁合金。熔炼和浇注应在同一坩埚内进行，转注到另一坩埚进行浇注的方法会使锆含量损失。焊接熔炼在溶剂覆盖下进行，这种溶剂由氯化物、氟化物所组成。合金化过程中应避免将稀土金属在液面上空气中升至高温；也应避免将稀土金属移出液面使其氧化而烧损。锌的烧损则视可忽略不计，而稀土的烧损则视熔铸操作情况而变，一般为 10%~15%。锆以锆的质量分数大于 25% 的镁－锆中间合金形式加入。精炼期间在金属液面撒以不含氯化镁的特种溶剂。因普通溶剂中的氯化镁会与稀土金属化合，形成稀土氯化

物从金属液中沉淀出来，使稀土损失。浇注前静置15～20min，让溶剂与金属分离和不熔化物沉淀，然后降至要求的温度浇注铸件。坩埚底部必须留15%～20%合金溶液，以免将坩埚底部的渣泥、溶剂和不熔锆等浇入铸型。

②合金制备过程中要防止铝、铁、硅、锰等元素污染合金，因为这些元素会妨碍锆对合金的晶粒细化效果。

③由于锆的溶解度低，且易与各种杂质元素形成化合物而损失，锆的加入量必须为合金中所要求含量的3～5倍。

④晶粒的细化程度与合金的拉伸性能有着极其显著的影响，如图8－20所示。熔炼技术和温度控制是极为重要的。

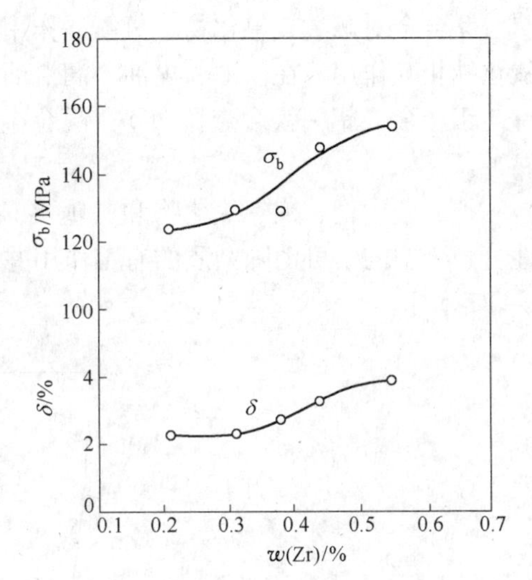

图8－20　锆的含量对ZM3合金室温拉伸性能的影响

8）应用概况与特殊要求。

①合金已用于喷气涡轮发动机的压气机匣、离心机匣等，大批量生产30多年。还可广泛用于发动机、附件各种机匣、壳体等零件。

②合金的拉伸强度能保持至250℃，高于此温度则开始下降。

（2）物理及化学性能。

1）热性能。

①熔化温度范围：590～645℃。

②热导率：100～300℃，$\lambda = 117\text{W}/(\text{m}\cdot℃)$。

③比热容：见表8－21。

表8－21　ZM3合金的比热容

θ/℃	100	200	300
c/J·(kg·℃)$^{-1}$	1038	1047	1089

④线膨胀系数：见表8－22。

表8－22　ZM3合金的线膨胀系数

θ/℃	20～100	20～200	20～300
α/℃$^{-1}$	23.6×10^{-6}	25.1×10^{-6}	25.9×10^{-6}

2）密度，$\rho = 1.80\text{g/cm}^3$。

3）电性能，20℃时的电阻率$\rho = 73\text{n}\Omega\cdot\text{m}$。

4）磁性能，无磁性。

5）化学性能。

①抗氧化性能。镁合金在空气中的燃点为400℃和400℃以上，但燃烧的难易程度还与材料本身的尺寸和形状有关。细小颗粒与粉尘状态的镁极易燃烧。机械加工和锯切时产生的细屑较大，着火的危险程度也低于粉末，但切屑一旦加热到燃点以上就容易燃烧。厚

大截面的镁合金，只有在延长加热之后才燃烧。熔融镁合金与水接触产生剧烈反应，因此，危险性比其他金属大。

②耐腐蚀性能。镁在干燥空气中有很好的耐蚀性，但在潮湿空气、水（尤其是海水）中的化学性是不稳定的，与大多数无机酸相互作用剧烈。在工业气氛中，镁的耐蚀性与中碳钢相近。镁的氧化膜不致密，故需经表面处理后，方可在大气条件下长期使用。

镁合金对硒酸、氟化物、氢氟酸作用稳定，形成不溶性盐。与铝相反，镁合金不与氢氧化钠相互作用，在汽油、煤油、润滑油中也很稳定。镁是负电性最高的金属之一，不允许与铝合金（铝-镁合金除外）、铜合金、钢等零件直接接触装配，否则将导致电化学腐蚀。

铁、硅、铜、镍、氯化物和其他夹杂物以及某些铸造缺陷会降低镁合金的腐蚀稳定性。合金中的锆可消除杂质的有害作用并细化晶粒，从而大大提高合金的耐蚀能力，如图8-21所示。

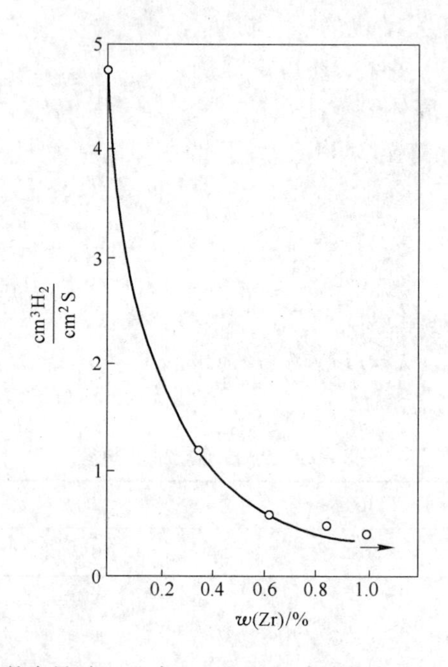

图8-21 锆的含量对ZM3在0.5% NaCl水溶液中120h析氢量的影响

6）合金在各种情况下的腐蚀性能见表8-23（附ZM5对比试验）。

表8-23 合金在各种情况下的腐蚀性能

合 金	析氢量/$cm^3 \cdot cm^{-2}$				
	F	T2	T4	T6	300℃/100h
ZM3	0.42	0.81	0.39	0.45	0.88
ZM5	12.0	—	42.0	17.5	—

注：1. 溶液为0.5%氢氧化钠水溶液。

2. T4—570℃，保温18h，空冷。

3. T6—T4处理后，加205℃时效16h。

（3）力学性能。技术标准规定的性能，见表8－24。

表8－24 ZM3合金技术标准规定的性能

<table>
<tr><th rowspan="2">技术标准</th><th rowspan="2">热处理状态</th><th rowspan="2" colspan="2">试样形式</th><th>σ_b/MPa</th><th>$\sigma_{p0.2}$/MPa</th><th>δ_5/%</th></tr>
<tr><th colspan="3">不小于</th></tr>
<tr><td>GB/T 1177—1991</td><td>F，T2</td><td colspan="2">砂型单铸</td><td>120</td><td>85</td><td>1.5</td></tr>
<tr><td>HB 964—1982</td><td>F，T2</td><td colspan="2">砂型单铸</td><td>120</td><td>—</td><td>1.5</td></tr>
<tr><td rowspan="2">HB 965—1982</td><td rowspan="2">F，T2</td><td rowspan="2">铸件切取</td><td>平均值①</td><td>105</td><td>—</td><td>1.5</td></tr>
<tr><td>最小值②</td><td>90</td><td>—</td><td>1.0</td></tr>
</table>

①系指从铸件上切取的三根试样平均值。

②系指从铸件上切取的三根试样中，允许有一根低于平均值，但不低于最小值。

（4）组织结构。

1）相变温度。

2）时间－温度－组织转变曲线。

3）合金组织结构。合金铸态下组织为α－Mg固溶体和分布晶界上的块状化合物组成。在较深腐蚀情况下，可发现锆的晶内偏析。锆含量较高则合金晶粒度细，化合物在枝晶内的倾向就小。在325℃温度下退火保温3～5h之后，部分化合物以小质点自晶内析出。

（5）工艺性能与要求。

1）铸造温度720～800℃。

2）铸件不同截面的交接应圆滑过渡并在转接处设有较大的圆角，避免截面突变。

3）合金壁厚敏感性小，铸件具有均匀的力学性能。

4）铸造性能。合金具有良好的铸造工艺性。合金充型性良好，用浇注试棒长度的方法测定流动性为300mm。合金凝固时形成显微疏松的倾向。热裂倾向性试验测定的第一个裂纹是在环宽度为12.5～15mm处形成。线收缩率为1.3%。

5）焊接性能。

①ZM3合金可用于氩弧焊焊接，补焊工艺性能好。

②焊后要经内部质量和表面裂纹检查。

③焊接后消除应力。

6）零件热处理工艺。合金仅在必要时经退火处理。

7）表面处理工艺。

①铸件表面应经化学氧化处理，使其表面形成一层防护层。在处理之前铸件必须经吹砂、除油，按HB/Z 5078—1978《镁合金化学氧化工艺》的规定。

②根据零件的不同用途，在氧化处理后进行涂油或涂漆保护，按HB/Z 5006—1974《飞机镁合金零件涂漆工艺》的规定。

8）切削加工及磨削性能。合金具有优良的切削加工性能，可在较其他金属大的吃刀量下，并以很高的速度进行切削加工。切削掉一定量金属所需要的功率低于其他任何金属。切削加工时，用和不用切削液一般都不磨削和抛光，即可得到极好的光洁表面。

8.7.2.4 ZM4 合金

（1）概述。ZM4 合金是在 ZM3 合金的基础上增加了锌含量（质量分数为 2% ~3%），提高了室温拉伸性能的一种铸造镁合金，在国内外获得广泛应用，可替代 ZM3。合金在 200 ~250℃下具有良好的持久和抗蠕变性能，室温强度优于 ZM3。用该合金铸造的铸件具有高的致密性，热裂倾向低，无显微疏松倾向，有良好的可焊性。适用于室温下要求高气密性的铸件和在 150 ~250℃范围长期工作的发动机、附件和仪表等机匣、壳体零件。合金通常在铸态人工时效（T1）状态下应用。

1）材料牌号 ZMgRE3Zn2Zr。

材料代号 ZM4。

2）相近牌号 Mg - RE3Zn2Zr（ISO），EZ33A（美国），ZRE1DMAG6（英国），G - TR3ZnZr、ZRE1（法国），G - MgSE3Zn2Zr1、ZRE1（德国），MC8（日本）。

3）材料的技术标准。

GB/T 1177—1991《铸造镁合金》;

HB 964—1982《铸造镁合金技术标准》。

4）化学成分，见表 8 - 25。

表 8 - 25 ZM4 合金的化学成分

标准	合金元素					杂质					
	RE①	Zn	Zr		Mg	Si	Fe	Ni	Cu	Be	杂质总量
GB/T 1177—1991	2.5 ~4.0	2.0 ~3.0	0.5 ~1.0		余量	—	—	0.01	0.01	0.002	0.30
HB 964—1982	2.5 ~4.0	2.0 ~3.0	溶解 ≥0.5	总是 0.1 ~1.0	余量	0.01	0.01	0.01	0.03	0.001	其他单个 0.05

①铈的质量分数不小于 45% 的铈混合稀土金属，其中稀土金属总量不小于 98%。

5）热处理制度。时效处理。200 ~250℃，保温，5 ~12h，空冷，按 Q/6S 265—1976《ZM4 铸造镁合金工艺说明书》（北京航空材料研究院）的规定。

6）品种规格与供应状态。

①铸件主要采用砂型铸造工艺生产，也可采用金属型和熔模铸造。

②铸件在人工时效状态下应用。

7）熔炼与铸造工艺。

①ZM4 合金的熔炼铸造工艺与其他含稀土、锆的合金相似。稀土以含铈混合稀土技术相似加入，锌以金属形式加入。

②合金制备过程中要防止铝、铁、硅、锰等元素污染合金，因为这些元素会妨碍锆对合金的晶粒细化效果。

③由于锆的溶解度低，且易与各种杂质元素形成化合物而损失，锆的加入量必须是合

金中要求含锆量的3~5倍。锆以镁-锆中间合金形式加入，镁-锆中间合金按HB 6773—1993《镁-锆中间合金锭》的规定制备。

④该合金的熔炼和铸造参看HB/Z 5123—1979《镁合金铸造》。

⑤晶粒的细化程度与合金中的溶解锆含量密切相关，所以熔炼技术和温度控制是极为重要的。

8）应用概况与特殊要求。

①该合金已用于液压恒速装置壳体，并可广泛用于发动机、附件各种机匣、壳体等零件。

②锆的质量分数与合金拉伸性能关系如图8-22所示。为保证合金有较好的室温拉伸性能，合金中溶解锆的质量分数必须大于0.5%。

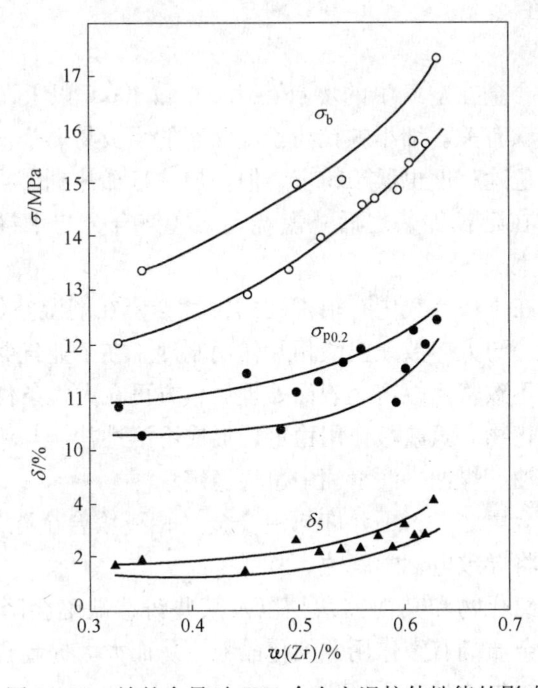

图8-22　锆的含量对ZM4合金室温拉伸性能的影响

（2）物理及化学性能。

1）热性能。

①熔化温度范围：545~645℃。

②热导率：见表8-26。

③比热容：见表8-27。

④线膨胀系数：见表8-28。

表8-26　ZM4合金的热导率

θ/℃	50	100	150	200	250	300
λ/W·(m·℃)$^{-1}$	96	100	106	110	114	116

表8-27 ZM4合金的比热容

θ/℃	50	100	150	200	250	250
c/J·(kg·℃)$^{-1}$	896	1005	1038	1097	1147	1222

表8-28 ZM4合金的线膨胀系数

θ/℃	20~100	20~150	20~200	20~250	20~300
α/℃$^{-1}$	23.90×10^{-6}	24.99×10^{-6}	25.76×10^{-6}	26.27×10^{-6}	26.72×10^{-6}

2）密度，$\rho=1.82\mathrm{g/cm^3}$。

3）电性能，20℃时的电阻率$\rho=70\mathrm{n\Omega\cdot m}$。

4）磁性能，无磁性。

5）化学性能。

①抗氧化性能。镁合金在空气中的燃点为400℃和400℃以上，但燃烧的难易程度还与材料本身的尺寸和形状有关。细小颗粒与粉尘状态的镁极易燃烧。机械加工和锯切时产生的细屑较大，着火的危险程度也低于粉末，但切屑一旦加热到燃点以上就容易燃烧。厚大截面的镁合金，只有在延长加热之后才燃烧。熔融镁合金与水接触产生巨烈反应，因此，危险性比其他金属大。

②耐腐蚀性能。镁在干燥空气中有很好的耐蚀性，但在潮湿空气、水（尤其是海水）中的化学性是不稳定的，与大多数无机酸相互作用剧烈。在工业气氛中，镁的耐蚀性与中碳钢相近。镁的氧化膜不致密，故需经表面处理后，方可在大气条件下长期使用。

镁合金对硒酸、氟化物、氢氟酸作用稳定，形成不溶性盐。与铝相反，镁合金不与氢氧化钠相互作用，在汽油、煤油、润滑油中也很稳定。

镁是负电性最高的金属之一，不允许与铝合金（铝-镁合金除外）、铜合金、钢等零件直接接触装配，否则将导致电化学腐蚀。

铁、硅、铜、镍、氯化物和其他夹杂物以及某些铸造缺陷会降低镁合金的腐蚀稳定性。合金中的锆可消除杂质的有害作用并细化晶粒，从而大大提高合金的耐蚀能力。

腐蚀试验后的强度损失，见表8-29。

表8-29 ZM4合金腐蚀试验后的强度损失

试验方法	σ_b/MPa		强度损失/%
	试验前	试验后	
交替腐蚀①	149	141	5.5
喷雾腐蚀②	149	144	3.6

①按HCS 206—1960《金属材料及防护层交替腐蚀试验方法》，时间100h。

②按HCS 29—1966《金属材料及防护层盐雾腐蚀试验方法》，时间100h。

6）减震性能。在0.1%$\sigma_{P0.2}$的应力下测定的减震指数为4.5。

（3）力学性能。

1）技术标准规定的性能，见表8-30。

表 8-30 ZM4 合金技术标准规定的性能

技术标准	热处理状态	试样形式		σ_b/MPa	$\sigma_{p0.2}$/MPa	δ_5/%
				不小于		
GB/T 1177—1991	T1	砂型单铸		140	95	2
HB 964—1982		砂型单铸		135	—	2
HB 965—1982		铸件切取	平均值①	120	—	2.0
			最小值②	100	—	1.0
GB/T 13820—1992		铸件切取	平均值①	120	90	2.0
			最小值②	100	80	1.0

①系指从铸件上切取的三根试样平均值。

②系指从铸件上切取的三根试样中，允许有一根低于平均值，但不低于最小值。

2）室温及各种温度下的力学性能。

①硬度，室温硬度 HBS 58。

②室温典型拉伸性能，见表 8-31。

表 8-31 ZM4 合金室温典型拉伸性能

技术标准	热处理状态	σ_b/MPa	$\sigma_{0.01}$/MPa	$\sigma_{p0.2}$/MPa	δ_{10}/%	ψ/%
砂型单铸	T1	149	64	99	3.2	4.7

③切边模量，$G=16$GPa。

④泊松比，$\mu=0.35$。

（4）组织结构。

1）相变温度。

2）时间-温度-组织转变曲线。

3）合金组织结构。合金组织由 α-Mg 固溶体和分布晶界上的 Mg-RE-Zn 化合物组成。铸态及经 170~250℃温度范围内时效处理，晶内可见沉淀物。在 340℃热处理后，晶内出现 Mg-RE-Zn 沉淀，但对力学性能无明显影响。

（5）工艺性能与要求。

1）成型性能。

①砂型铸造，705~815℃。

②金属型铸造，670~785℃。

③铸件不同截面的交接应圆滑过渡并在转接处设有较大的圆角，避免截面突变。

④铸件具有均匀的力学性能。技术规范规定，铸件的平均拉伸性能为单铸试样性能值的 80% 左右，而优质铸件实际上可达 90% 以上。

⑤铸造性能。合金具有良好的铸造工艺性，充型性良好，热裂倾向用热脆性试验测定，第一个裂纹是在环宽度为 12.5~15mm 处形成。合金线收缩率为 1.3%~1.4%。

2）焊接性能。

①ZM4 合金可用于氩弧焊焊接，补焊工艺性能好。

②焊后要经内部质量和表面裂纹检查。

③焊接后消除应力。

④铸件补焊工艺及检验按照 HB/Z 328—1998《镁合金铸件补焊工艺及检验》进行。

3）零件热处理工艺，合金仅经时效处理。

4）表面处理工艺。

①铸件表面应经化学氧化处理，使其表面形成一层防护层。在处理之前铸件必须经吹砂、除油，按 HB/Z 5078—1978《镁合金化学氧化工艺》的规定。

②根据零件的不同用途，在氧化处理后进行涂油或涂漆保护，按 HB/Z 5030—1977《航空发动机铝、镁合金零件涂漆工艺》的规定。

5）切削加工及磨削性能。合金具有优良的切削加工性能，可在较其他金属大的吃刀量下，并以很高的速度进行切削加工。切削掉一定量金属所需要的功率低于其他任何金属。切削加工时，用和不用切削液一般都不磨削和抛光即可得到极好的光洁表面。

8.7.2.5 ZM5 合金

（1）概述。ZM5 合金是一种镁－铝－锌系合金，可用于砂型、金属型及压力铸造，该合金不含稀土金属和锆元素，是一种比较廉价的铸造镁合金，在国内外均获得了广泛应用。该合金具有良好的流动性、可焊性，热裂倾向低，但有较大的显微疏松倾向，铸造时必须采用相应的措施。经固溶处理后具有较高的抗拉强度、塑性和中等屈服强度；后接人工时效处理，则塑性降低，屈服强度提高。合金可在铸态（F）、固溶处理（T4）以及固溶处理后接人工时效（T6）等状态下应用。可用作受力构件和一般用途的铸件，如飞机仓体隔框、机匣、壳体、轮毂、轮缘等。合金可在铸态（F）、固溶（T4），以及固溶处理后接人工时效（T6）等状态下应用。

俄罗斯以及美国等一些西方国家采用高纯镁做原材料，严格控制合金中铁、硅、铜、镍等杂质含量，生产出的镁－铝－锌系合金在力学性能相同的情况下，其抗腐蚀性能大幅度提高，如 Mл5пч（俄罗斯）和 AZ291E（美国）比 Mл 合金抗腐蚀性能优越得多，现已广泛用于军事工业和民用工业中。

1）材料牌号 ZMgAl8Zn。

材料代号 ZM5。

2）相近牌号 Mg－Al8Zn（ISO），AZ81A、AZ91C（美国），MAG7、A8（英国），Mл5（俄罗斯）G－A9Z（法国），G－MgAl8Zn1（AZ81）、G－MgAl9Zn1（AZ91）（德国），MC2（日本）。

3）材料的技术标准。

GB/T 1177—1991《铸造镁合金》；

HB 964—1982《铸造镁合金技术标准》。

4）化学成分，见表 8－32。

表 8－32 ZM5 合金的化学成分 （%）

标准	合金元素				杂质					
	Al	Zn	Mn	Mg	Si	Fe	Ni	Cu	Be	杂质总量
GB/T 1177—1991	7.5～9.0	0.2～0.8	0.15～0.5	余量	0.30	0.05	0.01	0.20	0.002	其他单个
HB 964—1982	7.5～9.0	0.2～0.8	0.15～0.5		0.25	0.08	0.01	0.10	0.001	0.10

5）热处理制度。

①第一种热处理制度。按 HB 5462—1990《镁合金铸件热处理》的规定，见表 8 - 33。

表 8 - 33　ZM5 合金第一种热处理制度

铸件组别	热处理状态	固溶处理					时效处理		
		θ/℃	保温时间/h	θ/℃	保温时间/h	冷却介质	加热温度/℃	保温时间/h	冷却介质
Ⅰ	T4	370 ~ 380	2	410 ~ 420	14 ~ 24	空气	—	—	—
	T6	370 ~ 380	2	410 ~ 420	14 ~ 24	空气	170 ~ 180	16	空气
							195 ~ 205	8	—
Ⅱ	T4	370 ~ 380	2	410 ~ 420	6 ~ 2	空气	—	—	—
	T6	370 ~ 380	2	410 ~ 420	6 ~ 12	空气	170 ~ 180	16	空气
							195 ~ 205	8	—

注：Ⅰ组系指壁厚大于 12mm 和壁厚虽小于 12mm，但局部壁厚大于 25mm 的砂型铸件；其余为Ⅱ组。

②第二种热处理制度，见表 8 - 34。

表 8 - 34　ZM5 合金第二种热处理制度

铸件组别	热处理状态	固溶处理					时效处理		
		第一阶段		第二阶段		冷却介质	加热温度/℃	保温时间/h	冷却介质
		加热温度/℃	保温时间/h	加热温度/℃	保温时间/h				
所有铸件组别	T2	—	—	—	—	—	350（退火）	2 ~ 3	空气
Ⅰ	T4	415 ± 5	8 ~ 16	—	—	空气	—	—	—
	T6	415 ± 5	8 ~ 16	—	—	空气	175 ± 5 或 200 ± 5	16 或 8	空气
Ⅱ	T4	360 ± 5	3	420 ± 5	13 ~ 21	空气	—	—	—
	T6	360 ± 5	3	420 ± 5	13 ~ 21	空气	175 ± 5 或 200 ± 5	16 或 8	空气
Ⅲ	T4	360 ± 5	3	420 ± 5	13 ~ 21	空气	—	—	—
	T6	360 ± 5	3	420 ± 5	13 ~ 21	空气	175 ± 5 或 200 ± 5	16 或 8	空气
Ⅳ	T4	415 ± 5	8 ~ 16	—	—	空气	—	—	—
	T6	415 ± 5	8 ~ 16	—	—	空气	175 ± 5 或 200 ± 5	16 或 8	空气

注：1. Ⅰ组：壁厚 δ 不大于 10mm，砂型或壳型铸造，安装边、突台厚大部分的厚度 δ 或直径 d 小于 20mm，这些厚度大部分为用冷铁冷却的铸件；Ⅱ组：壁厚 δ 为 10 ~ 20mm，砂型或壳型铸造，厚大部分的厚度 δ 为 40mm，用冷铁冷却的铸件；Ⅲ组：壁厚 δ 大于 20mm，砂型或壳型铸造，厚大部分的厚度 δ 大于 40mm，用冷铁冷却的铸件；Ⅳ组：金属型铸造所有铸件。

2. 按 T4 状态热处理的Ⅱ组和Ⅲ组铸件允许加热到（415 ± 5）℃，在这种情况下，采用一级加热，保温时间取接近上限值。

6）品种规格与供应状态。

①以砂型和金属型铸件供应，主要有固溶处理（T4）或固溶处理加人工时效（T6）状态下应用。

②压铸件只在铸态（F）下使用。

③合金也可用其他铸造工艺方法生产铸件，铸件尺寸一般不受限制。

7）熔炼与铸造工艺。

①镁合金的熔炼在焊接或铸造的低碳钢坩埚内进行。合金应在专门的溶剂覆盖下熔化。溶剂应烘干，避免水分与合金接触。溶剂、硫磺粉等用来防止合金燃烧和灭火。

②合金液在710～740℃进行变质处理，变质剂可用炉料的0.25%～0.5%小块状菱镁矿，也可用六氯乙烷或碳酸钙，但处理温度应提高到740～760℃或760～780℃，用量分别为炉料的0.5%～0.6%和0.5%～0.8%。合金必须经精炼处理。

③在熔炼合金时，要注意防止含锆镁合金的混入，以免沾污合金，妨碍合金晶粒细化作用。

8）应用概况与特殊要求。该合金是使用最广泛的一种铸造镁合金，已用于飞机的框、翼肋、油箱隔板、导弹和副油箱的挂架以及各种支臂、支座和轮毂等，并已用于发动机的进气机匣、附件机匣、附件和仪表的各种壳体等。

（2）物理及化学性能。

1）热性能。

①熔化温度范围：430～600℃。

②热导率：$\lambda = 78.5$W/(m·℃)。

③比热容：$c = 1047$J/(kg·℃)，(20～100℃)。

④线膨胀系数，见表8－35。

2）密度，$\rho = 1.81$g/cm^3。

3）电性能，电阻率见表8－36。

表8－35　ZM5合金的线膨胀系数

θ/℃	20～100	20～200	20～300	100～200	200～300
α/℃$^{-1}$	26.8×10^{-6}	28.1×10^{-6}	28.7×10^{-6}	29.4×10^{-6}	29.9×10^{-6}

表8－36　ZM5合金的电阻率

热处理状态	F	T4	T6
ρ/nΩ·m	150	175	151.5

4）磁性能，无磁性。

5）化学性能。

①抗氧化性能。镁合金在空气中的燃点为400℃和400℃以上，但燃烧的难易程度还与材料本身的尺寸和形状有关。细小颗粒与粉尘状态的镁极易燃烧。机械加工和锯切时产生的细屑较大，着火的危险程度也低于粉末，但切屑一旦加热到燃点以上就容易燃烧。厚大截面的镁合金，只有在延长加热之后才燃烧。熔融镁合金与水接触产生剧烈反应，因此，危险性比其他金属大。

②耐腐蚀性能。镁在潮湿空气、水（尤其是海水）中的化学性是不稳定的，与大多数无机酸相互作用剧烈。在工业气氛中，镁的耐蚀性与中碳钢相近。镁的氧化膜不致密，故需经表面处理后，方可在大气条件下长期使用。

镁合金对硒酸、氟化物、氢氟酸作用稳定，形成不溶性盐。与铝相反，镁合金不与氢氧化钠相互作用，在汽油、煤油、润滑油中也很稳定。

镁是负电性最高的金属之一，不允许与铝合金（铝－镁合金除外）、铜合金、钢等零件直接接触装配，否则将导致电化学腐蚀。

铁、硅、铜、镍、氯化物和其他夹杂物以及某些铸造缺陷会降低镁合金的腐蚀稳定性，杂质元素中以铁为最甚。俄罗斯及美国等西方国家降低合金中铁、硅、铜、镍等杂质含量，研制出 МЛ5ПЧ（俄罗斯），AZ91E（美国）高纯镁合金，抗腐蚀性能大幅度提高。其抗腐蚀性能已接近铸造铝合金的抗腐蚀性能水平。其铁、硅、铜、镍含量与耐腐蚀性能关系见表 8－37，合金腐蚀试验后的强度损失见表 8－38。

表 8－37 镁合金铁、硅、铜、镍含量与耐腐蚀性能关系

合金牌号	合金元素/%				杂质/%（不大于）				状态	腐蚀速率	
	Al	Zn	Mn	Mg	Si	Cu	Fe	Ni		质量损失 /mg·(cm^2·d)$^{-1}$	mm/a
МЛ5	7.5～9.0	0.2～0.8	0.15～0.5	其余	0.25	0.1	0.06	0.01	T4	1.9	—
МЛ5ПЧ	7.5～9.0	0.2～0.8	0.15～0.5	其余	0.08	0.04	0.007	0.001	T4	0.7	—
AZ91C	8.1～9.3	0.4～1.0	0.13～0.3	其余	0.30	0.10	—	0.01	T6	—	7.1
AZ91E	8.1～9.3	0.4～1.0	0.17～0.35	其余	0.030	0.030	0.005	0.0010	T6	—	0.6

表 8－38 合金腐蚀试验后的强度损失

热处理状态	未经腐蚀试验的性能		100h 喷雾腐蚀试验后性能①			100h 交替腐蚀试验后性能②		
	σ_b/MPa	δ_{10}/%	σ_b/MPa	δ_{10}/%	强度损失/%	σ_b/MPa	δ_{10}/%	强度损失/%
T4	276	13.7	249	9.6	9.8	244	8.9	11.6

①按 HCS 209—1980《金属材料及防护层盐雾腐蚀试验方法》。

②按 HCS 206—1960《金属材料及防护层交替腐蚀试验方法》。

（3）力学性能。

1）技术标准规定的单铸试验性能，见表 8－39。

表 8－39 ZM5 合金技术标准规定的单铸试验性能

技术标准	热处理状态	试样形式	σ_b/MPa	δ_5/%	技术标准	热处理状态	试样形式	σ_b/MPa	δ_5/%
			不小于					不小于	
GB/T 1177—1991	F	砂型单铸	145	2	HB 964—1982	F	砂型单铸	145	2
	T4		230	6		T4		225	5
	T6		230	2		T6		225	2

2）室温下的疲劳性能，见表 8－40。

表 8-40 ZM5 合金室温下的疲劳性能

铸造形式	热处理状态	σ_{-1}/MPa	σ_{-1H}/MPa	N/周
单铸试样	F	83	69	5×10^7
	T4	98	78	
	T6	83	69	

注：缺口半径 $r=0.75$mm。

3）低周疲劳。不对称拉伸时的低周疲劳性能，如图 8-23 所示。

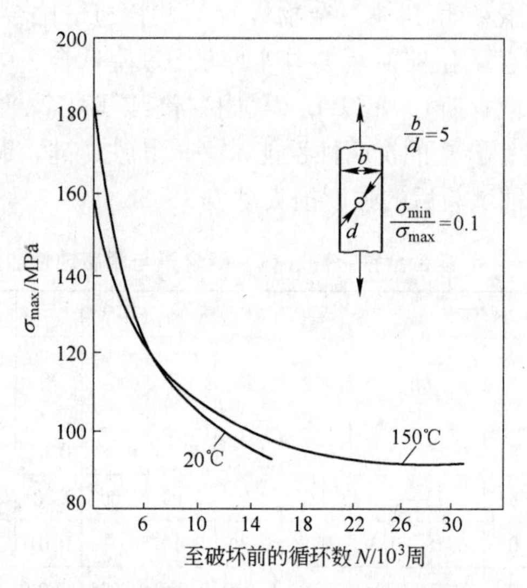

图 8-23 ZM5 合金 T4 状态下低周疲劳曲线

4）特种疲劳。高温疲劳极限见表 8-41。

表 8-41 ZM5 合金的高温疲劳极限

热处理状态	θ/℃	σ_{-1}/MPa	σ_{-1H}/MPa	N/周
T4	150	39	25	2×10^7

5）弹性模量。

①弹性模量见表 8-42。

②切边模量见表 8-43。

③泊松比 $\mu=0.34$。

表 8-42 ZM5 合金的弹性模量

热处理状态	F	T2	T4	T6
E/GPa	41	41	41	41

表 8-43 ZM5 合金的切边模量

热处理状态	F	T2	T4	T6
E/GPa	16	16	16	16

(4) 组织结构。

1) 相变温度。

2) 时间-温度-组织转变曲线。

3) 合金组织结构。合金铸态组织是由 α-Mg 固溶体及沿晶界不连续网状分布的 $Mg_{17}Al_{12}$ 块状化合物组成。由于组织高度偏析，化合物也分布于晶粒的枝晶网间。化合物的大小、数量和形状与凝固时的冷却速度有关。固溶处理后，化合物溶于固体，其组织为具有轮廓分明的晶粒组织，在某些晶界交接处有少量块状化合物残余。如冷却速度缓慢，则可能在晶界上有某些片状沉淀。时效引起固溶体的分解，沉淀出细小魏氏体型组织，而165℃或更高温度下时效处理晶界出现较粗片沉淀。

在金属补缩不足部分，晶界处有时出现显微疏松缺陷（显微空洞）。

(5) 工艺性能与要求。

1) 成形性能。

①砂型铸造，690~800℃。

②铸件不同截面的交接应圆滑过渡并在转接处设有较大的圆角，避免截面突变。

③铸件的壁厚对力学性能的敏感性较大。

④合金有较大的显微疏松倾向，铸件设计应特别注意合金的补缩。

⑤铸造性能。合金具有良好的流动性，用浇注试棒长度的方法测定流动性为290~300mm。合金凝固时形成显微疏松的倾向较大，铸件气密性较差。热裂倾向性试验测定的第一个裂纹是在环宽度为30~35mm处形成，线收缩率为1.1%~1.2%。

⑥为提高显微疏松缺陷铸件的气密性，可采用浸渗处理。

2) 焊接性能。

①ZM5合金易于用氩弧焊进行补焊，补焊工艺性能良好。

②经热处理的铸件在补焊后，如其力学性能受到影响，则铸件应按技术标准高的进行重复热处理。

③焊后要进行内部质量和表面裂纹检查。

3) 零件热处理工艺。

①固溶处理时，热处理炉内的气氛应含有0.7%（不少于0.5%）SO_2（每立方米的炉膛体积内须加入0.5~1.5kg FeS或3% CO_2 气体作为保护气氛，以保护镁铸件不致氧化燃烧。合金仅经时效处理。

②在热处理架上放置铸件时，应注意产生翘曲变形，必要时要用专门夹具或支架。

4) 表面处理工艺。

①铸件表面应经化学氧化处理，使其表面形成一层防护层。在处理之前铸件必须经吹砂、除油，按HB/Z 5078—1978《镁合金化学氧化工艺》的规定。

②根据零件的不同用途，在氧化处理后进行涂油或涂漆保护，按HB/Z 5030—1977《航空发动机铝、镁合金零件涂漆工艺》的规定。

5) 切削加工及磨削性能。合金具有优良的切削加工性能，可在较其他金属大的吃刀量下，并以很高的速度进行切削加工。切削掉一定量金属所需要的功率低于其他任何金属。切削加工时，用和不用切削液一般都不磨削和抛光即可得到极好的光洁表面。

8.7.2.6 ZM6合金

(1) 概述。ZM6合金是一种镁-钕-锌-锆系合金，由于元素钕在镁中有较大的固溶度，合金在固溶处理后接人工时效（T6）状态下，有良好的室温和高温力学性能。在室温下具有高的抗拉强度和中等塑性，在高温250℃以下蠕变、持久强度和瞬时拉伸性能优于含焊后稀土元素的铸造镁合金ZM3和ZM4。合金的铸造性能优良，显微疏松和热裂倾向低。焊接性能良好，力学性能壁厚效应小，是一种综合性能良好的合金，该合金可用作高温下要求高强度和高气密性的零件，以及在高温250℃以下长期工作的零件。

1）材料牌号ZMgRE2ZnZr。

材料代号ZM6。

2）相近牌号МЛ10（俄罗斯）。

3）材料的技术标准。

GB/T 1177—1991《铸造镁合金》；

HB 964—1982《铸造镁合金技术标准》。

4）化学成分，见表8-44。

表8-44 ZM6合金的化学成分 （%）

标准	合金元素					杂质（不大于）					
	Nd①	Zn	Zr		Mg	Si	Fe	Ni	Cu	Be	杂质总量
2.0	2.0~2.8	0.2~0.7	0.4~1.0		余量	—	—	0.01	0.10	0.002	0.30
HB 964—1982	2.0~2.8	0.2~0.7	溶解	总量	余量	0.01	0.01	0.01	0.13	0.001	其他单个
			>0.4	0.4~1.0							0.05

①钕的质量分数不小于85%的钕混合稀土技术，其中钕加镨的总量不小于95%。

5）热处理制度。按HB 5462—1990《镁合金铸件热处理》的规定。

固溶处理：525~535℃保温12~16h，空冷，按HB 5462—1990《镁合金铸件热处理》的规定。

人工时效：195~205℃保温12~16h，空冷，按HB 5462—1990的规定。

6）品种规格与供应状态。

①铸件主要采用砂型铸造工艺生产，也可用金属铸造。

②固溶处理（T4）和人工时效（T6）状态下应用。

7）熔炼与铸造工艺。

①合金的熔炼铸造工艺与其他含稀土金属、锆的合金相似。钕以纯金属或镁-钕中间合金形式，锌以纯金属形式，锆以镁-锆中间合金形式加入。熔炼时锌的损耗可忽略不计，钕的损耗随熔炼条件而变，一般为10%~15%。精炼时如用含氯化镁的RJ-2溶剂，则钕的损耗增加，见Q/6S Z30—1980《ZM6铸造镁合金熔炼和热处理工艺说明书》。

②合金制备过程中要防止铝、铁、硅、锰等元素沾污合金，因为这些元素会妨碍锆的晶粒细化效果。

③由于锆的溶解度低，且易与各种杂质元素形成化合物而损失，锆的加入量必须为合金中所要求含锆量的3~5倍。镁-锆中间合金应符合HB 6773—1993《镁-锆中间合金》的规定。

8）应用概况与特殊要求。

①合金已用于飞机的减速机匣，飞机液压恒速装置支架、机翼翼肋等零件，并广泛用

于发动机各种机匣、壳体和飞机受力附件等。

②合金的壁厚敏感性相当低，其强度性能不因零件截面的铸件而明显下降。

③锌的质量分数对合金的蠕变和室温拉伸性能的影响如图 8－24 和图 8－25 所示。

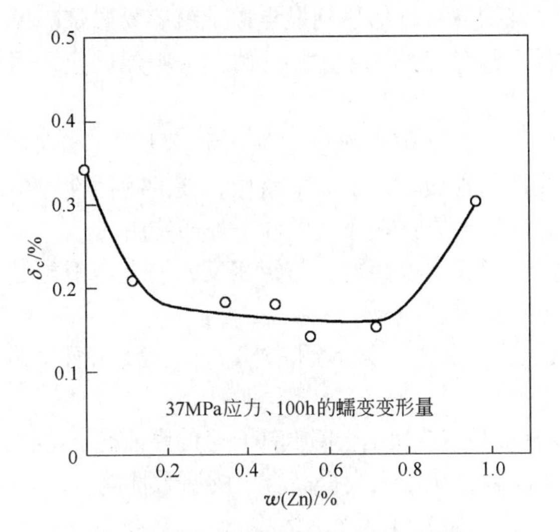

图 8－24 不同锌的含量对合金 250℃蠕变性能的影响

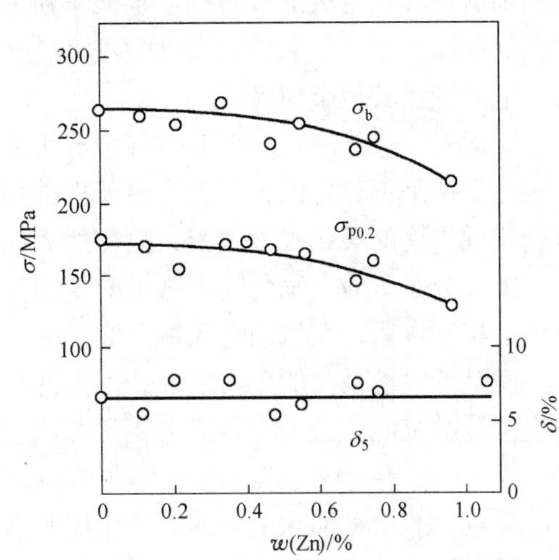

图 8－25 不同锌的含量对合金室温拉伸性能的影响

（2）物理及化学性能。

1）热性能。

①熔化温度范围：550～640℃。

②热导率见表 8－45。

③比热容见表 8－46。

④线膨胀系数见表 8－47。

2）密度，$\rho=1.77g/cm^3$。

3）电性能，电阻率 $\rho=84n\Omega\cdot m$。

4）磁性能，无磁性。

表 8－45 ZM6 合金的热导率

θ/℃	25	100	200	300	400
λ/W·(m·℃)$^{-1}$	113	113	113	113	118

表 8－46 ZM6 合金的比热容

θ/℃	100	200	300	400
c/J·(kg·℃)$^{-1}$	963	1050	1030	1210

表 8－47 ZM6 合金的线膨胀系数

θ/℃	20～100	20～200	20～300	20～400	20～500	100～200	200～300	300～400	400～500
α/℃$^{-1}$	27.7×10^{-6}	28.0×10^{-6}	28.3×10^{-6}	28.6×10^{-6}	29.1×10^{-6}	28.3×10^{-6}	29.0×10^{-6}	29.4×10^{-6}	31.1×10^{-6}

5）化学性能。

①抗氧化性能。镁合金在空气中的燃点为400℃和400℃以上，但燃烧的难易程度还与材料本身的尺寸和形状有关。细小颗粒与粉尘状态的镁极易燃烧。机械加工和锯切时产生的细屑较大，着火的危险程度也低于粉末，但切屑一旦加热到燃点以上就容易燃烧。厚大截面的镁合金，只有在延长加热之后才燃烧。熔融镁合金与水接触产生剧烈反应，因此，危险性比其他金属大。

②耐腐蚀性能。镁在干燥空气中有很好的耐蚀性，但在潮湿空气、水（尤其是海水）中的化学性是不稳定的，与大多数无机酸相互作用剧烈。在工业气氛中，镁的耐蚀性与中碳钢相近。镁的氧化膜不致密，故需经表面处理后，方可在大气条件下长期使用。

镁合金对硒酸、氟化物、氢氟酸作用稳定，形成不溶性盐。与铝相反，镁合金不与氢氧化钠相互作用，在汽油、煤油、润滑油中也很稳定。

镁是负电性最高的金属之一，不允许与铝合金（铝－镁合金除外）、铜合金、钢等零件直接接触装配，否则将导致电化学腐蚀。

铁、硅、铜、镍、氯化物和其他夹杂物以及某些铸造缺陷会降低镁合金的腐蚀稳定性。

合金中的锆可消除杂质的有害作用并细化晶粒，从而大大提高合金的腐蚀性能。

③ZM6腐蚀试验后的强度损失（附ZM5对比试验）见表8－48。

表8－48 ZM6腐蚀试验后的强度损失

合金	热处理状态	未经腐蚀试验的性能		100h 喷雾腐蚀试验后性能①			100h 交替腐蚀试验后性能②		
		σ_b/MPa	δ_{10}/%	σ_b/MPa	δ_{10}/%	强度损失/%	σ_b/MPa	δ_{10}/%	强度损失/%
ZM6	T6	251	7.4	239	5.2	4.7	242	5.7	13.6
ZM5	T4	176	13.7	249	9.6	9.8	244	8.9	11.6

①按HCS 209—1980《金属材料及防护层盐雾腐蚀试验方法》。

②按HCS 206—1960《金属材料及防护层交替腐蚀试验方法》。

（3）力学性能。

1）技术标准规定的性能。

①技术标准规定的室温性能，见表8－49。

表8－49 ZM6合金技术标准规定的室温性能

技术标准	热处理状态	试样形式		σ_b/MPa	$\sigma_{p0.2}$/MPa	δ_5/%
				不小于		
GB/T 1177—1991	T6	砂型单铸		230	135	3
HB 964—1982		砂型单铸		225	—	3
HB 965—1982		铸件切取	平均值①	175	—	2.0
			最小值②	146	—	1.0
GB/T 13820—1992		铸件切取（SJ）	平均值①	180	120	2.0
			最小值②	150	100	1.0

①系从铸件上切取的三根试样的平均值。

②系从铸件上切取的三根试样中，允许有一根低于平均值，但不低于最小值。

②技术保证规定的室温性能，见表8－50。

表8－50 ZM6合金技术保证规定的室温性能

技术标准	热处理状态	试样形式	θ/℃	σ_b/MPa	$\sigma_{0.2/100}$/MPa
				不小于	
HB 965—1982 GB/T 1177—1991	T6	砂型单铸	250	145	30

2）室温力学性能。

①硬度，室温硬度HBS70。

②室温拉伸性能见表8－51。

表8－51 ZM6合金室温拉伸性能

铸造形式	热处理状态	σ/MPa	$\sigma_{p0.01}$/MPa	$\sigma_{p0.2}$/MPa	δ_{10}/%
砂型单铸	T6	251	81	142	7.4

（4）组织结构。

1）相变温度。

2）时间－温度－组织转变曲线。

3）合金组织结构。合金铸态组织是由α－Mg固溶体和晶界分布的块状化合物Mg_{12}（Nd，Zn）所组成。经固溶处理后，化合物大部分溶于固体，仅有少量残留于晶界上，特殊晶界框架密集点状沉淀。经时效后，除析出相稍有增多外，组织无明显差异。这些沉淀相为Mg_{12}(Nd，Zn)，但还伴有ZrH_2、α－Zr等的存在。

（5）工艺性能与要求。

1）成形性能。

①铸造温度。砂型铸造710～800℃，金属型铸680～780℃。

②铸件不同截面的交接应圆滑过渡并在转接处设有较大的圆角，避免截面突变。

③技术规范规定铸件的拉伸强度为单铸试棒最低值的80%左右，优质铸件则可达90%～95%或以上。

④铸造性能。合金具有良好的铸造工艺性能。用浇注试棒长度的方法，测定流动性为250mm。热裂倾向性试验，测定的第一个裂纹是在环宽度为151～20mm处形成。线收缩率为1.2%～1.5%。气密性高，壁厚大于5mm的铸件能承受250～300大气压空气压力。

2）焊接性能。

①ZM6合金可采用氩弧焊进行补焊，补焊工艺性能良好，其可焊性评定见表8－52。

表8－52 ZM6合金可焊性评定

焊接方法	填充材料	炉内预热温度/℃	σ_b/MPa		焊接接头强度系数	可焊性评定
			基本	接头		
氩弧焊	合金挤压丝材	400～440	23～25	20.0～24.0	0.85	用基本材料作填充材料进行氩弧焊，可焊性良好

②已经热处理的铸件在补焊后，如其力学性能受到影响，则铸件应按技术标准高的进行重复热处理。

③补焊工艺及检验按 HB/Z 328—1998《镁合金铸件补焊工艺机检验》进行。

3）零件热处理工艺。

①固溶处理时，热处理炉内的气氛应含有0.7%（不少于0.5%）SO_2（每立方米的炉膛体积内须加入0.5～1.5kg 小块状硫铁矿或硫化亚铁）或5% CO_2 气体作为保护气氛，以保护镁铸件不致氧化燃烧。

②在热处理架上放置铸件时，应注意产生翘曲变形，必要时要用专门夹具或支架。

③在流动的空气中冷却，必要时可采用风扇。

4）表面处理工艺。

①铸件表面应经化学氧化处理，使其表面形成一层防护层。在处理之前铸件必须经吹砂、除油，按 HB/Z 5078—1978《镁合金化学氧化工艺》的规定。

②根据零件的不同用途，在氧化处理后进行涂油或涂漆保护，按 HB/Z 5030—1977《航空发动机铝、镁合金零件涂漆工艺》的规定。

5）切削加工及磨削性能。合金具有优良的切削加工性能，可在较其他金属大的吃刀量下，并以很高的速度进行切削加工。切削掉一定量金属所需要的功率低于其他任何金属。切削加工时，用和不用切削液一般都不磨削和抛光即可得到极好的光洁表面。

8.7.2.7 ZM7 合金

（1）概述。ZM7 合金是一种镁－锌－银－锆系合金，由于强化元素锌的质量分数高达7.5%～9%及沉淀硬化元素银的质量分数为1%左右，因而该合金是我国现有铸造镁合金中室温拉伸强度、屈服极限及塑性最高的一种合金，并具有良好的抗疲劳性能。该合金冲型性良好，但显微疏松倾向较大，铸造时必须采用相应的工艺措施加以克服。该合金用于需求室温力学性能高的零件，如飞机起落架外筒、轮毂等。合金在固溶处理状态（T4）和固溶处理后接人工时效（T6）两种状态下应用。

1）材料牌号 ZMgZn8AgZr。

材料代号 ZM7。

2）相近牌号。

3）材料的技术标准。GB/T 1177—1991《铸造镁合金》。

4）化学成分，见表8－53。

表8－53 ZM7 合金的化学成分 （%）

合金元素				杂质(不大于)					
Zn	Ag	Zr	Mg	Si	Fe	Ni	Cu	Al	杂质总量
7.5～9.0	0.6～1.2	0.5～1.0	余量	—	—	0.01	0.10	—	0.30

注：合金可加入铍，其质量分数不大于0.002%。

5）热处理制度。按 HB 5462—1990《镁合金铸件热处理》的规定，见表8－54。

表 8－54　ZM7 合金的热处理制度

<table>
<tr><th rowspan="3">热处理状态</th><th colspan="5">固 溶 处 理</th><th colspan="3">时 效 处 理</th></tr>
<tr><th colspan="2">加热第一阶段</th><th colspan="2">加热第二阶段</th><th rowspan="2">冷却介质</th><th rowspan="2">加热温度/℃</th><th rowspan="2">保温时间/h</th><th rowspan="2">冷却介质</th></tr>
<tr><th>加热温度/℃</th><th>保温时间/h</th><th>加热温度/℃</th><th>保温时间/h</th></tr>
<tr><td>T4</td><td>360～370</td><td>1～2</td><td>410～420</td><td>8～16</td><td>空气</td><td>—</td><td>—</td><td>—</td></tr>
<tr><td>T6</td><td>360～370</td><td>1～2</td><td>410～420</td><td>8～16</td><td>空气</td><td>145～155</td><td>12</td><td>空气</td></tr>
</table>

6）品种规格与供应状态。

①铸件主采用砂型铸造工艺生产。

②铸件固溶处理（T4）或固溶处理和人工时效（T6）状态下应用。

7）熔炼与铸造工艺。

①合金的熔炼铸造工艺与其他镁－锌－锆合金相似。锌与银均以纯金属形式加入，锆以镁－锆中间合金形式加入。镁－锆中间合金应符合 HB 6773—19931《镁－锆中间合金锭》的规定。

②合金制备过程中要防止铝、铁、硅、锰等元素沾污合金，因为这些元素会妨碍锆的晶粒细化效果。

③由于锆的溶解度低，且易与各种杂质元素形成化合物而损失，锆的加入量必须为合金中所要求含锆量的 3～5 倍。

④由于合金的含锌量高，使锆的加入发生一些困难，所以熔炼技术和温度的控制极为重要。

8）应用概况与特殊要求。合金已用于直升机、小型运输机的轮毂以及外筒等零件，并可用于形状简单的其他飞机受力构件。

（2）物理及化学性能。

1）热性能。

①熔化温度范围：475～621℃。

②热导率见表 8－55。

③比热容见表 8－56。

④线膨胀系数见表 8－57。

2）密度，$\rho = 1.87 g/cm^3$。

3）电性能。

4）磁性能，无磁性。

表 8－55　ZM7 合金的热导率

θ/℃	50	100	150
λ/W·(m·℃)$^{-1}$	115	121	121

表 8－56　ZM7 合金的比热容

θ/℃	50	100	150	200
c/J·(kg·℃)$^{-1}$	1017	1055	1101	1176

表 8-57 ZM7 合金的线膨胀系数

θ/℃	20~100	20~150	20~200
α/℃$^{-1}$	24.80×10^{-6}	25.33×10^{-6}	26.10×10^{-6}

5）化学性能。

①抗氧化性能。镁合金在空气中的燃点为400℃和400℃以上，但燃烧的难易程度还与材料本身的尺寸和形状有关。细小颗粒与粉尘状态的镁极易燃烧。机械加工和锯切时产生的细屑较大，着火的危险程度也低于粉末，但切屑一旦加热到燃点以上就容易燃烧。厚大截面的镁合金，只有在延长加热之后才燃烧。熔融镁合金与水接触产生剧烈反应，因此，危险性比其他金属大。

②镁合金的耐腐蚀性能。镁在干燥空气中有很好的耐蚀性，但在潮湿空气、水（尤其是海水）中的化学性是不稳定的，与大多数无机酸相互作用剧烈。在工业气氛中，镁的耐蚀性与中碳钢相近。镁的氧化膜不致密，故需经表面处理后，方可在大气条件下长期使用。

镁合金对硒酸、氟化物、氢氟酸作用稳定，形成不溶性盐。与铝相反，镁合金不与氢氧化钠相互作用，在汽油、煤油、润滑油中也很稳定。

镁是负电性最高的金属之一，不允许与铝合金（铝-镁合金除外）、铜合金、钢等零件直接接触装配，否则将导致电化学腐蚀。

铁、硅、铜、镍、氯化物和其他夹杂物以及某些铸造缺陷会降低镁合金的腐蚀稳定性。

合金中的锆可消除杂质的有害作用并细化晶粒，从而大大提高合金的腐蚀性能。

③ZM7 腐蚀试验后的强度损失见表 8-58。

表 8-58 ZM7 腐蚀试验后的强度损失

试验方法	热处理状态	σ_b/MPa		强度损失/%
		试验前	试验后	
交替腐蚀①	T4	300	259	13.9
喷雾腐蚀②		310	266	14.4

①按 HCS 206—1960《金属材料及防护层交替腐蚀试验方法》，时间 100h。

②按 HCS 29—1966《金属材料及防护层盐雾腐蚀试验方法》，时间 100h。

（3）力学性能。

1）技术标准规定的性能。

①技术标准规定的单铸试样性能，见表 8-59。

表 8-59 ZM7 合金技术标准规定的单铸试样性能

热处理状态	σ_b/MPa（不小于）	δ_5/%（不小于）	热处理状态	σ_b/MPa（不小于）	δ_5/%（不小于）
T4	265	6	T6	275	4

②技术标准规定的铸件切取试样性能，按 GB/T 13820《镁合金铸件》的规定，见表 8-60。

表 8－60 ZM7 合金技术标准规定的铸件切取试样性能

试样装饰及取样部位	热处理状态	σ_b/MPa（不小于）		$\sigma_{p0.2}$/MPa（不小于）		δ_5/%（不小于）	
		平均值	最小值	平均值	最小值	平均值	最小值
砂型单铸 Ⅰ类铸件指定部位	T4	220	190	110	—	4.0	3.0
	T6	235	205	135	—	2.5	1.5
砂型单铸，Ⅰ类铸件 非指定部位，Ⅱ类铸件	T4	205	180	—	—	3.0	2.0
	T6	220	190	—	—	2.0	—

注：平均值系指从铸件上切取的三根试样的平均值。

2）室温及各种温度下的力学性能。

①室温弹性模量，见表 8－61。

②高温弹性模量，见表 8－62。

③切边模量 $G=17$GPa。

表 8－61 ZM7 合金室温弹性模量

铸造形式	热处理状态	E/GPa
砂型单铸	T4 T6	42 42

表 8－62 ZM7 合金高温弹性模量

铸造形式	热处理状态	θ/℃	E/GPa
砂型单铸	T6	100 125 150 175	38 37 36 33

（4）组织结构。

1）相变温度。

2）时间－温度－组织转变曲线。

3）合金组织结构。合金铸态组织是由 α－Mg 固溶体及晶界分布的 Mg－Zn、Mg－Ag 化合物所组成。经固溶处理后，沿晶界分布的化合物全部分溶于 α－Mg 中，时效处理使晶内出现大量析出物。

（5）工艺性能与要求。

1）成型性能。

①铸造温度 720～800℃。

②铸件不同截面的交接应圆滑过渡并在转接处设有较大的圆角，避免截面突变。

③合金的显微疏松倾向较大，铸件设计应特别注意合金的补缩。

④铸造性能。合金充型性良好，但有较大的显微疏松倾向。热裂倾向性试验测定的第一个裂纹是在环宽度为 17.5mm 处形成。线收缩率为 1.1%。

2）焊接性能。该合金焊接性能较差，一般难以焊接。

3）零件热处理工艺。

①固溶处理时，热处理炉内的气氛应含有0.7%（不少于0.5%）SO_2（每立方米的炉膛体积内须加入0.5～1.5kg硫铁矿或硫化亚铁）或3% CO_2气体作为保护气氛，以保证镁铸件不致氧化燃烧。

②在热处理架上放置铸件时，应注意产生翘曲变形，必要时要用专门夹具或支架。

4）表面处理工艺。

①铸件表面应经化学氧化处理，使其表面形成一层防护层。在处理之前铸件必须经吹砂、除油，按HB/Z 5078—1978《镁合金化学氧化工艺》的规定。

②根据零件的不同用途，在氧化处理后进行涂油或涂漆保护，按HB/Z 5030—1977《航空发动机铝、镁合金零件涂漆工艺》的规定。

5）切削加工及磨削性能。合金具有优良的切削加工性能，可在较其他金属大的吃刀量下，并以很高的速度进行切削加工。切削掉一定量金属所需要的功率低于其他任何金属。切削加工时，用和不用切削液一般都不磨削和抛光即可得到极好的光洁表面。

8.7.2.8 ZM10

（1）概述。ZM10合金是一种镁－铝－锌系合金，它是在ZM5合金的基础上增加了铝和锌的质量分数，在固溶处理后接人工时效（T6）状态下具有高的屈服强度的一种镁合金。但塑性有所下降。该合金有良好的流动性、可焊性，热裂倾向低，但有较大的显微疏松倾向，铸造时必须采用相应的工艺措施。该合金用于飞机、发动机、仪表灯要求高屈服强度结构承力件，如机匣、仪器和设备零件等。该合金可在铸态（F）、固溶状态（T4）和固溶处理后人工时效（T6）等状态下应用。

1）材料牌号ZMgAl10ZnZ。

材料代号ZM10。

2）相近牌号MAG3（英国），Мл6（俄罗斯），AM100A（美国）。

3）材料的技术标准。GB/T 1177—1991《铸造镁合金》。

4）化学成分，见表8－63。

表8－63 ZM10合金的化学成分 （%）

标 准	合金元素				杂 质				
	Al	Zn	Mn	Mg	Si	Cu	Fe	Ni	杂质总量
GB/T 1177—1991	9.0～10.2	0.6～1.2	0.1～0.5	余量	0.30	0.20	0.05	0.01	0.5

注：合金可以加入铍，其质量分数不大于0.002%。

5）热处理制度，见表8－64。

表8－64 ZM10合金的热处理制度

热处理状态	固溶处理					时效处理		
	加热第一阶段		加热第二阶段		冷却介质	加热温度/℃	保温时间/h	冷却介质
	加热温度/℃	保温时间/h	加热温度/℃	保温时间/h				
T4	360～370	2～3	405～415	18～24	空气	—	—	—
T6	360～370	2～3	405～415	18～24	空气	185～195	4～8	空气

6）品种规格与供应状态。以砂型状态供应，主要在固溶处理（T4）和固溶处理接人工时效（T6）状态使用。

7）熔炼与铸造工艺。

①镁合金的熔炼在焊接或铸造的低碳钢坩埚内进行。合金应在专门的溶剂覆盖下熔化。溶剂应烘干，避免水分与合金接触。溶剂、硫磺粉等用来防止合金燃烧和灭火。

②合金液在710～740℃进行变质处理，变质剂可用炉料的0.25%～0.5%小块状菱镁矿，也可用六氯乙烷或碳酸钙，但处理温度应提高到740～760℃或760～780℃，用量分别为炉料的0.5%～0.6%和0.5%～0.8%。

③合金必须经精炼处理。

④在熔炼ZM10合金时，要注意防止含锆镁合金的混入，以免沾污合金，妨碍合金晶粒细化作用。

8）应用概况与特殊要求。该合金用于飞机、发动机、仪表和导弹上要求屈服强度高的结构承力件，如机匣、仓体、仪表壳体等零件。

（2）物理及化学性能。

1）热性能。

①熔化温度范围：420～600℃。

②热导率见表8－65。

③比热容 $c=1047\mathrm{J/(kg\cdot ℃)}$，(20～100℃)。

④线膨胀系数见表8－66。

2）密度，$\rho=1.81\mathrm{g/cm^3}$。

3）电性能，电阻率见表8－67。

表8－65　ZM10合金的热导率

θ/℃	20	100
λ/W·(m·℃)$^{-1}$	60.8	67.1

表8－66　ZM10合金的线膨胀系数

θ/℃	20～100	20～200	20～300	100～200	200～300
α/℃$^{-1}$	26.8×10^{-6}	27.3×10^{-6}	27.7×10^{-6}	28.5×10^{-6}	28.4×10^{-6}

表8－67　ZM10合金的电阻率

热处理状态	F	T4	T6
ρ/nΩ·m	150	175	151.5

4）磁性能，无磁性。

5）化学性能。

①抗氧化性能。镁合金在空气中的燃点为400℃和400℃以上，但燃烧的难易程度还与材料本身的尺寸和形状有关。细小颗粒与粉尘状态的镁极易燃烧。机械加工和锯切时产生的细屑较大，着火的危险程度也低于粉末，但切屑一旦加热到燃点以上就容易燃烧。厚

大截面的镁合金，只有在延长加热之后才燃烧。熔融镁合金与水接触产生剧烈反应，因此，危险性比其他金属大。

②耐腐蚀性能。镁在潮湿空气、水（尤其是海水）中的化学性是不稳定的，与大多数无机酸相互作用剧烈。在工业气氛中，镁的耐蚀性与中碳钢相近。镁的氧化膜不致密，故需经表面处理后，方可在大气条件下长期使用。

镁合金对硒酸、氟化物、氢氟酸作用稳定，形成不溶性盐。与铝相反，镁合金不与氢氧化钠相互作用，在汽油、煤油、润滑油中也很稳定。

镁是负电性最高的金属之一，不允许与铝合金（铝－镁合金除外）、铜合金、钢等零件直接接触装配，否则将导致电化学腐蚀。

铁、硅、铜、镍、氯化物和其他夹杂物以及某些铸造缺陷会降低镁合金的腐蚀稳定性，杂质元素中以铁为最甚。

（3）力学性能。

1）技术标准规定的单铸试验性能，见表8－68。

表8－68 ZM10技术标准规定的单铸试验性能

技术标准	热处理状态	试样形式	σ_b/MPa	$\sigma_{p0.2}$/MPa	δ_5/%
			不小于		
GB/T 1177—1991	F	砂型单铸	145	85	1
	T4		230	85	4
	T6		230	30	1

2）技术标准规定的铸件切取试样拉伸性能，按GB/T 13820—1992《镁合金铸件》的规定，见表8－69。

表8－69 ZM10技术标准规定的铸件切取试样拉伸性能

铸造方法	热处理状态	σ_b/MPa		$\sigma_{p0.2}$/MPa		δ_5/%	
		不小于					
		平均值	最小值	平均值	最小值	平均值	最小值
S，J	T4	180	150	70	60	2.0	—
	T6	180	150	110	90	0.5	—

注：1.“S”表示砂型铸件，“J”表示金属型铸件，当铸件某一部分的两个主要散热面在砂芯中成型时，按砂芯铸件的性能指标。

2. 平均值系指铸件上三根试样的平均值，最小值系三根试样中允许有一根低于平均值，但不低于最小值。

3）室温典型拉伸性能，见表8－70。

表8－70 ZM10合金室温典型拉伸性能

铸造形式	热处理状态	σ_b/MPa	$\sigma_{p0.2}$/MPa	δ_{10}/%
砂型铸造	F	157	108	1.5
	T4	245	98	5.0
	T6	255	137	1.0

（4）组织结构。

1）相变温度。

2）时间 - 温度 - 组织转变曲线。

3）合金组织结构。合金铸态组织是由 α - Mg 固溶体及沿晶界不连续网状分布的 $Mg_{17}Al_{12}$ 块状化合物组成。由于组织高度偏析，化合物也分布于晶粒的枝晶网间。化合物的大小、数量和形状与凝固时的冷却速度有关。固溶处理后，化合物溶于固体，其组织为具有轮廓分明的晶粒组织，在某些晶界交接处有少量块状化合物残余。如冷却速度缓慢，则可能在晶界上有某些片状沉淀。时效引起固溶体的分解，沉淀出细小魏氏体型组织，而165℃或更高温度下时效处理晶界出现较粗片沉淀。

在金属补缩不足部分，晶界处有时出现显微疏松缺陷（显微空洞）。

（5）工艺性能与要求。

1）成型性能。

①砂型铸造 720 ~ 780℃。

②铸件不同截面的交接应圆滑过渡并在转接处设有较大的圆角，避免截面突变。

③铸件的壁厚对力学性能的敏感性较大。

④合金有较大的显微疏松倾向，铸件设计应特别注意合金的补缩。

⑤铸造性能。合金具有良好的流动性，用浇注试棒长度的方法测定流动性为 290 ~ 300mm。合金凝固时形成显微疏松的倾向较大，铸件气密性较差。热裂倾向性试验测定的第一个裂纹是在环宽度为 30 ~ 35mm 处形成，线收缩率为 1.1% ~ 1.2%。

⑥为提高显微疏松缺陷铸件的气密性，可采用浸渗处理。

2）焊接性能。

①ZM10 合金易于用氩弧焊进行补焊，补焊工艺性能良好。

②经热处理的铸件在补焊后，如其力学性能受到影响，则铸件应按技术标准高的进行重复热处理。

③焊后要进行内部质量和表面裂纹检查。

3）零件热处理工艺。

①固溶处理时，热处理炉内的气氛应含有 0.7%（不少于 0.5%）SO_2（每立方米的炉膛体积内须加入 0.5 ~ 1.5kg 硫化亚铁）或 3% CO_2 气体作为保护气氛，以保护镁铸件不致氧化燃烧。合金仅经时效处理。

②在热处理架上放置铸件时，应注意产生翘曲变形，必要时要用专门夹具或支架。

4）表面处理工艺。

①铸件表面应经化学氧化处理，使其表面形成一层防护层。在处理之前铸件必须经吹砂、除油，按 HB/Z 5078—1978《镁合金化学氧化工艺》的规定。

②根据零件的不同用途，在氧化处理后进行涂油或涂漆保护，按 HB/Z 5030—1977《航空发动机铝、镁合金零件涂漆工艺》的规定。

5）切削加工及磨削性能。合金具有优良的切削加工性能，可在较其他金属大的吃刀量下，并以很高的速度进行切削加工。切削掉一定量金属所需要的功率低于其他任何金属。切削加工时，用和不用切削液一般都不磨削和抛光即可得到极好的光洁表面。

8.8 主要变形镁合金的基本技术性能

许多镁合金既可做铸造镁合金又可做变形镁合金。变形镁合金经过挤压、轧制和锻造等工艺后，具有比相同成分的铸造镁合金更高的力学性能。变形镁合金制品有轧制厚板、薄板、挤压件（如棒、型材和管材）和锻件等。这些产品具有更低成本、更高强度和延展性以及多样化的力学性能等优点。其工作温度不超过150℃。

在变形镁合金中，常用的合金系是Mg－Al系与Mg－Zn－Zr系。Mg－Al系变形合金一般属于中等强度，塑性较高的变形镁材料，铝含量约为0～8%，典型的合金为AZ31、AZ61和AZ80合金，由于Mg－Al系合金具有良好的强度、塑性和耐腐蚀综合性能，而且价格较低，因此是最常用的合金系列。Mg－Zn－Zr系合金一般属于高强度材料，变形能力不如Mg－Al系合金，常用于挤压工艺生产，典型合金为ZK60合金。常用变形镁合金有AZ31B、AZ61A、AZ80A和ZK60等。

典型的含稀土的变形镁合金有ZE10A(Mg－1.5Zn－0.2RE)。由于变形镁合金的开发与应用还不够充分，有关稀土对其组织和性能影响的研究远不如在铸造镁合金中那么深入，只有少量相关报道。

在镁中加锂元素能获得超轻变形镁锂合金，它是迄今为止最轻的金属结构材料，具有极优的变形性能和较好的超塑性能，已应用在航天和航空器上。

Mg合金一般均在300～500℃进行挤压、轧制和模压加工，由于Mg合金的上述变形特点，产品质量有下列各种特点：

（1）六方结构的Mg晶体弹性模量（E）各向异性不明显，织构对塑性加工产品的E值影响不大。

（2）挤压温度较低时，{0001}和〈$10\bar{1}0$〉倾向于与挤压方向平行；轧制时基面{0001}倾向于与板面平行，〈$1\bar{1}00$〉与轧向一致。

（3）压应力与基面{0001}平行时易生孪晶，所以Mg合金受压应力时纵向屈服强度比受拉应力时低。两种屈服强度的比值位于0.5～0.7间，所以结构设计（包括抗弯性能设计在内）时要考虑抗压强度的影响。因此，这个比值是评价Mg合金质量的一项重要指标，但该值因合金而异，并且随晶粒变细而增大。

（4）Mg合金用卷筒卷取时，能产生交变的拉、压应变，在受压应变时则产生大量孪晶，使抗拉强度明显降低。

国产变形镁合金的主要成分见表8－71，各属于Mg－Mn(Ce)系、Mg－Al－Zn系和Mg－Zn－Zr系，工作温度不超过150℃。我国还未建立起变形耐热镁合金系统，现在国外已广泛应用铸造镁合金如Mg－Th－Zr(HK31)系、Mg－Th－Mn(HM21)系和Mg－Th－Zn－Zr系（HZ21）等作变形用耐热合金，生产各种塑性加工产品，作为抗蠕变材料用于300～350℃，只是合金化程度比铸造合金低，以利于塑性变形。

本节将对几种最常用的主要变形镁合金的基本技术性能举例介绍。

表 8-71 中国变形镁合金的牌号与主要成分（质量分数） （%）

牌 号	Al	Zn	Mn	Ce	Zr
MB1	—	—	1.3～2.5	—	—
MB2	3.0～4.0	0.2～0.8	0.15～0.5	—	—
MB3	4.0～5.0	0.8～1.5	0.4～0.8	—	—
MB5	5.5～7.0	0.5～1.5	0.15～0.5	—	—
MB6	5.0～7.0	2.0～3.0	0.20～0.50	—	—
MB7	7.8～9.2	0.2～0.8	0.15～0.5	—	—
MB8	—	—	1.5～2.5	0.15～0.35	—
MB15	—	5.0～6.0	—	—	0.30～0.90

8.8.1 国外主要变形镁合金的基本技术性能

8.8.1.1 AZ31B、AZ31C 合金

（1）技术规范。

AMS：AZ31B 薄板，O 状态为 4375；H24 状态为 4377；H26 状态为 4376；AZ31B 厚板 O 状态为 4382。

ASTM 薄板为 B90；挤压棒材、条材、型材为 B107；AZ31B 锻件为 B91SAE. J466。先前的 SAE 合金牌号：AZ31B 为 510。

UNS 牌号：AZ31B，M11311；AZ31C，M11312。

欧洲标准：镁铝合金 AZ31：薄板为 BS3370 MAG111；挤压棒材和管材为 BS3373 MAG111；DIN97153. 5312；AFNOR GA371。

（2）化学成分（ASTM 变形加工产品）。

AZ31B 合金成分范围：铝 2.5%～3.5%，锰 0.20%～1.0%，锌 0.6%～1.4%，铜（最大）0.04%，硅（最大）0.10%，镍（最大）0.005%，铁（最大）0.005%，其他（最大）（总和）0.30%，余量为 Mg。

AZ31C 合金成分范围：铝 2.4%～3.6%，锰 0.15%～1.0%，锌 0.50%～1.5%，铜（最大）0.10%，硅（最大）0.10%，镍（最大）0.03%，铁（最大）0.005%，其他（最大）（总和）0.30%，余量为 Mg。

合金元素及杂质超限的不良后果：铜、镍和铁含量过多将降低抗盐水腐蚀性能。减少锰含量将增大晶粒尺寸，从而导致延伸率和强度的降低，特别是压缩屈服强度的降低。

（3）用途。

典型用途：AZ31B 和 AZ31C 合金：具有中等力学性能和高伸长率的锻件和挤压条材、棒材、型材，结构型材和管；AZ31C 合金具有与 AZ31B 合金相同的性能，但是 AZ31C 合金成分范围极限更大。AZ31B 合金：其薄板和厚板具有良好的结构成型性和强度，以及较高的耐蚀性及良好的可焊性。AZ31B 和 AZ31C 可在原加工状态（F）、退火状态（O）和加工硬化状态（H24）下使用。

（4）力学性能。

拉伸性能，见表8-72。

表8-72 A231B和A231C合金的力学性能

产品类型	抗拉强度/MPa	抗拉屈服强度/MPa	伸长率/%	硬度		剪切强度/MPa	压缩屈服强度/MPa	承载强度极限/MPa	承载屈服强度/MPa
				HB	HRE				
退火状态薄板	255	150	21	56	67	145	110	485	290
硬态冷轧薄板	290	220	15	73	83	160	180	495	325
挤压条材、棒材和实心型材	255	200	12	49	57	130	97	385	230
挤压空心型材和管材	241	165	16	46	51	—	93	—	—
锻件	260	170	15	50	59	130	—	—	—

压缩屈服强度，见表8-72。

承载性能，见表8-72。

硬度，见表8-72。

泊松比：0.35。

弹性模量：拉伸弹性模量为45GPa；剪切弹性模量为17GPa。

冲击强度：锻件和挤压条材、棒材及实心型材的V-切口摆锤冲击能力值为4.3J。

A231B薄板定向性能，见表8-73。

表8-73 AZ31B薄板定向性能

状态	抗拉强度/MPa	屈服强度/MPa	50mm(2in)标距的伸长率/%
平行于轧制方向			
退火后	255	150	21
冷轧后	290	220	15
垂直于轧制方向			
退火后	270	170	19
冷轧后	295	235	19

（5）物理性能。

密度：20℃时为1.78g/cm^3。

液相线温度：632℃。

固相线温度：566℃。

初熔温度：532℃。

引燃温度：在炉内加热时为581℃。

线膨胀系数：在20~200℃范围内为26.8μm/(m·K)。

比热与温度：在20℃时为1.040kJ/kg；在100℃为1.042kJ/kg；在300℃为1.148kJ/kg；在650℃为1.414kJ/kg(液态)。

熔化潜热：339kJ/kg。

热导率，见表8－74。

电阻率，见表8－74。

表8－74 AZ31B－F产品的热导率和电阻率

试验温度/℃	热导率/W·(m·K)$^{-1}$	电阻率/nΩ·m
F状态		
20	76.0	92
50	83.9	93
100	87.3	104
150	92.4	112
200	97.0	120
250	101.8	127

在电解液中的电位：当采用氯化亚汞电极时为1.59V。

（6）加工特性。

可焊性：采用AZ61A或AZ92A焊条（最好采用AZ61A焊条）时的气体保护电弧焊接性能极佳；焊后需要进行应力消除处理；电阻焊接性能极佳。

再结晶温度：在接受15%冷加工率并在205℃下加热1h后，将发生再结晶。

退火温度：345℃。

热加工温度：230～425℃。

8.8.1.2 AZ61A合金

（1）技术规范。

AMS：挤压材为4350，锻件为4358。

ASTM：挤压材为B107，锻件为B91。

SAE：J466 SAE前合金牌号：挤压材为520，锻件为531。

UNS牌号：M11610。

欧洲标准：镁铝合金AZ61：挤压条材和管材为BS 3373 MAG121；锻件为BS 3372 MAG121和DIN 9715 3.5612；铸件为DIN 1729 3.5612；AFNOR G－A6Z1。

（2）化学成分（ASTM变形结构产品）。

合金成分范围：铝5.8%～7.2%，锰0.15%～0.5%，锌0.4%～1.5%。

杂质成分极限：硅（最大）0.10%，铜（最大）0.05%，镍（最大）0.005%，铁（最大）0.005%，其他（最大）（总和）0.30%。

合金元素及杂质超限的不良后果：铜、镍和铁含量过多将降低抗盐水腐蚀性能。减少锰含量将增大晶粒尺寸，从而导致伸长率和强度的降低，特别是压缩屈服强度的降低。

（3）用途。

典型用途：具有良好性能和中等造价的通用挤压材和具有良好力学性能的锻件；在原加工状态（F）下使用。此合金仅适用于生产电池用薄板。

（4）力学性能。

拉伸性能，见表8－75。

表8-75 AZ61A-F合金在室温下的典型力学性能

种类和状态	抗拉强度/MPa	抗拉屈服强度①/MPa	伸长率②/%	硬度		剪切强度/MPa	压缩屈服强度①/MPa	承载强度极限④/MPa	承载屈服强度④/MPa
				HB③	HRE				
锻件	295	180	12	55	66	145	125	—	—
挤压条材、棒材和型材	305	205	16	60	72	140	130	470	285
挤压空心型材和管材	285	165	14	50	60	—	110	—	—

①0.2%的残留变形；②50mm；③500kg负荷，直径为10mm的球；④直径为4.75mm的圆柱销。

泊松比：0.35。

弹性模量：拉伸弹性模量为45GPa；剪切弹性模量为17GPa。

冲击强度：V-切口摆锤冲击能力值：锻件为3J；挤压条材、棒材和型材为4.1J。

（5）物理性能。

密度：20℃时为1.80g/cm^3。

液相线温度：610℃。

固相线温度：525℃。

初熔温度：418℃。

引燃温度：在炉内加热时为559℃。

线膨胀系数：在20~200℃范围内为27.2μm/(m·K)。

比热：在20℃下为1.05kJ/kg。

熔化潜热：373kJ/kg。

热导率：80W/(m·K)。

电阻率：20℃时为125nΩ·m。

在电解液中的电位：相对于饱和氯化亚汞电极为1.58V。

（6）加工特性。

可焊性：采用AZ61A或AZ92A焊条（最好采用AZ61A焊条）时的气体保护电弧焊接性能极佳；焊后需要进行应力消除处理；电阻焊接性能极佳。

再结晶温度：在经受20%冷加工率并在255℃下加热1h后，将发生再结晶。

退火温度：345℃。

热加工温度：230~400℃。

8.8.1.3 AZ80A合金

（1）技术规范。

AMS：锻件为4360。

ASTM：挤压棒材、条材、型材为B107，锻件为B91。

SAE. J466先前的SAE合金牌号：挤压件为523，锻件为532。

UNS牌号：M11800。

（2）化学成分（ASTM变形加工产品）。

合金成分范围：铝7.8%~9.2%，锌0.20%~0.80%，锰0.12%~0.5%。

杂质成分：硅（最大）0.10%，铜（最大）0.05%，镍铜（最大）0.005%，铁（最大）0.005%，其他（总和最大）0.30%。

合金元素及杂质超限的不良后果：铜、镍和铁的含量过多将降低抗盐水腐蚀性能。减少锰含量将增大晶粒尺寸，从而导致伸长率和强度的降低，特别是压缩屈服强度的降低。

(3) 用途。

典型用途：挤压产品和锻件，此合金可人工时效。

(4) 力学性能。

拉伸性能，见表 8－76～表 8－79。

表 8－76 AZ80A 合金室温典型力学性能

品种和状态	抗拉强度/MPa	抗拉屈服强度①/MPa	伸长率②/%	硬度		剪切强度/MPa	压缩屈服强度①/MPa	承载强度极限④/MPa	承载屈服强度④/MPa
				HB③	HRC				
锻件									
原锻造状态	330	230	11	69	80	150	170	—	—
时效（T5 状态）	345	250	6	72	82	160	195	—	—
条材、棒材、型材									
挤压状态	340	250	11	67	77	150	—	550	350
时效（T5 状态）	380	275	7	80	88	165	240	—	—

①0.2% 的残留变形；②50mm；③500kg 负荷，ϕ10mm 直径的球；④直径为 4.75mm 的圆柱销。

表 8－77 不同温度条件下 AZ80A－F 典型力学性能

试验温度/℃	抗拉强度/MPa	屈服强度/MPa	50mm 标距的伸长率/%	试验温度/℃	抗拉强度/MPa	屈服强度/MPa	50mm 标距的伸长率/%
－73	386	259	8.5	150	241	176	25.5
－18	355	252	10.5	200	197	121	35.0
21	338	248	11.0	260	110	76	57.0
93	307	221	18.0				

表 8－78 变形速度和温度对 AZ80A－T5 挤压件抗拉强度的影响

试验温度/℃	不同变形速度下的抗拉强度/MPa				
	0.005	0.050	0.10	0.50	5.0
24	334	334	334	334	334
93	—	283	286	295	307
149	—	181	192	216	257
204	—	111	121	143	183
260	—	69	74	93	136
316	—	44	49	64	97
371	—	28	31	41	66
427	—	17	21	30	46
482	—	8	10	14	20

表8－79 变形速度和温度对AZ80A－T5挤压件屈服强度的影响

试验温度/℃	不同变形速度下的屈服强度/MPa			
	0.005	0.050	0.50	5.0
24	208	223	238	253
93	165	185	204	224
149	109	132	154	177
204	67	93	118	143
260	37	61	77	110
316	18	41	57	86
371	9	24	37	55
427	—	15	28	39
482	—	7	14	20

剪切强度，见表8－76。

压缩屈服强度，见表8－76。

承载性能，见表8－76。

硬度，见表8－76。

泊松比：0.351。

弹性模量：拉伸弹性模量为45GPa；剪切弹性模量为17GPa。

（5）物理性能。

密度，见表8－80。

表8－80 AZ80A合金密度

试验温度/℃	密度/g·cm^{-3}	试验温度/℃	密度/g·cm^{-3}
20	1.806	316	1.760
93	1.793	427	1.741
204	1.777		

液相线温度：610℃。

固相线温度：490℃。

初熔温度：427℃。

引燃温度：在炉内加热时为542℃。

线膨胀系数：在20～200℃范围内为27μm/(m·K)。

比热：在20℃时为0.975kJ/kg；在100℃为1.076kJ/kg；在300℃为1.155kJ/kg；在650℃为1.427kJ/kg(液态)。

热导率，见表8－81。

表 8-81 AZ80A 合金的热导率和电阻率

试验温度/℃	热导率/W·(m·K)$^{-1}$	电阻率/nΩ·m
F 状态		
20	47.3	156
50	51.0	160
100	56.7	167
150	62.3	173
200	67.3	180
250	73.7	182
T5 状态		
20	59.2	122
50	63.3	126
100	68.2	136
150	73.4	144
200	77.3	154
250	82.1	161

熔化潜热：280kJ/kg。

电阻率，见表 8-81。

在电解液中的电位：相对于饱和氯化亚汞电极为 1.57V。

(6) 加工特性。

可焊性：采用 AZ61A 或 AZ92A 焊条（最好采用 AZ61A 焊条）时的气体保护电弧焊接性能良好，焊后需要进行应力消除处理，电阻焊接性能极佳。

再结晶温度：在经受 10% 冷加工率，并在 345℃ 下加热 1h 后将发生再结晶。

退火温度：320~400℃。

热脆温度：415℃。

8.8.1.4 MIA 合金

(1) 技术规范。

ASTM：挤压棒材、条材、型材和管材为 B107。

SAE. J466 先前的 SAE 合金牌号：挤压件为 522，锻件为 533。

UNS 牌号：M15100。

欧洲标准：镁铝合金 AM503：BS 3370 MAG 101，DIN 97153.5200。

(2) 化学成分（ASTM 变形加工产品）。

合金成分范围：锰 1.2%~2.0%。

杂质成分：钙（最大）0.30%，铜（最大）0.05%，镍（最大）0.01%，硅（最大）0.10%，其他（总和最大）0.30%。

合金元素及杂质超限的不良后果：硅含量过多将导致镁沉淀发生，铜和镍含量过多将降低抗盐水腐蚀性能。

(3) 用途。

典型用途：具有中等力学性能以及焊接性能，抗腐蚀性能和热成型性极佳的变形加工产品，在原加工状态（F）下使用。

（4）力学性能。

拉伸性能，见表8－82～表8－85。

表8－82 MIA合金室温典型力学性能

产品种类	抗拉强度/MPa	抗拉屈服强度①/MPa	伸长率②/%	硬度		剪切强度/MPa	压缩屈服强度①/MPa	承载强度极限④/MPa	承载屈服强度④/MPa
				HB③	HRC				
挤压条材和型材	255	180	12	44	45	125	83	350	195
挤压空心型材	240	145	9	42	41	—	62	—	—
锻件	250	160	7	47	54	110	—	—	—

①0.2%的残留变形；②50mm；③500kg负荷，ϕ10mm直径的球；④直径为4.75mm的圆柱销。

表8－83 高温下MIA合金的典型力学性能

试验温度/℃	抗拉强度/MPa	屈服强度/MPa	伸长率/%
挤压条材、型材			
93	186	145	16
120	165	131	18
150	145	110	21
200	117	83	27
315	62	34	53
锻　件			
93	165	121	25
120	145	107	26
150	131	93	31
200	114	69	34
260	83	45	37
315	41	28	140

表8－84 变形速度和温度对MIA－F挤压件抗拉强度的影响

试验温度/℃	不同变形速度下的抗拉强度/MPa				
	0.005	0.050	0.10	0.50	5.0
24	231	252	259	274	294
93	—	179	187	204	228
149	—	118	124	140	174
204	—	79	83	95	123
260	—	52	55	66	90
316	—	37	39	48	64
371	—	27	29	34	43
427	—	21	21	25	30
482	—	14	14	18	22

表 8-85 变形速度和温度对 MIA-F 挤压件屈服强度的影响

试验温度/℃	不同变形速度下的屈服强度/MPa			
	0.005	0.050	0.50	5.0
24	17	181	191	201
93	13	150	163	177
149	8	107	133	163
204	52	69	86	119
260	33	46	58	83
316	26	32	40	55
371	18	23	29	34
427	—	18	21	23
482	—	12	14	21

剪切强度，见表 8-82。

压缩屈服强度，见表 8-82。

承载性能，见表 8-82。

硬度，见表 8-82。

泊松比：0.35。

弹性模量：拉伸弹性模量为 45GPa，剪切弹性模量为 17GPa。

(5) 物理性能。

密度：20℃时 1.77g/cm^3。

液相线温度：649℃。

固相线温度：648℃。

线膨胀系数：在 20~200℃时为 26μm/(m·K)。

比热：1.05kJ/(kg·K)。

热导率：138W/(m·K)。

电阻率，见表 8-86。

表 8-86 MIA-F 合金热导率和电阻率

试验温度/℃	热导率/W·(m·K)$^{-1}$	电阻率/nΩ·m	试验温度/℃	热导率/W·(m·K)$^{-1}$	电阻率/nΩ·m
20	68	54	150	302	75
50	122	58	200	392	84
100	212	67	250	482	91

在电解液中的电位：相对于饱和氯化亚汞电极为 1.64V。

(6) 加工特性。

可焊性：采用 AZ61A 或 AZ92A 焊条（最好采用 AZ61A 焊条）时的气体保护电弧焊接性能极佳，不要求但也可以进行应力消除处理，电阻焊接性能良好；如果需要，可用 MIA 焊条、镁溶剂和中性火焰来进行。

再结晶温度：370℃。

热加工：温度为 295~540℃。

8.8.1.5 ZK40A 合金

（1）技术规范。

ASTM：挤压件 T5 状态为 B107。

UNS 牌号：M16400。

加拿大标准：CSA HG.5 ZK40A。

（2）化学成分（ASTM 变形加工产品）。

合金成分范围：锌 3.5% ~4.5%，锆（最大）0.45%，其他（总和最大）0.30%，余量为 Mg。

合金元素减量后果：可溶性锆含量低将导致晶粒尺寸增大，并降低压缩屈服强度。

（3）用途。

典型用途：屈服强度高的挤压合金，为原挤压状态（F）并且人工时效到 T5 状态；对螺纹根处的应力集中不像其他高强度合金那样敏感。能够进行热处理，能代替 ZK60A 合金，特别是金刚石钻头的钻杆，并且更容易挤压。

（4）力学性能和密度。

拉伸性能，见表 8-87。

表 8-87 ZK40A-T5 合金室温最小力学性能

种 类	抗拉强度/MPa	抗拉屈服强度/MPa	伸长率/%	压缩屈服强度/MPa
挤压条材和型材	275	255	4	140
挤压管材	275	250	4	140

剪切强度：145MPa；压缩屈服强度，见表 8-87。

泊松比：0.35。

弹性模量：拉伸弹性模量为 45GPa，剪切弹性模量为 17GPa。

冲击强度：V-切口摆锤冲击能力值为 11J。

密度：20℃时为 1.80g/cm^3。

8.8.1.6 ZK60A 合金

（1）技术规范。

AMS：挤压材为 4352，锻件为 4362。

ASTM：挤压材为 B107，锻件为 B91。

SAE：J466 先前的合金牌号为 524。

UNS 牌号：M16600。

欧洲标准：镁铝合金 ZW6：BS 3373 MAG 161；DIN 9715 3.5161；AFNOR G-Z5Zr。

（2）化学成分（ASTM 变形加工产品）。

合金成分范围：锌 4.8% ~6.2%，锆（最大）0.45%，其他（最大总和）0.30%，余量为 Mg。

合金元素减量的不良后果：可溶性锆含量低将晶粒尺寸增大，并且将降低压缩屈服强度。

（3）用途。

典型用途：挤压产品和锻件具有较高的强度和良好的延展性，能够人工时效到T5状态。

（4）力学性能。

拉伸性能，见表8－88和表8－89。

表8－88 ZK60A合金室温典型力学性能

种类和状态	抗拉强度/MPa	抗拉屈服强度①/MPa	伸长率②/%	硬度		剪切强度/MPa	压缩屈服强度①/MPa	承载强度极限④/MPa	承载屈服强度④/MPa
				HB③	HRE				
挤压条材、棒材和型材									
ZA60A－F	340	260	11	75	84	185	230	550	380
ZK60A－T5	350	285	11	82	88	180	250	585	405
挤压空心型材和管材									
ZA60A－F	315	235	12	75	84	—	170	—	—
ZK60A－T5	345	275	11	82	88	—	200	—	—
锻　件									
ZK60A－T5	305	215	16	65	77	165	160	420	285

①0.2%的残留变形；②50mm；③50kg负荷，直径为10mm的球；④直径为4.75mm的圆柱销。

表8－89 变形速度和温度对ZK60A挤压件抗拉强度的影响

试验温度/℃	不同变形速度下的抗拉强度/MPa			
	0.005	0.10	0.50	5.0
ZK60A－F挤压件				
24	347	348	352	356
93	269	274	285	301
149	166	177	201	236
204	93	105	131	169
260	37	42	67	120
316	17	20	34	74
371	12	13	22	50
427	10	10	16	29
482	10	10	16	26
ZK60A－T5挤压件				
24	354	356	263	371
93	258	266	285	316

（5）物理性能。

密度：20℃时为1.83g/cm^3。

液相线温度：635℃。

固相线温度：520℃。

初熔温度：518℃。

引燃温度：在炉内加热时为499℃。

线膨胀系数：在20～200℃范围内为27.1μm/(m·K)。

比热与温度，见表8－90。

表8－90 ZK60A合金的比热

试验温度/℃	比热/kJ·(kg·K)$^{-1}$	试验温度/℃	比热/kJ·(kg·K)$^{-1}$
204	1.100	427	1.301
260	1.146	482(s)	1.356
316	1.197	649(l)	1.372
371	1.247	704	1.406

注：s—固相线；l—液相线。

熔化潜热：318kJ/kg。

热导率：20℃时为F状态，117W/(m·K)。

电阻率：20℃时为F状态，58nΩ·m；T5状态，见表8－91。

表8－91 ZK60A在T5状态下合金的热导率和电阻率

试验温度/℃	热导率/W·(m·K)$^{-1}$	电阻率/nΩ·m	试验温度/℃	热导率/W·(m·K)$^{-1}$	电阻率/nΩ·m
20	121.0	57	150	126.6	80
50	123.1	62	200	127.6	90
100	124.9	71	250	130.6	97

在电解液中的电位：当采用氯化亚汞电极为1.58V。

(6) 加工特性。

可焊性：可以采用AZ92A焊条进行气体保护电弧焊接，但因为这些合金易于热脆干裂，故不建议采用；当焊接处无裂缝时，则表明它们具有较高的焊接性；电阻焊接性极佳。

时效温度：在150℃温度下露天放置24h，再进行空气冷却。

退火温度：345℃。

热加工温度：315～400℃。

热脆温度：铸造合金为315℃，变形合金为510℃。

8.8.2 国内主要变形镁合金的基本技术性能

8.8.2.1 MB2合金

(1) 概述。MB2是镁－铝－锌系不可热处理强化的变形镁合金。合金在室温下工艺塑性差，高温时塑性好，因此合金的压力加工工序必须在加热状态下进行。合金的切削加工性能、焊接性能良好，应力腐蚀倾向小，耐蚀性较好。该合金可加工成板材、棒材、型材和形状复杂的锻件、模锻件，制成的零件可在150℃以下长期工作和在200℃下短时工作。

1) 材料牌号MB2。

2) 相近牌号 MA2(俄罗斯)，AZ31B(美国)，MAG111(英国)，G－Z4TRZr、

DIN9715 3. 5312（德国），AFNOR G－A371（法国）。

3）材料的技术标准。

GB/T 5153—1985《加工镁及镁合金牌号和化学成分》；

GB/T 5154—1985《镁合金板》；

GB/T 5155—1985《镁合金热挤压棒》；

GB/T 5156—1985《镁合金热挤压型材》；

HB 5203—1982《航空用镁合金热挤压型材》；

HB 6690—1992《镁合金锻件》。

4）化学成分，见表8－92。

表8－92　MB2合金的化学成分

合金元素/%				杂质（不大于）/%					
Al	Nn	Zn	Mg	Cu	Ni	Si	Fe	Be	其他总和
3.0～4.0	0.15～0.50	0.20～0.8	余量	0.05	0.005	0.10	0.05	0.01	0.30

5）热处理制度。

①F状态：热轧、热挤压或热锻状态。

②O状态：冷轧退火310～340℃，保温30min。

6）品种规格与供应状态，见表8－93。

表8－93　MB2合金品种规格与供应状态

标　准	品　种	状态	δ或d/mm	标　准	品　种	状态	δ或d/mm
GB/T 5154—1985	热轧厚板 冷轧退火板	F O	12～32 0.8～10	HB 5203—1982	型材	F	—
GB/T 5154—1985	棒材	F	8～130	HB 6690—1992	锻件、模锻件	F	—

7）熔炼与铸造工艺。镁合金通常在钢制坩埚电阻炉或煤气反射炉中熔炼，由于镁熔化后极易氧化燃烧，因此需要在隔绝空气的条件下熔炼。目前国内的镁合金熔炼仍用溶剂保护和精炼。国外已采用了无溶剂熔炼工艺，铸锭采用水冷半连续铸造的方法。铸造时需采用二氧化硫或六氟化硫和二氧化碳混合气体保护以防止燃烧，二氧化硫气体保护性好，但有害人体健康并污染环境。推荐采用含六氟化硫的二氧化碳混合气体或惰性气体保护。

8）应用概况与特殊要求。该合金已成批量生产，锻件和模锻件主要用于航空发动机零件。

（2）物理及化学性能。

1）热性能。

①熔化温度范围：604～632℃。

②热导率，见表8－94。

③比热容，见表8－95。

④线膨胀系数$\alpha=26.0\times10^{-6}℃^{-1}$（20～100℃）。

2）密度，$\rho=1.78\text{g/cm}^3$。

3）电性能。

①电阻率，见表8-96。

②电导率，见表8-97。

4）磁性能，无磁性。

表8-94 MB2合金的热导率

θ/℃	25	100	200	300	400
λ/W·(m·℃)$^{-1}$	96.4	101	105	109	113

表8-95 MB2合金的比热容

θ/℃	100	200	300	350
c/J·(kg·℃)$^{-1}$	1130	1170	1210	1260

表8-96 MB2合金的电阻率

θ/℃	20	38	93	149	204	260
ρ/nΩ·m	92	95	103	109	120	129

注：F和O状态电阻率相同。

表8-97 MB2合金的电导率

θ/℃	20	38	93	149	204	260
γ/%IACS	18.8	18.2	16.8	15.8	14.4	13.3

注：F和O状态电导率相同。

5）化学性能。

①抗氧化性能。未经表面处理的材料在大气中容易氧化，生成氧化膜不致密，不能起保护作用。

②耐腐蚀性能。合金应力腐蚀倾向小，耐腐蚀性能良好。但在工业和海洋大气环境下容易腐蚀，因此使用时需经氧化处理和涂漆保护。

6）阻尼性能。当应力等于屈服强度的10%的条件下，合金的比阻力能力等于6.5，与其他镁合金相比，处于中等水平。

（3）力学性能。

1）技术标准规定的性能，见表8-98。

表8-98 MB2合金技术标准规定的性能

技术标准	品种	状态	δ或d/mm	取样方式	σ_b/MPa	$\sigma_{p0.2}$/MPa	$\sigma_{pc0.2}$/MPa	δ_5/%
					不小于			
GB/T 5154—1985	退火板材	O	0.8~3.0	纵向	235	125	—	12.0
			3.5~10.0	纵向	225	120	—	12.0
	热轧板材	F	12~20	纵向或横向	225	135		8.0
			22~32		225	135	69	8.0

续表 8－98

技术标准	品种	状态	δ 或 d/mm	取样方式	σ_b/MPa	$\sigma_{p0.2}$/MPa	$\sigma_{pc0.2}$/MPa	δ_5/%
					不小于			
GB/T 5155—1985	棒材	F	8.0～100 ＞100～130	纵向 纵向	245 245	— —	— —	6.0 5.0
HB 5203—1982	型材	F	—	纵向	235	—	— —	6.0
HB 6690—1992	锻件、模锻件	F	—	纵向	235	—	—	5.0

注：热轧厚板、棒材和锻件、模锻件的伸长率为 δ_5，退火板材的伸长率为 δ_{10}。

2）室温及各种温度下的力学性能。

①硬度，室温硬度 HBS 58。

②室温承载强度，见表 8－99。

3）持久和蠕变性能。高温蠕变极限，见表 8－100。

表 8－99　MB2 合金室温承载强度

品　种	状　态	e/D	σ_{bru}/MPa	σ_{bry}/MPa
挤压制品	F	2.5	386	234
锻件			483	248

表 8－100　MB2 合金高温蠕变极限

品　种	状　态	θ/℃	$\sigma_{0.1/200}$/MPa	$\sigma_{0.2/200}$/MPa
棒　材	R	30	147	159
		100	46	66
		150	7.8	11.8

4）疲劳性能。

①高周旋转弯曲疲劳极限，见表 8－101。

表 8－101　MB2 合金高周旋转弯曲疲劳极限

品　种	状　态	θ/℃	N/周	σ_{-1}/MPa	σ_{-1H}/MPa
d≤100mm 棒材	F	220	2×10^7	108	78

注：试验条件为悬臂梁。缺口试样 $\gamma_H=0.75$mm，$K_t=2.2$。

②低周疲劳，如图 8－26 所示。

（4）组织结构。

1）相变温度。

2）时间－温度－组织转变曲线。

3）合金组织结构。合金铸态组织是铝和锌在镁中的固溶体和少量片状化合物$Mg_{17}Al_{12}$及很少量的 Al－Mn 化合物质点。薄板加工状态为不完全再结晶组织。热压棒、型材基本上为再结晶组织，退火后均为完全再结晶组织。

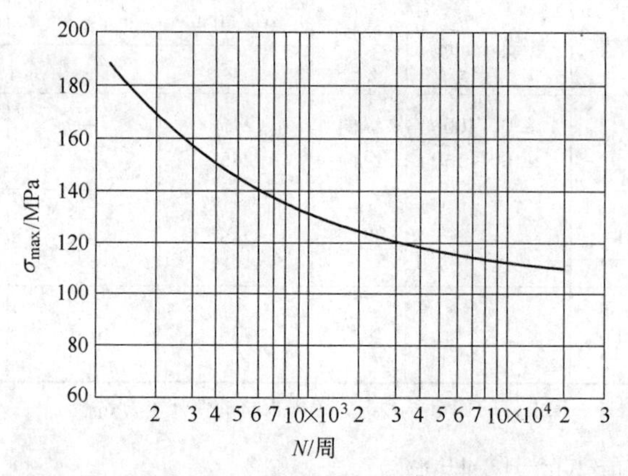

图 8-26 MB2 合金挤压棒材（ϕ80）低周疲劳曲线

（试样尺寸 $D=10\text{mm}$，$d=8\text{mm}$；$K_t=2.5$；$\sigma_{min}/\sigma_{max}=0.1$）

（5）工艺性能与要求。

1）成型性能。室温下合金塑性低，成型受到限制，加热时（275～400℃）合金具有高塑性，能制造形状复杂，要求变形大的零件。为了不降低退火板材、热轧厚板、热挤压型材在热成型后的强度，在热成型时推荐加热温度不超过 290℃，加热时间不超过 1h。

2）焊接性能。合金性能良好，可采用电弧焊和电阻焊方法包括有点焊、滚焊和脉冲焊。焊接的零件必须按规定消除焊接应力。

3）零件热处理工艺。热压或退火状态的材料经合金或成型后的零件，需进行退火消除应力，退火制度：260℃，15min，空气冷却。

4）表面处理工艺。在长期储存和运输时，应对镁合金必须半成品进行化学氧化处理和油封。在大气条件下工作的镁合金零件和组合件还要在化学氧化处理后进行涂漆保护。

5）切削加工与磨削性能。合金切削加工性能良好。可以采用较大的进刀量和高速切削。采用的刀具必须十分锐利，推荐采用大的前角（最小为 7°），在特殊情况下，可采用负前角。切削时通常不要求使用润滑冷却液。合金还可用浓度 5% 以上的硫酸、硝酸或盐酸溶液进行化学铣切。

8.8.2.2 MB3 合金

（1）概述。MB3 是镁-铝-锌系不可热处理强化的变形镁合金。合金在室温强度高于 MB2 合金，但室温下工艺塑性差，高温时塑性好，因此零件成型需在加热状态下进行。合金的切削加工性能、焊接性能良好，有应力腐蚀倾向，且比 MB2 合金大。该合金主要加工成板材用作飞机尾翼、舱门等部位的蒙皮、壁板及飞机内部零件。可在 150℃以下长期工作和在 200℃下短时工作。

1）材料牌号 MB3。

2）相近牌号 MA2-2(俄罗斯)。

3）材料的技术标准。

GB/T 5153—1985《加工镁及镁合金牌号和化学成分》；

GB/T 5154—1985《镁合金板》。

4）化学成分。合金的化学成分按 GB/T 5153—1985，见表 8-102。

表 8－102 MB3 合金的化学成分

合金元素/%				杂质（不大于）/%					
Al	Nn	Zn	Mg	Cu	Ni	Si	Fe	Be	其他总和
3.7～47	0.30～0.60	0.8～1.4	余量	0.05	0.005	0.10	0.05	0.01	0.30

5）热处理制度。

①F 状态：热轧或热锻状态。

②O 状态：板材退火温度 250～280℃，保温时间为 30min。

6）品种规格与供应状态，见表 8－103。

表 8－103 MB3 合金的品种规格与供应状态

标 准	品 种	状 态	δ 或 d/mm
GB/T 5154—1985	热轧厚板	F	12.0～32.0
	冷轧退火板	O	0.8～10.0

7）熔炼与铸造工艺。镁合金通常在钢制坩埚电阻炉或煤气反射炉中熔炼，熔炼时使用溶剂保护和精炼。为了保证合金成分的均匀性，锰以镁－锰或铝－锰中间合金加入为宜。由于合金中铝、锰含量较高，在铸造过程中容易产生锰的偏析物（铝锰化合物），因此在合金配料时铝、锰易控制在中、下限。铸锭采用水冷半连续铸造的方法。铸造时需采用二氧化硫或六氟化硫和二氧化碳混合气体保护以防止镁液在凝固过程中氧化燃烧，二氧化硫气体保护性好，但有害人体健康并污染环境。推荐采用含六氟化硫的二氧化碳混合气体或其他惰性气体保护。

8）应用概况与特殊要求。该合金已成批量生产，主要用于飞机、导弹蒙皮和壁板等结构件。

（2）物理及化学性能。

1）热性能。

①热导率，见表 8－104。

②比热容，见表 8－105。

③线膨胀系数，$\alpha = 26.0 \times 10^{-6}℃^{-1}$（20～100℃）。

2）密度，$\rho = 1.79g/cm^3$。

3）电性能，电阻率 $\rho = 120n\Omega \cdot m$。

4）磁性能，无磁性。

表 8－104 MB3 合金的热导率

θ/℃	25	100	200	300	400
λ/W·(m·℃)$^{-1}$	83.8	88	92.2	101	105

表 8－105 MB3 合金的比热容

θ/℃	100	200	300	350
c/J·(kg·℃)$^{-1}$	1090	1130	1210	1260

5）化学性能。

①抗氧化性能。未经表面处理的材料在大气中容易氧化，生成氧化膜不致密，不能起保护作用。

②耐腐蚀性能。合金有应力腐蚀倾向，耐腐蚀性能良好。零件表面需经氧化处理和涂漆保护。

（3）力学性能。

1）技术标准规定的性能，见表8－106。

表8－106 MB3合金技术标准规定的性能

技术标准	品种	状态	δ/mm	取样方式	σ_b/MPa	$\sigma_{p0.2}$/MPa	$\sigma_{pc0.2}$/MPa	δ_5/%
					不小于			
GB/T 5154—1985	热轧板材	F	12.0～20.0 22.0～32.0	纵、横向	245 245	145 135	78	6.0 10.0
	冷轧退火板材	O	0.8～3.0 3.5～5.0 6.0～10.0	纵向	245 235 235	145 135 135	—	12.0 12.0 10.0

注：冷轧退火板材为δ_{10}；热轧板材为δ_5。

2）室温及各种温度下的力学性能。

①室温拉伸性能，见表8－107。

②低温拉伸性能，见表8－108。

表8－107 MB3合金室温拉伸性能

品种	状态	δ/mm	取样方式	σ_b A (MPa)	B (MPa)	X (MPa)	min (MPa)	max (MPa)	s (MPa)	C_v	n	δ/%
热轧板材	F	27.0	横向	250	255	264	230	282	5.88	0.022	715	14.8
			纵向	245	255	261	233	177	5.48	0.021	804	14.2
		20.0	横向	—	—	263	245	270	5.38	0.020	48	15.2
			纵向	—	—	262	245	261	4.93	0.018	48	15.5
退火板材	O	2.0	纵向	250	255	265	245	271	5.85	0.022	139	—

品种	状态	δ/mm	取样方式	σ_b A (MPa)	B (MPa)	$\overline{X}$ (MPa)	min (MPa)	max (MPa)	s (MPa)	C_v	n	δ/%
热轧板材	F	27.0	横向	140	150	167	132	194	10.49	0.062	791	
			纵向	140	150	161	125	193	8.45	0.052	906	
		20.0	横向	—	—	163	142	181	8.62	0.052	48	
			纵向	—	—	161	142	171	7.29	0.045	48	
退火板材	O	2.0	纵向	135	150	173	142	211	14.19	0.082	139	

表8－108 MB3合金低温拉伸性能

品 种	状 态	θ/℃	σ_b/MPa	$\sigma_{p0.2}$/MPa	δ/%
厚2mm的板材	O	20	265	168	12
		－183	358	275	4.5
		－196	373	309	2.5
		－253	422	314	2.5

3）退火板材低周疲劳，见表 8－109。

4）弹性性能。

①室温拉伸静态弹性模量，见表 8－110。

②热轧厚板压缩弹性模量 $E=43.2\text{GPa}$。

③挤压制品和热轧厚板切变模量 $G=15.7\text{GPa}$。

表 8－109　MB3 合金退火板材低周疲劳

品　种	状　态	K	σ_{max}/MPa	N/周
退火板材	O	0.7	176	1300
		0.5	127	6500
热轧板材	F	0.7	186	750

表 8－110　MB3 合金室温拉伸静态弹性模量

品　种	规格/mm	状　态	E/GPa	品　种	规格/mm	状　态	E/GPa
板　材	δ：0.8～2.5	O	39.2	挤压棒材	d：8～100mm	F	42.2
热轧厚板	δ：12～32		41.2	挤压型材	$S\leqslant 5\text{cm}^2$		42.2
挤压条材	$S\leqslant 130\text{cm}^2$	F	41.7				

（4）组织结构。

1）相变温度。

2）时间－温度－组织转变曲线。

3）合金组织结构。由于合金铝、锰含量较高，板材容易产生锰的偏析物。经低倍腐蚀后，锰偏析为暗灰色沿轧制方向成扁条状分布。一般偏析物聚集于板材中心层附近。偏析物厚度为 0.1～1.0mm，宽度为 0.6～3.0mm，长度为 3～55mm。高倍观察呈不连续多角形质点分散在基体中。锰偏析的结构为铝锰化合物，对合金的力学性能无明显影响，但铈耐腐蚀性能下降。正常的微观组织为中等晶粒再结晶组织。晶粒边界有时残留有金属间化合物 $Mg_{17}Al_{12}$。

（5）工艺性能与要求。

1）成型性能。在 250～450℃温度范围内具有高的工艺塑性。锻锤锻造，模锻的变形温度为 420～350℃。液压机锻造，模锻的变形温度为 420～300℃。板材冲压变形温度为 250～300℃。

2）焊接性能。合金性能良好，可采用电弧焊和电阻焊。电弧焊应用氩气或氦气保护。电阻焊包括有点焊、滚焊和脉冲焊。焊接的零件必须按规定消除焊接应力。

3）热处理工艺。热压或退火状态的材料经焊接或成型后的零件，需进行退火消除应力，退火制度：250～280℃，保温 30min，空气冷却。

4）表面处理工艺。变形镁合金半成品在制成后不超过 10 昼夜必须进行化学氧化处理，压力加工应当在铬酸盐处理工序之前进行。在模锻件自由锻件和其他半成品上有残留的石墨润滑剂时，必须受压力加工后不超过 3 昼夜，用有机溶剂或其他方法将其除掉。

5）切削加工与磨削性能。合金切削加工性能良好，与 MB2 合金相当，详见 MB2 合金的有关内容。

8.8.2.3　MB8 合金

（1）概述。MB8 是镁－锰系不可热处理强化的变形镁合金。合金中加入少量稀土元素（铈质量分数为 0.15%～0.35%），使晶粒细化而改善了力学性能，合金强度比 MB1 合金提高约 40MPa。合金具有较高的耐腐蚀性能，没有应力腐蚀倾向。合金的切削加工性能、焊接性能良好，易于氩弧焊和电弧焊。该合金可以制成多种的变形半成品，可用作飞机蒙皮板和壁板以及汽油和润滑油系统的零件。制成的零件可在 200℃以下长期工作和在 250℃下短时工作。

1）材料牌号 MB8。

2）近牌号 MA8（俄罗斯）。

3）材料的技术标准。

GB/T 5153—1985《加工镁及镁合金牌号和化学成分》；

GB/T 5154—1985《镁合金板》；

GB/T 5155—1985《镁合金热挤压棒》；

GB/T 5156—1985《镁合金热挤压型材》；

HB 5203—1982《航空用镁合金热挤压型材》；

HB 6690—1992《镁合金锻件》。

4）化学成分。合金的化学成分按 GB/T 5153—1985，见表 8－111。

表 8－111　MB8 合金的化学成分

合金元素/%			杂质（不大于）/%							
Mn	Ce	Mg	Al	Zn	Cu	Ni	Si	Fe	Be	其他总和
1.3～2.2	0.15～0.35	余量	0.20	0.30	0.05	0.007	0.10	0.05	0.01	0.30

5）热处理制度。

①F 状态：热轧、热挤压或热锻状态。

②O 状态：冷轧板退火 320～350℃，保温 0.5h。

③H_{112}状态：半冷作硬化，260～290℃，保温 0.5h。

6）品种规格与供应状态，见表 8－112。

表 8－112　MB8 合金的品种规格与供应状态

标　准	品　种	状　态	δ或d/mm
GB/T 5154—1985	热轧板材	F	12.0～70.0
	冷轧退火板材	O	0.8～10.0
	半冷作硬化板材	H_{112}	0.8～10.0
	蒙皮用优质板材	O	0.8～3.0
GB/T 5155—1985	棒材	F	8～130
GB/T 5156—1985 HB 5203—1982	型材	F	—
HB 6690—1982	自由锻件	F	—
	模锻件		—

7）熔炼与铸造工艺。镁合金通常在钢制坩埚电阻炉或煤气反射炉中熔炼。熔炼时使用溶剂保护和精炼。合金中的锰宜采用镁－锰中间合金形式加入。铈用富铈混合稀土金属加入。由于合金中铝锰含量较高，在浇注过程中铸锭容易产生锰的偏析物（或称锰夹渣），因此在合金配料时锰含量易控制在中、下限。为了减少铈的损失，可采用含氯化镁少的特种溶剂保护。在水冷半连续铸造的过程中需采用二氧化硫气体或六氟化硫保护以防止镁液在凝固过程中氧化燃烧，二氧化硫气体保护性好但有害人体健康并污染环境。推荐采用含六氟化硫的二氧化碳混合气体或其他惰性气体保护。

8）应用概况与特殊要求。该合金已成批量生产，主要用于飞机蒙皮、壁板及汽油和润滑油系统的零件。

（2）物理及化学性能。

1）热性能。

①熔化温度范围：645～650℃。

②热导率，见表8－113。

③比热容，见表8－114。

④线膨胀系数，见表8－115。

2）密度，$\rho = 1.78 g/cm^3$。

3）电阻率，见表8－116。

4）磁性能，无磁性。

表8－113　MB8合金的热导率

θ/℃	20	100	200	300	400
λ/W·(m·℃)$^{-1}$	126	130	134	136	138

表8－114　MB8合金的比热容

θ/℃	100	200	300	400
c/J·(kg·℃)$^{-1}$	1050	1130	1210	1260

表8－115　MB8合金的线膨胀系数

θ/℃	20～100	100～200	200～300	20～200	20～300
α/℃$^{-1}$	23.7×10^{-6}	26.1×10^{-6}	32.0×10^{-6}	24.9×10^{-6}	27.3×10^{-6}

表8－116　MB8合金的电阻率

θ/℃	20	100	200
ρ/nΩ·m	51	64	80

5）化学性能。

①抗氧化性能。未经表面处理的材料在大气中容易氧化，表面生成氧化膜不致密，不能起保护作用。

②耐腐蚀性能。合金无应力腐蚀倾向，耐腐蚀性能良好。但零件表面需经氧化处理和涂漆保护，才能保证可靠的使用。

（3）力学性能。

1）技术标准规定的性能，见表8－117。

表8－117 MB8合金的技术标准规定的性能

技术标准	品种	状态	δ/mm	取样方式	σ_b/MPa	$\sigma_{p0.2}$/MPa	$\sigma_{pc0.2}$/MPa	δ_5/%
					不小于			
GB/T 5154—1985	热轧板材	F	12.0～20.0	纵、横向	205	110	—	10.0
			22.0～32.0		205	110	69	7.0
			34.0～70.0		195	90	49	6.0
	冷轧退火板材	O	0.8～3.0	纵向	225	120	—	12.0
			3.5～5.0		215	110	—	10.0
			6.0～10.0		215	110	—	10.0
	半冷作硬化板材	H_{112}	0.8～3.0	纵向	245	155	—	8.0
			3.5～5.0		235	135	—	7.0
			6.0～10.0		235	135	—	6.0
GB/T 5155—1985	棒材	F	8～50	纵向	215	—	—	4.0
			＞50～100		205	—	—	3.0
			＞100～130		195	—	—	2.0
GB/T 5155—1985、HB 5203—1982	型材	F	—	纵向	225	— —	— —	10.0
HB 6690—1992	锻件 模锻件	F	按外形尺寸 按图纸	纵向	215	— —	— —	8.0

注：热轧板材、棒材及锻件的伸长率为δ_5；退火及半冷作硬化板材的伸长率为δ_{10}。

2）室温及各种温度下的力学性能。

①硬度，型材室温布氏硬度值为HBS51。

②室温拉伸性能，见表8－118。

表8－118 MB8合金的室温拉伸性能

品种	状态	δ或d/mm	取样方式	σ_b								δ/%
				A	B	$\overline{X}$	min	max	s	C_v	n	
				MPa								
热轧板材	F	25～29	横向	220	230	247	199	267	9.77	0.0395	106	17.4
			纵向	225	235	249	228	266	8.45	0.0340	108	18.2
冷轧退火板材	O	0.8～2.5	纵向	250	250	261	228	303	9.09	0.0340	928	18.6
半冷作硬化板材	H_{112}	1.0～1.5	纵向	255	255	269	233	295	8.70	0.032	242	18.3
棒材	F	16～120	纵向	—	—	238	184	323	—	—	24	13.9
型材	F	—	纵向	—	—	257	226	274	12.55	0.048	38	16.2

3）疲劳性能。

①高周旋转弯曲疲劳极限，见表8－119。

表 8-119 MB8 合金的高周旋转弯曲疲劳极限

品种	δ/mm	状态	θ/℃	N/周	σ_{-1}/MPa
板材	0.8~2.0	O	20	2×10^7	69

②退火板材（δ=2mm）低周疲劳曲线，如图 8-27 所示。

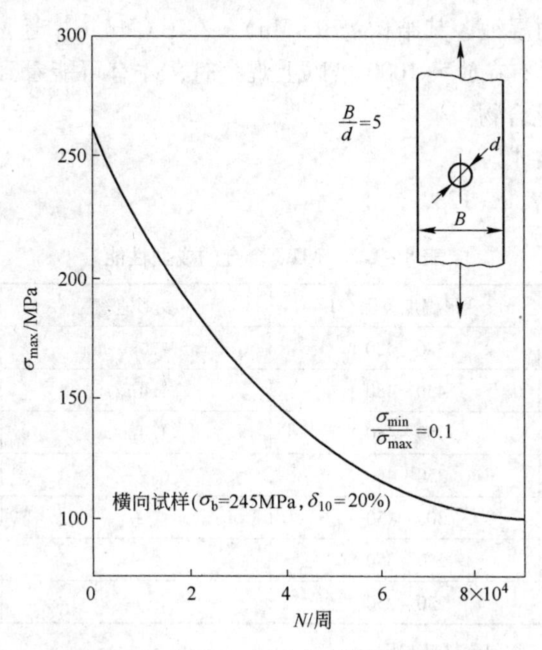

图 8-27 厚 2mm 退火板材低周疲劳曲线

③腐蚀特种疲劳极限，见表 8-120。

表 8-120 MB8 合金的腐蚀特种疲劳极限

腐蚀介质	N/周	σ_{-1}/MPa	腐蚀介质	N/周	σ_{-1}/MPa
空气中	2×10^7	78	自来水中	2×10^7	49

4）弹性性能。

①退火板材在不同温度下的弹性模量，见表 8-121。

②切变模量，见表 8-122。

③泊松比，μ=0.34。

表 8-121 退火板材在不同温度下的弹性模量

θ/℃	20	75	100	125	150	200	250
E/GPa	40.2	37.3	34.3	30.9	30.4	29.4	27.5

表 8-122 MB8 合金的切变模量

品　种	规　格	状　态	E/GPa	G/GPa
板　材	δ：0.8~2.0mm	O	36.3	13.6
挤压条材	$S\leqslant10cm^2$	F	40.2	15.7

(4) 组织结构。

1) 相变温度。

2) 时间-温度-组织转变曲线。

3) 合金组织结构。在镁固溶体中存在有锰的偏析，低倍腐蚀后呈暗灰色细长条状，高倍观察呈颗粒状聚集，每个颗粒尺寸较小（一般在50μm以下）。这些颗粒界面清晰，颗粒不受高倍浸蚀剂的浸蚀，其结构为β(Mn)，在β(Mn)中还溶有总和为2%的铁和铝。由于铈含量少，只有在放大1000倍以上观察时，才有可能看到晶界上存在很少量暗黑色的第二相Mg_9Ce化合物。

(5) 工艺性能与要求。

1) 成型性能，见表8-123。

表8-123 MB8合金的成型性能

热加工成型方式	变形温度范围/℃	变形速率	允许变形程度/%
挤压	380~420	5~20m/min	80~96
厚板轧制	430~480	1.4m/s	每一道次≤35
板材轧制	350~480	1.4m/s	每一道次≤25
锻锤模锻	350~450	—	—
液压机模锻	300~450	—	—
退火板材冲压	280~350	—	—
半冷作硬化板材冲压	230~250	—	—

注：挤压前，铸锭在490℃均匀化材料12h。

2) 焊接性能。合金性能良好，可以满足进行电弧焊和电阻焊。焊接后的零件必须按规定消除焊接应力。

3) 零件热处理工艺，见表8-124。

表8-124 零件热处理工艺

品 种	热处理	θ/℃	t/h	冷却介质
板材	退火	320~350	0.5	空气
板材	不完全退火	160~190	0.5	空气
焊接接头	消除应力退火	250~280	0.5	空气

4) 表面处理工艺。变形镁合金半成品在制成后10昼夜必须进行化学氧化处理。在地区条件下工作的镁合金零件需用非浸蚀无机涂层，能保证油漆涂层对浸蚀有良好的附着力并可提高腐蚀防护效果。

5) 切削加工与磨削性能。与其他镁合金一样具有良好的切削结构性能，详见MB2合金的有关内容。

8.8.2.4 MB15合金

(1) 概述。MB15是镁-锌-锆系可热处理强化的高强度变形镁合金。合金的工艺塑性低于中等强度的MB2合金、MB3合金、MB8合金，因此生产的品种限于挤压制品、锻件和模锻件。合金热成型后通常在人工时效状态下使用，其室温强度、屈服强度优于其他镁合金，且切削加工性能良好，但焊接性能较差，可在125℃以下长期工作的零件，如飞机长桁、操作系统零件、航空轮毂等。

1）材料牌号 MB15。

2）相近牌号 ZK60A（美国），ZW6（英国），MA14（俄罗斯），DIN9715 3.5161（德国），AFNORG - Z5Zr（法国）。

3）材料的技术标准。

GB/T 5153—1985《加工镁及镁合金牌号和化学成分》。

GB/T 5155—1985《镁合金热挤压棒》。

GB/T 5156—1985《镁合金热挤压型材》。

HB 5203—1982《航空用镁合金热挤压型材》。

HB 6690—1992《镁合金锻件》。

4）化学成分，见表8 - 125。

表8 - 125 MB15合金的化学成分 （%）

合金元素			杂质（不大于）							
Zn	Zr	Mg	Al	Mn	Cu	Ni	Si	Fe	Be	其他总和
5.0 ~ 6.0	0.30 ~ 0.9	余量	0.05	0.10	0.05	0.007	0.05	0.05	0.01	0.30

5）热处理制度。

①F状态：热挤压或热锻状态。

②T5状态：热挤压或热锻后人工时效165 ~ 175℃，保温10 ~ 24h，空冷。

③T6状态：固溶热处理495 ~ 502℃，保温2h，空冷；人工时效145 ~ 155℃，保温24h，空冷。

6）品种规格与供应状态，见表8 - 126。

表8 - 126 MB15合金的品种规格与供应状态

标 准	品 种	状态	δ或d/mm	标 准	品 种	状态	δ或d/mm
GB/T 5155—1985	棒材	T5	8 ~ 130	HB 5203—1982	型材	Y5	—
GB/T 5156—1985	型材	T5	—	HB 6690—1982	锻件及模锻件	F	—

7）熔炼与铸造工艺。镁合金在煤气反射炉或钢制坩埚电阻炉中熔炼。用溶剂保护和精炼。使用镁 - 锆中间合金加入锆，为了减少锆的损失，需严格控制原材料中铝、硅、铁、锰等杂质的含量。铸锭采用水冷半连续铸造的方法。铸造的过程中用二氧化硫气体保护以防止氧化和燃烧，二氧化硫气体保护性好但有害人体健康并污染环境。推荐采用含六氟化硫的二氧化碳混合气体或其他惰性气体保护。

8）应用概况与特殊要求。该合金已成批量生产，主要用于制作飞机长桁及操作系统的摇臂、支座等受力构件，壁板及汽油和润滑油系统的零件。

（2）物理及化学性能。

1）热性能。

①熔化温度范围：520～635℃。

②热导率，如图8－28所示。

③比热容，如图8－29所示。

④线膨胀系数，见表8－127。

2）密度，$\rho=1.8g/cm^3$。

3）电性能。

①电阻率，见表8－128。

②电导率，见表8－129。

4）磁性能，无磁性。

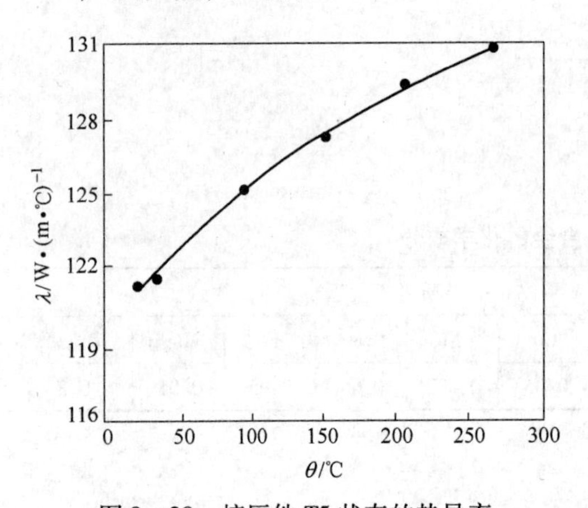

图8－28 挤压件T5状态的热导率

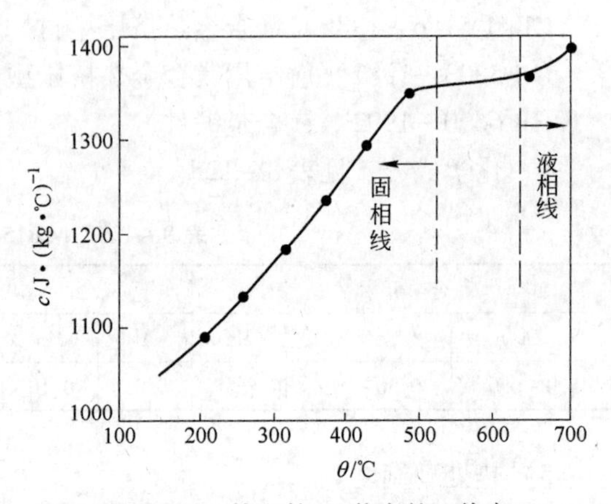

图8－29 挤压件T5状态的比热容

表8－127 MB15合金的线膨胀系数

θ/℃	20～100	100～200	200～300
α/℃$^{-1}$	20.9×10^{-6}	22.6×10^{-6}	21.8×10^{-6}

表8－128 MB15合金的电阻率

θ/℃	20	38	100	150	204	260
ρ/nΩ·m	59.6	59.9	70.5	80.5	90.2	99.1

表8－129 MB15合金的电导率

θ/℃	20	38	93	149	204	260
γ/% IACS	30.4	28.8	24.6	21.5	19.2	17.4

注：测试状态（T5）人工时效。

5）化学性能。

①抗氧化性能。未经表面处理的材料在大气中容易氧化，表面生成氧化膜不致密，不能起保护作用。

②耐腐蚀性能。合金应力腐蚀倾向不大，和其他镁合金一样在工业、海洋和潮湿环境下会发生应力腐蚀，但经合适表面处理和涂漆后，除不宜长期浸在水中外，可在各种自然环境中使用。

③阻尼性能。当应力等于屈服强度的10%的条件下，合金在热压和时效状态的比阻尼能力等于0.2，比其他镁合金低。

（3）力学性能。

1）技术标准规定的性能，见表8－130。

表8－130　MB15合金技术标准规定的性能

技术标准	品种	状态	δ或d/mm	取样方式	σ_b/MPa	$\sigma_{p0.2}$/MPa	δ_5/%
					不小于		
GB/T 5156—1985	棒材	T5	8～100	纵向	315	245	6.0
			>100～130		305	235	6.0
GB/T 5155—1985、HB 5203—1982	型材	T5	—	纵向	315	245	7.0
HB 6690—1992	自由锻件	F	$\delta\leqslant100$（$m\leqslant30$kg）	纵向	275	195	6.0
				横向	255	—	5.0
	模锻件	T5		纵向	295	215	8.0
				横向	265	—	6.0

注：棒材、自由锻件及模锻件的伸长率均为δ_{10}；壁厚$\delta>7.0$mm型材取圆试样为δ_5。

2）室温及各种温度下的力学性能。

①硬度，见表8－131。

②室温拉伸性能和力学性能，见表8－132和表8－133。

③刚性模量，$E=16.5$GPa。

④泊松比，$\mu=0.35$。

表8－131　MB15合金的硬度

品　种	状　态	d/mm	HBS	品　种	状　态	d/mm	HBS
棒　材	T5	30～95	71	锻　件	T5	—	70～75
型　材	T5	—	70				

表8－132　MB15合金的室温拉伸性能

品　种	状态	d或m	σ_b								δ/%
			A	B	$\overline{X}$	min	max	s	C_v	n	
			MPa								
棒材	T5	18～125mm	310	325	340	315	367	10.82	0.31	302	14.1
型材	T5	—	290	310	333	289	373	17.30	0.052	314	14.1
模锻件	T5	$m\leqslant30$kg	190	305	326	294	353	12.87	0.039	150	13.9
棒材	T5	18～125mm	255	275	300	257	343	17.25	0.057	200	—
型材	T5	—	255	250	287	245	343	21.96	0.076	184	—
模锻件	T5	$m\leqslant30$kg	—	—	—	—	—	—	—	—	—

表8-133 MB15合金的力学性能

品 种	状态	d/mm	σ_b				$\sigma_{P0.2}$				δ			
			$\overline{X}$	min	max	n	$\overline{X}$	min	max	n	$\overline{X}$	min	max	n
			MPa				MPa				MPa			
棒材	T5	32~80	339	326	352	28	—	—	—	—	13.4	9.3	17.5	28
型材	T5	20~100	335	316	349	14	298	284	316	14	12.2	10.0	15.0	14
模锻件		—	324	319	330	10	253	242	264	10	16.4	15.2	18.8	10

（4）组织结构。

1）相变温度。

2）时间-温度-组织转变曲线。

3）合金组织结构。合金凝固时，锆质点及高锆固溶体首先成核，从而细化了晶粒。晶界处为亮灰色富锌固溶体。挤压制品的显微组织中可以看到许多白色的富锆条带。正是这些富锆条带抑制了合金在加热及压力加工过程中的晶粒长大，但是不适当的挤压和锻造工艺可导致挤压制品、锻件和模锻件产生粗晶环或粗晶组织，使力学性能明显降低。

（5）工艺性能与要求。

1）成型性能。在280~400℃温度范围内合金具有良好的塑性，挤压温度范围为300~350℃，锻压温度见表8-134。锻锤和模锻应预热到350~250℃。锻件毛边的切边温度不低于250℃。为防止晶粒长大引起锻造期间产生裂纹必须避免过热。为了获得细晶组织在最后一次的锻造变形量不小于20%。

表8-134 MB15合金的锻压温度

锻造方式	锻造温度范围/℃		锻造方式	锻造温度范围/℃	
	锤	压力机		锤	压力机
自由锻	400~310	400~280	模锻	400~320	400~280

2）焊接性能。合金焊接性能较差，氩弧焊或其他气体保护的电弧焊时，合金有热裂倾向，因此不推荐电弧焊。但能满意地进行电阻焊，其中点焊应用较多，点焊后具有较好的静强度，但是疲劳强度较低。

3）零件热处理工艺。具有半成品、锻件和模锻件制成的零件通常在人工时效状态下使用。人工时效工艺国内外不完全一致，见表8-135。人工时效状态的材料经成型或焊接后需要消除零件的内应力，消除应力处理可以按照以下制度：150℃保温1h，空气冷却。

表8-135 国内外人工时效工艺

国 别	品 种	状 态	θ/℃	t/h
中国	挤压半成品	T5	165~175	10
	锻件和模锻件		160~170	24
俄罗斯	挤压半成品、锻件和模锻件	T1	165~175	10~24

续表 8－135

国 别	品 种	状 态	θ/℃	t/h
美国	挤压半成品、锻件和模锻件	T5	145～155	24

4）表面处理工艺。零件表面经化学氧化处理和涂漆保护后，在大气条件下能可靠的工作。其他详见 MB3 合金。

5）切削加工与磨削性能。合金具有良好的切削加工性能，可采用较大的速度和进刀量加工。详见 MB2 合金，合金还可以用浓度 5% 以上的硫酸、硝酸或盐酸液进行化学铣削。

8.8.2.5 MB22 合金

（1）概述。MB22 是镁－钇－锌－锆系热强变形镁合金，主要制成板材。其室温拉伸强度略高于 MB3 合金，高温屈服强度、高温瞬时强度和压缩屈服强度明显优于其他镁合金（MB3、MB8）。合金具有良好的成型和焊接性能，无应力腐蚀倾向。该合金可推荐用于 300℃以下短期工作的航空结构件。

1）材料牌号 MB22。

2）相近牌号。

3）材料的技术标准。LTJ 401—1984《MB22 镁合金板材专用技术条件》、《洛阳铜加工厂》。

4）化学成分。合金的化学成分按 LTJ 401—1984，见表 8－136。

表 8－136 MB22 合金的化学成分

合金元素/%				杂质（不大于）/%						
Y①	Zn	Zr	Mg	Cu	Fe	Si	Ni	K	Na	Ca
2.9～3.5	1.2～1.6	0.45～0.8	余量	0.01	0.01	0.01	0.005	0.2	0.05	0.02

①钇含量是指钇与稀土总量。

5）热处理制度。该合金板材不经热处理，通常以热轧状态供应。

6）品种规格与供应状态，见表 8－137。

表 8－137 MB22 合金的品种规格与供应状态

标 准	品种	状态	厚度/mm
LTJ 401—1984	板材	热轧	40

7）熔炼与铸造工艺。通常在钢制坩埚电阻炉或煤气反射炉中熔炼。熔炼时使用溶剂保护和精炼。焊接以镁－钇中间合金加入，为了减少钇的损失，可采用特种溶剂保护和精炼。采用水冷半连续铸造，铸造时为了防止铸锭底裂，可用熔化了的纯镁铺底，并用二氧化硫或含六氟化硫的混合气体保护，以防止氧化及燃烧。

8）应用概况与特殊要求。该合金已经鉴定并可生产，可用作飞行器等受力构件。

（2）物理及化学性能。

1）热性能。

2）密度。

3）电性能。

4）磁性能。

5）化学性能。

6）耐腐蚀性能。该合金无应力腐蚀倾向，历史遗留腐蚀性能见表8－138。由表8－138可以看出，MB22合金耐应力腐蚀性能优于应力腐蚀倾向小的MB15合金。但是长期在工业和海洋大气环境下容易发生腐蚀，因此使用时需经化学氧化处理和涂漆防护。

表8－138 MB22合金的腐蚀性能

合金	品种	状态	$\sigma_{p0.2}$/MPa	试验应力/MPa	断裂时间/h
MB22	板材	F	182	127	708～1588
MB15	型材	T5	264	185	33，34，35，38，66

注：腐蚀溶液为0.5%氯化钠，温度为（35±1）℃，试验应力为$0.7\sigma_{p0.2}$。

（3）力学性能。

1）技术标准规定的性能，见表8－139。

表8－139 MB22合金技术标准规定的性能

技术标准	品种	状态	δ/mm	取样方式	σ_b/MPa	$\sigma_{p0.2}$/MPa	$\sigma_{pc0.2}$/MPa	δ_5/%	σ_b/MPa
					不小于				
					20℃				250℃
LTJ 401—1984	板材	F	40	纵向 横向	245	155	135	7.0	168

2）室温及各种温度下的力学性能。

①室温拉伸性能，见表8－140。由表中比较可以看出，MB22合金抗拉强度高于MB2合金、MB8合金，略高于MB3合金，屈服强度明显优于MB2合金、MB3合金、MB8合金。

②高温拉伸性能，见表8－141。

③高温快速拉伸性能，见表8－142。

④正常的显微组织为中等晶粒再结晶组织，晶粒边界有残留的Mg_9Y化合物。

表8－140 MB22合金的室温拉伸性能

合金	品种	状态	δ/mm	取样方式	σ_b/MPa	$\sigma_{p0.2}$/MPa	δ_5/%
MB22	热轧板材	F	40	纵向	277	212	8.9
				横向	273	222	8.8
MB2			12～30	纵向	249	156	10.1
MB3			27.0	纵向	261	161	14.2
				横向	264	167	14.8
MB8			25～29	纵向	249	155	18.2
				横向	247	151	17.4

表 8-141 MB22 合金的高温拉伸性能

品 种	状 态	δ/mm	θ/℃	取样方式	σ_b/MPa	δ_5/%
板材	F	40	250	纵向	194	17
				横向	189	23
			300	纵向	151	41
				横向	150	39
			350	纵向	106	100
				横向	125	48
			400	纵向	64	111
				横向	67	100

注：试样加热至试验温度后保温 30min，以 5mm/min 拉伸速度直至破坏。

表 8-142 MB22 合金的高温快速拉伸性能

品 种	状 态	δ/mm	θ/℃	取样方式	σ_b/MPa	$\sigma_{p0.2}$/MPa	δ_5/%
板材	F	40	175	纵向	209	159	20
				横向	205	148	21
			250	纵向	192	146	20
				横向	189	140	23
			300	纵向	165	131	36
				横向	162	126	33
			400	纵向	84	63	66
				横向	86	64	65

注：试样以 5℃/s 加热速度至试验温度后，以 30mm/min 拉伸速度直至破坏。

(4) 工艺性能与要求。

1) 成型性能。在 350～450℃温度范围内具有高的工艺塑性。在 400℃反复短时间退火后，对强度影响不大，有利于零件的热成型。常温下零件需要校正时，局部区域变形不能施加冲击载荷，必须缓慢加载。

2) 焊接性能。合金可采用电弧焊，焊接强度为基体材料的 70%～80%。在一定的预热措施下可以补焊，也可以堆焊。

3) 热处理工艺。热轧板材不经热处理使用。

4) 表面处理工艺。通常采用表面氧化处理后涂漆防护。

5) 切削加工与磨削性能。机械加工性能良好。

8.8.2.6 MB25 合金

(1) 概述。MB25 是镁-锌-锆-钇系高强度变形镁合金。通常不经热处理，于热挤压或热锻压状态供应，但也可以在人工时效下使用，主要用于加工挤压制品及模锻件。室温拉伸强度、屈服强度、高温瞬时强度均优于高强度镁合金 MB15。

合金的塑性、韧性及耐腐蚀性能与镁合金 MB15 相近。合金在室温下塑性差，高温时工艺塑性好，因此零件的压力加工成型需在加热状态下进行。合金切削性能良好，由于合金焊接性能较差，不能推荐用作焊接零件。可代替部分中等强度的铝合金用于飞机的受力构件，是目前宇航工业中新型的结构材料。

1）材料牌号 MB25。

2）相近牌号。

3）材料的技术标准。

Q/6S 333—1983《MB25 镁合金挤压型棒材和锻件、模锻件暂行标准》；

Q/S 301—1982《MB25 镁合金挤压型棒材和锻件、模锻件暂行标准》；

HB 6690—1992《镁合金锻件》。

4）化学成分。合金的化学成分按 Q/6S 333—1983，见表 8－143。

表 8－143　MB25 合金的化学成分

合金元素/%				杂质（不大于）/%							
Zn	Zr	Y①	Mg	Fe	Si	Cu	Ni	Mn	Be	Al	其他总和
5.5～6.4	≥0.45	0.7～1.7	余量	0.05	0.05	0.05	0.005	0.1	0.02	0.05	0.2

①钇以镁－钇中间合金加入，钇的混合稀土品位应大于或等于 85%。

5）热处理制度。F 状态：热挤压或热锻压状态，保温 10h，空冷。

6）品种规格与供应状态，见表 8－144。

表 8－144　MB25 合金的品种规格与供应状态

技术标准	品　种	状　态	规格/mm	技术标准	品　种	状　态	规格/mm
Q/6S 333—1983、Q/S 301—1982	型材	F	—	HB 6690—1992	锻件	F	—
	棒材	F	$d \leqslant 40$		模锻件	F	—

7）熔炼与铸造工艺。通常在钢制坩埚电阻炉或煤气反射炉中熔炼。熔炼时使用溶剂保护和精炼。合金元素加入方法：该以镁－锆中间合金，钇以镁－钇中间合金加入，为了减少稀土元素钇的损失，需控制含有氧化镁的溶剂数量或使用特种溶剂。在半连续铸造过程中为了防止氧化及燃烧，采用二氧化硫或含六氟化硫的混合气体保护，铸造速度稍低于 MB15 合金。

8）应用概况与特殊要求。该合金已经通过鉴定和装机应用，并以替代部分中等强度的铝合金及高强度镁合金 MB15，用于飞机的机身长桁及操作系统的摇臂、支座等受力构件。使用温度一般不超过 150℃。

（2）物理及化学性能。

1）热性能。

①熔化温度范围：熔点为（638±7）℃。

②线膨胀系数，见表 8－145。

表 8－145　MB25 合金的线膨胀系数

θ/℃	20～100	100～200	200～300
α/℃$^{-1}$	26.2×10^{-6}	27.1×10^{-6}	27.4×10^{-6}

2）密度，$\rho = 1.8 g/cm^3$。

3）电性能。

4）磁性能，无磁性。

5）化学性能。

①抗氧化性能。大气条件下合金容易氧化。表面生成的氧化膜不致密，不能起保护作用。

②耐腐蚀性能。应力腐蚀倾向小。表面经化学氧化处理及涂漆防护，在大气条件下能可靠的工作。合金应力腐蚀试验结果见表8－146。

表8－146 MB25合金应力腐蚀试验结果

品 种	状 态	$\sigma_{p0.2}$/MPa	试验应力/MPa	断裂时间/h
型材	F	304	152	>92，>106，>119，120
		303	182	>71，87，94，96，133
		295	177	53，>34，>74，>82，>120
		294	206	25，>34，48，>76，95

注：腐蚀介质为0.5%氯化钠，参照HB 5254—1983方法。

（3）力学性能。

1）技术标准规定的性能，见表8－147。

表8－147 MB25合金技术标准规定的性能

技术标准	品 种	状 态	δ/mm	取样方式	σ_b/MPa	$\sigma_{p0.2}$/MPa	δ_5/%
Q/6S 333—1983、Q/S 301—1982	棒材	F	≤40	纵向	345	275	7.0
	型材	F	—	纵向	335	275	6.0
HB 6690—1992	自由锻件	F	按外形尺寸	纵向	305	225	6.0
	模锻件	F	按图纸	纵向	325	240	7.0

注：型材为δ_{10}/%；壁厚$\delta > 7.0$mm的型材取圆试样δ_5/%；棒材、锻件及模锻件均为δ_5/%。

2）室温及各种温度下的力学性能。

①硬度HBS≥65。

②室温拉伸性能，见表8－148。

表8－148 MB25合金室温拉伸性能

品 种	状 态	δ/mm	σ_b/MPa	$\sigma_{p0.2}$/MPa	δ/%
棒材	F	25	365	316	13
		50	357	301	13
型材	F	—	349	308	16
模锻件	F	—	338	—	13

③挤压棒材的高温瞬时强度，见表8－149。

④挤压棒材高温抗拉强度，如图8－30所示。

⑤挤压型材高温抗拉强度，见表8－150。

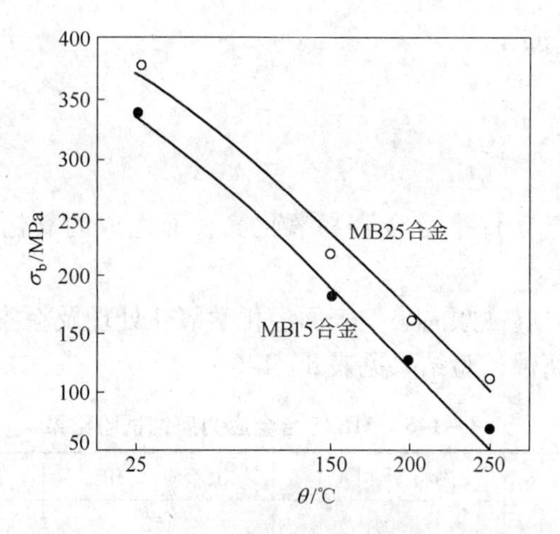

图8－30 温度对挤压棒材抗拉强度的影响

表8－149 挤压棒材的高温瞬时强度

品 种	状 态	d/mm	θ/℃	σ_b/MPa	δ/%
棒材	F	25	150	206	38
			200	151	45
			250	102	62

表8－150 挤压型材的高温抗拉强度

品 种	状 态	θ/℃	σ_b/MPa	δ/%
型材	F	150	192	43
		200	108	62

⑥挤压型材拉伸应力－应变曲线如图8－31所示。

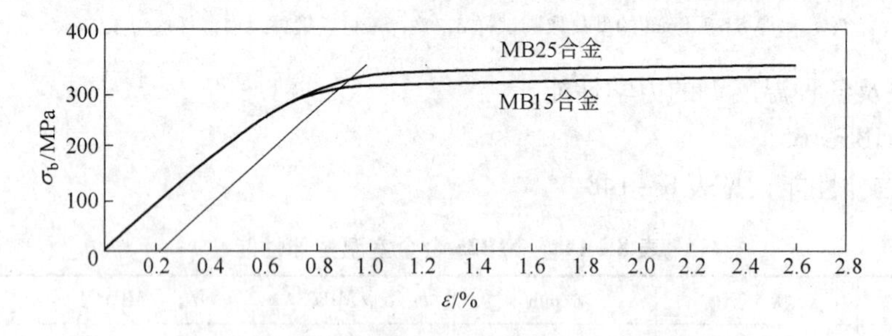

图8－31 挤压型材拉伸应力－应变曲线

⑦冲击性能。挤压棒材冲击韧性 $\alpha_k = 81\mathrm{kJ/m^2}$。

⑧扭转与剪切性能。挤压棒材室温剪切强度 $\tau = 175\mathrm{MPa}$。

3）持久和蠕变性能。

4）疲劳性能。

①室温高周旋转弯曲疲劳极限，见表8－151。

②挤压型材室温低周疲劳，见表8－152。

表 8-151 MB25 合金室温高周旋转弯曲疲劳极限

品　种	状　态	d/mm	K_1	N/周	σ_{-1}/MPa	σ_{-1H}/MPa
棒材	F	25	1	$>2\times10^7$	162	—
			2	$>2\times10^7$	—	91

表 8-152 MB25 合金挤压型材室温低周疲劳

品　种	状　态	θ/℃	R	f/Hz	K	σ_{max}/MPa	N/周
型材	F	20	0.1	0.2	0.7	242	1944
					0.6	207	4193
					0.4	138	15060

③挤压型材室温低周疲劳曲线，如图 8-32 所示。

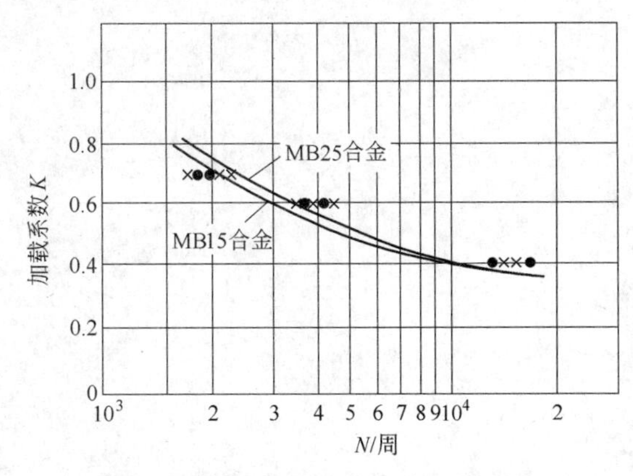

图 8-32 挤压型材室温低周疲劳曲线

5）弹性性能。棒材室温静态弹性模量 $E=44$GPa，动态弹性模量 $E_D=45$GPa。

（4）组织结构。

1）相变温度。

2）时间-温度-组织转变曲线。

3）合金组织结构。由于合金中添加少量稀土元素钇，铸态高倍组织晶界区为灰色网状共晶（α+Z），但尚未完全封闭晶界。Z 相为三元化合物（Mg_3YZn_6），因半连续铸造不平衡结晶及成分偏析也可出现少量包晶反应的残留物 W 相（$Mg_3Y_2Zn_3$）。加工制品的组织类似于 MB15 合金，但钇含量偏高时，三元化合物应增加，力学性能明显下降。

（5）工艺性能与要求。

1）成型性能。工艺成型性能与 MB15 合金相近。在 280～390℃温度范围内具有良好的塑性，锻件毛坯易于切边。用挤压坯料制造锻件和模锻件时，锻造温度为 320～390℃。模具加热温度为 300℃。型材下陷成型的温度为 270～290℃，保温时间为 0.25～0.5h。

2）焊接性能。合金性能较差，不推荐用作焊接件。

3）零件热处理工艺。零件一般不进行热处理。人工时效制度：170℃，保温 10h，空冷。

4）表面处理工艺。表面氧化处理后再经涂漆防护。为了提高镁合金的表面防护性能，可采用氧化处理再经封闭和涂漆的新方法。对于定期储存及运输过程的半成品和零件应防止表面碰伤并注意油封包装，严防雨水浸蚀。

5）切削加工与磨削性能。同其他镁合金一样，具有优良的加工性能。

第3篇

镁及镁合金材料制备与加工技术

9 镁合金的熔炼与铸造技术

9.1 概述

镁合金的熔点不高，热容量较小，在空气中加热时，氧化快，在过热时易燃烧；在熔融状态下无熔剂保护时，则可猛烈地燃烧。因此，镁合金在熔铸过程中必须始终在熔剂或保护性气氛下进行。熔铸质量的好坏，在很大程度上取决于熔剂的质量和熔体保护的好坏。镁氧化时释放出大量的热，镁的比热容和导热性较差，MgO 疏松多孔，无保护作用，因而氧化处附近的熔体易于局部过热，且会促进镁的氧化燃烧。镁合金除强烈氧化外，遇水则会急剧地分解而引起爆炸，还能与氮形成氮化镁夹杂。氢能大量地溶于镁中，在熔炼温度不超过900℃时，吸氢能力增加不大，铸锭凝固时氢会大量析出，使铸锭产生气孔并促进疏松。多数合金元素的熔点和密度均比镁高，易于产生偏析，故一次熔炼是难于得到成分均匀的镁合金锭。有时采用预制镁合金，再重熔的办法。为防止污染合金，熔炼镁合金时不宜用一般硅砖作炉衬。由于镁合金对杂质也很敏感，如镍、铍量分别超过0.03%及0.01%时，铸锭便易热裂，并降低其耐蚀性。对熔剂要求很严格，要有较大的密度和适当的黏度，能很好地润湿炉衬。在熔炼过程中熔剂会不断地下沉，因而要陆续地添加新熔剂，使整个熔池覆盖好且不冒火燃烧。在个别地方出现氧化燃烧时，应及时撒上熔剂以扑灭它。用 Ar、Cl_2、CCl_4 去气精炼时，吹气时间不宜过长，否则会粗化晶粒。用 N_2 气吹炼时可能形成氮化镁，温度不宜过高。镁合金的流动性较小，应稍提高浇温。但浇温过高会使形成缩松的倾向增大。铸锭时要注意熔体保护和漏镁放炮。浇温和浇速过高，易产生漏镁和中心热裂；但浇温浇速过低，则易形成冷隔、气孔和粗大金属间化合物等。此外，由于镁合金密度小，黏度大，一些溶解度小而密度较大的合金元素不易溶解完全，常随熔剂沉于炉底，或随熔剂悬浮于熔体中成为夹杂。因此，镁合金中常出现金属夹杂、熔剂夹渣及氧化夹渣。

归纳起来，镁合金的熔铸技术具有如下特点：

（1）镁的化学活性很强烈，在熔态下，极易和氧、氮及水气发生化学作用。在熔体表面如不严加保护，接近800℃时就很快氧化燃烧。为减少烧损、生产安全以及保证金属质量，在整个熔铸过程中，熔体始终需用熔剂加以保护，避免与炉气和空气中的氧、氮及水气接触。因此，给工艺带来了许多问题，如大量熔盐给产品质量、人身健康和安全生产带来不少麻烦。

（2）除少数组元（元素），如 Cd、Zn、Al、Ag、Li 等外，其他组元在镁中的溶解度都非常小；此外，在难熔组元间又易形成高熔点化合物而沉析，因此在工艺上加入很困难。由于铁难溶于镁中，故在镁合金的熔铸过程中，可使用不加任何涂层的铁制工具。

（3）在有些镁合金铸锭中，易于发生局部晶粒大小悬殊现象。同时晶粒尺寸较大，晶粒形状易于出现柱状晶和扇形晶，严重影响压力加工性能和制品的力学性能。因此，对不同合金要采取相应的变质处理方法来细化晶粒，并适当改变晶粒形状。

近年来，采用电磁搅动液穴中熔体的方法，对晶粒细化有良好的效果。永磁搅拌法也开始使用。由于镁合金晶粒粗化倾向较大，对镁合金铸锭晶粒的尺寸大小和形状原则上不作严格要求。

(4) 镁合金的氧化夹杂、熔剂夹渣和气体溶解度远比铝合金多。因此，需要进行净化处理。目前，在我国多采用熔剂精炼法，有些国家也采用气体精炼法，并研发了一些新的净化技术。

镁合金的净化剂都是沉降型的，这点不同于铝合金和其他有色金属，这就给工艺和制品质量带来许多麻烦。因此，在净化后需要有充分的静置时间。在炉底还需另设排渣口，扒底渣的工序亦不容忽视。

在整个熔铸过程中，需要使用大量的熔剂，同时外加大量的化工材料（加入组元和变质处理用），它们的质量好坏，直接影响合金质量，为此，对熔剂和熔盐应有严格要求。

(5) [H] 对镁合金也有一定影响。除了能影响含锆镁合金中锆的溶解度外，当氢含量超过某一限额时（$16cm^3/100g$ 镁），将在铸锭上出现不同程度的显微气孔。因此，对氢含量也不应忽视。

(6) 由于镁合金热含量较低，当加入高熔点组元或批量较大的化工材料时，将使熔体温度降低较大。所以，镁合金的熔炼温度应比铝合金高。

熔体过热会使晶粒粗化，而且氧化、氮化及热裂纹倾向性等，都随着过热温度的提高趋于严重。因此，在工艺中应尽力避免熔体过热。

在镁－铝系合金中有金属过热细化晶粒的效应。但用这种方法细化晶粒将引起其他缺陷，后果不好。同时细化效应时间也是短暂的，熔体停留时间稍长则晶粒又复粗化。

(7) 镁合金远比铝合金熔炼工艺复杂，但在研究方面却比铝合金差。因此，许多机理问题还有待确证。如熔盐性质、净化机理、变质处理等重要工艺，在机理方面许多还只是些假说，有些尚未经确证。

(8) 镁合金的安全技术问题是很重要的。大多数熔盐都有潮解性，大多数化工材料都有结晶水。在工艺过程中，液态金属直接见水就产生飞溅性爆炸，务必严加注意。此外，有害气体和粉尘，都应妥善处理。

(9) 金属组元、金属镁以及加入的大多数化工材料，多数都是昂贵稀缺的原材料。在工艺过程中烧损较大，实收率较低，严重的影响制品的经济效果。

影响实收率的因素很多，如加入方法、操作方法、批量、熔体温度以及伴加混合盐的数量和质量等，这些都要严加注意。最近引进的一些新熔剂，可减少锆和铈的烧损。如用二号熔剂，MB8 合金中铈的损失为 16.3%，而用五号熔剂时，其烧损只有 1.2%。又如 MB15 合金，用二号熔剂时锆的损失为 16.3%，而用新的五号熔剂时，就几乎没有损失。同时新熔剂还基本消除了 MB8 合金的熔剂夹渣废品。

(10) 为了保证镁合金制品有高而均匀的性能，对铸锭的致密度和成分区域偏析也应重视。

(11) 镁合金的热裂纹倾向较大，因此铸造时的结晶速度不宜过高。但结晶速度较小时，又将促进金属中间化合物的形成和发展。可见，热裂纹和金属中间化合物，二者在工艺上有矛盾，这也是工艺复杂和困难的原因所在，必须全面考虑，适当选择。

但由于镁合金的弹性模量比铝合金小得多（镁的 E = 45000MPa，铝的 E = 72000MPa），因此，镁合金铸锭的内应力，远小于铝合金，其冷裂纹倾向性要比铝合金小得多。

9.2 变形镁合金的熔炼技术

9.2.1 镁合金的熔炼方法

依据变形镁合金的上述特点，其熔炼工艺装备大体分两大类：火焰反射炉和坩埚炉。坩埚炉有电坩埚炉和燃料坩埚炉两种。电坩埚炉又分工频坩埚炉和电阻坩埚炉两种。

在国外基本上是用5~12t火焰炉，或用坩埚炉熔制变形镁合金。国内既使用大型火焰反射炉，也采用工频坩埚炉。坩埚炉更有利于提高金属质量和改善生产条件。

9.2.2 镁合金熔体与气体的相互作用

在镁合金熔炼过程中，镁及其合金能与一系列简单或复杂的气体起化学作用。简单气体包括 H_2、O_2、N_2、Cl_2 等；气态氧化物包括 H_2O、SO_2、CO_2、CO、NO 等；其他复杂气体包括 CH_4、NH_3、H_2S、PH_3 等。

除了熔铸时采用惰性气体保护外，镁合金熔体与简单气体之间相互作用的几率是经常存在的。而镁与 H_2O、SO_2 及 CO_2 的接触几率比 CO 和 NO 还大，这是由于在空气中经常存在水分和 CO_2，且在铸造过程采用 SO_2 作保护气体的缘故。

9.2.2.1 镁与氧的相互作用

镁与氧有非常大的化学亲和力。金属对氧的亲和力一般可由它的氧化物的生成热和分解压力来判断。氧化物的生成热越大，分解压越小，则这一金属对氧的亲和力也就越强。

镁和铝相似，但其氧化性更强，镁比铝对氧有更大的亲和力。

从理论上讲，在熔化过程中，合金中其他组元的氧化物将被镁还原，故只造成镁的损失。但由于还原条件不足，实际上各元素仍然是有损失的。在熔化镁合金时，各种金属组元的损失率如表9-1所示。

表9-1 熔化镁合金时各种合金元素的损失率

金属元素	Al	Cu	Zn	Si	Mg	Mn	Sn	Ni	Pb	Be	Ti	Zr
损失率/%	2~3	—	2	1~10	3~5	5~10	—	—	—	10~20	—	3~5

固态和液态金属的氧化行为，受氧化物（表面膜）的性质所支配。假如氧化物的体积小于生成这些氧化物所消耗金属的体积时，则氧化速度将与时俱增。如果氧化物的体积超出生成它的金属体积时，则氧化速度将随时间的增长而减小。用金属氧化物和生成该氧化物所消耗金属体积之比的比值 α 可估价其氧化性。

Al、Be、Si 等元素的 α 值大于1，即在熔态时表面有一层致密的保护膜，可以防止进一步氧化。而另外一些元素，如 Mg、Ca、Na、K 等，α 值小于1，则氧化物不足以包覆金属面，所以形成的氧化膜多孔疏松，氧将通过氧化膜的缝隙与金属继续作用。因此，铝在熔化过程，一般无须特殊保护，而镁及其合金在全过程中都需要进行保护。

在镁合金中，现在已知的只有 Mg-Be 和 Mg-Ce-La 两个合金系的氧化速度比纯镁小。

镁和其他元素形成的各种化合物，其 α 值大小是鉴别它对液态镁合金保护作用的标志。值得提出的是，即使生成物是同样的，但由于伴生产物不同，其保护作用并不一样，如表 9－2 所示。

表 9－2　镁合金和组元的形膜反应式和 α 值

形膜反应式	α 值	形膜反应式	α 值
$2Mg + O_2 = 2MgO$	0.71（有些资料为 0.78～0.79）	$2Mg + CO_2 = 2MgO + C$	0.90
$Mg + H_2O = MgO + H_2\uparrow$	0.71	$Mg + CO_2 = MgO + CO$	0.71
$3Mg + N_2 = Mg_3N_2$	0.79	$3Mg + 2BF_2 = 3MgF_2 + 2B$	1.32
$Mg + S = MgS$	1.26	$Mg + 2HF = MgF_2 + H_2$	1.32
$3Mg + SO_2 = MgS + 2MgO$	0.92	$3MgO + 2BF_3 = B_2O_3 + 3MgF_2$	3.10
$Mg + CO = MgO + C$	1.08	$Mg + H_2O = Mg(OH)_2 + H_2\uparrow$	1.74

9.2.2.2　镁与氢的相互作用

氢的原子半径甚小，在自然界，它是唯一可渗透进固体金属中的气体。

镁与氢的作用可分为四个过程：表面吸附（或称化学吸附），扩散，溶解和化学作用。

（1）吸附：首先氢气分子在金属表面聚集，气态分子以极小的力完成其物理吸附，而活性吸附的力，相当于化学作用力。活性吸附是在更高温度下进行的。气体的吸附量与其蒸气压和温度有关。

（2）扩散：扩散是气体原子进入金属纵深的一个基本过程。它是固态金属原子无序热运动的结果。吸附是扩散的前提，向金属进行扩散的气体，只有具有活性吸附能力者才有可能。

应当指出，氢在金属中的扩散速度，比其他气体快得多。[H] 扩散穿透金属是以原子和离子形式进行的。[H] 扩散容易的原因，就在于其原子半径小于金属的结晶晶格常数。随着温度的升高，能加速 [H] 的迁移过程。

金属的表面和组织对扩散过程也有实际影响。随着表面粗糙程度的增加，将增大吸附面积，因此在低压情况下大大提高其扩散速度。表面的氧化膜也有明显影响，因它影响 [H] 的渗透。

（3）溶解：[H] 在镁中的溶解度比铝大得多，它们一般相差两个数量级。氢在镁中的溶解度曲线如图 9－1 所示。在不同压力下，[H] 在镁中的溶解度见表 9－3。从图 9－1 和表 9－3 可以看出，[H] 在液态镁中溶解度随温度升高而增大。

表 9－3　在不同温度和压力（汞柱压力）下 [H] 在镁中的溶解度　　（cm^3/100g 金属）

温度/℃	不同汞柱压力下的溶解度			
	200mm	400mm	600mm	760mm
640	15.6	22.4	27.3	30.7
675	23.8	33.8	41.4	46.5
725	30.6	43.3	53.2	60.1
775	32.1	45.7	56.1	63.1

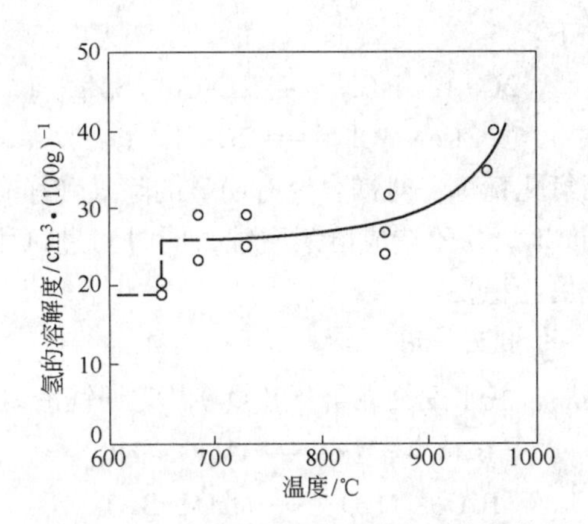

图9-1 氢在纯镁中的溶解度与温度的关系

氢的主要来源是潮气：

$$Mg + H_2O \longrightarrow MgO + 2[H]$$

(4) 化学作用：[H] 和镁不形成化合物，它在镁中呈间隙固溶体存在。但 [H] 和镁合金中的其他组元可形成稳定的化合物。

在室温下，[H] 和铈可生成 CeH_3。在250～300℃时氢化速度最大。700℃前为 CeH_3，高于700℃时则形成 CeH_2，该氢化物在800～900℃实际仍是稳定的。

[H] 和锆形成稳定的化合物 ZrH_2，ZrH_2 析出时呈微细的六角形或直角形的薄片。锆使 [H] 在镁中的溶解度增大，而 [H] 又使锆在镁合金中的溶解度减少，因为 ZrH_2 在镁合金中是不溶解的。随着 [H] 含量增加，锆在镁合金中的溶解度减小，锆的损失增大。

[H] 的有害作用是在镁合金的结晶过程中，随着温降其溶解度减小，使合金产生显微气孔。在工业条件下，当氢含量大于15cm³/100g金属时，则能在Mg-Al-Zn系合金中出现显微气孔。

确定镁合金液态中氢含量的最简便方法是第一气泡法。这种方法效率高，便于在生产条件下使用。

9.2.2.3 镁与氮的相互作用

在镁的熔点以上时，氮气与镁即可发生反应，生成 Mg_3N_2 化合物，而当1000℃以上时，可发生激烈反应。Mg_3N_2 为立方晶格，不稳定，易与水分起作用而分解：$Mg_3N_2 + 8H_2O \rightarrow 2NH_4OH + 3Mg(OH)_2$，因此，进入镁合金中的 Mg_3N_2 会影响材料的抗腐蚀性能。

9.2.2.4 镁与硫及 SO_2 的相互作用

镁液遇硫时，硫即蒸发为蒸气（硫的沸点为444.6℃），并在熔体表面形成致密的MgS薄膜，它能保护金属不再继续氧化。

镁液与无色或略呈黄色的 SO_2 气体相遇时，即发生放热反应，反应产物组成的膜是致密的，对熔态镁有保护作用，因而二氧化硫是变形镁合金生产中常用的保护气体。

9.2.2.5 镁及其合金组元与氯气的相互作用

当镁及其合金进行氯化时，氯气和镁反应甚激烈，生成 $MgCl_2$。由于铈比镁有更大的氯化倾向性，因此对含铈的镁合金不应采用氯化精炼或含 $MgCl_2$ 的熔剂进行精炼，否则，铈的耗损甚大。其反应如下：

$$2Ce + 3MgCl_2 \xlongequal{\quad} 2CeCl_3 + 3Mg$$

$$2Ce + 3Cl_2 \xlongequal{\quad} 2CeCl_3$$

许多文献说明，采用氯化精炼，对镁合金有明显的除气和净化效果。但因金属组元的损失，以及形成大量的 $MgCl_2$，易于造成熔剂腐蚀，同时当过氯化时使晶粒粗化，故远不如采用惰性气体精炼方法更为稳妥。

9.2.2.6 镁与 B_2O_3 的相互作用

硼酸（H_3BO_3）受热后，脱水变为硼酐（B_2O_3），它遇镁液时发生下列反应：

$$B_2O_3 + 3Mg \longrightarrow 3MgO + 2B$$

$$B_2O_3 + MgO \longrightarrow MgO \cdot B_2O_3$$

硼遇镁液时，生成的 Mg_3B_2 和 $MgO \cdot B_2O_3$ 均较致密，对熔体均有保护作用。故在镁合金生产中也有在熔剂中加入硼酐作为保护剂的。

9.2.3 镁合金熔炼用主要工艺辅料和熔剂的选择及净化变质处理

9.2.3.1 主要工艺辅材的种类、成分和技术要求

由于镁及镁合金在熔炼过程中容易氧化，并烧损严重，需要大量的覆盖剂来保护熔体。同时，镁合金熔体中的氧化夹杂、熔剂夹渣和气体溶解度比铝合金的高，因此需要进行净化处理。此外，在转移镁合金熔体及浇注成型过程中，各种工具也需要进行洗涤和防护。因此，需要大量的工艺用辅助材料，其主要成分和技术要求见表9-4。

表9-4 熔铸镁合金用工艺材料的主要成分及其要求

名 称	技术要求	用 途
轻质碳酸钠	$w(CaCO_3 + MgCO_3) \geq 95\%$，水分≤2%	变质剂
菱镁矿	$w(Mg) \geq 45\%$，$w(SiO_2) \leq 1.5\%$	变质剂
六氯乙烷	$w(Fe) \leq 0.06\%$，灰分≤0.04%，$w(H_2O) \leq 0.05\%$，醇中不溶物≤0.15%	精炼剂
氯化镁		配制熔剂及洗涤剂
氯化钾		配制熔剂及洗涤剂
氯化钠	优级	配制熔剂
氯化钡		配制熔剂
氯化钙	无水一级	配制熔剂
氟化钙		配制熔剂
光卤石		配制熔剂
钡熔剂（RJ-1）		配制熔剂及洗涤剂
硫磺粉	$w(S) \geq 99\%$ 过100目筛	配制熔剂
硼酸	二级	配制熔剂

9.2.3.2 变形镁合金熔炼时的主要熔剂

熔剂的基本作用是在熔体表面造成一化学抑制层或绝缘层来防止熔体氧化，并去除熔体中的固态和气态的非金属夹杂物。

要选择比镁的氧化亲和性更强的物质来做镁合金的熔剂。最好是用碱金属和碱土金属的氯化盐和氟化盐，其中也包括氧化镁和某些惰性氧化物。所用的熔剂可分为两个类型：流性的和黏稠的，即覆盖用的（保护）熔剂和精炼用的熔剂。

A　对变形镁合金熔剂的要求

对变形镁合金熔剂的要求如下：

（1）精炼剂应当有可靠的净化能力，以消除熔体中非金属夹杂物。

（2）熔剂的熔点应在680～700℃范围内，以适应镁合金的熔铸工艺要求。

（3）熔剂应与熔态金属间有较大的密度差，以便易于从熔体中排除。

（4）不同用途的熔剂应具有不同的表面张力，起保护用的覆盖剂，其表面张力应较小，以增大对熔体表面的润湿性和覆盖效果，要求它能很好地润湿炉墙和坩埚壁。精炼用的熔剂应具有适当大小的表面张力，能使熔剂与熔体很好分离，并且能从熔体中吸附非金属夹杂物和能溶解大量的非金属夹杂物，以达到净化之目的。

（5）覆盖用的熔剂，应有较小的黏度，能及时将破裂的覆盖层迅速闭合，而精炼用的熔剂应具有适当的黏度，以增大将非金属夹杂物过渡到熔剂中去的能力，并易于和熔体分离。

（6）在熔铸温度下，熔剂应具有热稳定性和化学稳定性；不挥发，不分解，不与合金中任何组元及炉衬发生化学反应。

（7）熔剂粉尘和蒸发气体应对人体无害。

（8）吸湿性和潮解性应尽可能小，这对金属质量和安全有利，同时易于保管。

B　镁合金熔剂的化学成分

用于镁合金熔炼的熔剂种类很多，其化学成分见表9－5。

表9－5　覆盖和精炼用熔剂的化学成分　（%）

溶剂牌号	$MgCl_2$	KCl	$BaCl_2$	AlF_3	MgF_2	MnF_2	CaF_2	$TiCl_2+TiCl_3$	BaO_3
二号熔剂	38～46	32～40	5～8	—	—	—	3～5	—	—
三号熔剂	33～40	25～36	—	—	—	—	15～20	—	—
四号熔剂	25～42	20～36	4～8	3～14	3～11	1～8	5～10	—	—
五号熔剂	20～35	16～29	8～12	—	14～23	—	14～23	—	0.5～8.0
六号熔剂	24～33	24～33	2～7	—	6～14	—	6～14	16～23	0.2～1.0

注：1. 五号熔剂允许将氟化盐总和降低到20%；
　　2. 六号熔剂主要用于含锂的镁合金。

上述熔剂中过去应用最广的是二号熔剂，它同时可用于覆盖和精炼。但二号熔剂精炼不彻底，铸锭中多有非金属夹杂物。同时，由于熔剂腐蚀而造成大量废品。

二、三、四号熔剂的最主要缺点是在熔化过程中与镁合金中的其他组元（比Mg反应更激烈的组元）进行反应而形成氯化物，造成合金中钙、镧、铈、铌、钍等元素的大量损失。

除上述缺点外，二、三号熔剂尚有潮解性高、污染金属，并使铸锭易于产生显微疏松；黏度和密度小，难于从金属中分离等缺点。

四号熔剂的缺点：熔剂中含有AlF_3和MnF_3，这些材料稀缺、昂贵，不适于制造熔剂，同时熔剂中铝和锰能和稀土金属发生反应，且能减少锆在镁中的溶解度；熔剂中的氯化物含量高达65%～80%，易于造成熔剂腐蚀。

五号熔剂是近年来才研制应用的，它既可做覆盖剂又可做精炼剂。使用证明其效果很好。它的主要优点有：

（1）提高经过处理金属的抗蚀性。

（2）当精炼镁合金时，减少稀土元素和锆的损失。

（3）五号熔剂与二、四号熔剂相比，其净化效果更好。原因是氟化盐的黏稠作用，提高了熔剂的熔点和密度。在用五号熔剂精炼时，它在液态金属表面不碎裂，和二号熔剂一样保持一层致密层。在精炼后，由金属表面扒掉渣子，重新撒一层新熔剂。由熔炼炉倒到静置炉后，静置时间应不少于60min。在静置时间内熔剂微粒夹杂着非金属夹杂物沉降到炉底。五号熔剂在熔体表面所形成的膜，在倒炉过程中，不破碎，对熔体有很好的保护作用。

（4）使用五号熔剂，在倒炉后清炉及扒炉底渣时不需再加黏稠剂，即可易于从炉中扒出。

（5）在铸造过程中，用五号熔剂做覆盖剂，在静置炉中保持6～8h，熔剂膜实际不破裂，在此时间内仍有充分的保护作用。

C　熔剂净化效果的比较

各种熔剂对不同合金的净化效果比较，详见表9－6。不同熔剂对MB8和MB15合金氯离子和抗蚀性的影响见表9－7。

表9－6　熔剂对镁合金净化的影响

合金牌号	熔炼炉中所用熔剂			静置炉中所用熔剂	检查的试片数	废品量			
						熔剂腐蚀		氧化夹杂	
	熔炼用的	精炼用的	覆盖用的			试片数	%	试片数	%
MB8	二号	二号	二号	二号	2040	180	9.5	40	2.7
MB8	二号	四号	四号	四号	3180	40	1.16	20	0.97
MB8	二号	五号	五号	五号	2900	20	0.7	2	0.07
MB15	二号	二号	二号	二号	1560	60	3.35	70	4.7
MB15	二号	五号	五号	五号	1710	12	0.9	30	2.2
MB3	二号	二号	二号	二号	3560	35	1.0	20	0.55
MB3	二号	四号	四号	四号	3400	17	0.5	12	0.35
MB3	二号	五号	五号	五号	3200	6	0.2	6	0.2

表9－7　不同熔剂对MB8和MB15合金氯离子和抗蚀性的影响

合　金	使用的熔剂	抗蚀性（在0.5% NaCl水溶液中保持24h，析氢量）/$cm^3 \cdot cm^{-2}$	Cl^-平均含量/%
MB8	四号	1.55	0.0018
	二号	1.25	0.0018
	五号	0.41	未发现
MB15	二号	1.28	0.0020
	五号	1.09	未发现

由以上两表可见，五号熔剂比其他熔剂净化效果显著提高。

(1) 对含锆镁合金中锆的实收率影响。根据实验结果，熔剂对含锆镁合金中锆的实收率有明显的影响。如用二号熔剂处理 MB15 合金时，锆的实收率为 79.5%，而用五号熔剂时为 88.8%，实收率提高将近 10%。

利用二号和五号熔剂处理 MB8 合金时，使用五号熔剂者，其铈的损失只有 1.2%，而用二号熔剂铈损失可达 8% ~12%。如用五号代替二、三、四号熔剂时，镁合金的熔炼工艺过程完全不变，但可提高金属质量和合金组元的实收率。

(2) 熔剂的除气效果。镁合金的除气方法有两种：加入惰性气体氩（Ar）；采用熔剂处理。实践证明，对某些合金这两种方法同时使用效果更好。镁合金中，以 MB8 合金的氢含量为最高，对它最有效的除气方法是采用六号熔剂。

对 MB3 合金可用五号熔剂处理，并再通氩气 10min，其除气效果最好。

对除气而言，六号熔剂最好，五号加氩次之，二号熔剂较差。

9.2.3.3　变形镁合金熔体的净化处理

镁及镁合金在熔炼过程中容易受周围环境介质的影响，进而影响合金熔体质量，导致铸件中出现气孔、夹渣、夹杂和缩孔等缺陷。因此，需要对镁合金熔体进行净化处理。通常可以从正确使用熔剂、加强熔体液面的保护和对熔体进行充分的净化处理等三个方面来进行控制。

A　除气

镁合金中的主要气体是氢，来自于受潮的熔剂、炉料以及金属炉料腐蚀后带入的水汽。工业中常用的除气方法有以下几种：

(1) 通入惰性气体（如 Ar、Ne）法。一般在 750 ~760℃下，往熔体中通入占熔体质量 0.5% 的 Ar，可将熔体中氢含量由 150 ~190cm^3/kg 降至 100cm^3/kg。通气速度应适当，以避免熔体飞溅，通气时间为 30min，通气时间过长将导致晶粒粗化。

(2) 通入活性气体（Cl_2）法。一般在 740 ~760℃下往熔体中通入 Cl_2。熔体温度低于 740℃时，反应生成的 $MgCl_2$ 将悬浮于合金液面，使表面无法生成致密的覆盖层，不能阻止镁的燃烧。熔体温度高于 760℃时，则熔体与氯气的反应加剧，生成大量的 $MgCl_2$，形成夹杂。氯气通入量应合适，一般控制在使熔体的含氯量低于 3%（体积分数），以 2.5 ~3L/min 为佳。含碳的物质如 CCl_4、C_2Cl_4 和 SiC 等对 Mg-Al 系合金具有明显的晶粒细化作用。如果采用占熔体质量（1% ~1.5%）Cl_2 +0.25% CCl_4 的混合气体在 690 ~710℃下除气，则可以达到除气与变质的双重效果，效果更佳，但是容易造成环境污染。

(3) 通入 C_2Cl_6 法。一般在 750℃左右往镁合金熔体中通入 C_2Cl_6，通入量不超过熔体质量的 0.1%。C_2Cl_6 是镁合金熔炼中应用最为普遍的有机氯化物，它可以同时达到除气和晶粒细化的双重效果。C_2Cl_6 的晶粒细化效果优于 $MgCO_2$，但除气效果不及 Cl_2。

(4) 联合除气法。先向镁合金熔体内通入 CO_2，再用 He 吹送 $TiCl_4$，可使熔体中的气体含量降到 60 ~80cm^3/kg（普通情况下为 130 ~160cm^3/kg）。其除气效果与处理温度和静置时间有关，750℃下除气效果不及 670℃。

B　除渣

镁合金所采用的变质剂，易与其他高熔点杂质形成高熔点金属中间化合物而沉降于炉底。这些难熔杂质和变质剂在镁合金中的溶解度小，熔点高，且密度比镁大，当他们相互作用时，可将合金中的可熔杂质去掉，这对镁合金是有利的，但降低了变质剂的效果，甚至失效。

镁合金中常见的几种相互排除的组元（实际上互为沉降剂）见表9－8。

表9－8 几种相互排除的组元

沉降剂	Mn	Zr	Be	Ti	Co
去掉的元素	Fe	Fe、Al、Si、P、Be、Mn、Ni(去掉量小)	Fe、Zr	Fe、Si	Ni

减少镁合金中铁、镍、硅杂质的含量可提高其抗蚀性。由于钛在800～850℃时，在镁中的溶解度较大；当低于700℃时溶解急剧降低，并和铁、硅形成高熔点金属间化合物而沉降。因此，近年来在工业上已开始采用钛废料和低质量的氯化钛来去掉熔体中的铁、硅和部分镍，以提高合金的耐蚀性能。如MB3合金用低质量的氯化钛（$TiCl_3+TiCl_2$）和镁－钛中间合金（含钛24%）处理后，可将合金中的铁、硅含量由0.01% Fe、0.01% Si降低到0.002% Fe、0.001% Si。

含锆的镁合金，应严格限制硅、铝、锰杂质的含量。当铝、硅、锰含量各超过0.1%时，合金中的锆含量将大为降低。实验结果如下：

（1）当含锰量为0.1%～0.5%时，合金中的锆含量可减少3倍。

（2）当含铝量为0.1%～0.5%时，合金中的锆含量可减少11倍。

（3）当含硅量为0.1%～0.5%时，合金中的锆含量可减少60倍。

9.2.3.4 变形镁合金熔体的变质处理

镁合金的晶粒粗化倾向较大，为使其晶粒细化，需对镁合金进行变质处理。在镁合金中最有效的变质剂是锆和铁。

根据晶粒可能细化的程度，镁合金可分为两大类：

第一类是可以得到稳定的细化晶粒的镁合金，包括以Mg－Zn和Mg－稀土为基的镁合金系。该系的有效细化剂是锆。加锆既可细化晶粒，又可强化固溶体和提高合金的抗蚀性。该系合金锆含量在0.3%～0.9%。以Mg－Zr中间合金形式加入的锆，它有着长时间的细化效应。MB15合金中，锆含量和晶粒尺寸的关系，如图9－2所示。

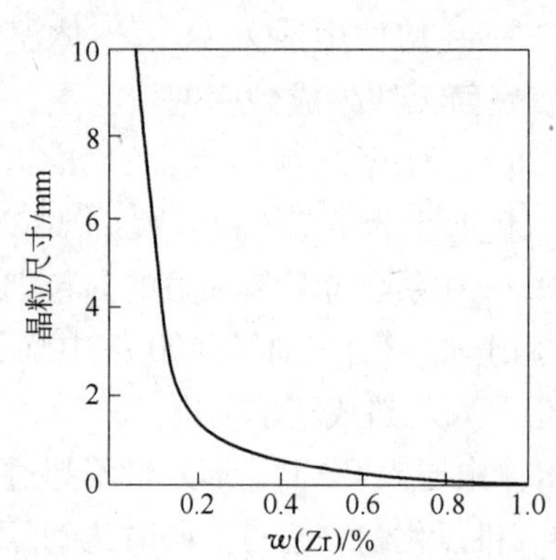

图9－2 锆含量与MB15合金晶粒尺寸的关系

第二类合金是难于细化的，包括以Mg－Mn和Mg－Al为基的镁合金系。而Mg－Al－Zn－Mn系合金（MB3、MB2、MB5、MB7）其晶粒大小与杂质铁的含量有关。以MB3合金而言，根据铁含量不同，其晶粒粗化程度可分为三组（据统计），参见表9－9。

表9－9 铁含量对晶粒粗化程度的影响

铁含量	小于0.005%	0.006%～0.2%	大于0.02%
晶粒大小	粗晶粒	中等晶粒	细晶粒

该系合金中含有微量的锆、硅、铍时，其晶粒将被粗化。例如，存在0.002%锆时，晶粒大为粗化。硅含量高于0.08%时，不可能有细晶。当铍含量超过0.001%时，则出现柱状晶和粗晶。

MB3合金形成柱状晶的倾向性，与其杂质含量有关。当钛含量大于0.01%，或硅含量大于铁含量时，铸锭横截面上形成大量的柱状晶。为防止产生柱状晶，应将MB3合金中的杂质含量控制在以下范围。

最好铁为硅的3~3.5倍，钛小于0.005%，这样则可得到0.1mm的细晶。对Mg-Mn系合金来说，可用碳作细化剂；但碳和碳化物细化晶粒的效应时间很短，不能适应6~8h熔铸工艺时间的要求，因此不实用。如在净化过滤系统中使用碳化物，效果可能提高。

在MB1和MB8合金中，铁对晶粒细化亦有作用。在MB1和MB8合金中使晶粒粗化的杂质是铝，而不是锆和硅。当铝含量高于0.02%时，若想得到细晶组织是不可能的。铍含量对MB1和MB8合金晶粒的粗化作用和MB3合金相似。在MB8合金中加入少量的锆（以Mg-Zr中间合金或MB15合金大块废料形式加入）可得细晶组织。

另外在MB8合金中，如果杂质铝的含量超过0.025%时，将使晶粒粗化，而当铝含量在0.014%~0.025%，则可细化晶粒，尤其与强冷的工艺条件相配合铸造的扁锭效果更好。在实际生产中，铸造MB8合金可利用含铝的镁合金一级废料把铝的含量调到最佳范围。

在下列镁合金中，若将杂质控制在表9-10所列的范围中，则铸锭既可得到细晶，又没有金属间化合物。

表9-10 建议杂质的控制范围

合金牌号	杂质含量（不大于）/%							
	Fe	Si	Al	Mn	Zr	Ni	Cu	Be
MB3	0.02~0.04	0.05	—	—	0.002	0.004	0.05	0.001
MB8	0.03~0.05	0.02	—	0.002	0.005	0.05	0.001	
MB15	0.03	0.05	0.03	0.05	—	0.005	0.05	0.001

9.2.4 变形镁合金的熔炼工艺

9.2.4.1 变形镁合金的熔炼与精炼

在反射炉内熔炼变形镁合金时，其熔炼工艺过程可分为：烘炉、洗炉、配料、装炉、熔化、扒渣、加合金元素、转炉、精炼、静置等工序。

（1）烘炉。新砌炉和中修后的反射炉，在使用前应进行烘炉。烘炉应严格按烘炉曲线，如图9-3所示进行升温。长期停炉后（超过十天），在使用前亦应进行不少于三昼夜的烘炉。

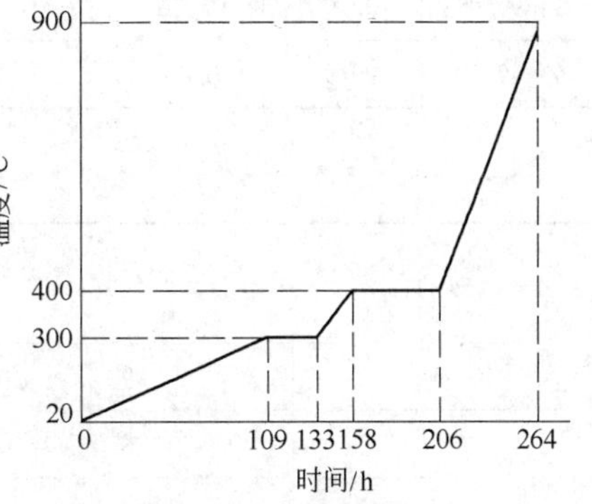

图9-3 烘炉曲线

（2）洗炉。新砌炉和中修后的反射炉，在开炉时，第一炉先要洗炉。此外，在合金转组时也应进行洗炉，其规定见表9-11。洗炉时要使用新镁锭或者熔剂，装到炉子容量的一半，升温熔化，至

760~800℃时充分搅拌两次，静置少许后放出。洗炉的目的是防止合金中杂质含量的增高，除掉部分砖缝间存在的非金属及气态夹杂物。

表9-11 合金转组时的洗炉规定

原来熔炼的合金	Mg-Al-Zn-Mn	Mg-Mn	Mg-Zr
转到此系合金时应洗炉	Mg-Mn和Mg-Zr	Mg-Zr	Mg-Al-Zn-Mn

(3) 配料。根据合金的化学成分要求，按配料标准进行配料，复化料用量一般不大于40%。配料时，按生产卡片备好所用炉料，并仔细检查有无混料，原镁锭有无油污，废料有无严重腐蚀。所采用的原材料及辅助材料应符合有关标准规定。熔炼镁合金铸锭所用的重要原材料及辅助材料的化学成分见表9-12~表9-17。

表9-12 镁锭化学成分 (%)

镁锭	Mg（不小于）	杂质（不大于）								
		Fe	Si	Al	Cl	Na	K	Cu	Ni	总和
Mg-9995	99.95	0.03	0.01	0.01	0.003	0.01	0.005	0.002	0.001	0.05
Mg-9990	99.90	0.04	0.009	0.02	0.005	0.01	0.005	0.01	0.001	0.08
Mg-9980	99.80	0.05	0.03	0.05	0.005	0.02	0.005	0.02	0.002	0.15

表9-13 铝锭化学成分 (%)

铝锭	Al（不小于）	杂质（不大于）					
		Fe	Si	Fe+Si	Cu	其他	总和
Al 99.70	99.70	0.20	0.12	0.26	0.01	—	0.30
Al 99.60	99.60	0.25	0.16	0.36	0.01	—	0.40

表9-14 锌锭化学成分 (%)

锌锭	Zn（不小于）	杂质（不大于）							
		Pb	Fe	Cd	Cu	As	Pt	Sn	总和
Zn 99.99	99.99	0.005	0.003	0.003	0.002	—	—	—	0.01
Zn 99.95	99.95	0.020	0.01	0.02	0.002	—	—	—	0.04
Zn 99.90	99.90	0.03	0.02	0.02	0.002	—	—	—	0.10

表9-15 铈化学成分 (%)

熔剂	Ce（不小于）	杂质（不大于）		
		Fe	Si	P
一号	99	0.5	0.2	0.01
二号	98	0.5	0.2	0.01
三号	95	0.5	0.2	0.01

表 9－16　锆氟酸钾

项　目	K_2ZrF_6（不小于）	SO_2（不大于）	Fe（不大于）	Ti（不大于）	Al（不大于）
含量/%	98.0	0.35	0.15	0.02	0.2

表 9－17　氯化锰

项　目	$MnCl_2$（去结晶水）（不小于）	水不溶物（不大于）	水分（不大于）
含量/%	92.0	1.5	0.5

（4）装炉、熔化及扒渣。装炉前先在炉内均匀地撒一层粉状二号熔剂，然后装料。装料的顺序是先装碎料，后装镁锭，最后把大块废料放在上面。装料时要求装得密实平整。装完后撒一薄层二号熔剂，然后开始升温熔化。用反射炉熔炼镁合金时，应使炉膛内的气氛呈微还原性。

在升温熔化及扒渣时应注意防止金属燃烧。若燃烧时，应立即用二号熔剂熄灭之。待炉内金属化平后，扒第一次渣，当金属温度达 750～770℃时再扒第二次渣。扒渣时金属搅动不要太大，渣子要尽量扒尽，不要把金属带入渣中。扒渣后进行彻底搅拌，静置少许后进行取样分析。各种合金的取样温度见表 9－18。在熔炼过程中，各种合金元素的加入方式及要求见表 9－19。

表 9－18　各种合金的取样温度

合　金	MB1、MB8	MB2、MB3、MB5、MB7	MB15
取样温度/℃	780～800	720～740	780～800

表 9－19　合金元素的加入方式及要求

合金	加入元素	加入方式	加入时间及地点	加入温度/℃	取样温度/℃	备　注
MB1	Mn	$MnCl_2$（烘烤）	在熔炼炉扒完二次渣后，用加锰器分批加入	800～820	高于 800	锰的实收率较高，在烘烤 $MnCl_2$ 时产生大量有害气体，劳动条件不好
		$MnCl_2$（重熔）	在熔炼炉扒完二次渣后，用加锰器一次加完	800～820	高于 800	金属烧损及熔剂消耗量低，产品质量有所提高，但 $MnCl_2$ 重熔时劳动条件不好
MB8	Mn	锰盐熔剂	在熔炼炉内用锹撒入并不断搅拌	750	高于 800	锰的实收率提高 10% 左右，铸锭夹渣废品降低，劳动条件有所改善，但增加了锰盐制造工序
	Ce	铈铁	在静置炉内用加铈器加入	760～780	高于 760	
MB2	Al	铝锭	随炉料一起加入			
MB3	Zn	锌锭	随炉料一起加入			
MB5	Mn	用 MB1、MB2 废料	随炉料一起加入			

续表 9 – 19

合金	加入元素	加入方式	加入时间及地点	加入温度/℃	取样温度/℃	备 注
MB15	Zr	纯锆盐 K_2ZrF_6 K_2ZrCl_6 $ZrCl_4$	在熔炼炉内用铁锹大量撒入	900 ~ 920	不低于800	$ZrCl_4$、K_2ZrCl_6 中之 Cl 污染严重，故未采用。用 K_2ZrF_6 时因温度高，反应放出的热量大，金属烧损严重，同时反应产物中有毒性气体 HF、F_2，使劳动条件变坏
		混合锆盐 K_2ZrF_6 CaF_6 LiCl	在熔炼炉中用锹撒入	800 ~ 820	不低于800	锆的实收率有所提高，氧化夹渣废品减少，但熔剂腐蚀废品增多
		Mg – Zr 中间合金	在熔炼炉内扒完第一次渣后加入	800 ~ 820	不低于800	合金的纯度提高，生产周期缩短，劳动条件改善，但生产中间合金时，劳动条件不好

（5）转炉。当所熔合金的化学成分符合转炉标准，熔体温度达 750 ~ 770℃时，即可将金属从熔炼炉转入静置炉。转炉采用的主要方法有：

1）静压力落差法。此法适用于两个炉床不在同一水平面上的反射炉。转炉时，打开流口钎子，金属便自动流出。

2）虹吸倒炉法。

3）离心泵倒炉法，其结构图如图 9 – 4 所示。

4）电磁泵倒炉法，其结构图如图 9 – 5 所示。

（6）精炼。精炼的目的是消除合金中的非金属夹杂物和溶解的气体，以获得较纯净的金属，从而提高合金的力学性能和耐蚀性能。

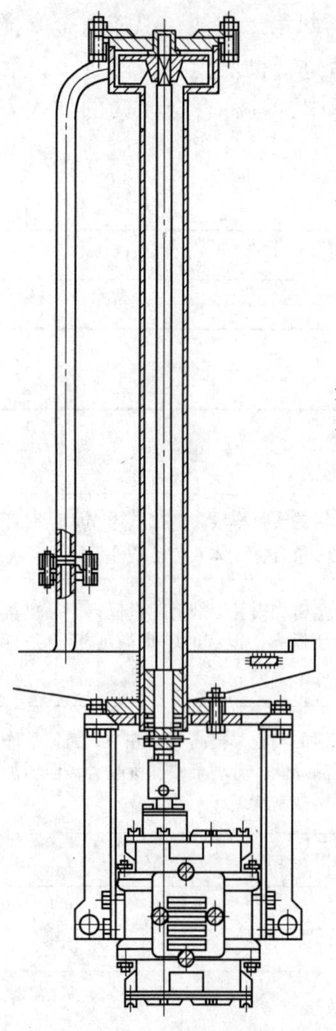
图 9 – 4 镁合金转炉用离心泵

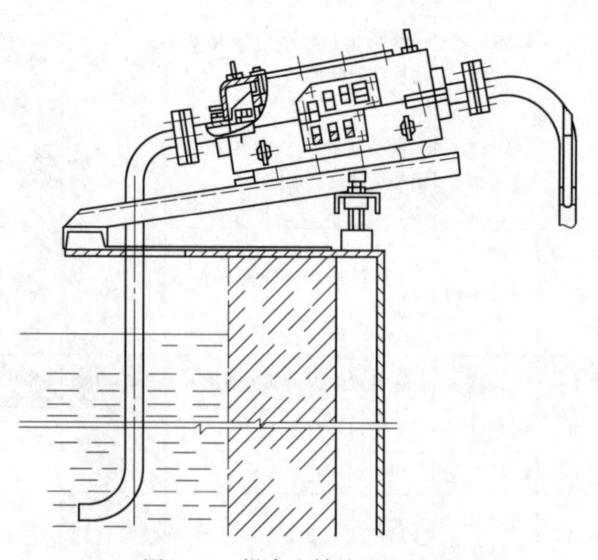
图 9 – 5 镁合金转炉用电磁泵

变形镁合金常用的精炼方法是熔剂精炼法。精炼的效果与所用熔剂的数量、质量、操作方法、精炼温度及精炼时间等因素有关。当从熔体中取完快速分析试样后，温度达到730～760℃时进行精炼。精炼熔剂的用量为每吨熔体约10kg，精炼时间为10min左右。

在生产中，除镁－锂合金外，一般采用二号熔剂加10%～15% CaF_2 作为精炼剂。按上述熔剂特点来看，最好采用五号熔剂进行精炼。在精炼后重新覆盖时，亦用精炼熔剂，而不是采用二号熔剂。

精炼后，根据实际情况，将熔体静置不少于60min，然后开始铸造。

镁合金的精炼特点和注意事项如下：

1）含锆的镁合金，不用含Al和Mn的氟化物熔剂，而采用四号熔剂。

2）净化时一般不用六号熔剂，因熔剂中含 $TiCl_3$，Ti与Fe起作用，对Mg－Al－Zn－Mn和Mg－Mn系合金起粗化晶粒的作用。

3）对镁－锰和镁－稀土系合金，不采用二号熔剂，因为精炼后会出现熔剂夹渣。

4）五号熔剂可用于所有合金，因为精炼时掉进镁合金熔体中的氯化物少。用五号熔剂时，静置时间不少于60min，如用五号熔剂覆盖时，有可靠的保护性，6～8h亦不失效。

5）对含Li和稀土族元素的合金，要想方设法缩短熔炼时间，减少元素的烧损。由于它们在转注和精炼时损失很大，应在补料时予以补偿。

（7）清炉。清炉是铲除炉墙残渣，扒净炉内烧渣。熔炼炉转炉完了和静置炉铸造终了时均要进行清炉。在生产中熔炼一定炉数（6～10炉）后，也要进行一次放干大清炉。

9.2.4.2 中间合金和熔盐的制备

A 锰盐熔剂的制备

（1）原材料要求。工业纯氧化镁，MgO含量不低于91.0%，$MgCO_3$ 含量不大于3.0%；工业用氯化锰，$MnCl_2$ 含量不低于92%，水分不大于0.5%，不溶物不大于1.5%；工业用氟化钙，CaF_2 含量不低于90%，SiO_2 含量不大于5.0%，水分不大于1.0%。

（2）配料成分。配料成分见表9－20。

表9－20 锰盐熔剂配比成分 （%）

名 称	$MnCl_2$	CaF_2	MgO
锰盐熔剂	76	13	11

（3）工艺流程。先将氯化锰放入坩埚中熔化，温度达750℃时加入氟化钙和氧化镁，边加边搅，在720℃时进行浇铸，然后在球磨机中粉碎。

（4）氯化锰重熔。将氯化锰放入坩埚中熔化，在600～650℃时保温脱水直至不冒气泡为止，浇铸于干燥的铁箱内，置于保温炉中以待使用。

B 混合锆盐的制备

（1）配料成分。配料成分见表9－21。

表9－21 混合锆盐配料成分 （%）

名 称	K_2ZrF_6	CaF_2	LiCl
混合锆盐	66	8	26

（2）制备工艺。先将氯化锂、氟化钙、锆氟酸钾装入炉内升温熔化，达800℃时，保温一段时间后进行浇铸，然后用球磨机进行粉碎。

C 镁锆中间合金的制备

由于纯锆的熔点高（1865℃），高温时又难于防止氧化，因此，含锆镁合金除了采用加混合锆盐的方法加锆外，最好是先制成 Mg－Zr 中间合金，再向合金中加入。制备镁锆中间合金的主要方法有：

（1）用镁还原光卤石和锆氟酸钾的混合盐，制备渣质的 Mg－Zr 中间合金。

（2）用镁还原氟化锂、氟化钙和锆氟酸钾的混合盐，制备渣质的 Mg－Zr 中间合金。

（3）用镁还原氟化钾和锆氟酸钾的混合盐，制备金属状态的 Mg－Zr 中间合金。

（4）用金属锆粉制备金属状态的 Mg－Zr 中间合金。

（5）用混合盐制备 Mg－Zr 中间合金，其配料比见表9－22。其总反应式如下：

$$K_2ZrF_6 + 2Mg \rightleftharpoons 2KF + Zr = 2MgF_2$$

表9－22 制备 Mg－Zr 中间合金的配料成分

方 法	配料成分/%					
	Mg	K_2ZrF_6	光卤石	LiCl	CaF_2	KCl
1	20	40	40	—	—	—
2	20	53.5	—	20	6.5	—
3	24	32.5	—	—	—	43.5

实践证明，用含 KCl 的混合盐制备金属状态的 Mg－Zr 中间合金，更适于生产，其配料成分参见表9－22，其制备工艺如下：

（1）先将 KCl 升温熔化，停止沸腾后，将温度提高到880～900℃。

（2）将预热好的 K_2ZrF_6 加入到已熔化好的 KCl 中，边加边搅拌，加完后再搅拌5min。

（3）继续升温到880～900℃，将预热好的镁锭加入坩埚，熔化后用机械搅拌10～15min，然后吊出坩埚在室温中冷却。

（4）完全凝固后，用水浸泡1～2h，从坩埚中倒出金属状态的 Mg－Zr 中间合金。如将 Mg－Zr 中间合金重熔，可获得高质量的中间合金，重熔温度为690～710℃，温度过高时烧损较大。

9.2.4.3 废料复化

生产中把变形镁合金的废料按形状、尺寸、清洁程度的不同分为一级、二级和等外几种。一级废料可以直接制备成品合金，二级或等外废料可经复化和精炼后铸成铸锭，成分符合者可当一级料使用。

镁合金废料质量的好坏直接关系到产品质量，特别是镁合金的残屑更应严格控制。

A 对残屑的要求

（1）镁合金碎屑必须分牌号收集保存，不得混入其他有色金属及黑色金属碎屑。

（2）镁合金碎屑必须保持干燥，不得有水、油、乳液或为化学试剂所污染。

(3) 不得混入较多的镁合金粉尘，以免熔化时引起爆炸。

B 废料复化工艺

在采用5t火焰反射炉，复化二级废料（或等外废料）时，先在炉内撒少许二号熔剂，装入总量1/4左右的大块料，升温熔化。当温度达到720~740℃时，分批加入碎屑，边加边搅，最后升温至750~770℃，扒去表面渣和底渣，转炉，于740~760℃进行精炼，静置40~100min后铸造、锯切。

C 二级废料直接作成品合金的工艺

清炉-熔化-扒渣（同前）后，取样分析，调整化学成分。成分合格后，在熔炼炉进行第一次精炼（其制度与成品合金精炼制度相同），静置60min，转炉。在静置炉的生产工艺与成品合金相同。

9.2.5 镁合金的熔炼设备

9.2.5.1 反射炉

反射炉是熔炼有色金属常用的设备，其结构与铝合金所用的大同小异。反射炉的热源，有固体燃料（煤和焦）、液体燃料（液体和气体）以及电热。在熔炼镁合金时多采用流体燃料。目前，我国以发生炉煤气或天然气为主要燃料。

熔炼镁合金用的反射炉按其用途分为熔炼炉和静置炉。

反射炉的炉顶为弧形，热量由炉顶和炉墙反射到炉料，因此炉料的加热是以传导和辐射的方式由上向下传递的，同时使火焰及废气缓缓流过液面，使炉料与热流直接接触。反射炉的燃烧速度较快，适于大规模生产，但热效率较低。

反射炉的炉底一般采用镁砖、镁砂来砌筑。近来，已有用铸铁作为炉底的，而不使用含SiO_2的耐火材料，因为SiO_2很容易与金属及熔剂之中的$MgCl_2$发生反应，而使炉衬受到损失，并且增加了合金中杂质硅的含量。

9.2.5.2 坩埚炉

在镁合金的熔炼中，也广泛使用坩埚炉。因为坩埚炉的烧损比反射炉大为降低，劳动环境比反射炉好。

坩埚炉按其加热方式可分为电阻坩埚炉和煤气坩埚炉。

电阻坩埚炉的构造如图9-6所示。把电阻材料装于坩埚四周之炉壁上，电阻材料为丝状或带状。

煤气坩埚炉的燃料主要是发生炉煤气。煤气借喷嘴喷入炉膛，喷射沿着切线的方向，以保证燃烧位置适当。否则，喷嘴直接喷射到坩埚壁上，易引起金属局部过热，甚至使坩埚烧坏。

9.2.5.3 无铁芯工频感应电炉

熔炼镁合金的感应电炉不能采用熔沟式的感应炉，因为密度大的熔剂及熔渣沉积炉底使熔沟堵塞。感应电炉所用的坩埚可用10~25mm厚的钢板焊成，也可直接铸成壁厚为40~60mm的厚壁坩埚。由于铸造坩埚易产生缺陷，同时体积较大，故一般多采用焊接坩埚。

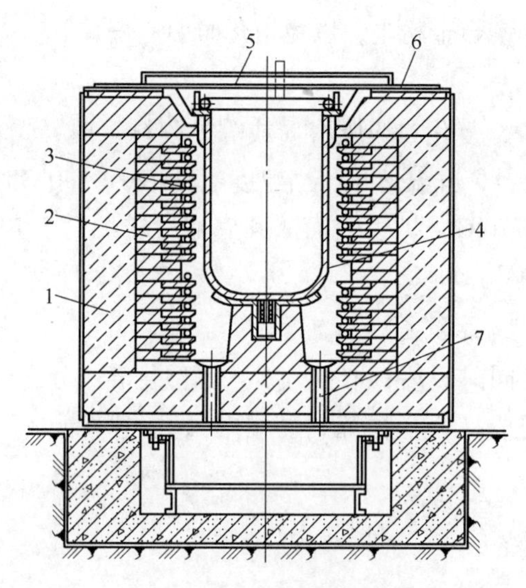

图9-6 电阻坩埚炉

1—保温砖；2—耐火异型砖；3—电阻丝；4—铁制坩埚；5—炉盖；6—炉壳；7—电源接线端

无铁芯工频感应电炉由炉架、炉体、密封炉盖、通风系统、液压系统、冷却系统、电磁输送或低压转注系统所组成。

由多台感应电炉组成的坩埚群，不仅生产能力高，而且在熔化过程中炉料和火焰不直接接触，可减少熔剂用量，改善劳动条件，提高金属质量。用这种熔炼设备，采取可靠的净化措施，并在铸造时采用密封转注，可获得质量较好的铸锭。

9.3 变形镁合金的铸造技术

9.3.1 变形镁合金的铸造方法

镁合金铸锭质量与铸造方法关系甚大，镁合金的铸造方法有铁模铸造、水冷模铸造和半连续铸造。

铁模和水冷模铸造法是陈旧的方法，铸锭质量和生产效率较低，已很少采用。目前，在工业生产中广泛采用的是半连续铸造法。

自从采用半连续铸造方法以后，镁合金铸锭的质量有了很大的提高。

(1) 与旧式方法相比，半连续铸造方法的主要优点

1）结晶速度高，改善了铸锭的晶内结构，减小了化学成分的区域偏析，提高了铸锭的力学性能。例如，不同铸造方法对 MB8 及 MB3 合金铸锭力学性能的影响，见表 9-23 和表 9-24。

表9-23 铸造方法对MB8合金铸锭的力学性能影响

铸造方法	σ_b/MPa	δ/%
铁模铸造	81~131	3~6.0
半连续铸造	168~180	3~10.0

表 9-24 铸造方法对 MB3 合金（ϕ280mm）铸锭力学性能的影响

取样方向	铸造方法和制度		σ_b/MPa		δ/%	
	方法	铸造温度和铸造速度	边部	中心	边部	中心
纵向性能	水冷模	730℃	144	90	5.5	2.6
	半连续铸造	730℃，速度 3m/h	143	146	7.2	6.3
	水冷模	690℃	133	72	6.5	2.6
	半连续铸造	690℃，速度 4m/h	143	141	7.6	7.5
横向性能	水冷模	730℃	174	105	6.2	4.0
	半连续铸造	730℃，速度 3m/h	166	150	7.2	6.7
	水冷模	690℃	174	147	5.2	3.3
	半连续铸造	690℃，速度 4m/h	142	144	4.8	4.8

2）由于改善了金属熔铸系统，减少了氧化夹杂和金属杂质，提高了金属的纯净度。熔铸设备对 MB8 合金中金属杂质的影响，见表 9-25。

表 9-25 铸造方法及设备对 MB8 合金净化程度影响

工艺装备	有害杂质含量/%		
	Fe	Cu	Ni
铁制坩埚和铁模铸造	0.05	0.05	0.007
煤气炉和半连续铸造	0.025	0.05	0.002

3）由于合理的结晶顺序性，提高了铸锭的致密度，并使铸锭中心部位减少了疏松。

4）增大了铸锭长度，相对减少了切头、切尾等几何废料的百分比。

5）实现了机械化，改善了劳动条件，提高了劳动生产率。

(2) 半连续铸造方法的主要缺点。

1）铸锭内部因结晶速度增大造成了更大的内应力，使裂纹倾向性增大。

2）由于结晶速度增大，对扩散系数较小的个别组元，造成了较大的晶内偏析，因此某些合金锭需要进行长时间组织均匀化处理。

3）由于结晶速度大，在液穴内温度梯度较大，不利于金属中间化合物的颗粒过于长大，但却使它易于产生。

9.3.2 变形镁合金的铸造工艺

9.3.2.1 变形镁合金的铸造工艺制度

镁合金半连续铸造的基本工艺参数是铸造速度、铸造温度、冷却水压和结晶槽高度。这些参数中，可调度最大的是铸造速度、铸造温度和冷却水压（它表征水冷强度）。此外，在铸造系统中许多未纳入铸造制度的细节也对铸锭的组织、裂纹倾向性、铸锭致密度以及铸锭表面质量等有一定的影响。例如结晶槽锥度和光洁度、进出水孔的大小及水的喷射角度、铸造漏斗直径、孔径、孔数、沉入熔体的深度等。

在不同铸造速度条件下，冷却强度对液穴深度的影响如图 9-7 所示。结晶槽高度对冷却强度的影响如图 9-8 所示。

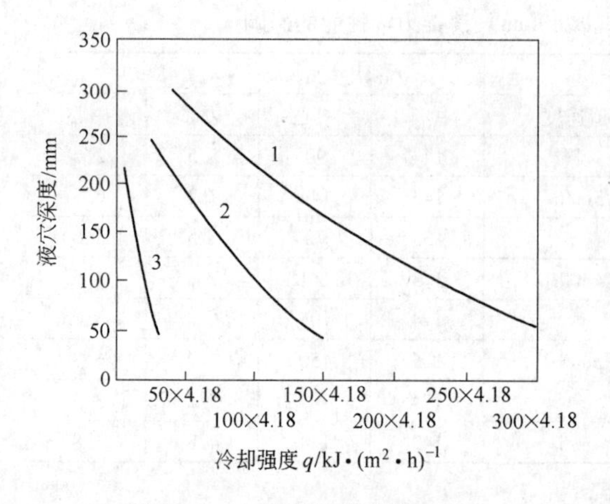

图9-7 在不同铸造速度条件下冷却强度对液穴深度的影响

1—铸造速度9.0cm/min；2—铸造速度7.0cm/min；3—铸造速度5.5cm/min

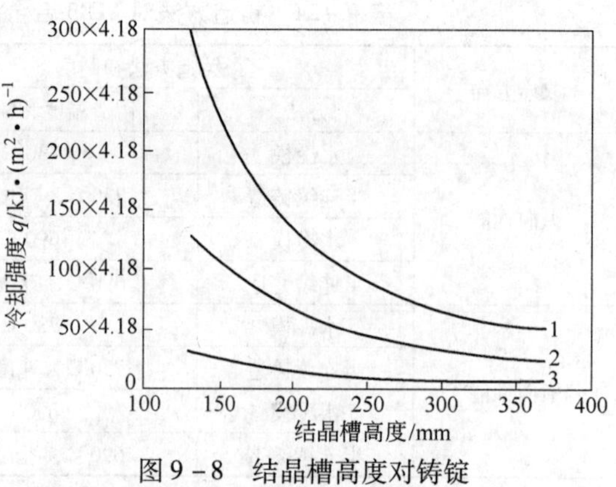

图9-8 结晶槽高度对铸锭冷却强度的影响

1—铸造速度9.0cm/min，水压120kPa；
2—铸造速度7.0cm/min，水压50kPa；
3—铸造速度5.5cm/min，水压50kPa

以镁合金圆铸锭铸造为例，一般情况下，为防止产生通心裂纹，可采用较高的结晶槽。即当增高结晶槽后，可适当的提高铸造速度，而不致产生通心裂纹。但是，当增高结晶槽后，如果铸造速度低，将又会引起发状的表面淬火裂纹。对于热脆性较大的合金，若采用低结晶槽时，必须相应减小铸造速度；但此时铸锭表面的冷隔（成层）缺陷却又增多，同时还可能出现横向冷裂纹。因此，必须合理的选择结晶槽高度和铸造速度。使其既不出现通心的热裂纹和其他形式的热裂纹，也不出现冷裂纹，同时还能提高铸锭表面质量。

各参数对液穴深度影响和冷却强度对结晶速度的影响分别列于图9-9和图9-10。

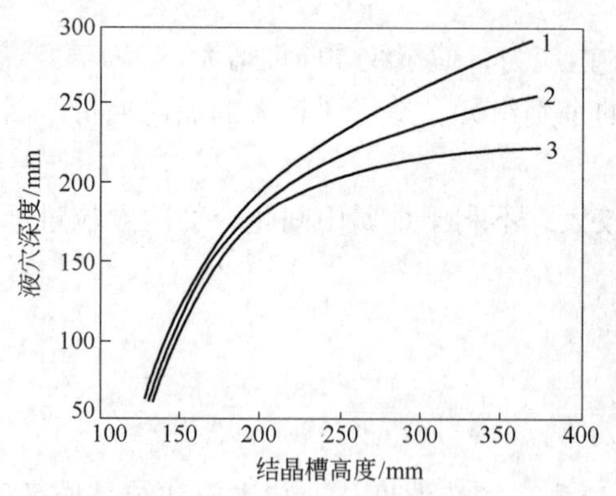

图9-9 液穴深度变化和结晶槽高度及铸造速度关系

1—$v_{铸}$=9cm/min，水压0.12MPa；
2—$v_{铸}$=7cm/min，水压0.05MPa；
3—$v_{铸}$=5.5cm/min，水压0.05MPa

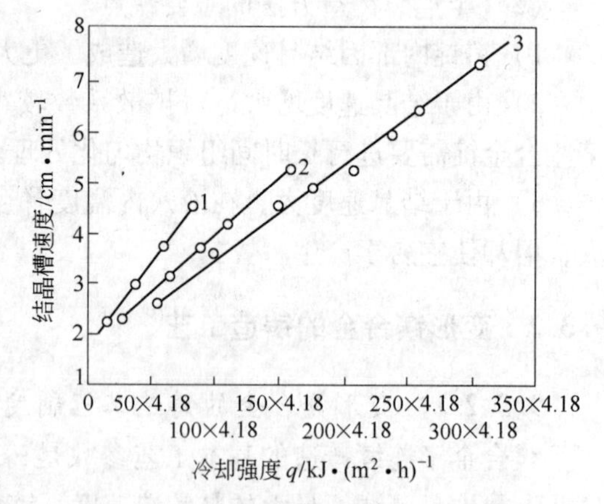

图9-10 冷却强度对结晶速度的影响

1—$v_{铸}$=9.0cm/min；
2—$v_{铸}$=7.0cm/min；
3—$v_{铸}$=5.5cm/min

由于结晶槽高度的提高，相对降低了结晶速度，可延长金属中间化合物的生长时间。结晶槽越高，对镁合金中金属中间化合物的尺寸增大和数量增多的影响越明显。表9-26

介绍了 200mm × 800mm MB3 合金扁锭，其金属中间化合物的偏析和结晶槽高度的关系（根据标准检验其合格率）。

表 9－26 结晶槽高度对 MB3 合金 200mm × 800mm 扁锭金属中间化合物的影响

结晶槽高度/mm	铸造参数							金属中间化合物偏析情况
	铸造速度/m·h⁻¹	铸造温度/℃	金属水平/mm	水压/atm①		试片总数/个	合格试片数/个	试片合格率/%
				大面	小面			
300	2.5	720～735	50～70	0.3～0.45	0.1～0.2	49	22	44.9
250	2.5	720～735	50～70	0.3～0.45	0.07～0.15	120	101	84.1

①1atm = 101325Pa。

考虑以上原因，结晶槽高度最好控制在以下范围为宜，当铸锭直径为 350～690mm 时，其结晶槽高度为 145～250mm。

200mm × 800mm 扁铸锭的结晶槽高度为 250mm，260mm × 960mm 则为 300mm。

在国外，对 MB15 合金，还仅限于铸造圆锭。在我国已首次铸成了 MB15 合金扁锭，其规格为 160mm × 540mm，结晶槽高度为 250mm。

MB15 合金热裂纹倾向性较大，对水冷强度表现得极为敏感，为了减少热裂纹，采用推迟二次冷却水的方法，参见图 9－11 所示，其效果很好，既保证了铸锭表面质量，也基本上克服了铸锭的热裂纹。

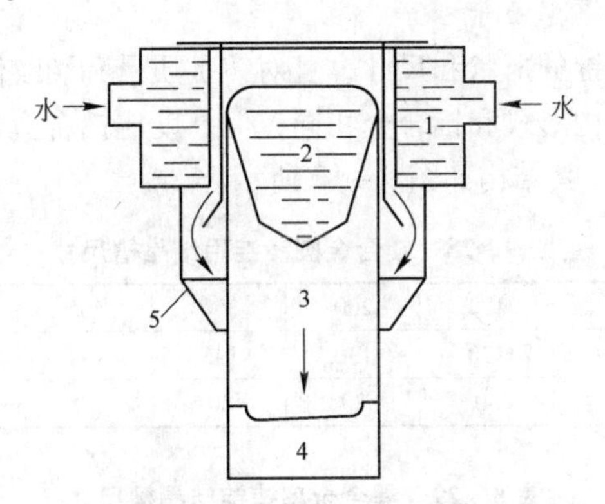

图 9－11 MB15 合金 160mm × 540mm 扁铸锭铸造系统图

1—结晶槽；2—液穴；3—铸锭；4—底座；5—挡水板

镁合金的铸造工艺制度见表 9－27。

表 9－27 镁合金的铸造工艺制度

合金牌号	铸锭规格/mm	结晶槽高度/mm	铸造温度/℃	铸造速度/m·h⁻¹	水压/atm①
MB1、MB8	ϕ100、ϕ200	130	730～750	4.5～6.0	0.3～0.6
MB1、MB8	ϕ350、ϕ405	145	720～740	2.0～2.3	0.3～0.6
MB1、MB8	ϕ482	200	720～740	1.5～2.2	0.3～0.6
MB2、MB3	ϕ100、ϕ200	145	720～745	4.5～6.0	0.3～0.6
MB2、MB3 MB5、MB8	ϕ350 ϕ405	145	710～730	2.0～2.2	0.3～0.6

续表 9-27

合金牌号	铸锭规格/mm	结晶槽高度/mm	铸造温度/℃	铸造速度/m·h⁻¹	水压/atm[①]	
MB2、MB3 MB5、MB7	ϕ482	200	710~725	1.5~2.2	0.3~0.6	
MB2、MB3	ϕ550	200	700~720	1.5~2.2	0.5~0.8	
MB2、MB3	ϕ690	250	700~720	1.3~1.8	0.5~1.0	
MB15	ϕ100、ϕ200	130	710~750	4.5~6.0	0.3~0.6	
MB15	ϕ350/ϕ405	145	700~730	2.2~2.4	0.3~0.6	
MB15	ϕ482	200	690~725	1.5~2.2	0.3~0.8	
MB15	ϕ690	250	690~710	1.3~1.6	0.5~1.0	
MB1、MB8	200×800	300	735~750	2.0~2.5	大面	小面
					0.2~0.4	0.08~0.25
MB8	260×960	300	730~745	2.0~2.5	0.2~0.5	0.08~0.30
MB2、MB3	200×800	250	730~745	2.0~2.5	0.2~0.5	0.07~0.25
MB15	160×540	250	720~750	2.4~3.0	0.2~0.4	0.07~0.20

注：水压视具体条件而定，此值只供参考。

①1atm=101325Pa。

9.3.2.2 结晶槽和铸造漏斗

结晶槽不仅决定了铸锭的形状和尺寸，且对铸锭质量和裂纹倾向性有直接影响。

圆铸锭用结晶槽的结构形式和铝合金相同，但高度比铝合金用结晶槽高。结晶槽的规格见表9-28和表9-29，其结构如图9-12所示。

表9-28 镁合金圆铸锭用结晶槽尺寸

结晶槽直径/mm	100	200	350	405	482	550	690
结晶槽高度/mm	130	130	145	145	200	200	250
向铸锭供水角度/(°)	30	30	30	30	20	20	20

表9-29 镁合金扁铸锭结晶槽尺寸 (mm)

铸锭规格	结晶槽尺寸				小面弧	
	宽度	厚度	高度	锥度（上口比下口）	R_1	R_2
200×800	806	206	250	小2~3	50	250
200×800	806	206	300	大0~2	50	250

当铸造热裂纹倾向性较大合金的大直径铸锭时，建议采用较高的结晶槽，且应带较小的供水角度。无论是圆铸锭或扁铸锭用的结晶槽，其内表面光洁度应尽可能的高，要求在R_a1.6μm以上。表面粗糙度越低，铸锭表面质量越好。

由于镁合金扁锭尺寸较小，且铸锭冷裂纹倾向性较小，故不采用端头小面带缺口的结晶槽。因为这种结晶槽操作不便，尤其是对熔态金属直接见水有爆炸危险的镁合金，更不宜采用。

扁铸锭结晶槽直接安在冷却水箱上。水箱上有两排水孔，与铸锭分别呈90°和45°角，水孔直径为4~6mm，水孔间隔10mm。为保证水压正常，进水口面积应比出水孔总面积大25%，并在水箱宽面的下方设一挡水板。挡水板和结晶槽下缘呈一均匀缝隙，以保证冷却水在同一水平上直接喷射到铸锭表面。水箱的结构如图9－13所示，扁锭用结晶槽如图9－14所示。

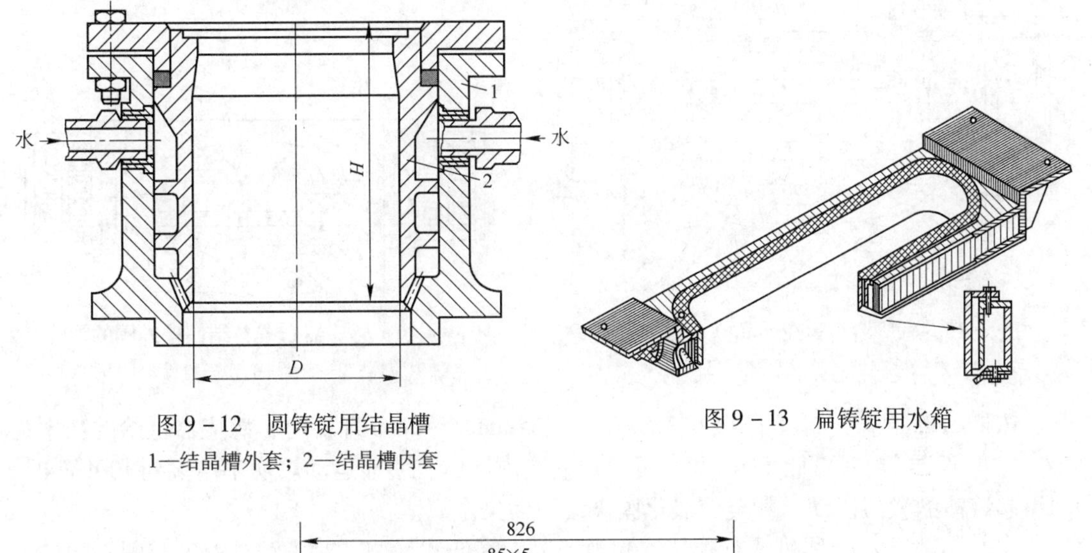

图9－12 圆铸锭用结晶槽

1—结晶槽外套；2—结晶槽内套

图9－13 扁铸锭用水箱

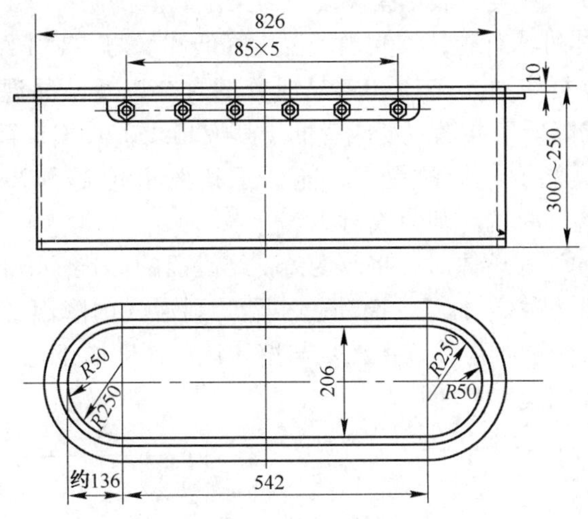

图9－14 铸造镁合金扁锭用结晶槽

9.3.2.3 镁合金熔体的电磁搅动

在镁合金熔铸过程中，若只用变质处理往往不能获得满意的细晶组织。然而对铸锭液穴熔体，进行电磁搅拌却能保证获得稳定的细晶组织。

熔体的黏滞运动可促使晶粒细化。研究指出，电磁场所造成的熔体运动可引起体积结晶，故使晶粒细化。但电磁搅拌也伴随有极不希望的现象，即金属中间化合物一次晶落入铸锭，同时还粗化晶枝（晶内结构）。本质是由于悬浮结晶的（所造成的一次晶）结晶速度小的结果。

为造成液穴内的熔体按磁场作用力的方向运动，一般采用工频感应器。其电源由一台电压为380V、频率为50Hz的降压变压器供给，搅动功率的高速可用变压器二次分接头来实现。二次分接头的电压不超过24V，电流在几十到几千安培之间变化。

铸造直径大于500mm的圆锭时，把感应器放在液穴上方较合理，参见图9－15，而铸造小直径的铸锭时把感应器放在结晶槽的外周较好，参见图9－16。

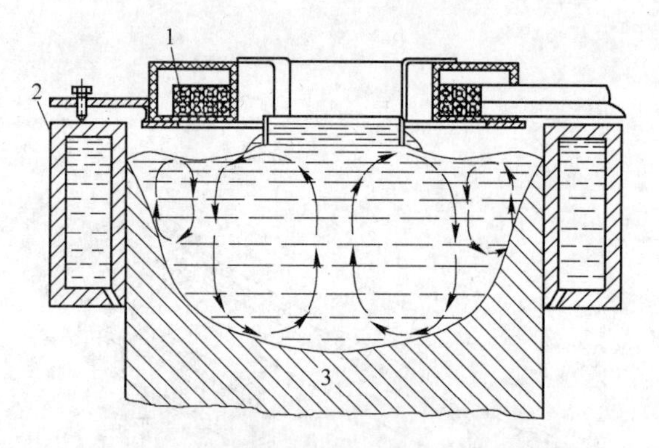

图9－15 感应器布置在结晶槽上方的形式
1—电磁感应器；2—结晶槽；3—铸锭

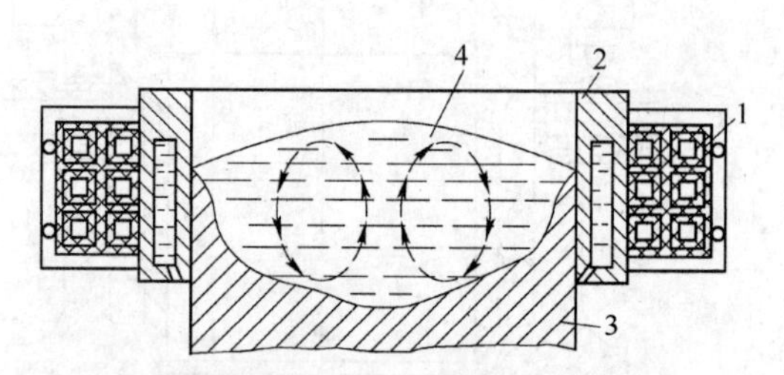

图9－16 感应器布置在结晶槽外围的形式
1—电磁感应器；2—结晶槽；3—铸锭；4—液穴形状

铸造MB1合金、MB8合金和MB3合金165mm×540mm扁锭时，感应器供给的功率为20～100kW，当功率不低于40kW，可发现液穴内熔体有明显运动。功率增大到100kW时，则引起熔体的激烈搅动，甚至使氧化膜破裂而污染金属。

（1）电磁搅动熔体时，首先使液穴内的温度降低和均匀。对于结晶温度范围不同的合金，其温度降低也不一样。对于纯镁和共晶成分的合金以及结晶温度范围小的工业合金MB8，其温度可均匀的降低到共晶温度或者低于其液相线2～3℃。而对结晶温度范围宽的合金如MB3，则发现其温度降低的更大，能低于其液相线10～20℃。图9－17所示为MB8合金有、无电磁搅动时的冷却曲线对比。

（2）当用电磁搅动液穴熔体时，将改变铸锭结晶面的形状，用低结晶槽时液穴底部扩大，用高结晶槽时，液穴底部加深。搅动越激烈，则液穴内降温部分越大。在激烈搅动时，被冷却的熔体将扩及整个熔体。形核数与熔体运动速度成正比。液穴内熔体搅拌强度对其晶粒尺寸的影响如图9－18所示。

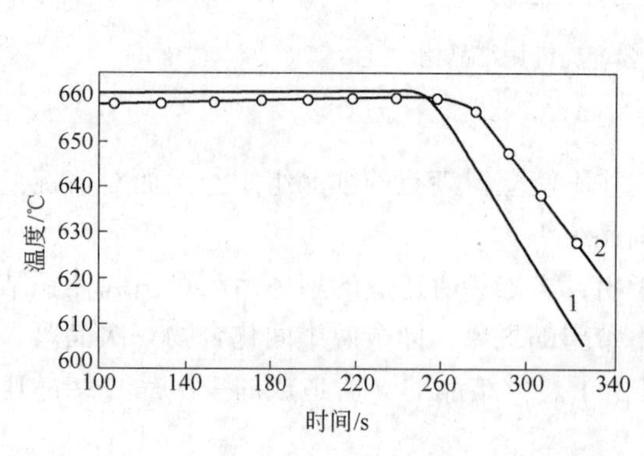

图9－17 铸造MB8合金时铸锭冷却曲线的比较
1—没有电磁搅动者；2—采用电磁搅动者

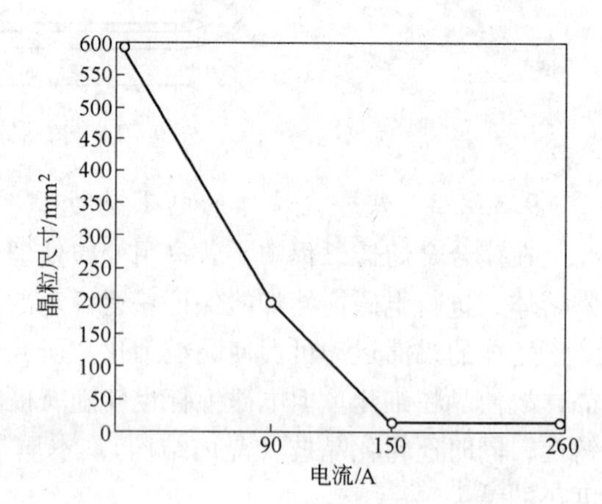

图9－18 熔体搅动强度对晶粒尺寸的影响

（3）电磁搅动将引起晶枝（晶内结构）明显粗化和金属中间化合物一次晶数量增加。

这可能是随着搅动强度的增加将使长大着的枝晶和一次晶在液穴内停留时间增长的缘故。

MB8 合金铸锭经电磁搅拌，其金属中间化合物增大、数量增多，而 MB3 合金铸锭的金属中间化合物尺寸减小，数量却大大增多。图 9－19 所示为 MB8 合金锭中金属间化合物的数量与电磁搅拌的关系。

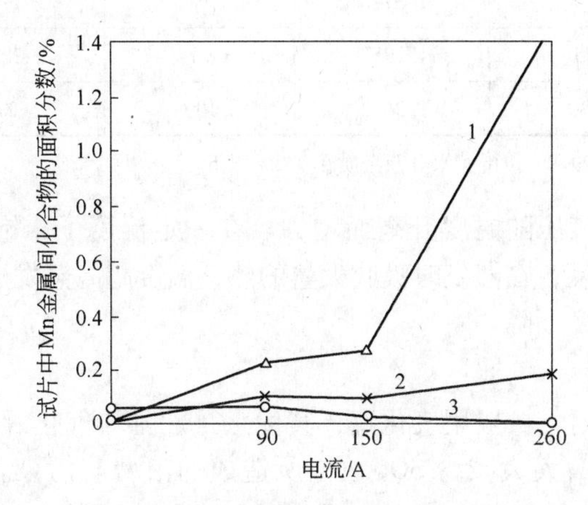

图 9－19 MB8 合金中金属间化合物数量与搅动强度的关系

1—含 1.8% Mn；2—含 1.55% Mn；3—含 1.3% Mn

实践表明，用功率为 60kV·A 的感应器铸造 MB1 和 MB8 合金锭时，可以完全消除柱状晶，而 MB3 合金只需 40kV·A。晶粒尺寸减小 100 倍以上，且晶粒均匀。

若将 MB8 合金中的锰含量控制在 0.3% ~0.55%，MB3 合金中的锰含量控制在 0.3% ~0.55% 范围内时，则在所有搅动强度的情况下，实际上铸锭中没有锰的一次晶化合物的聚集。

由于，电磁搅拌细化了晶粒、增大了结晶前沿的压力，因此，改善了固液区的裂纹医治条件，故有效地减少了热裂纹。

9.3.2.4 保护气体 SO_2

A SO_2 的一般性质

镁合金生产中使用的 SO_2 气体是由液态 SO_2 气化得到的。液体 SO_2 是由气体 SO_2 经过压缩冷冻而制成的一种无色、透明、有刺激酸臭味的液体。液体 SO_2 在普通情况下，于 －10.09℃时沸腾，冷却到 －72℃就冻结。其密度与温度、饱和气压的关系见表 9－30。

表 9－30 液态 SO_2 的饱和气压与温度的关系

温度/℃	饱和气压/atm	密度/g·cm^{-3}	温度/℃	饱和气压/atm	密度/g·cm^{-3}
－30	0.376	1.509	5	1.8621	1.4123
－25	0.490	1.4968	10	2.2560	1.4095
－20	0.629	1.4846	15	2.706	1.3960
－15	0.799	1.4724	20	3.228	1.3831
－10	1.001	1.4601	25	3.820	1.3695
－5	1.246	1.4477	30	4.498	1.3556
0	1.526	1.4350	35	5.260	1.3413

续表 9-30

温度/℃	饱和气压/atm	密度/g·cm^{-3}	温度/℃	饱和气压/atm	密度/g·cm^{-3}
40	6.125	1.3264	70	13.87	1.2293
45	7.090	1.3170	80	17.68	1.1920
50	8.175	1.2957	90	22.27	1.1528
60	10.730	1.2633	100	27.7	1.110

注：要求液态 SO_2 纯度在99.8%以上，水分及杂质在0.2%以下。

从表可以看出饱和气压随温度升高而增大。在一定温度下，饱和气压与气的体积无关，液体 SO_2 很容易蒸发，在蒸发时吸收大量的热，温度越高蒸发速度越快，因而使周围介质或液体 SO_2 本身温度下降。

B SO_2 使用方法

在生产镁合金铸锭时，一般用气化罐，其优点是贮罐与气化罐直接连通，便于使用，可减轻工人的劳动强度，大大减少 SO_2 放空所造成的浪费与污染。SO_2 气化罐装置示意图，如图9-20所示。

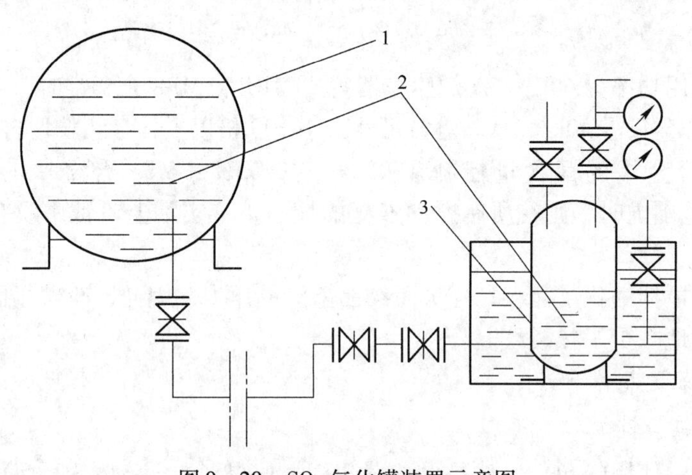

图9-20 SO_2 气化罐装置示意图

1—液体 SO_2 贮存罐；2—流体；3—液态 SO_2 气化罐

（1）低温气化法。将液态 SO_2 输入气化罐，其容积不超过罐的一半为宜，然后关闭进液阀门即可使用，用水加热，水温不能超过30℃。

（2）平衡法。先把进液阀打开，液体 SO_2 便自动流入气化罐，水温一定要保持在60℃以上，两罐压力自己平衡。气化罐中的 SO_2 液面一定要低于贮存罐中 SO_2 液面的高度，否则，水温低时有自动流过 SO_2 液体的危险。但温度下限要看季节具体条件而定。

使用平衡法，一般大罐要比气化罐的位置高1m以上为宜，当大罐气压较低时，可用压缩空气加压。使用低温气化法时，气化罐的壁厚的选择以低温气化法技术条件为依据。二氧化硫贮存罐和气瓶有关规定列于表9-31。气化罐、贮存罐使用注意事项：（1）搬运时必须轻搬轻放；（2）不要放在日光下曝晒；（3）储存罐温度不得超过35℃，超过时，则要采取降温措施。

表 9 – 31 对贮存罐和气化罐的有关规定

名 称	用 途	工作压力/kPa	罐制成后的试验压力/kPa	
			水压	气压
气化罐	充 SO_2 用	600	120	60
贮存罐	贮存液体 SO_2	600	120	60

9.3.3 变形镁合金的裂纹倾向性

镁合金和铝合金一样，经常出现的裂纹有两种类型，即热裂纹和冷裂纹。在镁合金中，热裂纹倾向性较大，而冷裂纹只在 MB5 和 MB7 合金铸锭中发生过，且亦少见。

9.3.3.1 冷裂纹

造成冷裂纹的基本因素是当铸锭冷却到低于不平衡固相线温度以下时，由于铸锭收缩困难而造成的，也就是取决于当时铸锭的内应力大小和塑性高低。铸造应力一般可分为热应力、相变应力和收缩阻力三类。

在连续铸造条件下，镁合金的相变应力很小，主要是热应力和收缩阻力两类。由于铸锭外形简单，结晶槽对铸锭收缩的阻力较小。只有在铸锭底部和底座接触的部位才有较大的收缩阻力。至于铸锭内部各层间的阻力，是由于收缩时间不同步和收缩系数大小不一致而造成的。收缩阻力虽是不可避免的，但它在一定范围内是可调整的。因此，冷裂纹取决于在固态时铸锭内部热应力的大小和塑性高低。铸锭的塑性一般用其伸长率 δ 来表示。

形成热应力的原因是由于铸锭内外各层间的收缩时间不同步，收缩系数不一样所致。例如 MB15 合金 ϕ530mm 的圆锭，各层的冷却曲线如图 9 – 21 所示。由图可知，当铸造速度为 33.6cm/min 时，在铸锭横截面上，各部分的冷却速度相差很大；在铸锭中心部分其平均冷却速度为 48℃/min，而外表层则为 58℃/min，这种冷却速度不同步必然导致收缩系数不一样，冷却速度越大，收缩系数也越大，另外各层收缩的时间也不同步，铸锭表皮先收缩，中心部分后收缩。这样先收缩的冷却速度又大，而后收缩的冷却速度又小，这就形成了铸锭内部的热应力。

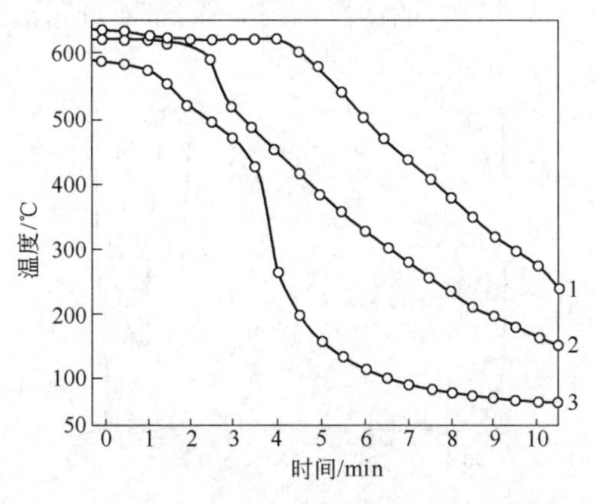

图 9 – 21 MB15 合金 ϕ530mm 铸锭的冷却曲线

1—中心部位；2—1/2 半径处；3—表皮部位

此外，如果外加的冷却不均和熔体的金属进入不均，这就更加剧了铸锭收缩的不均匀性，也将使热应力加大。

在铸态时，如果铸锭本身的塑性较低，则在较大热应力的作用下，将形成冷裂纹。

热应力的大小除与 α 及温差有关外，还与合金本身的弹性模量有关。由于，镁合金的弹性模量小（$E=45000\text{MPa}$），另外在镁合金铸造过程中所允许的结晶速度较低，所产生的热应力一般较小，故其冷裂纹出现的较少。

9.3.3.2 热裂纹

在结晶温度区间内收缩困难是造成热裂纹的首要因素。合金在给定条件下，一切能缩小脆性区温度范围、减小脆性温度区内收缩困难的因素，都有利于减小热裂纹倾向性（简称热脆性）。

估价一个合金的热裂纹倾向性大小可根据其脆性区内塑性 δ 和线收缩 ε 的大小来判断。即根据温度－塑性 δ 关系图，可以明确知道，其脆性区大小和该区内塑性 δ 的高低。

当脆性温区内的 δ 大于0.5%时，热裂纹倾向性很小，几乎不产生热裂纹。当脆性区内的 $\delta=0$ 时称之为绝对脆性区，这时裂纹是难以避免的。因此，合金固液区内塑性 δ 的大小是衡量一个合金的热脆性大小的重要指标。

合金脆性温区的上限等于或小于固液区的上限，其下限则和固液区的下限相重合，有时甚至低于其下限。

化学成分和许多的工艺因素对裂纹倾向性都有影响，简述如下。

A 化学成分（包括变质剂）对裂纹倾向性的影响

实验证明，一切能促使晶粒细化的因素，都会降低给定合金脆性区的上限，相对缩小了脆性区的温度范围。因为晶粒越细，越趋近等轴晶，则越有利于晶间形变，减少结晶时的收缩阻力。例如，在镁合金中（Mg＋4.5%Zn），加入0.8%Zr后，其固相线由344℃提高到550℃，脆性区减少了206℃。可见变质剂锆，它既细化了晶粒，同时又将脆性区缩小了25倍。如果在此合金中再加入1%La，其固液区的伸长率 δ 提高到0.7%。这样，合金根本不会产生热裂纹，Mg－Zn－Zr系合金的温度－塑性 δ 关系图示于图9－22。由图9－22可见，在Mg＋4.5%Zn合金中加入变质剂Zr后，不但减小了脆性区，同时降低了固液区内的线收缩和提高了固液区内的塑性 δ，这三者都有利于消除热裂纹。Mg－Zn系合金只有在加Zr后，才有了工业价值。

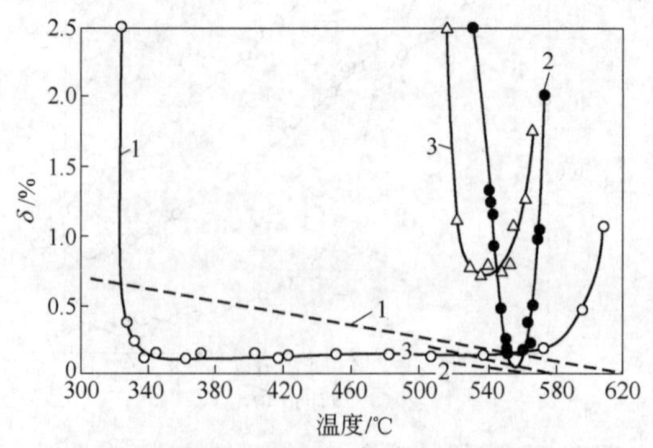

图9－22 Mg－Zn－Zr系合金结晶温区内温度与塑性的关系图（虚线为 ε/%）

1—Mg＋4.5%Zn；2—Mg＋4.5%Zn＋0.8%Zr；3—Mg＋4.5%Zn＋0.8%Zr＋1%La

另外，在 Mg+4.5Zn+0.8Zr 合金中，再加入 1% La，它使固液区内的 $\delta\%$，由原来的 0.2% 提高到 0.7%，使它变成了无脆性温区的合金。La 的作用就在于它急剧地增大了合金中的共晶量。凡是增大共晶量的组元，都会提高固液区内的塑性，因此影响合金的热脆性，尤其是加入少量的组元就可增加更多共晶量的，它将对合金热脆性有明显地减小作用。增大共晶量，它直接影响晶界液膜的厚度。晶界液膜越厚，越便于晶间形变而不受阻，也就是液膜越厚更适应晶间形变。另外，随共晶量的增大，将大大改善补缩条件和裂纹“医治”条件。

共晶量和裂纹倾向性，二者并不是简单的直线关系，当共晶量小于某一极限，裂纹倾向性小；当增加到某一范围时，裂纹倾向性极大；如再继续增加时，则裂纹倾向性又逐渐变小，一直到零。这显然，共晶量在数量上有一个区间，在此区间内裂纹倾向性最大，通常将这个区的共晶量称之为“临界共晶量”。避开临界共晶量，则可避开裂纹峰。有些人认为临界共晶量是在 3%～4%，而另一些人则认为是在 12%～15%，显然，这是计算基础问题，但都承认了这一区间的存在。图 9－23 示出了 Mg－Zn 系镁合金结晶温区内温度与塑性的关系图。

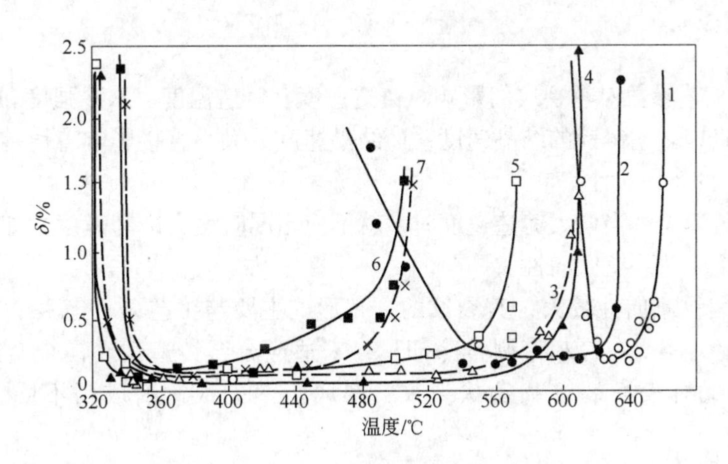

图 9－23　Mg－Zn 系合金结晶温区内温度与塑性的关系图

1—含 1% Zn；2—含 3.0% Zn；3—含 4.5% Zn；4—含 6% Zn；5—含 8% Zn；6—含 12% Zn；7—含 14% Zn

B　工艺因素对热裂纹的影响

（1）结晶速度的影响。不同冷却速度对镁合金脆性温区大小及在该区内 $\delta\%$ 的影响如图 9－24 所示。由图可见，铸锭结晶时，随冷却速度加大，减小了脆性温区的范围，且提高了固液区的塑性 $\delta\%$，有利于减少热裂纹。

（2）熔体过热和晶粒粗化对裂纹的影响。铸锭的晶粒粗细将影响脆性温区的大小，晶粒粗化者，其脆性温区范围也较大。当合金熔体过热时将使晶粒粗化，因此，也将使脆性温区加大。

另外，晶粒形状也对脆性温区和固液区内 $\delta\%$ 的大小有影响。柱状晶者不但脆性区较大，且其固液区内的塑性也较低。

熔体过热使晶粒粗化，在本质上是影响脆性区大小和固液区内的塑性 $\delta\%$。这点在铝合金固液区性质图中有充分的证明。

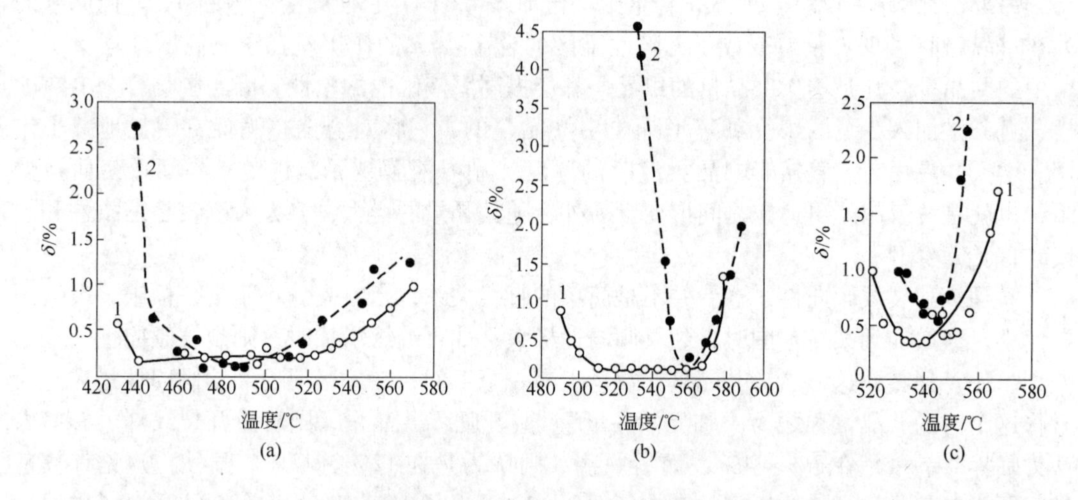

图9－24 冷却速度对镁合金结晶温区内温度与塑性的关系图

（a）Mg－8.0% Al－0.5% Zn－0.3% Mn；（b）Mg－4.5% Zn－0.8% Zr；（c）Mg－4.5% Zn－0.8% Zr－1% La

1—结晶时慢冷；2—结晶时快冷

（3）铸造工艺参数对热裂纹的影响。铸造速度、铸造温度、水冷强度和铸锭的形状及尺寸，它们都直接影响铸锭的结晶速度，而结晶速度的大小直接影响着铸锭的应力、脆性区间和固液区内$\delta\%$的大小。

在镁合金铸造时，当增大铸造速度时，就不应当同时增大冷却速度，如二者同时不适当的增大，将增大热裂纹倾向性。

镁合金热裂纹倾向性较大，其裂纹的分布形式主要与工艺条件有关。有些合金，如MB15合金扁锭，需要在冷却带调整冷却量，来适应合金铸造性。镁合金扁锭中，常见的几种裂纹形式有表面裂纹和发状裂纹，都属于热裂纹。因成因不同，解决方法也不同。

9.3.4 变形镁合金铸锭的偏析

镁合金铸锭中成分的偏析和铝合金相似，也可分为晶内偏析和区域偏析（或称带偏析）。

（1）晶内偏析。枝晶内的化学成分不均匀性称为晶内偏析。在镁合金中，如Mg－Zn－Zr系，其枝晶轴皆有更多的难熔组元锆。晶内偏析可通过组织均匀化来减少或消除，晶内偏析程度的大小，取决于结晶速度和成分均布系数。

（2）区域偏析。合金铸锭各部分化学成分不均匀性称为区域偏析。在镁合金中，区域偏析有两类：易熔组元逆偏析和形成金属中间化合物组元的正偏析。

含铝和锌的镁合金铸锭中，此二元素经常是呈逆偏析。其逆偏析值，一般不超过合金化组元平均含量的15%。

锰和锆形成一次晶，云集于液穴底部，这类组元呈正偏析。

当强制搅动液穴内熔体时，可以改变易熔组元的偏析特征，这时铝和锌则发生正偏析，而形成金属中间化合物的组元偏析特征不变。

稀土族元素：La、Nd 和 Ce，当其含量超过 1% 后，它们在铸锭中发生正偏析。偏析机理和铝合金相似。

9.3.5　变形镁合金铸锭的缺陷和废品

镁合金铸锭中，常见的缺陷和废品有裂纹、熔剂夹渣、氧化夹杂、金属中间化合物、气孔和冷隔（成层）等缺陷。此外，还有羽毛状晶（扇形晶）等缺陷，它可由宏观试片或打断口显示出来，在轧制和自由锻造时，它可能引起铸锭的断裂。在原则上，出现扇形晶不算废品。

（1）裂纹。铸锭中明显的裂纹作废品处理，超过铸锭表面铣削量的发状裂纹也应予以报废。

（2）冷隔。冷隔是由于铸造速度慢、铸造温度低，金属在结晶槽中液面控制不稳、铸造漏斗选择不当、结晶槽锥度不合理和结晶槽斜置等原因造成的。

其防止方法是采用液面自动控制，适当的加大铸造速度和提高铸造温度。如果由于增大铸造速度和提高铸造温度，而引起热裂纹时，则可适当的提高结晶槽高度，就可得到既无冷隔又无裂纹的铸锭。或者增大结晶槽锥度，以减少铸锭表皮导热来防止产生冷隔。

（3）带状气孔。此缺陷是由成片分散的微气孔所组成的。它经常出现在 MB3 合金扁锭的大面上，有时和冷隔伴生。此缺陷较难显现，铸锭铣面后，在有带状气孔的地方，以亮点形式出现，需要有一定的经验才能发现它。

有带状气孔的铸锭，轧制时在板材表面将出现成串的拉裂和孔洞。在这些地点，不易氧化上色，因此将不利于阳极氧化保护。

带状气孔是体积结晶发展的结果，搅动液穴中熔体，或个别地带金属补充不足时容易产生。带状气孔一般只在细晶铸锭上发生。在研究其显微组织时，发现带状气孔大量产生于晶粒边界。它降低铸锭力学性能，同时可能因此引起铸锭裂纹。

（4）熔剂夹渣。熔剂夹渣是镁合金中最危险的隐患，因为它可能成为制品断裂的根源。

熔剂夹渣是因熔炼、精炼工艺过程不合理，熔剂选择不当和熔体过热引起的。当工艺过程合理、精炼和覆盖剂选择得当时，熔剂夹渣废品一般不超过百分之几。这类缺陷在 MB8 合金中最多，MB15 合金次之，而在 MB3 合金中最少。熔剂夹渣与精炼熔剂的组成有密切的关系，采用五号熔剂时，几乎消除了 MB8 合金中的熔剂夹渣废品。

（5）氧化夹杂。这种缺陷实际上它是薄膜状 MgO，伴有 MgO · MgS 和部分金属中间化合物混成的，它在试片断口上呈球状物。此缺陷是由于工艺不完善或不正确引起的。当采用五号熔剂时，铸锭中的氧化夹杂可以大大减少。

（6）金属中间化合物。金属中间化合物的产生机理和铝合金相似。金属中间化合物的相组成，因合金不同而异。在 MB8 合金中主要是 β(Mn) 一次晶，其中可溶解总和为 2% 的铁和铝。MB8 合金中，在金属中间化合物聚集处，其锰含量比基体高 2.5 ~7 倍。

影响 MB8 中金属中间化合物一次晶的工艺因素有：铸造温度冷却条件、配料成分，以及锰含量等。其中以锰含量多少影响较大。锰含量的临界值是 1.55%，在配料成分上希望合金中的杂质铁和铝含量皆在0.2%以下。

在MB3合金中，金属中间化合物的相成分较复杂，其中有η(MnAl)相，亚稳定相MnAl(τ相)和β(Mn)相（其中溶有铝）。

必须指出，铁在MB3合金中基本的存在形式是进入含锰的金属中间化合物（呈固溶体）。只有当铁含量大于其临界值0.02%时，才出现个别的$FeAl_3$相。当合金中的铁含量小于0.005%时，从未发现形成含铁的金属中间化合物。

在金属中间化合物聚集的地方，妨碍阳极氧化，同时含氧化铁时有遭受腐蚀的危险。

在Mg－Zn－Zr系合金中，其化合物的主要成分为锆和锌。在化合物中，经确定含有0.01%～0.19%Zr。当锆含量在5%以上时，形成的化合物为ZnZr，它为四方形结构，当含锌量少时，则形成Zn_2Zr_3。实际上，在工业生产的铸锭中未发现过Zn、Zr化合物。

9.3.6 铸锭的机械加工

镁合金铸锭必须切除浇口和底部，并锯切成符合生产要求尺寸的坯料，并经车、铣把铸锭表面的缺陷清除，以便外观检查和压力加工。

镁合金具有良好的切削性能：在锯齿上的单位压力为250～400MPa；合金导热性能高(0.18～1.5J/(cm·s·℃))；硬度为HB=45～75。

允许高速切削，在切削加工时，不采用水或乳液冷却，通常用压缩空气冷却。

通常，镁合金铸锭的锯切采用高速钢做切削工具，车刀选用前角15°～30°、后角为10°左右、锐角60°～75°为宜。镁合金铸锭的锯切制度见表9－32，常用的高速圆锯主要技术性能列于表9－33。镁合金圆铸锭的车皮制度见表9－34。

表9－32 镁合金铸锭锯切制度

铸锭规格	锯盘转速/$r \cdot min^{-1}$	锯切速度/$m \cdot min^{-1}$	锯盘前进速度/$mm \cdot min^{-1}$
ϕ350mm	13.5	60.6	280
ϕ482mm	13.5	60.6	245
200mm×800mm、260mm×960mm	408	1700～1830	1370～1840

表9－33 常用的高速圆盘锯的主要技术性能

项　目	数　值	项　目	数　值
锯切铸锭的厚度/mm	170～260	主电机功率/kW	28
锯切铸锭的宽度/mm	600～1000	主电机转速/$r \cdot min^{-1}$	735
锯片最大直径/mm	ϕ1430	速比	1:8
锯片重磨后最小直径/mm	ϕ1330	最大工作行程/mm	1300
锯片厚度/mm	10.5	进给速度/$mm \cdot min^{-1}$	1370～1840
锯片转速/$r \cdot min^{-1}$	408	进给电机功率/kW	2.5/3/3.5
锯片圆周速度/$m \cdot min^{-1}$	1700～1830	进给电机转速/$r \cdot min^{-1}$	710/950/1420

表 9-34 镁合金圆铸锭车皮制度

铸锭直径/mm	350	405	482
车皮速度/$m \cdot min^{-1}$	688	830	916
每道次车削深度/mm	7.5	7.5	7.5

9.3.7 镁合金熔铸时的安全问题

变形镁合金安全生产是一个重要问题。这是由于镁极易氧化，当反应激烈时有燃烧和爆炸的危险。其生产中应注意的问题及防护措施见本手册第1章。

10 铸造镁合金材料的铸造成型技术

10.1 镁合金铸造材料及零件的制备方法

镁合金铸造材料及零件的制备方法大致可分为四类，如图10－1所示。其中铸造冶金法的发展历史最为悠久，工艺及其设备也最为成熟。在众多工艺中，压铸工艺最为常用，可以直接制备出镁及镁合金零件，现在90%左右的镁合金零部件是压铸件。随着列车、汽车、宇航、电子、电器等高技术的不断发展，对高性能镁合金材料的需求量越来越大，传统的材料制备方法已难以满足这种日益提高的需求，于是开发了一些新型的镁合金制备技术，如半固态成型、快速凝固和喷射沉积等。

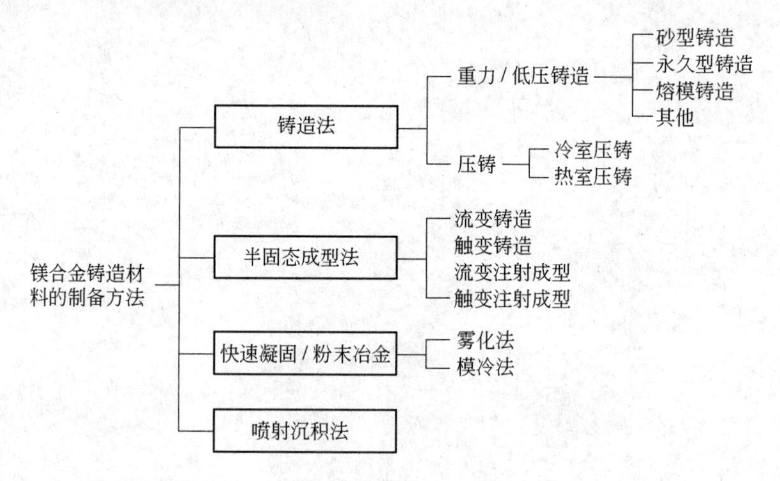

图10－1 镁合金材料及零件的制备方法分类

10.2 镁合金的熔炼与浇注技术

在镁合金铸造材料及部件的制备工艺中，合金的熔炼是重要的环节。它影响到合金熔体的质量，进而影响产品的最终性能。影响镁合金熔体质量的因素很多，主要有原材料的品质、所使用的熔剂、熔炼方法和装置等。同时，与其他金属相比，镁的化学性质比较活泼，在液态下极易与氧、氮、水等发生化学反应，氧化及烧损严重，镁及镁合金的耐蚀性能对杂质元素如Fe、Ni、Cu等非常敏感，从而镁合金的熔炼工艺又有许多自身的特点。因此，必须重视镁合金的熔炼工艺，否则不仅会降低熔体质量（包括合金纯净度、成分均匀性和准确性），甚至还会产生危险。

10.2.1 原材料、回炉料及工艺材料

用于配制镁合金用的金属原材料应符合表10－1列出的各种技术标准所规定的要求。

各种不同牌号镁合金的回炉料都可以作为本身合金炉料的组成部分，回炉料的分级、用量和用法见表 10－2。预备入炉的炉料必须是洁净干燥的，没有油、氧化物、沙土和锈蚀的污染，并且不能混有异种金属。如果炉料中含有尘土或氧化物，则应该单独提炼并铸锭，以便回收使用。生产多种牌号的镁合金铸件时，各种不同的合金，特别是含锆镁合金与含铝镁合金的回炉料不能混淆。一旦发生混料现象，建议采用表 10－3 所述方法进行鉴别。

表 10－1 金属原材料及其要求

名 称	技术标准	技 术 要 求	用 途
镁锭	GB 3499	w(Mg)≥99.90%（二级）	配制合金
铝锭	GB 1196	w(Al)≥99.50%（一级）	配制合金
锌锭	GB 470	w(Zn)≥99.90%	配制合金
铝锰中间合金	HB 5371—87	AlMn10(Mn 9%～11%)	配制合金
铍氟酸钠			防止熔体氧化
镁锆中间合金	Q/6593—80	w(Zr)≥25%	变质剂
混合稀土金属	GB 4153	RE（其中 Ce 45% 以上）	配制 ZM4 合金
镁钕中间合金	HUAC，H－37—90（厂标）	MgNd－35RE(30%～40%)Nd/RE≥85% MgNd－25RE(20%～30%)Nd/RE≥85%	配制 ZM6 合金
铝铍中间合金	HB 5371—87	Al－Be 合金（其中 Be 2%～4%）	防止熔体氧化
铝镁铍中间合金		Be(2%～4%)、Al(62%～65%)	防止熔体氧化
铝镁锰中间合金		Mn(9%～11%)、Al(60%～70%)	配制合金

表 10－2 镁合金回炉料的分级和应用方法

级别	组 成	应 用 方 法
一级	废铸件、干净的冒口和剩余合金液的浇注锭	不需要重熔，清理、吹砂后可直接用于配制合金，用量为炉料总量的 20%～80%
二级	锈蚀铸件、小冒口、过滤网后的浇道	经吹砂或重熔成铸锭，并经化学分析后可用于配制合金，但用量不超过炉料总量的 40%
三级	经重熔的浇口杯料、坩埚底料、过滤网前浇道以及溅出屑、镁屑重熔锭等	重熔成铸锭并经化学分析后可用于配制合金，但用量不得超过炉料总量的 10%

注：同时使用一级和二级回炉料时，用量总和不超过炉料总质量的 80%；同时使用二级和三级回炉料时，用量总和不超过炉料总质量的 40%。

表 10－3 含锆和含铝镁合金的鉴别方法

合金类别	颜 色	处 理 方 法
含锆镁合金	黑 色	打磨回炉料的表面，显露出光亮的金属表面，然后滴上稀盐酸
含铝镁合金	白 色	
稀土镁合金	黄色泡沫	打磨回炉料的表面，显露出光亮的金属表面，先滴上一滴稀盐
含铝镁合金	灰黑色沉淀	先滴酸，然后滴两滴浓度为 3% 的双氧水

铸造镁合金用的工艺材料与变形镁合金的基本相同，见表 9－4。

10.2.2 熔剂

为防止镁及镁合金熔体氧化、燃烧，生产中一般采用在熔剂层保护下进行熔炼。熔剂在镁合金熔炼过程中起着极其重要的作用，主要有以下两个方面：

（1）覆盖作用。熔融的熔剂借助表面张力作用，在镁熔体表面形成一层连续、完整的覆盖层，隔绝空气和水汽，防止镁的氧化，或抑制镁的燃烧。

（2）精炼作用。熔融的熔剂对夹杂物具有良好的润湿、吸附能力，并利用熔剂与金属熔体的密度差，把金属夹杂物随同熔剂自熔体中排除。因此，熔剂通常分为覆盖剂和精炼剂两大类。熔剂质量也直接影响镁合金的质量。

根据上述作用，熔剂应当具有如下性质：熔点低于纯镁和镁合金；有足够高的液体流动性和表面张力；具有一定的黏滞性；与坩埚壁和炉体润湿；有精炼能力；在700～800℃时熔剂密度比镁合金的高；与镁合金和炉壁不会发生化学反应。

同时，熔剂材料必须满足以下几点要求：

（1）能够减少或防止熔体表面的氧化或燃烧。

（2）熔剂与熔体容易分离，能够有效去除熔体中的夹杂物如氧化物、氮化物等，有可靠的净化能力。

（3）不含对熔体有害的夹杂物和夹杂元素。

（4）对环境无污染，原材料损耗低。

（5）原料来源广，价格低廉，不会明显增加合金材料的生产成本。

目前，广泛采用的熔剂基本上是碱土金属氯化物和氟化物的混合盐类。常用熔剂的化学成分和应用见表10－4，熔剂的配料成分见表10－5，配制工艺见表10－6。

表10－4 常用熔剂的化学成分和应用（HB/Z5123—79）

<table>
<tr><th rowspan="2">牌号</th><th colspan="6">主要成分（质量分数）/%</th><th colspan="4">杂质（质量分数）/%</th><th rowspan="2">应 用</th></tr>
<tr><th>$MgCl_2$</th><th>KCl</th><th>$BaCl_2$</th><th>CaF_2</th><th>MgO</th><th>$CaCl_2$</th><th>NaCl + $CaCl_2$</th><th>不溶物</th><th>MgO</th><th>H_2O</th></tr>
<tr><td>光卤石</td><td>44～52</td><td>36～46</td><td>—</td><td>—</td><td>—</td><td>—</td><td>7</td><td>1.5</td><td>2</td><td>2</td><td rowspan="7">洗涤熔炼及浇注工具，配制其他熔剂；
洗涤熔炼及浇注工具，配制其他熔剂，镁屑重熔用熔剂；
熔炼ZM5、ZM10合金时用作覆盖剂和精炼剂；
有挡板坩埚熔炼ZM5、ZM10合金时用作覆盖剂；
ZM1、ZM2、ZM3、ZM4和ZM6合金覆盖和精炼剂；
ZM3、ZM4和ZM6合金精炼剂</td></tr>
<tr><td>RJ－1</td><td>40～46</td><td>34～40</td><td>5.5～8.5</td><td>—</td><td>—</td><td>—</td><td>8</td><td>1.5</td><td>1.5</td><td>2</td></tr>
<tr><td>RJ－2</td><td>38～46</td><td>32～40</td><td>5～8</td><td>3～5</td><td>—</td><td>—</td><td>8</td><td>1.5</td><td>1.5</td><td>3</td></tr>
<tr><td>RJ－3</td><td>34～40</td><td>25～36</td><td>—</td><td>15～20</td><td>7～10</td><td>—</td><td>8</td><td>1.5</td><td>—</td><td>3</td></tr>
<tr><td>RJ－4</td><td>32～38</td><td>32～36</td><td>12～16</td><td>8～10</td><td>—</td><td>—</td><td>8</td><td>1.5</td><td>1.5</td><td>3</td></tr>
<tr><td>RJ－5</td><td>24～30</td><td>20～26</td><td>28～31</td><td>13～15</td><td>—</td><td>—</td><td>8</td><td>1.5</td><td>1.5</td><td>2</td></tr>
<tr><td>RJ－6</td><td>—</td><td>54～56</td><td>14～16</td><td>1.5～2.5</td><td>—</td><td>27～29</td><td>8</td><td>1.5</td><td>1.5</td><td>2</td></tr>
</table>

表10－5 熔剂的配料成分

牌 号	配料成分（质量分数）/%						
	光卤石	RJ－1	$BaCl_2$	KCl	CaF_2	$CaCl_2$	MgO
RJ－1	93	—	7	—	—	—	—

续表 10－5

牌号	配料成分（质量分数）/%						
	光卤石	RJ－1	$BaCl_2$	KCl	CaF_2	$CaCl_2$	MgO
RJ－2	88	—	7	—	5	—	—
	—	95	—	—	5	—	—
RJ－3	75	—	—	—	17.5	—	7.5
RJ－4	76	—	15	—	9	—	—
	—	82	9	—	9	—	—
RJ－5	56	—	30	—	14	—	—
	—	60	26	—	14	—	—
RJ－6	—	—	15	55	2	28	—

注：1. 配料成分分上下两格时，上格表示使用光卤石的配比，下格表示使用 RJ－1 熔剂的配比。

2. $BaCl_2$、$CaCl_2$ 的水分超过5%时，应在120～150℃下烘干；光卤石和 RJ－1 熔剂的水分超过3%时，在磨碎前必须重熔。

表 10－6 熔剂的配制工艺

牌号	配制方法	备注
光卤石	将光卤石装入坩埚，升温至752～800℃，备用	定时清理坩埚底部熔渣并补充新料
RJ－1	按表 10－5 配料，装入坩埚，升温至 750～800℃，保持至沸腾时停止，搅拌均匀，浇注成块	冷却后装入密闭容器中备用，RJ－1 通常由熔剂厂供应
RJ－2	将 RJ－1 熔剂和 CaF_2 装入球磨机中混磨成粉状，用20～40号筛过筛	RJ－1 熔剂的水分超过 3% 时，必须经 650～700℃重熔至沸腾为止，浇注成块后再次球磨成粉
RJ－3	按表 10－5 配料，装入球磨机混磨成粉状，用20～40号筛过筛	配好的熔剂应装入密闭容器中备用
RJ－4 RJ－5 RJ－6	按表 10－5 配料，除 CaF_2 外，均装入坩埚，升温至750～800℃，保持至沸腾停止，搅拌均匀，浇注成块，破碎后与 CaF_2 一起装入球磨机混磨成粉状，用20～40号筛过筛	配好的熔剂应装入密闭容器中备用

注：CaF_2 可采用 CaF_2 质量分数不低于92%的粉状氟石（精选矿）代替。

从表 10－5 可以看出，镁合金熔剂主要由 $MgCl_2$、KCl、CaF_2、$BaCl_2$ 等氯盐及氟盐的混合物组成，它们按一定比例混合，使熔剂的熔点、密度、黏度及表面性能均较好地满足使用要求。其中 $MgCl_2$ 是起主要作用的成分，对镁熔体具有良好的覆盖作用及一定的精炼能力。往 $MgCl_2$ 中加入 KCl 能够显著降低熔剂的熔点、表面张力和黏度，提高熔剂的稳定性，并能在很大程度上抑制 $MgCl_2$ 加热脱水的水解过程。添加 $BaCl_2$ 能提高熔剂的黏度；同时，$BaCl_2$ 的密度较大，可作为熔剂的加重剂，使熔剂与镁熔体更易于分离。CaF_2 既可作稠化剂使用，也可提高熔剂的稳定性和精炼能力，一般熔剂中均加入 CaF_2。

一般来说，以 $MgCl_2$ 为主要成分的熔剂适用于 Mg－Al－Zn、Mg－Mn 和 Mg－Zn－Zr 系合金的熔炼。对于含有 Ca、La、Ce、Nd、Th 等元素的合金，应采用不含 $MgCl_2$ 的专用熔剂，见表 10－5 中的 RJ－6 号熔剂。这是因为 $MgCl_2$ 与这些元素很容易发生化学反应，生成 $CaCl_2$、$LaCl_2$、VCl_3 和 $CeCl_3$ 等化合物，影响合金熔体的成分。

在镁合金熔炼过程中，还使用硫磺、硼酸（HBO_3）、氟附加物（NH_4BF_4、NH_4HF 和

NH_4F）和烷基磺酸钠（RSONa）等，以防止镁液在浇铸及充型过程中的氧化和燃烧。硫与镁液接触时形成 SO_2 保护气体（沸点为444.6℃），另一方面镁与硫反应生成MgS膜，减缓了镁液氧化。硼酸受热脱水生成 B_2O_3，与Mg反应生成致密的 Mg_3B_2 保护膜。氟附加物与Mg接触后代替氟附加物，磺酸钠与镁反应后生成 SO_2 和 CO_2，并能与镁液形成MgS等致密膜。

10.2.3 熔炼镁合金前的准备工作

10.2.3.1 配料

各种铸造镁合金的主要成分见表10-7，配料成分见表10-8。长期以来，利用熔剂或保护性气体来避免镁合金熔体的氧化与燃烧，这将增加成本并导致温室效应。现在，开始考虑采用合金化手段，在熔体表面形成致密的氧化层来防止熔体氧化与燃烧。Ca和Be是抑制镁合金氧化和燃烧最为有效的元素，合金中添加少量的Be就能达到抗氧化的效果。对AZ91合金高温氧化特性影响的研究表明，Ca和Be通过形成致密的氧化层来提高抗氧化性，其中含Ca的AZ91合金表面氧化层结构复杂，最外层为CaO，中间层为CaO和MgO的混合物，最内层主要是 Al_2O_3。Al和Y对Mg-Ca系合金氧化特性影响的研究表明，三元合金熔体表面的氧化层保护性更强，从而抗氧化性高于二元合金。因此，为了减少镁合金的氧化燃烧，配料中允许加入质量分数小于0.002%的Be。

表10-7 各种铸造镁合金的主要成分（质量分数） （%）

合金牌号	Al	Zn	Mn	RE	Nd	溶解锆	总锆量	Mg
ZM1	—	3.5~5.5	—	—	—	≥0.5	0.5~1.0	余量
ZM2	—	3.5~5.0	—	0.75~1.75	—	≥0.5	0.5~1.0	余量
ZM3	—	0.2~0.7	—	2.5~4.0	—	≥0.4	0.4~1.0	余量
ZM4	—	2.0~3.0	—	2.5~4.0	—	≥0.5	0.5~1.0	余量
ZM5	7.5~9.0	0.2~0.8	0.15~0.5	—	—	—	—	余量
ZM6	—	0.2~0.7	—	—	2.0~2.8	≥0.4	0.4~1.0	余量
ZM10	9.0~10.2	0.6~1.2	0.1~0.5	—	—	—	—	余量

表10-8 各种铸造镁合金的配料成分（质量分数） （%）

合金牌号	Al	Zn	Mn	铈混合稀土	Nd	Mg-Zr中间合金	Mg
ZM1	—	4.5	—	—	—	3.5~10	余量
ZM2	—	4.5	—	1.2	—	3.5~10	余量
ZM3	—	0.4	—	3.2	—	3.5~10	余量
ZM4	—	2.5	—	3.2	—	3.5~10	余量
ZM5	8~8.5	0.5	0.3	—	—	—	余量
ZM6	—	0.4~0.5	—	—	2.6	3.5~10	余量
ZM10	9.5	0.9	0.3	—	—	—	余量

Zr对Mg-Zn系、Mg-RE系、Mg-Th系和Mg-Ca系等合金具有显著的晶粒细化效应，是这些镁合金最常用的晶粒细化剂。Zr在配料中以Mg-Zr中间合金的形式加入，加入量根据生产经验来确定。一般而言，新料按7%~10%（质量分数）添加，回炉料按

3.5% ~5%(质量分数）添加。配制 ZM6 合金时，Nd 以 Mg - Nd 中间合金的形式加入，Nd 含量为 25% ~40%（质量分数)。Nd 是指 Nd 含量不小于 85%(质量分数）的混合稀土，其中 Nd 和 Pr 含量不小于 95%(质量分数)。对于 ZM5 合金，Al 的配料成分分两种情况：大型厚壁铸件应取下限值，薄壁件应取上限值。

10.2.3.2 炉料及熔炼用辅助材料

配料用合金炉料应清洁无霉斑、锈蚀、油污，若有上述情况应通过吹砂或用钢丝刷清理干净。油封镁锭除油后，应做喷砂处理并预热至 150℃以上。回炉经喷砂处理后仍可能含有熔剂夹杂，其燃烧残留物应重熔处理后再预热到 150℃。

使用前各种覆盖熔剂和精炼熔剂都应在 120 ~150℃下烘烤 1 ~2h。洗涤熔剂（光卤石或 RJ-1 熔剂）放置在坩埚内并升温至 750 ~800℃。熔剂量不得少于坩埚容量的 80%，在使用过程中需要经常打捞熔渣。熔渣太多洗不净工具时，应重熔洗涤液。洗涤熔剂在连续 20 炉后应全部更新。允许采用 43% NaCl 和 57% $MgCl_2$ 组成的混合熔剂洗涤液。

变质剂通过将片状结晶的天然菱镁矿破碎成 10mm 的小块，在 100 ~150℃下预热 2h 来配制，其中菱镁矿也可以用轻质碳酸钙代替。使用六氯乙烷时，需压实为圆柱体，压实后密度为 1.8g/cm^3 左右。

配制防护剂时，首先将硫磺粉与硼酸按 1∶1 的比例混合均匀，碾碎过 70 目筛，再结块，配制好后放置在干燥的有盖容器内。

10.2.3.3 熔炼炉和辅助浇注设备的准备

熔炼炉和辅助浇注设备表面的水汽、熔渣和氧化物等会严重影响镁合金熔体的质量，特别是水汽、氧化物与镁合金熔体之间还存在化学反应。因此，熔炼镁合金前必须用钢丝刷等清理工具去除表面的熔渣、氧化物，将浇包、搅拌杆和钟形罩等工具在熔剂中洗涤干净，并预热至亮红色。

10.2.3.4 型模及涂料

铸造镁合金的流动性比铸造铝合金的差，并且密度较小，因此铸造镁合金薄壁件尤为困难。如果采取提高浇注温度的方法来提高合金流动性，势必会增加合金的吸气及氧化程度，还会增大铸件的收缩量，这将会导致铸件疏松、夹渣和裂纹。因此应通过改善铸型表面状况来提高合金的流动性。铸型表面喷涂一层乙炔烟后，即使浇注温度下降至 750℃时，合金流动性也较好。因为在喷涂过程中，将微小炭料涂覆在铸型表面，改变了金属液与铸型之间的热交换条件，大大降低了铸型的导热能力，使金属液温度下降速度减缓，从而大大提高合金的流动性。

采用镁合金铸型专用涂料，对增加合金熔液在型腔内的流动性、防止镁合金氧化和提高铸件表面质量具有明显效果。镁合金型模专用涂料的配料成分见表 10-9，涂料的配制工艺见表 10-10。

表 10-9 涂料的配料成分 (g)

涂料牌号	碳酸钙粉	石墨粉	硼酸	水玻璃	水
TL-4	33	11	11	—	100
TL-8	12	—	1.5	2	100

表10－10　涂料的配制工艺

牌号	配制方法	备注
TL－4	1. 称料后，先将硼酸倒入热水（60℃）槽内，搅拌至全部溶解； 2. 将碳酸钙粉和石墨粉混合均匀； 3. 将上述混合料加入硼酸水溶液中，搅拌均匀； 4. 配制好的涂料应置于有盖容器中备用	1. 涂料的存放期一般不超过24h； 2. 使用前搅拌均匀； 3. 如有结块或沉淀，需过滤
TL－8	1. 称料后，先将水玻璃和硼酸倒入热水（60℃）槽内，搅拌至全部溶解； 2. 将碳酸钙粉加入水玻璃再加到硼酸溶液中，搅拌均匀； 3. 配制好的涂料应置于有盖容器中备用	

10.2.3.5　熔炼炉

通常采用间接加热式坩埚来熔炼铸造镁合金，其结构与熔炼铝合金的类似。因镁合金的理化性质不同于铝合金，因而坩埚材料和炉衬耐火材料不同，炉子结构也应适当修改。

镁合金的化学性质比铝合金活泼，熔融的镁合金极易和水发生剧烈反应生成氢气，并有可能导致爆炸。因此对镁合金熔体采用熔剂或保护气氛隔绝氧气或水汽是十分必要的。

镁熔体不会像铝熔体一样与铁发生反应，可以用铁坩埚熔化镁合金，并盛装熔体。通常采用低碳钢坩埚来熔炼镁合金和浇注铸件，特别是在制备大型镁合金铸件时，更是如此。

图10－2所示为典型的戽出型燃料加热静态坩埚炉（镁合金熔炼用）的横截面，采用铸勺从坩埚内舀取金属液，并手工浇注制备小型铸件。这种坩埚通过凸缘从顶部支起坩埚使坩埚底部留出空隙。这不仅有利于坩埚传热，而且为清理熔炼过程中坩埚外表面形成的氧化皮提供了足够的空间。此外，炉腔底部朝出渣门倾斜。由于火苗的冲击，燃料炉坩埚壁局部会出现逐渐减薄现象，因而需要定期检查坩埚壁厚，否则可能发生熔体渗漏事故。

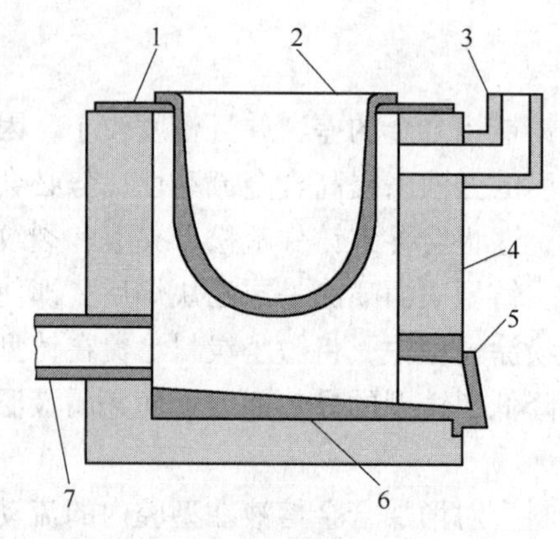

图10－2　戽出型燃料加热静态坩埚炉（镁合金熔炼用）的横截面

1—铸铁支撑环；2—低碳钢坩埚；3—排气管；4—黏土耐火砖；5—出渣门；6—浇铸的耐火材料；7—燃烧通道

一旦钢坩埚表面形成了氧化皮，氧化铁与镁熔体之间可能发生镁热反应，放出大量热量，产生3000℃以上的高温，有可能发生爆炸。因此必须保证炉底没有氧化皮碎屑，并且在坩埚底部放置一个能盛装熔体的漏箱盘以防坩埚渗漏。特别是在某些难以确定是否形成了氧化皮的部位，可以在钢坩埚加热面上包覆一层 Ni－Cr 合金来减少氧化皮的形成，这样做并不会降低炉子的热效率。此外，镁合金熔体也易与一些耐火材料发生剧烈的反应，因此有必要合理选择燃烧炉炉衬用耐火材料。生产实践表明，高铝耐火材料和高密度“超高温”铝硅耐火砖（57% Si，43% Al）的使用效果很好。

设计燃料炉时，出渣门要便于开启。电阻加热型坩埚炉通常采用低熔点材料，如锌薄板将出渣门封住。发生熔体渗漏时，锌虽然不能阻止镁合金熔体渗漏，但是可以抑制“烟囱”效应。“烟囱”效应往往会加速坩埚氧化。接近或高于熔点时，熔体会发生燃烧，在熔体表面撒熔剂或使用1% SF_6 混合气体下的无熔剂工艺，可以抑制燃烧。当前，对铸造行业的环境控制日益严格，淘汰老式 SO_2 顶岸出型燃料加热炉已成为发展趋势。

熔炼炉的种类和规格很大程度上取决于铸造生产的规模。小型铸造车间分批生产多种不同合金，通常采用升出式坩埚炉。大规模生产镁合金，特别是有严格限制的铸造合金时，可以采用大型熔化装置，合金熔体添加到一系列坩埚炉中，在坩埚炉内进行熔体处理，包括合金熔炼、稳定化和存储。通常熔体通过倾倒从一个坩埚转移到另一个坩埚，然后从最后的坩埚中直接浇注或手工浇注到铸型中。在熔体转移过程中，必须尽可能地避免熔体湍流，以防止氧化，否则会增加最终铸件中的氧化皮和夹杂物。直接燃烧型反射焰炉，由于存在过度氧化问题，已经被淘汰了；间接加热型坩埚熔炼方法热效率较低，很少采用；与燃料炉相比，无芯感应电炉初始成本比较高，但运行成本较低，占用空间小。

10.2.3.6　坩埚

用于熔炼镁的坩埚容量一般在 35 ~ 350kg 范围内。小型坩埚常常采用含碳量低于 0.12%（质量分数）的低碳钢焊接件制作。镍和铜严重影响镁合金的抗蚀性，因此钢坩埚中这两种元素的含量应分别控制在 0.10%（质量分数）以下。熔炼镁合金之前，按表 10 - 11 所示要求准备坩埚，旧坩埚可继续使用的最小壁厚要求见表 10 - 12，熔炼镁合金用带挡板和不带挡板的焊接钢坩埚如图 10 - 3 所示，其主要尺寸见表 10 - 13。

在镁合金的熔炼过程中，通常会在坩埚底部形成热导率较低的残渣。如果不定期清除，会导致坩埚局部过热，并且坩埚表面会生成过量的氧化皮。坩埚壁上沉积过量的氧化物也会导致坩埚局部过热。因此，记录每个坩埚熔化炉料的次数应当作为一项日常安全措施。坩埚必须定期用水浸泡，去除所有的结垢，通常无熔剂熔炼方法的结垢比较少。

表 10 - 11　坩埚的准备

工序名称	工 作 内 容
新坩埚的准备	1. 坩埚焊缝须经射线探伤检验，观察其是否有裂缝、未焊透等缺陷； 2. 坩埚内盛煤油进行渗透测验，检查是否渗漏； 3. 用熔剂洗涤，清理后使用
旧坩埚的准备	1. 认真清理检查，如坩埚体严重变形，法兰边翘起应报废； 2. 检查焊缝，如有渗漏现象应报废； 3. 用专门检查厚度的量具测量坩埚体壁厚，可用的局部最小壁厚见表 10 - 12

表 10 - 12　旧坩埚可继续使用的最小壁厚要求　（mm）

坩埚容量/kg	150	200	250	300	350
使用温度低于 800℃	5	5	6	6	7
使用温度高于 800℃	6	6	7	7	8

表10-13 钢坩埚的主要尺寸 (mm)

容量/kg	D	D_1	D_2	H	C	M	h
35	292	255	420	450	150	40	70
50	325	268	450	550	215	45	70
75	380	331	510	600	225	50	70
100	425	353	550	650	240	55	70
150	475	413	660	700	250	70	100
200	520	438	700	760	270	80	100
250	550	467	730	840	285	85	100
300	590	494	740	870	300	90	100

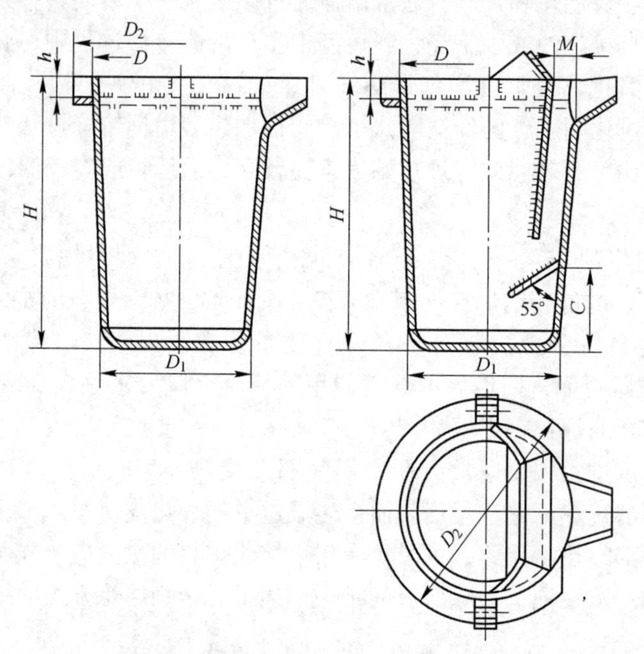

图10-3 熔炼镁合金用带挡板和不带挡板的焊接钢坩埚示意图

10.2.3.7 常用的熔炼浇注工具

小型铸件采用手工浇注比较方便，也就是直接用浇注勺从戽出型炉子中舀出熔体并浇注到模具中。大批量生产铸件时，采用戽斗型浇注勺；小批量生产铸件时，采用半球形浇注勺。二者都采用低碳低镍钢制造，厚度为2~3mm。

图10-4所示为浇注镁合金钢用戽斗型浇注勺的典型结构，它由防溢挡板和底部浇注出口两部分组成，以避免浇注过程中发生熔剂污染。

浇注镁合金用浇包如图10-5所示，其主要尺寸见表10-14。此外还有去渣勺、残渣盘、搅拌器、搅炼工具和精炼勺。所有这些部件都由与坩埚化学成分相同的钢材制成。精炼勺如图10-6所示，其主要尺寸见表10-15。变质处理用钟形罩的形状如图10-7所示。熔剂铲形状如图10-8所示，其尺寸见表10-16。

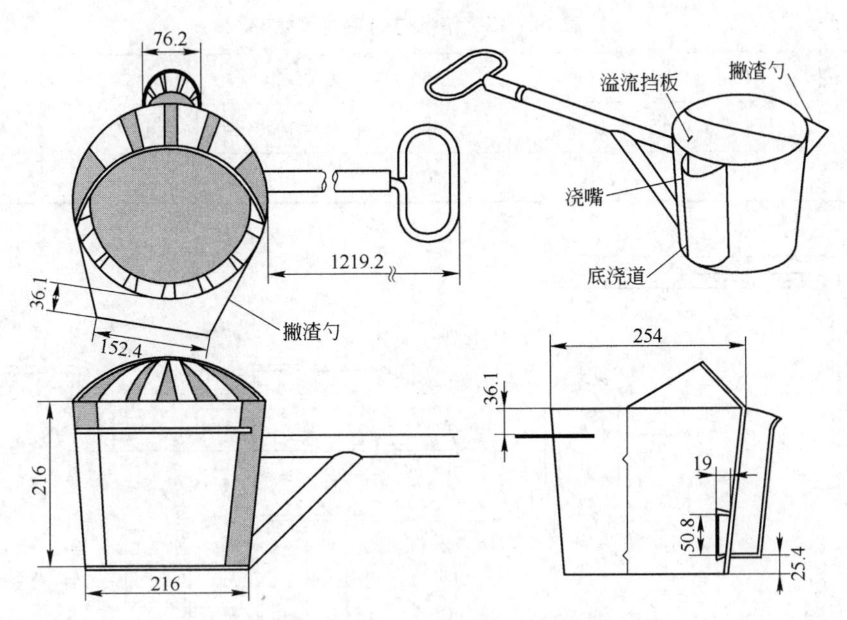

图 10－4　浇注镁合金用浇注勺的典型结构

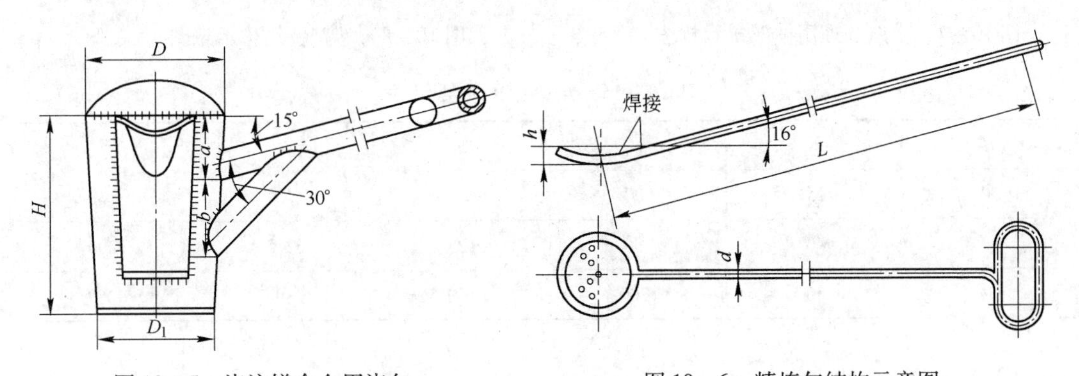

图 10－5　浇注镁合金用浇包

图 10－6　精炼勺结构示意图

表 10－14　浇包的主要尺寸　（mm）

容量/kg	D	D_1	H	a	b
2	100	80	180	45	55
4	130	120	190	45	55
6	160	130	210	45	60
8	185	145	215	45	60
10	200	160	235	50	70
12	210	170	240	50	70
16	225	195	265	60	75
18	240	200	275	65	75
20	245	205	290	70	80

表10-15 精炼勺的主要尺寸 (mm)

h	15	15	15	20	20	20
L	500	1000	1500	1000	1500	2000
d	10	10	10	14	14	14

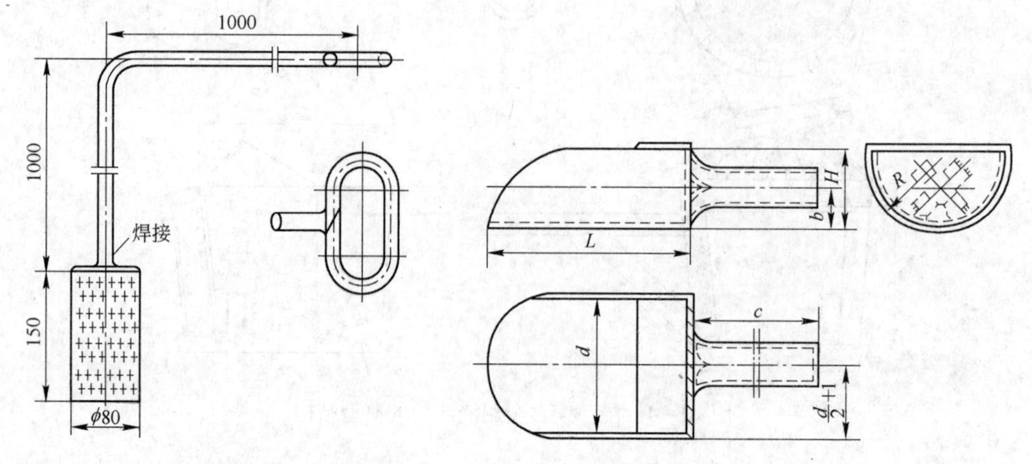

图10-7 变质处理用钟形罩示意图

图10-8 熔剂铲结构示意图

表10-16 熔剂铲的主要尺寸 (mm)

H	b	c	d	R	l
50	25	500	90	45	130
80	40	700	125	62.5	200
110	55	1200	160	80	260

10.2.3.8 热电偶

温度控制是镁合金熔炼过程中的重要环节。为了精确控制熔炼温度，建议安装铁-康铜或镍铬-镍铝型热电偶，以便在熔炼和熔体处理工艺中进行温度实时监测。通常采用低碳钢或无镍不锈钢制成保护管来保护热电偶。

10.2.4 铸造镁合金的熔炼

试验表明，镁与1g氧气化合时释放598J的热量，而铝氧化则放出531J的热。可见，镁与氧的亲和力比铝与氧的亲和力大，更易氧化或燃烧。

在熔炼镁合金过程中，必须有效地防止金属的氧化或燃烧，可以通过在金属熔体表面撒熔剂或无熔剂工艺来实现。如前所述，可添加微量的金属铍和钙来提高镁熔体的抗氧化性。熔剂熔炼和无熔剂熔炼是镁合金熔炼与浇注过程的两大类基本工艺。1970年之前，熔炼镁合金主要是采用熔剂熔炼工艺。熔剂能去除镁中杂质，并且能在镁合金熔体表面形成一层保护性薄膜，隔绝空气。然而，熔剂膜隔绝空气的效果并不十分理想，熔炼过程中氧化燃烧造成的镁损失还是比较大。此外，熔剂熔炼工艺还存在一些问题，一方面容易产生熔剂夹渣，导致铸件力学性能和抗蚀性下降，限制了镁合金的应用；另一方面熔剂与镁合金液反应生成腐蚀性烟气，破坏熔炼设备，恶化工作环境。为了提高熔化过程的安全性和减少镁合金液的氧化，1970 年代初人们开发出了无熔剂熔炼工艺，即在熔炼炉中采用六氟化硫（SF_6）与氮气（N_2）或干燥空气的混合保护气体，从而避免了液面和空气接触。混合气体中 SF_6 的含量要慎重选择。如果 SF_6 含量过高，会侵蚀坩埚，降低其使用寿命；如果含量过低，则不能有效保护熔体。总的来说，无论是有熔剂熔炼还是无熔剂熔炼，只要操作得当，都能生产出优质铸造镁合金。

10.2.4.1　熔剂保护熔炼工艺

镁合金用熔剂见表 10－4。在熔炼过程中，必须避免坩埚中熔融炉料出现“搭桥”现象，将余下的炉料逐渐添加到坩埚内，保持合金熔体液面平稳上升，并将熔剂轻撒在熔体表面。

每种镁合金都有各自专用熔剂，必须严格遵守供应商规定的熔剂使用指南。在熔化过程中，必须防止炉料局部过热。采用熔体氯化工艺精炼镁合金时，必须采取有效措施收集 Cl_2。在浇注前，要对熔体仔细撇渣，去除氧化物，特别是影响抗蚀性的氯化物。浇注后，通常将硫粉撒在熔体表面以减轻其在凝固过程中的氧化。

10.2.4.2　无熔剂保护熔炼工艺

压铸技术中采用熔剂熔炼工艺会带来一些操作上的困难，特别是在热室压铸中，更是如此。同时，熔剂夹杂是镁合金铸件最常见的缺陷，严重影响铸件的力学性能和抗蚀性，大大阻碍了镁合金的广泛应用。无熔剂熔炼工艺的开发成功是镁合金应用领域中的一个重要突破，对镁合金工业的发展有着革命性的意义，其主要作用有：

（1）气体保护机理。如上所述，纯净的 N_2、Ar、Ne 等惰性气体虽然能对镁及其合金熔体起到一定的阻燃和保护作用，但效果并不理想。N_2 易与 Mg 反应，生成 Mg_3N_2 粉状化合物，结构疏松，不能阻止反应的连续进行。Ar 和 Ne 等惰性气体虽然与 Mg 不反应，但无法阻止镁的蒸发。

大量实验研究表明，CO_2、SO_2、SF_6 等气体对镁及其合金熔体可以起到良好的保护作用，其中以 SF_6 的效果最佳。

熔体在干燥纯净的 CO_2 中氧化速度很低。高温下 CO_2 与镁有化学反应，其反应产物为无定形碳，它可以填充于氧化膜的间隙处，提高熔体表面氧化膜的致密性，此外还能强烈地抑制镁离子透过表面膜的扩散运动，从而抑制镁的氧化。

SO_2 与镁的化学反应产物在熔体表面形成一薄层较致密的 MgS/MgO 复合膜，可以抑制镁的氧化。1970 年代，SF_6 的保护效果没有得到认可前，人们广泛采用 SO_2 气体来抑制镁合金的氧化与燃烧。

SF_6 是一种人工制备的无毒气体，相对分子质量为 146.1，密度是空气的 4 倍，发生化学反应有可能产生有毒气体，在常温下极其稳定。含 SF_6 的混合气体与镁可以发生一系列的复杂反应，生成 MgF_2(S) 和 SO_2F_2 等产物。

MgF_2 的致密度高，它与 MgO 一起可形成连续致密的氧化膜，对熔体起到良好的保护作用。应当注意的是，采用含有 SF_6 的保护气氛时，一定不能含有水蒸气，否则水分的存在会大大加剧镁的氧化，还会生成有毒的 HF 气体。此外，各种气体对镁合金熔体的保护效果还可能与合金系有关。

(2) SF_6 保护气氛。SF_6 保护气氛是一种非常有效的保护气氛，能显著降低熔炼损耗，在铸锭生产行业和压铸工业中得到普遍应用。实验研究表明，含 0.01% SF_6（体积分数）的混合气体可有效地保护熔体，但实际操作中，为了补充 SF_6 与熔体反应和泄漏造成的损耗，SF_6 的浓度要高些。在配制混合气体时，一般应采用多管道、多出口分配，尽量接近液面且分配均匀，并且需要定期检查管道是否堵塞和腐蚀。采用 SF_6 保护气体熔炼合金时，应尽可能提高浇注温度、熔体液面高度和给料速度的稳定性，以免破坏液面上方 SF_6 气体的浓度。此外，要注意保护气体与坩埚发生反应，否则反应产物（FeF_3、Fe_2O_3）将与镁发生剧烈反应。

SF_6 保护气氛主要有两种，一种是干燥空气与 SF_6 的混合物，另一种是干燥空气与 CO_2 和 SF_6 的混合物。SF_6 保护气氛中 SF_6 浓度较低（1.7% ~2%，体积分数），且无毒无味。压铸温度比较低，且金属熔体密闭性好，SF_6 浓度较低的空气混合物就可以提供保护（通常质量分数小于 0.25%）。在熔剂熔炼工艺中，细小的金属颗粒会陷入坩埚底部的熔渣中而难以回收，因而熔体损耗较高。在无熔剂工艺中，由于没有熔剂，坩埚底部熔渣量大大减少，从而熔体损耗相对较低。

由于在镁合金熔炼温度下 SF_6 会缓慢分解并与其他元素反应生成 SO_2、HF 和 SF_4 等有毒气体，在 815℃还会产生剧毒的 S_2F_{10}，但 S_2F_{10} 在 300 ~350℃会分解出 SF_6 和 SF_4，因此镁合金的熔炼温度一般不超过 800℃。SF_6 浓度低于 0.4%（体积分数）的保护气氛便能对镁合金熔体提供有效保护，因而产生的有毒气体可以忽略。表 10 – 17 列出了 SF_6 气体的技术要求，图 10 – 9 所示为一种 SF_6 保护气氛的气体混合装置。

表 10 – 17 SF_6 气体的技术要求

指标名称	指 标	指标名称	指 标
六氟化硫（SF_6）	≥99.8%（体积分数）	酸度（以 HF 计）	$\leqslant 0.3\times10^{-6}$
空气	≤0.05%（体积分数）	可水解氟化物（以 HF 计）	$\leqslant 1.0\times10^{-6}$
四氟化碳（CF_4）	≤0.05%（体积分数）	矿物油	$\leqslant 10\times10^{-6}$
水分（H_2O）	≤8%（体积分数）	毒性（生物试验）	无毒

如图 10 – 9 所示，压缩空气经球阀、滤油减压器、空气储气罐、精滤器、聚油过滤器后，进入冷冻式干燥器干燥后再经过吸附式油蒸气过滤器、减压阀，以 0.35MPa 的压力进入混合控制箱。CO_2、SF_6 高压气瓶中的气体分别经过减压阀 10、12，同样以 0.35MPa 的压力进入混合控制箱。之后，压缩空气、CO_2、SF_6 再经各自的减压阀 16、19、20，以 0.07MPa 左右的压力分别进入带有节流器的流量计 15、21、22，流出后混成一股，成为混合气体进入坩埚的密封罩内，防止镁合金熔液氧化和燃烧。

减压阀 13 是减压阀 16、19、20 的先导控制阀。调节减压阀 13 的压力就可以使减压阀 16、19、20 的出口压力即压缩空气、CO_2 和 SF_6 的压力同时增加或减小，从而使各自的流量也同时增加或减少，其目的是维持三种气体原来设定的比例近似不变。为此要求减压

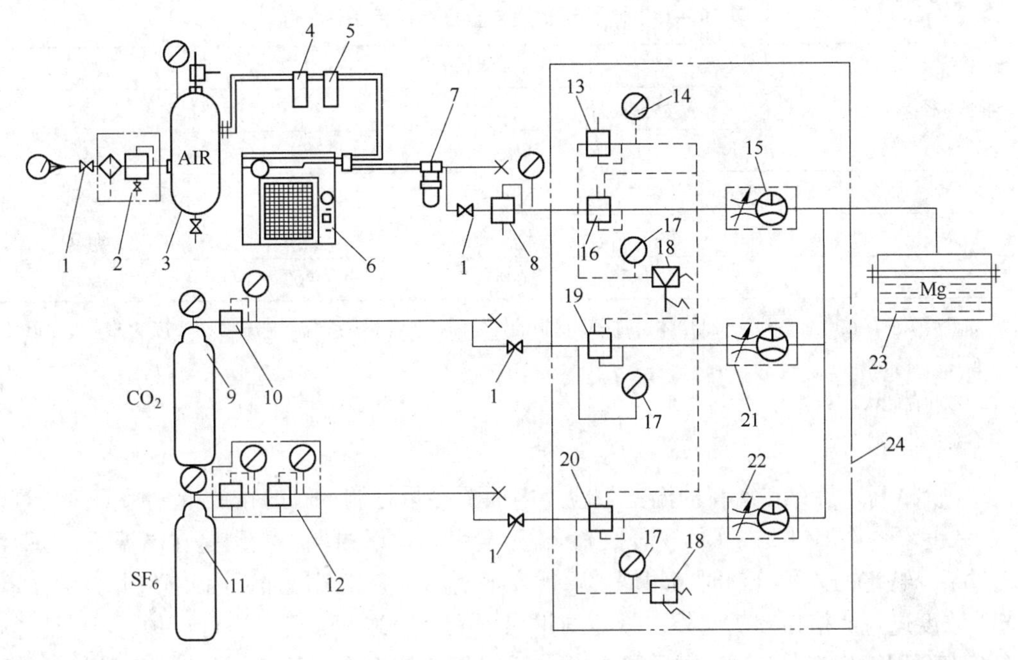

图 10-9　SF_6 保护气氛的气体混合装置

1—球阀；2—滤油减压器；3—空气储气罐；4—精滤器；5—聚油过滤器；6—冷冻式干燥器；7—吸附式油蒸气过滤器；8，10，12，13，16，19，20—减压阀；9—CO_2 气瓶；11—SF_6 气瓶；14，17—压力表；15，21，22—流量计（带节流器）；18—压力继电器；23—镁熔体；24—控制柜

阀16、19、20的出口压力为同一数值，并与控制压力相等。

两个压力继电器18用于压缩空气和 SF_6 的失压报警，当压缩空气或 SF_6 压力低于0.2MPa时，压力继电器动作，发出声光报警信号。用空气压力来控制三种气体的压力与流量，必须保证正常的空气压力。

除了压铸外，砂型铸造技术中也发展了无熔剂熔炼工艺。相对压铸铸型和压铸设备而言，砂型铸造和其他类型重力铸造所使用的熔炼、存储和浇注设备开放性大，熔体密闭性差，从而保护性气氛中需要采用氩气来取代干燥空气。这点在重力铸造军用或航空用镁合金铸件时更为重要。砂型铸件特别是Mg-Zr系合金砂型铸件的熔炼温度较高，通常需要采用 CO_2-SF_6 或 $CO_2-Ar-SF_6$ 混合气体才能提供充分保护。混合气体中 SF_6 的最大含量为2%（体积分数），一般1%（体积分数）SF_6 就能达到效果。在压铸或其他密封性较好的铸造设备中采用惰性气体混合物，如氩气将导致爆炸，因此仍要求采用干燥空气与 SF_6 的混合物。

重力铸造具有两大特点，其一是重力铸造合金，特别是含锆合金的浇注温度比压铸合金的高得多，其二是重力铸造设备的开放性比压铸设备的大。因此，在重力铸造技术中采用无熔剂熔炼工艺时通常采用 SF_6 浓度较高的混合气体，特别是重力铸造熔炼Mg-Zr合金时需要用 CO_2 取代氩气。表10-18列出了不同重力铸造工艺推荐采用的保护性气氛。特别值得注意的是，如果采用 CO_2-SF_6 气氛保护熔炼含钇合金，则会出现钇被 CO_2 择优氧化而发生损耗的现象，因此建议重力铸造这些合金时采用 $Ar-SF_6$ 气氛。总之，根据合金种类和所采取的熔炼铸造工艺来选择保护性气氛。

表10－18 重力铸造镁合金推荐用保护性气氛

坩埚直径/cm	气体流量①/$cm^3 \cdot min^{-1}$			
	静态状态②		搅拌状态③	
	SF_6	CO_2	SF_6	CO_2
30	60	3500	200	10000
50	60	3500	550	30000
75	90	5000	900	50000

①如果熔炼前存在熔剂，则会降低熔体表面 SF_6 保护性气氛的有效性，从而需要补充更高浓度的 SF_6 气体以补偿损耗。

②熔融和存储状态。

③合金化和浇注状态。

SF_6 价格高，且存在潜在的温室效应，因而要尽量控制 SF_6 的排放量。保护性气氛中 SF_6 的浓度不容许超过2%（体积分数），否则会引起坩埚损耗。特别是在高温下，SF_6 浓度超过某一特定的体积分数时，坩埚内可能发生剧烈反应甚至爆炸，因此必须对混合气体中 SF_6 浓度进行严格控制。此外，带盖的坩埚不能采用纯 SF_6 气氛进行保护。SF_6 是影响镁合金寿命周期指标（LCA）的主要因素，也是制约镁合金成为21世纪绿色材料的关键因素。2000年，国际镁协会（IMA）呼吁镁界人士重视开发保护性气体以替代 SF_6。

10.2.5 铸造镁合金熔体净化处理技术

10.2.5.1 除气处理

铸造镁合金熔体的除气处理技术基本上与变形镁合金的相同，可参阅9.2.3.3节。

10.2.5.2 除渣处理技术

镁合金熔体中的夹杂物与熔体存在一定的密度差，采用适当的工艺可使夹杂物沉降到坩埚底部而分离出来。精炼处理是清除镁合金熔体中氧化皮等非金属夹杂物的一道有效工序。为了促进夹杂物与熔剂间的反应，以及夹杂物间的聚合下沉，要求选择合适的精炼温度（一般在730～750℃左右），并搅拌熔体。精炼温度过高，镁熔体氧化烧损加剧；精炼温度过低，熔体黏度又会升高，不利于夹杂物的沉降分离。精炼过程中，可以加入适量的熔剂以完全去除夹杂物，熔剂吸附在夹杂物表面，并生成不溶于熔体的复合物而沉降。精炼时间与熔炼炉大小、炉料质量有关。精炼后熔体一般要静置10～15min，使夹杂物沉降分离。

熔炼Mg－Al－Zn合金时，熔剂用量为熔体质量的1%～1.5%；熔炼含锆镁合金时，熔剂用量要达到熔体质量的6%～8%，甚至有时高达10%，其中1.5%～2%用于精炼。含锆镁合金熔炼比较困难，如果操作不当，则铸件容易出现高熔点夹杂。

精炼处理工序一般为：首先，调整镁合金熔液温度（ZM5合金和ZM10合金为710～740℃，ZM1合金、ZM2合金、ZM3合金、ZM4合金和ZM6合金为750～760℃）；其次，将搅拌器沉入熔液中深度为2/3处，由上至下强烈地垂直搅拌合金液4～8min，直至合金液呈现镜面光泽为止，同时在搅拌过程中往液面连续均匀地撒上精炼熔剂。熔剂消耗量约为炉料质量的1.5%～2.5%时结束搅拌，清除浇嘴、挡板、坩埚壁和合金液表面上的熔剂，再撒一层覆盖熔剂。Mg－Zn－Zr系和Mg－RE－Zr系合金的精炼工艺不同，下面以

ZM4 和 ZM6 两种合金为例进行介绍。

（1）ZM4 合金的精炼（适合 Mg - Zn - Zr 混合稀土系合金）。精炼 ZM4 合金时，先将坩埚预热到暗红色，加入占炉料质量 2% ~3% 的 RJ - 1 熔剂；接着逐步分批装入回炉料和镁锭（尽量减小装填空间），升温熔化，在炉料表面撒上适量的熔剂，升温至 750 ~760℃时添加锌和混合稀土（稀土用勺加入到镁合金液中至完全熔解），并搅拌 2 ~3min。为了防止氧化，往镁合金液中添加铍氟酸钠和 RJ - 4 的混合物（Na_2BeF_4: RJ - 4 = 1:1），其中铍氟酸钠占炉料质量的 0.05%。升温到 780 ~800℃后，往镁合金液中分批缓慢地加入已预热至 300 ~400℃的镁锆中间合金，待镁锆合金完全熔化后，搅拌坩埚底部 5 ~7min，使镁合金均匀化，搅拌时不要破坏镁合金液表面，以避免氧化。搅拌完毕后，静置 3 ~5min 浇注断口试样，检测晶粒度。如果断口组织不合格，可以酌情在 760 ~800℃时添加 1% ~3%（质量分数）的镁锆中间合金，再重新进行断口检查。降温至 760 ~780℃用 RJ - 4 熔剂精炼，不低于 5min，然后在 780 ~800℃温度下，静置 15 ~20min 后，调整浇注温度。注意浇注完毕后，坩埚底部需预留 10% 的镁合金熔体。

（2）ZM6 合金的精炼（适合 Mg - RE - Zr - Zn 系合金）。精炼 ZM6 合金，先将坩埚预热到赤红色，加入占炉料总重 2% ~3% 的 RJ - 2 熔剂，再按三级回炉料、二级回炉料、新料、一级回炉料的加料顺序分批加入炉料（尽量减小装填空间），并撒上 RJ - 6 精炼熔剂。待合金液温度升高到 750 ~760℃时添加铍氟酸钠和 RJ - 6 的混合物（Na_2BeF_4: RJ - 6 = 1:1），占炉料质量的 1% ~2%，并在同一温度下，加入已预热到 200 ~300℃的锌和镁钕中间合金，搅拌 2 ~3min，除渣并撒上 RJ - 6 熔剂。在 780 ~800℃时添加已预热到 300 ~400℃的镁锆中间合金，待合金熔化后除去表面脏物，并撒上 RJ - 6 熔剂。当合金液温度升高到 780 ~800℃时，沿坩埚底部搅拌 10min，浇注试样后检查断口组织。待断口合格后，在 750 ~760℃时用 RJ - 6 熔剂精炼 5 ~10min，除渣后加 RJ - 2 熔剂覆盖。如果断口组织不合格，允许再添加 1%（质量分数）的镁锆中间合金重新处理，但处理次数不得超过 3 次。在 780 ~810℃下保温静置 15 ~20min，调整浇注温度。在坩埚底部应留有不少于配料质量 20% 的合金熔体。合金从静置开始至浇注完毕的时间不得超过 1h，否则应该重新检查断口组织。

10.2.6 铸造镁合金的晶粒细化处理技术

晶粒细化是提高镁合金铸件性能的重要途径。镁合金晶粒越细小，其力学性能和塑性加工性能越好。在熔炼镁合金过程中晶粒细化操作处理得当，则可以降低铸件凝固过程中的热裂倾向。此外，镁合金经过晶粒细化处理后，铸件中的金属间化合物相更细小且分布更均匀，从而缩短均匀化处理时间，或者至少可以提高均匀化处理效率。因此，镁合金的晶粒细化尤为重要。

镁合金在熔炼过程中，细化晶粒的方法有两类，即变质处理和强外场作用。前者的机理是在合金液中加入高熔点物质，形成大量的形核质点，以促进熔体的形核结晶，获得晶粒微细的组织。后者的基本原理是对合金熔体施以外场（如电场、磁场、超声波、机械振动和搅拌等），以促进熔体的形核，并破坏已形成的枝晶，成为游离晶体，使晶核数量增加，还可以强化熔体中的传导过程，消除成分偏析。此外，快速凝固技术也能提高镁合金的形核率，抑制晶核的长大而显著细化晶粒组织。

变质处理在镁合金铸造生产实际中的应用非常广泛。早期人们采用一种过热变质处理法，即将经过精炼处理的镁合金熔体过热到875～925℃，保温10～15min后，快速冷却到浇注温度，再进行浇注，具有细化晶粒的作用。研究表明，过热变质处理能显著细化ZM5合金中的$Mg_{17}Al_{12}$相，但是这种工艺存在很大的缺点。在过热变质处理过程中，镁合金熔体的过热温度很高，从而明显增加了镁的烧损，降低了坩埚的使用寿命和生产效率，增加了熔体中的铁含量和能源消耗。因此，过热变质处理在生产实际中应用并不普遍，已经基本淘汰了。目前，熔炼镁合金时常用的变质剂有含碳物质、C_2Cl_6和高熔点添加剂，如Zr、Ti、B、V等。下面简单介绍以下几种常用变质剂的晶粒细化机理及效果。

10.2.6.1 含碳变质剂

碳不能固溶于镁中，但可与镁反应生成Mg_2C_3和MgC_2化合物。碳对Mg－Al系或Mg－Zn系合金具有显著的晶粒细化作用，而对Mg－Mn系合金的细化效果非常有限。人们对含碳变质剂的细化机理提出了多种假设。有代表性的一种是认为C加入到Mg－Al系合金熔体后，与Al反应生成大量细小、弥散的Al_4C_3质点，其晶格类型和晶格常数与镁的非常接近，可作为形核质点，从而可以细化镁合金的晶粒。目前，这种假设得到了普遍认可，但仍缺乏实验依据。

工业上常用的含碳变质剂有菱镁矿（$MgCO_3$）、大理石（$CaCO_3$）、白垩、石煤、焦炭、CO_2、炭黑、天然气等。其中，$MgCO_3$、$CaCO_3$最为常见。以$MgCO_3$为例，$MgCO_3$加入到Mg－Al合金熔体中后，发生反应，使镁合金熔体中会产生大量细小而难熔的Al_4C_3质点，呈悬浮状态，并在凝固过程中充当形核基底。$MgCO_3$的加入量一般为合金熔体质量的0.5%～0.6%，熔体温度为760～780℃，变质处理时间为5～8min。

10.2.6.2 C_2Cl_6

C_2Cl_6是镁合金熔炼中最常用的变质剂之一，可以同时达到除气和细化晶粒的双重效果。C_2Cl_6对AZ31合金晶粒细化效果的研究表明，铸件中形成了Al－C－O化合物质点来充当晶核的核心。AZ31经过C_2Cl_6变质处理后，晶粒尺寸由280μm下降到120μm，抗拉强度明显提高。对ZM5合金而言，C_2Cl_6的变质处理效果比$MgCO_3$好得多。此外，也可以采用C_2Cl_6和其他变质剂进行复合变质处理，其效果更好。在Mg－Al合金熔体底部放置C_2Cl_6或环氯苯片也可以达到细化晶粒和除气的双重目的。

10.2.6.3 其他变质剂

锆对Mg－Zn系、Mg－RE系和Mg－Ca系等合金具有明显的晶粒细化作用，是目前镁合金熔炼中较常用的晶粒细化剂。

在添加等量锆的情况下，锆合金化条件不同，其晶粒细化效果存在显著差异。认为只有浇注时，溶于镁液中的那部分锆才具有晶粒细化作用，这种观点在20世纪60年代中期以前得到普遍认可。基于光学显微组织观察，有人提出包晶温度下，Zr粒子从熔体中分离出来，并与镁液反应生成富锆的镁基固溶体，直到剩余熔体内锆含量下降至较低值。同时，指出在包晶温度附近形成的富锆粒子具有促进熔体形核的作用。由于α－Zr的晶格类型和晶格常数与镁的非常接近，因此可以认为α－Zr是镁合金的形核质点。研究了不同工艺条件下（包括搅拌时间、熔体静置时间等），往720℃镁液中添加1%Zr（质量分数），对所形成的Mg－Zr合金晶粒尺寸的影响的研究中发现，在镁熔体浇注前重新搅拌时晶粒细化效果更显著，由于重新搅拌前后固溶的锆没有发生变化，这说明部分不溶于镁液的锆也具有晶粒细化作用。也有人认为，镁锆合金的晶粒细化效果主要来自于固溶于镁中的锆，而没有固溶的那部分锆只有约30%的晶粒细化作用。

通常，Mg－Zr合金熔体中的加锆量稍高于理论值。只有熔体中可溶于酸的锆过饱和时，Mg－Zr合金才能取得最佳的晶粒细化效果。由于熔体中还可能存在各种污染物，导致生成不溶于酸的锆化物，因此熔体中尽可能不要含铝和硅。此外，有必要保留坩埚底部含锆的残余物质（包括不溶于酸的锆化物）。为了防止液态残渣浇注到铸件中，铸型浇注后坩埚中要预留足量的熔融合金（大约为炉料质量的15%）。浇注时要尽量避免熔体过分湍流和溢出，并且熔炼工艺中要保证足够的静置时间。

表10－19所示为Mg－Al系合金的变质剂及其用量和处理温度。Mg－Al系合金经过变质处理后还需要精炼。ZM1合金、ZM2合金、ZM3合金、ZM4合金和ZM6合金采用锆对合金进行晶粒细化，不需要进行上述变质处理。对于Mg－Zn合金系，加入0.5% Zr（质量分数），可以起到很好的变质效果。采用0.5% Sc（质量分数）+0.3% ~0.5% Sm（质量分数）可使Mg－Mn系合金的晶粒细化。(0.2% ~0.8%) La（质量分数）也可以使Mg－Mn系合金的晶粒细化。

表10－19　Mg－Al系合金的变质剂及其用量和处理温度

变质剂	用量（占炉料质量分数）/%	处理温度/℃
碳酸镁或菱镁矿	0.25 ~0.5	710 ~740
碳酸钙	0.5 ~0.6	760 ~780
六氯乙烷	0.5 ~0.8	740 ~760

10.2.7　铸造镁合金的熔炼工艺

10.2.7.1　对坩埚进行严格的检查

在熔炼前必须对坩埚进行检查。新坩埚在使用前须经煤油渗透及X射线检验，证明无渗漏及无影响使用的缺陷后方可使用。旧坩埚应在清除熔渣及氧化皮后检查是否完好，如果发现下述情况应予报废：

（1）坩埚外表有白色氧化皮或干燥熔剂（表明该处已经烧穿、渗漏）。

（2）坩埚局部严重凹陷或壁厚减薄至原来的1/2。

（3）锤击坩埚的声音嘶哑（表明有裂纹或过烧之处）。

当这些准备工作做完后即可进行熔炼。

10.2.7.2　Mg－Zn－Zr系和Mg－RE－Zr系的熔炼工艺

（1）将坩埚预热到暗红色，在坩埚壁和底部撒上适量的熔剂，然后加入预热的镁锭、回炉料，升温熔化，在炉料上撒上适量的熔剂。

（2）温度升到720 ~740℃时加入Zn，然后继续升温到780 ~810℃，并分批而缓慢地加入Mg－Zr中间合金和稀土金属（含稀土的镁合金），当全部熔化后，搅拌2 ~5min，使合金成分均匀化。

（3）浇铸断口试样，检查断口晶粒度。

（4）将合金液升温到750 ~760℃，精炼4 ~8min。

（5）将合金液升温到780～810℃，静置10～20min，如果有必要，可再检查一次断口，最后降温到浇铸温度进行浇铸。

10.2.7.3 Mg－Al系合金的熔炼工艺

（1）将坩埚预热到暗红色，在坩埚壁和底部撒上适量的熔剂。然后加入预热的镁锭、回炉料，并升温熔化，在炉料上撒上适量的熔剂。

（2）当温度升到700～720℃时加入中间合金和Zn，熔化后搅拌均匀。

（3）浇铸光谱分析试样，进行炉前光谱分析。

（4）将合金液温度调到变质温度进行变质处理。

（5）除渣后调整合金液温度到710～740℃，并精炼5～8min。

（6）将合金液温度升温到760～780℃，并静置10～20min，然后浇铸断口试样，检查断口合格后降温到浇铸温度浇铸。

需要注意的是，在生产铜、镍和铁含量少的新型高纯镁合金时，必须特别注意对原材料及熔体和材料处理操作规程的选择。重熔铸锭的铜和镍含量应低，用于处理熔融金属设备的材料中必须不含铜和镍。考虑到镁熔体通常在用铁或钢制成的设备中进行处理，因此必须特别小心，避免增加铁在熔体中的含量。重熔铸锭中的最大铁含量为0.004%，这可通过在为生产铸锭而合金化熔体时添加锰来实现。通过静置沉淀，使含铁和锰及其他合金元素的金属颗粒沉积，可除去过多的铁。在这项处理后，铁含量处于饱和状态的铸锭在所选的铸造温度生产。因此，只要能避免过大的温度波动，并保持所需的最小锰含量，熔炼过程将不会导致铁含量增加。目前有多种用于熔炼、转运和计量镁合金液的系统。当液态镁合金通过这些系统时，它在成为成品的过程中，会经历复杂的热工过程。热工过程对镁合金成分的影响见表10－20。

表10－20 热工过程对镁合金成分的影响

元　素	热工过程的影响
Al	在长时间保温过程中，会损失少量的铝，可能是由于在熔体表面形成的氧化层中增加了铝含量
Zn、Si、RE	锌、硅和稀土元素（RE＝铈＋镧＋镨＋钕）可大量溶于熔融镁合金，而且在整个熔炼和处理过程中，它们的浓度保持相当稳定
Mn、Fe	向镁合金中加入锰的目的是将铁的溶解度降低到低于规定的最大值。当温度降低时，镁和铁的含量快速降低；当温度再次升高时，又缓慢增加。这表明了沉淀/沉积速度与金属间化合物颗粒的溶解度之间的差异。没有必要将锰和铁的含量恢复到它们最初的状态，因为铁可以从坩埚壁上溶解，在高铁和更低的锰含量之间建立起一种平衡关系
Be	加入0.0005%～0.0015%的铍可降低熔融合金的表面氧化速度。由于在熔体保持过程中它优先氧化，因此铍容易失去，在熔体的热工循环过程中或金属在坩埚中失火的情况下，这种损失会更快
Ni	镍对镁合金的耐腐蚀性有极其不利的影响，且在成品零件中必须将其最大含量限制到不超过0.002%（在重熔铸锭中为0.001%）。镍很易溶于镁合金中，它可以从处理设备中摄取（如该设备采用高镍不锈钢制成）
Cu	铜也会降低镁合金的耐腐蚀性，尽管其允许含量远远大于镍。来自钢衬套、回收零件的污染等，可使铜的含量增加到大于允许的最大极限值

10.2.7.4 铸造镁合金熔炼过程中关键工序的控制

实践证明，镁合金生产过程中，把握、控制好各重要环节，有助于提高镁合金的品质。生产过程中一般应把握、控制好以下各重要环节：

（1）炉料的预热。所有炉料应预热去除掉其中的水分，防止因炉料带入水分而导致在生产过程中发生爆炸等安全事故，同时可减少因炉料中的水分带入导致镁合金液中的气体含量增多。

（2）熔化。应控制好熔化的温度，不宜过高。合理的温度有助于延长坩埚的使用寿命，同时可以防止坩埚内的铁和其他杂质在高温下进入镁合金液中。

（3）合金化和精炼。中间合金应在镁合金液上部加入，由于中间合金的密度比镁合金大，这样有助于使镁合金液的成分均匀而防止偏析；同时应控制好合金加入和精炼的温度，使镁合金中杂质元素去除更彻底。

（4）静置。静置过程有助于镁合金液中密度较大的杂质沉淀，主要是控制好静置的温度和时间。

（5）浇铸。控制好浇铸温度，同时凝固前将模具内镁合金液表面的杂质除去。

10.3 重力和低压铸造技术

10.3.1 概述

镁合金成型主要通过铸造和塑性变形两种方式来实现，在目前得到应用的镁合金产品中，约90%通过铸造成型方式生产。从国内外研究应用情况看，镁合金的铸造成型工艺主要有砂型铸造、金属型铸造、熔模铸造、挤压铸造、低压铸造和高压铸造，其中应用最为广泛的是传统的高压铸造工艺，而其未来的发展则更多地偏向挤压铸造、半固态压铸、真空压铸、充氧压铸等铸造成型工艺。镁合金铸件成本在很大程度上取决于铸锭价格、铸造性能以及所要求进行的热处理类型。铸锭价格随稀土金属、锆和钍含量的增加而提高，同时成分稍微变化也影响热处理成本。某一特定部件选择铸造方法时应综合考虑以下因素：零件的结构设计、用途、性能要求、铸件总数量以及合金的铸造性能。本手册重点介绍与论述铸造镁合金的压铸生产技术，同时简要介绍其他的铸造成型技术。

镁合金具有较强的铸造工艺适应性，几乎所有的铸造方法，如砂型铸造、永久型铸造（金属型铸造）、半永久型铸造、壳型铸造、熔模铸造和压铸都可以用来生产镁合金铸件。其中，砂型铸件、金属型铸件和压铸件比熔模铸件和壳型铸件的应用更广泛。

10.3.2 常用的铸造镁合金及性能

几乎所有的铸造镁合金都可以采用砂型铸造或熔模铸造工艺生产，但并不意味着都适合各种铸造工艺。ZM5 和 ZM10 合金铸件除了可采用砂型铸造和金属型铸造外，还可采用压铸或其他特种铸造工艺生产。Mg－Zn－Zr 系合金，如 ZM1 合金具有很高的抗拉强度、屈服强度和塑性，但铸造时热裂倾向较大且难以焊补，从而铸造生产比较困难。所有镁合金中，适合于永久型铸造的合金种类非常有限，而适合压铸的镁合金种类更少。AZ91B、AM60A 和 AS41A 三种合金铸件比较适合于采用压铸法生产。目前，大部分 Mg－Al－Zn 系合金铸件，如 AZ91 特别是高纯 AZ91E 铸件也是采用压铸法生产的。表 10－21 列出了砂型铸造、熔模铸造和永久型铸造用镁合金的化学成分，其常温和最低拉伸性能见表 10－22～表 10－25。

表10－21 砂型、熔模和永久型铸造镁合金的化学成分（质量分数） （%）

合金种类	Al	Zn	Mn	RE①	Y	Zr
AM100A	10.0	—	0.1（最低值）	—	—	—
AZ63A	6.0	3.0	0.15	—	—	—
AZ81A	8.0	0.7	0.13	—	—	—
AZ91C	9.0	0.7	0.10	—	—	—
AZ91E	9.0	2.0	0.10	—	—	—
AZ92A	9.0	2.0	—	—	—	—
EQ21A①②	—	—	—	2.0	—	0.60
EZ33A	—	2.7	—	3.3	—	0.60
QE22A①	—	—	—	2.0	—	0.60
WE43A	—	—	—	3.4	4.0	0.70
WE54A	—	—	—	3.50③	5.25	0.50
ZE41A	—	4.2	—	1.2	—	—
ZE63A	—	5.7	—	2.5	—	0.70
ZK51A	—	4.6	—	—	—	0.70
ZK61A	—	6.0	—	—	—	0.70

①合金含银，QE22A中为2.5%（质量分数），EQ21A中为1.5%（质量分数）。

②EQ21A还含0.10%Cu（质量分数）。

③由1.75%（质量分数）其他重稀稀土元素和1.75%Nd（质量分数）组成。

表10－22 砂型和永久型铸件的常温拉伸性能

合金种类	状态	抗拉强度/MPa	屈服强度/MPa	伸长率/%
AM100A	F	150	83	2
	T4	275	90	10
	T6	275	110	4
	T61	275	150	1
	T7	260	125	1
AZ63A	F	200	97	6
	T4	275	97	12
	T5	200	105	4
	T6	275	130	5
AZ81A	T4	275	83	15
AZ91C	F	165	97	2.5
	T4	275	90	15
	T6	275	145	6
AZ91E	T6	275	145	6
AZ92A	F	170	97	2
	T4	275	97	10
AZ92A	T5	170	115	1
	T6	275	150	3
	T7	276	145	3
EQ21A	T6	235	170	2
EZ33A	T5	160	110	2
K1A	F	180	55	19
QE22A	T6	260	195	3
WE43A	T6	250	162	2
WE54A	T6	250	172	2
ZC63A	T6	210	125	4
ZE41A	T5	205	140	3.5
ZE63A	T6	450	195	10
ZK51A	T5	205	140	3.5
ZK61A	T5	310	185	—
	T6	310	195	10

注：标距50.8mm。

表 10－23 砂型铸件的最低拉伸性能

合金种类	状态	抗拉强度/MPa	屈服强度/MPa	伸长率/%
AM100A	T6	241	117	①
AZ63A	F	179	76	4
	T4	234	76	7
	T5	179	83	2
	T6	234	110	3
AZ81A	T4	234	76	7
AZ91C	F	158	76	①
	T4	234	76	7
	T5	158	83	2
	T6	234	110	3
AZ91E	T6	234	110	3
AZ92A	F	158	76	①
	T4	234	76	6
	T5	158	83	①
	T6	234	124	1
EQ21A	T6	234	172	2
EZ33A	T5	138	97	2
K1A	F	165	41	14
QE22A	T6	241	172	2
WE43A	T6	217	152	2
WE54A	T6	255	179	2
ZC63A	T6	193	125	2
ZE41A	T5	200	133	2.5
ZE63A	T6	276	186	5
ZK51A	T5	234	138	5
ZK61A	T6	276	179	5

①在 ASTM B80—91 中未做要求，标距 50.8mm。

表 10－24 永久型铸件的最低拉伸性能

合金种类	状 态	抗拉强度/MPa	屈服强度/MPa	伸长率/%
AM100A	F	138	69	①
	T4	234	69	6
	T6	234	103	2
	T61	234	117	①
AZ81A	T4	234	76	7
AZ91C	F	158	76	①
	T4	234	76	7
	T5	158	83	2
	T6	234	110	3
AZ91E	T6	234	110	—
AZ92A	F	158	76	①
	T4	234	76	6
	T5	158	83	①
	T6	234	124	①
EQ21A	T6	234	172	—
EZ33A	T5	138	97	2
QE22A	T6	241	172	2

①在 ASTM B199—87 中未做要求，标距 50.8mm。

表10-25 熔模铸件的最低拉伸性能

合金种类	状 态	抗拉强度/MPa	屈服强度/MPa	伸长率/%
AM100A	F	138	69	①
	T4	234	69	6
	T6	234	103	2
	T7	234	117	①
AZ81A	T4	234	69	7
AZ91C	F	124	69	
	T4	234	69	7
	T5	138	76	2
	T6	234	110	3
AZ91E	T6	234	110	3
AZ92A	F	138	69	①
	T4	234	69	6
	T5	138	76	①
	T6	234	124	①
EQ21A	T6	234	172	2
EZ33A	T5	138	96	2
QE22A	T6	241	172	2
ZK61A	T6	276	172	5
K1A	F	152	48	14

①在 ASTM B403—90 中未做要求，标距 50.8mm。

10.3.3 几种常用的重力和低压铸造

10.3.3.1 *砂型铸造*

相对铝及其他合金而言，镁合金砂型铸件质量轻，在航空航天领域应用的优势明显，从而应用非常广泛。

Mg-Al 合金和 Mg-Al-Zn 合金的流动性好，适合于铸造，但是合金凝固时形成显微疏松的倾向较大，铸件气密性差。Mg-Al-Zn 砂型铸件中存在明显的显微缩孔，不宜在100℃以上使用。含锆镁合金容易氧化，采用特殊的熔炼工艺可以克服这种缺点。早期开发的 ZK 型合金如 ZK51A 和 ZK61A 具有高的力学性能，但铸造时热裂倾向大并且难以焊补。此外，ZK51A 和 ZK61A 显微疏松倾向大，不宜铸造耐高压的零件，目前均已淘汰。

Mg-RE-Zr 系合金是继 Mg-Al-Zn 系合金后开发出的高温用镁合金，铸造性能良好，显微疏松倾向和壁厚敏感性低。EZ33A 合金是一种典型的稀土镁合金，砂型铸件气密性优良，可在中温（160℃以下）环境下工作。我国开发了多种含稀土的铸造镁合金。ZE41A 和 EZ33A 合金强度高且抗蠕变性好，铸造性能优良，可以制造非常复杂的铸件，且进行 T5 状态处理便可强化，主要用于中温环境中。含钍镁合金，如 ZH62A 和 HZ32 是基于航空发动机对高温镁合金的要求而开发的，它们不仅高温力学性能优异，而且铸造和焊接性能良好。含钍镁合金也易氧化，在熔炼和浇注过程中要防止氧化。

（1）铸型型砂与芯砂。大多数镁合金铸造厂家生产的铸件质量范围大且规格范围很宽，需要调整铸型型砂、抑制剂的种类与数量来满足铸造厚截面的要求。型砂必须具有很高的透气性，使得金属－铸型界面上产生的气体可以自由地逸出来，但是颗粒粗大的型砂将导致铸件表面非常粗糙，因此需要协调铸件表面质量和铸造时气体的排放。由于大部分添加物会降低型砂透气性，从而通常采用颗粒比较粗大的型砂。型芯中的气体可以通过在型芯中钻辅助通道来排放，这些通道能够通过型芯座将气体快速排放到铸型外部，有时也使用辅助抽气法。

对于小型铸型，自然黏结的型砂使用效果很好。由于黏土含量比较高且不均匀，从而需要仔细控制胶黏剂含量以获得良好的铸造效果。型砂混合物，如 SiO_2 砂经清洗和分级后可充当型砂，用我国西部或南部膨润土作胶黏剂，并严格控制添加量得到的混合物可以获得更好更均一的铸造效果。西部膨润土的基本性质不同于南部膨润土，前者韧性很高（高强度和低变形），将二者混合使用，可以实现最佳的性能匹配。胶黏剂用煤油进行稀释，就 HZ 合脂而言，合脂与煤油的质量比以 10:8 为好。

基于型砂混合物发展起来的衍生物，如改进型膨润土，采用油作为混合物胶黏剂，使用效果很好。配制型砂时，必须经常或定期对型砂进行性能和成分检测，在混制时要控制成分。每配制一种芯砂都必须进行物理性能检验，当不合格时，允许在规定的范围内调整成分。型砂、芯砂停放时间超过 24h，必须重新进行物理检验，试验合格后才能使用。从根本上说，型砂混合物类型很大程度上取决于铸造工艺和铸件要求。

往砂型中浇注镁合金时，镁容易与铸型中的水分反应生成 MgO 并析出 H_2；在热量集中的部位，镁与 SiO_2 反应生成 MgO 和 Mg_2Si。此外，空气可以通过砂型与铸件间的空隙进入熔体，促使镁合金燃烧。镁合金熔体与铸型之间的反应影响镁合金铸件的质量。阻止二者之间的反应是实现镁合金砂型铸件成功生产的前提。

为了阻止镁合金与铸型之间的反应，可以在铸型型砂和型芯芯砂中添加适量的抑制剂，如硫粉、硼酸、氨酸钾和氟硅酸铵等，可以单独使用，也可以使用多种抑制剂的混合物。这些抑制剂与镁合金反应生成一层稳定性较高的膜，阻碍氧化反应的连续进行。析出的气体将充满铸型与铸件之间的空隙，防止镁合金氧化。

型砂中抑制剂的添加量取决于型砂的水分含量。湿砂造型是最早采用的工艺，以水与天然黏土或者膨润土的混合物为黏结料。膨润土混合物中通常加入二甘醇以降低含水量，防止型砂干燥。通常，这些湿砂混合物中的含水量达 2.0% ~4.0%（质量分数），从而需要添加较多的抑制剂。此外，抑制剂的添加量还与浇注温度、镁合金种类和铸件截面厚度等因素有关。浇注温度越高，反应越剧烈，则需要添加的抑制剂也越多。铸件截面越厚，冷却速度越慢，则抑制剂特别是挥发性抑制剂也越多。铸件截面越厚，冷却速度越慢，则抑制剂特别是挥发性抑制剂越容易从铸型表面损耗，从而远离厚截面的铸型区域需要补充抑制剂。型砂可以通过恢复水汽、抑制剂和二甘醇含量，再适当混制实现再生利用，从而砂型铸造非常经济。

目前，湿砂造型工艺的应用十分广泛，但也有一定的局限性。在传统的湿砂工艺中，必须严格控制湿砂性能和添加剂量，还必须有效地除气，以除去燃油中的烟雾，使工艺符合当前的环保要求。

制造湿砂铸型时，用湿砂铸型工艺不适合生产形状复杂的铸件，且铸件尺寸精度低，不能达到当前许多应用零部件的要求。

铸型和型芯制造技术发展很快，使湿砂铸型工艺的应用限制日益减少。第二次世界大战期间，壳型、型芯和铸型造型技术得到了很大的发展，接着CO_2/硅酸盐技术也得到了广泛应用。CO_2/硅酸盐技术最早是为制造型芯而开发的，特别适合于制造铸型，使铸型尺寸精度大大提高，且分离特性比早期油砂型芯好得多。但是型砂的再生利用非常困难。与湿砂铸型相比，CO_2/硅酸盐工艺制造的铸型干燥后剩余的水汽少得多，从而可以大大降低抑制剂的添加量。此外，往型芯箱中通入CO_2气体可以使型砂完全硬化。油砂型芯容易产生变形，而湿砂铸型工艺可以消除大部分变形并显著节约能源。由于湿砂型芯变形小，一旦制完就可以马上投入应用。

酚醛、尿烷、呋喃和环氧树脂等化学自凝固工艺或气体硬化工艺是继CO_2/硅酸盐工艺后发展起来的更为先进的硬化技术。气体硬化技术是指通过空气、CO_2、SO_2、甲基甲酸或有机胺来实现型芯硬化。型芯的硬化技术因制芯方法而异。通常，采用特殊硬化技术的改进，使铸造业也能够制造出形状非常复杂的砂型铸件。

金属冷铁或锆砂能够提高镁合金铸件的局部凝固速度，实现最佳的凝固方式。通常采用与镁合金熔体相容的专用喷剂来提高铸型的表面硬度，减轻熔体对铸型的冲刷作用。上下型箱之间可以采用砂膏状专用物质来密封，防止熔体渗漏或飞边。非氧化性乙炔焰轻微灼烧铸型时，碳会沉积在铸型表面，从而提高熔体流动性。

（2）砂芯。砂芯按大小、复杂程度与厚薄情况可分为以下两类：一类是中小型简单薄壁砂芯；另一类是重50kg以上的（不包括冷铁）大型复杂厚壁砂芯，或不重但垫砂很厚的砂芯。除了小型砂芯外，通常大部分砂芯由SiO_2型砂混合物制成，颗粒大小与铸型用砂接近。小型砂芯特别是细长砂芯，芯砂组成与铸型用砂不同。铸型通常由型砂混合物制成，以再生型砂为主。在砂芯中添加新型砂将对主型砂系统会产生有利的脱硫效果。砂芯用型砂混合物中也必须添加抑制剂，抑制剂种类通常与铸型的类似。砂芯用胶黏剂种类也与铸型的类似。镁合金比热容低，采用分离型芯时会产生大量的热，因而合理选择胶黏剂种类和控制其含量非常重要。

制作砂芯前，需要准备冷铁、芯骨、烘板、通气线、芯盒和过滤器等，器材和工具，按规定的程序、技术要求制作和烘干。

理想的砂芯应具备如下特性：能通过钻孔来排气，且不会降低砂芯的性能；贮藏时间长，且质量不受气候影响；储存时稳定性高，不会发生变形；某些情况下，可在大型砂芯内安装冷铁实现铸件的定向凝固。

在没有砂芯烘炉或底板时，通常选择具有一定强度和尺寸稳定性的砂芯胶黏剂和砂芯系统来防止砂芯下沉。目前，镁合金砂型铸件用砂芯已广泛采用CO_2/硅酸盐工艺。此外，热箱法制砂芯应用也较为广泛。

（3）浇口。重力浇注系统是镁合金最常用的浇注系统。镁合金熔体经过浇口杯沿直浇口流入铸型底部的横浇道系统。一个铸型可以有一个或多个直浇口，直浇口通常是锥形的，便于熔体填满铸型底部而防止空气进入铸型。在熔体进入铸型型腔前，通过放置筛网或过滤器除去金属液流中的氧化物，避免熔体湍流，从而大大减少铸件缺陷。此外，过滤器还能调节进入铸型型腔的金属液流流量。

横浇道有利于去除残渣。相对直浇口而言，增大横浇道的横截面积将降低熔体流动速度，便于在熔体进入铸型型腔前完全去除氧化物。因此横浇道的横截面通常很大，甚至比最后一道浇口还要大，在任何熔体通过浇口进入铸件前，都必须完全填满横浇道。因此，多个铸件宜在上模箱中成型或者使用横浇道位于下模的三分模。浇注时必须防止金属溅射，如果横浇道的横截面比直浇口大，浇口总截面比横浇道大，就可以达到这个目的。习惯上三者之间的面积比为1:2:4或1:4:8。为了避免吸气和氧化物夹杂，铸型内熔体决不允许从高处向低处流动。特别是在薄壁部位可以采用快速浇注、高浇注温度和铸件周围密集分布浇口来避免滞流。金属浇注时要尽量避免铸型厚壁部分和薄壁部分处于同一水平面上，否则会导致熔体滞流，采用适当的浇口系统可以解决这一问题。

(4) 冒口。镁合金砂型铸件收缩倾向大，要求采用多冒口浇注系统。一些镁合金成本高且冒口多，有必要增加冒口的传送效率，但会降低铸件产量。采用绝热套筒将冒口包起来能提高铸造产量，减少再生利用的加工碎屑量。

(5) 冷铁。冷铁在加速重力浇注系统中应用广泛，它能加速镁合金铸件从下至上逐层凝固或定向凝固进程，使铸件中远离直浇道的厚壁或凸起部分获得与定向凝固一致的效果。同时，冷铁可以大大加快周围金属的凝固，起到细化晶粒的作用，即使无锆镁合金也可以获得细小晶粒和优异的力学性能。

(6) 落砂。质量不到90kg的中小型镁合金铸件，在260℃以上冷却时应保持铸件不动。此外，镁合金具有热脆开裂倾向，不宜立即从铸型中取出铸件，否则铸件开裂。铸件越大，开箱前需冷却的时间越长。传统的方法是采用带电磁冷铁的振动筛将铸件从铸型中取出来，然而这种工艺会产生噪音和灰尘。目前，通常采用钢弹轰击打碎铸型的方法取出铸件，同时需要进行适当的工艺控制以避免铸件表面剥蚀并用酸浸洗铸件去除表面污染，提高铸件腐蚀抗力。为了不影响抗蚀性，最好使用非金属磨料介质，如Al_2O_3来清理铸件。值得注意的是，铸型生产过程中旧砂使用量非常高。

(7) 砂型铸造的应用。砂型铸造适于生产几何形状复杂的中小型镁合金铸件。砂型铸件用作尺寸精度要求较高的飞机零部件时，其尺寸精度取决于铸型和型芯的质量，因此有必要采用精密的金属型和塑料型。木模比较便宜，非常适合于生产数量少且对尺寸精度要求严格的铸件，但很少用于制作飞机零部件。以前只能通过熔模铸造法制造的复杂零件，现在也可以通过细砂型铸造法生产。砂型铸造工艺存在几大问题，如浇注过程中存在湍流、无保护、浇注填充过程中各部位的凝固条件不同等，这将导致镁合金部件中产生许多铸造缺陷。低压砂型铸造可以从很大程度上克服这些缺点，并且非常适合于制作轻金属铸件，也可以用于铸造航空用或其他特殊用途用镁合金铸件。相对重力铸造而言，低压砂铸更适合于生产薄壁件。低压砂铸件质量好，研发成本低，节省原材料，是一种很有前景的铸造方法。特别是对价格昂贵的特种合金有很强的吸引力。

10.3.3.2　金属型（永久型）铸造

金属型铸造有时也称为永久型铸造。通常，适合砂型铸造的镁合金也可以进行金属型铸造，但Mg-Al-Zn系合金（如AZ51A合金）和ZK61A合金除外。Mg-Al-Zn系合金热脆开裂倾向大，不宜采用永久型铸造。如果能够采取措施降低镁合金常见的热脆倾向，那么可以相对经济地生产所有铸件。设计足够的拔模斜度是一项比较合适的措施，能最大程度地降低镁合金件的热脆开裂倾向。此外，取出金属型芯时要特别小心，不要在热铸件上施加压力；如果使用两个或多个型芯，则应该同时取出。只有零件满足金属型铸造的结构工艺性时，才考虑选择该工艺。通常金属型铸造主要有两类：使用金属型芯或型砂型芯的半永久型。金属型铸造不能铸造形状复杂的零件，特别是具有深肋和复杂型芯的零件。

目前，金属型铸件的尺寸精度和形状复杂程度远不及砂铸件。相对砂型铸造而言，金属型铸造具有如下优点：铸件尺寸精度较高且表面比较光滑；凝固速度快，力学性能高；机加工余量少，甚至有的部位可以完全不预留机加工余量；不需要使用一系列材料，如造型混合砂、氟添料等；生产铸件所占用的生产面积小，仅为砂型铸造的几分之一；铸型或模具可以重复使用，减少劳动力和设备费用。金属型铸造也存在如下缺点：金属型成本高，铸件成本与铸件总数密切相关，必须承担高额的模具和其他原始成本；浇注铸型时，金属在铸型中停留的时间长；一旦模具制成，铸件设计或浇注系统修改余地小；开发新零件生产工艺所需的时间较长，并且难度较大。

金属型铸造工艺成本很高，一般用于批量生产，但是也可以用于小批量生产高致密性的镁合金件。

金属型铸造镁合金开裂倾向特别大，除了在金属型设计上采取措施外，还必须刮掉缺陷处铸件表面的涂料。厚截面工件不能通过安置冒口来补给金属，但可以采用型芯来进行局部冷却。此外，并不是所有的金属型铸造都需要安置冒口。延长浇注时间、提高铸型温度和低温浇注可以降低镁合金开裂倾向。大多数情况下，提高铸型温度是防止铸件产生缩孔和裂纹等缺陷的最有效方法。如果在金属型铸造时使用砂芯，那么砂芯内放置冷铁将影响镁合金的结晶过程。金属型工作温度为250～300℃，型芯温度为300～400℃，浇注温度取决于镁合金铸件的性质和复杂程度，一般为700～760℃，有时可升至780℃。

在浇注之前，金属型上要涂特殊涂料，防止镁合金熔体与型壁之间发生黏结，以便于铸件的取出。为了避免金属与涂料反应，往往在涂料中加入硼酸。镁合金金属型铸造用涂料的配制和金属型的准备类似于铝合金，配制涂料的工艺材料见表10－26，涂料的组成见表10－27。石棉粉、氧化锌和滑石粉在配制前应在700～800℃下焙烧，保温2～3h，除去结晶水。石棉粉磨碎后用筛孔为0.5mm的筛子过筛。配制涂料时，先将水玻璃溶解在600℃以上的热水中搅拌均匀，接着将按比例称量好的各种材料混合均匀，然后倒入水玻璃溶液中搅拌均匀。

表10－26 配制金属型涂料用工艺材料

材料名称	技术标准	技术要求	用途
碳酸钙	GB 4794	Ⅱ型一、二级；$w(CaCO_3)\geqslant 97\%$，水分$\leqslant 0.4\%$	型面涂料
氧化锌	GB 3185	工业一级	型面涂料
二氧化钛	GB 1706	$w(TiO_2)\geqslant 90\%$	型面涂料

续表 10－26

材料名称	技术标准	技术要求	用途
石棉粉	JB 9，JB 10	一、二级品	需保温部分用涂料
滑石粉	JC 161	一、二级品滑石含量≥80%，粒度 300 目(0.05mm) ≥99%	涂料
水玻璃	ZBJ 31003	$w(SiO_2)$≥25.7%；$w(Na_2O)$≥10.2%；密度 1.40～1.55g/cm^3	胶黏剂
铸造用石墨	GB 3518		润滑
机械油	GB 443	N32、N46	润滑
硼酸	GB 538	二级品，过 100 目（0.147mm）	防护剂

表 10－27 镁合金铸造用金属型涂料的组成与应用部位

牌号	成分/g						用途
	碳酸钙	氧化锌	石棉粉	滑石粉	水玻璃	热水	
镁－0	20	—	300	—	50	500	浇冒口涂料
镁－1	50	—	—	100	25～30	500	小件用型面涂料
镁－2	100	—	—	50	25～30	500	大中件用型面涂料
镁－3	50	100	—	50	50	650	型面涂料
镁－4	—	50	50	—	20	300	从浇冒口到型面的过渡区用涂料

对表面粗糙度有所要求的铸件，配制好的涂料在使用前应经孔径为 0.1～0.3mm 的筛网过筛；对表面粗糙度要求更高的铸件，涂料则应通过由六层白纱布组成的过滤器过滤。金属型型面应使用能保证铸件表面光洁的型面涂料，浇冒口部分应使用保温涂料。铸件壁厚增厚时涂料层相应减薄，铸件薄壁处在无特定工艺规范的情况下可参照表 10－28 进行。冒口及其他须缓慢冷却的部位，可将用水浸透的石棉板涂上水玻璃贴紧在预热至 500℃左右的所需部位，再喷上一层 0.2mm 以上的冒口涂料。喷涂后，在型面和浇冒口部位均匀喷上一层硼酸溶液（10%～15%（质量分数）硼酸＋90%～85%（质量分数）热水）。

表 10－28 金属型的涂料厚度

涂料部位	浇冒系统	厚壁部位	薄壁部位
涂料厚度/mm	1.5～3	0.05～0.3	0.2～0.5

浇注前必须检查金属型及传动结构是否完好无损。在保证质量的前提下，生产一般铸件时，浇冒口涂料通常一星期重新喷涂一次，但每天应将烧损和沾污的涂料层除去，适当喷涂一层新涂料；型面涂料每班至少一次。表 10－29 给出了工艺规范无特殊规定时金属型的预热温度和保温时间。金属型在使用前要放入箱式电阻炉内预热，大的金属型应采用专门的预热器预热。

表 10－29 金属型的预热方法、预热温度和保温时间

金属型外廓尺寸/mm×mm×mm	预热方法	预热温度/℃	保温时间/h
小于 200×300×400	箱式电阻炉	300～500	≥1
200×300×400～300×400×600	箱式电阻炉	300～500	≥2
大于 300×400×600	专用预热器	300～500	≥4

低压铸造与金属型铸造所使用的金属型基本相似，主要不同点在于：低压铸造中，熔融金属在低压下由底部进入铸型，凝固方式相反。

金属型铸造铝合金的原则基本上适用于铸造镁合金。金属型设计的基本原则是以能够制出良好的、几何尺寸精度合乎要求的铸件为前提，在制造成本最低的条件下保证铸型使用寿命最长。金属型结构首先由浇注工艺过程决定：金属型的浇注、闭合和开启均手工操作；浇注在手动机床上进行；浇注在机动或气动分型的机床上进行；浇注在传送装置上进行。设计金属型时，千万不要因现有机床的类别而限制金属型构造。金属型铸造已被广泛用于制造高质量的汽车轮毂等部件。

为了满足金属型铸造的要求，金属型设计应注意以下几点：

(1) 只有能够制作整个金属型芯，才可以全部在金属型中铸造；若零件中有内凹部分，需要使用配合金属型芯，那么最好还是使用带砂芯的铸型。

(2) 金属型铸件不宜出现尖角、壁厚急剧变化的表面、内部轮廓复杂的分型线和平行壁面。

(3) 在多数情况下铸型的分型面为两、三部分，有时则由四个或更多的部分做成相互垂直的分型面，如果零件的几何形状容许，则最好把它完全做在底板上或一个不活动的侧边上，而其他活动部分仅形成冒口或浇口系统。

(4) 选择铸件的浇口位置时，应当使铸件在浇注时得到数目最少的水平分型面，面积较大的铸件平面应当处于水平位置，并在浇注时采用倾斜铸型的方法。

(5) 铸型的主要空腔应当尽可能做成出口朝上，以便冒口位于铸件的顶端，保证补给铸件足够的金属。

(6) 设计时必须保证铸型容易开启和闭合，凸出边缘的倒圆半径必须足够大。

(7) 铸件中的凹部和空腔最好用活块（型芯）来形成，为了不阻碍铸件的自由收缩，活块在冒口中金属凝固之前取下来，取型芯时必须异常平稳，不要偏斜，以免因热脆性大而生成裂纹。

(8) 必须保证气体由型腔中很好地逸出，为此，在金属型的分型面上应当顺着金属液流的方向做 2 ~ 3mm 的沟槽。

(9) 选择金属型的壁厚时，应当考虑镁合金比热容比其他金属小的特点。

(10) 铸件复杂且金属型的热规范不能保证自然热交换时，应当采用人工加热法将铸件的各个不同部分根据铸件的性质加热到不同的温度。

金属型设计的主要数据见表 10 - 30。

表 10 - 30 金属型设计的主要数据

设计参数		量值
最小壁厚/cm		3
最小圆角半径/cm	对于小型铸件	3
	对于中型铸件	5
	对于大型铸件	8
通气孔/cm		0.2 ~ 0.4
最小斜度/(°)	表面	1
	型芯	2.5

续表 10－30

设计参数		量 值
极限孔/cm	最小直径 在最小直径条件下的最大深度	6～8 40～50
机加工余量/cm	小型铸件 中型铸件 大型铸件	1.5～2 2～3 不小于3
合适的金属型壁厚与工件壁厚之比		1.5～2.0

金属型铸造时可以采用顶注式、立缝式、底注式三种类型的浇注系统：为了避免在浇注过程中金属不平稳进入铸型而形成熔渣，金属应当以较低的速度进入铸型。小工件以及有大平面的较大工件常常经过冒口浇注；蛇形直浇口能减少因夹渣而造成的废品；采用立缝式浇注系统时，立缝宽度应当比砂型铸造的大一些；采用底式浇注系统时，最好是通过砂芯引入金属。

10.3.3.3 熔模铸造

熔模铸造是目前国际上较为先进的铸造工艺之一。熔模铸造从原理上讲适合于制备小体积高精密的铸件。在镁合金铸件中，形状结构非常复杂，一些部位壁厚非常薄，并且对表面粗糙度尺寸和公差要求很严格时，则可以采用熔模铸造来生产。

适合于砂型铸造的镁合金也同样适于熔模铸造。采用熔模铸造法生产铸件时具有不需取模、无型芯和无分型面等特点，因而其铸件的尺寸精度和表面粗糙度接近于金属模精铸件。此外，熔模铸造为铸件结构设计提供了充分的自由度，原来多个零件组装的构件，可以通过分片制型后黏合成一体实现整体浇注，因此可以经济地生产许多复杂零件。

熔模铸造镁合金时，通常采用干砂，以避免普通型砂由于水分引起镁合金燃烧的问题，并且熔模熔化形成的还原气氛可抑制镁合金的燃烧。另外，镁合金的收缩率是铝合金的1.2倍，热裂倾向较大，干砂退让性好，可有效地控制镁合金的开裂。但是，熔模铸造的设备投稿和单位铸造成本高，工件尺寸有限。此外，镁与熔模铸型材料和黏结材料用氧化物陶瓷之间存在高活性反应，从而大大地限制了其应用。生产镁合金薄壁件时，需要预热铸型以便填充薄壁部位，然而预热温度和浇注温度过高将促进镁合金与铸型间的反应。有研究表明，采用低的铸型预热温度和浇注温度时，ZrO_2 是一种很有前景的铸型材料。

10.4 压力铸造技术

10.4.1 概述

压力铸造是液态或半液态金属在高压作用下，以较高速度充填到模具中，并在压力作用下凝固而获得所需铸件。压铸经常被称为高压铸造，以区别于重力铸造和低压下的金属型铸造。

压力铸造要求合金熔体具有良好的流动性、充型性。镁及其合金的熔点低，大多数合金的流动性比较好；镁的比热容低，其铸件容易获得高的冷速；密度低，因而在适中的压铸压力下可以获得理想的致密度较高的铸件。因此，镁合金比较适合压铸成型。由于镁的流动性优于铝、锌，可以压铸出薄壁件，原材料消耗少，大大降低成本，从而在汽车工业中大量采用镁合金压铸件实现减重。目前，压铸技术在镁及其合金产品的生产中得到了广泛应用，成为镁合金铸件的主要生产方法。

目前已有的压铸镁合金有 AZ、AM、AE 和 AS 系，其常规化学成分见表 10－31。显然，适合压铸的镁合金种类比重力铸造镁合金少得多。由于铝能提高镁合金的铸造性能、强度和抗蚀性，因而是压铸镁合金的最主要的合金化元素。所以大多数压铸镁合金为含铝镁合金，铝含量一般为3%～9%（质量分数）。锰则能提高镁合金的抗蚀性。我国的压铸镁合金牌号为 YM5，成分为 Mg－Al(7.5%～9.0%)－Zn(0.2%～0.8%)－Mn(0.15%～0.5%)(JB 3070—82)。

表 10－31 压铸镁合金的化学成分（质量分数） （%）

合金种类	Al	Zn	Mn	Si	RE
AE42	4.0	—	0.2	—	2.5
AM20	2.1	—	0.4	—	—
AM50A	4.9	—	0.4	—	—
AM60A	6.0	—	0.4	—	—
AM60B	6.0	—	0.4	—	—
AS21	2.2	—	0.2	1.0	—
AS41A	4.25	—	0.2	1.0	—
AS41B	4.25	—	0.2	1.0	—
AZ91A	9.0	0.7	0.15	—	—
AZ91B	9.0	0.7	0.15	—	—
AZ91D①	9.0	0.7	②	—	—

①铜、镍和铁含量较低的高纯度合金；

②如果铁含量超过0.005%，则铁锰比小于0.032。

同铝合金压铸件相比，除炉料成本高之外，镁合金压铸件的压铸和机械加工成本都低。生产实践表明：由于生产率高，热室压铸的镁合金小件的总成本低于冷室压铸铝合金同类件。一般而言，1kg 以下的镁合金小件用热室压铸法生产，1kg 以上的镁合金件用冷室压铸法生产。

镁合金压铸产品设计原则主要有以下几点，只有设计出合适的镁合金压铸产品，才能生产出优质压铸件。

（1）确定产品的功能、使用条件和物理、力学性能的要求，选择某一牌号的镁合金。因镁合金化学活性强，因此一定要考虑环境因素对产品防腐蚀的要求。

（2）根据所选择的镁合金的压铸性能及其他特性，考虑产品结构是否符合压铸工艺要求，是否容易实现压铸成型。

（3）进行产品设计，包括壁厚及均匀性、加强筋、各部分的连接、圆角、拔模斜度、尺寸公差等要和压铸成型的要求相符合。

（4）应充分利用计算机辅助设计、压铸凝固过程数值模拟、快速成型技术等手段，加快产品的设计及开发周期，并对产品样板进行测试和分析。

（5）在产品设计时还需考虑是否有利于模具的设计制造、是否有利于压铸加工和后续处理。

10.4.2 镁合金压铸生产的原理及工艺特点

10.4.2.1 概述

压铸（压力铸造）是在高压作用下，将液态成本液态合金液化高速压入压铸模腔中，并在压力下凝固成型而获既定形状和尺寸铸件的生产方法。高压高速是其两大特点，压铸压力通常在几兆帕到几十兆帕，充填速度通常在 0.5 ~ 70m/s，充填时间很短，一般为 0.01 ~ 0.03s。

压铸的分类方法很多，常见的压铸分类方法见表 10 - 32。铸造镁合金几乎适应新有的压铸方法生产各种类型的压铸件。

表 10 - 32 常见的压铸分类方法

<table>
<tr><th colspan="3">压铸的分类方法</th><th>说 明</th><th colspan="2">压铸的分类方法</th><th>说 明</th></tr>
<tr><td rowspan="4">按压铸材料分</td><td colspan="2">单金属压铸</td><td rowspan="4">目前主要是非铁合金压铸</td><td rowspan="2">按压铸机分</td><td>热压室压铸</td><td>压室浸在保温坩埚内</td></tr>
<tr><td rowspan="3">合金压铸</td><td>铁合金压铸</td><td>冷压室压铸</td><td>压室与保温炉分开</td></tr>
<tr><td>非铁合金压铸</td><td rowspan="2">按合金状态分</td><td>全液态压铸</td><td>常规压铸</td></tr>
<tr><td>复合材料压铸</td><td>半固态压铸</td><td>一种压铸新技术</td></tr>
</table>

10.4.2.2 金属充填理论

压铸过程中金属液充填压铸模型腔的形态与铸件的质量（致密度、气孔、力学性能、表面粗糙度等）有着很大的关系，长期以来，人们对此进行了广泛的研究。

在压铸过程中，金属液充填压铸模型腔的时间极短，一般为百分之几秒或千分之几秒。在这一瞬间内，金属液的充填形态是极其复杂的，它与铸件结构、压射速度、压力、压铸模温度、金属液温度、金属液黏度、浇注系统的形状和尺寸大小等都有着密切的关系。因而金属液充填形态对铸件质量起着决定性的作用，为此，必须掌握金属液充填形态的规律，了解充填特性，以便正确地设计浇注系统，获得优质铸件。

金属液充填压铸模型腔的过程是一个非常复杂的过程，它涉及流体力学和热力学的一些理论问题。研究充填理论的目的在于运用这些理论以更好地指导我们选择合理的工艺方案和工艺参数，从而消除压铸生产中出现的各种缺陷，以获得优质的压铸件。充填过程主要有以下三种现象：

（1）压入。压射系统有必需的能量，对注入压室内的金属液施加高压力和高速度使熔液经压铸模的浇口流向型腔。

（2）金属液流动。熔液从内浇口注入型腔，而后熔液流动并充填型腔的各个角落，以获得形状完整、轮廓清晰的铸件。

（3）冷却凝固。熔液充填型腔后，冷却凝固，此现象在充填过程中自始至终地进行着，必须在完全凝固前充满型腔各个角落。

目前国内外压铸工作者对金属液充填形态提出的各种不同观点归纳起来有三种：喷射

充填理论、全壁厚充填理论和三阶段充填理论。

（1）喷射充填理论。喷射充填理论是最早提出的一种金属充填理论，它是由弗洛梅尔（L. Frommer）于1932年根据锌合金压铸的实际经验并通过大量实验而得出的。实验铸型是一个在一端开设浇口的矩形截面型腔。通过研究，认为金属液的充填过程可以分为两个阶段，即冲击阶段和涡流阶段。在速度、压力均保持不变的条件下，金属液进入内浇口后仍保持内浇口截面的形状冲击到对面的型壁（冲击阶段），随后，由于对面型壁的阻碍，金属液呈涡流状态，向着内浇口一端反向充填（涡流阶段），这时由于铸型侧壁对此回流金属流的摩擦阻力以及此金属流动过程中温度降低所形成的黏度迅速增高，因而使此回流金属流的流速减慢。与此同时，一部分金属液积聚在型腔中部，导致液流中心部分的速度大于靠近型壁处的速度。图10－10所示为金属液在型腔内的充填形态。

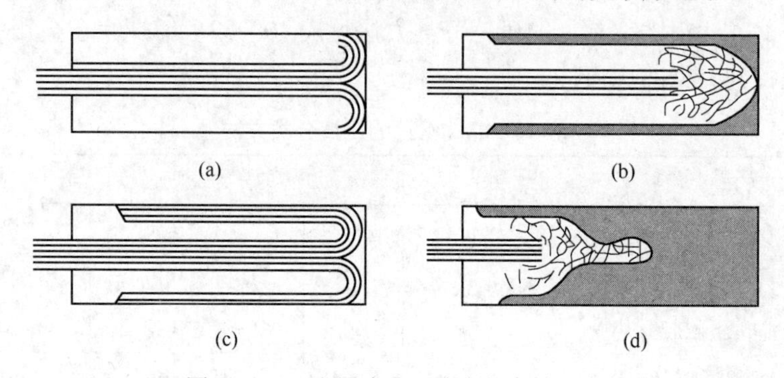

图10－10 金属液在型腔内的充填形态

（a）冲击型壁；（b）回流；（c）积聚在型腔远端；（d）积聚在型腔中部

大量的实验证实，这一充填理论适用于具有缝形浇口的长方形铸件或具有大的充填速度以及薄的内浇口的铸件。

根据这一理论，金属液充填铸型的特性与内浇口截面积 A_g 和型腔截面积 A_1 的比值有关，压铸过程中应采用 $A_g/A_1>(1/4\sim1/3)$，以控制金属液的进入速度，从而保持平稳充填。在此情况下，应在内浇口附近开设排气槽，使型腔内的气体能顺利排除。

（2）全壁厚充填理论。全壁厚充填理论是由布兰特（W. G. Brandt）于1937年用铝合金压入试验时的压铸型中得出的。实验铸型具有不同厚度的内浇口和不同厚度的矩形截面型腔。内浇口截面积与型腔截面积之比 A_g/A_1 在0.1～0.6的范围内，用短路接触器测定金属液在型腔内的充填轨迹。

该理论的基本要点是：

1）金属液通过内浇口进入型腔后，即扩展至型壁，然后沿整个型腔截面向前充填，直到整个型腔充满金属液为止，其充填形态如图10－11所示。

2）在整个充填过程中不出现涡流状态，在实验中没有发现金属堆积在型腔远端的任一实例，凡是远端有欠铸的铸件，在浇口附近反而完全填实。因此，认为喷射充填理论是不符合实际情况的，并且推翻了喷射充填理论所提出的将复杂铸件看成若干个连续矩形型腔的说法。同时认为，无论 A_g/A_1 的值大于或小于1/4～1/3，其结果并无区别。

按这种理论，金属的充填是由后向前的，流动中不产生涡流，型腔中的空气可以得到充分的排除。至于充填到最后，在进口处所形成的“死区”，完全符合液体由孔流经导管

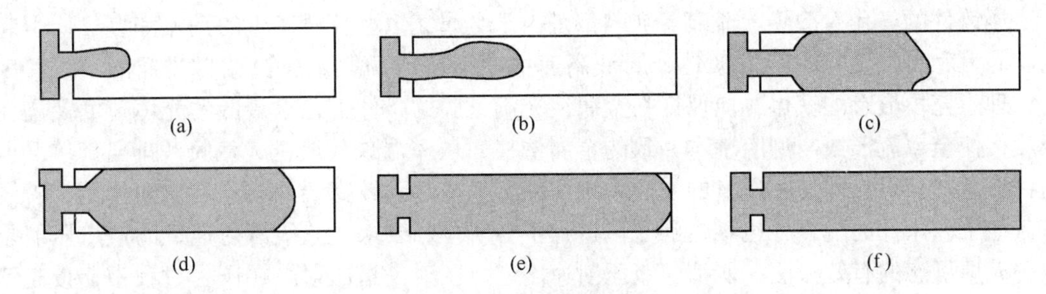

图 10－11 全壁厚充填理论的充填形态

（a）进入型腔；（b）开始扩展；（c）扩展至型壁；（d）向前充填；（e）充至型壁；（f）充满型腔

的水力学现象。

（3）三阶段充填理论。三阶段充填理论是巴顿（H. K. Barton）于 1944～1952 年提出的。按三阶段充填理论所做的局部充填试验表明，其充填过程具有三个阶段，如图 10－12 所示。

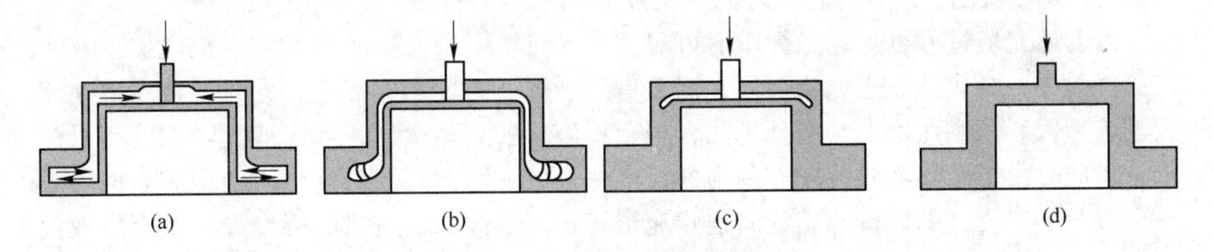

图 10－12 三阶段充填理论的充填形态

（a）形成薄壳层；（b）继续充填；（c）即将充满；（d）充满型腔后形成封闭水力学系统

1）第一阶段。金属液射入型腔与型壁相撞后，就相反于内浇口或沿着型腔表面散开，在型腔转角处，由于金属液积聚而产生涡流，在正常均匀热传导下，与型腔接触部分形成一层凝固壳，即为铸件的表层，又称为薄壳层。

2）第二阶段。在铸件表层形成壳后，金属液继续充填铸型，当第二阶段结束时，型腔完全充满，此时，在型腔的截面上，金属液具有不同的黏度，其最外层已接近于固相线温度，而中间部分黏度很小，还处于液态。

3）第三阶段。金属液完全充满型腔后，型腔、浇注系统和压室是一个封闭的水力学系统，在这一系统中各处压力是相等的，压射力通过铸件中心还处于液态的金属继续作用。

在实际生产中，大多数铸件（型腔）的形状比充填理论试验的型腔要复杂得多。通过对各种不同类型压铸件的缺陷分析和对铸件表面流痕的观察可知，金属在型腔中的充填形态并不是由单一因素所能决定的。例如，在同一铸件上，由于工艺参数的变动，也会引起充填形态的改变；在同一铸件上，由于其各部位结构形式的差异，也可能产生不同的充填形态。至于采取哪种形态，则是由金属流经型腔部位的当时条件而定。

上述三种充填理论，在不同的工艺条件下都有其实际存在的可能性，其中全壁厚充填理论所提出的充填形态是比较理想的。最理想的充填形态可在三级压射速度是点压射过程中获得。

压铸件的气孔、冷隔、流痕等缺陷都是由于金属充填型腔时产生的涡流和裹气所引起的。涡流和裹气现象的产生又是金属液高速射向型壁或两股金属流相对碰撞的结果。因此，理想充填形态的获得，应保证在金属液充满型腔的条件下，以最低的充填速度及浇注温度，使金属流形成与型腔基本一致的金属液柱，从一端顺利地充满型腔，排出气体。但这一形态的获得，即使在适宜的浇注系统中使金属液起到较完善的整流和定向作用，若没有其他工艺条件的配合，也难达到充填过程中各阶段的要求。三级压射速度的定点压射是改善充填形态的有效方法。所谓三级压射速度定点压射是指压射缸在压射过程中，按充填各阶段的要求，分为三级压射速度，每一级压射的始终位置均有严格的控制。

在第一级压射时，压射冲头以较慢的速度推进，以利于将压室中的气体挤出，直至金属液即将充满压室为止。

第二级压射则是按铸件的结构、壁厚选择适当的流速，以在充满型腔过程中金属液不凝固为原则，将糊状金属把型腔基本充满。

第三级压射是在金属液充满型腔的瞬间以高速高压施加于金属液上，增压后使铸件在压力的作用下凝固，以获得轮廓清晰、表面质量高、内部组织致密的优质铸件。

由上述充填过程可知，三级压射可避免一般充填中所发生的裹气和涡流现象。在第二级压射中，金属液流进内浇口后，温度有所下降，黏度相应提高；同时，金属液在流入型腔后因容积突然增大，向外扩张，当金属液接触到型壁后，金属液流随型腔而改变形状，此时由于金属液对型壁有黏附性，更使它的流动性降低。这样，在型腔表面形成一层极薄的表皮，随后按金属流向逐步充填铸型。因此，在适当的铸型温度及金属液温度下，第二级压射形成了金属流端部的金属柱后，即使再增加压射速度，也不致有产生涡流的危害。所以，第二种充填形态的获得有利于避免气孔，特别对厚壁铸件功效更大。

图10－13所示为在某一压力下金属的充填形态。当改变内浇口截面积与铸件截面积之比时，充填所需的时间也不同，当$A_g/A_1=1/3$时，充填所需时间最短。图10－14所示为在一般压力下，内浇口在型腔一侧时的充填形态。

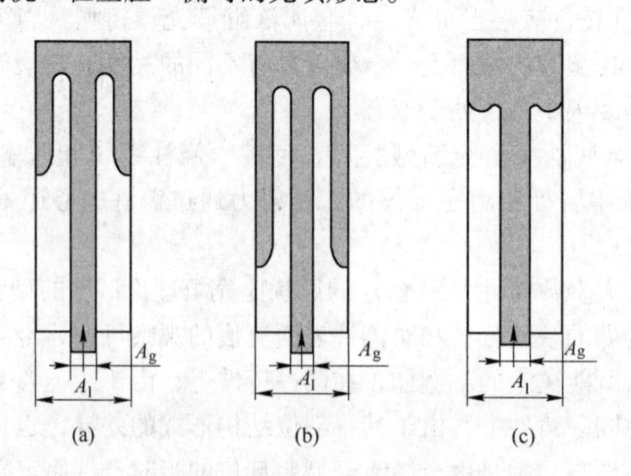

图10－13 不同内浇口截面积厚度时的充填形态

(a) $A_g/A_1\approx1/4\sim1/3$；(b) $A_g/A_1=1/3$；(c) $A_g/A_1>1/3$

图10－15所示为型腔特别薄时（锌合金可以做到）的充填形态。金属流厚度接近于

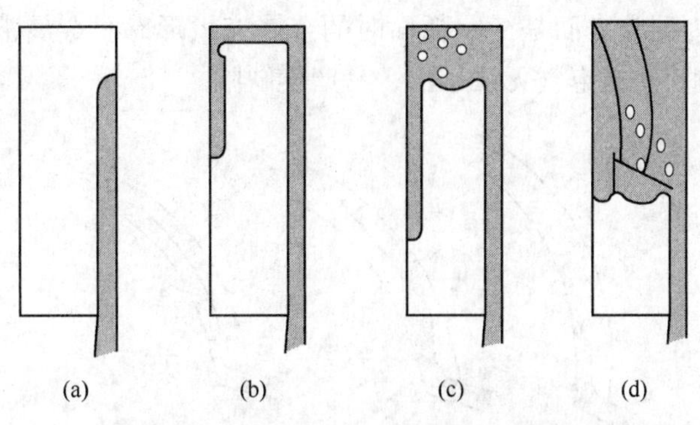

图 10－14　内浇口在型腔一侧时的充填形态

（a）进入型腔；（b）回流；（c）继续充填；（d）全壁厚充填

型腔，故金属流入型腔后，即与型腔的一侧或两侧接触（见图 10－15（a）和（b））。与型腔接触的金属因冷却而温度降低，中间的金属从冷凝金属层 1 上面滑过去，又与前方的型腔壁接触，而新的金属液 2 从两侧逐渐冷却凝固的金属层中通过（见图 10－15（c）和(d))。

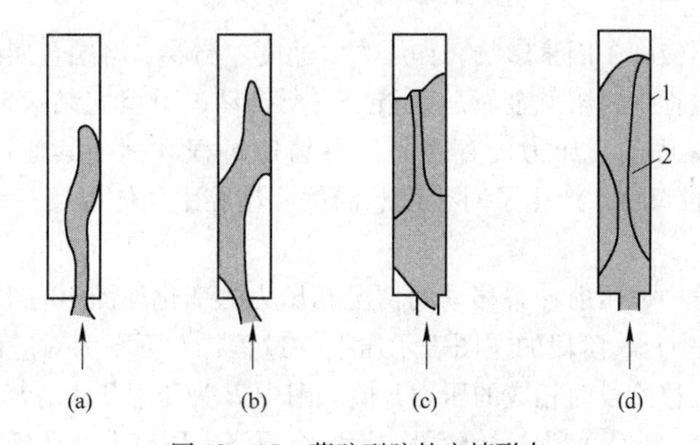

图 10－15　薄壁型腔的充填形态

（a）一侧接触；（b）两侧接触；（c）从冷凝金属层上滑过；（d）新金属从冷凝金属层中通过

1—冷凝金属层；2—新的金属液

图 10－16 所示为金属流在型腔转角处的充填形态。金属液流入型腔转角处会产生涡流（见图 10－16(b)），基本上没有向前流动的速度，在型腔垂直部分充满以前向左移动很慢（见图 10－16(c)），在垂直部分充满以后，后面的金属推动前面的金属向左流动（见图 10－16(d)）。

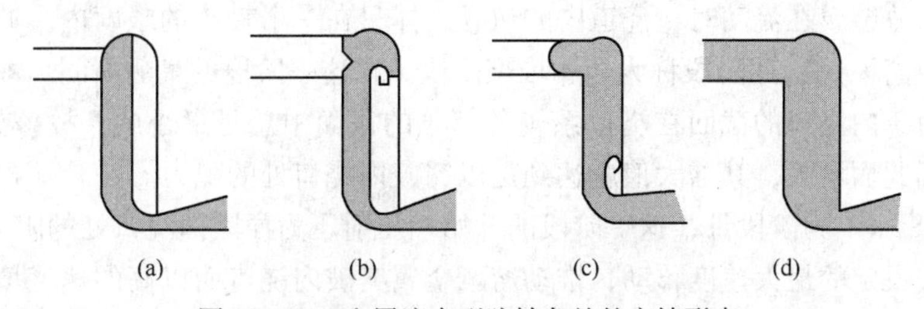

图 10－16　金属流在型腔转角处的充填形态

（a）进入型腔；（b）在转角处产生涡流；（c）充填垂直部分；（d）向左充填

图10－17所示为型腔表面是一圆弧面时的金属充填形态。金属液有靠近外壁流动的趋势，因此，靠近内壁处的空气无法排出，易产生缺陷。

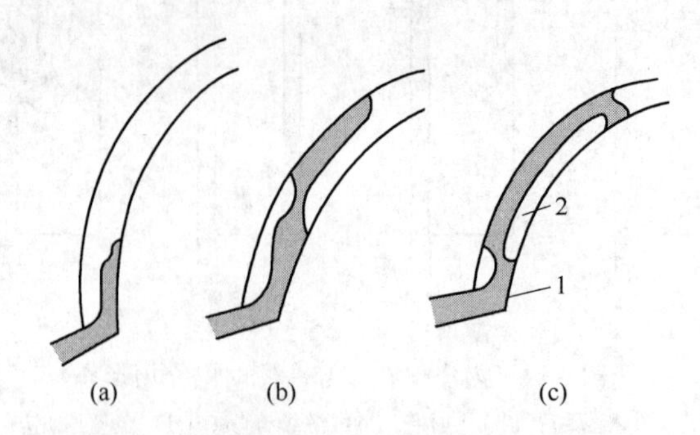

图10－17　金属液在圆弧面处的充填形态
（a）进入型腔；（b）流向外型壁；（c）靠近外型壁流动
1—金属液；2—无法逸出的空气

10.4.3　铸造镁合金压铸工艺过程分析

压铸的填充过程受许多因素影响，如压力、速度、温度、熔融金属的性质以及填充特性等。在填充的全过程中，熔融金属总是被压力所推动，而填充结束时，熔融金属仍然是在压力的作用下凝固的。压力的存在是这种铸造过程区别于其他铸造方法的主要特征。也正因为压力的缘故，产生了对速度、温度、型腔中气体以及一系列的填充特性的影响。

在压铸填充过程中，压射冲头移动的情况和压力的变化如图10－18所示（以卧式冷压室压铸为例）。图中每一阶段的左图表示压射的过程，右下图为对应的压射冲头位移曲线，右上图为每一位移阶段时相应的压力升值。图中P为压射压力，S为压射冲头移动距离，t为时间。图10－18(a)为初始阶段，熔融金属浇入压室内，准备压射。

图10－18(b)为阶段Ⅰ，压射冲头缓慢地移过浇料口，使熔融金属受到推动，因冲头的移动速度低且冲力小，故金属不会从浇料口处溅出。这时推动金属的压力为P，其作用为克服压射缸内活塞移动时的总摩擦力、冲头与压室之间的摩擦力。冲头越过浇料口的这段距离为S_1。此阶段为慢速封口阶段。

图10－18(c)为阶段Ⅱ，压射冲头以一定的速度（比阶段Ⅰ的速度略快）移动，与这一速度相应的压力值增到P_1，熔融金属充满压室的前端和浇道并堆聚于内浇口前沿，但因速度不大，故金属在流动时，浇道中的包卷气体只在一个较小的限度内。冲头在这一阶段所移动的距离为S_2。此阶段称为金属堆聚阶段。在这一阶段的最后瞬间，即当金属到达内浇口时，由于内浇口的截面在浇口系统各部分的截面中总是最小的，故该处阻力最大，压射压力便因此而增大，其增大值应达到足以突破内浇口处的阻力。

图10－18(d)为阶段Ⅲ，这一阶段的开始，压射压力便因内浇口处的阻力而升至P_2，冲头的速度按设定的最大速度移动，推动熔融金属突破内浇口而以高的速度填充入封闭的模腔，这一阶段冲头移动的距离为S_3。此阶段称为填充阶段。在短促的填充瞬间，金属虽已充满型腔，但还存在疏松组织。

图 10－18(e) 为阶段Ⅳ，压射冲头按设定的压力作用于型腔中正在凝固的金属上，疏松组织便成为密实组织。此时作用在金属上的压力，通常称为最终压力，其大小与压铸机的压射系统的性能有关。当压射系统没有增压机构时，最终压力能达到的最大值为 P_3，当压射系统带有增压机构时，最终压力又从 P_3 升至 P_4。这一阶段冲头移动的距离为 S_4，其实际的距离是很小的。

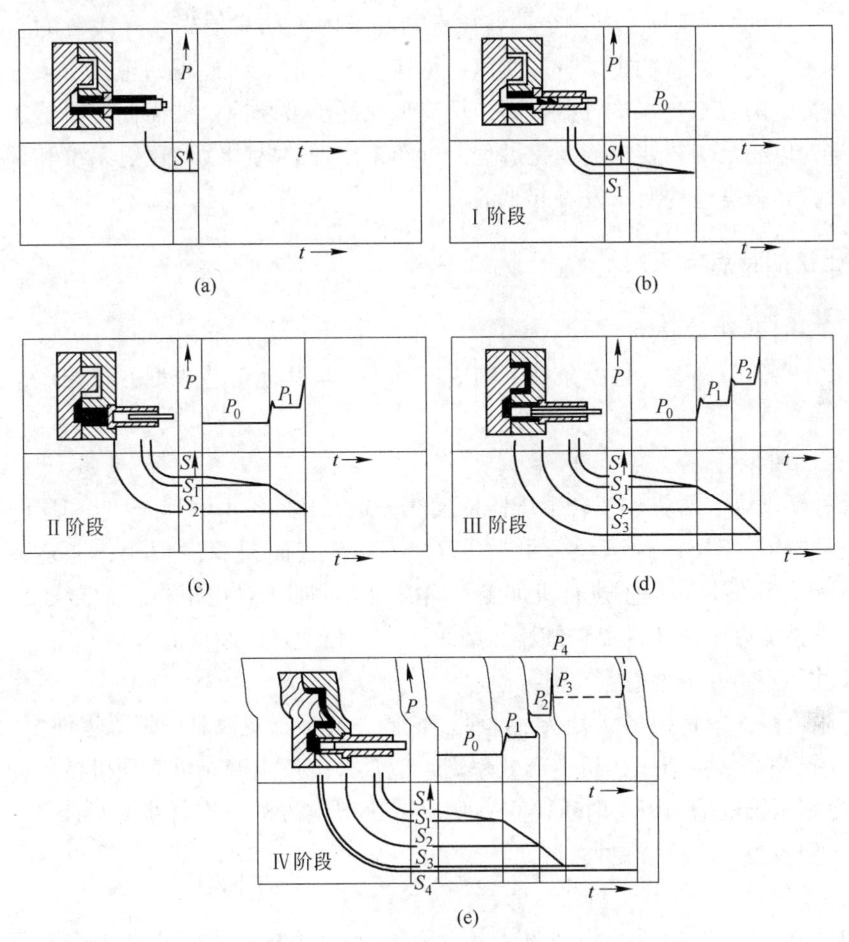

图 10－18　压铸填充过程各个阶段的冲头位移－压力曲线

（a）初始阶段；（b）慢速封口阶段；（c）金属堆聚阶段；（d）填充阶段；（e）压实凝固阶段

上述过程称为四级压射。根据工艺要求，压铸机均应实现四级压射。目前使用的大中型压铸机为四级压射，中小型压铸机多为三级压射，这种机构是把四级压射中的第二和第三阶段合为一个阶段。在压铸周期中，其中 P_3 越高所得的充填速度越高，而 P_4 越大，则越易获得外廓清晰、组织致密和表面粗糙度要求高的铸件。在整个过程中，P_3 和 P_4 是最重要的。所以，在压铸过程中压力的主要作用在一定程度上是为了获得速度，保证液态金属的流动性。但要达到这一目的，必须具备以下条件：

（1）铸件和内浇口应具有适当的厚度。

（2）具有相当厚度的余料和足够的压射力，否则效果不好。

上述压力和速度的变化曲线只是理论性的，实际上液态金属充填型腔时，因铸件复杂程度不同、金属充填特性及操作不同等因素，压射曲线也会出现不同的形式。从压铸工艺上的特性来看，上述的过程为四阶段压射过程。近年来，先进的压铸机即根据这一工艺要求，从而备有四阶段压射的压射机构。

在目前的生产现场中，仍然有大量的机器是三阶段压射机构。至于较早期的压射过程，则从压射开始至填充即将结束，机器提供的冲头移动速度是不变的（如有变化也只是因填充过程引起的），这样，熔融金属在压室和浇道内流动时便先卷入大量的空气，使铸件内形成大量的气孔，影响了质量。所以，从速度不变的压射过程，至三阶段、四阶段的压射过程，都是随着工艺水平日益提高，填充理论逐步被掌握，从而促使机器压射机构不断地被改进，以满足工艺要求的变化过程。近年来出现的抛物线形压射系统和伺服系统的压射机构，都是根据这些要求发展起来的。

10.4.4 压铸的特点与应用

10.4.4.1 压铸的特点

压铸是在高压、高速、快凝条件下的成型方法，与其他铸造成型方法相比，具有如下优点：

（1）产品质量好。

1）尺寸精度高。对铝、镁合金压铸件尺寸公差可达GB/T 6414—1999 CT5 ~ CT7，对锌合金可达CT4 ~ CT6，对铜合金可达CT6 ~ CT8，表面粗糙度值小，能达到R_a0.8 ~ 3.2μm。因此，压铸件可以不进行机加工，确需加工时加工量也很小。

2）力学性能好。压铸件晶粒细小，组织致密，强度好，硬度高。

3）尺寸稳定，互换性好。

4）清晰度高。能铸出形状复杂、薄壁、深腔、文字、花纹和图案等零件。

（2）生产率高。由于压铸机生产效率高，适合大批量生产，可实现机械化、自动化操作，一般冷室压铸机平均每小时压铸6 ~ 80次；热室压铸机平均每小时可压铸400 ~ 1000次，利用一型多腔，产量会更大。

（3）经济效益好。

1）材料利用率高。材料的工艺出品率可达60% ~ 80%，甚至可达90%。

2）压铸件中可镶嵌其他金属或非金属材料零件，节省贵金属，可代替装配，节省工时。经济指标见表10 – 33。

表10 – 33 不同铸造方法生产1t合格铸件经济指标比较

铸造方法	合金种类	节省量		减少劳动量/h	减少机械加工余量/%
		费用金额/元	金属质量/kg		
熔模铸造	灰铸铁、钢	275	250	300①	90
	非铁合金	350	250	300	90
壳型铸造	铸　铁	15	200	60	50
	铸　钢	20	150	80	50
	非铁合金	20	150	100	60

续表 10 - 33

铸造方法	合金种类	节省量		减少劳动量/h	减少机械加工余量/%
		费用金额/元	金属质量/kg		
金属型铸造	灰铸铁、铸钢	30	150	50	50
	非铁合金	30	200	150	65
砂型铸造②	灰铸铁	5	100	20	50
	非铁合金	5	7	40	60
压力铸造	非铁合金	400	350	360	95

①包括机械加工减少的劳动量；

②指流态砂型、高压造型和快干砂型铸造。

3）成本低廉。一般压铸法生产都是大批量生产，成本低，如图 10 - 19 所示。

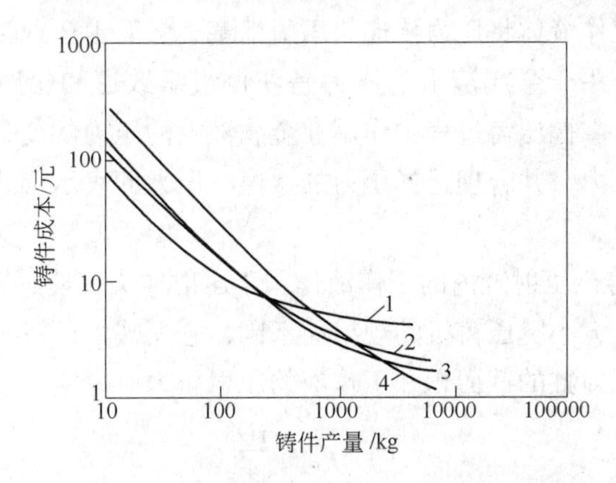

图 10 - 19　不同铸造方法生产铸件费用比较

1—熔模铸件；2—壳型铸件；3—金属型铸件；4—压铸件

虽然压铸优点突出，但仍存在不足之处，因为压铸机与压铸型制造费用高，不适宜小批量生产；由于压铸机锁型力的限制，压铸件的尺寸与质量也受到限制；压铸法最大的缺点是铸件易产生气孔、缩孔，对高熔点合金压铸比较困难。

10.4.4.2　压铸的应用

压铸是最先进的金属成型方法之一，是实现少切屑、无切屑的有效途径，应用很广，发展很快。目前，压铸合金不再仅局限于非铁合金的锌、铝、镁和铜，而且也逐渐扩大用来压铸铸铁和铸钢件。在非铁合金的压铸中，铝合金占比例最高（约 30% ~60%），锌合金次之（在国外，锌合金铸件绝大部分为压铸件），铜合金比例仅占压铸件总量的 1% ~ 2%，镁合金是近几年国际上比较关注的合金材料，对镁合金的研究开发，特别是镁合金的压铸、挤压铸造、半固态加工等技术的研发更呈热潮。

压铸件的尺寸和质量，取决于压铸机的功率。由于压铸机的功率不断增大，压铸件外形尺寸可以从几毫米到 1 ~2m；质量可以从几克到数十千克。国外可压铸直径为 2m、质量为 60kg 的铸件。压铸已广泛地应用在国民经济的各行各业中，如兵器、汽车与摩托车、航空航天产品的零部件以及电器仪表、无线电通信、电视机、计算机、农业机具、医疗器械、洗衣机、电冰箱、钟表、照相机、建筑装饰以及日用五金等各种产品的零部件的生产方面。近年来，由于轻量化的推动，镁及镁合金压铸件在现代汽车和交通运输工业上的用量大增。

10.4.5 镁合金压铸工艺参数的分析及合理选择与控制

压铸工艺是把压铸合金、压铸模和压铸机这三大生产要素有机组合和运用的过程。压铸时，影响金属液充填成型的因素很多，其中主要有压射压力、压射速度、充填时间和压铸模温度等。这些因素是相互影响和相互制约的，调整一个因素会引起相应的工艺因素变化，因此，正确选择与控制工艺参数至关重要。

10.4.5.1 压力

压铸压力是压铸工艺中的主要参数之一。压铸过程中的压力是由压铸机的压射机构产生的，压射机构通过工作液体将压力传递给压射活塞，然后由压射活塞经压射冲头施加于压室内的金属液上。作用于金属液上的压力是获得组织致密和轮廓清晰的铸件的主要因素，所以，必须了解并掌握压铸过程中作用在金属液上的压力的变化情况，以便正确利用压铸过程中各阶段的压力，并合理选择压力的数值。压力的表示形式在生产中有压射力和比压两种。

(1) 压射力。压铸机压射缸内的工作液作用于压射冲头，使其推动金属液充填模具型腔的力称为压射力。其大小随压铸机的规格而不同，它反映了压铸机功率的大小。

压射力的大小由压射缸的截面积和工作液的压射压力所决定：

$$P_y = p_g \times \frac{\pi D^2}{4} \tag{10-1}$$

式中 P_y——压射力，N；

p_g——压射缸内工作液的压力，Pa；

D——压射缸直径，m。

(2) 比压。压射过程中，压室内单位面积上金属液所受到的静压力称为比压，即压射力与压室截面面积的比值：

$$p_b = P_y / A_S \tag{10-2}$$

$$A_S = \pi d^2 / 4$$

式中 p_b——比压；

A_S——压室截面面积，m^2；

d——压室直径，m。

比压用来表示熔融金属在填充过程中实际得到的作用力的大小及金属流流经各个不同截面积的部位时所受的力。一般情况下，将填充阶段的比压称为填充比压 p_{bc}；增压阶段的比压称为增压比压 p_{bz}。这两个比压的大小同样都是根据压射力来确定的。

对于旧机器上的压射系统没有增压机构时，两个阶段的压力是相同的。当机器的压射系统带有增压机构时，两个阶段的压射力不同，因而两个阶段的比压也不同。这时，填充比压用来克服浇注系统和型腔中的流动阻力，特别是内浇口处的阻力，保证金属流达到所需的内浇口速度。而增压比压则决定了正在凝固的金属所受到的压力以及这时所形成的胀型力的大小。

（3）比压的选择。从压铸工艺出发，如何合理地确定和选择压射比压和充填速度是一个重要的问题。为了提高铸件的致密性，增大压射比压无疑是有效的。但是，过高比压会使压铸模受熔融合金流的强烈冲刷和增加合金黏模的可能性，降低压铸模的使用寿命。在当前压铸生产条件下，压射比压的选择应根据压铸件的形状、尺寸、复杂程度、壁厚、合金的特性、温度及排溢系统等确定，一般在保证压铸件成型和使用要求的前提下选用较低的比压。选择比压要考虑的主要因素见表10－34。各种压铸合金的计算压射比压见表10－35。在压铸过程中，压铸机性能、浇注系统尺寸等因素对比压都有一定影响，所以实际选用的比压应等于计算比压乘以压力损失折算系数。压力损失折算系数 K 值见表10－36。

表10－34 选择比压要考虑的主要因素

因 素	选择条件及分析	
压铸件结构特性	壁 厚	薄壁件压射比压可选高些，厚壁件增压比压可选高些
	形状复杂程度	复杂铸件压射比压可选高些
	工艺合理性	工艺合理性好，压射比压可选低些
压铸合金特性	结晶温度范围	结晶温度范围大，增压比压可选高些
	流动性	流动性好，压射比压可选低些
	密 度	密度大，压射比压和增压比压均可选高些
	比强度	比强度大，增压比压可选高些
浇道系统	浇道阻力	浇道阻力大，压射比压和增压比压均可选高些
	浇道散热速度	散热速度快，压射比压可选高些
排溢系统	排气道布局	排气道合理，压射比压可选高些
	排气道截面积	截面积足够大，压射比压和增压比压均可选低些
内浇道速度	要求内浇道速度	内浇道速度大，压射比压可选高些
温 度	合金与压铸模温差	温差大，压射比压可选高些

表10－35 各种压铸合金的计算压射比压 （MPa）

合 金	壁厚不大于3mm		壁厚大于3mm	
	结构简单	结构复杂	结构简单	结构复杂
锌合金	30	40	50	60
铝合金	25	35	45	60
镁合金	30	40	50	60
铜合金	50	70	80	90

表 10－36　压力损失折算系数 K 值

项　目	直浇道导入口截面积 A_1 与内浇口截面积 A_2 之比（A_1/A_2）		
	>1	=1	<1
立式冷压室压铸机	0.66～0.70	0.72～0.74	0.76～0.78
卧式冷压室压铸机	0.88		

10.4.5.2　胀型力

压铸过程中，填充结束并转为增压阶段时，作用在凝固的金属上的比压（增压比压）通过金属（铸件浇注系统、排溢系统）传递于型腔壁面，此压力称为胀型力（又名反压力），当胀型力作用在分型面上时，称为分型面胀型力；而作用在型腔各个侧壁方向时，则称为侧壁胀型力。胀型力可表示为：

$$F_z = p_{bz}A \tag{10-3}$$

式中　F_z——胀型力，N；

p_{bz}——增压比压，Pa；

A——承受胀型力的投影面积，m^2。

分型面胀型力是选定压铸机锁模力大小的主要参数之一，也是模具支撑板强度计算的主要参数。分型面胀型力可由下式得到：

$$F_{zf} = F_{zf1} + F_{zf2} \tag{10-4}$$

式中　F_{zf}——分型面胀型力，N；

F_{zf1}——与分型面上金属的投影面积有关的胀型力，N；

F_{zf2}——由侧向胀型力分解到沿锁模力（合模力）方向的分力，N。

其中

$$F_{zf1} = p_{bz}\sum S \tag{10-5}$$

$$\sum S = S_z + S_j + S_y + S_c \tag{10-6}$$

式中　$\sum S$——铸件总的投影面积，m^2；

S_z——铸件在分型面上的投影面积，m^2；

S_j——浇注系统在分型面上的投影面积，m^2；

S_y——余料在分型面上的投影面积，m^2；

S_c——溢流槽在分型面上的投影面积，m^2。

$$F_{zf2} = F_{zc}\tan\alpha$$

式中　F_{zc}——形成型腔侧壁的成型滑块活动块上所受的总压力，N；

α——抽芯机构中楔块的斜面与分型面之间的夹角。

在计算 F_{zf1} 时，还应考虑胀型力的作用中心与机器锁模力作用中心的偏移程度，这就是通常说的模具偏心问题。当存在偏心问题时，机器每根拉力柱受力不均衡，从而要对单个拉力柱的受力大小另外计算。这时，锁模力的实际效能便有所降低。

通过计算得到的 F_{zf}，必须小于机器的锁模力 F_s，否则，模具分型面被胀开，处于分离状态，不但产生金属飞溅，而且使型腔中的压力无法建立，铸件难以成型。在生产中，为了安全起见，F_s 与 F_{zf} 的关系常常采用经验公式加以核算，即：

$$F_s \geqslant F_{zf}/k \tag{10-7}$$

式中 k——安全系数，是考虑压射的冲头惯性力和金属流填充终了时所产生的冲击来确定的，按铸件大小不同，可确定如下：大铸件 $k=0.90\sim0.95$；中铸件 $k=0.88\sim0.93$；小铸件 $k=0.85\sim0.90$。

侧壁胀型力是模具的模框强度计算的主要参数，也是作用在模具侧面楔紧装置上的动力来源。

10.4.5.3 速度

在压铸过程中，速度受压力的直接影响又与压力共同对内部质量、表面要求和轮廓清晰程度起着重要作用。速度的表示形式有压射速度和内浇口速度两种。

A 压射速度

压室内的压射冲头推动熔融金属移动时的速度称为压射速度，又称为冲头速度。而压射速度又分为两级：Ⅰ级压射速度和Ⅱ级压射速度。Ⅰ级压射速度又称为慢压射速度，是指冲头起始动作直至冲头将室内的金属液送入内浇口之前的运动速度。在这一阶段中，要求将压室中的金属液充满压室，在既不过多降低合金液温度，又有利于排除压室中的气体的原则下，该阶段的速度应尽量地低，一般应低于0.3mm/s。Ⅱ级压射速度又称为快压射速度，该速度由压铸机的特性决定。压铸机所给定的最高压射速度一般为4～5m/s，旧式的压铸机快压射速度较低，而近代的压铸机则较高，可达到9m/s以上。

（1）快压射速度的作用和影响。

1）快压射速度对铸件力学性能的影响。提高压射速度，则动能转化为热能，可提高合金熔液的流动性，这有利于消除流痕、冷隔等缺陷，也可提高力学性能和表面质量。但速度过快时，合金熔液呈雾状与气体混合，产生严重涡流包气，使力学性能下降。图10－20所示为AM60B在浇注温度为680℃，模具180℃下试验时，压射速度对力学性能的影响。

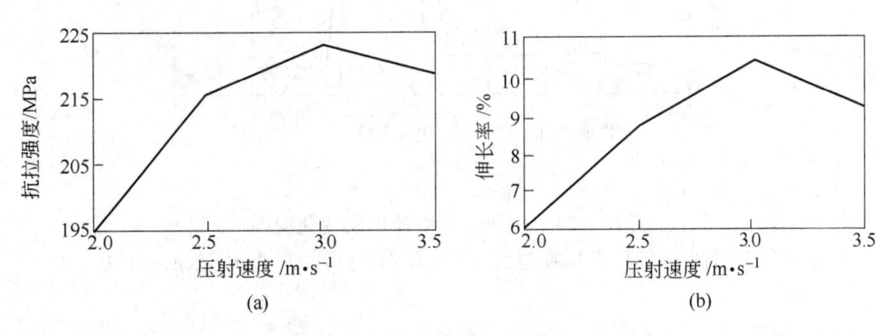

图10－20 压射速度对力学性能的影响

（a）抗拉强度；（b）伸长率

2）压射速度对填充特性的影响。提高压射速度，使合金熔液在填充型腔时的温度上升，如图10－21所示。内浇道流速与填充流程长度的关系如图10－22所示。内浇道流速有利于改善填充条件，可压铸出质量优良的复杂薄壁铸件。但压射速度过高时，填充条件恶化，在厚壁铸件中尤为显著。

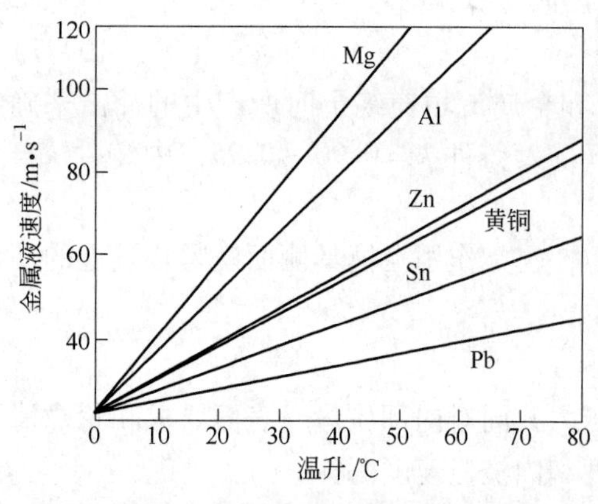

图 10－21 压射速度与温度上升的关系

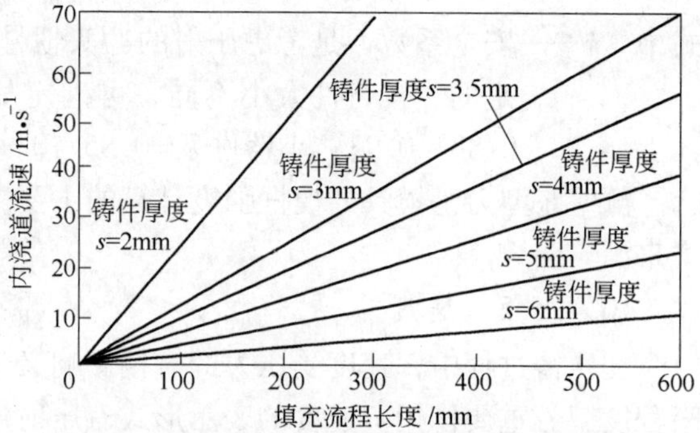

图 10－22 内浇道流速与填充流程长度的关系

（2）快压射速度的选择和考虑的因素。快压射速度的选择和考虑的因素有：

1）压铸合金的特性。熔化潜热、合金的比热容和导热性、凝固温度范围。

2）模具温度高时，压射速度可适当降低；考虑到模具的热传导状况、模具设计结构制造质量，为提高模具寿命，也可适当限制压射速度。

3）铸件质量要求。当铸件薄壁复杂且对表面质量有较高要求时，应采用较高的压射速度。

（3）压射过程中速度的变化。压射过程中速度的变化情况如图 10－23 所示。

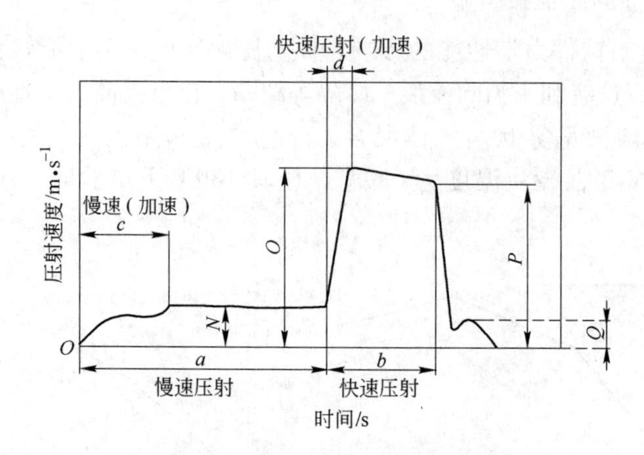

图 10－23 压射过程中速度的变化曲线

N—慢压射速度；O—快压射速度；P—压射平均速度；Q—凝固过程加压速度

B 内浇口速度

熔融金属在压力的作用下，以一定速度经过浇注系统到达内浇口，然后填充入型腔。在机器的压射系统性能优良的条件下，熔融金属通过内浇口处的速度可以认为不变，这个速度便称为内浇口速度。熔融金属在通过内浇口后，进入型腔各部分流动（填充时），由于型腔的形状和厚度（铸件壁厚）、模具热状态（温度场的分布）等各种因素的影响，流动的速度随时在发生变化，这种变化的速度称为填充速度。

在工艺参数上，通常只选不变的速度来衡量，所以内浇口速度是重要的工艺参数之一。内浇口速度的高低对铸件力学性能的影响极大，内浇口速度太低，铸件强度就会下降；内浇口速度提高，强度就会上升；而速度过高，又会导致强度下降，如图 10－24 所示。

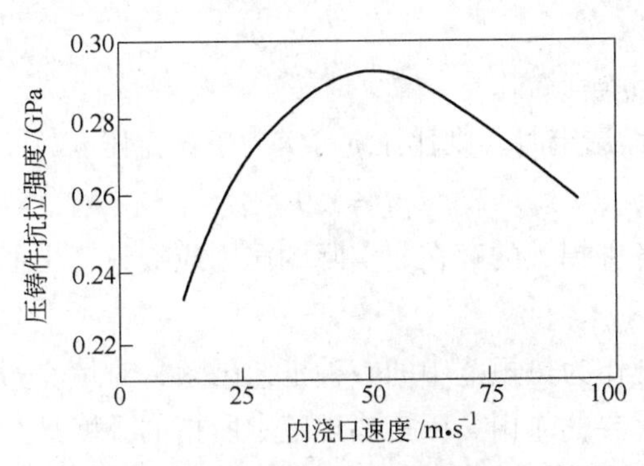

图 10－24 内浇口速度与力学性能的关系

为便于生产中选定内浇口速度，将铸件的平均壁厚与内浇口速度的关系列于表 10－37 中。

表 10－37 铸件的平均壁厚与内浇口速度的关系

铸件平均壁厚/mm	1	1.5	2	2.5	3	3.5	4	5	6	7	8	9	10
内浇口速度/m·s⁻¹	46～55	44～53	42～50	40～48	38～46	36～44	34～42	32～40	30～37	28～34	26～32	24～29	22～27

在选用内浇口速度时，应考虑下列情况：

（1）当铸件形状复杂时，内浇口速度应高些。

（2）当合金浇入温度低时，内浇口速度可高些。

（3）当合金和模具材料的导热性能好时，内浇口速度应高些。

（4）当内浇口厚度较大时，内浇口速度应高些。

C 冲头速度与内浇口速度的关系

根据连续性原理，金属流以速度 v_c 流过压室截面为 A_S 的体积应等于以速度 v_n 流过内浇口截面积为 A_n 的体积。于是：

$$A_S v_c = A_n v_n$$

即

$$v_c = A_n \frac{v_n}{A_S} \tag{10-8}$$

D 速度与压力的关系

由流体力学原理推导出的内浇口速度 v_n 与比压 p_b 的关系式为：

$$v_n = \sqrt{\frac{2p_b}{\rho}} \tag{10-9}$$

式中 v_n——内浇口速度，m/s；

p_b——压室内作用于金属上的压力，Pa；

ρ——熔融金属的密度，kg/m³。

因为金属是黏性液体，它在流经浇注系统时，会因摩擦而引起动能损失，故式（10－

9）改写为：

$$v_{n} = \eta \sqrt{\frac{2p_{b}}{\rho}} \tag{10-10}$$

式中 η——阻力系数，$\eta=0.358$。

当内浇口速度 v_n 已经选定时，则比压 p_b（实为填充比压 p_{bc}）可由下式求得：

$$p_{b} = 3.9v_{n}^{2}\rho \tag{10-11}$$

在生产中，考虑到各种损失的存在，实际的压力应按计算出的压力适当加大。

10.4.5.4 温度

在压铸过程中，温度作为热规范中的一种工艺因素，对填充过程、模具的热状态以及操作的效率等方面起着重要的作用。压铸热规范中所指的温度是合金温度和模具温度。

（1）合金温度。合金温度包括浇入温度、压室内停留时的温度、通过内浇口时的温度和填充型腔时的温度。在生产中，为便于测量和能够直接判别，通常以合金浇入温度为代表。合金在压室内的温度，一般认为比浇入温度低10～20℃。合金通过内浇口时的温度则与内浇口速度有关，而填充时的温度一般不易测量，认为在合金的固相线温度以上才合适。

合金的浇入温度应适当。考虑到气体在金属内的溶解度和金属氧化程度随着温度的升高而迅速增加，因此，温度高于合金液相线温度不宜过多。但过低的浇入温度也不适宜，将会造成填充尚未结束便产生凝固；有时会为了改善填充条件而采用过高的、与模具结构不适应的模具温度，从而带来生产上的其他困难，或使模具过早损坏。

合金浇入温度应根据合金的性质、铸件壁厚、铸件结构、模具结构、模具零件的配合松紧程度及生产的操作效率来确定。

表10－38列出了推荐的合金浇入温度，所列数据为合金在保温炉内的温度。热压室压铸时，可以再略低些。

表10－38 推荐的合金浇入温度

合金类别	锌合金	铝合金	镁合金	铜合金
浇入温度/℃	410～450	620～710	640～730	910～960

（2）内浇口速度对合金温度的影响。当合金液通过内浇口处时，因摩擦生热而使温度稍有升高，这是因为填充时消耗一定的机械能转化为热能。如果假设通过冲头传递给合金的机械能完全转化为热能，并均匀地分布于合金内，便可以用以下方程式表示因加热而升高的温度：

$$\frac{1}{2}mv_{n}^{2} = mcT_{s}$$

$$T_{s} = \frac{v_{n}^{2}}{2c} \tag{10-12}$$

式中 m——运动中的合金质量，kg；

v_n——内浇口速度，m/s；

c——合金的比热容，J/(kg·℃)；

T_s——因摩擦加热后升高的温度，℃。

上述公式计算得出内浇口速度与温度的关系如图 10－25 所示。当内浇口速度为 80m/s 时，镁合金液进入型腔时的温度将增加 25℃。而内浇口速度越大，则温度增加得越多，这对准确地控制浇注温度有一定的意义。

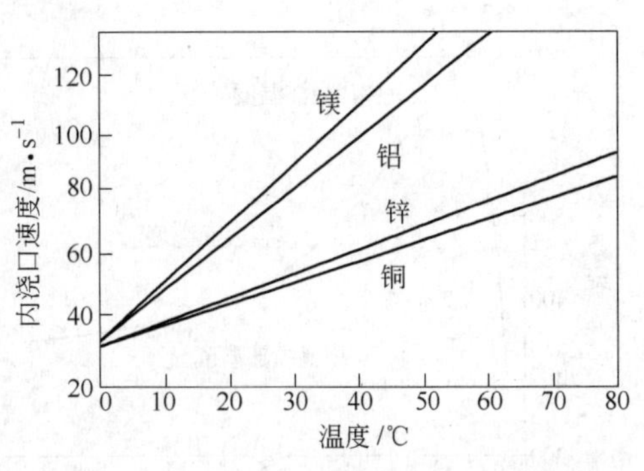

图 10－25 内浇口速度与合金温升的关系

(3) 模具温度。在压铸过程中，模具需要一定的温度。模具的温度是压铸工艺中又一重要的参数，它对提高生产效率和获得优质铸件有着重要的作用。

在压铸生产过程中，模具的温度应保持在一个适当的范围内，其作用是：1）避免熔融金属激冷过剧，而使填充条件变坏；2）改善型腔的排气条件；3）避免铸件成型后产生大的线收缩，引起内应力和开裂；4）避免模具因激热而胀裂；5）缩小模具工作时冷热交变的温度差，延长模具寿命。

1）影响模具温度的主要因素。影响模具温度的主要因素有：

①合金浇注温度、浇注量、热容量和导热性。

②浇注系统和溢流槽的设计，用以调整平衡状态。

③压铸比压和压射速度。

④模具设计。模具体积大，则热容量大，模具温度波动较小。模具材料导热性越好，则温度分布就越均匀，有利于改善热平衡。

⑤模具合理预热提高初温，有利于改善热平衡，可提高模具寿命。

⑥生产频率快，模具温度升高，这在一定范围内对铸件和模具寿命都是有利的。

⑦模具润滑起到隔热和散热的作用。

2）模具温度对铸件力学性能的影响。模具温度提高，改善了填充条件，使其力学性能得到提高，模具温度过高，合金熔液冷却速度就会降低，细晶层厚度减薄，晶粒较粗大，故强度有所下降。图 10－26 和图 10－27 所示为模具温度和时间及力学性能的关系曲线。因此，为了获得质量稳定的优质铸件，必须将模具温度严格地控制在最佳的工艺范围内。这就必须应用模具冷却加热装置，以保证模具在恒定温度范围内工作。

模具温度也不宜过高，因过高时，粘模严重、铸件来不及完全凝固、顶出时温度过高而导致变形、模具各配合部位易被卡住、延长压铸循环时间等问题都将产生。

因此，应使模具温度控制在一定的范围内，这个稳定的温度应该是模具的最佳工作温度，而这一工作温度通常是通过使模具达到热平衡来控制的。推荐模具的工作温度范围见表 10－39。

表 10－39 推荐模具的工作温度范围

合金类别	锌合金	铝合金	镁合金	铜合金
模具工作温度/℃	150～200	200～300	220～300	300～380

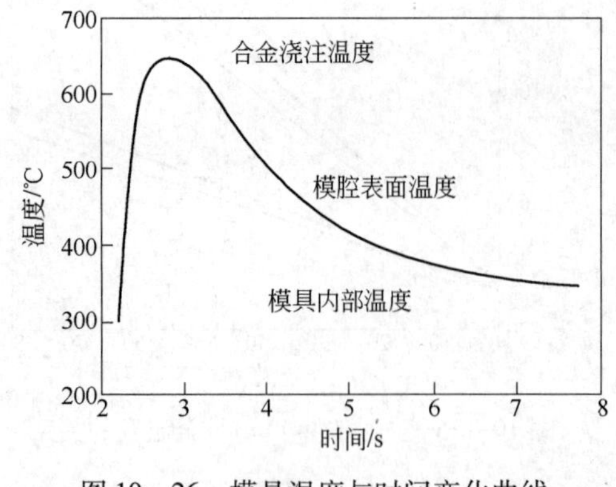

图10－26 模具温度与时间变化曲线

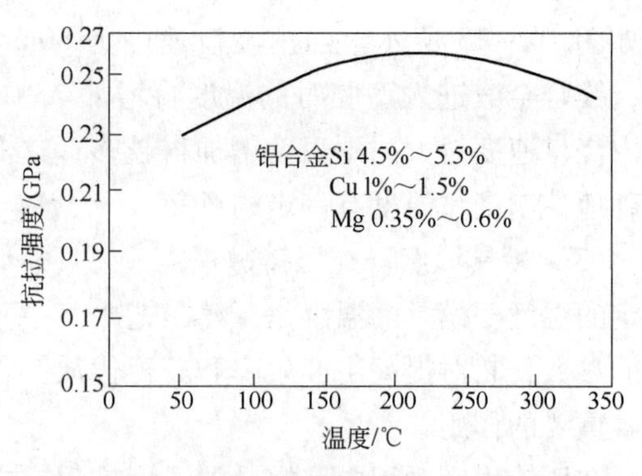

图10－27 模具温度与抗拉强度的关系

在生产中，除了模具保持一定温度外，模具安装在机器后，在压入金属之前，还有一个预热温度。它主要是避免模具型腔因开始工作立即受到激热而引起热应力。生产中往往由于没有预热模具，致使模具成型零件过早热裂而损坏。模具的预热温度越接近工作温度越好。

(4) 模具的热平衡。在每一个压铸循环中，模具从金属液吸收热量，经过热传递向外界散发。如果在单位时间内吸热与散热相等，便达到一个平衡状态，称为模具的热平衡。而要使模具达到热平衡状态，则要从压铸工艺上采取一定的措施来控制。模具的热平衡必须符合这样的要求，即热平衡时的模具温度应为模具的最佳工作温度。

对于中、小型模具来说，模具吸收的热量总是来不及向外界散发，接着就进入下一个压铸循环，这就需要采用强制的办法才能达到热平衡的条件。通常采用的方法是在模具内设置冷却通道，冷却介质为油类或水，常用的以水较多。

至于大型模具，由于模具体积较大，具有较大的热容量，并且压铸大的铸件循环周期也较长，模具温度升高得很慢，这时，在型腔附近可以不设置冷却通道，而只在浇口套附近设置。有时，模具型腔温度场的分布情况比较复杂，不同的型腔部位温度相差很大，或者是不同的部位对模具工作温度有不同的要求。因此，模具内不但应设有冷却通道，同时也要设置加热管道，形成一个冷却－加热系统。这种冷却加热系统的工作介质多为油类。

当采用冷却系统来控制模具的热平衡时，可按如下方法进行计算：

1) 模具热平衡的表达式为：

$$Q = Q_1 + Q_2 + Q_3 \tag{10-13}$$

式中 Q——金属传给模具的热流，kJ/h；

Q_1——模具自然传走的热流，kJ/h；

Q_2——特定部位固定传走的热流，kJ/h；

Q_3——冷却通道传走的热流，kJ/h。

若合金类别、模具的大小和结构已定，则 Q、O_1、Q_2 都可以预先求出，从而可计算 Q_3，即：

$$Q_3 = Q - Q_1 - Q_2 \tag{10-14}$$

2) 计算金属传给模具的热流 Q：

$$Q = qNG \tag{10-15}$$

式中　q——凝固热量，即冷却1kg合金所释放的热量，kJ/kg；

N——压铸生产率，次/h；

G——每次压铸的合金质量，kg，包括浇注系统、铸件、排溢系统的金属。

不同合金的凝固热量 q 值列于表10-40中。

表10-40　几种合金的凝固热量

合金类别		q/kJ·kg^{-1}
锌合金		175.728
铝合金	铝-硅	887.008
	铝-镁	794.96
镁合金		711.28

3）计算模具自然传走的热流 Q_1。Q_1 是通过周围辐射和传导而传走的，其表示式为：

$$Q_1 = \varphi_1 A_m \tag{10-16}$$

式中　φ_1——模具自然传热的热流密度，kJ/(h·m^2)；

A_m——模具的总表面积，m^2。

热流密度 φ_1 可取为：锌合金4184kJ/(h·m^2)，铝合金和镁合金6276kJ/(h·m^2)。φ_1 值是按模具温度在100℃（锌合金）和125℃（铝合金和镁合金）时得到的，生产时的实际工作温度虽有差值，但可通过调节冷却水的流量加以弥补。

4）计算特定部位固定传走的热流 Q_2。特定部位是指模具和机器上原来常设冷却通道的部位，如分流锥、浇口套、喷嘴、压室、冲头以及定模安装板等。这些部位传走的热量计算如下：

①分流锥、浇口套、喷嘴、压室等部位，可计算如下：

$$Q'_2 = \varphi_2 A_L \tag{10-17}$$

式中　Q'_2——每一单个特定部位传走的热流，kJ/h；

φ_2——特定部位冷却传热的热流密度，kJ/(h·m^2)；对于分流锥为 251.04×10^4kJ/(h·m^2)，对于浇口套、喷嘴、压室为 209.2×10^4kJ/(h·m^2)；

A_L——单个特定部位冷却通道的表面积，m^2。

②对于冲头、定模安装板等部位，则是由机器预先设置的冷却通道所决定的，可在生产过程中，对每台压铸机进行测定。这些部位传走的热流设为 Q''_2，于是，Q_2 即为若干个 Q'_2 和 Q''_2 的总和。

（5）当 Q、Q_1 和 Q_2 都分别计算出来后，便可求得另加设置的冷却通道所要传走的热流 Q_3，即：$Q_3 = Q - Q_1 - Q_2$。

求得 Q_3 后，另加的冷却通道与型腔壁面的距离、通道的直径和长度等数据，便可以计算如下：

1）冷却通道与型腔壁面的距离 S。距离 S 与温度在模具壁内的穿透程度有关，而穿透程度又取决于铸件的壁厚，铸件壁厚越大，S 应越小，以便传走更多的热量。最小距离

应保持为通道直径 d 的1.5～2倍，即：

$$S_{min} = (1.5 \sim 2)d \tag{10-18}$$

距离 S 的大小对传走的热流影响很大，当距离 S 减小一半时，传走热流也增加约50%。

2）冷却通道的直径 d 和长度 L。冷却通道传走的热流与通道的表面积和热流密度的关系可用下式表示：

$$Q_3 = \sum A_L \varphi \tag{10-19}$$

式中 A_L——每个冷却通道的表面积，cm^2；

φ——热流密度，$kJ/(h \cdot cm^2)$。

热流密度 φ 与下述几个因素有关：冷却通道与型腔壁面的距离 S，通道的有效长度 l（按要冷却的型腔的投影段的长度计算），通道的总长度 L（按模具上从入水口起至出水口为止的长度计算）。

根据比值 l/L 以及 S 与 d 之间的关系，可以给出热流密度 φ 的数值，见表10－41。

表10－41 热流密度 φ 值

合金类别	$\varphi/kJ \cdot (h \cdot cm^2)^{-1}$		合金类别	$\varphi/kJ \cdot (h \cdot cm^2)^{-1}$	
	$l<L/2$	$l>L/2$		$l<L/2$	$l>L/2$
$S<2d$	125.52	146.44	$S>3d$	83.68	104.6
$2d<S<3d$	104.6	125.52			

设计时，l 是由铸件的大小确定的，L 是由模具结构及其大小决定的，S 与 d 的关系可先做出一个大致的选定，便可查表10－41得到 φ 值。根据 Q_3，便可求出 $\sum A_L$ 即：

$$\sum A_L = \frac{Q_3}{\varphi} \tag{10-20}$$

再根据模具的结构和型腔的分布，又可先确定要冷却的型腔投影段内能安排冷却通道的个数 n，于是，通道直径 d 便可求得。

由于

$$n\pi dl = \sum A_L$$

所以

$$d = \frac{\sum A_L}{n\pi l} \tag{10-21}$$

最后核对预定的 S 与 d 的关系，从而最后确定距离 S。

如果通道直径 d 已经确定，也可以改为先求出总的有效长度 l_0，这时：

$$l_0 = \frac{\sum A_L}{\pi d} \tag{10-22}$$

最后再由单个有效长度 l 来确定通道个数，即：

$$n = \frac{l_0}{l} \tag{10-23}$$

3）当动、定模上分别设置冷却通道时，则应将 Q_3 进行适当地分配，一般是金属所在的半模分配的 Q_3 应多些。

10.4.5.5 时间

压铸机工艺上的“时间”指的是填充时间、增压建压时间、压力升高时间、保压时间和留模时间，这些“时间”都是压力、速度、温度这3个因素，再加上熔融金属的物理特性、铸件结构（特别是壁厚）、模具结构（尤其是浇注系统和溢流系统）等各方面综合的结果。时间是一个多元复合的因素，它与上述各因素有着密切的关系，因此，时间在工艺上是非常重要的。

（1）填充时间。熔融金属自开始进入到充满型腔所需的时间称为填充时间。填充时间是压力、速度、温度、浇口、排气、金属性质以及铸件结构等多种因素造成的结果，因而也是填充过程中各种因素相互协调程度的综合反映。

填充结束时，型腔内不同部位金属的凝固不是同时完成的，但是，在决定填充时间时，仍然把填充结束前金属不应产生凝固这一理想情况作为条件。因此，最佳填充时间应是压铸的金属尚未凝固而允许的最长时间。

根据有关资料，填充时间 t 的计算式如下：

$$t = 0.034 \times \frac{T_n - T_t + 64}{T_n - T_m} \times b \qquad (10-24)$$

式中 t——填充时间，s；

T_n——内浇口处熔融金属的温度，℃；

T_t——熔融金属的液相线温度，℃；

T_m——模具温度，℃；

b——铸件的平均壁厚，mm。

计算时，平均壁厚 b 一般取铸件上同一壁厚最多的数值。必要时，平均壁厚可按下式计算：

$$b = \frac{b_1A_1 + b_2A_2 + b_3A_3 + \cdots}{A_1 + A_2 + A_3 + \cdots} \qquad (10-25)$$

式中 b_1，b_2，b_3，…——铸件某个部位的壁厚，mm；

A_1，A_2，A_3，…——壁厚为 b_1、b_2、b_3、…部位的面积，mm^2。

计算时，铸件的平均壁厚一般取铸件同样壁厚最多的数。推荐的铸件平均壁厚与填充时间的关系见表10－42。

表10－42 铸件平均壁厚与填充时间的推荐值

平均壁厚 b/mm	填充时间 t/s	平均壁厚 b/mm	填充时间 t/s	平均壁厚 b/mm	填充时间 t/s
1.0	0.010～0.014	3.5	0.034～0.050	8.0	0.076～0.116
1.5	0.014～0.020	4.0	0.040～0.060	9.0	0.088～0.138
2.0	0.018～0.026	5.0	0.048～0.072	10	0.100～0.160
2.5	0.022～0.032	6.0	0.056～0.084		
3.0	0.028～0.040	7.0	0.066～0.100		

按表10－42选用填充时间时，还应考虑以下情况：

1）合金浇注温度高时，填充时间可选长些。

2）模具温度高时，填充时间可选长些。

3）铸件厚壁离内浇口远时，填充时间可选长些。

4）熔化潜热和比热容高的合金，填充时间可选长些。

表10－42所推荐的填充时间都是压铸生产前的预选工作，还应通过试模或试生产的过程，采取测定实际冲头速度的方法，对预选的填充时间 t 加以修正。

（2）增压建压时间和压力升高时间。增压建压时间是指在增压阶段的起始点上能够把升高的压力建立起来的时间。在这个起始点上的压力即为填充比压 p_{bc}。从压铸工艺上来说，所需的增压建压时间越短越好。但是，机器压射系统的增压装置所能提供的增压建压时间是有限度的，性能较好的机器的最短建压时间也不少于0.01s。

压力升高时间是指从增压压力建立起至压力升高到预定的数值所需的时间。压力升高时间的长短主要由型腔中金属的凝固时间所决定。在金属凝固的过程中，随着致密度的逐渐增加，所需的压力也逐渐变大。因此，在理想的条件下，压力升高时间的长短可与凝固时间同样看待，在这种情况下，增压作用也达到了理想效果。

实际上，应使压力升高时间比金属的凝固时间稍短才是合理的，因为时间的绝对值极其短促，若增压压力建成稍迟，就会失去作用。当然，如果压力升高时间过短，金属尚未完全凝固，增压压力早已建成并作用于其上，则将增大胀型力，从而引起胀型力超过允许值，发生机器锁模力不足的现象。因此，机器压射系统的增压装置上，压力升高时间的可调性十分重要。根据凝固时间来看，其调整范围在0.015～0.3s内比较适宜。在实际生产中，根据铸件的大小，再划分出小的范围。

（3）保压时间。熔融金属充满型腔后，使其在增压比压作用下凝固的这段时间，称为保压时间。保压作用是使压射冲头将压力通过还未凝固的余料、浇口部分的金属传递到型腔，使正在凝固的金属在压力作用下结晶，从而获得致密的铸件。保压时间的选择按下列因素考虑：

1）压铸合金的特性。压铸合金结晶范围大，保压时间应选得长些。

2）铸件壁厚。铸件平均厚度大，保压时间可选长些。

3）浇注系统。内浇口厚，保压时间可选长些。

通常，熔融金属填充终了至完全凝固的时间虽然很短，但保压时间最少仍需1～3s，而厚壁的大铸件往往还需要更长的保压时间。

（4）留模时间。留模时间是指压铸过程中，从保压终了至开模顶出铸件的这段时间。足够的留模时间，是使铸件在模具内充分凝固，且适度的冷却可使之具有一定的强度，在开模和顶出时，铸件不致产生变形或拉裂。

留模时间的选择，通常以顶出铸件不变形、不开裂的最短时间为宜。然而，过长的留模时间不仅使生产效率降低，而且会带来不良的后果，例如不易脱模、因合金的热脆性而引起裂纹、改变了预定的铸件收缩量等。

综上所述，压铸生产中的压力、速度、温度、时间等工艺参数的选择可按下列原则进行：

1）铸件壁越厚，结构越复杂，则压射力应越大。

2）铸件壁越薄，结构越复杂，压射速度应越快。

3）铸件壁越厚，待续留模时间应越长。

4）铸件壁越薄，结构越复杂，模具浇注温度应越高。

10.4.5.6 压射室的充满度

通过对各种工艺的分析，并根据机器提供的规格初步选定压射室的直径之后，还应考虑压室的容量，而浇入压射室的金属液量占压射室总容量的程度称为压射室的充满度，通常以百分数表示。

充满度对于卧式冷压室压铸机有着特殊的意义。因为卧式压铸机的压射室在浇入金属液后，并不是完全充满，而是在金属液面上方留有一定的空间。这个空间所占的体积越大，存有空气越多，对于填充型腔时的气体量的影响越大。另外，充满度小，合金液在压射室内的激冷度过多，对填充也不利。因此，压射室充满度不应过小，以免上部空间过大，一般充满度应在40%～80%范围内，而以75%左右最为适宜，如图10－28所示。

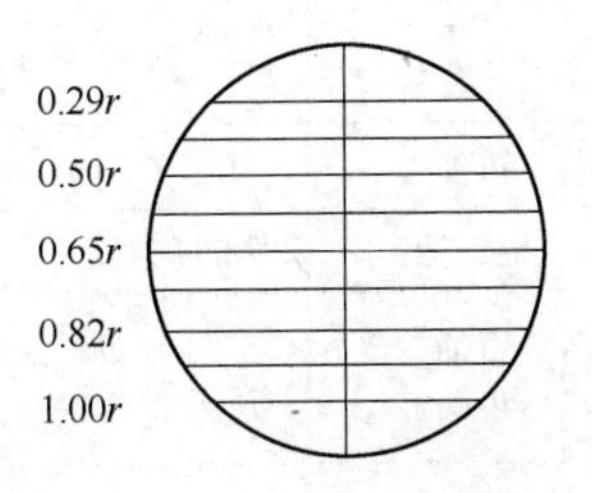

图10－28 压射室充满度与液面所处位置的关系
r—压射室半径

10.4.5.7 涂料

（1）涂料的作用。涂料的作用为：

1）避免金属液直接冲刷型腔、型芯表面，改善模具工作条件。

2）防止黏模（特别是铝合金），提高铸件表面质量。

3）减少模具的热导率，保持金属液的流动性能，改善合金的充填性能，防止铸件过度激冷。

4）减少压铸件脱模时与模具成型部分，尤其是与型芯之间的摩擦，延长模具寿命，提高铸件表面质量。

5）保证压室、冲头和模具活动部分在高温时仍能保持良好的工作性能。

鉴于涂料所起的作用，选用的涂料应满足以下性能要求：

1）挥发点低，在100～150℃时稀释剂能很快挥发。

2）高温时润滑性能好。

3）对模具和铸件材料没有腐蚀作用。

4）性能稳定。高温时不分解出有害气体，也不会在型腔表面产生积垢。常温下，稀释剂不易挥发；保持涂料的使用黏度。

5）涂敷性能好，配制工艺简单，来源丰富，价格便宜。

此外，希望涂敷一次涂料能压铸多次。一般要求能压铸8～10次，即使易黏模的铸件也能压铸2～3次。

（2）涂料品种和使用。压铸涂料的品种很多，常用的涂料配方和使用范围见表10－43供使用时参考。使用涂料时应特别注意用量，不论是涂刷还是喷涂，要避免厚薄不均或太厚。因此，当采用喷涂时，涂料浓度要加以控制。用毛刷涂刷时，在刷后应用压缩空气吹匀。喷涂或涂刷后，应待涂料中稀释剂挥发后，才能合模浇料，否则，将在型腔或压室内产生大量气体，增加铸件产生气孔的可能性，甚至由于这些气体而形成很高的反压力，使成型困难。此外，喷涂涂料后，应特别注意模具排气道的清理，避免被涂料堵塞而排气不畅，对转折、凹角部位应避免涂料沉积，以免造成铸件轮廓不清晰。

表10－43　常用压铸涂料

原材料名称	配比/%	配制方法	使用范围和效果
聚乙烯 煤油	3～5 95～97	将聚乙烯小块泡在煤油中，加热至80℃左右，熔化而成	镁合金及铝合金成型部分效果显著
蜂蜡 二硫化钼	70 30	将蜂蜡加热至熔化，放入二硫化钼，搅拌均匀，做成笔状体	铜合金成型部分效果良好
机油	L－AN15	锌合金、铜合金成型部分效果良好	
锭子油	市场有售	30号，50号	锌合金压铸，起润滑剂作用
石油 机油	5，10，50 95，90，50	将石墨研磨后，过200～300目筛，加入40℃左右的机油中，搅拌均匀	用于成型部分，如压射冲头、压室及铝、铜合金压铸效果较好
石油 松香	84 16	将石油隔水加热至80～90℃，然后将研成粉状的松香加入，搅拌均匀	有机物挥发后，形成一层很均匀的薄膜，最宜锌合金成型部分
胶体石墨（油剂）	市场有售		锌、铝合金压铸及易咬合部分，如压室、压射冲头
氟化钠 水	3～10 90～97	将水加热到70～80℃，再加入氟化钠，搅拌均匀	压铸模成型部分、分流锥等，对防铝合金黏模有特效
机油 蜂蜡（或地蜡）	40 60	加热致使蜡与机油混合均匀，浇入到硬纸卷的笔状圆筒内，使成笔状或熔融状态	预防铝合金黏模或其他摩擦部分
石油 沥青	85 5	将沥青加热至80℃熔化后，加入石油搅拌均匀	预防铝合金黏模，对斜度小或不易脱模之处有良好效果
二硫化钼 凡士林	5 95	将二硫化钼加入熔融的凡士林中，搅拌均匀	对带螺纹的铝合金铸件有特效
水剂石墨	市场有售	要用10～15倍水稀释	用于深型腔的压铸件，防黏模性好，润滑性好，但易堆积，使用1～2班次要用煤油清洗一次

目前，国内外普遍采用水基涂料。水基涂料激冷效果好，而且清洁、安全、便宜。据文献报道，西欧各国普遍采用物化特性类似石墨的二氧化硅水基涂料，涂前用20～30倍的水进行稀释。俄罗斯采用含有乳化液、胶体石墨、羧甲基纤维素、磺烷油及一定浓度的氨水等多种配方的水基涂料。美国采用苯基甲基硅酮类乳化液，涂前用20～30倍的水进行稀释。国内使用水基涂料的主要成分是乳化型酯类化合物、白炭黑、乳化油、高分子化合物、甲基硅油、乙醇等，加水稀释成所需浓度。

10.4.5.8　镁合金压铸工艺参数的确定及典型工艺举例

镁合金压铸工艺，依热室压铸和冷室压铸而有所不同，见表10－44。典型的镁合金热室压铸工艺分析如下：

（1）镁合金熔液的浇铸温度一般控制在620～640℃，但在具体生产过程中，应根据生产的具体条件和产品的技术要求作适当调整。

（2）模具温度控制是使镁合金液具有良好流动性和填充状态，得到良好的成型铸件的一个基础；镁合金热室压铸时，模具温度一般控制在230～280℃，但可根据产品特征和生产周期加以调整。

（3）热室压铸机的压射力控制在 16~25MPa。

（4）由于镁合金运动黏度大，凝固时间短，因此要求压射速度快，填充时间短，特别是生产薄壁件更应如此，一般热室压铸机空射速度要大于 6m/s。

表 10－44 镁合金热室压铸和冷室压铸的工艺比较

	比较项目	热室压铸	冷室压铸		比较项目	热室压铸	冷室压铸
工艺特点	浇铸温度/℃	630~650	680~700	品质性能	气泡缺陷（薄壁）	普通	多
	压射速度/$m \cdot s^{-1}$	1~4	1~8		厚壁件	不可制造	可能
	压射比压/MPa	25~35	40~70		收缩率/%	0.5~0.55	0.7~0.8
	增压	无	有		尺寸精度	普通	高
	铸件投影面积	小	大		力学性能	普通	良好
	成型稳定性	良好	良好		耐腐蚀性能	良（用 SF_6）	良（用 SF_6）
	给料方式	坩埚直接给	浇铸机给	经济性	热效率	普通	良好
	安全性	良好	普通		制品合格率	良好	普通
	熔渣	普通	多		制品/原料量	0.9	1.2
	压射周期/min	0.9	1.1		原材料费/万元	0.85	0.9
	保护气体 SF_6 使用	有	有		消耗备件费	较高	少
品质性能	铸造流痕	良好	良好		专利费	无	无
	气孔收缩裂纹	中	中				
	薄壁件充型流动性	良好	良好				
	氧化夹杂	少	多				

典型的镁合金冷室压铸工艺分析如下：

（1）压射比压 30~40MPa，增压在 50~70MPa。

（2）填充速度 35~50m/s，薄壁件可达 80~100m/s。

（3）浇铸温度 640~670℃。

（4）镁合金冷室压铸的填充时间如图 10－29 所示。

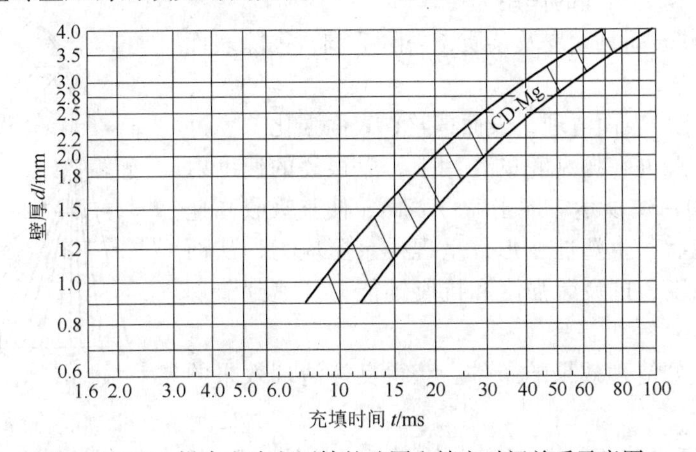

图 10－29 镁合金冷室压铸的壁厚和填充时间关系示意图

10.4.6 压铸件清理与校形

清理的目的：去除毛刺、去除表面流痕、去除表面附着涂料、获得表面均匀的光滑度。

10.4.6.1 去除浇口、飞边的方法

去除浇口、飞边的方法有：

（1）手工作业。利用木槌、锉刀、钳子等简单工具敲打去除铸件浇注系统等多余部分。优点是方便、简单、快捷；缺点是切口不整齐，易损伤铸件及变形，对浇口厚的件、复杂件、大的铸件不适用。

（2）机械作业。采用切边机、冲床和冲模、带锯机等机械设备。优点是切口整齐，对于大、中型铸件清理效率高。图10－30所示为用下落式冲模去除浇口。

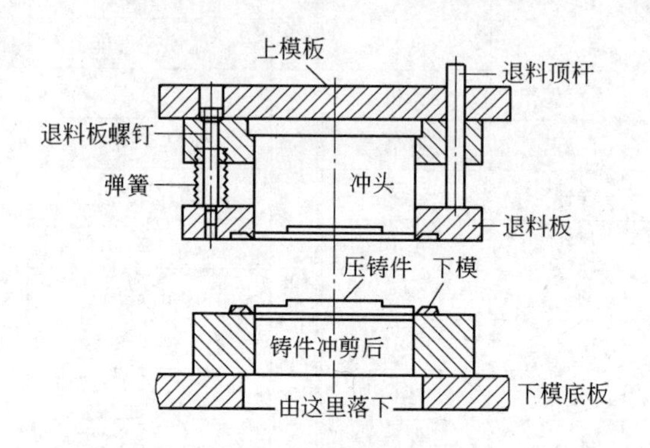

图10－30 下落式冲模去除浇口示意图

（3）抛光。根据铸件要求选择钢砂轮、尼龙轮、布轮、飞翼轮、研磨轮等进行打磨处理，从而实现清洁、高效率的生产。

（4）清理过程自动化。采用机器人进行铸件清理，完成去除飞边、打磨、修整等工作，从而实现清洁、高效率的生产。

10.4.6.2 抛丸清理

（1）作用。抛丸清理的作用为：

1）去除铸件表面氧化皮及杂质，去除毛刺，去除表面涂层。

2）表面毛化，表面清理，表面精整，表面强化。

（2）原理。弹丸在抛丸轮的作用下，以很高的速度射向铸件，如图10－31所示。撞击铸件表面，使其吸收高速运动弹丸的动能后产生塑性变形，呈现残余压应力，从而提高铸件表面强度、抗疲劳强度和抗腐蚀能力，达到清理和强化的目的。

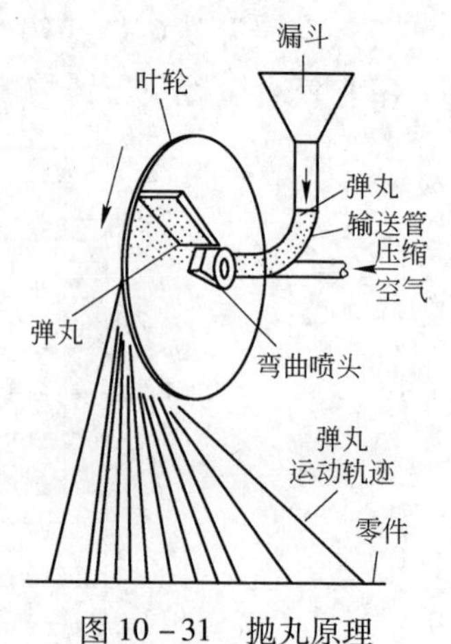

图10－31 抛丸原理

（3）获得良好清理效果的条件。获得良好清理效果的条件有：

1）选择合适的弹丸。包括弹丸的材质、性能（硬度）、尺寸。当抛射速度一定时，

大的弹丸动能大，有利于撞击去除大的杂质，清理效果好，但铸件表面质量不够好；小的弹丸动能小，可用于去除小的杂质，铸件表面质量好，但清理效率低。镁合金件的喷砂磨料选铝丸、玻璃丸、陶瓷砂及氧化铝丸。弹丸尺寸恰当选择，抛出产品表面光亮、纹理细致、不变色、抗腐蚀能力强、涂装附着力好。

2）抛射速度。弹丸具有足够的能量，才能清理铸件。由公式 $E=mv^2$ 可知，弹丸动能 E 的大小取决于弹丸的质量 m 和抛射速度 v：

$$v=\frac{n\pi D}{60} \tag{10-26}$$

式中 v——弹丸速度，m/s；

n——抛丸轮转速，r/min；

D——抛丸轮直径，m。

3）抛射量控制。过抛会影响清理的效率和铸件表面性能；抛不足则铸件表面质量达不到设计要求。应根据铸件复杂程度选择合适的抛丸工艺。抛丸时保证一定的抛射速度和抛丸量，才能对铸件表面覆盖率高，使铸件全部表面都能清洁、平滑、光亮。

(4) 设备选择。可根据铸件的大小及质量要求，选择滚筒式、履带式、悬挂式、转盘式、转台式、吊钩式、环轨式、步进式等某一类型的抛丸机进行清理。

10.4.6.3 喷砂清理

用净化的压缩空气，将石英砂流强烈地喷到铸件表面，利用冲击力和摩擦力，从而去掉铸件的毛刺、氧化皮、脏物等杂质，对铸件表面进行清理，并使表面粗化，提高涂层与基体结合力。

10.4.6.4 研磨及抛光

采用振动研磨机（某公司的振动研磨见图 10－32）、离心抛光机等设备，利用研磨石（见图 10－33）、研磨剂、水等，在高速振动（转动）的过程中，与压铸件摩擦而达到去毛刺、摩擦表面的效果。根据铸件表面要求和加工的程度，选择磨料、抛光剂，确定转速、频率、振幅等工艺参数，注意不要研磨过度。因为压铸件在凝固过程中，表面因冷却快而有一层致密冷硬层，而内部组织可能有气孔、缩孔等缺陷，研磨时不要磨去这个良好的表层，否则电镀时会出现麻点、气泡等。

图 10－32 某公司的研磨处理机

图 10－33 研磨石

10.4.6.5 校形

当铸件因凝固收缩产生变形、顶出变形或切边时产生变形，需对变了形的铸件进行校形，校形需通过测定仪器和夹具，用木槌手工校正或用液压机校正。

10.4.7 镁合金压铸的发展方向

金属压铸成型是一种先进的新型的成型方法，虽然历史不长，但产业规模和技术都已进入成熟阶段，其应用也十分广泛。随着科学技术的进步，国民经济的高速发展以及人民生活水平的不断提高，金属压铸仍有许多发展空间，总的来说，金属压铸的发展方向可归纳于表10－45中。

表10－45 金属压铸的发展方向

压铸的发展方向	研发内容与课题
深入开展理论研究	利用计算机模拟技术，展开金属在充填型腔的流动形态、金属在型腔中的凝固过程、型腔内金属液体的流动压力、模具的温度场分布、模具的温度梯度、模具的变形、压铸机拉杠杆系受力分析等方面的理论研究
研发新式压铸设备	进行解决高温金属液腐蚀零部件问题及有柔性单元配备装置、智能化机械手、分立的自动浇料、取件、喷涂装置等新式压铸机的研发
研发压铸新材料	进行金属基复合材料的压铸及压铸镁合金的开发研究
发展新型检测技术	研发压铸产品的检测，特别是内部缺陷的无损检测新技术
发展压铸新技术	进一步研究真空压铸、充氧压铸、半固态压铸、挤压压铸等无气孔压铸新技术
广泛应用最新技术	在压铸生产中，广泛应用并行工程（CE）和快速原型制造技术（RPM）等最新技术
研发压铸模新材料	不断研发提高压铸模寿命的压铸模新材料及压铸模表面处理新技术

镁合金压铸技术经过近几十年的快速发展，日趋成熟，但还存在一些问题需要解决，其发展趋向如下：

（1）镁合金压铸件的品质问题。强度不够高，不能用在重要结构件上；耐蚀性差，尤其是耐电化学腐蚀性能不高；高温使用性能不好。

（2）镁合金压铸技术问题。由于镁合金铸造性能（如流动性等）对型温和浇铸温度相当敏感，在充型过程中镁合金液极易凝固，因此如何精确控制型温和浇铸温度将是获得合格镁合金铸件需要解决的关键问题之一。

（3）压铸镁合金的回收问题。

（4）镁合金压铸件的加工问题。由于镁合金弹性模量低，机械加工时工件易变形，故镁合金压铸件的加工除应注意安全问题外，还必须对夹具及夹持力进行研究。

针对镁合金压铸目前存在的主要问题，应在以下几方面展开重点研究和开发，为镁合金压铸的大规模工业化应用创造条件。

（1）研发具有高强度和高温蠕变抗力和高耐蚀性的新型压铸镁合金。

（2）研发经济的表面处理技术，以提高镁合金压铸件的耐磨性和耐腐蚀性，同时建立一套镁合金腐蚀状况测试与评判体系。

（3）研发镁合金废料回收技术，重点是杂质去除技术和品质评估方法，目前尚没有一种单一方法可经济地去除镁合金废料中的杂质。

(4) 研发适应镁合金压铸特点的压铸模型设计和制造的计算机辅助技术。

10.5 镁及镁合金铸件质量的控制及主要缺陷分析

10.5.1 缺陷分类及影响因素

为了获得符合有关技术要求的铸件，不仅要掌握好铸件的生产工艺，而且还要了解铸件的质量检验，包括化学成分、力学性能、工艺和铸件内部组织尺寸精度与形位公差及内外表面检验等。

10.5.1.1 镁铸件缺陷分类

(1) 几何缺陷。压铸件形状、尺寸与技术要求有偏离；尺寸超差、挠曲、变形等。

(2) 表面缺陷。压铸件外观不良，出现花纹、流痕、冷隔、斑点、缺肉、毛刺、飞边、缩痕、拉伤等。

(3) 内部缺陷。气孔、缩孔、缩松、裂纹、夹杂物等，内部组织、力学性能不符合要求。

10.5.1.2 产生缺陷的主要影响因素

(1) 铸造装置或压铸机引起。压铸机性能，所提供的能量能否满足所需要的压射条件：压射力、压射速度、锁模力是否足够。铸造工艺参数选择及调控是否合适，包括压力、速度、时间、冲头行程等。

(2) 铸造或压铸模引起。

1) 模具设计。模具结构、浇注系统尺寸及位置、顶杆及布局、冷却系统。

2) 模具加工。模具表面粗糙度、加工精度、硬度。

3) 模具使用。温度控制、表面清理、保养。

(3) 铸件设计引起。铸件壁厚、弯角位、拔模斜度、热节位、深凹位等。

(4) 铸造操作引起。合金浇注温度、熔炼温度、涂料喷涂量及操作、生产周期等。

(5) 坯料引起。原材料及回炉料的成分、干净程度、配比、熔炼工艺等。

以上任何一个因素的不正确，都有可能导致缺陷的产生。

10.5.1.3 铸件缺陷检验的主要方法

(1) 直观判断。用肉眼对铸件表面质量进行分析，对于花纹、流痕、缩凹、变形、冷隔、缺肉、变色、斑点等可以直观看到，也可以借助放大镜放大5倍以上进行检验。

(2) 尺寸检验。检测仪器设备及量具有：三坐标测量仪、投影仪、游标卡尺、塞规、千分表等通用和专用量具。

(3) 化学成分检验。采用光谱仪、原子吸收分析仪进行铸件化学成分检验，特别是杂质元素的含量。据此判断合金材料是否符合要求及其对缺陷产生的影响。

(4) 性能检验。采用万能材料试验机、硬度计等检测铸件的力学性能和表面硬度。

(5) 表面质量检验。采用平面度检测仪、粗糙度检测仪检验表面质量。

(6) 金相检验。使用金相显微镜、扫描电子显微镜对缺陷基体组织结构进行分析，判断铸件中的裂纹、杂质、硬点、孔洞等缺陷。在金相中，缩孔呈现不规则的边缘和暗色的内腔，而气孔呈现光滑的边缘和光亮的内腔。

（7）射线检验。利用有强大穿透能力的射线，在通过被检验铸件后，作用于照相软片，使其发生不同程度的感光，从而照相底片上摄出缺陷的投影图像，从中可判断缺陷的位置、形状、大小、分布。

（8）超声波检验。超声波是振动频率超过2000Hz的声波。利用超声波从一种介质传到另一种介质的界面时会发生反射现象，来探测铸件内部缺陷部位。超声波测试还可用于测量壁厚和材料分析。

（9）荧光检验。利用水银石英灯所发出紫外线来激发发光材料，使其发出可见光来分析铸件表面微小的不连续性缺陷，如冷隔、裂纹等。把清理干净的铸件放入荧光液槽中，使荧光液渗透到铸件表面，取出铸件，干燥铸件表面涂显像粉，在水银灯下观察，缺陷处出现强烈的荧光。根据发光程度，可判断缺陷的大小。

（10）着色检验。一种简单、有效、快捷、方便的缺陷检验方法，由清洗剂、渗透剂、显像剂组成。可从市场买回一套“着色渗透探伤剂”共12罐，即可在生产现场进行缺陷检验。其方法如下：

1）先用清洗剂清洗压铸件表面。

2）用红色渗透剂液喷涂铸件表面，保持湿润约5~10min。

3）擦去铸件表面多余的渗透剂，再用清洗剂或用水清洗。

4）喷涂显像剂，如果铸件表面有裂纹、疏松、孔洞、那么渗入的渗透剂在显像液作用下析出表面，相应部位呈现出红色，而没有缺陷的表面无红色呈现。

（11）耐压检验。用于检查铸件致密性：

1）采用检漏机（水检机、气检机）。

2）用夹具夹紧铸件呈密封状态，其内通入压缩空气，浸入水箱中，观察水中有无气泡出现来测定。一般通入压缩空气在2atm（1atm = 101325Pa）以下，浸水时间1~2min；4atm时，浸入时间更短。试验压力要超过铸件要求的工作压力的30%~50%。

3）用水压式压力测试机进行测试。

（12）耐腐蚀性能检验。采用盐雾实验设备、紫外线耐候实验设备、雨淋实验设备等进行检测。

10.5.2 表面缺陷与防止措施

10.5.2.1 铸件表面质量要求及缺陷极限

铸件表面粗糙度低，按使用要求不同铸件表面质量要求可不同。按使用要求将铸件表面质量分为3级，见表10-46。不同级别压铸件的表面质量级别及缺陷极限见表10-47，表面质量要求见表10-48，机械加工后的孔穴缺陷见表10-49和表10-50。

表10-46 铸件表面质量按使用要求分级

表面质量级别	使用范围	粗糙度 R_a
1	涂覆工艺要求高的表面，镀铬、抛光、研磨的表面，相对运动的配合面，危险应力区的表面等	3.2
2	涂覆要求一般或要求密封的表面，镀锌阳极氧化、油漆不打腻以及装配接触面	6.3
3	保护性涂覆表面及紧固接触面，油漆打腻表面及其他表面	12.6

表 10－47 表面质量级别及缺陷极限

铸件表面质量级别	1级	2级	3级
缺陷面积不超过总面积的总分数/%	5	25	40

注：1. 在不影响使用和装配的情况下，网状毛刺和痕迹不超过下述规定：锌合金、铝合金压铸件其高度不超过0.2mm；铜合金压铸件其高度不大于0.4mm。

2. 受压铸型镶块或受分型面影响而形成表面高低不平的偏差，不超过有关尺寸公差。

3. 推杆痕迹凸出或凹入铸件表面的深度，一般为±0.2mm。

4. 工艺基准面、配合面上不允许存在任何凸起，装饰面上不允许有推杆痕迹。

表 10－48 表面质量要求

<table>
<tr><th rowspan="2" colspan="2">缺陷名称</th><th rowspan="2">缺 陷 范 围</th><th colspan="3">表面质量级别</th><th rowspan="2">备 注</th></tr>
<tr><th>1级</th><th>2级</th><th>3级</th></tr>
<tr><td rowspan="2" colspan="2">流痕</td><td>深度/mm</td><td>≤0.05</td><td>≤0.07</td><td>≤0.05</td><td rowspan="2"></td></tr>
<tr><td>面积不超过总面积的百分数/%</td><td>5</td><td>15</td><td>30</td></tr>
<tr><td rowspan="5" colspan="2">冷隔</td><td>深度/mm</td><td rowspan="5">不允许</td><td>≤1/5壁厚</td><td>≤1/4壁厚</td><td rowspan="5">（1）在同一部位对应处不允许同时存在；
（2）长度是指缺陷流向的展开长度</td></tr>
<tr><td>长度不大于铸件最大轮廓尺寸的/mm</td><td>1/10</td><td>1/15</td></tr>
<tr><td>所在面上不允许超过的数量</td><td>2处</td><td>2处</td></tr>
<tr><td>离铸件边缘距离/mm</td><td>≥4</td><td>≥4</td></tr>
<tr><td>两冷隔间距/mm</td><td>≥10</td><td>≥10</td></tr>
<tr><td rowspan="2" colspan="2">拉伤</td><td>深度/mm</td><td>0.05</td><td>0.10</td><td>0.25</td><td rowspan="2">除一级表面外，浇道部位允许增加一倍</td></tr>
<tr><td>面积不超过总面积的百分数/%</td><td>3</td><td>5</td><td>10</td></tr>
<tr><td colspan="2">凹陷</td><td>凹入深度/mm</td><td>≤0.10</td><td>≤0.30</td><td>≤0.50</td><td></td></tr>
<tr><td rowspan="2" colspan="2">黏附物痕迹</td><td>整个铸件不允许超过</td><td rowspan="2">不允许</td><td>1处</td><td>2处</td><td rowspan="2"></td></tr>
<tr><td>占带缺陷的表面面积的百分数/%</td><td>5</td><td>10</td></tr>
<tr><td rowspan="8">气泡</td><td rowspan="4">平均直径≤3mm</td><td>每100cm² 缺陷个数不超过的处数</td><td rowspan="4">不允许</td><td>1</td><td>2</td><td rowspan="8">允许两种气泡同时存在，但大气泡不超过3个，总数不超过10个，且其边距不小于10mm</td></tr>
<tr><td>整个铸件不超过的个数</td><td>3</td><td>7</td></tr>
<tr><td>离铸件边缘距离/mm</td><td>≥3</td><td>≥3</td></tr>
<tr><td>气泡凸起高度/mm</td><td>≤0.2</td><td>≤0.3</td></tr>
<tr><td rowspan="4">平均直径>3～6mm</td><td>每100cm² 缺陷个数不超过</td><td rowspan="4">不允许</td><td>1</td><td>1</td></tr>
<tr><td>整个铸件不允许超过的个数</td><td>1</td><td>3</td></tr>
<tr><td>离铸件边缘距离/mm</td><td>≥5</td><td>≥5</td></tr>
<tr><td>气泡凸起高度/mm</td><td>≤0.3</td><td>≤0.5</td></tr>
<tr><td rowspan="2" colspan="2">边角残缺深度/mm</td><td>铸件边长≤100mm</td><td>0.3</td><td>0.5</td><td>1.0</td><td rowspan="2">残缺长度不超过边长度的5%</td></tr>
<tr><td>铸件边长>100mm</td><td>0.5</td><td>0.8</td><td>1.2</td></tr>
<tr><td colspan="2">各类缺陷总和</td><td>面积不超过总面积的百分数/%</td><td>5</td><td>30</td><td>50</td><td></td></tr>
</table>

注：对于1级有特殊要求的表面，只允许有经抛光或研磨能去除的缺陷。

表10－49 机械加工后加工面上允许孔穴缺陷的规定（JB 2702—80）

加工面面积/cm²	1级				2级				3级			
	最大直径/mm	最大深度/mm	最多个数	至边缘最小距离/mm	最大直径/mm	最大深度/mm	最多个数	至边缘最小距离/mm	最大直径/mm	最大深度/mm	最多个数	至边缘最小距离/mm
约25	0.8	0.5	3	4	1.5	1.0	3	4	2.0	1.5	3	3
>25～60	0.8	0.5	4	6	1.5	1.0	4	6	2.0	1.5	4	4
>60～150	1.0	0.5	4	6	2.0	1.5	4	6	2.5	1.5	5	4
>150～350	1.2	0.6	5	8	2.5	1.5	5	8	3.0	2.0	6	6

表10－50 机械加工后螺纹允许孔穴的规定（JB 2702—80）

螺距/mm	平均直径/mm	深度/mm	螺纹工作长度内缺陷总数不超过	两个孔的边缘之间距离/mm
≤0.75	≤1	≤1	2	≥2
>0.75	≤1.5（不超过2倍螺距）	≤1.5（<1/4壁厚）	4	≥5

注：螺纹的最前面两扣上不允许有缺陷。

10.5.2.2 表面缺陷产生的原因及防止措施分析

表面缺陷包括铸件表面有流痕、花纹、冷隔、网状毛刺、印痕、缩陷、铁豆、黏附物痕迹、分层、摩擦烧蚀、冲蚀等。表面缺陷常占压铸件缺陷的首位，应充分加以重视及防止。表10－51是各种表面缺陷特征、产生原因和防止措施。

表10－51 各种表面缺陷特征、产生原因和防止措施

名称	特征及检查方法	产生原因	防止措施
气泡	铸件表面有米粒大小的隆起，也有皮下形成的空洞	（1）合金液在压室充满度过低；易生卷气，压射度过高； （2）模具排气不良； （3）熔液模除气熔炼温度过高； （4）模温过高，金属凝固时间不够，强度不够，而过早开模顶出铸件，受气体膨胀起来； （5）脱模剂太多	（1）调整压铸工艺参数、压射速度和高速压射切换点； （2）降压缺陷区或模温，从而降低气体的压力作用； （3）增设排气槽、溢流槽； （4）调整熔炼工艺； （5）留模时间延长
裂纹	外观检测：铸件表面有呈直线状或波浪形的纹路，狭小而长，在外力作用下有发展趋势。冷裂为开裂处金属没被氧化；热裂为开裂处金属被氧化	（1）合金中铁合金含量过高或硅含量过低； （2）合金中有害杂质的含量过高，降低了合金的可塑性； （3）铝硅合金：铝硅铜合金含锌或含铜量过高；铝镁合金中含镁量过多； （4）模具，特别是型芯温度太低； （5）铸件壁厚有剧烈变化之处，收缩受阻； （6）留模时间过长，应力大； （7）顶出时受力不均匀	（1）正确控制合金成分，在某些情况下可在合金中加纯铝锭以降低合金中含镁量，或在合金中加铝硅中间合金以提高硅含量； （2）改变铸件结构，加大圆角，加大出模斜度，减少壁厚差； （3）变更或增加顶出位置，使顶出受力均匀； （4）缩短开模及抽芯时间； （5）提高模温

续表 10－51

名称	特征及检查方法	产生原因	防止措施
变形	铸件几何形状与图纸不符，整理变形或局部变形	（1）铸件结构设计不良，引起不均匀收缩； （2）开模过早，铸件刚性不够； （3）顶杆设置不当，顶出时受力不均匀； （4）切除浇口方法不当	（1）改进铸件结构； （2）调整开模时间； （3）合理设置顶杆位置及数量； （4）选择合适的切除浇口方法
流痕及花纹	外观检查：铸件表面上有与金属液流动方向一致的条纹＋有明显可见的与金属基体颜色不一样无方向性的纹路，无发展趋势	（1）首先进入型腔的金属液形成一个极薄的而又不完全的金属层后，被后来的金属液所弥补而留下的痕迹； （2）模温过低； （3）内浇道截面积过小及位置不当产生喷溅； （4）作用于金属液上的压力不足，涂料用量过多	（1）提高模温； （2）调整内浇道截面积或位置； （3）调整内浇道速度及压力； （4）选用合适的涂料及调整用量
冷隔	外观检查：铸件表面上有明显的、不规则的、下陷线形纹路（有穿透与不穿透两种），形状细小而狭长，有时交接边缘光滑，在外力作用下有发展的可能	（1）两股金属流相互对接，但未完全熔合而又无夹杂物在其间，两股金属结合力很薄弱； （2）浇注温度或压铸模温度偏低； （3）选择合金不当，流动性差； （4）浇道位置不对或流路过长； （5）填充速度低； （6）压射比压低	（1）适当提高浇注温度和模具温度； （2）提高压射比压，缩短填充时间； （3）提高压射速度，同时加大内浇口截面积； （4）改善排气、填充条件； （5）正确选用合金，提高合金流动性

10.5.2.3 表面损伤产生的原因及防止措施

铸件因机械拉伤、黏模拉伤或碰伤造成表面损伤，这在生产中是时有发生的。这类表面损伤缺陷同样属于表面缺陷，应注意加以防止。表面损伤特征、产生原因和防止措施见表 10－52。

表 10－52 表面损伤特征、产生原因和防止措施

名称	特 征	产生原因	防止措施
机械拉伤	铸件表面有顺着出型方向的擦伤痕迹	（1）铸型设计和制造不正确，使型芯和型的部分无斜度或为负斜度； （2）型芯或型壁有压伤影响出型； （3）铸件顶出时有偏斜	（1）使用铸型前应检修型、芯的负斜度和压伤处； （2）适当增加涂料量； （3）检查合金成分，低于 0.6%； （4）调整顶杆，使顶出力平衡
黏模拉伤	铸件与铸型腔壁发生黏连产生的拉伤痕迹，铸件表面严重黏连部位会被撕破	（1）金属液浇注温度或压铸型温度过高； （2）涂料使用不正确或量不足； （3）浇注系统设计不正确，金属冲击型或芯剧烈； （4）铸型材料使用不当或热处理工艺不正确，铸型硬度低； （5）铸型局部型腔表面粗糙； （6）填充速度太高	（1）将金属液浇注温度和压铸型温度控制在工艺规定范围内； （2）正确选用涂料品种及用量； （3）浇注系统应防止金属剧烈正面冲击型或芯； （4）正确选用铸型材料及热处理工艺和硬度； （5）校对合金成分，使合金含铁量在要求范围内； （6）消除型腔粗糙的表面； （7）适当降低填充速度
碰伤	铸件表面有擦伤、碰伤	（1）使用、搬运不当； （2）运转、装卸不当	注意铸件在取件、使用、搬运中不要碰伤

10.5.3 内部缺陷与防止措施

内部缺陷、产生原因和防止措施见表10－53。

表10－53 内部缺陷、产生原因和防止措施

名称	特征及检查方法	产生原因	防止措施
夹杂物	混入铸件内的金属或非金属杂质，加工后可看到形状不规则，大小、颜色、亮度不同的点或孔洞	（1）不洁净，回炉料太多； （2）合金液未精炼； （3）用炉料勺取液浇注时带入熔渣； （4）石墨坩埚或涂料中含有石墨脱落混入金属液中； （5）保温温度高，持续时间长	（1）使用清洁的合金料，特别是回炉炉上脏物必须清理干净； （2）合金熔液须精炼除气，将熔渣清干净； （3）用勺取液浇注时，仔细拨开液面，避免混入熔渣和氧化皮； （4）清理型腔、压室控制保温温度和减少保温时间
气孔	存在于铸件内部，具有光滑表面，形状为圆形	（1）合金溶液倒入不合理，浇口速度高产生喷射； （2）熔炼温度过高，吸气喷涂过多，涂料过浓； （3）模温高	（1）改善浇注系统； （2）适当温度熔炼； （3）喷吐适当，比例适当； （4）模温不要太高； （5）改善溢流系统
渗漏	铸件经耐压试验，产生漏气、渗水	（1）压力不足，基体组织致密度差； （2）内部缺陷引起，如气孔、缩孔、渣孔、裂纹、缩松、冷隔、花纹； （3）浇注和排气系统设计不良； （4）冲头磨损，压射不稳定	（1）提高比压； （2）针对内部缺陷采取相应措施； （3）改进浇注系统和排气系统； （4）进行浸渗处理，弥补缺陷； （5）更换压室、冲头
缩孔、缩松	存在于铸件内部厚壁处，孔洞形状不规则，表面不光滑，呈暗色	（1）铸件在凝固过程中，因产生收缩而得不到金属液补偿而造成孔穴； （2）浇注温度过高，模温梯度分布不合理； （3）压射比压低，增压压力过低； （4）内浇口较薄、面积过小，过早凝固，不利于压力传递； （5）金属液补缩铸件结构上有热节部位或截面变化剧烈； （6）金属液浇注量偏小，余料太薄，起不到补缩作用	（1）降低浇注温度，减少收缩量； （2）提高压射比压及增压压力，提高致密性； （3）修改内浇口，使压力更好传递，有利于液态金属补缩作用； （4）改变铸件结构，消除金属积聚部位，壁厚尽可能均匀； （5）加快厚大部位冷却； （6）加厚料柄，增加补缩的效果

10.5.4 缺陷产生的影响因素

常见缺陷的影响因素见表10－54。

表10－54 常见缺陷的影响因素

影响因素	常见缺陷										
	欠铸	气泡	变形	缩孔气孔	裂纹	冷隔	夹渣	黏模	擦伤	因素类别	产生根源
比压	√			√					√	B	铸机或铸造装置
压射速度	√	√								B	
建压时间	√			√						B	
压室充满度	√	√		√						B	
1～2速度交接点	√	√		√						B	
凝固时间			√		√					B	

续表 10-54

影响因素	常见缺陷										
	欠铸	气泡	变形	缩孔 气孔	裂纹	冷隔	夹渣	黏模	擦伤	因素 类别	产生 根源
模具温度	√	√			√	√		√		A/C	模具
模具排气	√	√		√		√				A	
浇注系统不正确				√				√		A	
模具表面处理不好			√						√	A	
铸造斜度不够			√		√			√	√	A	
模具硬度不够								√	√	A	
浇注温度	√	√				√		√		C	现场 操作
浇注金属量	√			√						C	
金属含杂质							√			C	
涂料		√	√	√	√	√	√	√		C	

注：A 类因素：取决于模具设计与制造。B 类因素：大多取决于铸机性能及工艺参数选择。C 类因素：现场操作。
√表示有影响。

10.5.5 解决缺陷的思路

由于每一种缺陷的产生原因来自多个不同的影响因素，因此在实际生产中要解决问题，面对众多原因到底是先调机，还是先换料，或先修改模具？建议按难易程度，先简后复杂去处理，其次序是：

（1）清理分型面，清理型腔，清理顶杆；改变涂料、改善喷涂工艺；增大锁模力，增加浇注金属量。

（2）调整工艺参数、压射力、压射速度、充型时间、开模时间、浇注温度、模具温度等。

（3）换料，选择优质的镁合金锭，改变新料与回炉料的比例，改进熔炼工艺。

（4）修改模具，修改浇注系统，增加内浇口，增设溢流槽、排气槽等。

例如，压铸件产生的原因有：

（1）压铸机问题：锁模力调整不对。

（2）工艺问题：压射速度过高，形成压力冲击峰过高。

（3）模具问题：变形，分型面上杂物；镶块、滑块有磨损不平齐，模板强度不够。

（4）解决飞边的措施顺序：清理分型面→提高锁模力→调整工艺参数→修复模具磨损部位→提高模具刚度。

11 镁及镁合金塑性成型技术

11.1 概述

11.1.1 镁合金的塑性变形特性

目前压铸镁合金产品用量大于变形产品，但变形镁合金经过锻造、挤压或轧制等工艺生产出的产品具有更高的强度和更好的延展性，具有铸造镁合金产品无法取代的优良性能。两类镁合金材料的性能对比如图 11-1 所示。国际镁协会（IMA）制定的镁合金研究开发与应用的三个阶段，中、长期的目标主要是研究开发新型变形镁合金和镁合金加工新工艺。

由于镁具有密排六方晶体结构，在室温条件下变形只有基面｛0001｝产生滑移，滑移系数仅为3个。因此，晶面产生滑移的可能性相当有限，因而导致镁合金的塑性很低，特别是冷态下变形十分困难。当变形温度升高到180～240℃之间时，随着孪晶的形成而有更多的附加滑移面产生，即仅次于基面的｛$10\bar{1}1$｝、｛$10\bar{1}2$｝晶面先后产生滑移，使镁合金的塑性得到很大提高；而温度进一步升高达到300℃以上，即可出现再结晶过程，使镁合金具有更好的成型性能。因此，镁合金的塑性变形加工一般均是在热态条件下完成。图11-2所示为镁在静镦粗条件下的极限镦粗比与温度的关系曲线。

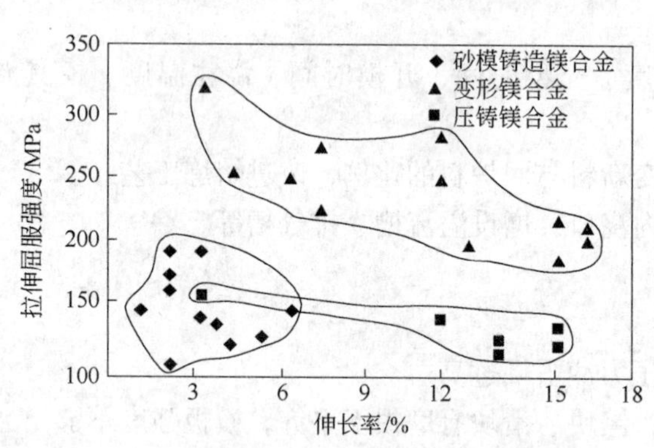

图 11-1 各种镁合金的拉伸屈服强度与伸长率

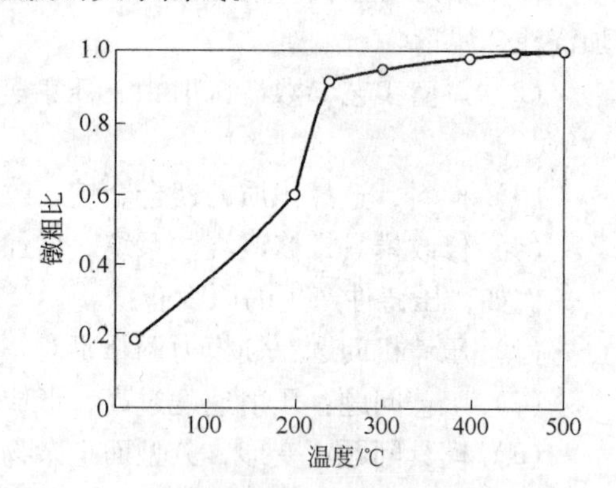

图 11-2 镁在静镦粗条件下的极限镦粗比与温度的关系曲线

镁合金可采用与铝合金相似的加热方式，但一般是在箱式电阻炉中加热。镁合金有良好的导热性，任何形状和尺寸的毛坯或铸锭均可不经预热而直接放入炉膛加热。由于镁合金塑性成型加工前的加热温度远低于合金的熔点温度，加热时不需要惰性气体或还原气氛保护。但必须保证炉温均匀，在预加热阶段必须避免出现大的温度梯度，防止坯料局部过热。若装有鼓风机等强制空气循环装置对坯料均匀加热是极为有利的。同时，加热炉应能可靠地控制温度精度，并采取坯料加热的保护措施，避免镁合金发生燃烧的危险。

表 11 -1 列出常用变形镁合金塑性加工时的加热温度范围。

表 11 -1　常用变形镁合金成型时的加热温度范围

合金牌号	M2M	AZ40M	AZ41M	AZ61M	AZ62M	AZ80M	ME20M	ZK61M	MB22	MB25
成型温度/℃	260 ~ 450	275 ~ 400	250 ~ 450	250 ~ 340	280 ~ 350	350 ~ 380	280 ~ 350	250 ~ 400	350 ~ 450	280 ~ 400

11.1.2　常用镁合金的塑性加工方法

变形镁合金的塑性加工方法与变形铝合金的塑性加工方法基本相同，常用的加工方式有：挤压成型、锻造成型、轧制成型、等温及超塑成型和板料成型（二次成型或深度加工）。

（1）挤压成型。目前，镁合金管、棒、带、型材主要采用挤压方法加工成型，因为挤压工艺最适用于低塑性材料的成型加工。大部分变形镁合金如 AZ31B、ZM21、ZK60A、HK31 等均可用挤压法生产。挤压法生产的零件，其力学性能较压铸法生产的要高很多，而且表面光洁，无需再经打磨，可用于汽车承载件如坐架、底盘框、轮毂和汽车窗框等。薄壁镁合金管件，由于其截面面积减小，因此可显著减轻质量。

（2）轧制成型。镁合金在室温下塑性很低，轧制加工比较困难，因此最好用热轧与温轧。适于轧制的镁合金牌号有镁 - 锰系的 M2M、MK20M，镁 - 铝 - 锌系的 AZ31B，以及镁 - 锂系的 LA141。可以生产厚板、中板和薄板。镁合金薄板用于制造汽车车体组件之外板（如车门、罩盖、护板、顶板等），可大大减轻质量。但目前镁合金板材在耐腐蚀性能方面尚存在一些问题，还有待开发研究。

（3）锻造成型。镁合金在常温下锻造容易脆裂，锻造温度须在 200 ~ 400℃之间。但镁合金在高温下，尤其在超过 400℃时产生腐蚀性氧化及晶粒粗大，锻造温度范围较窄。而镁合金导热系数较大［约 80W/(m·℃)］，几乎为钢的 2 倍，特别是因镁合金密度小、热容量小，接触模具后降温很快，塑性降低，变形抗力增加，充填性能下降，因此镁合金适合于采用等温锻造。

（4）板料成型（二次成型）。镁合金在常温下不宜冲压，一般冲压温度应在 150℃以上。在 175℃时，镁合金板料突试验时，拉伸比可达 2.0；在 225℃时可达 3.0。超过了铝合金和低碳钢（它们分别为 2.6 和 2.2）。已开发出镁合金汽车覆盖件的热冲压成型技术，制备出了汽车的门板。

（5）超塑性成型。镁合金塑性较低，用常规变形方法加工较难。研究表明，很多变形镁合金在一定的条件下具有超塑性，可以一次成型复杂的零件。表 11 -2 为 AZ31 合金、AZ61 合金和 ZK60 合金在适宜的条件下呈现的超塑性能。

表 11 -2　AZ31 合金、AZ61 合金和 ZK60 合金在适宜的条件下呈现的超塑性能

合金牌号	产　品	变形温度/℃	应变速率/s^{-1}	最大伸长率/%	流变应力/MPa
AZ31	挤压棒材 ϕ25mm	450	1×10^{-5}	596	2.10
AZ31	轧制板材厚 1.5mm	375	6×10^{-5}	200	15.50

续表 11-2

合金牌号	产 品	变形温度/℃	应变速率/s^{-1}	最大伸长率/%	流变应力/MPa
AZ61	轧制板材厚 0.6mm	450	1×10^{-5}	401	1.18
AZ61	挤压板材厚 2mm	375	3×10^{-5}	461	3.50
ZK60	挤压棒材 ϕ31mm	375	1×10^{-3}	658	4.2

由表 11-2 数据可见，不论板材和棒材，其最大伸长率均可达 200% 以上，而变形抗力却非常之小，这就为成型加工提供了极为有利的条件，可以用很小的力一次成型复杂的零件。但有两点要注意：(1) 材料的晶粒度要小于 10μm，这就要求对材料进行一定变形量的预加工，如挤压、轧制等以破碎其原始晶粒度；(2) 应变速率均较低，尤其是 AZ 系的 AZ31 合金和 AZ61 合金应变速率更低，这对大批量生产是很不利的。近几年来很多专家致力于高应变速率超塑合金的研究，取得了一定进展。

众所周知，材料的超塑性能是与合金的晶粒度密切相关的。研究表明，AZ31 合金经轧制后获得晶粒度为 130μm 的粗晶粒材料，与经挤压后获得 5μm 细晶粒的材料相比，其流变应力、最大伸长率与变形速率的关系是很不相同的，如图 11-3 所示。

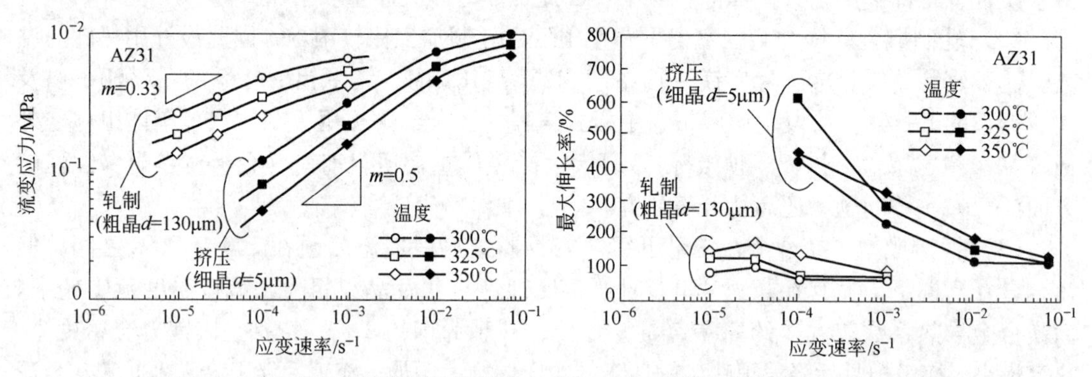

图 11-3 AZ31 合金不同细晶度的流变应力、最大伸长率与应变速率之间关系

由图 11-3 可见，细晶粒合金在较大应变速率时仍比粗晶粒合金有较高的最大伸长率和较低的流变应力。细晶粒合金的应变速率敏感性指数为 $m=0.5$，而粗晶粒的为 $m=0.33$。可见为获得较好的超塑性和较高的应变速率，使合金获得细晶粒是很重要的。

镁合金的超塑成型是镁合金的重要特点之一，既简化了成型工艺，又能生产出力学性能好、尺寸精度高、表面光洁的产品，这是一种很有潜力的成型方法，将在汽车工业中获得应用。详细内容将在本手册的后续章节专门讨论。

11.2 镁合金的成型性及基本变形条件

成型性是指通过不致发生断裂的塑性变形使材料成型的能力，通常包括整体成型工艺（如锻造、轧制、挤压）和二次成型工艺（如薄板成型、精压、旋压和拉延成型）。

一般说来，成型性的影响因素包括材料的显微组织、温度、应变速率和变形区域应力状态等。整体成型通常在高温下进行，可以对工件进行大变形。根据材料和应力状态，二次成型有时也需要在高温下进行。

11.2.1 镁合金塑性变形的可成型性

镁合金的塑性成型的主要方法有挤压、轧制、锻造以及等温和超塑成型等，他的塑性成型性取决于两个相互独立的因素，即材料的本性和塑性变形时的受力状态。

材料变形时的受力状态是某加工工艺所特有的，与材料自身特点无关，如挤压变形材料在变形区域承受三向应力状态，这有利于材料的塑性变形，即材料在这种变形条件下具有较好的成型性。同样，轧制时通过轧制道次的合理设计，锻造时通过锭坯受力的合理设计（实现闭式模锻或近闭式模锻），都可以优化镁合金在变形过程的应力应变分别，发挥变形区域压应力对材料成型性的积极作用。

镁合金的内在成型性取决于合金的显微组织、化学成分、预加工历史和对加工温度、应变速率和应变的响应。这种响应可以采用流动应力随温度应变速率和应变的变化曲线来表征，或者用基本数学方程式来表达。

11.2.2 镁合金二次成型时的可成型性

镁合金的高温加工成型性比室温好得多，因而镁合金成型与钢、铝或铜成型的最大区别是温度。有些镁合金可以在室温下成型，但绝大多数镁合金需要在高温下成型。

镁合金的二次成型方法和所用设备与其他金属的大致相同，但高温成型时对工模具和工艺有特殊要求。镁合金的二次成型方法及可成型性见表 11－3。

表 11－3 镁合金的二次成型方法及可成型性

成型类型	基本设备	加热方法	成型性	温 度	用 途
弯 曲	压弯机、弯板机、弯管机	加热炉，电热的弯板机卫板夹具	—	室温至 160～290℃	—
压力拉拔	水压机、机械压力机	模具中的加热器，加热炉，用于薄板的台板加热器	最大至 70%，实际可行的极限为 65%	150～325℃	大批量的浅拉工件和深拉工件
波纹成型	模具装置	在炉中预热薄板	—	模具为 285～315℃	用于平铆
延展成型	各种类型的拉伸机	电阻或红外线加热	—	薄板为 130～170℃，模具低于 230℃	用于小曲率的不对称工件
旋压成型	旋压设备	手持喷灯或旋压床上的燃烧器	—	315℃	对称形状，例如圆锥
冲挤成型	垂直或水平的机械压机	坯料在自动加热的进料轨道上加热	可获得 95% 的面积缩减率	175～370℃	大批量的深加工件，如电池外壳
落锤成型	空气锤、重力锤	炉中加热坯料，环形加热器或喷灯	名义上 10% 的缩减率	模具加热到 230℃，工件加热到 230～260℃	浅的拉拔件和不对称形状件
锻造，精压，压滚	水压机和低速机械压机，标准锻造锤	在炉中加热坯料或传热介质加热模具	长度缩减率最大为 80%	285～400℃	用于加工要求高强度、长寿命构件
手工成型	软质锤木块或金属块	喷灯，加热炉或电热器	—	—	形状复杂的工件

11.2.3 镁合金的应力－应变特性

11.2.3.1 镁合金的应力－应变曲线

镁及其合金的位错堆垛层错能比铝及其合金、α 铁、铁素体钢、铁素体合金和锡、锌等材料低，其滑移面上不全位错之间的层错区（扩展位错）较宽，这种相距较远的不全位错很难束集成全位错，从而位错的滑移和攀移很困难。因此，镁合金材料的动态回复速度比较慢，不能在变形的瞬间内完成，对加工软化的贡献不大；但随着变形量的增加，局部位错密度大大增加，促进再结晶的发生，其流变曲线如图 11－4 所示。通常镁及镁合金变形，开始阶段，应力随应变的增加而增加达到某一峰值 σ_m（对应应变为 ε_m）后发生动态再结晶，流变应力又下跌到某一值 σ_s 参见图 11－4(b) 的曲线 1 所示，此时加工硬化与动态再结晶所产生软化达到平衡，这时应力曲线趋于水平；如果在高温或低速下进行变形，则动态再结晶引起软化后，紧接着重新为硬化取代，则应力随应变增加而产生周期性的变化，参见图 11－4(b) 的曲线 2 所示。

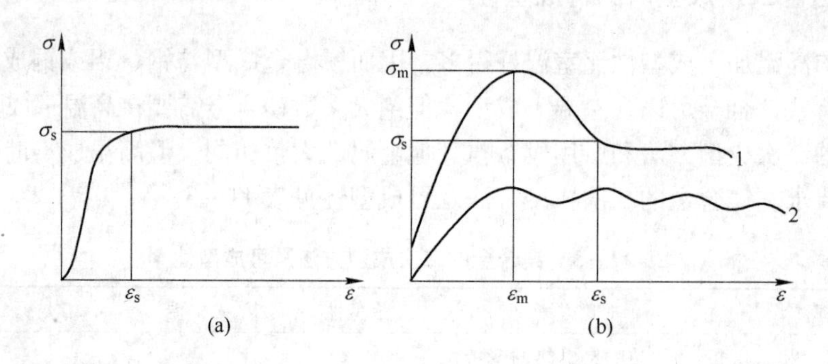

图 11－4 动态流变曲线

（a）回复型（如铝及铝合金）；（b）再结晶型（如镁及镁合金）

图 11－5 所示为纯镁和 ZK60 合金在不同温度下的流动应力－应变曲线，由图可见纯镁和 ZK60 合金在低于 150℃下塑性变形时将导致较高的流动应力。在 150～250℃低温区

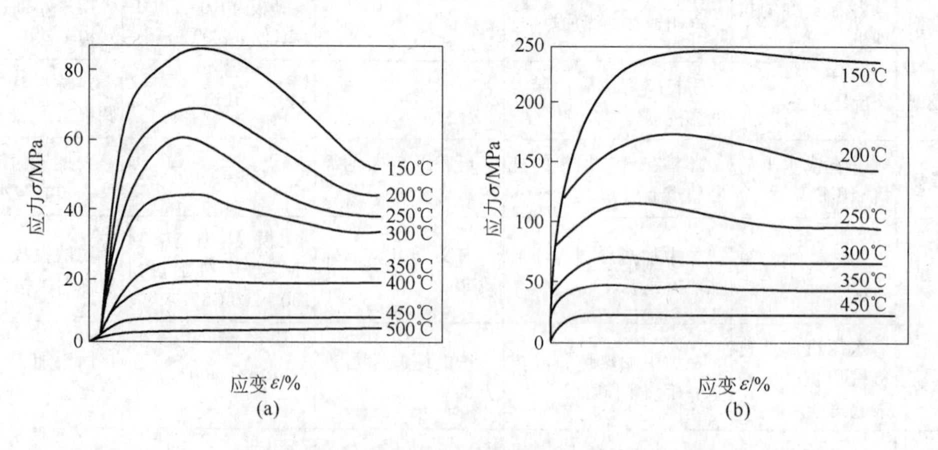

图 11－5 不同温度下纯镁和 ZK60 镁合金的流动应力－应变曲线

（a）纯镁（应变速率 $\dot{\varepsilon}=2.8\times10^{-3}\mathrm{s}^{-1}$）；（b）ZK60 镁合金

内，纯镁和 ZK60 合金的流动应力增加速度很快；在高温区（纯镁为 300 ~ 350℃，ZK60 合金为 200 ~ 250℃）内，随着温度的升高，两种材料的应变硬化效果急剧下降。在高温区（纯镁为 400 ~ 500℃，ZK60 合金为 300 ~ 450℃）内，两种材料经过较小的应变后就进入稳态流动阶段。

11.2.3.2 塑性变形机理分析

有关镁合金的塑性变形机理还不十分清楚，至今还不能对所有温度区间和应变速率下镁的变形行为进行完整的解释。很多学者提出了很多不同的理论模型来解释镁合金的变形行为，主要有以下三种观点。

（1）第一种观点。第一种观点是早期的研究认为位错攀移是镁合金塑性变形的机理。Milicka 等人报道镁合金具有相对较高的应力指数 n 和塑性变形激活能。但有人认为高应力指数和激活能是由弥散氧化物粒子引起的。在高温下，Edelin 和 Poirier 得到了比自扩散激活能高的激活能数值，并认为是非基面滑移激活能增加的结果。

（2）第二种观点。第二种观点是采用 Friedel 模型来解释镁的塑性变形机理。Vagarali 和 Langdon 对镁在一个较大的温度与应变速率范围内的变形行为进行了研究。根据 Friedel 模型，在 327 ~ 477℃和大于 2.5MPa 应力条件下，镁的塑性变形行为受交滑移控制，这种机理可以比较满意地解释镁的激活能与温度和应变速率之间的关系。此外，镁合金的表面形态和微观组织观察结果也证实了这一点。

（3）第三种观点。第三种观点是 Friedel - Escaig 机理。Couret 等人通过透射电子显微镜原位实验研究了镁合金在 20 ~ 350℃范围内的塑性变形行为，并提出了 Friedel - Escaig 机理。根据 Friedel - Escaig 机理，在 150 ~ 350℃内镁合金的变形应该是借助于交滑移。利用原位试验数据所计算出的微观激活能参数与理论预测值基本一致。与此同时，Couret 和 Caillard 指出可以采用不同的机理来解释镁合金的高温塑性变形。值得注意的是，所有试验都是在镁合金单晶样品（其位向无序可以阻碍基面滑移）上完成的。后来，Couret 等人采用改进的 Friedel 模型计算了位错周围的不均匀应力场，并得出 Friedel 机理不适合于高温变形，Friedel - Escaig 机理即交滑移机理是热变形唯一可能机理的结论。

图 11 - 6 所示为 Friedel - Escaig 机理和 Friedel 位错滑移机理示意。Friedel - Escaig 机理如图 11 - 6(a) 所示。

由于镁的层错能低，螺型全位错易分解为扩展位错。当扩展位错的局部线段 PQ 沿基面 1 的滑动因某种原因受阻时，可以通过位错的束集和重新分解而转移到新的基面 3 上，并在外加应力的作用下，于基面 1 和滑移面 2 交界处形成一位错环。束集位错 PQ 可沿滑移面 2 进行滑动，当遇到最近邻的基面 3 时，又重新分解成扩展位错，同时在滑移面 2 上形成两段刃型位错 PP' 和 QQ'，而它们沿滑移面 2 运动的结果使螺型位错由基面 1 转移到了基面 3，上述过程的实质就是双交滑移。

Friedel 机理如图 11 - 6(b) 所示，与 Friedel - Escaig 机理存在显著差异。扩展位错束集后，不会在邻近的基面上重新分解，而是在新的滑移面 2 上形成具有临界尺寸的位错环。在该过程中，束集位错整体转移到新的滑移面上，并保持螺型位错的方向不变。在位错环于新的滑移面上恢复平直，并在发生新的交滑移以前滑动一段相对较长的距离，结果导致波浪状滑移线。

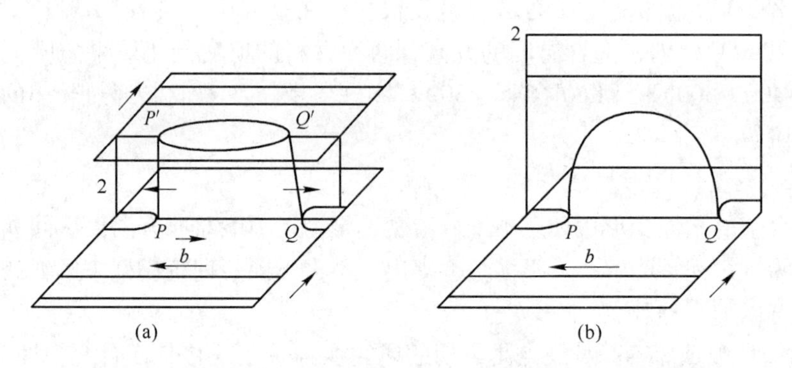

图 11-6 Friedel-Escaig 机理和 Friedel 位错滑移机理示意图
(a) Friedel-Escaig 机理；(b) Friedel 位错滑移机理

Galiyev 等人研究了 ZK60 合金（急冷铸造→固溶处理→单向压缩变形）的塑性变形行为（150～450℃，$\dot{\varepsilon}=10^{-5}\sim10^{-1}s^{-1}$）。在 150℃下变形时，他们发现了孪生及位错滑移（其中以基面滑移为主）和与基面滑移成 55°的短细滑移线；在 250℃下变形时，他们发现了晶内的基面滑移和非基面滑移，并在晶界附近发现了与交滑移有关的短波浪形滑移线；在 350℃下变形时，晶内出现了大量的多滑移，形成了基面滑移、非基面交滑移和由($a+c$）位错非基面滑移组成的滑移台阶。因此，可以认为在低温下孪生及在孪晶界附近高位错密度区的晶格旋转是形成具有非平衡晶界的细小晶粒的主要原因。这是较低温度下，镁合金塑性变形过程中最为典型的晶粒形成机制。在 250℃以下，新的晶界在原始晶界的非基面滑移区域内形成，该区域的位错线为可以进行交滑移的螺位错。由于交滑移的轨迹与新晶粒晶界一致，从而位错可能通过非基面的交滑移而塞积。大角度边界的形成很可能与位错的非基面滑移有关。随着应变的增大，小角度亚晶界通过位错反应而转变为大角度亚晶界，从而在原始晶粒晶界处形成具有链状结构的再结晶晶粒。在 300～450℃温度范围内，新晶粒的形成往往伴随着多滑移带往原始晶界迁移。晶界迁移时会在扫过的区域内形成小角度晶界，并从原始晶界弓出位置脱离。因此，新晶粒的形核机制可以认为是晶界弓出形核。进一步研究认为，镁合金的高温变形行为受扩散控制，且伴有位错攀移，应力指数为 5 左右。

合金元素对镁的塑性变形机理有影响。有关镁及其合金变形机理的分析表明，二者的变形行为有共性。在幂指数定律范围内，镁及其合金的变形行为受交滑移控制。然而，合金化影响镁合金交滑移的发展，并能改变滑移模式。理论计算表明，纯镁中加入锌元素后，堆垛层错能（SFE）大大降低，从而高温下塑性变形控制机理由 Friedel 模型转变为伴有高温攀移的 Friedel-Escaig 交滑移。由于堆垛层错能降低而产生的分割位错阻碍了位错束集，使得温度升高时，不能由 Friedel-Escaig 机理转变为 Friedel 机理，这与固溶合金元素对堆垛层错能的影响一致。

11.2.3.3 镁合金的流动应力和加工成型图

镁的层错能比较低，约 78mJ/m²，大大低于铝的层错能 200mJ/m²，因而镁合金的回复较为困难，在较低的温度下进行热加工时容易产生动态再结晶。因此，镁合金在较低的温度下变形时，应变能增加，储能升高，促进动态再结晶而细化晶粒，这是一个重要加工特点。在镁合金的加工过程中，随着温度升高，晶粒不断长大，虽然变形速率较低，也易形成楔形裂纹；当温度较低且变形速率较高时，易导致局部应变和产生孪晶。另外，温度较高且应变速率较高时，由于热量难以散发，从而容易在镁合金内产生绝热剪切带。镁合金加工过程中需要尽量避免上述问题。

有些具有微细晶的镁合金，在一定应变速率和温度下还具有超塑性，利用这一特点可以对镁合金进行超塑成型。然而，在镁合金超塑性变形过程中，温度升高容易导致晶界开裂，而变形速率增加则易引起流变失稳。下面举例介绍镁及几种镁合金在各种状态下的流动应力和加工成型图。

（1）铸态镁。铸态镁（含 0.059% Fe、0.026% Ni、0.006% Pb、0.003% Cu 和余量 Mg，平均晶粒直径为 1.5mm）在 225℃以上变形时，其角锥面上的滑移系被激活，塑性显著提高。铸态镁在 400℃和 550℃时，应变速率在 0.001～$100s^{-1}$范围内进行压缩时的真应力－真塑性应变曲线如图 11－7 所示，其流动应力与应变的关系见表 11－4。显然，铸态镁应力－应变曲线中，应变速率较高的部分已经出现流变软化。

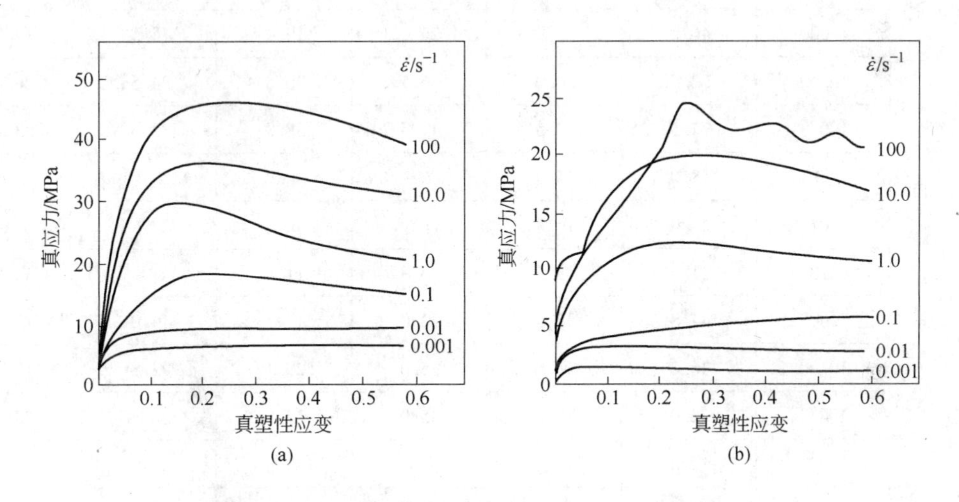

图 11－7 铸态镁高温压缩时的真应力－真塑性应变曲线

（a）400℃；（b）550℃

表 11－4 不同温度和不同应变速率下铸态镁的流动应力与应变的关系

应变	应变速率 /s^{-1}	不同温度下的流动应力/MPa					
		300℃	350℃	400℃	450℃	500℃	550℃
0.1	0.001	14.7	13.3	6.1	3.9	3.4	1.5
	0.010	21.0	18.1	9.0	4.4	4.6	3.2
	0.100	29.9	22.8	14.3	10.2	7.3	4.4
	1.000	39.7	28.9	28.1	18.1	16.9	11.2
	10.00	43.0	49.5	35.0	30.8	20.0	15.0
	100.0	77.5	52.0	42.1	32.0	28.6	16.9

续表 11-4

应 变	应变速率 /s^{-1}	不同温度下的流动应力/MPa					
		300℃	350℃	400℃	450℃	500℃	550℃
0.2	0.001	17.4	13.6	6.7	4.3	3.6	1.6
	0.010	24.8	17.9	9.6	5.6	4.8	3.3
	0.100	34.3	25.2	18.5	12.2	8.5	5.1
	1.000	45.9	34.3	30.0	28.1	18.2	13.1
	10.00	55.0	52.0	39.0	33.0	25.3	20.0
	100.0	84.0	59.0	47.0	38.0	33.5	20.0
0.3	0.001	18.0	14.0	7.0	4.3	2.8	1.3
	0.010	25.0	16.9	9.6	5.9	5.2	3.2
	0.100	33.3	24.6	18.2	12.1	8.6	5.7
	1.000	46.4	34.9	26.6	19.4	15.5	12.3
	10.00	52.5	50.0	36.5	30.8	24.5	20.0
	100.0	77.5	58.5	47.5	38.0	32.8	23.4
0.4	0.01	18.0	13.9	7.3	4.3	2.4	1.1
	0.010	24.0	16.4	9.6	5.7	5.3	2.9
	0.100	31.6	23.5	16.9	11.8	8.8	6.0
	1.000	44.8	32.9	24.0	17.3	14.0	11.6
	10.00	46.0	48.0	35.0	29.1	22.8	19.1
	100.0	72.0	55.8	45.0	37.8	30.7	23.1
0.5	0.001	17.3	14.0	7.2	4.5	2.5	1.1
	0.010	23.5	15.9	9.7	5.5	5.3	3.0
	0.100	30.7	22.4	16.0	11.3	8.6	6.0
	1.000	43.0	30.1	22.1	15.1	12.8	11.1
	10.00	44.0	48.0	34.1	27.5	21.0	18.2
	100.0	65.5	53.5	42.9	33.9	27.3	21.9

图 11-8 所示为铸态镁的加工图，沿轮廓线的数字代表塑性变形能量消耗效率，阴影区域对应流变失稳区，最佳热加工状态见表 11-5。铸态镁加工图中分为 A、B 两个区域。A 区在温度为 425℃和应变速率为 0.3s^{-1}处塑性变形能量消耗效率的峰值为 32%，代表镁的动态再结晶（DRX），也是最佳热加工状态区，随着温度的增加，晶粒不断长大；B 区在温度为 550℃和应变速率为 0.001s^{-1}处塑性变形能量消耗率峰值约为 60%，代表楔形开裂，与动态再结晶区域存在显著差异。铸态镁在 0.1s^{-1}应变速率下 DRX 区晶粒尺寸随温度的变化曲线如图 11-9 所示。

表 11－5 铸态镁加工图的特点和最佳热加工状态

现象	动态再结晶	楔形开裂	局部流变与孪生	绝热剪切带	最佳热加工状态
温度/℃	425	550	<773	>550	425
应变速率/s^{-1}	0.3	0.001	>5	>5	0.3

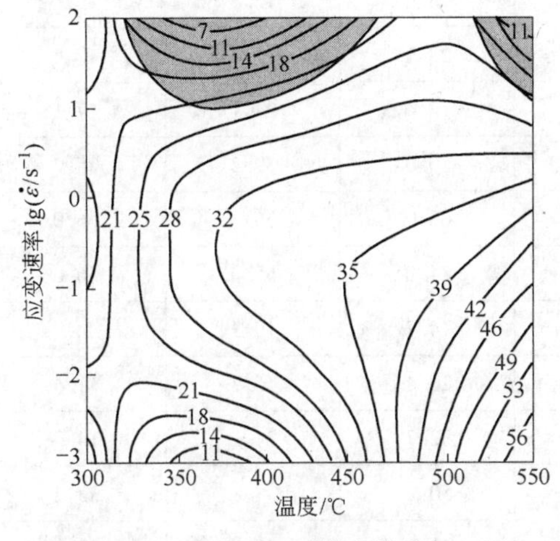

图 11－8 应变 0.5 时铸态镁的加工图

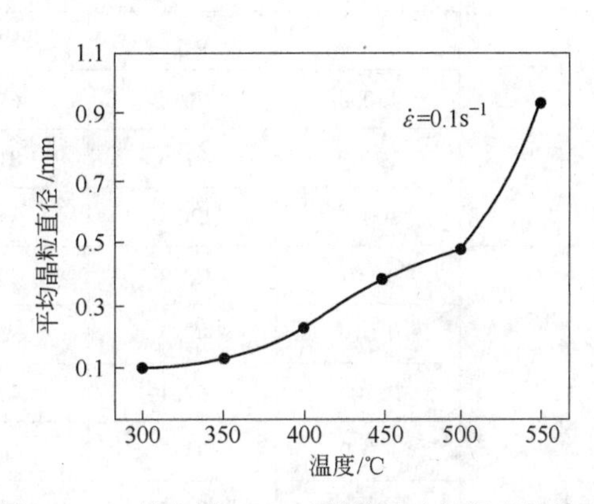

图 11－9 铸态镁 DRX 区晶粒尺寸与温度的关系

对于堆垛层错能低的材料，其 DRX 区峰值效率较低，仅为 32%。在所有温度下且应变速率超过 $5s^{-1}$左右时，铸态镁将出现流变失稳。在较低温度范围内，铸态镁显微组织中出现局部流变和孪生，较高温度下因热量难以散失而出现绝热剪切带。

（2）铸态 Mg2Zn1Mn 合金。铸态 Mg2Zn1Mn 合金的化学成分为 1.91% Zn、0.89% Mn、0.04% Al、0.01% Fe 和余量 Mg，平均晶粒直径为500～850μm，其中锌可以提高镁合金的强度和蠕变抗力，而锰有助于细化晶粒和提高抗蚀性。铸态 Mg2Zn1Mn 合金中除了有基体相颗粒外，还有富锰和锌的晶界相，这些相在 450℃左右时溶解。铸态 Mg2Zn1Mn 合金在 300～500℃和 0.001～100.0s^{-1}应变速率范围内进行压缩试验，其典型的真应力－真塑性应变曲线如图 11－10 和表 11－6 所示。

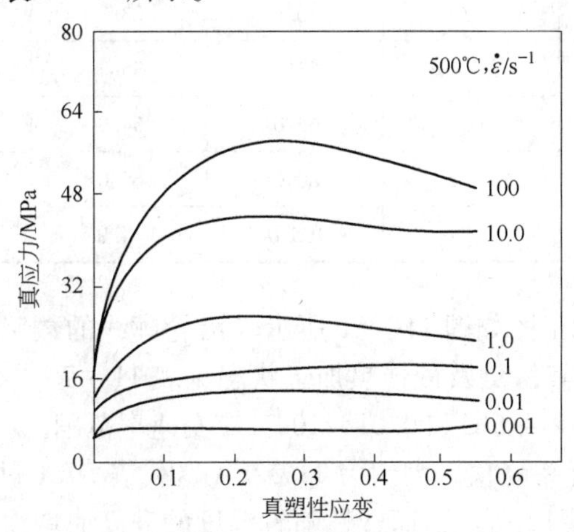

图 11－10 不同应变速率下铸态 Mg2Zn1Mn 合金压缩时的真应力－真塑性应变曲线

表11-6 不同温度和不同应变速率下铸态Mg2Zn1Mn合金的流变应力与应变的关系（因绝热温升而作校正）

应变	应变速率/s^{-1}	不同温度下的流动应力/MPa				
		300℃	350℃	400℃	450℃	500℃
0.1	0.001	37.0	30.3	18.6	12.3	5.9
	0.010	43.8	34.5	23.1	16.3	12.4
	0.100	63.8	52.4	12.4	24.7	17.1
	1.000	76.6	61.0	50.0	39.2	25.2
	10.00	91.5	81.0	63.0	55.3	46.0
	100.0	120.0	109.0	84.0	65.0	56.0
0.2	0.001	28.2	29.7	14.7	10.3	5.7
	0.010	42.7	32.0	20.4	16.7	11.4
	0.100	54.1	47.3	32.7	24.1	14.3
	1.000	73.5	64.2	50.2	38.8	23.2
	10.00	75.5	66.5	62.2	40.5	39.6
	100.0	88.2	78.5	67.2	54.4	48.0
0.3	0.001	35.2	31.2	17.1	11.6	5.8
	0.010	46.8	38.3	22.9	17.1	12.8
	0.100	54.6	53.1	38.0	26.8	16.1
	1.000	81.0	68.5	57.0	44.0	27.2
	10.00	92.0	79.5	68.0	51.6	48.5
	100.0	107.0	98.0	80.0	63.0	56.0
0.4	0.001	35.7	31.3	18.5	12.2	5.9
	0.010	44.0	36.2	23.3	17.1	13.0
	0.100	65.4	53.9	35.2	25.8	17.0
	1.000	80.0	65.0	54.9	42.3	26.4
	10.00	94.2	80.0	66.0	55.2	44.3
	100.0	115.0	105.0	84.0	65.5	58.5

Mg2Zn1Mn合金的加工图如图11-11所示（沿轮廓线的数字代表能量消耗效率，阴影区域对应流变失稳），其特点及最佳热加工状态见表11-7。加工图分为A、B两个区域。A区出现在温度350~475℃和0.01~10s^{-1}应变速率范围内，在450℃附近和0.1s^{-1}时出现塑性变形能量消耗率峰值，大约为33%。A区代表DRX过程，在该区域内，温度越低晶粒越细，如图11-12所示；而塑性随着温度的升高而增大，如图11-13所示。B区出现在475℃以上，应变速率低于0.01s^{-1}处，45%左右的塑性变形能量峰值效率出现在

温度 500℃和应变速率 0.001s^{-1}处，该区代表楔形开裂。在 300 ~ 475℃范围内以及应变速率超过 10s^{-1}时，铸态 Mg2Zn1Mn 合金出现流变失稳，其表现形式都是局部流变，然而低温下强烈的局部流变将导致开裂。

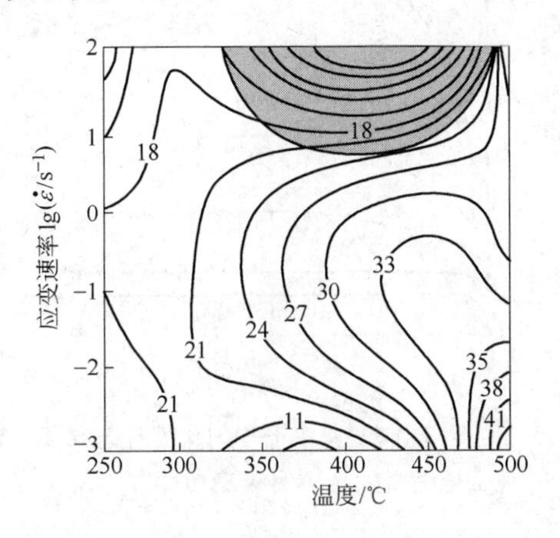

图 11 - 11　应变 0.4 时铸态 Mg2Zn1Mn 合金的加工图

表 11 - 7　铸态 Mg2Zn1Mn 合金加工图的特点和最佳热加工状态

现　象	动态再结晶	动态回复	楔形开裂	局部流变	最佳热加工状态
温度/℃	450	300	500	300 ~ 475	450
应变速率/s^{-1}	0.1	0.001	0.001	>10	0.1

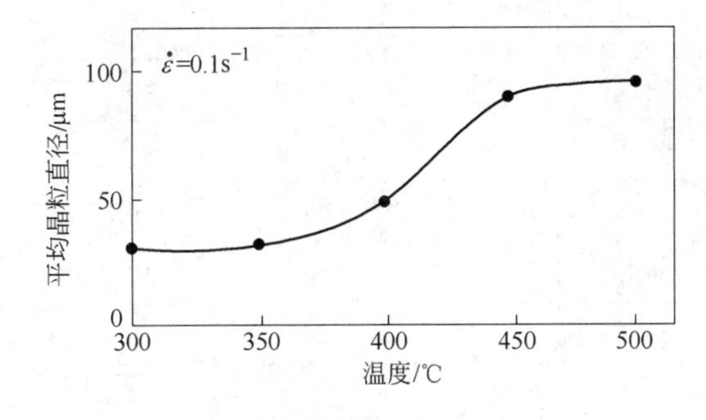

图 11 - 12　铸态 Mg2Zn1Mn 合金 DRX 区内晶粒尺寸随温度的变化

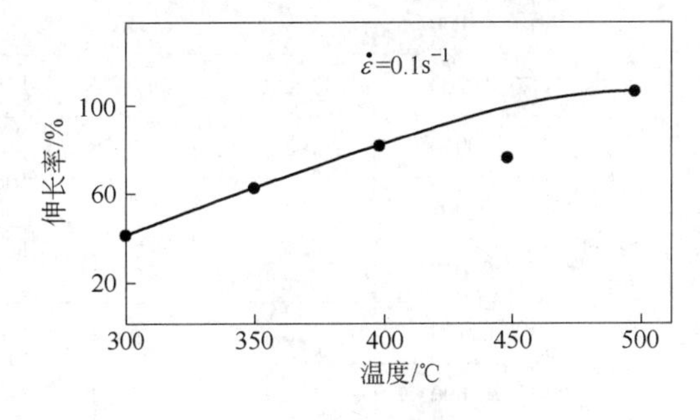

图 11 - 13　铸态 Mg2Zn1Mn 合金 DRX 区内塑性随温度的变化

（3）均匀化处理态 Mg2Zn1Mn 合金。Mg2Zn1Mn 合金铸锭（含 1.91% Zn、0.89% Mn、0.04% Al、0.01% Fe 和余量 Mg）经过 300℃/12h 均匀化处理后晶粒平均直径为500 ~ 850μm。通常，Mg2Zn1Mn 合金铸锭的晶界和基体中存在第二相粒子，均匀化处理可以使晶界沉淀相溶解，但是基体中的第二相粒子只有在 450℃以上时才发生溶解。这种均匀化处理可以提高镁合金的热加工性能。

经过均匀化处理的 Mg2Zn1Mn 合金在 250 ~ 500℃和 0.001 ~ 100s^{-1}应变速率范围内进行压缩试验，其典型的真应力 - 真塑性应变曲线如图 11 - 14 所示，流变应力和应变关系见表 11 - 8。

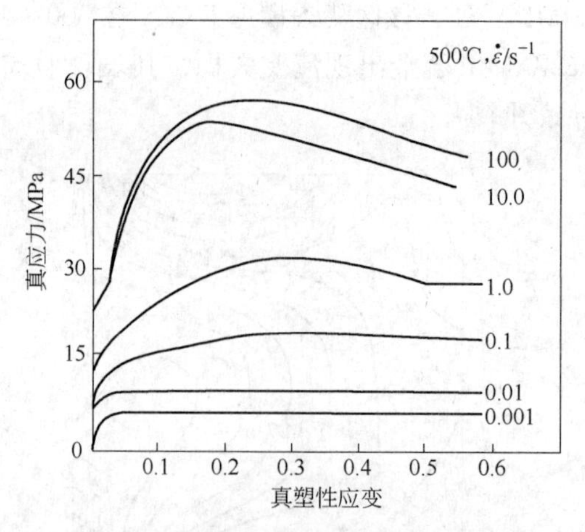

图 11-14 不同应变速率下均匀化处理态 Mg2Zn1Mn 合金压缩时的真应力-真塑性应变曲线

表 11-8 不同温度和不同应变速率下均匀化处理态 Mg2Zn1Mn 合金的流变应力和应变关系（因绝热温升而作校正）

应变	应变速率 /s^{-1}	不同温度下的流动应力/MPa					
		250℃	300℃	350℃	400℃	450℃	500℃
0.1	0.001	53.8	31.5	26.9	17.6	11.6	5.8
	0.010	81.2	55.3	30.4	24.1	14.8	9.7
	0.100	102.6	51.9	54.8	35.3	23.6	16.3
	1.000	109.6	76.7	73.4	73.5	38.1	23.5
	10.00	126.0	99.5	79.3	60.5	49.6	49.0
	100.0	105.8	97.8	96.4	69.3	54.4	47.1
0.2	0.001	59.7	37.5	29.2	18.3	11.3	5.9
	0.010	91.4	58.5	36.8	26.0	15.9	10.2
	0.100	110.6	64.1	60.2	39.9	28.1	18.3
	1.000	120.6	84.4	77.5	74.0	45.1	29.7
	10.00	141.5	112.6	88.1	70.7	59.4	54.0
	100.0	132.3	121.8	100.2	79.9	66.7	57.5
0.3	0.001	58.6	39.5	28.4	18.3	11.1	6.0
	0.010	89.7	55.3	38.0	26.2	16.6	10.3
	0.100	100.7	64.8	57.7	38.4	27.8	19.4
	1.000	88.5	88.5	77.8	69.1	44.1	31.5
	10.00	116.0	116.0	94.8	72.7	59.5	52.0
	100.0	128.9	128.9	101.0	85.3	72.5	58.4

续表 11－8

应变	应变速率/s^{-1}	不同温度下的流动应力/MPa					
		250℃	300℃	350℃	400℃	450℃	500℃
0.4	0.001	39.9	39.9	28.2	18.9	10.6	6.1
	0.010	52.1	52.1	38.3	25.7	16.6	10.1
	0.100	62.9	62.9	54.6	35.4	25.9	19.2
	1.000	85.9	85.9	73.8	62.6	41.9	30.4
	10.00	123.9	123.9	93.9	71.7	57.6	49.6
	100.0	135.8	135.8	101.7	85.3	71.1	55.3
0.5	0.001	38.9	38.9	28.2	19.1	10.2	6.2
	0.010	52.1	52.1	37.5	25.7	16.4	10.3
	0.100	59.1	59.1	54.5	33.3	24.5	18.6
	1.000	85.9	85.9	73.8	62.6	29.8	28.8
	10.00	123.9	123.9	93.9	68.0	53.2	49.6
	100.0	135.8	135.8	101.7	81.0	67.0	51.4

均匀化处理态Mg2Zn1Mn合金的加工图如图11－15所示（沿轮廓线的数字代表能量消耗效率，阴影区域对应流变失稳），其特点和最佳热加工状态见表11－9。加工图分为A、B两个区域。A区出现在350～500℃和0.001～1s^{-1}应变速率范围内，500℃和0.1s^{-1}处塑性变形能量消耗峰值效率为38%。A区代表DRX过程。A区内温度越低，则晶粒越细；温度高于450℃时合金塑性高，如图11－16和图11－17所示。B区出现在温度325℃以下及0.001s^{-1}应变速率处，300℃和0.001s^{-1}处塑性变形能量消耗峰值效率为28%。B区代表动态回复，随后出现动态再结晶。300～500℃范围内和应变速率高于1s^{-1}时合金出现流变失稳，其表现形式为局部流变。

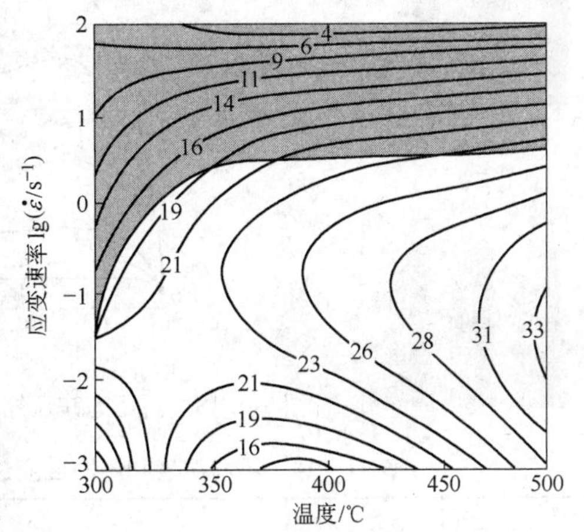

图11－15 应变为0.4时均匀化态Mg2Zn1Mn合金加工图

表11－9 均匀化处理态Mg2Zn1Mn合金加工图的特点和最佳热加工状态

现　象	动态再结晶	动态回复	流变失稳	最佳热加工状态
温度/℃	450	325	300～500	500
应变速率/s^{-1}	0.1	0.001	>1	0.1

（4）挤压态镁。镁锭（含0.059% Fe、0.026% Ni、0.006% Pb、0.003% Cu和大于99.98% Mg，平均晶粒直径为125μm）在475℃下热挤压成型（挤压轴速度为3mm/s，挤压比为11∶1）后可能获得细小的显微组织，而均匀、细小的组织能提高材料的可成型性。

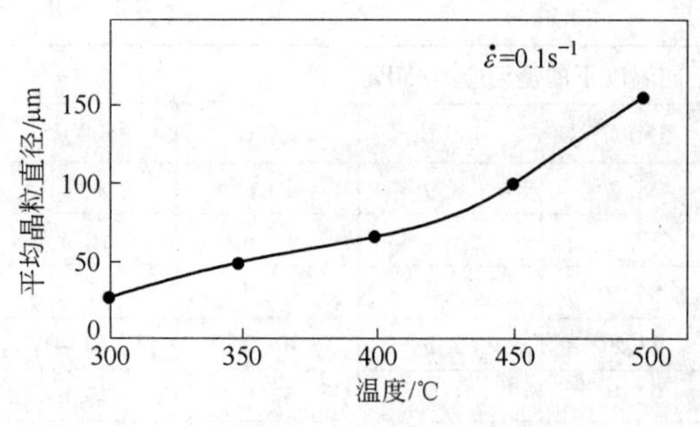

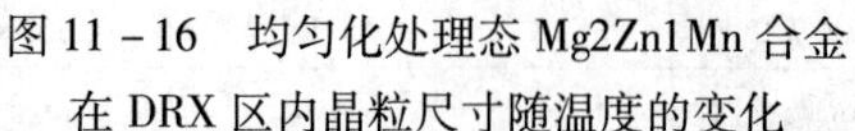
图 11－16　均匀化处理态 Mg2Zn1Mn 合金在 DRX 区内晶粒尺寸随温度的变化

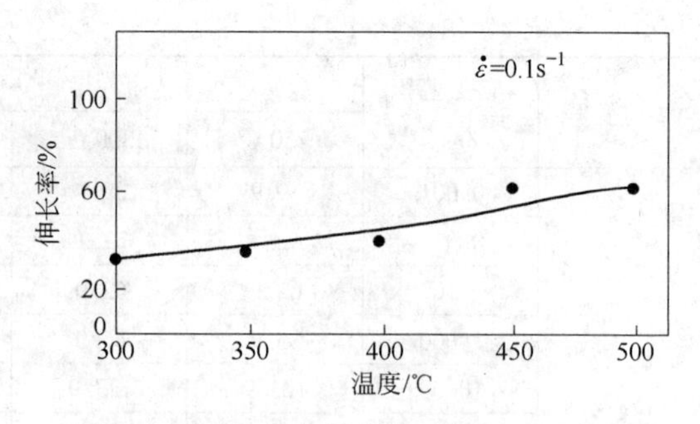

图 11－17　均匀化处理态 Mg2Zn1Mn 合金在 DRX 区内塑性随温度的变化

挤压态镁在 300～550℃和 0.001～100.0s^{-1}应变速率范围内进行压缩试验，其 450℃下典型的真应力－真塑性应变曲线如图 11－18 所示，其流动应力与应变的关系见表 11－10。应力－应变曲线上应变速率低的部分为稳态变形，应变速率较高时出现流变软化。

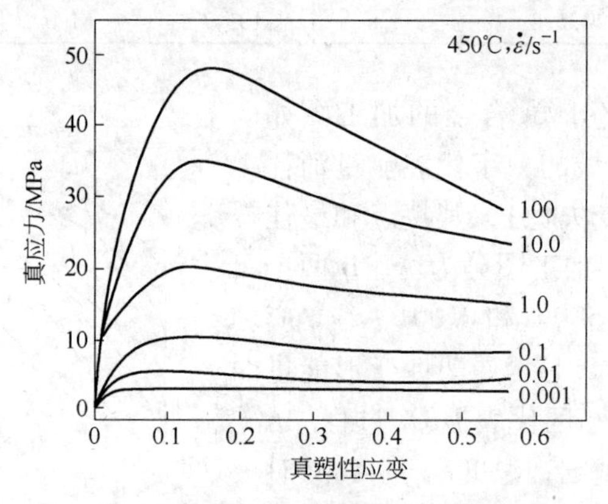

图 11－18　挤压态镁压缩变形的真应力－真塑性应变曲线

表 11－10　不同温度和不同应变速率下挤压态镁的流动应力与应变的关系

应变	应变速率 /s^{-1}	不同温度下的流动应力/MPa					
		300℃	350℃	400℃	450℃	500℃	550℃
0.1	0.001	16.0	9.6	5.3	3.6	3.1	1.2
	0.010	23.6	16.1	10.1	5.8	4.8	3.1
	0.100	42.4	26.6	15.6	11.4	7.3	5.2
	1.000	66.6	39.9	26.7	20.5	12.8	9.3
	10.00	95.0	62.4	50.2	32.1	20.4	15.3
	100.0	92.9	78.7	58.1	42.4	39.0	22.6
0.2	0.001	13.7	7.9	5.5	3.1	3.1	1.3
	0.010	20.7	15.3	9.1	5.1	4.2	2.6
	0.100	39.2	24.9	16.3	11.3	6.9	5.0
	1.000	60.4	36.5	29.5	21.1	12.2	9.4
	10.00	96.5	58.0	44.6	34.5	26.9	16.1
	100.0	99.3	85.4	62.5	48.3	38.9	28.4

续表 11－10

应变	应变速率 /s^{-1}	不同温度下的流动应力/MPa					
		300℃	350℃	400℃	450℃	500℃	550℃
0.3	0.001	14.0	8.2	5.6	3.2	3.1	1.4
	0.010	20.1	18.9	8.5	4.9	4.1	2.8
	0.100	34.8	22.8	14.7	10.2	6.8	5.0
	1.000	53.9	32.9	26.2	19.1	11.6	8.9
	10.00	76.3	50.3	40.4	30.1	25.9	15.2
	100.0	92.7	79.9	56.3	44.0	36.3	29.0
0.4	0.001	15.1	8.7	5.6	3.3	3.1	1.6
	0.010	19.6	13.8	8.7	5.6	4.3	3.0
	0.100	32.8	22.1	13.6	9.9	6.9	5.1
	1.000	49.1	30.9	23.8	17.9	11.5	8.9
	10.00	69.1	46.0	36.6	27.1	24.8	13.6
	100.0	83.6	73.4	49.7	38.7	32.3	25.7
0.5	0.001	16.5	9.3	5.8	3.6	3.1	1.8
	0.010	20.1	14.1	9.0	6.0	4.5	3.2
	0.100	31.6	21.8	13.3	10.1	7.0	5.2
	1.000	45.7	29.9	22.3	17.2	11.4	8.9
	10.00	63.5	42.5	36.3	25.1	24.2	12.6
	100.0	73.6	65.1	43.3	33.3	28.4	22.9

挤压态镁的加工图如图 11－19 所示（沿轮廓线的数字代表能量消耗效率，阴影区域对应流变失稳），最佳热加工状态见表 11－11。加工图分为 A、B、C 三个区域。A 区出现在温度为 400～525℃ 和 0.01～10s^{-1}应变速率范围内，在 475℃ 左右和 0.3s^{-1}时出现塑性变形能量消耗率峰值，大约为41%。A 区代表 DRX，热加工过程主要在 A 区进行。挤压态镁的晶粒尺寸和塑性随温度的变化曲线如图 11－20 和图 11－21 所示，表明超过 500℃ 时晶粒长大，塑性降低。B 区出现在 350℃ 和应变速率 0.001s^{-1}处，代表动态回复过程，随后出现动态再结晶。C 区出现在温度 550℃ 和应变速率 0.001s^{-1}处，代表楔形开裂。挤压态镁的楔形开裂不如铸态镁明显。在 325℃ 以下和 400～500℃ 之间且应变速率大于 10s^{-1}时，挤压态镁出现流变失稳，其表现形式分别为机械孪生和绝热剪切带。

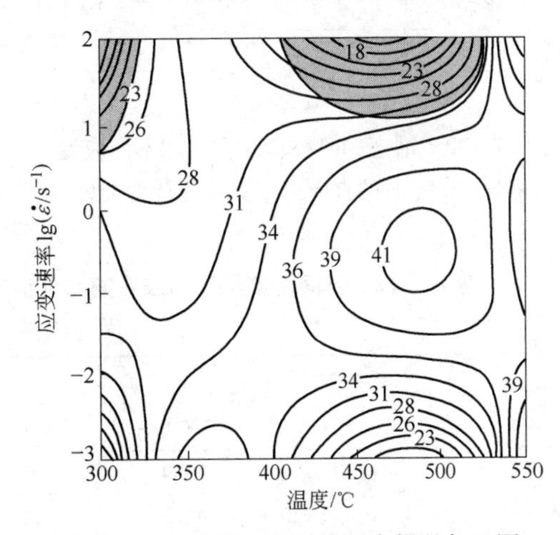

图 11－19　应变 0.4 时挤压态镁的加工图

表 11-11 挤压态镁加工图的特点和最佳热加工状态

现 象	温度/℃	应变速率/s^{-1}	现 象	温度/℃	应变速率/s^{-1}
动态再结晶	445	3	机械孪生	325	>1
动态回复	350	0.001	绝热剪切带	400~500	>10
楔形开裂	550	<0.001	最佳热加工状态	475	0.03

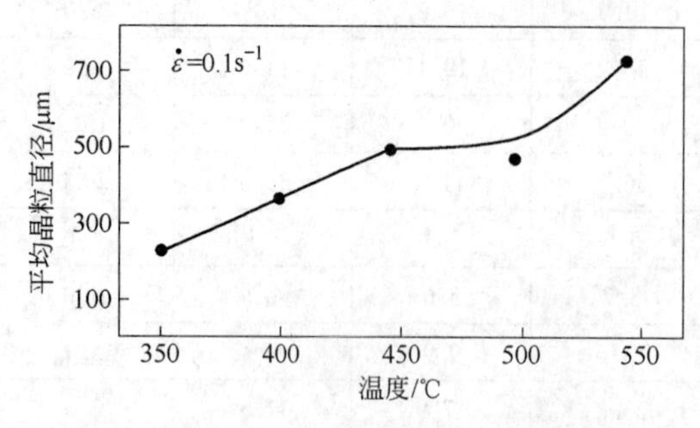

图 11-20 挤压态镁 DRX 区的晶粒尺寸随温度的变化

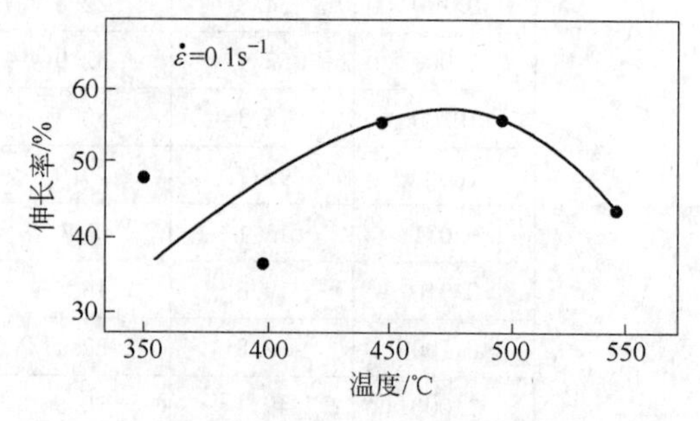

图 11-21 挤压态镁 DRX 区的塑性随温度的变化

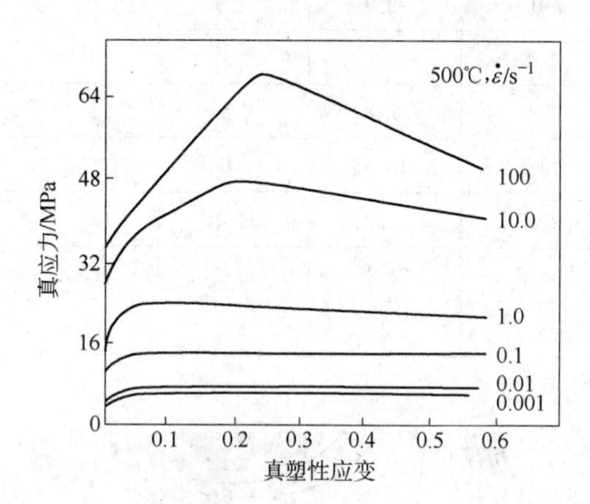

图 11-22 锻态 Mg2Zn1Mn 合金在不同应变速率下压缩时的真应力-真塑性应变曲线

(5) 锻态 Mg2Zn1Mn 合金。锻态 Mg2Zn1Mn 合金成分为 1.91% Zn、0.89% Mn、0.04% Al、0.01% Fe 和余量 Mg，Mg2Zn1Mn 合金铸锭经过 300℃/12h 均匀化处理后在 500℃下用空气锤进行热锻，晶粒平均直径为 26μm。通常，Mg2Zn1Mn 合金经过均匀化处理后合金基体中存在富 Zn 和 Mn 的第二相沉淀粒子，经过热锻可以获得细小的显微组织和强烈的晶体学织构，织构择优取向的基面垂直于锻造轴向。

锻态 Mg2Zm1Mn 合金在 300~500℃和 0.001~100s^{-1}应变速率范围内进行压缩试验，其典型的真应力-真塑性应变曲线如图 11-22 所示，其流动应力与应变关系见表 11-12。在应力-应变曲线中应变速率较高的部分出现流变软化。

表 11-12 不同温度和不同应变速率下锻态 Mg2Zn1Mn 合金的流动应力与应变关系

（因绝热温升而作校正）

应变	应变速率/s^{-1}	不同温度下的流动应力/MPa				
		300℃	350℃	400℃	450℃	500℃
0.1	0.001	29.9	17.0	15.7	9.2	5.7
	0.010	48.3	39.0	272.0	13.4	17.0
	0.100	69.2	42.6	34.0	23.2	14.2
	1.000	120.0	63.0	60.0	33.0	27.5
	10.00	168.0	143.0	105.0	63.0	44.0
	100.0	175.0	142.0	112.0	100.0	68.0

续表 11-12

应变	应变速率 /s^{-1}	不同温度下的流动应力/MPa				
		300℃	350℃	400℃	450℃	500℃
0.2	0.001	26.9	17.3	15.1	9.3	6.1
	0.010	45.1	39.4	21.7	13.7	7.3
	0.100	63.7	43.5	33.6	23.0	14.8
	1.000	107.6	59.1	62.5	30.8	23.7
	10.00	159.8	122.8	93.4	62.7	47.0
	100.0	178.6	139.4	119.0	91.1	63.5
0.3	0.001	25.3	19.3	14.7	9.6	6.3
	0.010	43.4	40.3	20.8	13.8	7.3
	0.100	58.5	42.6	31.9	22.9	15.0
	1.000	103.0	62.0	55.9	32.5	24.5
	10.00	147.0	125.0	86.0	62.0	47.0
	100.0	173.0	135.0	112.0	90.0	74.0
0.4	0.001	25.7	21.9	14.7	9.6	6.5
	0.010	43.5	42.2	20.8	13.9	7.4
	0.100	54.9	42.1	31.4	23.4	12.2
	1.000	88.0	62.0	52.0	32.0	24.0
	10.00	130.0	114.0	78.0	54.0	45.0
	100.0	157.0	125.0	98.0	79.0	67.0

锻态 Mg2Zn1Mn 合金的加工图如图 11-23 所示（沿轮廓线的数字代表能量消耗效率，阴影区域对应流变失稳），其特点和最佳热加工状态见表 11-13。加工图为 A、B 两个区域。A 区出现在 350~500℃ 和 0.0130s^{-1} 应变速率范围内，在 500℃ 和 1s^{-1} 处塑性变形能量消耗峰值效率为 40%。A 区代表合金的 DRX，该区域内温度较低时晶粒较小，如图 11-24 中的结果所示；温度越高，合金塑性越大，如图 11-25 所示。B 区出现在 300℃ 和应变速率 0.001s^{-1} 处，代表动态回复，温度较低时，该合金不会出现流变失稳。在 420℃ 以上应变速率大于 30s^{-1} 时则出现局部流变。

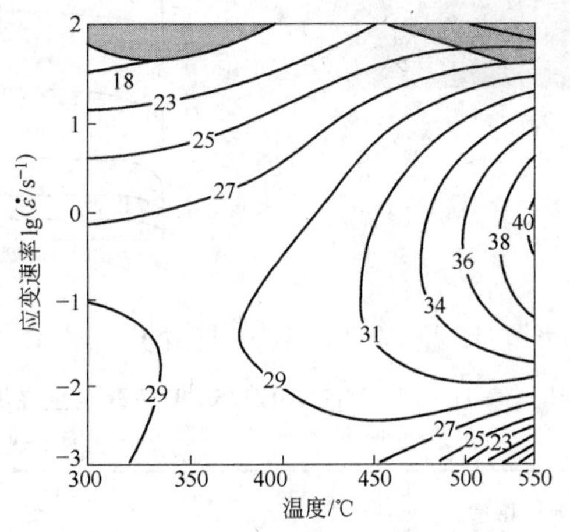

图 11-23 应变 0.4 时锻态 Mg2Zn1Mn 合金的加工图

表 11-13 锻态 Mg2Zn1Mn 合金加工图的特点和最佳热加工状态

现 象	动态再结晶	动态回复	流变失稳	最佳热加工状态
温度/℃	500	300	>420	500
应变速率/s^{-1}	1	0.001	>30	1

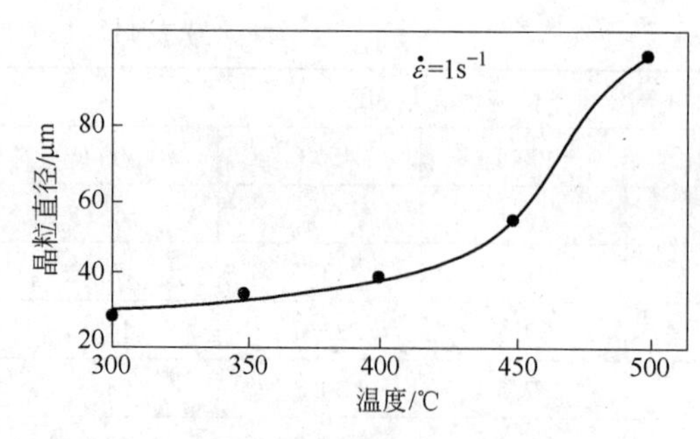

图 11－24 锻态 Mg2Zn1Mn 合金 DRX 区内晶粒尺寸随温度的变化

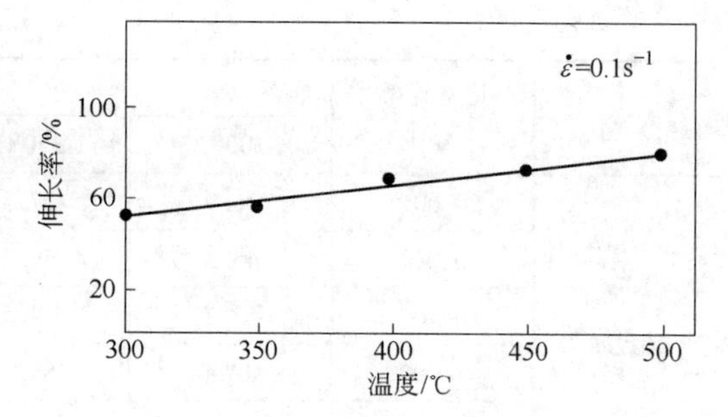

图 11－25 锻态 Mg2Zn1Mn 合金 DRX 区塑性随温度的变化

（6）热轧态 Mg11.5Li1.5Al0.15Zr 合金。Mg11.5Li1.5Al0.15Zr 合金成分为 11.0% Li、1.5% Al、0.01% Fe、0.12% Zr 和余量 Mg。300℃下热轧后平均晶粒直径为 467μm。向 Mg－Li－Al 合金中加入少量 Zr 会形成 Al_3Zr 相，可以提高合金的力学性能，并且沉淀相均匀分布在基体中，有利于促进再结晶形核。此外，加入 Zr 还可以提高合金的蠕变强度。

热轧态 Mg11.5Li1.5Al0.15Zr 合金在 200～400℃和 0.001～100s^{-1}应变速率范围内进行压缩试验，其典型的真应力－真塑性应变曲线如图 11－26 所示，其流变应力与应变关系见表 11－14。除 100s^{-1}应变速率处外，该合金应力－应变曲线的其余部分均为稳态流变阶段。

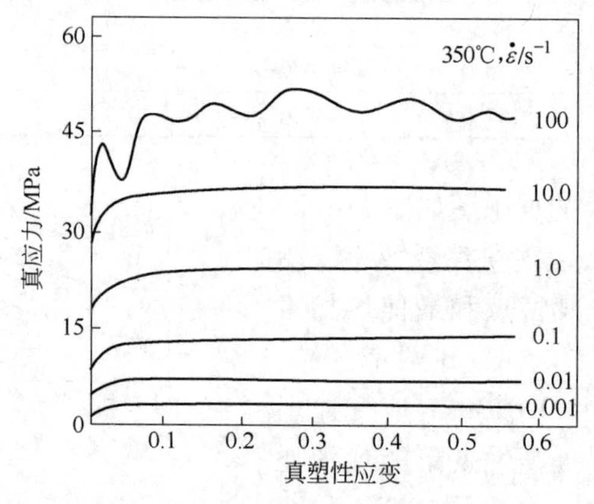

图 11－26 热轧态 Mg11.5Li1.5Al0.15Zr 合金不同应变速率下压缩时的真应力－真塑性应变曲线

表 11－14 Mg11.5Li1.5Al0.15Zr 合金在不同温度和不同应变速率下的流动应力与应变关系

（因绝热温升而作校正）

应变	应变速率/s^{-1}	不同温度下的流动应力/MPa				
		200℃	250℃	300℃	350℃	400℃
0.1	0.001	31.8	13.1	7.1	3.2	2.1
	0.010	46.8	24.4	13.4	6.6	4.2
	0.100	64.5	36.6	20.5	12.8	8.9
	1.000	81.2	48.3	38.5	23.5	17.1
	10.00	99.2	73.7	44.9	34.7	25.1
	100.0	112.5	94.9	64.6	46.3	29.2

续表 11－14

应变	应变速率/s^{-1}	不同温度下的流动应力/MPa				
		200℃	250℃	300℃	350℃	400℃
0.2	0.001	30.6	13.1	6.9	3.1	2.1
	0.010	46.4	25.0	13.9	6.8	4.5
	0.100	63.5	36.6	21.5	13.3	9.1
	1.000	79.7	48.7	39.5	24.1	17.5
	10.00	101.4	74.0	46.8	36.0	25.9
	100.0	115.7	99.3	68.8	48.0	33.1
0.3	0.001	29.5	13.3	6.9	3.0	2.2
	0.010	46.3	25.5	14.4	7.0	4.5
	0.100	64.2	37.4	22.3	13.6	9.3
	1.000	79.4	49.3	40.1	24.6	17.4
	10.00	99.5	73.7	47.7	36.6	26.0
	100.0	118.4	97.1	70.5	51.8	34.5
0.4	0.001	28.5	13.1	6.7	3.0	2.2
	0.010	45.6	26.2	14.7	7.1	4.5
	0.100	63.0	37.7	22.6	14.0	9.3
	1.000	77.7	49.3	40.9	24.5	17.2
	10.00	96.7	72.7	48.5	36.6	26.1
	100.0	114.0	94.6	69.6	49.6	33.3
0.5	0.001	28.0	13.0	6.7	3.0	2.2
	0.010	44.8	26.4	14.8	7.1	4.4
	0.100	62.9	38.1	22.9	14.0	9.2
	1.000	76.6	49.3	41.6	24.3	17.1
	10.00	93.9	71.2	47.8	36.5	26.1
	100.0	107.9	88.7	66.7	47.2	30.9

热轧态 Mg11.5Li1.5Al0.15Zr 合金的加工图如图 11－27 所示（沿轮廓线的数字代表能量消耗效率，阴影区域对应流变失稳），其特点和最佳热加工状态见表 11－15。该合金加工图只存在一个区域，代表 DRX，在 350℃和 0.001s^{-1}处出现塑性变形能量消耗峰值效率 53%。DRX 区域内晶粒随温度变化的典型曲线呈 S 形，如图 11－28 所示。最佳状态下测得的伸长率如图 11－29 所示，大约为 80%，没有发生超塑性变形。温度高于 320℃，应变速率大于 3s^{-1}时合金出现流变失稳，表现为局部流变。

表 11－15 Mg11.5Li1.5Al0.15Zr 合金加工图的特点和最佳热加工状态

现 象	动态再结晶	局部流变	最佳热加工状态
温度/℃	350	>320	350
应变速率/s^{-1}	0.001	>3	0.001

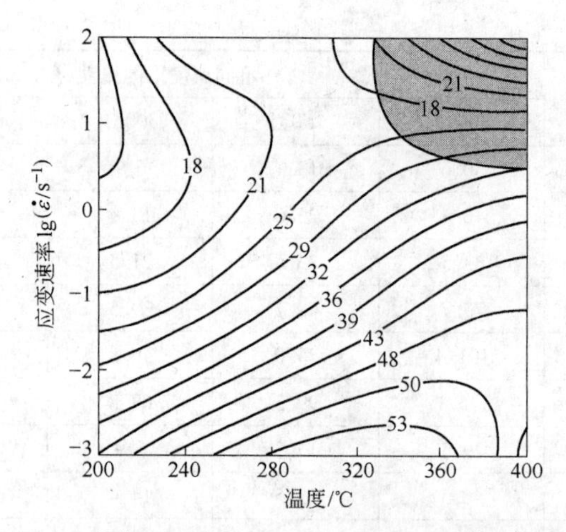

图 11－27 应变 0.5 时 Mg11.5Li1.5Al0.15Zr 合金的加工图

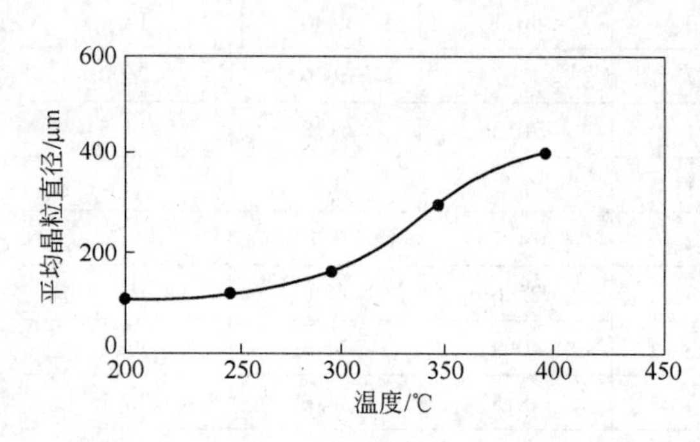

图 11－28 DRX 区内 Mg11.5Li1.5Al0.15Zr 合金的晶粒尺寸随温度的变化

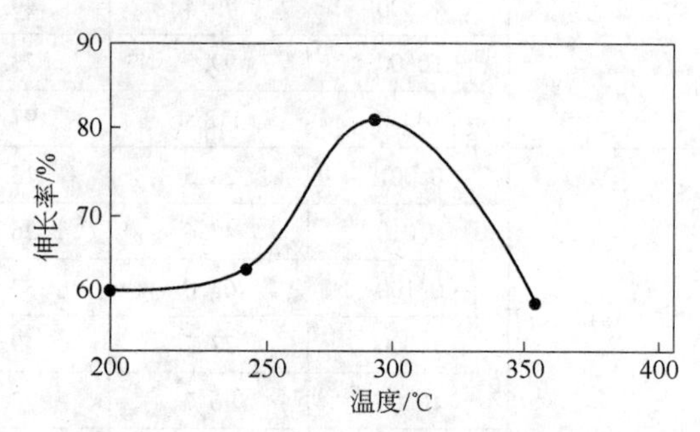

图 11－29 DRX 区内 Mg11.5Li1.5Al0.15Zr 合金的塑性随温度的变化

11.2.3.4 镁合金的冷变形特点

室温下镁合金的塑性较低，其冷变形仅局限于弯曲半径大、变形程度适中的成型操作。例如，在冷变形条件下，MA1 和 MA8 合金的拉延系数不得超过 1.10～1.20 和 1.20～1.25。通常，考核塑性较低材料塑性变形能力的一种简单方法是考核材料弯曲能力，即弯曲半径大小。

一般来说，使用标准轧辊可以在室温下成型出镁合金圆柱和圆锥形零件。表 11－16 列出镁合金快速成型时推荐的最小弯曲半径。使用液压机且变形速度较低的情况下，可以选用比表 11－16 中所列数据稍小的弯曲半径。最小半径随着成型角度的变化而变化，大于 90°时，弯曲半径几乎不发生变化，小于 90°时，弯曲半径显著减小。

表 11－16 镁合金快速成型时推荐的最小弯曲半径

材料尺寸及类型	合金及状态	根据工件厚度而确定的最小弯曲半径①/mm							
		20℃	100℃	150℃	200℃	230℃	260℃	290℃	315℃
0.51～6.3mm 板材	AZ31B－O	5.5	5.5	4.0	3.0		2.0		
	AZ31B－H24	8.0	8.0	6.0					

续表 11－16

材料尺寸及类型	合金及状态	根据工件厚度而确定的最小弯曲半径①/mm							
		20℃	100℃	150℃	200℃	230℃	260℃	290℃	315℃
22.2mm×2.3mm 厚挤压平带	AZ31C－F	2.4						1.5	
	AZ31B－F	2.4						1.5	
	AZ61A－F	1.9						1.0	
	AZ80A－F	2.4						0.7	
	AZ80A－T5	8.3				1.7			
	ZK21A－F	15.0							5.0
	ZK60A－F	12.0					2.0		
	ZK60A－T5	12.0					6.6		

①152mm 宽试样弯曲 90°时获得的数值（99%的成功率）。

小批量生产冷变形产品时，可以采用绳带将工件的重要区域包缠起来以防止表面破坏。模具必须保持清洁，避免外来金属颗粒的污染，否则外来金属颗粒会在成型过程中嵌入金属表面，降低镁合金工件的抗蚀性。某些情况下，在模具中间塞入硬橡胶有助于成型大弯曲半径的工件，并且防止工件损坏。大批量生产时硬橡胶会快速磨损，导致工件尺寸和形状不一致，因此不宜采用。

镁合金工件冷变形时容易发生断裂，故不允许对弯曲件的同一部位进行矫直和二次弯曲等再加工。在镁合金冷变形过程中，进行 90°弯曲时，因弹性恢复而产生的回弹甚至可以达到 30°。影响回弹的因素很多，包括被弯曲材料材质、使用工具、弯曲速度和保压时间等。室温以下 AZ31B 薄板进行直角弯曲成型（厚度为 0.4～1.6mm 的薄板）推荐用回弹容许量见表 11－17。

表 11－17 直角弯曲 AZ31B 薄板（厚度为 0.4～1.6mm 的薄板）**时推荐选用回弹容许量**

温度/℃	弯曲 R/t	AZ31B－O 的角度/(°)	AZ31B－H24 的角度/(°)
20	4	8	10
	5	11	13
	10	17	21
	15	25	29
100	3	4	5
	5	5	7
	10	8	12
	15	13	17
150	2	1	2
	5	3	4
	10	5	7
	15	8	11
230	2	0	0
	5	1	1
	10	2	2
	15	4	4
290	最大至 15	0	0

铝合金和钢弯曲变形时会拉长，而镁合金不同。镁合金弯曲变形时，中线轴朝着受拉边轻微移动，从而会缩短。对于镁合金薄板，由于轴线移动了（5~10）%，因此缩短程度很小。随着厚度增加，镁合金的收缩量显著增大，因此厚板经过几次弯曲后显著缩短。准备坯料时需要对此有所考虑。

为防止应力腐蚀，Mg - Al - Zn（AZ 系列）合金经冷变形后应该进行去应力退火处理。镁合金经过普通冷变形操作后，建议采用表 11 - 18 中列出的工艺参数进行去应力退火处理。

表 11 - 18 镁合金经冷变形后的去应力退火处理工艺参数

合金及状态	薄 板		挤压平带		
	AZ31B - O	AZ31B - H24	AZ31B - F	AZ61A - F，AZ80A - F	AZ80A - T5
温度/℃	260	150	260	260	205
时间/min	15	60	15	15	60

11.2.3.5 镁合金的热变形特点

高温下，镁合金中的滑移系增多，塑性变形变得更加容易，因此镁合金通常在高温下成型，冷变形仅仅用于大弯曲半径轻微变形。镁合金成型用方法和设备与其他金属的相同，只是镁合金高温成型时对工模具和工艺有特殊要求。

常规镁合金铸锭经热加工后晶粒尺寸可达 10μm 以下。AZ91 合金经过热挤压变形后，其晶粒尺寸随挤压温度的降低而减小。ZK60 合金经 150℃ 挤压后抗拉强度可上升到 500MPa 以上，其高强度是晶粒细化的结果。AM60、AZ91、ZK60 和 ZK61 等镁合金热挤压件的性能优于铸锭，伸长率高达 10% 以上。显然，热挤压具有细化晶粒作用，同时可以提高镁合金的强度和塑性。采用热轧工艺可制备出具有超塑性的 AZ61 合金薄板，由于热轧使晶粒细化，其超塑性大大提高。

镁合金高温成型有如下优点：工件通常可在高温下一次成型，不必重复退火，从而缩短了加工时间，并省去了额外工序所需的模具；对于大多数高温成型而言，不需要淬火硬化模具；工件回弹量更小，从而尺寸公差比冷变形的小。表 11 - 19 列出了多种变形镁合金的最低成型温度和保温时间，其中保温时间是指不影响镁合金力学性能的最长保温时间。

表 11 - 19 变形镁合金的最低成型温度和保温时间

合金及状态		镁合金加工允许的最低温度①/℃	在该保温时间下的温度/℃				
			1min	3min	10min	30min	60min
薄板	AZ31B - O	120	—	—	—	—	290
	AZ31B - H24	120	225	200	180	175	150
	AZ31B - H26	120	225	200	180	175	150
挤压平带	AZ31B - F	120	—	—	—	—	290
	AZ61A - F	200	—	—	—	—	290
	AZ80A - F	140	—	—	—	290	—
	AZ80A - T5	140	—	—	—	—	195
	ZK60A - F	150	—	—	—	—	290
	ZK60A - T5	150	—	—	—	200	—

①如果合金在所示最低温度下成型，则可能需要进行去应力处理。

（1）对铸锭的要求。用于锻造、挤压或轧制的镁合金铸锭可以在单个的厚壁铁制或钢制永久模、铜或铝制的中空圆柱模中铸造。通过快速冷却模具外表面，可以获得具有细小晶粒组织的镁合金锭。通常，先机加工去除镁合金铸锭的表层，然后进行预挤压。预挤压可以破碎粗大的铸态组织，提高其在后续加工过程中的可成型性。在预挤压过程中，应确定足够大的挤压比，以彻底将铸锭中的铸态组织转变成变形组织。预挤压后的锭坯在后续压力加工前不需再次机加工去除表层。

（2）对坯料与工件的加热要求。进行锻造、挤压或轧制前，通常在电炉或燃料炉中将镁合金锭坯加热到所要求的温度。在共晶温度以下加热镁合金铸锭时，不需要采用保护气氛；但是在加热镁合金粉末挤压坯时，通常使用保护气氛。由于镁合金的锻造、挤压或轧制温度比熔点低得多，因而只要精确控制加热温度，预热时就不会发生火灾。加热镁合金铸锭时，需要在加热炉中安装风扇以充分循环炉内空气，从而最大限度地保证炉温的均匀性，避免加热初级阶段出现热点或大的温度梯度。

装料时，必须保证热量可以在所有炉料中快速、充分循环，避免紧密堆叠或“积木式”的装炉方式，否则可能导致炉料入口处温度偏低，部分炉料外表面过热。如果预热温度过高，加工时坯料容易产生热脆性裂纹；如果温度过低，则加工时易出现剪切开裂。由于 Mg 和 Al 在 435℃时能形成低熔点化合物 Mg_4Al_3，因此不能将铝合金坯料与镁合金坯料装入同一个炉膛中，以防止局部过烧。此外，加热镁合金锭坯的炉膛中，不允许残留任何铝合金的碎屑或沉积物。

另外，轧制用镁合金坯料需要清除毛刺和飞边，以免过热燃烧。加热过程中万一出现镁合金燃烧现象，应先将毛坯拉出炉外，用干镁沙或石棉布覆盖明火即可扑灭火焰。

（3）热膨胀和模具尺寸设计。镁合金的热胀系数很大，如 260℃下镁及镁合金的热胀系数是钢的两倍以上，故镁合金工件在工具钢或铸铁模具中进行热变形时必须考虑工模具材料与工件之间的热膨胀差异。室温和 205℃下镁合金工件尺寸与钢制模具尺寸之间的关系如图 11－30 所示。锌合金或铝合金模具的热胀系数与镁合金的相近，从而不需要考虑尺寸因素。

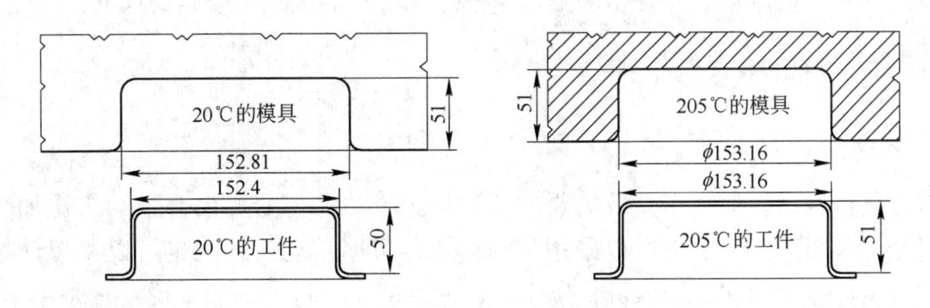

图 11－30　室温和 205℃时镁合金工件与钢制模具间的尺寸关系
（钢模室温尺寸是镁合金工件设计尺寸的 1.00270 倍）

（4）对摩擦与润滑要求。镁合金工件表面状态随着成型温度的升高而恶化，因此热成型过程中需要使用润滑剂。与冷变形相比，热变形过程中使用润滑剂更为重要。镁合金成型用润滑剂有矿物油、润滑脂、动物脂、肥皂、石蜡、二硫化钼，以挥发性介质或动物脂为载体的胶态石墨以及薄纸片或玻璃纤维薄板等。

选择润滑剂的种类时，首先要考虑成型温度。

120℃以下成型时，通过选择矿物油、润滑脂、动物脂、肥皂或石蜡作润滑剂。在旋压成型过程中，润滑剂必须黏附在镁合金工件表面上，否则润滑剂将在离心力作用下脱离工件而起不到润滑作用。但是，镁合金工件在模具中深拉或在弯板机上弯曲成型时，可以不考虑润滑问题。一般来说，工厂中用于其他成型操作的润滑剂可以在120℃以下成型时使用，这些润滑剂通常容易涂覆并在成型后容易清理。一般可以利用轧辊将润滑剂涂覆或擦抹在工件表面。另外，在某些特殊情况下，镁合金工件和工模具表面需要同时使用润滑剂。120℃以上成型时，不宜选用普通矿物油、润滑脂和石蜡作为润滑剂。虽然胶态石墨可以在任何温度下使用，但是成型后难于清理并且妨碍后续表面处理，因此通常不予采用。

230℃以下成型时可以使用肥皂润滑剂。肥皂润滑剂是一种水溶液，可以通过浸涂、刷涂或者轧辊擦涂将其涂覆在镁合金工件表面，接着将涂覆后的工件毛坯放置在普通大气或者压缩空气中干燥。干燥后，由于润滑剂的稳定性很高，镁合金毛坯可以较长期存放。成型结束后，用热水将镁合金工件表面残留的润滑剂清洗干净。

230℃以上成型时，一般选用胶态石墨或者二硫化钼作为润滑剂，如广泛选用添加2%石墨的酒精。由于石墨与动物脂混合后可以提高润滑剂的黏附性，因此在旋压成型时可以选用石墨和动物脂的混合物作为润滑剂。值得注意的是，当润滑剂中含有挥发性载体（如水或酒精）时，应该在工件加热前使用润滑剂。否则，载体的挥发将导致镁合金工件的关键部位冷却到热加工温度以下，从而引起开裂。某些特殊的成型操作在任何温度下都不能使用润滑剂，这时可以根据具体的成型温度，在工件和工模具之间放置薄纸片或玻璃纤维。

工件成型完毕后，应该尽快清理镁合金工件表面的润滑剂，防止其腐蚀工件及增加清理难度，如胶态石墨在工件表面残留一段时间后特别难以清理。准备热成型的镁合金坯料要进行清理，以确保表面没有油污、灰尘、水汽或者其他污染物。同样，模具、冲头和成型块也应该保持清洁，并且没有划痕。也可以采用溶剂清洗工模具，用细砂布轻微抛光打磨表面，清除灰尘、刮痕和一些小缺陷，但是抛光时不能改变工模具的尺寸。

11.3 镁合金的挤压成型技术

11.3.1 概述

目前，热挤压是变形镁合金最主要的塑性加工方法。与变形铝合金的挤压加工一样，变形镁合金可采用正向挤压也可以采用反向挤压，可用单动挤压机也可以用双动挤压机，可用卧式挤压机也可用立式挤压机，挤压管、棒、型、线材。一般来说，凡是用于挤压铝合金制品的挤压机和挤压方法基本适用于挤压镁合金制品，只不过工艺参数和配套设备有所差异而已。

正向挤压的特点是制品的流出方向与挤压轴的移动方向一致，参见图11－31。挤压时，将加热好的锭坯推入挤压筒，挤压轴在主柱塞的作用下，迫使挤压筒内金属流出模孔。此时，铸锭随着挤压过程的进行而慢慢地向前移动，锭的表层与挤压筒内衬内壁会发生激烈的摩擦。

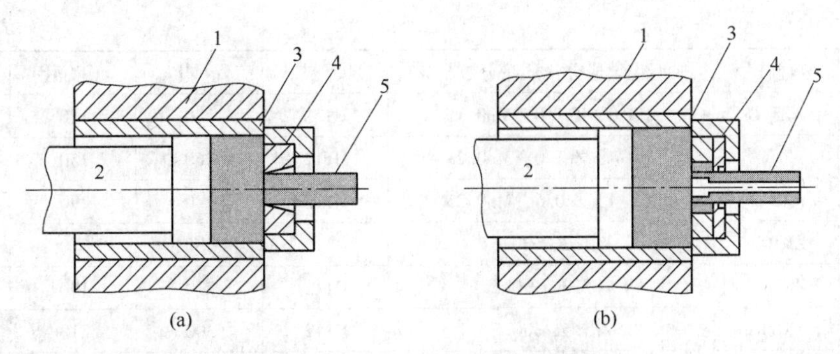

图 11-31　正向挤压示意图

（a）用平面模挤压实心型材与棒材；（b）用平面分流模挤压空心型材与管材

1—挤压筒；2—挤压轴；3—锭坯；4—模；5—制品

反向挤压的特点是制品的流出方向与挤压轴的相对运动方向相反。现代化的反向或正/反两用挤压机设有双挤压轴（挤压轴和空心模轴）。挤压时，模轴固定不动（中间框架式和挤压筒剪切式反方向挤压机），而挤压筒紧靠挤压轴或堵头，在主柱塞和挤压筒柱塞力的作用下，挤压轴和挤压筒同步向前移动，而模轴则逐步进入挤压筒内。反向挤压时挤压筒与锭坯之间无摩擦。

反向挤压法，目前未能广泛应用于镁及镁合金挤压。有时采用组合挤压，即仅用于挤压开始初期是反挤压，以消除正挤压时挤压筒与锭坯之间的摩擦力，而后立即转为正挤压，直至完成全挤压过程。这种组合挤压方法仅在个别情况下采用。但随着挤压设备与工具的进步，已经开始用反向挤压机挤压镁及镁合金管材，并有推广应用的趋势。

11.3.2　常用挤压镁合金及性能

常用的挤压镁合金化学成分与力学性能见表 11-20 ~ 表 11-22。

表 11-20　挤压镁合金的主要化学成分与力学性能

材料种类	合金牌号	典型化学成分（质量分数）/%	状　态	σ_b/MPa	$\sigma_{0.2}$/MPa	δ/%
无缝管	AZ31B	Al3.0，Zn1.0，Mn0.15	H112	230	140	6
	AZ61A	Al6.4，Zn1.0，Mn0.28	H112	260	150	6
	ZK10A	Zn1.2，Zr0.6	H112	250	170	8
棒　材	AZ31B	Al3.0，Zn1.0，Mn0.15	H112	230	140	6
	AZ61A	Al6.4，Zn1.0，Mn0.28	H112	260	150	6
	AZ80A	Al8.4，Zn0.6，Mn0.25	H112	280	190	5
	ZK10A	Zn1.2，Zr0.6	H112	250	170	8
	ZK30A	Zn3.3，Zr0.6	H112	270	190	8
	ZK60A	Zn5.5，Zr0.6	H112	300	210	5
			T5	310	230	5

续表 11-20

材料种类	合金牌号	典型化学成分（质量分数）/%	状态	σ_b/MPa	$\sigma_{0.2}$/MPa	δ/%
型材	AZ31B	Al3.0，Zn1.0，Mn0.15	H112	230	140	6
	AZ61A	Al6.4，Zn1.0，Mn0.28	H112	260	150	6
	AZ80A	Al8.4，Zn0.6，Mn0.25	H112	280	190	5
	ZK10A	Zn1.2，Zr0.6	H112	250	170	8
	ZK30A	Zn3.3，Zr0.6	H112	270	190	8
	ZK60A	Zn5.5，Zr0.6	H112	300	210	5
			T5	310	230	5

表 11-21 我国某厂生产的部分镁合金产品的力学性能测定值

产品种类		σ_b/MPa	$\sigma_{0.2}$/MPa	δ/%	硬度	
					HB	HRE
AZ31B	实心型材、带材和棒材	255	200	7	49	57
	空心型材和热挤压管材	240	165	7	46	51
AZ61A	实心型材、带材和棒材	305	205	9	60	72
	空心型材和热挤压管材	285	165	7	50	60
AZ80A	型材、带才和棒材（T5）	380	275	4	80	88
	型材、带材和棒材（F）	340	250	9	67	77

表 11-22 国产镁合金牺牲阳极的电化学性能

合金牌号	开路电位/-V，$Cu/CuSO_4$	闭路电位/-V，$Cu/CuSO_4$	实际电容量/$Ah \cdot kg^{-1}$	电流效率/%
AZ31B	1.57~1.67	1.47~1.57	≥1210	≥55

11.3.3 镁合金挤压成型的基本条件

11.3.3.1 典型镁及镁合金在挤压温度下的流动特性

在热挤压时，其流变过程与铝及铝合金相似。但镁及镁合金更易与挤压工模具黏结，摩擦状态比铝及铝合金差；另外，镁合金加热时，温度更难均匀，因此镁及镁合金热挤压时，只有在保证温度均匀和充分润滑条件下，才能获得均匀的流动景象。图 11-32 所示为镁合金热挤压时典型的金属流动景象图。

11.3.3.2 镁及镁合金热挤压的力学条件

镁及镁合金塑性成型时的应力-应变以及流变特点已在 11.2.3 节中进行了详细的讨论，挤压时的力学状态和挤压力的计算方法与铝及铝合金挤压时的基本相同，可参阅有关文献。有一点应该注意的是镁合金在高温（315℃）时的屈服强度比典型的挤压铝合金 6063 在 430℃的屈服强度高，即变形抗力较高，因此，所需的挤压力稍高一些，参见表 11-23。

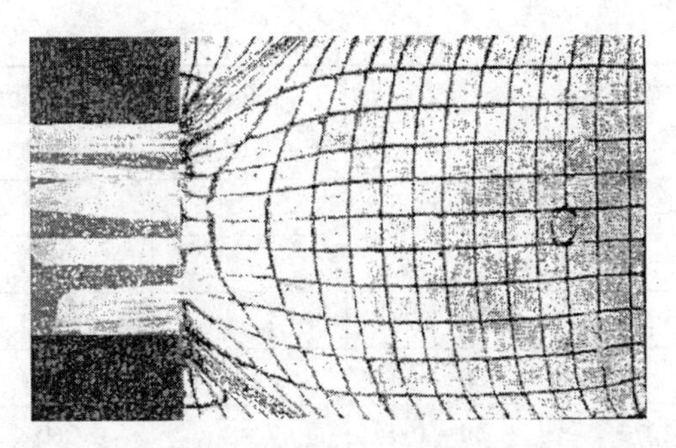

图 11－32　镁合金热挤压时的金属流动景象图

表 11－23　代表性的挤压镁合金及铝合金的高温屈服强度比较

合　金	镁合金 M1A	镁合金 AZ31	铝合金 6063
高温屈服强度/MPa	40（315℃时）	45（315℃时）	28（430℃时）

11.3.3.3　主要工艺参数的确定原则

镁及镁合金的挤压温度为 300～450℃，可根据合金成分、制品形状确定具体挤压温度。制品挤压时挤压比可为 10∶1～100∶1，如果采用经过预挤压的锭坯，挤压比可更大一些。

镁及镁合金的焊合性能比铝合金差得多，因此挤压管材时，宜采用穿孔针或空心锭坯挤压。常用几种镁合金的挤压条件见表 11－24。

表 11－24　常用几种镁合金的挤压条件

合　金	锭坯温度/℃	挤压筒温度/℃	挤压速度/$m \cdot min^{-1}$	合　金	锭坯温度/℃	挤压筒温度/℃	挤压速度/$m \cdot min^{-1}$
M1	420～440	380～390	6～30	AZ61	370～400	230～290	2～6
AZ31	370～400	230～320	4.5～12	AZ80	360～400	230～290	1.2～2

镁合金的挤压速度不宜快，如 AZ31 合金应为 6063 铝合金挤压速度的 1/3 以下。对同一合金来说，中空型材（管材）的挤压速度可为实心型材的 1/3～1/5。

挤压镁及镁合金材料时，常采用的温度制度见表 11－25。若采用预挤压的坯料，则其加热时间可比表 11－25 中缩短约 30%。最佳挤压速度见表 11－26。通常，挤压温度与速度决定于制品形状、断面积大小、挤压比等因素，参见图 11－33 和表 11－26。

表 11－25　镁合金的挤压温度制度

合金成分/%	锭坯直径/mm	锭坯温度/℃	加热时间/h	允许温度/℃		挤压最低温度/℃
				开挤最高值	终了最低值	
1.3～2.5Mn	270	380～410	6～7	400	300	300
	360	380～410	8～9	400	300	300
3.0～4.0Al，0.15～0.5Mn，0.2～0.8Zn	270	390～410	6～7	400	280	280
	360	390～410	8～9	400	280	280

续表 11－25

合金成分/%	锭坯直径/mm	锭坯温度/℃	加热时间/h	允许温度/℃		挤压最低温度/℃
				开挤最高值	终了最低值	
5.5～7.0Al，0.15～0.5Mn，1.5Zn	270	360～380	7～8	370	280	280
	360	360～380	9～10	370	280	280
6.5～8.0Al，0.15～0.5Mn，2.5～3.5Zn	270	350～370	7～8	360	280	280
	360	350～370	9～10	360	280	280
7.8～9.2Al，0.15～0.5Mn，0.2～0.8Zn	270	340～360	7～8	360	280	280
	360	340～360	9～10	360	280	280
1.5～2.5Mn，0.15～0.5Ce	270	380～400	6～7	410	300	280
	360	380～400	8～9	410	380	280

表 11－26 镁合金的最佳挤压速度

合金成分/%	锭坯种类	挤压棒材直径/mm	最佳挤压速度/m·min⁻¹
1.3～2.5Mn 3.0～4.0Al，0.15～0.5Mn，0.2～0.8Zn 1.5～2.5Mn，0.15～0.5Ce	铸造	150～100 90～50 ≤30	0.8～1.0 1.1～1.2 ≤1.8
5.5～7.0Al，0.15～0.5Mn，1.5Zn 6.5～8.0Al，0.15～0.5Mn，2.5～3.5Zn 7.8～9.2Al，0.15～0.5Mn，0.2～0.8Zn	铸造	150～100 90～50 ≤30	0.6～0.7 0.8～1.0 ≤1.2
3.0～4.0Al，0.15～0.5Mn，0.2～0.8Zn 5.5～7.0Al，0.15～0.5Mn，1.5Zn	挤压	小断面棒材 小断面型材	5～8 3～5
1.3～2.5Mn 1.5～2.5Mn，0.15～0.5Ce	挤压	小断面棒材 小断面型材	10～25 3～15
6.5～8.0Al，0.15～0.5Mn，2.5～3.5Zn 7.8～9.2Al，0.15～0.5Mn，0.2～0.8Zn	挤压	小断面棒材及型材	1～2.5

挤压制品形状（参见图 11－33）对挤压条件的影响见表 11－27。挤压速度不要超过表 11－24 中所列的值，否则会产生大量的热，使挤压件的温度超过合金的固相线温度产生热裂缝，表面质量严重下降，造成废品。图 11－34 是均匀化的 AZ61 合金正挤压速度对挤压材表面裂缝的影响。

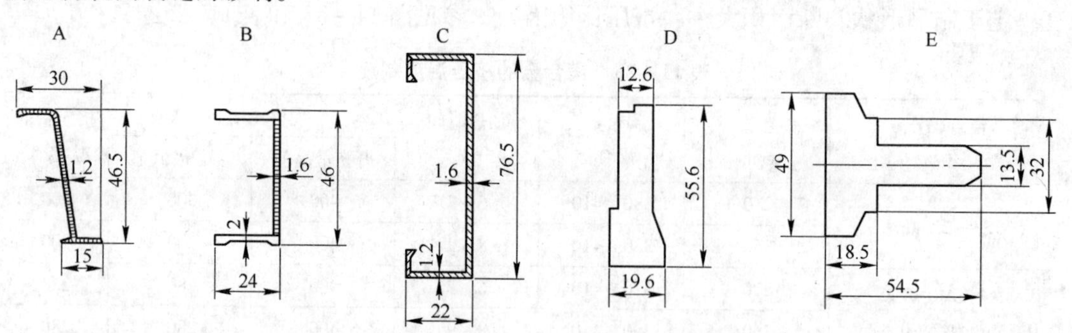

图 11－33 典型镁合金型材形状与断面尺寸

表 11－27　挤压条件与型材形状的关系

材料种类	合　金	形　状	断面积 /mm²	挤压比	铸坯长 /mm	铸坯温度 /℃	挤压速度 /m·min⁻¹
型　材	AZ31	A	72	122	330	430	8.5
	AZ31	B	163	54	330	370	10.0
	AZ31	C	187	47	350	380	17.0
	AZ31	D	795	22	360	305	8.0
	AZ31	E	12B3	14	420	230	8.0
扁　材	AZ31	16×7	112	39	330	390	5.0
	AZ31	40×3	120	73	330	410	3.5
	AZ31	25×9	225	39	350	380	3.0
	AZ31	125×2	250	70	330	380	2.0
管　材	M1	ϕ20×1.2	64	92	330	390	2.5
	M1	ϕ20×2	113	78	330	390	2.0
	M1	ϕ30×2	254	70	330	380	2.0
	AZ31	ϕ30×3	254	70	330	380	1.5
棒　材	99.8%Mg	ϕ19	285	62	330	170	7.0
	M1	ϕ19	285	62	330	280	6.0
	AZ31	ϕ19	285	62	330	320	2.5

注：在 12.5MN 挤压机上挤压。

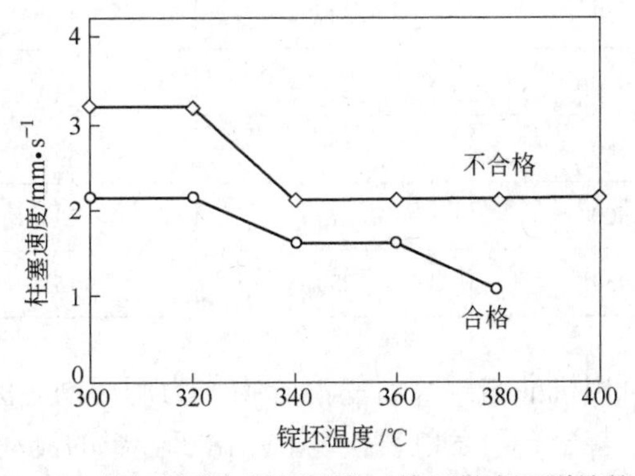

图 11－34　锭坯温度与挤压速度对挤压材表面裂缝的影响

11.3.3.4　挤压条件对型材力学性能的影响

挤压条件如锭坯温度、挤压件出模温度、挤压速度等对材料的表面质量、力学性能等都有影响。例如在正挤压经过均匀化的 AZ61 合金时，温度 340℃、柱塞速度 2mm/s 时，材料表面会出现不可接受的裂缝（图 11－34），因此，锭坯温度不宜超过 320℃。

图11－35所示为挤压未均匀化的ZK30合金时，挤压速度与材料屈服强度的关系。由图可见，在同一挤压速度时，挤压温度380℃时的屈服强度比挤压温度300℃低；挤压速度由210mm/s提高到260mm/s时，屈服强度由9MPa下降到1MPa。锭坯温度对材料力学性能的影响比挤压速度的影响小得多。

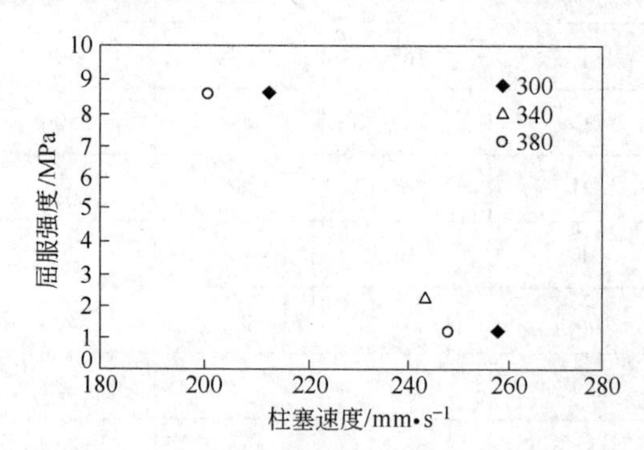

图11－35 正挤压的ZK30合金棒材的屈服强度 $\sigma_{0.2}$ 与挤压速度的关系

表11－28示出镁合金圆棒的力学性能与出模温度的关系。由所列数据可见，提高出模温度，材料的力学性能普遍下降（材料挤压比56）。

表11－28 镁合金圆棒的力学性能与出模温度的关系

合 金	挤出温度/℃	抗拉强度/MPa	屈服强度/MPa	伸长率/%
纯Mg	130	250	150	4.5
	170	245	150	4.0
	210	240	145	4.0
	280	240	145	4.0
	330	235	140	4.0
M1	250	280	190	7.0
	430	240	140	6.0
AZ31	380	305	235	21.0
	400	275	190	16.0
	430	250	155	14.0

挤压镁及镁合金时可用机油与鳞片石墨混合物作为润滑剂。涂润滑剂可降低挤压力，但可能会污染材料表面，甚至会引发龟裂与气泡。由于金属的流动不均匀，所以材料的性能也略有差别。

11.3.4 镁及镁合金的挤压工艺

11.3.4.1 挤压工艺流程及挤压工艺特点

（1）典型镁合金挤压工艺流程。典型镁合金挤压生产工艺流程，如图11－36所示。

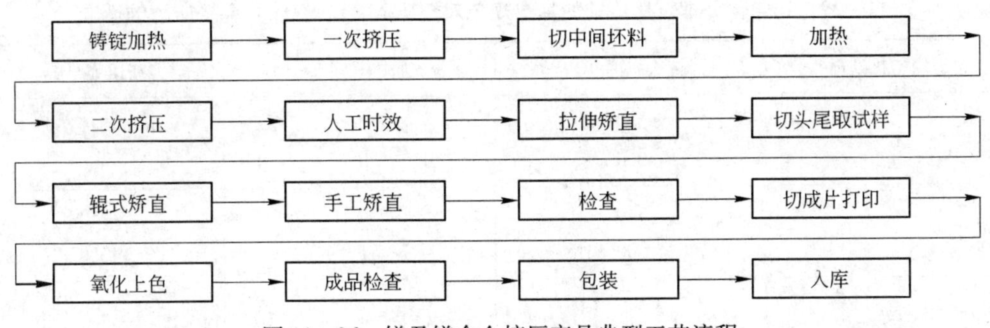

图 11－36　镁及镁合金挤压产品典型工艺流程

（2）镁合金挤压材工艺与铝合金挤压材工艺不同点。

1）加热方式：镁合金只允许在空气电阻炉中加热；铝合金可在空气电阻炉或感应炉中加热。

2）挤压温度：镁合金挤压温度稍低，为防止镁锭燃烧，各种合金允许加热的最高温度为470℃；铝合金最高加热温度可达到550℃。

3）挤压速度：镁合金挤压速度最高可达20m/min，比硬铝合金的快，但只有软铝合金挤压速度的1/3左右。

4）模具尺寸：镁合金热挤压材的收缩率比铝合金大，而且模具需要承受的变形力也大，因此在设计模具时需要给予考虑。

5）张力拉矫：镁合金挤压材要在加热到100～200℃的条件下拉矫，这需要专用设备。铝合金挤压材可在室温中拉矫。

11.3.4.2　铸锭与坯料的准备

变形镁及镁合金铸锭的熔炼与铸造在第三章已做了详细讨论。镁及镁合金挤压用铸锭一般用半连续铸造法铸造。铸锭可进行也可不进行均匀化处理，但高成分合金还是经过均匀化处理为好。因均匀化处理有助于降低挤压力20%～25%（见图11－37）。均匀化制度一般为350℃×12h。均匀化处理对Mg－3%Al合金挤压力的影响见表11－29（挤压管规格为ϕ44×1.5mm，锭坯规格为ϕ98×150mm）。

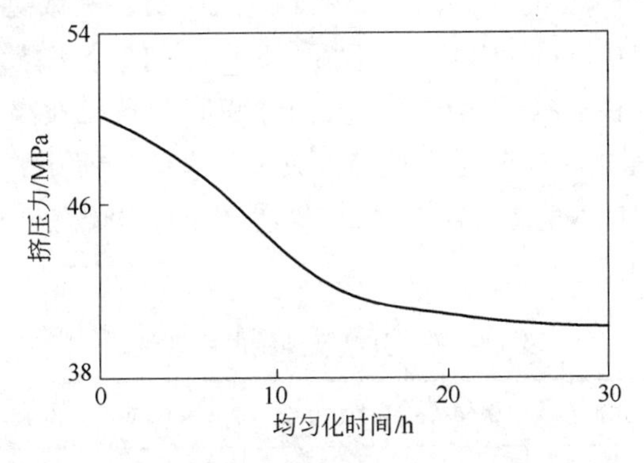

图 11－37　均匀化时间对含3.5%Al、0.5%Zn、0.32%Mn镁合金挤压力的影响

表 11－29 均匀化处理及挤压前的加热规范对挤压 Mg－3%Al 合金挤压力的影响

是否均匀化处理	挤压温度/℃	加热时间/h	挤压力/MPa
无	340 300	1 1	320 400
无	340 300	3 3	250 300
无	340 300	6 6	200 250
350℃ ×12h	340 300	1 1	190 250
350℃ ×12h	340 300	3 3	170 200
350℃ ×12h	340 300	6 6	150 180

镁合金铸锭在挤压前都应车皮、镗孔（管坯），特别是用于反挤压管材和异形薄壁产品的坯料，要求锭坯尺寸精度高和壁厚均匀，以确保挤压件壁厚的均匀性。对于一些小规格和有特殊要求的产品，也可以用二次挤压坯料。

铸锭或二次挤压坯料按工艺切成定尺。中断锯和定尺锯应配备良好的锯屑吸收装置，并坚持每班清理。

锭坯一般用电炉进行加热，电阻丝应埋于耐火砖内。为了安全，厂房内应配备沙箱和 D 级灭火器材。

11.3.4.3 工具和模具的准备

（1）概述。镁合金挤压用设备以及挤压筒、挤压轴、垫环和穿孔系统等大型工具的设计和制造与铝合金的基本相同，但镁合金的挤压筒及与金属直接接触的工具应是专用的，不能与铝挤压筒通用。如果一定要共用，必须通过酸碱洗及机械抛光以保持清洁。

与纯铝相比，纯镁的熔点低 10℃；密度低 35.6%；热导率低 30.2%；线膨胀系数高 5.9%，参见表 11－30。由于镁的热导率较低而线膨胀系数又较高，在模具设计与锭坯加热时间等方面都应加以考虑。特别是在设计模具工作带时，模孔的加工尺寸的热膨胀冷缩余量应比铝的大一倍左右。表 11－31 为 AZ31B 镁合金与 6063 铝合金挤压模具尺寸的设计与挤压后的尺寸检测结果。

表 11－30 纯镁及纯铝的物理性能

性 能	熔点/℃	密度/$kg \cdot m^{-3}$(20℃)	热导率/$W \cdot (m \cdot K)^{-1}$	线膨胀系数/$℃^{-1}$
纯 镁	650	1740	155	29×10^{-6}(20～500℃)
纯 铝	660	2700	222	27.4×10^{-6}(20～500℃)

表 11－31 镁合金和铝合金挤压模具设计尺寸及挤压结果对比

规格/mm	产品尺寸/mm	模孔尺寸/mm	挤压后尺寸/mm		λ/孔数	挤压温度/℃		挤出速度/m·min^{-1}	
			AZ31b	6063		AZ31B	6063	AZ31B	6063
ϕ20×2.5	20	20.3	20.1	20.15	75.55/1				
	2.5	2.6	2.55	2.58					
ϕ20×2.5	25	25.3	25.13	25.2	58.78/1				
	2.5	2.6	2.5	2.58					
ϕ15	15	15.1	14.9	15.07	58.78/1				
ϕ20	20	20.1	19.85	20.06	33.06/1	370	390	4～5	15～20
型材 LXMQ0009	25	25.3	25.12	25.2	42.9/1				
	50	50.5	50.14	25.37					
	50(底)	50.5	50.14	25.37					
	2.5	2.6	2.55	2.58					
带 材 3.0×80	80	80.5	80.05	80.28	43.25/1	350	360	4～7	20～30
	3	3.2	3.0	3.15					

注：1. 挤压设备为 8MN 油压挤压机。
2. 铸锭规格：AZ31B，ϕ112×350mm；6063，ϕ112×450mm。

挤压时，针对镁合金塑性较差，变形难度较大，与钢铁的亲和力较低等特点，挤压垫片与挤压筒内径的配合公差为＋0.2～0.3mm。挤压完毕后，挤压残料（压余）与挤压垫较容易分离，因此，挤压过程中不需要对垫片进行润滑。

（2）镁及镁合金棒材模和牺牲阳极模具设计要点。在挤制 AZ31B 合金牺牲阳极时，由于牺牲阳极结构的特殊性，见图 11－38，其模具设计与制造较为特殊。由于既要保证铁芯与镁基体同时挤出，又要保证镁基体与铁芯牢固的焊合，采用了三件套的组合模具来实现这一过程，模具结构简图见图 11－39。成卷的铁丝通过上模的斜面进入中模中心，镁合金通过上模分流孔进入中模（分流比为 6～10），镁合金在中模和下模的焊合室内充分焊合，在流出下模工作带的瞬间与铁芯焊合并带动铁芯一起流出。铁芯入模孔布置在上模模面与侧面之间，与模具轴心线形成一定夹角 α，一般在 15°～25°之间，它与挤压设备的对中性关系非常密切。对中性越好，α 可越小，铁芯越容易流动。若对中性较差，α 过小，则生产时会起"大帽"，这不但会影响生产，也会浪费金属，降低成品率。中模的"芯头"与下模工作带的间距配合也非常重要。间距过小，不能保证镁合金与铁芯充分黏合；

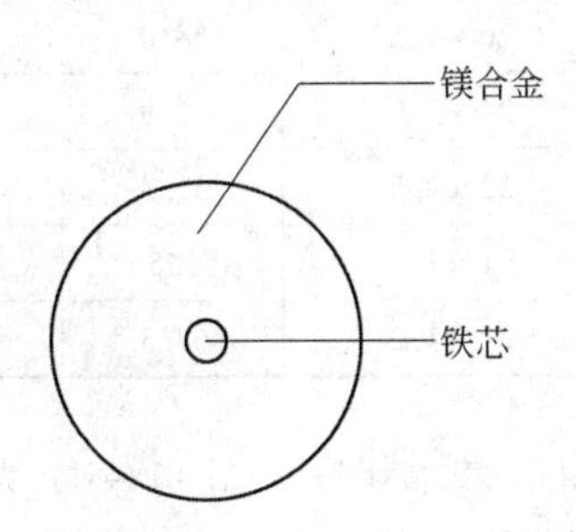

图 11－38 AZ31B 合金牺牲阳极断面图

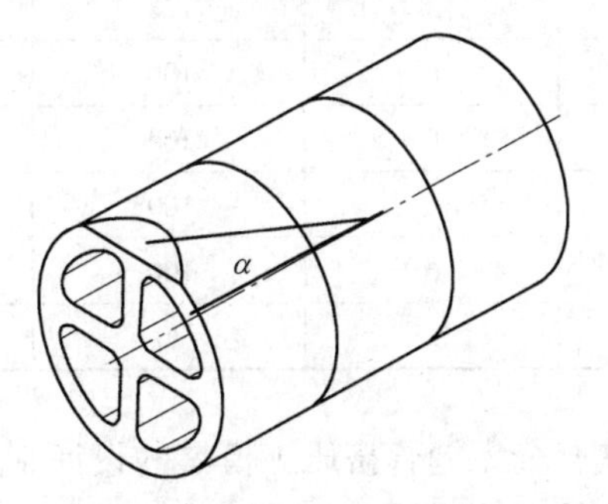

图 11－39 挤压牺牲阳极用组合模方案

间距太大，则由于金属在下模与中模之间的顺流与回流对铁芯施加极大的拉应力将铁芯拉断，一般以6~7mm为宜。为便于流动和焊合，焊合芯头以45°过度。牺牲阳极棒的中断与锯定尺时应小心进行，因为高速旋转的锯片与铁芯接触时易产生火花引燃镁屑。

（3）镁及镁合金管材和空心型材模具的设计特点分析。镁合金的焊接性能不如铝合金，因此，在用平面分流组合模挤压管材和空心型材时，分流孔以及导流系统都要精心设计，以尽量减少流量阻力，增大焊合均匀性，图11-40为自行车三脚架用AZ31B镁合金管材平面分流组合金的结构设计方案图。为提高合金的成分均匀性和变形塑性，减少挤压力，对AZ31B镁合金半连续铸棒进行了均匀化处理（400℃×24h）。为了提高产品质量和模具寿命，优化了挤压工艺：挤压筒温度为250~350℃；模具预热温度为300~380℃；挤压温度为320~380℃；挤压速度为0.5~1.5m/min；挤压比为40~80。用该模具和挤压工艺成功地挤压出了ϕ(20~50)×(1.0~3.0)mm的焊合镁合金管材。表11-32为AZ31B镁合金分流挤压管材的挤压工艺与管材质量关系。

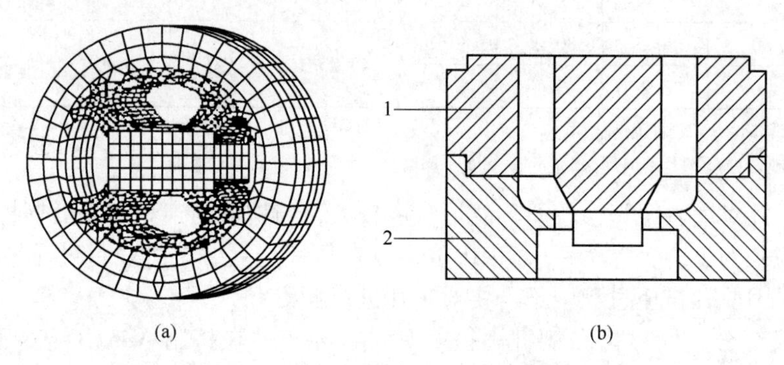

图11-40 AZ31B镁合金管材分流组合模具设计方案

（a）有限元分析模型；（b）分流模结构方案

1—上模；2—下模

表11-32 AZ31B镁合金分流模挤压管材挤压比与管材质量关系

试验编号	挤压机吨位 /MN	挤压筒直径 /mm	镁合金铸棒直径 /mm	镁合金管材尺寸 /mm×mm	挤压比 λ	镁管状况
1	6	100	93	30×2.0	44.6	良好
2	6	100	93	30×2.0	46.3	良好
3	8	128	93	29×2.0	75.9	挤不动
4	6	100	93	26×1.5	68.0	良好
5	6	100	93	24×2.0	56.8	良好
6	6	100	93	22×2.5	51.3	良好
7	6	100	75	21×1.2	105	挤不动
8	5.3	80	75	21×1.2	67.3	一般

镁合金无缝管挤压工模具的设计制造与铝合金管材的基本相同。图11-41为ϕ60mm镁合金管用锥形模具的设计图，穿孔针系统和针尖的设计与铝合金挤压基本相同。

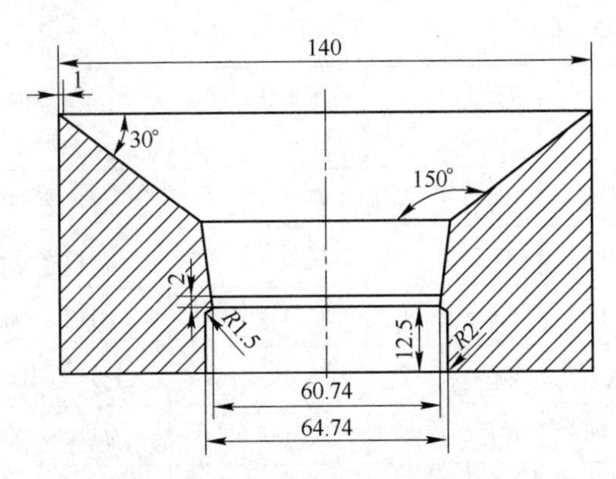

图 11－41 镁合金无缝管用锥形模设计方案

（4）镁及镁合金型材模具的设计和应用特点分析。与铝合金挤压模一样，镁合金挤压模具也采用 H13 模具钢制造。淬火＋回火后的硬度为 HRC＝47～51。

挤压工模具在挤压前都要进行预热，预热温度一般比铸锭加热温度低 20～30℃，见表 11－33。根据模具规格确定加热时间，以热透和热均匀为准。

表 11－33 挤压工模具的预热温度

合金牌号	模具加热温度/℃		挤压筒温度/℃	铸锭加热温度/℃
	平模	分流模		
AZ31B	360～370	370～390	360～370	290～400（1～4 区梯温加热）
AZ61A	320～340	340～360	340～350	290～370（1～4 区梯温加热）

11.3.4.4 挤压工艺

镁合金热挤压工艺参数包括：产品尺寸、管材壁厚、材质、挤压筒尺寸、挤压温度、挤压速度、挤压比、单位挤压力的确定与计算等。镁合金的挤压性要比铝合金稍差，因此，挤压工艺参数的确定也要比铝合金严格一些。镁合金的挤压温度与合金种类和挤压件形状有关，典型挤压温度范围为 300～450℃。温度对镁的塑性变形特性影响很大，通过调节挤压温度来适应不同挤压比的要求。镁合金的挤压比在 10～100 范围内变化，而且已进行预挤压的锭坯可采用更大的挤压比。镁合金坯件在挤压过程中会生成大量的热，必须采取冷却措施将热量充分散发，否则当坯料的温度达到或超过固相线时会导致镁合金热裂。表 11－34 为典型镁合金挤压产品的挤压工艺。

表 11－34 典型镁合金挤压产品的挤压工艺

制品名称	合金	断面积 /mm^2	孔数	挤压系数 λ	压余 /mm	铸锭规格 /mm	挤压速度 /$mm \cdot s^{-1}$	压出长度 /m
ϕ15mm 阳极棒	AZ31B	176.6	1	58.78	20	ϕ112×350	15～30	18.37
ϕ20mm 阳极棒	AZ31B	314	1	33.06	20	ϕ112×350	15～30	10.33
ϕ20mm×2.5mm	AZ31B	137.4	1	75.55	20	ϕ112×300	20～35	20.00
ϕ25mm×2.5mm	AZ31B	176.6	1	58.78	20	ϕ112×350	20～35	18.37

续表 11-34

制品名称	合 金	断面积 /mm^2	孔数	挤压系数 λ	压余 /mm	铸锭规格 /mm	挤压速度 /$mm \cdot s^{-1}$	压出长度 /m
ϕ19mm×2mm	AZ31B	106.8	1	97.2	20	ϕ112×300	20~35	25.76
ϕ20mm×2.5mm	AZ61A	137.36	1	75.6	20	ϕ112×300	10~20	18.7
ϕ22.2mm×2mm	AZ61A	126.8	1	81.9	20	ϕ112×300	10~20	21.7
ϕ25mm×2.5mm	AZ61A	176.6	1	58.8	20	ϕ112×300	10~20	15.6
ϕ34.9mm×1.8mm	AZ31B	187.1	1	55.5	20	ϕ112×300	20~30	14.7
ϕ37mm×5mm	AZ61A	502.4	1	20.7	20	ϕ112×300	10~20	5.5
ϕ38.1mm×1.8mm	AZ31B	205.2	1	50.6	20	ϕ112×300	20~30	50.6
ϕ44mm×1.8mm	AZ31B	238.5	1	43.5	20	ϕ112×300	20~30	25
ϕ44mm×5.5mm	AZ61B	664.9	1	15.6	20	ϕ112×300	10~20	4.1
□70mm×25mm×0.9mm	AZ31B	167.4	1	62	20	ϕ112×300	10~20	16.4
LXMQ0001	AZ31B	481	1	21.6	20	ϕ112×350	10~20	6.8
LXMQ0002	AZ31B	316	1	32.9	20	ϕ112×350	10~20	10.3
LXMQ0003	AZ31B	290	1	35.8	20	ϕ112×350	10~20	11.2
LXMQ0004	AZ31B	156	2	33.3	20	ϕ112×350	10~20	10.4
LXMQ0005	AZ31B	552	1	18.8	20	ϕ112×350	10~20	5.9
LXMQ0006	AZ61B	242	1	42.9	20	ϕ112×300	10~20	11.4
LXMQ0007	AZ61B	787	1	13.2	20	ϕ112×300	10~15	3.5
LXMQ0008	AZ31B	778	1	13.3	20	ϕ112×350	10~20	4.2
LXMQ0009	AZ31B	242	1	42.9	20	ϕ112×350	25~40	13.4

注：LXMQ 为某企业型材产品的代号。

挤压过程结束后，通常先从挤压筒内取出模具，并从锭坯上剪切下后再取出锭坯余料，其余料可以循环使用。如果将锭坯新料旋转在挤压筒与锭坯余料焊合，那么也可以对镁合金进行连续挤压，但是锭坯必须预留纵向槽，以散逸新旧锭坯间卷入的气体。纵向槽可以采用铸造、机加工和挤压等方法制出。

镁合金反向挤压的温度范围为175~370℃，这取决于合金成分和挤压速度。挤压时应保持恒定的挤压温度，以保证产品的尺寸公差。使用夹具进料时，操作速度慢，通常将棒料和模具加热到260℃；自动进料时，操作速度较快，棒料和模具温度可降至175℃。挤压时，模具因吸热温度会升高30℃左右。在允许挤压件力学性能有所降低的情况下，可以稍微提高挤压温度。

反向挤压力的大小主要取决于合金成分、挤压比和挤压温度。镁合金反向挤压时所需的压力大约为铝合金的一半。在230~400℃范围内挤压，截面积收缩率为85%时，几种镁合金反向挤压所需压力见表11-35。

表 11－35 不同温度下四种镁合金反向挤压所需压力（试样的截面收缩率 85%）

合金	不同温度下的反向挤压压力/MPa						
	230℃	260℃	290℃	315℃	340℃	370℃	400℃
AZ31B	455	455	414	372	359	345	317
AZ61A	483	469	455	441	428	414	400
AZ80A	496	483	441	455	441	428	414
ZK80A	469	455	441	428	400	372	359

11.3.4.5 热处理与精整矫直工艺

镁合金挤压件出模口或脱模后，可进行在线淬火（强制空冷或水冷却），也可进行离线固溶处理和淬火，淬火后可获得微细均匀的显微组织，经人工时效后，力学性能可明显提高。

镁合金挤压材的状态有 T5、T6、F，T5 为在线淬火后进行人工时效的状态；T6 为固溶处理与人工时效状态；F 为原加工状态即挤压状态。对镁合金材料进行热处理是为了改善其力学性能。固溶处理可提高强度，使韧性达到最大，并改善抗振能力。固溶处理之后再进行人工时效，可使硬度与强度达到最大值，但韧性略有下降。

ZK60、WE43 和 WE54 合金的热处理状态一般为 T5 和 T6。ZK 系列镁合金挤压件经过 T5 或 T6 态热处理后，有利于提高力学性能和各向同性并获得高塑性。热处理对 WE 系镁合金挤压件的室温性能影响不大，但能提高其高温稳定性。AZ61 和 AZ80 镁合金也可以产生时效强化，经过 T5 或 T6 处理后，强度略有提高而塑性大大降低。通常，挤压态 ZK 系列镁合金的强度和塑性匹配良好，不需要通过热处理强化。

镁合金材料在热加工成型、矫直和焊接后会留有残余应力。因此，应进行消除应力退火。若将挤压镁型材与轧制硬状态板材焊在一起时，为最大限度地减小扭曲变形也必须消除应力，但最好采用 150℃/60min，而不是在 260℃保温 15min 的退火制度。

各种状态镁材的退火温度如下：AZ31B、AZ31C，345℃；AZ61A，345℃；AZ80A，385℃；ZK60A，290℃。保温时间为 1 小时至数小时。

挤压材消除应力处理的规范，见表 11－36。通常，若合金的铝含量大于 1.5% 时，必须进行此种处理，不但可防止变形，更主要的是防止了应力腐蚀开裂。

表 11－36 挤压镁材的应力消除处理规范

合金及状态	温度/℃	时间/min	合金及状态	温度/℃	时间/min
AZ31B－F	260	15	ZC71A－T5	330	60
AZ61A－F	260	15	ZK21A－F	200	60
AZ80A－F	260	15	ZK60A－F	260	15
AZ80A－T5	200	60	ZK60A－T5	150	60

镁合金材的固溶处理及人工时效规范列于表 11－37。ZC71A 合金在固溶处理后于 65℃的热水中冷却或在其他冷却强度相当的介质中淬火。其他镁合金材料固溶处理后，可在静止空气中冷却。

表 11-37 镁加工材的固溶及时效处理规范

合金	状态	时效处理		固溶处理		时效处理	
		温度/℃	时间/h	温度/℃	时间/h	温度/℃	时间/h
ZK60A	T5	150	24	—	—	—	—
AZ80A	T5	177	16~24	—	—	—	—
ZC71A	T5	180	16	—	—	—	—
ZC71A	T6	—	—	430	4~8	180	16

应该注意，在淬火时，冷却介质不能直接接触挤压模具，避免模具开裂。

淬火后应对镁合金挤压件进行精整矫直，可以采用辊矫、压力矫和拉伸矫直。

镁合金的拉矫极为困难，辊矫效果则非常好。一般断面形状简单的型材（角材、槽材、工字材）和圆管（包括带内筋的圆管）都可采用辊矫。为增加镁合金制品的生产范围，保证制品的直线度，拉伸矫直应在加温状态下进行。挤压制品的矫直通常在200~225℃进行，永久变形不得大于3%。在矫直厚度小于10mm的薄材料时，最好采用接触电热法加热，加热数秒至2min；而对截面厚度大于10mm的材料宜利用挤压后的余热进行即时矫直。

11.3.4.6 镁合金挤压制品的力学性能

表11-38列出了镁合金挤压材的最低保证力学性能，而表11-39为不同状态和规格的镁合金挤压材的典型力学性能。有些镁合金，如含5.5%~7% Al、0.15%~0.5% Mn、0.5%~1.5% Zn合金的临界变形率为2%~5%，其再结晶温度比其他镁合金低，因此，其挤压材在矫直后不宜进行退火。

表 11-38 镁合金挤压材的最低力学性能（保证值）

合金状态	最小尺寸/cm或面积/cm²	σ_b/MPa	$\sigma_{0.2}$/MPa	δ/%	$\sigma_{压}$/MPa
AZCOM-F	<0.635cm	234	138	7	—
	0.635~3.81	234	145	7	76
	3.81~6.35	234	145	7	76
	6.35~12.7	214	131	7	69
AZ31B-F	<0.635cm	241	145	7	—
	0.635~3.81	241	152	7	93
	3.81~6.35	234	152	7	83
	6.35~12.7	221	138	7	69
AZ61A-F	<0.635cm	262	145	8	—
	0.635~6.35	276	165	9	97
	6.35~12.7	276	152	7	97
AZ80A-F	<0.635cm	296	193	9	—
	0.635~3.81	296	193	8	177
	3.81~6.35	296	193	6	117
	6.35~12.7	290	186	4	117

续表 11-38

合金状态	最小尺寸/cm 或面积/cm^2	σ_b/MPa	$\sigma_{0.2}$/MPa	δ/%	$\sigma_压$/MPa
AZ80A-T5	<0.635cm	324	207	4	—
	0.635~3.81	331	228	4	193
	3.81~6.35	331	228	4	186
	6.35~12.7	310	2207	2	179
MIC-F	<0.635cm	207	—	2	—
	0.635~3.81	221	—	3	—
	3.81~6.35	221	—	2	—
	6.35~12.7	200	—	2	—
ZK40A-F	<19.5cm^2	234	207	5	124
ZK40A-T5	<19.5cm^2	255	234	4	138
ZK60A-F	<12.9cm^2	296	214	5	186
	12.9~19.4	296	214	5	179
	19.5~32.3	296	214	5	172
	32.3~258	296	214	6	138
ZK60A-T5	<12.9cm^2	310	248	4	207
	12.9~19.4	310	248	4	193
	19.5~32.3	310	248	4	172
	32.3~64.5	310	234	6	159
	64.5~161.3	310	234	6	152
	161.3~258	296	214	6	138

表 11-39 部分镁合金挤压材的典型力学性能

合金及状态	最小尺寸/cm 或面积/cm^2	σ_b /MPa	$\sigma_{0.2}$ /MPa	δ /%	$\sigma_压$ /MPa	σ_τ /MPa	硬度 HB
AZCOM-F	<0.635cm	255	186	14	97	—	49
	0.635~3.81	255	193	15	90	—	49
	3.81~6.35	255	186	14	90	—	49
	6.35~12.7	255	186	15	90	—	49
AZ31B-F	<0.635cm	262	193	14	103	131	49
	0.635~3.81	262	200	15	97	131	49
	3.81~6.35	262	193	14	97	131	49
	6.35~12.7	262	193	15	97	131	49
AZ61A-F	<0.635cm	317	228	17	—	159	60
	0.635~3.81	310	228	16	131	152	60
	6.35~12.7	310	214	15	145	152	60
AZ80A-F	<0.635cm	338	248	12	—	152	82
	0.635~3.81	338	248	11	—	152	82
	3.81~6.35	338	241	11	—	152	82
	6.35~12.7	290	248	9	—	152	82

续表 11-39

合金及状态	最小尺寸/cm 或面积/cm^2	σ_b /MPa	$\sigma_{0.2}$ /MPa	δ /%	$\sigma_{压}$ /MPa	σ_{τ} /MPa	硬度 HB
AZ80A-T5	<0.635cm	379	262	8	234	165	82
	0.635~3.81	379	376	7	241	165	82
	3.81~6.35	365	269	6	221	165	82
	6.35~12.7	345	262	6	214	165	82
ZK60A-F	<12.9cm^2	338	262	14	228	165	78
	12.9~19.4	338	255	14	193	165	75
	19.5~32.3	338	248	14	186	165	75
	32.3~258	331	255	9	159	179	75
ZK60A-T5	<12.9cm^2	365	303	11	248	179	82
	12.9~19.4	359	296	12	214	172	82
	19.5~32.3	352	290	14	207	—	82

挤压制品的力学性能不仅与合金牌号相关，还和挤压过程中采用的温度、挤压变形程度和速度有关，不同工艺条件下得到的挤压制品的力学性能在一定范围内波动。对于纯镁而言，挤压温度对力学性能不会产生太大的影响。表11-40和表11-41列出变形镁合金挤压型材的典型室温力学性能。表11-42为国内某厂生产的镁合金挤压产品的力学性能实测值。

表11-40 镁合金挤压杆、棒及型材的典型室温力学性能

合 金	状 态	σ_b/MPa	$\sigma_{0.2}$/MPa	$\sigma_{压}$/MPa	δ/%
AZ10A	F	204~240	145~150	70~75	10
AZ31B	F	260	195~200	95~105	14~17
AZ61	F	310~315	215~230	120~145	15~17
AZ80A	F	330~340	240~250	—	9~12
	T5	345~380	260~275	215~240	6~8
ZK10A	F	293	208	—	13
ZK30A	F	309	239	213	18
ZK60A	F	330~340	250~260	160~230	9~14
	T5	360~365	295~305	215~250	11~12

表11-41 镁合金挤压管的典型室温力学性能

合 金	状 态	σ_b/MPa	$\sigma_{0.2}$/MPa	$\sigma_{压}$/MPa	δ/%
AZ10A	F	230	145	70	8
AZ31B	F	250	165	85	12
AZ61	F	285	165	110	14
ZK10A	F	278	193	—	7
ZK60A	F	325	240	175	13
	T5	240	270	180	12

表 11－42　某企业生产的镁合金挤压产品力学性能实测值

批　次	合金及状态	规格/mm	σ_b/MPa	$\sigma_{0.2}$/MPa	δ/%
1	管 AZ31B－H112	ϕ20×2.5	245～265	168～184	9～10.5
2	管 AZ31B－H112	ϕ25×2.5	250～272	170～186	8.2～12
3	型材 AZ31B－H112	—	250～272	170～186	8.2～12
4	管 AZ31B－H112	ϕ20×2.5	248～270	170～182	8.3～8.6
5	管 AZ31B－H112	ϕ37×5	275～290	172～192	7.8～8.6
6	管 AZ31B－H112	ϕ44×5.5	262～286	170～187	7.0～8.2
7	带板 AZ31B－H112	30×80	270～292	200～226	8.1～11

11.3.4.7　镁合金挤压制品的技术要求与质量控制

（1）对镁合金挤压制品的技术要求。GB/T 5156—2003（对应于美国 ASTM B107—2003）、YS/T×××—2004（对应于 ASTM B10—2003）、GB/T 5155—2004（对应 ASTM B10—2000）中分别规定了镁合金热挤压型材、热挤压管材和热挤压棒材的合金牌号、化学成分供货状态、尺寸及允许偏差、形位精度、力学性能、内部组织、表面质量以及检测方法等，对产品提出了严格的技术要求和质量标准。

（2）镁合金挤压制品的质量控制。为了获得高质量的符合技术标准要求的合格镁合金挤压产品，除了建立科学的质量体系（如 ISO 9002 等）外，还需配置先进齐全的设备，设计制造优质的工模具，建立先进的合金体系和状态体系，优化熔铸、挤压和热处理、精整矫直工艺，开发新产品、新技术、新工艺，不断提高产品质量。近年来镁合金挤压制品的品种和质量有了大幅提高，但仍不能满足日益增长的需求。目前镁合金挤压材存在的主要质量问题及缺陷有：裂口、表面污染、夹渣、皱纹、扭曲、腐蚀斑点、晶粒粗大、性能不合格等。

11.3.4.8　镁合金挤压生产中的安全问题

镁材挤压生产过程中，除应注意镁及镁合金生产时的一般安全事项外，需特别指出的是，锯切的锭坯应及时清除其上的一切毛刺，因毛刺最易引起燃烧，锯切时也有着火爆炸的危险，切屑粒子小于约 80μm 时是很危险的。积存的切屑应当及时清除。可参阅第 11 章有关章节。

11.3.4.9　镁合金先进挤压成型技术

（1）等通道挤压。等通道挤压是一种很有效的晶粒细化方法。等通道挤压可使 AZ31 镁合金获得平均晶粒尺寸为 5μm 的细晶组织，而对 ZK60 镁合金进行等通道挤压后，平均晶粒尺寸可达到 1.0～1.4μm，等通道挤压与适当的退火工艺相结合，可以大大提高变形镁合金的力学性能。ZK31 镁合金经四道等通道挤压和 300℃ 退火后，其拉伸性能优于 6061 锻造态铝合金。AZ91 镁合金在等通道挤压后可达到约 1μm 的微小晶粒，并在 165℃ 和 200℃ 的温度表现出伸长率为 661% 的超塑性。

单步等通道挤压是镁合金向冲头方向的右角挤压，右角与冲头方向成 30°、60° 和 90°。

四步等通道挤压可使冲头方向与被挤压镁合金材料的方向一致，按材料与冲头的方向成45°、-45°、-45°、45°。四步等通道挤压的产品及模具如图11-42所示。

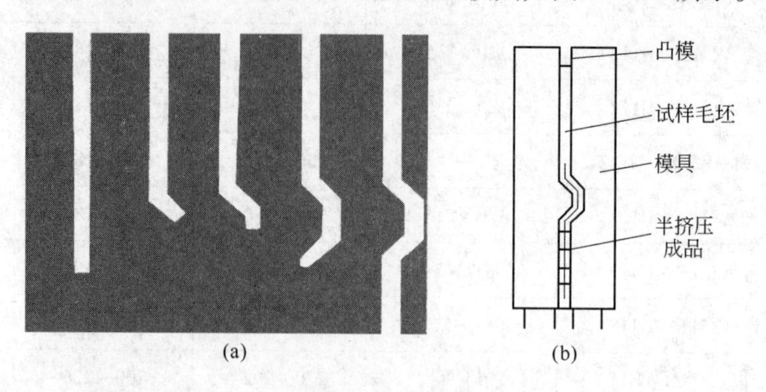

图11-42　四步等通道挤压的产品及模具示意图

（a）产品；（b）模具

（2）半固态挤压法。半固态挤压工艺和普通热挤压工艺基本相同，将加热到半固态温度的坯料（通过控制温度来保持其固相体积分数，并保持一定的形状，避免自重造成的形状破坏）被放到挤压模腔体内，施加压力，将坯料挤压成各种产品，见图11-43。由于材料在半固态状态变形，坯料变形抗力很小，所需挤压力仅为普通热挤压的20%~25%，这样可以在较大范围内调节挤压比，提高产品的密度。

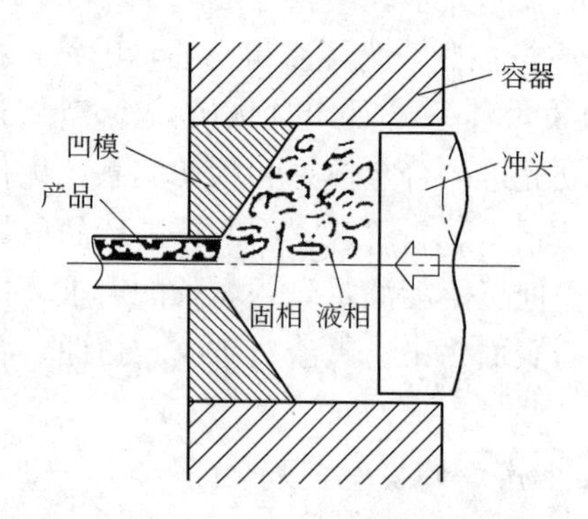

图11-43　镁合金触变挤压成型工艺

近年来对粉末坯料挤压技术和喷射沉积成型坯料挤压技术也进行了深入的研究，并已研发出各种合金的高质量镁合金管、棒、型材产品。

11.4　镁及镁合金轧制成型技术

11.4.1　概述

常用的镁合金塑性较差，不像铝合金及铜合金那样的面心立方晶格结构的金属，能以很高的道次变形率（50%~60%）进行加工。但是，含Li量大于10%的镁合金的晶体结构为体心立方晶格，既有良好的冷、热加工性能，又具有超塑性。

在高温变形过程中，由于温度的升高，增加了原子振动的振幅，使原子密度最大和次大面的差别减小。所以，在较高温度下，除了基面和角锥面的滑移外，双晶机构即二级第一类角锥体平行面（1012）也起了很大作用，参见图 11－44。同时由于回复，再结晶而造成的软化，使镁及镁合金同其他金属一样，具有较高的塑性。若热轧终了温度不低于 370℃时，M2M、AZ40M、AZ41M、ME20M 合金的热轧总加工率可达 95%以上。

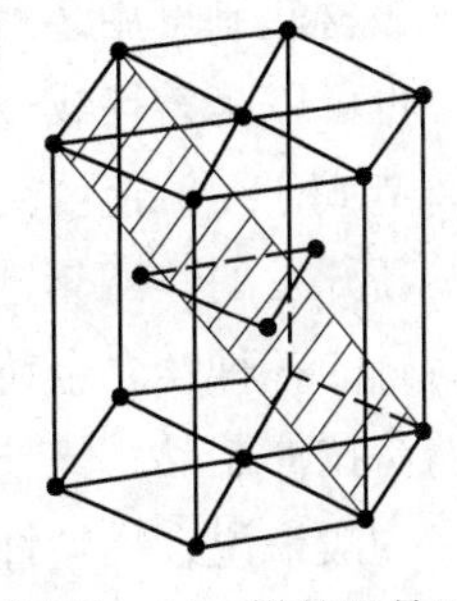

图 11－44　镁的双晶面

镁合金冷轧困难，一般道次变形率只有 10%～15%，变形率再高会发生严重的裂边，甚至无法轧制，生产镁合金板材时，通常要进行 1 次或多次反复加热的多道次热轧，一般厚板可以在热轧机上直接生产，而薄板一般采用冷轧和温轧两种方式生产。一般镁合金厚板厚度范围为 11.0～70mm，薄板厚度为 0.8～10mm。板、带材的厚度、宽度和长度的尺寸及允许偏差应按 GB/T 5154—2003 标准执行，参见表 11－43。

表 11－43　板、带材的厚度、宽度和长度的尺寸及允许偏差（GB/T 5154—2003）

厚度/mm	宽度/mm			宽度允许偏差/mm	长度允许偏差/mm
	≤	>800.0～1000.0	>1000.0～1200.0		
	厚度允许偏差/mm				
0.20	±0.02	—	—	±0.1	—
0.50～0.80	±0.04	±0.05	—	±8.0	±12.0
>0.80～1.00	±0.06	±0.06	—	±8.0	±12.0
>1.00～1.20	±0.07	±0.07	±0.08	±8.0	±12.0
>1.20～2.00	±0.09	±0.09	±0.10	±8.0	±12.0
>2.00～3.00	±0.11	±0.11	±0.12	±8.0	±12.0
>3.00～4.00	±0.12	±0.12	±0.15	±8.0	±12.0
>4.00～5.00	±0.15	±0.15	±0.17	±8.0	±12.0
>5.00～6.00	±0.17	±0.17	±0.18	±8.0	±12.0
>6.00～8.00	±0.20	±0.20	±0.20	±8.0	±12.0
>8.00～10.00	±0.22	±0.22	±0.22	±8.0	±12.0
>10.00～12.00	±0.25	±0.25	±0.25	±8.0	±12.0
>12.00～20.00	±0.50	±0.50	±0.50	±12.0	±25.0
>20.00～26.00	±0.75	±0.75	±0.75	±12.0	±25.0
>26.00～40.00	±1.00	±1.00	±1.00	—	±25.0
>40.00～50.00	±1.50	±1.50	±1.50	—	±25.0
>50.00～60.00	±1.50	±1.50	±1.50	—	—
>60.00～70.00	±2.00	±2.00	±2.00	—	—

注：1. 厚度允许偏差仅为“+”或“－”时，其值为上表中的 2 倍。

2. 板材厚度>26.00～70.00mm，不切边供货，但有效宽度大于公称尺寸。

3. 板材厚度>50.00～70.00mm，不切头切尾供货，但有效长度大于公称尺寸。

板材轧制可用2、3、4 辊轧机，通常用2 辊轧机，轧制用的锭坯可用挤压坯或锻压坯，也可以是铸坯或连续铸轧板坯。铸坯可用厚壁铸铁模铸造，浸入法铸造，也可用半连续铸造或连续铸造。锭坯在轧制前须铣面，以除掉表面缺陷。

新开发的“双辊连铸，温间轧制”的宽幅镁合金板制造技术，是直接采用双辊轧制法将熔融的各种镁合金铸成宽幅板，然后用连续轧制法制造塑性加工性良好的薄板，可用于制造深拉伸制品，该技术生产效率高，使产品成本大幅下降。

一般来说，易塑性变形的镁－锰（Mn＜2.5%）合金和镁－锌－锆合金可直接用铸锭轧制；难塑性变形的合金，如含5.5%～7.0% Al、0.15%～0.5% Mn、0.5%～1.5% Zn的镁－铝－锌合金，则宜用挤压坯轧制。

镁及镁合金板材按照其厚度可以分为薄板和厚板两类，板材厚度为0.8～10.0mm 称为薄板，厚度为10.0～70.0mm 称为厚板。在有些工厂中，为了管理方便，将板材分为薄板、中板和厚板三类。

镁及镁合金的厚板和中板可以在热轧机上直接轧成。而薄板的生产工序较多，生产周期也比较长，其主要的生产方法是采取热轧和温轧的方法生产。大体上包括：铸锭的组织均匀化处理、洗面、加热、热轧、粗轧、中轧、精轧、精整和氧化上色等主要工序，镁合金板材的生产工艺流程举例见表11－44 和表11－45。

表11－44 MB1、MB8 镁合金板材的生产工艺流程

板材规格/mm	铸锭铣面规格/mm×mm×mm	状态	工序名称																	
			加热	热轧	温整（剪切矫直）	板坯下料	板坯加热	粗轧	中间酸洗	加热	中轧	中断或下料	加热	精轧	成品退火	温整（剪切矫直）	加热	叠轧	氧化上色	涂油包装
中厚板	165×730×(400～1200)	F	○	○	○														○	○
0.5		O	○	○(10)		○	○	○(5.5)	○	○	○(2.6)	○	○	○(1.4)	○	○	○	○(0.5)		
															○	○			○	○
0.8			○	○(10)		○	○	○(5.5)	○	○	○(2.6)	○								
										○	○(2.6)	○	○	○(0.8)	○	○			○	○
1.2			○	○(10)		○	○	○(5.5)	○	○	○(2.6)	○	○	○(1.2)	○	○	○	○	○	○
3.0			○	○(10)		○	○	○(5.5)	○	○				○(3.0)	○	○			○	○

注：表中圆圈旁边的数字是该道工序后的板材厚度，单位mm。

表 11-45 MB2、MB3 镁合金板材的生产工艺流程

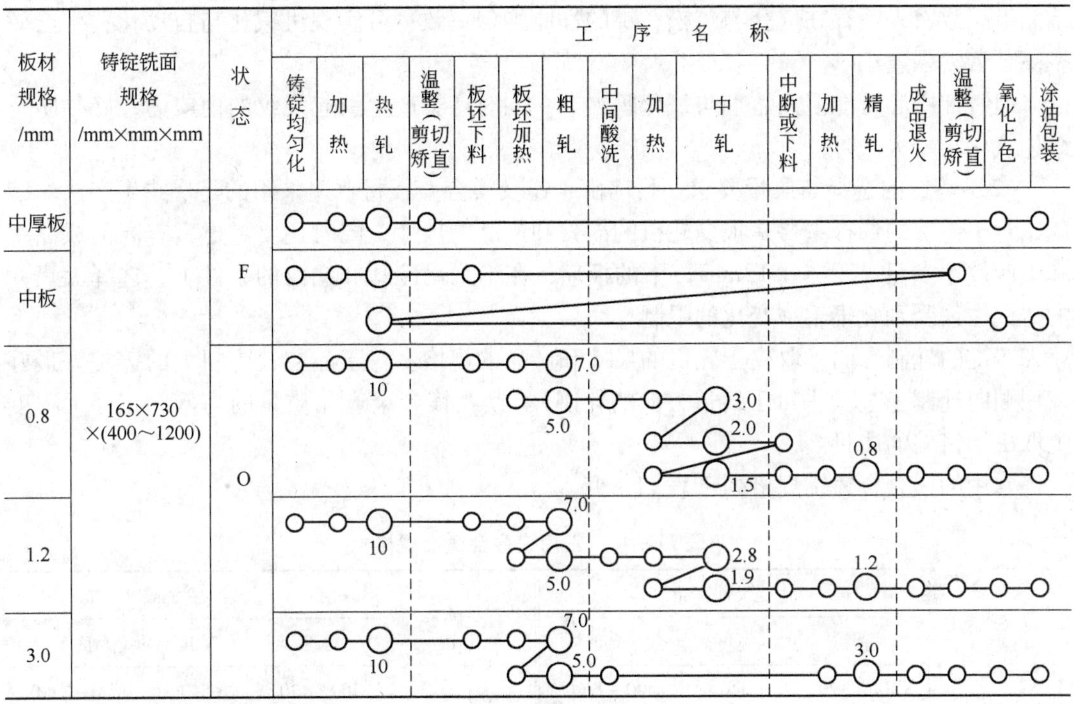

板材规格/mm	铸锭铣面规格/mm×mm×mm	状态	工序名称																
			铸锭均匀化	加热	热轧	温整（剪切矫直）	板坯下料	板坯加热	粗轧	中间酸洗	加热	中轧	中断或下料	加热	精轧	成品退火	温整（剪切矫直）	氧化上色	涂油包装
中厚板	165×730×(400～1200)	F	○	○	○	○												○	○
中板		F	○	○	○		○										○		
					○													○	○
0.8		O	○	○	○(10)		○	○	○(7.0)										
								○	○(5.0)	○	○	○(3.0)							
											○	○(2.0)	○						
											○	○(1.5)	○	○	○(0.8)	○	○	○	○
1.2			○	○	○(10)		○	○	○(7.0)										
								○	○(5.0)	○	○	○(2.8)							
											○	○(1.9)	○	○	○(1.2)	○	○	○	○
3.0			○	○	○(10)		○	○	○(7.0)										
								○	○(5.0)	○				○	○(3.0)	○	○	○	○

注：表中圆圈旁边的数字是该道工序后的板材厚度，单位 mm。

11.4.2 镁及镁合金厚板生产技术

11.4.2.1 铸锭（扁锭）准备

（1）扁锭的铸造。镁合金轧制扁锭可用厚达 60mm 的铁模铸造，也可以采用半连续铸造或连续铸造。采用连续铸造时，铸造井内设有同步锯，将铸出的锭锯成所需长度的坯料。通常镁合金锭的尺寸为：厚 127～305mm，宽 406～1041mm，长 914～2032mm。宽度与厚度之比最好为 4:1。铸锭应具有细密的组织，内部不得有气孔、缩孔、裂纹与非金属杂质等铸造缺陷。

铸锭质量主要决定于冷却速度、结晶的方向性、熔体补给情况、凝固压力、铸造温度等。各种铸造方法的优缺点如下所述：

1）厚壁铸铁模和水冷模铸造。这种铸造方法的主要优点是设备简单、易维护、投资省，但存在诸多的缺点。

主要缺点：凝固速度缓慢，晶粒粗大；铸锭力学性能差，且分布不均，不同截面上的性能有较大差异；铸锭的塑性比其他铸造方法低；区域偏析较大，尤其在锭的上部收缩区和轴心疏松部分更为严重；通常会混入大量的夹杂物与熔剂；生产效率低，劳动强度大；不能铸造大锭；占用场地大。

2）浸入法铸造。浸入法是将铁模浸入水内的一种铸造方法，此法有诸多优点但也有不少缺点。

主要优点：锭中的夹杂物及熔剂很少或没有；不存在成分上的区域偏析；铸锭的力学性能好；铸锭中不存在裂纹；安全可靠，铸造时熔体不会氧化与着火。

3）半连续铸造。半连续铸造是目前铸造轧制扁锭的主要方法，具有许多优点：锭的结晶组织致密，不存在气孔与疏松；锭的性能均匀一致；可实现机械化与自动化；生产效率高，劳动强度小。

但铸锭中心可能混入熔剂与氧化膜夹杂；同时还会产生引起裂纹的内应力；必须防止熔体氧化与着火。

（2）铸锭的选择与质量要求。目前由于镁及镁合金板材普遍采用的是块式生产法。因此，对于铸锭的选择主要是根据轧机的能力和产品的尺寸，同时还要考虑具有高的成品率和生产效率。但对于热轧12mm以下的板坯，在不采用冷却和润滑的条件下，选择大尺寸的铸锭往往受到轧辊辊型变化的限制。

铸锭的轧制方向，取决于轧机的尺寸和产品的规格。对于晶粒较为粗大的铸锭，最好采用顺向轧制工艺（平行于铸造方向的轧制）。镁及镁合金产品质量的高低，在很大程度上取决于铸锭的质量。

常用的镁合金铸锭规格列于表11－46。

表11－46 常用镁合金铸锭规格

合金牌号	铸锭尺寸/mm			合金牌号	铸锭尺寸/mm		
	厚度	宽度	长度		厚度	宽度	长度
M2M、ME20M	100～120	540	400～1200	AZ40M、AZ41M	100～120	540	600～1200
	150～170	730	400～1200		140～170	730	510～1200
	190～220	950	400～1200	ZK61M	90～130	540	400～1000

镁合金铸锭的缺陷主要有：锰偏析、冷隔、氧化夹杂及熔剂夹渣、铸锭裂纹和晶粒粗大等。这些缺陷是由于合金本性和不合理的熔铸工艺等因素造成的。它们对产品质量的影响见表11－47。

表11－47 铸锭缺陷对产品质量的影响

缺 陷	对产品质量的影响
锰偏析	锰偏析是M2M、ME20M、AZ40M、AZ41M合金薄板最常见的废品之一。它占薄板废品总量的50%左右
冷 隔	由于冷隔使热轧板材表面会产生裂口，甚至导致铸锭的开裂。这种缺陷主要是由于铸锭铣面时未将冷隔层铣掉
氧化夹杂和熔剂夹渣	这种缺陷往往在板材很薄的情况下才会暴露，它会降低产品的力学性能和抗蚀性能
铸锭裂纹	铸锭表面存在裂纹会导致热轧时轧件的开裂
铸锭晶粒粗大	晶粒粗大的铸锭，在热轧时会产生严重的裂边和表面裂纹，降低成品率

（3）铸锭的铣面。半连续铸造的镁及镁合金铸锭表面冷隔严重，同时还存在偏析浮出物和氧化夹杂等缺陷，其深度一般都在15～20mm左右，个别深度可达30mm。

在热轧过程中冷隔不仅不能焊合，而且还能导致铸锭的开裂和破碎，严重污染轧辊，影响产品的表面质量。因此，镁合金铸锭在热轧前必须铣面。每面的铣削量视铸锭冷隔深度而定。在目前的铸造工艺条件下，每面铣削量一般为 18 ~ 20mm，AZ40M、AZ41M、Mg99.00 等合金扁锭要铣小面呈钝角状。如果采用挤压坯则不需铣面。

镁及镁合金的切削性能很好，可以在各种机床上进行机械加工。镁合金铸锭铣面与其他有色合金比较有如下特点：

1）镁合金铣削时刀具的使用寿命长。如用硬质合金做铣刀时，它的使用寿命可达 2000h 以上。

2）镁合金铸锭铣削时可以在较高的速度下进行，每次的铣削深度一般为 5 ~ 8mm，最大为 10mm。

3）铸锭铣削后表面光滑，完全可以满足工艺要求。

4）镁合金的导热性较好，铸锭铣削时刀具不需要冷却。

铣削镁及镁合金扁锭一般用龙门铣床，近年来也开发出了扁锭专用铣面机床。

(4) 铸锭的均匀化处理。半连续铸造的镁合金铸锭，是在很高冷却速度条件下结晶的。由于不平衡结晶的结果，导致铸锭的组织和化学成分的不均匀。

镁合金铸锭均匀化的目的是为了减小上述的不均匀性，并消除铸造时引起的残余应力，提高合金的塑性。

实践证明，均匀化后的 AZ40M、AZ41M 和 AZ61M 合金铸锭，可提高其轧制性能和力学性能。

M2M、ME20M 合金塑性很好，可不进行均匀化。

常用镁合金铸锭的均匀化制度参见表 11 - 48。

表 11 - 48 镁合金铸锭均匀化制度

合金牌号	铸锭尺寸/mm × mm	金属温度/℃	保温时间/h	冷却条件
AZ40M	165 × 730	420 ± 10	14 ~ 24	空气
AZ41M	165 × 730	410 ± 10	14 ~ 24	空气
AZ61M	120 × 540	370 ± 10	8 ~ 12	空气

用于镁合金铸锭均匀化的炉子，一般都采用卧式空气循环电炉。

(5) 铸锭热轧的加热。可采用电阻炉、燃气炉等加热锭坯，应保证气体循环速度，循环速度最好能达到 40 次/min 或更快些，炉内温度偏差以不大于 ±6℃为宜。应严格控制炉内温度与锭坯温度，最稳妥的办法是采用三种监控方式：

1）用热电偶探测炉内热空气温度。该系统由一个热电偶和一个记录控制器组成。它可以控制加热源释放的热量，使炉气达到与保持在预定的温度范围内。

2）用热电偶监测锭坯温度。该监测系统由一个热电偶与一个温度显示装置组成，并与报警装置、信号装置或定时装置相连。可指示锭坯的实际温度，能及时防止输入过多的热量，对预防锭坯过热甚至过烧极为有利。

3）安全系统，由位于加热顶部的热电偶和可以关闭的控制器组成。安装了该系统，一旦炉内温度或锭坯温度超过设定值，系统就可以及时切断热源，可防止锭坯严重过热与过烧现象。再次启动加热炉时，应复位此控制器。

在轧制镁板时，如采用生产铝板带的设备，应注意炉内不得有铝、锌、镉、铅等金属，以免它们与镁合金锭坯接触形成低熔点共晶体，引发过烧甚至造成安全事故。在专用炉内加热锭坯一般不会发生此类现象。铸锭在炉内排列整齐，以免妨碍空气流通和影响加热均匀性。

在较低温度下加热锭坯，可不采用保护气体；如果温度在410℃以上，还是加保护气体为好。保护气体有 SF_6、SO_2 或 CO_2；也可以使用惰性气体，不过成本较高。SO_2 的浓度大于0.5%即有很好的保护作用；CO_2 的浓度达3%就可防止强烈的氧化。不过采用 SO_2 作为保护气体会产生少量的硫酸，对加热炉系统有腐蚀作用，应加强维护、清洗控制器，及时更换不能继续使用的零部件。

变形镁合金铸锭的加热制度参见表11－49。

表11－49 镁合金铸锭加热制度

合金牌号	锭坯尺寸/mm×mm×mm	金属出炉温度/℃	加热时间/h
M2M、ME20M	(140~170)×730×(400~1200)	480~510	6~8
	(32~85)×730×(400~1200)	450~490	3~5
	(12~30)×730×(400~1200)	440~480	2~4
AZ40M、AZ41M	(140~170)×730×(400~1200)	470~510	6~12
	(32~85)×730×(400~1200)	450~490	3~5
	(12~30)×730×(400~1200)	440~480	2~4
ZK61M	(90~130)×540×(400~1000)	380~400	4~6

铸锭的加热时间与铸锭尺寸、加热温度和炉内装料量有关，铸锭尺寸越大，炉内装料量越多，加热时间也越长。加热温度越高，则加热时间可适当缩短。

加热合金铸锭时，应注意下列事项：

(1) 在435℃时，镁和铝能形成低熔点化合物 Al_4Mg_3，所以在加热镁和镁合金铸锭时，应防止镁与镁之间的接触。

(2) 镁及镁合金易燃，容易由于局部过烧而发生燃烧。所以铸锭在加热前应注意清除掉毛刺和飞边。当在带有强制循环空气的电阻炉内加热时，应避开热风的入口区。

镁及镁合金发生燃烧时的标志是炉温急速上升，从炉内射出耀眼的光芒，并冒出白烟。镁及镁合金锭坯如果在炉内发生燃烧时，可速将燃烧着的铸坯推出炉外用灭火剂将火扑灭。也可以用石棉布或玻璃丝布将炉子的进气孔道严密封闭，隔绝空气，使其火焰自行熄灭。镁及镁合金常用的灭火剂有：

1) 2号熔剂。其组成成分为：38%~48% $MgCl_2$，32%~40% KCl，5%~8% $BaCl_2$，8%($CaCl_2$+NaCl)，1.5% MgO。制成干燥粉末，其水分含量应不大于3%。

2) 石棉布、石棉板。

3) 干燥的粉状石墨。当镁及镁合金锭在炉内燃烧时，禁止往炉内撒2号熔剂或其他灭火剂，因为2号熔剂在高温下分解出大量有害气体，对设备的腐蚀较厉害，善后工作也不易处理。

镁及镁合金铸锭的加热炉，最好选用带有空气循环的电阻链式加热炉，常用炉子的主要技术性能见表11－50。

表11－50　双膛链式空气循环电炉主要技术性能

名　称	单　位	数　量	名　称	单　位	数　量
电炉总功率	kW	1350	鼓风机风量	m^2/h	55.000
前区总功率	kW	876	鼓风机电机功率	kW	4×28＝112
前区一组加热器功率	kW	87.6	炉膛空气流速	m/s	14
后区总功率	kW	474	炉膛线路电压	V	380
后区一组加热器功率	kW	79	单个炉膛尺寸	mm×mm×mm	2000×400×20556 （宽×高×长）

11.4.2.2　镁及镁合金厚板的热轧工艺

（1）热轧工艺流程。镁合金板材的热轧多采用二辊轧机，也可以采用四辊轧机。1.0mm厚的AZ31合金板材的轧制工艺如图11－45所示。

120mm —热粗轧（加热温度470℃）→ 10mm —热中轧（加热温度440℃）→ 2.5mm —精轧（加热温度：室温～400℃）→ 1mm

图11－45　生产1.0mm的AZ31合金板的工艺流程

美国某公司生产1.6mm AZ31合金板的生产工艺：将305mm厚的扁锭热粗轧到4.6mm，采用4辊热轧机，轧制23道次，平均道次压下率10%～20%。其间轧件温度降到340℃以下时，需重新加热，加热温度350～440℃，共加热3次。

（2）热轧的温度－速度规范。热轧温度应保证合金有最大的塑性，热轧终了温度不应使带板发生碎裂。

镁合金的热轧温度范围主要取决于合金的性质。热轧温度范围确定的依据是合金相图和塑性图。同时要考虑轧机的能力和热轧终了温度对性能的影响。常用变形镁合金的热轧温度范围见表11－51。表11－52列出了俄罗斯某厂生产镁合金厚板的热轧温度规范。

表11－51　镁合金的热轧温度范围

合金牌号	热轧温度范围/℃	最佳温度范围/℃
MB1	360～510	480～510
MB8	370～510	480～510
MB2、MB3	360～510	470～510
MB15	340～400	380～390

表 11－52 生产镁合金板的热轧温度规范（俄罗斯）

坯料		加热制度		轧制温度		轧辊温度/℃
合金	厚度/mm	温度/℃	时间①/h	开始/℃	终了/℃	
MA1	≥15	450±10	4~5	450	300	250
	14~5	400±10	2~3	400	300	
	4~1.0	350±10	1.5~2.5	350	250	
MA3	≥15	380±10	6~8	380	250	250
	14~5	320±10	3~4	320	250	
	4~1.0	300±10	1.5~2.5	300	250	
MA8	≥15	450±10	5~6	450	300	250
	14~5	400±10	3~4	400	300	
	4~1.0	350±10	1.5~2.5	350	250	

①在循环空气加热炉内在指定温度下的保温时间。

热轧时，一般用猪油、石蜡或含石墨的四氯化碳溶液作润滑剂。镁及镁合金板材的轧制变形率和轧制速度见表 11－53。

表 11－53 镁合金板材冷轧及热轧的变形率与轧制速度（俄罗斯）

合金	热轧			冷轧		
	两次退火间的总变形率/%	道次变形率/%	轧制速度/m·s⁻¹	两次退火间的总变形率/%	道次变形率/%	轧制速度/m·s⁻¹
MA1	40~50	15~20	1~1.5	10~15	0.5~5.0	0.5
MA2、MA3	10~15	5~8	0.5~1.0	10~15	0.5~5.0	0.5
MA8	30~40	15~20	1~1.5	10~15	0.5~5.0	0.5

（3）压下量分配原则及轧制系统。镁合金道次压下量分配主要根据各种合金的加热温度范围和在此温度范围内的性质（强度、塑性）、轧机最大安全负荷（机械、电器）、轧辊直径大小及产品的最终性能等因素来确定。

1）在不出现裂纹的条件下，轧制温度和轧制速度对镁合金每道次最大允许压下量的影响见图 11－46 及图 11－47，图中虚线表示每道压缩 70% 时没有出现裂纹时的情况。MB1 合金在 482℃，轧制速度为 0.05m/s、1.27m/s、4.1m/s 时，其不出现裂纹时一道次允许最大加工率分别为 43%、70%、74%；在 370℃时，加工率分别对应为 28%、50%、60%。MB2 合金在 482℃，轧制速度为 0.05m/s、1.27m/s、4.1m/s 时，其不出现裂纹时一道次允许最大加工率均为 40% 左右；370℃时，加工率分别对应为 33%、37%、39%。由此可见，轧制温度和轧制速度越高，每道次允许的加工率也越大。在制订压下制度时，应该考虑加热温度，并综合考虑压下量和轧制速度对塑性及金属变形抗力的影响。如果温度、压下量和轧制速度选择得当，轧制时，镁合金具有很好的工艺性能。

2）镁合金变形时的热效应比较大。头两道轧制时，铸锭温度很高，当道次加工率过大时，变形的热效应很可能会使合金超出热轧温度范围，而恶化轧制性能。因此，镁合金铸锭热轧头两道次的加工率一般控制在 10% 以下，轧制速度不超过 0.5m/s。

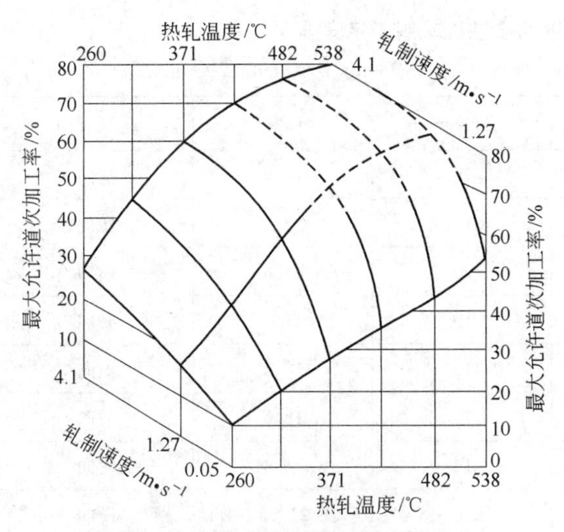

图 11－46　MB1 合金轧制温度和速度对每道最大加工率

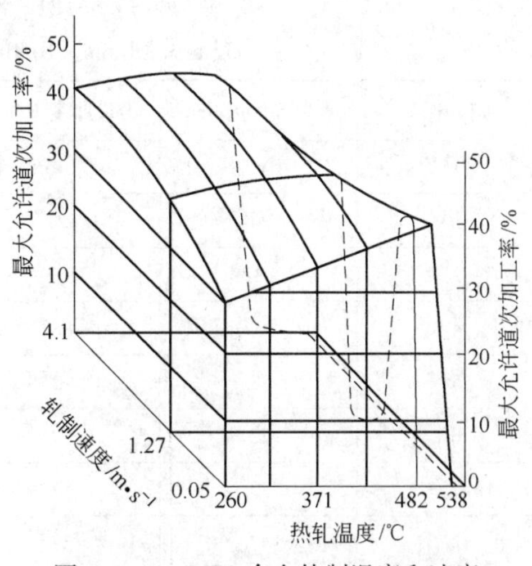

图 11－47　MB2 合金轧制温度和速度对每道最大加工率

3）随着铸锭组织的改善（头两道次过后），在设备负荷允许的条件下，应尽可能的加大道次压下量，充分利用金属的高温塑性，减少道次。同时，还可以防止锭坯表面降温和过大的表面变形，从而提高轧制性能和产品的力学性能。特别是 MB8 合金粗晶铸锭生产厚板时，尽量加大道次压下量尤为重要，否则由于加工率不够，变形不能深入，使不均匀变形程度增加，往往会在板材中心部形成片状粗晶组织，如图 11－48 和图 11－49 所示，使性能降低。

图 11－48　MB8 合金板材的片层状粗晶

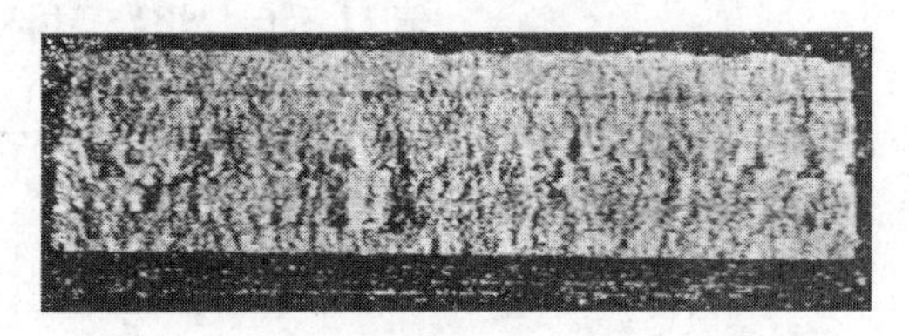

图 11－49　MB8 合金厚板的片层状粗晶组织

4）热轧的最后几道，随着带板的减薄和温度的降低，道次压下量应逐渐减小。但为了保证中板和薄板坯的终了温度，最后几道次的轧制速度应尽量提高。一般控制在 1 ~ 2.5m/s 范围内。

5）最后一道次的加工率对镁合金厚板质量有较大影响。对 MB8 合金厚板性能的影响见表 11－54。常用变形镁合金的轧制工序安排见表 11－55 ~ 表 11－57。

表 11－54　加工率对 MB8 合金厚板性能的影响

压下量		力学性能							
绝对 /mm	相对 /%	横向				纵向			
		σ_b/MPa	$\sigma_{0.2}$/MPa	$\sigma_{-0.2}$/MPa	δ_5/%	σ_b/MPa	$\sigma_{0.2}$/MPa	$\sigma_{-0.2}$/MPa	δ_5/%
5.3	15.5	255	160	90	16.0	155	160	90	16.0
8.1	21.3	255	160	90	17.0	150	160	100	16.0
9.9	25.0	250	155	95	17.5	150	155	105	17.5

注：1. 产品厚度为 20mm。
2. 终轧温度为 380℃。
3. $\sigma_{-0.2}$/MPa 表示压缩屈服强度。

表11-55 MB1、MB8合金热轧轧制工序安排

（铸锭尺寸：165mm×730mm×1050mm 成品尺寸：10mm×1000mm×2000mm）

道 次	入口厚度 H/mm	出口厚度 H/mm	Δh/mm	ε/%	轧制方向
1	165	146	19	11.5	横向
2	146	127	19	13.0	横向
3	127	107	20	15.6	横向
4	107	88	19	17.7	横向
5	88	72	16	18.2	横向
6	72	59	13	18.0	横向
7	59	47	12	20.4	横向
8	47	37	10	21.25	横向
9	37	29	8	21.6	横向
10	29	22	7	24.1	横向
11	22	17	5	22.7	横向
12	17	13	4	23.5	横向
13	13	10	3	23.0	横向

表11-56 MB2、MB3合金热轧轧制工序安排

（铸锭尺寸：165mm×730mm×1050mm 成品尺寸：10mm×1000mm×2000mm）

道 次	入口厚度 H/mm	出口厚度 H/mm	Δh/mm	ε/%	轧制方向
1	165	148	17	10.3	横向
2	148	131	17	11.5	横向
3	131	113	18	13.6	横向
4	113	95	18	16.0	横向
5	95	78	17	17.9	横向
6	78	63	15	19.2	横向
7	63	50	13	20.6	横向
8	50	39	11	22.0	横向
9	39	31	8	20.5	横向
10	31	25	6	19.4	横向
11	25	19	6	22.0	横向
12	19	15	4	21.0	横向
13	15	12	3	20.0	横向
14	12	10	2	16.6	横向

表 11－57 MB15 合金热轧轧制工序安排

（铸锭尺寸：120mm×540mm×650mm 成品尺寸：25mm×600mm×2000mm）

道 次	入口厚度 H/mm	出口厚度 H/mm	Δh/mm	ε/%	轧制方向
1	120	114	6	5.0	横向
2	114	107	7	6.2	横向
3	107	98	9	8.5	横向
4	98	89	9	9.0	横向
5	89	81	8	9.0	横向
二次热轧					
1	81	72	9	11.1	横向
2	72	62	10	13.8	横向
3	62	53	9	14.5	横向
4	53	45	8	16.7	横向
5	45	37	8	17.8	横向
6	37	30	7	18.9	横向
7	30	25	5	16.6	横向

（4）热轧温度。热轧终了温度高低对中板和厚板的组织和性能有很大的影响。随着终轧温度的提高，除了伸长率升高外，抗拉强度、屈服强度和压缩强度都降低。板材的再结晶程度也随着终轧温度的提高而增加。例如：MB8 合金厚板的终轧温度为 360℃时，板材内部组织基本上处于回复状态，存在着明显的加工织构。当终轧温度为 450℃时，板材的内部组织则完全变成再结晶组织。

为了使镁合金中板和厚板的组织和机械性能稳定，必须严格控制热轧终了时的终轧温度，各种镁合金的终轧温度见表 11－58。

表 11－58 镁合金板材热轧的终轧温度

合金牌号	成品厚度/mm	终轧温度/℃	合金牌号	成品厚度/mm	终轧温度/℃
M2M、ME20M	22～40	380～410	AZ40M、AZ41M	22～40	360～370
	12～20	380～440		12～20	380～440
	6.0～11	370～400		6.0～11	370～400
ZK61M	22～40	350～380			

注：用 ME20M 合金粗晶铸锭生产厚板时，终轧温度应取上限。

（5）热轧板材的组织与性能。铸锭组织和轧制方向对产品性能是有较大的影响。因此，铸锭晶粒的粗细和均匀程度是生产优质板材的前提，而轧制工艺是改变其最终性能和组织的重要因素。

镁合金铸锭晶粒度分细、中、粗三种类型。特别是 MB8 合金铸造时晶粒度最不易控制。铸锭晶粒尺寸小的为 1mm，大的为 35～40mm，有时甚至更大。这种异常粗大的铸造组织，不仅容易导致厚板形成粗大的片层粗晶组织，降低产品的常温性能，而且还能显著降低轧制性能，有的甚至使热轧难于进行。

为了消除片层状晶粒改善板材的内部组织，提高产品的常温性能，采取加大道次压下量、控制终轧温度是一项比较可靠的措施。

对 MB8 合金铸锭而言，在一定的道次加工率、轧制速度和终轧温度条件下，晶粒度对产品常温性能的影响，主要反映在伸长率上。粗晶与细晶铸锭比较，粗晶的伸长率较低，而屈服强度和压缩强度较高，对抗拉强度无明显影响，见表 11－59。

表 11－59 热轧次数、晶粒组织、轧制方向对 MB8 合金厚板性能影响

热轧次数	铸锭晶粒组织	轧制方向	终轧温度/℃	力学性能							
				横向				纵向			
				σ_b/MPa	$\sigma_{0.2}$/MPa	$\sigma_{-0.2}$/MPa	δ_5/%	σ_b/MPa	$\sigma_{0.2}$/MPa	$\sigma_{-0.2}$/MPa	δ_5/%
一次	细晶	横向	380	255	155	85.0	17.0	250	160	85	18.0
一次	粗晶	横向	380	250	155	92.5	9.0	245	150	92.5	8.0
一次	粗晶	顺向	380	250	155	100	9.0	260	180	100	12.0
一次	粗晶	顺向	420	245	137.5	77.5	14.0	247.5	137.5	80	16.5
二次	粗晶	横向	380	250	165	95.0	9.0	255	170	98	9.0
二次	粗晶	顺向	380	250	155	95.0	10.25	242.5	160	95	12.0

如上表所示，为了提高产品的伸长率，粗晶铸锭采用二次热轧或一次顺向轧制和控制较高的终轧温度是行之有效的。

MB2、MB3 合金也有晶粒大小之分，但不像 MB8 合金那么明显。因 MB2、MB3 合金铸锭晶粒的大小除显著降低轧制性能外，对产品的常温力学性能没有明显影响。

镁及镁合金在轧制过程中，晶粒会发生择优取向，晶格基面（0001）与板材的平面平行，而基面（1120）的三个对角线之一则位于轧制方向。因而板材横向强度高于纵向强度，而伸长率则相反，参见表 11－60，这种情况与铝合金板材相反。

表 11－60 用挤压坯料热轧的 MA3 合金板材的力学性能与热变形率的关系

力学性能	试样方向	坯料	热变形率			
			37%	44%	67%	80%
屈服强度 $\sigma_{0.2}$/MPa	纵向	185	235	256	276	298
	横向	—	—	—	—	—
抗拉强度 σ_b/MPa	纵向	178	115	102	173	200
	横向	300	310	322	344	350
伸长率 δ_5/%	纵向	28.0	28.8	24.0	25.8	27.0
	横向	15.4	9.3	11.0	9.9	9.0
断面收缩率/%	纵向	8.8	10.2	10.9	5.6	4.2
	横向	20.6	9.5	11.7	10.5	5.0
冲击韧性/$kJ \cdot m^{-2}$	纵向	120	86	95	61	20
	横向	10.1	7.6	7.4	7.5	8.1

镁合金板材的力学性能有明显的各向异性。如果热轧或冷轧时不总是沿着一个方向（恒向）轧制，而是每轧一道次转动90°再轧制（变向），则材料的各向异性会大大减小，见表11－61。

表11－61　MA1及MA3板材恒向轧制及变向轧制后的力学性能

合金	材料状态	试样取向	变向轧制			恒向轧制		
			$\sigma_{0.2}$/MPa	σ_b/MPa	δ_5/%	$\sigma_{0.2}$/MPa	σ_b/MPa	δ_5/%
MA1	退火前	纵向	155	240	9.0	135	230	11.5
		横向	165	255	13.0	180	265	15.0
	退火后	纵向	130	225	16.0	125	215	13.0
		横向	135	220	15.5	175	250	16.5
MA3	退火前	纵向	220	300	11.0	—	—	—
		横向	240	320	15.0	—	—	—
	退火后	纵向	155	260	21.0	200	260	22.0
		横向	170	275	19.0	220	270	26.5

镁及镁合金中板和厚板的组织和性能主要取决于热轧的终了温度。随着终轧温度的提高，除伸长率升高外，抗拉强度、屈服强度和压缩屈服强度普遍下降，如图11－50所示。板材的再结晶程度也随着终轧温度的提高而增高。MB8合金厚板终轧温度为360℃时，板材的内部组织基本上处于回复状态，存在明显的加工织构。终轧温度为450℃时，板材内部组织为完全再结晶状态。因此，为稳定中板和厚板的力学性能，必须严格控制终轧温度。表11－59规定了镁合金板材热轧时的终轧温度，通常根据材料要求的组织状态和开轧温度不同，终轧温度可在表中范围内调整。

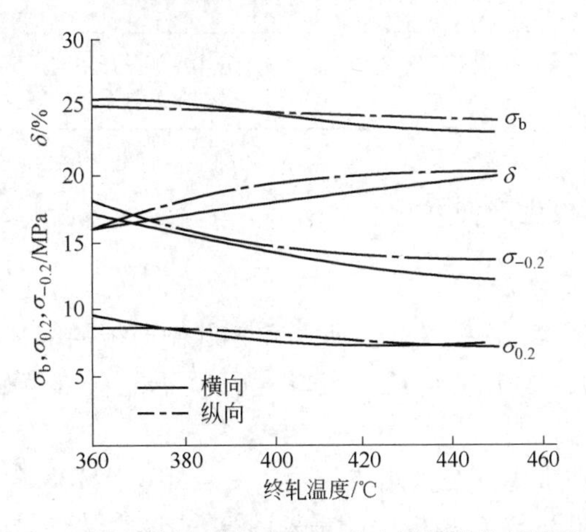

图11－50　终轧温度对MB8合金厚板性能的影响

实践中，在生产厚板时，热轧终轧前的一道次温度，一般都在420～450℃。为了使压缩屈服强度稳定在80～90MPa，必须使板材的温度降至规定的终轧温度时，才能进行最后一道次的轧制。

镁合金中板一般不要求压缩性能，终轧温度符合表11－58规定，均能满足其他性能要求。终轧温度过低将导致伸长率的降低，如终轧温度高于450℃时，板材的抗拉强度和屈服强度往往不能满足要求。

（6）热轧厚板的主要缺陷及防止措施。镁合金板材在热轧中常见缺陷及消除方法见表11－62。

表11－62 镁及镁合金热轧中常见缺陷及消除方法

缺陷种类	产生原因	消除方法
铸锭开裂	铸锭质量不好，冷隔没铣掉； 铸锭加热温度过高或过低； 道次压下量过大	提高铸锭质量，消除冷隔； 正确执行铸锭加热制度，防止过烧或温度不够； 合理分配道次压下量
表面裂纹及裂边	铸锭晶粒粗大； 铸锭加热时间短、热轧温度过低或压下量过大； 轧辊温度过低； 润滑不当，轧辊温度或板坯温度降低	改进铸造工艺，细化晶粒； 延长加热时间； 正确执行轧辊预热制度，保证轧辊温度符合要求； 适当润滑，润滑量不宜过大
力学性能不合格	热轧温度过高或过低； 道次压下量分配不合理； 热轧终了温度过高或过低	严格控制热轧温度范围； 合理分配道次压下量
金属压入	裂边掉下的金属屑落到板坯上或导卫夹持过紧带下来的脆屑落在板坯上； 轧辊黏附的金属脱落在板坯上； 热轧前铸锭表面黏附金属屑	装炉前对铸锭表面和板坯端部进行清理； 轧辊黏附有金属时要及时清辊； 导卫操作要适当
波浪	轧辊辊形控制不当； 压下量分配不合理	冷却或加热轧辊，调整好辊形； 调整压下量
镰刀形	辊缝没调整好； 送料不正； 板片波浪太大	调整好辊缝，正确送料； 调整压下量
尺寸超差	压下量调整与压下指针指示不正确； 轧辊辊形控制不好	开车前调整压下与压下指针数； 预热好轧辊，控制好辊形及适当调整压下量

11.4.3 镁及镁合金薄板生产技术

11.4.3.1 薄板生产方法

为了减少薄板轧制道次，缩短生产周期，希望轧制薄板的板坯厚度尽量小些。但由于设备和工艺条件的限制，板带热轧到一定厚度时就不能再继续轧制，这种厚度一般为8～10mm。

目前，镁及镁合金薄板生产是采用块式生产法。MB1、MB8合金薄板生产方案列于表11－63。现行的MB1、MB8合金薄板生产是采用第一方案。第二方案采取两次粗轧，取消中轧工序，与第一方案比较有如下特点：生产率高、节约电能；产品表面质量好；增大板坯酸洗的面积，从而使金属损耗和酸耗增大。生产成品薄板，一般在精轧后增加叠轧、氧化上色、涂油包装等工序。

镁及镁合金薄板的生产，如能解决工艺润滑和辊型控制的问题，采用带式生产法是可能的。

表 11-63 MB1、MB8 合金薄板生产方案

第一方案	第二方案
1. 板坯加热； 2. 粗轧，由 10mm 轧到 5.5mm； 3. 板坯酸洗； 4. 板坯加热； 5. 中轧，由 5.3mm 轧到 2.6mm； 6. 中断剪切； 7. 板坯加热； 8. 精轧，由 2.6mm 轧到 1.3mm	1. 板坯加热； 2. 粗轧，由 10mm 轧到 5.5mm； 3. 板坯加热； 4. 二次粗轧，由 5.5mm 轧到 3.0mm； 5. 中断剪切； 6. 板坯酸洗； 7. 板坯加热； 8. 精轧，由 2.7mm 轧到 1.3mm

11.4.3.2 板坯的加热

一般情况下，板坯的加热温度比铸锭的加热温度低 30～60℃。主要原因在于：随着板坯变薄，轧制性能越来越好；由于板坯薄，加热过程容易；防止局部过热或过烧而引起燃烧；加热温度的提高，金属损耗增大。

粗轧前板坯的加热温度应取合金轧制温度范围的上限。金属出炉温度要严格控制。因为粗轧时板坯降温很快，开轧温度过低，能显著降低轧制性能。

中轧和精轧时，板坯加热的主要目的是金属的回复、再结晶以提高金属的塑性。

板坯的加热时间主要取决于被加热的板坯的厚度、装炉量的多少及所采用加热炉的形式。

板坯的加热时间对产品的力学性能稍有影响，当加热时间从 4h 延长至 24h，σ_b 会下降 15～20MPa，δ 会上升 2% 左右。虽然，板坯加热温度较低，但长时间加热氧化也较严重。MB8 合金在 450℃下加热 5h，氧化层可达 0.5mm。因此，板坯长时间加热不仅增加金属损耗，浪费电能，而且还能导致金属的晶粒长大，降低性能。

常用镁合金板坯的加热制度见表 11-64 和表 11-65。

表 11-64 粗轧前板坯的加热制度（板坯成垛在箱式炉内加热）

合金牌号	板坯规格/mm	金属加热温度/℃	加热时间/h
M2M、ME20M	9.5～12.0	420～450	3.5～4.0
	6.0～9.4	420～450	3.0～3.5
M2M、ME20M	9.5～12.0	420～440	3.5～4.0
	6.0～9.4	420～440	3.0～3.5

表 11-65 中轧、精轧前板坯的加热制度（板坯成垛在箱式炉内加热）

合金牌号	板坯规格/mm	金属加热温度/℃	加热时间/h
M2M、ME20M	3.0～6.0	400～450	2.0～2.5
	1.2～2.9	400～450	1.5～2.0
M2M、ME20M	3.0～6.0	400～440	2.0～2.5
	1.2～2.9	400～440	1.5～2.0

注：厚板坯，加热温度和加热时间应取上限。

镁和镁合金板坯加热炉有以下两种：

（1）箱式电阻空气循环加热炉。目前镁合金板坯加热常采用这种炉子，其特点如下：

炉子的热效率较高，结构简单；板坯成垛在炉内加热，加热时间长；不能保证连续生产，效率较低；操作不方便，装、出炉劳动强度大。

（2）链条或运输带式空气循环电阻加热炉。链条或运输带式空气循环电阻加热炉有如下特点：热损失较大，结构较复杂；能保证快速加热，加热时间短；可连续生产，生产效率较高；操作方便，减轻劳动强度。

镁及镁合金薄轧板坯加热，主要采取链条式和传输带式空气循环电阻炉加热炉进行加热。

11.4.3.3 粗轧

镁及镁合金的粗轧基本属于热轧，压下量比较大，见表11－66。

表11－66 镁合金粗轧的总加工率

合金牌号	总加工率/%（不超过）	道次加工率/%（不超过）	
		第一道次	第四道次
M2M、ME20M	50	20	10
AZ40M、AZ41M	35	15	5

基于粗轧时板坯薄，散热快的特点，在道次压下量分配时应遵循以下几点原则：

（1）开轧的头两道次应最大限度利用轧机能力和金属的高温塑性，以最大压下量进行轧制，减少道次。随着轧制温度的降低，道次加工率应逐渐减小，如图11－51、图11－52和表11－67所示。

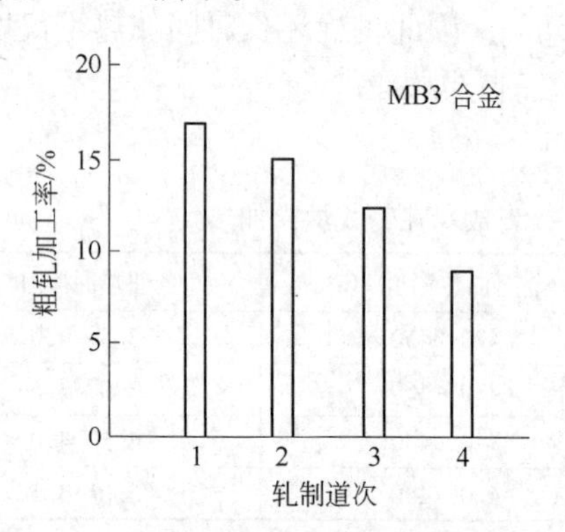

图11－51 MB3合金粗轧加工率与道次的关系

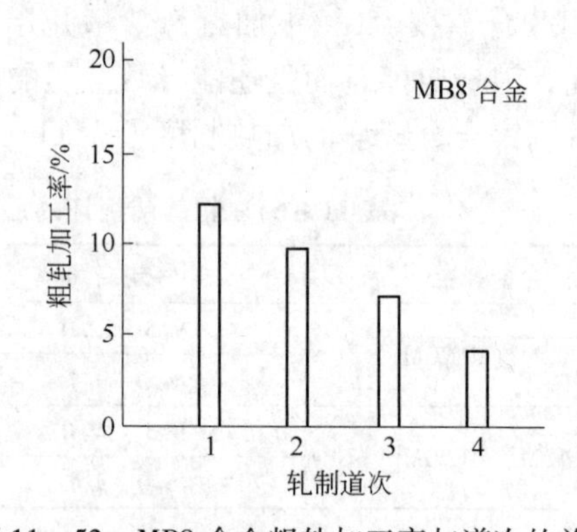

图11－52 MB8合金粗轧加工率与道次的关系

表11－67 镁合金薄板粗轧的加工率分配

合金牌号	总加工率不超过/%	道次加工率/%	
		第一道次	第二道次
MB1 MB8	50	<20	<10
MB2 MB3	35	<15	<5

（2）粗轧时，操作要快，轧制时间尽量缩短，终轧温度不宜低于350℃。

（3）粗轧时轧辊的预热温度一定要保证工艺要求。

常用镁合金粗轧的轧制制度见表11－68。

表 11－68 镁合金粗轧的轧制制度

合金牌号	粗轧前厚度/mm	粗轧后厚度/mm	轧制道次	轧制制度/mm
M2M、ME20M	10	5.5	4	10—8.3—7.0—6.0—5.5
AZ40M、AZ41M	10	7.0	4	10—9.0—8.1—7.4—7.0
AZ40M、AZ41M	7.0	5.0	4	7.0—6.2—5.6—5.2—5.0

镁合金粗轧时，压下量比较大，在干轧的情况下，轧辊温度上升较快，黏辊很严重。实际生产中，粗轧板坯的终了厚度一般为 5～6mm，特殊情况下可为 3mm。

11.4.3.4 中轧和精轧

在镁及镁合金的中轧和精轧过程中，随着轧制道次的增加板坯的温度逐渐降低。除前几道次外，金属的变形基本上属于不完全冷变形，即随着加工率的增大，金属的抗拉强度、屈服强度升高，而伸长率降低。因此，轧件可以得到冷轧制品相似的性能。

镁及镁合金的中轧和精轧并没有严格的界限。凡属半成品轧制统称为中轧；成品轧制则称为精轧。

中轧和精轧的总加工率取决于合金的性质、轧辊的温度和轧制时的工艺条件。在合适的辊温和较高轧制速度的条件下，镁合金有较好的轧制性能。生产中，往往是轧辊温度越高，允许的加工率也越大。

中轧和精轧的道次加工率取决于轧辊温度，轧制速度和润滑条件。在干轧的情况下，道次加工率的分配原则是，多道次，小压下量。轧制道次一般为 20～40 道，最多可达 50～60 道。道次加工率应随着板坯温度的降低而逐渐减少，一般都控制在 5% 以下，最大不超过 10%。允许的总加工率依合金不同可控制在 70% 以下，见表 11－69。

表 11－69 中轧和精轧的总加工率及道次加工率

合金牌号	允许的总加工率/%	道次加工率/%	轧制道次
M2M、ME20M	60～70	5	不限
AZ40M、AZ41M	30～40	5	不限

实践中，板坯越薄其轧制性能越好。M2M、ME20M 合金小于 1.4mm 的板坯，在合适辊温条件下，即使板坯不加热，轧制也是很顺利的。

一般镁合金精轧后的异向性都比较显著，M2M 合金尤甚，即使经高温加热或再结晶退火也难消除，参见表 11－70。但 AZ40M、AZ41M、ME20M 合金经过再结晶退火或中间加热后，其异向性是可以消除和减小的。因此，对于 AZ40M、AZ41M 和 ME20M 合金，生产中均不用换向轧制。

表 11－70 M2M、ME20M 合金板材的各向异性

合金牌号	加工形式	力学性能					
		横向			纵向		
		σ_b/MPa	$\sigma_{0.2}$/MPa	δ_{10}/%	σ_b/MPa	$\sigma_{0.2}$/MPa	δ_{10}/%
M2M	加工率 45%，350℃退火	260	155	14.0	220	110	12.0
ME20M	加工率 45%，350℃退火	260	155	20.0	250	150	17.0

镁及镁合金薄板生产，轧辊的温度是最重要的工艺条件，是生产优质板材的关键。

镁合金在干轧的情况下，影响轧辊温度变化的因素有：轧制速度，道次压下量，板坯的温度和板坯厚度等。但最主要的因素是轧制速度和道次压下量。一般情况下，轧制速度越高轧辊温度上升越快。当轧制速度一定时，压下量是主要因素。轧辊的温度与压下量是相互影响的：轧辊温度越高，允许的道次压下量越大；压下量越大，轧辊温度上升越快。

实践中，镁合金中轧和精轧时，轧辊的温度维持在200～250℃最佳。轧辊温度过低，不仅会显著降低合金的轧制性能，而且还会严重影响产品的表面质量；轧辊温度过高，精轧成品是不合适的，同时也给生产带来很多困难。

（1）轧辊温度超过250℃，金属的变形将过渡到不完全热变形，从而导致产品的组织不均和力学性能的降低。

（2）随着轧辊温度的升高，黏辊现象越来越严重，易造成缠辊事故。

（3）由于黏辊，不仅降低了产品的表面质量，而且也增加了机械清理的麻烦。

（4）随着轧辊温度的增高，沿辊身长度上的温差随之增大，从而使轧辊产生较大的凸度，保证不了板材的平直度。

生产中为了避免辊温急剧升高，可以采取如下措施：

（1）降低开轧温度或在金属出炉后不立即轧制，待降至一定温度时再进行轧制（指中轧与精轧）。

（2）降低轧制速度或减少道次压下量。

（3）生产中可以用风冷却轧辊或施以适量的工艺润滑。应避免使用冷却剂冷却轧辊，否则，不仅会降低轧辊的使用寿命，而且能导致辊型的急剧变化，给轧制过程造成困难。

镁及镁合金在一定变形范围内，随着精轧加工率的提高，再结晶退火后产品的力学性能普遍有所改善。MB8合金总加工率在40%以下时，产品的抗拉强度，屈服强度和伸长率都比较低，并且很不稳定。当总加工率超过50%以后，产品的抗拉强度，屈服强度和伸长率普遍提高，并趋于稳定。但随着加工率的提高，纵横向性能差别增大，如图11－53所示。

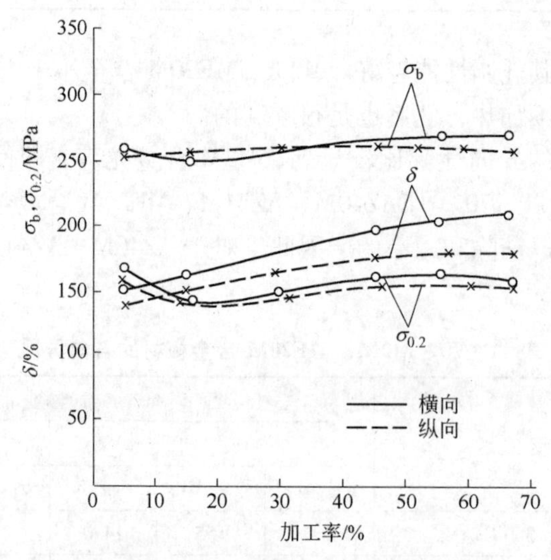

图11－53 不同精轧加工率对MB8合金性能的影响（350℃退火）

MB8 合金不同加工率的产品，经 350℃退火，通过显微组织观察，发现总加工率在 30% 以下时晶粒比较粗大。加工率在 15% 晶粒最大，而后随着加工率的提高，晶粒越来越细，组织也越趋于均匀。

实践中，MB1、MB8 合金成品轧制时总加工率控制在 50% ~55%。MB2、MB3 合金控制在 30% ~35%。总加工率控制的过低会降低产品的常温力学性能和生产效率。加工率过大往往会导致板材的表面裂纹和表面质量的降低。

11.4.3.5 叠轧

叠轧主要适用于表面要求不高厚度为 0.5 ~0.8mm 的镁及镁合金薄板加工，一般采用两张板材叠轧的方法。其工艺要求如下：

（1）叠轧板坯的加热制度和压下制度以及其他工艺要求均按精轧制度进行（见本节中轧和精轧）。

（2）叠轧板坯要求厚度均匀、平整。

（3）叠轧板坯的厚度应控制在 1.5mm 以下。

（4）叠轧板坯不宜过宽过长。

（5）叠轧板片数量不宜超过两张，板坯厚度差不应大于 0.02mm。

（6）叠轧时板坯的宽度，长度要对齐，防止错动。

11.4.3.6 典型轧制工艺举例

美国某公司 1.6mmAZ31 合金板的生产工艺是：将 305mm 厚的扁锭粗轧到 4.6mm，采用 4 辊热轧机，轧制 23 道次，平均道次压下率 10% ~20%，其间轧件温降到 340℃以下时需重新加热，加热温度 350 ~440℃，共加热 3 次。表 11 －71 为镁及镁合金板材的典型轧制规范。

表 11 －71 镁合金板的典型轧制规范（美国某厂）

合 金	工 序	开轧温度/℃	两次加热间总压下率/%	道次压下率/%
AZ31	热粗轧（轧至 6.4mm）	425 ~450	90 ~95	10 ~20
	热中轧	350 ~440	25 ~50	5 ~20
	热精轧	<250	15 ~25	5
M1	热粗轧（轧至 6.4mm）	450 ~500		10 ~30
	热中轧	350 ~450	40 ~60	10 ~40
	热精轧	室温		5
HK31	热粗轧（轧至 6.4mm）	480		
	热中轧	480		5 ~7
	热精轧	150 ~250		
HM21	热粗轧（轧至 6.4mm）	480 ~500		
	热中轧	375 ~425	30 ~40	3 ~10
	热精轧	室温	26	3 ~5

11.4.3.7 镁及镁合金薄板常见的缺陷及消除方法

镁及镁合金薄板常见缺陷产生的原因及消除方法见表 11 －72。

表11－72 镁及镁合金薄板常见缺陷的产生原因及消除办法

缺陷种类	产生原因	消除办法
表面裂纹	1. 道次压下量过大； 2. 粗轧时终轧温度过低，总加工率过大； 3. 轧辊温度过低； 4. 润滑不均或量过大	1. 合理分配道次压下量； 2. 粗轧时提高板坯温度，操作要快； 3. 严格遵守轧制制度； 4. 提高轧辊温度； 5. 适当润滑（均匀适量）
裂　边	1. 轧辊两端有油或水； 2. 轧辊温度过高，凸度过大； 3. 轧辊温度太低； 4. 板坯晶粒粗大； 5. 总加工率过大	1. 及时擦净辊面的油或水； 2. 及时调整轧辊的辊型； 3. 提高轧辊温度； 4. 铸造时应采取细化晶粒措施； 5. 严格执行工艺制度
压　折	1. 轧辊温度过低，辊型不当； 2. 压下量过大； 3. 喂料不正	1. 提高轧辊温度，调整轧辊辊型； 2. 合理分配道次压下量； 3. 正确喂料
凹陷或压坑	1. 轧制过程中板材的飞边或毛刺落入板片上，轧制后剥落造成； 2. 轧辊温度过低，总加工率超过一定限度，板片头尾碎裂落在板片上造成压坑； 3. 总加工率过大，造成头尾碎裂； 4. 非金属压入，在酸洗后造成压坑	1. 加强清理、检查； 2. 适当提高轧辊温度，轧制中加强修理； 3. 减少总加工率； 4. 及时清理非金属压入
性能不合格	1. 成品轧制的总加工率控制过小； 2. 退火温度过高或过低； 3. 轧辊温度过高	1. 严格控制成品轧制的总加工率； 2. 严格执行退火制度； 3. 轧辊温度控制适当
麻　面	1. 轧辊温度太高，黏辊严重； 2. 压下量过大造成黏辊	1. 降低轧辊温度，及时清辊； 2. 减少道次压下量

注：薄板常见的缺陷还有：厚度超差、金属压入、波浪、镰刀形等。其产生原因及消除办法详见表11－62。

11.4.4 轧辊的预热、冷却、润滑及辊型控制

11.4.4.1 轧制前轧辊的预热

对镁合金塑性图和变形抗力图的分析表明，变形终了温度低于250℃时，镁合金具有很大的强化作用，较高的变形抗力和较低的塑性。镁及镁合金的热容量小，对温度特别敏感。生产中如轧辊不预热，将影响轧件的轧制性能。

实践证明，即使轧辊表面温度达到要求，但由于轧辊预热时间短，内部温度较低，轧制过程中，轧辊还要吸收大量热，从而降低了轧件的轧制性能。因此，轧辊预热是一项非常必要的工作。

（1）对轧辊预热的要求。

1）轧辊预热速度便于调整。

2）轧辊内外温度一致。

3）便于控制轧辊的辊型。

（2）为满足上述要求，应正确选择轧辊预热的方法。

1）蒸气预热：温升速度慢，温度受一定限制，但能保证辊身温度分布均匀。它主要适用于轧温要求较低的情况。

2）煤气预热：温升快，轧辊预热温度高，灵活性大，结构简单。但轧辊的使用寿命

比较低。

3）感应加热：升温快，但结构复杂。

目前，镁合金板材生产普遍采用煤气预热轧辊，为延长轧辊寿命和内外温度均匀，最好在辊内通蒸气，轧辊表面用煤气火焰预热。对新轧辊或轧机停歇超过一昼夜者，开始预热速度要慢，两小时后逐渐增大预热速度。由于沿轧辊长度上散热条件不同，生产中往往是轧辊两端的火焰要比中间大，以保证辊型适应生产要求。

轧辊预热温度根据工艺要求而定。热轧和粗轧时，轧辊预热温度要高，借以减少轧制时的温降，保证大压下量的实施。

中轧和精轧时，轧辊预热温度应严格控制。轧制厚度较大的板坯，轧辊预热温度应取下限；轧制较薄的板坯，轧辊预热温度应取上限。实践中，在轧制厚度小于 1.4mm 的板坯时，为维持轧辊温度，可以在轧制过程中，继续加热轧辊。

镁合金轧辊预热制度列于表 11－73 和表 11－74。

表 11－73　轧辊预热温度

合金牌号	轧辊预热温度/℃		
	热　轧	粗　轧	中轧和精轧
M2M、ME20M	100～150	120～150	120～150
AZ40M、AZ41M、AZ61M	130～170	130～170	150～170

表 11－74　轧辊预热时间（轧辊直径为 750mm）

轧机停歇时间/h	≥36 或新辊	>24	≤24	≤8
轧辊预热时间/h	7～8	5～6	3～5	2～3

11.4.4.2　镁及镁合金轧制时的冷却与润滑

由于镁及镁合金的变形特征，在轧制过程中如遇急冷将急剧降低合金的轧制性能，板材越薄越敏感。因此，镁及镁合金轧制时通常不采用冷却润滑。为了减少轧制时轧辊的黏附，往往用金属自身的氧化膜做润滑。即金属采用高温长时间加热使锭坯表面形成具有一定厚度均匀的氧化膜层，但这仍然不能解决黏辊和清辊问题。

工艺润滑是解决黏辊的有效办法。为不降低合金的轧制性能，润滑剂的温度超过 100℃为佳。然而，一般的油质润滑剂其高温稳定性都很差，起不到润滑作用。因此，寻求镁合金轧制的润滑剂是我们当前的任务。对润滑剂的要求如下：

（1）降低外摩擦效果显著，不影响轧制时金属的咬入，既防止黏辊又不降低合金的轧制性能。

（2）润滑膜能牢固附着在被轧制金属的表面。

（3）能均匀地涂抹或均匀地分布在变形金属的表面上。

（4）应具有高温稳定性。

（5）不污染和腐蚀金属表面，轧制后很容易从金属表面除掉，退火时不在金属表面沉积。

（6）资源丰富，经济耐用，使用方便。

表 11－75 推荐了镁合金轧制时几种润滑剂，供参考选用。

表 11－75 镁及镁合金轧制时的润滑剂

润滑剂种类	使用方法	优 缺 点
石墨 石墨加水 石墨加乳液 胶体石墨加水	涂抹或喷雾	1. 润滑效果良好，可以防止黏辊； 2. 使用量过大会严重影响轧制时金属的咬入； 3. 对板材表面污染严重，不易从板材表面清除，以致影响到下一工序，如污染槽液和氧化上色难于进行
乳液	喷射	1. 可以控制辊型； 2. 有一定的润滑效果； 3. 温度超过 80℃乳液分解，润滑效果降低，温度低能显著降低合金的轧制性能，同时也缩短轧辊的使用寿命； 4. 不适用于薄板
火油或火油加机油	涂抹或喷雾	1. 对防止黏辊有一定作用，效果不显著； 2. 用量过大会使黏在轧辊表面上的氧化皮堆积造成氧化皮压入； 3. 适用于薄板生产
25%聚乙二醇加 5%烷基磷酸盐水溶液或 50%聚乙二醇水溶液	涂抹、喷雾或液流喷射	1. 润滑效果好，可防止黏辊，适用于厚板生产； 2. 对下一道工序——酸洗和氧化上色质量没有影响； 3. 薄板轧制时用量不宜过大，否则将降低辊温； 4. 资源较缺、价格昂贵
5%肥皂水溶液	喷雾或喷射	1. 喷雾润滑效果较小，使用量过大，使咬入困难； 2. 适用于厚板生产； 3. 资源丰富，价格低廉
30%～50%聚乙二醇水溶液（溶液温度 100℃）	喷雾或喷射	1. 厚板应用喷射的方法，但量不宜过大，否则易使辊温降低； 2. 薄板适用喷雾的方法，量不宜过大； 3. 润滑效果较好，不影响酸洗和上色

11.4.4.3 轧制时的轧辊辊型控制

由于镁及镁合金轧制时，大多不采用冷却与润滑。因此，轧制过程轧辊的辊型变化很大。

镁及镁合金轧制时，由于轧辊的预热，轧制时锭坯与轧辊的热交换及产生的变形热，使轧辊温度逐渐升高；轧辊中部与金属接触，且较轧辊两端散热慢。所以，轧辊中部的温度比两端要高得多，这样便沿辊身长度上产生较大的凸度。轧制时因轧制力的作用而产生的挠度，往往抵消不了因热膨胀而产生的凸度。为了补偿轧辊在轧制过程的热膨胀，实践中，通常将轧辊磨成带有一定的凹度或圆柱形。

镁及镁合金轧制时，影响辊型变化的因素很复杂。它不仅与轧辊的材质，尺寸、状态有关，而且还与轧辊的预热温度、锭坯的温度、锭坯的尺寸和受热条件有关，在设计轧辊辊型时，可用理论公式计算。但工厂通常是按具体的设备和工艺条件，根据经验来确定轧辊的辊型。

表 11－76 列出了轧辊直径为 750mm 的锻钢轧辊（9Cr2MoV）的辊型。

表 11－76 镁合金轧制时轧辊的辊型

工序名称		热 轧	粗 轧	中 轧	精 轧
生产条件及辊型	断续生产	凹 0.25～0.30mm	圆柱形	圆柱形	圆柱形①
	连续生产	—	凹 0.05～0.10mm	凹 0.05～0.10mm	圆柱形

①板材厚度小于 1mm 以下轧辊应该采用圆锥形或凸形轧辊。

镁及镁合金轧制时，根据被轧制的板形来调整轧辊辊型的办法有：

（1）采用分段预热轧辊。煤气管路沿辊身长度可分成数段，根据需要来调整煤气火焰的大小。轧制过程中：如中间出现波浪，可将轧辊两端的煤气火焰加大；边部出现波浪，可将中间部位的煤气火焰加大。

（2）调整轧制速度和压下量。如中间出现波浪时，在设备负荷允许的条件下，可稍加大压下量；当出现边部波浪时，可适当减小压下量或提高轧制速度。

（3）安排生产时，应先轧宽板，后轧窄板。在热轧时应先轧薄板，后轧厚板。

（4）薄板轧制时，轧辊因温度的升高而产生较大的凸度时，可采用风冷轧辊或施以适量的润滑剂。

11.4.5 镁及镁合金板带材的热处理、精整、矫直与包装

11.4.5.1 热处理

镁合金板材在轧制以后一般要进行退火热处理。镁合金在退火过程中所发生的变化主要是加工组织的再结晶过程。镁合金完全再结晶主要取决于温度，要获得最高的常温力学性能，其退火温度应选择在靠近完全再结晶温度范围内。退火温度过高易使晶粒长大，导致性能降低。除压下量外，热轧和精轧的终了温度也影响镁合金的开始再结晶温度。终轧温度越高，开始再结晶温度也越高。镁及镁合金板材通常采用箱式空气循环电阻炉退火。表11－77为MB8合金再结晶退火后的平均晶粒度，表11－78和表11－79为变形镁合金板材的退火制度。

表11－77 MB8合金再结晶退火后平均晶粒度

粗轧加工率/%	35.2	62.6
平均晶粒度/mm	0.87	0.69

表11－78 部分镁合金板材的退火规范

合 金	厚度/mm	温度/℃	保温时间/h	冷却方式
MB1－O	15～10	380～400	5～6	空气中
	8～5	360～380	4～5	空气中
	4～2	350～360	3～4	空气中
	1～0.5	340～350	2～3	空气中
MB2－O MB3－O	15～10	320～350	4～5	空气中
	8～5	300～320	3～4	空气中
	4～2	280～300	2.5～5	空气中
	1～0.5	280～300	2.5～3	空气中
MB8－O	15～10	280～320	2～3	空气中
	8～5	280～300	2～3	空气中
	4～2	280～300	1.5～2	空气中
	1～0.5	280～300	1.5～2	空气中

表11-79 镁合金板材成品退火制度

合金牌号	状态	规格/mm	处理温度/℃	保温时间/min	金属出炉温度/℃	冷却介质
MB1、MB2 MB3、MB8	O	7.0~10.0	330±5	30	340	空气
	O	2.0~6.0	320±5	30	340	
	O	0.5~1.9	340±5	30	360	
MB8	H24	0.8~5.0	280±5	30	300	

注：当金属温度达到“处理温度”后，开始计保持时间。

11.4.5.2 镁及镁合金板材的剪切

镁及镁合金在常温下剪切时，其切入比例仅有10%~15%，其余部分全以45°角撕裂方式断裂，而在高温下镁及镁合金有较好的剪切性能，切口也比较平整，切入比例大大增加，见表11-80。剪切温度为150℃时，其切口也以45°角断裂。

镁及镁合金如果重新加热进行剪切时，最好加热到200℃以上。如果利用热轧后回复，再结晶软化或退火板材的余热剪切时，可参照表11-81进行。

表11-80 MB3合金高温下的切入比例

剪切温度/℃	300	250	180
切入比例/%	60	50	40

表11-81 镁合金中、厚板材的剪切温度

板材厚度/mm	20~40	10~19	6~9
剪切温度（不低于）/℃	200	180	150

随着板材厚度的变薄，剪切性能越来越好。因此，镁及镁合金薄板剪切均在常温下进行。剪切镁及镁合金时其剪刀间隙控制见表11-82。

表11-82 镁合金剪切时的剪刀间隙

板材厚度/mm	1.5~5.0	6.0~12.0	13.0~19.0	20.0~40.0
剪刀间隙/mm	0.1~0.2	0.2~0.4	0.4~0.7	0.7~1.0

11.4.5.3 矫直

镁及镁合金冷作硬化的敏感性很大，矫顽力很高，低温下很难矫平。因此，厚板在较高温度下矫直。由于镁合金滑移系少，一般采用辊式矫直而不是拉伸矫直的方法，也可将薄板置于两块钢板之间，对加热到一定温度的镁板施加0.45MPa的压力进行矫直。加热与施压是同时进行的，施压时间约为30min。在合适的矫直温度下可以反复矫直，矫直次数对产品力学性能无明显影响。镁合金薄板矫直有两种方式：将板材退火后冷却至室温，进行冷矫的方式；将板材加热到200~300℃或利用退火后板材的余热进行热矫的方式。

镁及镁合金中、厚板材的矫直温度与剪切温度相同，见表11-83。在此温度下可以反复矫直。

表 11－83　镁合金中、厚板材在七辊矫直机上的矫直制度

板材厚度/mm	入口间隙/mm	出口间隙/mm	矫直温度/℃
20～40	－1～－2	0～+2	≥200
10～19	－2～－3	0～+2	≥180
6～9	－3～－4	0～+2	≥150

镁及镁合金薄板矫直多在室温下进行，这种方法的优点是：

(1) 板材温矫虽然易于矫平，但板材冷却至室温，往往会产生回复现象，板材重新出现波浪。板材在室温下冷矫时，虽比较困难，但矫平的板材不再产生挠曲变形。

(2) 板材温矫时，黏辊较严重，矫直辊易污染，清辊次数频繁，影响产品质量。板材在室温下矫直时无上述问题。

(3) 板材温矫时，需专用设备对板材进行加热或保温。

(4) 板材在室温下矫直时，可以反复进行。反复矫直次数不宜过多，否则，不仅会降低板材的力学性能，而且还会增大板材的各向异性。

镁及镁合金薄板矫直制度列于表 11－84。

表 11－84　镁合金薄板矫直制度

板材厚度/mm	十七辊矫直机		二十九辊矫直机	
	入口间隙/mm	出口间隙/mm	入口间隙/mm	出口间隙/mm
0.7～1.25	－6～－7	+1.5～+2.5	－2.0～－2.5	+1～+1.5
1.26～1.40	－5～－6	+2～+3	－1.3～－2.0	+1.8～+2.5
1.41～1.50	－4～－5	+2.5～+3	－0.5～－1.5	+2.5～+3.0
1.51～2.50	－3～－4	+2.5～+3.5	—	—
2.60～3.50	－2～－3	+3～+4	—	—
3.50～4.50	0～－1	+4.5～+5.0	—	—
4.60～5.50	+1～0	+5.5～+6.0	—	—

镁及镁合金中厚板一般用七辊矫直机，而薄板一般用十七辊和二十九辊矫直机矫直。镁及镁合金板材用辊式矫直设备的结构和技术性能基本上与铝合金的相同。

11.4.5.4　镁及镁合金板材的涂油包装

通常涂油包装前需要进行酸洗和防腐处理（具体内容详见 12.2.3.3 节）。酸洗及防腐处理后再进行涂油包装。

(1) 涂油。为防止板材在长距离运输和贮存过程中发生腐蚀，要求所有镁及镁合金板材在氧化上色后 48h 内进行涂油包装。

镁及镁合金板材涂油用的油有：炮油、凡士林油、20 号机械油和防锈油等。可根据运输和贮存的期限及产品规格选用。目前，镁及镁合金板材涂油普遍采用炮油或炮油与 20 号机械油的混合油，见表 11－85。

表 11－85 镁及镁合金板材的涂油工艺

板材规格	油的种类	油的使用温度/℃
薄板、中板	1. 100%炮油； 2. 当运输或贮存不超过一周者，可采用50%炮油＋50%20号机械油	90～100
厚板	50%炮油＋50%20号机械油	60～90

板材涂油可在涂油机上进行，也可用浸蘸或毛刷的方法进行，要求油层均匀，油层厚度不低于0.3mm。同时，防腐油不允许呈酸性，含有水的油必须将其加热到100～120℃，待水分蒸发后方可使用。

（2）包装。包装应注意以下几点：

1）板材包装应选用干燥、结实的木质包装箱，木材的湿度不大于18%，包装箱的尺寸应与产品规格相适应。

2）板材包装时，应用沥青纸或塑料布和油纸铺底。板材上面再盖油纸和塑料布进行包封。

3）箱子外面应写有防潮和防火等字样。

4）对于长期贮存的镁及镁合金板材，应定期进行防腐处理。

11.4.6 镁及镁合金板材的力学性能

板材的力学性能决定于冷轧变形量与冷轧后的退火规范，它们对性能的影响起着很大的作用。表11－86列出了AZ31B厚板和薄板不同热处理状态下典型的力学性能。表11－87～表11－98分别列出了不同镁合金在不同变形和热处理条件下的力学性能。

表 11－86 AZ31B厚板和薄板不同热处理态下典型的力学性能

状态	厚度/cm	σ_b/MPa	$\sigma_{0.2}$/MPa	δ/%	$\sigma_{压}$/MPa	σ_τ/MPa
O	0.014～0.152	255	152	21	110	179
	0.153～0.634	255	152	21	110	179
	0.635～1.270	248	152	21	90	172
	1.271～5.080	248	152	17	83	172
	5.080～7.62	248	145	17	76	172
H24	0.014～0.152	290	221	15	179	200
	0.153～0.634	276	200	17	159	193
	0.635～1.270	269	186	19	131	186
	1.271～5.080	262	165	17	110	179
	2.541～5.080	255	159	14	97	179
	5.080～7.62	255	145	16	83	179

续表 11－86

状　态	厚度/cm	σ_b/MPa	$\sigma_{0.2}$/MPa	δ/%	$\sigma_{压}$/MPa	σ_τ/MPa
H26	0.635～0.951	276	207	13	165	193
	0.952～1.113	276	193	13	152	193
	1.114～1.270	276	193	10	152	193
	1.271～1.905	276	193	10	131	193
	1.906～2.540	269	179	10	124	193
	2.541～3.810	262	172	10	110	186
	3.811～5.080	262	165	10	103	179

表 11－87　MA1 合金板材的保证力学性能（在退火温度保温 30min）

退火温度	350℃		240℃	
板材厚度/mm	0.6～3.0	3.1～10.0	0.6～3.0	3.1～10.0
$\sigma_{0.2}$/MPa	110	90	160	140
σ_b/MPa	190	170	260	250
δ_{10}/%	12.0	10.0	5.0	3.0

表 11－88　MA1 合金板材的典型力学性能

试样方向	材料状态	$\sigma_{0.2}$/MPa	σ_b/MPa	δ_{10}/%	σ_{-1}①/MPa	HB
纵　向	退　火	115	240	16.0	60	350
	未退火	120	250	7.0	70	400
横　向	退　火	110	235	15.0	—	—
	未退火	170	260	12.0	—	—

①循环次数 5×10^7。

表 11－89　MA1 合金的高温力学性能

温度/℃	冷轧板材			退火板材		
	$\sigma_{0.2}$/MPa	σ_b/MPa	δ_{10}/%	$\sigma_{0.2}$/MPa	σ_b/MPa	δ_{10}/%
100	130	180	5.0	110	170	30.0
150	80	130	10.0	80	130	40.0
200	50	80	20.0	—	—	—
250	40	60	32.0	—	—	—
300	25	45	35.0	—	—	—

表11-90 MA8合金退火板材的典型力学性能

材料厚度/mm	最小		最大		常见	
	σ_b/MPa	δ_{10}/%	σ_b/MPa	δ_{10}/%	σ_b/MPa	δ_{10}/%
>3.0	230	10.0	290	22.0	250	17.5
≤3.0	230	10.0	290	22.0	260	17.0

表11-91 MA8合金板材的高温力学性能

温度/℃	$\sigma_{0.2}$/MPa	σ_b/MPa	HB	ψ/%	δ_5/%
100	140	180	50	45	20
200	90	130	38	60	24
300	30	70	20	90	70

表11-92 MA8合金1.2mm退火板材的低温力学性能

试样形状	温度/℃	纵向		纵向	
		σ_b/MPa	δ_5/%	σ_b/MPa	δ_5/%
平滑	-70	340	9.0	290	14.0
	-40	330	12.5	300	15.5
	20	265	11.0	220	19.0
带切口	-70	265	—	190	—
	-40	270	—	220	—
	20	245	—	190	—

表11-93 退火对MA1、MA3、MA8合金冷轧板材力学性能的影响

合金	厚度/mm	冷轧后				退火后			
		纵向		横向		纵向		横向	
		σ_b/MPa	δ_5/%	σ_b/MPa	δ_5/%	σ_b/MPa	δ_5/%	σ_b/MPa	δ_5/%
MA1	0.8~3.0	210~230	1.5~3.0	260~290	6~9	190~220	5~7	250~280	9~12
	3.0~10.0	190~200	1~3	240~270	4~7	170~200	3~5	220~250	6~10
MA3	0.8~3.0	320~340	5~10	330~350	5~11	280~300	10~15	290~310	11~15
	3.0~10.0	300~320	5~8	300~330	6~9	260~270	8~11	260~280	8~13
MA8	0.8~3.0	290~300	6~12	250~280	10~16	270~300	10~16	240~260	15~25
	3.0~10.0	270~300	5~10	230~260	10~15	260~290	7~13	230~250	12~20

表11-94 冷轧率和退火规范对MA3合金板材力学性能的影响

退火规范	冷轧率/%									
	1		2		3		4		5	
	σ_b/MPa	δ_5/%	σ_b/MPa	δ_5/%	σ_b/MPa	δ_5/%	σ_b/MPa	δ_5/%	σ_b/MPa	δ_5/%
冷轧板	283	11.6	282	10.6	284	9.0	290	7.2	291	7.0
退火200℃，1h	283	15.6	292	13.9	293	13.3	297	12.6	293	15.5

续表 11 - 94

退火规范	冷轧率/%									
	1		2		3		4		5	
	σ_b/MPa	δ_5/%	σ_b/MPa	δ_5/%	σ_b/MPa	δ_5/%	σ_b/MPa	δ_5/%	σ_b/MPa	δ_5/%
退火 200℃，6h	294	17.1	292	16.3	296	14.6	298	14.1	297	15.5
退火 200℃，12h	291	13.6	293	15.4	299	18.0	294	16.1	296	16.4
退火 300℃，1h	284	15.3	283	13.8	290	16.5	292	14.0	292	13.0
退火 300℃，6h	289	16.3	289	18.5	292	14.6	293	15.5	293	14.0
退火 300℃，12h	285	16.9	291	12.8	288	17.2	290	17.1	289	15.7
退火 350℃，1h	282	11.1	286	10.8	283	10.9	284	10.4	286	10.0
退火 350℃，6h	285	14.5	285	13.3	286	14.0	284	13.1	286	12.4
退火 350℃，12h	281	18.2	284	16.9	280	17.7	281	17.0	281	17.5

表 11 - 95 AZ31B 合金板材的低温力学性能

状 态	温度/℃	σ_b/MPa	$\sigma_{0.2}$/MPa	δ_{10}/%
O	21	255	145	26.0
	-18	268	154	16.0
	-46	278	156	14.5
	-78	290	164	12.8
	-196	363	183	6.2
	-251	419	205	4.6
H24	21	288	203	12.7
	-18	305	221	8.7
	-46	308	224	8.0
	-78	320	227	6.4
	-196	390	252	2.6
	-251	455	277	2.0

表 11 - 96 温度与保温时间对 AZ31B - H24 合金板材力学性能的影响

保温温度/℃	保温时间/h	试验温度/℃	$\sigma_{0.2}$/MPa	$\sigma_{0.2压}$/MPa	σ_b/MPa	δ/%
95	0	20	220	165	280	13
	16	20	220	165	280	13
	48	20	220	165	280	13
	192	20	220	165	280	13
	500	20	220	165	280	13
	1000	20	220	165	280	13
	16	95	170	155	230	37
	48	95	170	155	230	37
	192	95	170	155	230	37
	500	95	170	155	230	37
	1000	95	170	155	230	37

续表 11-96

保温温度/℃	保温时间/h	试验温度/℃	$\sigma_{0.2}$/MPa	$\sigma_{0.2压}$/MPa	σ_b/MPa	δ/%
120	0	20	220	165	280	13
	16	20	220	165	280	13
	48	20	220	165	280	13
	192	20	220	165	280	13
	500	20	220	165	280	13
	1000	20	220	165	280	17
	16	120	140	150	190	50
	48	120	140	150	190	50
	192	120	140	150	190	50
	500	120	140	150	190	50
	1000	120	140	150	190	50
150	0	20	220	165	280	13
	16	20	215	165	275	15
	48	20	200	165	275	16
	192	20	195	150	275	18
	500	20	200	155	270	18
	1000	20	205	145	270	20
	16	150	110	150	160	52
	48	150	110	130	160	55
	192	150	110	130	150	58
	500	150	110	130	150	63
	1000	150	105	125	145	64
200	0	20	220	165	280	13
	16	20	175	130	255	21
	48	20	175	130	260	21
	192	20	175	130	260	21
	500	20	175	130	260	21
	1000	20	175	130	260	21
	16	200	70	85	90	73
	48	200	70	85	90	73
	192	200	70	85	90	73
	500	200	70	85	90	73
	1000	200	70	85	90	73

续表 11－96

保温温度/℃	保温时间/h	试验温度/℃	$\sigma_{0.2}$/MPa	$\sigma_{0.2压}$/MPa	σ_b/MPa	δ/%
260	0	20	260	165	280	13
	16	20	160	120	255	21
	48	20	160	120	255	22
	192	20	160	120	255	22
	500	20	160	120	255	21
	1000	20	160	120	255	22
	16	260	40	60	60	70
	48	260	50	60	60	90
	192	260	50	60	60	90
	500	260	50	60	60	90
	1000	260	50	60	50	90
315	0	20	220	165	280	13
	16	20	155	110	250	18
	192	20	155	110	250	22
	500	20	155	110	250	22
	16	315	30	40	40	113
	192	315	30	40	40	113
	500	315	30	40	40	113

表 11－97　AZ91B 合金板材的蠕变强度

合 金 状 态	温度/℃	试验持续时间/h	总伸长率/%			
			0.1	0.2	0.5	1.0
			蠕变强度(应力)/MPa			
O	95	1	40	70	105	110
		10	35	60	95	100
		100	39	55	85	90
		500	30	50	70	70
	120	1	35	55	85	95
		10	30	50	75	85
		100	15	35	60	70
		500	15	20	50	60
	150	1	30	50	70	85
		10	15	30	50	60
		100	5	15	30	35
		500	3	5	20	25
	175	1	15	30	50	55
		10	5	15	30	35

续表 11 - 97

合金状态	温度/℃	试验持续时间/h	总伸长率/%			
			0.1	0.2	0.5	1.0
			蠕变强度(应力)/MPa			
H24	95	1	40	60	105	130
		10	30	50	75	95
		100	15	30	50	70
		500	15	20	35	50
	120	1	30	40	60	90
		10	15	30	40	55
		100	5	15	30	35
		500	5	10	15	20

表 11 - 98 AZ31B - H24 合金板材的高温力学性能

温度/℃	$\sigma_{0.2}$/MPa	$\sigma_{0.2压}$/MPa	σ_b/MPa	δ/%
21	220	165	285	14
100	145	135	205	30
150	90	110	150	58
204	55	75	90	82
260	35	50	55	92
315	15	—	40	136
370	15	—	30	140

11.4.7 镁及镁合金薄带连续铸轧工艺

11.4.7.1 概述

双辊铸轧镁合金薄带是将熔融的镁合金注入两个反向旋转的轧辊之间，在镁合金熔液快速凝固的同时发生塑性变形，将铸造与塑性加工合为一体，直接由镁液连续铸轧生产出2~8mm厚度的镁板带坯，如图11-54所示。薄带铸轧工艺具有快速凝固特点，可获得超细晶粒组织，能显著提高镁合金塑性，解决镁合金常温难于塑性加工的问题。同时此工艺极大缩短工艺流程，减少镁合金氧化烧损，提高成材率。

11.4.7.2 镁合金薄带铸轧组织形成机理

晶粒细化是改善多晶镁变形结构特征、提高镁合金强度及塑性变形性能的重要途径，通过镁合金晶粒细化，可以调整材料的组织和性能，获得变形性能优良的材料。薄带铸轧工艺特点使镁合金获得细小的等轴晶粒，其成型特点如下：

（1）薄带铸轧工艺发生快速凝固，由于铸辊强烈的激冷作用，镁液在铸辊表面产生大量晶核，形成初始凝壳。

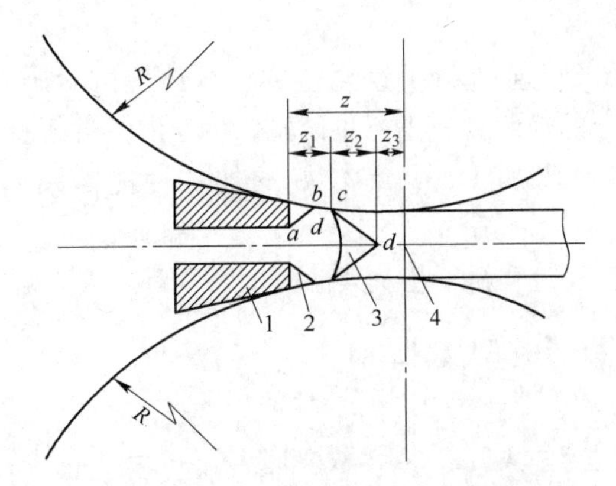

图 11－54　双辊铸轧镁合金薄带示意图

1—铸嘴；2—液膜；3—液穴；4—两轧辊的中心连线；

z_1—液相区；z_2—液固两相区；z_3—固相区；z—铸轧区

（2）镁液以一定速度进入铸轧区，且镁液温度过热，对已生成的枝晶有冲刷作用。枝晶受镁液冲刷进入熔池，形成大量非均质形核质点。

（3）由于熔池温度场的温度梯度较大造成热传导，同时凝壳随铸辊运动使熔池处于一定的紊流状态，具有强烈的搅拌作用，极大地细化晶粒。

（4）铸辊对凝壳进行轧制，将部分枝晶挤压入熔池中，又形成大量形核质点。凝固后的镁合金在轧辊的继续转动下被塑性变形，约 20% 左右的变形量，也将进一步细化晶粒。

11.4.7.3　铸轧镁合金薄带的热轧试验

对铸轧镁合金薄带进行了热轧实验，加热温度范围为 240～300℃，最大压下率达到了 50%，见表 11－99。通过对铸轧薄带的热轧实验所得数据可以看出，铸轧方法得到的变形镁合金薄带具有良好的轧制性能，尤其在铸带横向、纵向上都无明显的方向性，两个方向均得到了 20% 以上的压下率，最大可达到 50% 以上，为进一步加工成最终产品创造了有利的条件。

表 11－99　铸轧 AZ31 合金薄带热轧实验结果

试样组	取样方法	轧制前厚度/mm	轧制后厚度/mm	压下量/mm	变形程度/%
1	纵向	1.84	0.90	0.94	51.1
	横向	1.84	0.97	0.87	47.3
2	纵向	1.44	1.00	0.44	30.6
	横向	1.44	1.01	0.43	29.9
3	纵向	1.72	1.23	0.49	28.5
	横向	1.74	1.54	0.20	11.5

目前，镁及镁合金双辊连续铸轧技术已取得了很大的突破，在俄国、美国等国已能用铸轧法生产宽度 >2000mm、厚度为 1.0～2.0mm 的各种变形镁合金铸轧卷。我国虽然正在起步，但已取得了重大进展，不仅研发了可供铸轧的新合金，而且也研制出了铸轧镁合金的新设备，并用先进的薄带铸轧工艺生产出了厚度为 1.5～2mm、宽度为 1200mm 的

AZ31镁合金薄板。

近年来，我国也有几个企业进行了镁合金的连续铸轧试验研究，如洛阳铜加工厂于2005年5月对变形镁合金的连续铸轧进行了试验，生产出了横截面为6.5×600的AZ31镁合金板坯。铸轧板坯进一步加工，具有较好的加工性能，最薄轧到0.6mm，变形量为90.8%。

有关镁及镁合金的连续铸轧新工艺及其他板带生产新技术请见本书第15章。

11.5　镁及镁合金的锻造成型技术

11.5.1　概述

11.5.1.1　镁及镁合金锻造的特点

（1）镁合金和铝合金锻造成型的差异。镁合金和铝合金的锻造成型技术基本相同，但存在以下几方面差异：

1）高温下镁合金的表面摩擦系数较大，流动性差，黏附力大，充填较深的垂直盲孔较为困难，因此镁合金锻造时的内外圆角半径和肋厚等都比铝合金的大。

2）大多数情况下，镁合金锻造用材料采用挤压坯料，可以在挤压前进行均匀化处理，减小力学性能的各向异性。

3）镁合金锻造时，应避免与温度较低的模具接触，以免发生激冷而产生龟裂。因此，镁合金锻造时，不仅要控制工件温度，而且要预热锻模。

4）镁合金对变形速率非常敏感，变形速率增大时，镁合金的塑性显著下降，因此一些较复杂的镁合金锻件需要多次成型，同时应逐步降低各次的锻打温度，以免晶粒长大。

（2）镁合金锻造的优势。相对于铸造成型，镁合金锻造具有一定的优势：

1）当晶粒取向与主载荷方向一致时，镁合金锻件具有优异的静态和动态强度。

2）镁合金锻件组织致密、无孔隙，性能优异，可以用于对气密性要求严格的场合。

11.5.1.2　锻造成型用镁合金

表11－100列出了常用锻造镁合金的化学成分和锻造温度范围。

表11－100　锻造镁合金的名义化学成分和锻造温度范围

合　金	名义化学成分①/%						推荐的锻造温度/℃	
	Al	Zn	Mn	RE②	Ag	Zr	工　件	锻　模
AZ31B	3.0	1.0	0.2	—	—	—	290～345	260～315
AZ61A	6.5	1.0	0.15	—	—	—	315～370	290～345
AZ80A	8.5	0.5	0.15	—	—	—	290～400	205～290
QE22A	—	—	—	2.1	2.5	0.7	345～385	315～370
ZK21A	—	2.3	—	—	—	0.45	300～370	260～315
ZK60A	—	5.5	—	—	—	0.45	290～385	205～290

①余量Mg；

②含钕和镨的混合稀土。

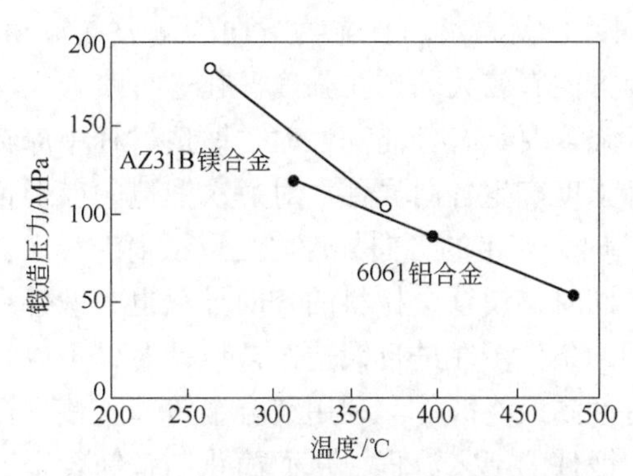

图 11-55 AZ31B 镁合金和 6061 铝合金在液压机镦粗 10% 时的锻造压力比较

镁合金的塑性与其化学成分密切相关，可锻性取决于合金的凝固温度、变形率和合金毛坯的晶粒大小。适合于锻造成型的镁合金主要是 Mg-Al-Zn、Mg-Zn-Zr 和 Mg-Y-RE 系合金。由于合金中含有 Zr、Y 及 RE 等细化晶粒的合金元素，可以得到具有细晶组织结构，使合金呈现良好的塑性变形性能。

图 11-55 所示为 AZ31B 镁合金和 6061 铝合金在液压机镦粗 10% 时的锻造压力比较。

表 11-101 列出各种材料在相应锻造温度下压缩 10% 时所需的锻造压力，从表中可看出：AZ31B 镁合金所需的锻造压力比碳钢、合金结构钢及铝合金都大，但小于不锈钢。由于镁合金材料的流动性差，向深的竖直模腔的流动比较困难，对相同的典型结构锻件进行锻造时，通常镁合金要比铝合金可能需要更多道次的锻造才能成型。

表 11-101 各种材料在相应锻造温度下压缩 10% 时所需的锻造压力

材料种类	1020 钢	4340 钢	6061 铝合金	AZ31B 镁合金	304 不锈钢
锻造温度/℃	1260	1260	455	379	1205
锻造压力/MPa	55	55	69	110	152

图 11-56 所示为 AZ31B 镁合金材料在进行自由锻时所需的锻造压力。在正常锻造速度下，由于变形导致温度的升高，锻造压力呈先增后减。

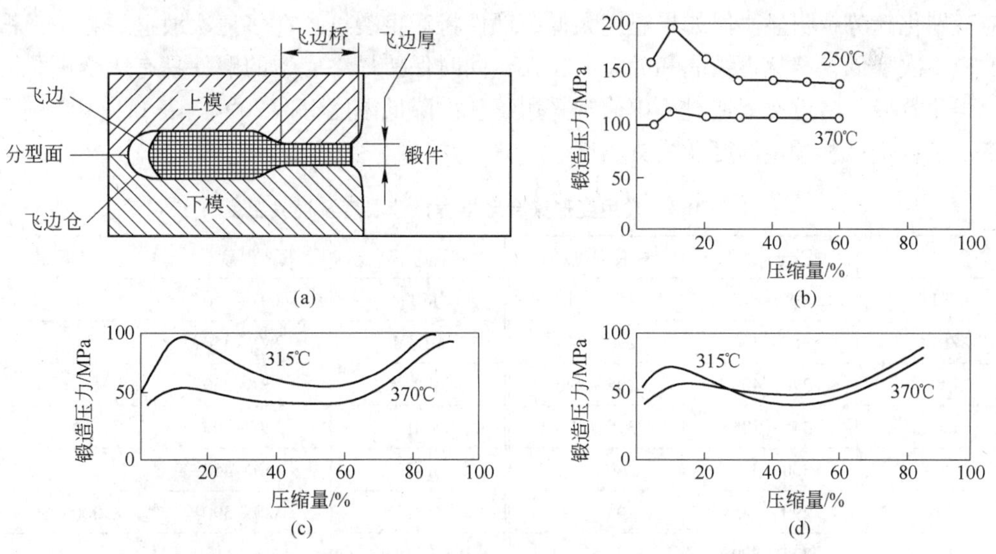

图 11-56 AZ31B 镁合金材料在进行自由锻时所需的锻造压力

（a）镁合金锻造示意图；（b）AZ80A 合金应变速率 $0.11s^{-1}$；（c）AZ61 合金应变速率 $0.11s^{-1}$；（d）AZ31 合金应变速率 $0.7s^{-1}$

11.5.1.3 镁及镁合金的锻造特性

镁合金具有的密排六方晶粒结构造成了材料在强度上的异向性。以镦粗为例，试验显示镁合金材料的主要流动方向是垂直于镦粗方向，也就是材料往施力方向的侧方向流动。由于加工硬化，加上变形织构的形成，造成镦粗方向有较大的抗拉强度。在进行镁合金材料的锻造时应注意到材料的异向特性。希望锻件强度要具有各向同性时，锻造过程中应在不同方向上都能够产生足够的变形，以防止锻件强度产生各向异性。对每次锻造的变形量要进行合理控制，如果变形截面缩减率超过50%时，产生的各向异性将足以抵消上一次变形所产生的各向异性，使锻件不具备各向同性。同时，镁合金材料的各向异性也为锻件在某一特定方向要具备较佳的强度性能提供了有利的条件，在进行锻造工艺设计时，可以人为地将成型过程设计为能保持甚至加强该方向特性到最终锻件。利用镁合金铸锭直接进行锻造，可以改变传统的采用一次挤压坯料来生产锻件的工艺流程，从而简化制备镁合金锻件的生产工艺，降低消耗。实际晶粒尺寸是决定镁合金铸锭是否可以进行直接锻造的主要因素。对于某些特定镁合金，如Mg－Zn－Zr系，向其中添加稀土元素钕和钇进行变质处理细化晶粒，从而可以得到合适的铸锭，直接锻造出性能合格的镁合金锻件。Mg－Al－Zn系合金的原材料来源广泛，生产成本低，因此被广泛用于制备镁合金锻件。不足的是，Mg－Al－Zn系合金铸件的实际晶粒尺寸不适合直接锻造成型，在锻造前必须对铸锭进行预挤压处理以获得合乎要求的细晶组织，提高合金的可锻性。

通常，镁合金的锻造温度比固相线低，大多数镁合金可以在290～415℃范围内进行锻造，但高锌的ZK60合金除外，见表11－106中的数据。高锌的ZK60合金铸锭在凝固过程中有时将形成少量低熔点共晶，因此315℃（共晶温度）以上锻造时会产生严重开裂。高温镁合金要求在较高的温度下锻造成型，并延长铸锭的保温时间以溶解共晶相，从而解决铸造过程中的开裂问题。

在大多数情况下，镁合金锻件的力学性能取决于锻造过程中产生的应变硬化，温度越低应变硬化趋势越明显。但如果温度太低，锻件将产生裂纹。在多道次锻造过程中，锻造温度应逐次降低，避免再结晶和晶粒的长大，同时保持最终成型的锻件具有应变硬化后的形变强化效果。多道次锻造过程中，常采用每一次降低温度15～20℃。表11－102列出常用变形镁合金推荐锻造温度及模具温度。

表11－102 常用变形镁合金推荐锻造温度及模具温度

镁合金牌号	锻造温度/℃	模具温度/℃	镁合金牌号	锻造温度/℃	模具温度/℃
AZ31B	290～345	260～315	MB3	250～450	
AZ61A	315～370	290～345	MB8M	280～350	
AZ80A	290～400	205～290	MB8Y2	230～250	
QE22A	345～385	315～370	MB15	320～400	200～300
ZK21A	300～370	260～315	MB22	350～450	230～320
ZK60A	290～385	205～290	MB25	320～390	200～300
MB2	275～400				

11.5.1.4 常用的锻造方法与设备

镁及镁合金的锻造方法与设备与铝及铝合金的基本相同，有自由锻造和模锻；可用开式模锻，也可用闭式模锻；可在液压机上也可以在机械压力机或锻锤上进行锻造。

镁合金可以锻造成不同尺寸和形状的制品，锻件尺寸主要取决于锻造设备的能力和结构。镁合金在较低变形速度下锻造时，显示出较高的热塑性。为了避免裂纹，通常采用水压机或低速压力机锻造，特别是利用铸锭直接锻造时需加以注意。与锤锻机或快速压力机相比，水压机或低速压力机的速度较低，合金在变形过程中发生再结晶，从而提高了合金的可成型性，此外对变形范围和温度进行控制，特别是能在最大压力下静置一段时间，以改善材料在模具中的充填能力。镁合金在锤锻机上的加工变形量不超过30% ~50%，但在液（水）压机上的变形量可以达到70% ~90%，利用这些成型设备，可以锻造出具有小尖角和圆角以及薄腹板或底板的镁合金锻件。半径为1.6mm的尖角、半径为4.8mm的圆角和3.2mm厚的腹板或底板在镁合金锻件中很常见，锻件脱模时拔模斜度宜小于或等于3°，正是因为如此，镁合金采用锤锻或高速压力机锻造时，工艺过程必须严格控制，因而应用很少。AZ80A合金极难锻造成型，而ZK60A和AZ31B合金则可以利用锤锻或高速压力机锻造成型。

11.5.2 镁及镁合金锻造前的准备

11.5.2.1 工模具准备

镁及镁合金自由锻造主要在平砧或异形砧进行，也可用辗轮进行锻环。锻造前，工具应加热到一定的温度，以保证终锻温度。

锻模的设计与制造是生产优质锻件和模锻件的关键技术，镁及镁合金锻模的设计与制造技术基本上与铝及铝合金锻模的设计相同，可参阅相关专著。

镁及镁合金的锻造温度相对较低，具体数据见表11－102，一般选择传统的5CrNiMo或5CrMnMo等合金热作模具钢作为锻模材料。模具精磨后，工作面粗糙度大大降低，一方面有利于锻造过程中金属的流动，另一方面可以防止锻件产生表面粗糙、划伤或其他锻造缺陷。

由于镁合金的比热容小，模具必须预热，否则热锻件很容易在模具中冷却而大大降低锻件的充型能力，或增大锻件的开裂倾向。在锻造过程中锻件与模具的接触面积大、接触时间长，因此锻模的温度不能比锭坯的温度低太多，见表11－102。对于环轧用模具，由于铸件与模具的接触面积小、接触时间相对较短，因而对锻模温度的要求不太严格。此外，在轧制变形过程中产生的温升可以补偿散热导致的热量损失，所以环轧用模具只需稍微加热就可以避免激冷。

11.5.2.2 坯料准备

虽然镁合金材料在铸造时都已经对晶粒进行了细化，然而铸锭材料的晶粒仍不能适合直接用于锻造成型工艺。通常要先将铸锭进行均匀化退火，再加以较大变形程度的挤压，以得到锻造成型所需的晶粒结构。通过对铸锭进行挤压，铸锭晶粒得到细化。在锻造成型时，可以使用较高的变形速度。表11－103列出镁合金铸锭均匀化退火规程。

表11－103 镁合金铸锭均匀化退火规程

合金牌号	浇铸温度/℃	均匀化退火温度/℃	保温时间/h	冷却方式
MB1	720 ~750	410 ~425	12	空冷
MB2	700 ~745	390 ~410	10	空冷

续表 11－103

合金牌号	浇铸温度/℃	均匀化退火温度/℃	保温时间/h	冷却方式
MB3	710～745	380～420	6～8	空冷
MB5	710～730	390～405	10	空冷
MB7	710～730	390～405	10	空冷
MB8	720～750	410～425	12	空冷
MB15	690～750	360～390	10	空冷

镁合金下料一般采用锯切，而不采用剪切下料，防止在切口处形成裂纹。铸锭在锻造前应进行表面机械加工，对坯料和棒料也应消除表面缺陷，以防在锻造中发生开裂。一般镁合金挤压棒材表面都带有粗晶环，锻造前还应进行车削剥皮。

随着温度的升高，镁合金塑性增加，成型性能好。但温度过高将导致镁合金锻件的力学性能降低，出现软化现象。多数变形镁合金不能通过热处理强化。如果加热温度过高、保温时间过长或加热次数过多，则再结晶充分，造成晶粒粗大。这种粗大晶粒和软化现象在后续热处理中也不能消除，所以对坯料的加热过程必须严格控制。

镁合金在加热过程中由于原子扩散速度慢，强化相的溶解需要较长时间，故实际采用的加热时间还是比较长。锻造时，坯料加热及保温时间可按每毫米坯料直径或厚度1.5～2min计算，为避免发生加热软化和晶粒长大，镁合金材料总的加热时间最好不超过6h。镁合金的锻造温度范围和加热规范见表11－104。

表11－104 镁合金的锻造温度范围和加热规范

合 金 牌 号	锻造温度/℃		加热温度 t_{-20}^{+10}/℃	保温时间 /min·mm^{-1}
	始 锻	终 锻		
MB1	480	320	480	1.5～2
MB2、MB3	435	350	435	1.5～2
MB5	370	325	370	1.5～2
MB7	370	320	370	1.5～2
MB8	470	350	470	1.5～2
MB11	360	300	360	1.5～2
MB14	470	330	470	1.5～2
MB15	420	320	420	1.5～2

11.5.3 镁及镁合金的锻压工艺

（1）锻压力的估算。镁合金锭坯在两平板模间镦粗时，所需的锻造压力如图11－57所示。

在一定的压力机锻造速度下，锻造压力先增大，然后随着镦粗压下量的增加而略微减小，这是由于锻造过程中金属变形时产生的温度升高所引起的。闭模锻造中锻造载荷和压力随锻造形状而异，如飞边尺寸的轻微变化将导致锻造载荷较大变化，表11－105是飞边尺寸与锻造载荷的关系。

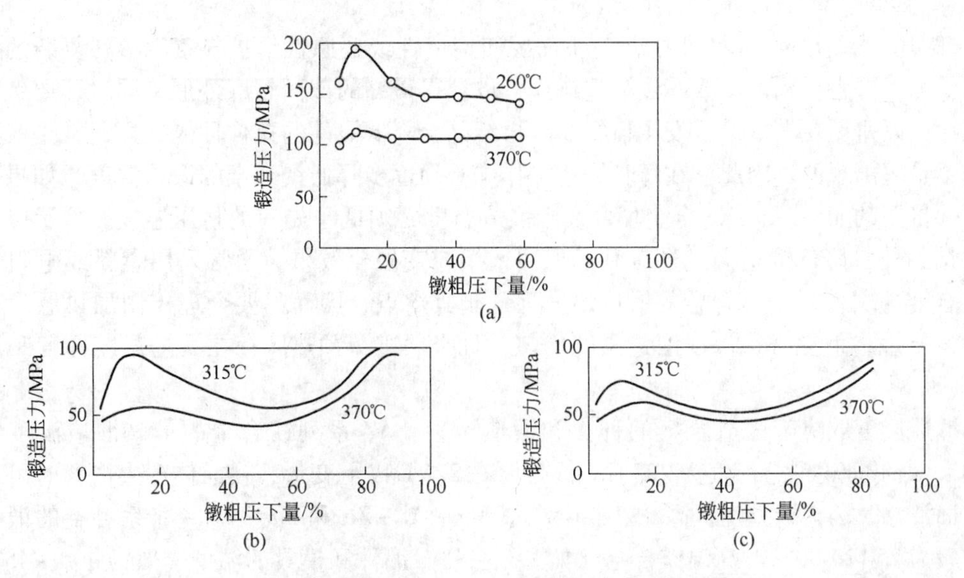

图 11－57　镁合金锭坯在两平板模间镦粗时所需的锻造压力

（a）AZ31B 合金，应变速率 $0.7s^{-1}$；（b）AZ61A 合金，应变速率 $0.11s^{-1}$；（c）AZ80A 合金，应变速率 $0.11s^{-1}$

表 11－105　飞边尺寸与锻造载荷的关系

飞边尺寸				
飞边尺寸	飞边宽度/mm	3.8	2.5	5.0
	厚度/mm	1.2	0.64	0.64
锻造载荷/MN		2.7	3.5	4.9

室温下镁合金的可变形量不大，锻造时容易开裂。同时，锻造温度对锻造压力有明显影响。图 11－58 表明了锻造温度对 AZ31B 镁合金和 6061 铝合金锻造压力的影响。正常锻造温度下，AZ31B 所需的锻造压力比碳钢、合金钢或铝合金的大，比不锈钢的小，参见表 11－101 中数据。镁合金填充深且直的模具型腔比铝合金要困难。如果一个典型的铝合金结构锻件需要两副模具，那么相应的镁合金工件可能需要三副模具。

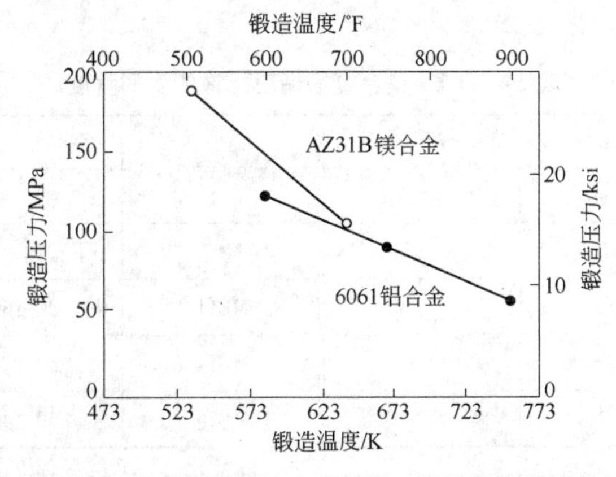

图 11－58　锻造镁合金和铝合金时锻造温度对 10% 压下量镦粗所需锻造压力的影响（水压机）

（2）锻造温度、速度和变形程度。镁合金锻件的力学性能通常取决于锻造过程中所产生的应变硬化程度。锻造温度越低，其应变硬化效果越显著，然而锻造温度过低时，锻件容易开裂。毛坯在480℃以下加热时不需要使用惰性或还原性保护气氛。形状复杂的镁合金锻件可以考虑采用两步或三步锻造操作，以获得最终的截面轮廓外形。同时还要考虑降温规律，以避免在大变形区发生再结晶。再结晶会降低锻件的拉伸性能，这通常是锻造过程中不希望出现的。因此，在每步锻造操作中必须逐步降低镁合金的锻造温度。如果使用经过预挤压的Mg－Al－Zn合金坯件，则锻造温度必须低于先前的挤压温度。除了可以控制再结晶外，降低锻造温度还有利于保留残余应变硬化效果。通常采用燃料或电阻炉加热镁合金坯料。由于镁合金的锻造温度远低于其熔点，因而只要合理控制加热温度便不会发生燃烧，但是必须保证锻造温度均匀，且必须避免预热区存在大的温度梯度和局部过热。

锻造温度取决于锻造合金的种类和锻造压力。AZ系列镁合金的最高锻造温度约为420℃，最低理论锻造温度为225℃。镁合金在225℃以上变形，镁晶体产生滑移时可以开动锥面滑移，因而成型性提高。工业生产中Mg－Al－Zn和Mg－Zn－Zr系合金的锻造温度一般为250～400℃。高温镁合金（如ZW系列）锻件和模具的温度一般为400～450℃。镁合金在上述温度范围外进行锻造时，将导致力学性能下降，锻件开裂或模具难以充填等。

镁及镁合金的锻造速度主要取决于合金成分、坯料是否均匀化和晶粒大小以及模具与润滑等条件，但最终还是由所选择的锻压设备来确定。由于镁合金的塑性较差，最好用锻造速度较低的液压机来进行锻压，在快速的机械压力机和锻锤上进行锻造时要防止锻件开裂。

变形程度取决于合金、坯料质量、锻造温度、速度和模具质量等。由于镁合金塑性差、变形抗力大，并且对应变速率很敏感，锻造温度范围窄。因而，液压机或慢动作机械压力机是镁合金锻造时最常用的成型设备，很少在锻锤或快速压力机上进行镁合金的锻造加工。在液压机或压力机上进行锻造时，变形程度可达60%～90%；而在锻锤或快速压力机上锻造的变形程度不超过30%～40%。因为在这样的设备上锻造时必须有严格的工艺控制作保障，否则锻件非常容易产生裂纹等缺陷，如AZ80A。表11－106列出镁合金锻造时允许的变形程度。

表11－106 镁合金锻造时允许的变形程度

合金牌号	允许变形程度/%		合金牌号	允许变形程度/%	
	锻锤	压力机		锻锤	压力机
MB1	80～85	85～90	MB7	不宜锤上锻造	25～30
MB8	70	70～80	MB11	25～30	50～60
MB2	30	80	MB14	50～70	80
MB5	20～30	60	MB15	30～40	90

（3）锻造方案的制订。自由锻造主要作为开坯工序，目的是为了改善锻件的组织和性能，并获得一定形状和尺寸的锻件或锻坯。自由锻造方案主要有镦粗、拔长、压扁、弯曲、冲孔、剪切、分剁等，锻造时要控制坯料的尺寸、锻造温度、锻造速度和变形程度等

工艺参数。变形程度可用压缩率、锻造比、拔长比等来表示。

模锻方案要根据合金、锻件的形状和尺寸而定，可用闭式模、开式模和多向模进行模锻，形状复杂、筋高、壁薄的锻件要设计毛坯模、预锻模和终锻模，分多火次模锻，对于塑性差的高合金锻件可用包套模锻，对在300MN以上的大型液压机上模锻的3.5m^2以上的锻件可用分步锻造，对小型锻件可用多模腔模锻。为了获得大尺寸复杂的薄壁锻件，可用等温模锻法锻造。

变形方式对锻件力学性能的影响主要是通过改变其各向异性特征来实现的。当镁合金承受单轴压缩时，由于其具有密排六方晶体结构，变形极不均匀，结果平行于金属流动方向的抗拉强度明显高于其他方向，即表现出各向异性行为。镁合金锻件的这种各向异性特征对承受径向载荷的部件（如车轮等）是有利的，然而在大多数工程应用中，通常要求其拉伸性能具有各向同性。因此，必须对镁合金铸锭坯进行不同方向的多向锻造。多向锻造可以控制镁合金三个方向上的镦粗过程，能有效避免各向异性。此外，多向锻造还可以很好地应用于手工锻造工艺，如图11－59所示。一般说来，如果最终镦粗步骤中的面积压缩率超过50%左右，那么所产生的取向与先前的镦粗步骤无关。

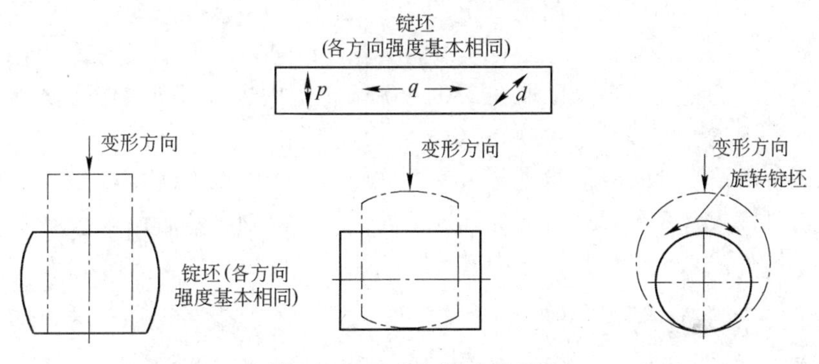

图11－59　多方锻造示意图

采用上述工艺已经制备出多种镁合金锻件，并成功地应用于航空、汽车等工业领域。这些部件能承受极高的静态和动态交变载荷，并长期服役于高温环境中。

镁合金锻件替代铝合金作为汽车轮毂是镁合金的另一重要应用，但这对安全性及性能提出了很高的要求。汽车用ZK30镁合金锻造轮毂，其结构与铝合金轮毂完全相同，但质量仅6.8kg，比同规格的铝合金轮毂轻约35%。

（4）模具与润滑。镁及镁合金成型模具总体上可以按铝及铝合金成型模具设计规范进行模具设计。但是，镁合金的流动性差，比较适合于单型腔模锻。对于一些形状复杂且尺寸较大的镁合金锻件，一般采用自由锻制坯，单型腔模锻。由于镁合金锻造温度较低，低合金热作模具钢就可以满足锻造模具的材料性能要求，模具制造时型腔表面质量要求高，提高零件的充型性能，并可防止锻件表面粗糙、划伤。用于压力机上的模具内外圆角半径可小到1.5～5mm，筋板和腹板可薄到3.5mm，脱模斜度可控制在3°或更小。

镁合金材料的锻造温度区间窄、导热性好，遇到冷模具会产生激冷造成裂纹。由于锻造时锻件与模具接触面积大、接触时间长、传热快，因此在锻造前和锻造过程中必须对模具进行加热，模具加热温度如前所述。

模具润滑常用弥散于轻质油或煤油中的石墨，将其喷洒或涂抹在热模具上，油剂燃烧后在模具上留下一薄层石墨。坯料锻造之后模具常常稍微再润滑一次。有时在锻造前先将坯料预热到100~150℃后在水基或油基石墨中浸渍一次，使坯料表面得到一层均匀的石墨润滑层，可明显提高锻造成型性和锻件表面质量。此外，也可直接采用喷灯火焰中残余的烟黑。在较低的模具温度下采用水基胶体石墨作润滑，提供清洁的工作环境。

无论选择什么样的润滑剂，都以很薄的润滑剂涂层包住锻件整体为原则。若附着在锻件上的石墨沉积很厚，在后序进行酸洗时易产生点蚀或电化学腐蚀。

11.5.4 锻件的切边与精整

控制镁合金锻件切边裂纹也是镁合金锻造中的另一关键技术问题。镁合金在低于220℃时，塑性很差，对拉应力很敏感；在高温时质地很软，黏性大，易拉伤。镁合金锻件毛边的切除，通常采用带锯切割和铣切、切边模热切等方法。

带锯切割和铣切适用于生产批量不大、形状较简单或尺寸大的镁合金锻件，它不会产生切边裂纹，又省去了切边模制造。

当用切边模切除毛边时，采用咬合式模具，尽可能使凸凹模的间隙小或无间隙，避免切边裂纹的产生，切边温度应控制在200~300℃之间。

镁合金锻件的精压整形，通常是在模锻温度范围内进行。为了提高镁合金制件的力学性能，获得所需要的精度，最好采取在230~300℃范围内进行半热冷作硬化精压整形，半热冷作硬化时的平均变形程度应控制在10%~15%范围内。

镁合金锻件的清洗通常分两步进行。首先进行喷砂，以除去镁合金工件表面残留的润滑剂，再将锻件浸入含8% HNO_3 和2% H_2SO_4 的混合溶液中，然后用热水漂洗。至于是否将清洗干净的锻件浸入重铬酸盐溶液中进行防蚀处理，要视具体要求而定。

11.5.5 锻件的热处理

ZK21A、AZ31B和AZ61A等合金通常在锻态（F）下使用。EK31A锻件可以进行固溶和人工时效处理（T6）以改善性能；其他合金如AZ80A、ZK60A或HM21A等锻件则根据性能要求，在锻态（F）或人工时效状态（T5）下使用。

镁合金锻件的热处理与铝合金基本相同，但热处理强化效果不如铝合金好。镁合金锻件锻后，通常在空气中冷却，也可以直接用水冷却，这样可以防止镁合金锻件进一步再结晶和晶粒长大。对于可以进行时效强化的合金，水冷可获得过饱和固溶体组织，在最后的时效处理过程中，有利于沉淀析出。镁合金的过饱和固溶体比较稳定，自然时效几乎起不到强化作用。除零件要求具有较高的塑性外，一般采用人工时效。表11-107列出镁合金锻件常用的热处理规范。

表11-107 镁合金锻件常用的热处理规范

合金牌号	退火			固溶处理			时效处理		
	温度/℃	保温时间/h	冷却方式	温度/℃	保温时间/h	冷却方式	温度/℃	保温时间/h	冷却方式
MB1	320~350	0.5	空冷						
MB2	280~350	3~5	空冷						

续表 11 - 107

合金牌号	退火			固溶处理			时效处理		
	温度/℃	保温时间/h	冷却方式	温度/℃	保温时间/h	冷却方式	温度/℃	保温时间/h	冷却方式
MB3	250 ~ 280	0.5	空冷						
MB5	320 ~ 350	0.5 ~ 4	空冷						
MB6	320 ~ 350	4 ~ 6	空冷	分级加热					
				330 ~ 340	2 ~ 3				
				375 ~ 385	4 ~ 10	热水			
MB7	350 ~ 380	3 ~ 6	空冷	410 ~ 425	2 ~ 6	空冷或热水	175 ~ 200	8 ~ 16	空冷
				410 ~ 425	2 ~ 6	空冷或热水			
							175 ~ 200	8 ~ 16	空冷
MB8	250 ~ 350	1	空冷						
MB15							170 ~ 180	10 ~ 24	空冷
				505 ~ 515	24	空冷	160 ~ 170	24	空冷

镁合金的热处理主要有软化退火、淬火及时效。热处理不能强化的镁合金 MB1、MB8 和热处理强化作用不大的镁合金 MB2 锻件，可不经热处理或只经软化退火处理。MB3 和 MB5 一般只进行软化退火处理。退火的目的是消除应力，提高尺寸稳定性，降低腐蚀倾向和对应力集中的敏感性减少或消除各向异性。

可热处理强化的 MB7 镁合金锻件，采用固溶处理，必要时也可进行固溶加人工时效处理。根据使用温度不同，MB15 合金锻件锻后可以直接采用不同温度的人工时效处理。

镁合金在高温下晶粒长大倾向严重，故热处理温度不宜过高，否则会造成锻件晶粒粗大，降低力学性能及抗腐蚀性。

11.5.6 镁及镁合金锻件的质量控制

（1）晶粒度控制。AZ31B、AZ61A 和 AZ80A 等合金在锻造温度下会出现晶粒迅速长大的现象，因此通常采用逐步降低锻造温度的方法来细化晶粒。一般情况下，每一步锻造操作完毕后需要将温度调低 10 ~ 15℃。只经过少量压缩变形的镁合金工件可以在实际可行的最低温度下进行锻造以获得应变硬化效果。ZK61A 和 HN21A 合金在锻造温度下晶粒长大缓慢，且晶粒不会过分长大。

（2）力学性能。镁及镁合金锻件的力学性能主要取决于合金的化学成分、热处理状态、锻造温度、速度和变形程度（应力应变、硬化程度）等，与变形方式也有很大关系。一般来说，镁合金锻件的性能随变形程度的增大而提高；而随着变形温度的升高，其力学性能逐渐降低。

镁合金锻件易产生各向异性，见图 11 - 60。用多向锻造方法能有效避免锻件的各向异性。如镁合金汽车轮毂，由于采用了三向锻造技术，镁合金锻件各部分的应变比较均匀（13%左右），且拉伸性能呈各向同性，见表 11 - 108 和表 11 - 109。

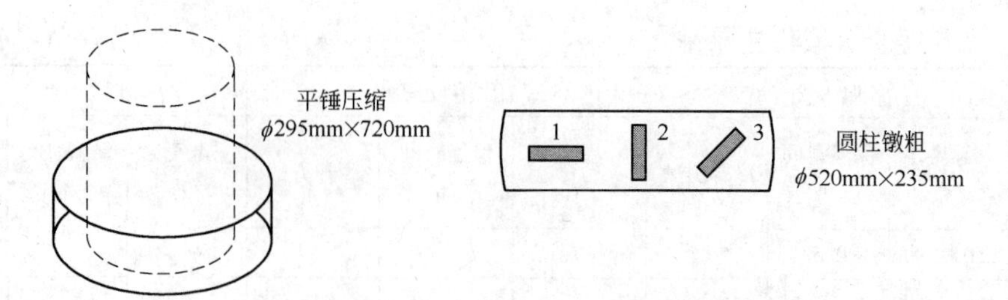

图11-60 单向压缩MgAl8Zn（AZ80）合金的抗拉强度、屈服强度与晶体取向关系

表11-108 AZ80镁合金锻件不同位置的力学性能

项目	$\sigma_{0.02}$/MPa			$\sigma_{0.2}$/MPa			σ_b/MPa		
方向	1	2	3	1	2	3	1	2	3
拉伸	94	85	58	181	140	117	230	160	185
压缩	71	104	63	118	203	108	416	398	352
压缩与抗拉强度比	0.75	1.25	1.2	0.65	1.45	0.9	1.8	2.5	1.9

表11-109 ZK30镁合金轮毂的力学性能

试样部位	方向	$\sigma_{0.2}$/MPa	σ_b/MPa	δ/%
轮边缘	轴向	248	302	13.7
	切向	196	266	12.3
轮/盘	轴向	157	260	14.9
	切向	203	265	12.3

镁合金轮毂的疲劳强度由循环弯曲试验来表征，其实验参数及结果见表11-110。在尺寸和结构相同的情况下，镁合金轮毂的抗疲劳性能为铝合金轮毂的8.5%左右。适当加大壁厚尺寸可以提高镁合金轮毂的抗疲劳性，并获得所需的疲劳性能，但是这意味着轮毂质量会增加。有限元（FEM）计算和分析结果表明：质量减轻为10%~15%时（与铝合金相比），镁合金轮毂与铝合金轮毂的抗疲劳性能相当。与其他材质轮毂相比，锻造镁合金轮毂具有质量轻、抗疲劳性能好且耐冲击等优点；但与铝合金轮毂相比，其耐蚀性较差，且制造成本较高，见表11-111。

表11-110 锻造镁合金及铝合金轮毂的疲劳性能

项目	ZK30镁合金锻件	AA6082-T6铝合金锻件	项目	ZK30镁合金锻件	AA6082-T6铝合金锻件
车轮质量	6.8kg	10.5kg	测试力矩	3000N·m	3000N·m
硬度	66.9HRB	78HRB	试验转数	84000r/min	1064000r/min

表11-111 锻造镁合金轮毂的特点

锻造镁合金轮毂的性能	
与铸造镁合金轮毂相比	与锻造铝合金轮毂相比
质量减轻5%~10% 由于强度高、韧性好，耐损伤性能较好 由于微观组织无孔洞，耐压力密封性高 成本较高	质量减轻10%~15% 由于强度和韧性低，耐损伤性能差、接触损伤性能差 低表面压力和不同的摩擦系数 更高的成本

（3）镁及镁合金锻件主要缺陷分析。镁合金锻件容易产生粗晶环断裂、射穿性裂纹、穿筋、表面腐蚀和氧化等缺陷。

中、低塑性的镁合金对变形速度很敏感。在镦粗时，坯料表面容易沿最大剪切应力方向产生开裂，所以宜在工作速度较慢的液压机上进行锻造。如果在较快的压力机或锻锤上进行锻造，开始时应轻击，否则因变形量过大，容易引起剪切破坏。另外，锻造温度不能太低，同时要保证模具有一定温度，与坯料温度不能相差太大，防止硬脆相析出使合金的塑性更低。

镁合金的塑性差，对拉应力特别敏感，常常因切边裂纹而导致锻件开裂。因此，应严格按前述切边工艺要求进行锻件切边，防止产生切边裂纹。

镁合金是极为活泼的金属，其耐腐蚀性差，锻件表面易出现点蚀缺陷，腐蚀点呈暗灰色粉末状，经喷砂或酸洗处理成为凹坑或小孔洞。如果再继续进行锻造，容易在小孔或凹坑密集处开裂，并向锻件内部扩展，造成废品。为防止锻件点蚀，锻造时润滑剂不能涂得过厚，更不能采用含有盐类的润滑剂。锻后镁合金锻件应及时清除润滑剂、酸洗并吹干。酸洗的目的是消除锻件表面的自然氧化物和其他杂质，使机体金属表面露出，可以更清晰地暴露锻件表面的折叠、裂纹、拉伤等缺陷，以便修伤，清除缺陷，同时也为氧化处理做准备。

如果工序之间的停留时间超过10天以上，或锻后不能及时进行机械加工，则需要进行氧化处理。常用的镁合金锻件的化学氧化溶液的配方及工艺条件见表11－112。锻件在氧化处理后应立即在流动干净的室温冷水槽中清洗0.5～2min，再在低于50℃的热水槽中清洗0.5～2min，最后用50～70℃的压缩空气或室温干燥空气吹干。

表11－112　常用镁合金锻件的化学氧化溶液的配方及工艺条件

编号	溶液成分	浓度/g·L^{-1}	温度/℃	时间/min	膜层颜色	备　注
1	重铬酸钾 K_2CrO_7 硝酸 HNO_3（密度1.42g/cm^3） 氯化铵 NH_4Cl 或氯化钠 NaCl	40～55 90～120 0.75～1.25	70～80	0.5～2	草黄色到棕色	（1）槽液定期分析，调整成分比例； （2）工序间氧化以1号液为宜
2	重铬酸钾 K_2CrO_7 铝钾钒 $K_2Al_2(SO_4)_4·24H_2O$ 醋酸（60%）	30～50 8～12 5～8	15～30	3～15	金黄色到棕褐色	

经过氧化处理的锻件，表面上形成一层金黄色的连续致密氧化膜，如果没有后续的锻造变形工序或不能及时进行机械加工，锻件氧化后需涂油包装封存。未经涂油的锻件，保存期不得超过一个月。

11.5.7　镁及镁合金锻造新工艺

（1）铸锻复合成型。该工艺过程以镁合金精铸和液态热锻复合。一般有两种：第一种是依靠精铸预期成型模来获得所需的预制件，然后再用液态模锻来成型，见图11－61；第二种是通过精铸或锻造加工预制件品，再利用上模压入相同的凹模来液态模锻最终成型制品，如图 11－62 所示。

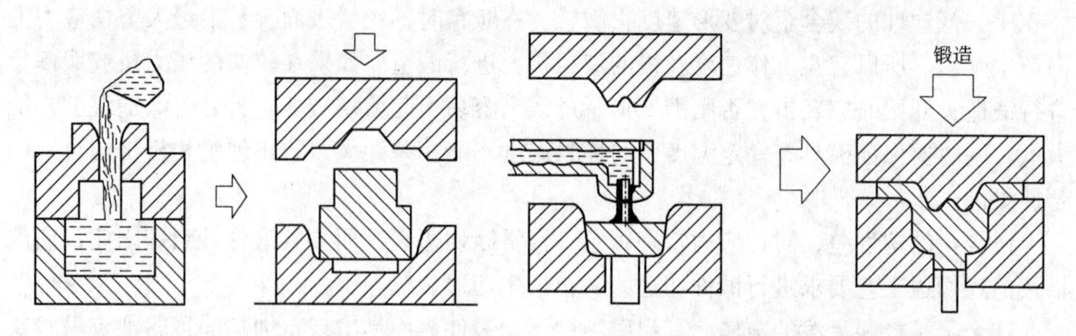

图 11－61 镁合金精铸锻复合成型　　图 11－62 镁合金精铸锻再锻复合成型

铸锻复合成型是利用精铸预制坯减轻锻模负载提高镁合金精锻件的尺寸精度，此外锻压又能消除制件的内部缩孔和由铸造所引起的其他缺陷。为了获得制件的高质量和高性能，要掌握好始锻时间，也就是说要确定液态模锻的始锻温度。镁合金制件的内部结构和力学性能受始锻温度影响很大。

（2）液态模锻再锻造。此种工艺是对液态模锻件再锻造，是在同一副模具中完成。工艺过程的第一阶段是应用数控技术通过压铸机构把熔融镁合金挤进模腔，通过冷却系统使其凝固。当达到适宜的半固态时，多向液态模锻机将冲头推入模腔，使工件成型为所需的产品，如图 11－63 所示，然后冲头退出。

模具有各种不同的驱动系统，按预先编制好的程序控制，优化好时机（即能掌握最佳成型温度），使制品内部组织和力学性能得到控制，高效生产出表面光洁、高强度、少乃至无缺陷的产品。

图 11－64 说明了另一种液态模锻再锻造的过程。由图可知，这个工艺铸造和锻压机有两个型腔，其中锻压机型腔是为了使半固态镁合金工件保温，然后用相互垂直的两个冲头局部锻造半固态镁合金工件。

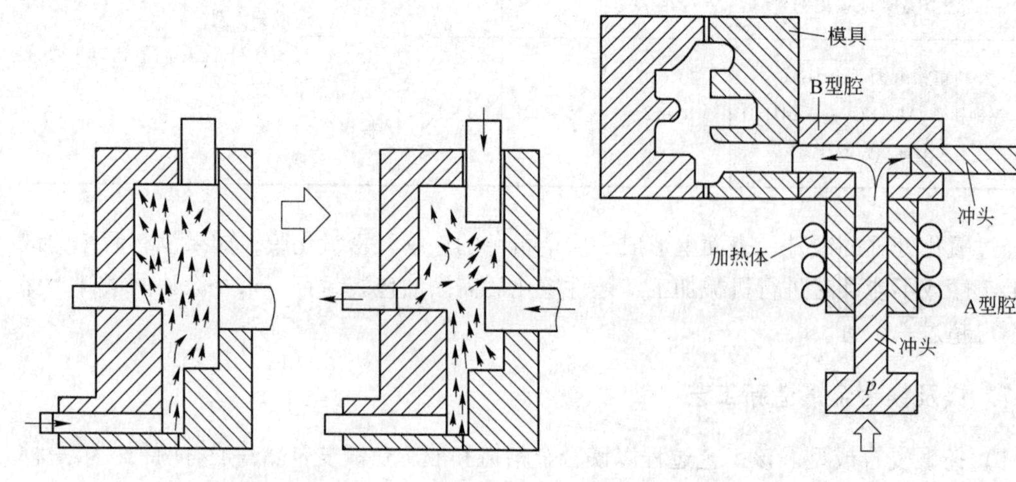

图 11－63 镁合金液态模锻再锻造（方案 1）　　图 11－64 镁合金液态模锻再锻造（方案 2）

11.6 镁及镁合金等温成型技术

11.6.1 镁合金等温成型的特点

为防止毛坯的温度散失，等温成型时模具和坯料保持在相同的恒定温度下；等温成型时变形速率低。

等温成型条件下，镁合金工艺塑性显著改善，十分有利于复杂构件的精密成型。镁合金等温成型主要是指等温模锻、等温挤压等。

11.6.2 镁合金等温成型用设备和模具

11.6.2.1 镁合金等温成型用设备

等温成型在低速下进行，一般采用液压机，此种液压机应满足下述要求：

（1）可调速，工作行程的速度调节范围在0.1～0.001mm/s。

（2）可保压，工作滑块在额定压力下可保压30min以上。

（3）高的封闭高度与足够的工作台面，以安装模具、加热装置、冷却板、隔热板等。

（4）带顶出装置。

（5）有控温系统。

没有专用设备时，可采用工作行程速度较低的液压机。必要时，可在油路中安装调速装置，以降低滑块速度。

11.6.2.2 镁合金等温成型用模具

镁合金等温成型模具可采用热作模具钢（如4Cr5MoV1Si）。为使模具在成型过程中保持恒温，通常采用感应加热或电阻加热方式对模具加热，如图11－65和图11－66所示。

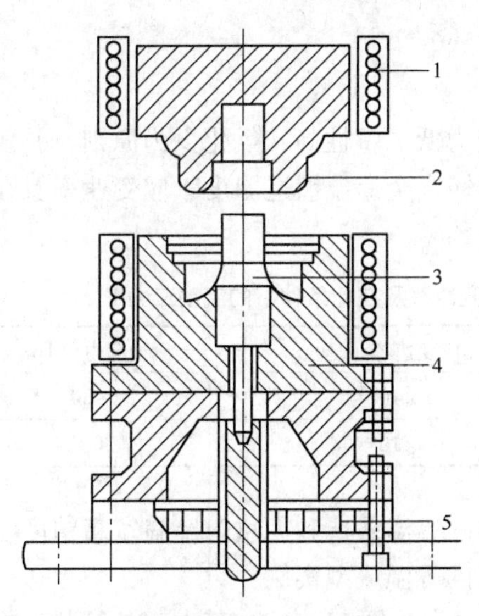

图11－65 感应加热的等温锻造模具

1—感应圈；2—上模；3—顶杆；4—下模；5—水冷板

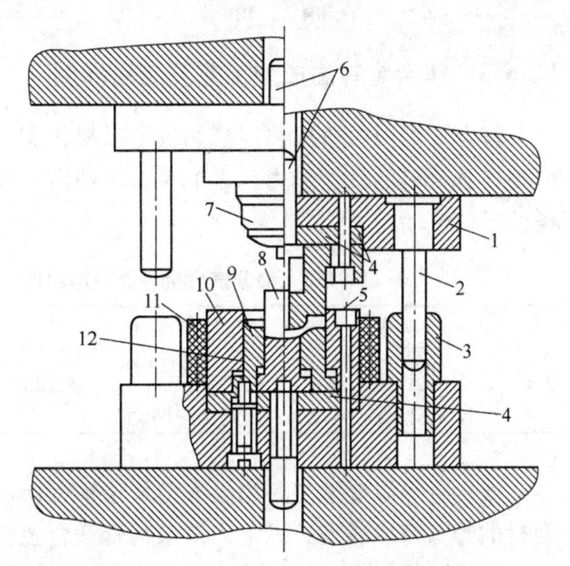

图11－66 电阻加热的等温锻造装置

1—模座；2—导柱；3—导套；4—垫块；5—锻件；6—顶杆；7—凸模；8—坯料；9—浮动芯；10—型圈；11—电阻加热圈；12—固定芯

加热装置的功率可用下式计算，即：

$$N = [G(T_2 - T_1)c]/(0.21t\eta) \tag{11-1}$$

式中 N——加热功率，kW；

G——被加热金属的质量，kg；

c——被加热金属的比热容，J/(kg·K)；

T_1——加热前温度，℃；

T_2——所需加热温度，℃；

t——加热时间，s；

η——效率，$\eta = 0.35 \sim 0.40$。

钢的比热容： $c = 481.5$ J/(kg·K)

等温模锻模具设计要注意其精度应高于普通模锻模具。

闭式等温锻模多用模口导向，间隙为0.10～0.12mm。开式等温锻模可用导柱导向，导柱高径比不大于1.5，导柱与导向孔的双面间隙，依导柱直径不同，取0.08～0.25mm。

在等温状态下，不存在飞边冷却问题。在飞边槽尺寸相同时，桥部阻力小于常规模锻。因此，等温模锻应采用小飞边槽。

在等温状态下，锻件收缩值取决于模具材料与锻件材料线膨胀系数的差异，收缩值可用下式计算：

$$\Delta = (t_2 - t_1)(\alpha_1 - \alpha_2)L \tag{11-2}$$

式中 t_2，t_1——室温与模锻温度，℃；

α_1，α_2——坯料与模具的线膨胀系数，$℃^{-1}$；

L——模具尺寸，mm；

Δ——收缩值，mm。

11.6.3 镁合金等温成型工艺及应用举例

镁合金等温锻造工艺规范的确定以材料流动应力低、塑性高、氧化少为原则，并要兼顾到模具材料的承受能力。表11－113列出了部分镁合金等温锻造温度、应变速率及在此条件下的流动应力。

表11－113 部分镁合金等温锻造温度、应变速率及在此条件下的流动应力

合 金 牌 号	温度/℃	应变速率/s^{-1}	流动应力/MPa
MB8	380～420	1×10^{-3}	20～30
MB3	400	6×10^{-3}	30

镁合金等温成型主要用于大型复杂精密模锻件的等温锻造和大型薄壁扁宽高精度复杂型材的等温挤压成型，以下为复杂精密镁合金构件的等温成型实例。

上机匣材料为MB15镁合金，其几何形状复杂，参见图11－67。其中部是轮毂，外周有四个不均匀分布的凸耳和六条径向分布的高筋。筋的高宽比最大为9.2，凸耳为重要受力部位，要求锻件流线沿其几何外形分布，不允许有流线紊乱、涡流及穿流现象。要求晶粒尺寸细小均匀，该件的几何尺寸大，水平投影面积近$0.4m^2$，是较大的镁合金模锻件。

根据上述要求，采用等温成型工艺。

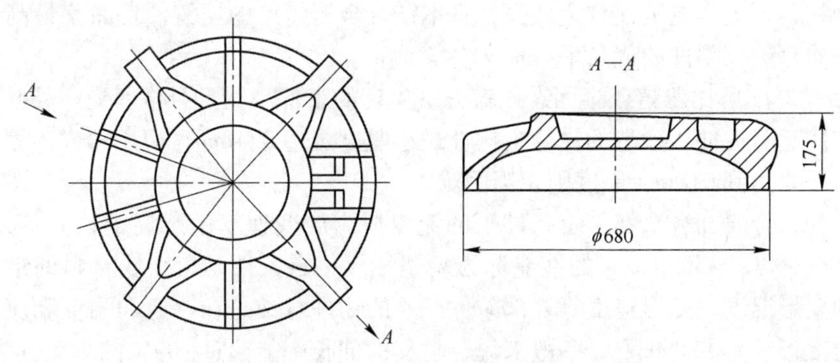

图 11－67 上机匣锻件

该构件各部位的体积分布很不均匀，模锻前需进行制坯，镁合金在一次大变形量模压后，由于大量新生表面出现可能引起黏模，并且常易产生折叠缺陷。因此，模锻后需酸洗、修伤，然后再进行二次模压，即精整形，其成型工序为：预制坯→模锻→精锻。

模锻温度取 360℃，精锻温度取 350℃。

模具结构见图 11－68，模具采用电阻加热。凹模采用镶块式组合结构，在四个凸耳处设置四个镶块。该构件尺寸较大，一般需 120～130MN 的压力机，通过局部加载方法、分流方法仅用 50MN 液压机就实现了上机匣等温精密成型。

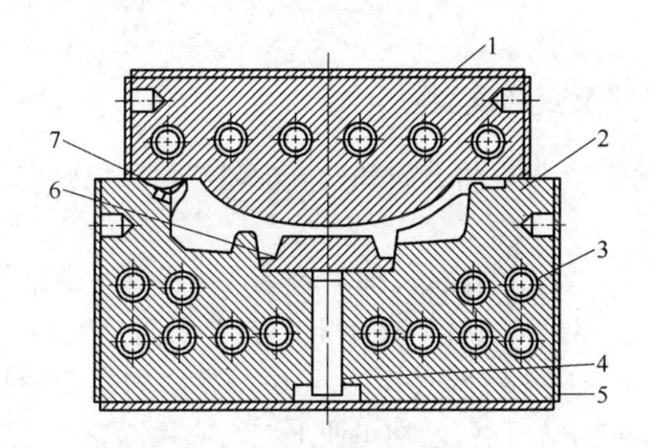

图 11－68 上机匣等温精密成型模具结构

1—上模；2—下模；3—加热圈；4—顶出杆；5—隔热板；6—镶块；7—顶出块

11.7 镁合金的超塑性成型技术

11.7.1 概述

镁合金室温塑性加工能力较差。但是，在特定的变形温度、速度及组织状态条件下，镁合金具有很高的塑性，而且甚至出现明显的超塑性。利用镁合金的超塑性，可使复杂零件的模锻顺利进行，而且流变应力非常低，以气压为动力即可完成超塑成型。对航天航空领域的复杂蜂窝状结构件，也可直接用超塑性成型结合扩散焊技术来完成。近年来，通过利用超塑性成型特性生产了镁合金 3C 产品。用冲压锻造比压铸或半固态压铸不仅效率高，而且还具有以下优越性：

（1）大幅度提高成品率至90%以上，产品表面缺陷少、外感好，可大幅降低后序加工成本。例如，笔记本电脑镁合金外壳，日本镁合金压铸厂的压铸件良品率最高只能达到70%左右，而超塑成型件的成品率可达91%。

（2）产品厚度可比压铸或半固态压铸方法生产的工件小，且合格率受产品厚度影响不太大。例如用超塑性冲压锻造的镁合金构件最小厚度可达0.4mm，而压铸或半固态压铸件目前技术水平要达到0.8mm厚度则相当困难。

一般认为，金属和合金在一定条件下的流变应力应变速率敏感性指数$m>0.3$，表现特大伸长率（100%～3000%）的性能称为超塑性。一定条件是指金属材料的组织结构等内部条件和变形温度、变形速度等外部条件。m的物理意义是在一定的温度和应变量下形变抗力相对变形速率的变化量。一般来说，材料的伸长率能超过100%的现象称为超塑性，具有这种性能的材料称为超塑性材料。超塑性金属或合金的宏观变形特点是大延伸、无缩颈、低流变应力以及容易成型等。至今为止，人们在上百种金属包括有色金属、钢铁及合金材料中发现了具有超塑性的合金组织和控制条件。

镁合金处于超塑性状态时具有优异的塑性和极小的变形抗力，从而有利于塑性加工。形状复杂或变形量很大的零件可以一次成型，并且具有流动性高、填充性好、所需设备吨位小等优点。由于超塑成型时没有发生弹性变形，因而成型后不会出现回弹且工件尺寸精度高、表面粗糙度较小。总而言之，超塑成型对于强度高而塑性差的材料尤为重要。然而，超塑成型时需要一定的温度和持续时间，这就给设备、模具、材料保护和润滑等带来了特殊要求。

11.7.2 超塑性变形机理及变形模型

按照获得超塑性的条件，可以将金属和合金的超塑性现象归纳为两大类即细晶超塑性和相变超塑性。

（1）细晶超塑性（第一类超塑性）。细晶超塑性是指具有微细等轴晶粒（晶粒度小于10μm，晶粒轴比小于1.4）组织的材料在一定的温度区间（$0.5\sim0.9T_m$，T_m为材料熔点的绝对温度）和一定的应变速率范围（$10^{-4}\sim10^{-1}s^{-1}$）内呈现的超塑性，也称为组织超塑性、恒温超塑性或者静态超塑性，已在工业上广为应用。影响这类材料伸长率大小的因素很多，除了晶粒尺寸及形状、温度和应变速率外，还包括材料组织在超塑拉伸温度下的热稳定性和形成孔洞的敏感性。

（2）相变超塑性（第二类超塑性）。相变超塑性是指金属材料在一定相变温度范围内和载荷作用下，经过多次循环相变或同素异构转变而获得的累积大延伸变形。这种超塑性不要求材料具备微细等轴晶组织，只要求材料发生相变，因而又称为转变超塑性或动态超塑性，关于钢铁、钛合金和铜合金的相转变超塑性研究较多。

有关超塑变形的理论和模型很多，但都只能解释超塑变形中的某些现象和问题。所以迄今为止，尚未形成统一的超塑变形理论。大多数研究者接受以晶界滑移为主的多机制叠加理论，即在超塑材料$\lg\sigma-\lg\varepsilon$“S”形曲线的三个区域内同时存在扩散蠕变、晶界滑移、位错滑移或位错蠕变等作用，如图11－69(a)所示。这些变形机制都受变形速度控制，具有不同的应变速率敏感性。Ⅰ区表示变形是扩散蠕变机制为主；Ⅱ区表示超塑变形区以晶界滑移机制为主；而Ⅲ区则表示塑性变形区以位错滑移或位错蠕变机制为主，同时其他变形机制也起了不同程度的作用，如图 11－69(b) 所示。晶界滑移是超塑变形最为主要的变形机制，导致了超塑变形过程中组织的特殊变化。图 11－70 为超塑性变形的模型。

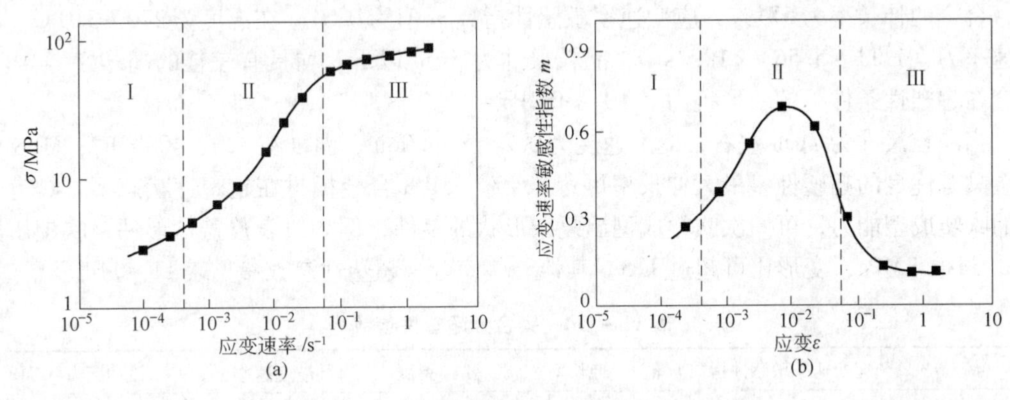

图 11－69 超塑性材料的应力与应变速率关系
（“S”形曲线）和 m 值与 ε 的关系曲线

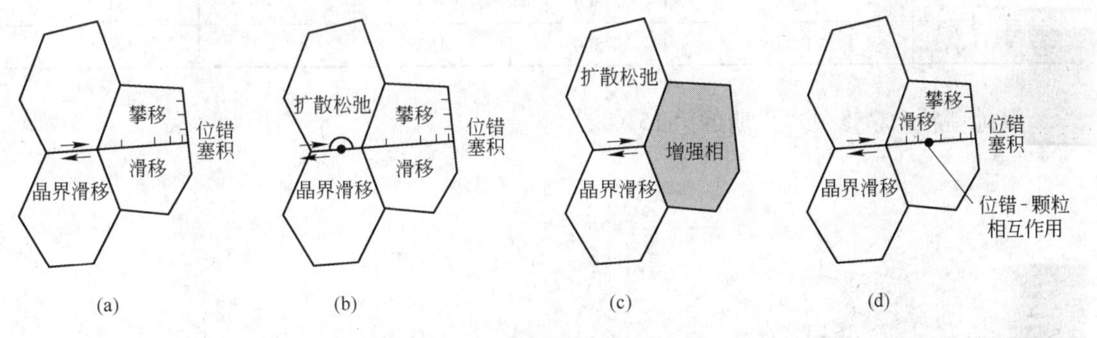

图 11－70 超塑性变形的模型
（a）单相材料；（b）晶界上存在小尺寸颗粒；（c）材料中含有大尺寸的增强颗粒；（d）晶内存在小尺寸颗粒

在单相材料中，基体晶粒之间相互滑移并在相邻晶界的三角区内形成位错；位错在取向最有利的滑移面上滑移，以缓和由晶界滑移引起的应力集中；接着位错在晶界处塞积；最后塞积的位错在晶界和晶格攀移过程中消失，从而与晶界有关的攀移过程是超塑性流动的速度控制过程。众所周知，多相材料中存在高的应力集中，增强相与基体间的界面是空洞形核的有利位置。由于颗粒本身不能通过滑移来协调滑移应变，因而晶界处的应力集中必须通过扩散流动来松弛，以便在固态时获得高的超塑性伸长率 δ。Mabuchi 和 Higashi 等人提出了临界应变速率的概念，认为高于临界应变速率时必须存在液相等的协调过程。然而，细晶材料（如粉末冶金镁合金的晶粒直径为 1μm、氧化物颗粒直径为 25nm，粉末冶金金属基颗粒增强复合材料的晶粒直径 2μm、增强颗粒直径为 2μm）的晶间颗粒并不影响超塑性流动。如果晶粒内存在第二相质点，那么位错从晶粒的一端运动到另一端时，这些质点将阻碍位错运动。因此，从位错滑移协调机制来说，晶粒内的第二相质点影响镁合金的超塑性流动。

11.7.3 镁合金超塑性条件

高强度变形镁合金 MB15 的热挤压棒材，在室温下的伸长率仅为 14.8%，在 300℃时伸长率为62%。试验研究结果表明，MB15 合金的最佳超塑性条件为：变形温度 290℃，应变速率为$1.11\times10^{-4}s^{-1}$（夹头运动速度为0.2mm/min），晶粒尺寸为5μm。在此条件下，合金的伸长率为574%，应变速率敏感性指数 m 值为0.51。在温度为270~310℃、应变速率为（1.11~5.56）$\times10^{-4}s^{-1}$、晶粒尺寸为5μm 以下，均具有较佳的超塑性。MB15 合金在超塑性条件下的变形抗力为10~30MPa。

当晶粒尺寸为7μm 左右，变形速度为0.2~5mm/min，温度在320~400℃时，MB8 镁合金具有优良的超塑性，最大伸长率可达304%。MB8 合金板材在超塑性状态下，具有优良的吹塑成型能力，可一次吹塑成型出复杂形状的零件，例如仪表覆盖盒形件。吹塑压力为0.6~0.9MPa，变形比可超过1.5。其他一些镁合金超塑性参数参见表11-114。

表11-114 镁合金超塑性参数

合 金	应变速率敏感性指数 m 值	伸长率 δ/%	温度/℃	应变速率 ε/s^{-1}	流动应力 σ/MPa
Mg-Al 共晶	0.82	2100	376~400	—	—
MB3	0.42	167	375	2.8×10^{-4}	—
MB22	—	360	400	—	31.4
MA15	0.60	500	450	—	—

其他新技术请参见本手册的第15章。

12　镁及镁合金材料的热处理与精整矫直技术

12.1　镁合金材料的热处理

热处理是改善或调整镁合金组织及力学性能和加工性能的重要手段。镁及镁合金的常规热处理工艺有退火和固溶时效两大类。部分热处理工艺可以降低镁合金铸件的铸造内应力或淬火应力，从而提高工件的尺寸稳定性。不可热处理强化或强化效果不明显的镁合金通常选用退火作为最终热处理工序。镁合金能否进行热处理强化，完全取决于合金元素的固溶度是否随温度变化。当合金元素的固溶度随温度变化时，镁合金可以进行热处理强化。图 12－1 示出了可热处理强化的镁合金系列。

图 12－1　可热处理强化的镁合金系列

镁合金热处理的最主要特点是固溶和时效处理时间较长，其原因是因为合金元素的扩散和合金相的分解过程极其缓慢。由于同样的原因，镁合金淬火时不需要进行快速冷却，通常在静止的空气中或者人工强制流动的气流中冷却。

12.1.1　镁合金材料的主要热处理类型

铸造镁合金和变形镁合金材料都可以进行退火（O）、人工时效（T5）、固溶（T4），以及固溶加人工时效（T6、T61）处理，其热处理规范和应用范围与铸造铝合金的基本相同。镁合金的扩散速度小，淬火敏感性低，从而可以在空气中淬火；个别情况下也可以采用热水淬火（如 T61），其强度比空冷 T6 态的高。绝大多数镁合金对自然时效不敏感，淬火后能在室温下长期保持淬火状态。同时镁合金的人工时效温度也比铝合金的高，达到 175～250℃。另外，镁合金的氧化倾向比铝合金大，因此加热炉中应保持中性气氛或通入保护气体以防燃烧。此外，镁合金还可以进行氢化处理改善组织和性能。

镁合金材料热处理类型的选择，取决于镁合金的类别（即铸造镁合金或变形镁合金）以及预期的使用条件。固溶处理可以提高镁合金强度并获得最大的韧性和抗冲击性；没有进行预固溶处理或退火的人工时效可以消除铸件的应力，略微提高其抗拉强度；退火可以显著降低镁合金制品的抗拉强度并增加其塑性，对后续加工有利。此外，在基本热处理工艺上进行适当调整后发展起来的一些新工艺，可以应用于某些特殊镁合金，从而获得所期望的性能组合。例如，延长某些镁合金铸件的时效时间，可以显著提高其屈服强度，但会降低部分塑性。表12－1列出了多种铸造和变形镁合金的常规热处理类型。

表12－1 部分镁合金材料的常规热处理类型

铸造镁合金				变形镁合金	
镁合金牌号	热处理	镁合金牌号	热处理	镁合金牌号	热处理
AM100A	T4、T5、T6、T61①	WE43A	T6	AZ60A	T5
AZ63A	T4、T5、T6	WE54A	T6	ZC71A	F、T5、T6
AZ81A	T4	ZC63A	T6	ZK60A	T5
AZ91C	T4、T6	ZE41A	T5		
AZ92A	T4、T6	ZE63A	T6②		
EZ33A	T5	ZK51A	T5		
EQ21A	T6	ZK61A	T4、T6		
QE22A	T6				

①时效时间比T6态长，以提高屈服强度。
②必须包括氢化处理。

12.1.1.1 去应力退火

去应力退火既可以减小或消除变形镁合金制品在冷热加工、成型、校正、焊接过程中产生的残余应力，也可以消除铸件或铸锭中的残余应力。

A 变形镁合金材料的去应力退火

表12－2列出了变形镁合金材料的去应力退火工艺，这些去应力退火工艺可以最大程度地消除镁合金工件中的内应力。如果将镁合金挤压件焊接到镁合金冷轧板上，那么应适当降低退火温度并延长保温时间，从而最大限度地降低工件的变形，例如，应选用250℃/60min退火，而不采用260℃/15min。

表12－2 变形镁合金材料的去应力退火工艺

合金	温度/℃	时间/min	合金	温度/℃	时间/min
薄板和厚板			AZ80A－F	260	15
AZ31B－O	345	120	AZ80A－T5	200	60
AZ31B－H24	150	60	ZC71A－T5	330	60
挤压件			ZK21A－F	200	60
AZ31B－F	260	15	ZK60A－F	260	15
AZ61A－F	260	15	ZK60A－T5	150	60

注：只有含铝量大于1.5%（质量分数）的合金在焊接后需要去应力退火来防止应力腐蚀开裂。

国内牌号变形镁合金材料常用的去应力退火工艺见表12－3。

表12－3 变形镁合金材料常用的去应力退火工艺

合金牌号	板材		挤压件和锻件	
	温度/℃	时间/min	温度/℃	时间/min
MB1	200	60	260	15
MB2	150	60	260	15

续表 12-3

合金牌号	板材		挤压件和锻件	
	温度/℃	时间/min	温度/℃	时间/min
MB3	250~280	30	—	—
MB15	—	—	260	15

B 铸造镁合金材料的去应力退火

凝固过程中模具的约束、热处理后冷却不均匀或者淬火引起的收缩等都是镁合金铸件中出现残余应力的原因。镁合金铸件中的残余应力一般不大，但是由于镁合金弹性模量低，因此在较低应力下就能使镁合金铸件产生相当大的弹性应变。因此，必须彻底消除镁合金铸件中的残余应力以保证其精密机加工时的尺寸公差，避免其翘曲和变形，以及防止Mg-Al铸造合金焊接件发生应力腐蚀开裂等。此外，机加工过程中也会产生残余应力，所以在最终机加工前最好进行中间去应力退火处理。镁合金铸件的去应力退火工艺见表12-4，所有工艺都可以在不显著影响力学性能的前提下彻底消除铸件中的残余应力。

表 12-4 镁合金铸件的去应力退火工艺

合金	Mg-Al-Mn	Mg-Al-Zn	ZK61K	ZE41A
状态	所有	所有	T5	所有
工艺	260℃/1h	260℃/1h	330℃/2h+130℃/48h	330℃/2h

12.1.1.2 完全退火

完全退火可以消除在塑性变形过程中产生的加工硬化效应，回复和提高其塑性，以便进行后续变形加工。几种变形镁合金材料的完全退火典型工艺规范见表12-5。通常，这些工艺可以使镁合金制品获得实际可行的最大退火效果。对于MB8合金，当要求其强度较高时，退火温度可定在320~350℃之间。

表 12-5 变形镁合金材料的完全退火典型工艺

合金牌号	MB1	MB2	MB8	MB15
温度/℃	340~400	350~400	280~320	380~400
时间/h	3~5	3~5	2~3	6~8

由于镁合金的大部分成型操作在高温下进行，一般应对其进行成品退火处理。不同厚度镁合金板材的成品退火制度见表12-6。

表 12-6 不同厚度镁合金板材的成品退火制度

合金牌号	供应状态	成品厚度/mm	退火温度/℃	保温时间/min	冷却介质
MB1、MB2	O	7~10	310~340	30	空气
MB3	O	6~7	310~330	30	空气
MB6	O	0.5~1.9	330~350	30	空气
MB8	H112	0.8~5.0	260~290	30	空气

12.1.1.3 固溶淬火+人工时效处理

A 固溶淬火处理

镁合金材料经过固溶淬火后不进行时效可以同时提高其抗拉强度和伸长率。由于镁合金中原子扩散较慢，因而需要较长的加热（或固溶）时间以保证强化相充分溶解。镁合金砂型厚壁铸件的固溶时间最长，其次是薄壁铸件或金属型铸件，变形镁合金材料的最短。

Mg－Al－Zn合金经过固溶处理后，$Mg_{17}Al_{12}$相溶解到基体镁中，合金性能得到较大幅度提高。经固溶处理后，含有稀土元素的AM60B合金的显微组织由α－Mg固溶体、棒状$Al_{11}RE_3$相、粒状$Al_{10}Ce_2Mn_7$相以及网状和（或）岛状$Mg_{17}Al_{12}$相组成。该合金分别经过470℃下20h、35h和50h固溶处理后，合金中的$Mg_{17}Al_{12}$相溶入基体镁中，但是稀土化合物$Al_{11}RE_3$和$Al_{10}Ce_2Mn_7$相不溶解，只是其形貌稍有改变。

B 人工时效处理（T5）

部分镁合金经过铸造或加工成型后，不进行固溶处理而是直接进行人工时效。这种工艺很简单，也可以获得相当高的时效强化效果。特别是Mg－Zn系合金，重新加热固溶处理将导致晶粒粗化，从而通常在热变形后直接人工时效，以获得时效强化效果。

C 固溶处理+人工时效（T6）

固溶处理后人工时效（T6）可以提高镁合金的屈服强度，但会降低部分塑性，这种工艺主要应用于Mg－Al－Zn和Mg－RE－Zr合金。此外，含锌量高的Mg－Zn－Zr合金也可以选用T6处理以充分发挥时效强化效果。

例如，ZM5合金（Mg－Al－Zn系）的固溶处理温度为470～475℃，保温时间为8～12h。保温时间的长短根据晶粒尺寸和工件尺寸大小来确定。高铝低锌镁合金晶粒长大倾向严重，其时效温度为185～200℃，低温时效时基体晶粒中会析出细小的沉淀相，提高合金的屈服强度而降低其塑性。

进行T6处理时，固溶处理获得的过饱和固溶体在人工时效过程中发生分解并析出第二相。时效析出过程和析出相的特点受合金系、时效温度以及添加元素的综合影响，情况十分复杂。目前，对镁合金时效析出过程的了解还不十分清楚。典型镁合金材料的时效析出相见表12－7。

表12－7 典型镁合金材料的时效析出相

合金系	时效初期（G.P.区等）	时效中期（中间相）	时效后期（稳定相）
Mg－Al	—	—	β相：$Mg_{17}Al_{12}$(立方晶) 连续析出和不连续析出
Mg－Zn	G.P.区：板状（共格）	β相：$MgZn_2$(六方晶，共格）	β相：Mg_2Zn_3(三方晶，非共格）
Mg－Mn	—	—	α－Mn(立方晶）棒状
Mg－Y	β相：DO_{19}型规则结构	β′相：底心正交晶	β相：$Mg_{24}Y_5$(体心立方晶）
Mg－Nd	G.P.区：棒状（共格） β相：DO_{19}型规则结构	β′相：面心立方晶	β相：$Mg_{12}Nd$(体心正方晶）
Mg－Y－Nd	β相：DO_{19}型规则结构	β′相：$Mg_{12}NdY$(底心正交晶）	β相：$Mg_{14}Nd_2Y$(面心立方晶）

续表 12-7

合金系	时效初期（G. P. 区等）	时效中期（中间相）	时效后期（稳定相）
Mg-Ce	—	中间相（？）	β 相：$Mg_{12}Ce$（六方晶）
Mg-Cd Mg-Dy	β 相：DO_{19}型规则结构	β 相：正交晶	β 相：$Mg_{24}Dy_5$（立方晶）
Mg-Th	β 相：DO_{19}型规则结构	—	β 相：$Mg_{23}Th_6$（面心立方晶）
Mg-Ca Mg-Ca-Zn	—	—	Mg_2Ca（六方晶），添加 Zn 微细析出
Mg-Ag-RE（Nd）	G. P. 区：棒状及椭圆状	γ 相：棒状（六方晶，共格） β 相：等轴状（六方晶，半共格）	$Mg_{12}Nd_2Ag$：复杂板状（六方晶，非共格）
Mg-Sc	—	—	MgSc

D　热水中淬火＋人工时效（TC1）

镁合金材料淬火时通常采用空冷，也可以采用热水淬火 T61 来提高强化效果。特别是对冷却速度敏感性较高的 Mg-RE-Zr 系合金常常采用热水淬火。例如，Mg-(2.2%～2.8%)Nd-(0.4%～1.0%)Zr-(0.1%～0.7%)Zn 合金经过 T6 处理后其强度比相应的铸态合金高 40%～50%，而 T61 处理后强度可以比相应的铸态合金提高 60%～70%，且伸长率仍保持原有水平。

表 12-8 列出了镁合金铸件和变形制品推荐采用的固溶和时效处理工艺。

表 12-8　镁合金铸件和变形制品推荐采用的固溶和时效处理工艺

合金	最终状态	时效①		固溶处理③			人工时效处理	
		温度（±5）②/℃	时间/h	温度（±5）②/℃	时间/h	最高温度/℃	温度（±5）②/℃	时间/h
Mg-Al-Zn 铸件④								
AM100A	T5	232	5	—	—	—	—	—
	T4	—	—	406	16～24⑤	432	—	—
	T6	—	—	406	16～24⑤	432	232	5
	T61	—	—	406	16～24⑤	432	218	25
AZ63A	T5	260	4⑥	—	—	—	—	—
	T4	—	—	385	10～14	391	—	—
	T6	—	—	385	10～14	391	218	5⑤
AZ81A	T4	—	—	413	16～24⑤	418	—	—
AZ91C	T5	168	16⑦	—	—	—	—	—
	T4	—	—	413	16～24⑤	418	—	—
	T6	—	—	413	16～24⑤	418	168	16⑧
AZ92A	T5	260	4	—	—	—	—	—
	T4	—	—	407⑨	16～24⑨	413	—	—
	T6	—	—	407⑨	16～24⑨	413	—	—

续表 12-8

合 金	最终状态	时 效①		固溶处理③			人工时效处理	
		温度(±5)②/℃	时间/h	温度(±5)②/℃	时间/h	最高温度/℃	温度(±5)②/℃	时间/h
Mg-Zn-Cu 铸件								
ZC63A⑩	T6	—	—	340	4~8	445	200	16
Mg-Zr 铸件								
EQ21A⑩	T6	—	—	520	4~8	530	200	16
EZ33A	T5	175	16	—	—	—	—	—
QE22A⑩	T6	—	—	525	4~8	538	204	8
QH21A⑩	T6	—	—	525	4~8	538	204	8
WE43A⑩	T6	—	—	525	4~8	535	250	16
WE54A⑩	T6	—	—	527	4~8	535	250	16
ZE41A	T5	329	2⑪	—	—	—	—	—
ZE63A⑫	T6	—	—	480	10~72	491	141	48
ZK51A	T5	177	12⑬	—	—	—	—	—
ZK61A	T5	149	48	499⑭	—	—	—	—
	T6	—	—		2⑭	502	129	48
变形制品								
ZK60A	T5	150	24	—	—	—	—	—
AZ80A	T5	177	16~24	—	—	—	—	—
ZC71A⑩	T5	180	16	—	—	—	—	—
ZC71A⑩	T6	—	—	449	4~8	435	180	16

注：适于截面厚度≤50mm 的铸件，截面厚度>50mm 的铸件在同一温度下的保温时间更长。

①从加工态 F 时效到 T5 态。

②特殊应用处例外。

③在固溶处理后和时效处理之前，通过快速风扇冷却将铸件冷却到室温，不同要求处除外。在 400℃ 以上使用 CO_2、SO_2 或含 1.5% SF_6 的 CO_2 气体作为保护气氛。

④对于固溶处理 Mg-Al-Zn 合金在 260℃ 下装入炉内，按照相同的升温速率在 2h 以上的时间内升到规定的温度。

⑤为了防止晶粒过分长大，也可以采用（413±5）℃/6h、（352±5）℃/2h、（413±5）℃/10h。

⑥也可以采用（232±5）℃/5h。

⑦也可以采用（216±5）℃/4h。

⑧也可以采用（216±5）℃/5~6h。

⑨为了防止晶粒过分长大，也可以采用（413±5）℃/6h、（352±5）℃/2h、（407±5）℃/10h。

⑩在 65℃ 的清水或其他适宜介质中从固溶温度处淬火。

⑪此处理中心保证获得令人满意的性能；随后进行（177±5）℃/15h 的人工时效处理可以略微提高力学性能。

⑫ZE63A 合金必须在特殊的氢气气氛中固溶处理，因为该合金的力学性能是通过某些合金化元素的氢化来提高的。氢化时间取决于截面厚度；一般说来，6.4mm 厚截面大约要求 10h，19mm 厚截面要求 72h 左右。固溶处理后，ZE63A 合金应该在油、水雾或气流中淬火。

⑬也可以采用（218±5）℃/8h。

⑭也可以采用（482±5）℃/10h。

E 重复热处理

通常情况下，当镁合金铸件经热处理后其力学性能达到了期望值时，很少再进行重复热处理。不过，如果镁合金铸件热处理后的显微组织中化合物含量过高，或者在固溶处理后的缓冷过程中出现了过时效时，就要求进行二次热处理。大部分镁合金在二次热处理时晶粒易过分长大。为了防止晶粒过分长大，Mg－Al－Zn 合金进行二次热处理时的固溶时间应该限制在 30min 以内（假设在前面热处理过程中铸件的厚截面部分已充分固溶）。

12.1.1.4 氢化处理

氢化处理可以显著提高 Mg－RE－Zr 合金的力学性能。在 Mg－Zn－RE－Zr 合金中，粗大块状的 Mg－Zn－RE 化合物沿晶界呈网状分布，这种合金相十分稳定，很难溶解或破碎。Mg－Zn－RE－Zr 合金在氢气中进行固溶处理（480℃左右）时，H_2 沿晶界向内部扩散，并与偏聚于晶界的 MgZnRE 化合物中的 RE 发生反应，生成不连续的颗粒状稀土氢化物。由于 H_2 与 Zn 不发生反应，从而当 RE 从 MgZnRE 相中分离出来后，被还原的 Zn 原子溶于 α 固溶体中，导致固溶体中锌过饱和度增加。Mg－Zn－RE－Zr 合金时效后在晶粒内部生成了细针状的沉淀相（β″或 β′）且不存在显微疏松，从而合金强度显著提高，伸长率和疲劳强度也明显改善，综合性能优异。表 12－9 列出了 ZM8 合金材料氢化处理前后的力学性能。

表 12－9 ZM8 合金材料氢化处理前后的力学性能

处理条件	σ_b/MPa	σ_5/MPa	δ/%
铸 态	160	129	2
480℃，H_2 中加热 24h，空冷	292	127	12.1
氢化处理后 150℃时效 24h	316	223	7.1

由于 H_2 在镁中的扩散速度小，因此 Mg－Zn－RE－Zr 合金厚壁件的氢化处理时间极长。例如，ZE63 合金（Mg－5.8% Zn－2.5% RE－0.7% Zr，与 ZM8 相当）在 480℃ 和 1atm（101325Pa）下 H_2 的渗入速度仅为 6mm/24h，平均每 4h 渗入 1mm。增加 H_2 的压力可以提高渗入速度，但是由于氢化物的形成速度很慢，所以氢化处理通常只适用于薄壁件。

12.1.2 工艺操作和工艺参数对镁合金材料热处理性能的影响

12.1.2.1 装炉状态

装炉前必须将镁合金工件表面的粉尘、细屑、油污和水汽等清除干净，保证表面清洁和干燥，特别是高温固溶处理时要尤为注意。由于不同镁合金的熔点不同，因此同一炉次只能装一种合金。镁合金工件必须在炉内排列整齐，且相邻工件间应预留足够的空隙，以便于热风流通，保证温度均匀性。

12.1.2.2 工件的截面厚度

为了保证加热均匀，表 12－8 中列出的热处理时间对中等截面厚度的镁合金铸件在正常装炉量下进行热处理时比较理想。厚截面（50mm 以上）镁合金铸件的固溶时间应该适当延长，通常是同一固溶温度下保温时间的 2 倍。例如，AZ63A 铸件常用的固溶工艺是 385℃/12h，但是当截面厚度超过 50mm 时，宜采用 385℃/25h。类似地为了防止 AZ92A 铸件中晶粒的过分长大，宜选用的固溶处理工艺是 405℃/6h、350℃/2h 和 405℃/10h；但是当铸件截面厚度超过 50mm 时，宜采用 405℃/19h 的固溶处理工艺。

通过观察镁合金铸件厚截面处中心的显微组织，可以判断固溶时间是否合适。如果铸件截面中心的显微组织中化合物含量少，那么说明铸件已进行充分热处理。

12.1.2.3 加热温度与保温时间

目前，镁合金件厚度与固溶加热时间的关系尚未完全确定。由于镁合金的热导率高而且体积比热容低，因此可以很快达到保温温度。通常是先装炉，当装满工件的炉子升温至规定温度时开始计算保温时间。影响保温时间的因素很多，主要有加热炉的种类和容积、装炉量、工件的尺寸和截面厚度，以及工件在炉内的排列方式等。当炉子容积较小，且装炉量大、工件尺寸较大且截面厚度大于25mm时，必须考虑适当地延长保温时间。

从图12－2中的数据可以看出，镁合金的力学性能随着表12－8中热处理时间和温度的变化在很宽范围内发生变化。虽然QE22A－T6的试棒经过540℃/4h固溶处理后可以获得最高的力学性能，如图12－2所示，但是经过525℃/8h固溶处理后，铸件由于塌陷而产生的变形比前者小。在540℃以上固溶时还存在局部重熔的危险。

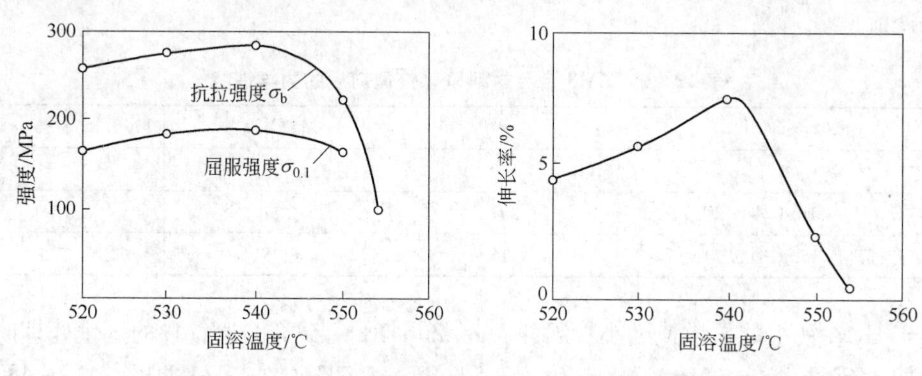

图12－2 固溶温度对QE22A－T6合金拉伸性能的影响

（圆棒试样，由ϕ25mm的铸造试棒加工而成，状态：固溶温度下保温4h）

12.1.3 镁合金材料的热处理设备

通常使用电炉或燃气炉对镁合金进行固溶处理和人工时效，炉内需要配备高速风扇或者其他可用来循环气体以提高炉温均匀性的装置，炉膛工作区的温度波动必须控制在±5℃范围内。加热炉同时需要配置可靠性高的超温断电装置和报警系统。由于固溶处理的保护气氛中有时含有SO_2，从而使用气密性好且有保护气体入口的炉子比较合适。此外，热处理炉内还必须装有足够的热电偶，以便能连续、实时地测量炉温，炉内任何一点的温度都不能超过最高允许温度。热源必须屏蔽良好，以免镁合金工件因受热辐射时而产生局部过热。在使用不锈钢作屏蔽装置时，必须避免加热过程中钢件的氧化皮落在镁合金工件上，否则会导致工件腐蚀。镁合金在热处理时较少采用盐浴，禁止使用硝盐。

12.1.4 镁合金材料热处理质量的控制与检测

12.1.4.1 温度控制

Mg－Al－Zn系合金在进行固溶处理时，应该在260℃左右装炉，然后缓慢升温至合适的固溶温度，以防止共晶化合物发生熔化而形成熔孔。从260℃升温至固溶温度所需的时间取决于装炉量，工件的成分、尺寸、质量和截面厚度等，通常为2h。其他所有可以热处理强化的镁合金，可分别在固溶温度和时效温度下装炉，保温适当时间后在静止的空气中冷却。

镁合金材料在热处理时对温度控制精度的要求较为严格，固溶处理时允许的最大温度波动范围为±5℃。因此，需要精确控制热处理炉的炉温并保证其温度分布均匀，同时要求炉子具有良好的密封性。

12.1.4.2 变形控制

镁合金在加热时强度会降低，从而工件在自重作用下容易变形。同时，工件中的应力在加热过程中被逐步释放或消除，也可能导致镁合金工件弯曲。镁合金工件的变形或弯曲在很大程度上受工件尺寸、形状和截面厚度的影响。因此，需要根据这些因素和工件尺寸精度的要求，采用合适的支撑方法或选择适当的旋转位置来减轻或消除镁合金工件的变形。有时，采用专门的夹具和支架来防止工件变形。不论采取何种措施，都不应该影响工件周围的热循环。采用夹具等措施虽然能够减小工件的弯曲和变形，但是某些镁合金铸件在热处理后仍然需要矫直。在固溶处理后人工时效前进行矫直比较合适。

12.1.4.3 淬火介质的选择

镁合金固溶体的分解速率小，因而固溶处理后，通常需要在静止的空气中淬火。如果是厚截面工件且装炉密度大，那么宜选择人工强制气冷，但QE22A合金例外。QE22A合金在60～95℃下水淬可以获得最佳的力学性能，但是其工件会因剧烈的水淬而变形，因此可以选择冷却速度高于3℃/s的空冷淬火。镁合金工件选用乙二醇或者油作为淬火介质时可以获得良好的力学性能，同时工件变形程度小。表12－10列出了不同淬火介质对QE22A－T6合金平均拉伸性能的影响。

表12－10 不同淬火介质对QE22A－T6合金平均拉伸性能的影响

淬火介质	σ_b/MPa	$\sigma_{0.2}$/MPA	δ[①]/%
静止空气[②]	232	158	3.8
人工气流[②]	250	182	3.5
115℃水[②]	270	190	3.0
室温下30%乙二醇溶液[③]	269	190	3.0

①标距50mm内。

②用φ25mm的铸造试棒加工而得的圆棒试样测得各性能值。

③用铸件加工而得的圆棒试样测得各性能值。

12.1.4.4 保护气氛的选择

通常，镁合金进行固溶处理时都使用保护气氛。根据镁合金铸件热处理操作的有关标准，当固溶温度超过400℃时，必须使用保护气氛，以防止镁合金铸件表面氧化，表面氧化严重时铸件的强度会降低和燃烧。

保护气体在热处理炉内循环流动，其循环速率要快，以便所有工件的温度分布均匀一致，其中最小循环速率随热处理炉设计和实际装炉情况不同而变化。

SF_6、SO_2和CO_2是镁合金热处理时最常用的三种保护气氛。此外，某些惰性气体（如Ar、He等）也可用作保护气氛，但因其成本高而很少实际应用。SO_2可以是瓶装的，也可以随炉加入一些黄铁矿（FeS_2），每立方米炉膛容积加入1～2kg，加热时黄铁矿分解放

出 SO_2 气体。CO_2 可以是瓶装的，也可以从燃气炉中的循环气体中获得。CO_2 与（0.5%～1.5%）SF_6（体积分数）组成的混合气体可以防止镁合金在600℃以上发生剧烈燃烧。在镁合金没有熔化的情况下，体积分数为0.7%（最小0.5%）的 SO_2 可以防止镁合金在565℃下剧烈燃烧，体积分数为3%的 CO_2 可以防止其在510℃下燃烧，体积分数为5%的 CO_2 可以在540℃左右为镁合金提供保护。

SF_6 具有无毒、无腐蚀性的优点，但是其价格远高于 SO_2 或 CO_2。SO_2 也比等体积的 CO_2 贵得多，但是由于保护气氛中 SO_2 的体积分数只是 CO_2 体积分数的1/6，从而使用 SO_2 瓶装气体作为保护气氛成本也较低。如果使用燃气炉，则可以循环利用燃烧气体制备保护气氛，此时作用 CO_2 成本较低。

由于 SO_2 会形成腐蚀性的硫酸，对炉中设备有腐蚀作用，所以使用 SO_2 作为保护气氛时要求经常清理炉子的控制和夹紧装置并更换炉子部件。SO_2 对铝合金也有腐蚀作用，因此不能在镁合金热处理炉中处理铝合金。如果确实需要在同一炉膛中处理镁、铝合金，则应使用 CO_2 保护气体。

12.1.4.5 镁合金材料的热处理制度的确定

根据试验研究和生产实践考验，合理制订各种镁合金材料的热处理制度，是控制各种镁合金材料质量的关键。热处理制度包括确定热处理时的加热温度、保温时间、冷却速度、装炉量及升温速度、介质成分与温度、保护气氛等。在生产中应严格执行热处理工艺，才能保证镁合金材料的组织、力学性能、尺寸和形状以及表面质量等达到技术标准的要求。表12－11～表12－14列举了各种镁合金材料的热处理制度。

表12－11 Mg－Al－Zn系合金铸锭的均匀化退火工艺

合 金	加热温度/℃	保温时间/h	冷却方式
MB2	390～410	10～20	空冷
MB3	380～400	8	
	410～425	6	
MB5	390～405	10～20	
MB7	390～405	10～20	

表12－12 Mg－Al－Zn系合金材料常用的热处理工艺

材 料	退 火	固溶处理	固溶处理＋人工时效
MB2	280～350℃/3～5h，空冷	—	—
MB3板材	250～280℃/0.5h，空冷	—	—
MB5板材、管材	320～350℃/0.5h，空冷	—	—
MB5锻件、模锻件	320～350℃/4h，空冷	—	—
MB6	320～350℃/4～6h，空冷	分段加热340℃/2～3h，380℃/4～10h	—
MB7锻件、模锻件	350～380℃/3～6h，空冷	410～425℃/2～6h，空冷	410～425℃/2～6h，空冷 175～200℃/8～16h，空冷
MB7棒材、型材	350～380℃/3～6h，空冷	—	175～200℃/8～16h，空冷

表 12-13 MB15 合金材料的热处理工艺

材料	人工时效	固溶处理+人工时效
挤压棒材、型材	170±5℃/10h，空冷	—
锻件	160±5℃/24h，空冷	固溶处理：500℃/2h，空冷 人工时效：170℃/24h，空冷

表 12-14 MB1 和 MB8 合金材料的完全退火工艺

合金	加热温度/℃	保温时间/min	冷却方式
MB1 板材	320~350	30	空冷
MB8 板材①	260~350	30	空冷
MB8 锻件、模锻件	250~280	60	空冷

①MB8 合金板材要求较高强度时，可在 260~290℃退火；要求较高塑性时，可在 320~350℃退火。

12.1.4.6 镁合金材料热处理后的力学性能

表 12-15 给出了常用镁合金材料的热处理工艺及典型力学性能。

表 12-15 常用镁合金材料的热处理工艺及典型力学性能

合金	状态	热处理工艺				力学性能			JIS 相当合金
		固溶处理		人工时效		$\sigma_{0.2}$/MPa	σ_b/MPa	δ/%	
		温度/℃	时间/h	温度/℃	时间/h				
AM100A	F	—	—	—	—	83	150	2	MC5
	T4	425	16~24	230	5	90	275	10	
	T61	425	16~24	205	24	150	275	1	
AZ63A	F	—	10~14	260	4	97	200	6	MC1
	T4	385	10~14	230	5	97	275	12	
	T5	—	10~14	220	5	105	200	4	
	T6	385	10~14	230	5	130	275	5	
AZ81A	T4	413	18	—	—	83	275	15	—
AZ91C AZ91D	F	—	—	—	—	97	165	2.5	MC2A MC2B
	T4	145	16~24	170	16	90	275	15	
	T6	415	16~24	215	4	145	275	6	
AZ92A	F	—	—	—	—	97	170	2	MC3
	T4	405	16~24	—	—	97	275	10	
	T5	—	—	230	5	115	170	1	
	T6	405	16~24	260	4	150	275	3	
EQ21A	T6	520	8	200	16	170	235	2	—
EZ33A	T5	—	—	215	5	110	160	3	MC8
QE22A	T6	525	4~8	205	8~16	195	260	3	MC9
WE43A	T6	525	8	250	16	165	250	2	—

续表 12－15

合金	状态	热处理工艺				力学性能			JIS相当合金
		固溶处理		人工时效					
		温度/℃	时间/h	温度/℃	时间/h	$\sigma_{0.2}$/MPa	σ_b/MPa	δ/%	
WE54A	T6	525	8	250	16	172	250	2	—
ZC63A	T6	440	8	190	16～24	125	210	4	—
ZE41A	T5	—	—	(330℃/3h)＋(180℃/16h)		140	205	3.5	MC10
ZK51A	T5	—	—	220 175	8 12	140	205	3.5	MC6
ZK61A	T5	500	2	130	5	185	310	—	MC7
	T6	480	10	130	48	195	310	10	
AZ80A	T5	—	—	180	16	275	380	7	MB3、MS3
WE43A (MB)	T5	—	—	200	24	196	270	15	—
	T6	525	4～8	250	16	160	260	15	—
WE54A (MB)	T5	—	—	200	24	215	315	10	—
	T6	525	4～8	250	16	190	275	10	—
ZC71(MB)	T6	435	8	180	16	185	285	12	—
ZK40A	T5	—	—			255	276	4	—
ZK60A	T5	—	—	150	24	305	365	11	MB6
	T6	500	1	150	24	330	365	—	MS6

注：JIS—日本机械工业协会标准；MC—铸造材；MB—挤压棒材；MS—挤压型材。

12.1.4.7 镁合金铸件的尺寸稳定性控制

所有的铸造镁合金在95℃左右正常使用时具有良好的尺寸稳定性，几乎没有尺寸变化。某些Mg－Al－Mn和Mg－Al－Zn铸造合金在95℃以上保温较长时间后，尺寸会缓慢增大。$Mg_{17}Al_{12}$相的析出是铸件尺寸不稳定的主要原因。由于母相和析出相的密度不同，因此铸件尺寸会发生变化。随着$Mg_{17}Al_{12}$相的不断析出，铸件的尺寸变化逐渐减小，经T6态处理后Mg－Al系合金铸件的尺寸稳定性比T4态的高。Mg－Al系合金铸件仅通过T5处理也能改善力学性能和提高尺寸稳定性。

与Mg－Al－Zn合金的长大特性相反，以RE和Zr为主要合金化元素的镁合金（通常以T5或T6态使用）在高温下长时间保温时会出现尺寸收缩现象，见表12－16。

表12－16 高温下EZ33A－T5铸造镁合金的尺寸收缩（单位长度收缩量100μm/m）

温度/℃	保温时间/h				温度/℃	保温时间/h			
	10	100	1000	5000		10	100	1000	5000
205	1.1	1.3	1.3	1.3	315	1.2	1.5	1.7	1.8
260	1.3	1.6	1.8	1.9	370	1.0	1.2	1.3	1.4

12.1.4.8 镁合金材料热处理质量的检测

A 硬度试验

硬度试验具有速度快、操作简单、可以在热处理工件上直接进行而无需专门制备试样等优点。其中最常用的是布氏和洛氏硬度试验，但是对于薄截面镁合金工件，有时也采用洛氏表面硬度试验。晶粒较大、硬度较低的镁合金宜采用布氏硬度计测定硬度，以获得最佳试验结果。镁合金的强度通常随硬度的增加而提高，然而由于与硬度对应的强度指标很分散，因此不能用硬度计算强度，所测得的硬度值仅仅作为评定镁合金热处理质量的参考。

B 拉伸试验

拉伸试验能更准确地衡量镁合金的热处理质量，但是试验时需要专门拉伸试样。虽然镁合金铸件经过机加工后得到的试样更能代表铸件的真实性能，但是一般采用单独铸造后不经机加工的试样。通常按照 ASTM 标准进行试验，以保证试验结果的一致性。

C 显微组织检查

热处理态镁合金制成金相试样后检查显微组织，并与标准的组织照片比较，可以衡量镁合金的热处理质量。检查内容主要包括：铸造合金中的粗大化合物、铸造合金经过不适当固溶处理后的孔隙和熔孔、铸造和变形合金的晶粒度，以及挤压、锻造或轧制合金中的粗大化合物。

显示镁合金金相显微组织所用的浸蚀剂见表 12－17。

表 12－17 显示镁合金金相显微组织所用的浸蚀剂

浸蚀剂组成	浸蚀时间/s	操作程序	应用范围
浓硝酸 0.5mL＋乙醇 99.5mL	3～5	用浸蚀剂将试样表面浸湿，然后用乙醇洗涤	显示铸造镁合金的显微组织
浓硝酸 0.5mL＋乙醇 99.5mL	5～10	将试片表面浸入浸蚀剂中，用热水洗涤，然后干燥	显示热处理后镁合金的显微组织
乙二醇或二乙二醇醚 75mL＋蒸馏水 24mL＋浓硝酸 1mL	5～10（热处理前） 1～2（热处理后）	将浸蚀剂涂在试样上，经过数秒后用热水洗涤试样，然后干燥	显示铸造或时效镁合金的显微组织
乙二醇或二乙二醇醚 60mL＋醋酸 20mL＋浓硝酸 1mL＋蒸馏水 19mL	5～30	将浸蚀剂涂在试样上，经过数秒后，用棉花擦掉，用热水洗涤试样，然后在空气流下干燥	显示经过热处理的铸造或变形镁合金的显微组织
酒石酸 2mL＋蒸馏水 98mL	5～10	用浸有浸蚀剂的棉花擦拭试样，用热水洗涤，然后干燥	显示经过热处理的铸造或变形镁合金的晶粒边界
正磷酸 0.7mL ＋ 苦味酸 4.3mL＋乙醇 95mL	5～10	用浸有浸蚀剂的棉花擦拭试样，然后用乙醇洗涤	显示铸造或变形镁合金晶粒边界
苦味酸 5g＋醋酸 5g＋蒸馏水 10mL＋乙醇 100mL	5～10	用浸蚀剂将试样表面浸湿，然后用乙醇洗涤	显示变形镁合金晶粒边界
柠檬酸 5mL＋蒸馏水 95mL	5～30	用浸蚀剂将试样表面浸湿，用热水洗涤，然后干燥	显示 Mg－Mn 系变形镁合金的晶粒边界
质量分数为 48% 的氢氟酸 1mL＋蒸馏水 99mL	10～20	用浸有浸蚀剂棉花擦拭试样，用热水洗涤若干次，然后干燥	显示 Mg－Al 和 Mg－Al－Zn 系合金的显微组织。浸蚀剂能使晶粒边界变暗，所以适用于含铝量低的合金

续表 12-17

浸蚀剂组成	浸蚀时间/s	操作程序	应用范围
草酸 2mL + 蒸馏水 98mL	2~5	用浸有浸蚀剂的棉花擦拭试样	显示铸造或变形镁合金的显微组织
①质量分数为 48% 的氢氟酸 10mL + 蒸馏水 90mL；②质量分数为 5% 的（苦味酸 5g + 乙醇 100mL）10mL + 蒸馏水 90mL	①1~2 ②15~30	用浸有浸蚀剂①的棉花擦拭试样，先用水洗涤，然后用乙醇洗涤，接着用浸有浸蚀剂②棉花擦拭试样，洗涤并干燥	显示 Mg_4Al_3 成黑色，$Mg_xAl_xZn_x$ 成白色

12.1.5 镁合金材料热处理缺陷分析

镁合金热处理时容易产生的五种常见缺陷是：氧化、过烧、弯曲与变形、晶粒异常长大和性能不均匀。

12.1.5.1 氧化

如果镁合金工件进行热处理时没有使用保护气体，则会发生局部氧化甚至在炉火内起火燃烧。通常向热处理炉内通入（0.5%~1.5%）SO_2（体积分数）或（3%~5%）CO_2（体积分数），或含（0.5%~1.5%）SF_6（体积分数）的 CO_2 保护气体，或惰性气体来避免镁合金工件的氧化。惰性气体由于成本过高而较少应用。此外，需要保证炉膛的清洁、干燥和密封。

12.1.5.2 过烧

加热速度太快、加热温度超过了合金的固溶处理温度极限，以及合金中存在较多的低熔点物质时，镁合金工件容易出现过烧现象。通常采用分段加热或从 260℃ 升温至固溶处理温度的时间要大于 2h，并将炉温波动控制在 ±5℃ 范围以内，以及降低锌含量至规定的下限等方法来避免镁合金工件的过烧。

12.1.5.3 弯曲与变形

热处理过程中没有使用夹具或支架、工件缺少支撑以及热量分布不均匀等都会导致镁合金工件弯曲和变形。为了减小或消除镁合金工件的弯曲与变形，需要对以下几个方面加以注意：对于截面薄、跨度长的工件需要支撑；对于形状复杂的工件应使用夹具或成型支架等；对于壁厚不均匀的工件将薄壁部分用石棉包扎起来。同时，需要合理放置炉内工件以保证炉内气氛的良好循环和热量的均匀分布。通过退火处理可以消除铸件中的残余应力。此外，在热处理过程中加热速度要保持适中。

12.1.5.4 晶粒异常长大

逐层凝固时使用冷铁，导致局部冷却太快，如果随后热处理时没有预先消除内应力则容易导致镁合金出现晶粒异常长大现象。热处理前进行消除应力处理、铸造时注意选择适当的冷铁以及固溶处理时采用间断加热法可以有效避免镁合金晶粒的异常长大。

12.1.5.5 性能不均匀

炉温不均匀、炉内热循环不充分或者炉温控制不精确、厚截面工件的固溶处理时间不够和工件冷却速度不均匀等是导致镁合金工件性能不均匀的主要原因。防止镁合金性能不均匀的主要措施有：用标准热电偶校对炉温；控制炉温的热电偶要放在炉温要求均匀的地方；装炉时必须保证炉内充分的热循环；定期检查加热炉的控温装置以确保其工作正常；

对于厚截面工件适当延长固溶处理时间，以获得完全均匀一致的组织；必要时进行二次热处理。

12.1.6 镁合金热处理安全技术

不正确的热处理操作不但会损坏镁合金铸件，而且可能引起火灾，因此必须十分重视热处理时的安全技术。

加热前要准确地校正仪表，检查电气设备。装炉前必须把镁合金工件表面的毛刺、碎屑、油污或其他污染物及水汽等清理干净，并保证工件和炉膛内部的干净、干燥。镁合金工件不宜带有尖锐棱角，而且绝对禁止在硝盐浴中加热，以免发生爆炸。生产车间必须配备防火器具。炉膛内只允许装入同种合金的铸件，并且必须严格遵守该合金的热处理工艺规范。

由于设备故障、控制仪表失灵或操作错误导致炉内工件燃烧时，应当立即切断电源，关闭风扇并停止保护气体的供应。如果热处理炉的热量输入没有增加，但炉温迅速上升且从炉中冒出白烟，则说明炉内的镁合金工件已发生剧烈燃烧。

绝对禁止用水灭火。镁合金发生燃烧后应该立刻切断所有电源、燃料和保护气体的输送，使得密封的炉膛内因缺氧而扑灭小火焰。如果火焰继续燃烧，那么根据火焰特点可以采取以下几种灭火方法。

如果火势不大，而且燃烧的工件容易安全地从炉中移出时，应该将工件转移到钢制容器中，并且覆盖上专用的镁合金灭火剂。如果燃烧的工件既不容易接近又不能安全地转移，则可用泵把灭火剂喷洒到炉中，覆盖在燃烧的工件上面。

如果以上几种方法都不能安全地灭火，则可以使用瓶装的 BF_3 或 BCl_3 气体。BF_3 气体通过炉门或炉壁中的聚四氟乙烯软管将高压的 BF_3 气体从气瓶通入炉内，最低含量为 0.04%（体积分数）。持续通入 BF_3，直到火被扑灭而且炉温降至370℃以下再打开炉门。BCl_3 气体也通过炉门或炉壁中的管道导入炉内，含量约为0.4%（体积分数）。为了保证足够的气体供应，最好给气瓶加热。BCl_3 可与燃烧的镁反应生成浓雾，包围在工件周围，达到灭火目的。持续通入 BCl_3，直到火被扑灭而且炉温降至370℃为止。在完全密封的炉子内，可以使用炉内风扇使得 BF_3 或 BCl_3 气体在工件周围充分循环。

BCl_3 是优先选用的镁合金灭火剂，但是 BCl_3 的蒸气具有刺激性，与盐酸烟雾一样，对人体健康有害。BF_3 在较低浓度下就能发挥作用，同时不需要给气瓶加热就能保证 BF_3 气体的充足供应，而且其反应产物的危害性比 BCl_3 的小。如果镁合金已燃烧了较长时间，并且炉底上已有很多液态金属，则上述两种气体也不能完全扑灭火焰，但仍有抑制和减慢燃烧的作用，可与其他灭火剂配合使用达到灭火目的。可供选择的灭火剂还有：干燥的铸铁屑、石墨粉、重碳氢化合物和熔炼镁合金用熔剂（有时）等。这些物质可以隔绝 O_2，从而闷熄火焰，扑灭火灾。

扑灭镁合金火灾时，除了要配备常规的人身安全保护设施外，还应该佩戴有色眼镜，以免镁合金燃烧时发出的强烈白光伤害眼睛。

有关镁合金生产安全技术，请参阅本手册第18章。

12.2 镁合金材料的精整与矫直

镁及镁合金材料，无论是铸件、压铸件等铸造产品，还是板材、型材、棒材、管件、模锻件等塑性成型产品，在成型和固溶、淬火处理后都存在残余应力和残余变形，尺寸和形位精度可能达不到技术标准的要求，因此需要进行精整和矫直。另外，表面也会残留润滑剂、灰渣、氧化皮等脏物，因此需要精整和清理，此外，铸件和模锻件的浇口和毛边、飞边，挤压产品的头尾需要切除，并切成定尺，才能包装交货。因此，精整、矫直和包装是镁及镁合金材料生产中的重要一环。

12.2.1 镁及镁合金铸件的精整和矫直

12.2.1.1 修整

镁合金压铸件出模后，先要进行修整处理，除去多余的金属，如工艺余块、小块金属、飞边、熔渣、漏道结块、溢出物、排气孔等。修整可与钻孔、修边等工序相结合。一般采用修整模进行，还可起到矫正的作用。修整模的复杂性取决于产品的结构、形状及尺寸和形位精度要求，简单的开闭模比较常见，但有时也要与钻孔、冲头的移动滑块结合。一般来说，修整模的精度决定了成品的质量与尺寸。如果在热处理（T4、T6）产生了热处理变形，则还需要矫直或机加工修正。

12.2.1.2 机加工

一些镁合金压铸件最近净成型的，修整后不需要进一步加工。有些需要进行机械抛光，如振动、超声波或喷丸处理等来改善表面质量。一些近净成型、公差严格和重复性好的铸件需要进行高精度的二次机加工处理。此外，可通过在压铸件上设计定位孔或其他部分与机加工夹具相配合来实现工件精确定位。

12.2.1.3 表面处理

镁合金的抗蚀性较差，其压铸件一般需要进行化学防锈处理和表面喷涂。防蚀处理方法常采用钝化剂进行钝化和表面阳极氧化处理。为了提高表面质量，一般要进行喷涂和喷丸处理。另外有些压铸件可使用陶瓷振动抛光处理来获得均匀表面，并去除残留的飞边和尖角。如有必要，也可使用研磨、抛光和其精整工艺来改善表面质量和状态。

12.2.2 镁合金模锻件的精整与矫直

12.2.2.1 锻件的切边与整形

控制镁合金锻件切边裂纹也是镁合金锻造中关键技术之一。镁合金在低于220℃，塑性差；对拉应力很敏感；在高温下时质地很软，黏性大，易拉伤。镁合金锻件毛边的切除，通过采用带锯冷切割、冷铣切或切边模热切（热裁）等方法。

带锯和铣床冷铣切适用于生产批量不大、形状简单或尺寸较大的镁合金锻件，它不产生裂边，可省去切边模。

在裁边压力机上热裁毛边时，一般采用咬合式模具，尽可能使凸凹模的间隙小或无间隙，避免切边裂纹的产生，切边温度应控制在200～300℃之间。

模具切边的优点是劳动强度小，工作比较安全，切边质量较高，生产效率也高。但切边模具昂贵，用途十分专一，一套切边模只能切割一种锻件的毛边，切割镁合金锻件时还容易产生毛边裂纹。

切边模的设计是根据锻件的形状进行的。对于图12－3中的型式A，切边凸模和凹模

之间的间隙 δ，根据高度 h 按表 12－18 中的型式 A 确定。当高度为变值时，间隙 δ 按最小高度确定。对于图 12－3 中的型式 B，凸模和凹模之间的间隙 δ，应根据毛边厚度 a 按表 12－18 中的型式 B 确定。

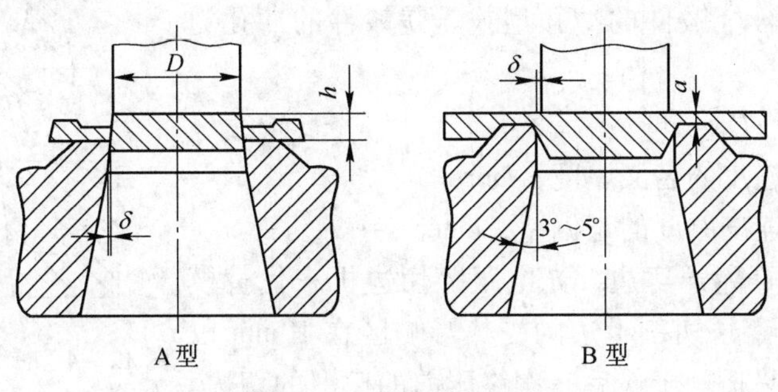

图 12－3 切边模的型式

表 12－18 切边模的凸、凹模间隙 δ (mm)

型式 A			型式 B	
h	D	δ	a	δ
<10	<30	0.5	3.0	0.25
10～25	30～60	1.0	4.0	0.30
>25	>60	1.5	5.0	0.40
			6.0	0.50
			7.0	0.60
			8.0	0.65
			9.0	0.70
			10.0	0.80
			11.0	0.90
			12.0	0.95
			13.0	1.00
			14.0	1.10
			15.0	1.20
			20.0	1.50

切边凸模与凹模之间的间隙 δ 也可以按下式确定：

$$\delta = (0.07 \sim 0.1)a \tag{12-1}$$

式中 a——毛边厚度。

制造切边模时，凸模与模锻件相接触的表面应仔细研合，以免锻件产生锉伤。凸模与凹模之间的间隙 δ 一般不大于 1.5mm。

镁合金锻件切边时的切边力按下式确定：

$$P = \sigma_{剪} L(a + \delta + 1.2R) \tag{12-2}$$

式中 $\sigma_{剪}$——剪切抗力，MPa；

L——剪切周长，mm；

a——毛边的名义厚度，mm；

δ——锻件厚度的正偏差，mm；

R——毛边桥出口处的半径，mm。

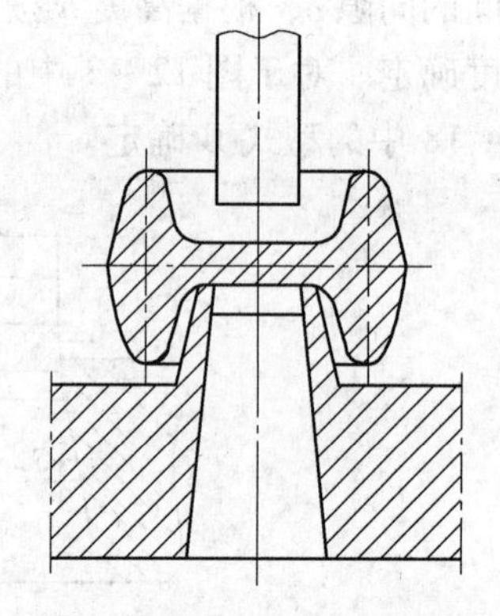

图 12－4 镁合金锻件的冲孔型式

图 12－4 为镁合金锻件的冲孔型式。镁锻件的冲孔力按下式确定：

$$P = \sigma_{剪}(a_1 + \delta_1) \qquad (12-3)$$

式中 a_1——冲孔连皮的名义厚度，mm；

δ_1——冲孔连皮厚度的正偏差，mm。

目前也有采用等离子切边、光电跟踪切边机来代替模具和带锯切边。等离子切割毛边的受热影响区在 10mm 以内，所以这种方法只适用于最后一次终压前的模锻的切边。光电跟踪切边机是一种自动化切边机，它最适宜切割大型锻件的毛边。

12.2.2.2 锻件的矫直与精压

由于锻件形状复杂、变形时本身组织不均、淬火装料时摆放不正、淬火温度和水温不均、冷却收缩不一致等原因，都会产生内应力，引起锻件翘曲变形，再加上模锻起料时所带来的翘曲，往往使锻件形状畸变，尺寸不符。因此，淬火后必须进行矫直，然后才能时效。

A 矫直和精压整形

镁及镁合金锻件的矫直和精压整形通常在模锻温度范围内，用终压模进行。为提高力学性能并获得高的精度，应在 200～300℃范围内进行半热冷作硬化精压整形，变形程度可控制在 10%～15%范围内。

B 表面清理

所有镁合金模锻件不论是在中间工序或者在成品工序，都要进行蚀洗。中间工序蚀洗的目的在于发现模锻件及其中间坯料的表面缺陷，以便修伤。成品工序蚀洗的目的除了发现表面缺陷，决定修伤补救或报废外，也要使表面光洁，便于涂油包装。镁合金模锻件及其中间坯料的蚀洗程序、设备名称、槽液成分、工作制度及用途，列于表 12－19 中。

表 12－19 镁合金蚀洗制度

蚀洗程序	设备名称	槽液成分	工艺制度	用途
1	浓酸槽	80% HNO_3 + 20% H_2SO_4（体积比）	温度：室温 时间：5～10min	脱脂
2	水槽	冷水	温度：室温	冲洗残液
3	稀酸槽	10%～30% HNO_3	温度：室温 时间：2～5min	蚀洗
4	水槽	冷水	温度：室温	冲洗残液
5	水槽	热水	温度：60～80℃	彻底冲洗，便于吹干

对于所有镁合金锻件，蚀洗时要注意锻件在料筐中的摆放，使槽液能顺利流出，不积存在锻件内，以免蚀洗不净或残留槽液腐蚀锻件。

C 修伤

模锻件蚀洗后，随即进行修伤。模锻件及其坯料修伤用的工具有：风动砂轮机、电动软轴砂轮机、风铲、扁铲等。

锻件在修伤前应仔细查清缺陷（如折叠、裂纹、压入、起皮等）部位，再进行修伤。修伤处要圆滑过渡，其宽度应为深度的5~10倍左右，棱角处要圆滑，中间工序有工艺凸起物，应该修掉。在中间工序，锻件上所有缺陷一定要清除干净。

经修伤后的锻件，需根据情况（尤其是折叠、裂纹等缺陷）进行再次蚀洗检查，以便确定是否已修彻底，如果修伤不彻底，需要第二次补修，直至缺陷完全清除为止。

12.2.2.3 检验、包装、交货

精整、矫直后的镁锻件，经检验合格后，按照有关技术标准进行涂油、包装和交货。

12.2.3 镁及镁合金板材精整与矫直

12.2.3.1 镁合金板材的剪切

观察金属的剪切过程可知，仅在剪刃接触金属时呈剪切作用，当剪刃达到一定深度后就不是剪切作用，而是撕裂，这对于塑性较差的镁合金剪切是不利的。

镁及镁合金在常温下剪切时，其切入比例仅有10%~15%，其余部分是以45°角撕裂方式断裂，而在高温下镁及镁合金有较好的剪切性能，切入比例大大增加，参见表12-20，切口也比较平整。但剪切温度为150℃时，其切口也以45°角断裂。

表12-20 MB3合金加温下的切入比例

剪切温度/℃	300	250	160
切入比例/%	60	50	40

镁及镁合金如果重新加热进行剪切时，最好加热到200℃以上。如果利用热轧后回复、再结晶软化或退火板材的余热剪切时，可参考表12-21进行。

表12-21 镁合金中、厚板材的剪切温度

板材厚度/mm	20~40	10~19	6~9
剪切温度/℃	≥200	≥180	≥150

随着板材厚度的变薄，剪切性能越来越好。因此，镁及镁合金薄板剪切均在常温下进行。剪切镁及镁合金时，其剪刀间隙控制见表12-22。

表12-22 镁合金剪切时的剪刀间隙

板材厚度/mm	1.5~5.0	6.0~12.0	13.0~19.0	20.0~40.0
剪刀间隙/mm	0.1~0.2	0.2~0.4	0.4~0.7	0.7~1.0

12.2.3.2 镁及镁合金板材的矫直

镁及镁合金的冷作硬化敏感性大，矫顽力很高，特别是14mm以下的板材尤为显著，低温下很难矫平。因此，镁合金中、厚板均在较高的温度下矫直。对于厚度在5.0~

7.0mm 薄板为了防止黏辊，可以在室温下反复矫直。

由于镁及镁合金滑移系统少，不宜采用拉伸矫直方法。目前最普遍采用的是在辊式矫直机上进行矫直。镁及镁合金全部厚板，可采取七辊矫直机在热态下进行反复矫直，矫直次数对其力学性能影响不大。

镁合金中、厚板材的矫直温度与剪切温度相同，在七辊矫直机上热状态矫直镁合金中、厚板的矫直制度见表 12-23。在此温度下可以反复矫直，矫直次数对产品的力学性能无显著影响。

表 12-23 镁及镁合金中、厚板材在七辊矫直机上的矫直制度

板材厚度/mm	七辊矫直机		矫直温度/℃	压下量/mm	
	入口间隙/mm	出口间隙/mm		入口端	出口端
20~40	-1~-2	0~+2	≥200	-1~-2	0~+2
10~19	-2~-3	0~+2	≥180	-2~-3	0~+2
6~9	-3~-4	0~+2	≥150	-3~-4	0~+2

镁及镁合金薄板矫直有两种方式：

冷矫——板材退火后冷却至室温后进行矫直。

温矫——板材矫直前先加热到 200~300℃或利用退火后板材的余热进行矫直。

镁合金薄板矫直多在室温下进行，这种方法的优点是：

（1）板材温矫虽然易于矫平，但板材冷却至室温，往往会产生回复现象，板材重新出现波浪。板材在室温下冷矫时，虽比较困难，但矫平的板材不再产生挠曲变形。

（2）板材温矫时，黏辊较严重，矫直辊易污染，清辊次数频繁，影响产品质量。板材在室温下矫直时无上述问题。

（3）板材温矫时，需专用设备对板材进行加热或保温。

（4）板材在室温下矫直时，可以反复进行。但反复矫直次数不宜过多，否则不仅会降低板材的力学性能，而且还会增大板材的各向异性，如图 12-5 和图 12-6 所示。

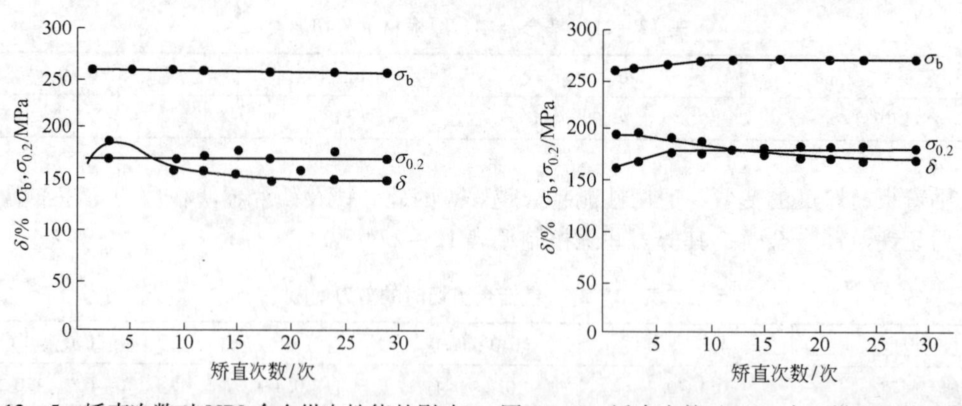

图 12-5 矫直次数对 MB8 合金纵向性能的影响　图 12-6 矫直次数对 MB8 合金横向性能的影响

也可将镁合金薄板置于两块钢板之间，对加热到一定温度的镁板施加 0.45MPa 的压力进行矫平。加热与施压同时进行，施压时间约 30min，加热温度为 150~200℃。用此法矫平时，材料的伸长率升高，而强度有所下降。由于板材在热状态下矫平，不存在残余应力，其抗应力腐蚀开裂能力得到提高。

矫直中、厚板材的七辊矫直机主要技术性能见表12－24。矫直薄板设备（十七辊和二十九辊矫直机）的结构和技术性能详见表12－25和图12－7。薄板矫直制度见表12－26。

表12－24 七辊矫直机主要技术性能

矫直辊直径/mm	矫直辊节距/mm	矫直辊长度/mm	矫直板的最大宽度/mm	矫直速度/m·min^{-1}	电动机功率/kW	电动机转数/r·min^{-1}
200	220	1600	1500	5	28	750

表12－25 辊式矫直机的主要性能及参数

主要性能	矫直辊数				
	17		23	29	
矫直板材厚度/mm	1～4	1～4	0.8～2	0.5～2	0.5～1.5
矫直板材宽度/mm	1000～1500	1200～2500	1200～2000	1000～1500	1200～1500
矫直速度/m·min^{-1}	30～60	30～60	30～60	30～60	30～60
矫直辊数/个	17	17	23	29	29
矫直辊直径/mm	75	90	60	38	38
矫直辊长度/mm	1700	2800	2200	1700	1700
支持辊数/个	57	90	60	186	186
支持辊直径/mm	75	76	125	38	38
支持辊长度/mm	350	400	200	150	150
传动电机功率/kW	40	65	65	55	65
转数/r·min^{-1}	620～1200	650～1180	650～1180	636～1180	650～1180
压下电机/个	4	4	4		
压下电机功率/kW	2.8	2.8	2.8		
转数/r·min^{-1}	1420	1430	1430		

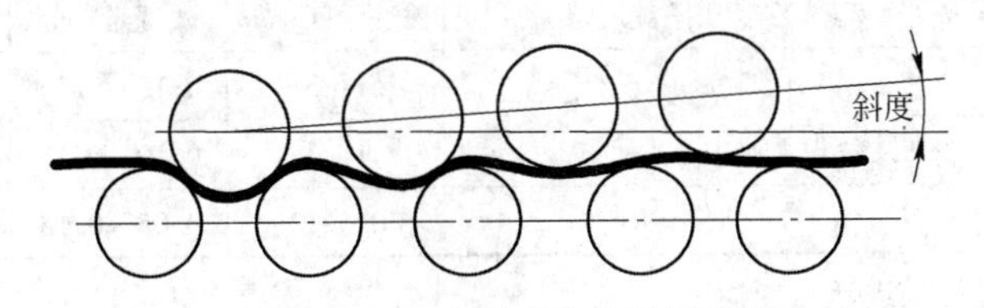

图12－7 一个斜度方向的矫直辊

表12－26 镁合金薄板矫直工艺制度

板材厚度/mm	十七辊矫直机		二十九辊矫直机	
	入口间隙/mm	出口间隙/mm	入口间隙/mm	出口间隙/mm
0.7～1.25	－6～－7	＋1.5～＋2.5	－2.0～－2.5	＋1～＋1.5
1.26～1.40	－5～－6	＋2～＋3	－1.3～－2.0	＋1.8～＋2.5
1.41～1.50	－4～－5	＋2.5～＋3	0～＋1.2	＋2.5～＋3.0

续表 12－26

板材厚度/mm	十七辊矫直机		二十九辊矫直机	
	入口间隙/mm	出口间隙/mm	入口间隙/mm	出口间隙/mm
1.51～2.50	－3～－4	＋2.5～＋3.5	—	—
2.60～3.50	－2～－3	＋3～＋4	—	—
3.60～4.50	0～－1	＋4.5～＋5.0	—	—
4.60～5.50	＋1～0	＋5.5～＋6.0	—	—

12.2.3.3 镁及镁合金板材的酸洗及防腐处理

A 镁合金板材的酸洗

镁合金板材的酸洗有“中间酸洗”和“成品酸洗”之分。中间酸洗通常在热轧之后进行，用以清除在热轧过程中板坯表面的氧化皮层，轧辊黏着物的压入，减轻因黏辊而造成的板坯麻面，清除中间存放期间板坯表面生成的氧化镁水化物、碳酸镁、氢氧化镁等腐蚀产物，以及其他污染物，以便提高板材的表面质量。成品酸洗除达到上述目的外，并借助酸洗来进一步控制产品最终的尺寸偏差和保证后续氧化上色的质量。

镁及镁合金能很好地溶解于大多数酸中。在无机酸（除氢氟酸外）中，以硝酸最佳。因其去垢力最强，酸洗中在板材表面形成的腐蚀残余物（“挂灰”）最少，从而对氧化上色的质量影响最小。故在生产实践中，一般均采用硝酸溶液酸洗。

镁在硝酸溶液中的溶解过程，可能存在下列几种反应。由于镁是一种强还原剂，因此，其最基本的反应仍为置换氢的反应。

$$Mg + 2HNO_3 \longrightarrow Mg(NO_3)_2 + H_2\uparrow$$
$$Mg + 4HNO_3 \longrightarrow Mg(NO_3)_2 + 2NO_2 + 2H_2O$$
$$3Mg + 8HNO_3 \longrightarrow 3Mg(NO_3)_2 + 2NO + 4H_2O$$
$$4Mg + 10HNO_3 \longrightarrow 4Mg(NO_3)_2 + NH_4NO_3 + 3H_2O$$

镁合金板材通常采用的酸洗液和制度见表 12－27。

表 12－27 镁合金板材酸洗制度

工序名称	板材厚度/mm	溶液浓度（硝酸质量）/%	酸洗时间/min	酸洗量/mm	槽子材料
中间酸洗	5～6	10～15（密度 $1.42g/cm^3$），其余为工业用水	1～3	0.15～0.25	不锈钢或用陶瓷、橡胶、铝作衬里
成品酸洗	大于3		1～3	0.10～0.15	
成品酸洗	小于3	15～20	0.5～2	0.05～0.15	

注：成品酸洗在氧化上色前进行。

影响酸洗速度的主要因素有溶液的浓度、溶液的温度、M^{2+} 的浓度等。此外，酸洗前板材表面的污染度，组织的均匀性和热处理制度等，对酸洗的质量和速度也有不同程度的影响。

（1）槽液的浓度。酸洗时，随着槽液浓度的降低，酸洗速度相应减慢。生产中经常检查酸洗液的浓度，并应及时补充。

（2）槽液的温度。酸洗是一种放热反应，随着酸洗过程的进行，槽内溶液的温度自行升高，使酸洗速度增加。槽液的温度一般以不超过60℃为佳，不宜过高。尤其是进行薄板的成品酸洗时，如果槽液的浓度和温度过高时，由于反应激烈，将影响成品板材的尺寸精度、平整度和表面质量。

（3）镁离子的浓度。酸洗时，由于槽液中镁离子的增加和蓄积，将急速降低酸洗的速度，试验指出，当溶液中镁离子的浓度大约达到27g/L时，酸洗过程即将停止。因此，应及时清理槽液中的酸洗产物，降低镁离子的浓度。

国外的几种酸洗溶液和工作制度见表12－28。国内常用的镁及镁合金板材酸洗制度见表12－29。

表12－28　国外的几种酸洗溶液和工作制度

溶液成分	工作制度	
	温度/℃	时间/min
CH_3COOH（冰醋酸）175g/L；$NaNO_3$ 或 NH_4NO_3 50g/L	20～25	0.5～1
H_3PO_4（85%）30mg/L	20～25	0.5～1
HNO_3（密度1.42g/am^3）30～50mg/L	20～25	不大于5
HNO_3（密度1.42g/am^3）30～50mg/L；H_2SO_4（密度1.84g/am^3）60mg/L	18～20	0.5～1
H_2PO_4（85%）24.6mg/L；NH_4HF_2（或 KHF_2）100g/L	20～30	不大于5
乙二醇（CH_2OH-CH_2-OH）10%～40%；$NaNO_3$ 1%～10%	室温	1

表12－29　镁及镁合金板材常用酸洗制度

工序名称	板材厚度/mm	溶液浓度（硝酸质量）/%	酸洗时间/min	酸洗量/mm	槽子材料
中间酸洗	5～6	10～15（密度为1.42g/cm^3），其余为工业用纯水	1～3	0.15～0.25	用不锈钢、陶瓷、橡胶或铝作为衬里
成品酸洗	大于3			0.10～0.15	
	小于3	15～20	0.5～2	0.05～0.15	

B　镁及镁合金板材的防腐处理

镁合金板材的防腐方法，按合金的品种和用途的不同，种类繁多，其中有化学处理；阳极化处理；电镀覆盖；压固有机覆盖层；搪瓷覆盖和组合覆盖法等。

所有变形镁合金材料，为防止在储存和运输中造成腐蚀起见，通常采用氧化方法，俗称氧化上色。氧化上色的基本工艺流程如下：

脱脂处理→热水洗涤→冷水洗涤→酸洗→冷水洗涤→光亮蚀洗→冷水洗涤→热水洗涤→氧化上色→冷水洗涤→热水洗涤→干燥→补充处理。

（1）脱脂处理。脱脂是在酸洗和氧化上色之前的一个准备工序。脱脂的目的是去除板材表面的油污和工艺润滑剂的残迹，保证板材表面具有良好的润湿性能。根据板材表面状况不同，脱脂过程的简繁程序也不相同。

对于经过油封而需要重新氧化上色的板材，应先将其通过蒸气或热水（95～100℃）脱脂机，然后再用白节油或纯汽油等有机溶剂拭擦，最后再在脱脂槽中进行脱脂处理。

对于在轧制过程中采用了工艺润滑的板材的脱脂，可用浓度0.5%～1.0%的苏打水溶液处理。溶液的温度为90～100℃，处理时间为30min左右。

如板材的表面上有局部油污时，则采用有机溶液局部清洗即可。

对于轧制时用洗油或其他有机物作工艺润滑剂的板材，可不需专门脱脂。在成品酸洗后，对板材表面上存留的局部油剂，可用手持砂轮机或刮刀清除即可。

镁及镁合金板材的脱脂溶液及工作制度见表12－30。

表12－30 镁及镁合金板材脱脂制度

脱脂溶液		工作制度	
Na_3PO_4 $Na_2O \cdot SiO_2$ NaOH	40～60g/L 20～30g/L 10～25g/L	60～90℃	5～15min
NaOH $Na_2O \cdot SiO_2$	80～100g/L 5～15g/L	60～90℃	5～15min

（2）光亮蚀洗。光亮蚀洗简称光洗，也属于酸洗。其化学反应过程较普通酸性温和缓慢。

光亮蚀洗是氧化上色前必备工序，其目的是进一步净化板材的表面，显露出金属之光亮而净洁的表面。

光洗的溶液种类很多，一般多采用铬酐溶液，或在这种溶液中添加适当的活化剂。镁合金板材光亮蚀洗溶液的成分及其工作制度见表12－31。

表12－31 镁合金板材光亮蚀洗溶液及工作制度

溶液成分/$g \cdot L^{-1}$		工作制度		pH值	槽子材料
		温度/℃	时间/min		
CrO_3（铬酐） $NaNO_3$ 或 $Ca(NO_3)_2$	80～100 5～8	15～40	5～15	1.2～1.6	普通钢、聚乙烯、铝、不锈钢、陶瓷等

（3）氧化上色。镁及镁合金板材进行氧化上色的目的是通过化学氧化方法使金属表面形成一层坚实而致密的人工氧化膜层，借以保护内部金属不再继续受腐蚀，从而提高了板材的抗腐蚀能力，同时还使板材表面的色泽美观。

镁合金氧化上色的溶液很多，现将常用的溶液成分及工作制度列于表12－32中。

表12－32 镁合金氧化上色溶液及工作制度

溶液浓度		工作制度		槽子材料
成分	g/L	温度/℃	时间/s	
$K_2Cr_2O_7$ CH_3COOH $(NH_4)_2SO_4$ CrO_3	80～100 8～15① 3～4 3～4	60～75	30～120	不锈钢 低碳钢 纯 铝

①单位为mL/L。

在上述氧化上色槽液中，重酪酸钾（$K_2Cr_2O_7$）是成膜剂，醋酸（CH_3COOH）和硫酸铵［$(HN_4)_2SO_4$］是活化剂。其作用在于提高镁的溶解速度，并保护成膜过程中溶液所要求的pH值。铬酐（CrO_3）则主要起填充作用，增加膜层的厚度，同时也具有调整溶液pH值的作用。

（4）局部氧化上色。经过氧化上色后的板材或零件，如因机械损伤或由于清理个别缺陷而使氧化膜遭到破坏时，可按表12－33所示方法进行局部氧化上色。

表12－33　局部氧化上色的溶液及方法

编　号	溶液浓度		处理方法
	成　分	g/L	
1	H_2SeO_3 $K_2Cr_2O_7$	20 10	用于净棉纱和布类蘸上溶液，在补色之处拭擦30～40s
2	CrO_3 $CaSO_4$	10 5	

（5）旧氧化膜的去除方法。当镁及镁合金板材或制件由于氧化膜层的质量不符合要求；材料在加工过程中氧化膜层被破坏；或者由于存放时间较长，氧化膜的质量变坏等原因而需要重新进行氧化上色时，必须先将旧的氧化膜层去除掉，以保证新上膜层的质量。

根据具体情况不同，可采用以下方法将旧的有氧化膜层去掉。

1）对于尺寸允许减薄的板材或制件，可在5%～10%（按质量）的硝酸溶液中除膜。

2）对经油封的板材或制件，可在浓度为30%～40%的NaOH溶液除膜，溶液温度70～80℃，除膜时间5～15min，然后在热水、冷水冲洗，并在铬酐溶液中进行中和（光洗）30～60s。

3）对要求严格控制尺寸的板材或制件，可在铬酐溶液中除膜。

（6）氧化上色中产生的主要缺陷及消除方法。镁及镁合金板材在氧化上色过程中常见的缺陷种类，产生原因及消除方法见表12－34。

表12－34　氧化上色的缺陷种类，产生原因及消除方法

槽液名称	缺陷种类	产生原因	消除方法
光洗溶液	1. 表面过腐蚀并产生灰色污浊的挂灰 2. 表面发暗 3. 产生上色现象	1. 溶液中SO_4^{2-}离子含量超过0.8g/L； 2. 溶液维护不好； 3. 使用过久	1. 用$Ba(OH)_2$或$BaCO_3$处理，使SO_4^{2-}离子沉淀； 2、3. 更换槽液
氧化上色溶液	氧化膜不牢固，易被擦掉，膜色暗淡，无光泽	1. 溶液温度过高； 2. 处理时间过长； 3. 溶液成分不合格； 4. 热水温度过高； 5. 热水洗涤时间过长	1. 降低槽液温度； 2. 缩短处理时间； 3. 调整槽液； 4. 降低热水温度； 5. 缩短热水洗涤时间

续表 12-34

槽液名称	缺陷种类	产生原因	消除方法
氧化上色溶液	红斑，即表面出现金黄色的斑点	1. 表面处理不好； 2. 溶液维护不好； 3. 槽液使用过久	1. 执行氧化上色工艺规程； 2、3. 及时更换槽液
	膜的颜色过浅	1. 醋酸含量过低	1. 添加醋酸
	表面出现白斑	1. 锰偏析产物； 2. 金属腐蚀未清除干净	1. 提高铸锭质量消除锰偏析； 2. 加强修理
	黑色溃伤	1. 溶液中 Cl^- 离子含量大于 0.8g/L； 2. 与槽边或框架相接触	1. 氧化上色框用塑料包裹； 2. 防止板料与框架相接触
	端头及底边处氧化膜脱落	1. 上色前除油不净； 2. 光洗后用手或带油的手套拿板片	1. 加强板材表面修理； 2. 光洗后的板材，禁止用手或带油的东西去抹擦板材

12.2.4 镁及镁合金挤压产品的精整与矫直

12.2.4.1 镁及镁合金挤压产品的矫直

经挤压或热处理后的镁及镁合金型、棒、管材，一般都要进行精整和矫直后，经检验再包装交货。矫直的基本任务是保证制品纵向和横向的几何尺寸与形位公差，满足技术标准的要求。

矫直可分为张力矫直、辊压矫直、压力矫直和手工矫直。

A 张力矫直

张力矫直的主要目的是为了消除制品纵向的弯曲与扭拧等形位缺陷。一般用张力矫直机进行矫直，其设备和方法与铝合金的大致相同，不同的是，镁及镁合金型、棒材的张力矫直通常应在200~300℃下进行，永久变形不得大于3%。在矫直厚度小于10mm的薄小材料时，最好采用接触电热法加热，加热数秒至2min，即可进行拉矫。而对截面厚度大于10mm的型材和棒材，宜利用挤压后的余热进行拉矫。近年来，研发出了一些镁合金型材温矫装置，可控制温度、速度和拉矫率，使镁型材的拉矫变得方便多了。镁合金管材一般不采用拉矫法矫直。

温拉矫镁合金型材时，其拉矫后冷状态下的尺寸应留有供氧化上色工序的蚀洗量。如型材厚度上留出0.1mm，宽度上留出0.2mm的余量。

B 辊压矫直

(1) 管材和圆棒的辊压矫直。镁合金管材和圆棒的辊压矫直是在具有双曲线形辊面的专用辊式矫直机上进行的。矫直前应切成成品尺寸，当制品弯曲度过大时，还应当经过预矫直。如直径较大的棒材应先在压力矫直机上进行预矫。

决定矫直质量的主要因素是制品与矫直辊接触的紧密程度，即矫直压力和矫直辊倾角的大小。压力的大小主要取决于合金状态和制品的弯曲程度。硬合金及淬火时效处理后的制品压力比软合金的要大得多。弯曲程度大的压力也大。倾角的大小主要取决于制品的直径，大直径制品应比小直径制品的倾角大。

图 12－8 为双曲线矫直机辊子排列和矫直管材示意图，表 12－35 列出了国产卧式双曲线多辊矫直机技术性能。

图 12－8　双曲线矫直机辊子排列和矫直管材示意图
(a) 七辊矫直机；(b) 九辊矫直机

表 12－35　国产卧式双曲线多辊矫直机技术性能

矫直管材				矫直棒材最大直径 /mm	辊距 /mm	矫直辊尺寸		矫直速度 /m·min^{-1}	电动机功率 /kW	设备外形尺寸 (长×宽×高) /mm×mm×mm	总重 /kg
最小直径 /mm	最大直径 /mm	最大壁厚 /mm	最大 σ_s /MPa			辊喉直径 /mm	辊身长度 /mm				
5.0	25	7	—	20	300	60/80	200/800	36/72	3.2/4.2	105×932×970	1125
6	30	7	—	30	440	117/130	270/114	29.5/59.2	5/7	1450×1205×1110	1828
5	40	5	340	—	440	117/130	270/114	30/60	5/7	1450×1285×1110	2130
6	40	4.5	—	30	450	117/130	270/114	33.4/60.4	5/7	1440×1225×1135	2380
10	40	8	400	—	500	140/200	300/210	30/60	10/14	1776×1835×1050	2623
20	50	6	—	—	300	220/160	320/140	150	20	—	10850
24	65	12	340	—	900	230/170	400/260	30	40	—	—
15	75	7.5	—	50	600	175/205	400/192	156/278	14/20	2300×2709×1086	5646
25	75	—	280	50	600	175/200	396/196	14.6/29.5	14/20		8500
21	76	—	—	—	900	230/200	500/280	107/201	38	4300×1760×1950	7890
25	80	—	—	—	900	260/200	500/267	170/201	38	2300×1760×1850	7488
35	80	8	400	—	800	220/200	330/210	30	40	2460×2810×1230	6715
40	120	15	280	100	840	250/250	550/200	31.4/20.6/1	40/70/28	3800×2500×1510	13770
60	160	7	280	100	840	250/250	550/210	5.6	28/40	—	12371
85	220	12.5	400	—	1300	400/400	—/400	14.7/16.6	40	—	—
165	325	15	380	—	850	400	400	21	36	6140×3960×2800	62800

(2) 型材的辊压矫直。型材辊矫的基本任务是消除型材经拉矫后尚未消除或拉矫中新产生的不符合技术标准要求的角度、平面间隙、扩口、并口以及纵向和横向弯曲等缺陷。

镁及镁合金型材的辊压矫直在对辊式（悬壁式或龙门式）专用矫直机上进行。矫直前应按规定切去头尾，并按技术标准和图纸的要求对前后端尺寸进行认真测量（每批按

10%取样)，掌握其变化规律，然后依据配辊原则和配辊方法选择辊片、垫片，进行装配调辊试压后，进行正常矫直。为避免辊片黏上金属，必须供给辊片的工作区足够的润滑剂。镁合金型材辊压矫直时，一般用汽油作润滑剂。

图12-9~图12-11为各种型材辊压矫直配辊示意图。

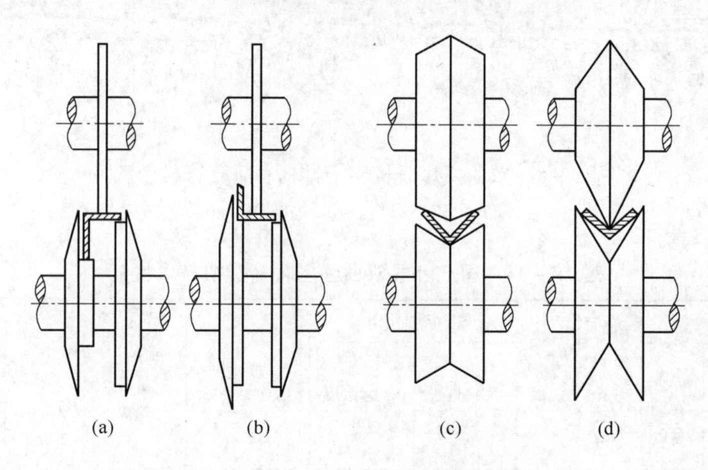

图12-9 角形型材辊压矫直配辊示意图

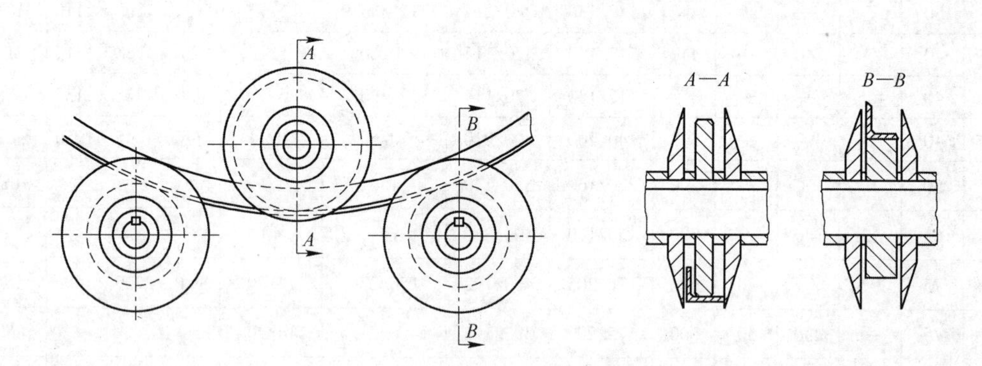

图12-10 角形型材纵向弯曲配辊图

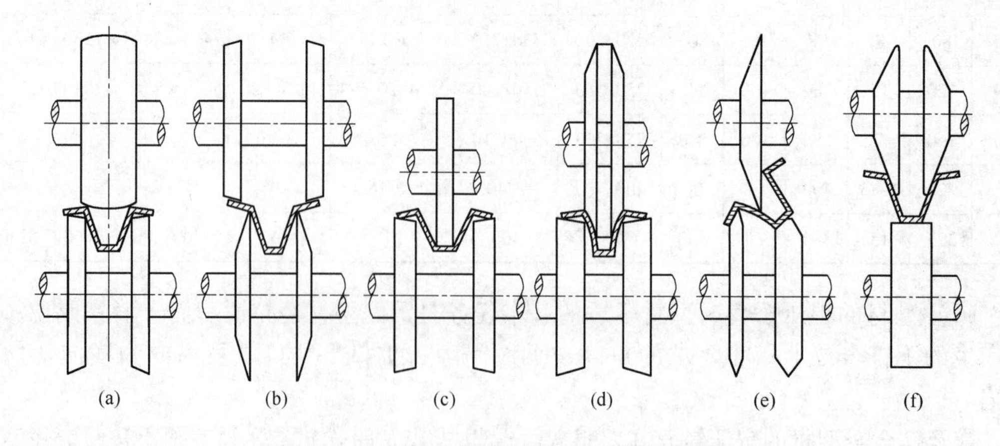

图12-11 辊矫凸边槽形型材时的配辊示意图

C 压力矫直

压力矫直的主要任务是消除某些大断面制品经拉矫仍未能消除或因设备所限不能进行矫直的局部弯曲。压力矫直在立式压力机上进行。镁合金制品的压力矫直设备和工具与铝合金矫直的基本相同。

D 手工矫直

手矫的主要任务是矫直一些小断面在经过拉矫、辊矫后仍未消除的扭拧、弯曲等缺陷。手矫主要是用手或扳子在平台上进行。

12.2.4.2 挤压制品的锯切、表面精整、检验与包装

A 锯切

锯切包括切头、切尾、取样和切成品。镁及镁合金挤压制品用的锯切设备为有齿圆锯和带锯。锯切时一般不使用润滑剂。

B 表面清理与防护处理

镁及镁合金制品表面易黏金属和杂物，而且常会产生锈蚀。因此，在生产过程中，应尽量把制品放置在无腐蚀的干燥处，并用牛皮纸或塑料垫底、覆盖。为防止制品在运输和储存过程中发生腐蚀，在成品检查合格后，必须进行表面清理和防护处理，然后再涂油包装交货。

镁及镁合金挤压制品的表面防护处理一般用阳极氧化上色处理。镁合金的表面处理技术将在后面详述。

C 镁及镁合金挤压制品的成品检查

成品的检查与处理应按制品所要求的技术标准进行。主要包括检查制品的化学成分内部组织和性能、尺寸与形位公差、表面状态等内容，一项不合格，则该根或该批作废或降级处理。

D 包装交货

镁及镁合金挤压制品经矫直、精整、表面清理与防护处理并检验合格后，应按相应的技术标准在表面处理后24h内进行包装。广泛采用木制包装箱、塑料袋和捆扎等方法进行包装，有些制品在包装前还要涂油处理。镁合金挤压制品在包装时，一般采用炮油，包装用牛皮纸应浸以汽油。包装好的镁及镁合金挤压制品可按有关技术条件交货发运。

13 镁及镁合金材料的深加工技术(二次成型)

13.1 概述

镁合金是目前工程应用中最轻的结构材料，用镁合金代替传统的材料不仅可以大大减轻结构的重量，而且能显著的增强其散热能力和抗振能力，另外用镁合金制造的电器外壳能有效的减轻电器对人体及周围环境的电磁辐射危害。目前，大多数镁合金产品是通过铸造方式获得（包括传统的铸造、压铸和半固态成型等）。随着对镁合金材料性能及加工技术的研究不断深入，对镁合金材料的应用也越来越广泛。因此，对镁及镁合金的塑性变形成型工艺的研究也日趋重视。与铸造工艺相比，经塑性变形（挤压、轧制、锻造、冲压等）后的材料组织得到细化，能在一定程度上使铸造缺陷愈合，产品的综合性能得到大大提高，特别是材料的力学性能得到提高。变形镁合金有望成为21世纪新型的高性能材料。

一般来说，挤压、轧制方法生产的镁及镁合金材料都必须经过进一步的加工（深加工）制作成零部件才能使用。由于镁及镁合金材料用途与日俱增，对其深加工技术的研发也日益广泛和深入。目前常见的镁及镁合金深加工产品及其制备技术有：板料冲压成型（二次成型或称为深加工）；铸件、锻件和挤压件的机械加工；镁及镁合金材料的连接；镁合金材料的防护；精饰与表面处理等。镁合金材料的深加工虽然与铝及铝合金的有很相似之处，但也有很大差异，以下主要讨论镁合金材料深加工的特点及技术开发概况。

13.2 镁及镁合金板料的冲压成型

镁合金板料的冲压成型与钢、铝或铜合金的主要区别在于成型温度。虽然可以在室温下进行某些镁合金材料的成型，但大多数情况还是需要采用高温成型。

13.2.1 冷成型

镁合金的冷成型仅限于具有一定弯曲能力的板料弯曲成型。镁合金可在室温下使用标准的驱动辊成型出圆柱和圆锥形零件，也可压力成型出简单法兰盘。其成型工艺特点如下。

（1）弯曲半径。通常镁合金板带弯曲有一个最小弯曲半径，表13－1给出了用弯板机室温下快速弯曲的最小半径。当使用液压机提供较低成型速度时，可应用比表13－1给出的略小一些的弯曲半径。

（2）表面保护。在冷成型情况下，防止表面损伤的一般方法是用带子将工作的金属关键部位裹上，若可行，也将工具表面裹上，该方法生产效率低。同时，特别是要保持模具清洁，去除金属颗粒，以防这些颗粒压入工件表面降低其耐腐蚀性。在成型大直径零件时，在模具中间塞上硬橡胶有助于防止金属工件损坏。但在高速成型时不推荐该方法，因为塞入太快会引起工件外形尺寸不稳定。

（3）再弯曲。在冷成型时，对弯曲件拉直部位，不宜进行再次弯曲。

（4）回弹。在镁合金冷成型时，对于90°弯曲回弹可达30°，因此在弯曲工艺中应给予充分考虑的重视。

（5）弯曲对长度的影响。与铝合金和钢在弯曲时伸长不同，镁合金变短要引起中性轴向弯曲件伸长的一边轻微移动。对于薄板，这种缩短的程度很小，因其轴偏移仅有5%～10%。但对厚板在弯几个弯的时候，此缩短量可能是明显的。因此，准备坯料时，应对此要有所考虑。

（6）应力释放。为防止应力腐蚀，冷成型后的镁－铝－锌合金（AZ），要释放应力。对镁－钍合金（HM、HK）成型的工件也会释放应力。表13－2给出了对最普通冷成型后的镁合金进行应力释放所推荐的温度和时间。

表13－1　镁合金室温快速成型的最小弯曲半径

板材厚度0.51～6.3mm		挤压板条，宽22.2mm，厚2.3mm	
合　金	以工件厚度t表示的最小弯曲半径①/mm	合　金	以工件厚度t表示的最小弯曲半径①/mm
AZ31B－O	5.5	AZ31C－F	2.4
AZ31B－H24	8	AZ31B－F	2.4
HK31A－O	6	AZ61A－F	1.9
AK31A－H24	13	AZ80A－F	2.4
HM21A－T8	9	AZ80A－T5	8.3
HM21A－T81	10	HM31A－T5	11
LA141A－O	3	ZK21A－F	15
ZE10A－O	5.5	ZK60A－F	12
ZE10A－H24	8	ZK60A－T5	12

①最小弯曲半径基于一个152mm宽的试样，在90°模具中弯曲。

表13－2　对最普通冷成型后的镁合金应力释放处理工艺

板　材			挤压板条		
合金与状态	温度/℃	加温时间/min	合金与状态	温度/℃	加温时间/min
AZ21B－O	260	15	AZ31B－F	260	15
AZ31B－H24	150	60	AZ61A－F，AZ80A－F	260	15
HK31A－H24	290	30	AZ60A－T5	205	60
HM21A－T8	370	30	HM31A－T5	425	60
HM21A－T81①	370	30			

①在400℃暴露30min可释放应力60%～80%，但力学性能会降低。

13.2.2　热成型

13.2.2.1　概述

镁合金在高温下的可加工性比室温时大得多，故它们多在高温下成型。成型镁合金所用的方法和设备通常与成型其他金属所用的相同，差别仅是进行高温成型所需的工具和工艺。

在高温下，可用一道工序拉伸成比较复杂的镁合金零件，而不需要重复退火和再拉伸。因此能缩短了制造零件的时间，也简化了工序，节约了模具和设备。对大多数成型不需整形模具，因回弹小，与冷成型零件相比，热成型零件能获得更小的尺寸公差。对于不同的变形镁合金，表 13－3 列出了不同变形镁合金热成型时，推荐加热成型的最高温度和时间，工件在此条件下热成型不会降低力学性能。

表 13－3 变形镁合金加热成型的最高温度和时间

板材			挤压板条		
合金状态	温度/℃	时间	合金状态	温度/℃	时间
AZ21B－O	290	1h	AZ61A－F	290	1h
AZ31B－H24	165	1h	AZ31B－F	290	1h
AK31A－H24	345	15min	M1A－F	370	1h
	370	5min	AZ80A－F	290	30min
	400	3min	AZ80A－T5	195	1h
			ZK60A－F	290	30min
			ZK60A－T5	205	30min

镁及镁合金板料热成型工艺特点和条件分述如下：

（1）板材的选择。轧制的镁合金产品包括平板和厚板，卷板材，圆的工具板和踩板。轧制的镁合金板带是应用最方便材料，多数深加工成型选用 O 状态的板材。有时，局部退火（H24）状态的板材也能成型。加热明显会影响轧制镁材的性能，因此成型时必须考虑材料在高温下暴露后材料的力学性能变化。图 13－1 所示的曲线给出了高温暴露时间对 AZ31B－H24 板料室温力学性能影响，这为深加工设计提供了材料的力学性能最小值。

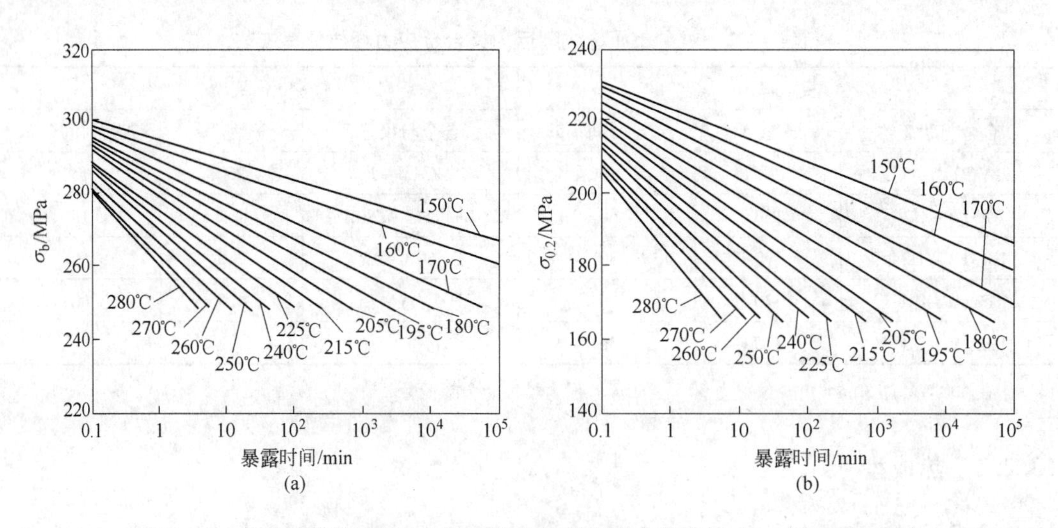

图 13－1 高温暴露时间对 AZ31B－H24 板料室温力学性能（σ_b 和 $\sigma_{0.2}$）影响

以上曲线已被外推到超过 AZ31B－H24 板料典型的性能水平。这样若从一曲线选择的值超过了暴露前材料的实际性能水平，则要使用真实的曲线。另外还要注意在高温下多次暴露的影响是累积的。AZ31B－H24 板料一般热成型温度低于 160℃，以防止退火，使其室温性能水平低于规定的最小值。退火是暴露时间和温度的函数，若仔细控制暴露时间，允许温度高于 160℃。

（2）热膨胀。镁合金热膨胀率很高。例如，在 260℃镁热膨胀大于钢的 2 倍。故用钢或铸铁热成型镁合金零件需考虑工具材料与工件在热膨胀方面的差别。因为，锌和铝合金的膨胀系数与镁合金相近，若使用这些合金做模具可不用考虑对尺寸系数进行修正。

（3）成型前的准备。必须清洗待热成型的镁合金坯料。去掉保护涂料、油污、脏物、潮气或其他外来物。模具、冲头和成型毛坯应清洁，无划痕。可用溶剂清洗工具，用细砂布轻微抛光去掉锈、划痕和轻微缺陷。但抛光不允许改变工具尺寸。成型时，镁着火的可能性不大，但要储备有足够而合适的灭火材料，必须放置在工作区内。

（4）工件加热。在大多数热成型方法中，在加热工件的同时也需要加热模具。加热设备包括加热炉子、加热板、电加热装置、传热液体、感应加热器、灯泡及其他形式的红外加热器。

（5）加热方法。电加热装置常用来加热模具和其他成型工具。某些模具用电阻加热，即低压大电流通过导电卡子进入模具。辐射加热特别适用于工件快速加热及应用快动压力机的场合，加热时要用布盖在工件上，使热量损失最小。个别情况，模具可用手工喷灯火焰加热。对于可迅速处理的小模具，可在用靠近成型设备的炉子加热。

此外，也常用红外加热。最普通的方法是用一组红外线灯。红外加热的主要优点是只加热模具和工件而不加热周围区域。加热费用少，危险较小。

用气体加热装置加热时，因为安装设备简单，燃料费用一般也低。喷嘴可使火焰接触模具表面。带孔冲头可用冲头内的喷嘴加热。

采用传热流体加热，传热流体通过各种通道加热工作台板、成型体、锤锻模，以及其他成型模具。用此法加热迅速，温度可控制在 150～400℃范围内，传热流体是天然的或人工合成的可耐高达 345℃高温的热油，通常在模具内的通道里循环，其最高温度一般在 175℃左右。传热流体加热的设备包括气化发生器、循环机构和温度控制系统。

镁合金成型中，温度控制很重要。对于少数零件成型，接触式高温计或温度敏感棒能较好用于温度测量。有时也用木匠的蓝粉笔，在近 315℃时金属表面的粉笔道会变白。

对大多数镁材成型工艺，主要采用自动温度控制器。辐射加热和红外加热的温度控制比较难。有一种红外灯在工具或工件达到设定温度时能扩大或缩小其加热功率。另一种红外加热的温度控制是由一专门的辐射计组成，这种辐射计只对被加热表面热辐射敏感。

为保持所希望的温度，气体加热时，一般通过调节电磁阀门使气体加热系统的控制器降低或升高火焰。总之，对所有加热系统，通常都应备有很好的温度控制装置。

（6）润滑及润滑剂选择。一般来说，润滑在热成型中比在冷成型中更为重要，因为划伤随温度增加而增加。

成型镁合金用的润滑剂有矿物油、润滑脂、动物脂、肥皂、蜡、二硫化钼、挥发介质的胶体石墨、动物油为介质的胶体石墨及薄纸片或玻璃纤维。

润滑剂选择主要取决于成型温度。对于120℃以下的温度一般选用润滑脂、动物油、肥皂、石蜡。在旋压时，润滑剂要黏附在工件上，否则，离心力会把润滑剂甩出。但在有模拉伸或在弯板机中弯曲时不成问题。工厂中也使用别的工艺用润滑剂。通常做法是选用的润滑剂要在成型后容易去除，使用时能用辊子涂覆或往上涂刷。

在120℃以上成型时，润滑剂选择受到限制。普通油脂、润滑脂以及石蜡都不能用。虽然胶质石墨可用于任意温度下的镁合金成型，但因石墨清除困难，妨碍后面的表面处理，故一般不用。

在230℃温度下，可用肥皂润滑。这是一种水溶液的混合物，可用浸泡、涂刷或辊涂方法涂覆到工件上。涂完后，把工件毛坯凉干。这种干润滑剂稳定，凉干后毛坯可不定期地保存起来以备后续加工之用。成型后留下的这种润滑剂用热水清洗可完全去除。

当成型温度高于230℃时，胶质石墨和二硫化钼，石墨与酒精的混合物（如2%石墨）被广泛应用。石墨与油混合用于旋压以改善黏附性。

成型以后应尽快把润滑剂从零件上清除掉，防止腐蚀和以后清除困难。

因为某些原因，在任何温度下都不能用润滑剂时，可把薄纸片或玻璃纤维（依温度而定）放在工件与工具之间。

13.2.2.2 弯曲成型

镁合金的弯曲成型可以利用模具在冲床或者专用弯板机上进行，也可以利用橡皮板成型。弯曲，类似于其他的冲压过程，是冲床力作用在坯料上的结果。开始时，作用于坯料上的外力导致材料产生弹性变形；随后作用力逐渐增大，当其达到某一最大值时，坯料发生塑性变形。外力去除后，已发生变形的坯料不能恢复到原来的形状，而是呈模具的形状。弯曲成一定角度的坯料从模具中取出后，由于金属的弹性回弹，会导致工件弯曲角度及半径变化。回弹角的大小取决于材料的力学性能、圆角半径与坯料厚度的比值、弯曲角度以及弯曲零件的宽度。如果坯料在加热条件下进行弯曲成型，那么弹性回弹角还取决于变形温度。因此，设计模具时必须对凸模和凹模尺寸作一些修正，使零件弹性回弹后仍具有所要求的角度，以保证工件的形状精度。

镁合金的弯曲成型操作与其他金属大体相同，但是需要预热工件和模具。通常采用钢制顶模和底模。如果允许镁合金工件冷变形，那么可以将钢制冲头安装在橡胶模具中并固定于盒内。金属冲头和模具表面应该进行精抛光，以免划伤镁合金工件的表面。

大多数金属塑性成型后的力学性能呈现各向异性，沿纤维组织方向（轧制、挤压方向等）的力学性能高于横向。但是也有特例，如某些镁合金板料的横向力学性能略高于沿纤维方向的力学性能。弯曲镁合金时，弯曲线应该沿着纤维（碾压）方向所成角度不大于45°，以免产生裂纹。如果弯曲线与碾压方向垂直，那么当弯曲零件的圆角半径很小时，镁合金材料易产生裂纹。

图13-2所示为镁合金在弯板机上热成型时加热冲头和模具最佳的方法。小批量生产时，气焰加热方式效果不错，但是必须保证加热的均匀性。如果弯曲模具没有预热，那么应该将镁合金工件加热到最高允许温度并尽快成型。镁合金弯曲件的最小弯曲半径取决于合金的力学性能、厚度和状态，以及模具的弯曲条件等。值得注意的是，弯曲半径对弹性回弹量有一定的影响。进行弯曲件设计以及成型工艺选择时，必须了解镁合金的最小弯曲半径。表13-4列出了镁合金高温成型时的最小弯曲半径。

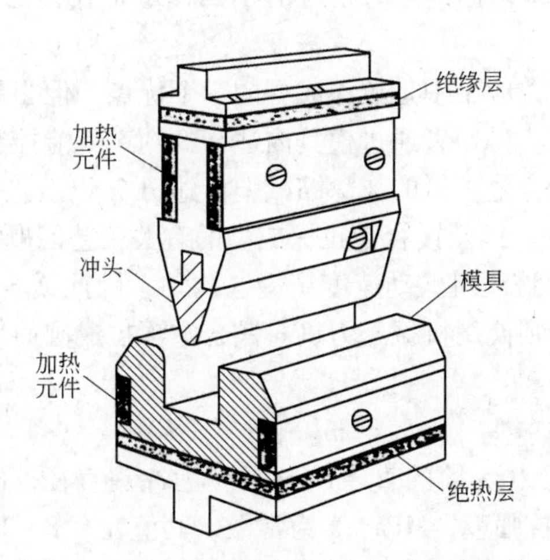

图 13－2 镁合金在弯板机上热成型时加热冲头和模具的最佳方法

表 13－4 镁合金高温快速成型时推荐的最小弯曲半径

材料尺寸及类型	合金及状态	根据工件厚度 t 确定的最小弯曲半径/mm							
		20℃	100℃	150℃	200℃	230℃	260℃	290℃	315℃
0.51～6.3mm 厚板材	AZ31B－O	5.5t	5.5t	4.0t	3.0t		2.0t		
	AZ31B－H24	8.0t	8.0t	6.0t					
22mm×2.3mm 厚挤压平带	AZ31C－F	2.4t						1.5t	
	AZ31B－F	2.4t						1.5t	
	AZ61A－F	1.9t							
	AZ80A－F	2.4t							
	AZ80A－T5	8.3t				1.7t			
	ZK21A－F	15.0t							
	ZK60A－F	12.0t					2.0t		5.0t
	ZK60A－T5	12.0t					6.6t		

13.2.2.3 拉深成型

拉深成型除了一般是在高温下进行外，镁合金拉深成型与其他金属相同。

镁、铝或锌合金制成的模具或成型垫块适于高达 230℃ 温度成型。含有钢丝网的混凝土成型垫块用电阻加热，也可用到 230℃。高于 230℃时，用铸铁的成型垫块。

镁合金成型的钳子不应有带锯齿的夹头，以防止将工件撕裂。可把粗砂纸或砂布垫在工件和夹头之间，避免工件撕裂。

工具和加工件可用电加热或辐射加热。重要的是有合适的热量分布，装置应放置在关键的成型区域。

对于小曲率板材可用不同拉深缩减率，实际生产中最大拉深率约为 15%。若考虑回弹

（过拉伸）则最大值为12%。但高温时正常的小回弹量是存在的，通常给拉深加1%的回弹补偿就可以。

虽然可能褶皱在大多数应用中是拉深成型的一个优点，但当制造轴对称低曲率零件时褶皱却是一个讨厌的问题。操作者通过模具内适当的约束就能控制褶皱的产生。

在热状态下，镁及镁合金板材的拉深缩减率可达70%以上。一般来说，当拉深缩减率大于15%时，称为深拉深。镁及镁合金拉深成型的有关工艺问题如下。

（1）拉深力的估算。液压机运动速度缓慢、均匀，因此镁合金深拉延时优选液压机，变形程度不大的成型拉深则使用机械压力机。镁合金深拉成圆筒所需要的力可用以下经验公式估算，即

$$P = \pi dtS(D/d - k)$$

式中，P为压力载荷，N；D为筒的直径，mm；d为冲头直径，mm；t为板材厚度，mm；S为拉深温度下的材料抗拉强度，MPa；k为常数，其值在0.8～1.1之间。

如已知给定镁合金在高温下的抗拉强度值，可以用来估算其进行拉深时所需要的拉深力。

（2）毛坯压边力。防止皱褶所需的压紧力取决于毛坯的厚度和温度，一般为拉深力的1%～10%。对镁合金来说，压边力可从最低值到5MPa。为保证壁厚适当变薄，可用试验确定压边力。

（3）模具及预热。模具的结构形状、尺寸和强度的设计应根据产品形状、尺寸以及变形温度和材料的热膨胀等因素来确定。模具的制造与冲压模的相同。模具材料选择主要受变形的剧烈程度和生产零件数量的影响。非硬化的低碳锅炉钢板或铸铁可用于大多数场合。对于10000件以上的批量，要得到尽可能低的表面粗糙度，或较小的公差且不允许有明显的模具磨损，建议用硬化的工具钢。对于室温拉深，通常可对模具钢进行处理，以获得最大的使用硬度。对高温拉深，应考虑到模具在拉深时的最高温度。在这种情况下，模具的回火温度应稍高于使用温度，即使可能降低一些硬度。

通常采用电热元件预热模具。拉制复杂形状的镁合金件工件时，可采用带有环形火焰喷头的燃烧器加热，特别适合于材料容易起皱的情况。此外，冲头基座有时也需要预热。可以采用其他的预热方式来生产带有轻微凸起的工件。对工件凸面尺寸公差有严格要求时，应在模具内、外部安装带有独立控制器的燃烧器。对于有多个凸面的情况，组合模具外部的预热温度必须比内部高。如果在工件温度与模具温度一致，且模具薄壁处外部温度高于内部时卸下模具，则会导致工件产生收缩，形成凸起。反过来，可以加热模具使其内部温度高于外部，从而消除凸起。

（4）镁及镁合金板料的拉深性能。类似于其他材料，镁合金薄板的深拉深成型性能可以用各向异性比γ和加工硬化指数n来衡量。γ值反映了薄板在成型过程中抵抗变薄或变厚的能力，与板材织构存在很强的对应关系。深拉深成型时，通常要求$\gamma > 1$。室温条件下，AZ31镁合金沿不同方向的各向异性比γ如图13－3所示，图中b_0、b、s_0、s分别为试样拉伸前后的宽度和厚度，ε_b、ε_s为宽度和厚度的自然对数变形量，AZ31镁合金的各向异性比γ平均值达2.03，远远高于铝合金的0.9。由于AZ31镁合金薄板不同方向上γ值相差较大，从而不利于深冲成型。n值反映了金属薄板成型过程中的形变硬化能力，也就是说高的加工硬化指数n值能抵抗缩颈变形，提高均匀变形能力，并获得大的极限拉深

比。AZ31 镁合金室温时沿轧制方向的 n 值一般为 0.17 左右，小于铝合金（AlMg5Mn）的 0.31，但是镁合金 γ 值很高，因而具有较好的深拉延性能。

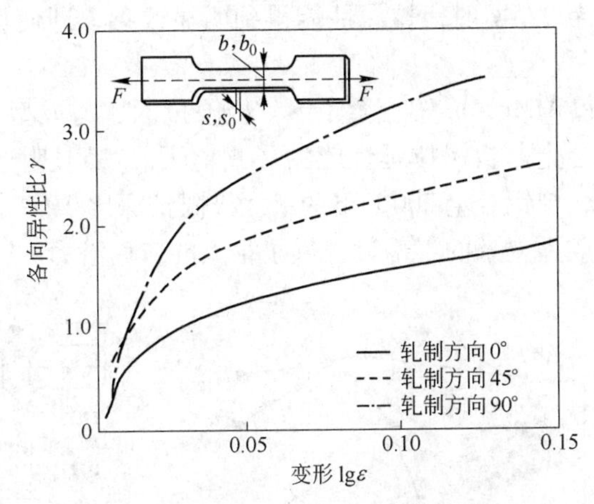

图 13－3 AZ31 镁合金室温条件下沿不同方向的各向异性比 γ

退火态镁合金薄板的拉深性（用板料直径/筒件直径表示）可达 15%～25%，例如 AZ31B－O 合金的冷拉极限为 20% 左右。高温下，镁合金的拉深性大大提高，达到 70%。拉深性或板料直径的缩减率可由下式计算，即

$$缩减率 = \frac{D-d}{D} \times 100\%$$

式中，D 为拉深前板料直径；d 为冲头或杯口直径。

尽管室温多步拉深可以实现深拉，但是在生产实际中镁合金所有的深拉操作都是在高温下进行，因此需要考虑温度对润滑作用的影响，以及鉴于热变形而对工模具设计尺寸进行修正。高温下，镁合金可进一步深拉成圆柱，缩减率可高达 75%。

通常，可以拉深的总量随温度升高和拉深速度减小而增大。不同温度和拉深速度时 AZ31B－O 的拉深性见表 13－5。AZ31B－O 合金的拉深速度为 4～2500cm/min，速度大小取决于拉延的剧烈程度和单步与多步拉延的要求。需要指出的是，多步拉深需要使用额外的工模具。

表 13－5 不同温度和拉深速度时 AZ31B－O 的拉深性

拉深温度/℃	缩减率/%		
	600cm/min	1500cm/min	2400cm/min
20	14.3	14.3	—
120	30.3	30.3	—
200	58.6	57.1	53.8
260	62.5	61.3	53.8

注：圆筒杯口直径为 76mm；薄板厚度 t 为 1.65mm；拉拔环半径为 $6t$；冲头半径为 $10t$。

镁合金薄板的深拉深性能不仅受板材 γ 值和 n 值的影响，而且与成型温度、速度、工件形状及摩擦润滑等工艺条件有很大关系。通常，镁合金薄板的深拉延性能随着温度的升

高而明显提高。矩形拉深件在室温附近成型时，即使拉深比很小（拉深比 1.5，拉深深度 13mm），在冲头边缘出现裂纹；150℃下成型时，拉深比可达 1.5，但在工件凸缘处仍有少量裂纹；当成型温度升至 225℃时，拉深性能得到明显改善，即使拉深比达到 1.5 时，也不会出现任何裂纹。

AZ31B - O 镁合金和 AlMg5Mn 铝合金矩形件极限拉深比与成型温度的关系如图 13 - 4 所示。可见，温度对镁合金薄板深拉延性能的影响更大。225℃附近，镁合金极限拉深比可达到最大值 2.0 左右，与铝合金 200℃下的最大极限拉深比 2.02 相近。因此，镁合金薄板良好的热变形能力为成型复杂的零部件提供了很大的应用潜力。

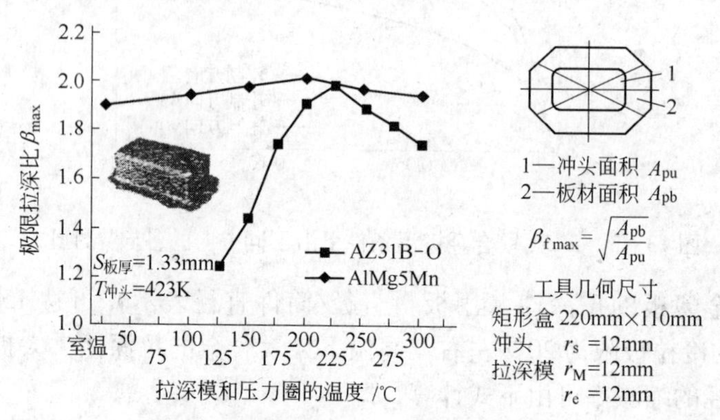

图 13 - 4 AZ31B - O 镁合金和 AlMg5Mn 铝合金矩形件极限拉深比与成型温度的关系

工件形状也会影响镁合金的深拉深性。深拉深镁合金圆柱形杯时，最大可拉度高达 70%，但方形和矩形盒子很少进行剧烈拉延。此外，模具弯曲直径、盒状套管两侧壁之间的曲率半径和冲头曲率半径（其中冲头曲率半径会形成侧壁和底部之间的半径）是影响拉延剧烈程度的另外一些因素。所有工艺参数都保持在实际可行的极限内是完成镁合金拉延或者一系列拉延操作的前提。采用圆形板料拉深成杯体时，首先将金属从板料半径压缩到模具开口半径；板料压缩到模具允许的尺寸时会变粗，板料发生弯曲且通过模具时仍然会变粗；当板料在圆角半径处发生弯曲且进入侧壁后，板料会减薄。因此，设计模具时必须提供足够的空隙以便板料在模具中拉延时增粗。拉延过程中，通过侧壁处的金属厚度比通过模具圆角半径处的薄。为了使整个板料继续进入侧壁，侧壁处镁合金承受的应力比半径处高。由于存在加工硬化效应，拉延后镁合金的强度大大提高。高温拉延时，冲头温度必须低于模具温度。

（5）拉延速度对拉延性的影响。镁合金的拉延性因拉延速度而异，拉延速度通常为 0.6 ~405mm/s，且大缩减率（如 70%）下的拉延速度必须低于中等缩减率（≤55%）下的拉延速度。当缩减率低于 55% 左右时，通常在高速液压机或机械压机上进行拉延，并且缩减率较小时，镁合金的拉延成型温度也较低。

对大多数镁合金工件而言，拉延深度并不是主要因素，关键是要避免带有圆角或异形结构的工件在拉延过程中出现皱褶现象。因此，镁合金工件的拉拔温度通常比实现最大拉延性所需的温度高。某些特殊的难拉延成型的零件，必须改变工艺流程以降低废品率。

（6）二次拉延工艺。下面以镁合金杯形件和盒体为实例，说明二次拉延过程和可行性。

对于镁合金杯形件，先将 ϕ610mm×0.64mm 退火态镁合金薄板拉延成 ϕ200mm、深400mm 的杯形，再进一步拉延成 ϕ140mm、深 585mm 杯形。对镁合金盒体，先将 1.3mm 厚、455mm×485mm 的 AZ31B－O 矩形板料拉延成 111mm×273mm×165mm（宽×长×深）的矩形盒，再拉延成圆角半径为 5.6mm 的 89mm×254mm×171mm（宽×长×深）的矩形盒。实践证明是可行的。

（7）镁及镁合金板料拉深技术的研发。

1）镁及镁合金板料的拉深特性研究。AZ31 合金的塑性较好，强度适中，成为目前研究镁合金板料性能的主要镁合金材料。在室温条件下，镁合金板料虽然无法进行较大程度的变形，但可以用于制备高质量的浅拉深板形工件。镁合金的拉深成型能力随着温度的升高而显著提高。当把 AZ31 镁合金板料拉深温度提高到 250℃ 左右时，板料具有较好的可拉深性。图 13－5 是 AZ31B 合金不同温度下进行拉深实验得到的结果，实验结果显示随着温度升高，极限拉深高度增加，在温度达到 170℃时，拉深高度达到最高值。

图 13－5　AZ31B 合金不同温度下进行拉伸的最大极限拉深实验结果

板料的性能（如各向异性指数，硬化指数等）对拉深工件的质量有重要影响。研究表明，对于 AZ31 合金板料，在与轧制方向成不同角度（0°、45°、90°）方向上取试样进行拉伸实验，室温条件下得到的拉伸曲线基本一致，如图 13－6 所示，同时也显示出其延伸性能较差。从图可知，室温下，AZ31 板料的各向性能差别较小。而在不同温度下进行的拉伸实验表明，随着温度升高，材料的强度下降，参见图 13－7，伸长率明显提高。AZ31 板

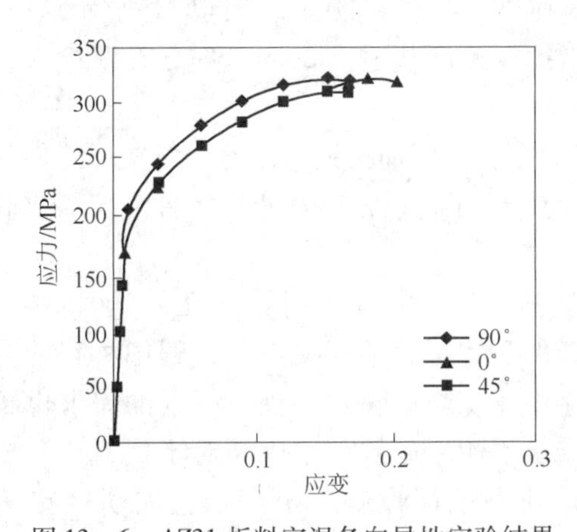

图 13－6　AZ31 板料室温各向异性实验结果

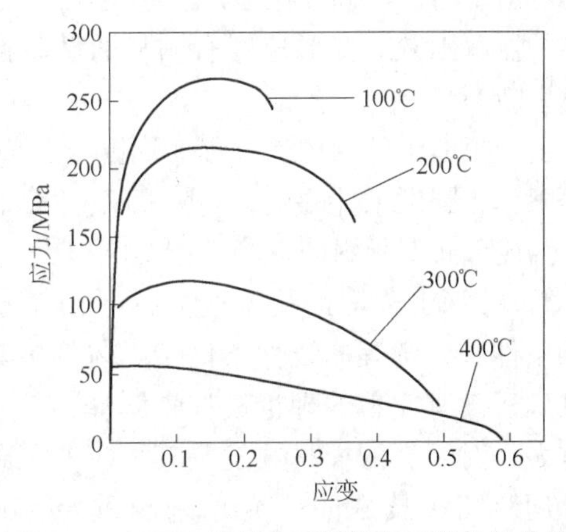

图 13－7　AZ31 板料在不同温度下的拉伸曲线

料在不同温度下的极限拉深性变化明显，在室温下，工件的拉深高度只有13mm，而当拉深温度为225℃时，拉深件高度为75mm。因此，采用加热拉深的方法来加工镁合金板料是一种可行的方法。

从图13－4可以看出，极限拉深比值与温度之间并非线性关系，AZ31的拉深极限最大值出现在225℃左右，当超过这个温度时，随着温度升高，极限拉深比值下降。从两种材料在不同温度下成型性能的对比可以看出，温度对铝合金的成型性能影响较小，而对于镁合金的成型性能的影响极大。

2）镁合金板料的差温拉深技术开发。虽然AZ31板料在225℃有较好的拉深成型能力，但其极限拉深比只有2.0左右，仅依靠改变变形温度无法获得更大的拉深比。如想进一步提高镁合金板料的拉深成型能力，需运用其他的相关技术来实现，而这些技术也是目前冲压行业的研究热点，如动态压边力技术、差温拉深技术、液压成型技术、计算机模拟仿真技术等。其中差温拉深技术是一种能显著提高镁合金板料拉深成型能力的工艺。深拉深极限是由收缩凸缘部分的拉应力与成型侧壁部分的抗断裂之比来决定。因此，为了提高成型极限，必须减少收缩凸缘的抗力，增加侧壁部分抗断裂力。差温技术利用温度对材料性能的影响，在板料通过温度的不均匀分布而实现不同部位的强度的非均匀分布，减小断裂倾向，从而提高极限拉深比值。差温拉深技术主要是实现材料内部强度的变化分布。

差温技术是在其他相关技术的基础上发展起来的，是多项技术的综合产物。如通过退火使加工硬化的坯料其周边部分软化，以减小凸缘抗力的方法（称为常温下拉深的周边退火法）。这种方法的进一步发展是快速加热凸缘部分，称为高温下拉深加工的感应加热方法。还有一边加热凸缘部分，一边充分冷却凸模头部的加热－冷却法等。用此法拉深铝材，极限拉深比可提高到4.0以上。用简单的方法冷却凸模，仅仅在凸缘部分和凸模部分产生温度差，也可以提高材料的拉深性能。

Shoichiro Yoshihara Nishimura等人将差温技术应用于镁合金板料的拉深成型研究中。采用如图13－8的实验装置，对0.5mm厚的AZ31薄板进行拉深，在适当的动态压边力条件下，极限拉深比超过了5.0。而采用非差温拉深时，无论是否采用动态压边力，极限拉深比最大值为2.14。有人利用加热模具，控制冲头温度等方法在AZ31板料上实现了差温拉深，其研究表明，在拉深过程中冲头的温度不能过低，即板料温度梯度不能过大。当温度梯度适中时，可以在用恒定压边力的情况下得到2.6左右的拉深比。同时还显示AZ31板料的拉深工艺对变形速度有明显的敏感性，当拉深速度超过1.2mm/s时，在凹模入口处发生断裂。

由于矩形工件的拉深过程变形更为复杂，与实际生产更加接近。因此，对矩形工件的研究工作比圆形工件的更有实际意义。可以看出与圆形工件一样，在矩形工件的拉深实验中，温度分布对板料的成型性能影响很大。

3）拉深工艺辅助技术的发展。由于拉深工艺过程是一个同时包含几何学、材料、边界条件和力学等非线性条件于一体的极其复杂的过程，目前对在拉深过程中材料的变形机理还没有完善的理论模型来解释。随着近年汽车工业的快速发展，板料的需求也越来越大，对于新的板材开发及其相应的工艺的需求也越来越强烈。因而对于板料拉深成型机理及相关技术的研究越来越重要。尤其是新型拉深设备、拉深工艺的研究更为突出。

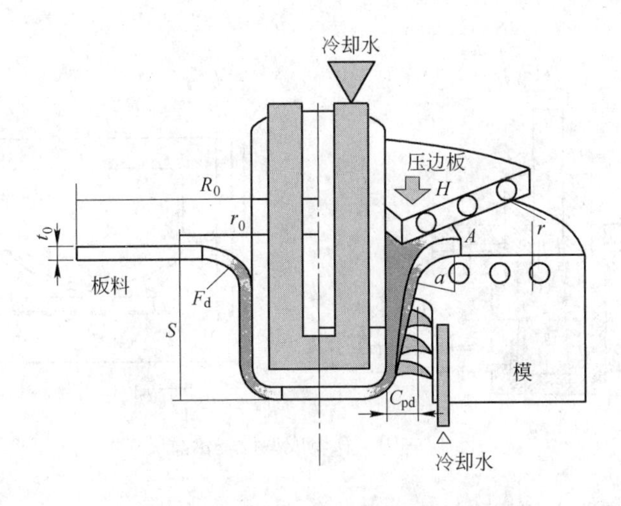

图 13－8 差温拉深模具示意图

①动态压边力的研究。合理的拉深工艺是能够以高的生产率来生产形状复杂的工件，但这是要以高昂的模具制作费用和周期作为代价的，其中一个主要的限制因素就是压边力的确定。压边力能够在板内产生轴向拉伸力而防止折皱缺陷的产生。但是压边力的设计是十分复杂的，不仅是由于等压力线的测试困难，而且与材料在双向应力下的稳定性有关，压边力设计不当会造成拉裂和起皱等缺陷。在差温拉深过程中，压边力的施加方式明显的影响了极限拉深系数。1975 年，Havranek 首先提出了确定起皱临界曲线（WLC）的方法，通过锥形杯的成型试验得出了起皱断裂临界曲线图。随后 Hardt 和 Lee 提出了两种闭环控制压边力的方法：一是在整个拉深过程中，压边力恒定不变且保持在既不起皱又不至于拉裂的最小水平上；二是通过控制毛坯流进模腔的体积来控制压边力。实验结果表明，上述方法虽然没有增加极限拉深深度，但明显地降低了极限拉深深度对压边力变化的敏感性。20 世纪 90 年代初 Hardt 等人继续用闭环控制方法来寻求压边力的最优行程曲线，掀起了变压边力研究的热潮。各种实验变压边力的装置、方法被提出。图 13－9 给出了用液压法产生适当压边力时力的变化规律，其他的研究也表明在拉深过程中，压边力变化有类似规律。

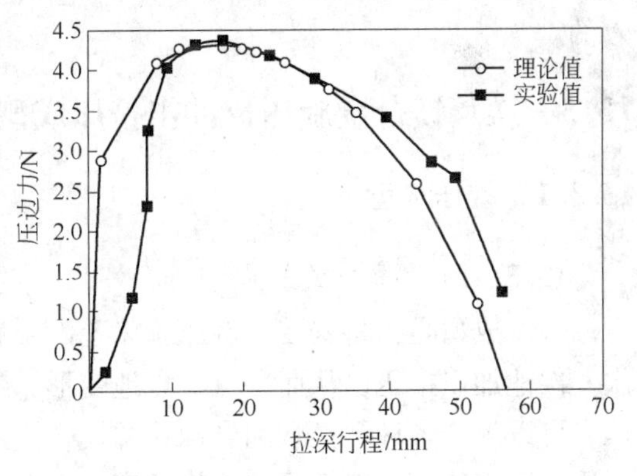

图 13－9 液压压边力变化规律

②软模技术。软模技术即利用液体或气体进行单模成型，图 13－10 是两种典型的软模结构装置示意图。图中所示分别是用液体做凹模，气体做凸模的板料拉深装置。软模技术主要是利用流体内部各处压强相同的原理，使工件在拉深过程中板料的各部分受力均匀，从而解决用硬质模具材料而造成的拉深件质量不均问题。由于只采用一半的模具，降低了模具成本，提高了模具的制造精度。同时由于工件整体受力均匀，工件质量分布均匀，成型性能更好，可以进行更复杂的工件的加工成型。

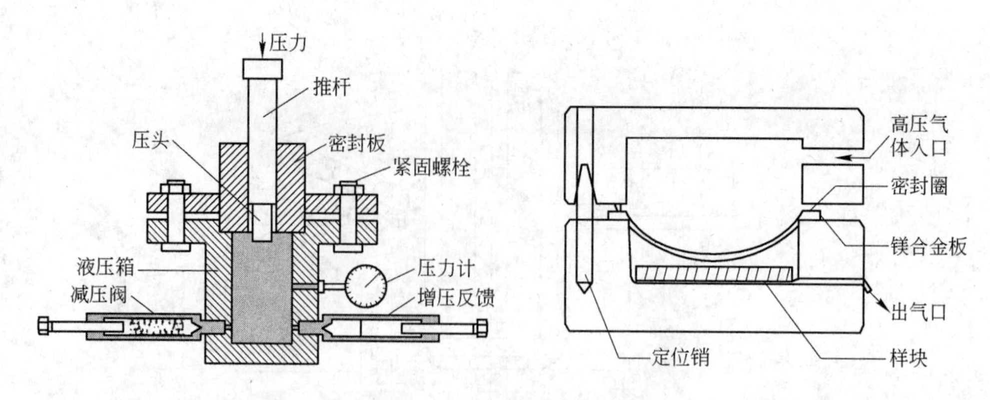

图13－10 软模成型设备示意图

另外，近年来随着市场需求的多样化，出现了多点成型设备。可根据拉深工件的要求自行改变模具的大小及尺寸。适用于单件或小批量工件，不仅效率高，而且成本大大下降。

目前，研究的另一热点是关于如何建立拉深过程中诸影响因素的模型。通过模型，用理论计算来预测板料的成型性能，以及进行拉深工艺参数的优化设计。目前已经出现根据理论模型开发的许多商品化应用程序，通过这些软件可对拉深过程进行模拟仿真。其中较为著名的有法国的E. S. I公司的M－Stamp，加拿大F. T. I公司的FAST－FORM3D和美国的E. T. A公司的Dynaform等，吉林大学也开发出了KMAS板料成型仿真软件并提供免费试用。利用CAE、CAD技术进行板料成型工艺的研究，板料及模具优化已成为一个重要的研究手段。通过实验表明，模拟仿真技术的应用不仅是可行的，而且是十分有效的。

13.3 镁及镁合金旋压及冲击挤压成型

13.3.1 旋压成型

13.3.1.1 手工旋压成型

旋压成型是指将安装在旋压车床上的金属圆板进行旋转，同时用擀棒紧压其表面，一次一次地加以擀压，从而一点一点地变形，最终成型出所需的圆筒或圆锥形零件。利用旋压，可以生产各种圆锥状和半球状的镁合金工件。旋压可以分为手工旋压（进给）和压力旋压，手工旋压用工模具的价格低廉，适合于小批量生产，手工旋压通常比压力成型更加经济。当压力成型的工模具形状很复杂时，也可利用手工旋压进行大批量生产。镁及镁合金板料手工旋压的工艺要点如下：

（1）设备和工具。镁合金手工旋压用设备和工具与其他金属的基本相同。当旋压工件需要加热时，旋压模通常采用金属制造，以便能够对工件进行加热控制。小批量生产镁合金旋压件时，通常可以采用手提式喷灯加热坯料，并利用热敏碳棒指示温度；进行大批量生产时，最好在旋床上安装恒温控制燃烧器来加热坯料。芯轴和辊子的材料为H12或H13，热处理后硬度为HRC51～58。

（2）旋压工艺。通常选用退火态镁合金薄板作为旋压件的原材料。由于镁合金的温度敏感性比大多数金属高，从而镁合金手工旋压件的质量很大程度上取决于操作人员的技术水平。许多熟练的技术人员能够采用没有进行预热的坯料旋压出多种形状的工件。特别是进行薄板旋压时，由于工模具与工件间的摩擦生成的热量导致金属软化，有利于进行手工旋压。当薄板厚度增加时，金属板必须加热后才能进行旋压，加热温度一般为 260 ~ 315℃。无论是进行冷旋压还是进行热旋压都要使用润滑剂。开始旋压时的旋压速度，即毛坯外缘速度，大约为 610m/min。

（3）公差。手工旋压镁合金件的典型公差见表 13 - 6。

表 13 - 6　手工旋压镁合金件的典型公差

工件直径/mm	<455	455 ~ 915	>915
公差/mm	±0.8	±1.6	±3.2

（4）旋压扩管。手工旋压可以用来闭合或张开挤压圆管和管端，并能在各种能夹持工件并旋转杯形工具的机床上进行。手工旋压扩管通常使用台式钻床。采用润滑脂或肥皂作润滑剂可以降低工件的表面粗糙度，同时延长旋压工具的使用寿命。大多数生产应用中，不加热工件进行旋压也可以闭合管头。

旋压扩管有两种方法，一种是将已固定的芯轴插入管内，然后从固定模的外部推出来；另一种是在外部固定模上利用旋转的内部锥形芯轴旋压或轧制成喇叭形张口。通常，根据扩口的形状要求来选择工艺。

扩管机有一个固定的外模和一个偏心距可调且可以旋转的锥形芯轴，芯轴的旋转速度约为 1600r/min。通过偏心芯轴施加外力将管子压在外模上而实现扩口。镁合金扩管时需要预热外模，最好采用模具夹具固定外模，并用电热元件将模具加热到 260℃ 左右，同时待扩口的管子也要预热到与模具相同的温度。扩口时可以采用旋压用润滑剂。

13.3.1.2　*强力旋压成型*

强力旋压是基于普通旋压而发展起来的。普通旋压是用尾顶块将毛坯夹紧在芯模上，通过芯模旋转和旋轮逐次进给而将毛坯成型为零件；强力旋压则是用尾顶块将毛坯夹紧，通过芯模旋转和旋轮的进给运动，使毛坯连续逐渐减薄并贴靠芯模而成型为所要求的工件，其中旋轮的运动轨迹由靠模或导轨来确定。镁合金可以采用强力旋压中的锥形旋压（按照正弦规律位移的旋压）和管式旋压（按体积规律位移的旋压）来成型。镁及镁合金板料强力旋压的工艺要点如下。

（1）设备与工模具。镁合金的锥形旋压和管式旋压都需要使用专用设备，但是其他强力旋压工艺可以采用与其他金属相同的设备。镁合金进行热旋压时，必须在设备上安装喷管或其他加热设备。芯轴和旋轮通常采用 H12 或 H13 工具钢制造，经淬火回火后 HRC 为 51 ~ 58。

（2）旋压工艺过程。有时镁合金强力旋压不用加热。但更经常的是主要部分的缩减在热状态下进行，然后进行冷精修，或者热状态下粗加工，然后在低温下精修。交替进行旋压和加热取决于金属精修是在冷状态还是热状态下进行。表 13 - 7 给出了旋压加工 HK31A 和 HM21A 合金的常用工艺过程。

表13-7 强力旋压两种镁合金的工艺过程

镁合金工件		工艺过程
冷精修	HK31A	在(425±30)℃，热粗旋至要求形状。在455~480℃①热处理30~60min，冷加工到厚度的总缩减率至少25%，每道次用低缩减率，315~330℃处理1h
	HM21A	在(455±10)℃，热粗旋至要求形状。在480~510℃①热处理30~60min，冷加工到厚度的总缩减率为15%~25%，每道次用低缩减率，(370±16)℃处理1h
温精修	HK31A	在(425±30)℃，热粗旋至要求形状。在455~480℃①热处理30~60min②，在315~370℃温加工到厚度的总缩减率>50%，用最少道次。250℃处理16h
	HM21A	在(425±30)℃，热粗旋至要求形状。在485~510℃热处理30~60min③，在315~370℃温加工到厚度的总缩减率>50%，用最少道次。230℃处理16h

①得到的性能是对HK31A接近H24状态性能，对HM21A接近T8状态的性能。

②希望安全迅速冷却，但比HM21A临界值小。

③在5min应从热处理温度冷到315℃或更低些。

13.3.2 冲击挤压成型

冲击挤压工艺用来生产对称的管形镁合金工件，尤其是生产其他工艺不能成型的薄壁或外形不规则的零件。该工艺用到镁合金成型上，毛坯和模具必须预热到不低于175℃。它的挤压过程与冷挤压不一样。冲击挤压时一般取工件温度为260℃。

镁合金挤压件长度与直径的比可高达15:1，但是比值小于2:1的零件经常可以用较低成本生产。典型比值是8:1。对于长度与直径比值较大的零件，与反挤比较它更适于用正挤。对所有比值，由于挤压强化，镁挤压件的力学性能有较大幅度提高。

（1）设备和工具。机械压力机速度比液压机快，故除非需要行程很长时，机械压力机更常用于冲击挤压。公称压力为900kN、行程为152mm的压力机可以满足挤压生产的需要。每分钟能生产100件挤压件，挤压件生产率受压力机速度限制。

由于镁合金件在高温下（通常是260℃）成型，所以镁合金冲击挤压所用凹模与其他金属所用的不同。一般做法是用管式电炉加热凹模。凹模与压力机绝缘隔热，而且凹模是被包在一个绝缘罩里。除了凸模入口以及进料和顶出装置外，凹模的顶部也被绝缘罩覆盖。凸模不加热，但它会在连续生产中变热，故凸模与滑块之间也要进行绝缘隔热。

凸模和凹模通常用热模具钢制造，比如4Cr5MoV1Si，热处理硬度（HRC）达48~52。在一个生产应用实例中，用热处理过的4Cr5MoV1Si制造的模具生产了20万件挤压件。也可以用硬质合金凹模，它能够挤压到1000万件。

凹模槽侧壁应有每毫米深大约0.002mm的斜度，以防挤压件黏到模槽里。正常加工时零件是停留在凸模上，回程时与凸模分开。

（2）工艺。镁合金毛坯的预制方法与其他金属相同。如果允许有毛边，可用锯切棒料或冲裁板料制坯，也可以用铸造制坯。为了对中凹模，毛坯的大小和形状必须统一，凸模和凹模间隙选择合理，这样可以保证挤压件壁厚均匀。毛坯润滑是让毛坯在石墨粉中滚动10min，直到在毛坯表面形成干石墨覆盖层为止。

为能自动进行冲击挤压，涂有润滑剂的毛坯被送入漏斗式给料机里，当毛坯通过料箱与凹模间的导轨时被电炉加热。把预热的毛坯送入被加热的凹模内，然后启动压力机进行挤压生产。根据材料成分和加工速度的不同，镁合金件的挤压温度在175～370℃之间。为了保证公差，挤压温度应保持恒定。

实际生产中采用夹钳给料速度慢，毛坯和凹模一般要加热到260℃。采用自动给料装置速度快，毛坯和凹模温度可低到175℃。成型中凹模会吸热，将会使凹模温度增加65℃。如果材料性能降低不是重要因素，成型温度可以高些。

（3）挤压压力。镁合金件冲击挤压所需压力大约是铝合金所需要的一半。影响挤压力的主要因素是合金成分、减缩量以及成型温度。表13－8为面积减缩率85%，温度范围为230～400℃时，挤压几种镁合金所需压力。

表13－8 四种镁合金在不同温度下冲击挤压所需压力 （MPa）

镁合金	230℃	260℃	290℃	315℃	345℃	370℃	400℃
AZ31B	455	455	414	372	359	345	317
AZ61A	483	469	455	441	428	414	400
AZ80A	496	483	441	455	441	428	414
ZK60A	469	455	441	428	400	372	359

（4）热膨胀。镁的热膨胀系数要比钢的高得多。所以，为了保证冷却到室温时镁挤压件的大小在尺寸公差允许的范围内，有必要把钢模具室温尺寸乘上一个由镁挤压温度确定的补偿因子。

（5）公差。镁合金件的公差与零件的大小和形状、长度直径比以及压力机对中有关。表13－9给出长度与直径比为6∶1时镁挤压件的典型公差。

表13－9 长度与直径比为6∶1的镁合金挤压件典型公差 （mm）

尺 寸	直 径	底 厚	壁 厚			
			0.5～0.75	0.76～1.13	1.14～1.50	1.51～2.54
公差	±0.05①	±0.13②	±0.05	±0.076	±0.10	±0.13

①直径25mm；
②所有壁厚。

13.3.3 落锤成型

当批量小和要求最小回弹时，可用落锤成型生产镁合金浅的零件和轴对称形零件，该工艺的成否与操作者的技能密切相关。除去要加热以外，镁合金的落锤成型与其他金属相同。

锌合金可用于制造冲头和模具。有时也用铅冲头，但铅的黏着作用会造成板材腐蚀。大于50件的批量生产，建议用铸铁冲头和模具，因为在这样的批量中锌制工具会变形走样。

落锤成型优选退火板材。由于工件冷却迅速，通常在5s内，下降16～25℃，故应在锤附近加热毛坯。成型1个零件可能要打10下。锤击之间加热时间，对于厚达1.3mm金属为5min，对厚度1.3～3.18mm金属板为9min。

在预成型模具中常用耐热橡胶垫，在最终成型前要去掉它。

模具加热可在靠近锤的炉子内进行，或者在操作中用火焰或加热圈加热。小模具也可用放在床子台面上的电加热铸铁板加热。但此法对大模具不实用。也有用电加热装置和传热流体加热的。

在镁合金落锤成型时，使用高温能减少或消除回弹，因此要选用尽可能高的成型温度。必须仔细控制变形速率，特别是加工冷作硬化或H24状态的材料时。对于需要大变形的工件，冲头要缓慢落下，用连续锤击方法完成成型。生产中可保持±0.76mm的公差。

13.4 镁及镁合金材料的连接

13.4.1 概述

镁及镁合金材料加工成零件后，一般要与其他零部件（同类材料或异种材料）连接组成部件或机器。与铝及铝合金材料一样，连接的方法主要有焊接、胶（黏）接和机械连接。

镁及镁合金的焊接性能良好，绝大多数镁合金可以用气焊、氩弧焊、电阻焊、电子束焊、钎焊等方法进行焊接。目前使用最多的是氩弧焊。氩弧焊适用于一切镁合金的焊接，它能得到较高的焊缝强度系数，焊接变形比气焊小，焊接时可不用焊剂。且铸件可用氩弧焊修补，并能获得满意的焊接质量。因无适用的焊剂，目前尚不能使用埋弧焊。

对于异种材料，一般采用黏胶连接或机械连接。

13.4.2 焊接

13.4.2.1 焊接特点

（1）镁的熔点低，热导率高，焊接时应采用大功率的焊接热源，因而焊缝及近缝区金属易产生过热、晶粒长大、结晶偏析现象，从而降低接头性能。

（2）在焊接高温下，易形成氧化镁，其熔点高、密度大，在熔池中易形成细小片状的固态夹渣。它不仅严重阻碍焊缝形成，也降低焊缝性能。镁在焊接高温下还易与空气中的氮生成氮化镁，氮化镁夹渣将导致焊缝金属的塑性下降。镁的沸点不高（1100℃），在电弧高温下镁很容易蒸发。

（3）在焊接薄件时，由于镁合金的熔点较低，而氧化镁薄膜的熔点很高，两者不易熔合，焊接操作时难以观察焊缝的熔化过程。温度升高，熔池的颜色没有显著变化，极易产生烧穿和塌陷现象。

（4）镁及镁合金线膨胀系数较大，约为钢的2倍，铝的1.2倍，所以在焊接过程中易产生较大的焊接应力，引起变形和焊接裂纹。

（5）镁易与一些合金元素（如Cu、Al、Ni等）形成低熔点共晶体（如Mg－Cu共晶点为480℃，Mg－Al共晶点为430℃，Mg－Ni共晶温度为508℃），所以脆性温度区间较宽，易形成热裂纹。

（6）焊镁时，易产生氢气孔，氢在镁中的溶解度也是随温度的降低而急剧减小。当氢的来源较多时，出现气孔的倾向较大。

镁及其合金在没有隔绝氧的条件下焊接时，易燃烧，熔焊时需用惰性气体或焊剂保护。由于焊镁时要求用大功率的热源，当接头处温度过高时，母材将产生“过烧”现象。因此，焊镁时必须控制好接头温度。

13.4.2.2 镁及镁合金的焊接性

表 13 - 10 和表 13 - 11 列出了我国和美国某些常用镁合金的焊接性。主要判据是对裂纹的敏感性，在某种程度上是依据接头有效系数。

表 13 - 10 我国常用镁合金的相对焊接性

材料种类	牌 号	相对焊接性	材料种类	牌 号	相对焊接性
铸造镁合金	ZM1	差	变形镁合金	MB3	良
	ZM2	一般		MB5	一般
	ZM3	良		MB6	差
	ZM5	良		MB7	一般
变形镁合金	MB1	良		MB8	良
	MB2	良		MB15	差

表 13 - 11 美国常用镁合金的相对焊接性

材料种类	牌 号	相对焊接性	材料种类	牌 号	相对焊接性
铸造镁合金	AM100A	B^+	铸造镁合金	ZH62A	C^-
	AZ63A	C		ZK51A	D
	AZ81A	B^+		ZK61A	D
	AZ91AC	B^+	变形镁合金	AZ10A	A
	AZ92A	B		AZ31B，C	A
	EK30A	B		AZ61A	B
	EK41A	B		AZ80A	B
	EZ33A	A		HK31A	A
	HK31A	B		HM21A	A
	HZ32A	C		HM31A	A
	K1A	A		ZE10A	A
	QE22	B		ZK21A	B
	ZE41A	C			

注：A—很好，B—良好，C—尚好，D—较差。

镁铝锌系合金（如 MB3）在镁中加入 Al 和 Zn，可阻止焊接时晶粒长大。焊接 Mg - Al - Zn 合金时，如变形镁合金 MB2、MB5、MB6、MB7 和铸造镁合金 ZM5 等，随着铝和锌含量增高，结晶区显著增大，共晶体的量增多。锌加入合金后能提高屈服强度，降低伸长率，增大合金的热裂纹倾向。焊接时，有产生裂纹和过烧的倾向。含锌量高的镁合金（ZH62A 和 ZK51A）对裂纹很敏感，可焊性较差。

镁锰系二元合金（如 MB8）具有很窄的结晶范围（645～651℃），热裂纹倾向小，焊接性能好。为了改善合金的力学性能、热稳定性及细化晶粒，一般在 MB8 的合金中加入 0.15%～0.35%(质量分数）的稀土元素铈（Ce）。MB8 的金相组织由 $\alpha + \beta(Mn) + Mg_9Ce$ 组成，在经过二次或多次加热的近焊缝区常常析出条状的由金属间化合物 Mg_9Ce 组成的低熔点共晶体。为了消除 Ce 的影响，有时采用在焊丝中加 4%～5% Al 来夺取 Ce，生成均匀分布在晶粒边界的 Al_2Ce。

焊接 MB8 合金时，不采用 MB8 合金焊丝，当 MB8 合金用 MB3 合金焊丝焊接时，其焊缝核心金属组织与 MB3 合金用 MB3 焊丝焊成的焊缝组织相同，晶粒均较细。但熔合线区晶粒长大的倾向较严重。MB8 用 MB3 焊丝焊合会使焊合线增宽，比用 MB8 焊丝焊接匹配要优越得多。

镁锌锆合金（如 MB15、ZM1、ZM2、ZM3）结晶范围大，焊接时热裂倾向大，焊接性不良。若采用含稀土的合金焊丝，并高温预热，热裂纹倾向可显著减小。

由于加入了稀土元素，使镁－锌－锆－稀土系合金热裂倾向减小（特别是横向裂纹和弧坑裂纹减小更为显著)，焊接性能较好，可采用结晶范围宽和熔点低于母材的填充焊丝。

ZM5 合金的焊丝通常用于 ZM5 合金的铸件焊补。一般来讲，需焊补的 ZM5 合金铸件，都是经过淬火时效等热处理的，焊补后往往因为焊件较大或已经过精加工等原因而不便再进行热处理。对已淬火的 ZM5 铸件焊补时会造成过热区内的 $Mg_{17}Al_{12}$ 化合物在晶界上析出，在晶粒内部靠近晶界处将有粒状 $Mg_{17}Al_{12}$ 化合物出现。如果焊补后重新淬火，则 ZM5 合金基体金属上的 $Mg_{17}Al_{12}$ 化合物几乎全部溶入基体金属，焊缝金属晶界的 $Mg_{17}Al_{12}$ 化合物也基本溶入基体金属。因此，ZM5 合金铸件焊补后应重新淬火。焊补过程中焊接工艺参数选择正确与否对提高焊补接头的性能有很大的影响。

含钍镁合金（HK31A、HM21A、HM31A）在氩弧焊时具有极好的可焊性。

镁合金焊缝具有细化晶粒的特点，晶粒尺寸平均小于 0.254mm，铝含量超过 1.5% 的镁合金对应力腐蚀敏感，必须消除残余应力。

焊接镁合金时，线能量过大会使焊接接头的金属组织变坏，如 MB2 合金。当线能量为 5.363kJ/cm 时，从基体金属到焊缝熔合线区的组织是沿晶界均布有金属相化合物的细晶粒结构；当线能量增至 13.992kJ/cm 时，熔合线区的晶粒较 5.363kJ/cm 时粗大得多；而当线能量继续增至 14.07kJ/cm 时，晶间出现了粗大的金属间夹杂物。对焊接线能量起主导作用的参数是焊接电流及焊接速度。

MB3、MB8 镁合金经多次焊补后，焊接接头热影响区的宽度随焊补次数的增加而增加，接头热影响区金属晶粒明显增大。MB3 合金经多次焊补后对接头力学性能的影响不大。MB8 合金经焊补后接头性能的下降趋势较大。由于镁合金加热时有晶粒长大现象，对接头的力学性能及耐腐蚀性能不利，并使裂纹的形成倾向增大，所以接头的焊补次数不得超过 3 次。

焊后退火对消除焊接应力及改善接头组织是有利的，但退火温度的选择必须兼顾整个焊接构件的技术要求，尽量保持材料的原始状态（如冷作硬化、半冷作硬化、淬火时效状态等)。例如，MB3 合金用 MB3 焊丝焊接时，退火前后金属组织区别很大，未经退火的焊缝金属为均匀的等轴细晶粒，在晶粒边界尚存在一定数量的低熔点金属间化合物层，当经过280℃、320℃、360℃等温度保温5h，并在空气中冷却后，金属间化合物层组织相应减少，特别是在360℃退火处理的焊缝金属中金属间化合物层几乎全部溶入固溶体。

13.4.2.3 焊接设备及材料的选择

（1）焊接设备。镁合金气焊、氩弧焊、电阻焊时一般采用焊接铝合金的设备，铝合金氩弧焊所用的铈钨电极、钍钨电极及纯氩电极均可满足镁合金氩弧焊的要求。

（2）焊接材料。一般可选用与母材化学成分相同的焊丝。有时为了防止在近缝区沿晶界析出低熔点共晶体，增大金属流动性，减少裂纹倾向，亦可采用与母材不同的焊丝。如焊接MB8时，选用MB3焊丝。表13－12列出了国产常用镁合金的焊接材料。

表13－12 国产常用镁合金的焊接材料

合金牌号	MB1	MB2	MB3	MB5	MB6	MB7	MB8	MB15	ZM5
适用焊丝	MB1	MB2	MB3	MB5	MB6	MB7	MB3	MB15	ZM5

熔化极氩弧焊焊丝和钨极氩弧焊焊丝填充金属的选择取决于母材的成分，最常用的四种成分列于表13－13。

表13－13 镁合金氩弧焊用焊丝和填充金属的成分 （%）

元素	ER AZ61A	ER AZ101A	ER AZ92A	ER EZ33A
Al	5.8～7.2	9.5～10.5	8.3～9.7	—
Be	0.0002～0.0008	0.0002～0.0008	0.0002～0.0008	—
Mn	0.15（最小）	0.13（最小）	0.15（最小）	—
Zn	0.40～1.5	0.75～1.25	1.7～2.3	2.0～3.1
Zr	—	—	—	0.45～1.0
RE（稀土元素）	—	—	—	2.5～4.0
Cu	0.05（最大）	0.05（最大）	0.05（最大）	—
Fe	0.005（最大）	0.005（最大）	0.005（最大）	—
Ni	0.005（最大）	0.005（最大）	0.005（最大）	—
Si	0.05（最大）	0.05（最大）	0.05（最大）	—
其余（总量）	0.30（最大）	0.30（最大）	0.30（最大）	0.30（最大）
Mg	余量	余量	余量	余量

在小批量生产时可采用边角料作焊丝，但应将其表面加工均匀光洁。最好是采用热挤压成型的焊丝，铸件焊接和焊补时可采用铸造焊丝。

大批量生产时应选择挤压成型的焊丝。焊丝使用前要认真挑选、鉴定，其方法是将焊丝反复弯曲，有缺陷的（如疏松、夹渣、气孔）焊丝很容易被折断。

（3）焊接坡口。不论是焊接还是补焊，坡口形式极为重要。表13－14列出了焊接时的坡口形式。图13－11所示为焊补时的坡口形式。

表 13－14 镁合金焊接时的坡口形式

接头名称	坡口形式	适用厚度 T/mm	几何尺寸					焊接方法
			a/mm	c/mm	b/mm	p/mm	α/(°)	
不开坡口对称		≤3.0	0～0.2T	—	—	—	—	钨极手工或自动氩弧焊
外角接		>1.0		0.2T	3～4T	—	—	钨极手工或自动氩弧焊（加填充焊丝）
搭 接		>1.0	—	—	—	—	—	钨极手工或自动氩弧焊
V形坡口对称		3～8	0.5～2.0	—	—	0.5～1.5	50～70	用可折垫板加填充焊丝的钨极手工或自动氩弧焊
Y形坡口对称		≥20	1.0～2.0	—	—	0.8～1.2	60	加填充焊丝的钨极手工或自动氩弧焊

注：1. 不开坡口的对接接头，如仅在一面施焊时，应在其背面加工坡口，以防止产生不熔合或夹渣缺陷，坡口尺寸见图 13－11。

2. 图 13－11 中 $p=T/3$，$\alpha=10°\sim30°$。

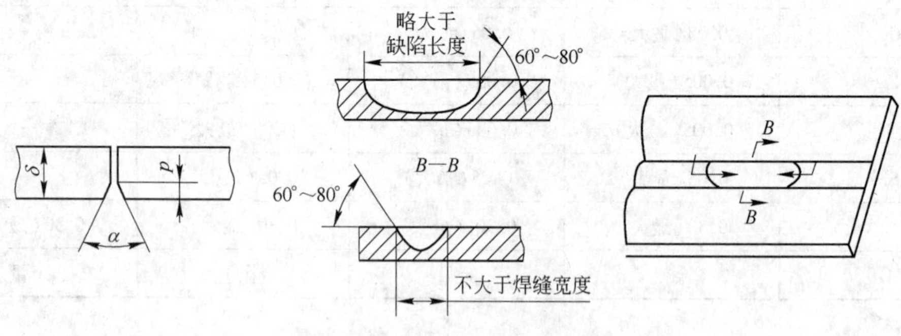

图 13－11 焊补时的坡口形式

（4）焊接前的准备。

1）焊前清理。焊丝使用前，必须仔细清理其表面，清理方法有机械法、化学法。机械清理是用刀具或刷子去除氧化皮。化学清理一般是将焊丝浸入 20%～25%（质量分数）硝酸溶液浸蚀 2min，然后在 50～90℃的热水中冲洗，再进行干燥。也可用表 13－15 方法进行清理。清理后焊丝一般应在当天用完（天气干燥时，可存放 10 天）。

表 13－15 焊丝使用前化学法清理规范

序号	工作内容	槽液成分/g·L^{-1}	工作温度/℃	处理时间/min
1	除油	NaOH，10～25 Na_3PO_4，40～60 Na_2PO_3，20～30	60～90	5～15，将零件在碱液中抖动
2	在流动热水中洗		50～90	4～5
3	在流动冷水中洗		室温	2～3
4	碱腐蚀	NaOH，350～450	对 MB8 70～80 对 MB3 60～65	2～3 5～6
5	在流动热水中洗		50～90	2～3
6	在流动冷水中洗		室温	2～3
7	在铬酸中中和处理	CrO_3，150～250 SO_4，<0.4	室温	5～10 或将零件上的锈除尽为止
8	在流动冷水中洗			2～3
9	在流动热水中洗		50～90	1～3
10	用干燥热风吹干		50～70	吹干为止

为了防止腐蚀，镁合金材料通常都需要氧化处理，使其表面产生一层铬酸盐填充的氧化膜，这层氧化膜是焊接时的重大障碍，所以在焊前必须彻底清除这层氧化膜以及其他油污。机械法清理可以用刮刀或 ϕ0.15～0.25mm 直径的不锈钢丝刷从正反面将焊缝区25～30mm 内杂物及氧化层除掉。板厚小于 1mm 时，其背面的氧化膜可不必清除，它可以防止烧穿，避免发生焊缝塌陷现象。在这以前应先用溶剂将油质或尘污等除掉。

2）焊前的预热。焊接前是否预热，主要取决于母材厚度和拘束度。对于厚板接头，如果拘束度较小，极少需要预热；对于薄板与拘束度较大的接头，经常需要预热，以防止产生裂纹，尤其是高锌合金。

对于形状复杂、应力较大的焊件，尤其是铸件，当用气焊焊补时，采用预热可减少基体金属与焊缝金属间的温差，从而有效地防止裂纹产生。

预热有整体预热及局部预热两种。整体预热在炉中进行，预热温度以不改变其原始热处理状态或冷作硬化状态为准，例如，经淬火时效的 ZM5 合金为 350～400℃或 300～350℃，一般在 2～2.5h 内升至所需温度，保温时间以壁厚 25mm 为 1h 计算，最好采用热空气循环的电炉，可防止焊件发生局部过热现象。

采用局部预热时应慎重，因为用气焊火焰、喷灯进行局部加热时，温度很难控制。目前铸件的焊补都采用氩弧焊冷补焊法，效果良好。

13.4.2.4 镁及镁合金的氩弧焊接工艺

通常氩弧焊接有填丝和不填丝焊接之分。采用自动填丝 TIG 焊接工艺进行镁合金的对接焊接与不填丝 TIG 对接焊的比较，可以看出，两种焊接接头表面成型良好，焊缝宽度差别不大。区别是，填丝焊接接头的表面有余高，而不填丝焊接接头的焊缝表面有轻微下凹；另外，由于焊丝熔敷的原因，填丝焊接接头表面的条纹较粗糙，如图13－12所示。

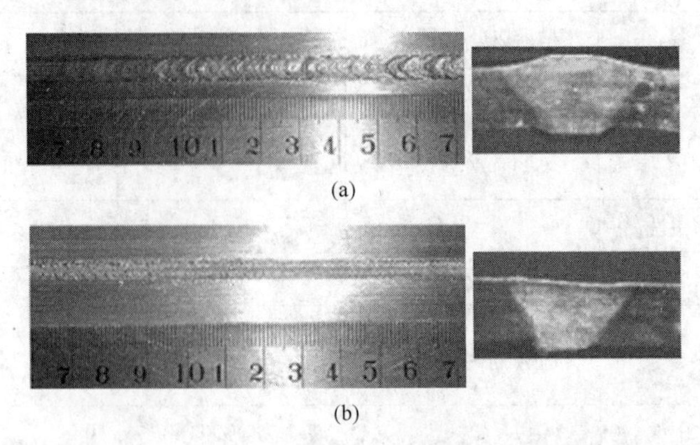

图13－12 填丝和不填丝TIG焊的焊接接头成型对比
(a) 填丝；(b) 未填丝

填丝焊接接头的母材区由较粗大的等轴晶粒构成，焊缝区由于冷却速度快产生的晶粒较细小，而热影响区近缝区的晶粒则由于受热而有所长大。但是，填丝焊接的热影响区晶粒长大现象与不填丝焊接相比被有效抑制。拉伸性能测试表明，采用填丝TIG焊接方法可以获得高质量的焊缝，其强度可以达到母材的93.5%左右，高于不填丝焊接接头。

(1) 氩弧焊接主要工艺参数的确定。目前主要用手工钨极氩弧焊及自动钨极氩弧焊，其主要工艺参数见表13－16和表13－17。

表13－16 变形镁合金的手工钨极氩弧焊的焊接工艺参数

板材厚度/mm	接头形式	钨极直径/mm	焊丝直径/mm	焊接电流/A	喷嘴孔径/mm	氩气流量/$L\cdot min^{-1}$	焊接层数
1~1.5	不开坡口对接	2	2	60~80	10	10~12	1
1.5~3.0	不开坡口对接	3	3	80~120	10	12~14	1
3~5	不开坡口对接	3~4	3~4	120~160	12	16~18	2
6	V形坡口对接	4	4	140~180	14	16~18	2
18	V形坡口对接	5	4	160~250	16	18~20	2
12	V形坡口对接	5	5	220~260	18	20~22	3
20	X形坡口对接	5	5	240~280	18	20~22	4

表13－17 变形镁合金的自动钨极氩弧焊的焊接工艺参数

板厚/mm	接头形式	焊丝直径/mm	氩气流量/$L\cdot min^{-1}$	焊接电流/A	送丝速度/$m\cdot h^{-1}$	焊接速度/$m\cdot h^{-1}$	备注
2	不开坡口对接	2	8~10	75~110	50~60	22~24	反面用垫板，单面单层焊接
3	不开坡口对接	3	12~14	150~180	45~55	19~21	
5	不开坡口对接	3	16~18	220~250	80~90	18~20	
6	不开坡口对接	4	18~20	250~280	70~80	13~15	
10	V形坡口对接	4	20~22	280~320	80~90	11~12	
12	V形坡口对接	4	22~25	300~340	90~100	9~11	

镁合金氩弧焊一般用交流电源，焊接电源的选择主要决定于合金成分、板料厚度及反面有无热板等。如MB8比MB3具有较高的熔点，因而MB8要比MB3的焊接电流大1/6~1/7。

为了减小过热，防止烧穿，焊接镁合金时，应尽可能实施快速焊接。如焊镁合金MB8，当板厚5mm，V形坡口，反面用不锈钢成型垫板时，焊速可达350~450mm/min以上。

钨极直径取决于焊接电源的大小，在焊接中钨极头部应熔成球形，但不应滴落。

选择喷嘴直径的主要依据是钨极直径及焊缝宽度。钨极直径和焊枪喷嘴直径不同时，氩气流量不同。氩气纯度要求较高，一般应采用一级纯氩（99.99%以上）。

氩气压力一般为0.3~0.7相对大气压，以形成“软气流”。压力大时，焊缝表面不良；压力小时，焊缝保护不好。焊接速度加快时，氩气流量相应增大。

对接焊不同厚度的镁合金时，在厚板侧需削边，使接头两零件保持厚度相同。削边宽度等于3~4倍板厚。焊接工艺参数按板材的平均厚度选择，在操作时钨极端部应略指向厚板一侧。

表13-18和表13-19分别列出了填充丝手工钨极气体保护电弧焊的工艺条件和AZ31B合金手工钨极气体保护电弧焊的焊接条件和接头形式。

表13-18 手工钨极气体保护电弧焊的条件

接头形式	搭接和角接接头	电极	直径1mm的EWP
焊缝形式	角焊和V形坡口	填充金属	直径1.6mm的ER AZ61A①
焊接位置	水平角焊和平焊	焊炬	350A，水冷②
焊前清理	钢丝刷清理	电源	300A，变压器③
预热	不用	电流（角焊缝）	25A，交流
夹具	工具板和套钳	电流（V形坡口焊缝）	40A，交流
保护气体	He，7742mm^3/h	焊后热处理	177℃×3.5h

①填充丝长914mm。
②陶瓷喷嘴。
③连续工作，高频振荡器。

表13-19 AZ31B合金的手工钨极气体保护电弧焊①

接头形式	T形	角接；对接	对接
焊缝形式	单边角焊	V形坡口	I形坡口
焊接位置	横向角焊	向上立焊，平焊	平焊
保护气体和流量/$mm^3 \cdot h^{-1}$	氩，5486	氩，5486	氩，5486
电极（EWP）直径/mm	2.4	3	3
填充金属（ERAZ61A）直径/mm	1.6	2.4	1.6
电流（交流，高频稳定）/A	110	125	135
焊接速度	254mm/min	5件/h②	254mm/min
焊后热处理	260℃×15min	177℃×1.5h	177℃×1.5h

①这三种应用中都采用连续高频的300A交/直流电源，备有轻型水冷焊炬。焊前所有焊件经铬酸-硫酸溶液清洗。不预热。
②包括焊件的装卸和焊接。

铸件补焊工艺参数见表13-20。预热的焊件工艺参数选用表中的下限值，不预热的焊件选用上限值。

表 13－20 铸件镁合金补焊工艺参数

材料厚度/mm	焊接电流/A	钨极直径/mm	喷嘴直径/mm	焊丝直径/mm	氩气流量/L·min^{-1}	氩气压力/MPa	缺陷深度/mm	焊接层数
<5	60～100	2～3	8～10	3～5	7～9	0.2～0.3	≤5	1
>5～10	90～130	3～4	8～10	3～5	7～9	0.2～0.3	≤5 5.1～10	1 1～3
>10～20	100～150	3～5	8～11	3～5	8～11	0.2～0.3	≤5 5.1～10 10.1～20	1 1～3 2～5
>20～30	120～180	4～6	9～13	5～6	10～13	0.2～0.3	≤5 5.1～10 10.1～20 20.1～30	1 1～3 2～5 3～8
>30	150～250	5～6	10～14	5～6	10～15	0.2～0.3	≤5 5.1～10 10.1～20 20.1～30 >30	1 1～3 2～5 3～8 6以上

(2) 焊接操作技术。镁合金钨极氩弧焊时，板厚5mm以下，通常采用左焊法；板厚大于5mm，通常采用右焊法。平焊时，焊炬轴线与已成型的焊缝成70°～90°角。焊枪与焊丝轴线所在的平面应与焊件表面垂直。焊丝应贴近焊件表面送进，焊丝与焊件间的夹角为5°～15°。焊丝端部不得浸入熔池，以防止在熔池内残留氧化膜。这样可借助于焊丝端头对熔池的搅拌作用，破坏熔池表面的氧化膜并便于控制焊缝余高。

焊接时应尽量取低电弧（弧长2mm左右），以充分发挥电弧的阴极破碎作用，并使熔池受到搅拌，便于气体逸出熔池。

13.4.2.5 镁及镁合金的气焊工艺

由于气焊火焰的热量散布范围大，焊件加热区域较宽。所以焊缝的收缩应力大，容易产生裂纹等缺陷，残留在对接、角接接头的焊剂、溶渣容易引起焊件的腐蚀，因此气焊法主要用于不太重要的镁合金薄板结构的焊接及铸件的焊补。

焊前先将焊件、焊丝进行清洗，并在焊件坡口处及焊丝表面涂一层调好的焊剂，涂层厚度一般不大于0.15mm。

气焊镁合金时，应采用中性焰的外焰进行焊接，不可将焰心接触熔化金属，熔池应距离焰心3～5mm，应尽量将焊缝置于水平位置。气焊工艺参数见表13－21。

表 13－21 镁合金的气焊工艺参数

焊件厚度/mm	焊炬型号	焊丝尺寸/mm		乙炔气消耗量/L·h^{-1}	氧气压力/MPa
		圆截面	方截面		
0.5～3.0	H01－6	ϕ3	3×3	100～200	0.15～0.2
3～5	H01－6	ϕ5	4×4	200～300	0.2～0.22
5～10	H01－12	ϕ5～6	6×6	300～600	0.22～0.3
10～20	H01－12	ϕ6～8	8×8	600～1200	0.3～0.34

补焊镁合金铸件时，始焊时焊炬与铸件间成70°～80°，以便迅速加热始焊部位，直至其表面熔化后再添加焊丝。熔池形成后，焊炬与焊件表面的倾角应减小到30°～45°，焊丝倾角应为40°～45°，以减小加热金属的热量，加速焊丝的熔化，增大焊接速度。焊丝端部和熔池应全部置于中性熔剂的保护气氛下。焊接过程中，焊丝应置于熔池中，并不断进行搅拌，以破坏熔池表面的氧化膜，将熔渣引出熔池外。焊接进行到末端或缺陷边缘时，应加大焊接速度，并减小焊炬的倾斜角度。焊接过程中，不要移开焊炬，要不间断地焊完整条焊缝。在非间断不可时，应缓慢地移去火焰，防止焊缝发生强烈冷却。当焊接过程中在焊缝末端偶然间断，并再次焊接时，可将已焊缝末端金属重熔6～10mm长。

若焊件坡口边缘发生过热，则应停止焊接或增大焊接速度和减小气焊炬的倾斜角度。

当铸件厚度大于12mm时，可采用多层焊，层间必须用金属刷（最好是细黄铜丝刷）清刷后，再焊下一层。薄壁件焊接时反面易产生裂纹，为消除裂纹，应保证反面焊透，并在反面形成一定的余高。正面焊缝高度应高于基体金属表面2～3mm，如图13－13所示。

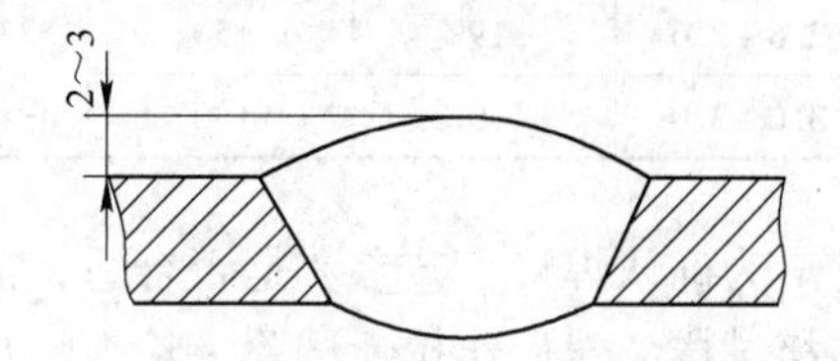

图13－13 补焊后的焊缝截面示意图

在壁厚不同的焊接部位，焊接时火焰应指向厚壁零件，以使受热尽量均匀。为了消除应力，防止裂纹，补焊后应立即放入炉内进行退火处理，退火温度为200～250℃，时间2～4h。

13.4.2.6 镁及镁合金电阻点焊工艺

某些镁合金框架、仪表舱、隔板等常采用电阻点焊。镁合金电阻点焊特点如下：

（1）镁合金具有良好的导电性和导热性，点焊时，须在较短的时间内通过大电流。

（2）镁的表面易氧化，零件间的接触电阻增大，当通过大的焊接电流时，往往产生飞溅。

（3）断电后，熔核开始冷却，由于导热性好及线膨胀系数大，熔核收缩快，易引起缩孔及裂纹等缺陷。

基于上述特点，点焊机应能保证瞬时快速加热。直流冲击波点焊机及一般的交流点焊机均可适用于镁合金的点焊。

点焊用的电极应选用高导电性的铜合金，电极端部需打磨光滑，打磨时应注意及时清理落下的铜屑。

在选择点焊参数时，先大概选择电极压力值，然后再调节焊接电流及通电时间。焊接电流及电极压力过大，会导致焊件变形。焊点凝固后电极压力需保持一定时间，若压力维持时间太短，焊点内容易出现气孔、裂纹等缺陷。厚度0.4～3.0mm镁材电阻点焊工艺参数见表13－22。

表13－22 镁合金的电阻点焊工艺参数（选用单相交流电阻焊机）

板厚 /mm	电极直径 /mm	电极端部半径/mm	电极压力 /N	通电时间 /s	焊接电流 /kA	焊接直径 /mm	最小剪切力 /N
0.4＋0.4	13.5	50	1372	0.05	16～17	2～2.5	314～617
0.5＋0.5	10	75	1372～1568	0.05	18～20	3～3.5	421～784

续表 13-22

板厚 /mm	电极直径 /mm	电极端部半径/mm	电极压力 /N	通电时间 /s	焊接电流 /kA	焊接直径 /mm	最小剪切力 /N
0.65+0.65	10	75	1568~1764	0.05~0.07	22~24	3.5~4.0	578~960
0.8+0.8	10	75	1764~1960	0.07~0.09	24~26	4~4.5	784~1196
1.0+1.0	13	100	1960~2254	0.09~0.1	26~28	4.5~5.0	980~1519
1.3+1.3	13	100	2254~2450	0.09~0.12	29~30	5.3~5.8	1323~1911
1.6+1.6	13	100	2450~2646	0.1~0.14	31~32	6.1~6.9	1695~2401
2+2	16	125	2842~3136	0.14~0.17	33~35	7.1~7.8	2205~3038
2.6+2.6	19	150	3332~3528	0.17~0.2	36~38	8.0~8.6	2793~3822
3.0+3.0	19	150	4214~4410	0.2~0.24	42~45	8.9~9.6	3528~4802

为确认焊接工艺参数是否合适，需焊若干对试样。一般用两块镁合金板点焊成十字形搭接试样，然后作拉断试验，检查焊点气孔、裂纹等缺陷。如果没有任何缺陷，再焊接抗剪试样，检验抗剪强度值。检查焊点焊透深度的方法可用金相宏观检验法。

不同板厚镁合金点焊时，厚板一侧应采用直径较大的电极。多层板点焊时电流和电极压力可比两层板点焊时大。

13.4.2.7 镁合金的钎焊工艺

镁合金的钎焊技术与铝相似。可采用火焰钎焊、炉中钎焊及浸渍钎焊，以浸渍钎焊应用最为广泛。钎焊时所用钎料都是镁合金钎料，一般采用 Mg-Al-Zn 钎料［Al 12%、Zn 0.5%、Be 0.005%(质量分数)］，钎剂用氯化物和氟化物混合粉末。

火焰钎焊时可使用氧—燃气或空气—燃气。使用天然气则更加适合，因为它的温度低，可避免过热。加热前，钎料应放在接头处，并涂上钎焊剂。因基体金属固相线温度与钎料流动温度十分接近，难以用手工方式加钎料。

炉中钎焊时，钎料预先放在接头上，接头间隙宜为 0.10~0.25mm，沿接头喷撒干粉钎焊剂。因用水或酒精调配的钎焊剂膏会妨碍钎料流布，不宜使用。

炉中钎焊时应严格控制钎焊温度，以保证基体金属的过烧能减至最低程度，并预防镁燃烧。钎焊时间应是钎料完全流布所需的最短时间，以防钎料过分扩散和镁燃烧。通常在钎焊温度下保温 1~2min 足够完成钎焊过程。有时随工件厚度及定位夹具的不同，可适当延长或缩短。钎焊后应将零件在空气中自然冷却，不要强迫通风，以免变形。

浸渍钎焊由于钎焊剂熔池体积大，加热比较均匀，所以浸渍钎焊质量优于其他钎焊方法，应用较多。

镁合金的浸渍钎剂起着加热和钎剂化双重作用。接头间隙应为 0.1~0.25mm，钎料预先放置好，用不锈钢夹具组装好部件，在炉中预热 450~480℃，以驱除湿气并防止热冲击。在钎剂浴中零件加热很快，1.6mm 厚的基体金属浸渍时间约为 30~45s。质量较大并带有夹具的大型组件，浸渍时间约需 1~3min。

目前，还没有找到合适的去除表面氧化膜和使钎料润湿待焊表面的软钎焊剂。因此，无电镀层的镁合金只能采用刮擦钎焊和超声波钎焊，它们可以机械地去除焊件表面氧化膜。刮擦（摩擦）钎焊时，焊锡棒、烙铁及其工具摩擦熔融钎料下的工件表面以击破氧化膜；在超声波钎焊中，熔融钎料与超音速振动的焊锡棒接触，振动产生空隙腐蚀，从而去除镁合金表面的氧化膜。然后可用烙铁、焊炬或热垫板进行连接。

一般情况下，钎料与镁合金母材接触易产生剧烈的电偶腐蚀。同时，母材与钎料之间易化合生成脆性相，从而降低接头强度和塑性。此外，在应力较高或有盐腐蚀环境中工作的镁合金焊接结构不宜采用软钎焊。因此，除特殊情况（如制造电子触点）外，通常很少采用软钎焊接镁合金。

表13－23列出了用于镁合金钎焊的Cd基和Sn基软钎焊料。在潮湿环境中Pb基钎焊料易与镁产生剧烈的电偶腐蚀，通常不予采用；Sn－Zn钎焊料比Sn－Zn－Cd钎焊料具有更低的熔点和更好的润湿性，但焊后接头塑性较低；而高Cd钎焊料能形成强度和塑性极好的接头。

表13－23 用于镁合金钎焊的Cd基和Sn基软钎焊料

成分（质量分数）/%	温度/℃		使用条件
	液相线	固相线	
60Cd－30Zn－10Sn	157	288	低温，小于149℃
90Cd－10Zn	295	299	高温，大于149℃
72Sn－28Cd	177	244	中温，小于149℃
91Sn－9Zn	199	199	高温，大于149℃
60Sn－40Zn	199	341	高温，大于149℃
70Sn－30Zn	199	311	预敷钎料
50Sn－50Pb	183	316	预敷钎料上用的填充钎料
80Sn－20Zn	199	270	预敷钎料
40Sn－33Cd－27Zn	—	—	填充钎料

进行软钎焊前，无电镀层的镁合金表面首先要采用溶剂除脂，然后在焊前瞬间用不锈钢丝刷、毛刷或氧化铝砂布进行机械清理。镁表面的电镀层是软钎焊的良好基础。镁电镀的第一道工序是形成浸锌膜，然后在浸锌膜上镀上0.0025～0.005mm的铜镀层，这样便形成了可钎焊表面。另外，还可采用表面电镀Cu、Sn、Ag或化学镀Ni的方法。对于易焊的电子产品，在镀Cu层表面再涂一层薄的Sn（0.0067～0.0127mm），然后在高温油槽中浸泡使Sn层充分流动、表面气孔愈合，提高Sn的保护作用。因此，预置表面层效果较为理想，它将提高接头强度，减小界面电偶腐蚀。无镀层镁合金的无钎剂软钎焊仅限于焊接角接头和填补变形件及铸件喷漆前的非关键面上的表面缺陷，带有电镀表面的镁合金可采用常用的软钎焊接头形式。

13.4.2.8 电子束焊

含锌量小于1%的变形和铸造镁合金，极少采用电子束焊接。一般来说，能采用电弧焊进行焊接的镁合金也可以采用电子束进行焊接，并且二者的焊前和焊后处理工艺相似。用电子束焊时，在电子束下立即产生镁蒸气，熔化的金属流入所产生的小孔中，由于镁合金蒸气压力高，因而所生成的小孔通常比其他金属大，易在焊缝根部产生气孔。因此，必须密切控制操作工艺以防止过热产生气孔。电子束的圆形摆动和采用稍微散焦的电子束，有利于获得优质焊缝。在接头部分加入适量的填充金属、采用同种金属的整体式或紧密贴合的衬垫会尽可能减少气孔。采用电子束焊接可获得较好效果的镁合金有 AZ91C－T6、AZ80A－T5 等。

13.4.2.9 激光焊接技术

激光焊接作为一种先进的连接技术，具有速度快、线能量低、焊后变形小、接头强度高等优点，得到了人们极大的关注。镁合金采用激光焊接，与铝合金相比，镁合金对激光束的吸收性能较好。激光束可将高密度能量集中在一个小点上，因而可使热量集中输入熔化区，热影响区减至最小。而镁合金线膨胀率大，因而激光这种特性对镁合金更为重要。激光束易于控制，因而容易进行复杂的三维零件焊接，易于实现自动化。变形镁合金激光焊接缝强度与母材强度相近，通过采用适宜的工艺参数，可减少气孔与咬边的产生。

采用400W 的脉冲 YAG 激光对 AZ31B 变形镁合金进行对接焊，结果表明，镁合金激光焊焊缝变形小，成型美观，无裂纹等表面缺陷、背面熔透均匀，如图 13－14 所示。焊接接头热影响区不明显，无晶粒长大现象；焊缝区由细小的等轴晶组成，接头各区硬度变化不大。同时发现脉宽对焊接接头性能影响很大，在本试验条件下，当脉宽为 4.5ms，在一定的规范下，接头的抗拉强度可达母材的95%，实现了镁合金的良好连接。

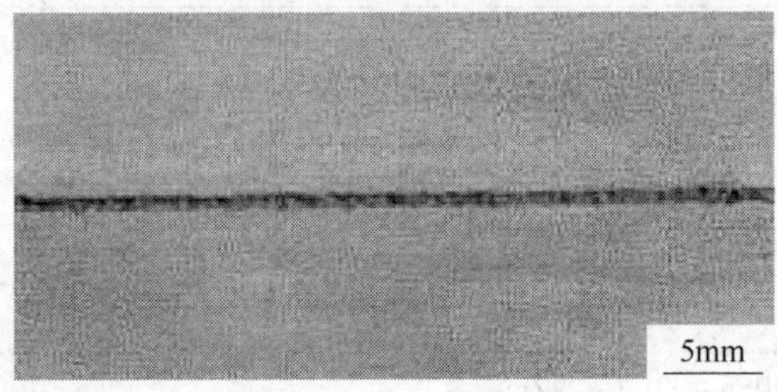

图 13－14 变形镁合金 AZ31B 焊缝表面形貌

13.4.2.10 激光－氩弧复合热源焊接

自 1978 年 Eboo 等人首次提出激光－电弧复合热源焊接以来，一直受到国内外焊接界的关注。采用低功率 YAG 激光－氩弧复合热源焊接镁合金板材，焊接原理图如图 13－15 所示。试验发现，激光－TIG 复合热源焊接变形镁合金焊缝成型良好，在合理的参数条件下，无气孔、裂纹等缺陷。

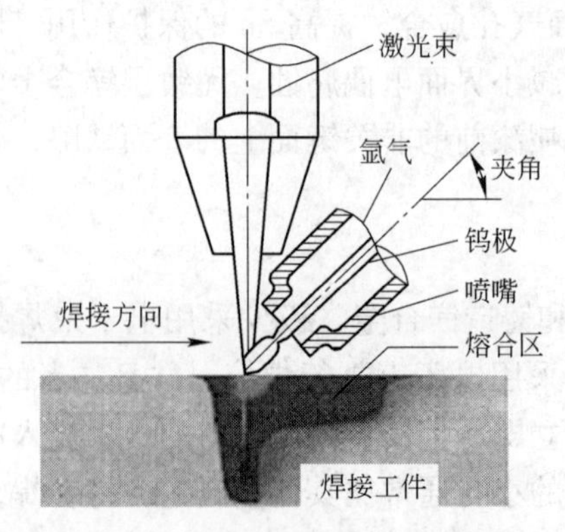

图 13－15 激光－TIG 复合热源示意图

在相同的焊接条件下，新工艺焊接熔深可达激光焊接的4倍，氩弧焊的2倍，如图13－16所示。焊接接头的拉伸强度达到母材95%以上，冲击韧性达到母材的113%，抗疲劳强度与母材相当，并且焊接速度可达2000mm/min以上。低功率激光－氩弧复合热源焊接技术不仅克服了激光焊和氩弧焊的不足，而且显著增大了熔深、提高了焊接质量，可实现镁合金的高效、优质连接。

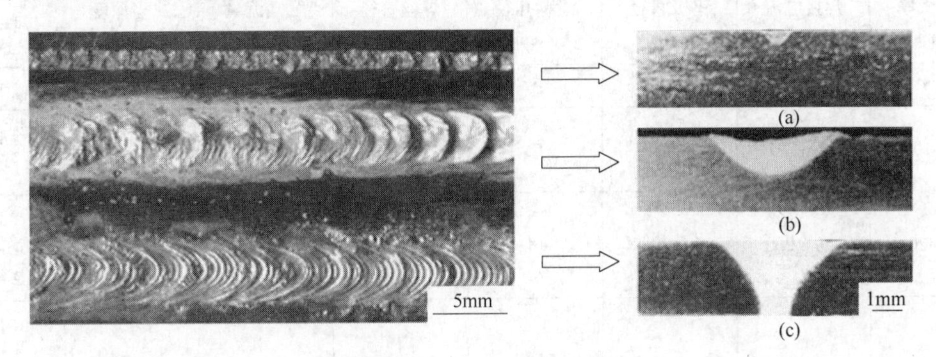

图13－16 焊缝形貌和熔深对比

（a）激光焊；（b）TIG焊；（c）复合焊接

（$I=100\text{A}$，$P=400\text{W}$，$h=1.5\text{mm}$，$f=-1.0\text{mm}$，$D_{\text{LA}}=1\text{mm}$，$V=1100\text{mm/min}$）

目前激光焊普遍采用2～10kW激光束，有时甚至20kW，大功率复合热源普遍采用2kW左右的激光束，由于镁合金对激光反射很严重，所以在焊接过程中存在严重的能量浪费问题。以上试验采用400W的YAG激光与氩弧复合实现了镁合金的优质焊接，节约了能源，降低了设备成本。

13.4.2.11 摩擦焊

摩擦焊可用于镁合金与镁合金、镁合金与其他材料的焊接。摩擦焊的优点在于：温度低，效率高，可实现不同材料的焊接。目前研究的方向是摩擦焊工艺参数优化。焊接设备与操作方法与铝及铝合金的摩擦焊大致相同。目前，也正在研发搅拌摩擦焊接工艺。

13.4.2.12 镁及镁合金材料的补焊

生产实践证明：镁合金制件不论是铸件、锻件毛坯或焊接件，都可能存在着某些缺陷而需要焊补。往往一个大的工件由于一两个缺陷焊补不好而报废，造成不应有的损失。因此，焊补是镁合金焊接中的重要一环。所以，焊补时对焊工的操作技术及工艺参数选择比普通焊接要求更高。

焊补一般有两种情况：一是变形镁合金焊接件，经检查发现存在外观或内部缺陷需要焊补；二是铸件、锻件毛坯或在机械加工过程中出现的铸造、锻造缺陷需要焊补。

由于镁合金易过热，故焊补时应尽量选用小的焊接线能量，以缩短熔池在高温下的停留时间及减少热影响区宽度。这对于铸件焊补尤其重要，因为铸件一般是经淬火时效的，往往是经精加工后才发现缺陷而进行焊补的。铸件焊补后因体积较大，或因有变形要求而不便再进行热处理时，对于这种情况最好用氩弧焊冷焊焊补。

对于淬火时效的ZM5合金铸件，宜采用小电流、小直径的焊丝、小体积的熔敷金属进行焊补，并尽可能采用多层焊，焊接几层后停下来冷却一下，防止金属产生过热倾向。采取上述措施可获得较满意的结果，焊缝金属晶粒细小，接头硬度和抗拉强度均符合铸件本身的技术要求。

(1) 铸件的焊补。经淬火时效的 ZM5 镁合金铸件的手工氩弧焊的焊补工艺参数见表 13-24，ZM5 铸件的氩弧焊冷焊焊补接头的力学性能见表 13-25。

表 13-24 ZM5 镁合金铸件的手工氩弧焊的焊补工艺参数

铸件板厚/mm	焊接电流/A	钨极直径/mm	喷嘴孔径/mm	焊丝直径/mm	氩气流量/L·min⁻¹	缺陷深度/mm	焊接层数
<5	60~100	2~3	10	2~3	8~10	≤5	1
5~10	90~130	3	12	4~5	10~12	≤5 5.1~10	1 1~3
10~20	150~260	4	14	5	16~18	≤5 5.1~10 10.1~20	1 1~3 2~5
20~30	220~300	4	16	5	18~20	≤5 5.1~10 10.1~20 20.1~30	1 1~3 2~5 3~8
>30	250~350	4	20	5	22~25	≤5 5.1~10 10.1~20 20.1~30 >30	1 1~3 2~5 3~8 >6

表 13-25 ZM5 镁合金铸件冷焊焊补接头的力学性能

铸件状态	厚度/mm	接头形式	焊 丝	焊后热处理	σ_b/MPa
淬火时效	≥20	对接，单面V形坡口	从 ZM5 铸件上切取 5mm×6mm 的狭条	未处理	173.5~250.9①
		平面堆焊			163.7~225.4②

①从铸件焊补部位取。

②在 22mm 厚的砂模铸板上堆焊 30~35mm 厚的一层，取样时铸板及堆焊层各占试样长度的一半。

图 13-17 为三种镁合金砂型铸件，用钨极气体保护电弧焊补焊实例的示意图。表 13-26 列出了手工钨极气体保护电弧焊补焊的工艺条件。

表 13-26 手工钨极气体保护电弧焊补焊的工艺条件

焊接条件①	例1	例2	例3
夹具	不用	金属板	不用
焊接位置	平焊	平焊	平焊
保护气体	Ar，6396~7315mm³/h	Ar，7315~8534mm³/h②	Ar，7315~8534mm³/h
电极直径/mm	EWP	EWP	EWP
填充金属（直径 1.6mm）	ER ZA92A	ER ZA33A	ER ZA33A
电流（交流，高频稳弧）	80~140A	160~180A	160~180A
预热和焊道间温度	121℃	149℃	121~177℃

续表 13－26

焊接条件①	例 1	例 2	例 3
焊后热处理	149℃ ×3h	204℃ ×2h	149℃ ×4h
每件总时间③	1/2h	2h	1/2h

①在所有三种应用中，焊前均采用钢丝刷或回转锉清理。电源为高频（平衡波形）稳弧的 300A 变压器，以及 300A 水冷焊炬。

②焊缝背面采用流量 2438mm³/h 的氮保护。

③不包括焊后热处理时间。

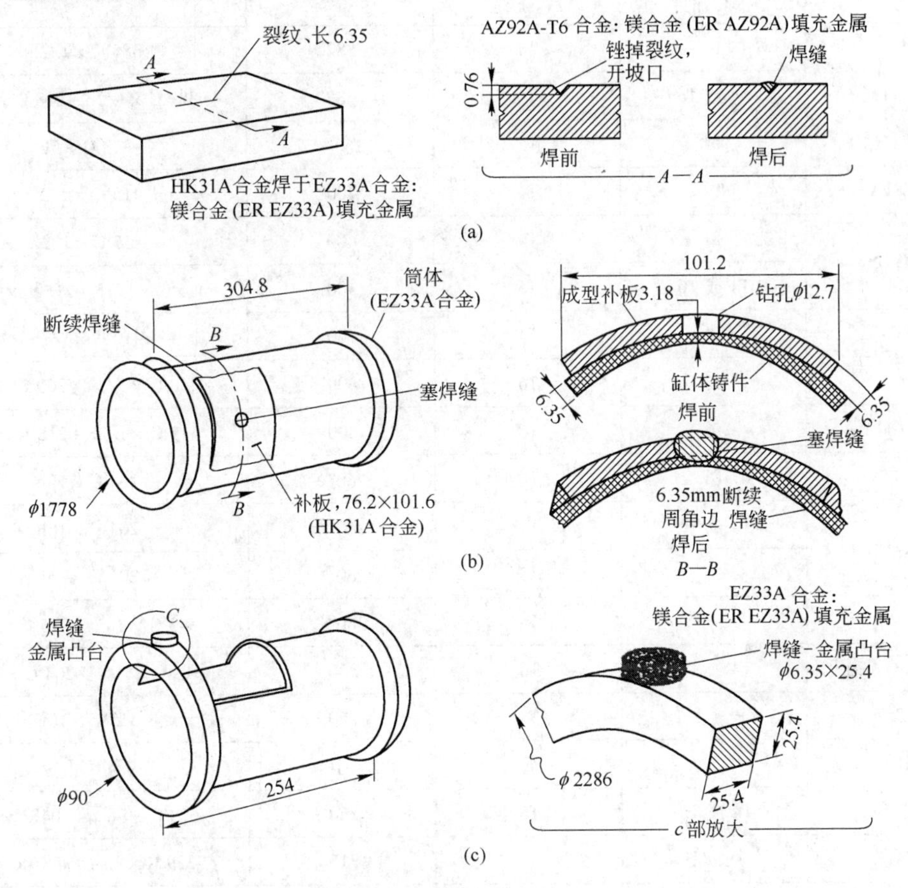

图 13－17　用手工钨极气体保护电弧焊补砂型铸件

（2）变形镁合金的焊补。变形镁合金的焊补操作与普通焊接大体相似，焊补电流根据焊补处厚度及散热条件而定，通常要比同等厚度的焊件小 1/3～1/2。

13.4.2.13　镁合金焊后热处理

MB3、MB8、ZM5 镁合金焊后退火工艺参数见表 13－27。

表 13－27　MB3、MB8、ZM5 镁合金焊件退火工艺参数

合　金	MB3	MB8	ZM5
退火温度/℃	290 ±10	230 ±10	250～350
保温时间/h	5	1.5	72

注：加热、保温后将焊件应在静止的空气中冷却，室温不低于 15℃。

经热处理的铸件，常常在焊后需要再次热处理。表13－28给出了镁合金铸件焊后热处理工艺参数，表中工艺取决于焊前的状态和焊后的需要，热处理时间最短的（1/2h），完全固溶处理只有用于焊后的AZ81A、AZ91C和AZ92A铸件，以避免焊缝金属的晶粒长大。一些固溶处理需在二氧化硫或二氧化碳气氛中进行。

表13－28　镁合金铸件焊后热处理工艺参数

合　金	合金的状态①		最高预热温度/℃②	焊后热处理③
	焊　前	后处理		
AZ63A	T4	T4	382	388℃×1/2h
	T4或T6	T6	382	388℃×1/2h+218℃×2h
	T5	T5	260④	218℃×5h
AZ81A	T4	T4	400	415℃×1/2h
AZ91C	T4	T4	400	415℃×1/2h
	T4或T6	T6	400	415℃×1/2h+215℃×4h⑤
AZ92A	T4	T4	100	410℃×1/2h
	T4或T6	T6	400	410℃×1/2h+260℃×4h
AM100A	T6	T6	400	415℃×1/2h+218℃×5h
EK30A	T6	T6	260④	204℃×16h
EK41A	T4或T6	T6	260④	204℃×16h
	T5	T5	260④	204℃×16h
EZ33A	F或T5	T5	260④	343℃×2h⑥+215℃×5h
HK31A	T4或T6	T6	260	315℃×1h⑥+204℃×16h
HZ32A	F或T5	T5	260	315℃×16h
K1A	F	F	不用	不用
QE22A	T4或T6	T6	260	529℃×8h⑦+204℃×8h
ZE41A	F或T5	T5	315	329℃×2h+177℃×16h
ZH62A	F或T5	T5	315	329℃×2h+177℃×16h
ZK51A	F或T5	T5	315	329℃×2h+177℃×16h
ZK61A	F或T5	T	315	149℃×48h
	T4或T6	T6	315	499℃×(2~5)h+129℃×48h

①T4为固溶热处理；T6为固溶热处理和人工时效；F为铸造状态；“后处理”即焊后热处理。
②厚板无拘束部件通常不预热；薄板有拘束的需要预热到表中给出的最大温度，以防止焊接裂纹。当预热超过370℃时，推荐在二氧化硫或二氧化碳气氛中预热。
③给出的温度是最大容许值；控制炉内温度不能超过给出的最大值。当预热温度超过370℃时应采用二氧化硫或二氧化碳气氛。
④用于1.5h，最大。
⑤可采用168℃×16h代替215℃×4h。
⑥这种热处理状态最佳，可用于消除较大的应力。
⑦在二次热处理以前，60~104℃水中淬火。

如果产品不需要完全固溶处理，那么铝含量超过1.5%的镁合金铸件必须消除应力，以防止使用中产生腐蚀裂纹，焊后消除应力的温度和时间见表13－29。

表13－29 镁合金焊后消除应力热处理①

薄板			挤压件			铸件		
合金	温度/℃	时间/min	合金	温度/℃	时间/min	合金	温度/℃	时间/min
AZ31B－O②	260	15	AZ10A－F	260	15	AM100A	260	60
AZ31B－H24②	149	60	AZ31B－F②	260	15	AZ63A	260	60
HK31A－H24	315	30	AZ61A－F②	260	15	AZ81A	260	60
HM21A－T8	371	30	AZ80A－F②	260	15	AZ91C	260	60
HM21A－T81	399	30	AZ80A－T5②	204	60	AZ92A	260	60
ZE10A－O	232	30	HM31A－T5	427	60			
ZE10A－H24	135	60						

①热处理，对所有合金将消除约80%～95%的应力，而HM31A－T5只消除70%。

②需要焊后热处理，以避免应力腐蚀裂纹。

13.4.2.14 镁合金焊接缺陷

（1）氧化物夹渣。氧化物夹渣分为线状和片状两种。当对缝间隙太大时，在电弧前端出现烧穿现象，为此需加入较多的焊丝来填补满，这时由于焊丝端部遮挡住了电弧的阴极破碎和搅拌作用，夹渣不易排出，以致在焊缝中产生线状的夹渣。焊前清理不彻底，送条方法不正确也会造成片状夹渣。

（2）夹钨。由于镁合金焊接时采用大电流、高焊接速度。因此，手工氩弧焊工必须集中精力进行操作，焊接过程中尽量不要沾污钨电极。根据焊接电流大小选择钨极直径。由于钨和其氧化物密度大，当焊接大于3mm的厚板时，钨夹杂多沉积于焊缝的反面，不易被排出，易造成夹钨现象。

（3）气孔。镁合金焊缝隙中常见的气孔有连续气孔及密集气孔。防止气孔的方法有：焊前对焊件、焊丝进行严格清理，焊接时使焊件和焊丝表面干燥，氩气的纯度应合格，焊前应注意去除焊炬、氩气管道内的湿气，增强氩气保护效果等。

（4）裂纹。镁合金焊缝中的裂纹有横向裂纹、弧坑裂纹及沿焊缝裂纹等。

（5）未焊透。由于接头形式不同，产生的未焊透形状各异。主要原因是坡口形状不合适，焊接速度过快以及焊炬角度不当等。

（6）咬边、烧穿和电弧灼伤零件。这类缺陷稍一疏忽就会出现。操作时应注意正确握持焊炬（指焊炬与焊件的角度），接地线紧固在焊件上，以免引起电弧灼伤零件。

13.4.2.15 镁合金焊接安全技术

镁合金焊接一般选用大电流、快速焊的工艺参数，故弧光特别强烈，易造成灼伤，应加强保护。焊接时飞溅出的小颗粒熔滴在空气中燃烧，且处于高温时间很长，往往对焊工的头部、颈部造成烫伤。在焊接时除佩戴焊工面罩外，最好再佩戴防尘帽，以免烫伤。

镁合金焊接时还会产生较多的黄绿色烟雾，所以应加强工作场地的通风措施。

镁合金燃烧时禁止用水灭火，一般可用烘干过的熔剂、干砂、干铸铁粉灭火。

在热处理时应避免材料与电阻丝直接接触，从而造成局部高温。

有关焊接安全技术将在本书第18章详细介绍。

13.4.3 黏接

黏接适宜于任意形状与尺寸的镁合金材料并且几乎能与任何其他材料连接。黏接的表面可以是光滑表面。大的表面可一次黏接而成，很适合于飞行器。连接材料间不导电，不会造成电化学腐蚀，因而适合于连接镁合金与其他异种金属。由于它使应力集中分散，而且黏结剂具有低的弹性模量，不会将应力像刚性连接点那样容易传递，从而可应用于高疲劳强度场合的极好连接方法。

很多种类的黏结剂可用于连接镁合金，大多数黏结剂需加温固化。为了避免和降低被连接金属的力学性能，宜选用不需要加温固化的黏接剂。表13－30列出了一些镁合金黏结剂，并给出了固化条件及抗拉、抗剪切强度范围。黏接点的静抗剪切强度高达20MPa，且随搭接宽度、试验温度、黏接剂种类的不同而变化，如图13－18和图13－19所示。已开发出来的一种改进丙烯酸双组分黏结剂，可在室温下黏接固化，在－54～93℃具有很高的黏接强度，该黏结剂在镁合金汽车铸件原型装配中有广阔的应用前景。

表13－30 镁合金黏结剂性能（在不超过82℃场合下使用）

成分类型	固化温度/℃	固化时间/min	压强/MPa	黏结剂厚度/mm	剪切强度（20℃）/MPa
酚醛＋聚乙烯醇甲醛粉	130	32	0.3～3.4	0.08～0.15	11～18
酚醛橡胶基树脂	160	20	1.4	0.08～0.15	15～18
酚醛合成橡胶基	175	40	0.05～0.8	0.13～0.50	7～17
酚醛合成橡胶基＋热固树脂	175	60	0.7	0.13～0.50	14～20
环氧树脂——液态、粉末、棒（类似于钎料）	200	60	接触	0.03～0.15	10～15
环氧树脂——两种液体	20	24h	接触	0.03～0.15	10～15
环氧树脂胶＋液态活化剂	95	60	接触	0.08～0.13	<20
橡胶基	200	8	1.4	0.25～0.38	12～16
乙烯酚醛	150	8（预热）	变化	0.10～0.30	7～12
环氧树脂	95	45	接触	0.50～0.75	8～12
酚醛	150	15	0.2	0.50～1.00	<16
环氧树脂	175	60	接触	0.06～0.13	19～30
改进型环氧树脂	115	15～30	0.02～0.2	0.30～0.75	5～16（68～260℃）
环氧－酚醛（高温型）	165	30	0.02～0.2	0.30～0.75	5～16（68～260℃）

黏接时，镁合金的表面前处理很重要。表面应清洁，无润滑脂、油、氧化物及其他任何脏物。尽管黏结剂可像油漆那样用在清洁的镁合金上，但化学处理的表面才能使黏接效果最好。为保证在严酷环境下有良好的防腐性能，一些军用标准要求在使用黏结剂前进行

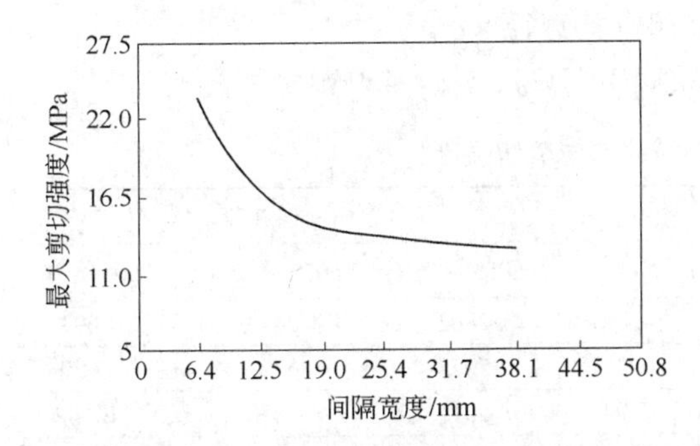

图 13－18　搭接宽度对黏接抗剪强度的影响
（镁合金板厚度 2.2mm，酚醛橡胶基树脂黏结剂）

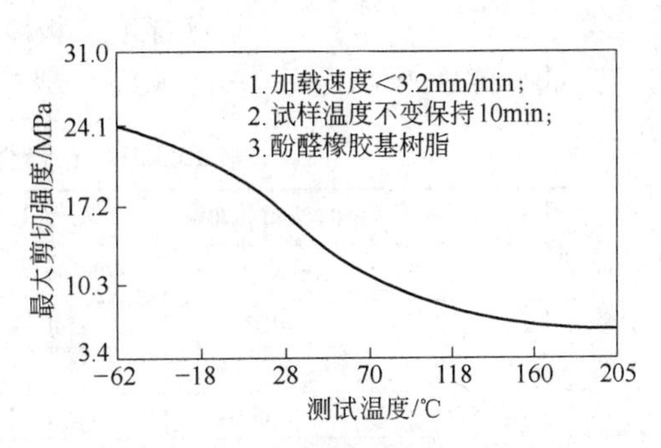

图 13－19　温度对黏接抗剪强度的影响
（镁合金板厚度 1.6mm）

表面阳极氧化，并再加一层涂层。由于黏结剂抗剪强度通常大于膜层或涂层的抗剪强度，在表面准备中的任何涂层或膜层应该很薄，阳极氧化膜层大约为 3μm 或更小，漆约为 8μm 或更小。

化学膜或阳极氧化层应很薄，并仔细清除脏物，在实际黏接操作中，对温度、压力、湿度必须仔细控制才能保证最佳效果。在生产中应定期进行拉伸、剪切、剥落试验，以保证所有参数能得到合理控制。

13.4.4　机械连接

13.4.4.1　铆接

铆接是连接镁合金零部件的最为广泛的方法之一，其接头设计和工艺与铝合金材料的类似。在恶劣环境中使用的镁合金工件应仔细考虑铆钉间距、材质、尺寸大小及封口胶的使用情况等因素，以防缝隙内产生腐蚀。

铆接中最常用的接头形式是搭接，当设计者允许在接头两侧使用衬板时也可以采用对接。根据接头强度要求来选择铆钉排列方式，可以是单排或多排。一般情况下，被连接金属与铆钉剪切强度应保证一致。如果接头出现破坏，应是铆钉先被剪断，而不是母材的拉伸或疲劳断裂。

铆钉中心线与连接板边缘间的距离至少为铆钉直径的 2.5 倍。对于剪切面粗糙、呈鳞状断口的材料建议取铆钉直径的 3 倍。增加边距对于在振动条件下工作的工件尤为必要。铆钉间在任何方向上的间距都不能小于其直径的 3 倍，而对最大值没有严格要求。只要能形成有效接头，任意大于 3 倍直径的铆钉间距都可采用。对于水密性接头，通常采用 4 倍直径的间距；非水密性接头则可采用 10 倍铆钉直径的间距。另外，在连接效果相同的前提下，通常建议采用大量的小铆钉，而不采用少量的大铆钉。

连接镁合金最好采用铝合金铆钉。5056－H32 与镁合金间几乎不发生电化学腐蚀，因此这种材料的铆钉最适用。其次是 6053－T61 和 6061－T6 材料。铝合金铆钉冷拔后直径可为 8mm，5056－H32 合金冷拔后效果类似于 H321 状态。

表 13－31 列出了连接镁合金用三种铝合金铆钉的单向剪切强度。冷拔前 5056－H32 和 6061－T6 铆钉的高温剪切强度见表 13－32。不同厚度的 AZ31B 合金板和不同大小铆钉孔的承载强度计算公式如下，即：

$$承载强度 = 板厚 \times 铆钉孔直径 \times \sigma_T$$

其中，对于 AZ31B－O，$\sigma_T = 414\text{MPa}$；对于 AZ31B－H24，$\sigma_T = 469\text{MPa}$。

表 13－31　铝合金铆钉的单向剪切强度

铆钉直径/mm	单向剪切载荷①/N			铆钉直径/mm	单向剪切载荷①/N		
	6053－T61	5056－H321	6061－T6		6053－T61	5056－H321	6061－T6
1.59	342	423	454	4.76	2802	3443	3692
2.38	707	867	934	6.35	5075	6227	6690
3.18	1268	1557	1672	7.94	8015	9830	10542
3.97	1944	2384	2558	9.52	11467	14056	15101

①铆钉剪切强度：6053－T61，152MPa；5056－H321，186MPa；6061－T6，200MPa。

表 13－32　冷拔前铝合金铆钉的高温剪切强度

温度/℃		70	95	150	205	260	315	370
剪切强度/MPa	5056－H32	221	214	193	159	117	83	48
	6061－T6	200	186	172	145	103	48	34

铆钉孔可以采用钻孔或锪孔进行加工，其中最常用的是钻孔。对于航空零件，当母材厚度大于1mm时，也要求采用钻孔。表13－33列出了镁合金板铆接用冷拔铝合金铆钉尺寸和需钻铆钉孔直径。镁合金板上冷拔铝合金铆钉的承载面积可以采用实际孔径与板厚的乘积进行计算。为了防止被连接板由于超负荷而发生破坏，铆接设备应采用挤压铆机，因为其推进力比气压铆锤更易控制。铆钉无螺纹部分长度通常为铆钉直径的1～1.5倍，这样可使铆钉头最小直径仅为铆钉直径的1倍，高度为0.4倍。

表 13－33　推荐用于镁合金板铆接用冷拔铝合金铆钉尺寸和需钻铆钉孔直径

常用铆钉尺寸/mm	1.59	2.38	3.18	3.97	4.76	13.35	7.94	9.52
铆钉孔直径/mm	1.70	2.44	3.26	4.04	4.85	13.53	8.20	9.80

闪光铆接可以用于镁合金的连接，其接头设计形式如图13－20所示。沉头孔孔深至少为1.3mm，底部圆柱形台阶的最小高度为0.38mm，与铆钉尺寸匹配。

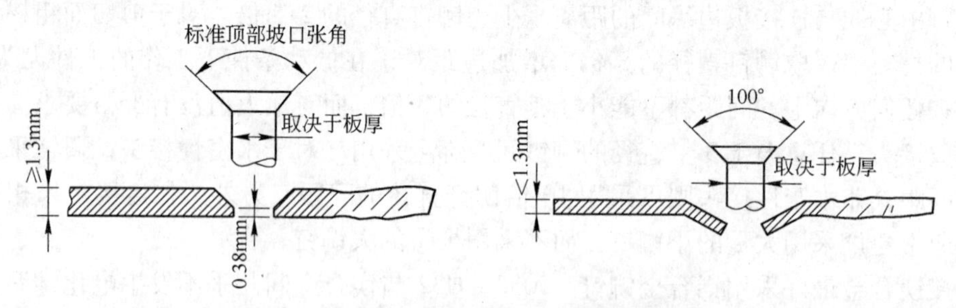

图13－20　镁合金板闪光铆接接头设计形式

板厚1.3mm左右的材料可以采用上连接板攻丝的闪光铆接，螺纹孔和铆钉坡口标准张角为100°。攻丝前，应先冲好或钻好铆钉孔，且孔径应略小于铆钉直径；攻丝时，扩孔到标准尺寸。倒角圆孔将会减小边缘应力集中和接头疲劳破坏。攻丝必须在热态下进行，使板局部加热，其范围刚好达到攻丝尺寸。如果板材处于H24状态，加热时间应有所限制，以避免局部淬火。例如，AZ31B－H24 板材在150℃温度下加热5s不会发生淬火效应。

用顶部坡口张角为100°的冷作5056铝合金铆钉堵口连接AZ31B－H24板，其接头强度见表13－34和表13－35，其中接头强度为平均接头抗拉强度除以1.5后得到的理想值。如果条件稍有偏差会发生较大变化。屈服载荷定义为在下列永久变形条件下单个铆钉的载荷：直径小于或等于4.76mm，永久变形为0.13mm；直径大于4.76mm的铆钉，永久变形为铆钉直径的2.5%。

表13－34　5056铝合金堵口铆接AZ31B－H24板的接头容许强度

板厚/mm	单个铆钉强度/N			
	铆钉直径3.19mm	铆钉直径3.87mm	铆钉直径4.76mm	铆钉直径13.35mm
0.51	636	787	934	1263
0.64	792	979	1174	1588
0.81	970	1254	1495	2055
1.02	1139	1508	1868	2558
1.27	1290	1744	2233	3176
1.60	1468	1997	2598	3870
1.80	1566	2139	2789	4190
2.03	1615	2277	2967	4559
2.29	1615	2446	3176	4848
2.54	1615	2473	3367	5160
3.18	1615	2473	3567	5849
4.06	—	2473	3567	6450
4.83	—	—	3567	6450
6.35	—	—	—	6450

注：单个铆钉的屈服强度与断裂抗拉强度相等。

表13－35　顶部坡口张角100°的5056铝合金铆接AZ31B－H24板的接头强度

板厚/mm	单个铆钉承受的屈服载荷/N			
	铆钉直径3.19mm	铆钉直径3.87mm	铆钉直径4.76mm	铆钉直径13.35mm
0.51	325(360)	—	—	—
0.64	418(436)	534(560)	—	—
0.81	547(547)	685(685)	814(898)	—
1.02	681(681)	881(881)	1050(1112)	1401(1116)
1.27	850(858)	1099(1099)	1334(1334)	1815(1890)
1.60	1085(1130)	1370(1370)	1690(1690)	2268(2268)
1.80	1201(1285)	1561(1601)	1899(1899)	2535(2535)
2.03	1370(1450)	1730(1815)	2166(2166)	2936(2636)
2.29	1512(1561)	1939(2073)	2402(2482)	3251(3251)
2.54	1512(1615)	2148(2300)	2589(2591)	3612(3612)
3.18	1512(1615)	2473(2473)	3283(3283)	4492(4666)
4.06	—	2473(2473)	3567(3567)	5693(6116)
4.83	—	—	3567(3567)	6450(6450)
6.35	—	—	—	6450(6450)

注：为了使强度在黑线以上，铆钉头的厚度应大于上连接板厚度；括号外数据为屈服载荷，括号内为强度载荷。

13.4.4.2 螺纹连接

螺栓、螺钉和其他螺纹连接都适用于可拆卸镁合金与同种或异种材料接头的连接。镁合金螺纹连接本质上和其他材料一样，可以拧入或直接铸在零件中。连接件材料优先选择5056铝合金，其次是6061铝合金。在腐蚀不严重的条件下，也可选用镀Sn、Ca或Zn的钢制紧固件。镀（70%～80%）Sn－（20%～30%）Zn和Zn＋铬酸盐＋硅酸盐的钢紧固件原则上可减小恶劣环境中的电偶腐蚀。这种钢紧固件比铝合金的强度要高，不会引起撕裂。同时，在腐蚀环境下适当的接头保护也可提高螺纹连接的可靠性。此外，粗螺纹的连接效果比细螺纹的连接效果要好。自锁螺母和其他类型的可拆卸紧固件也适用于镁合金的连接。在螺栓头或螺母下方使用直径合适的5052铝合金或6061铝合金垫圈可以防止电化学腐蚀，减小转矩而不使连接件变形。

螺纹紧固在镁合金压铸工艺中有着重要的应用，有试验对AZ91D和A380铝合金材质的传统攻丝螺纹和型芯孔自动成型螺纹紧固进行了比较研究，表明对于传统攻丝螺纹孔紧固的螺纹长度，SAE8级螺栓应比ADCI标准参考值增加15%；对于自动成型螺纹紧固，推荐孔啮合部分的尺寸比ADCI标准小13%，总长度比啮合部分长25%。

铝、镁合金工件中自动成型螺纹紧固件的二次装入，将引起夹紧载荷的变化，其中对铝合金的影响较大，而对于镁合金基本无影响。夹紧载荷卸载的结果表明，高温下镁合金的卸载速度大大高于铝合金，螺纹啮合长度和螺栓总长度是主要的影响因素。

锁紧螺栓具有良好的拉伸、剪切和疲劳强度，是一种优良的密封和紧固定位锁紧装置。在使用过程中，建议采用过盈配合，锁紧螺栓的紧固作用是在总间隙为4.76～6.35mm的刚性条件下产生的。由于攻丝速度高、无需过多的准备工作，从而可以实现高速生产。另外，螺栓经润滑获得好的钉入效果，但在工件喷漆前，润滑油必须清除。常用的类型有扁头、圆头和90°沉头螺栓。锁紧螺钉通常由6061T6制成，直径为4.76mm、6.35mm、7.94mm和9.53mm。部分6061T6锁紧螺栓的剪切和拉伸性能见表13－36。

表13－36 部分6061T6锁紧螺栓的剪切和拉伸性能

直径/mm	剪切强度/MPa	单向剪切力/N	抗拉强度/MPa
4.76	207	4168	261
6.35	207	7295	567
7.94	207	11320	728
9.53	207	16591	1052

在镁合金件装配生产中自锁螺母大量应用，这种开槽斜垫圈在受力及受力面积较小时具有与标准垫圈相同的强度。此外，还具有定位准确，与被连接件接触面较大，设备简单，成本较低的优点。用于镁合金的自锁螺母表面一般镀有Zn和Cr。螺母塞入工件上的孔中，并用顶杆或虎钳压紧，直到螺母与镁合金的接触表面发亮，但不能采用捶击方式，以免产生应力集中。

螺丝垫圈可以压入或热装到镁合金工件上，但拧入式垫圈应用得较多。为了使螺纹孔与垫圈配合更好，可采用一次攻丝后再精攻。

拧入式垫圈有两种类型，如图13－21所示。其中一种为管状，螺纹在其外表面，它被拧入到工件的螺纹孔中，这种垫圈可以起到轴承和轴瓦的作用（见图 13－21(a)）。螺纹也可攻在里面，从而与螺杆、螺栓或其他螺纹紧固件连接。大螺距可以有效地增加强度，倒角螺纹或类似系列的螺纹可以减小根部应力集中。垫圈与螺栓或螺杆的强度应保证在扭曲过程中后者先失效，而不是垫圈内部的螺纹先剥落。另一种类型是由弹簧线圈精确螺旋而成的螺纹衬套，它用于攻丝孔与螺栓、螺钉或螺杆的配合，螺纹与美国标准系列类似（见图 13－21(b)）。采用热处理钢质螺栓时，垫圈塞入深度为螺栓直径的 2.5 倍效果最好。对于盲孔，垫圈厚度应为紧固件直径的 3 倍。

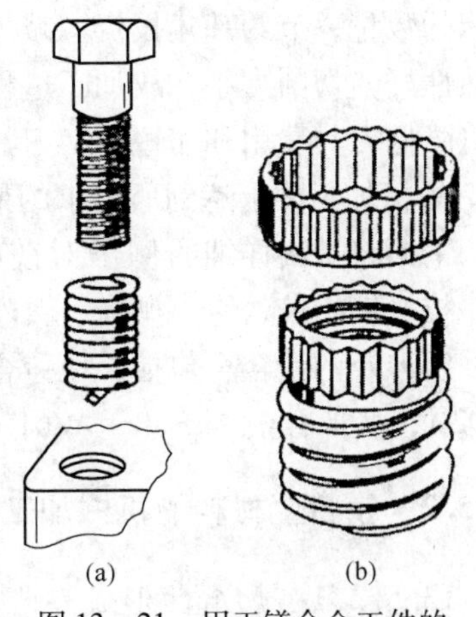

图 13－21 用于镁合金工件的两种拧入式垫圈

压入式或热装式垫圈的室温过盈量不能大于垫圈紧固所需的量，一般 0.1% 的变形率便足够了。应变为 0.1% 时产生的残余应力很小，一般情况下不会发生问题，其中 0.03% 的应变已成功应用于生产。同时，应变为 0.3% 的过盈配合也得到了应用，但此时产生的残余应力较大，可能导致应力腐蚀开裂，增大镁合金的疲劳破坏倾向。另外，镁合金的线膨胀系数一般比垫圈金属的大，所以在高温下装配可以增加室温过盈，从而使之在高温下保持足够的紧固力。

13.5 镁及镁合金制品的机械加工技术

13.5.1 概述

镁合金与其他金属结构材料相比，密度较小，机加工较容易，机加工性能较好，尤其是加工量较大时，镁合金有着相当的优势。

镁合金的机加工可以采用较高的速度、较大的切削深度和进给速度。在相同加工量时，切削所需能量通常比其他金属的低。表 13－37 列出了各种金属机加工能量和速度的对比。

表 13－37 各种金属材料的机加工能量和速度对比

金 属	相对能量	粗车速度/$m \cdot min^{-1}$	拉削速度（加工 5～10mm）/$m \cdot min^{-1}$
镁合金	1.0	可达 1200	150～500
铝合金	1.8	75～750	60～400
铸 铁	3.5	30～90	10～40
低碳钢	13.3	40～200	15～30
镍合金	10.0	20～90	5～20

小批量镁零件的机械加工可在手动操作的小型机床上进行，而当需要以很高的生产率加工大批量的零件时，则采用专用的大型自动化机械加工中心来进行，亦可采用计算机数控机床。切削性良好的镁合金材料可以在高切削速度和大进给量下进行强力切削，机加工工时数可以减少。因此，在完成同样的工作任务时，若采用镁材为原材料，则可减少所需

机床的数量，节约基建投资，减少占地面积，降低劳动力成本和管理费用。由于镁金属的导热性好、切削力小，故加工过程中的散热速度很快，因而刀具寿命长，黏刀量少，从而可以降低刀具费用和缩短更换刀具所需的停机时间。只需经过一次（而不是两次或两次以上）的精加工便可达到所要求的最终表面光洁度，断屑性能也十分良好。

下面将举出详细的例子对镁的各种常用的机械加工方法加以说明，包括：车、镗、刨、拉、钻、铰、锪、抛光、攻丝和套丝、组合式机械加工、铣、锯和磨削。

所涉及的镁合金包括：压铸合金 AZ91B(AC91D)；重力铸造合金 AZ91C(AC91E) 和 AZ92A；变形合金 AZ31B、AZ61A、AZ80A、ZK21A 和 ZK60A。

13.5.2 镁合金材料的机械加工特性

13.5.2.1 切屑的形成

机械加工过程中所形成之切屑的类型，与材料成分、零件形状、合金状态和进给速度等因素相关。当加工其他金属时，刀具前角和切削速度对切屑的形成有很大影响，而对镁却影响很小或没有影响。当采用单刃刀具进行车、镗、刨、铣时，所产生的切屑可以分为三大类：在大进给量下形成的粗大和断屑良好的切屑；在中等进给量下形成的长度短和断屑较好的切屑；在小进给量下形成的长而卷曲的切屑。铸造镁合金更易于产生断裂或部分断裂的切屑，并与热处理状态相关。锻件和挤压件通常会产生部分断裂或卷曲的切屑，并与所采用的进给速度相关。

13.5.2.2 扭曲变形

由于金属镁具有高比热和良好的导热性，摩擦所产生的热将迅速地扩散到零件的各个部分。因此，对金属镁进行切削加工时所达到的温度通常较低。但是，在切削速度高和进给量很大的情况下，如果被切削下来的金属量很大，则零件所产生的热量也是相当可观的，有时可能会使被加工零件产生扭曲变形。

13.5.2.3 热膨胀

如果在上述加工条件下产生了相当多的热量，而且对成品零件的尺寸公差要求又很严，则在设计中必须考虑到镁具有相当高的线膨胀系数这一影响因素。镁在 20 ~ 200℃ 温度范围内的线膨胀系数为 26.6 ~ 27.4μm/(m·℃)（与合金成分有关）。镁的线膨胀系数略高于铝，而明显地高于钢。

13.5.2.4 冷变形

在机械加工过程中，镁零件发生因冷变形引起的扭曲变形或翘曲，其原因可能是机加工规程或操作不当，包括所使用的刀具太钝，进给速度太慢，刀具在加工过程中有停顿，以及其他将引起零件过度发热的操作方式。因机加工堆积或操作不当所引起的冷变形，将会在深达 0.5mm 的表层中产生极高的应力。而且这些应力将趋向于分布到整个零件上，并使零件发生翘曲。由机加工过程中的冷变形引起的翘曲，有可能在将工件从夹具中取下之后不久便显现出来，但也有可能要在存入几天或几个月之后才显现出来。它也有可能出现在向零件施加热固化覆层的过程中。

粗加工比精加工更容易在镁零件表层中引起冷变形。粗加工可以进行到与所需的最终尺寸还差 0.5mm 时，然后再进行一次或两次精细切削。总切削量为 0.5mm 的两次精细切削，可以去除粗加工造成的高应力表层。而精细切削所引起的较低的应力不大可能引起翘曲。

消除应力退火只能作为消除机加应力的最后手段来使用。可将消除应力退火用于经过粗加工的复杂零件，或用于公差要求特别严格的零件。在这种情况下，应当在消除应力退火之后进行精加工。对不同状态的经机加工的各种变形合金进行消除应力退火时，所采用的退火时间和退火温度如表 13－38 所示。

表 13－38　镁合金材料消除应力退火制度

合金及其状态	退火的时间和温度	合金及其状态	退火的时间和温度
AZ31B－F，－O	1～4h/205℃	ZK21A－F	1～4h/205℃
AZ31B－H24	1～4h/135℃	ZK60A－F	1～4h/205℃
AZ61A－F	1～4h/205℃	ZK60A－T5，－T6	4h/150℃
AZ80A－T5	1～4h/205℃		

必须选择镁零件的厚断面部分作为装卡部位。对于镁压铸件，必须将装卡定位垫置于由同一半模具所成型的零件区域之内，以尽量减少分型线的影响。应注意不使装卡压力高到足以引起扭曲变形的程度。必要时，应在工件与托架之间放置垫片。加工薄断面零件时应备加留意，因为它们在卡盘和夹头压力的作用下，或者当吃刀量很大时极易发生扭曲变形。

13.5.2.5　镁基复合材料的机加工

当机加工镁基复合材料时，建议采用标准结构型式的镁加工刀具。当强化相材料的用量较低时（当其质量百分比小于 10% 时），可使用镶嵌硬质合金刀头的刀具；而当强化相材料的用量较高时（当其质量百分比大于 10% 时），则应使用镶嵌金刚石头的刀具。在这两种情况下均应经常对刀具进行刃磨，使之保持锋利状态，以免当刀具刚接触复合材料时产生火花。增大表面进给量将有助于防止刀具过快地变钝。

13.5.3　机加工刀具

13.5.3.1　刀具材料

金属镁的机加工刀具材料选择取决于所需完成的机加工量。通常，普通碳钢刀具的使用寿命就特别长，但不推荐用于大批量加工。当加工批量大时，应优先选用镶嵌硬质合金的刀具，这是因其使用期限长，可以抵消较高的初始成本，满足经济合理性的要求。虽然镶嵌金刚石的刀具已经成功地用于加工镁基复合材料和要求高达 0.075～0.125μm 表面光洁度的场合，但在加工镁合金时一般没有必要使用它。然而，当公差要求很严和加工批量很大时，可以通过使用镶嵌金刚石刀头来省去繁琐的复位补偿调整工作。

13.5.3.2　刀具设计

加工钢和铝的刀具设计原理通常也适合于加工镁合金。但是由于镁的切削抗力低，而且热容量也相当低，故其加工刀具应当具有较大的外后角、较大的走屑空隙、较少的刀刃数（例如对于铣刀）和较小的前角。保证刀具的各个表面都很平滑是十分重要的。设计时，后角和排屑角应选择得尽可能地大，以便防止位于切削刃后面的刀具部位与工件相摩擦，引起过度发热和黏刀。由于镁的切削力较小，故可以采用比其他金属所允许的更大的后角和排屑角。刀具的各种角度，特别是前角，对切削力有很大的影响。若将一把车刀的前角从25°减小到15°，切削力将会增加50%之多。增大前角自然可以降低切削力，但却要以降低刀具使用寿命为代价。为了最大限度地提高刀具的使用寿命，可将后前角增加到20°。为减小刀具碎裂的可能性，镶嵌硬质合金刀头之刀具的前角应当小于高速钢刀具。

一般来说，刀具的端切削刃角和侧切削刃角并非关键设计参数，最好按具体的加工条件和要求来确定。过大的侧切削刃角有可能引起刀具震颤。镁加工刀具的刀尖圆角半径可比用于其他金属的刀具适当大一些，以便确保达到一定的表面光洁度要求。再能得到满足要求的表面光洁度条件下，允许采用更高的进给速度。

13.5.3.3 刀具的刃磨

对镁进行机械加工的一条重要原则是，应当使刀具保持尽可能高的锋利和光滑程度，不应有划伤、毛刺和卷刃。如果刀具已切削过其他金属，即使其切削角没有改变，也应重新进行刃磨和珩磨。当刀具完全变钝时，就不应继续使用，而应在其稍微变钝之后便进行刃磨，以使刃口经常保持锋利状态和节省刀具材料。当刀具使用到预定期限之后，应换上刚刚刃磨过的锋利刀具。

刀具粗磨可采用中等粒度的砂轮。为使刀具具有光滑的表面和良好的切削面，应使用精细粒度的砂轮进行刃磨，并在必要时再用细油石或超细油石进行手工珩磨。对于高速钢刀具，采用0.147mm（100目）的氧化铝砂轮进行精磨可获得满意的效果。当然，用目数更高的砂轮可使刀具表面更加光滑。一般采用0.045mm（320目）碳化硅砂轮或0.05～0.075mm（200～300目）金刚石砂轮刃磨镶嵌硬质合金的刀具。

为了确保刀具有较长的使用寿命和使零件具有极佳的表面光洁度，应当用手工对其进行仔细的珩磨，以便去除毛刺和砂轮印痕。对于刀具排屑角上的各个表面以及切屑要经过所在表面，必须仔细地进行抛光，以最大限度地减少黏刀现象。对深孔钻头的排屑槽也应进行抛光。

简单的目视检查往往不能确切地判断切削刃的锋利程度是否可以达到满意的结果。下列情况下刀具需要进行刃磨或更换：

（1）不能保证达到公差要求和获得良好的表面光洁度。

（2）产生的热量过大。

（3）形成具有烧蓝表面的长切屑。

（4）在刀具的刃口处产生闪光或火花。

13.5.4 切削液

13.5.4.1 概述

镁材经常在不使用切削液的情况下进行机械加工。在镗深孔时可能需要用切削液进行润滑，而在进给速度和切削速度很高时，则可能需要用切削液来进行冷却。干式加工通常更为干净，而且加工成本更低，因此更优先得到选用。但是，最近在利用冷却来抑制氢的形成方面的成功，为“偏湿”加工法的应用铺平了道路，特别是在大批量的生产汽车零件时更是如此。

在对镁进行干式加工时，安全与顺利排屑十分重要。在单机或联动机床上进行加工时，必须尽可能减少刀具周围的障碍物和凹穴，以确保切屑能够顺利地到达切屑收集区。通常使用切屑挡板、倾斜托盘、斜面床身和吹除装置等来防止切屑积聚在机床上。在联动式机床上，在机床正面沿纵向配置的螺旋式输送机将切屑传送到切屑收集区。在进行车、镗、钻、铣和刨削加工时，通常优先选用干式加工法；在简单的机床上进行其他形式的加工时，为了操作工可方便地观察到切屑收集区的情况，并可在万一失火时立刻予以扑灭，所以也优先选用干式加工法。

13.5.4.2 冷却液

加工镁材时，无论使用高速或低速，用或不用切削液，都可以获得平滑的加工表面。当要求使用切削液时，也主要是为了冷却工件、尽可能减少零件发生扭曲变形以及减少切屑着火的可能性（特别是当切屑中含有很容易着火的细颗粒时）。因此，在对镁材进行机械加工时，切削液一般都被称为冷却液。在生产批量很大的情况下，冷却液是延长刀具寿命的因素之一。

为提高机加工效率，都要求采用尽可能高的切削速度。但当使用高速时，特别是形成细切屑时，存在着火的危险。切削镁时，虽然产生的热量较少，但由于切削速度很高，同时镁的线膨胀系数很大而热容量又很小，因此，在有些切削操作中必须采取适当的散热措施。此外，铁制或钢制衬套以及砂型铸件在与刀具相碰时容易产生火花。当进给量小于0.025mm或刀具与工件发生摩擦时，就更容易产生火花。向每把刀具供给流量为15～19L/min的切削液流，可达到良好的冷却效果。如果由于加工任务特殊或机床方面的原因而不能使用切削液，则应将切削速度降低到150m/min以下，并严格遵照有关刀具和进刀量方面的工艺要求。

在进行攻丝、铰孔和钻深孔的过程中，有可能发生堵屑现象。冷却液有助于将切屑冲走。在镗床或组合机床上进行机加工时，由于难于通过肉眼发现失火现象，这时就更有必要用冷却液来将加工区内的切屑冲刷到收集槽中。

（1）油基冷却液。油基冷却液应使用矿物油。动物油和植物油都不适用于镁。用于镁的矿物油切削液多种多样，而且矿物密封油和煤油已被成功地用作冷却液。为了达到良好的冷却效果，切削油应当具有较低的黏度。为防止对镁造成腐蚀，切削液中的游离酸含量应低于0.2%。切勿使用柴油之类的低闪点油。对镁进行机加工时用的矿物油冷却液的推荐性能见表13－39。

表13－39 镁材机加工用矿物油的性能

性 能	数 值	性 能	数 值
密度/$kg \cdot cm^{-3}$	0.79～0.86	皂化指数（最大）	16
在40℃下的黏度（SUS）	55	游离酸最大含量/%	0.2
最低（闭杯）闪点/℃	135(275)		

（2）乳液。在某些情况下，水溶性油或“油－水”型乳液已被成功地用于镁材的机

械加工。但镁使用水基冷却液是有危险的，必须特别小心。水与镁反应会产生氢，它容易燃烧，并有可能引起爆炸。在运输和存放湿态镁切屑的过程中，少量氢的不断积累是十分危险的。此外，如果湿态镁切屑发生了失火，则水将进一步加剧火势。湿态镁切屑的回收效率很低，并且可能毫无回收价值和造成处理方面的难题。

当把使用水基冷却液的加工系统用于加工镁时，一般都要重新设计成开放式的切削液和切屑收集装置，以便于氢气的逸散，并应在系统中加入氢气检测器。此外，如果要回收切屑以便售出或处理，还应考虑对湿态镁切屑进行干燥在内的各种处置问题。即使采取了上述预防措施，还是应当特别留意安全方面的问题，以便最大限度地减小产生和积聚氢气的危险。

13.5.5 各种机械加工的特点及加工工艺

13.5.5.1 车削与镗削

用于对镁进行粗车的典型车刀如图 13－22 所示。采用大的后角（10°～20°）和小的后前角（10°～15°）是十分重要的。若后前角过大，将会使刀具嵌入到工件中去。有些工厂采用零后角来断屑和防止切屑卷曲。但一般很少推荐采用这种做法，其原因是，它将增大加工表面的粗糙度和能耗。侧后角可在 0°～10°范围内选择。用于车削宽切槽或特殊轮廓的成型车刀，其设计原理与精车用单刃车刀相似，只是应将后前角减小到 3°～8°，以免引起震颤。

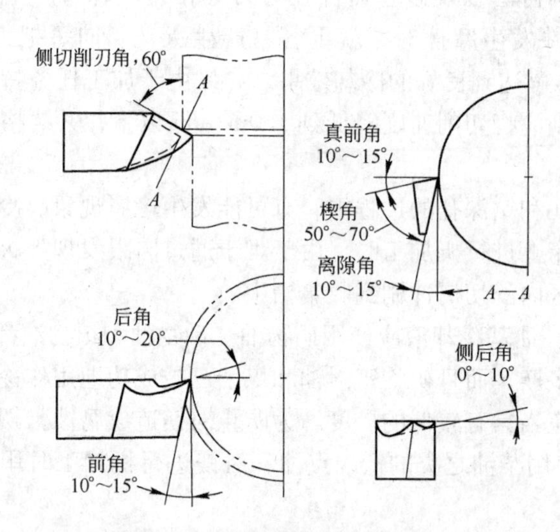

图 13－22 对镁进行粗车用的车刀

用于镁的典型切断刀如图 13－23 所示。采用大的后角十分重要，这是因为这样可以减小摩擦和防止断刀。在切断或开沟槽过程中，进刀速度应尽可能地快，而且应及时和迅速退刀。对镁进行精车和镗削时常用的速度、进给量和吃刀深度等列于表 13－40 中。在这些参数条件下，可以很容易地达到 250nm 或更高的表面光洁度。而若要达到 50～100nm 这样特别高的表面光洁度，则还应采取下列措施：特别注意提高刀具的锋利程度；降低切削速度和进给速率；使用更大的刀尖圆角半径；甚至可以考虑采用镶嵌金刚石的刀具。在对镁进行车削和镗削时采用的典型操作规程见下面的示例。

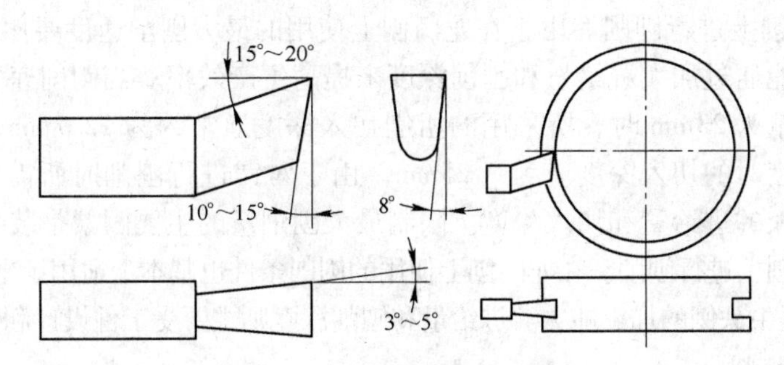

图 13-23 用于镁的切断用车刀

表 13-40 车削和镗削镁合金时所采用的切削速度、进给量和切削深度

粗加工			精加工		
切削速度/m·min⁻¹	进给量/mm·r⁻¹	最大切削深度/mm	切削速度/m·min⁻¹	进给量/mm·r⁻¹	最大切削深度/mm
90～185	0.76～2.5	12.7	90～185	0.13～0.64	2.54
185～305	0.51～2.0	10.2	185～305	0.13～0.51	2.03
305～460	0.25～1.5	7.62	305～1525	0.076～0.38	1.27
460～610	0.25～1.0	5.08			
610～1525	0.25～0.76	3.81			

示例：对 AZ91B 压铸件进行成型车削，要求通过车削将图 13-24 所示的压铸件的分型线飞边去除掉，并形成一个供橡胶密封件使用的密封表面。使用了每转 0.2mm 的进给量来获得所需的密封表面，并使形成的切屑易于处理。为获得所需的切屑类型，故将通常在进行这种切削时所采用的底部停顿取消了。因此，也无需使用切削液；但是，要用防火油来冲走切屑。具体加工工艺为：在转速为 1120r/min 条件下的切削速度为 245m/min；不使用切削液；进给量 0.2mm/r；金属切削量 -0.38mm；生产率 700 件/h；每次刃磨后的刀具寿命生产 100000 件。

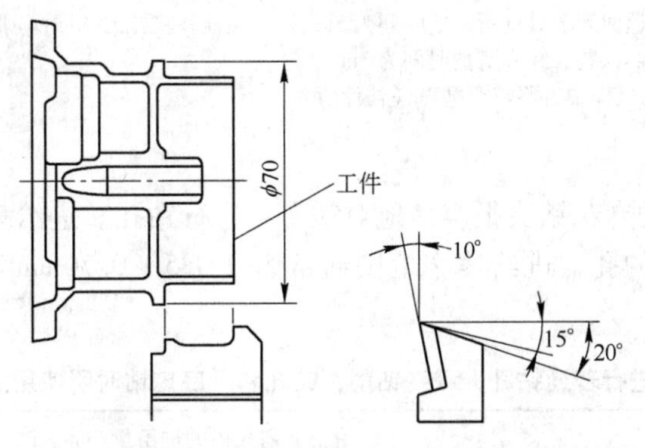

图 13-24 用图中所示的硬质合金成型车刀加工的 AZ91B 镁合金压铸件

13.5.5.2 刨削

在龙门刨和牛头刨上使用的单刃刀具的各种角度，与用于车削和镗孔的刀具基本相同。在龙门刨和牛头刨上很少使用切削液。

（1）在龙门刨上进行刨削。由于在龙门刨上使用的最大刨削速度要比进行车削和镗削时低得多，故只能通过加大进给量和刨削深度来提高生产效率。当刨削速度为90m/min和第一冲程的进给量为23mm时，所采用的粗刨切入深度通常约为12.7mm。为获得最佳的表面光洁度，精刨时的切入深度应为0.25mm。由于对镁进行刨削时所需的功率较小，故有可能采用如此大的进给量和切入深度。限制最大刨削量的主要因素是装备的刚度。

（2）在牛头刨上进行刨削。在龙门刨上使用的刨削条件也基本上适用于牛头刨。刨削速度的唯一限制因素是牛头刨的加工能力。进给量和刨削深度则主要受工件设计和装备刚度的限制。

13.5.5.3 拉削

加工镁时所用的拉刀通常用M2高速钢制造。推荐采用10°~15°的正面角（钩角），后角一般为1°~3°。可用干式拉削，也可施加拉削油。

常用的拉削速度范围为13.1~15m/min；拉床的加工能力是限制最大拉削速度的主要因素。通常情况下，0.15mm的齿升量（切屑负载）已基本接近最佳值。如果切屑负载过小，将会引起“摩擦抛光”现象，从而导致拉刀寿命缩短和工件发生扭曲变形。表13-41列出了常用拉床拉刀齿的具体参数。

表13-41 常用拉床拉刀齿的具体参数（加工AZ92A镁合金铸件内花键）

拉削条件		拉刀齿的具体参数	
拉削速度①/m·min^{-1}	6.1	节距/mm	10.3
切削液	硫化油	刀刃厚度/mm	3.2
节圆公差/mm	±0.025	正面角(钩角)/(°)	15
渐开线最大允许误差/mm	0.020	铲齿角/(°)	1
每件加工时间②/min	3.75	侧后角/(°)	1
生产率/件·h^{-1}	16		
每次刃磨后的刀具寿命③/件	500		

①此拉床的最大速度。

②行程时间为16s；柱塞返回到卡具处所需的时间为5s；拔下插栓并将拉刀抽回所需的时间为10s；插入插栓将拉刀定位所需的时间为14s；装、卸和清洁时间为3min。

③在实际生产一批零件的过程中，不需要磨刀（估计值）。

13.5.5.4 钻孔

使用高速钢制成的麻花钻头很容易地对镁合金进行钻孔。进给量取决于孔的大小；对于直径为1.6~51mm的孔，进给速率范围通常为0.025~0.76mm/r，常用的钻孔速度列于表13-42。

表13-42 镁合金进行普通钻孔、深孔钻削、铰孔和平底锪钻时所使用的标称速度和进给量

加工方式	速度/m·min^{-1}	用于下列孔径的进给量/mm·r^{-1}							
		1.6mm	3.2mm	6.4mm	13mm	19mm	25mm	38mm	51mm
钻孔	43~100	0.025	0.076	0.18	0.30	0.41	0.51	0.64	0.76
深孔钻削	198	0.025	0.025	0.076	0.13	0.20	0.25	0.25	0.25

续表 13－42

加工方式	速度 /m·min⁻¹	用于下列孔径的进给量/mm·r⁻¹							
		1.6mm	3.2mm	6.4mm	13mm	19mm	25mm	38mm	51mm
铰　孔	120	—	0.13	0.20	0.30	—	0.41	0.51	0.76
高速钢	195	—	—	0.13	0.15	0.18	0.22	0.28	0.33
硬质合金	490	—	—	0.15	0.15	0.20	0.25	0.30	0.30

注：1. 如受机床和（或）刚度的限制时，切削速度应适当降低。

2. 用于高速钢；当采用硬质合金铰刀时，速度为260m/min。

3. 当孔径大于76mm时，使用的进给量应为0.41mm/r。

（1）钻深孔。图13－25为用于镁材的麻花钻头的几种结构形式，其中（a）所示结构形式是最适合于钻深度，即钻孔深度与直径之比达20∶1的孔，具体参数见表13－43。最好是采用厚度均匀的钻心。余隙（刀刃后面的离隙）深度应为普通钻头的2倍，而钻锋圆边应为标准宽度的一半。推荐采用118°的刀刃和15°的钻缘后角。可以在刀刃上磨出一个导鼻或前导尖，以防止钻头走偏。横刃角必须为135°～150°，以便获得良好的表面光洁度和尽可能减小孔内的螺纹印痕。当横刃角小于或大于上述推荐值时，则由于在切削刃处的余隙不适当和钻头对中不良，将使钻孔难于正常进行。对切削刃的角部予以倒圆，以便改善表面光洁度。

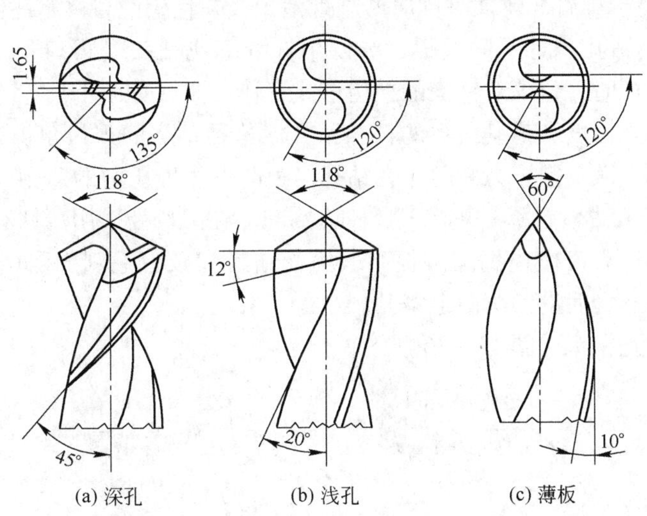

图13－25　用于镁材的麻花钻头结构形式

表13－43　用于钻镁材的麻花钻头具体参数

用于钻深孔的钻头		用于钻浅孔的钻头		用于薄板的钻头	
锥尖角/(°)	118	锥尖角/(°)	118	锥尖角/(°)	60
螺旋角/(°)	40～50	螺旋角/(°)	10～30	螺旋角/(°)	10
横刃角/(°)	135～150	横刃角/(°)	120～135	横刃角/(°)	120～135
钻心/mm	恒定厚度	后角/(°)	12	钻心/mm	在锥尖处减薄
排屑槽	经抛光	排屑槽	经抛光	角部	倒圆

当采用上述结构形式的钻头时，不仅钻孔轻快，而且排屑顺畅。除非孔的深度超过直径的20倍，一般没有必要抬起钻头来清除钻屑。但是，如果钻套和被钻孔零件之间的距离太近，则钻屑有可能不容易排出，并有可能阻塞排屑槽；建议此距离不小于钻孔直径的1.5倍。如果有经过机械加工的表面可以利用，可在钻孔过程中将钻套顶靠在此平面上，这样便可通过钻套将钻屑导引出来。常用的进给量列于表13-44中。

表13-44 镁材钻孔时常用的进给量 (mm/r)

在薄板上钻孔		浅 孔		深 孔	
钻头直径/mm	进给量	钻头直径/mm	进给量	钻头直径/mm	进给量
6	0.13~0.75	6	0.10~0.75	6	0.10~0.20
13	0.25~0.75	13	0.38~1.02	13	0.30~0.75
25	0.25~0.75	25	0.50~1.27	25	0.38~0.75

一般，钻孔速度范围为300~2000m/min。如果对刀具的维护得当，而且严格按照上述速度和进给量进行操作，则每刃磨一次的钻削长度可达1300m。然而，在大多数情况下，当总钻削长度达到150~400m之后便需要重新进行刃磨。

（2）钻浅孔。在镁零件上钻长度小于4倍孔径的孔并不困难，并可使用标准钻头（图13-25(b)）。为便于排屑，建议对排屑槽进行抛光，并且应使刃口始终保持锋利。

（3）在薄板上钻孔。对于镁薄板，可以用标准麻花钻头（刃口角为118°）来钻孔；但是，当大批量生产时，建议对钻头的结构形式稍作修改（如图13-25(c)所示），以便获得具有良好表面光洁度和毛刺最少的精确钻孔。这种钻头的刃口角被减小到约60°，以防止钻头发生游动，减少推压力和防止在钻孔结束时发生推压力的急剧变化。所采用的横刃角为120°~135°。钻心更薄，并将刃口棱边倒圆。在刃口处采用薄钻心，有助于钻头的对中和减少推压力；刃口棱边倒圆可提高表面光洁度和减少毛刺。采用约10°的螺旋角，可以防止锯屑在钻透之后沿钻头向上攀升。

用于镁材的深孔钻头如图13-26所示。

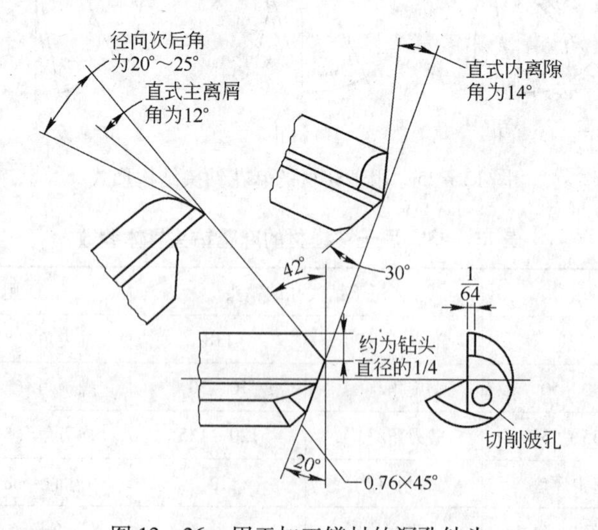

图13-26 用于加工镁材的深孔钻头

13.5.5.5 铰孔

用于对镁进行铰孔的铰刀，要比用于大多数其他金属者具有更少的排屑槽，以便给切屑留出更多的空间。直径小于25mm的铰刀，通常有4～6个排屑槽。排屑槽的数目应当为奇数，使相对的铰刀刃之间的间距为180°，参见图13－27。为解决可能发生的震颤问题，则可将各个相对刀刃之间的间距不均等的分布（可以相差几度）。排屑槽的螺旋角可在0°～－10°之间选择。

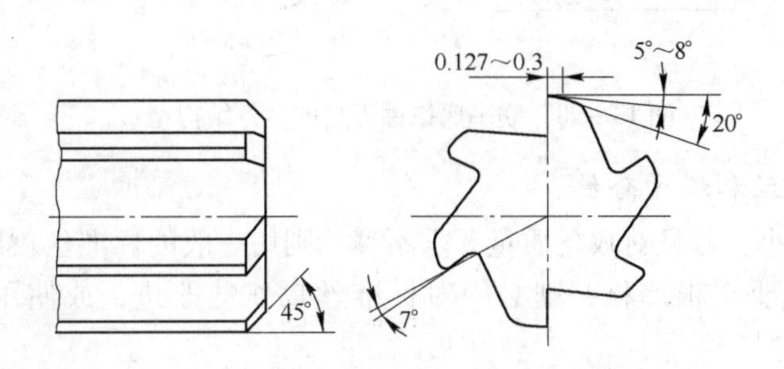

图13－27 用于加工镁材的铰刀结构型式

用于镁的铰刀一般带有45°倒角，7°前角，0.15～0.30mm刃锋圆边宽度（无离隙），5°～8°主后角和约20°的第二后角。排屑槽可以是直线形的，也可以具有－10°螺旋角。嵌有高速钢或硬质合金刀刃的铰刀均适合于对镁的机械加工；材料的选择取决于铰孔的数目。

供铰孔用的钻孔应留有足够的铰孔加工余量（在直径上应至少留出0.25mm），否则将很可能会因加工余量过小而引起“摩擦抛光”现象。最好在直径上留出0.38mm的加工余量，当然这将会加大铰孔工作量。如果加工余量过大，将会在排屑槽中积聚过多的切屑，甚至可能发生阻塞。

高速钢铰刀的切削速度通常为30～120m/min，而镶嵌硬质合金刃口的铰刀则可以达到260m/min。但这是最大可能速度，而在实际加工时还往往要受到所用机床能力的限制。有时由于装备刚度不足，而必须降低速度。作为一种规律，把高的铰孔速度与中等进给量相结合，将可获得最好的表面光洁度和最精确的铰孔尺寸。一般，进给量与孔的尺寸相关，其变化范围为0.13～0.76mm/r。

除铰孔之外，还可以通过滚压抛光来使镁合金工件上的孔达到严格的尺寸精度和低的粗糙度。

13.5.5.6 平底锪钻

推荐用于对镁进行平底锪钻的刀具如图13－28所示。它的刃锋圆边宽度较窄，只有0.38mm，而且具有足够大的后角和离隙角，因此具有足够大的容隙空间，可以消除摩擦现象。所使用的平底锪钻有多种结构型式。根据平底锪钻孔数量的多少，可以分别选用带高速钢或硬质合金刃口的钻头。用高速钢或硬质合金平底锪钻通常可以达到的最高速度为195m/min或490m/min。但是，许多机床都达不到这个速度，因而必须采用更低的速度。进给量的范围为0.14～0.36mm/r，取决于孔的尺寸和工具材料。

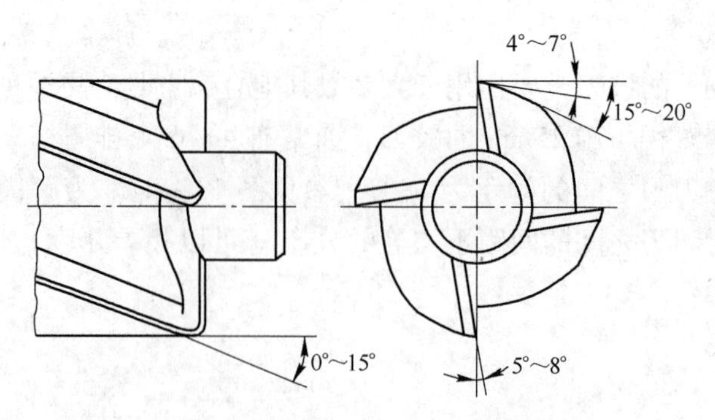

图 13－28 镁平底锪钻刀具的推荐结构型式

13.5.5.7 攻丝和板牙套丝

如果生产批量小，并且对攻丝质量要求不高，则用一般的标准丝攻即可。如果零件数量大，或者对公差要求很严格，则必须对标准丝攻作些改进，或使用专门为镁设计的丝攻。

使用 M1、M7 或 M10 等通用牌号高速钢制造的丝攻，通常即可满足要求。如果生产周期很长，有时也采用由 T5 或 T15 高速钢制造的丝攻。镁合金很少使用硬质合金丝攻。

推荐采用带直线式排屑槽或螺旋式排屑槽的丝攻。确定排屑槽数目的原则是：将刃棱面总宽度限制到丝攻周长的 30%。通常情况下，直径 4.8mm 以下的丝攻有 2 个排屑槽，直径 19mm 以下的丝攻有 3 个排屑槽，直径 19mm 以上的丝攻有 2 个排屑槽。用于镁丝攻的推荐技术条件如图 13－29 所示。对图中所示的两种结构形式的丝攻的推荐刃棱面总宽度为丝攻周长的 30%。图 13－29(a) 所示的丝攻通常可以获得良好的光洁度和精度。但是，当退出丝攻时有切屑卡塞在孔中，则建议采用 3°～5°的根前角，见图 13－29(b)。当退出丝攻时，此根前角（无离隙）将起切削作用，使所获得的螺孔既清洁又精确。

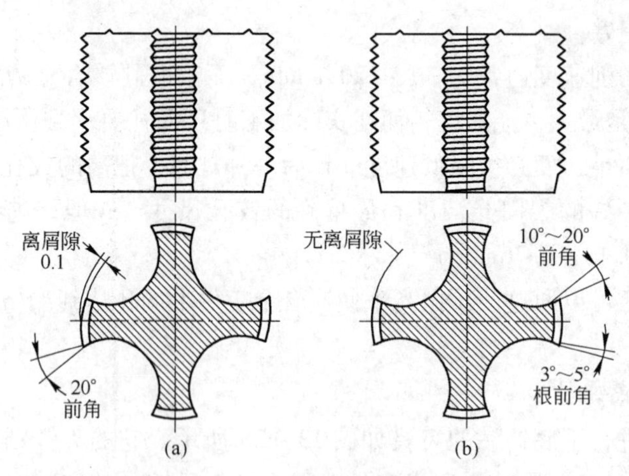

图 13－29 用于加工镁材的丝攻
(a) 偏心磨削的丝攻；(b)“根切削”丝攻—无离隙的同心丝攻

如果丝攻攻出的螺孔尺寸过大，则应减小前角；与此相反，如果增大前角，则可增加丝攻的切入深度。由于在镁零件上用丝攻攻出的螺孔具有在退出丝攻之后略为收紧的倾向，故有时要采用节径公差偏大的丝攻；当加工速度很高时，就特别需要这样做。

攻丝速度范围为 23～53m/min。在下列情况下应采用较低的速度：丝攻尺寸小（其容纳切削热的能力小）；未使用切削液；合金材料的韧性高或具有磨蚀性。

建议攻丝过程中使用切削液，以便改善表面光洁度，提高丝攻的使用寿命和提高螺纹精度。

13.5.5.8 铣削

与钢和其他金属相比，用于镁的铣刀的刀齿数目应当减少到 1/2～1/3。减少刀齿数目的结果是可以增大容屑空间和进刀量，从而可以减少摩擦发热和增大容屑间隙，其结果是可以提高铣削速度、降低扭曲变形、减小功率消耗和改善表面光洁度。用于镁的铣刀通常具有 10°后角，1.6mm 刃棱面宽度和 20°辅助留隙角，用于镁的 5 种类型的整体式铣刀的各种刀具角如图 13-30 所示。

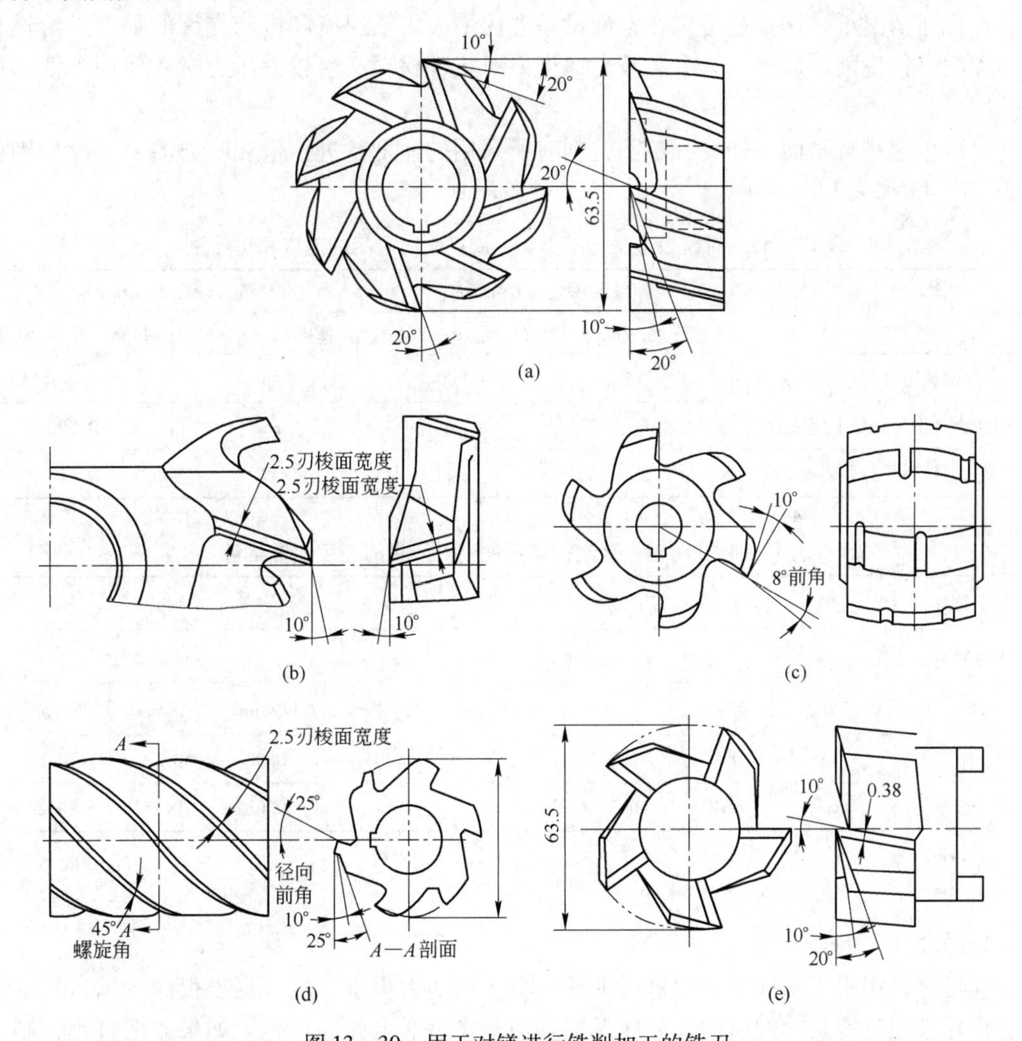

图 13-30 用于对镁进行铣削加工的铣刀

（a）端面铣刀；（b）交错齿铣刀；（c）成型铣刀；（d）平铣刀；（e）筒形端铣刀

上图为用于镁的 5 种类型的整体式铣刀。仿形铣刀直角比平铣刀小得多，这是因为仿形铣刀的切削压力很大，如果采用大前角将会引起震颤。镶嵌刀刃具有一定的优越性，镶嵌刀刃的端面铣刀的详细结构如图13－31所示。

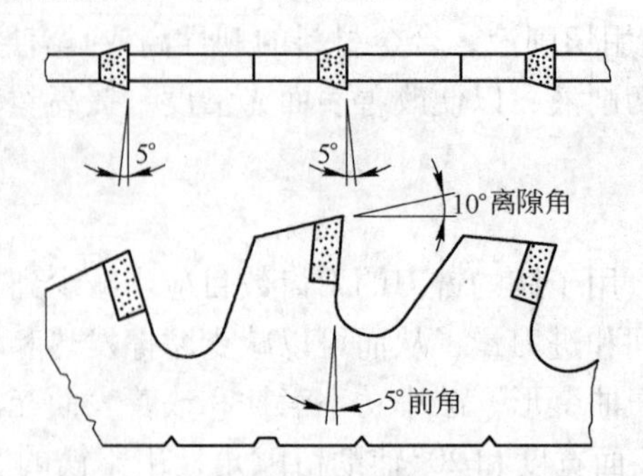

图13－31 用于在高圆周速度下对镁进行平面铣削的镶嵌铣刀

在普通情况下，镁合金可以在标准设备上用最大主轴速度和机床允许的最大进给量和吃刀深度进行铣削。通常，只有当较高速度将对工件材料产生较大压力时才使用较低的加工速度。

对镁合金进行平面、外周和端面铣削时所采用的速度、进给量和吃刀淀粉深度分别列于表13－45和表13－46中。

表13－45 对镁合金进行平面和外周铣削时所用的速度和进给量

名称	粗铣（深度为6.35mm）		精铣（深度为0.64mm）	
	速度/m·min⁻¹	进给量/mm·齿⁻¹	速度/m·min⁻¹	进给量/mm·齿⁻¹
高速钢铣刀进行平面铣削	275	900	460	0.36
硬质合金铣刀进行平面铣削	max	max	max	0.30
高速钢铣刀进行外周铣削	275	900	395	0.41

表13－46 对镁合金进行端面铣削时所用的速度和进给量

刀具材料	粗铣①/mm·齿⁻¹				精铣②/mm·齿⁻¹			
	速度/m·min⁻¹	铣刀直径			速度/m·min⁻¹	铣刀直径		
		13.4mm	19mm	25～50mm		13.4mm	19mm	25～50mm
高速钢铣刀	245	0.10	0.23	0.28	305	0.08	0.13	0.20
硬质合金铣刀	max	0.10	0.25	0.30	max	0.08	0.13	0.23

①1.27mm深。
②0.38mm深。

13.5.5.9 锯切

镁很容易用手工锯或动力锯进行锯切。由于锯切力很小，故可锯出很深的锯口。这意味着锯片必须具有很大的屑槽，才能保证锯切操作灵活自如地进行。如果屑槽过小，则会使锯齿迅速填满，使锯片从锯口中脱离出来。手锯和弓锯的锯齿外刃必须位于一个圆周上。圆锯锯齿的后角必须大到能够最大限度地减小摩擦。圆锯、带锯、动力弓锯和手工弓锯之锯片的结构参数列于表13－47中。圆锯片可以用高速钢制造，也可以镶嵌硬质合金锯齿。

表 13 - 47 用于锯切镁合金的各种锯片基本参数

带　锯		圆　锯	
齿距（齿数/25mm）/mm	4 ~ 6	齿距（齿数/25mm）/mm	0.5 ~ 4
锯齿外钮/mm	0.51 ~ 1.27	锯齿外刃	无
端后角/(°)	10 ~ 12	端后角/(°)	9 ~ 11
离隙角/(°)	20 ~ 30	侧后角（HSS 锯片）/(°)	1 ~ 1.5
动力弓锯		离隙角/(°)	10 ~ 30
齿距（齿数/25mm）/mm	2 ~ 6	前角/(°)	5 ~ 20
锯齿外钮/mm	0.38 ~ 0.76	齿面斜角/(°)	0 ~ 5
离隙角/(°)	20 ~ 30	锯口/mm	2.0 ~ 15
手工弓锯			
齿距（齿数/25mm）/mm	12 ~ 18		
离隙角/(°)	20 ~ 30		

对于镁厚板的一般性锯切，锯齿的齿顶应为矩形，齿面可以是平直的，也可以有 5°的倾斜角，并具有交替安排的斜面，图 13 - 32 所示是用于锯切镁合金厚板和挤压材的直径为 305mm，镶嵌硬质合金锯齿的 48 齿圆锯片，其工作速度为 1880r/min（1800m/min）。当用于开槽锯切时，则使用具有交替排列之倒角粗锯齿和直角精锯齿的“3 片式”锯片，以便同时具有锯切功能和锯槽清理功能。由有 72 个锯齿的直径为 305mm 的高速钢或带硬质合金镶齿的圆锯片的结构如图 13 - 33 所示，其工作速度为 1880r/min（1800m/min）。

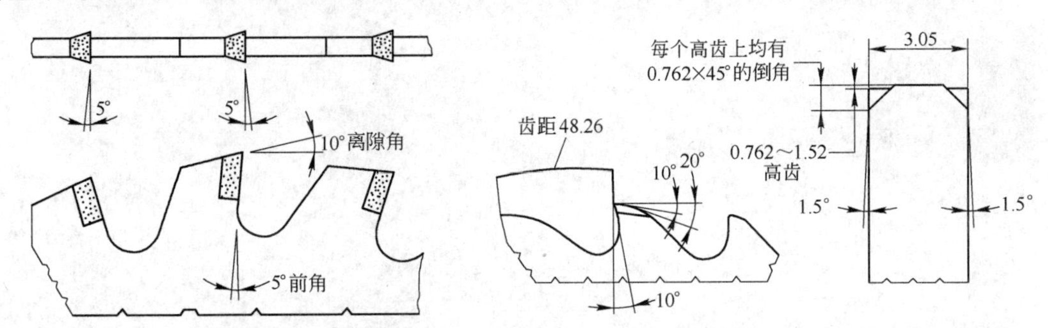

图 13 - 32　ϕ305mm 镶嵌硬质合金 48 齿圆锯片　图 13 - 33　高速钢或带硬质合金镶齿的 72 齿圆锯片

用于圆锯的高速钢锯片的圆周速度极限值为 610m/min；而镶嵌硬质合金锯齿的锯片则可高达 3000m/min。锯切镁所需的功率为锯切软钢时的 1/10。使用常规结构的直径 305mm 的镶嵌硬质合金锯齿的锯片锯切厚度为 25mm 的板材时，速度可达 813.4m/min。

锯切镁时常使用动力弓锯，其工作速度可以高达每分钟 160 冲程，并且进给量为每冲程 0.38mm。动力带锯的工作速度通常为 365m/min。

13.5.5.10　磨削

很少有必要对镁进行磨削加工，这是因为通过一般的机械加工便可获得良好的表面光洁度。采用镶嵌金刚石刀头的刀具对镁进行加工之后测得的表面粗糙度可达 0.075 ~ 0.125μm。用标准刀具通常都能达到 0.25 ~ 0.75μm 的表面光洁度。若有必要，可用任何方法对镁进行磨削。

虽用碳化硅磨粒便可获得相当满意的效果，但使用最广的还是氧化铝磨粒。通常情况下，采用较粗糙的磨粒可获得最好的磨削效果；与磨削大多数其他金属时一样，镁也是通过控制进给量来达到所需的表面光洁度。使用最多的是硬度等级为J或K的砂轮。磨削镁时，虽然有时也使用树脂黏合砂轮，但大多数情况下还是使用由陶瓷结合剂黏合的砂轮。镁的典型磨削条件如表13－48所示。由于磨削时产生的微细粉尘十分有害，故须严格遵循安全操作规程。

表13－48　用于镁合金的典型磨削条件和砂轮

项　目	平面磨削	无心磨削	外圆磨削	内圆磨削
砂轮等级	A－46－K－V	C－60－K－V或 A－60－J－V	C－46－J－V	A－36－K－V
砂轮速度/m·min^{-1}	1675～1980	1675～1980	1675～1980	1525～1980
工作台速度/m·min^{-1}	15～30	—	46	24～49
每道次横向进给量/mm	1/3砂轮宽度	—	—	—
工件进给速度/m·min^{-1}	—	1270	—	—
每道次进给量（粗磨）/mm	0.076(向下)	0.13	0.051	0.076
每道次进给量（精磨）/mm	0.025(向下)	0.38	0.013	0.0051
工件每旋转一周的横向进给量（粗磨）/mm	—	—	1/3砂轮宽度	1/3砂轮宽度
工件每旋转一周的横向进给量（精磨）/mm	—	—	1/6砂轮宽度	1/6砂轮宽度
砂轮调整	—	30r/min；3°	—	—

14 镁及镁合金材料的防腐及表面强化处理生产技术

14.1 概述

腐蚀是镁及镁合金存在的主要问题，长期以来极大地限制了镁合金在工程领域的广泛应用，使镁合金的优良性能得不到充分发挥。

影响镁合金耐蚀性的因素很多，镁合金铸件或铸锭中的氯化物溶剂夹杂可导致镁合金制品的耐腐蚀性大幅度降低；合金中的夹杂元素铁、镍、钴、铜对镁合金的耐蚀性影响最大；镁合金在海洋气候环境下或酸雨环境中的抗蚀性也会大大降低；除此以外，影响镁合金腐蚀性的因素还有加工工艺、组织状态等。为了提高镁合金的耐腐蚀性能，一方面要提高镁合金的纯净度，最大限度地降低镁合金中重金属杂质元素的含量，研究熔炼高纯镁合金和耐蚀镁合金；另一方面应当采用各种表面处理方式，对镁合金表面进行防护处理。当然，只有在合理设计和正确装配连接的情况下，镁合金件才能取得理想的防护效果。由于对镁合金的表面处理研究远不如铝合金材料，目前的表面处理技术尚未能向镁提供长期保护或适用于户外。各种各样的转化膜，甚至第二道表面涂层也是只能给予镁合金短时间的保护，虽然含铬电镀工艺可赋予金属一层诱人的装饰表面，但在镁金属表面进行电镀却产生不出优良的表面效果。另一方面，与其他表面处理工艺相比，阳极氧化的耐蚀性更强，特别是低能耗微弧（无火花）阳极氧化工艺。

近年来发展起来的各种新的表面改性处理，不仅可对镁合金材料的表面起到防护作用，而且能改善或强化镁合金材料的表面性能和功能，同时使镁合金材料的表面美观耐用，起到很好的装饰效果。

另一方面，利用镁电位低、极易腐蚀的特点，镁及其合金可以用作船舶壳体、埋地管线和钢架等结构保护的牺牲阳极。

14.2 镁及镁合金的腐蚀性与耐蚀性

14.2.1 镁及镁合金腐蚀的基本知识

14.2.1.1 镁的电化学特性

镁的标准电极电位在金属中是非常低的，在常用介质中的电极电位也很低，见表 14－1 和表 14－2。在 25℃时，离子活度为 1，分压为 1×10^{-5}Pa 时测得镁的标准电极电位 $E^{2+}_{Mg/Mg}=-2.37V$。其腐蚀电位依介质而异，一般在 +0.5 ~ －1.75V 之间。在自然环境中的腐蚀电位约为 －1.3 ~ －1.5V。在海水中的稳定电位为 －1.5 ~ －1.6V，是工业合金中最低的。且镁的氧化膜疏松多孔，故镁及镁合金是有极高的化学和电化学活性。图 14－1 示出了不同 pH 值下镁的稳定性、腐蚀和钝化的理论区域。图 14－2 示出了 pH 值对镁电极电位和腐蚀速率的影响。

表 14-1 常见金属阳离子的标准电极电位

金属阳离子	标准电极电位/V	金属阳离子	标准电极电位/V	金属阳离子	标准电极电位/V
Li^{+}	-3.02	Y^{3+}	-2.37	Ni^{2+}	-0.24
K^{+}	-2.92	Mg^{2+}	-2.37	Sn^{2+}	-0.14
Na^{+}	-2.71	Al^{3+}	-1.71	Cu^{2+}	0.34
Ce^{3+}	-2.48	Zn^{2+}	-0.76	Ag^{+}	0.80
Pr^{3+}	-2.46	Fe^{2+}	-0.44		
Nd^{+}	-2.43	Cd^{2+}	-0.40		

表 14-2 镁电极在多种电解质溶液中的稳定电位

电 解 质	电位（vs NHE）/V	电 解 质	电位（vs NHE）/V
NaCl 溶液	-1.72	NaOH 溶液	-1.47
Na_2SO_4 溶液	-1.75	NH_3 溶液	-1.43
$NaCrO_4$ 溶液	-0.96	饱和 $Ca(OH)_2$	-0.95
HCl 溶液	-1.68	饱和 $Ba(OH)_2$	-0.88
HNO_3 溶液	-1.49		

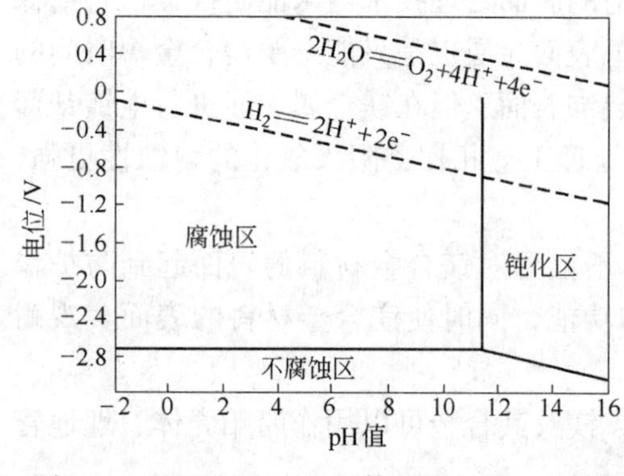

图 14-1 25℃ Mg-H_2O 体系的电位-pH 图

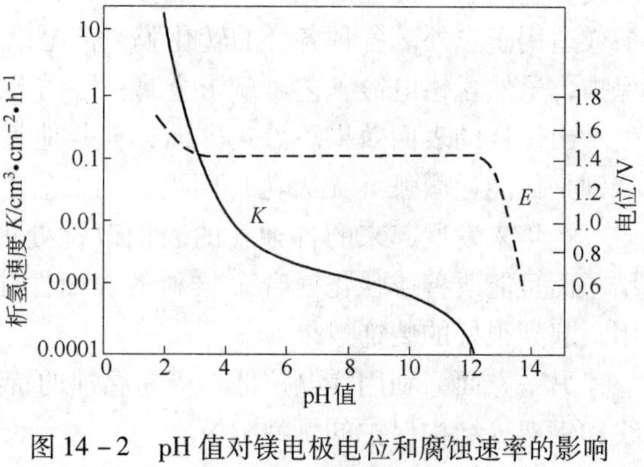

图 14-2 pH 值对镁电极电位和腐蚀速率的影响

14.2.1.2 镁合金表面的自然氧化膜

镁和镁合金被置于空气或溶液中，表面会生成一层很薄的氧化膜。镁合金氧化生成的氧化镁膜结构与氧化铝有较大的差异，氧化镁膜非常疏松。

通常，氧化膜的生长速度主要由带电粒子的扩散速度决定，而带电粒子的扩散速度与氧化物的晶体结构和缺陷密切相关。氧化镁膜具有 NaCl 型离子晶体结构，是由氧离子和镁离子各自构成的面心立方晶格相对位移 1/2 个基矢构成的，也可看作氧离子构成面心立方，而半径小的金属离子位于氧八面体间隙中。分析结果表明氧化膜的结构分为三层，其结构特征如图 14-3 所示。最外层为厚度达 2μm 的小块板状结构，中间层是厚度为 20～40nm 的致密层，第三层是厚度为 0.4～0.6μm 的蜂窝状结构。镁及镁合金表面的自然氧化膜具有一个共性，即多孔状，因此对镁及镁合金基体没有良好的腐蚀防护作用，且膜质脆，所以镁及镁合金极易遭受破坏。

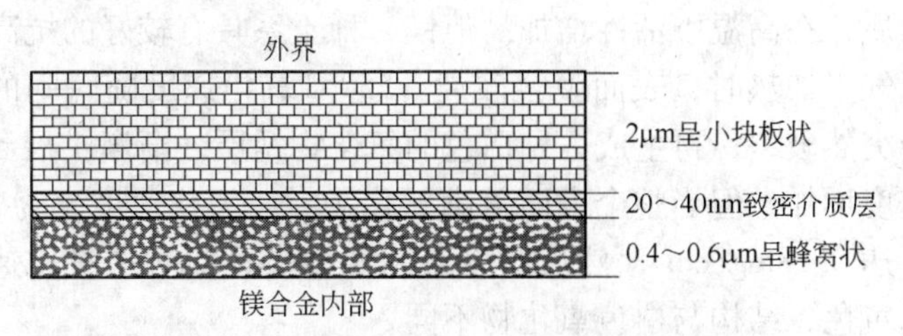

图 14-3 镁合金表面自然氧化膜结构示意图

镁及镁合金表面自然形成的氧化膜防护性能差，在中性环境中，氧化膜以 $Mg(OH)HCO_3$ 形式存在。由于 CO_2 在溶液中以 HCO_3^- 的形式稳定存在。HCO_3^- 的浓度决定镁及镁合金的腐蚀速率，所以 CO_2 对镁及镁合金的腐蚀速率影响很大。有实验表明，在 CO_2 浓度饱和的 Na_2SO_4 或者 NaCl 溶液中，镁及镁合金的腐蚀速率远高于它们在自然状态下溶解了 CO_2 的溶液中的腐蚀速率。

14.2.1.3 镁在室温不同环境下的腐蚀

在室温下，新鲜的镁暴置在大气环境中时，立即氧化形成一层灰色的氧化镁膜。当有潮气存在时，镁的氧化物将转化成氢氧化镁。镁在大气条件下和中性溶液中的腐蚀过程略有不同，后者的腐蚀几乎是纯氢去极化的腐蚀过程，而前者，在薄的水膜情况下，阴极以氢去极化为主。但金属表面上的水膜越薄，或者空气中的相对湿度越低，氧去极化的作用越显著。

室温下镁合金在蒸馏水中迅速氧化形成一层防止进一步腐蚀的保护膜。少量溶解在水中的盐分，特别是铬酸盐或重金属盐会局部破坏保护膜，通常造成点状蚀坑。

无论是在淡水或盐溶液里溶解的氧，在镁的腐蚀过程中都不起主要作用。但是，搅动或其他防止保护膜形成的方法都会导致腐蚀。当把镁浸在少量的静水中时，它的腐蚀速率可以忽略不计。当不断补充水量，使总量达不到 $Mg(OH)_2$ 的溶解度极限时，其腐蚀速率将增加。

纯水对镁合金造成的腐蚀随温度的增加显著增加。在100℃温度下，AZ 合金的腐蚀速率一般为0.25～0.50mm/a。纯镁和 ZK60A 合金在100℃将以高达25mm/a 的速率迅速腐蚀。在150℃时，所有合金都严重腐蚀。

镁在不同酸碱度或含有不同离子的环境中，其腐蚀性有很大差异。在酸性、中性或弱碱性溶液中，镁被腐蚀而生成 Mg^{2+} 离子。但镁在 pH 值为11～12 或以上的碱性区，容易生成稳定的 $Mg(OH)_2$ 膜而达到钝化耐蚀。在含 Cl^- 离子水溶液中的腐蚀速率比在去离子水中大几倍，而在铬酸和氢氟酸溶液中由于金属表面生成了保护性的钝化膜，所以能降低其电化学腐蚀速率。

镁合金的腐蚀情况随相对湿度的增加而增加。在9.5%相对湿度下，无论是纯镁还是镁合金，在18 个月后都没有出现表面腐蚀迹象。在30%相对湿度下，仅出现微小的腐蚀现象。在80%相对湿度下，有可能发生严重表面腐蚀。在盐分含量很大的海洋环境中，需要对镁合金采取防护措施，以延长构件的使用寿命。

14.2.1.4 镁在高温下的氧化腐蚀

在高温时，镁在空气中极易氧化。氧化膜在高温下无保护性。对于三元镁合金，随着温度的提高，其腐蚀速率的增加要比纯镁相对静态的腐蚀速率高得多。这是由于在三元合金中存在少量的杂质，在高温下活性增加。但镁－稀土系具有较好的抗高温腐蚀能力。

镁在流动的氧气里加热时，表面膜会破裂。550℃氧化速度随时间的增长而下降，持续几个小时后膜会突然破裂，再生成一种白色的氧化物锈层，渐渐扩展到整个表面。在这段时间里，氧化速度增加，但当整个表面盖满氧化物时，氧化速度变为常数。在550℃时的直线氧化速率可达0.18mg/cm^2，然后膜将第二次破裂，此时的氧化速度可增大10倍，形成的氧化膜呈米黄色，结构与白色氧化物不同。

在高温下，即使在干燥空气中镁也极易氧化。根据热力学原理，当任一物质与氧反应的吉布斯自由能小于零时，可以认为该反应理论上可以进行。表14－3列出了镁、硅、钙三种元素在不同温度下的标准生成自由能。通过表中标准自由能的数据，经计算在400℃时氧化硅、氧化镁、氧化钙的标准自由能分别为 $\Delta G^{\ominus}_{SiO_2} = -750kJ$，$\Delta G^{\ominus}_{MgO} = -1064kJ$，$\Delta G^{\ominus}_{CaO} = -1134kJ$，可见三种物质的标准自由能均小于零，说明在400℃标准状态下，Si、Mg、Ca都可能被氧化。$0 > \Delta G^{\ominus}_{SiO_2} > \Delta G^{\ominus}_{MgO} > \Delta G^{\ominus}_{CaO}$，所以镁与氧的亲和力大于硅，而只是略小于钙。

表14－3 镁、硅、钙的标准生成自由能

化学反应式	$\Delta G^{\ominus}$/cal	适用温度/℃
$2Mg(s) + O_2 = 2MgO$	$-288700 - 5.9T\lg T + 67.9T$	25～651
$2Mg(l) + O_2 = 2MgO$	$-290700 - 0.48T\lg T + 53.9T$	651～1707
$2Mg(g) + O_2 = 2MgO$	$-363200 - 14.47T\lg T + 15.14T$	1107～2227
$2Ca(s) + O_2 = 2CaO$	$-307100 + 51.28T$	881～1487
$Si(s) + O_2 = SiO_2$	$-208300 + 43.30T$	25～1427

注：1. 表中 T 为开氏温度；
2. 1cal = 4.1868J。

镁氧化速率与温度密切相关。表14－4列出镁在不同温度下的氧化动力学曲线特性。低温时氧化较慢，温度大于400℃时，氧化速率加快，氧化膜的破裂、片状态剥落和粉化开始发生，500℃左右则可看到着火现象。当温度超过熔点650℃时，氧化速率更是急剧增加，遇氧即发生激烈氧化燃烧。从金属氧化动力学分析，当氧化动力学曲线是直线时，氧化膜没有任何保护作用，且随时间的增加金属不断氧化，当氧化动力学曲线呈抛物线形时，氧化速度与金属增重或膜厚成反比，即随时间延长，氧化膜厚度增加，氧化速度越来越小，当氧化膜足够厚时，氧化速度可忽略。当氧化动力学曲线成对数规律时，氧化膜很薄。

表14－4 不同温度下镁的氧化动力学曲线特性

温度范围/℃	<100	100～200	200～300	300～400	400～500	500～600	>650
氧化动力学曲线形状	对数	对数－抛物线	抛物线	抛物线－直线		直线	

14.2.2 镁及镁合金腐蚀的主要类型

镁及镁合金的腐蚀类型表现为全面腐蚀、电偶腐蚀、点蚀、晶间腐蚀、缝隙腐蚀、丝状腐蚀、应力腐蚀和腐蚀疲劳等。

14.2.2.1 全面腐蚀和电偶腐蚀

全面腐蚀是指整个表面均发生腐蚀，一般属于微观电池腐蚀。镁合金很容易发生电偶腐蚀。常常可以看到镁合金出现严重的局部腐蚀。阴极可以是外部与之相接触的其他金属，也可以是镁合金内部第二相或杂质相。如果与氢的非平衡电位接近的金属，如 Fe、Ni 和 Cu 构成很大的阴极，镁合金将发生很严重的电偶腐蚀。而与那些具有较高的氢过电位的金属如 Al、Zn 和 Cd 组成活化腐蚀电池，镁合金的高纯度并不能起任何保护作用。镁合金基体与内部第二相组成的电偶腐蚀在宏观上表现为全面腐蚀。镁合金全面腐蚀的耐蚀性分为 10 级，其判定标准见表 14－5。

表 14－5 镁合金耐蚀性 10 级标准

耐蚀性类别	腐蚀速度/$mm \cdot a^{-1}$	失重/$g \cdot (m^2 \cdot h)^{-1}$	耐蚀等级
完全耐蚀	<0.001	<0.0002	1
很耐蚀	0.001～0.005	0.0002～0.002	2
	0.005～0.01	0.001～0.002	3
耐蚀	0.01～0.05	0.002～0.01	4
	0.05～0.1	0.012～0.02	5
尚耐蚀	0.1～0.5	0.02～0.1	6
	0.5～1.0	0.1～0.2	7
欠耐蚀	1.0～5.0	0.2～1.0	8
	5.0～10.0	1.0～2.0	9
不耐蚀	>10	>2.0	10

电偶腐蚀是镁合金在腐蚀环境中产生的一种电化学腐蚀。溶液的 pH 值大小、溶液的性质、镁合金的成分及所处的环境等对电偶腐蚀均产生较大的影响。减少电偶腐蚀的主要措施是选择合适的材料、表面涂层及恰当的结构设计。

但是，有时铝合金和镁合金在某些介质中接触相互腐蚀。例如，Al 和 Mg 在中性 NaCl 溶液中接触，开始时 Al 比 Mg 电位正，Mg 为阳极发生溶解。以后由于 Mg 的溶解而使介质变为碱性，这里电位发生逆转，Al 变成了阳极，Al 也被腐蚀。

14.2.2.2 点蚀

点蚀多发生在表面生成钝化膜的金属材料上（如不锈钢、铝及铝合金）或表面有阴极性镀层的金属上。镁是一种自然钝化的金属，当镁在非氧化性的介质中遇到氯离子时，在它的自由腐蚀电位处会发生点蚀。镁合金在中性或碱性盐溶液中也会发生点蚀。重金属污染物会加快点蚀。发生点蚀的部位一般为阴极相，如 $Al_{12}Mg_{17}$、$MgSi_2$、AlMn 周围，例如挤压镁合金 AM60 在酸中性 3.5% NaCl 溶液中，在 AlMn 相粒子周围出现点蚀，其形貌见图 14－4。点蚀坑的数目与环境有关，例如，在 pH 值为 7 时，挤压 AM60 镁合金点蚀坑的数目最多。

14.2.2.3 应力腐蚀开裂（SCC）

应力腐蚀开裂（SCC）是指材料在特定的腐蚀介质和拉应力共同作用下发生的脆性断

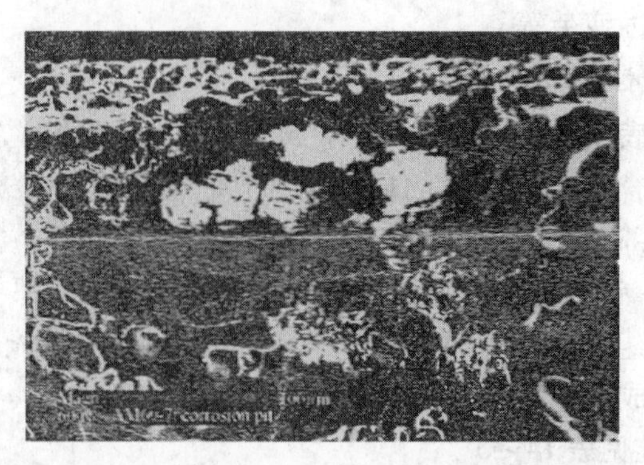

图 14-4 AM60 在酸中性 3.5% NaCl 溶液中点腐蚀形貌

裂，应力越大，断裂时间越短。一般认为镁合金应力腐蚀断裂是电化学-力学共同作用的结果，电化学腐蚀加上应力的作用导致裂纹形成，裂纹的发展主要由力学因素引起，直至断裂。

早期对应力腐蚀开裂的研究主要集中在合金元素及微观结构对镁合金腐蚀的影响上。合金元素 Al 是镁合金产生应力腐蚀敏感性的最重要因素，其敏感性随 Al 含量的增加而增加。镁合金中 Al 含量在门槛值 0.15% ~2.5% 之上将导致 SCC，在 6% Al 时，其影响达到最大。镁合金中的杂质 Fe、Cu 和 Zn 会增加镁合金的应力腐蚀敏感性。目前，最常用的含 Al 和 Zn 的 AZ 类合金具有最大的 SCC 敏感性。如 AZ61、AZ80、AZ91 在大气和较苛刻的环境中，对 SCC 非常敏感。而含 Al 低的镁合金，如 AZ31 常常应力耐蚀性较好。但 AZ31 在某些环境中也会产生应力腐蚀开裂。当水中通入氧或空气时，会加速镁合金的应力腐蚀，某些阴离子也会加速镁合金应力腐蚀（并不仅限于 Cl^-）。实验确定，镁合金在 0.1mol/L 的中性盐类溶液中的应力腐蚀开裂敏感性按下列顺序递减，即：

$$Na_2SO_4 > NaNO_3 > Na_2CO_3 > NaCl > CH_3COONa$$

Mg-Zn 合金中加入锆或者稀土元素，但不含 Al，如 ZK60 和 ZE10，有中等耐 SCC 的能力。Mg-Al 合金中加入 Mn 可以减小应力腐蚀破裂敏感性。

当基体与作为阴极的晶界 $Mg_{17}Al_{12}$ 沉淀相组成电偶对时，则晶间 SCC 与基体的局部电偶腐蚀有关。Fairman 和 Bray 认为选择性腐蚀也产生应力集中，引起保护性表面膜的破裂和加速基体的腐蚀。

热处理也是影响镁合金应力腐蚀开裂的因素之一。镁合金的应力腐蚀一般是穿晶开裂。但经炉冷的合金，例如 Mg-6Al-Zn 合金，容易产生晶间开裂，这可能与晶界析出相 $Mg_{17}Al_{12}$ 有关。而经固溶处理的合金产生穿晶断裂，可能与晶内析出 FeAl 有关。粗晶粒水冷，无 β 相（$Mg_{17}Al_{12}$）沉淀，则发生穿晶开裂；而在晶界有很多沉淀的细晶粒材料，则发生晶间开裂。阴极极化可阻止 SCC 的开裂和扩展。在退火状态下 $Mg_{17}Al_{12}$ 强化相沿着晶界分布，镁合金的应力腐蚀开裂便沿着晶间扩展，而构成晶间型的应力腐蚀开裂。当镁合金在淬火状态下，合金组织为均一固溶体，晶间没有强化相 $Mg_{17}Al_{12}$ 析出，腐蚀开裂便构成穿晶应力腐蚀开裂。

镁合金的微观组织因素如晶粒大小、相分布及组织形貌等对镁合金的腐蚀性能有一定的影响。当基体作为阴极的晶界 $Mg_{17}Al_{12}$ 沉淀组成电偶对时，则晶间 SCC 与基体的局部电偶腐蚀有关。不像锻造钛的 SCC，择优晶体取向似乎对锻造镁合金的 SCC 不产生影响。

14.2.2.4 腐蚀疲劳

锌能明显提高镁的疲劳极限，而铝和铅则作用不太大。对于 AZ91，随晶粒度的降低，疲劳裂纹扩展速率加快。对于粗晶粒，裂纹扩展路径偏转幅度较细晶粒大。时效处理（T5、T6）与固溶处理（T4）相比可降低镁合金疲劳极限。时效也可提高疲劳裂纹扩展速率。一般情况下，频率对金属材料在空气中的疲劳性能影响不大，但是镁合金完全不同。例如，在空气中，在频率范围 1 ~ 10Hz，对于挤压 AM60 材料，频率越低，疲劳寿命越短。对于挤压镁合金 AZ80，频率越低，疲劳裂纹扩展速率越快。镁合金在空气中存在疲劳极限，而在腐蚀介质中不存在疲劳极限。氯离子能显著降低镁合金 AM60 和 AZ80 疲劳寿命。时效对 AZ80 的腐蚀疲劳寿命没有明显影响。溶液中 pH 值对 AM60 疲劳寿命有明显影响。在中性溶液中，疲劳寿命最低。含氟的转化膜对镁合金的腐蚀疲劳寿命几乎没有影响。

在空气中挤压镁合金的疲劳裂纹萌生于试样表面和亚表面的夹杂物、氧化物或 Al、Mn 粒子。例如，AM60 疲劳裂纹在空气中萌生于试样表面和亚表面的 Al、Mn 粒子；挤压镁合金 AZ80 疲劳裂纹在空气中萌生于试样表面和亚表面的夹杂物、氧化物；挤压镁合金在腐蚀介质中萌生于试样表面形成的腐蚀坑。而铸造镁合金的铸造缺陷（如空洞）则往往是疲劳裂纹萌生的地方。Cl^-、Br^-、I^- 和 SO_4^{2-} 加快镁合金的腐蚀疲劳裂纹扩展速度。

14.2.2.5 其他腐蚀形式

一般认为镁及镁合金基本不发生晶间腐蚀，因为镁合金的晶界相对于晶粒来说总是阴极。所以，晶粒相对于晶界是阳极，与晶界相邻的区域首先腐蚀。它不会沿着晶界纵深发展，而是在晶界附近的晶粒内部呈粒状腐蚀。但是最近研究表明，镁合金 AZ80 - T5 在 3.5% NaCl 溶液中沿晶界产生的网状晶间腐蚀，参见图 14 - 5。

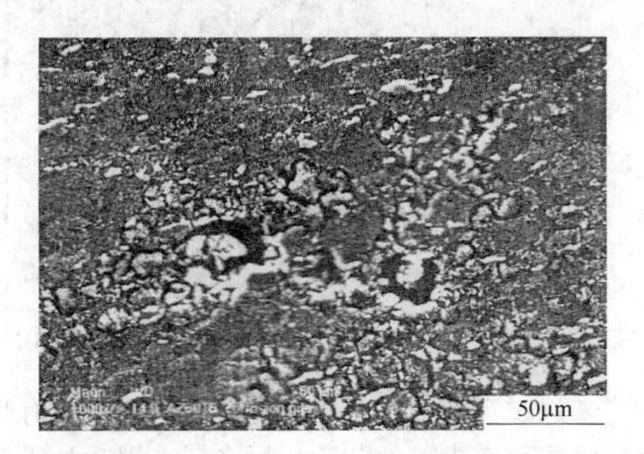

图 14 - 5 AZ80 - T5 在 3.5% NaCl 溶液中沿晶界产生的网状晶间腐蚀形貌

由于镁对氧浓差不敏感，所以镁合金不存在缝隙腐蚀。丝状腐蚀是由穿过金属表面运动的活性腐蚀电池引起的。Dexter 认为镁的丝状腐蚀是由丝头和丝尾氧的浓度差所驱动，由此提出镁的丝状腐蚀模型，参见图 14 - 6。丝状腐蚀发生在保护性涂层和阳极氧化层下面。没有涂层的纯镁不会发生丝状腐蚀。Lunder 等人对 AZ91 的腐蚀研究认为，镁合金 AZ91 腐蚀的早期阶段是以点蚀和丝状腐蚀为特征。

Lubbert 认为：含 3% ~ 8% Al 和 0.5% ~ 0.8% Zn 的挤压镁合金在氯化物水溶液中随

Cl^-离子浓度的不同而遭受丝状腐蚀和点蚀。未焊接镁合金的耐蚀能力随铝含量的增加而增强。对于AZ61HP焊接件，其耐蚀能力取决于热影响区材料和激光焊缝表面Al/Mg比例。蚀孔主要出现在焊缝的热影响区。

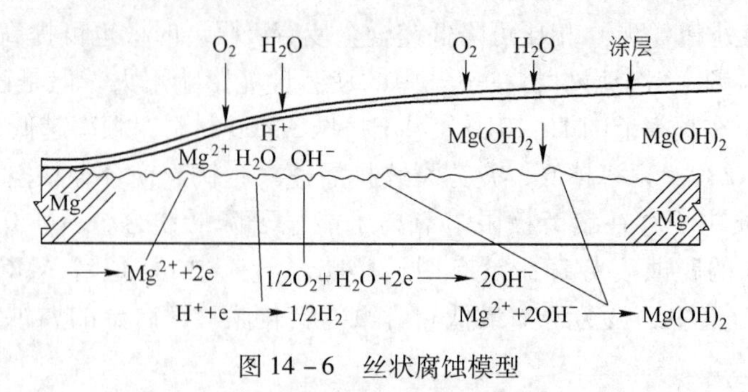

图14-6 丝状腐蚀模型

14.2.3 镁及镁合金的典型腐蚀失效形式及耐蚀性的检测与评价方法

14.2.3.1 腐蚀失效分析

重金属杂质、喷砂残余物、溶剂夹杂引起的微电池腐蚀是导致镁合金腐蚀失效的根本原因。重金属污染会导致镁合金点蚀，与夹具或多种金属搭配使用无关。图14-7是重金属杂质对低压铸造AZ91合金抗ASTM盐雾腐蚀性能的影响情况，铸件镍铜含量均低于10×10^{-6}，腐蚀240h。左边样品含有160×10^{-6}铁，腐蚀速率为15mm/a；右边样品含有19×10^{-6}铁，腐蚀速率为0.15mm/a。

图14-7 重金属杂质对AZ91-T6的砂型铸件盐雾腐蚀（ASTM B117）行为的影响

在盐雾腐蚀环境中，未经过车削加工的镁合金砂型铸件表面有喷砂残余物，容易出现点蚀。喷砂或酸洗可以清除镁合金表面的杂质，提高抗海水和盐雾腐蚀能力。将镁合金试样经硫酸清洗后进行能谱分析，可以确定是否存在杂质。杂质通常为熔剂中的铁和二氧化硅夹杂，腐蚀斑一般呈团簇状随机分布在铸件车削表面上。在湿度为70%~90%的环境中，新近车削过的镁合金表面在24h内会出现腐蚀，分析表明表面存在很多氯化镁和氯化钾的蚀坑，此外还可能有Ca、Ba和S的痕迹。采用无熔剂工艺、铬酸盐清洗和表面密封法可以消除这些铸件存在的杂质问题。镁合金局部变形区容易出现电偶腐蚀，通过优化结构设计或组装方法可以减轻电偶腐蚀。电偶腐蚀是镁合金腐蚀中的重要类型。此外，应力腐蚀开裂、腐蚀疲劳裂纹、晶间腐蚀等也可能引起腐蚀失效。

14.2.3.2　镁及镁合金耐蚀性检测方法

最常用的镁合金腐蚀速率检测方法有质量损失法和蚀坑深度测量法，此外还有电化学极化检测或电化学阻抗谱测量法。图 14－8 为 0.5mol/L 的 Na_2SO_4 溶液 pH 值对纯镁极化曲线的影响，在 pH 值检测范围内镁均会发生溶解，pH 值作用很小。铸态纯镁（99.8%）在 pH＝9.2 的 $NaBO_2$ 溶液中的电化学阻抗谱只有一个半圆，如图 14－9 所示，这表明电极上仅仅发生了电荷转移过程。

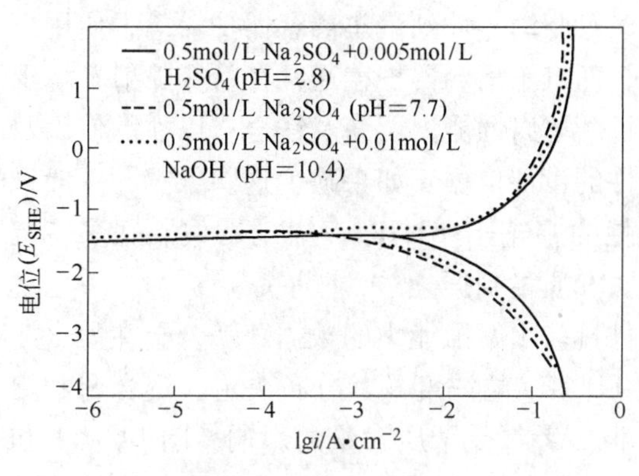

图 14－8　纯镁在不同 pH 值 0.5mol/L Na_2SO_4 溶液中的极化曲线

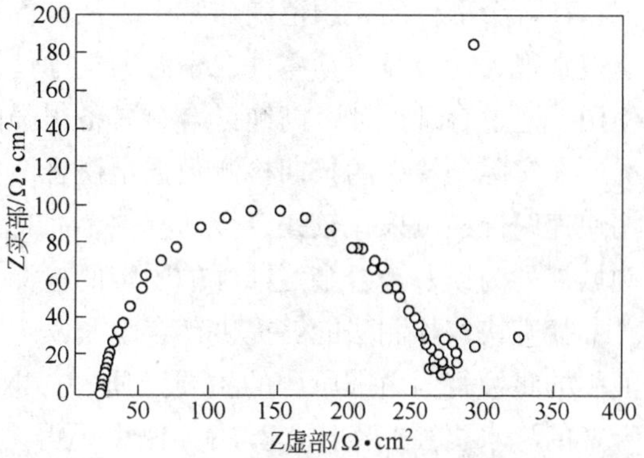

图 14－9　铸镁（99.98%）在 pH＝9.2 的 $NaBO_2$ 溶液中的 Nyquist 图

大多数金属的腐蚀失重同电化学测量结果具有很好的一致性，但是镁，特别是纯镁的情形并非如此，镁合金的腐蚀具有特殊的电化学现象。图 14－10 对多种合金在 pH＝9.2 的 $NaBO_2$ 溶液中的电化学和失重检测数据做了比较，纯镁的失重量比电化学检测数据高约 1 个数量级，这种现象叫做负差数效应。在正常情况下，腐蚀反应中的阴极反应速度随外加电位的提高或外加电流密度的增大而减小，而阳极反应速度正好相反，呈上升趋势，因此大多数金属（如 Fe 和 Zn 等）在酸性环境中电位正移会导致阳极溶解速度增加，同时阴极析氢减少。因而，Mg 的析氢行为与 Fe 和 Zn 截然相反，随着外电位的提高或外加电流

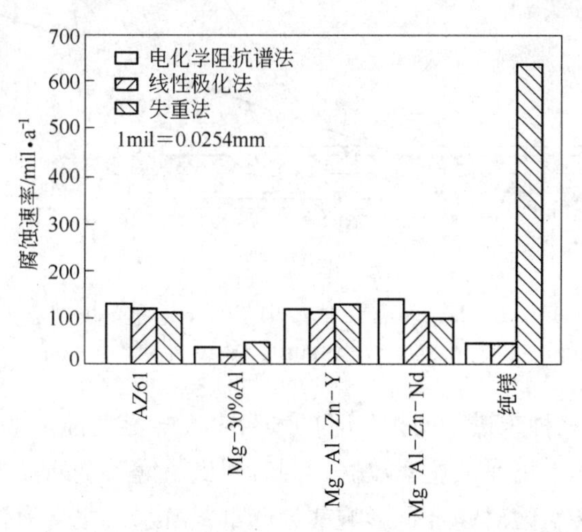

图 14－10　多种镁合金在 pH＝9.2 的 $NaBO_2$ 溶液中电化学和失重检测数据的比较

密度的增大，镁的阳极溶解反应速度和阴极析氢反应速度都加快，即产生负差数效应。不仅镁合金存在这一反常现象，铝合金也有负差数效应。人们对这种现象的机理提出了四种假设。这四种假设均可在不同条件下解释镁合金的负差数效应。此外，还有人提出了“部分膜保护机制”，从微观角度对镁合金负差数效应给出了更为合理的解释，认为镁合金基体直接参与腐蚀而导致负差数效应。

14.2.3.3 镁及镁合金在真实和模拟环境中的腐蚀试验

镁合金部件的应用范围非常广，从计算机磁盘驱动零件到汽车离合器护盖等，使用环境差别很大，磁盘驱动零件在室温大气中使用，而汽车离合器护盖通常在盐雾喷射环境中使用。通过合理设计，高纯镁合金具备很强的抗环境腐蚀能力。镁及镁合金以往的使用情况或在实际环境中的长期检测数据是镁合金零件的设计依据。如果缺少这些数据，一般采用快速腐蚀检测来比较镁合金与其他金属抗蚀性的差异。ASTMB117 盐雾检测在很多特定领域被列为镁及镁合金耐蚀性的固定的检测方法和质量判据。

盐雾快速检测法能够提供镁合金及其组合件抗盐水腐蚀能力的数据。镁合金在盐水溶液中的腐蚀行为由其所含的主要杂质，如 Ni、Fe、Cu 的浓度及其分布决定。镁合金和铝合金的海水腐蚀速率比盐雾腐蚀速率小得多，但二者都受杂质含量的影响。图 14－11 和图 14－12 所示为 Ni、Cu、Fe 的含量对高强 AZ91 合金盐雾腐蚀速率和海洋大气腐蚀速率的影响，由图可见盐雾腐蚀速率比海洋大气腐蚀速率高 200 倍。在这两种情况下高强 AZ91 合金的腐蚀速率均比碳钢或 380 压铸铝合金的低。

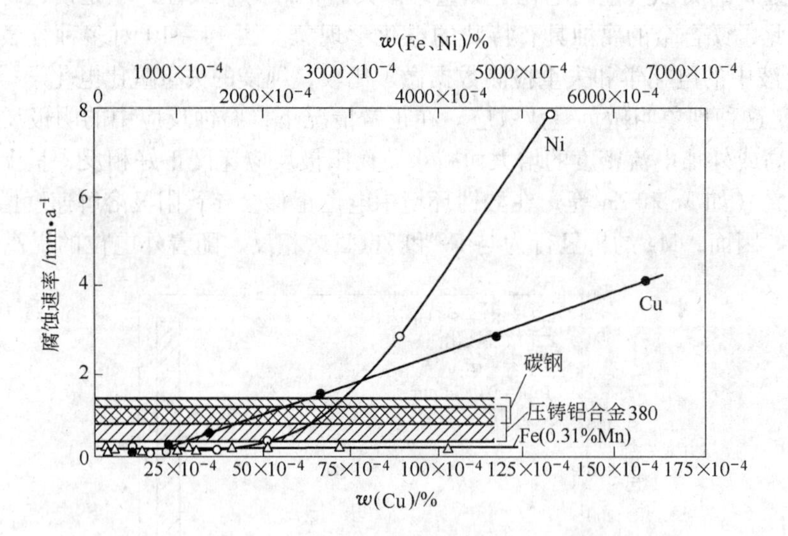

图 14－11 Ni、Cu、Fe 含量对 AZ91 压铸合金盐雾腐蚀速率的影响

（10 天，5% NaCl 溶液，ASTMB117 标准，1mils＝0.0254mm）

图 14－13 所示为三种未进行防护处理的镁合金在盐雾腐蚀（20% NaCl）、海水浸泡和海洋大气腐蚀条件下的平均腐蚀速率数据，同时列出了镁合金样品的主要合金元素及杂质含量。显而易见，盐雾腐蚀对镁合金影响最为严重，海水次之，海洋大气的影响最小。就 AZ31B－H24、AZ63A－F、AZ91C－F 三种镁合金而言，AZ31B－H24 抗蚀性最好，这与 Fe、Ni、Cu 三种杂质含量较低有关，三种材料的化学成分见表 14－6。

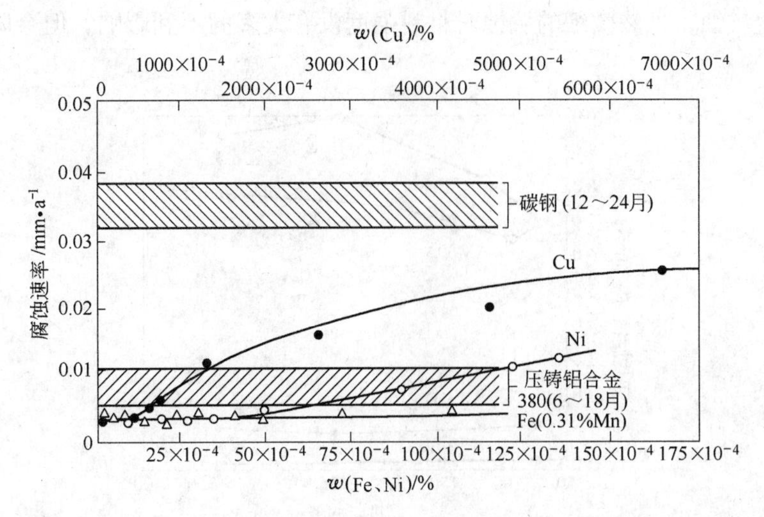

图 14－12 Ni、Cu、Fe 含量对 AZ91 压铸合金海洋大气腐蚀速率的影响
（Texas 海岸，2 年）

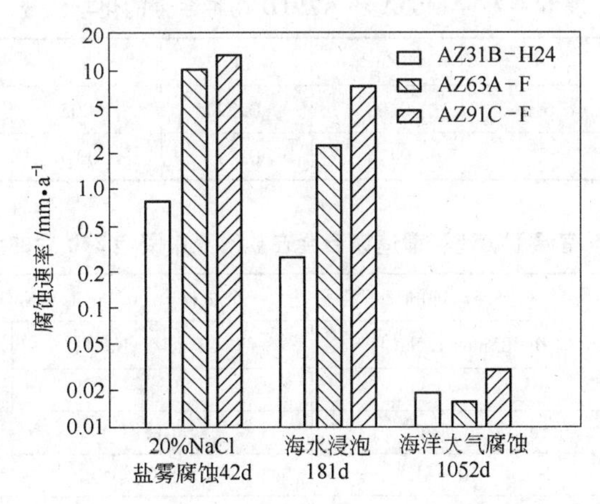

图 14－13 不同环境中镁合金的腐蚀速率

表 14－6 三种镁合金材料的化学成分

元素含量（质量分数）/%	Al	Zn	Mn	Si	Ni	Fe	Cu	Fe/Mn
AZ31B－H24 轧制件	2.6	1.0	0.51	0.0017	0.0005	0.0007	0.0019	0.0014
AZ63A－F 砂铸件	5.8	2.9	0.25	<0.05	<0.001	0.005	0.015	0.020
AZ91C－F 砂铸件	8.8	0.68	0.22	<0.05	<0.01	0.006	0.013	0.027

图 14－14 列出了 AZ91D 和 AM60A 两种镁合金在盐雾和 5% NaCl 溶液中浸泡不同时间后的平均腐蚀速率，这两种合金的化学成分见表 14－7。在 T6 状态下，镁合金抗蚀性最高，而经 T4 态处理后的质量损失最大，在铸造过程中模具的温度影响合金的冷速，但对其腐蚀速率似乎没有明显影响。

表 14－8 为铸造 Mg－Al 合金在盐水溶液中点蚀的检测结果，溶液中 Cl 容许浓度极限为（2～20）$\times 10^{-3}$mol/L，纯镁晶粒的某些结晶面会择优点蚀而发生剥离。海洋大气也会

使镁合金产生坑蚀，虽然微细的坑蚀对材料强度没有太多的不利影响，但会降低材料的延展性。

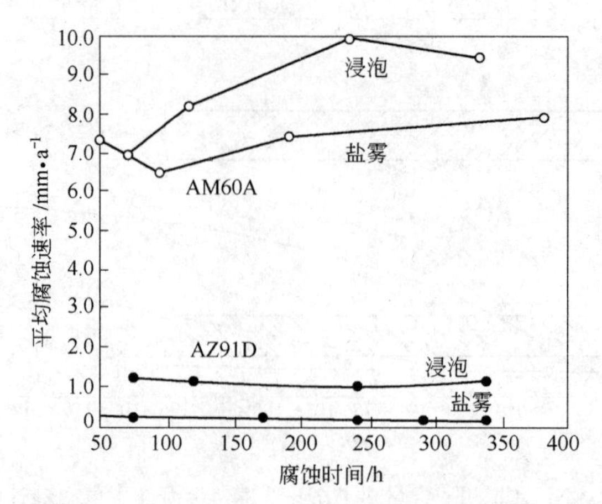

图14-14 压铸镁合金经5% NaCl溶液盐雾腐蚀和连续浸泡后的腐蚀速率

表14-7 AM60A和AZ91D两种合金的化学成分

元素含量（质量分数）/%	Al	Zn	Mn	Ni	Fe	Cu
AM60A	6.2	0.09	0.22	0.003	0.005	0.03
AZ91D	9.7	0.74	0.19	0.0018	0.006	0.0067

表14-8 室温下铸造和锻造镁合金在盐溶液中浸泡24h后的点蚀结果

合 金	出现点蚀的试样百分比（5个试样）（0.1mol/L NaOH+不同浓度NaCl）		
	0.005mol/L NaCl	0.01mol/L NaCl	0.02mol/L NaCl
锻件			
镁A8	100（剥落）	100	
MA	0	100	
M1	0	0	100
AZ31	0	0	100
AZ61	0	0	100
AZ91	0		
铸件			
AM60B（冷模）	100		
AM50（高纯）	100		
WE43	100		
ZE41	100		
ZE41A	100		
A3A	100		
EZ33	80	100	
AZ92	40（剥落）	60（剥落）	100（剥落）
AZ92A	40	100	
AZ31	0	40	100

续表 14－8

合 金	出现点蚀的试样百分比（5个试样）（0.1mol/L NaOH＋不同浓度 NaCl）		
	0.005mol/L NaCl	0.01mol/L NaCl	0.02mol/L NaCl
AZ91E	0	60	100
AZ91D（热模）	0	80	100
AZ91	0	80	100
AM20（高纯）	0	80	100
QE22	0	0	100
QE22A	0	0	100
AZ91D（冷模）	0	0	100

将异种金属连接并进行盐雾腐蚀实验是快速检测腐蚀性能的一种方法。图 14－15 所示为与钢螺丝帽连接的 AZ91D 压铸镁合金板材在盐雾（5% NaCl）中腐蚀 10 天后的表面形貌，连接部位的周围腐蚀非常严重。表 14－9 为厚 4.8mm、与不同金属夹板连接的 AZ31B－H24 板腐蚀后抗拉强度降低情况。

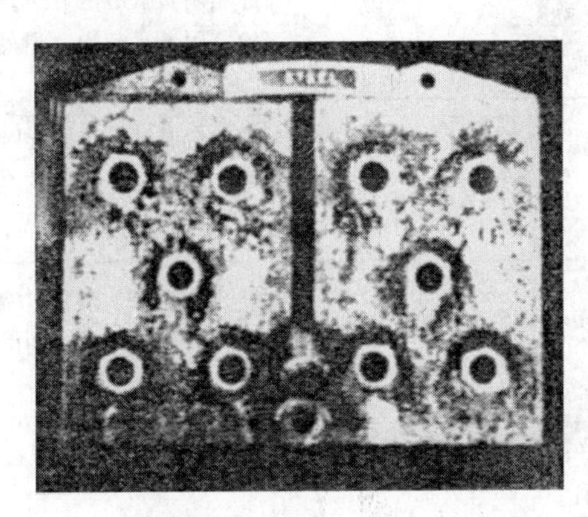

图 14－15 与钢螺丝帽连接的 AZ91D 压铸镁合金板材在盐雾（5% NaCl）中腐蚀 10 天后的表面形貌

表 14－9 AZ31B－H24 镁合金与不同金属板连接腐蚀后的抗拉强度降低情况

夹板金属	抗拉强度损失百分比/%		
	乡村大气	工业大气	海洋大气
镁合金 AZ31B	0.1（增加）	0.7	0.1
铝合金 6061	0.2（增加）	0.8	1.0
铝合金 5052	0.5	1.2	1.6
铝合金 7075	0.5	2.0	5.1
AISI 型 304 不锈钢	0.9	3.4	9.0
蒙乃尔合金	1.1	4.4	10.7
低碳钢	1.5	6.8	12.4
85－15 黄铜	1.8	7.1	15.2

与潮湿的含氯离子介质的环境相比，乡村大气对镁合金几乎不造成腐蚀破坏。含大量酸性气体污染物（如 SO_2）的工业大气会导致镁合金腐蚀，但腐蚀程度比海洋大气腐蚀要轻得多。这些气体将在镁表面形成不溶性氢氧化物和碳酸盐膜并转变为可溶性碳酸氢盐、亚硫酸盐和硫酸盐，被雨水冲刷掉后增加大气腐蚀速率。同时，通过电解质溶液构成原电池，导致电化学腐蚀。镁合金在一些氯化物不起主导作用的模拟大气中的腐蚀情况见表14－10。

表14－10 镁合金材料的腐蚀条件与试验测评项目

试验环境	评估指标
湿度试验： 相对湿度95%，38℃； 相对湿度100%，38℃，冷凝（ASTMD2247）； 污染大气（DIN－50018－1960），相对湿度100%，40℃，空气＋SO_2＋CO_2，8h，然后在室温大气下放置16h	熔渣，室内锈蚀和丝状腐蚀； 涂料附着且起泡，在无污染的乡村大气中腐蚀； 工业大气中的腐蚀和涂层特性
水试验： 水雾（ASTMD1735），去离子水38℃； 水浸泡（ASTMD870），去离子水38℃	涂料附着且起泡（大约相当于压缩的湿气）； 涂料附着且起泡（剧烈试验）
盐水试验： 盐雾试验（ASTMB117），5% NaCl，pH＝6.5～7.2	镁合金腐蚀、杂质影响、表面处理和相同基体合金上的涂层，其他材料与镁的电化学相容情形，对氯化物环境有效。剧烈的加速试验
盐水浸泡，5% NaCl，298K，pH＝10.5，间歇或连续浸泡，轻微空气搅动	镁合金腐蚀、杂质影响、表面处理和相同基体合金上的涂层，其他材料与镁的电化学相容情形，对氯化物环境有效。剧烈的加速试验
铜加速乙酸盐雾试验（ASTM B368），5% NaCl，每3.8L溶液含1g$CuCl_2 \cdot 2H_2O$，49℃，pH＝3.1～3.3	镁合金表面的镀膜
SO_2盐雾喷射，5% NaCl＋SO_2，35℃，pH＝2.5～3.2，海军航空发展中心	海军飞行器材料（模拟海水喷射＋船烟囱气）
地面测试、盐土循环溅射，部分干燥且高湿度储藏	用作汽车和卡车部件的裸露或镀层的镁合金；电化学相容性；模拟严重的道路防冻盐环境

Mg－Al合金暴露在大气中后，表面会生成一层保护性氧化膜。若大气中存在 CO_2，则Mg－Al合金表面会生成一种由水滑石 $MgCO_3 \cdot 5Mg(OH)_2 \cdot 2Al(OH)_3 \cdot 4H_2O$ 和水菱镁矿 $3MgCO_3 \cdot Mg(OH)_2 \cdot 3H_2O$ 组成的复合膜。由于水滑石膜的存在，Mg－Al合金耐大气腐蚀性比其他镁合金好。变形Mg－Al合金的腐蚀速率比铸造Mg－Al合金高，这与变形Mg－Al合金含铝量和纯度比铸态低有关。此外，变形镁合金的组织和性能通常为各向异性，也会提高腐蚀速率。

SO_2 污染也会影响镁合金的抗蚀性。由于 SO_2 污染的影响，工业大气中镁的平均腐蚀速率在某种程度上高于海洋大气。理论上，海洋大气的腐蚀破坏性更大一些，这与镁合金杂质容许极限含量和海洋腐蚀敏感性有关。

14.2.4 影响镁及镁合金耐蚀性的因素

影响镁及镁合金耐蚀性的主要因素有：镁及镁合金的纯净度、合金元素的种类与含量、热处理工艺、材料的组织结构与形态及所处环境等。

14.2.4.1 合金元素与杂质的影响（冶金因素的影响）

合金和杂质元素对镁合金耐蚀性有显著影响。纯镁中含有许多有害杂质，如Fe、Ni、Cu、Co等。Fe不能固溶于镁中，只能以游离态分布在晶界，从而降低镁合金的抗蚀性。当Fe含量（质量分数）大于0.016%时，镁合金的腐蚀速率急剧增加。Ni、Cu在镁中的溶解度很低，常与镁形成金属间化合物Mg_2Ni、Mg_2Cu等，呈网状分布在晶界上，降低抗蚀性。当Ni含量（质量分数）大于0.016%、Cu含量（质量分数）大于0.15%时，镁合金腐蚀速率显著增加。因此，必须严格控制Fe、Ni和Cu含量。为了防止熔炼时镍的增加，必须使用低镍不锈钢制造的熔炼工具和设备。根据不同元素对镁合金腐蚀性能的影响，合金元素大致可以分为三类：第一类是含量（质量分数）低于5%时对腐蚀速率影响不大的元素，如Al、Mn、Na、Si、Zr、Ce、Pr、Y等；第二类是使腐蚀速率稍有提高的元素，如Zn、Cd、Ca、Ag等；第三类是使腐蚀速率显著提高的元素，如前面提到的Ni、Fe、Co等。镁合金的腐蚀速率与合金元素质量分数之间存在如下所示的关系：

$$腐蚀速率 \approx 0.04Mg - 0.54Al - 0.16Zn - 2.06Mn + 0.24Si + 28Fe + 121.5Ni + 11.7Cu$$

常见元素对镁腐蚀速率的影响如图14－16所示，Fe、Ni、Co、Cu、Ag、Ca和Zn等的影响比较大，而Al、Sn等的影响很小。采用提高纯度的方法，即将有害杂质Fe、Ni、Cu、Co等元素的含量降低到临界值以下可以提高镁合金的抗蚀性。目前采用高纯度电解镁制备的镁合金的抗蚀性有大幅度提高，如AZ91E合金在盐雾实验中的耐腐蚀性大约是AZ91C的100倍，甚至超过了压铸铝合金A380。表14－11列出了压铸镁合金中锰含量与杂质元素含量的关系。

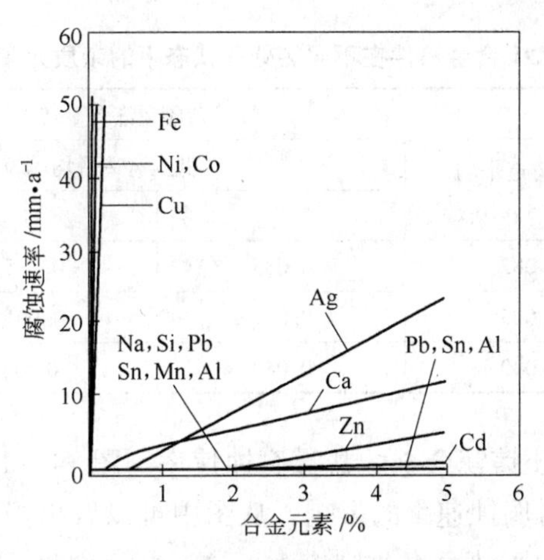

图14－16 室温下合金元素含量对镁合金在3% NaCl溶液中腐蚀速率的影响

添加稀土元素钍和含Zr的Mg－Al合金与高纯Mg－Al合金相比耐腐蚀性能得到很大提高，因稀土元素和Zr等是一种强烈的晶粒细化剂，并且在浇注前把铁沉淀出来。但是，如合金中含量达到30.5%～47%的Ag或2.7%～3%的Zr，将会降低合金的耐腐蚀性能。

表14-11 压铸镁合金中锰含量与杂质元素含量的关系

合金牌号	杂质临界极限/%			锰质量分数/%
	Cu	Ni	Fe	
AM50A	<0.01	<0.02	<0.004	0.26~0.6
AM60A	<0.85	<0.08	—	0.18~0.6
AM60B	<0.10	<0.002	<0.005	0.24~0.6
AS41A	<0.06	<0.08	—	0.20~0.50
AS41B	<0.02	<0.002	<0.0085	0.7~0.85
AZ91A	<0.10	<0.05	<0.80	0.18~0.50
AZ91B	<0.85	<0.08	<0.80	0.18~0.50
AZ91D	<0.80	<0.02	<0.005	0.15~0.50

14.2.4.2 加工、热处理工艺及组织结构形态的影响（工艺因素的影响）

镁合金的冷加工，如拉伸和弯曲，对腐蚀速率没有明显影响。喷丸或喷砂处理表面的耐腐蚀性能往往较差，这并非冷加工效应的结果，而是因为嵌入了铁杂质，可以通过酸洗到0.01~0.05mm深度来去除这些杂质。但若控制不当，可能发生杂质的再次沉淀，尤其当有钢丸残留物时。因此，在彻底清洗除去杂质时，往往还要进行氟化物阳极处理。

热加工和热处理对镁合金耐蚀性的影响主要是析出相的影响。一般情况下，凡是导致析出金属间化合物的加热和热处理，通常都会降低镁合金的耐蚀性。但具体情况下，由于沉淀相的分布及其他因素影响，也有一定的差异。表14-12列出了铸态（F）AZ91合金固溶处理（T4）、在410℃保温16h和固溶时效处理（T6）、在410℃保温16h后合金中有害元素的允许的极限含量。

表14-12 AZ91合金铸件在不同热处理状态下的杂质元素允许极限含量

杂质元素	临界杂质允许含量/%			
	高压铸造平均晶粒在5~10μm	低压铸造平均晶粒在100~200μm		
		F	T4	T6
Fe	0.082	0.085	0.085	0.046
Ni	0.005	0.001	0.001	0.001
Cu	0.040	0.040	0.01	0.040

加热或时效温度影响压铸镁合金的盐雾腐蚀速率。图14-17所示为时效温度对压铸AZ91D和AM60B合金盐雾腐蚀速率的影响，从图中可以看出当时效温度高于某一特定温度后，AM60B和AZ91D的腐蚀速率急剧增大，这一特定温度大致在200~250℃范围内。工艺参数对镁合金抗蚀性影响很小，高纯镁合金经过T5和T6处理后腐蚀速率低于0.25mm/a。铸态固溶处理试样的晶粒尺寸越小，抗蚀性越好。此外，对镁合金焊点还要进行固溶和时效处理以保证材料在恶劣环境中具有良好的抗腐蚀性能，并减小应力腐蚀破坏倾向。

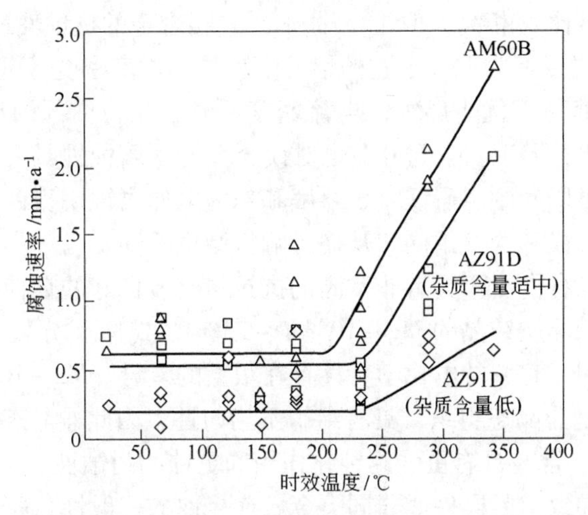

图 14-17　时效温度对压铸 AZ91D 和 AM60B 合金腐蚀速率的影响

（ASTMB117 标准盐雾喷射 10 天）

杂质元素 Fe、Ni 和 Cu 等含量很高的镁合金受盐雾腐蚀温度的影响很大。表 14-13 对标准成分 AZ91C 和高纯 AZ91 砂铸合金在不同处理状态下的腐蚀速率进行了比较。高压铸造工艺容许的杂质含量比低压铸造工艺高得多。为了比较成分的影响，在一些合金中添加了晶粒细化剂。对于高含铁量的 AZ91C 合金，当铁含量为容许含量的 2~3 倍时，镁合金的抗蚀性极差。对触变模铸镁合金薄壁产品的抗蚀性进行研究的结果表明，减少壁厚有利于提高镁合金的抗蚀性，但是过分减小壁厚将导致溢流区部位局部腐蚀。因此，合理选择壁厚不仅可以提高产量而且也能改善抗蚀性。

表 14-13　不同状态和晶粒度下两种镁合金的腐蚀速率（ASTMB117，盐雾试验）

合金及状态	晶粒度/μm	Mn/%	Fe/%①	相对腐蚀速率/mm·a⁻¹			
				F	T4	T6	T5
AZ91C（未处理）	187	0.18	0.087	18	15	15	—
AZ91C（脱气，细化晶粒）	66	0.16	0.099	17	18	15	—
AZ91E②（未处理）	146	0.23	0.008	0.64	4	0.15	0.12
AZ91E（脱气，细化晶粒）	78	0.26	0.008	2.20	1.7	0.12	0.12
AZ91E②（未处理）	160	0.33	0.004	0.35	3	0.22	0.12
AZ91E（脱气，细化晶粒）	73	0.35	0.004	0.72	0.82	0.10	0.10

①通过分析 Mn 含量来表示 Fe。

②AZ91E 合金未得到 ASTM 认可。

除了合金组元、杂质元素外，相组成和微结构对镁合金的腐蚀性能影响很大。如果采取适当的凝固手段使镁合金获得更好的组织均匀性，则会因附加的钝化作用而使腐蚀电流密度减小 2~3 个数量级，从而有效提高镁合金的抗蚀性。快速凝固工艺可以改善材料的相组成和微观结构，使基体组织和成分分布更均匀，从而抑制局部腐蚀。同时，由于提高了合金的固溶度，使得原来有害的元素可以固溶到合金基体中，减缓了腐蚀。快速凝固镁合金的耐蚀性明显优于普通铸造镁合金。AZ 系列镁合金中最重要的两种相为 α 和 β，β

相比较稳定，其抗蚀性比α相高，但是（α+β）复相合金的抗蚀性远不及α相单相合金。AZ91D合金中α相的腐蚀行为取决于它的铝含量和局部电流密度。电流密度高时，铝含量高的共晶α相在晶界处易于优先腐蚀；电流密度低时，晶粒内部的初生α相易于优先腐蚀。此外，β相的尺寸、形貌和空间分布也对镁合金的耐腐蚀性具有很大的影响，在镁合金的溶解过程中，它可以起到阻碍镁合金溶解和作为电偶腐蚀阴极的双重作用。镁合金的加工工艺不同，则相组成和含量不同，从而影响机制也不同。

近年来，镁基非晶合金由于具有非常高的抗拉强度、良好的韧性和耐蚀性而越来越受到重视。对纯镁、多相异质结晶的Mg-10%Y-25%Cu（原子分数）合金及非晶态合金耐蚀性的对比研究表明，它们的电化学特性存在很大的差异。Mg-10%Y-25%Cu（原子分数）合金的组织不是非晶态组织，具有组织不均匀性，因此非晶态镁合金比Mg-10%Y-25%Cu（原子分数）合金具有更强的钝化作用和更佳的耐蚀性。

重金属杂质常常导致与紧固件或非同类金属连接件的一般性点状腐蚀。未涂漆表面的浸蚀率基本上与其表面状态无关。

研究了压铸镁合金微观组织结构对其腐蚀性能影响的结果表明，AZ91D压铸合金表面的耐蚀性能较其芯部大10倍。这是因为表面和芯部组织结构差异所致。因压铸时表面冷却速度大，晶粒较芯部组织细，且表面的β相也较芯部多，β相连续分布于细小的α晶粒，起到腐蚀屏障作用。

14.2.4.3 腐蚀介质与环境的影响

镁及镁合金在不同腐蚀介质与环境中具有特定的腐蚀行为。表14-14和表14-15介绍了各种介质和不同环境对镁及镁合金腐蚀行为的影响。多种介质的具体影响将在后面专门介绍。

表14-14 各种介质和环境对镁及镁合金腐蚀行为的影响

介质种类	非腐蚀性介质或环境	腐蚀性介质或环境
水	蒸馏水	淡水、海水、矿泉水和水蒸气
酸	氢氟酸、铬酸	盐酸、硫酸、硝酸、磷酸和氢氟硅酸溶液
卤化物	氟化钾、氟化钠和氟化铵等的氟化物溶液	除氟化物以外的卤化物溶液如氯化铵、氯化钾、氯化钠、氯化镁、氯化锌、氯化钡和氯化钙等
硫化物	液态硫、气态硫、硫酸铵和二硫化碳	硫酸盐溶液如硫酸铵、铝明矾、铁明矾、铜明矾和锌明矾等
氨化物	浓度低于40%的氢氧化钠、碳酸钠、铬酸钾、铬酸钠、重铬酸钠、重铬酸钾	氨水、氢氧化铵、硝酸、硝酸钾、亚硝酸钾
碱性介质	碳氢化合物，如甲烷、乙烷、乙烯、己烷	浓度高于40%和温度高于120℃的氢氧化钠溶液、硅酸钾和汞盐
脂肪族化合物	汽油、石油、煤油、沥青和人造蜡	—
卤素衍生物	氯甲烷、溴乙烯、二氯甲烷、三氯乙烯、四氯乙烯、氯乙烷、二氯丙醇	氯甲烷和氯乙烷的酒精溶液和水溶液
醇	无水乙醇	甲醇、麦芽糖、甘油、乙二醇及乙二醇混合物
醚、醛和酮	甲醚、乙醚和丙酮	甲醛、乙醛和三氯乙醛
有机酸		蚁酸、醋酸、油酸、戊酸、硬脂酸、草酸、酒石酸、乳酸、柠檬酸和果汁、醋酸戊酯
酸的衍生物	无酸蜡、蜂蜡	

续表 14-14

介质种类	非腐蚀性介质或环境	腐蚀性介质或环境
脂肪和油	不含酸的脂肪和油、蓖麻油和亚麻子油冷脲	酸性脂肪和酸性油、牛奶
氮化物	冷脲水溶液	热脲水溶液
炸药	—	硝化甘油、叠氮化铅和雷酸汞
碳水化合物	糖和纤维素的中性水溶液	
芳香族化合物	三混甲酚、萘、蒽、杂酚乳液、邻氨基苯甲酸、樟脑和生橡胶、煤焦油及衍生物：苯、甲苯、二甲苯、酚等	—
杂环化合物	白明胶、木工用胶	—
液体燃料	汽油、苯、重油和石油	—
密封剂	库兹巴斯清胶、海物胶沥青、清漆和密封胶	—
土壤	黏土、不含盐的砂土	盐砂土
大气	干燥空气	潮湿空气

表 14-15 镁及镁合金在不同介质下的可试验性

介 质	含量①/%	可否在该介质中试验	介 质	含量①/%	可否在该介质中试验	介 质	含量①/%	可否在该介质中试验
乙醛	不限	不能	乙基纤维素	100	能	邻苯基苯酚	100	能
醋酸	不限	不能	乙基氯化物	100	能	氧气	100	能
丙酮	不限	能	乙基水杨酸盐	100	能	对位苯基苯酚	100	能
乙炔	100	能	乙烯（气体）	100	能	对位二氯化苯	100	能
丁醇	100	能	乙烯二溴化物	100	能	五氯苯酚	100	能
乙醇	100	能	乙烯乙二醇溶液	不限	能，可能需要缓蚀剂	全氯乙烯	100	能
异丙醇	100	能	脂肪，无酸食用油	100	能	高锰酸盐(大多数)	不限	能
甲醇	100	不能	脂肪酸	不限	不能	酚醛	100	能
丙醇	100	能	氯化铁	不限	不能	苯基乙基醋酸盐	100	能
氮（气体、液体）	100	能	氟化物（大多数）	不限	能	苯基苯酚	100	能
铵盐（大多数）	不限	不能	氟硅酸	不限	不能	磷酸盐（大多数）	不限	能
氢氧化铵	不限	能	甲醛	不限	能	磷酸	不限	不能
苯胺	100	能	果酸	不限	不能	聚丙烯乙二醇	100	能
蒽	100	能	燃料油	100	能	氟化钾	不限	能
砷酸盐（大多数）	不限	能	汽油、酒精混合物体	100	能，可能需要缓蚀剂	氢氧化钾	不限	能
苯甲醛	不限	不能	邻二氯代苯	100	能	苯	100	能

续表 14－15

介 质	含量[①] /%	可否在该介质中试验	介 质	含量[①] /%	可否在该介质中试验	介 质	含量[①] /%	可否在该介质中试验
重铬酸盐	100	能	燃料（10%乙醇）汽油、酒精混合物体	100	能，可能需要缓蚀剂	高锰酸钾	不限	能
硼酸	1～5	不能				乙二醇丙烯 U. S. P	100	能
刹车油（大多数）[②]	100	能	燃料（10%甲醇）无铅汽油	100	能，可能需要缓蚀剂	丙烯的氧化物	100	能，可能需要缓蚀剂
溴化物（大多数）	不限	不能				吡啶（无酸）	100	能
溴苯	100	能	汽油（含铅）	100	能，可能需要缓蚀剂	焦酚（连苯三酚）	不限	不能
黄油	100	不能	白明胶	不限	能	橡胶和橡胶黏结物	100	能
丁基苯酚	100	能	化学纯甘油	100	能	海水	100	不能
砷酸钙	不限	能	动物脂（无酸）	100	能	溴酸钠	不限	不能
碳酸钙	100	能	重金属盐（大多数）	不限	不能	溴化钠	不限	不能
氯化钙	不限	不能	六胺	3	能	碳酸钠	不限	能
氢氧化钙	100	能	盐酸	不限	不能	氯化钠	不限	不能
樟脑	100	能	氢氟酸	5～60	能	氰化钠	不限	能
二硫化碳	100	能	双氧水	不限	不能	重铬酸钠	不限	能
干态二氧化碳	100	能	硫化氢	100	能	氟化钠	不限	能
一氧化碳	100	能	碘化物	不限	能	氢氧化钠	不限	能
四氯化碳	100	能	碘结晶（干）	100	能	磷酸钠（三盐基）	不限	能
苏打水	不限	不能	异丙基醋酸盐	100	能	硅酸钠	不限	能
蓖麻油	100	能	异丙基苯	100	能	硫化钠	3	能
纤维素	100	能	异丙基溴化物	不限	不能	四硼酸钠	3	能
水泥	100	能	煤油	100	能	水蒸气	100	不能
氯化物（大多数）	不限	不能	羊毛脂	100	能	硬脂酸（干）	100	能
氯	100	不能	猪油	100	能	聚苯乙烯	100	能
氯苯	100	能	砷酸铅	不限	能	糖溶液（无酸）	不限	能
氯仿	100	能	亚硝酸钾	不限	不能	氯酚	不限	能

续表 14－15

介　质	含量①/%	可否在该介质中试验	介　质	含量①/%	可否在该介质中试验	介　质	含量①/%	可否在该介质中试验
氯苯酚	不限	不能	氧化铅	不限	能	硫酸盐（大多数）	不限	能
铬酸可卡因(大多数)	不限	能	亚麻籽油	100	能	硫磺	100	能
铬酸	不限	能	砷酸镁	不限	能	二氧化硫磺	100	能
香茅油	100	能	碳酸镁	100	能	氟化硫磺	不限	不能
天然鱼肝油		能	氯化镁	不限	不能	硫磺酸	不限	不能
柯巴脂	100	能	汞盐	不限	不能	亚硫酸	不限	不能
香豆素	100	能	甲烷（气体）	100	能	丹宁酸	3	不能
甲酚	100	能	甲基溴化物	不限	不能	丹宁溶液	不限	不能
氰化物（大多数）	不限	能	甲基纤维素	100	能	焦油原油及其分馏物	100	能
二氯乙醇	100	能	甲基氯化物	100	能	酒石酸	不限	不能
二氯酚	100	能	亚甲基氯化物	100	能	四氯化萘	100	能
鲜奶和酸奶	100	不能	甲基水杨酸盐	100	能	四氯化钛	100	能
矿物酸	不限	不能	甲苯	100	能	二乙醇胺	100	能
单溴苯	100	能	三氯苯	100	能	二乙基苯胺	100	能
一氯苯	100	能	三氯乙烯	100	能	二甲基苯	100	能
石脑油	100	能	三氯苯酚	100	能	二甘醇溶液	不限	能，可能需要缓蚀剂
萘球	100	能	桐油	100	能	硫酸盐尼古丁	40	能
尿素	100	能	松节油	100	能	所有的硝酸盐	不限	不能
冷脲溶液	不限	能	联苯	100	能	含氮的气体	100	不能
热脲溶液	不限	不能	二苯胺	100	能	硝酸	不限	不能
二苯基醚	100	能	二苯基甲烷	100	能	醋	不限	不能
二丙烯乙二醇	100	能	硝化甘油	不限	不能	氯化亚乙烯	100	能
二乙烯基苯	100	能	动物油（无酸和氯化物）	不限	能	干燥的清洁流体	100	能
矿物油(无氯化物)	100	能	乙烯基甲苯	100	能	醚	100	能
蔬菜油(无氯化物)	100	能	沸水	100	不能	乙醇胺（单体）	100	能
油酸	100	能	蒸馏水	100	能	乙基醋酸	100	能
橄榄油	100	能	雨水	100	能	乙基苯	100	能
有机酸（大多数）	不限	不能	无酸蜡	100	能	乙基溴	100	不能
正氯酚	100	不能	二甲苯	100	能			

①气体介质为体积分数，其余为质量分数。

②150℃时无水刹车油会与镁发生有害反应。

14.2.5 提高镁及镁合金耐腐蚀性的主要途径

14.2.5.1 研究开发高纯镁合金，减少合金中的有害杂质元素

要从根本上解决镁合金耐蚀性问题，最重要的是控制减少镁合金中的有害杂质元素，使 Fe、Ni、Cu 和 Co 的含量在容许极限之下，获得高性能的耐蚀镁合金。根据化学元素对其耐腐蚀性能的影响，可以通过以下几条原则对合金元素进行控制，以达到目的。

（1）严格控制有害杂质元素的含量，提高合金的纯净度。如高纯镁合金 AZ91E 与大多数商业用铝合金相比，具有更好的耐蚀性。

（2）加入同镁有包晶反应的合金元素（如锰、锆、钛），加入量不能超过其固溶极限。

（3）当必须选择同镁有共晶反应的合金元素，且相图上同金属间化合物相毗邻的固溶体相区有较宽的固溶范围时，如 Mg－Zn、Mg－Al、Mg－In 及 Mg－Sn、Mg－Nd 等合金系，应选择具有最大固溶的第二组元金属，与固溶体相区毗邻的化合物以稳定性高者为好，共晶点尽可能远离相图中镁一端。

（4）通过热处理把金属间化合物溶入固体中，以减少活性阴极或易腐蚀的第二相的面积，从而减小合金的腐蚀活性（Mg－Al 合金例外）。

（5）加入可以减少有害杂质的合金元素，如 Zr、Ta、Mn；添加稀土元素，如新合金 WE43（Mg－4Y－2.5Nb－1RE）和 WE54（Mg－5.25Y－1.75Nb－1.75RE），其盐雾腐蚀速率比传统镁合金 AZ91C 低两个数量级。

目前，开发高纯镁合金已成为汽车工业增加镁用量的主要途径。

14.2.5.2 应用快速凝固处理工艺，细化晶粒和提高某些元素的固溶度

快速凝固具有减少有害杂质和影响腐蚀性能两种功能。首先它可以增加固溶极限和成分变化范围，使新相形成成为可能，促使有害元素存在于更小的受害区域或合金相中。其次，快速凝固可以改善微观组织结构，使材料更均匀化，减少局部微电池作用。

比较了快速凝固和普通铸造合金在晶界中含有有害杂质元素形成阴极相时对局部腐蚀的不同倾向。快速凝固工艺可以减少对微观组织和杂质粒子根部的侵蚀。快速凝固可以增加元素的固溶极限，使得有高浓度元素存在时可以形成非晶态氧化膜。如镁合金中含有高浓度的铝时，可以在整个表面形成含铝的钝化膜，这层膜具有自修复作用，具有完整的结构。而普通工艺获得的镁合金中铝首先形成第二相，只是在局部区域形成钝化膜。快速凝固工艺是一种能根本解决镁合金耐腐蚀问题的有前景的工艺，有许多研究者针对不同牌号的镁合金在进行工艺探索和应用推广。但快速凝固处理需要专用设备，成本较普通工艺高，所以真正作为规模化的生产目前还不多。

14.2.5.3 进行有效的表面处理，大大提高镁合金材料的抗蚀性

镁及镁合金材料的表面防护处理是提高其抗蚀性的最重要最有效的方法，近十几年来，研发出了多种有效的表面处理技术和工艺，大大扩大了镁合金材料的应用范围。有关镁合金表面处理的详细内容将在以下章节讨论。

14.3 镁及镁合金材料的防腐措施

14.3.1 电偶腐蚀的防护措施

图 14－18 为电偶腐蚀的基本环节，包括阴极、阳极、电解质和导体四个环节。其中

任何一个环节一旦消失，电偶腐蚀就会停止。因此，镁合金件的结构设计要考虑表14－16中的各种因素，以防止发生电偶腐蚀。影响电偶腐蚀的因素很多，除介质导电性高外，阴阳极间电位差大、极化率低、阴阳极面积比大以及间距小等都会导致电偶腐蚀速率加快，反之亦然。表14－17为双金属接头材料优先选择的顺序。

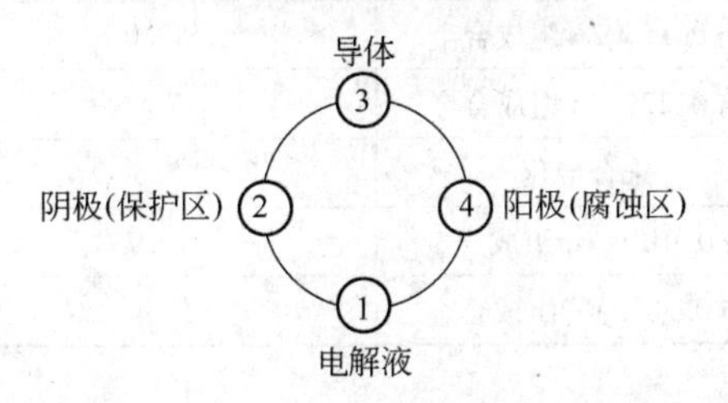

图14－18 电偶腐蚀的基本环节

1—电解液（流体通路）；2—阴极；3—导电体（为金属间连接，如铆钉、螺钉和焊接等）；4—阳极

表14－16 镁合金件合理的结构设计

程序	方法
消除密封的污损区域，尽量避免湿气与金属直接接触	仔细注意结构细节，设计出完整工件； 设计合适的排水孔，最小孔径为3.2mm，防止堵塞
选择吸附性差、无芯的材料为与镁接触的材料	测量所用材料的含水量； 采用环氧树脂、塑料袋和薄膜，用蜡和橡胶作保护栏； 尽可能避免使用木头、纸张、纸板、多孔泡沫和海绵状橡皮
保护所有的搭接面	所有的搭接面都采用合适的密封材料； 使用底漆； 加长连续流体路径，以减少电偶腐蚀电流
采用兼容金属	大多数5×××和6×××系列铝合金与镁兼容； 镁铁连接中有锌钢板、80% Sn－20% Zn、锡或镉； 双金属接头材料择优顺序见表14－17
选择合适的精整方法	根据要求选择化学处理、涂层和电镀，并在安装运行前进行检测

表14－17 双金属接头材料优先选择的顺序

顺序	1	2	3	4
镁－铝	5056线材和铆钉	5052压延板材	6061挤压材和压延板材	6053挤压材和铆钉
镁－钢	镀锌	镀80%锡－20%锌	镀锡	镀镉

为了避免严重的电化学腐蚀，必须采取如下措施：

（1）选择与镁电化学相容的异种金属，或在镁上镀一层与镁电化学相容的金属。表14－18和表4－19列出了镁合金与不同材料的电化学相容性及电偶腐蚀速率。

（2）采用适当的表面处理对镁和异种金属进行保护。

（3）异种金属加绝缘的垫圈或填充填料，避免出现封闭电路。

（4）在密封化合物或底漆中加入铬酸盐，抑制电池作用。

表 14－18　不同组分对高纯铝与镁合金 AZ31B 接头电化学相容性的影响

原料纯度	合金组成	AZ31B 的失重/g · m^{-2} · d^{-1}	
		3% NaCl	3% NaCl + 3% $MgCl_2$
99.9% Al	未合金化	9.4	2.4
	与 0.16% Zn 组成合金	40.0	5.9
	与 0.27% Zn 组成合金	7.8	3.3
99.99% Al	未合金化	3.6	2.0
	与 0.015% Ni 组成合金	12.7	—
	与 0.30% Mn 组成合金	3.4	2.3

表 14－19　镁合金 AZ31B－H24 与工业纯钛电偶的腐蚀速率

暴露环境	暴露时间/d	未配对 AZ31B－H24	腐蚀速率/g · m^{-2} · d^{-1}	
			1∶6 阴阳极面积比①	6∶1 阴阳极面积比①
潮水环境②	3	17.4	26.5	88.7
海洋大气②	358	0.106	0.171	0.372
	715	0.095	0.156	0.235
	1087	0.082	0.125	0.207
	2563	0.077	0.115	0.204
	平均值	0.090	0.142	0.255
城市大气③	368	0.096	0.120	0.148
	722	0.101	0.120	0.173
	1087	0.096	0.120	0.161
	2575	0.078	0.099	0.130
	平均值	0.093	0.112	0.153

注：每个数据至少是4个试样的平均值。
①阴极是工业纯钛，阳极是 AZ31B－H24。
②在 Naval Air Station，Novfolk，VA。
③华盛顿哥伦比亚特区。

14.3.2　镁合金组合件的装配保护

14.3.2.1　镁－镁装配

在实际应用中，可以忽略镁合金与镁合金之间的电偶腐蚀，但是镁合金组合件连接处会出现裂纹。在镁合金组合件装配时，要采取一些预防措施，如在装配间隙内填充耐蚀性的铬酸盐或密封化合物。镁合金件用螺钉连接时，拧紧螺钉有助于减少连接松弛。此外，最好在装配面上涂覆涂料并着色作为附加保护，如图 14－19 所示。

14.3.2.2　镁－异种金属的装配

当镁与异种金属的装配，采取以下几种措施可以将电偶腐蚀减轻到最低程度。

（1）消除电解质。

（2）减少异种金属与镁的接触面积。

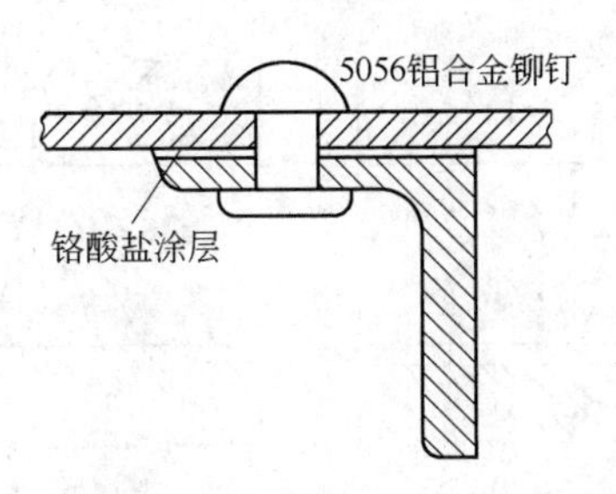

图 14－19　镁合金装配时装配面保护措施

(3) 减少异种金属与镁的电化学差异。

(4) 异种金属和镁表面生成保护膜。

良好的结构设计，如图 14－20 所示结构可在很大程度上减轻电偶腐蚀。消除电解质可以避免异种金属装配面上残留液体。电偶腐蚀的严重程度与异种金属和镁之间的电化学差异密切相关，因此应该仔细选择材料，并在装配面上涂层以防止镁与异种金属（常为铝和钢）直接接触。如果异种金属或镁表面覆有一层完整的保护膜，如图 14－21(a) 所示，则不会发生电偶腐蚀。然而，一旦膜层出现破裂，镁就会开始腐蚀。如果镁合金表面保护膜破裂，则小面积的镁与大面积异种金属相连如图 14－21(b) 所示，镁会出现严重点蚀。因此，将保护性薄膜涂在异种金属表面将更为合适，如图 14－21(c) 所示，大面积镁与小面积异种金属相连时，镁的腐蚀程度比较轻。当然，如果镁与异种金属表面均覆有防潮性保护膜，如图 14－21(d) 所示，二者保护膜都被破坏且靠得很近时，则产生电偶腐蚀的可能性非常小。值得注意的是，任何情况下防潮保护膜必须是抗碱蚀的，一旦发生腐蚀则生成了 $Mg(OH)_2$，膜层也不会破裂。

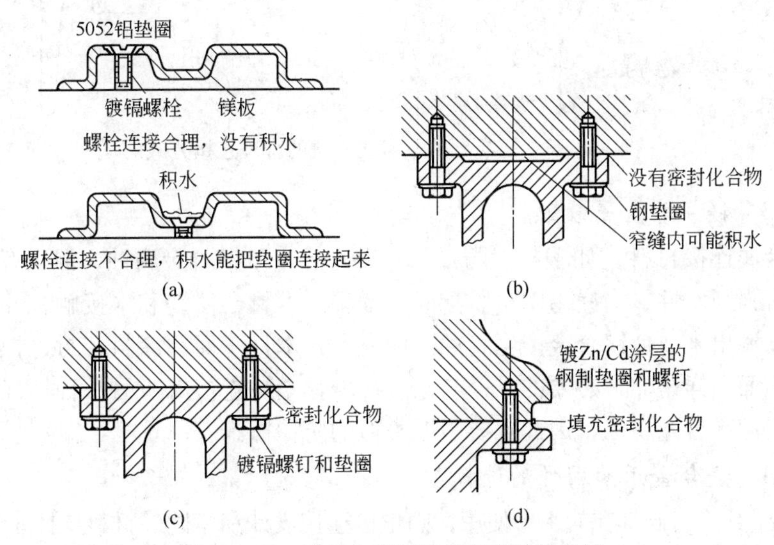

图 14－20　减轻电偶腐蚀的装配结构设计

(a) 合理的螺栓定位方式；(b) 弱装配方式；(c) 良好的无缝隙装配方式；(d) 异种金属－金属装配

与镁相容性较好的金属，如铝镁合金（5×××系列），可以用作垫圈、薄片和紧固件材料，有时也用作结构部件。铝－镁－硅合金、钢、钛、紫铜、黄铜、蒙乃尔铜镍合金和其他合金在腐蚀环境中与镁合金连接时会导致腐蚀，从而采取必要的防护措施至关重

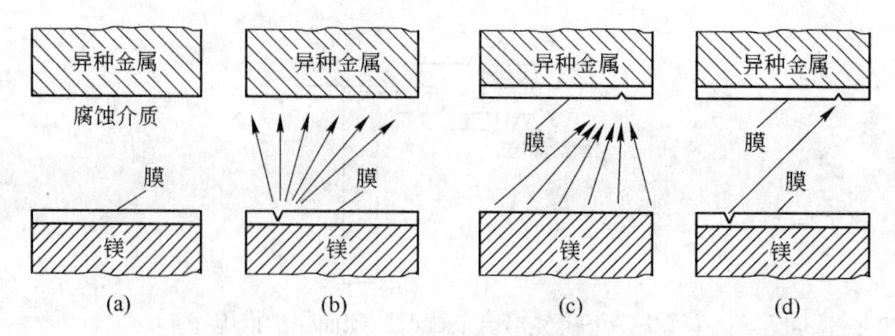

图 14-21 镁-异种金属装配中防潮保护膜对镁合金腐蚀速率的影响

要。图 14-22 和图 14-23 列出了铆接或螺钉连接镁与异种金属时将二者分开的几种方法。

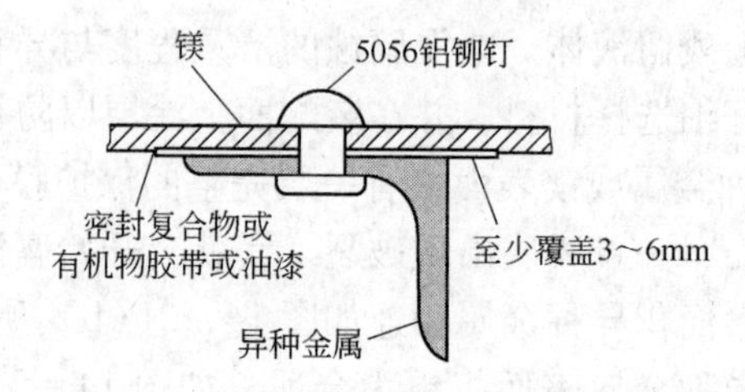

图 14-22 铆接镁-异种金属的合理连接方式

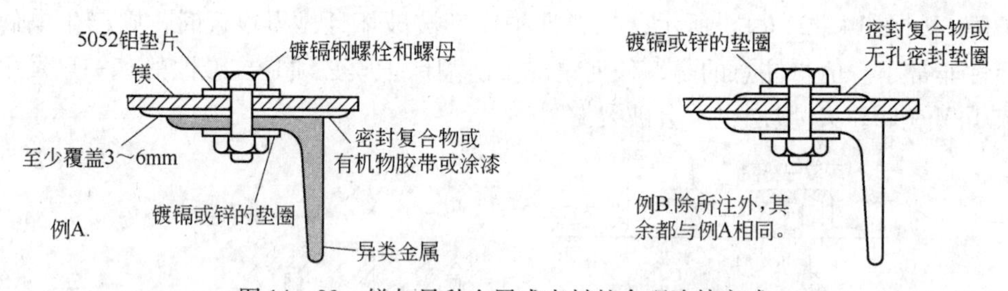

图 14-23 镁与异种金属或木材的合理连接方式

14.3.2.3 镁-非金属装配

许多非金属连接材料（如塑料、陶瓷等）并不会导致镁合金腐蚀，但也有例外，如木材。木材具有强吸水性，当镁与木材装配时，潮湿的木材会使镁和水接触，并且木材中的天然酸也会浸渗出来，使镁合金产生腐蚀。因此，在木材表面用涂料密封，把装配面处理成与镁镁装配面一样是非常必要的。镁与碳纤维增强塑料连接属于另一种情况，当存在电解质时也会引起镁合金腐蚀，因此也要采取类似的防护措施。

14.3.2.4 镁合金用紧固件的选择

如果镁合金组合件长期在盐水中使用，则螺栓连接设计和紧固件材料选择是至关重要的。在零件装配面积较小时，采用非金属紧固件或绝缘垫圈可以彻底避免电偶腐蚀，如图 14-24 所示。当满足强度并且不考虑紧固作用时，采用互换性好的铝合金（5×××或6×××系列）替代钢可以有效地限制电偶腐蚀。多数情况下，出于力学性能要求和成本考虑，通常采用具有涂层的钢紧固件或者使用保护膜。但是，在钢插销表面涂覆磷酸盐涂层并不能减轻镁合金的电偶腐蚀。当钢铆钉和铜铆钉以及钢、镍、铝（合金 5056、合金 6061、合金 6053 例外）和黄铜的螺钉和螺栓在镁装配件中使用时，建议表面镀 Sn、Zn、Cd，然后进行化学处理，以保证镀层有更好的涂层附着性能。这些镀层只能延缓而不能阻止电偶腐蚀。

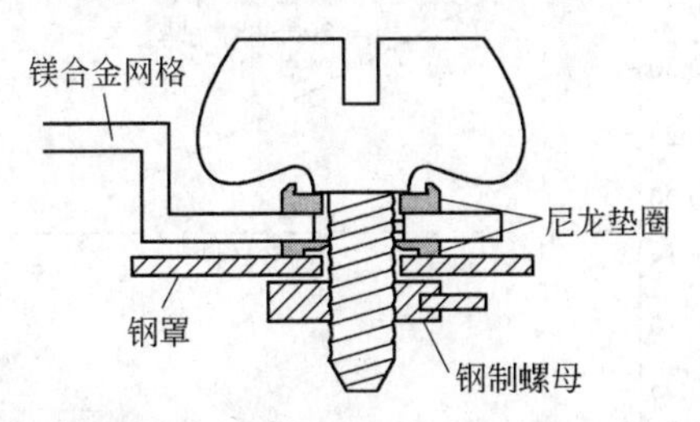

图 14－24　尼龙垫圈隔离镁合金网格和不锈钢支撑螺丝间的连接部位

选择电镀涂层时，需要从电动势和极化特征两方面考虑，锌与镁是最相容的锌涂层相当经济，并且锌涂层技术发展很快，目前已发展了专门的镀层工艺。对镁铝装配，金属连接材料的优劣次序依次为：5056（线材和铆钉）、6061（挤压件和铆钉）、5052（薄板）、6053（挤压件和铆钉）。镁与钢装配时，金属连接材料的优劣次序依次为：镀锡钢、镀镉钢、镀锌钢。

14.3.2.5　垫圈的选择

合理选择垫圈（垫片）材料和尺寸可以有效控制镁－异种金属连接处的电偶腐蚀。绝缘塑料垫圈放置在不影响夹持力的位置是非常有效的。优先选择 5052 或其他与镁相容的铝合金作为垫圈材料。表 14－20 列出了盐雾喷射环境中垫圈、垫圈材料和表面处理对 AZ91B 压铸镁合金电偶腐蚀的影响。图 14－25 所示为塑料垫圈厚度对 AZ91 镁合金－铸铁组合件电偶腐蚀的影响，从图中看出塑料垫片厚度越大，镁合金件失重越小，电偶腐蚀减弱。铝垫圈尺寸对镀镉 AZ91D 合金腐蚀有一定的影响，垫圈厚度最好在 5mm 以上。

表 14－20　盐雾喷射环境中垫圈、垫圈材料和表面处理对 AZ91B 压铸镁合金电偶腐蚀的影响

Mg②	装配①		螺栓头、垫圈周围腐蚀区域/mm	最大渗透深度/mm
	螺栓	垫圈		
A	M12，磷酸盐	无	1030	2.3
B	M12，磷酸盐	无	1030	2.8
A	M12，0.0254mm 镀锌③	无	250	1.7
A	M12，0.0254mm 镀锌③	钢，0.0254mm 镀锌	150	1.1
A	M12，0.0254mm 镀锌③	铝 6082	40	0.6
B	M12，0.0254mm 镀锌③	无	330	1.6
B	M12，0.0254mm 镀锌③	钢，0.0254mm 镀锌	100	1.0
B	M12，0.0254mm 镀锌③	铝 6082	20	1.3
C	M12，0.0254mm 镀锌③	无	320	2.1
C	M12，0.0254mm 镀锌③	钢，0.0254mm 镀锌	130	1.9
C	M12，0.0254mm 镀锌③	铝 6082	20	0.7

①采用两个螺栓。

②处理：A 无，B 磺铬酸盐，C 阳极化处理 HAE15～20μm。

③铬酸盐处理。

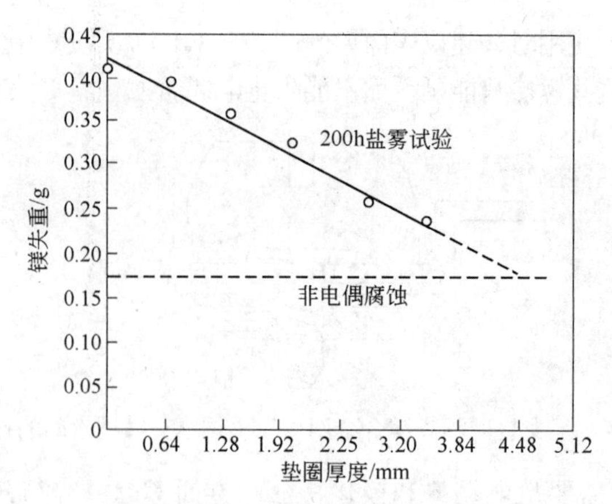

图 14－25 塑料垫圈厚度对 AZ91 镁合金－铸铁装配电偶腐蚀的影响
（200h 盐雾试验）

14.3.3 防止应力腐蚀开裂的措施

根据镁合金应力腐蚀开裂理论及主要影响因素，要抑制镁合金应力腐蚀开裂需同时控制三个因素，即临界应力、敏感合金的载荷和应力腐蚀开裂环境。Mg－Al 合金的应力腐蚀开裂敏感性随铝含量的增加而加大。既不含铝也不含锌的镁合金应力腐蚀抗力最高，热处理并不能减弱或完全消除应力腐蚀开裂倾向。

为了防止镁合金应力腐蚀开裂，其恒定工作应力必须控制在较低的临界应力值以下。如前所述，其工作应力应低于合金屈服强度的30%～50%。镁合金组合件螺栓和铆钉连接处也会产生局部高应力，从而对连接结构进行合理设计是非常重要的。例如，镁合金组合件进行安装时，要避免螺栓过度扭转并提供足够的装配空间和铆钉连接区域。镁合金铸造时，建议采用预热的衬套（壁厚大于1.25mm）以避免镁中出现局部残余应力。研究表明镁合金组合件中的焊接残余应力是十分危险的，所以低温去应力退火是十分必要的。喷丸处理和其他机加工工艺可以产生表面残余压应力，从而有效提高抗应力的能力。

适当控制阴极极化，可以减弱甚至完全抑制镁合金在溶液中的应力腐蚀开裂。采用无机膜或有机膜保护涂层可以延长镁合金零件的使用寿命，但不能完全消除应力腐蚀开裂，膜层破裂会降低其保护性。有时，无机膜在某些状态下甚至会加速应力腐蚀开裂。

14.4 镁及镁合金材料的表面强化改性处理

14.4.1 概述

镁及镁合金材料的耐蚀性很差，大大限制了其发展和应用。目前采用表面防护处理与强化处理和装饰处理是使镁及镁合金材料获得广泛工程应用的有效方法。

当前商业应用的镁合金表面强化处理方法主要为阳极氧化（包括微弧阳极氧化）、化学转化膜处理以及镀镍等，使镁合金表面形成一层新的保护膜。镁合金表面形成含 MgO、$MgAl_2O_4$、MgF_2、$Mg_{17}Al_{12}$等的保护膜均有利于提高镁合金表面的耐蚀性。近年来，有机涂层、金属涂层及其他表面改性技术和强化技术也获得了发展。表 14－21 概括了镁及镁合金材料的部分表面强化改性处理方法及其推荐的应用场合。

表 14－21 镁及镁合金材料的部分表面强化处理方法及推荐的应用范围

零件类别	零件用途	材料类别	环境要求	预处理	面 漆
汽车零件	罩体零件（阀盖、燃料油箱）	压铸	美观、耐用；有黏着性、耐盐喷、耐热、防油	湿研磨或碱清洗＋铬酸或磷酸铁	环氧树脂或环氧聚酯粉涂层
	动力系统零件（离合器罩、传轴箱）	压铸	防盐喷	无	无
	发动机托架	压铸	耐盐喷、耐热、耐油	温研磨或无	无
	轮子	压铸	美观；耐盐喷、耐紫外线，挡尘，挡石片	铬酸或磷酸铁	B－涂层，TGIC①聚酯粉和聚丙烯粉透明涂料
	内部零件（非外观零件）	压铸	有湿度要求	短铝丝喷砂，钢丝刷处理	无
	外部零件（外观零件）	压铸	美观、耐风雨、挡石、石片、耐盐喷、耐紫外线，挡尘	铬酸或磷酸铁	E－涂层，液体聚丙烯彩色涂层和聚丙烯粉透明涂层
	电子装置/计算机机壳	压铸	内侧柔软，能刺激销售、耐用、有黏着性	铬酸或磷酸铁	喷以聚丙烯、聚酯或尿烷外层装饰涂料；有纹理的环氧树脂粉末涂层
	盘式传动、制动器臂	压铸、挤压	内侧柔软，限制温度及温度变化，不允许有颗粒释放	7 号重铬酸盐或铬酸在机加工表面最后用重铬酸盐	压铸件表面为 E－涂层，挤压材表面无涂层
航空航天零件	飞机辅助零件和直升飞机伞齿轮箱	砂铸	外部为苛刻的海洋和赤道气候	喷砂＋酸洗，7 号重铬酸盐	环氧树脂烤漆，聚氨酯外层装饰涂料或硅酸酯阳极化并用环氧树脂密封
其他零件	便携工具外罩（例如，链锯）	压铸	中等外部环境，能刺激销售、成本低、有黏着性、耐用、防风雨，抗紫外线	湿研磨和碱洗＋铬酸或磷酸铁	改良醇酸或烧固的醇酸液体，或者聚酯尿烷的静电粉末涂层
	复合供弓架手柄	压铸	外部环境，能刺激销售、有黏着性、耐用、防风雨，抗紫外线	铬酸或磷酸铁	聚酯或聚酯尿烷的静电粉末涂层
	行李架	压铸	室内＋温和的外部环境	21 号硝酸铁酸洗	透明聚丙烯
		挤压	室内＋温和的外部环境	酸洗或磷酸铁	聚酯粉末涂层
其他应用	草坪剪草机罩	压铸	中等外部环境	碱洗＋磷酸铁	聚酯粉末涂层
	照相蚀刻板	轧制	室内环境，耐磨并耐在罐料上长时运转打印时所用的水基层水的腐蚀	锌酸盐＋钢击	硬铬电镀板

①异氰酸三环丙基酯。

镁合金在进行表面防护处理之前需要进行预处理：表面需彻底清洗，消除油、油膜或其他有机污染物；应用合适的溶剂或热碱液清洗；锈皮、氧化物、润滑剂燃烧残渣以及无机腐蚀产物应用合适的酸洗液去除；模锻件应去毛刺，以防止形成的膜破裂而暴露基底。尖锐边缘和圆角应在氧化之前处理光滑。

每一种表面处理对零部件的预处理有所不同，但预处理一般由下列步骤组成：机械处理，脱脂，表面酸浸，然后水洗。

机械清理是除去因制造时附带的毛刺、氧化物、润滑剂、脱模剂、铸砂等。常用的机械清理主要有干砂喷丸清理、盘或棒磨、用钢丝刷清理研磨和粗抛光等。干砂喷丸对耐蚀性有不利的影响，主要是铁的污染。

脱脂分为溶剂脱脂、碱脱脂和乳化脱脂三种。溶剂脱脂是利用溶剂去掉附着在金属表面的油、石蜡、润滑油等污物；碱脱脂是利用氢氧化钠、碳酸钠、磷酸钠等 pH 值在 11 左右的碱性溶液去除镁合金表面残留污垢；乳化脱脂是采用适当的乳化剂去除因高沸点碳化氢在加温状态下留下的大量有机污染物。实际操作时，可根据镁合金零部件的表面状况选择脱脂方法。

表面酸浸或酸洗的目的是清除表面不易清除的物质（如氧化膜腐蚀生成物，焙烧润滑剂，侵入的研磨剂等）。表面酸洗对后续表面处理有较大的影响，要求处理时格外小心。

14.4.2 表面清理和预处理

附着在镁合金表面的氧化物、脱模用润滑剂、铸造剥离剂和切削油等污染会影响镁合金表面保护膜的完整性而导致腐蚀。镁的表面清洗与其他金属一样，是化学氧化处理或阳极氧化处理前必不可少的重要工序，影响随后保护涂层的质量。镁合金表面清洗方法很多，主要有碱清洗、铬酸清洗、氢氟酸清洗或氟化物清洗等。碱清洗的目的是去除表面油脂、氧化物等；铬酸清洗的目的是在镁合金表面形成 Cr_2O_3 膜，并使表面活化，为电镀和化学镀 Ni、NiP 涂层提供基底；氢氟酸或氟化物清洗也能提高镁合金表面活性，同时形成 MgF_2 保护膜。一般而言，先用碱液清洗，然后再进行铬酸或氢氟酸、氟化物清洗。镁合金的表面清洗方法见表 14－22。经喷丸处理过的表面需采用表面清洗的方法去除表面污物和硬化层。镁合金清洗液的特征见表 14－23，清洗液的化学成分和使用方法见表 14－24。

表 14－22 镁合金的表面处理方法

清洗的种类	方 法	作 用
机械法	研磨、喷丸、滚磨、钢丝刷、砂带磨、旋转磨等方法	去除表面顽固的氧化物、表面偏析和精整表面粗糙度
溶剂法	石油类：灯油、轻油、汽油； 芳香类：苯、甲苯、二甲苯； 卤族：三氯乙烯、四氯乙烯和其他	去除碱清洗前的一切油脂
碱洗法	加热碱浴、氢氧化钠、碳酸钠、焦磷酸盐	去除油脂、氧化皮
酸洗法	磷酸、硫酸、氢氟酸、硝酸、醋酸、硝酸铁、L－谷氨酸	去除喷丸处理的污物和铸件表面以及偏析瘤、表面活化

表 14-23 镁合金用清洗液的特征

清洗液类型	尺寸变化	清洗目的
醋酸-硝酸钠	0.01~0.02mm	去除锻件的氧化皮
氢氟酸	没有	重铬酸盐处理前的活化
阴极脱脂	没有	缩短脱脂时间
碱浸渍	没有	铬酸处理前去除油脂
铬酸	没有	化学处理前去除助焊剂、氧化物和腐蚀物
铬酸-硝酸钠	0.01mm	去除拉伸材料的氧化皮、热处理氧化物
铬酸-硝酸-氢氟酸	0.01~0.02mm	去除铸造件的表面偏析
铬酸-硝酸	0.002mm	拉伸材料焊前清洗
氟化物阳极氧化	没有	清洗各类合金和形状的制品，特别适于去除铸造件表面的污物
强碱液	没有	铬酸处理前，去除油脂
氢氟酸液	没有	化学处理前的活化，去除铬酸浸渍后的粉状皮
氢氟酸-硫酸	0.002mm	铸件的光亮处理
轻度腐蚀液	0.002~0.005mm/5min	弱清洗
硫酸	0.05mm	去除铸造件喷砂处理后的污物

表 14-24 镁合金用清洗液的化学组成和使用方法

清洗液类型	溶液的组成	使用方法
醋酸-硝酸钠	200g/L CH_3COOH，50g/L $NaNO_3$	20~30℃浸渍0.5~1min
氟化液	47g/L（$NaHF_2$、KHF_2、NH_4HF_2）	20℃，浸渍5min
阴极脱脂	30g/L Na_3PO_4	浸渍0.5~3min，阴极脱脂，1~4A/dm^2，4~6V
碱液浸渍	100g/L NaOH	90~100℃，浸渍10~20min
铬酸	180g/L CrO_3	20~100℃，浸渍1~15min
铬酸-硝酸钠	180g/L CrO_3，30g/L $NaNO_3$	冷水中全浸，20~30℃浸渍3min并搅拌
铬酸-硝酸-氢氟酸	280g/L CrO_3，25mL/L HNO_3（70%），8mL/L HF（60%）	20~30℃，浸渍0.5~2min
铬酸-硝酸	180g/L CrO_3，0.5mL/L HNO_3（70%）	仅用于焊接前清洗
氟化物阳极氧化	15%~25% NH_4HF_2	交流电，开始低电压，缓慢升至125V，处理10~15min，50A/dm
强碱液	15~60g/L NaOH，10g/L $Na_3PO_4 \cdot 12H_2O$，1g/L 润滑剂	90~100℃，浸渍3~10min
氢氟酸	11% HF	20~30℃，浸渍0.5~5min
氢氟酸-硫酸	15%~20% HF，5% H_2SO_4	20℃，浸渍2~5min
轻度腐蚀液	30g/L $Na_4P_2O_7$，65g/L $Na_2B_4O_7 \cdot 10H_2O$，7g/L NaF	75~80℃，浸渍2~5min
硫酸	30mL/L H_2SO_4	20~30℃，浸渍10~15s

14.4.2.1 机械清理

镁合金产品的机械清洗应用于表面只留有小量油脂和稀油等有机物杂质的零件，这类有机杂质应在机械清洗过程之前先用溶剂除掉。机械清理通过磨削和粗抛光、干式或湿式磨剂、喷丸清理、金属丝刷洗和湿性滚筒或转筒喷丸清理（振动抛光）等方法完成。

A 磨削和粗抛光

使用砂带、砂轮和旋转锉刀进行的磨削，用于清理砂铸件：砂带磨削一般用作从压铸件上除去毛刺和表面瑕疵，或用于去挤压材表面上的模具痕迹和划痕，进行表面精整。清理时要注意健康与安全，特别要防止火灾。

B 干磨剂喷丸清理

喷砂是镁合金最常用的干磨剂喷丸清理方法。许多铸造厂使用具有25或35AFS精度的硬质硅砂，但偶尔也会使用钢渣、玻璃球或是锌或铝的短丝。

通常铸件在振动落砂之后，要立即进行喷砂处理，以提示出任何大的表面缺陷。在锯掉浇口、注口、冒口等准备工作之后，在酸洗之前还要用砂或钢渣进行最后的磨剂喷砂处理。但是，钢渣因在镁的表面嵌入铁而容易造成表面腐蚀，应引起注意。

大多数形式的干磨剂喷砂对镁表面的抗腐蚀性有不利影响，参见表14－25。必须通过随后进行的酸洗或其他特殊处理消除这些负面影响，以保持合金原有的防腐性能，确保最终保护性涂层的性能。

表14－25 机械表面处理对压铸合金AZ91B盐喷腐蚀的影响

表面清理方法	平均腐蚀率（72h曝置）/mm·a^{-1}	表面清理方法	平均腐蚀率（72h曝置）/mm·a^{-1}
原始铸造表面	0.914	玻璃球喷丸，0.7mm的球体，415kPa	4.064
振动抛光	0.762	玻璃球喷丸，0.11mm的球体，415kPa	16.002
钢丝刷洗	1.71		

干磨剂喷砂处理对耐腐蚀性的有害影响主要是铁的污染。这不仅是铁的机械转移，而且包括在高能冲击下与铁的氧化物的化学反应。由于存在铁的氧化物杂质或从钢设备上带出的铁，这种现象也可能发生在非铁介质上，如矾土和玻璃球。就损害镁的防腐性能而言，干式喷砂介质有（按严酷程度降序排列）钢球或钢渣、硅砂、高纯度矾土、玻璃球、锌短丝和铝短丝。

为了除去干磨剂喷砂带来的污物，需要通过酸洗将表面去掉50μm。表14－26所示为常用于这一目的的两种酸洗处理，即硫酸水溶液及硫酸和硝酸的混合水溶液，并说明了它们的使用条件。然而，用其本身不会带来严重污染的机械方法清理金属表面具有与酸洗相同的效果。

表14－26 镁合金的酸洗处理

处理方法			溶液				
处理酸洗	主要用途	金属去除量/μm	成分	含量/g·L^{-1}	工作温度/℃	浸渍时间/min	容器箱体材料或内衬
用于铸造或变形镁合金							
铬酸	去除氧化物、焊剂和锈蚀产物	无①	CrO_3	180	21～100②	1～15	不锈钢，1100铝，铅

续表 14-26

处理方法			溶液				
处理酸洗	主要用途	金属去除量/μm	成分	含量/g·L^{-1}	工作温度/℃	浸渍时间/min	容器箱体材料或内衬
硝酸铁③	光亮饰面,使裸金属表面产生最大的耐腐性;压铸件的精整	8	CrO_3 $Fe(NO_3)_3 \cdot H_2O$ NaF	180 40.0 3.5	16~38	1/4~3	316型不锈钢,乙烯,聚乙烯
氢氟酸	用于化学处理时活化表面	3	50% 11F	230	21~32	1/3~5	316型不锈钢,铅,橡胶
硝酸	用于硝酸铁处理时的预酸洗④;使变形合金表面光亮	13~25	70% HNO_3	50	21~32	1/5~1/2	不锈钢
硝酸-氢氟酸⑤	化学处理时的预酸洗和活化	8	70% $11NO_3$ 50% 11F	140 60	21~32	1	聚乙烯氢化物,聚乙烯
仅用于变形合金							
醋酸-硝酸钠	去除轧屑;改善金属的耐蚀性	13~25	CH_3COOH $NaNO_3$	192 50.0	21~27	1/2~1	3003铝合金,陶瓷,铅
乙醇-硝酸钠	去除轧屑或表面氧化物;改善耐腐蚀⑥	12~25	70% CH_2 OHCOOH $NaNO_3$	230 40	16~49	1/2~1	橡胶
铬酸-硝酸钠	去除轧屑或残留的石墨;焊接前的预清洗	13	CrO_3 $NaNO_3$	180 30	21~32	3	不锈钢,铅橡胶,乙烯树脂
铬酸-硫酸⑦	点焊前预清洗	8	CrO_3 96% H_2SO_4	180 0.9	21~32	3	不锈钢,1100铝,陶瓷,橡胶
仅用于铸造镁合金							
铬酸-硝酸-氢氟酸	去除压铸件上的表面偏析	6~25	CrO_3 70% HNO_3	280 35	21~27	1/6~1/4	聚氯乙烯,聚乙烯
氢氟酸-硫酸	压铸件的预酸洗;喷丸效应	2.5	50% HF 50% HNO_3 96% H_2SO_4	12 180~240 90	21~32	2~5	聚氯乙烯,聚乙烯
硝酸硫酸⑧	消除砂型铸件上的喷丸效应	50	70% HNO_3 96% H_2SO_4	77.0 20	21~32	1/6~1/4	纤维增加型塑料,聚氯乙烯,聚乙烯,陶瓷,橡胶,玻璃
磷酸 步骤1	消除压铸件的表面偏析	13~25	85% H_3PO_4	425~866	21~27	10~15s	纤维增强型塑料,聚氯乙烯,聚乙烯
磷酸 步骤2⑨	—	—	NaOH	80~120	21~27	30s	碳钢
硫酸⑧	消除砂型铸件上的喷丸效应	50	96% H_2SO_4	30	21~32	1/6~1/4	纤维增加型塑料,聚氯乙烯,陶瓷,橡胶,铅,玻璃

①氯化物污染可引起腐蚀。
②为了去除焊剂，溶剂必须为88~100℃。
③为了对透明涂层做预处理，获得最均匀的外观，酸洗前必须对压铸件表面进行机械抛光，因为硝酸铁溶液会加重压铸件表面的流痕及压铸件的表面偏析。
④采用硝酸预处理可增加溶剂的寿命并减少硝酸铁酸洗的处理时间。
⑤金属去除量可控制，压铸件表面无污点。
⑥与醋酸相比，非挥发性的乙醇酸可降低成本。
⑦在使用这种酸浴之前，应先将零件浸入温度为21~32℃、含量为18g/L的 H_2SO_4 的溶液中0.25min，接着用冷水冲洗干净。
⑧用称重试样监测金属的去除量。
⑨步骤间不用冲洗。

14.4.2.2 化学清洗

A 溶剂清洗和蒸汽脱脂

用于去除稀油、成型的润滑脂、蜡、淬火油、防腐油、抛光及磨光膏（剂）和其他溶性污物及杂质。诸如机加工粉末或碎片之类的固体颗粒可利用溶剂的冲洗去除，因为溶剂能溶解将金属细粒黏到零件上的稀油或油脂。在碱洗、涂漆、电镀和化学处理之前，以及在机加工和成型加工之前后都必须进行这些过程。在其他情况下可根据要去除的残留油量选择溶剂清洗。

镁合金所使用的方法、设备和溶剂都与其他金属相同。三氯乙烯和全氯乙烯是最常用的溶剂。二氯甲烷能有效清除铸件表面过量的有机树脂浸渍剂。这些溶剂对镁没有害处，但含甲醇的溶剂混合物决不能用于镁。

B 乳剂清洗

利用弥散在液体介质中的有机溶剂可用来清除稀油和磨光剂。这种乳状清洗剂必须是重型或碱性的，pH 值为 7.0 或更高（最好在 9.0 以上），以便不侵蚀镁的表面。乳状清洁剂在清除大面积的杂质时也会留下一薄层残油，这些残油必须在随后进行的碱洗过程中去除。使用水溶性乳状清洁剂之前必须对其进行试验，以避免对金属可能造成的浸蚀和点蚀。

最近研制出的以掺和了表面活性剂和去污剂的天然柠檬酸基为基础的环保型清洗剂成功地用在了镁零件上。在使用之前要对使用于镁的专利清洁剂的安全性和有效性进行试验。

C 碱洗

是对准备进行涂漆、化学处理或电镀的镁合金材料进行清洗时最常用的方法。碱洗还用于去除镁上面的铬酸盐。

与铝不同的是，镁合金（ZK60A 除外）不受普通碱类的腐蚀。甚至 pH 值在 12.0 以上的碱类也不能明显腐蚀镁合金。几乎任何适用于低碳钢的强力碱性清洗剂或苛性浸渍液在浸渍和阴极化方式下都能对镁合金起到令人满意的作用。用于镁合金的碱性清洗剂的 pH 值应为 11.0 或更高。

浸渍类清洗剂通常以氢氧化物碱类、碳酸盐、磷酸盐和硅酸盐为基础，最好是两种或两种以上结合起来使用，也包含作为乳化剂的天然树脂酸盐和合成的表面活化剂。浸渍类清洗剂的温度为 71～100℃，浓度为 30～75g/L。用于喷洗的碱性清洁剂不能含表面活化润湿剂，因为会引起起泡。喷溅产生的机械力有助于消除污物。

阴极法清洗是将工件置于清洗溶液中并作为阴极，施加约为 6V 的直流电压。不推荐阳极法清洗，因为它会形成有害的氧化物以及氢氧化物膜。长时间的阳极清洗还导致镁的表面产生点蚀。

表 14－27 所示为用于镁合金浸渍和电解清洗的简单水溶液与电镀前使用的浸渍或电解清洗剂配方和使用条件。

表 14－27　两种不同用途的镁合金清洗剂配方和使用条件

浸渍和电解清洗的简单水溶液制备和使用条件		电镀前使用的浸渍或电解清洗剂制备和使用条件	
三磷酸钠（$Na_2CO_3 \cdot 12H_2O$）/$g \cdot L^{-1}$	30	碳酸钠（$Na_2CO_3 \cdot 10H_2O$）/$g \cdot L^{-1}$	22.5
碳酸钠（$Na_2CO_3 \cdot 10H_2O$）/$g \cdot L^{-1}$	30	氢氧化钠（NaOH）/$g \cdot L^{-1}$	15
润湿剂/$g \cdot L^{-1}$	0.7	润湿剂/$g \cdot L^{-1}$	0.7
工作温度/℃	82～100	工作温度/℃	82～100
浸泡时间/min	3～10	浸泡时间/min	3～10

这些溶液中的任何一种用作电解清洗剂时，在6V直流电压作用下，作为阴极的工件的电流密度为1～5A/dm^2。氢氧化钠含量超过2%的清洁剂会腐蚀ZK60A。

碱洗后的彻底冲洗可预防对酸洗和处理溶液的污染。例如，带入到酸溶液中的黏性皂会形成一层油性表面，它将污染随后要在该溶液中进行处理的部件。某些类型的表面污染不能用碱洗方法清除。这些污染物需要在一种适用的酸洗槽液中进行跟踪处理。

D　酸洗

酸洗用于消除紧紧黏附在表面或不能溶解于溶剂和碱类的那些污物。这些污物包括氧化锈蚀、嵌入的砂粒和铁屑、铬酸黏附层、焊接残留物和烧焦的润滑剂。压铸件的原始铸造表面常有富铝偏析区，它会阻碍与转换涂层溶液的反应。选用合理的酸性液对镁材表面处理有以下重要作用。

（1）清除先前的加工及处理过程中造成的易使表面腐蚀的污物。业已证明酸洗能进一步降低高纯度压铸合金AZ90D的盐喷腐蚀率。在砂型铸件AZ91ET6上，去除约0.05mm表面厚度的酸洗，能有效消除喷砂造成的有害影响，但它往往会轻度增加对砂磨和机加工表面的腐蚀，这多半是由于暴露新阴极粒子造成的，见表14－28。

表 14－28　酸洗、湿喷砂及砂带磨削对砂模铸造镁 AZ91E－T6（原始喷砂表面）的盐喷腐蚀影响

处理类型	表面去除量/μm	平均腐蚀量250h盐喷/$\mu m \cdot a^{-1}$	处理类型	表面去除量/μm	平均腐蚀量250h盐喷/$\mu m \cdot a^{-1}$
湿喷砂（b）	10.2	1651	无（原始喷砂表面）酸洗（a）	0	7823
	15.2	1270		13.7	3454
	17.8	965		27.9	990
	22.8	2082		65.5	584
	27.9	813	干砂带研磨（c）	198.1	305
	48.2	760			

注：（a）5%～10%的硫酸；（b）湿喷砂，氧化铝；（c）中等（50）氧化铝粒。

（2）去除氧化膜和用于提供存放期间的防蚀保护。

（3）提供化学转化涂层工艺所需要的清洁表面。这对pH值为4～5的弱酸处理尤为重要，例如铬酸盐或硝酸铁。这些处理本身不会造成大的腐蚀或金属损失。

在选择一种酸洗处理方法时，要考虑被清除表面污物种类、被处理的镁合金类型、容许的尺寸损失以及理想的表面外观。前面已经提供了用于镁合金铁酸洗处理详细资料。

对于无表面涂层或具有透明涂层的镁合金产品，所希望的是不仅有一个漂亮的外观，而且能改善金属表面的耐腐蚀性。这可以通过用硝酸铁、乙酰－硝酸盐和磷酸酸洗来实现。硝酸铁酸洗会沉积一层肉眼看不见的氧化铬膜，此膜可钝化表面，从而改善耐腐蚀性能。乙酰－硝酸盐和磷酸酸洗起多价螯合剂的作用，它们能有效去除镁表面甚至看不见的其他微量金属，从而可防止局部腐蚀。虽然所有这些方法都能有效改善耐蚀性能，但以硝酸铁和磷酸酸洗效果最佳。表面准备及酸洗对模铸及砂铸 AZ91 合金的盐喷腐蚀速度的影响，见表 14－29。

表 14－29 表面准备及酸洗对模铸及砂铸 AZ91 合金的盐喷腐蚀速度的影响（曝置 168h 之后）

表面处理类型	平均腐蚀速度	
	压铸件 AZ91D－F	砂型铸件 AZ91E－T6
	μm/a	μm/a
原铸造态	229	
酸洗（a）	25.4	
喷砂		9144
喷砂及酸洗		635
砂带研磨（b）	102	356
砂带研磨及酸洗	51	686
砂磨及锉光	203	380
砂磨、锉光和酸洗	51	533

注：（a）5% H_2SO_4，表面去除 38～51μm；（b）中等氧化铝粒，去除 127μm 表面厚度。

E 氟化物阳极化处理

氟化物阳极化处理能清除镁合金铸件（MIL－M－317C VⅡ型）表面污物，同时又不大量溶解金属表面的替代方法。在这种处理中，零件浸在 16～30℃的 15%～25% 的氟化氢铵（NH_4HF_2）溶液里并施以交流电流，液槽内衬橡胶、聚氯乙烯或聚乙烯。处理时，零件成对排放，浸在浴液表面以下至少 230mm，通过镁合金的夹具施加电流。不得插入或连接非同类金属或将其屏蔽。氟化镁膜形成时，电流下降而电压升高，从低电位逐渐升高至 90～120V。电流持续 10～15min，或直到电流密度降到 50A/m^2 时为止。这种氟化涂层不适合用作底漆，应在热铬酸中除去，并在后续的表面处理之前施以一合适的转化涂层。

14.4.2.3 机械抛光

机械抛光主要用于为镁的后续化学处理或涂层表面做准备，而不用作最终的表面处理，因为新暴露的表面在大多数环境下很快就会生成氧化/锈蚀膜。根据不同的外观要求，通常用的机械抛光方法有滚筒抛光、一般抛光、用皮革擦光、振动抛光、纤维刷光、带式砂磨，以及湿法或干法喷砂。用 0.10～0.25mm 玻璃球进行喷丸处理产生一种亚光表面。有时也使用塑料和切断的铝丝作喷砂介质。为了达到理想的机械抛光效果，应避免使用喷砂或钢球喷丸。因使用了这些介质，需要强酸洗（去除 0.0254～0.0508mm 金属）来恢复其耐蚀性，而这种酸洗能严重改变机械抛光的效果。用塑料、切断的锌和铝或者玻璃球作介质造成的表面污染损害较小，而且通过后续的轻度浸蚀处理，譬如硝酸铁酸洗就能够很容易地消除其影响。用玻璃球或氧化铝做湿法喷丸造成的污染比任何干法喷丸工艺都小。下面简单介绍几种抛光方法。

A 整体（滚筒）抛光

使用干式研磨滚筒抛光，通常仅限于用在较小和较薄的镁合金表面做最终精整，金属去除量必须控制在最小范围。湿式研磨筒子抛光用于去毛刺、磨光、一般抛光、辊光和镜面加工。

B 振动抛光

振动抛光是将光滑和光亮处理与去除灰尘、氧化物、薄毛边和铸皮的清理作业结合起来。使用陶瓷和塑料做介质，介质的选择取决于部件的表面条件和所要求的光洁度。为了控制抛光作用，而加进水里的化合物必须与镁合金相容。酸性添加剂会浸蚀镁的表面，决不能使用。因振动抛光和后续表面处理之间有一定的时间间隔，为保护表面，进行适当的冲洗和干燥是非常重要的。

C 抛光与磨光

抛光与磨光都不能用于最终抛光，但可用于进行其他涂层的镁合金材料表面准备，如电镀和透明涂层。如表14－30所示，镁合金表面的高级抛光或磨光所需的程序与铝基合金相似。然而，由于大多数镁合金被擦伤和撕拽的程度都比较小，所以不必用如铝合金通常所用的那么多润滑剂。在抛光压铸件时，金属去除量要保持到最小程度，以保护压铸件的相对较薄的外部致密层。

表14－30 镁合金的抛光或磨光程序

抛光类型	磨料粒度/mm	抛光轮		
		类 型	直径/mm	速度/$m \cdot s^{-1}$
粗抛光①	0.147～0.25②	帆布、毛毡、羊皮	150～360	15.3～25.5
中度抛光③	0.045～0.071②	合成织物	150～360	20.4～30.6
细抛光	0.037～0.067	布或羊皮	250～360	22.9～38.2
毛面抛光④	0.045～0.297⑤	圆盘抛光轮⑥	150～300	15.3～25.5
打磨光⑤	⑦	棉布抛光轮	150～410	20.4～40.8

①仅用于粗糙表面，如砂型铸件。
②氧化铝或碳化硅，可能要用油脂修整棒。
③用于表面缺陷不太严重的表面或棉布打光之前。
④用于最终抛光或电镀之前。
⑤无油脂抛光剂。
⑥松散或褶皱的棉布。
⑦硅藻土或氧化铝合成抛光剂。

标准的抛光轮和研磨带用于消除镁合金部件上的粗糙表面、砂箱分界线和其他表面缺陷，根据表面粗糙度和所希望的最终抛光度选用粒度为0.045～0.25mm的氧化铝或碳化硅磨料。

游离铁或其他重金属粒子不得用作抛光镁合金的磨料，因为这些金属嵌入表面后可在零件存放期间引发局部腐蚀，或在化学处理或电镀前的酸洗过程中造成点蚀。

大型铸件在磨光之前需要对重要表面进行抛光。细抛光砂带用于外形尺寸较小的零件。外形较复杂的零件要使用无油脂研磨剂在研磨轮或布轮上抛光。磨光前的抛光操作中最常用的磨料粒度为0.045～0.071mm。

毛面精整或挠性轮抛光也可用于镁合金。这种表面效果是通过布轮可缓慢转动将无油脂的化合物施加在其表面上产生的，并且不需要任何润滑剂。

在低支纱织物缝就的磨轮上使用氧化铝或硅藻土研磨膏可将镁合金打磨出一个平滑、光亮的面层。对于镜面的抛光，可使用一种干石灰研磨剂。不应使用含游离铁或其他重金属磨料的磨光研磨膏。

在镁合金的抛光和磨光中必须遵守防火及“健康与安全”的有关规定，见本手册第18章。

14.4.3 镁及镁合金材料的化学氧化（转化膜）处理

14.4.3.1 概述

为了有效提高镁合金的耐蚀性能，可以对镁合金的表面进行改性强化，提高抗蚀能力。实际应用中，为了降低生产成本，普遍采用化学或电化学的方法，在镁合金表面形成致密完整的化学或电化学保护膜，再进行涂装，以达到防护和精饰的目的。化学氧化可获得0.5～3μm的薄膜层，电化学氧化可获得10～40μm的厚膜层。

无论是化学还是电化学方法，在进行表面改性强化之前，都要对镁合金进行一定的前处理，以获得均匀、活泼的表面，保证表面处理的质量。同时，经过处理液处理后，为了提高其抗蚀性，也要进行一定的后续处理。常用的镁及镁合金材料化学表面处理工艺流程如图14－26所示。

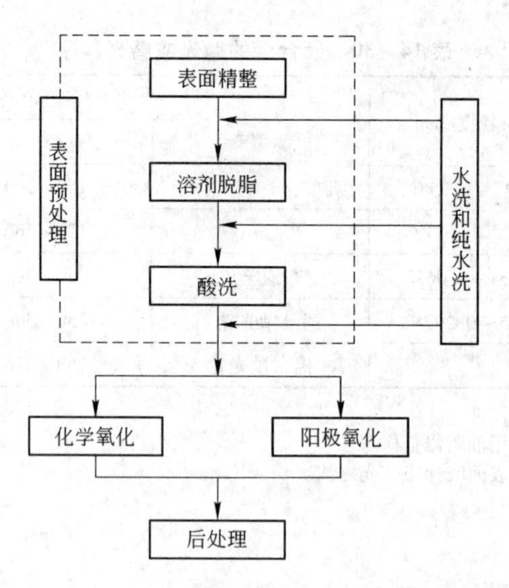

图14－26 镁及镁合金材料化学表面处理工艺流程

为了除去金属表面油脂，常用NaOH等碱性溶液，加入表面活性剂对镁合金进行溶剂脱脂。之后，对镁合金表面自然生成的氧化膜，用硫酸、硝酸、磷酸、柠檬酸、醋酸和氢氟酸等进行酸洗，除去氧化物，以获得活泼的表面。对于酸洗工艺中存在酸洗残渣附着的问题，可在工艺流程中添加除酸洗泥，从而获得更为活泼均一的表面，提高表面氧化的效果。经过表面预处理后，对镁合金进行表面氧化，获得具有一定耐蚀性的氧化膜。之后，再进行干燥、封孔等后处理，最后进行涂装。

化学氧化又称化学转化膜处理。通过浸渍、喷淋或涂刷，使金属工件与化学处理液相接触，通过金属与处理液发生化学反应，在金属表面形成由氧化物或金属盐构成的钝化膜。镁合金化学转化膜的防腐蚀效果优于自然氧化膜，但这层化学转化膜只能减缓腐蚀速度，并不能有效地防止腐蚀。所以一般只用于装饰、装运储存时的临时保护及涂装底层。

目前镁合金的化学处理主要分为两大类：铬酸盐处理和非铬酸盐处理。表 14－31 为目前常用的化学氧化（转化膜）处理常用的方法及特点，表 14－32 为镁及镁合金材料化学氧化处理常用槽液和工艺条件。

表 14－31　常用镁及镁合金化学转化处理方法的特点

化学处理名称	化学处理号	目　的	腐蚀率 /mm·a^{-1}	应用合金
铬酸浸蚀	1	涂装底层，运输和室内储存保护	12～15	所有镁及镁合金锻件和铸件①
稀铬酸刷涂②	19	涂装底层，其他化学转化膜的修复，最好用于室内和适中的环境	忽略	所有
改进铬酸浸蚀③	20	涂装底层，室内储存保护	12	所有（主要为压铸件设计）
稀铬酸浸蚀	NH35	降低废水处理费用	2	所有
重铬酸④	7	涂装底层，加工表面在适中环境中可独立保护	3	所有
铬锰（MEL）	—	除了在室温到沸点温度操作外，其余同 7 号	3	含铝、锌的镁合金
铬酸浸蚀	专利	涂装底层	6	所有
铬酸锰⑤	Cr－22	低成本底层	忽略	所有
伽伐尼阳极氧化⑥	9	涂装底层，在加工面呈深棕色膜或黑色膜	忽略	所有
硝酸光亮浸蚀⑦	21	室内储存或适中环境保护 6 个月，透明膜打底或其他处理前适当预浸蚀	4	所有
硝酸铵⑧	18	涂装打底	忽略	所有
硝酸铁⑨	—	涂装打底	忽略	所有
锡酸盐浸蚀⑩	23	涂装打底，在任何铁工件上沉积锡，如果铝工件存在时不适用，适用 RF 研磨	忽略	所有

①用 1 号处理时，必须浸蚀活化，涂装打底效果优于 20 号改进型处理。

②避免热水浸。

③用于压铸件时，可产生比传统处理更均匀的效果。

④比 1 号有更好的保护和涂装打底效果，处理前需要氟盐活化。

⑤涂装打底和保护性均不如 1 号处理，但便宜。

⑥处理前需要氟盐活化。

⑦处理前机械研磨有利于外观。

⑧保护不如铬酸盐处理，但毒性小。

⑨有效膜形成时需要预浸活化，不同的磷酸盐需要检验。

⑩形成伽伐尼装配时处理。

表 14-32 镁及镁合金化学氧化处理用槽液和工艺条件

槽液编号	槽液成分/g·L^{-1}		温度/℃	时间/min	应用范围	氧化膜颜色
1	重铬酸钾 硝酸 氯化铵或氯化钠	15~20 15~25 0.75~1.25	70~80	0.5~2.0	各种镁合金，但对镁基体溶解较大	视合金成分而定，一般为黄色
2	重铬酸钾 铬酐 硫酸铵 60%醋酸	80~100 3~4 3~4 8~15mL/L	60~70	0.5~2.0	对MB1、MB8质量好 对MB2、MB8质量差 对MB15不适用	金黄或深棕色
3	重铬酸钾 铝钾矾 [$K_2Al_2(SO_4)\cdot24H_2O$] 60%醋酸	30~50 8~12 5~8mL/L	室温	1~15（MB2） 10~15（MB8） 7~12（MB15）	对MB15质量好，其他合金也适用	MB15为黑色，其他合金为黄色
4	氟化钠 重铬酸钾	50~100 35~40	室温 95~100	5~15 40~50	铸件膜较耐蚀，其他半成品镁材也可用	灰褐色或黑色

按照ASTM 31标准，将有机酸系、高锰酸钾系、铬系DOW7、磷酸盐系转化膜、压铸AZ91D合金基体，在室温下分别浸入3.5% NaCl水溶液中进行48h全浸实验，结果见表14-33。由表可见，通过磷酸盐系处理的腐蚀率要比其他几种方式处理的低。

表 14-33 不同转化处理的腐蚀率 （mm/a）

AZ91D	有机酸系	高锰酸钾系	DOW7	磷酸盐系
3.34	3.69	1.31	1.06	0.59

14.4.3.2 以铬酸盐为主的化学氧化（转化膜）处理技术

铬化处理工艺是较成熟的化学转化膜处理方法，它是使用铬酐和重铬酸盐为主成分的氧化液对镁合金表面进行化学处理而获得保护膜。目前已形成了相关的行业标准，如JIS H 8651标准、ASTM D137—32标准和QJ/Z 134—85标准。Sharma研究了Mg-Li合金的铬酸盐化学转化膜，得到了厚度为8~11μm的铬酸盐膜，美国DOW公司开发了一系列镁合金铬化转化膜处理工艺。

含铬转化膜具有较好的防腐效果，与涂层相结合后可在较高温度的环境中使用。但铬酸盐处理工艺中含有六价铬离子，具有毒性，污染环境，且废液的处理成本高。因此，开发新型的化学转化液已成为镁合金化学转化处理研究的当务之急。

铬化反应机理是金属表面的原子溶于溶液，引起金属表面与溶液界面的pH值上升，从而在金属表面沉积薄层铬酸盐，形成金属胶状物的混合物，这种胶状物包括6价与3价的铬酸盐和基体金属。这层胶状物非常软，但膜干燥后变硬。经过不高于80℃的热处理，可以提高膜的硬度和耐磨性。干燥后膜的厚度只有湿状时的1/4，并且膜形貌具有显微网状裂纹，这种显微裂纹是晶界破裂或化学转化膜干燥后尺寸收缩时形成的。这种显微裂纹有助于膜层与基体的结合。

铬酸盐混合层在潮湿的空气中起惰性屏障作用，阻止了腐蚀。铬酸转化膜在未失去结晶水时有很好的防锈效果。如果在高于80℃的环境中使用，铬酸转化膜由于失去结晶水破裂和自修复性丧失，防锈作用降低。但如果转化膜上涂耐高温涂层，由于涂层锁住了结晶水的挥发，因此铬酸转化膜与涂层相结合可使用于较高的温度中。以重铬酸钾为主的化学氧化工艺见表14－34。

表14－34 重铬酸钾为主的化学氧化工艺

溶液配方		工艺条件		膜层外观	适合范围
成 分	含量/g·L^{-1}	温度/℃	时间/min		
重铬酸钾（$K_2Cr_2O_7$） 硝酸（HNO_3） 氯化铵或氯化钠 （NH_4Cl 或 NaCl）	40～55 90～120mL/L 0.75～1.25	70～80	0.5～2	草黄色至棕色	氧化膜的防护性不太好，在氧化过程中零件尺寸明显减少，所以仅适用于铸、锻件的毛坯件
重铬酸钾（$K_2Cr_2O_7$） 铝钾矾 [$K_2Al_2(SO_4)$]$_4$·$24H_2O$ 醋酸（60%，CH_3COOH）	30～50 8～12 5～8mL/L	15～30	5～15	金黄色至棕色	溶液稳定，操作方便，膜层质量好，氧化后尺寸变化小，适合于铸件、锻件、变形镁合金成品或半成品保护
重铬酸钾（$K_2Cr_2O_7$） 硫酸铵[$(NH_4)_2SO_4$] 铬酐（CrO_2） 醋酸（60%，CH_3COOH）	145～160 2～4 1～3 10～40mL/L	65～80	0.5～1.5	金黄色至棕色	氧化膜防护性好，不影响公差，适合于容差小或具有抛光表面的镁合金成品或半成品保护
重铬酸钾（$K_2Cr_2O_7$） 硫酸铵[$(NH_4)_2SO_4$] 苯二甲酸氢钾	30～35 30～35 15～20	85～ 沸腾	MB2 15～21 ZM5 5～25 MB8 20～40	MB2 军绿色 MB8 金黄色 ZM5 黑色	氧化膜防护性较好，适合于铸件（ZM5）发黑处理，也适合于成品或半成品组合件的保护
重铬酸钾[$K_2Cr_2O_7$] 重铬酸铵[$(NH_4)_2Cr_2O_7$] 硫酸铵[$(NH_4)_2SO_4$] 硫酸锰（$MnSO_4$）	15 15 30 10	90～100	10～20	深棕色至黑色	氧化膜防护性好，适合于各种零件的保护
重铬酸钾（$K_2Cr_2O_7$） 硫酸镁（$MgSO_4$） 硫酸锰（$MnSO_4$）	120～170 40～75 40～75	80～100	10～20	深棕色至黑色	氧化膜色泽深，外观美，防护性能较好，适合于各种成品和半成品
重铬酸钾（$K_2Cr_2O_7$） 硫酸锰（$MnSO_4$） 硫酸镁（$MgSO_4$）	100 50 50	90～ 沸腾	5～10	深棕色至黑色	氧化膜防护性好，对零件尺寸无明显影响，适合于成品和半成品保护
重铬酸钾（$K_2Cr_2O_7$） 硫酸锰（$MnSO_4$） 铬矾[KCr（SO_4）$_2$] pH值	100 50 20 2.2～2.6	85～95	10～20	黑色	氧化后不影响表面粗糙度和尺寸，适合于含锰、铝等各种牌号和其他镁合金零件的发黑处理
氟化钠（NaF）	35～40	15～35	10～15	深灰色至 深棕色	氧化膜防护性较好，有较高的电阻，适合于成品、半成品、铸件和组合件的保护

重铬酸盐处理法本身不会大量地去除金属，因此可以用于精密加工零件。一般情况下，用重铬酸盐标准处理法形成的涂层大体上比铬酸处理形成的涂层厚（最高达 2μm），在温度较高的空气中具有更好的独立保护作用，可用作计算机磁盘驱动器敏感性元件、机加工表面上的最终涂层。除了含稀土或钍的合金以外，重铬酸盐处理法适用于所有镁合金产品。

虽然重铬酸盐化学转化膜有较好的防腐性，但必须注意六价铬对人体健康非常有害，它是一种致癌物质，还会引起溃疡。各国对六价铬的含量及相应排放有严格的标准。涂层中的六价铬在酸雨中还会释放，将导致全球的环境污染。因此逐渐地由磷酸盐、多聚磷酸盐、高锰酸钾、氟锆酸盐等替代铬酸盐进行化学转化膜处理。

14.4.3.3 以磷酸盐为主的化学氧化（转化膜）处理技术

镁合金与钢铁一样可以进行磷化处理，但磷化膜层有很大的差异。以磷酸盐系处理时，一般温度为 40～100℃，时间 0.5～30min，得到的转化膜为磷酸锰，呈非晶态结构，表面较为平整，但存在网状微裂纹。用压铸 AZ91D 镁合金进行化学转化试验，转化膜在 3.5% NaCl 溶液中的阳极极化曲线呈现明显的钝化特征，膜层耐腐蚀能力大为增强。

以磷酸铁处理法作为镁压铸件的底漆，在严酷的环境下具有令人满意的性能。使用重金属化合物（如铜或镍盐）作催化剂的磷酸盐处理法不能用于镁。镁合金的磷酸盐处理工艺流程为：蒸汽脱脂→碱洗→酸洗→冷水冲洗→磷酸盐浸浴→冷水冲洗→苛性钠中和→冷水冲洗→热水冲洗→磷酸盐喷射或浸渍→冷水冲洗→后处理→干燥。为了更好地清洗材料的表面，在水洗后可增加一道超声波除锈和超声波清洗。

表 14－35 列出了镁及镁合金材料磷化处理溶液配方及工艺。Mg－Al 铸造合金在第一种溶液中得到的是细晶的绿色膜层，而对 Mg－Zn 变形镁合金，在同样的溶液中得到的则是灰色的粗晶膜层。镁合金的化学组成对磷酸盐膜的组成、颜色、晶粒粗细以及对基底的结合力都有明显的影响。

表 14－35 镁及镁合金材料磷化处理溶液配方及工艺

溶液组成/$g \cdot L^{-1}$	温度/℃	处理时间/min	溶液组成/$g \cdot L^{-1}$	温度/℃	处理时间/min
锰、铁（Ⅱ）的磷酸二氢盐 27～30 氟化钠 0.3	96～98	30～40	磷酸锌 15 硝酸锌 22 氟硼酸锌 15	75～85	0.5

镁及镁合金材料磷酸盐处理的最大缺点是溶液消耗快，每升溶液在处理 0.8m^2 的表面后就需要校正其组成和酸度。近年来，研发出的 ZM5 合金铸件非铬酸盐化学表面处理新工艺，有明显的改良效果，新工艺的配方和工作条件参见表 14－36。

表 14－36 ZM5 铸件化学氧化表面处理工艺溶液配方及其工作条件

工序名称	溶液配方	工作条件
脱脂	w(NaOH)＝5%～10%；表面活性物质少许	88～94℃，20～30min
水洗	超声波作用	室温，30～50s
表面调整 1	ρ(HF)＝40g/L；ρ($HOCH_2CH_2OH$)＝30g/L	室温，超声波作用 1～2min

续表 14－36

工序名称	溶液配方	工作条件
表面调整 2	w(NaOH)＝20%～30%	室温，25～30min
水洗	w(NaOH)＝20%～30%	室温，25～30min
化学转化膜的生成	配方 1 $\rho(H_3PO_4)$＝4～6mL/L、 $\rho(Ba(H_2PO_4)_2)$＝45～70g/L ρ(NaF)＝0.5～4g/L	88～97℃，10～30min
	配方 2 $\rho(HNO_3)$＝5g/L $\rho(KMnO_4)$＝30g/L 氟化氨 $\rho(NH_4F)$＝5g/L	40～60℃，0.5～1.5min
	配方 3 $\rho(NH_4H_2PO_4)$＝120g/L $\rho((NH_4)_2SO_3)$＝30g/L $\rho(NH_3)$＝6mL/L	室温，1.5～2.5min
水洗	超声波作用	室温 30～50s
干燥	环氧树脂	吹风机吹干
涂层	丙酮环氧树脂 10%；乙二氨环氧树脂 8%	室温浸涂法
硬化		160～200℃，6～8h

14.4.3.4 以高锰酸钾为主的化学转化（转化膜）处理技术

镁及镁合金在纯粹的高锰酸钾水溶液中不易反应，但当加入 HF 或 HNO_3 后与高锰酸钾组成盐溶液，对镁合金表面进行处理可以得到耐腐蚀性能的转化膜。在 1～200g/m^3 的高锰酸钾中分别加入 HNO_3（体积分数，66%），HF（体积分数，46%）进行试验，发现在试验开始镁合金体积增大和增重，同时也伴随着镁、铝的溶解。加硝酸后的增重要比加氢氟酸的增重高一些。在 HF 中形成的转化膜具有非晶态结构，膜层非常薄，膜层主要成分为氟化镁（MgF_2）、氢氧化镁和氧化锰。在硝酸中形成的转化膜层比在 HF 中的厚，主要成分是氧化锰。经这种方式得到的化学转化膜的防腐蚀性能与铬酸中形成的相当。

无论是哪一种溶液为主的溶液转化处理，都有其优缺点，即使同一种溶液，在不同温度和处理时间，由于操作人员的人为因素等原因都会引起膜层质量差异。

14.4.3.5 镁及镁合金无铬化学转化处理及典型工艺示例

A 概述

传统的化学转化处理是以铬酸盐为主要成分的处理方法。由于这种方法可形成铬－基体金属的混合氧化物膜层，膜层中铬主要以三价铬和六价铬形式存在，三价铬作为骨架，而六价铬则有自修复功能，因而这种转化膜耐蚀性很好。

目前常用的铬酸盐化学转化处理方法中，美国 DOW 化学公司开发了一系列铬酸盐钝化处理液。其中著名的 DOW－7 工艺采用铬酸钠和氟化镁，在镁合金表面生成铬盐及金属胶状物，这层膜起屏障作用，减缓了腐蚀，并且具有自修复能力。铬酸盐处理工艺成熟，性能稳定，但处理液中所含的六价铬毒性高，且易致癌，随着人们环保意识的增强，六价铬的使用正受到严格的限制，因此急需开发低毒、无铬的化学转化处理工艺。

日本学者在高锰酸钾体系中的无铬转化膜方面做了很多工作。梅原博行等人采用高锰酸钾，在氢氟酸存在的条件下，在 AZ91D 合金表面生成保护性转化膜。经测定，膜中主要成分为锰的氧化物和镁的氟化物，并且膜具有非晶态结构。

加入稀土元素也可以形成保护膜。A. LRudd 等人研究了铈（Ce）、镧（La）和镨（Pr）的硝酸盐在 WE43 镁合金上的成膜特性。发现转化膜在 pH 值为 8.5 的缓冲溶液中可以显著降低镁的溶解速率。而在 pH 值为 8.5 的侵蚀性溶液中浸泡 60min 后，膜的保护性能变差。

周婉秋等人研究发现，AZ31D 镁合金在锰盐和磷酸盐组成的体系中，在对镁有缓蚀作用的添加剂存在的条件下，可以形成保护性好、硬度和厚度均超过铬酸盐膜的转化膜。该转化膜在 5% 氯化钠溶液中侵蚀后，具有自愈合能力。

B 无铬化学转化处理典型工艺示例

目前，镁合金的无铬化学转化处理工艺，主要有以下几类。

（1）磷酸盐处理（磷化）。典型工艺为：磷酸锌 15g/L，硝酸锌 22g/L，氟硼酸锌 15g/L；温度为 75～85℃；时间为 0.5min。

镁合金的组成对磷酸盐膜的组成、颜色、晶粒粗细以及与基体的结合力都有明显的影响。

一般来说，镁合金磷酸盐处理的最大缺点是溶液的消耗十分快，每升溶液处理 0.8m^2 的表面后就需要校正其组成和酸度。通常，磷酸盐膜的耐蚀性不及铬酸盐膜。

锰盐和磷酸盐加缓蚀作用的添加剂所组成的处理液的温度为 40～90℃，时间为 20～40min。膜层表面呈规则的结晶状形貌，可能分别为由锰（Mn）、镁（Mg）、铝（Al）、氧（O）、磷（P）等组成的复式盐和磷酸锰 $Mn_3(PO_4)_2$ 组成。

磷化液的成分和操作条件见表 14－37。

表 14－37 磷化液的成分和操作条件示例

溶液成分及操作条件	配方 1	配方 2	配方 3
迪戈法特浓缩液（Digofat）/$g \cdot L^{-1}$	30		
NaF 或 Na_2SiF_6/$g \cdot L^{-1}$	0.3	0.3～0.5	
$Mn(H_2PO_4)_2 \cdot 2H_2O$/$g \cdot L^{-1}$		30.0	
H_3PO_4/$g \cdot L^{-1}$			15.0
$Zn(NO_3)_2 \cdot 6H_2O$/$g \cdot L^{-1}$			22.0
$NaBF_4$/$g \cdot L^{-1}$			15.0
温度/℃	96～98	98～100	75～85
时间/min	20～30	30～40	0.5

磷化处理工艺说明：

1）在表 14－37 中，迪戈法特（Digofat）浓缩液的成分为：P_2O_5 49.5%，Mn15.5%，Fe 0.57%，F 0.17%，SO_4^{2-} 1.18%。

2）镁及其合金的磷化膜，其防腐性能不如铬酸盐钝化膜。

3）用含有 $Mn(H_2PO_4)_2 \cdot 2H_2O$ 的 NaF 处理液时，生成的膜层主要由 $Mn_3(PO_4)_2$ 组成；而用 H_3PO_4、$NaBF_4$ 的溶液时，得到的膜层中主要成分是 $Mg_3(PO_4)_2$。

磷化与铬酸盐（铬化）处理比较见表14－38。

表14－38 磷化与铬酸盐（铬化）处理比较

处理方式	溶液组成/g·L^{-1}		温度/℃	时间/min	质量损失/mg·cm^{-2}
铬化	NaHF $Na_2CrO_7 \cdot 2H_2O$ $Al_2(SO_4)_3 \cdot 14H_2O$	15 120 7.5	室温	0.5	约0.96
磷化	HNO_3 $NH_4H_2PO_4$	90 100			
磷酸盐－高锰酸盐	$KMnO_4$ （用H_3PO_4调pH值为3.5）	20	40	1~2	约0.08

用磷酸盐－高锰酸盐处理的镁合金，可形成$Mg_3(PO_4)_2$为主要组成物并含有铝、锰等化合物的磷化膜，膜厚4~6μm。磷化膜为微孔结构且与基体结合牢固，具有良好的吸附性、耐蚀性，可广泛用作涂漆的底层，也可用于镁材在装运和储存时起保护作用的涂层。

（2）钴盐处理工艺为：$Co(NO_3)_2 \cdot 6H_2O$ 22.5g/L（或$CoCl_2 \cdot 6H_2O$ 18.3g/L）；$NaNO_2$ 64g/L；NaI 23.8g/L；H_2O_2（30%）30~50mL/L；pH值为7.0~7.2；温度为50℃；时间为15min。

为提高转化膜的耐蚀性，经钴盐处理后还需进行封闭，封闭工艺为$NiSO_4 \cdot 6H_2O$ 40g/L；NH_4NO_3 30g/L；$Mn(CH_3COO)_2 \cdot 4H_2O$ 20g/L；温度为80℃；时间为15min。

转化膜中，靠近基体的主要成分为镁的氧化物；中间层为镁的氧化物、CoO、Co_3O_4和Co_2O_3的混合物；最外层为Co_3O_4和Co_2O_3。封闭后转化膜的耐蚀性好，可耐盐雾168h（根据ASTM B117进行试验）。

（3）锡酸盐处理液。处理液成分（g/L）为：NaOH 99.5；$K_2SnO_3 \cdot 3H_2O$ 49.87；$NaC_2H_3O_2 \cdot 3H_2O$ 9.95；$Na_4P_2O_7$ 49.87。

ZC71镁合金经上述溶液浸泡后，在试样表面形成一层2~5μm的保护膜，经检测其主要成分为$MgSnO_3$晶体和$Mg(ZnCu)_2$共晶体。

（4）氟化物处理液的成分为：NaF 30~50g/L；温度为15~35℃；时间为10~30min。用于高精度的镁制零件及带铜、铝等套件；膜层为氧化物，有较高电阻，不影响零件尺寸。

氟化物处理液还有表14－37中配方3。工作条件为75~85℃，时间为0.5min。

（5）氟锆酸及其盐的处理液成分为：H_3PO_4 2g/L；3－甲基－5羟基吡唑1.2g/L；$H_2ZrF_6$0.7g/L；$Na_2SO_4$0.5g/L；NaF 0.5g/L和Zr^{4+} 0.01~0.05g/L；Ca^{2+} 0.08~0.13g/L；F^-0.01~0.60g/L等。工作条件为20~60℃，浸渍喷射，pH值为2~5，水洗，干燥。

（6）含有有机金属化合物的处理液见表14－39。

表14－39 含有有机金属化合物的溶液组成及操作条件示例

序 号	溶液组成/g·L^{-1}		处理条件
1	$Zr(C_5H_7O_2)_4$ 40% H_2TiF_6 （pH值为3.0）	1.2 0.5	60℃，120s

续表 14-39

序号	溶液组成/g·L^{-1}		处理条件
2	$V(C_5H_7O_2)_3$ $VO(C_5H_7O_2)_3$ 20% H_2ZrF_6 （pH 值调整剂为25%氨水，pH 值为5.8）	0.1 1.0 1.5	35℃，300s
3	$Zn(C_5H_7O_2)_2$ $Ti(SO_4)_2$ $(NH_4)_2ZrF_6$ （pH 值调整剂为40% H_2SiF_6，pH 值为2.7）	20.0 10.0 1.0	70℃，3s
4	$Al(C_5H_7O_2)_3$ 20% H_2ZrF_6 （pH 值调整剂为25%氨水，pH 值为4.6）	1.0 3.0	50℃. 90s
5	$Al(C_5H_7O_2)_3$ $Zn(C_5H_7O_2)_2$ 40% H_2TiF_6 （pH 值调整剂为67.5%硝酸，pH 值为3.8）	0.5 4.0 1.0	70℃，60s

（7）植酸处理液。植酸是从粮食作物中提取的天然无毒化合物，它的化学名称为环己六醇六磷酸酯（又称肌醇己磷酸）。由于它的分子中含有6个磷酸基，是一种少见的金属多齿螯合剂。植酸与金属络合后，易在金属表面形成一层致密的单分子保护膜，能有效地阻止氧气与金属基体接触，从而达到耐蚀的目的。同时，该保护膜中的羟基、磷酸基等活性基团能与有机涂层发生化学作用，因此，经植酸处理后的金属表面与有机涂层有良好的附着力。

（8）比较稳定的 $KMnO_4$ 处理液，其中还含有 NaB_4O_7 和 HCl。镁通过这种溶液处理得到的转化膜是由镁的氧化物（或氢氧化物）、锰的氧化物（或氧氧化物）以及硼的氧化物所组成。

除了上述方法以外，还有磷酸盐（Na_3PO_4）、碱金属离子、稀土金属盐、钼酸盐、钨酸盐、硅酸盐等处理方法。

14.4.3.6 镁及镁合金化学氧化工艺（典型）

A 镁及镁合金化学氧化工艺流程（典型）

镁及镁合金化学氧化典型工艺流程见表 14-40。

表 14-40 镁及镁合金化学氧化工艺流程（典型）

序号	工序名称	槽液材料及浓度		工作条件（工艺）		备 注
		名称	浓度/g·L^{-1}	温度/℃	时间/min	
1	装挂					
2	化学除油	Na_2CO_3 Na_3PO_4 Na_2SiO_3	40~60 40~60 20~30	60~90	3~5	

续表 14 - 40

序号	工序名称	槽液材料及浓度		工作条件（工艺）		备 注
		名称	浓度/g·L^{-1}	温度/℃	时间/min	
3	热水洗			50~60	0.5~2.0	
4	流动冷水洗					
5	酸洗	CrO_3	150~200	15~25	1~5	根据表面状况确定时间
6	流动冷水洗	$K_2Cr_2O_7$ CrO_3	140~150 1~3			
7	氧化处理	$(NH_4)_2SO_4$ 60% HAc	2~4 10~20mL/L	65~80	0.5~1.5	
8	流动冷水洗					
9	热水洗			50~60		
10	填充处理	$K_2Cr_2O_7$	40~50	90~98	15~20	
11	冷水洗					
12	热水洗					
13	干燥					
14	检验					

对于机械加工过程中工序间防锈处理的零件，只进行 1~6、11~13 工序。对于在毛坯状态下氧化处理的铸件，只进行 1~8、11~14 工序。氧化槽液采用表 14-41 中 1 号配方，酸洗用硝酸溶液（15~20g/L）。

B 氧化槽液成分及工作条件（工艺）

氧化槽液成分及工作条件见表 14-41。

表 14-41 氧化液成分及工作条件（工艺）

序号	溶液成分	浓度/g·L^{-1}	温度/℃	时间/min	膜层颜色
1	$K_2Cr_2O_7$ HNO_3 (1.42g/cm^3) NH_4Cl	40~50 90~120 0.75~1.25	70~80	0.5~2.0	草黄色到棕色
2	$K_2Cr_2O_7$ CrO_3 $(NH_4)_2SO_4$ 60% HAc	125~160 1~8 2~4 10~20mL/L	65~80	0.5~1.5	金黄色到棕褐色
3	$K_2Cr_2O_2$ $KAl(SO_4)_2$ 60% HAc	30~50 8~12 5~8mL/L	室温	3~5	金黄色到褐色
4	NaF	35~40	室温	10~12	深灰色到黑褐色

14.4.3.7 不合格膜层的退除（退膜）

不合格膜层的退除有以下几种方法：

(1) 经机械加工的精密零件的不合格氧化膜，在铬酐溶液中退除。

(2) 对尺寸要求不严格的压铸件的不合格氧化膜，可用吹砂退除。

(3) 对变形镁合金零件的不合格氧化膜，可在70~80℃的260~300g/L的氢氧化钠液中退除，时间约20min。退除后，用热水、冷水清洗，并在铬酸溶液中中和0.5~1min。

14.4.3.8　镁及镁合金化学氧化处理常见故障分析及排除方法

镁及镁合金化学氧化常见故障分析及排除方法见表14-42。

表14-42　镁及镁合金化学氧化常见故障分析及排除方法

序号	故障现象	产生原因	排除方法
1	机加工表面有黑色斑点	机加工过程中温度过高	改善切削条件
2	氧化膜呈棕色，易脱落	溶液的氧化能力弱	分析调整溶液成分
3	铸件局部表面有灰色片状	铝发生偏析	这种情况属于正常，不必消除
4	膜层表面有黄色薄层挂灰	醋酸量不足	添加醋酸
5	变形，镁合金氧化层有黑色斑点，机加工表面发黑	(1) 零件表面有其他金属屑嵌入； (2) 零件机加工过程中温度过高； (3) 氧化溶液醋酸太浓	(1) 用刮刀刮净； (2) 改善切削条件； (3) 稀释调整溶液
6	膜层薄，有露出基体金属的亮点	除油不良	加强前处理
7	填充处理后，膜层上有锈蚀状的黑点	(1) 填充液中氯离子浓度大于0.86g/L； (2) 填充液中硫酸根离子浓度大于2.5g/L； (3) 挂具与零件或槽体之间绝缘不好，产生电化学腐蚀	(1) 更换溶液； (2) 加氢氧化钡沉淀过量硫酸根离子； (3) 改善绝缘

14.4.4　镁及镁合金材料的阳极氧化（电化学）处理技术

14.4.4.1　概述

电化学氧化主要是指阳极氧化技术。它是在外加电压和电流的作用下，将镁合金试件作为阳极，用不锈钢、石墨或金属电解槽器壁作为阴极，在一定温度的电解液中，通过试件与处理液之间的电化学反应，在试件表面形成保护性膜层的表面处理技术。

20世纪50年代HAE和DOW17工艺的相继出现，使阳极氧化技术在镁合金防护处理中的实际应用成为可能。后来开发了Anomag工艺、Magoxid-coat工艺和Tagnite工艺等。传统的阳极氧化方法得到的镁合金阳极氧化膜不透明，但应用Anomag工艺可以得到透明的氧化膜，且其耐蚀、耐磨性能也优于传统的阳极氧化膜，从而开拓了镁合金的应用领域。Magoxid-coat工艺在试件的边缘及深凹处亦可产生均匀的膜层，耐磨、抗蚀性能优良，具有高的耐折强度。Tagnite工艺在碱性溶液中生成白色硬质氧化陶瓷层，该方法所得到的氧化膜与基体结合牢固。

Barton等人研究了氢氧化钠、偏铝酸钠、氟化钠、柠檬酸钠、四硼酸钠、磷酸氢二钠组成的电解液对于镁阳极氧化膜的影响。认为电解液中 F^- 和 PO_4^{3-} 的作用是调整膜的光泽度，四硼酸盐是调节颜色和厚度，并降低起弧电压，柠檬酸根离子提供游动的可控的弧光并防止孔蚀的形成。

在 $NaAlO_2$ 溶液中对镁合金进行电化学氧化处理，得到了致密的氧化膜层，其组成为立方结构的 MgO 和 $N_2Al_2O_4$。近年研发的一种环保型阳极氧化工艺，所得膜层的平均腐蚀速率、耐点蚀能力和击穿电压等性能优于传统的 DOW17 工艺所得膜层的，阳极氧化膜的主要成分是 MgO 和 $Mg_3B_2O_6$，具有多孔结构，孔径均匀。

对镁合金材料进行表面化学氧化和阳极氧化处理各有优缺点，见表 14－43。

表 14－43 镁合金氧化工艺技术优缺点比较

氧化工艺	优 点	缺 点
化学氧化	设备简单，投资少，容易操作，成本低	耐蚀性较差，含有的重金属离子影响镁合金的回收
阳极氧化	耐蚀性、耐磨性好	氧化电压高，电流密度大，弧光放电明显，处理成本较高，且安全性差

阳极氧化是利用电化学方法在金属及其合金表面产生一层厚且相对稳定的氧化物膜层，生成的氧化膜可进一步进行涂漆、染色、封孔或钝化处理。与铝合金相比，镁合金阳极氧化的电压、电流密度更高，电解液组成更为复杂。在大多数电解质溶液中，只有在较高电压和电流密度下才可能成膜。因此，镁阳极氧化时常伴有火花放电现象。镁合金阳极氧化技术可分为普通阳极氧化技术与微弧氧化技术。微弧氧化又称等离子体氧化或阳极火花沉积，是近几年来兴起的一种表面强化处理技术，它突破传统阳极氧化技术工作电压的限制，将工作区域引入到高压放电区，利用微弧区瞬间高温烧结作用，直接在金属表面原位生长陶瓷膜。

根据电解条件，镁阳极上可能发生下列各个不同的过程：镁的阳极溶解，阳极表面形成极薄的钝化膜同时也伴随着膜的化学溶解。阳极氧化是目前镁及镁合金常用的表面防护处理技术，通过阳极氧化处理，可以得到具有防护、装饰和提供优良的涂装基底等多种功能的膜层，该膜层的耐蚀性和耐磨性，其硬度一般均比化学方法制备的膜层高。缺点是复杂制件难以得到均匀膜层，膜的脆性也较大，膜层多孔。与铝合金阳极氧化膜层相比，镁合金的氧化膜与基体的结合力要差些。

早期的阳极氧化处理是使用含铬的有毒化合物，废液的处理成本提高，并且污染环境。后来开发了以高锰酸盐、硼酸盐、硫酸盐、磷酸盐、可溶性硅酸盐、氢氧化物和氟化物为主的无毒阳极氧化处理液。阳极氧化选用的电解液，应符合以下三点要求：

（1）保证氧化膜的生成速度高于溶解速度。

（2）所制得的氧化膜应具有良好力学性能和理化性能，如强度、弹性、耐磨性、抗蚀性和吸附性等。

（3）成分简单、来源丰富、经久耐用、耗电少、安全无毒和使用方便。

电解液的成分对镁合金阳极氧化膜的成分和结构有很大的影响，调整电解液的成分可以得到不同性能的阳极氧化膜。镁合金阳极氧化工艺用电解液分为酸性电解液和碱性电解液两种类型。A. K. Sharma 等人的研究发现，ZM21 镁合金的阳极氧化过程中膜沉积速度随着电极温度的升高和电流密度的增大而增加，所得到的氧化膜在恶劣环境中具有高的稳定性，能很好地吸收太阳光，发射红外光，并且能耐高温，因此可应用于热控装置。

采用直流电阳极氧化时，阳极上挂氧化件，阴极上挂铅板或不锈钢板。采用交流电时，两极上均可以挂氧化件。镁及镁合金阳极氧化槽液成分和工艺条件见表 14－44。

表 14－44 镁及镁合金阳极氧化槽液成分和工艺条件

方法	槽液成分/$g \cdot L^{-1}$		温度/℃	电流密度/$A \cdot dm^{-2}$	交流电压/V	时间/min
1	氟化铵 铬酐 氢氧化钠 磷酸	200～250 35～45 8～12 55～95	60～88	1～3	90～100	30～45
2	氟化铵 重铬酸盐 磷酸	200～250 90～100 85～100	60～80	30	100	30～45
3	高锰酸钾 磷酸三钠（$Na_3PO_4 \cdot 12H_2O$） 氟化钾 氢氧化钾 氢氧化铝	19 35 35 130 35	30±2	1～3	65～70	30～40
4	氢氧化钾 硼酸钠（$Na_2B_4O_7 \cdot 10H_2O$） 氢氧化铝 氟化钾 磷酸三钠（$Na_3PO_4 \cdot 12H_2O$） 苯酚（C_4H_5OH）	120 60 35 35 35 5	30±2	2.0	110～120	30～40

最常用的镁及镁合金阳极氧化工艺列于表 14－45 中。

表 14－45 镁及镁合金的阳极氧化工艺

工 艺	电解液组成	电流密度/$A \cdot dm^{-2}$	电流类型	电解液温度/℃	膜层颜色
DOW17	二氧化铵、重铬酸钠、O－磷酸	0.5～5.0	DC	70～80	绿色
HAE	氟化钾、磷酸钠、氢氧化钾、氢氧化铝、高锰酸钾	1.5～2.5	AC 或 DC	27	褐色
AHC Magoxid－Coat	无机酸（氢氟酸、磷酸、硼酸）、有机物	1.0～5.0	带等离子体 化学反应的特种类型	15～20	白色

HAE 和 DOW17 分别是使用碱性和酸性电解液的有代表性的阳极氧化方法。在碱性溶液中，苛性碱是溶液的基本组分，镁合金在只含苛性碱的溶液中十分容易阳极化成膜，膜的主要组成为氢氧化镁，该膜层孔隙率高。在阳极化过程中，膜层厚度几乎随时间线性增长，直到到达相当高的厚度，在碱性介质中不溶解。但该膜层结构疏松，同基底的结合力和防护性能十分差，所以在所有阳极氧化的电解液中都添加了其他组分，以改善膜的结构及其相应的性能。表 14－46 列出了几种镁合金在碱性溶液中阳极化的方法。从表中可以

看出添加组分有硅酸盐、磷酸盐、硼酸盐、碳酸盐和氟化物以及某些有机物。所得的阳极化膜含有这些盐的酸根，其对应的镁盐在酸性介质中均相当稳定。

表 14－46　镁合金在碱性溶液中阳极化的方法

方法序号	电解液组成/$g \cdot L^{-1}$		电流密度/$A \cdot dm^{-2}$	电压/V	温度/℃	时间/min	厚度/μm
1 DOW17	氢氧化钠 乙二醇 草酸	240 70 25	1.1～2.2 （交流或直流）	4～6	70～80	15～25	3～8
2①	氢氧化钠 水玻璃（d＝1.397） 苯酚	140～169 15～18 3～5	1.5～1 （直流）	4～6	60～70	30	7～15
3② HAE	氢氧化钾 氟化钾 氢氧化铝 磷酸三钠 锰酸	160 34 30 34 19	1.6 （交流）	30	24～29	60	35

①水玻璃含量以 mL/L 计；后处理溶液：Na_2HPO_4 0.3～0.5g/L，$K_2Ce_2O_7$ 0.3～1g/L。
②后处理溶液：HF 200g/L。

在酸性溶液中进行阳极氧化的方法比在碱性溶液中进行要少得多，但目前获得最广泛应用的却是利用酸性类电解液。例如，美国道公司的 DOW17 方法。DOW17 方法可应用于所有形式和系列的镁合金上。经过 DOW17 处理后，合金表面产生两相双层膜，在低压下形成厚约 5.0μm 的浅绿色或绿黄褐色膜，这种膜主要用于涂装打底。有时这层薄膜被厚约 30.4μm 而透明的深绿色的第二相膜所覆盖。第二相膜脆性很强且有极好的耐磨性，在高压时形成，其耐腐蚀性和作为涂装底层的性能都很优异，尤其用树脂或漆封闭后效果尤佳。

镁合金在上述溶液中的阳极化既可以使用直流电，也可以使用交流电。后者设备简单，使用较为普遍，但阳极化所需时间约为使用直流电时的两倍。电流密度为 0.5～5A/dm^2，终电压视所需膜的类型，参见表 14－46 和合金的种类而定。当阳极化开始时，要使电压升至 30V，此后则以保持恒电流密度来逐渐提升电压。溶液的工作温度为 70～80℃。

镁合金在酸性溶液中阳极化得到的膜层，组成比较复杂，大致为含镁的磷酸盐和氟化物，此外尚有铬。膜的耐热性十分好，在 400℃的高温下受热 100h，其性能和与基底金属的结合力均不受影响。当用 DOW17 方法对镁合金进行阳极氧化时，与上述 HAE 方法相似，随终电压的不同可以得到三种性能各异的膜层，见表 14－47。阳极氧化膜具有不同程度的孔隙率，所以在苛刻的盐腐蚀中必须进行封孔处理。

表 14－47　HAE 和 DOW17 两种方法取得的膜层类型及其性能

膜的类型	方　法	终电压/V	电流密度/$A \cdot dm^{-2}$	时间/min	外观	性　能
软　膜	HAE	9	4（交流）	15～20	米黄	膜薄，硬度低，韧性好，同基材结合好，耐蚀性差
	DOW17	40	（交流）	1～2	无色	
轻　膜	HAE	60	1.8～2.0（交流）	40～50	黄褐	同基材结合尚好，耐蚀性较高，可作油漆底层
	DOW17	60～75	（交流）	2.5～5	草绿	
硬　膜	HAE	85	1.8～2.0	60～75	棕黑	硬度高，耐磨性和耐蚀性好，脆性大

14.4.4.2 镁及镁合金材料阳极氧化成膜机理

在阳极氧化过程中，随着电压的不断升高，根据所得到的膜层及阳极氧化现象的不同，将阳极氧化的电流电压曲线划分为法拉第区、火花放电区、弧放电区。镁合金的氧化多采用高压，多数情况会发生火花放电现象。又由于镁合金的化学、电化学反应活性较高，阳极氧化时产生的激发态物质很多，发生一系列的物理与化学变化，使得镁合金的阳极氧化过程相当复杂。目前对于镁合金的研究主要集中在氧化工艺上，为进一步扩大镁合金的实际应用，提高镁合金氧化膜的性能，有必要对镁合金阳极氧化成膜机理进行深入研究。对于阳极氧化的成膜机理，目前主要有以下几种提法：

（1）Zozulin 认为当电压高于已有膜层的击穿电压时会产生火花放电现象，火花放电使得阳极氧化膜发生部分溶解，产生金属离子，同时溶液中产生等离子氧，同金属离子相结合产生熔融状态的氧化物膜层，由于火花放电时产生大量的热被溶液所吸收，熔融状态的金属氧化物被冷却，导致氧化物膜层的收缩，使得阳极氧化膜多孔。

（2）Khaselev 等人认为火花放电是电子雪崩的结果。认为火花放电前，偶发的电子放电导致电极表面已生成的薄而致密的无定型氧化膜局部受热，引起小范围晶化，当膜达到某一临界值时，小范围的电子放电发展为大范围的持续电子雪崩，阳极膜发生剧烈的破坏出现火花放电现象。在电极上形成的氧化膜虽然连续，但在时间上并不是同时增长，同时阳极氧化时伴随着气体的蒸发，导致了氧化膜多孔。Vijh 等人认为火花放电时析氧是由于电子雪崩的结果，雪崩后产生的电子被注射到氧化膜/电解液的界面，引起膜击穿，产生等离子体放电。

（3）Young 等人提出了热作用引起电击穿，认为界面膜层存在一临界温度 T_m，当膜层局部温度 $T > T_m$ 时便产生电击穿。Yahhlom 和 Zahavi 提出了由机械作用引起电击穿，认为电击穿与否主要取决于氧化膜/电解液界面的性质。Albella 认为阳极氧化时，电解液进入氧化膜的孔洞之中，形成放电中心，产生等离子体放电，使氧负离子、电解液中的阴离子同基体金属溶解所产生的阳离子迅速结合，同时放出大量的热，使得形成的氧化膜在基体表面熔融、烧结形成具有陶瓷结构的膜层。

14.4.4.3 镁及镁合金材料阳极氧化的主要工艺方法及特点

A DOW17 工艺

DOW17 阳极氧化工艺由 DOW 化学公司开发，适用于镁及各种镁合金。阳极氧化溶液组成为 240 ~ 300g/L NH_4HF_2、100g/L $Na_2Cr_2O_7 \cdot 2H_2O$、86g/L H_3PO_4（85%）；温度 70 ~ 80℃、电压 60 ~ 90V、电流密度 0.5 ~ 5A/dm^2。

镁合金在上述溶液中的阳极氧化既可以使用直流电也可以使用交流电，后者设备简单使用较为普遍，但阳极氧化所需时间约为使用直流电的两倍。当阳极化开始时，要使电压迅速升至 30V，此后则以保持恒电流密度来逐渐提升电压，当达到终止电压时，阳极氧化过程即完成，终止电压视所需膜的类型和合金的种类而定。阳极氧化膜如果不需要涂漆，还需在温度为 98 ~ 100℃、质量浓度为 53g/L 的水玻璃中进行 15min 的封闭处理。

在较低的终止电压下，得到的膜厚度约为 5μm、草绿色、膜层薄、硬度低、韧性好、同基体结合好，但耐蚀性较差，可作油漆底层；在较高的终止电压下得到的膜厚度约为 30μm、深绿色、耐磨性、耐蚀性较好、脆性较大。

经此工艺处理的纯镁及 AZ91D 镁合金，与化学转化膜相比腐蚀电阻大大提高。对于纯镁，在基体与氧化膜的界面上为一层很薄的阻挡层，外层为多孔层，膜的形成是由于基体/溶液交界处形成 MgF_2 及 $Mg(OH)_2$，同时在孔隙处氧化膜不断溶解，产生 MgF_2 和 $NaMgF_3$ 晶粒；在AZ91D镁合金上形成的膜不均匀，可能是由于在合金晶界处存在Mg－Al晶间化合物或表面缺陷所引起的，成膜机理与纯镁相似，外层亦为多孔结构，存在 MgF_2 和 $NaMgF_3$ 晶粒。

DOW17 工艺常用的槽液见表14－45和表14－46。常用的DOW17电化学处理工艺见表14－48。

表14－48 DOW17电化学氧化处理溶液组成和操作条件

操作条件	交流电操作	直流电操作
对两种颜色与厚度的膜阳极氧化		
氟化氢铵（NH_4HF_2）/$g \cdot L^{-1}$	240	360
重铬酸钠（$Na_2Cr_2O_7 \cdot 2H_2O$）/$g \cdot L^{-1}$	100	100
磷酸（85% H_3PO_4）/$g \cdot L^{-1}$	90	90
操作温度①/℃	71～82	71～82
电流密度/$A \cdot dm^{-2}$	0.5～5	0.5～5
对亮绿色薄膜②		
电流消耗③/A·s	860～1075	540～645
终电压③/V	75	75
处理时间③/min	4～5	2.5～3
对黑绿色厚膜④		
电流消耗③/A·s	4950(460)	3230(300)
终电压③/V	100	100
处理时间③/min	23⑤	15（h）
封闭后处理⑥		
硅酸钠水溶液（$Na_2Si_4O_9$）/$g \cdot L^{-1}$	53	
温度/℃	93～100	
浸蚀时间/min	15	

①溶液温度不能低于60℃，在直到沸腾温度下操作而无负面影响。
②在处理第一阶段形成，厚度为5.0μm。
③终电压和处理时间可变化，但对所有合金单位面积安培分钟数应保持恒定。
④在处理第二阶段形成，厚度为23～38.1μm。
⑤保持电压，使电流减小20min(交流）或15min(直流)，直到指示的最小单位平方米安培数，可产生厚膜。
⑥可选。为了增加耐腐蚀性，应用于无有机涂装的工件，对苛刻环境如盐雾实验下无效。这时，阳极氧化需要树脂封闭或涂漆封闭，以获得足够的保护。浸入溶液，用冷水洗、热水洗、空气吹干。

B HAE 工艺

该方法是镁合金在碱性体系中阳极氧化获得实际应用的最有价值的一种方法，电解液由120g/L的KOH、34g/L的KF、30g/L的 $Al(OH)_3$、34g/L的 Na_3PO_4、19g/L的 $KMnO_4$ 组成；温度15～30℃；电流密度2～2.5A/dm^2。

同DOW17工艺一样，当用HAE方法进行阳极氧化时，随过程所采取终止电压的不同，所得膜层的性能有较大差异。在低电压下得到的是5μm厚、浅棕色软膜；在高电压下得到的则是同铝的硬质阳极氧化相当的30μm厚、深棕色膜。封孔后两种膜均具有优良的耐腐蚀性能。高压下得到的氧化膜硬度高、耐磨性好，但会严重影响基体的抗疲劳强度，在膜较薄时影响更为严重。阳极氧化膜在冷水中充分冲洗后，用重铬酸盐来进行封闭处理，溶液组成为100g/L NH_4HF 和20g/L $Na_2Cr_2O_7 \cdot 2H_2O$，在室温下封孔1~2min，防护性能明显提高。

在氧化液中，KF和 $Al(OH)_3$ 的作用是促使镁合金能够在阳极氧化一开始就迅速成膜，以保证反应活性甚高的镁基材不受溶液腐蚀。成膜的正常操作标志是，在阳极氧化开始阶段必须依靠电压的迅速增大才能维持规定的电流密度；反之若电压不能提升，或提升后电流大幅度增加或降不下来，则表示电极（镁合金）表面并未成膜，而是发生局部的电化学溶解。这一现象的出现，同时也是溶液中上述两组分含量不足的表现。高锰酸钾是提高膜硬度以及使膜层结构致密的主要组分，增大它在溶液中的含量还可以降低过程的终止电压。

HAE法它可用于所有镁合金牌号，只要其不接触或嵌入其他金属，在HAE方法中，基体镁合金将被消耗掉一部分，膜厚的增长部分有一半将弥补被消耗掉的基体，工件尺寸的增厚实际只有产生膜厚的一半。HAE阳极氧化处理工艺流程如下，HAE处理的操作条件及溶液配方见表14-49。

表14-49 HAE处理溶液组成和操作条件

项目		参数
阳极氧化溶液组成/$g \cdot L^{-1}$	氢氧化钾	165
	氢氧化铝	34①
	氟化钾	34
	磷酸三钠	34
	锰酸钾	19②
	水	余量到3.7L
操作温度/℃		室温到32
电流密度/$A \cdot dm^{-2}$		1.5~2.5
终电压/V	第一阶段膜	65~70
	第二阶段膜	80~90
处理时间③/min	第一阶段膜	7~10
	第二阶段膜	60
重铬酸盐-双氟盐溶液成分/$g \cdot L^{-1}$	重铬酸钠	20
	氟化氢氨	100
	水	余量到3.7L
操作温度/℃		21~32
浸蚀时间/min		1
加热-湿气时效	温度/℃	77~85
	相对湿度/%	85
	时间/h	7~15

①对特别硬和耐磨的深棕色膜，每升溶液使用45~53g的氢氧化铝。

②等质量的高锰酸钾可用来代替锰酸钾。加入锰酸钾时，应先溶于水中再加入，还需加入43g的氢氧化钾。

③处理时间与电流密度有关。电流密度增加，处理时间可缩短。对常规氧化膜，电流密度推荐使用$2A/dm^2$。

蒸汽脱脂（*a*）→碱洗→冷清洗（*b*）→阳极氧化（*c*）→冷清洗（*b*）→重铬酸盐→双氟盐侵蚀（*c*）→空气吹干→加热湿气时效（*d*）。

（*a*）如必要。（*b*）完全浸入并充分搅拌。（*c*）阳极氧化前不需要酸洗。使用交流电，膜层沉积分为两个阶段：第一阶段是亮的黄色膜，厚度约为5.0μm，然后形成厚度一般为30.4μm的深棕色膜。（*d*）对不涂装的工件提高耐蚀性，在苛刻环境如盐雾实验下无效。这时，阳极氧化膜需要树脂封闭或涂漆封闭以获得足够的保护。

HAE阳极氧化处理溶液需要冷却，保持温度在32℃以下，将待阳极氧化处理表面的工件成对挂起，施加恒电流，并随电压升高保持不变。处理时必须将嵌入的任何不同的一种金属屏蔽起来，同时须保持工件之间良好的电接触。阳极氧化处理溶液的配制方法：先用一半水溶解无水氟化钾和磷酸三钠，再加入溶解了氢氧化铝的氢氧化钾水溶液（将氢氧化铝溶解于沸腾的氢氧化钾），最后加入锰酸钾或高锰酸钾，它们在碱溶液里都不稳定，会转化成锰酸盐；将各种配料倒入溶液中时，必须不停地搅动使溶液均匀。HAE溶液的使用寿命很长，锰和铝消耗很慢，锰化合物的消耗可从深棕色厚膜的光泽上反映出来。为了使涂层保持深棕色，经过处理大约0.4m^2/L的工件后，必须对电解槽中的溶液进行调整补充。补充溶液时，需不停地搅拌，每升溶液加入3.7～7.5g的锰酸钾或高锰酸钾，同时加入原始量铝的15%～20%或11g/L的氢氧化铝。氟化物和磷酸盐成分失效很慢，如果溶液是以原量15%～20%的比率连续使用，可每隔6个月添加一次。阳极氧化之后，要用水对零件彻底冲洗。如果将工件在79℃时效7～15h，保持85%相对湿度，可以进一步增加膜的耐蚀性。HAE法的设备需采取双层焊接结构，冷却板或线圈用低碳钢制成，挂具用镁合金，在液面下用合适的乙烯树脂带保护，可用钢夹将挂具夹到母线上。可形成电偶的铁、黄铜、青铜、锡、锌以及橡胶不能用作与溶液相接触的设备。

HAE方法得到的阳极化膜，在冷水中经充分冲洗后，需再由100g/L NH_4HF_2 和20g/L $Na_2Cr_2O_7 \cdot 2H_2O$ 所组成的溶液中，在室温下进行1～2min的封闭处理。后者可以中和膜层中残留的碱液，使它能与漆膜结合良好，还可以提高膜的防护性能。Mg－2% Mn合金在碱性溶液中得到的阳极化膜，其主要组成为$Mg(OH)_2$，具有六方晶格的晶体结构（$a=0.313nm$，$c=0.475nm$）。视合金组成的不同，除$Mg(OH)_2$外，阳极化膜中可能还含有少量各合金元素的氢氧化物。当镁合金用HAE方法进行阳极化时，随过程所取终电压的不同，所得膜层的性能有较大的差异。在低电压下得到的是软膜；在高的终结电压下得到的则是同铝的硬质阳极化相当的硬膜。

C　Anomag工艺

传统的阳极氧化方法得到的镁合金阳极氧化膜不透明，而应用Anomag工艺可以得到透明的氧化膜，在外观上可以与铝合金的氧化膜直接相匹配，耐蚀、耐磨性也远优于传统的阳极氧化膜，从而开拓镁合金的应用领域。

电解液的主要成分为氨水，以磷酸盐、铝酸盐、过氧化物、氟化物为添加剂。同时也可向溶液中加入硅酸盐、硼酸盐、柠檬酸盐、碳酸盐等。电解液中氨水的主要作用是抑制火花的产生，减少阳极氧化时产生的热量，使得该方法区别于传统的阳极氧化方法，无需冷却设备。当氨水的含量过低时，会产生火花放电现象，形成的氧化膜与传统的阳极氧化膜相似。

磷酸盐的加入是为了得到透明的阳极氧化膜，浓度越低，膜层的透明度越好；磷酸盐的浓度过高，得到的氧化膜不透明，同时在高压下会产生火花放电现象。过氧化钠的加入是为了降低成膜电压，但浓度较低时，对成膜不会有明显的影响，浓度过高时，会产生破坏性的火花，工件表面不会成膜。如果对阳极氧化膜颜色有特别的要求，还可以向溶液中添加染色剂，以产生不同颜色的膜层，对氧化膜的性能并无影响。另外该氧化过程采用氨水为电解液，温度应低于40℃，同时应具有良好的通风设备。

同其他处理方法所得到的氧化膜一样，该氧化膜层也具有多孔微观结构。膜层组成主要为MgO、$Mg(OH)_2$的混合物，以磷酸盐为添加剂时，膜层中存在$Mg_3(PO_4)_2$。以铝酸盐或氟化物为添加剂时，膜层中会存在氟化镁、铝酸镁。膜层颜色是半透明或珍珠色，取决于电解液中添加剂的种类和浓度。

一般的阳极氧化技术，由于产生火花放电现象，得到的氧化膜粗糙多孔且部分烧结，电流效率低。而Anomag工艺得到的氧化膜孔隙分布比较均匀，电流效率较高。具有较好的耐蚀性、抗磨性，操作简单，槽液基本无害，膜生长速度快（达1μm/min）。氧化膜层可单独使用，也可以进行着色、封孔、涂覆有机聚合物。

D Magoxid－Coat 工艺

Magoxid－Coat工艺是一种硬质阳极氧化技术，电解液包含磷酸根、硼酸根、氟离子，每种阴离子的浓度大于0.1mol/L，总量小于2mol/L。阳离子的选择以电解质的浓度与黏度最大化为原则，通常选用碱金属、碱土金属、铝离子以及铵根离子，总量为1mol/L左右；同时以尿素、乙二醇、丙三醇等有机物为稳定剂，总量约1.5mol/L；恒温、恒电流操作，电解液的温度为－30～15℃；可采用直流电、交流电、三相交流电以及脉冲电压，当频率达到500Hz以上时，电压制度对成膜过程几乎没有任何影响；电流密度不大于$1A/dm^2$，当达到预设终止电压时，氧化过程完成，该方法适用于几乎所有的镁合金。

由于该阳极氧化液为水溶液与有机物的混合物，同时电解质的浓度较高，增加了电解液的黏度，具有高的比热容，使得形成的氧化膜得以稳定，最终形成的氧化膜较均匀。

该工艺的成膜过程类似铝的微弧氧化，刚开始时，形成一薄层阻挡层，当电压逐渐升高，阻挡层逐渐增加，随后产生火花放电，在气、液、固三相界面形成熔融的金属氧化物，等离子体氧是火花放电时来自溶液，金属离子来自金属阳极的溶解，由于等离子放电区的温度高达6500℃以上，所以金属氧化物的陶瓷层开始时，是液态的，金属陶瓷氧化物被电解液迅速冷却，产生的气体溢出，尤其是氧、水蒸气，留下多孔、毛细管状的陶瓷层，孔的直径为0.1～30μm。

该膜层为三层结构：底层为阻挡层，厚度约为100nm，同基体结合良好；中间层为烧结的紧密层，基本无孔；外层为耐磨的多孔氧化物陶瓷层，可作为良好的涂覆底层。膜层的组成为$MgAl_2O_4$。该处理方法在试件的边缘及深凹处亦可产生均匀的膜层，耐磨抗蚀性能优良，具有高的耐折强度。同时该膜层可以和含氟高聚物PTFE、PVDF等进行共沉积。总厚度为50～120μm，处理前后尺寸变化很小。膜的介电破裂电压达600V，8500h盐雾腐蚀试验后未见腐蚀，膜层抗磨性能也接近铝氧化膜的。

E Tagnite 工艺

该处理方法为Technology Application Group发明的一种阳极氧化处理方法，包含前处理步骤。首先将镁合金浸入含有0.5～1.2mol/L的NH_4F溶液中进行前处理，水洗后进行电化学处理，电解液的组成为5～7g/L氢氧化物、8～10g/L氟化物、15～20g/L硅酸盐。

浸氟化铵的作用是为了去除镁合金表面的杂质，形成氟化铵底层以利于阳极氧化陶瓷层的沉积，增加氧化物陶瓷层与基体的结合力。如果处理时间太短，则不能完全除去杂质，在镁基体上也不能形成足够的氟化铵底层，会影响阳极氧化膜的耐腐蚀性能以及与基体的结合力；如果处理时间过长就会造成经济上的浪费。随着处理时间的延长对阳极氧化所形成的氧化膜的性能并没有明显的影响，一般情况下所形成的氟化铵层厚度为1～2μm。该层对基体有一定的防腐蚀性能，但耐磨性能和硬度较低。

前处理后进行阳极氧化，如果电解液的温度过高或酸性太强，阳极氧化反应会过快，对基体造成局部腐蚀，不利于氧化成膜；如果溶液的碱性太强或温度太低，阳极氧化成膜反应速度又太慢，所以进行阳极氧化时应严格控制电解液的温度和酸碱度。

Tagnite工艺在碱性溶液中生成的白色硬质氧化陶瓷层，膜层含有SiO_2，厚度为10～30μm，由于该方法采用前处理步骤，所得到的氧化膜与基体的结合力是目前最强的，盐雾腐蚀试验700h可达9级（按ASTM B117标准试验）。载荷1kg的CS－17耐磨试验（141C）可达4000周期。表面的SiO_2膜层多孔，阳极氧化后可进行有机或无机封孔及涂覆处理，提高耐腐蚀性能及增强表面装饰性。

F　其他阳极氧化工艺

Cr－22工艺在包含铬酸盐、钒酸盐、磷酸盐和氟化物的水溶液中进行阳极氧化，得到硬质氧化膜，封孔后具有良好的防护性能，该工艺通过改变溶液的组成、温度及电流密度可适用于各种形式的镁合金表面处理。但由于采用较高的电压，目前没能得到广泛的应用，主要作为涂料底层。

Khaselev等人研究了镁及镁－铝合金的火花阳极氧化，得到的氧化膜主要由MgO、$MgAl_2O_4$组成。尖晶石$MgAl_2O_4$的存在有利于提高膜的耐腐蚀性，增加电解液中铝的含量、提高电流密度，都会使膜层中$MgAl_2O_4$的含量增加，加快成膜速度。$Mg_{17}Al_{12}$的存在会增大膜的击穿电压。

Ostrovsky等人发明的专利采用的电解液包含羟铵、非离子表面活性剂、磷酸盐及氢氧化物，通过控制电流密度及溶液的组成可以进行火花放电，也可避免火花的产生。磷酸盐含量的增加可以加快成膜速度，提高膜的硬度，但膜层的外观不好，温度会对成膜有较大的影响。降低磷酸盐的含量，得到的膜层较薄，较光滑、外观好，温度对成膜过程影响不大。进行阳极氧化后镍盐处理可以使阳极氧化膜具有导电性。

国内有人采用10g/L $NaAlO_2$对MB15镁合金进行了微弧氧化处理，得到了致密的氧化膜层，同基体结合良好，膜层的主要组成为立方结构的MgO和$MgAl_2O_4$，微弧氧化初始一段时间内，氧化膜向外生长速度大于向内生长速度，氧化膜达到一定厚度后，样品外部尺寸不再增加，而氧化膜完全转向基体内部增长，氧化膜分为表面疏松层和致密层两层结构，致密层是膜的主体。热扩散和电迁移对膜生长起较大作用。

采用碱性电解液，以硅酸盐、硼酸盐、碳酸盐等为添加剂对AZ91D镁合金进行了阳极氧化处理。得到的氧化膜呈银灰色，均匀光滑，可以进行着色、封孔及涂覆有机物。动电位极化曲线表明氧化膜的腐蚀速度（0.1836μA/cm^2）明显低于空白试样的（38.36μA/cm^2）。

研究表明，采用以硅酸钠为主的电解液体系对MB8镁合金进行了微弧氧化处理，利用SEM、XRD等分析手段，研究了微弧氧化陶瓷层的生长规律，分析了微弧氧化条件下氧化镁膜层致密性和相结构与处理时间的关系。结果表明，在微弧氧化初期，膜层致密，几乎观察不到疏松层，随着处理时间的延长及膜厚的增加，其外侧开始出现疏松层，膜层主要由MgO、$MgSiO_3$、$MgAl_2O_4$和无定形相组成。随着膜厚的增加，层内缺陷增多，无定形相减少，对提高耐蚀性无益。

此外，关于镁合金的阳极氧化方法还有很多，如DOW14、GEC、MX5、MX6、Fluo - Anod、Flussal工艺等。

14.4.5 镁及镁合金材料的微弧氧化处理技术

微弧阳极氧化又称微弧等离子体氧化或阳极火花沉积，简称微弧氧化，它是在铝合金微弧阳极氧化和普通阳极氧化的基础上开发的一种新技术。20世纪80年代中后期，微弧氧化技术已成为国际研究热点并开始应用，我国在该领域的研究起步于1990年代，并取得了可喜成果。该技术利用高压高电流的作用在阳极区产生等离子微弧放电，使阳极区表面局部温度达到2000℃左右，使原来氧化物熔化，生成一层氧化镁陶瓷涂层熔覆在金属表面，形成陶瓷质阳极氧化膜，其硬度、致密度、耐磨和耐蚀性都比普通阳极氧化膜高。

微弧氧化工艺流程一般为：除油→去离子漂洗→微弧氧化→自来水漂洗。一般认为微弧氧化过程包括以下四个阶段。第一阶段，合金表面生成氧化膜；第二阶段，氧化膜被击穿并发生等离子微弧放电；第三阶段，深层进一步被氧化；第四阶段为氧化、熔融、凝固平衡阶段。微弧氧化的最高电压不超过650V。650V以下时生成的氧化膜随氧化时间的延长和电压值的增高而逐渐增厚。该工艺的膜层由致密层和疏松层两层构成，与普通的阳极氧化膜相比，微弧氧化膜的空隙小，空隙率低，膜层与基体结合紧密，质地坚硬，分布均匀，从而具有更高的耐蚀性和耐磨性能。电压超过650V时微弧氧化膜会大块脱落，并在膜表面形成一些小坑，从而大大降低氧化膜的性能。

微弧氧化装置包括专用高压电源、氧化槽、冷却系统和搅拌系统。氧化液大多采用碱性溶液，对环境污染小。溶液温度以室温为宜，温度变化较宽。溶液温度对微弧氧化的影响比阳极氧化的小得多，因为微弧区烧结温度达几千度，远高于槽温，而阳极氧化要求溶液温度较低，特别是硬质阳极氧化对溶液温度限制更为严格。微弧氧化工件的形状可以较复杂，部分内表面也可处理。此外，微弧氧化工艺流程比阳极氧化简单得多。两种工艺特点比较见表14 - 50。

表14 - 50 微弧氧化和普通阳极氧化技术比较

项 目	微弧氧化	阳极氧化	硬质阳极氧化
电压、电流	高压、强流	低压、电流密度小	低压、电流密度小
工艺流程	去油→微弧氧化	碱蚀→酸洗→机械性清理→阳极氧化→封孔	去油→去氧化膜→化学封闭
溶液性质	碱性溶液	酸性溶液	酸性溶液
工作温度和处理时间	<45℃，10~30min	13~26℃，30~60min	8~10℃，60~120min

续表 14 - 50

项 目	微弧氧化	阳极氧化	硬质阳极氧化
氧化类型	化学氧化、电化学氧化、等离子体氧化	化学氧化、电化学氧化	化学氧化、电化学氧化
氧化膜相结构	晶态氧化物	无定形相	无定形相

微弧氧化之后得到乳白色或咖啡色的完整膜层。膜层厚度可根据需求通过工艺调整控制在 5 ~ 70μm，中性盐雾试验可达 500h，显微硬度在 400HV 左右，漆膜附着力为 0 级。微弧氧化后需要进一步实施涂装保护。

14.4.5.1 微弧氧化原理

在微弧氧化中，阴极为不锈钢，阳极为镁合金工件，电解质溶液呈碱性，其中含有添加剂。阴极发生了析氢反应，反应式如下，即：

$$2H^+ + 2e \longrightarrow H_2\uparrow$$

根据生产过程中电流和电压的变化关系，可以将微弧氧化过程大致分为四个部分，微弧氧化钝化曲线如图 14 - 27 所示：活性溶解区 *AB*；活化钝化过渡区 *BC*；钝化区 *CD*；过钝化区 *DE*。

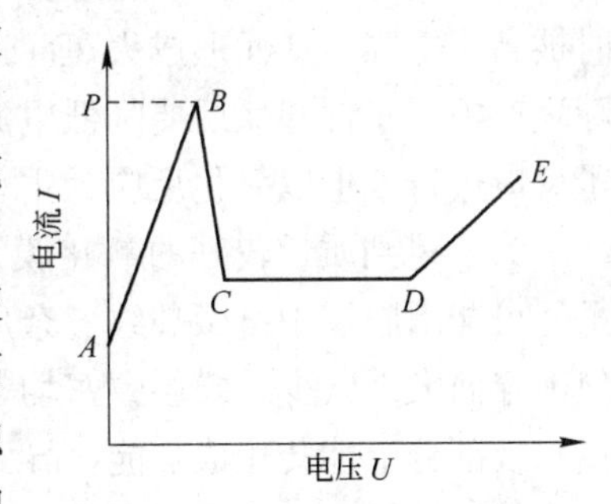

图 14 - 27 微弧氧化钝化曲线

在 *AB* 区，通电时，镁合金工件作为阳极将吸附溶液中阴离子，如氟离子、氢离子、碳酸根离子、磷酸根离子等。当电压升高，电流密度也呈直线增大，金属腐蚀溶解速度逐渐增大。由于镁的化学活性大，当达到镁的溶解电位时，镁开始溶解，即：

$$Mg - 2e \longrightarrow Mg^{2+}$$

在 *BC* 区，随镁合金的溶解，生成的镁离子与工件表面吸附的氟离子、氢氧根离子、碳酸根离子、磷酸根离子等发生反应：

$$Mg^{2+} + 2F^- \longrightarrow MgF_2$$

$$Mg^{2+} + 2OH^- \longrightarrow Mg(OH)_2$$

$$Mg^{2+} + CO_2^{2-} \longrightarrow MgCO_2$$

反应生成物质在微弧氧化电解质溶液的溶解度很小，这些物质附着在工件表面上，直至这些不溶物完全覆盖工件表面（由于镁合金的溶解不均匀，完全覆盖是一个渐进的过程）。在活性溶解区，电流逐渐升高，当电流密度达到一定值如 *P* 点时，参见图 14 - 27，镁合金开始钝化，此时的电流密度为致钝电流密度 *IP*。同时，吸附在镁合金表面的氢氧根离子，在电流的作用下，将发生如下反应，即：

$$2OH^- + 2e \longrightarrow H_2O + O^{2-}$$

反应生成的新生氧原子具有很高的活性，极易与镁结合生成氧化镁。这些物质共同形成一层疏松的化学转化膜。

在活化钝化过渡区，氧化反应和离子反应同时进行，通过离子反应生成的化学转化膜疏松多孔，这些物质的生成阻碍了离子反应的顺利进行，使得反应速率大大降低。氢氧根离子在电场的作用下，穿过这些多孔的物质优先放电，释放出氧原子，生成的新生氧具有很高的活性，它与镁结合生成氧化镁。氧化镁逐渐填满空隙，膜的电阻逐渐增大，电流逐渐下降，电压却逐渐升高。这层膜的生成使得在工件表面起弧成为可能。

在 *CD* 区，随着氧化膜的增厚及微孔的减少，膜的电阻升高很快，并且膜阻碍了工件和溶液的热量交换，使得工件表面的温度升高，镁的活性增加。即使电流保持恒定电压时，温度升高也较快，氧化膜增长也相应增加。一般情况下，在实际生产中要求电压平稳升高，所以要适当降低电流，使电流密度逐渐降低。由于工件的形状、与阴极距离的远近、工件自身组成的不同以及工件表面状况差异等原因，造成电流密度的分布不均匀，使得氧化膜厚薄不均，各部分电阻各异。当电压升高到一定程度，氧化膜电阻较小的地方优先达到临界电压被击穿，产生电弧，形成瞬间通路。此时，在电场的作用下，经过加速的阴离子特别是氢氧根离子瞬间穿过微孔在镁合金表面放电并释放出氧原子，氧原子与镁结合生成氧化镁，使氧化膜增厚的同时电阻也随之增大。电压继续升高，当电压升高一定程度后相对薄弱的地方又被击穿……这种过程重复进行，氧化膜在增厚的同时厚薄悬殊减少，膜的击穿需要更高的电压，当电压足够时，膜比较薄弱的某个小区域中绝大部分点同时被高压击穿，从而形成火斑。这种火斑现象不但破坏氧化膜，并且可能烧蚀工件。在实际生产中，工件起弧后要降低电流以限制最高电压在一定范围之内。此过程中虽然也有离子反应进行，但以氧化反应为主。

为了得到质量较好的氧化膜，必须采取措施（如降低电流等），以限制电压的升高。虽然可能因膜层中有微裂纹、杂质离子的掺入或基体本身的微量合金元素导致局部击穿，但击穿面大大减少。膜层致密均匀导热性能差。在微弧氧化过程中，由于氧化反应放出热量以及部分电能转化成热能，导致工件表面局部瞬间温度可达2000℃以上。这样的高温使氧化物烧结并被急速冷却时，相结构发生改变，可使四方晶系的 MgO 转变为结构更为紧密的立方晶系的 MgO；普通 Al_2O_3 可转变为 $\alpha-Al_2O_3$、$\gamma-Al_2O_3$。在钝化膜的构成中除了立方晶系的 MgO，还有具有尖晶石结构的 $\alpha-Al_2O_3$、$\gamma-Al_2O_3$ 及复合氧化物 $MgO \cdot Al_2O_3$ 和 $MgO \cdot SiO_2$ 以及少量的 MgF_2 等。

14.4.5.2 微弧氧化膜的形成与结构特点

研究发现在微弧氧化初始阶段，氧化膜的向外生长速度大于向内生长速度，达到一定厚度后，氧化膜完全转向基体内部生长。在整个过程中，热扩散和电迁移对膜生长起较大作用。

如前所述，微弧氧化过程一般经过4个阶段：表面生成氧化膜；氧化膜被击穿，并发生等离子微弧放电；氧化进一步向深层渗透；氧化、熔融、凝固平稳阶段。在微弧氧化过程中，当电压增大至某一值时，镁合金表面微孔中产生火花放电，使表面局部温度高达1000℃以上，从而使金属表面生成一层陶瓷质的氧化膜。其显微硬度在HV1000以上，最高可达HV2500～3000。在微弧氧化过程中，氧化时间越长，电压值越大，生成的氧化膜越厚。但电压最高不应超过650V，否则，氧化过程中会发出尖锐的爆鸣声，使氧化膜大块脱落，并在膜表面形成一些小坑，从而大大降低氧化膜的性能。

微弧氧化形成的膜与一般的阳极氧化膜一样，具有两层结构，致密层和疏松层，如图14－28和图14－29所示。与普通的阳极氧化膜相比，微弧氧化膜的空隙小，空隙率低，生成的膜与基体结合紧密、质地坚硬、分布均匀，从而具有更高的耐蚀、耐磨性能。

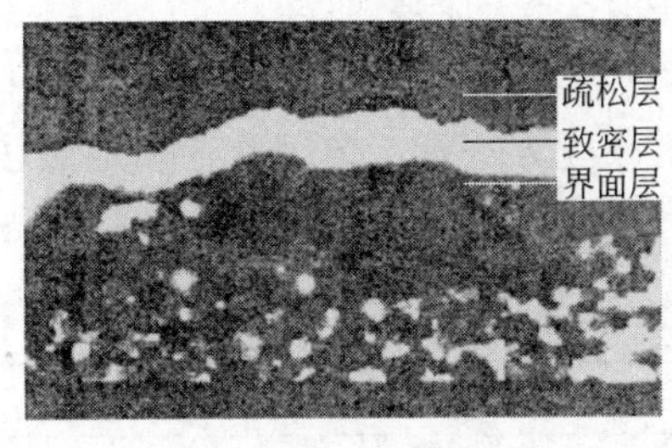

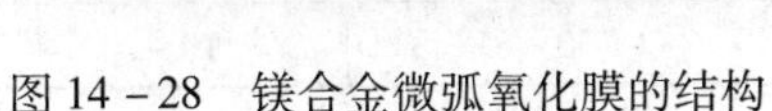
图 14－28 镁合金微弧氧化膜的结构

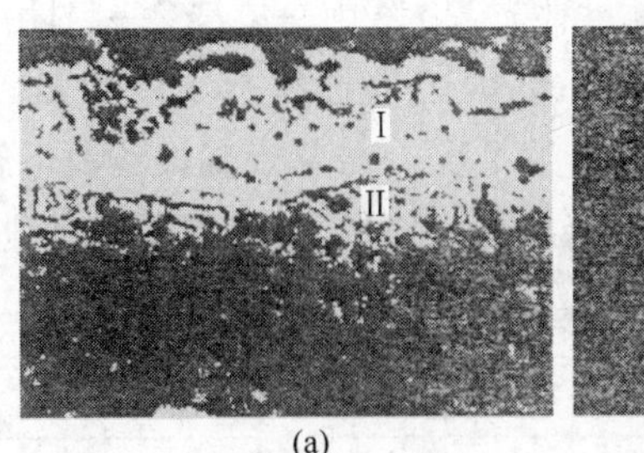

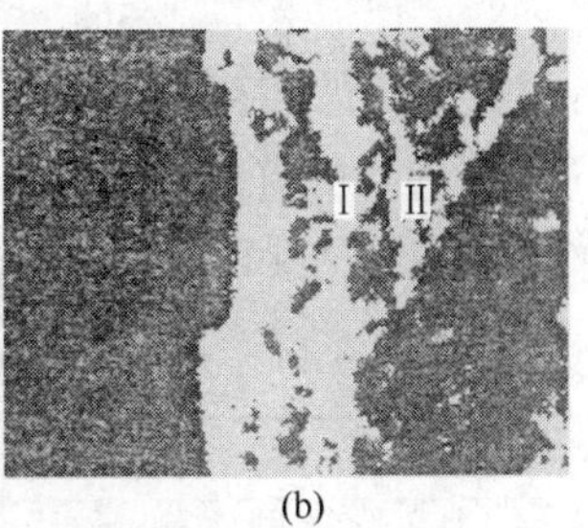

(a) (b)

图 14－29 AZ91D 微弧氧化膜截面形貌图

（a）热光样；（b）断口样

Ⅰ—膜层；Ⅱ—基体

微弧氧化膜表面由直径几十微米大颗粒及大量几微米小颗粒组成，颗粒熔化后加在一起，每个大颗粒中间残留一个几微米大小的放电气孔，颗粒上能观察到膜熔化痕迹，表面还有许多更小的气孔。微等离子体氧化膜是多孔的，在强电场的作用下，孔底气泡首先被击穿，进而引起膜的介电击穿，发生微区放电。试验过程中，浸在溶液里的样品表面能观察到无数流动的火花，由于击穿总是发生在膜相对薄弱的部位，因此最终生成膜是较均匀的。图 14－30 为不同微弧氧化时间的 AZ91D 镁合金氧化膜表面形貌。

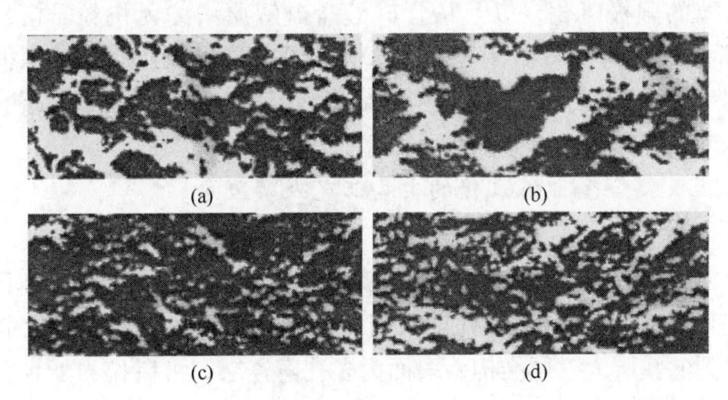

图 14－30 AZ91D 镁合金在不同微弧氧化时间下的氧化膜形貌

（a）30min；（b）60min；（c）90min；（d）120min

微弧氧化的氧化液对氧化膜的组成起决定性的作用，常见的有硅酸盐、铝酸盐等。氧化液中含有硅酸盐的，通过 X 射线衍射分析可知，其陶瓷层主要由 $SiO_2 \cdot MgO$ 组成；氧化液中含有铝酸盐的，陶瓷层中含有 Al_2O_3 成分。正是这两种氧化物的存在，提高了陶瓷层的耐磨性。

微弧氧化和阳极氧化处理镁合金耐蚀性的对比表明，镁合金表面经微弧氧化处理后电化学阻抗大幅升高，镁合金经微弧氧化后，在 5% NaCl 溶液中的腐蚀电流比经过阳极氧化处理的小近 3 个数量级，微弧氧化陶瓷层特有的微观组织结构，使它的耐蚀性比阳极氧化陶瓷层的耐蚀性显著提高。

14.4.5.3 微弧陶瓷氧化工艺特点

微弧陶瓷氧化质量的好坏主要取决于氧化工艺，以及氧化前的表面预处理和氧化后的及时封闭处理。总的工艺流程为：

除油→清洗1→氧化→清洗2→封闭→清洗3→干燥

镁合金工件微弧氧化工艺因工件形状及工件数量、膜厚、成膜速度、设备功率等不同，工艺条件有所不同。一般情况，需要根据设备及电解液配方进行工艺试验，确定最佳工艺参数，表14－51为镁合金微弧氧化的一般工艺条件。

表14－51　镁合金微弧氧化的一般工艺条件

参　数	电解液pH值	电流密度/$A \cdot dm^{-2}$	最高电压/V	溶液温度/℃	时间/min
范　围	12～14	1.2～4.0	550	30～65	10～30

经微弧氧化后，需用清水反复清洗，除去镁合金工件微孔内残留的电解质溶液，然后进行封闭处理。在热水中，水分子通过钝化膜的微孔与氧化镁反应，生成$Mg(OH)_2$，体积膨胀后将钝化膜的微孔封闭，提高了钝化膜的防护性能。反应式如下，即：

$$MgO + H_2O \longrightarrow Mg(OH)_2$$

美国的Zozulin等人1994年报道了ZE41和AZ91D镁合金上进行微弧阳极氧化处理的工艺。将清洗干净的试样浸入到含有氟化物的加热溶液中，使试样表面首先生成一层含有氟化镁和氧化镁的混合层。然后将此试样作为阳极放入电解槽中，不锈钢作为阴极。电解过程包括基体金属的阳极氧化，以及从含硅酸盐电解质中的无机粒子沉积。在起始1～2min内，电压增加到150～190V(对于AZ91D合金)，这里火花放电沉积很明显，局部温度可高达1000℃，使得硅酸盐和氧化物粒子熔化沉积在金属表面上，最终在镁合金表面生成坚硬耐磨耐蚀的防护涂层。

14.4.5.4　镁及镁合金微弧氧化的典型工艺及其发展

A　Keronite工艺

最初由俄罗斯发明，后由英国的CFB公司转移到英国，现已授权给英国、美国、意大利、德国、以色列等国家。Keronite处理采用弱碱性电解液，应用程序化电压处理镁合金零件。处理后得到的膜层为三层结构，表面为多孔陶瓷层，可以作为复合膜层的骨架；中间层基本无孔，提供保护作用；内层是极薄的阻挡层。膜层总厚度为10～80μm，硬度HV为400～600，40℃时盐雾试验可达200h，直流介电破裂电压可达1000V。

B　Magoxid工艺

由德国AHCGmbH公司开发，种类有镁合金无铬钝化、镁或铝合金微弧氧化、镁合金化学镀镍、镁合金干膜润滑涂层系统。Magoxid－Coat处理是在弱碱性溶液中生成$MgAl_2O_4$和其他化合物膜，具有较好的耐蚀性和抗磨性，可以涂漆、涂干膜润滑剂或含氟高聚物。Magoxid工艺所得的膜层与Ketonic工艺类似，可分为三层，总厚度一般为15～25μm，最厚可达501μm。处理前后部件的尺寸变化很小。膜的介电破裂电压达600V，盐雾试验可达500h。从处理过程看，Magoxid的应用电压比Keronite的要高一些；膜层的致密性、硬度比Keronite好。

C　Microplasmie Process工艺

由Microplasmie公司开发。镁合金微弧等离子体处理的电解液为氟化铵溶液，或含有氢氧化物和氟化物的溶液。膜层主要由镁的氧化物和少量烧结的硅酸盐组成，后者是一种沉积在表面的坚硬物质。

D Anomag 工艺

用 Anomag 工艺处理，使镁合金阳极氧化膜的染色得以实现。由于在电解液中使用了氨水，使得火花放电受到了抑制。阳极氧化溶液由氨水和 $Na_3(NH_4OH)PO_4$ 组成，膜层是混合的 $MgO-Mg(OH)_2$ 体系，其中可能还有 $Mg_3(PO_4)_2$。膜层厚度与槽液成分、温度、电流密度和处理时间有关。Anomag 与粉末涂装结合效果很好，膜层的孔隙分布比较均匀，光洁度、耐蚀性、抗磨性是现有几种微弧氧化处理中所得膜层最好的。

E 镁及镁合金微弧氧化和阳极氧化工艺的比较

镁及镁合金微弧氧化和阳极氧化工艺的比较见表 14-52。

表 14-52 镁及镁合金微弧氧化和阳极氧化工艺比较

方 法	溶液化学成分	溶液温度/℃	电流密度/$A \cdot m^{-2}$	电压/V
DOW-17	重铬酸钠、氟化铵、磷酸	71~82	0.5~5.0	≤100
HAE	氢氧化钾、氢氧化铝、氟化钾、磷酸	室温	1.8~2.5	≤85
MA	氢氧化钾、硅酸钾、氟化钾	10~20	0.5~1.5	≤340

注：MA 为 A. J. Zozulin 等人研制的一种等离子体微弧阳极氧化法。

F 研究动态

在高频双脉冲电压条件下，碱性电解液中镁合金的微弧氧化工艺，通过优化脉冲波形和频率、引入特定频率范围的声波振动以及向电解槽中鼓入微气泡等方法，使工艺效率和膜层性能得到了很大的提高。研究电解液的组分对膜层组成的影响，发现在含有磷酸盐、硅酸盐、钨酸盐以及氟化物等组分的电解液中，形成的膜层中磷、硅、钨、氟等元素的含量与其在电解液中的含量成正比。

通过在 Keronite 膜层中注入含氟聚合物树脂的工艺，获得了杜邦 2002 Plunkett 发明奖。这种复合膜层可用于活塞、注塑膜、包装和印刷机械等领域。国际上一些独立的权威研究机构，已开始对镁合金的微弧氧化工艺的工业化应用进行技术和成本论证。

近年来，对镁及镁合金的阳极氧化和微弧氧化技术进行了深入的研究并开发出了多种新工艺，其中最具革命性意义的就是无铬（无毒）低能耗微弧（无火花）阳极氧化工艺。其新获得的无色涂层能耗也大大降低。该工艺新生成的涂层耐蚀性很强，并适用于施加其他多种类型的表面保护涂层。用它处理的自行车镁材车架，汽车或摩托车镁质车轮，电脑、照相机及摄像机的镁合金外壳不仅质量轻，而且较普通塑料外壳更防振、防擦伤，更具良好的外观。无铬转化膜更具环保意义。

无火花处理工艺与火花处理工艺的程序是基本相同的。碱脱脂能去除或软化工件表面的油脂，为后续工序的顺利进行打下良好基础。酸浸蚀（弱酸溶液中）能溶解及去除表面污垢或金属氧化物。阳极氧化是在碱液中进行的，在相同的处理槽液中和相同的工艺条件下，金属首先被活化，然后再生成阳极氧化膜层。溶液的配方组成已获得专利，在该溶液中，“无火花”“微弧”阳极氧化工艺可获得更均匀平整的膜层，具有令人满意的防腐、耐磨和装饰效果。经该工艺处理后的工件外观取决于加工工艺和热处理工艺的参数，颜色范围从灰色到白色均可选择，通常是无光泽的，也可是抛光增亮的。图 14-31 为典型的镁合金挤压材汽车零部件无铬微弧（无火花）阳极氧化透明封孔样品。

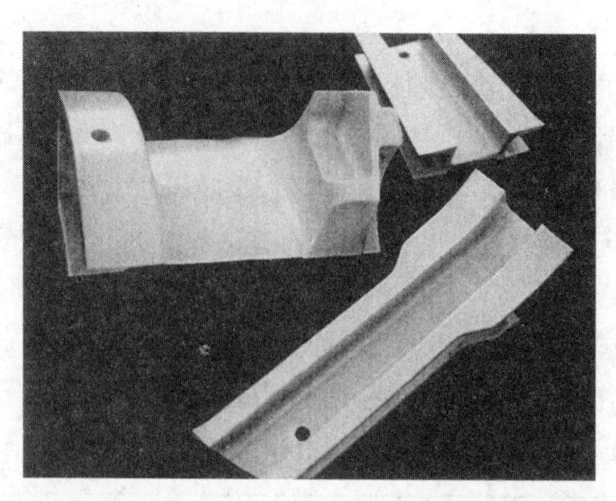

图 14-31 无铬低能耗微弧（无火花）阳极氧化透明封孔镁合金挤压件样品

14.4.6 氧化膜的修补与着色

镁材经过氧化处理后必须立刻清洗并烘干，严禁在湿空气中相互叠放，造成腐蚀。如果镁合金氧化部件局部氧化膜缺损，则需要进行局部化学氧化，局部氧化溶液成分详见表 14-53。局部氧化一般为手工操作，先用浸有酒精的棉球擦拭需氧化的部位，再在室温下用浸有氧化液的棉球反复涂抹无膜处，直到生成均匀氧化膜，最后用蒸馏水冲洗残渣并用脱脂棉擦净干燥。

表 14-53 镁及镁合金局部氧化液成分

方 法	溶 液 成 分	应 用 范 围
1	氧化镁 8~9g/L；铬酐 42g/L；硫酸 0.6~1.0mL/L	成 型 件
2	硒酸 20g/L；重铬酸钾	材 料

膜层出现脱落、鼓泡、烧伤、锈蚀或颜色不均等时，局部氧化也不能修复产品，必须退除氧化膜，退膜溶液和工艺条件见表 14-54，然后按原氧化条件重新氧化。化学氧化膜的膜层薄、强度低、耐蚀性差，一般不能单独使用，需要进行填充处理。特别是装饰性氧化膜，还必须进行着色处理和氧化膜质量鉴定。填充、着色处理可以改善氧化物的物理、化学性质，提高氧化膜的防护性和美化氧化膜的外观。填充、着色处理方法很多，现将常用的几种列于表 14-55。氧化膜着色染料分有机染料和无机染料两大类，也可以分为酸性、中性、碱性等；一般有机染料的浓度为 3~5g/L，无机染料溶液浓度为 10~200g/L。溶液浓度要根据颜色深浅来定，具体着色条件见表 14-56。

表 14-54 镁材料的退膜溶液和工艺条件

方法	退膜处理过程 1			退膜处理过程 2			应用范围
	溶液成分	温度/℃	处理时间/min	溶液成分	温度/℃	处理时间/min	
1	HNO_3 5%	室温	0.5~1	—	—	—	尺寸要求不严的氧化件
2	NaOH 260~300g/L	70~80	5~10	铬酐 150~250g/L	室温	0.5~1	尺寸要求较严的氧化件

表 14－55 氧化膜填充（或密封）处理方法和工艺条件

填充方法	填充介质	pH 值	温度/℃	时间/min	应用范围	氧化膜颜色
蒸汽填充	水蒸气	—	>100	20	冷着色零件	无色
热水填充	热蒸馏水	6～7	90～98	30	镁及其合金材料	无色
油脂填充	凡士林或石蜡	6～7	>100	0.5～1	镁及其合金材料	无色
铬酸盐填充	5%～10%重铬酸钾溶液	6～7	≤100	30	镁及其合金材料	黄色
水玻璃填充	5%硅酸钠溶液	碱性	≤100	20～30	镁材料防冻件	无色
环氧树脂填充	10%环氧酚醛树脂	—	室温	1～3s	镁材在 100℃下干燥 2h	无色
醋酸盐填充	醋酸钠 5g/L； 醋酸钴 1g/L； 硼酸 8g/L	—	90～98	20～30	抗晒氧化件或装饰品	紫色

表 14－56 常用的氧化膜着色方法和工艺条件

无机染料					有机染料				
名称	含量/g·L⁻¹	温度/℃	时间/min	氧化膜颜色	名称	含量/g·L⁻¹	温度/℃	时间/min	氧化膜颜色
铁氰化钾	10～50	90～100	10～20	蓝色	酸性元青	3～5	80～90	10～30	黑色
氯化铁	10～100				酸性黑	3～5	80～90	10～30	黑色
铁氰化钾	10～50	80～90	20～30	褐色	茜素黄	1～3	60～70	10～30	金黄
硫酸铜	10～100				玫瑰精	1～5	70～80	10～30	桃红
醋酸钴	50～100	90～100	20～30	黑色	酸性枣红	125	70～80	10～30	枣红
高锰酸钾	15～25				纯天蓝	2～3	70～80	10～30	天蓝
重铬酸钾	50～100	90～100	20～30	金黄色	孔雀绿	1～5	70～80	10～30	绿色
醋酸铅	100～200				碱性紫	3～5	70～80	10～30	紫色
硫代硫酸钠	10～50	90～100	20～30	黄色	配发橙黄	1～3	70～80	10～30	蛋黄
高锰酸钾	10～50				碱性褐	3～5	70～80	10～30	褐色
重铬酸钾	40～60	90～95	20～30	黄色	茜素黄	3～5	70～80	10～30	红黄
					茜素红	1～3			

氧化膜质量因氧化方法而异，同时由于材料用途不同，对氧化膜质量要求也有所差别。因此，镁合金氧化膜质量目前尚无统一的标准，最常见的鉴定方法如下：

（1）外观检查，检查氧化膜颜色是否均匀，是否存在黑斑、花纹、起泡、锈蚀、擦伤、膜裂、针孔等缺陷，膜层是否致密，与基体附着力大小如何。

（2）氧化膜有关物理性能的测定，包括膜厚、孔隙度和显微硬度等。

经过化学氧化处理的镁合金零件在使用前需涂覆一层涂料作为补充保护。涂层数通常不得少于 3 层。如果零件表面不涂覆涂料，而是静电喷涂后再在流态化床涂覆环氧树脂粉末，则固化后涂层的耐蚀性远远超过氧化处理后涂覆涂料的防护效果。

14.4.7 镁及镁合金材料的电镀技术

14.4.7.1 概述

所有的工业电镀系统在适当的预电镀之后都可用于镁合金上。但是，只有锌和镍这两种金属能直接电镀到镁上，在工业生产中，其镀层不被用作最终表面镀层，而是用作基底镀层，在其上面再镀以其他常用的电镀金属。这种获取有效镀层所需要的特殊工艺过程是由镁基体的两个基本特性决定的：高电化学活性（氧化倾向）和易受大多数酸洗液的快速化学腐蚀。

A 在镁上直接电镀困难的原因分析

(1) 镁是一种难于直接进行电镀（或化学镀）的金属，即使在大气环境下，镁合金表面也会迅速形成一层惰性的氧化膜，这层膜影响了镀层金属与基体金属的结合强度，所以在进行电镀时必须除去这层氧化膜。由于镁生成氧化膜的速度极快，因此必须寻找一种适当的前处理方法，能在镁合金表面形成一既能防止氧化膜的生成，又能在电镀（或化学镀）时容易除去的膜层。

(2) 镁合金具有较高的化学反应活性，因此在电镀（或化学镀）时，镀液中金属阳离子的还原一定要首先发生，否则金属镁会与镀液中的阳离子迅速发生置换反应，形成的金属置换层是疏松的，它影响了镀层与基体的结合力。

(3) 镁与大多数的酸反应剧烈，在酸性介质中会迅速溶解（氢氟酸、铬酸除外），但在碱性溶液中溶解速度极慢。因为镁极易氧化，暴露于空气中的表面即能自发地形成一层以 $Mg(OH)_2$ 及其次级产物（如各种水合 $MgCO_3$、$MgSO_3$ 等）为主的灰色薄膜，由于自身的热力学稳定性不高，这层钝化薄膜在 pH 值小于 11 的条件下是不稳定的，对镁基体的腐蚀不能提供保护作用。因此，对镁合金进行电镀（或化学镀）处理时，应尽量采用中性或碱性镀液，这样不仅可以减小对镁基体的浸蚀，也可延长镀液的使用寿命。

(4) 由于镁的标准电极电位很低，为 -2.37V，易发生电化学腐蚀。在电解质溶液中与其他金属相接触时，容易形成腐蚀电池，而且一般镁总是阳极，这样会导致镁合金表面迅速发生点腐蚀。所以在电镀时，在镁合金表面上形成的镀层必须无孔，否则不但不能有效地防止镁的腐蚀，反而会加剧它的腐蚀。对于镁合金基体上的铜 - 镍 - 铬组合镀层，有人提出，它的厚度至少要在 50μm 时，才能保证无孔，才能在室外应用。

(5) 镁合金上电镀所获得的镀层质量还取决于镁合金的种类（化学镀也是如此）。对于不同种类的镁合金，由于组成元素以及表面状态不同，在进行前处理时，应采取不同的方法。例如镁合金表面存在大量的金属间化合物，即 Mg_xAl_y 金属间相的存在，使得基体表面的电势分布极不均匀，这样就增加了电镀和化学镀的难度。

(6) 大多数金属及其合金都可用铸造方法生产铸件。对于镁合金来说，由于它的熔化温度比较低（镁的熔点为 650℃），因此铸件用得就比较多。

金属液在铸型中总是表面先凝固，而心部冷却缓慢，气体不易逸出，所以铸件的表层比较致密，而内部组织则疏松多孔。铸造产品的主要缺陷有气孔、渣孔、冷隔、夹杂、偏析、疏松、疤痕、打皱及晶粒粗大等，这些缺陷将使金属镀层的质量下降。对于镁合金来说，它们铸件形状往往比较复杂，这更增加了电镀操作的难度。

压铸镁合金表面往往存在气孔、洞隙、疏松、裂缝和脱膜剂、油脂等，应通过机械和化学方法进行清理。常用压铸镁合金，主要是 AZ91D 型 Mg - Al - Zn 合金。其金相组织由两相组成，基体 α 相是 Mg - Al - Zn 固溶体，析出 β 相是晶界化合物 $Mg_{17}Al_{12}$，压铸过程中还可能产生偏析现象。这种特点，在处理过程中必须加以充分考虑。同时，在加工、抛光过程中，应注意保护铸件表面的致密层，否则工件的疏松基体暴露，将增加表面处理的难度。

（7）电镀及化学镀的缺点是镀液中含有重金属，它们会影响镁合金的回收利用，增加镁回收纯化时的难度与成本。

B 镁及镁合金材料电镀前处理

要想在镁及镁合金上得到理想的金属电镀层，最重要的就是适当的镀前处理过程，其目的，一是去除和防止镁上自然形成的氧化物；二是防止镁基体与镀液发生自发的置换镀层。目前，对于在镁及镁合金上电镀的研究，也主要集中在各种前处理的方法上。

（1）常用方法。介绍两种常用电镀工艺，其流程如下：

1）清洗→浸蚀→活化→浸锌→氰化镀铜→电镀；

2）清洗→浸蚀→氟化物活化→化学镀镍→电镀。

对于浸锌法，也开发了很多前处理工艺，其中主要有 DOW 工艺、Norsk - Hydro 工艺以及 WCM 工艺：

1）DOW 工艺：除油→阴极清洗→酸蚀→酸活化→浸锌→镀铜；

2）Norsk - Hydro 工艺：除油→酸蚀→碱处理→浸锌→镀铜；

3）WCM 工艺：除油→酸蚀→氟化物活化→浸锌→镀铜。

以上几种前处理的异同之处是：

1）DOW 工艺最早发明，但得到的浸镀锌层不均匀，结合力差。改进后的 DOW 工艺，在酸活化后增加了碱活化步骤，在 AZ31、AZ91 镁合金上得到的 Ni - Au 合金镀层，与基体结合良好，而且前处理时间也明显缩短。

2）Norsk - Hydro 工艺与 DOW 工艺相比，在镀层的结合力、耐蚀性和装饰性方面都有所提高。用此法加工 AZ61 镁合金，得到的铜 - 镍 - 铬组合镀层达到了室外应用的标准。

3）WCM 工艺，在这三种浸镀锌方法中获得的浸锌层为最均匀，而且镀层的耐蚀性、与基体的结合力、装饰性等方面效果都是最好，是一种比较成功的前处理方法。

4）以上这些方法的共同缺点为：当镁合金中铝的含量过高时，沉积层的质量都不好；而且在镁合金表面、镁的含量比较丰富的区域会发生优先溶解，这就限制了它们的应用。对于前两种浸镀锌工艺，有人还发现膜层是多孔的，而且热循环性能不好。

（2）浸锌。浸锌操作时需要精确的控制，以确保锌膜具有足够的结合力；否则会在基体金属的金属间化合物相上形成海绵状的、结合力差的非均匀沉积物，后续的预镀铜过程也会不理想。因为这是一个电镀过程，对于形状复杂的镀件，电流密度分布是不均匀的，尤其是在孔洞及深凹处，难以形成均匀的镀层。在低电流密度区，当铜的沉积较慢时，锌就有可能与镀液中的阳离子发生置换，进一步会使镁基体暴露。当然，镁更容易发生置换反应，通过置换反应，直接在镁基体上形成的铜沉积层的结合力差、多孔、易腐蚀。因此，有人采用浸锌后电镀锌，后续镀层用焦磷酸盐电镀铜来代替常规的氰化镀铜工艺。若在电镀锌后增加电镀锡步骤，这样可以提高镀层的耐磨性。

(3) 直接化学镀镍。对于 AZ91 铸造镁合金，用浸锌法做电镀前的预处理相当困难。为此，采用直接在镁合金上进行化学镀镍。用化学镀镍方法得到的镀层，分布均匀，结合力好。处理流程如下：

1）除油→碱洗→酸活化→碱活化→碱性化学预镀镍→酸性化学镀镍；

2）前处理→碱洗→酸蚀→氟化物活化→化学镀镍。

浸蚀、活化不充分，会导致后续镀层的结合力不好。氟化物活化可用 HF 或 NH_4HF_2。酸蚀可采用铬酸，但它会严重腐蚀镁基体并产生还原的铬层，好在随后的氟化物活化时可除去这层铬。通常认为，镀液中含有氟化物，F^- 与镁作用在镁基体上生成钝化膜（MgF_2 是不溶于水的），这样能抑制镀液对镁基体的腐蚀，并控制镍的沉积速度。化学浸蚀也可用含有焦磷酸盐、硝酸盐以及硫酸盐的溶液，其中不含 Cr^{6+}，处理过程如下：化学浸蚀→氟化物活化→中和→化学镀镍。

传统的化学镀镍溶液是酸性的，它会腐蚀镁基体，可采用微酸性镀液（pH 值为 6.5 左右）来减缓对基体的浸蚀。一般认为，化学镀镍液中不应有 Cl^-、SO_4^{2-}，因为它们也会腐蚀镁基体。

(4) 其他镀前处理。

1）用含有 HF 的溶液（HF 来源于溶液中的 NH_4HF_2、NaF 或 LiF）对镁及镁合金进行活化处理时，溶液中同时还含有镍、铁、锰、钴等金属盐，以及无机酸或一元有机羧酸。活化时，溶液中的金属阳离子与镁基体会发生置换反应，形成金属浸镀层。在随后的化学镀镍溶液中，这层浸镀金属能起催化作用。为了加快化学镀镍的沉积速度，也可以通以适量的电流。

2）用浸锡法对镁合金做前处理，浸镀锡时，在镁合金表面能形成一层锡的氧化物，具有一定的耐蚀性，主要用于提高计算机零部件的耐蚀性。具体流程如下：除油→浸铬酸盐溶液→浸二丁基月桂酸锡的乙醇溶液→退火。

3）将镁合金在碱性溶液中用交流脉冲电源做电解清洗，随后直接电镀银，能得到结合良好的连续性镀层。

4）对于 RZ5 镁合金，存在基体比较粗糙、晶粒大小不匀以及表面化学组成复杂等情况，这些都可以运用变换前处理的过程，使其获得均匀的表面状态，然后再电镀镍。在氟化物活化处理时，加以 5V 交流电解处理，具体如下：清洗→酸蚀→浸 HF→交流电解处理→含氟化学镀镍→电镀镍→电镀金。

5）Mg－Li 合金镀金工艺：除油→碱洗→铬酐浸蚀→电镀镍→化学镀镍→浸镀金→电镀金。刚开始时，电镀镍层是多孔的，对化学镀镍会产生催化作用，获得的镀层分布均匀，可作为镀金时良好的底层。

6）ZM21 镁合金经氟化处理后，可直接化学镀镍，然后用铬酸钝化，再退火处理，可增加表面硬度并提高与基体的结合力。这种镀层具有良好的力学性能和光学性能，还有可焊性。

(5) 电镀前处理中各工序的作用。电镀前处理中各工序的作用见表 14－57。

表 14－57　电镀前处理中各工序的作用

No.	工　序	作　　用
1	碱　洗	镁在碱性介质中是钝化的——润湿表面，去除污物、油脂等
2	酸浸蚀	去除表面粗糙的附着物或氧化物，形成一种容易除去的氧化物，在基体表面产生一些腐蚀点，这样可以加强镀层与基体的机械互锁作用，以提高结合力
3	酸活化	去除残余的氧化物，使表面腐蚀更趋均匀，将局部腐蚀电池的影响降低到最小程度，以产生一个平衡的表面电势
4	浸　锌	溶解氧化物，形成一层薄薄的锌的氢氧化物膜层，以防止镁再次氧化
5	内镀铜	由于锌很活泼，很多金属难以直接在它上面沉积，铜可作为底层，以利于进一步电镀
6	氟化物活化	去除表面氧化物，用一层 MgF_2 薄膜来代替，认为氟化物处理能够控制锌或镍的沉积速率，这样可以产生更为黏着的沉积层
7	化学镀镍	在表面沉积一层镍基合金，作为进一步电镀或化学镀的底层

14.4.7.2　镁及镁合金材料的电镀工艺及其特点分析

A　镁及镁合金化学镀镍新工艺

化学镀镍是近年来广泛应用的一种表面处理方法。化学镀层（实际上是 Ni－P 合金）具有硬度高、耐磨性好、镀层致密、耐腐蚀性好及镀层厚度均匀等优点。但是，由于镁金属的化学不稳定性，在镁合金上获得性能良好的化学镀镍层往往比较困难。以下介绍多种镀层组合的化学镀镍工艺（先电镀、后化学镀）。

工艺流程为：化学除油→水洗→酸洗→水洗→活化→水洗→浸锌→氰化镀铜打底→水洗→预镀中性镍→水洗→化学镀镍→水洗→钝化→干燥。

（1）除油。氢氧化钠 10～15g/L，碳酸钠 20～25g/L，十二烷基硫酸钠 0.5g/L；75℃；2min。

（2）酸洗。H_3PO_4（85%），室温，3～5min。

（3）活化。H_3PO_4（85%）20～60mL/L，NH_4HF_2 40～120g/L，促进剂适量；室温，15s。

（4）浸锌。硫酸锌 20～60g/L，络合剂 80～120g/L，碳酸钠 5g/L，氟化钾 3g/L；pH 值为 10.2～10.4；60℃；5min。

（5）氰化镀铜打底。氰化亚铜 30～50g/L，氰化钠 50～60g/L，游离氰化钠 7.5g/L，酒石酸钾钠 30～40g/L，碳酸钠 20～30g/L；pH 值为 9.6～10.4，电流密度为 1.0～1.5A/dm^2，温度为 50～55℃，时间为 10～15min。先用电流密度 2～3A/dm^2，冲击 1～2min。

（6）预镀中性镍。硫酸镍 120～140g/L，柠檬酸钠 110～140g/L，氯化钠 10～15g/L，硼酸 20～25g/L，硫酸钠 20～35g/L；pH 值为 6.8～7.2，电流密度为 1.0～1.5A/dm^2，温度为 45～50℃，时间为 15～20min。先用电流密度 2～3A/dm^2，冲击 2～3min。

（7）化学镀镍。硫酸镍 30～40g/L，亚磷酸钠 20～30g/L，络合剂 50mL/L，添加剂 2g/L，稳定剂适量，光亮剂 1～2mL/L；pH 值为 4.5～5.0，温度为 85～90℃，时间 30～60min。

为了避免化学镀镍时镀层起泡，下面的预镀铜和镍层应厚一些，一般在 7～8μm

以上。

B 镁及镁合金材料表面镀锌

在镁合金表面电镀锌，可提高它的耐腐蚀性能，尤其是再经钝化后，使镁制零部件能在大气环境下使用。

工艺流程为：去氢→化学除油→水洗→酸洗→活化→水洗→浸锌→水洗→电镀锌→水洗→钝化→水洗→干燥。

（1）去氢。金属零部件在酸洗、阴极电解及电镀过程中都有可能在镀层和基体金属的晶格中渗入氢，造成晶格歪曲、内应力增大，产生脆性，称为氢脆。为了消除氢脆，一般用加热方法，使渗透到金属里的氢逸出。去氢的效果与加热的时间与温度有关，在200～250℃下，时间为2h，温度的高低应视基体材料而定。去氢很重要，如果去氢不完全，则会导致镀层起皮、起泡，使镀锌层与基体结合不牢。

（2）除油。氢氧化钠10～15g/L，碳酸钠20～25g/L，十二烷基硫酸钠0.5g/L；75℃；2min。

（3）酸洗。H_3PO_4（85%），室温，20～40s。

（4）活化。H_3PO_4（85%）35～50mL/L，添加剂90～150g/L；室温，30～60s。

（5）浸锌。硫酸锌30～60g/L，络合剂120～150g/L，碳酸钠5～10g/L，活化剂3～6g/L；pH值为10.2～10.4；70～80℃；5～10min。

（6）电镀锌。氢氧化钠100～120g/L，氧化锌8～10g/L，添加剂6～10mL/L；电流密度为1～8A/dm^2；温度为10～55℃；时间为30min。

工艺操作事项应注意：

1）镀液温度高达55℃时，镀液不浑浊，镀层亮泽，均镀能力尤佳，高电流密度区不易烧焦。

2）锌的含量增加，电流效率提高，但分散能力和深镀能力下降；复杂件的尖棱部位镀层易粗糙，容易出现阴阳面。锌含量下降，分散能力提高，但沉积速度变慢。

3）氢氧化钠在镀液中起络合作用和导电作用。过量的NaOH是镀液稳定的必要条件，使锌以$Zn(OH)_4^{2-}$形式存在；当pH值小于10.5时，会产生$Zn(OH)_2$沉淀。应控制NaOH/Zn的比值在11～13。NaOH含量太高时，锌阳极的化学溶解加快，镀液中锌的含量就升高，造成主要成分的比例失调。

4）当镀液中不含添加剂时，镀层是黑色的、疏松的海绵状；添加剂可改善镀层的外观和性能。

5）在较高的电流密度下，沉积速度较快，但镀层与基体的结合力较差。

6）在10～55℃下，一般均能获得良好的镀层。温度偏低，镀液导电性差，添加剂吸附较强，脱附困难。此时若用高电流密度，会造成边棱部位烧焦、添加剂夹杂、镀层脆性增大、起泡。温度高时，添加剂吸附减弱，极化降低，必须用较高的电流密度，以提高阴极极化，使结晶细化，避免阴阳面的出现。所以要根据温度，选择合适的电流密度。

（7）钝化处理。为提高镀锌层的耐蚀性，增加其装饰性，必须进行铬酸盐钝化处理，使锌层表面生成一层稳定性高、组织致密的钝化膜。

C 镁及镁合金材料浸镍铁后电镀

在镁合金材料电镀前的预处理中，将浸镀锌改为浸镀镍铁溶液。

工艺流程为：除油→清洗→酸洗→清洗→活化→清洗→浸镀镍铁→清洗→闪镀铜→清洗→预镀中性镍→清洗→镀光亮镍→清洗→镀铬→清洗→干燥。

（1）活化。采用由草酸（$C_2H_2O_4$）、浸润剂、活化剂和促进剂组成的酸性活化溶液处理，清洗后，再浸入碱性活化溶液中活化。

（2）浸（镀）镍铁溶液。由硫酸镍、硫酸铁铵、双络合剂、复合型缓冲剂、促进剂和还原剂组成；镀液的 pH 值在 10～11 之间；温度在 75～80℃之间；浸渍时间为 10min。

D 用稀盐酸活化的电镀工艺

工艺流程为：有机溶剂清洗→阴极电解除油→浸铬酸溶液→浸磷酸、氟化物溶液→稀盐酸活化→浸锌→氰化镀铜→镀其他金属。

为了溶解镁基体表面的氧化膜，采用二次活化工艺，即在磷酸、氟化物溶液活化后，再用 1% 盐酸溶液活化。

为阻止、减缓电镀液对镁基体的化学浸蚀，在电镀时，各种镀液中均可适当加入一些缓蚀剂。

E 两次浸镀后电镀

为了增加金属镀层与镁基体的结合强度，在对镀件进行预处理时，采用两次浸镀方法，目的是为了产生一个均匀、平衡的表面电势。

工艺流程为：镁合金镀件表面调整、净化和活化→浸锌→清洗→浸铜（闪镀浸铜、浸铜冲击）→清洗→化学镀镍→清洗→电镀。

F 镁合金材料浸锌及膜层彩化工艺

镁合金材料表面浸镀是为了降低镁的化学活性，浸锌膜后可再通过阳极氧化处理，使表面出现彩色的花纹。

工艺流程为：碱洗→酸洗→活化→浸锌→彩化。

试验材料为：铸态 AZ91 镁合金，其成分是 Al 9%、Zn 1%、Mg 余量。

合金元素分布极不均匀，铝、锌大多以偏析形式存在于晶界，并且在晶界上网状分布第二相 $Mg_{17}Al_{12}$（β 相）。

处理溶液配方及工作条件见表 14－58。

表 14－58 处理溶液配方及工作条件

处理工艺	配方	工作条件	处理工艺	配方	工作条件
碱洗	NaOH 30～50g/L $Na_3PO_4 \cdot 12H_2O$ 6～10g/L	30～60℃ 3～10min	浸锌	$ZnSO_4 \cdot 7H_2O$ 80～120g/L 添加剂 5～10g/L Na_2CO_3 4～12g/L NaF 3～8g/L	70～100℃ 30～200min
酸洗	CH_3COOH 200～300g/L $NaNO_3$ 20～120g/L	20～50℃ 1～3min	彩化	KOH 50～80g/L 草酸 40～50g/L	3～5V 1～6min
活化	$K_4P_2O_7$ 50～150g/L Na_2CO_3 30～40g/L NaF 4～8g/L	60～90℃ 5～20min			

工艺过程及作用如下：

（1）碱洗。工件经碱液彻底清洗后，在随后的酸洗时可看见镁合金表面光亮，否则镁合金表面出现明显的油渍和汗渍痕迹。这些痕迹在酸洗和活化过程中无法除去；在浸锌时，有痕迹的部位无法沉积锌膜，即使沉积锌膜，这膜也是很疏松的，与基体结合不牢。

在碱洗处理过程中无法除去的油渍和汗渍可以用丙酮除去。

（2）酸洗。对镁合金表面氧化物和其他在碱洗时难以除去的物质进行清洗，如较厚的氢氧化物膜。但酸洗应严格控制时间，而且要使试样表面均匀地清洗。否则由于表面留有杂质，浸锌时会出现浸镀的锌膜疏松、不均匀，并且还会出现过腐蚀。

（3）活化。活化主要是将金属的新鲜表面暴露出来，用碱性溶液活化，可使基体在活化过程中受腐蚀的程度大大降低。在 pH 值大于 12 的碱性溶液中活化，镁不被腐蚀。在活化过程中，通过搅拌活化液，使试样表面均匀地活化。

浸锌时的影响因素有：

（1）$ZnSO_4 \cdot 7H_2O$。提供沉积的 Zn^{2+}，浓度过高，锌层疏松粗糙，与基体结合不牢；而浓度过低，锌层沉积率很低，但膜层致密、结合牢固。

（2）Na_2CO_3。调节溶液的 pH 值。

（3）添加剂。为络合剂、表面活性剂及光亮剂。络合溶液中的 Zn^{2+}，增大阴极极化，使膜层结晶细致。络合剂浓度过高，则沉积速率降低；过低则沉积速率过快，而使得膜层疏松、粗糙。

表面活性剂和光亮剂能使 Zn^{2+} 在充分润湿和分散的情况下沉积，从而使膜层细致光亮；但如添加过多，则膜层脆性增大。

（4）温度。温度升高，沉积速率提高，效率提高；若温度过高，则膜层粗糙，分散能力降低。温度过低，则沉积速率降低，尤其在 10℃以下，温度的作用很明显。

镁合金浸锌层彩化是借助于阳极氧化的功能，使浸锌膜层获得彩虹色的外观。由于镁合金和锌合金在阳极氧化时不受腐蚀，因而用阳极氧化法有较大的可能性，也是该工艺的创新之处。阳极氧化时用不锈钢作阴极。

彩化时的影响因素有：

（1）KOH。与溶液中的 Zn^{2+} 结合，形成氢氧化物并吸附于膜层表面。

（2）草酸。Zn^{2+} 结合形成化合物，沉积在膜层表面。

（3）电压。电压过高，则膜变黑；而电压过低，则膜层出现腐蚀。

（4）时间。过长或过短都不会出现彩虹色。

14.4.7.3 镁及镁合金材料的化学镀镍

在镁材上化学镀镍通常分浸氟化物溶液后化学镀镍和浸锌后化学镀镍两种方法；浸氟化物溶液后化学镀镍又称为镁上直接化学镀镍。

A 直接化学镀镍工艺

（1）工艺流程及操作。直接化学镀镍的工艺流程为：除油→水洗→酸洗（酸浸渍）→水洗→活化（浸氟化物溶液）→水洗→化学镀镍→水洗→钝化→热水洗和空气干燥→热处理。

化学镀镍的溶液配方和操作条件见表 14－59。

表14-59 化学镀镍的溶液配方和操作条件（工艺）

配方及工艺	1	2	配方及工艺	1	2
$NiCO_3 \cdot 2Ni(OH)_2 \cdot 4H_2O$/g·L^{-1}	10	10	络合剂/g·L^{-1}		15
HF/mL·L^{-1}	12	10	缓冲剂/g·L^{-1}		2
$C_6H_8O_7 \cdot H_2O$/g·L^{-1}	5		pH值	6.5±1	6.5±0.5
NH_4HF_2/g·L^{-1}	10	10	温度/℃	80±2	85±5
$NH_3 \cdot H_2O$/mL·L^{-1}	30		时间/min	60	90
$NaH_2PO_2 \cdot H_2O$/g·L^{-1}	20	20	溶液过滤	连续过滤	
CH_4N_2S/g·L^{-1}	1				

工艺说明：

1）表14-59中配方1，镁制品先用异丙醇作脱脂剂，并加超声波清洗5~10min。接着再用碱性除油液除油，其工艺是：NaOH 50g/L，Na_3PO_4 10g/L，温度（60±5）℃，浸泡8~10min。酸浸渍工艺为：CrO_3 125g/L，HNO_3 110g/L，室温，浸45~60s，溶液要搅拌。活化工艺是：HF 385mL/L，室温，浸10min溶液需搅拌。钝化工艺是：CrO_3 25g/L，$Na_2Cr_2O_7$ 120g/L，温度90~100℃，浸10~15min。热处理是在230℃烘箱中，热空气循环过滤（无尘），2h。

2）表14-59中配方2的酸洗工艺为：CrO_3 120g/L，HNO_3 100mL/L，室温，浸2min。活化工艺用HF 350mL/L，室温，浸10min。热处理时，温度为200℃、300℃和400℃，得到的镀层为非晶态含磷量高的镀层（含磷量为12.73%）。

在镁材上直接镀镍时的注意事项有：

1）在镁材上直接化学镀镍，镁制品事先须经氟化物溶液活化处理。

2）由于镁合金不耐SO_4^{2-}、Cl^-的腐蚀，故不能使用通常的硫酸镍、氯化镍配方。国内外主要使用DOW公司设计的配方，用碱式碳酸镍作为化学镀镍的主盐。但碱式碳酸镍不溶于水，所以要用氢氟酸来溶解它，故在配制槽液时应该先这一步。

3）柠檬酸和氟氢化铵是作为缓冲剂、络合剂和加速剂而加入的；硫脲起稳定剂和光亮剂作用；氨水是用来调整镀液pH值的。

（2）在镁材上化学镀镍层与基体的结合机理。在镁合金直接化学镀镍工艺中，工件须先用氟化物（一般采用HF）活化，这样可在镁基体上生成一层保护性MgF_2的膜，以减少镁的氧化以及化学镀溶液对镁基体的腐蚀。

对MgF_2膜的稳定性、存在状态以及对镀层与基体的结合力有何影响等问题进行了研究，结论如下：

1）施镀2min后，试样表面上零星分布着尺寸约在数十到数百纳米的镍颗粒，用离子溅射方法分析镍颗粒表面成分以及经离子溅射后的成分，如图14-30所示。从表面成分看，镍颗粒上有一层氟化物膜，随着离子溅射去除表面的氟化物膜，暴露出初始沉积的镍；镍颗粒并不是单纯的镍球，而是更为微小的镍颗粒与镀液的混杂物，其特征是镀液中磷、氧元素的出现，且氧含量相对很高。在镍初始沉积时，镍主要是与镁置换而沉积，并不含磷，磷的出现表明镀液成分的存在。因为镁经活化后表面形成的 MgF_2 膜是一种多孔结构（见图 14－32），而且实际上是 MgO 与 MgF_2 的混合膜，试样放入镀液后 MgO 会溶解，暴露出镁基体，使镁与镀液中 Ni^{2+} 发生置换。另外，镀液也会进入到氟化物膜中，因此在 SAM 分析时可显示出镀液成分的存在。随着离子溅射时间的增加，镁基体露出，镍与基体间并没有 MgF_2 夹层出现，而是镍与镁基体直接结合。镍初始沉积的 SAM 花样的层次如图 14－33 所示。

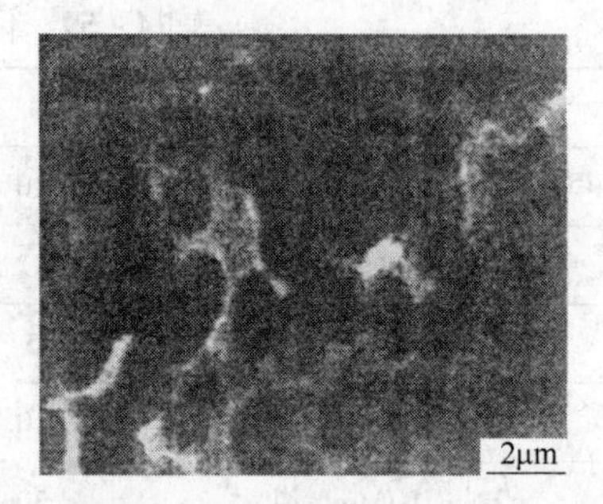

图 14－32 镁合金活化后表面形貌图

2）XPS 分析镀 5min 后的表面成分与元素化学状态，结果表明镁合金表面仍以 MgF_2/MgO 为主。氟的 1s 峰位于 685.8eV（见图 14－34），这一峰位与 MgF_2（685.70～685.75eV）的峰位对应得很好，说明氟主要以 MgF_2 形式存在，也证明了 MgF_2 膜在镀液中仍然稳定存在。

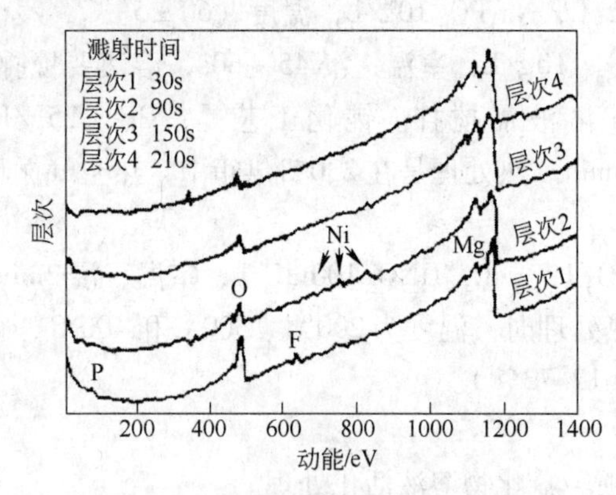

图 14－33 镍初始沉积的 SAM 花样

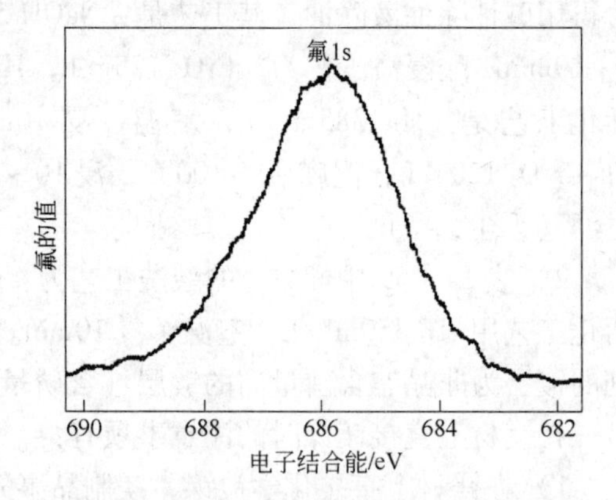

图 14－34 活化表面的氟 1s 的高分辨 X 射线光电子能谱

镍颗粒上的氟化物成分与其他区域的成分相比，氧含量高，氟含量低。究其原因可能是镍的形成使氟化物膜变形破裂，在空气中镍发生氧化，使膜中氧含量升高，在其他区域仍保留了活化生成的氟化物膜的成分。

随着施镀时间的延长，初始沉积的镍不断长大，使表面的氟化物膜被破坏。由于更多的镍核出现，并逐渐连成片状，最终将氟化物膜也割裂成片状。镍在纵向生长时，横向也长大，当相邻的镍核连接起来时，会将下面的氟化物与镀液成分封闭起来，从而形成氟化物的夹杂。

3）镀层横截面的成分分析也说明了氟化物与镍混杂层的存在，镀层截面的表面形貌如图 14－35(a) 所示，在靠近基体的镀层内有些类似于夹杂的物质，该处能谱分析显示其中有相当含量的氟、氧以及钠（见图 14－35(b)），充分证明混杂层的存在。

4）图 14－36 为基体一侧的断口成分分析，表明断口成分主要是镁、氟、氧、镍、钠。氟化物夹杂层成为镀层与基体结合最薄弱的部位，在拉应力作用下，镀层首先在此开裂。因此，镀层断口上成分绝大部分是氟化物与镀液成分以及镍的混合物。

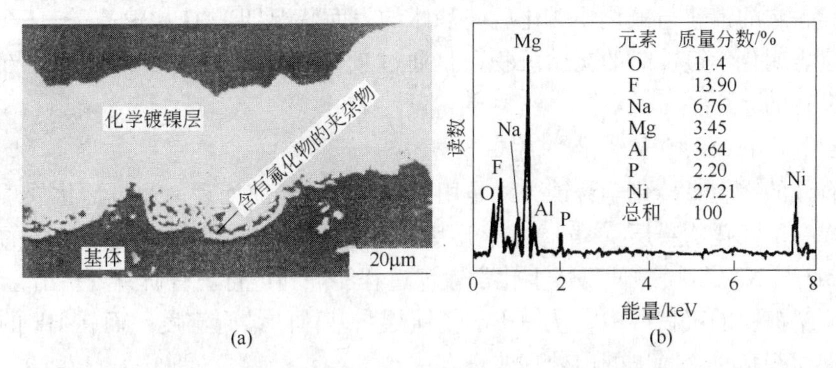

(a)　　(b)

图 14－35　镍镀层横截面的 SEM 形貌图（a）和 EDX 花样（b）

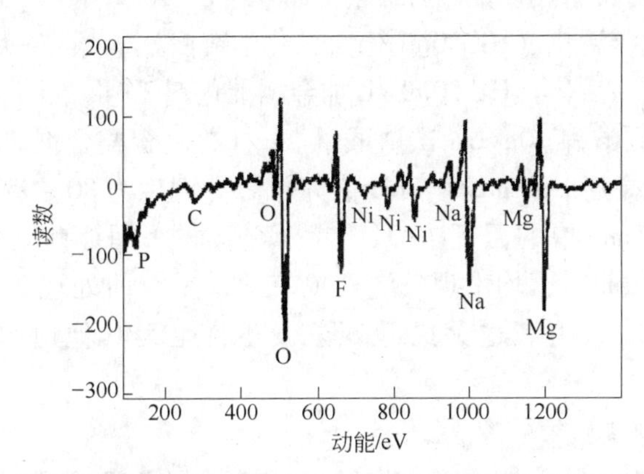

图 14－36　镍镀层断口表面的 SAM 花样

以每升镀液 0.01m^2 的装载量，MgF_2 的密度取 3.148g/cm^3。用溶解法测定，镁经活化后表面 MgF_2 的厚度约为 1.6μm。

（3）F/O 比值对化学镍镀速的影响。镁合金在直接化学镀镍前，一般都用较高浓度的 HF 活化，它不仅可以洗去经酸洗后沉积在基体表面的含铬化合物，而且还可以在基体表面形成一层氟化物膜。这层膜可以阻止镁基体在化学镀溶液中过多地溶解和置换沉积，从而使化学镀镍过程能够顺利进行。

化学镀镍的镀速受很多因素的影响，可以用下式表达说明：

$$d = f(T, \mathrm{pH}, c_{\mathrm{Ni}^{2+}}, c_{\mathrm{Red}}, c_{\mathrm{ored}}, \mathrm{O/V}, K, B, S, n_1, n_2, \cdots)$$

式中　d——镀速；

T——镀液温度；

pH——镀液的 pH 值；

$c_{\mathrm{Ni}^{2+}}$，c_{Red}，c_{ored}——分别为 Ni^{2+}、次磷酸根、亚磷酸根的离子浓度；

O/V——镀槽的装载量；

K，B，S——分别为络合剂、加速剂和稳定剂的种类和浓度；

n_1，n_2——其他因素，例如搅拌、镀液被沾污程度等。

在所有这些因素中，一般认为温度、pH 值以及稳定剂对镀速的影响比较明显。但是，对于镁合金的直接化学镀镍，经试验后发现，活化后，不同的表面状态对化学镀镍的镀速具有很大影响，这表示其沉积机制的特殊性。经过大量试验研究，结果表明：镁合金上直接化学镀镍，它的镀速与氟化物活化后镁基体的表面状况即 F/O 比值有关，F/O 比值小，镀速快。这表明化学镀镍时的初始沉积，是通过氧化镁在镀液中的溶解，Mg 与 Ni^{2+} 的置换而得以进行的。

B 活化液中加入金属催化剂的工艺方法

一种有效的镁上直接化学镀镍方法是用 HF 活化做镀前处理。通过活化处理后，在镁基体上形成一层氟化物膜层（MgL），这层膜能保护镁基体在镀液中免受过多的侵蚀和防止剧烈的 Mg 与 Ni^{2+} 置换，使得镁上化学镀镍过程能顺利进行。有研究者指出，这层 MgF_2 会夹杂在化学镀镍的沉积层中，从而影响了镀层与基体的结合牢度，而在 HF 的活化液中加入金属催化剂是一个简单的前处理改进方法。

（1）镀前处理。通常采用以下两种镀前处理工艺：

1）碱浸蚀→水洗→活化（HF 50mL/L）→化学镀镍。

2）碱浸蚀→水洗→活化（HF 50mL/L 加金属催化剂 3～40g/L）→化学镀镍。

（2）化学镀镍。碳酸镍 10g/L，次磷酸钠 24g/L，复合配合剂 20g/L，缓蚀剂 10g/L，稳定剂 1～4mg/L，光亮剂 1～3mL/L，pH 值为 4～5；温度为 80～95℃。

（3）试验结果。1mm 厚的压延 AZ31D 镁合金板材采用镀前处理 1）的样品，当化学镀镍镀层厚度到 30μm 时，均出现鼓泡现象；而采用镀前处理 2）的样品，即使化学镀镍镀层厚度达到 60μm 时，也无鼓泡现象发生，也无其他由结合力不良而引起的问题。

C 浸锌后化学镀镍

在镁材上直接化学镀镍通常用碱式碳酸镍作为主盐的化学镀镍溶液，但是碱式碳酸镍价格昂贵且溶解性差（配制槽液时需用 HF 事先溶解）。若在镁制零部件经 HF 活化后，再用浸锌处理，就可以进行硫酸镍体系的化学镀镍工艺。

（1）处理工艺。工艺流程为：超声波清洗→碱洗→酸洗（3 种配方溶液）→活化（2 种配方溶液）→浸锌（2 种配方溶液）→化学镀镍（2 种配方溶液）→钝化。

超声波清洗采用丙酮，20℃（室温），10min。

碱洗的溶液成分为：NaOH 50g/L，$Na_3PO_4 \cdot 12H_2O$ 10g/L；温度为（60±5）℃；8～10min。

酸洗的溶液成分为：

1）CrO_3 125g/L，HNO_3（68%）110mL/L，温度为 20℃；40～60s。

2）CrO_3 200g/L，KF 1g/L；温度为 20℃；10min。

3）CrO_3 180g/L，KF 3.5g/L，$Fe(NO_3)_3 \cdot 9H_2O$ 40g/L；温度为 18～38℃；0.5～3.0min。

活化的溶液成分为：

1）HF（40%）385mL/L；温度为 20℃；10min。

2）H_3PO_4（85%）150～200g/L，NH_4HF_2 80～100g/L；温度为 20℃；2min。

浸锌的溶液成分为：

1）$ZnSO_4 \cdot 7H_2O$ 30g/L，$Na_4P_2O_7 \cdot 10H_2O$ 120g/L，LiF 3g/L 或 NaF 5g/L 或 KF 7g/L，Na_2CO_3 5g/L，pH 值为 10.2～10.4；温度为 80℃；10min。

2）$Zn(CH_3COO)_2 \cdot 2H_2O$ 37g/L，$Na_4P_2O_7 \cdot 10H_2O$ 120g/L，LiF 3g/L 或 NaF 5g/L 或 KF 7g/L，Na_2CO_3 5g/L，pH 值为 10.2 ~ 10.4；温度为 80℃；10min。

化学镀镍的溶液成分为：

1）$NiSO_4 \cdot 6H_2O$ 20g/L，HF(40%) 12mL/L，$Na_3C_6H_5O_7 \cdot 2H_2O$ 20g/L，NH_4HF_2 10g/L，$NH_3 \cdot H_2O$(25%) 30mL/L，$NaH_2PO_4 \cdot H_2O$ 20g/L，硫脲 1mg/L，pH 值为 6.5 ± 1.0；温度为 88℃；60min。

2）$NiCO_3 \cdot 2Ni(OH) \cdot 4H_2O$ 10g/L，HF(60%) 12mL/L，$C_6H_8O_7 \cdot H_2O$ 5g/L，NH_4HF_2 10g/L，$NH_3 \cdot H_2O$(25%) 30mL/L，$NaH_2PO_2 \cdot H_2O$ 20g/L，硫脲 1mg/L，pH 值为 6.5 ±1.0；温度为 (80 ±2)℃；60min。

钝化处理的溶液成分为：CrO_3 2.5g/L，$K_2Cr_2O_7$ 120g/L；温度为 90 ~ 100℃；60min。

(2) 镀层测试。AZ91D 镁合金试片 10mm × 10mm × 4mm，用酸洗 1)、活化 1)、浸锌用两种配方 1) 和 2)，化学镀镍用两种配方 1) 和 2)，其他处理一样。

经过上述工艺流程处理的试片，都用 5% NaCl 溶液浸泡 2h，观察试样上的腐蚀点数。

(3) 结果与分析。浸锌配方及结果见表 14 – 60。

表 14 – 60 浸锌配方及结果

试样号	配 方	浸锌后的外观	化学镀镍后的外观	浸泡 2h 后的形貌
1	1)	淡蓝色、均匀	银灰色	2 个腐蚀点
2	2)	与浸锌前无差别	银灰色	约 10 个腐蚀点
3	不浸锌	—	银灰色	5 个腐蚀点

浸锌后，1 号试样表面呈浅蓝色，看上去明显浸镀了一层均匀的锌膜；2 号试样表面与浸锌前几乎没有什么差别；3 号试样是活化后直接化学镀镍。这三种试样经 NaCl 溶液腐蚀后，腐蚀程度为 2 号 >3 号 >1 号，这表明浸锌配方 1）得到的镀层耐腐蚀性较好；至于 2 号试样，活化后不但没有浸镀上锌，而且又受到浸锌液的浸蚀，因此其耐蚀性不及 3 号试样。

使用浸锌液 1）浸 10min，再用 HF 活化液退除，40s；二次浸锌 10min，化学镀镍，它的耐 NaCl 溶液的腐蚀比一次浸锌的有所改进。

两种化学镀镍获得的镀层，其抗蚀性对比见表 14 – 61。

表 14 – 61 两种化学镀镍获得的镀层的抗蚀性对比

试样号	化学镀镍配方	镀后外观	浸泡 2h 后表面形貌
1（浸锌液 1)）	配方 1)	银灰色	表面基本没腐蚀
2（浸锌液 1)）	配方 2)	银灰色	近 10 个腐蚀点

表 14 – 61 结果表明，镁上化学镀镍的镀液配方中可用硫酸镍体系，但需在镀前用浸锌法处理。

（4）浸锌法示例。与铝上电镀相似，浸（镀）锌法也是镁及镁合金进行电镀前的一种有效的预处理方法。目前，国内外主要采用美国 ASTM 推荐的标准方法，是 DOW 公司开发的浸锌法，其预处理采用了浸锌和氰化物镀铜工艺，其工艺流程为：清洗（除油脱脂）→酸浸蚀→活化→浸锌→氰化物闪镀铜→进一步电镀，见表14－62。

表14－62 浸锌和氰化物镀铜的配方及条件

工 序	配 方		条 件
浸 锌	$ZnSO_4 \cdot 7H_2O$ $Na_4P_2O_7$ LiF Na_2CO_3	30g/L 120g/L 3g/L 5g/L	pH 值为10.2～10.4 温度为80℃ 时间为8min
氰化物镀铜	CuCN KCN KF	38～42g/L 64.5～71.5g/L 28.5～31.5g/L	pH 值为9.6～10.4 起始电流密度为5～10A/dm² 工作电流密度为1～2.5A/dm² 温度为45～60℃ 时间为6min

D 浸铝后化学镀镍

镁合金化学镀镍处理，不仅可以获得较高的耐蚀性和耐磨性，而且能够在形状复杂的铸件上得到厚度均匀的镀层。虽然镁制件经氟化物活化后，也可以直接化学镀镍，但为了提高化学镀层与镁基体的结合牢度，可采用预浸中间层——铝后再进行化学镀镍工艺。

工艺流程为：除油（2种配方）→酸洗（2种配方）→活化（2种配方）→预浸中间层（2种配方）→化学镀镍。各种处理溶液的成分及工作条件见表14－63。

表14－63 各种处理液的成分及工艺条件

工 序		配 方		工作条件
除 油	配方1	NaOH $Na_3PO_4 \cdot 12H_2O$	60g/L 10～20g/L	室温，10min
	配方2	工业酒精		室温，反复刷清
酸 洗	配方1	H_3PO_4(85%)		室温，2～5min
	配方2	H_3PO_4(85%) HNO_3	600mL/L 2mL/L	室温，5～15min
活 化	配方1	H_3PO_4(85%) NH_4HF_2	50～60g/L 100～120g/L	室温，8～10min
	配方2	HF	200～250mL/L	室温，10～15min
预浸中间层	浸锌	$ZnCO_3$ NH_4HF_2 HF(40%)	30～35g/L 8～10g/L 5～8mL/L	pH 值为2～10 65～80℃ 8～8min
	浸铝	$Al(OH)_3$ NaOH	10～20g/L 15～25g/L	室温，30～40min

续表 14－63

工　序	配　方		工作条件
化学镀镍	$NiCO_3$	10g/L	pH 值为 6.5 75～80℃ 30～40min
	$NaH_2PO_2 \cdot H_2O$	70mL/L	
	HF(40%)	15mL/L	
	$Na_3C_6H_6O_7$	5g/L	
	稳定剂	少量	
	缓冲剂	少量	
	$NH_3 \cdot H_2O$	适量	

AZ91D 压铸镁合金尺寸为：45mm×35mm×5mm，用除油液 2）、酸洗液 2）、活化液 2）、预浸铝后化学镀镍，镀层用电子探针和微区能谱分析。

镀镍层成分如图 14－37 所示。过渡层成分如图 14－38 所示。镀层进行热振试验，经 250℃、10 次加热冷却未脱落。

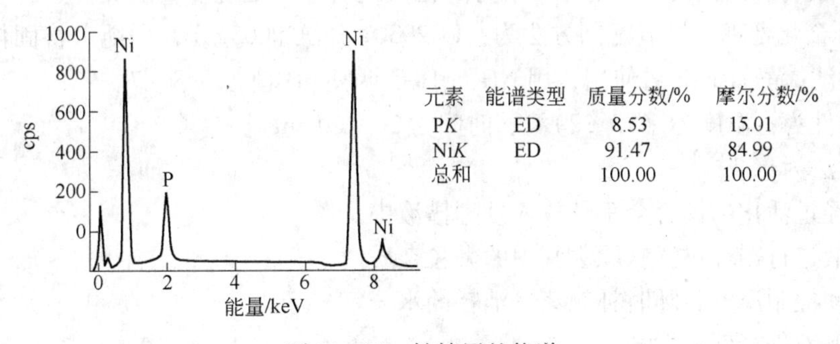

图 14－37　镀镍层的能谱

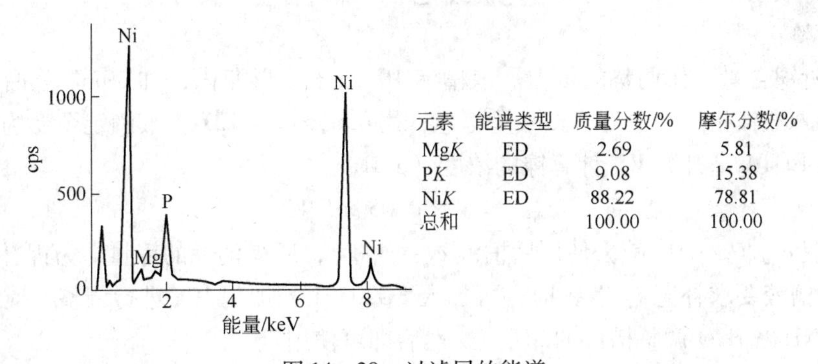

图 14－38　过滤层的能谱

镁和镍的标准电极电位分别是－2.34V 和－0.25V，二者相差较大，直接在镁上化学镀镍会发生剧烈的置换反应，使镀层与基体结合不牢。预浸中间层的电极电位介于镁和镍之间，一般是采用浸镀锌作中间层的。经试验发现，浸锌后的镁试样在化学镀液中会导致镀液分解，而且产生的镀层结合力较差，易起皮、脱落。改用铝作中间层，它的电位为－1.66V，也在镁和镍之间。

由于镁在含有 SO_4^{2-}、Cl^- 的溶液中易受腐蚀，而在含 F^- 的溶液中比较稳定，故化学镀液中用$NiCO_3$作主盐，加入HF，一方面是为了溶解镍盐，另一方面也可以提高镀速并有助于在浸铝层上镀覆。为提高镀层质量，镀液中加入了适量的络合剂、稳定剂和缓冲剂等，并用$NH_3 \cdot H_2O$调节pH值，使镀液趋于中性。

AZ91D镁合金表面化学镀镍的微观组织如图14－39所示。

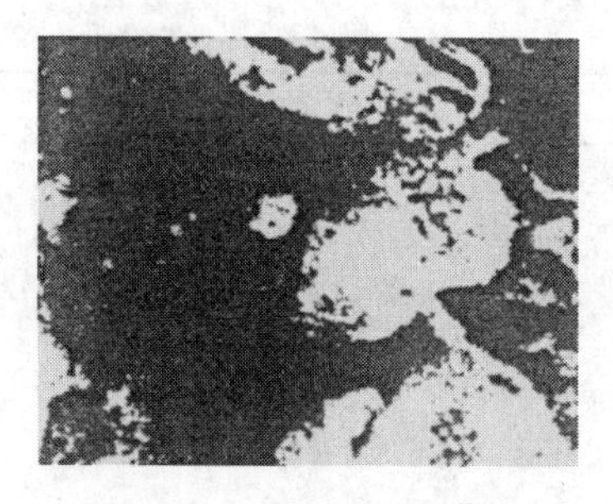

图14－39 镁合金化学镀镍层（组织形貌400×）

14.4.7.4 镁及镁合金材料浸镀后电镀

A 镁及镁合金材料浸镀前处理

众所周知，镁合金制的零部件不能直接浸入电镀槽液进行电镀。如何将镁合金材料表面进行适当的预处理，然后再用常规电镀，达到对镁合金表面防护装饰，已成为国内外表面处理研究的课题。镁合金镀前合金化处理方法属于浸镀法范畴，具体介绍如下。

（1）前处理。镁合金材料在进行表面合金化处理之前，必须进行充分的脱脂、除油、除锈、弱腐蚀、活化等工序。前处理的好坏是决定合金化处理质量的关键。

（2）合金化处理。槽液配制方法为：FG20301开缸剂65g/L，用纯水将固体开缸剂充分溶解，过滤、静置24h后使用，用$NH_3 \cdot H_2O$调整pH值为5.8～7。

操作条件为：温度为（75±2）℃；时间为20～60min。

操作方法为：

1）将经过活化的镁合金工件放入处理槽液中。

2）槽液进行循环过滤，除去其中的微粒杂质。

3）自动控制温度，随时补充蒸发消耗的水分。

4）对槽液进行低速搅拌。

5）按时取出工件，清洗后即可电镀或化学镀镍磷合金。

槽液调整：

1）分析镍含量，作调整的依据。取槽液10mL于锥形瓶内，加30mL蒸馏水和15mL氨水，加紫脲酸铵指示剂少许，试液呈棕色；用0.05mol/L EDTA液滴定至变为紫色为止，记下消耗的EDTA毫升数V。计算镍的浓度（g/L）：

$$c_{Ni^{2+}} = V \times 0.05 \times 5.87$$

2）原液$c_{Ni^{2+}}$(g/L)，减去使用后槽液$c_{Ni^{2+}}$(g/L)，所得消耗的镍量即为镍补充量。

当每升槽液要求补充1g/L镍时，可加入FG20301补加剂10g进行调整，搅拌溶解。

3）用$NH_3 \cdot H_2O$调整槽液的pH值，然后即可使用。

B 镁及镁合金材料电镀的影响因素

镁及镁合金材料电镀或化学镀镍的关键是镀前处理。前处理中的酸洗、活化和浸锌这三个工艺流程中的操作步骤对后续镀层的质量影响介绍如下。

（1）酸洗。酸洗又称酸（浸）蚀，是为了除去金属表面的氧化物、嵌入工件中的污垢以及附着的冷加工屑。酸洗液以组成的溶液为好（温度为240℃，40～60s）。镁合金基体经过这种溶液浸蚀后，表面具有一定的粗糙度，能加大镀层金属与基体金属的机械咬合作用，从而提高镀层的结合力。酸洗也可用磷酸和硝酸组成的溶液（见表14－63）。

（2）活化。活化有两种，一种是氟化物活化，一种就是酸活化（见表14－57）。在镁上直接化学镀镍工艺中，预先须用氟化物活化，通常以HF为好。根据报道，化学镀镍时，镍是在活化后形成的氟化物膜层下面成核的，MgF_2 膜层能够保护镁基体免受镀液的强烈腐蚀。在HF组成的活化液中，由于 F^- 的含量比较高，镁基体经活化后表面形成的氟化物膜层比较厚，对镁基体保护得更好，因此后续的化学镀镍层更加紧密，结合更牢。

（3）浸锌。浸锌法是一种常用、有效的预处理方法，浸锌层的厚度和致密度直接影响到后续镀层的质量。以下从温度、浓度和时间三方面来分析浸锌层的影响因素。

镁合金浸锌工艺为：硫酸锌30～60g/L，络合剂120～150g/L，碳酸钠5～10g/L，氟化钾3～6g/L；温度为20～80℃；时间为10～15min。主要影响因素有：

1）温度和浓度对浸锌的影响。

①浸锌时温度过低，镁合金很难在溶液中发生反应，时间再长，也得不到均匀细致的浸锌层。

②浸锌时浓度过高或过低（最佳的锌浓度范围为13.7g/L＞Zn＞6.8g/L），得到的浸锌层难以均匀致密。

2）浸锌时间对浸锌层的影响。图14－40（a）～（d）所示分别为同一实验条件下，浸锌1min、5min、9min以及20min的镁合金表面形貌。

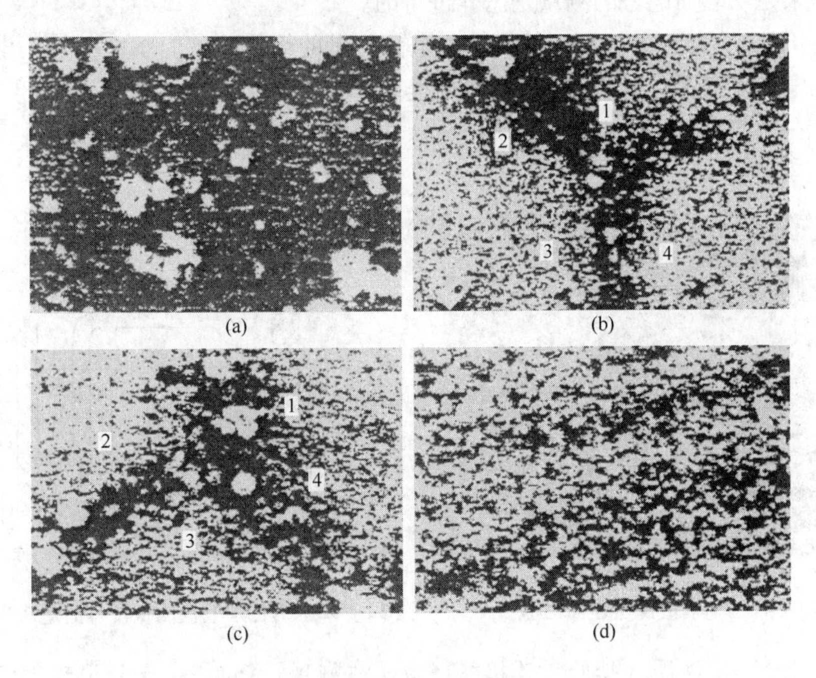

(a)　(b)　(c)　(d)

图14－40　浸锌后的镁合金表面形貌

（a）1min；（b）5min；（c）9min；（d）20min

从图14－40（a）可以看出，在镁合金表面，有些地方已经有少量的锌附着，在低倍物镜下观察，锌的附着还是很均匀的。

图14－40（b）表示，镁合金表面已经有了一层很致密的锌层，锌的颗粒细小均匀。

在浸锌层上出现了明显的晶界，并在晶界上有明显的析出物，如图中的1、2处。经X射线波谱分析，1处的主要成分为镁、氧、磷、铁；2处为镁、氧、磷、锌和少量其他元素。在浸锌过程中，镁合金中原有的杂质元素分别聚集在晶界处。

从图14－40(c) 可知，表面已形成了均匀的晶粒状浸锌层，晶界明显存在，第二类析出物均匀地分布在晶界上。晶界呈不连续状态，一些地方被浸锌层覆盖。在高倍物镜下，可以看到晶界中已经有了锌颗粒，但分布较少。经X射线波谱分析，晶界中存在的物质为铁、氧、磷、碳等杂质元素。

从图14－40(d) 可以看出，在镁合金表面已经形成了一层均匀致密的浸锌层，表面的晶界不再存在。在浸锌过程中，由于锌含量很高，因此在镁合金表面形成了晶花，同时杂质元素不断汇集，从而形成了颗粒状物质和明显的晶界。而在这些晶界处，则往往是后续试验中最易腐蚀的地方。浸锌时间太短，则得不到致密均匀的浸锌层，后续工序也难以进行；浸锌时间太长，则浪费人力和物力。因此，浸锌时间一般为10～15min。

图14－41所示为在相同的浸锌条件下得到的化学镀镍层的表面形貌。镀镍层颗粒直径为10μm左右，大小均匀。化学镀镍后表面光洁细致，抗蚀性强。

表面均匀电势的测定。在铝上电镀以及镁上电镀的叙述中，都涉及在镀前处理时，要在基体金属表面产生一个均匀平衡的电势，使后续的电镀或化学镀能够顺利进行。下面以浸锌为例，来说明表面电势的测量是怎样进行的。

图14－42所示为在25℃浸镀锌时表面电势测量的简易装置。图中1可用电位差计或晶体管直流电压表（晶体管万用表中的直流电压测量一档）。

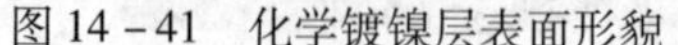

图14－41 化学镀镍层表面形貌

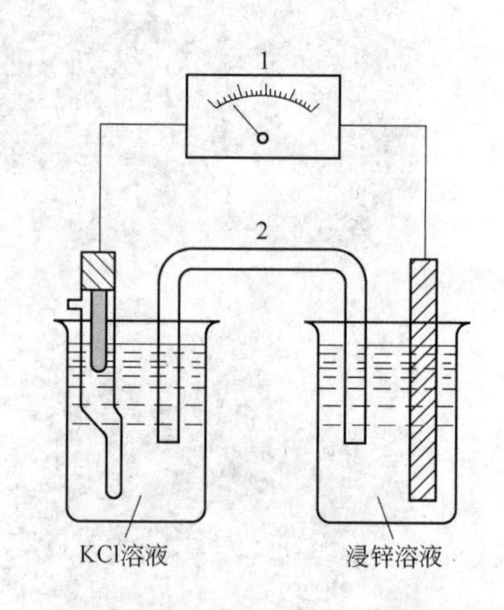

图14－42 用甘汞电极测量浸锌时电极电位的装置

图中2盐桥是电解质（盐质）连接管或者叫“虹吸管”，是一支U形玻璃管，管内填充饱和氯化钾的琼脂凝胶。这种凝胶的制法是用30g氯化钾、3g琼脂和100mL的水徐徐加热到成为透明溶液为止，将琼脂和盐的溶液里的空气泡排净之后，用吸入的方法装于虹吸管里。琼脂溶液冷却之后就变成凝胶，这种虹吸管能长时间保存，不使用时必须放在饱和的氯化钾溶液里。如将凝胶存放在空气中就会变干，而且小空气泡会渗入凝胶里面去，使它的电阻升高，致使虹吸管失效。

图 14-43 所示为带有多孔玻璃塞的连接管，这种类型的连接管特别适于在较高温度下进行电位测量用。

若直流电压表中的读数为 E，则浸锌的表面电势 $\varphi_{浸Zn}$ 计算如下：

因为 $\varphi_{正}=\varphi_{甘汞}=0.2438$（饱和 KCl 溶液）

所以 $E=\varphi_{正}-\varphi_{负}=\varphi_{甘汞}-\varphi_{浸Zn}$

即 $\varphi_{浸Zn}=\varphi_{甘汞}-E=0.2438-E$

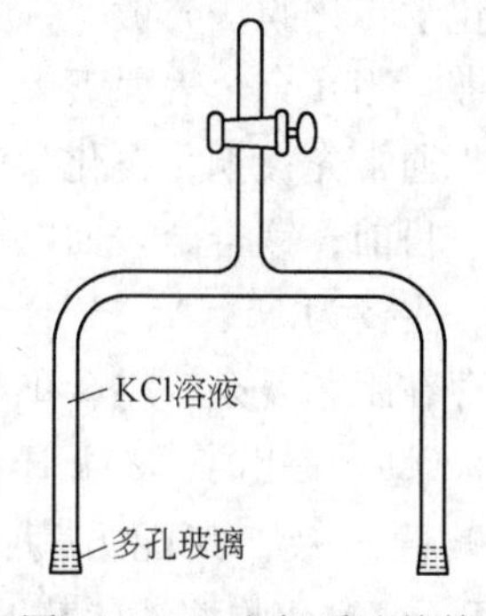

图 14-43 电解质连接管

C 侵蚀、浸锌后电镀

浸锌法对锻造和铸造镁合金均适用，在电镀前需对镁合金表面进行化学侵蚀和活化处理。具体步骤如下：

（1）化学侵蚀。镁合金浸锌的侵蚀液成分及工艺条件见表 14-64。

表 14-64 镁合金浸锌的侵蚀液成分及工艺条件

溶液成分及操作条件	配方 1	配方 2	配方 3	溶液成分及操作条件	配方 1	配方 2	配方 3
$CrO_3/g \cdot L^{-1}$	180	180	120	$HNO_3/mL \cdot L^{-1}$			
$Fe(NO_3)_3 \cdot 9H_2O/g \cdot L^{-1}$	40			温度/℃	室温	20~90	室温
$KF/g \cdot L^{-1}$			110	时间/min	0.5~3	2~10	0.5~3

表 14-64 中配方 1 适用于一般零件，配方 2 适用于精密零件，配方 3 适用于含铝量高的镁合金。

（2）活化。用来除去在上述铬酸溶液中酸洗时生成的铬酸盐膜，并进一步活化镁合金表面。其溶液组成及工艺条件为：H_3PO_4 200mL/L，NH_4HF_2 100g/L；温度为室温；时间为 0.5~2min。

（3）浸锌。浸锌工艺的配方及工作条件可参考表 6-9。

溶液中最好选用 LiF，因其含量在 3g/L 时已达到饱和，可以加入过量的 LiF 对其含量做自动调节。

对于某些镁合金零件需要进行二次浸锌，才能获得良好的置换锌层。此时可以将第一次浸锌后的工件返回到活化液中退除锌层后，再在此溶液中进行二次浸锌。

（4）预镀铜。预镀铜的配方及工作条件为：CuCN 30g/L；NaCN 41g/L；控制游离氰化钠 7.5g/L；$KNaC_4H_4O_6 \cdot 4H_2O$ 30g/L。pH 值为 10~11；温度为 22~32℃；电流密度为：先在 $5A/dm^2$ 下镀 2min，后降至 $1 \sim 2A/dm^2$ 镀 5min；搅拌为阴极移动。

预镀铜后，经水洗可再镀其他金属。

14.4.7.5 金属涂层及其他特殊涂层

镁合金可以采用金属涂层来保护，喷涂方法包括电镀、离子镀或化学镀等。由于镁合金易燃烧，一般不采用热浸镀和热喷镀。镁合金的金属镀层一般采用电镀方法，主要涂层有 Cu、Ni-Cr-Cu 涂层。化学镀膜层通常为 Ni-P 涂层。

通常在镁合金表面进行电镀或化学镀是很困难的，其原因在前面章节已经论述过。一般情况下，由于镀层标准电位远高于镁合金基体，从而必须保证镀层无孔，否则任何一处通孔都会增大腐蚀电流引起严重的电化学腐蚀，这可能比涂覆前效果更差。因此，一般采用化学转化膜法先镀锌，然后镀铜。其工艺流程为：脱脂→酸洗→活化→浸锌→预镀铜→电镀。当镁合金表面镀上一层铜后，即按普通电镀方法在铜镀层上镀需要的金属。

通常先镀铜，再化学镀镍，然后镀所需的金属，这样镀层的结合力较好。

目前，镁合金表面电镀或化学镀方法有 ASTM 统一标准，标准的有 DOW 公司的浸锌法，主要为 Ni、Ni－P 合金涂层，DOW 公司镁合金电镀或化学镀工艺见表 14－65。浸锌法存在工艺复杂、结合不牢固等一系列缺点。针对这些缺点，特别是对酸洗和活化处理改进，Oslen 提出了 Norsk Hydro 工艺，其酸洗配方为：$C_2H_2O_4$ 10g/L，润湿剂 0.5g/L；活化液为碱性溶液，其配方为：$K_4P_2O_7$ 65g/L，Na_2CO_3 15g/L。Dennis 在此基础上提出了以 $K_4P_2O_7$/氟化物溶液代替 $K_4P_2O_7/Na_2CO_3$ 溶液作为活化液的 WCM 工艺。

表 14－65 DOW 公司镁合金电镀或化学镀工艺

序 号	工序名称	工艺条件
1	丙酮或三氯乙烯脱脂	—
2	水洗	—
3	阴极清洗	—
4	水洗	—
5	酸洗配方 1：CrO_3 180g/L，$Fe(NO_3)_2 \cdot 9H_2O$ 40g/L，KF 3.5g/L 酸洗配方 2：CrO_3 180g/L	腐蚀速率约 3μm/min 室温 2min 时间 2～10min 腐蚀速率慢
6	水洗	—
7	活化 配方 NH_4HF_2 105g/L，H_3PO_4 200g/L	室温 2min
8	水洗	—
9	浸锌 $ZnSO_4 \cdot H_2O$ 30g/L，$Na_4P_2O_7$ 120g/L，LiF 3g/L，Na_2CO_3 5g/L，pH＝10.2～10.4	温度 80℃，时间 8min
10	水洗	—
11	氰化物预镀铜工艺 1： CuCN 38～42g/L，KCN 64.5～71.5g/L，KF 28.5～31.5g/L，pH＝9.6～10.4 氰化物预镀铜工艺 2： CuCN 38～42g/L，NaCN 50～55g/L，Na_2CO_3 30g/L，$KNaC_4H_4O_6 \cdot 4H_2O$ 40～48g/L，pH＝9.6～10.4	起始电流密度 5～10A/dm² 工作电流密度 1～2.5A/dm² 时间 6min 温度 45～60℃
12	水洗	—
13	电镀或化学镀	—

14.4.8 镁及镁合金材料含氟协合涂层

14.4.8.1 概述

金属表面协合涂层的基本原理是在镁材工件表面的多孔硬质基底层中通过物理或化学

(电化学)方法引入所需的功能物质，再通过精密处理对其进行改性，最终得到一种精密整体涂层，其综合性能远远超过一般意义上的复合涂层。它还是一种“可设计”的复合改性涂层，通过引入不同的功能物质，可得到不同的表面功能特性，使其具有极大的应用价值。美国 General Magnaplate 公司研究开发的镁及镁合金“Magnadize”氟聚合物协合涂层工艺、日本的高木等人开发的镁合金氟聚合物协合涂层工艺均获得了实际应用。我国也开发出了均匀致密的镁合金含氟协合涂层，参见图 14－44 所示。涂层厚度为 15～25μm，如图 14－45 所示，涂层由氟、镁、铝、镍、磷和锌等几种元素构成。

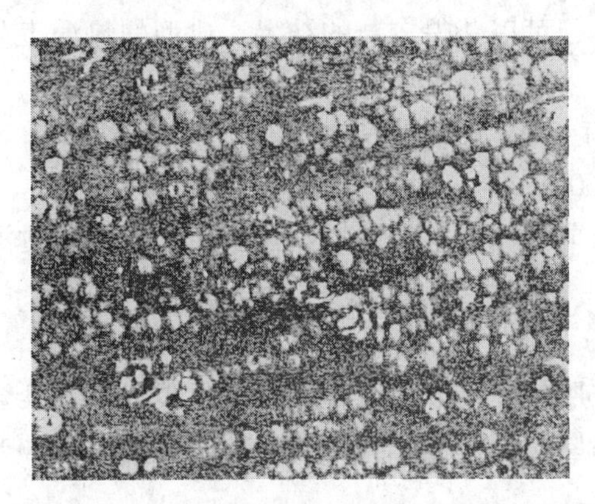

图 14－44　镁合金含氟协合涂层表面形貌

图 14－45　镁合金含氟协合涂层横截面形貌

镁合金进行协合涂层处理时，首先用电化学方法使其表面转化为多孔性水合氧化镁($Mg \cdot H_2O$)晶态膜或类似的硬质复合膜，随后通过一个控制时间及温度的精密工艺过程将润滑剂(氟聚合物或 MoS_2)或封闭剂材料注入水合氧化镁膜层中，氟聚合物与氧化镁基层相结合并形成坚硬、平滑的晶形陶瓷涂层。具体工艺过程为：

镁及镁合金→有机溶剂除油→化学除油→水洗→活化准备→水洗→基底层制备→水洗→引入润滑剂氟聚合物→精密热处理→协合涂层。

14.4.8.2　基底层的制备工艺

多孔的硬质基底层是金属材料制备含氟聚合物协合涂层的基础。对镁合金而言微弧阳极氧化是制备协合涂层的最好基底层，因为它不但具有高硬度，同时微弧氧化膜也具有一定的孔隙率和较大的孔径有利于氟聚合物渗入。微弧氧化电解液主体成分有：氢氧化物、氟化物、硅化合物、添加剂等，电解工艺参数有电压、电流密度、温度、氧化时间，各参数的范围大致为：电压 100～500V、电流密度 1～20A/dm^2、温度 10～65℃、氧化时间 10～90min；可通过特制的添加剂、适当的工艺参数，并采用空气搅拌等方式改善散热条件，制得了性能较好的镁合金微弧氧化膜。电解液基础配方及电解工艺条件是：

(1) 电解液配方：氢氧化物 2～20g/L、氟化物 2～15g/L、硅酸盐 5～40g/L、WJ－Mg01 添加剂 10g/L；

(2) 电解工艺条件：pH 值 12～14、电流密度 1～5A/dm^2、电压 150～500V、温度 10～60℃、时间 10～60min。

该工艺体系氧化膜的厚度可控制在 10～30μm、硬度达 500～700HV0.05，微弧氧化膜的色泽为灰色，经精密热处理后膜层产生部分相变，孔隙率加大，且涂装性能良好。

14.4.8.3 氟聚合物的引入工艺方法

氟聚合物的引入是协合涂层研究的关键技术之一，因氟聚合物微粒进入氧化膜孔越多越深，最终协合涂层的综合性能就越好，引入方式主要有热浸、二次电解、喷涂及辊涂等方法。引入的均匀性是技术瓶颈。由于零部件加工方法不相同，表面状况有异且对协合涂层性能的侧重面也有所不同。因此，允许使用不同的氟聚合物引入工艺方法。下面仅介绍几种典型的引入工艺。

A 热浸法

控制氟聚合物微粒的浓度、热浸温度和时间，可以获得较佳的结果。典型的热浸工艺如下：

（1）浸渗液：氟聚合物微粒10~50g/L、WJ-J01添加剂适量。

（2）浸渗条件：温度30~100℃、时间5~60min。

热浸法的最大优点是简单易行，适合于复杂零件、小零件及规模化生产；但热浸时浸渗液中氟聚合物的热聚合损失较大。

B 热浸与喷涂结合法

该法对容易喷涂施工的零部件尤其适用。利用热浸法首先在基底层表面吸附一层聚合物层，然后再喷涂同类聚合物。这样既可增加涂层厚度，也有利于均匀性涂层的形成。典型的工艺如下：

（1）浸渗液：氟聚合物微粒10~50g/L、WJ-J01添加剂适量。

（2）浸渗条件：温度30~100℃、时间5~60min。

浸渗后，对表面进行干燥处理，然后喷涂同类聚合物，并进行协合改性处理，即可制备希望厚度和性能的协合涂层。

C 二次电解引入法

该法尤其适合于表面光洁度高、外形简单的零部件。控制电解条件可对膜层厚度进行适当控制，该工艺过程可在室温进行，吸附均匀性好。经试验研究，确定的二次电解工艺如下：

（1）电解液：氟聚合物微粒5~50g/L、WJ-D01添加剂适量。

（2）电解条件：电流密度5~50mA/dm^2、温度25~80℃、时间0.5~30min、阳极电解；利用电解工艺引入氟聚合物时，基体表面局部尖端放电将引起氟聚合物的聚集，造成不利结果。

14.4.8.4 涂层整体熔合改性工艺

涂层最终的整体改性也是制备协合涂层的关键技术之一。在基底层引入氟聚合物后，采用真空精密热处理进行涂层的整体熔合改性是一个有效的和可靠的工艺方法，其基本工艺条件是：温度为280~360℃；时间为5~90min。

14.4.8.5 协合涂层的性能测试与结果分析

A 宏观形貌

微弧氧化产品表面为白色；协合涂层产品表面为灰色至棕色。

B 表面粗糙度

微弧氧化和协合涂层样品表面粗糙度分别为 R_a = 0.548μm，R_z = 3.072μm，R_y =

4.51μm 和 $R'_a = 0.293\mu m$，$R'_z = 1.399\mu m$，$R'_y = 2.398\mu m$。微弧氧化膜表面存在一些很深的孔洞，经过协合涂层处理后，主要孔洞基本被封住，表面比较平滑。

C　表面硬度

按上述工艺获得的涂层，其表面维氏硬度见表 14－66。

表 14－66　表面硬度（HV，载荷 50g）

样　品	Ⅰ	Ⅱ	Ⅲ	平均值
微弧氧化	490	672	618	593
微弧氧化＋协合涂层	313	399	298	337

14.4.9　镁及镁合金材料的化学沉积处理技术

利用化学沉积法在压铸镁合金 AZ91 和挤压镁合金 AZ31 材料表面上获得化学沉积膜，可提高材料的耐蚀性和硬度。

首先将材料表面进行充分的表面预处理，然后化学沉积锌，再化学沉积镍、磷合金，最后可以根据需要进行其他表面处理，如装饰电镀镍、铬等。

化学沉积工艺流程为：

抛光→脱脂→酸洗→表面活化→化学浸锌→化学沉积镍、磷→电镀镍、铬

具体工艺操作条件和溶液配方见表 14－67。

表 14－67　溶液配方及操作条件

工艺名称	溶液配方	操作条件
脱　脂	配方 1：NaOH　25～40g/L，Na_2CO_3　15～25g/L 表面活性剂　1～2g/L	室温，8～15min
	配方 2：NaOH　10～20g/L，$Fe(NO_3)_3$　15～20g/L Na_2SiO_3　10～20g/L，OP－10 乳化剂　1～3g/L	室温，5～10min
酸　洗	配方 1：CrO_3　120～200g/L，$Fe(NO_3)_3$　30～60g/L NaF　2～4g/L	室温，6s～3min
	配方 2：H_3PO_4(85%) 400～500mL/L，$NaNO_3$　3～5g/L NaF　1～2g/L，缓蚀剂　1～2g/L	室温，30s～5min
活　化	配方 1：H_3PO_4(85%) 300～400mL/L NH_4HF_2　50～70g/L，NaF　5～10g/L HBO_3　2～5g/L，$Fe(NO_3)_3$　20～40g/L	室温，40s～3min
	配方 2：CH_3COOH(95%) 50～60g/L NaF　10～40g/L，$Fe(NO_3)_3$　15～25g/L	室温，1～3min
化学浸锌	配方 1：$ZnSO_4$　20～30g/L，NH_4HF_2　10～13g/L NaF　1～3g/L，Na_2CO_3　2～5g/L	75～85℃，8～20min
	配方 2：NaOH　100～150g/L，ZnO　15～20g/L 添加剂　9～15g/L	室温，5～25min
化学沉积镍、磷	$NiSO_4$　10～25g/L；$NaH_2PO_2 \cdot H_2O$　5～10g/L 稳定剂　少量；络合剂少量；缓冲剂少量；$NH_3 \cdot H_2O$ 适量	75～85℃；40min～2h pH＝6.5～8.5

14.4.9.1 预处理

镁合金化学沉积镍、磷是较其他的化学沉积要困难，因为镁的标准电极电位为 -2.36V。如果直接进行化学镀镍，就会发生置换反应，并严重影响镀层结合力，并有可能导致镀液分解；镁合金在空气中、水中都容易氧化而形成氧化膜，也会严重影响镀层的结合力。因此，镁合金在化学镀镍必须进行严格预处理。

A 抛光

抛光的目的是除去镁合金锈蚀的表面，获得光泽、平整的抛光表面。这样的抛光表面极其有利于化学镀、电镀的结合力，并也极利于其装饰性。

B 脱脂

除油是为了除去镁合金的抛光表面上留下的油脂、污物、抛光膏等，以保证镀层与基体金属的牢固结合，从而保证获得质量较好的浸锌层和化学镀镍层。表 14-58 中的配方 1 适用于形状简单的镁合金制品，配方 2 适用于形状、结构复杂的镁合金制品，可以根据需要进行选择。

C 酸洗

酸洗是为了溶解金属零件上的薄层氧化膜和锈蚀产物，嵌入工件表面的污垢等。配方 1 是资料上常见的酸洗、钝化配方。配方 1 的速度还高于配方 2。配方 2 在安全和环境方面要优于配方 1。可以根据自己的条件进行选择。

D 活化

活化是在于进一步去除工件表面的氧化物，并去除酸洗后附在工件上的残留物以及挂灰，并提高零件的光泽度。配方 1 优于配方 2。

E 化学浸锌

由于镁的标准电极电位为 -2.36V，镍的电极电位为 -0.25V，二者相差甚远，因此在镁合金表面直接化学镀就容易发生置换反应，并导致镀液不稳定，引发镀层分解。所以化学浸锌是关系到化学镀镍成功与否的关键。配方 2 的浸锌速度慢于配方 1，但配方 1 需要加热，成本较高，并且配方 2 浸锌后的锌层优于配方 1，致密性高，有利于下一步化学镀镍中 $NiSO_4$ 的引入。

14.4.9.2 化学镀镍

由于镁合金在含有 SO_4^{2-}、Cl^- 的溶液中，具有较大的腐蚀速度。但为了 $NiSO_4$ 的引入而降低成本，从而调整工艺条件和工艺参数，选择浸锌配方 2 是引入 $NiSO_4$ 的关键所在。在化学镀镍中加入络合剂，调整 pH 到中性和碱性，从而使镁合金在 SO_4^{2-} 的化学镀镍溶液中不发生腐蚀，并降低了置换反应的容易度。所以，镁合金在含 SO_4^{2-} 的溶液中进行化学镀镍。

14.4.9.3 测试方法与结果

经显微硬度测试，镀层硬度为 500 ~ 600HV0.1。经过热处理后其硬度可达 1000HV0.1。

按 70CT 标准，并参照 ASTM B571—79，ISO 2819 进行热震实验。镀层经 250℃，10 次加热并迅速冷却未剥落。

化学镀层经过装饰镍、铬后，进行中性盐雾试验，连续喷雾 300h 未出现腐蚀斑点，有较强的耐蚀性。

14.4.10 镁及镁合金材料表面热喷铝扩散处理工艺

由于镁合金熔点低，表面易氧化，且化学活性高、易燃烧，所以一般认为镁合金进行热喷涂处理不太现实。但实际上，只要工艺控制得当，用于钢表面的喷涂处理完全可以用于镁合金的表面防护处理。试验表明，将 AZ91D 合金表面预先经喷砂处理，然后在惰性气体保护下进行火焰热喷铝，热喷涂采用纯铝丝。喷涂时，可以通过调节喷枪与工件的距离、喷涂时间的长短等控制工件表面温度及涂层厚度，喷铝层厚可控制在 100 ~ 850μm。

图 14 - 46 为喷铝后的涂层照片，可见喷铝层与基体有较明显的分界面，喷铝层中有少量的孔隙。在热喷铝层中除少量铝被氧化外，镁合金表面仍含有大量的铝，将工件进行加热，实施融合扩散处理，其目的消除喷涂层中的孔隙，同时使表面喷涂的铝与基体镁发生相互扩散，形成新相，得到表面致密且具有强化作用的第二相和表面耐腐蚀的铝的混合涂层。该表面熔铝层由铝和 Al_2O_3 小颗粒组成。由于热喷铝时纯铝融化的液滴在喷涂过程中部分被氧化，所以熔铝层中除有铝外还有部分分布均匀的 Al_2O_3 颗粒，这不但增加了 AZ91D 镁合金表面的耐腐蚀性能，同时还增加表面硬度。

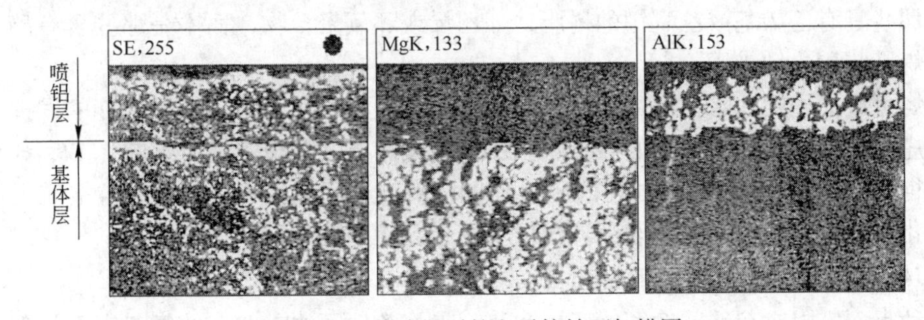

图 14 - 46 热喷铝层的电子控针面扫描图

该涂层经热震试验、盐雾腐蚀证明与基体的结合力好，具有较好的耐腐蚀能力，参见表 14 - 68。

表 14 - 68 48h 人工加速腐蚀实验结果

试样状态	观察结果
AZ91D 裸压铸件	8h 开始出现锈点，48h 表面整体锈蚀
AZ91D 表面微弧氧化后封闭处理	48h 表面轻微腐蚀
AZ91D 化学镀镍	48h 表面局部腐蚀
铸铝	48h 表面多处锈蚀
AZ91D 喷铝扩散封闭	表面良好

14.4.11 有机涂层工艺与颜料着色

14.4.11.1 概述

有机涂层是提高镁合金制品防腐、防潮、耐热和绝缘等性能和装饰性能的一种重要方法。有机涂层种类很多，油或油脂只能在短时间内保护镁合金。此外，涂料、石蜡、沥青、橡胶、塑料以及各种有机聚合物都是常用的镁合金有机涂层。新近的研究表明，环氧树脂涂层具有很强的黏附力，与水不发生浸湿，并且强度高，从而应用非常广泛。此外，乙烯树脂和聚氨酯的效果也不错。澳大利亚的 V. T. Truong 等人采用盐喷和电化学实验研究了含导电性多吡咯 PPy 的丙烯酸涂层对 Mg - Mn 合金耐蚀性的影响，该涂层能提高镁合金的耐蚀性。盐喷试验表明含有 Ppy 涂层的镁合金在盐喷室内放置 1000h 后，只有微量腐蚀和少量起泡，显示出非常好的耐蚀性。

如果需要最佳的耐蚀寿命，在施加有机涂层之前要进行化学转化涂层或阳极氧化处理。这些处理可使金属表面粗糙化并改善其化学性质，便于实现与所施涂层稳固黏合。然而，并不是每一种应用场合都需要做表面处理。汽车所用的多种压铸件都不做保护性处理。在对铸件进行喷溅或浸渍表面处理之后，必须用炉子烘干，以保证在施加表面烤漆之前除去铸件表面孔隙内的所有水分。现已发现，如果在施加底漆和面漆之前用一种渗透性树脂密封这些孔隙（表面密封），经过阳极氧化处理的零件的腐蚀耐久性可大大改善，未经涂漆或树脂密封的阳极氧化涂层不得用于含盐的环境中。

在与镁表面直接接触的有机涂层（底漆或单层面漆）必须具有良好的抗碱性。应当优先选择那些具有乙烯基或乙醚键的树脂，如乙烯或环氧聚合物，而不是那些含有酯基的树脂，如烷基或硝化纤维素。

烘烤可最大程度地除去溶剂及使聚合物发生交联，有利于有机涂层性能的发挥。所允许的烘烤温度是由对合金性能的热影响和所用转化涂层的热稳定性决定的。AZ31B 板材的时效不得高于 150℃；铬酸盐处理的压铸件的烤漆温度可达 200℃。某些航空航天用经过阳极氧化预处理的镁合金的硅表面涂层可承受 315℃的高温。

14.4.11.2 环氧树脂表面密封

这种表面密封对在严重腐蚀性环境和苛刻工作条件下的镁合金的复杂表面处理系统的性能提高有重要作用。表面密封在铬酸盐或阳极氧化预处理之后进行，用作补充性底漆或面漆的基础。一般工业零件不采用这种表面处理，因为成本太高。

（1）镁合金材料环氧表面密封，推荐的树脂配方为：

1）环氧类树脂（英国剑桥达克斯福德 Ciba Ceigy 公司）HZ985 硬化剂：100 份（质量）；

2）环氧类树脂 PZ985：300 份（质量）；

3）醋酸乙酯：240 份（质量）；

4）甲苯：136 份（质量）；

5）二丙酮醇：24 份（质量）。

这种溶液适合浸涂，但按上述比例追加溶剂可采用喷涂。通常 25% 的追加量就足够了，但对于公差要求严格的表面，追加比例应更大。

（2）环氧树脂涂层的施工程序如下：

1）将零件在 200 ~ 220℃的温度下预热 30min 或达到这一个温度后至少保持 10min；

2）使其冷却到 60℃，然后喷涂或最好是浸涂 Araldite PZ/HZ985 表面涂层树脂；

3）空气中干燥 15 ~ 30min，确保均匀沥干并用小刷除去形成的泪状物；

4）在 200 ~ 220℃的温度下烘烤 10 ~ 15min；

5）除去可能是由利刃造成的液滴或泪状物，注意不要损伤铬酸盐或阳极氧化膜；

6）将步骤2）~5）重复2次或更多次，总共涂3层；

7）最终涂层在200~220℃的温度下烘烤45min或在此温度下保持45min。

这样形成的整个涂层大约厚0.025mm。

14.4.11.3 底漆的选择

镁合金材料的底漆必须以耐碱的涂料（如聚乙烯醇缩丁醛、丙烯酸、聚氨酯、烘干型酚醛树脂、烯基环氧树脂）为基础。为了防止腐蚀，通常在这些漆料里加入铬酸锌或二氧化钛涂料。镁材的底漆通常配有环氧树脂，因其具有良好的抗碱性。

为防止起泡，可用磷酸含量降低75%的乙烯基蚀洗底漆，其后通常还要再加一道环氧底漆。对于苛刻的海洋和其他盐性曝置环境，需要添加有阻化性的涂料，如各酸锶或其他铬酸盐。在冷凝湿度或水浸情况下，铬酸盐或其他轻微可溶性盐的涂料可助长起泡，因此必须避免使用。镁的底漆里不得使用重金属涂料，如铅或铜的化合物等。同样，成功用于钢的底漆的锌粉涂料与镁的表面是不兼容的。

研制出一种高温底漆/密封剂，适用于航空和其他特殊用途的镁材。这种底漆/密封剂设计用于铬酸盐或阳极氧化处理后的表面，接着再施加以环氧－酰胺底漆和氨基甲酸乙酯面漆或其他专利性高温涂层。

通常称之为E－涂层的阴极电沉积环氧底漆用于镁材十分有效，并已广泛用于汽车和计算机工业的压铸件。除了能为适当的镁材提供优良的黏附性外，该工艺还具有良好的均镀性，从而可在复杂的表面（包括深孔穴）上沉积均匀的涂层。该工艺可使最终厚度达0.018~0.025mm。尽管原则上是用作底漆，但E－涂层在特殊应用中也可用作起保护作用的单涂层。

14.4.11.4 面漆的选择

对面漆的基本要求有以下两点：面漆与底漆有兼容性，并具有良好的保护作用；面漆必须经得住所有的工作条件的考验，包括在户外曝置时能抵御紫外线的剥蚀。

此外，面漆的选择有时还要考虑符合使用要求的经济合理性，或与车间条件和现有涂层设备的兼容性。

成功用于镁材面漆涂层包括醇酸树脂、环氧树脂、聚酯、丙烯酸树脂和聚氨基甲酸酯。自干漆和烤干漆。烤漆较硬并更能抵御溶剂的侵蚀。乙烯基酸树脂具有抗碱性，丙烯酸树脂具有耐盐喷性，醇酸树脂具有室外耐久性，而环氧树脂则具有良好的耐磨性。乙烯基树脂能经受高达150℃的温度。其他表面涂层具有更高的耐热性，按其可承受温度的递增顺序为：改良型乙烯基树脂、环氧树脂、改良型环氧树脂、环氧－硅氧烷和硅氧烷树脂。

静电喷涂或流化床法施加粉状树脂涂层，已广泛用于镁材以及其他金属材料的表面涂层。许多粉末涂层，除具有优良的膜性能外，而且利于环保。环氧树脂、聚酯和混合型环氧树脂－聚酯粉末涂层已被证明对各种各样的镁制品，包括行李架、箭弓、计算机机壳、工具箱和多种汽车零部件的表面涂层特别有用。

粉状涂层所要求的清洗和表面准备步骤与镁材的液体涂层的要求相同。根据使用要求的不同，该过程可以与磷酸盐转化涂层一样简单，但在汽车工业的应用中，施加粉末涂层之前可进行铬酸盐处理加 E－涂层底漆。

镁铸件的粉末涂层有可能产生一种“脱气起泡”的缺陷，但其程度比液体涂层的小。可用下列方法将这类缺陷的发生率减至最小：控制铸造参数，减少表面孔隙；将铸件预烘烤到比固化稍高的温度；选择具有最低允许固化温度的涂层；选择具有较长的“开放”时间，允许截留的气体能在全部固化完成之前通过涂层溢出涂层。

14.4.11.5 高温涂层

镁材在航空航天领域的应用要求涂层具有良好的高温稳定性。在 260～315℃温度下使用的最好树脂是纯净硅树脂，接着加涂一层硅树脂——改良型环氧树脂或环氧树脂－酚醛树脂。在 200～260℃的温度范围内可以使用各种环氧树脂和酚醛树脂的组合物。

铬酸盐类的转化涂层，如经重铬酸盐处理或铬酸锰处理后，可作为在最高约达 200℃温度下使用的这些漆层的基底。

14.4.11.6 水基涂层

水基涂料包括水基剂、弥散剂和胶乳成分。市售的水基涂料主要有：醇酸树脂，自然和强制干燥；丙烯酸乳胶，自然和强制干燥；丙烯酸－环氧混合物，自然和强制干燥；环氧树脂，自然和强制干燥；聚氨酯弥散剂；烤干的醇酸树脂、改良型醇酸树脂和丙烯酸树脂。

如果首先验证了与底漆之间的黏附性之后，将这些涂料施加在涂有底漆的镁材表面应该是没有问题的。在考虑将水基涂料用作镁材表面的单涂层时，需要特别注意之点是：为了有良好的黏附性，对表面清洁度的要求比溶剂基涂层更为苛刻；水基涂料，由于其带有各种不同的添加剂，在涂施期间可诱发镁材表面腐蚀，降低涂层的性能质量。

14.4.11.7 表面处理系统的选择

表 14－69 列出了室内外应用的各种类型表面涂层可达到的外观效果，及相应的机械、化学预处理与有机涂层系统。如图 14－47 所示，镁材表面处理工艺流程的一般顺序随产品形式的不同而异，使用要求决定工艺流程的选择。

表 14－69 镁合金的有机涂层系统

外观效果	典型的表面涂层系统	
	室内使用（a）	户外使用（b）
光亮金属	抛光＋硝酸铁光亮酸洗＋透明环氧树脂或丙烯酸树脂	抛光＋硝酸铁光亮酸洗＋透明环氧树脂或丙烯酸树脂
无光光洁度	金属丝刷＋硝酸铁光亮酸洗＋透明环氧树脂或丙烯酸类树脂	金属丝刷＋硝酸铁光亮酸洗＋透明环氧树脂或丙烯酸类树脂
色泽透明	硝酸铁光亮酸洗＋着色环氧树脂或丙烯酸类树脂	无建议
透明染色	硝酸铁光亮酸洗＋透明环氧树脂或丙烯酸树脂＋染色浸渍	无建议

续表 14－69

外观效果	典型的表面涂层系统	
	室内使用（a）	户外使用（b）
金属色	铬酸洗或稀铬酸＋环氧树脂、丙烯酸类树脂、聚乙烯醇缩丁醛或加金属粉或糊的乙烯类颜料	铬酸洗或稀铬酸＋1层聚乙烯醇缩丁醛底漆＋环氧树脂或加金属粉或糊的乙烯类颜料（c）
皱纹面	铬酸洗或稀铬酸洗＋标准的皱纹面漆涂层	一般不在户外使用
高光泽瓷面	铬酸洗或稀铬酸洗＋环氧树脂、丙烯酸类树脂、聚氨酯或醇酸搪瓷漆	铬酸洗或稀铬酸洗＋1层聚乙烯醇缩丁醛底漆＋丙烯酸类树脂、醇酸或聚氨酯底漆
人造革状（光滑或有纹理）	铬酸洗或稀铬酸洗＋乙烯基涂层铬酸洗或稀铬酸洗＋乙烯类有机溶胶	铬酸洗或稀铬酸洗＋聚乙烯醇缩丁醛或乙烯类底漆＋乙烯类有机溶胶

注：（a）为推荐最小总膜厚25μm；（b）为推荐最小总膜厚50μm，海洋性环境为75μm；（c）为或金属糊。

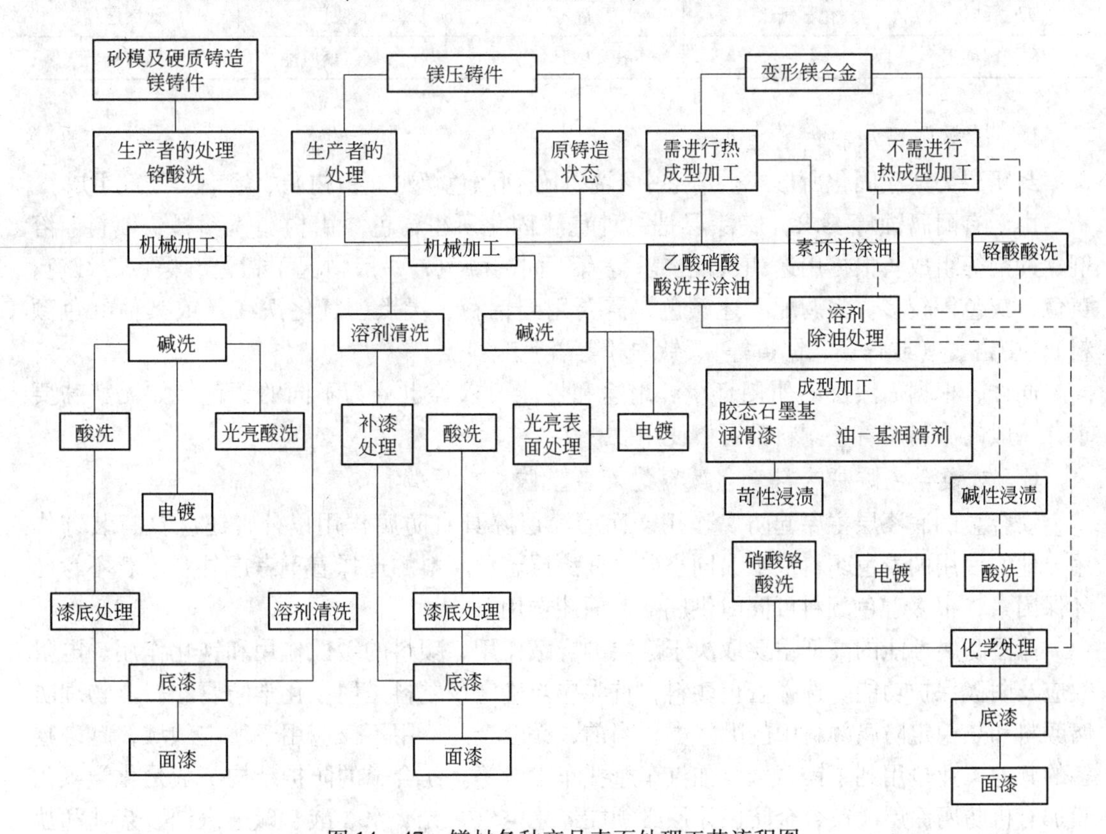

图 14－47　镁材各种产品表面处理工艺流程图

航空航天和军事领域适用的表面处理系统，由于其可能的苛刻使用条件、可能的严重腐蚀破坏后果和所用的某些特种合金低劣的耐盐喷腐蚀性，要比一般工业用涂层系统复杂。为了满足这些要求，除了标准的涂层处理外，还要采取特别的补充措施。这些措施包括重型阳极氧化预处理、环氧树脂表面密封和“湿法组装”技术。这种在防止电化腐蚀方面十分重要的湿法组装技术包括将镁与非相似金属组装到一起时使用阻化性底漆或填料，从而对结合面或螺纹接头进行密封。

14.4.11.8 镁材涂层涂料用着色颜料的防腐性

A 镁材涂层系统

镁合金的防护层结构，最初一道工序一般是化学氧化作表面处理，形成一层化学膜；在化学膜的上面是致密的有机涂层。最好的涂层系统包括封闭层、底漆层和面漆层。最好的封闭层是采用环氧（或环氧改性）清漆，它在镁合金零件表面组成一个致密的封闭层。底漆层有采用飞机蒙皮用的底漆，也有采用铝色环氧防腐漆，还有其他很多漆种；但是，就其黏接剂来说，环氧树脂类是用得最多，也是被证明是目前最好的。面漆层：由于聚氨酯优异的理化性能，是目前镁合金防腐最为广泛采用的。如 TB06 - 9 聚氨酯面漆、TB04 - 16 和 TS70 - 1 聚氨酯面漆等。表 14 - 70 最能代表镁合金防护体系和黏接剂品种。

表 14 - 70 镁合金防护体系和黏接剂品种

防护结构	化学氧化膜	封闭层	底漆层	面漆层
黏接剂种类	—	环氧（或环氧改性）	环氧、聚氨酯	聚氨酯

B 镁材防腐涂料的着色颜料

封闭层为清漆固化所形成。清漆中不添加任何颜色填料，由树脂、溶剂、助剂组成。

由于有耐腐蚀等要求，底漆层是一种色漆固化所得，色漆由树脂、颜料、填料、溶剂、助剂等组成。根据用途和性能要求等有不同的颜色，一般情况下铝色、黑色、红色、黄色、灰色等较多。为调配上述颜色，需要用到铝粉、炭黑、氧化铁红（或其他红色颜料）、中铬黄（或锌黄、锶黄等）、钛白粉等着色颜料。

同样，根据面漆层的使用环境、用途和性能要求等也分为不同的颜色。如无特殊要求，一般的涂料用着色颜料都可以使用。

C 对镁合金防腐涂料着色颜料的着色及防腐机理分析

镁合金的底漆层主要起防腐作用，而面漆层除具有防腐作用以外，还应具有装饰作用。他们使用的着色颜料范围大同小异，面漆层着色颜料的选择着重考虑外观。若不考虑环保因素，很多着色颜料可同时供底漆、面漆选用。

涂层防腐性能的高低主要取决于涂层的屏蔽作用、颜料的缓蚀作用和钝化作用、电阻效应及阴极保护功能。选择着色颜料，首先应当确定该颜料是属于化学防腐颜料、物理防腐颜料和热稳定防腐颜料中的哪一类。当前，镁合金的使用不仅应用于航空领域，越来越多的其他工业也用到了镁合金，如汽车摩托车工业等。镁合金的防护结构一般是化学氧化膜加有机防腐涂层。镁合金防腐涂层必须能经受空气、光、水、酸、碱、汽油、柴油和盐雾的侵蚀。对着色颜料的选择应尽量综合兼顾这些防腐要求，在很多情况下化学、物理和热稳定着色颜料应搭配使用，添加合适的体质颜料能提高涂层的防腐性能。

D 颜料的特性比较

(1) 黑色颜料。黑色颜料种类不多，常用的只有炭黑和氧化铁黑两大类。氧化铁黑能溶于热的强碱中，在常温下微溶于稀酸，而在强浓酸中则完全溶解；在较高的温度下容易被空气氧化，生成红色的氧化铁红。而炭黑化学性质比较稳定，和酸、碱不起作用，不溶于水、酸、碱和有机溶剂，有极高的耐光性和耐候性。因此，在镁合金防腐涂料时，如需调配黑色单色浆或使用黑色颜料多数情况都选用炭黑，尤其是面漆。

（2）白色颜料。表14－71是白色着色颜料防腐测试结果。

表14－71　白色着色颜料防腐试验检测结果

颜料种类	二氧化钛	立德粉	氧化锌	锑白
耐酸性	9h，无破坏	6h，无破坏	2h，有破坏	4h，有破坏
耐碱性	300h，无破坏	240h，无破坏	20h，有破坏	24h，有破坏
耐湿热性	96h，1级	48h，1级	70h，1级	82h，1级
耐盐雾性	800h，不生锈	200h，生锈	695h，不生锈	360h，生锈
人工加速老化	800h，30%	240h，30%	600h，20%	480h，30%
耐柴油	48h，无斑点	48h，无斑点	48h，无斑点	48h，无斑点
耐汽油性	6h，无变化	4h，无变化	5h，无变化	5h，无变化

由表可知，防腐性能综合指标二氧化钛的各项性能指标最好，是最好的白色防腐颜料。

（3）黄色颜料。由于铅铬黄毒性相对较大，出于环保原因，已逐渐被世界各国禁用。黄色颜料耐蚀试验结果见表14－72。

表14－72　黄色颜料防腐性能防腐试验检测结果

颜料种类	氧化铁黄	镉黄	钛镍黄
耐酸性	3h，有破坏	3h，有破坏	8h，有破坏
耐碱性	280h，无破坏	280h，无破坏	280h，无破坏
耐湿热性	60h，1级	96h，1级	96h，1级
耐盐雾性	200h，生锈	400h，生锈	600h，不生锈
人工加速老化	520h，30%	200h，20%	700h，30%
耐柴油	48h，无斑点	48h，无斑点	80h，无斑点
耐汽油	4h，无变化	4h，无变化	8h，无变化

由表可知，防腐性能综合指标钛镍黄最好，是最佳的黄色防腐着色颜料。

（4）红色颜料。银砂（又名朱砂、辰砂，分子式 HgS），由于耐光性差，稳定性不是太好，已不大使用，其他几种红色颜料试验情况见表14－73。

表14－73　红色着色颜料防腐性能检测情况

颜料种类	氧化铁红	透明氧化铁红	镉红	钼铬红
耐酸性	3h，无破坏	3h，无破坏	3h，无破坏	4h，无破坏
耐碱性	240h，无破坏	240h，无破坏	240h，无破坏	240h，无破坏
耐湿热性	96h，1级	96h，1级	96h，1级	96h，1级

续表14－73

颜料种类	氧化铁红	透明氧化铁红	镉 红	钼铬红
耐盐雾性	500h，不生锈	550h，不生锈	550h，不生锈	620h，不生锈
人工加速老化	520h，20%	600h，20%	600h，20%	240h，30%
耐柴油	48h，无斑点	48h，无斑点	48h，无斑点	48h，无斑点
耐汽油	6h，无变化	6h，无变化	6h，无变化	6h，无变化

由表可知，防腐性能综合指标氧化铁红、镉红、钼红都比较好，都可供选用。

（5）绿色颜料。绿色颜料常用的有酞菁绿、铅铬绿、氧化铬绿、钴绿等。含铅铬的颜料都在逐步被禁用。

（6）蓝色颜料。蓝色颜料主要有酞菁蓝、铁蓝、群青、钴蓝等。防腐测试结果见表14－74。

表14－74 蓝色颜料防腐性比较

颜料种类	铁 蓝	群 青	钴 蓝	酞菁蓝
耐酸性	3h，无破坏	2h，有破坏	4h，无破坏	3h，无破坏
耐碱性	2h，有破坏	6h，无破坏	8h，无破坏	6h，无破坏
耐湿热性	36h，1级	72h，1级	96h，1级	72h，1级
耐盐雾性	300h，不生锈	500h，不生锈	480h，不生锈	550h，不生锈
人工加速老化	96h，30%	520h，30%	720h，30%	580h，30%
耐柴油	48h，无斑点	48h，无斑点	48h，无斑点	48h，无斑点
耐汽油	5h，无变化	4h，无变化	6h，无变化	6h，无变化

由表可知，防腐性能综合指标钴蓝 > 酞菁蓝 > 群青 > 铁蓝。

E 颜料的合理选择

着色颜料的选择非常重要、严格。对一种颜料的选择，第一要考虑环保（颜料的毒性大小），是否是国家明令禁用的。第二要分清颜料的防腐类别，确定其是化学防腐颜料、物理防腐颜料，还是热稳定防腐颜料，对该颜料的防腐能力有明确的认识。第三要对被筛选颜料的着色力、遮盖力有清楚认识。第四对着色颜料在相应溶剂中的溶解性，与体质颜料（或其他颜料）、填料的匹配性要有全面了解。第五注重着色颜料与着色颜料、着色颜料与体质颜料等搭配使用，添加适量的体质颜料能提高涂层的防腐性能。只有对着色颜料的性能有全面清楚认识，才能合理地选择与搭配着色颜料。

14.4.12 镁材表面耐蚀改性强化处理新技术

基于现代表面技术的发展，微弧氧化、激光表面处理、离子注入、物理气相沉积及等离子体注入沉积等新技术由于其优异的膜层性能，在镁合金表面耐蚀强化处理中越来越受到青睐。

14.4.12.1 激光表面处理

激光表面处理的优势在于对基体热影响小，易于实现自动化，而且在使用高能量的激光时，可以控制温度，在处理材料时不需要真空等苛刻的环境条件。

激光退火可使金属表面改性形成亚稳结构固溶体。在纳秒范围内脉冲激光可以产生高达10^{10}℃/s的冷却速度，是快速凝固的另一种形式，只不过仅有表面的熔化和凝固，基体保持原始态不变。激光处理除具有离子注入的优点外，还能处理复杂几何形状的表面，处理深度较离子注入深，可达几个微米，对改性层的浓度范围控制更大，操作运行成本低。缺点是因为处理发生尺寸变化需要附加的机械加工。利用激光处理在AZ91C镁合金表面得到了100nm厚的Al、Cr、Fe、Cu和Ni的薄层。研究了薄层在含有0.1%的NaCl的硼酸-硼酸盐溶液中的耐蚀性，用动电位测定击穿电压。结果表明，涂铝的激光表面改性层使击穿电位正移600mV，含有其他元素的改性层也都不同程度改善了耐蚀性表面。即使含有Cu、Fe、Ni这些在平衡态下严重影响镁合金耐蚀性的元素，经激光处理后也使得击穿电位增高。这种改变得益于表面形成了非晶混合氧化物。

研究发现，AZ91C基体上激光溅射锌涂层使击穿电位改变，并与表面层镁和锌的含量变化有关。用低脉冲处理后，表面出现镁的贫乏，锌含量相对较大，呈现出良好的耐蚀性。

在纯镁上用激光熔敷Mg25Al75合金时发现：与未经处理的纯镁试样相比，经激光处理的表面改性层的腐蚀电位正移了约0.7V，腐蚀速率降低了两个数量级，极化阻力提高了4个数量级，钝化区间加大。对SiC增强ZK60镁基复合材料进行激光表面熔敷Al-Si合金时发现，熔敷层与基体结合良好。随激光扫描速度的增加，在界面中出现未熔层。而当激光能量增加时，熔敷层表面粗糙度又明显增加，熔敷层中的气孔和裂纹也越多。与普通材料如钢、铸铁和铝合金激光表面熔敷合金的情况不同的是，钢、铸铁和铝合金的表面激光熔敷并没有发现有基体金属扩散到熔敷层中。但对于镁合金，由于Mg在Al-Si中的扩散速度快，在熔敷层中发现有Mg_2Si存在，即Mg已经从基体扩散到熔敷层中，这对耐腐蚀性产生很大的影响。然而，与未经处理试样相比，激光熔敷表面的腐蚀电流密度至少降低两个数量级。同时对ZK60/SiC镁基复合材料激光表面气体合金化进行的研究表明，与未处理试样相比，激光处理试样由于表面微观结构的细化而使腐蚀速率大大降低，并且抗腐蚀性与处理时的保护气体有关。在Ar、空气和N_2三种保护气氛中，N_2气氛中的处理效果最好，这是由于在改性层中形成了在腐蚀性环境中性能稳定的MgN_2的缘故。与未经处理试样相比，激光处理试样腐蚀速度约降低50倍。在SiC增强ZK60镁合金表面熔敷不锈钢的研究发现，当在镁合金表面直接熔敷不锈钢时，由于两者熔点的巨大差异，激光处理快速冷却下接合面没有熔合，界面上被严重氧化。为解决熔点差异的问题，在镁合金和不锈钢之间加上铜合金和纯铜中间层，以实现熔点的良好过渡。激光处理后发现，利用中间层能够实现熔敷层与基体的冶金接合；在不锈钢层中还发现熔敷层与基体的冶金接合，在不锈钢凝固后流到不锈钢晶间所致。正是这个原因，镁合金亦流到铜合金中实现冶金接合。腐蚀试验结果激光表面处理极大地提高了镁合金的耐蚀性：腐蚀电位比未处理试样的高1090mV，比表面喷射涂层试样的高820mV；而腐蚀性比镁合金表面熔敷Al-Si合金的耐蚀性能更好。然而在表面腐蚀形貌图中发现，激光处理试样表面的晶间发生了大量的腐蚀，即Cu在不锈钢晶间导致了不锈钢耐蚀性的降低。研究SiC颗粒增加镁基复合材料表面激光熔敷Cu60Zn40合金层的结果发现，熔敷层与基体结合紧密，熔敷层交界面上存在Mg、Si、Cu、Zn的交互扩散，且Mg的扩散距离大于Cu、Zn的扩散距离。腐蚀试验发现，激光熔敷衍试样的相对腐蚀电位比未处理的约低 22 倍。由此说明，激光熔敷 Cu60Zn40 合金可以提高镁基复合材料的耐蚀性。然而激光熔敷试样的相对腐蚀电动势却比表面喷涂试样的还要低。这是由于基体元素与熔敷金属互扩散，在熔敷层中存在 SiC 颗粒，从而降低熔敷层的耐蚀性。

除了镁合金表面激光熔敷合金层以外，还利用激光重熔技术来提高镁合金的耐蚀性。用激光重熔 AZ31B 镁合金表面的结果发现，表面呈现粗糙的波纹状，重熔后表面的显微硬度比基体的低，但耐蚀性有明显提高。与之对照，激光表面重熔镁合金时熔化层有金属蒸发损失，Mg 的损失量尤其严重。激光处理使表面局部溶解，而激光束边缘处金属几乎不受影响。因而表面存在一个个的熔池，这样会产生选择性溶蚀，腐蚀首先发生在熔池中心，激光表面重熔增加了局部腐蚀的产生。腐蚀试验结果表明，激光表面重熔处理并没有提高镁合金的耐蚀性能，而且在高的输入能量时还会使耐蚀性能下降。

激光表面改性强化技术在提高镁合金表面性能，延长使用寿命方面发挥的重大作用越来越明显。但镁合金激光表面处理仍然存在一些问题：如激光重熔表面硬度的提高，熔敷层合金的均匀化，熔敷材料及工艺的优化等。可见，激光表面改性技术的实用化尚需相当的努力。

14.4.12.2 离子注入技术在镁材表面处理中的应用

离子注入是将高能离子在真空条件下加速注入固体表面的方法。此法几乎可以注入任何种类的离子，离子注入的深度与离子的能量、种类以及基体状态等因素有关。离子在固溶体中处于置换或间隙位置，形成亚稳相或沉淀相，从而提高合金的耐蚀性。

在 Mg 和 AZ91C 镁合金中注入 Fe^+ 后发现，耐蚀性能主要与离子注入剂量有关，与注入离子的能量关系不大。当 Fe^+ 剂量低时，对基体的耐蚀性的影响并不大；当离子剂量高时，耐蚀性得到很大的提高，当剂量达 5×10^{16} 离子/cm^2 时，不仅腐蚀电流密度的降低超过一个数量级，而且开路电位得到了很大的提高。在腐蚀试验中还发现，在未经处理试样中的“$Mg_{17}Al_{12}$小岛”周围有非常严重的深沟状的局部腐蚀痕迹；而在经离子注入的试样中，“小岛”本身被腐蚀，而“小岛”周围的固溶体没有发现严重的腐蚀现象。离子注入把腐蚀限制在“小岛”的小的范围内。在 Mg 中分别注入剂量为 5×10^{16} 离子/cm^2 和 5×10^{17} 离子/cm^2 的 Cr 离子的研究发现，注入剂量为 5×10^{17} 离子/cm^2 时，表面的腐蚀速度比未经处理表面的腐蚀速度低 10 倍，注入剂量为 5×10^{16} 离子/cm^2 时，腐蚀速度更低。可见，合适的注入剂量可显著提高镁合金表面的耐蚀性能。对 AZ91D 镁合金注入 N^{2+} 的研究发现，注入区深度为 0.2μm，而“注入影响区”深度可达 100μm，这一区域存在大量的位错节点和位错线，从而使表面的硬度、抗疲劳性能、耐蚀性都得到提高。注入剂量为 5×10^{16} 离子/cm^2 时的腐蚀速率是未经注入试样的 15% 左右。同时还发现，离子注入量和“注入影响区”程度比注入离子的种类（如：B^+、Fe^+、H^+ 和 N^{2+}）对耐蚀性能的影响更大。注入区和注入影响区减小基体和金属间化合物的电化学差异，并可以得到类似无定形态的性质，从而提高基体的耐蚀性。但也有人认为，通过离子注入提高耐蚀性与注入何种离子有关，如注入耐蚀的元素（如 Cr）能提高合金的耐蚀性，其原因是影响了膜的成分和结构。

离子注入的优点是在材料表面内侧形成一层新的表面合金层来改变表面状态，从而解决了其他工艺制备的涂层表面与基体的黏接问题。但是，离子注入所得到的改性层非常薄，往往无法满足所需要的表面性能，所以，关于离子注入镁合金表面耐蚀性的研究也相当少。

14.4.12.3 物理气相沉积 PVD 处理

PVD 工艺操作简便，对环境污染少，沉积温度通常为 180 ~ 500℃，理论上能在各种基体材料表面上沉积各种高性能薄膜，近几年这种方法在镁合金表面耐蚀处理方面也陆续地应用起来。

用 PVD 溅射沉积法在 AZ91hp 镁合金上沉积如表 14 - 75 所示的各种膜层，沉积膜层用 PLS500 和 HTC1000/4 两套实验装置。结果发现：CrN 膜层和（TiAl）N 膜层的耐蚀性、黏结强度和硬度最好。其中 CrN 膜层和超点阵的 ZbN/CrN 膜层是纳米晶；多层的 TiN/AlN 膜层中 AlN 层是非晶态；其余的膜层都是晶态。在黏结强度方面，CrN 膜层与基体的黏结强度最好，含 Nb 的膜层与基体的黏结强度较差。做划痕试验时，薄膜剥离情况与膜层厚度和黏结强度有关。厚的溅射层和含 Nb 的膜层在划痕上和边缘处有大块的剥离，而其他试样只在划痕上有小块的剥离。研究还发现，单层的显微硬度比双层的高得多，一般具有超点阵层的硬度比单一生长层的硬度高，而多层的 TiN/AlN 硬度比单层的 TiN 或 AlN 膜层都低。腐蚀试验发现，单层的 CrN 膜层、厚的 TiN 层、(TiAl)N 层和 Ti(CN) 层由于孔隙率低（约为 10%），故耐蚀性非常差；NbN/CrN 膜层由于黏结强度低，故耐蚀性也非常差。在 3N - Mg 上蒸发 Mg 膜层的研究发现，膜层中具有小晶面的 Mg 颗粒直径为 50 ~ 100μm。在基体与膜层界面上，柱状颗粒垂直于膜层与基体界面。在界面下方基体中的颗粒比基体内部的颗粒细小，且与膜层中的颗粒大小相当。电化学腐蚀发现，经过处理试样的饱和电流密度比未经处理试样的约低两个数量级。在镁合金上 SiC 膜层的研究发现，耐蚀性和抗疲劳剥落性能取决于膜层的结构、孔隙率和黏结强度。利用双极脉冲 PVD 溅射沉积法，可以实现低温下（180℃）直接对 AZ91 镁合金沉积 0.8μm 的 TiN 层，得到的膜层具有足够的黏结性和硬度，但负载能力很低，且膜层中的微孔使其耐蚀性有限。用 Ar 离子辅助沉积法（IBAD）分别对 Mg、AZ91 和 AlMgSi0.5 镁合金基体沉积 MgO、Nd，MgO 和 Sn，MgO 陶瓷层的研究发现，沉积层的组织的结构主要受轰击离子能量的影响。在没有离子轰击时，膜层具有很强的柱状晶结构；当 Ar^+ 能量在 3 ~ 5.5keV 时，在表面能形成大量的非晶，而能量更大时，表面又开始形成柱状晶。各种膜层的钝化区间、腐蚀电流密度见表 14 - 76。可以看出，对于 Mg 基体，耐蚀性最好的是在没有离子轰击时的 MgO 层，离子能量在 3 ~ 5.5keV 之间时，能形成大量的非晶，耐蚀效果也较好，而在膜层中加入 10% 的 Nd 或 Sn 能提高基体的耐蚀性能。对于在高的离子能量轰击下形成的具有方向性很强的柱状晶，耐蚀性能很差。对于 AZ91 镁合金，MgO 层的腐蚀电流密度是未经处理试样腐蚀电流密度的 1/3000。对于 AlMgSi0.5 基体，所有膜层耐蚀效果都较好。因此，只要能避免柱状晶的形成，MgO 陶瓷晶粒层也能提供好的耐蚀性能。

表 14 - 75 膜层及其平均厚度 (μm)

组 别	膜 层	PLS 500	HTC 1000/4
1 层	CrN	5.5	3.5
1 层	TiN	5.1	0.9

续表 14－75

组 别	膜 层	PLS 500	HTC 1000/4
1层	(TiAl) N		1.5
2层	NbN－(TiAlDN)		1.0＋1.5
2层	CrN－Ti (CN)		0.5＋1.0
多层	TiN/AlN (21Layers)	4.8	
超级点阵	NbN/CrN		3.0

表 14－76 不同的 MgO 膜层的腐蚀电流和钝化区间（E_d-E_{oc}）

基 底	膜 层	轰击能量	i_{corr}/μA·cm^2	E_d-E_{oc}/mV	$i_{(-550mV)}$/μA·cm^2
Mg	—	—	40	0	
	MgO	0keV	0.1	200	
	MgO	3keV	15	170	
	MgO	5.5keV	0.3	90	
	MgO	10keV	40	0	
	MgO	15keV	2	85	
	MgO	7.5keV，45°	30	10	
	Nd，MgO	7.5keV，45°	0.03	70	
	Sn，MgO	7.5keV，45°	2.5	50	
AZ91	—	—	30	0	
	MgO	7.5keV，45°	0.01	50	
	Nd，MgO	7.5keV，45°	<4	0	
	Sn，MgO	7.5keV，45°	<2	15	
AlMgSi0.5	—	—	0.05	30	500
	MgO	7.5keV，45°	0.006	875	2
	Nd，MgO	7.5keV，45°	0.02	950	0.4
	Sn，MgO	7.5keV，45°	0.2	780	4000

14.4.12.4 陶瓷技术在镁材表面处理工艺上的应用

已有多种颜色和纹理的搪瓷可用在部分镁合金上。然而用在镁材上的磁漆必须在较低温度下涂施，而且镁合金不得含有易熔的共晶相。例如，AZ31B 可以涂施磁漆，而 AZ61A、ZK60A 却不能。搪瓷与镁材之间的黏附效果很好，具有良好的耐磨性和耐化学侵蚀性能。

A AZ91D 镁合金表面热喷涂陶瓷层工艺

（1）热喷涂陶瓷层概述。热喷涂陶瓷首先应选择合理的喷涂材料，必须充分掌握基体材料表面特性，同时考虑喷涂粒子与基体材料的物理相容性和化学相容性。物理相容性包括如：密度、熔点、表面张力、热胀系数等参数，化学相容性相互能否发生化学反应及化学亲和能力等。在亚声速热喷涂涂层设计时，还应注意喷涂粒子的可变形性、结晶速度的快慢及相变特点；及熔化粒子在喷射过程中与环境介质作用引起的材料表面成分和状态的变化等。以 AZ91D 镁合金制汽车、摩托车变速箱壳体，局部喷涂耐磨层的设计为例：AZ91D 镁合金汽车、摩托车变速箱壳体，整体喷铝防腐处理后，在壳体上因有转动轴和活动杆等开孔部位，经常滑动摩擦，一般的防腐层，无法满足要求，为此在滑动开孔部位喷涂耐磨金属陶瓷层，喷涂材料选用 $Al_2O_3$92% ~96% + $TiO_2$3% ~5%，依据是除 Al_2O_3 + TiO_2 陶瓷层具有较高强度和耐磨性之外，Al_2O_3 和 AZ91D 表面喷铝防护层有较好的物理、化学相容性和结合强度。

该涂层在配合件的接触运转中，具有良好的耐磨损性能，这种涂层还能和配合件自动形成所需要的间隙，提供最佳的密封状态。

（2）涂层形成原理。按比例配置的喷涂材料，经过喷枪被加热、加速，形成粒子流射到基体上，由于喷射的粒子在基体表面上，不断发生碰撞、变形、凝固和堆积，从而形成涂层。其中喷涂材料被加热溶化后，在惰性和压缩气体气流中被雾化，喷涂材料被雾化的难易可以用 web 准数表示即被熔化质量在气流中的运动惯性力与其表面张力之比来表示。

雾化粒子冷却到凝固点的时间和雾化粒子结晶潜热放出时间决定了喷涂液滴粒子从冷却到凝固的时间，这一时间很短，粒子放出的热量对基体的热影响范围不大，热影响区深度一般不超过几十微米，因此喷涂过程中的物理化学作用，只在近表面层进行。由于陶瓷粒子的温度较高，而 AZ91D 镁合金熔点较低，所以，陶瓷粒子会熔化周围基体表面的镁合金而形成较牢固的冶金熔合层。

（3）涂层的组织和性能。

1）涂层的组织。在 AZ91D 镁合金表面，采用亚声速火焰粉末喷涂陶瓷层，其喷涂的粉末的成分配比为 Al_2O_3 94% + TiO_2 6%，涂层的厚度为 50 ~100μm，涂层组织如图 14 -48 所示。

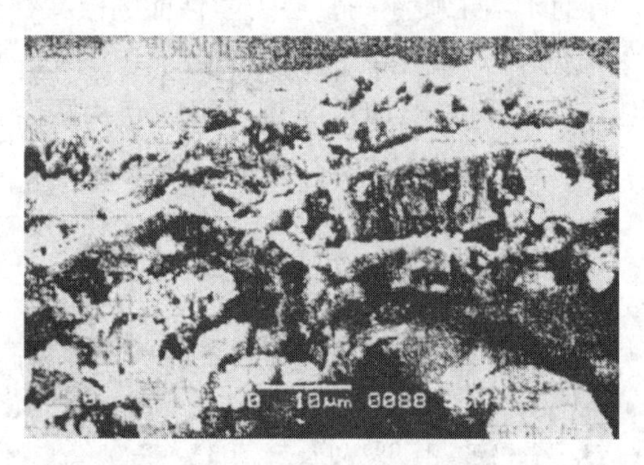

图 14 -48　AZ91D 表面喷涂陶瓷层组织形貌

由图 14 -48 可见，陶瓷层由层状结构排列密集离子晶体 Al_2O_3 “骨架” 和 TiO 粒子组成，部分陶瓷组织被熔化的镁合金包围。

2）涂层的性能。把 AZ91D 镁合金表面喷涂 100μm，Al_2O_3 + TiO_2 陶瓷层的试样尺寸为 100mm ×30mm ×5mm，分别进行强度、硬度、热震性、耐热冲击性及耐腐蚀性试验，试验结果如下。

硬度：AZ91D 试样表面热喷涂 Al_2O_3 + TiO_2 陶瓷层的表面硬度为 HV800 ~850。

抗拉强度：将表面喷涂陶瓷涂层的 AZ91D 标准试样进行拉伸试验测得抗拉强度为 180～205MPa，断口处涂层和基体结合面无剥离和开裂。

热震试验：把试样从 150℃～350℃每隔 50℃保温 20min 取出空冷，同一试样经反复加热冷却未发现涂层剥落。

耐腐蚀性试验：表面热喷涂 $Al_2O_3+TiO_2$ 陶瓷层的试样，表面经封闭处理后，按 GB 6458—86 标准要求进行 72h 盐雾试验，表面未发现锈蚀。

B 镁材表面等离子喷涂纳米 $Al_2O_3+3\%\ TiO_2$ 陶瓷涂层技术

在 AZ91D 镁合金表面，等离子喷涂 $Al_2O_3+3\%\ TiO_2$ 纳米复合陶瓷涂层。涂层粒度为 150nm 和 120nm 的纳米三氧化铝和氧化钛粉，涂层厚度为 50～100μm。等离子喷涂采用 PQ77A 型喷枪，热效率 $\eta_Q \approx 0.65$。喷涂前 AZ91D 试样表面预热至 100℃，喷涂距离60～80mm。喷涂时等离子火焰流轴线与工件表面呈 45°～60°角，送粉气流量 $N_2 0.5m^3/h$，送粉率 1～1.5kg/h。然后涂层表面进行硬度测试和形貌观察并对涂层断面作 SEM 及 XRD 分析、涂层和基体结合强度及耐腐蚀性能测量等。

（1）微观结构分析。纳米尺寸的 $Al_2O_3+3\%\ TiO_2$ 粉粒混合后采用喷雾干燥法制备试样的 AFM 形貌如图 14－49 所示。在 AZ91D 表面等离子喷涂后，涂层的表面形貌如图 14－50 所示。由图 14－50 可见，按比例混合后的 $Al_2O_3+3\%\ TiO_2$ 纳米陶瓷粉粒分布基本均匀，但仍存在纳米粉粒的团聚。粉末 Al_2O_3 绝大部分是 $\alpha-Al_2O_3$ 和类金红石型 TiO_2 组成。由图 14－34 可见，涂层呈粒片状的积层，由于高温粒子和已凝固粒子的黏附，使喷层由许多微粒构成，表面较粗糙。由于基体镁的熔点较低，受到高温等离子热喷涂的陶瓷粒子的冲击，使部分基体表面熔化。由 XRD 较长谱和 SEM 分析可见，涂层中有呈柱状结构的 $\gamma-Al_2O_3$ 和等轴纳米 $\alpha-Al_2O_3$ 颗粒。因为 $\gamma-Al_2O_3$ 在形成过程中沿热流方向生长，而在等离子热喷涂过程中，尚未熔化的 $\alpha-Al_2O_3$ 颗粒是在等离子喷涂过程中冷却而造成的。这种结构在一定程度上，有助于纳米喷涂陶瓷层力学性能的改善，如可使涂层抗裂纹扩展能力有所提高，XRD 谱中未见 TiO_2 氧化钛相，这是由于在热喷涂过程中，氧化铝与氧化钛接触面积过大而完全固溶所致，由于 TiO_2 与氧化铝的互相固溶而使条柱状的层间结合力增强，有利于涂层强度提高。而 XRD 谱中有少量的 MgO 存在，这是由于在等离子喷涂

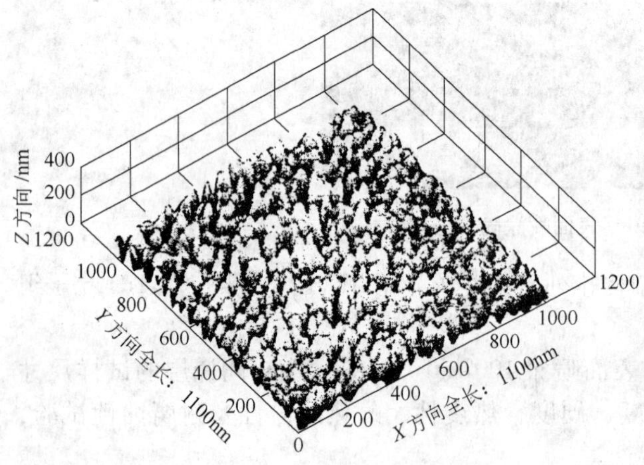

图 14－49 $Al_2O_3+3\%\ TiO_2$ 纳米陶瓷粉末 STM 图

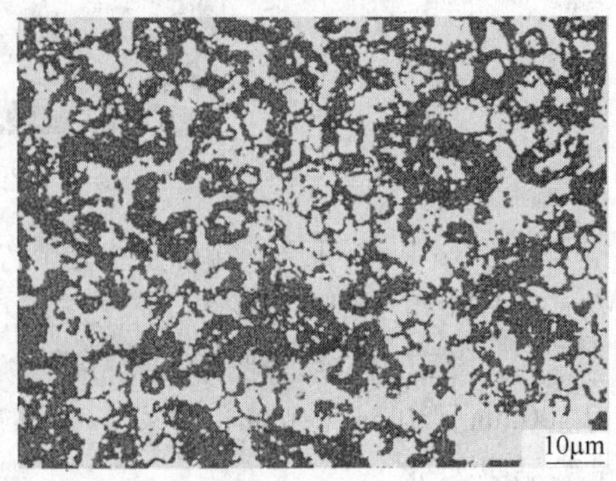

图 14－50 涂层表面形貌

过程中，温度较高的陶瓷粒子冲击镁合金基体表面后界面反应所形成的。MgO 的存在可有效地抑制 Al_2O_3 晶粒长大，细化 Al_2O_3 晶粒有利于陶瓷涂层强度的提高，并可提高陶瓷粒子和镁合金基体的润滑性，调节界面的内应力的分布。

（2）涂层性能。涂层硬度测试：表面经等离子喷涂 $Al_2O_3 + 3\% TiO_2$ 纳米陶瓷涂层的 ZA91D 试样，经测试表面陶瓷层的硬度为 HV950 ~ 980，高于常规同类材料陶瓷等离子喷涂层。（常规涂层为 HV750 ~ 800）这主要是由于涂层中大量等轴的纳米 $\alpha - Al_2O_3$ 增强作用所造成。

涂层结合强度测试：按 ASTM C633 标准测量涂层的结合强度为 19 ~ 22.5MPa，而常规同类粉末等离子喷涂陶瓷涂层为 16MPa，可见涂层的硬度和涂层的结合强度，均高于常规陶瓷等离子喷涂层。

涂层的耐腐蚀性能测试：按 GB 6458—86 标准，把表面等离子喷涂纳米陶瓷涂层并进行封闭处理的试样进行 72h 的中性盐雾试验，表面未发现锈斑。

14.4.12.5 低能耗微弧无火花阳极氧化处理工艺

无火花处理工艺与火花处理工艺完全相同：碱脱脂→流水洗→酸浸蚀→流水洗→直/交流电阳极氧化→流水洗→纯水洗→热纯水洗→封孔（上漆封孔）→装饰涂层→透明涂层/面漆。

不同的是溶液的组成。这种特殊的溶液可使镁材表面经“无火花”“微弧”阳极氧化工艺处理之后获得更均匀平整的膜层。经过一系列后处理，会生成均匀平整的阳极膜层，不但有良好的耐蚀性，而且有令人满意的装饰效果。

A 低能耗无火花工艺的优点

（1）稳定的碱性工艺使用环保化学品；

（2）无火花，因此可获得均匀平整的膜层；

（3）使用更低电压，节约能源；

（4）良好的耐蚀性，按 ASTM B117 盐雾试验测试超过 200h；

（5）涂层硬度为 300 ~ 400HV；

（6）多孔结构是涂料的优秀底层；

（7）符合 ASTM B893—98、ASTM D2651—01、MIL—M3171 等标准的要求。

阳极氧化后，首先要“封孔”，然后是进行涂装步骤，可获得粉末涂层、液体及电泳涂层，涂层的性能可视工件的用途而做相应选择，但必须保证涂层有如下基本性能。

B 涂层需要满足的基本性能

（1）良好的耐蚀性（240CASS 试验后，0 ~ 2mm 腐蚀渗透）；

（2）良好的排气性；

（3）良好的力学性能（包括冲击性能）；

（4）适合液体涂漆（当需要一项或多项附加涂层时）；

（5）工件的最终使用检验符合技术标准。

图 14 - 51 是阳极氧化镁件透明封孔的样品，图中的工件在阳极氧化后立即变灰，封孔涂层为透明的。在封孔处理后进行涂装处理，也可使用“颜料”封孔产品或金属漆封孔涂料进行涂装。

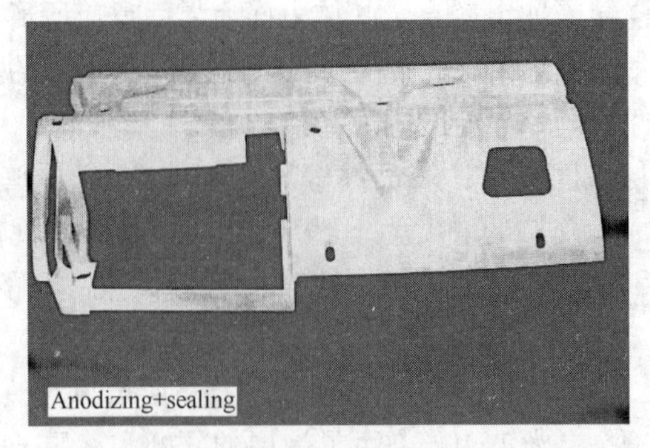

图14－51 阳极氧化镁件透明封孔的样品

当有要求或必要时，第二道“装饰”涂层可以是水性涂料，也可以是溶剂型的，但都必须具备以下性能：优秀的户外耐候性；与内侧涂层间良好的附着力；透明的二道涂层（需要时）可以为水基涂料或溶剂型涂料，且具备如下性能。

C 透明的二道涂层需要具备的性能

（1）优异的延展性及平整度；

（2）优异的透明性；

（3）优异的耐化学品能力；

（4）优异的力学性能；

（5）优异的耐腐蚀及耐磨性能；

（6）优异的耐溶剂性；

（7）优异的抗UV性。

为使镁材能保持其良好的装饰性能及抗蚀性，需对其表面进行处理。根据最终用途的不同，这类处理可以是含铬或不含铬的转化涂层，或选择阳极氧化工艺。由以上分析可以看出，与转化涂层相比，阳极氧化工艺的性能更优，根据工件最终用途的差异可有多种选择。特别是低能耗微弧无火花阳极氧化处理技术，既可靠又简便，可获得良好的耐蚀效果和赏心悦目的镁合金材料外观。

14.4.13 变形镁合金加工材料的防腐与表面强化处理技术

14.4.13.1 镁及镁合金板材的防腐与表面强化处理

A 镁及镁合金板材的脱脂处理

脱脂是在酸洗和氧化上色前的一个准备工序，用以去除板材表面的油脂和工艺润滑残迹，保证板材表面具有很好的润湿性能。根据板材表面状况不同，脱脂过程的繁简程度不一。

（1）经过油封而需要重新氧化上色的板材，应先将其通过蒸汽或热水（95～100℃）脱脂机，然后用有机溶剂（如纯汽油、白节油等）擦拭，最后在脱脂槽中处理。

（2）在轧制中采用工艺润滑的板材的脱脂，可采用浓度为0.5%～1.0%的苏打溶液处理，溶液温度为90～100℃，时间30min左右。

（3）板材表面的局部油污，则用有机溶剂清洗即可。

板材脱脂溶液及工作制度见表14－77。电化学脱脂工艺见表14－78。

表14－77　板材脱脂溶液及工作制度

溶液序号	溶液成分/g·L^{-1}		工作温度/℃	时间/min
1	Na_3PO_4 $Na_2O \cdot SiO_2$ NaOH	40～60 20～30 10～25	60～90	5～15
2	NaOH $Na_2O \cdot SiO_2$	80～100 5～15	60～90	5～15
3	Na_3PO_4 $NaCO_3$ 皂	30 30 0.75	80～100	5～15
4	$NaCO_3$ NaOH 皂	22.5 15 0.75	100	5～15

表14－78　电化学脱脂溶液的成分与工作制度

溶液序号	溶液成分/g·L^{-1}		工作电压/V	工作温度/℃	时间/min
1	$Na_3PO_4 \cdot 12H_2O$ Na_2CO_3	12～30 30	4～6	80～90	3～4
2	Na_2CO_3 NaOH	9 16	4～6	88～100	3

注：阴极为制品，阳极为钢板。

对于轧制时用机油或其他有机物作工艺润滑剂的板材，可不经过专门脱脂过程；板材表面的局部油剂，在成品酸洗后可用手持砂轮机或刮刀清除之。

B　镁及镁合金板材的光亮蚀洗

光亮蚀洗，简称光洗，在性质上同属于酸洗，但其反应温和、缓慢，它是氧化上色前的必要准备工序。目的在于进一步净化板材表面，清除由成品酸洗时残存在金属表面的“挂灰”，而基本上不溶解金属本身，经光洗后显露出金属的本色——光亮而洁净。

光洗溶液的种类也很多。一般采用铬酐溶液，或在这种溶液中加入适量的活化剂，其成分见表14－79，国外光洗溶液的成分及工作制度见表14－80。影响光洗质量的主要因素是$NaNO_3$（或KNO_3）与Cr^-和SO_4^{-2}的含量。

表14－79　镁合金光洗溶液及工作制度

溶液成分/g·L^{-1}		工作制度		酸值 pH	槽子材料
		温度/℃	时间/min		
Cr_2O_3（铬酐） $NaNO_3$或$Ca(NO_3)_2$	80～100 5～8	15～40	5～15	1.2～1.6	普通钢或聚乙烯、铝、不锈钢、陶瓷

表14-80 国外光洗溶液的成分与工作制度

溶液编号	溶液成分（余为工业用水）	工作制度		备 注
		温度/℃	时间/min	
1	CrO_3 180g/L $NaNO_3$ 30g/L MgF_2 0.25g/L	75~85	0.5~2	槽子材料可用陶瓷、不锈钢或铝等
2	CrO_3 280g/L HNO_3(70%) 25mL/L HF(48%~51%) 8mL/L	15~20	0.5~3	槽内衬用合成橡胶或乙烯基材料
3	CrO_3 180g/L HNO_3 280g/L	15~20	0.5~2	槽子材料可用陶瓷、不锈钢或衬铝、合成橡胶
4	CrO_3 150~250g/L	15~30	8~12	衬铝钢板、不锈钢、铝作槽子材料
5	CrO_3 20~30g/L	60~70	8~12	衬铝钢板、不锈钢、铝作槽子材料
6	CrO_3 10%~15%（按质量）	沸腾	0.25~3	衬铝钢板、不锈钢、铝作槽子材料
7	CrO_3 20% $NaNO_3$ 3% $Mg(Ca)F_2$ 0.1%	21~32	3	pH值为0.5~0.7，槽子材料可用陶瓷、不锈钢、铝等
8	CH_3COOH 20% $NaNO_3$ 5%	21~27	0.5~1	槽子用铝、陶瓷或橡胶作衬里
9	CrO_3 20% $Fe(NO_3)_3 \cdot 9H_2O$ 4% KF 0.4%	16~38	0.25~3	槽子用铝、陶瓷或橡胶作衬里

C 镁及镁合金板材的氧化上色

(1) 氧化上色溶液的配制。溶液的配制程序：向槽内注入2/3容积的工业用水，加热至60~70℃，先加入计量的$K_2Cr_2O_7$搅拌均匀后，相继加入$(NH_4)_2SO_4$和按下限加入CrO_3，再行搅拌后加入CH_3COOH，同样应搅拌至均匀，然后取样分析；当重铬酸钾、硫酸铵和醋酸达到标准要求时，最后用CrO_3调整溶液的pH值，使其控制在1.7~2.1范围内。

醋酸的加入量按下式计算：

$$W = V_H \cdot V_A \frac{K}{n} \cdot \gamma g$$

式中 W——醋酸质量，g；

V_H——所配制溶液的体积，L；

V_A——规定的醋酸含量（按体积），g/L；

n——实际使用醋酸浓度，%；

γ——酸密度，kg/cm^3。

在上述氧化上色槽液中，$K_2Cr_2O_7$是成膜剂，醋酸和硫酸铵是活化剂，其作用在于提高镁的溶液速度并保证成膜过程所要求溶液的 pH 值，而 CrO_3 主要是起填充作用，增加膜层的厚度，同时也具有调整溶液 pH 值的作用。

1）$(NH_4)_2$ 的加入，促进镁的溶解过程，有利于膜的成长；但当其含量超过 4g/L 时，反而引起膜的质量降低。

2）在溶液中，随着 CH_3COOH 浓度的提高，金属的溶解度增加；但在醋酸溶液中加入重铬酸钾时，金属的溶解度显著降低并使过程稳定。这里当醋酸在较宽的范围内变化时，金属的溶解速度不改变。在上色溶液中，当醋酸的含量在 1～5mL/L 内变化，膜的质量增加不明显，但其少于 5mL/L 时，膜层发绿；而当浓度高于 15mL/L 时，出现膜同金属结合不牢的现象。实践证明，浓度为 8～15mL/L 是最合适的。但是，醋酸在溶液中是一个很不安定的因素。因此，在生产过程中应该经常调整。

3）在溶液中加入铬酐，如上所述，是保证一定厚度膜层的必要条件。但是 CrO_3 含量过高，膜层疏松，如果处理时间较长，引起膜层脱落；此外，这种疏松的膜层，在大气中易受潮解，致使膜层变色（通常呈灰绿色），破坏膜的抗蚀能力。这是由于膜层中吸附着溶解于水的铬化物之故。如在 $K_2Cr_2O_7$ 140～160g/L、CH_3COOH 10～20mL/L（60%）、CrO_3 1～3g/L 和 $(NH_4)_2SO_4$ 2～4g/L 的上色溶液中处理的 MB8 合金，将其在 98～100℃ 热水中处理 15min 和未经热水处理的比较，化学分析表明，前者膜层中三价铬的含量未变，而六价铬和镁的含量减少，见表 14－81。

表 14－81 热水处理对 MB8 合金膜的成分的影响

膜的成分	成分含量/%		膜的成分	成分含量/%	
	热水处理前	热水处理后		热水处理前	热水处理后
CrO_3	25.1	10.0	MgO	18.3	14.5
Cr_2O_3	30.4	30.0			

4）溶液温度：提高温度对活化成膜过程起促进作用；但温度过高，导致膜层容易脱落，以及由于醋酸的挥发加剧而使上色条件难以稳定。因此，一般应将温度控制在 60～70℃ 范围内为宜。镁合金板材的氧化上色，槽液成分及工艺见表 14－82。

表 14－82 氧化上色溶液成分及工作制度

溶液成分		工作制度		槽子材料
		温度/℃	时间/s	
$K_2Cr_2O_7$	80～100g/L	60～75	30～120	不锈钢、低碳钢或纯铝
CH_3COOH	8～15mL/L			
$(NH_4)_2SO_4$	3～4g/L			
CrO_3	3～4g/L			

（2）局部氧化上色。经氧化上色的板材或部件，由于机械损伤或因清理个别缺陷而使膜的连续性遭到破坏时，可按局部氧化上色的方法处理之。局部上色溶液列于表 14－83。

表 14-83 局部氧化上色溶液及方法

溶液编号	溶液成分		处理方法
1	H_2SeO_3 $K_2Cr_2O_7$	20g/L 10g/L	用洁净的棉纱和布类，蘸溶液在补色之处拭擦30~40s
2	CrO_3 $CaSO_4$	10g/L 5g/L	用洁净的棉纱和布类，蘸溶液在补色之处拭擦30~40s
3	H_2SeO_3(按质量)	5%~10%	用洁净的棉纱和布类，蘸溶液在补色之处拭擦30~40s

(3) 旧氧化膜的去除。镁合金板材或制件，基于各种原因（如膜层的质量不合要求，贮存时间较长膜质量变坏，材料加工过程中膜层被破坏等）而需要重新氧化上色时，必须先将旧膜层去掉，以保证膜层的质量。根据情况的不同，在实践中去除旧膜采用下列方法。

1）对于允许尺寸减薄的板材或制件，可在5%~10%（按质量）的硝酸溶液中除膜。

2）对于经过油封的板材或制件，可在浓度为30%~40%的NaOH溶液中除膜；溶液的温度为70~80℃，时间5~15min；然后在热水、冷水中冲洗，并在铬酐溶液（光洗液）中和30~60s。

3）对于要求严格控制尺寸的板材或制件，可在铬酐溶液中除膜。

D 氧化上色的缺陷及消除办法

板材在氧化上色过程中，产生缺陷的原因及其消除办法列于表14-84。

表 14-84 氧化上色的缺陷产生原因及消除办法

槽液名称	缺陷种类	产生原因	消除办法
光洗溶液	1. 表面过腐蚀并产生灰色污浊的挂灰； 2. 表面发暗； 3. 产生上色现象	1. 溶液中 SO_4^{2-} 的含量超过0.8g/L； 2. 溶液维护不好； 3. 使用过久	1. 用 $Ba(OH)_2$ 或 $BaCO_3$ 处理使 SO_4^{2-} 沉淀； 2. 更换槽液
氧化上色溶液	氧化膜不牢固易擦掉，膜显暗淡色无光泽	1. 溶液温度过高； 2. 处理时间过长； 3. 溶液成分不合格； 4. 热水温度过高； 5. 热水洗涤时间长	1. 降低槽液温度； 2. 缩短处理时间； 3. 调整槽液； 4. 降低热水洗温度； 5. 降低热水洗时间
	表面出现金黄色的斑点（红斑）	1. 表面处理不好； 2. 溶液维护不好； 3. 槽液使用过久	1. 执行氧化上色工艺规程； 2. 更换槽液
	膜的颜色过浅	1. 醋酸含量过低	1. 添加醋酸
	表面出现白斑	1. 锰偏析产物； 2. 金属腐蚀没清除干净	1. 提高铸造质量，消除锰偏析； 2. 加强修理
	黑色溃伤	1. 溶液中 Cl^- 含量大于0.8g/L； 2. 与槽边或框架相接触	1. 氧化上色框用塑料缠裹； 2. 板料防止与框架相接触
	端头及底边处氧化膜脱落	1. 上色前除油不净； 2. 光洗后用手或带油的手套拿板片	1. 加强板材表面的修理； 2. 光洗后的板材，禁止用手或带油的东西去擦板材

14.4.13.2 镁及镁合金挤压制品（管、棒、型材）的表面处理工艺

镁合金挤压制品的表面处理，根据不同的使用要求，可采用氧化上色、阳极氧化、电镀等方法。实践证明，镁合金型、棒材的运输防护采用氧化上色方法是可行的。

氧化上色的基本工艺流程：

脱脂→热水洗→冷水洗→酸洗→冷水洗→光亮蚀洗→冷水洗→热水洗→氧化上色→冷水洗→热水洗→干燥→补充处理。

预处理（包括脱脂、冷热水洗、酸洗和光亮蚀洗等）工艺基本上与前面讨论的相同。以下主要介绍氧化上色工艺。

A 氧化上色工艺流程及参数

镁合金挤压制品氧化上色工艺流程及参数举例见表14－85。

表14－85 镁合金挤压制品氧化上色工艺流程及主要参数

工 序	工序名称	溶 液		处理条件	
		组 成	含量/g·L^{-1}	温度/℃	时间/min
1	装料				
2	热水洗			>40	
3	化学除油	磷酸钠 苛性钠 硅酸钠	40～60 5～20 20～35	60～80	7～15
4	热水洗			>40	
5	冷水洗				
6	酸洗	硝酸	8%～15%	室温	0.2～1
7	冷水洗				
8	光洗	硝酸钠 铬酐	5～8 80～100	室温	5～15
9	冷水洗				
10	热水洗			>40	
11	氧化处理	重铬酸钾 铬酐 硫酸铵 醋酸（60%）	80～140 1～3 2～5 10～20	60～75	0.5～1
12	冷水洗				
13	热水洗			>40	
14	干燥				
15	检查				

注：装料时，必须保证制品与料架很好接触，接触面积越小越好。整个操作过程中，不准用带油的手套接触制品表面。

B 槽液的配制与检查

按各槽子的容积计算所需的化学药品，然后加1/2容积的水，将化学药品分别加入槽中，加温开风搅拌（指化学除油槽、氧化槽，对酸洗槽、光洗槽应在室温下开风搅拌）。

均匀后，加水至所需容积，再搅拌均匀后，取样分析，经过试验氧化合格后即可进行生产。

各槽在使用期间，应定期进行化学分析。

C 氧化膜缺陷的修补

镁合金挤压制品经氧化上色后，表面上应生成一层牢固均匀的氧化膜。当氧化膜不符合有关技术标准要求时，可按下面方法处理：

（1）将不合格的氧化膜全部洗掉，重新氧化上色。

（2）将有缺陷处的氧化膜局部脱膜，采用补色液上色。常用的补色液有两种，见表14－86。

表14－86 常用的两种补色液的基本成分

补色液 A		补色液 B	
氧化镁 MgO	8～9g/L	亚硒酸 H_2SeO_3	20g/L
铬酐 CrO_3	45g/L	重铬酸钠 $Na_2Cr_2O_7$	10g/L
硫酸 H_2SO_4（密度1.84）	0.6～1.0mL/L		

操作方法：将要氧化的表面用汽油或工业用酒精将油污擦掉，用玻璃砂布打磨，使之露出基本金属，用压缩空气吹掉灰尘，用浸过酒精溶液的布块擦净表面，晾干，然后用缠有棉纱或棉花的玻璃棒或木棒，蘸上氧化溶液在表面上反复涂擦（约30～45s），然后在空气中晾干。

14.4.14 镁合金表面处理层性能检测方法

镁合金的表面层可以大致分为两类，一类是薄的膜层，如化学转化膜、阳极氧化膜、气相沉积膜层等，这类膜层厚度一般低于30μm；另一类是镁合金喷涂层，可以在100μm以上，属于厚涂层。镁合金的表面涂层或膜层性能检测方法将根据涂层或膜层的厚薄不同有所差异，与涂镀方式也有一定关系。但总的内容包括以下几方面：外观检测、厚度测定、耐蚀性能评价、硬度测定、表面处理层与基体结合力以及耐磨性的测定等。

A 外观检测

对于一般的镁合金件经表面处理后，借助天然散射光或在日光下目测检验，观察涂镀层的均匀性。对于阳极氧化或微弧氧化，要观察氧化层的孔隙大小，色泽均匀程度，有无斑点、脱皮等。若是通过气相沉积得到膜层，则需检测有无波纹、色差、表面覆盖情况等。

B 表面层厚度测定方法

测定表面层厚度有无损法和破坏法两大类。无损法包括质量法、磁性法、涡流法、β射线反射法、X射线荧光法、双光束显微镜法、机械量具法等。破坏法包括金相显微镜法、溶解法、液流法、点滴法、库仑法、轮廓仪法、干涉显微镜法、辉光放电谱法、俄歇能谱法等。由于各种测量方法基于不同的机理和数学模式，因此就会得到不一致的检测结果。为了明确膜厚测量的结果所代表的意义，通常必须注明测定方法。目前最常用的方法有厚度仪测定法，金相观测法和辉光放电光谱法。

C 膜层硬度的测量

显微硬度计是通过金刚石压头在一定的载荷下在几十秒之内缓慢加载到表面，使表面产生一个菱形的压痕，通过测定压痕的对角线长，经公式计算得到维氏硬度值。测定时要根据镁合金表面层的厚薄以及估计硬度值选择载荷大小。载荷大，测试的误差相对要小些，但大载荷可能会穿透表面层，有时还会使膜层破裂。当表面层较厚且需要了解表面层硬度沿层深方向分布时，可以先制备沿界面的金相样，然后以图14－52的方式进行显微硬度测试。

图14－52 显微硬度测试方式

当表面通过气相沉积或产生化学转化膜层后，普通的显微硬度计就无法准确测定膜层的厚度，但可以通过纳米硬度计进行测试。纳米硬度计所加载荷在毫牛顿范围，可以测定纳米级膜层的纳米硬度，弥补了显微硬度的不足。

D 涂层结合力或结合强度测试法

结合强度也称为附着力，是指将单位面积上涂、镀层，氧化层或其他表面处理层从基体上分离开来所需的力。由于实际检测困难，虽然有一些定量和半定量的方法，但多数使用的是定性测量。如划格法、拉力法、摩擦法、剥离法、形变法、加热法等。具体选择时，应综合考虑表面处理层的厚度、特性以及基材状态等因素。

镁合金的微弧氧化膜层质硬，可以采用划痕法。划痕法是以硬度大于表面膜的材料制成压头（通常为金刚石压头），令其在膜面以一定速度划过，同时作用在压头上的垂直压力不断增加（步进式或连续式），直至膜层与基体脱离。此时的载荷为临界载荷，再通过计算求出膜的结合强度。判断膜与基体是否脱离，可以采用声发射技术或测摩擦力的方法。

其他涂镀层可以采用压痕法。其操作简便，生产上容易实施，但精确度不够。拉伸法的实施也较为容易，但需准备专门的试样。激光剥离法测量精确，且不破坏膜面，但设备昂贵，操作复杂，对于镁合金表面的厚涂层，还可以采用反复加热冷却法（也称为热振法）进行相对比较。

E 腐蚀试验方法

镁合金经表面处理之后的耐腐蚀性能如何更是评定涂镀层性能优异的一个判据。常用的方法有盐雾腐蚀试验、浸渍试验，也有通过测定其极化曲线从另一个角度判定耐腐蚀性能。以下介绍几种最常用的腐蚀试验方法。

（1）中性盐雾腐蚀试验。模拟海洋性气候条件，盐水（NaCl）浓度为（5±1）%，相对湿度大于95%，温度为（35±1）℃，pH值5.5～7左右，喷嘴空气压力为（98±10）kPa，连续喷雾或盐雾沉降量为1～2mL/80(cm^2·h)，评定面向上，与垂直线呈15°角，盐雾不得直接喷射至试样表面上。评价标准可以按出现锈蚀的时间，也可以按在规定时间内锈蚀面积占总面积的百分数计。

(2) 浸渍试验。模拟相应的腐蚀介质，浸渍液有以下几种：

1) 水：蒸馏水、去离子水、沸水等。

2) 盐水：3%（质量分数）NaCl 等。

3) 酸液：如 10% H_2SO_4、10% HCl、有机酸等。

4) 碱液：如 10% NaOH 等。

浸渍温度根据试验环境确定，如 25℃、40℃、50℃、100℃ 等。浸渍方式可以全浸或半浸入或 3/4 浸入。浸渍时间以小时或循环次数计。评价标准可以按出现锈蚀的时间，也可以按在规定时间内锈蚀面积占总面积的百分数计，也有通过外观观察表面有无起皮、粉化、孔蚀等，还可通过检查在规定时间内的失重来判定腐蚀的严重程度。

14.4.15 镁及镁合金材料的涂油包装

为了防止镁材在运输和贮存过程中受到污染或腐蚀，经表面处理并检验合格的产品应在 48h 之内进行涂油包装。在使用镁合金材料前必须去除防锈油保护层，从而要求防锈油防锈性能优良、容易启封和除油。因此，一般采用薄的防锈油层。矿物油中添加各种缓蚀物质如氧化蜡膏、水溶性磺酸盐、脂肪酸、酯类、皂类等常用作镁合金的防锈油。缓蚀物质在油和金属的接触面上形成一层憎水性的缓蚀高分子薄膜，起防护作用。防锈油防腐蚀能力的好坏取决于防锈油的成分和添加物。表 14-87 列出了镁合金常用防锈油的主要性能。

表 14-87 镁合金常用防锈油的主要性能

成分及性能	混合油	217 防锈油	501 防锈油	FA101 防锈油	7005 防锈油	7602 防锈油
主要成分	凡士林 50%、锭子油 50%	氧化石油脂、天然橡胶、氢氧化钠、润滑剂、变压器油为基础油	石油磺酸钡、石油磺酸钠、15 号机油为基础油	氧化脂膏石油、磺酸钡、15 号机油为基础油	石油磺酸钡、石油磺酸钠、15 号机油为基础油	双硬脂酸铝、脂酸、30 号机油为基础
耐盐雾腐蚀	最差	较差	良好	良好	良好	良好
酸值	中性	中性	中性	中性	中性	中性
水分	无	无	无	无	无	无
固体机械杂质	无	无	无	无	无	无
油膜厚度/mm	0.1~1.0	0.05~0.1	0.01~0.05	0.01~0.05	0.01~0.05	0.01~0.05
颜色	黄色	棕黄色	棕黄色	褐黄色	褐黄色	黄色
室温状态	胶体	稠液体	液体	液体	液体	液体
使用温度/℃	80	>70	室温	室温	室温	室温

自然条件下镁合金很容易遭受腐蚀。除上述几种防护方法外，在使用、保管和储存过程中还应该注意以下几点：

(1) 镁合金不得长期暴露存放在潮湿空气中，严禁雨淋、雾润。

(2) 存放镁合金时，严禁与酸、碱和盐等物质直接接触。

（3）存放镁材仓库中的湿度不宜超过75%，且温度不宜发生急剧变化。

（4）在运输过程中，镁合金表面必须加封、加盖以防止受潮，如果发现有轻度腐蚀，必须立即启封、除油、清洗腐蚀产物并干燥，然后重新油封。

（5）长期存放镁合金时，必须定期检查并进行必要的防腐蚀处理。

14.5 提高镁及镁合金材料整体耐蚀性和强化改性的方法

14.5.1 去除镁合金杂质的有害性来提高耐蚀性和强化改进

14.5.1.1 提高镁合金的纯度

一般高纯的镁合金比纯度不高的镁合金有较好的耐蚀性，提高镁合金的纯度是一种常用的提高镁合金耐腐蚀能力的手段。当杂质含量不超过它们的允许极限时，镁合金的腐蚀速度会很低，例如，AZ91 和 AM60 在盐雾条件下的耐腐蚀性能比压力铸造的 A1380（Al－4.5Cu－2.5Si）和冷滚轧钢还要好。

提高镁合金的纯度主要是通过冶金的方法进行，如对镁合金进行精炼，但一般成本比较高。

14.5.1.2 杂质无害化

将镁合金中的有害元素的含量降到较低的水平在技术上较难实现，成本也较高。实际上，去除杂质的有害性不一定要将杂质从镁合金中去除，如果能将杂质转化成无害的物质，则即使这些杂质还留在合金中，也对腐蚀性无大碍。较为容易和经济地达到这一目的的方法是在镁合金中加入一些易与杂质反应的元素，使杂质与这些元素结合后变成对腐蚀危害不大的物质。目前已知的有这种功能的元素有锰或锆。所以，在镁合金中加锰或锆是镁合金杂质无害化的主要手段。一般含铝的镁合金中加入一些锰，或不含铝的镁合金中加入一些锆后，耐蚀性都会有较大的提高。

14.5.1.3 合金化

合金化是改变镁合金化学成分、相组成与微观结构的重要手段，它是提高镁合金耐蚀性的重要途径。

从提高耐蚀性的角度看，合金化的目的是促进基相的耐蚀性和耐蚀阻挡相的生成与合理分布，以提高镁合金的耐蚀性。

从目前常用的合金化元素来看，公认的对镁合金耐蚀性提高有益的元素是铝，只要镁合金中含有适量的铝，它的耐蚀性要比未加铝时的高。铝的加入，一方面促使合金中基相（α 相）钝性提高；另一方面，有利于生成更多的更耐蚀的 β 相，在 α 相晶粒间形成连续的网络，阻止 α 相腐蚀的扩展。但铝的量应适中，否则会影响到镁合金的其他性能。另外，β 相是否有阻挡腐蚀的作用，关键还是看是否形成了有效的阻隔网。此外，稀土与锆也能提高镁合金的耐蚀性，稀土元素主要是会促进镁合金的钝性，而锆可能会促使 α 相的化学稳定性。

14.5.2 采用特种铸造工艺来提高镁合金材料耐蚀性和强化改进

14.5.2.1 采用压力铸造工艺

压力铸造是最常用的一种镁合金构件生产方式，特别适用于大批量的生产。镁合金在冷腔压铸时，铸件表层的冷却速度较高，可认为是快速凝固过程，而铸件内部的冷却速度较低，与普通铸造较为接近。这样，快速凝固的镁合金的表层就有一定的特殊性，现以AZ91D压铸件为例说明。

由于铸造过程的特殊性，熔融镁合金在被压入模腔前就已凝固出部分含铝极低的α相晶粒。当被挤入金属压力模腔后，由于流体力学的作用，这些固体的低含铝α相晶粒倾向于集中到铸件表层，剩下的液态镁合金含铝较高。进入金属模腔后，在与模腔壁接触时，由于金属模的高热容量，表层受金属模壁的冷却速度较大，快速凝固。所以，镁合金的压力铸造件的表面总是有一层快速凝固而形成的表面层，晶粒很细，相对富铝而β相的量较多，并且分布十分均匀，沿着晶间形成了几乎连续的β相网络。这样的表面层显然有利于该压铸件的抗腐蚀。相反，在压力铸造的镁合金内部，α相晶粒粗大，β相较少且分布不连续，所以不耐蚀。压铸AZ91D合金在pH = 11的1mol/L的NaCl溶液中的腐蚀情况见表14－88。

表14－88 压铸AZ91D合金在pH = 11的1mol/L的NaCl溶液中的腐蚀情况

铸件部位	腐蚀穿透速度/mm·a^{-1}	铸件部位	腐蚀穿透速度/mm·a^{-1}
压铸件内部	5.72	压铸件表层	0.66

简言之，由于冷腔压力铸造，试样的表面微观结构一般比普通铸造的要细，β相的分布比较连续，能有效地阻止腐蚀的发展，故其耐蚀性也就相应较高。如果能适当地优化压力铸造的工艺过程，进一步地细化合金试样表面的晶粒度，提高耐蚀的第二相的含量与连续分布，镁合金的耐蚀性完全有可能得到进一步的提高。

14.5.2.2 采用半凝固铸造

半凝固铸造是一种较新的低成本的镁合金铸造技术。在半凝固铸造时，将熔化的镁合金的温度控制在液相线与固相线之间，这样镁合金在凝固时处于半凝固状态，约一半为固相一半为液相。在凝固过程中由于强烈的搅动，凝固中形成的枝晶被打碎。这样得到的固态合金，由于铸造温度较低，收缩率低、黏滞性高、能耗少、产率高、模具寿命长，其微观结构特点是较大的等轴。基相晶粒由较细的共晶α相与其他合金相包围着，β相的含量相对略多些。理论上，由于这些α相粗晶的四周形成了连续的β相网络，可能会有效地阻止α相腐蚀的发展，同时还有可能使粗晶的α相中的铝含量（摩尔分数为2.7%）较普通铸造的镁合金的α相的（1.6%）高，故半凝固铸件的耐腐蚀性能较高。有时半凝固铸造的镁合金耐蚀性能甚至还会比压力铸造稍高些（见图14－53）。因此，半凝固铸造有可能成为提高镁合金耐蚀性的手段之一。

但实际上，有些半凝固铸造的AZ91D的腐蚀性能并不总是比普通模铸的好。有人发现，在NaCl溶液中，初期半凝固铸态的腐蚀速度较高，后期其腐蚀速度才降下来。这有可能是半凝固态的AZ91D合金的阴阳极差别较大，故电偶电池的作用较大，于是初期时电偶腐蚀活动较强烈所致。此外，还有报道，半凝固铸造还能提高镁合金在300℃以下的抗氧化能力。

14.5.3 采用特殊的强力塑性成型工艺来提高镁合金材料的耐蚀性和强化改进

轧制、锻造、挤压等也是生产镁合金构件的重要方法。从理论上讲，这些制造过程会很大程度上改变镁合金的微观组织结构，因此也会导致镁合金耐蚀性能的变化。例如，当

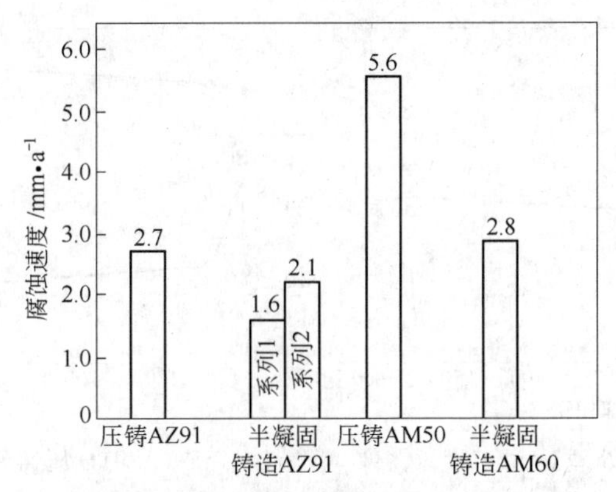

图 14－53　浸泡在 5% NaCl 溶液中的半凝固铸造与
压力铸造 AZ91 与 AM50 镁合金腐蚀速度（25℃，72h）

变形量较大时，轧制、锻造和挤压成形都会使材料由铸态组织变为加工组织，消除粗大的柱状晶，压合气孔、针孔和疏松，消除枝晶使材料的晶粒细化、致密和均匀，这些显然会提高材料的耐蚀性、力学性能和综合性能。特别是在合金成分、变形温度和变形速度适宜的情况下，得用镁合金的超塑成形或等温度锻造，等温挤压等新工艺可更大程度强化和改性材料的组织与性能，当然其抗蚀性也会提高。

等通道挤压是一种很有效的细化晶粒的方法。四步等通道挤压可使 AZ31 镁合金获得平均晶粒尺寸为 5μm 的细晶组织，而对 ZK60 镁合金进行四步等通道挤压后，平均晶粒尺寸可达 1.0～1.4μm。等通道挤压与适当的退火工艺相结合，可以大大提高变形镁合金材料的综合性能。

14.5.4　采用固溶热处理来提高镁合金的耐蚀性和强化改性

热处理是调整合金相、成分分布与晶粒尺寸的有效手段。它对镁合金的腐蚀有很大的影响。热处理对镁合金腐蚀性能的影响，实质上是通过镁合金微观组织的变化而获得的。以 AZ91E 镁合金为例，T5 与 T6 处理都可大大提高其耐蚀性，而 T4 处理则使其耐腐蚀性能大大降低。

常用的热处理方法有固溶均匀化热处理（T4）、固溶时效热处理（T6）和时效热处理（T5）。它们也可以用来改变镁合金的耐腐蚀性能。从目前对 AZ91 镁合金热处理的结果来看，这些热处理对耐蚀性能的改变很大程度上决定于它们对合金中第二相分布的影响。T4 热处理减少合金析出的 β 相，腐蚀速度因此上升；T5 与 T6 热处理使大量 β 相析出，形成连续的腐蚀阻挡层，于是腐蚀速度下降。

图 14－54 所示为实效热处理对 AZ91D 压铸件腐蚀性能影响的情况。可以发现，在时效 45h 左右，AZ91D 压铸件的腐蚀速度降到了最低点。这与时效热处理过程中镁合金中铝成分与 β 相组成和分布的变化有关。如图 14－55 和图 14－56 所示，AZ91D 压铸件中的 α 相中固溶铝含量随着时效时间的增长而减少，这实际上不利于腐蚀速度的提高。但同时该压铸件中 β 相的量却是随着时效时间的延长而增大，且新增的 β 析出相主要分布于晶界上，这就有利于阻挡腐蚀的发展。这两个相反的腐蚀倾向随时效时间的变化，最终导致出现了腐蚀速度的最低值。

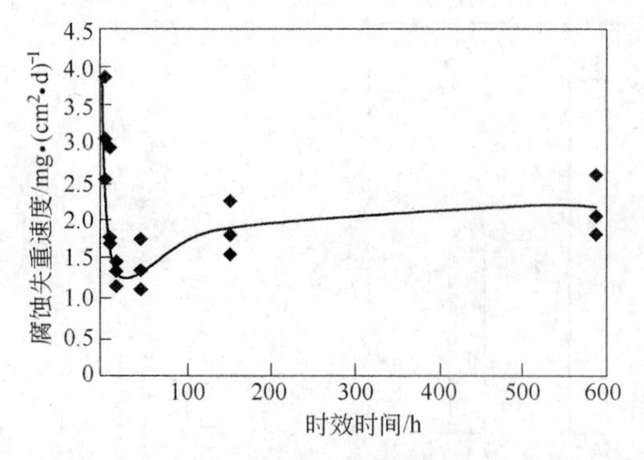

图 14－54 160℃时效热处理对 AZ91D 压铸件腐蚀性能影响的情况

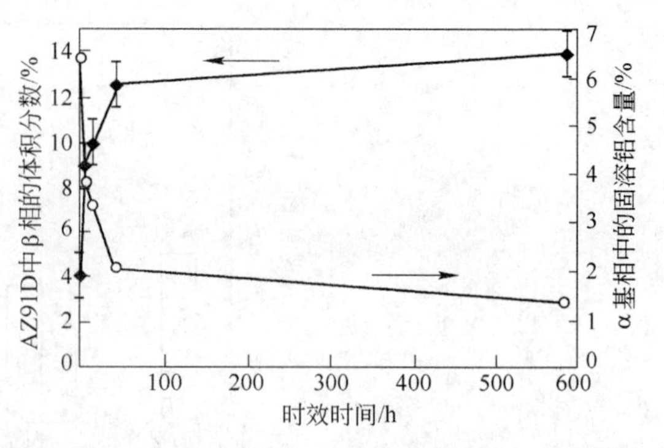

图 14－55 AZ91D 压铸件中的 β 相含量与 α 相中溶铝含量随 160℃时效时间的变化

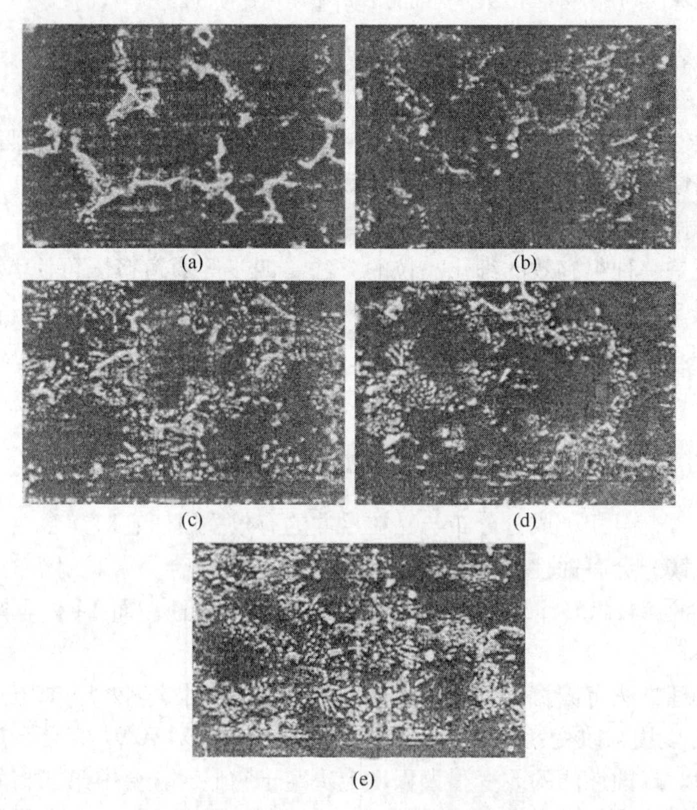

图 14－56 AZ91D 压铸件中的 β 相含量与分布随 160℃时效时间的变化

（a）毛坯铸件；（b）6h；（c）15h；（d）45h；（e）585h

不过，对于杂质含量较高的 AZ91C，热处理对腐蚀性能的影响则不明显。短时间的 T5 时效热处理对 AZ91 与 AM60 合金的抗蚀性有不利的影响。但时效时间较长时，合金的耐蚀性能又有所恢复。这种现象已不能简单地用 β 相变化来解释了。

以上结果说明，时效热处理只要控制得好，也能使镁合金材料的耐蚀性得到提高。

14.5.5 采用快速凝固来提高镁合金材料耐蚀性和强化

快速凝固一般是将熔融的镁合金，在保护性气氛中，喷送到具有较高热容的低温的金属模上，使熔融的镁合金急剧冷却凝固。当使用的低温金属模为一转轮时，可得到较薄的镁合金带，晶粒十分细小；当镁合金的成分恰当时，甚至还能得到纳米晶或非晶；还可用高压的惰性气体将熔化的镁合金喷到大块低温金属腔内以得到块状的镁合金；此外，也可用溅射、气相沉积、激光处理等手段使熔融的镁合金急剧冷却来获取快速凝固的镁合金。

快速凝固制成的镁合金，不仅可以提高材料的力学性能，而且也能增加其耐蚀性。提高耐蚀性的原因有：

（1）它可能生成新相使有害杂质在新相中的电化学活性降低，或提高杂质的允许极限。

（2）它使镁合金的晶粒细化甚至非晶化，同时使相与成分分布均匀化而降低微电偶腐蚀的活性。

（3）它提高对耐蚀性有益的元素在镁中的固溶度，从而降低镁的电化学活性。例如，镁中如果含有较多的固溶铝，则有可能生成铝含量较高的表面氧化膜。这样镁合金就有较好的自钝性和自修复性，这对镁合金的耐蚀性是有益的。

图 14－57 所示为快速凝固对镁合金腐蚀速度的降低作用。

镁合金的成分对快速凝固体的微观结构有重要的影响。如 Mg－Ni 合金的晶态结构会随着 Ni 含量的升高而变弱，当 Ni 含量为 4.8%（摩尔分数）时，其相结构还主要为 α－Mg 与 Mg_2Ni；当 Ni 含量达到 18.3% 时，它完全变成了非晶。对应地，该镁合金在 0.01mol/L NaCl（pH＝12）溶液中的溶解速度也随着 Ni 含量的增高、非晶程度的变大而降低（见图 14－58）。这种溶解速度的降低与该非晶合金钝性的提高有关。

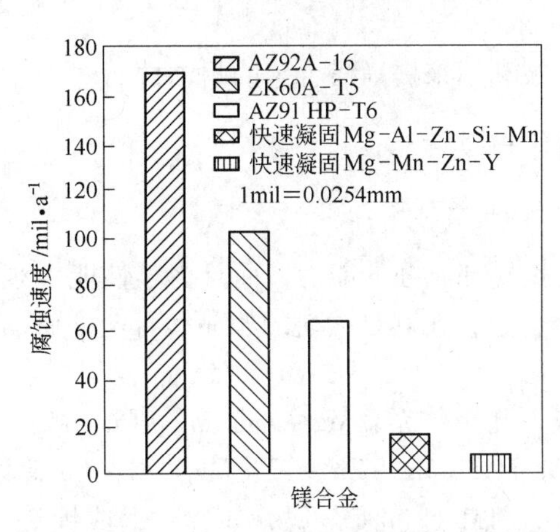

图 14－57　3% NaCl 溶液中快速凝固镁合金与一些商业镁合金的腐蚀速度比较

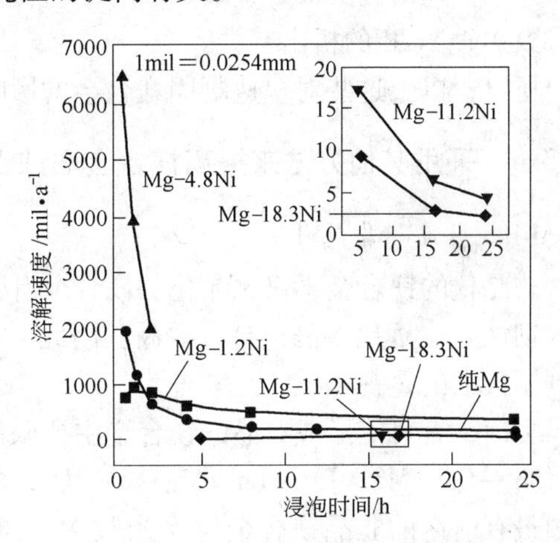

图 14－58　Mg 与 Mg－Ni 快速凝固薄带在 0.01mol/L NaCl（pH＝12）溶液中的溶解速度

合金成分对快速凝固的镁合金耐蚀性也有至关重要的影响。图 14－59 所示为不同的合金元素对快速凝固二元镁合金腐蚀速度的影响。可以看出，铝是唯一能提高快速凝固二元镁合金耐蚀性的合金元素。

铝在快速凝固的镁合金中的作用就是促进钝化，提高点蚀破裂电位。在腐蚀过程中，由于镁的优先溶解而使铝在镁合金表面富集，表面膜的保护性增强。但锌在快速凝固的 Mg－Zn－Y 合金中似乎对腐蚀性影响不太确定。此外，固溶于镁中的 Y 元素能提高镁的耐蚀性。普通镁中 Y 的溶解度仅为 3.75%（摩尔分数）。在快速凝固的镁合金中，Y 有可能高于这一含量而不析出，从而对快速凝固的镁合金的耐腐蚀性起有益的作用。如 15% ~26%（质量分数）的 Y 能使快速凝固的镁合金出现伪钝化区。Y 在快速凝固的镁中不仅提高了镁的钝性，还升高了镁的点蚀破裂电位。将 Y 加入 Mg - Cu 合金中不仅提高了该合金的耐蚀性，还增宽了它的钝化区。这与 Y_2O_3 进入到表面膜 MgO 的晶格中有关。

稀土元素不仅增加快速凝固合金的热稳定性，还对快速凝固的镁合金的耐蚀性有益。虽然具体的机理还不大清楚，但推测可能与如下两个因素有关：

（1）稀土与溶液反应生成保护膜。

（2）使合金中的第二相钝化而降低点蚀倾向。

另外，钙也能提高快速凝固镁合金的耐蚀性与热稳定性。因此，快速凝固的镁合金中加入钙与稀土应是较好的选择。

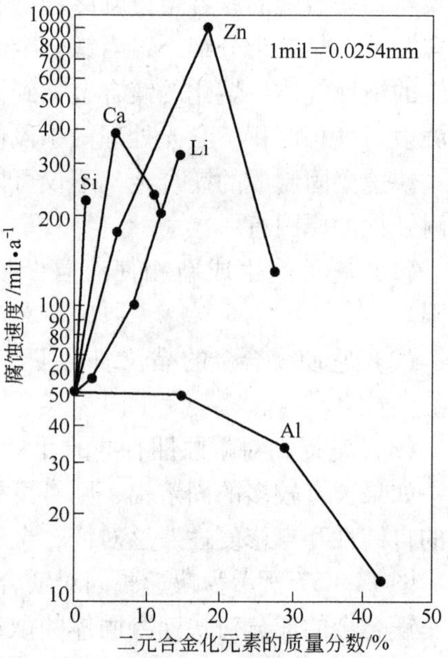

图 14 - 59 不同的合金元素对快速凝固二元镁合金腐蚀速度的影响

热处理对快速凝固镁合金的腐蚀性有较大的影响。如快速凝固的 $Mg_{97.16}Zn_{0.92}Y_{1.92}$ 合金随着热处理温度的升高腐蚀得更快了。这与热处理导致 $Mg_{24}Y_5$ 相的析出有关。

所以，以上这些对快速凝固镁合金的影响都可被利用来提高镁合金的耐蚀性。

14.5.6 采用其他方法来提高镁合金耐蚀性和强化与改性

14.5.6.1 非晶化

非晶化的镁合金不仅比晶化的镁合金有较高的抗局部腐蚀的能力，而且力学性能（强度与韧性）也远比多晶镁合金要高。因此，非晶镁合金，尤其是大块的非晶镁合金的研制受到了极大的重视。

目前，有可能形成非晶的镁合金主要限制于以下几个体系：Mg - Zn，Mg - Cu，Mg - Ni，Mg - Ca，Mg - TM - Ln，Mg - Y - Ln，Mg - Ca - Al，Mg - Zn - Al，Mg - Al - Ca 等，其中最有前途的非晶镁合金体系当数 Mg - TM - Ln。TM 是过渡金属，如锌、铜或镍等；Ln 是镧系元素，也包括 Y。Y 是很关键的元素，因为 Mg - Y 的混合焓具有很高的负值。另外，镧系元素的原子体积比镁大得多，而铜、镍则比镁小。故三者混合有可能会有很高的局部应变能，这样从熔融态固化时，原子的扩散率应较低而难以形核生成晶相。所以，Mg - TM - Ln系有极好的非晶形成能力。此外，该系列合金还有极高的强度。在该系列合金中，$Mg_{65}Cu_{25}Y_{10}$ 三元合金具有最好的非晶形成能力，冷却速度只需约 50K/s 就可使其非晶化。

Mg - TM - Ln(TM = Ni，Cu，Zn)，Mg - Ca - Al，Mg - Al - Y 与 Mg - Y - Ln 等非晶合金都有很好的耐腐蚀性，它们的抗腐蚀能力都超过了普通的晶态镁合金。Mg - TM - Ln 系中的 Ln 一般对非晶的耐蚀性是有益的，但 TM 则对非晶的腐蚀性能不利。此外，其他一些合金元素对非晶镁合金的腐蚀性的影响也不尽一样。Al 的加入能使非晶镁的腐蚀速度降低，而添加 Si、Ca、Li、Zn 等都使非晶镁的腐蚀速度升高。

实验室的研究表明，非晶镁合金 $Mg_{65}Cu_{25}Y_{10}$ 在 0.1mol/L 的 NaOH(pH = 13) 溶液中的钝化电流以及用极化曲线方法测出的自腐蚀电流都比纯镁或晶态的 $Mg_{65}Cu_{25}Y_{10}$ 要低。腐蚀后的非晶表面膜主要是镁的氧化物或氢氧化物。同样，该非晶镁合金在缓冲溶液 H_3BO_3/Na_3BO_4(pH = 5 ~ 8.4) 与 0.1mol/L NaOH 溶液中时，也显示出比纯镁或其晶态时更低的钝化电流和自腐蚀电流。若在非晶体系中加入 Ag 成 $Mg_{65}Cu_{25}Ag_{10}$，则腐蚀后的非晶表面膜主要是 Mg 与 Y 的氧化物或氢氧化物。银的加入并不能提高非晶镁合金的耐蚀性能。

以上这些都说明通过非晶化来提高镁合金的耐腐蚀性有一定的潜力。但是，大部分非晶镁合金耐蚀性的研究都主要集中于钝化区内。应该注意到，非晶化似乎只是加宽了镁合金的钝化区，而对活性区并没有好的影响。若与纯镁相比，即使是非晶的 Mg - Ni 合金，其活性溶解速度仍较高。与镍相似，铜的加入也不能使非晶 Mg - Cu 的活性溶解速度低于纯镁。

此外，非晶镁合金的制备受到了目前快速凝固技术的很大限制。并非什么合金体系的镁合金都能通过快速凝固而得到非晶态镁合金。如铬也许对镁合金的耐蚀性有利，但它很难溶在熔融态的镁中，如要得到非晶的 Mg - Cr 合金就更是困难。

14.5.6.2　微晶化和纳米化

快速凝固也能产生纳米结构的镁合金。将熔融的 Mg - 12%(摩尔分数，下同) Zn - 3% Ce 与 Mg - 10% ~ 20% Zn - 0 ~ 10% La 镁合金喷到低温金属轮上，得到 20μm 厚的金属带，该金属带以非晶为主，其中弥散地分布着 3 ~ 20nm 大小的 α - Mg 颗粒，颗粒间相距约 3 ~ 10nm。

通过快速凝固粉末冶金的方法，也能得到高强的纳米结构镁合金。在高压的氩气喷射下将熔融的镁合金雾化快速凝固，形成 25μm 的微粒粉末。这些粉末先冷压，而后再在高于非晶的晶化温度下进行挤压成形。

具有纳米结构的镁合金的耐腐蚀性较好。如用上述的快速凝固粉末冶金方法制备的具有上述纳米结构的 $Mg_{70}Ca_{10}Al_{20}$，其耐腐蚀性比经 T6 热处理后的 AZ91D 还要好（见图 14 - 60）。

因此，微晶化与纳米化也可能成为提高镁合金耐蚀性的方法。

14.5.6.3　气相沉积

用常规的冶金与热处理方法来发展新的耐蚀镁合金，常常受到合金元素在凝固前后溶解度及冷却速度的限制。物理气相沉积的方法可以得到成分范围很广的合金。它可以生成 50mm 厚的合金，比快速冷却方法适用于更多的镁合金体系。但这样的合金常为多孔的微观结构。

气相沉积制备耐蚀镁合金的原理十分简单。图 14 - 61 所示为该方法的原理图。镁与合金元素经加热蒸发并混合，在低温下被合金收集器凝聚成合金。

用此方法制备的 Mg - Mn 与 Mg - Cr 合金，Mn 与 Cr 的含量分别可高达 3% 与 39%。它们的微观结构为柱状结构，并有些孔隙。

用这种气相沉积的方法制备的镁合金的腐蚀性能见表 14 - 89。气相沉积的纯镁，镁锰与镁铬合金比铸态的纯镁的腐蚀速度要低很多。锰的加入量低于13%时对耐蚀性的影响十分有限；当超过13%后，腐蚀速度比气相沉积的纯镁略大。

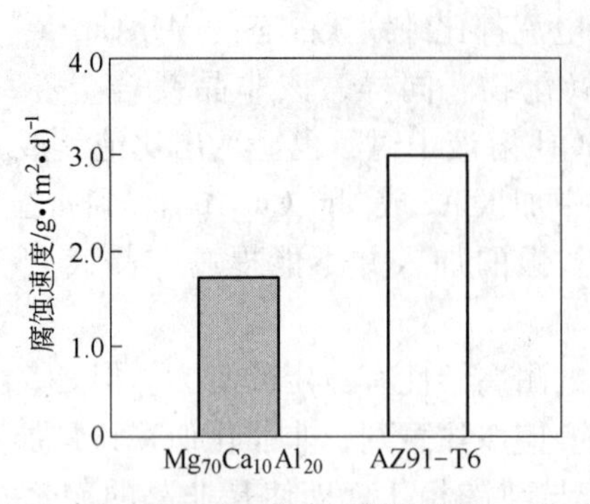

图14-60 $Mg_{70}Ca_{10}Al_{20}$与普通AZ91-T6在3% NaCl溶液中300K时的腐蚀速度

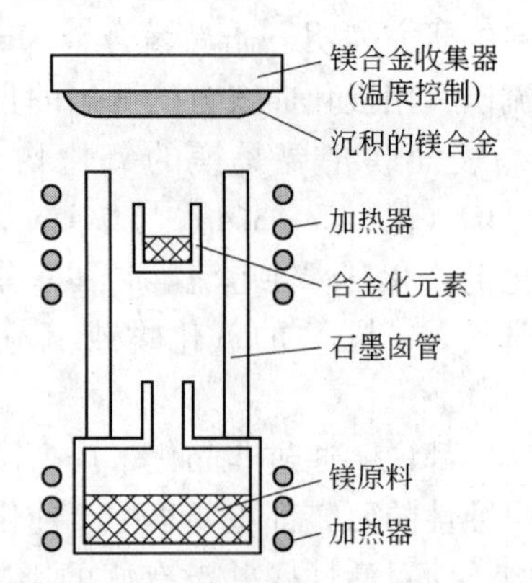

图14-61 气相沉积镁合金的原理

表14-89 用气相沉积的方法制备的镁合金材料的腐蚀性能

成 分	腐蚀速度 /mm·a^{-1}	清洗后的表面形貌	成 分	腐蚀速度 /mm·a^{-1}	清洗后的表面形貌
气相沉积的纯镁	0.49	MSP，C	Mg-2% Cr	1.36	EP，C
铸造纯镁	19.8		Mg-6% Cr	1.64	EP，C
Mg-5% Mn	0.16	FSP，T	Mg-7% Cr	1.95	EP，C
Mg-8% Mn	0.29	MSP，C	Mg-14% Cr	1.47	EP，C
Mg-11% Mn	0.63	MLP，T	Mg-21% Cr	1.03	EP，C
Mg-13% Mn	0.37	FLP，T	Mg-29% Cr	0.94	EP，C
Mg-22% Mn	1.02	MLP，BF	Mg-39% Cr	0.95	EP，C
Mg-33% Mn	0.54	MLP，BF			

注：MSP为许多小孔；FSP为少许小孔；MLP为许多大孔；FLP为少许大孔；EP为大范围的孔坑；C为开裂；T为失去光泽；BF为黑色表面膜。

利用气相沉积的方法，目前已经成功制得了一些二元镁合金：Mg-Zr、Mg-Ti、Mg-V、Mg-Mn和Mg-Cr。其中Mg-Zr、Mg-Ti、Mg-Mn的耐蚀性能较纯镁好；Mg-V和Mg-Cr则较差。

14.5.6.4 溅射

在真空管中，氩气分子被离子化后在电场的作用下轰击含镁耙材，由耙材轰击出来的原子就在一样品支持面上沉积得到溅射镁合金，用这种方法曾得到了MgAlZnSn、MgZr、MgTa、MgY等镁合金，其中MgAlZnSn在ASTMD1384腐蚀水中呈现出较宽的钝化区。这说明，可用此法获得耐蚀性较高的镁合金。

15　镁及镁合金新材料制备及加工新技术

15.1　概述

近十几年来，随着镁及镁合金材料用途日益广泛，在国民经济、国防建设和人民生活中的地位不断提高。在快速扩大镁及镁合金材料生产规模的同时，对增加镁材的品种、提高镁材的质量、扩大应用领域等方面也进行了大量的研究开发。各国政府部门、学术界和产业界采取各种攻关形式，在镁及镁合金材料的基础研究及相关共性技术研发方面做了大量工作，并在镁合金熔炼、阻燃、耐高温、抗腐蚀、成型、焊接、表面处理、装备及回收利用等方面展开系统而深入的研究，并取得了不少成果，从而为镁及镁合金产业的发展奠定了较为坚实的技术基础。

15.1.1　镁合金材料的基础研究现状

（1）在原镁冶炼和镁合金熔炼方面的研发进展。在原镁冶炼方面，国内皮江法炼镁技术已得到很大提升，水氯镁脱水技术也得到初步发展。而在镁合金的熔炼方面，目前国内众多高等院校和部分企业通过对 AZ、AM 等系列镁合金熔炼工艺的研究，获得了各合金系的合理熔炼工艺参数，并制订出了 AZ 系列镁合金熔炼工艺及熔炼过程的安全措施。

（2）在新材料研制方面。通过成分设计、制备和加工工艺的优化，结合合金相控制和结构性能表征研究，在阻燃镁合金、耐热镁合金、耐蚀镁合金、高强度镁合金、高强韧性镁合金和镁基金属玻璃等的开发方面取得了阶段性的研究成果。研究结果表明：在阻燃镁合金开发中，熔剂保护法和 SF_6、SO_2、CO_2、Ar 等气体保护法虽然是行之有效的阻燃方法，但 SF_6、SO_2 在应用中会产生严重的环境污染，使得合金性能降低，设备投资增大。而合金化则可以避免这些问题，并且还可在成型过程中实现阻燃；在耐热镁合金开发中，加入 Nd、Y、Sc 和 Gd 等稀土元素可在镁合金中产生强化效应，而固溶热处理则可以进一步改善和提高稀土镁合金的室温和高温力学性能，这使得具有抗高温蠕变性能耐热镁合金的开发成为可能。在 Mg－Al－Zn 系和 Mg－Zn－Zr 系高强度镁合金的发展中，基本掌握了主要合金相种类、晶体学数据和性能表征等基础数据，发展了多种变形镁合金熔炼技术，完成了镁合金板材从铸锭熔铸、均匀化、热轧、冷轧、退火等全部工艺过程的研究，系统研究了各工艺与板材组织性能的关系，并进行了工艺优化设计；基本掌握了高强度镁合金挤压材的特性，并确定了 MAZ31 及 MZK60 等新合金的挤压工艺参数。在高强度韧镁合金开发中，发现通过添加 Li 可改善镁合金的室温塑性。此外，通过热挤压和细化晶粒（如添加 Ca、Zr、Th 和 Ag 等合金元素或快速凝固粉末冶金、高挤压比及等通道挤压（ECAE）等方法）也可以使镁合金的强度和塑性得到很大改善和提高，从而获得高强度、高塑性，甚至超塑性。在镁基金属玻璃的研究中，研究出了目前世界上玻璃成型能力最强的镁合金，其铜模浇注的金属玻璃圆棒直径可达9mm。其他镁基复合材料的研发也取得了进展。

（3）在镁合金成型工艺方面。以典型压铸镁合金和变形镁合金为研究对象，针对所开发的镁合金产品，在镁合金材料替代及结构再设计、模具设计及制造、变形工艺开发和铸造工艺优化，以及成型过程的数值模拟等方面业务开展了大量的工作，并取得了进展，其中部分研究成果已在实际镁合金产品的生产过程中得到了应用。如通过数值模拟的研究方法，建立了以国际先进的“MAGMA”和“Pro – Cast”大型铸造模拟软件和3D设计软件I – Deas、UG为核心的铸造工艺模拟优化和模具快速设计制造平台，该平台现正服务于镁合金工艺及模具优化设计。

（4）在镁合金产品表面防护技术方面。在化学转化涂层和耐腐蚀性能表征等方面做了大量基础研究，并在磷酸盐转化膜产业化方面取得成功；在阳极氧化方面也做了许多研究，尤其在产业化应用方面做了大量工作；所开发的镁合金超声波阳极氧化技术、高压阳极氧化技术、镁合金复合电沉积等技术正在小批量生产向大批量生产过渡；此外，在镁合金喷铝耐蚀涂层研发，以及镁合金协合复合涂层等方面也取得了创新性的成果，并已应用于某些产品。研究表明，镁合金的耐蚀性问题原则上可通过两个方面来解决，一是严格限制镁合金中的Fe、Cu、Ni等杂质元素的含量；二是在对镁合金进行表面处理时，可根据不同的耐蚀性要求，选择化学表面处理、阳极氧化处理、有机物涂覆、电镀、化学镀、热喷涂等方法处理。

（5）在镁合金焊接方面。开展了激光氩弧复合热源焊接研究，研究结果表明，复合热源焊接镁合金电弧的稳定性好，焊接速度快，焊缝深大，焊缝成型良好，接头强度与母材相当。

15.1.2 镁合金材料生产装备的研发

我国镁合金材料生产装备的开发及产业化取得了长足的进展。开发的系列镁合金冷室压铸机、气体保护压铸镁合金连续熔化浇注炉，目前已经实现产业化并批量供应市场，实现了替代进口；所开发的微弧氧化装备，解决了镁合金制成品表面保护；研究开发的“保护气体在线发生器”，解决了镁合金熔化浇注气体保护环境污染和成本控制等难题。

为了进一步提高我国镁合金材料生产装备的自给能力，目前正在致力于镁合金冷室压铸机大型化、镁合金压铸模温调控、镁合金熔化浇注炉系列化、镁合金微弧氧化处理设备大型化、保护气体高精度低成本配制、容积式定量吸铸系统、镁合金回炉料现场重熔精炼、镁合金机加切屑负压收集及安定化处理装置等主辅助设备的研究开发和产业化。

15.1.3 镁及镁合金的回收利用

研究发现，含TiO_2熔剂能有效去除废镁熔体中的夹杂物，从而极大地提高回收镁合金的质量。在对废镁收集、净化处理等相关技术和设备系统进行调研的基础上，通过对废镁合金熔炼工艺、夹杂物去除、质量检测等的研究，建立了国内首条废镁及废镁合金回收生产线，并成功实现了对AZ91D废镁合金的回收，回收的AZ91D镁合金锭内部质量、表面质量较好，达到了国家标准。

15.1.4　镁合金安全技术和安全保障管理体系

针对镁合金产品在生产过程中易氧化、易燃烧的特点，参照国内外镁合金安全生产建筑物的设计方案，在作业区、管理区、消防器材和设施上专门配置了镁合金专用的“D级灭火器”，以及其他消防器材及干沙、覆盖剂，研究了AZ91D在熔炼、压铸、机加工、表面处理等一系列生产过程中的安全隐患及相应安全技术措施，并在若干方面与铝合金进行了比较，找出了镁合金零部件在生产中的若干不安全因素，提出了相应预防机制，建立了镁合金发生燃烧和爆炸的化学反应机理分析系统，以及压铸镁合金生产、挤压、废镁回收各工序的安全操作规范，制订了《镁合金及产品安全生产技术手册》，为下一步镁合金研发和安全操作、生产提供了借鉴。

15.2　新型（高效、节能、减排的）皮江法炼镁技术

15.2.1　概述

皮江法金属镁冶炼技术具有工艺简单、投资少、建设周期短等特点，该金属镁冶炼技术问世以来一直受到投资者关注，也被广泛采用。

但是，十年前的皮江法金属镁冶炼技术存在着一些影响可持续发展的深层次瓶颈问题，例如：资源浪费严重，能源的热利用率不足30%；环境污染严重，特别是粉尘和烟尘的排放使一些企业整日被黑烟白粉所笼罩；工业化程度低，仍属于手工业作坊式的工作方式；企业管理水平差，生产过程可控制程度低，许多企业的产品质量相当不稳定。上述问题的存在，使我国金属镁产业的发展多年来只有量变没有质变。

（1）皮江法炼镁的主要工艺特点及技术指标。

1）还原反应是在高温条件下进行的。温度对还原过程有着重要作用。只有温度高于镁的沸点1107℃时，还原反应才能正常进行。还原温度一般控制在1190～1210℃。

2）在1.33～10Pa的真空条件下进行还原反应。真空度越高，相应的剩余压力越低，还原过程中硅的利用率也越高，金属镁的结晶组织不仅致密，而且有平滑表面。

3）还原周期一般为8h。

4）为了提高镁蒸气的冷凝效率，减少镁的氧化燃烧损失，一般希望镁蒸气冷凝时得到镁的致密结晶体。冷凝器内的温度越高和剩余压力越低，则镁的结晶越致密。因此，若使镁蒸气冷凝成晶体，冷凝器的温度一般控制在450℃～550℃之间，真空度在5Pa以下，冷端水温度控制在60～80℃。

5）还原反应属于有固相参与的反应。物料粒度越细，制球时单位压力越大，则物料间接触也越好，越有利于还原反应进行。

（2）皮江法炼镁的物料平衡。以产出1t金属镁为基础计算出的物料平衡，见表15-1。

（3）循环经济对原有皮江法炼镁提出的挑战。按照发展循环经济的要求，原有（改进前）皮江法炼镁产业存在三个主要问题。

1）能源和资源消耗高。改进前，吨原镁生产耗煤10t以上，平均热能综合利用率小于10%。此外，资源消耗也大，吨原镁生产需10t白云石和1t硅铁。

表15－1 生产1t金属镁的物料平衡表

投入物料/t			产出物料/t		
序号	名称	数量	序号	名称	数量
1	白云石	12	1	金属镁锭	1
2	硅铁	1.25	2	CO_2	13.95
3	萤石	0.11	3	$2CaO\ SiO_2$	6.5
4	煤	11	4	精炼渣	0.2
5	熔剂、卤盐	0.13	5	煤渣（灰）	3.3
合计	24.95		合计	24.95	

2）环境污染严重。存在与燃煤相关的大量二氧化硫和其他有害气体排放及与废渣相关的大量粉尘无序排放。

3）技术水平落后。改进前60多年，皮江法原镁生产在工艺、技术和装备上没有发生质的变化；手工作业，工人劳动强度大，劳动环境差。

由于，改进前的皮江法炼镁产业存在以上三个主要问题，不能适应改进发展循环经济的要求。因此，2003～2004年，国家提出了镁冶炼生产技术装备水平必须进行提升改造。十年来，在国家相关部门的支持和广大企业的努力下，由于注重对还原炉、回转窑、精炼炉进行优化升级、节能减排的技术改造，推动了皮江法炼镁的技术进步，使其发展成为符合清洁生产要求的高效、节能、低排放、低成本的中国式皮江法炼镁工艺装备，所取得的主要研究成果如下。

15.2.2 新型炼镁炉（还原炉）的研究开发

（1）紧凑型还原炉的设计。还原炉炉型为室状炉。紧凑型还原炉的还原罐排布方式为双侧双排或单侧双排安装；罐数根据生产需要确定。采用复合炉衬结构，既保证了炉子在高温下的强度和稳定性，又强化了炉体的绝热保温，减少散热损失。还原罐支撑墙采用网桥结构，既可提高抗变形能力，又可保证高温烟气良好的流动性与还原罐的辐射和对流换热。

目前有两种炉型结构，一种是双面双排结构，如图15－1所示；一种是单面双排结构，如图15－2所示。两种炉型的优点，是可实现大型化、规模化发展。

图15－1 双面双排蓄热式还原炉

图 15－2 单面双排还原炉燃烧系统

1）单炉产量大幅度提高：原有单炉还原罐数为 34 只，每个还原周期单罐平均产量为 20.5kg，即每个还原周期的单炉产量约 697kg；而 66 只罐的金属镁还原炉，每个还原周期的单罐产量平均为 22kg，每个还原周期的单炉产量约 1452kg，单炉镁产量是原来的 2.08 倍，不但节约了炉体造价，而且相对减少了炉体散热等热损失。

2）炉温稳定性易于控制：采用发生炉煤气作燃料，燃料连续供给，可拟精确调整，克服了温度在时间上的不均匀性。

3）强化传热、缩短还原周期：采用清洁燃料，实现了弥散的燃烧状态，强化了传热，还原周期由原来的 12h 左右缩短至 10h 以内。

4）工人工作环境好，对环境污染小：工作人员通过中控机来控制燃烧供给量及调节炉子的各项热工参数，不仅大大改善了工人的工作环境，而且烟气清洁，达到环保标准要求。

（2）改进还原罐的尺寸。根据优化结构，将还原罐适当扩径并加长，直径由 ϕ339mm 扩径为 ϕ370mm，长由 2700mm 增加到 3100mm，单罐镁产量由 22kg 提高到 30.2kg。在不增加炉数的条件下，提高了产量，实现了节能。

15.2.3 蓄热式高温空气燃烧技术的应用

（1）蓄热式高温空气燃烧技术（HTAC）。HTAC 技术是国内外最先进的节能技术，目前广泛应用于冶金、机械、建材、石化等行业的各种工业炉窑。

蓄热式高温燃烧器由一个蜂窝型蓄热体和与其紧密相连的烧嘴组成，蓄热式燃烧器是成对安装的。当一个燃烧器燃烧时，另外一个排放废气。废气流经燃烧器本体和耐火蓄热体。蓄热体被废气加热，吸收并储存燃烧产物中的能量。当蓄热体被完全加热后，换向阀迅速切换；正在燃烧的燃烧器熄火，转为排放废气；刚刚被加热蓄热体的燃烧器便开始进入点火周期，进行燃烧。助燃空气流经蓄热体并吸收储存在蓄热体的热量，因此蓄热式燃烧器的燃料效率特别高。炉内两对蓄热式燃烧系统通过互相的反复变换方向，把废气的热量留给蓄热体，又通过蓄热体把助燃空气预热。蓄热式高温燃烧技术的工作原理如图 15－3 所示。

如图 15－3 所示，A 状态时，从鼓风机出来的常温空气由换向阀切换进入蓄热室 1 后，在经过蓄热室 1（陶瓷球或蜂窝体）时被加热，在极短时间内常温空气被加热到接近炉膛温度（一般比炉温低 50～100℃），被加热的高温空气进入炉膛后，卷吸周围炉内的

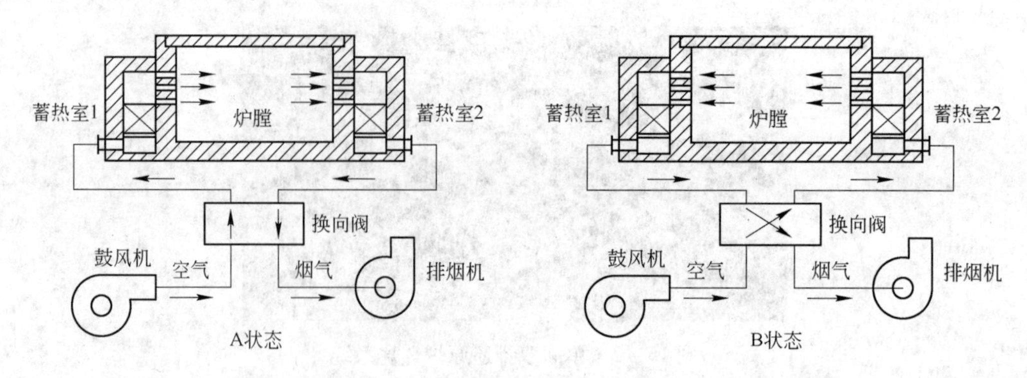

图15－3 蓄热式高温燃烧技术工作原理示意图

烟气形成一股含氧量大大低于21%的稀薄贫氧高温气流。同时往稀薄高温空气附近注入燃料（燃气），燃料在贫氧（2%～20%）状态下实现燃烧；与此同时，炉膛内燃烧后的热烟气经过另一蓄热室2排入大气，炉膛内高温热烟气通过蓄热室2时，将显热储存在蓄热室2内，然后以低于150℃的低温烟气经过换向阀排出。工作温度不高的换向阀以一定的频率进行切换，使两个蓄热室处于蓄热与放热交替工作状态，从而达到节能和降低NO_x排放量等目的。常用的切换周期为30～200s。切换后，进入B状态。B状态时，从鼓风机出来的常温空气由换向阀切换进入蓄热室2后，在经过蓄热室2时被加热进入炉内，实现与A状态时一样的助燃过程，热烟气经过蓄热室1后，排入大气。

蓄热式燃烧系统由烧嘴砖、蓄热箱、自动换向阀、自动调节阀安全保护装备以及计算机远程自动控制系统组成。其配置的合理性、系统的安全性、技术的先进性、运行的稳定性、操作的便捷性将直接影响到还原工序的产品成本。因此，应用时应该合理的选择系统的配置。

（2）蓄热式高温空气燃烧技术在还原炉中的应用及优势。

1）能最大限度地回收高温烟气的余热，用于预热助燃空气或气体燃料。一般节能率可达30%～70%，同时大大缓解了大气温室气体的排放。

2）温度分布均匀，炉窑寿命延长。将空气预热到800～1000℃甚至更高的温度并通过组织贫氧燃烧，形成了与传统火焰不同的新型火焰类型，扩展了火焰燃烧区域，火焰边界几乎扩展到炉膛边界，使炉内温度分布均匀，一方面提高了产品质量，另一方面延长了还原罐和炉体寿命。

3）减少污染排放。采用蓄热式高温空气燃烧技术，在助燃空气预热温度高达1000℃的情况下，更加重要的是由于废气经过蓄热器中氧化铝蓄热球的过滤，使一些烟尘附在氧化铝球的表面，减少了烟尘排放量，也就大幅度减少NO_x的生成，使烟气中NO_x含量减少40%以上，同时CO_2的排放量减少30%～70%。

4）炉膛内为贫氧燃烧，使还原炉内还原罐氧化烧损减少，提高还原罐的使用寿命。

5）提高炉窑产量，降低设备造价。由于炉膛的平均温度升高，加强了炉内传热，导致在相同产量情况下，炉膛尺寸可以缩小10%～50%，降低了设备造价，对于相同尺寸的炉子，改造后产品的产量提高10%以上。

6）使用清洁能源，并扩展了低热值燃料的应用范围，借助高温预热的空气使得采用低热值的燃料也能满足温度要求。

15.2.4 调整能源结构，积极采用清洁能源

直接燃煤既浪费能源，又污染环境。因此，企业尽可能的将直接燃煤调整为采用清洁能源（焦炉煤气、发生炉煤气、半焦煤气和天然气）。同时，采用气体燃料更便于利用蓄热式高温空气燃烧技术进行节能减排。截至2011年年底统计，全国镁冶炼企业几乎全部使用清洁能源，其中采用焦炉煤气的有10家，采用天然气的有5家，采用发生炉煤气的有13家，采用半焦煤气的有46家。

15.2.5 节能环保型回转窑余热利用技术

传统的回转窑，排放烟气温度在650℃以上，使烟气带走的热损失为8%左右，所带走的热量通常占燃料燃烧热的20%以上。国内多家镁冶炼厂对传统回转窑进行了技术改造，充分利用回转窑烟气余热，提高热能利用率，实现节能减排的目的。加装预热器、袋式除尘器的回转窑如图15-4所示，其主要特点如下：

（1）在窑尾加装竖式预热器，将烟气余热直接传导给了白云石，将白云石预热到850℃以上后，烟气经除尘器排放，排放温度可降至200℃以下。

（2）窑头出料冷却采用竖式冷却器代替原来的冷却筒，收集了煅白的热量，即从窑头落下的炽热煅白，通过与鼓入的二次风换热，煅白得以冷却。同时，空气也吸收了煅白的热量，温度升高到600℃左右，然后再进入回转窑助燃。

图15-4 加装预热器、袋式除尘器的回转窑

（3）采用冷却器和窑头罩一体化竖式设计，占地面积少，密封性好，免了废热无组织排放，有利于环保。

（4）采用专用烧嘴向回转窑供热，可单独采用低热值燃气（如发生炉煤作为煅烧燃料，通过调节空气、煤气流量来调整燃烧温度）。但多数企业仍用喷煤粉作能源。

（5）采用PLC自动控制系统，即在主控室控制煅烧过程，可实现自动控制和报警，并设有各控制点的画面显示及必要的联锁监控，对所用的操作参数进行自动记录，可随时打印。

（6）也可利用回转窑窑尾排出的烟气为余热锅炉提供热源产出蒸汽，满足射流泵的动力需要，余热锅炉的使用，使回转窑排出的烟气温度由入锅炉前的660℃降至出锅炉后的180℃，实现烟气余热的循环利用。

15.2.6 连续蓄热燃烧技术在粗镁精炼及镁合金冶炼中的应用

连续蓄热式金属镁精炼炉或镁合金冶炼炉是指在金属镁精炼（或合金冶炼炉）的余热利用上由间断蓄热改为连续蓄热，这种装置又称为热回收泵。它工作时排烟和鼓风同时进行，高温烟气以对流及辐射的方式将热量传递给烟气通道内的蓄热体；同时，被加热的蓄

热体将热量迅速传递到低温侧的助燃空气，助燃空气能够很迅速地被加热。连续蓄热燃烧技术的主要优点如下：

（1）换热速率高：高热导率、高黑度的材质具有极大的换热面积，烟气和空气（煤气、天然气）之间通过辐射、对流传导综合传热，烟气和空气（煤气、天然气）之间能迅速进行热交换，传热快，效率高。

（2）连续工作：连续供风及排烟不需要换向，设备紧凑、系统简单、炉压稳定、流场及温度场无频繁扰动，有利于进行低氧燃烧。

（3）运行成本低：无运动部件，无急冷急热，无需维护。

（4）寿命长：换热元件采用陶瓷材料制造，耐高温、耐腐蚀性能，抗氧化性能好。

（5）便于安装和布置：采用比表面积很大的换热元件作为热交换器，便于地下烟道安装和布置。余热得到充分利用，炉窑热效率大幅度提高。

生产实践表明：连续蓄热技术应用于镁合金冶炼，以天然气作燃料，比用原煤节能40%以上，比用煤气节能15%；比用发生炉煤气综合成本降低10%～15%；减排效果显著，同时保证了产品质量的稳定性。

15.2.7 高效、节能竖罐还原的研发及应用

还原炉采用竖罐结构比横罐结构具有更加节能和操作方便等优点，但也存在结构设计和相关需要解决的问题，因此也是发展方向之一。近年来，部分企业与大学合作，分别开发了新型节能竖罐炼镁还原炉工艺技术及配套设备，将还原罐竖向配置，上部加料，下部出渣，并采用清洁能源和蓄热式高温空气燃烧技术。

2012年7月，竖罐试验成功，已批量稳定生产，如图15－5所示。经工业化试验，与当前燃气横罐比，竖罐装料、出渣方便快捷，减轻劳动强度，减少60%的劳动用工；还原炉利用率提高，升温速率提高3倍，还原周期缩短到8～10h；温度控制自动化，还原罐寿命提高；排烟温度低于150℃，生产过程基本无烟尘排放，大大改善了作业环境和大气环境；占地少，投资省，降低了生产成本；提高劳动生产率50%；与横罐能耗2.5标煤/

(a)

(b)

图15－5 采用竖罐的还原炉上端及装料口结构

（a）竖罐上端；（b）装料口结构

(t·粗镁)比，试验竖罐能耗1.2标煤/(t·粗镁)，取得了显著的节能减排效果。如果能在国内尽快推广并产业化、规模化，将对镁冶炼还原系统节能、清洁化生产，具有指导和示范作用。竖罐的推广应用将对金属镁冶炼节能减排起到巨大的推动作用。

15.2.8 粗废镁无熔剂连续复合精炼技术

（1）氯盐熔剂法精炼存在的问题。通常，粗镁和废镁的重熔、合金化、精炼一直采用氯盐熔剂法。氯盐熔化后，不仅为熔池提供了良好的阻燃保护，还和熔体中的氧化物夹杂反应聚集成大渣块沉淀到坩埚底部，实现熔体净化。该法使用简单、易于操作、投资少，镁合金生产企业一直乐于采用。随着用户对铸锭品质的要求不断提高，生产模式朝人性化、自动化、连续化、绿色环保方向进步，企业已逐渐意识到熔剂精炼工艺存在以下问题。

1）熔剂降低铸锭纯度：由于熔剂本身含有一定量的杂质，当用于精炼时，这些杂质会与熔体反应，反应产物溶入镁合金熔体，降低铸锭产品的纯度；使用高纯熔剂虽然可保证铸锭品质，但会显著增加铸锭生产成本；采用纯度较低的熔剂，虽然可降低铸锭生产成本，但铸锭的品质又难以保障。

2）熔剂降低合金元素收得率和铸锭纯净度：当熔炼含稀土、锆、钙、锶等活泼合金化元素的镁合金时，熔剂与这些合金元素反应而导致其收得率降低；同时，还会导致铸锭的化学成分波动，影响铸锭的内在品质。

3）残留熔剂降低铸锭耐蚀性：精炼用氯盐熔剂会小剂量地溶解、残留在镁合金熔体中，导致铸锭的腐蚀抗力大幅度下降。

4）熔剂严重腐蚀厂房和设备：氯盐熔剂的亲水特性，导致其在存放和使用过程中会与空气中的水蒸气反应而释放出腐蚀气体。这些气体严重腐蚀所到之处的设备和厂房，也恶化劳动环境。

（2）复合精炼法及其特点。

1）复合精炼法。复合精炼法是“在炉料熔化、熔体合金化、精炼工艺环节使用熔剂，在熔体静置保温降铁工序采用气体保护”，简称“复合精炼法”。采用该方法，残余熔剂对铸锭品质的影响得到一定改善，但使用熔剂的其他问题依然未得到解决。

2）复合精炼法的特点。复合精炼法是针对镁合金熔体中的不同夹杂的物理特性，采用对应的物理精炼方法逐一精炼清除，通过技术集成形成独特的“连续复合精炼技术”，该技术申请了国家专利“复合精炼法”，该专利技术解决了镁熔体固态夹杂连续过滤精炼过程中存在的“过滤介质易堵塞、过滤效能逐渐衰减、过滤介质需要不停更换”的难题，实现了能在数十小时内对熔体进行连续过滤精炼而不出现过滤效能衰减。

15.2.9 新型皮江法炼镁技术的经济技术指标

（1）炼镁三段工序吨镁能耗降到5t标煤。改造前后煅烧、还原、精炼三段主要工序吨镁能耗比较，见表15－2。炼镁三段工序吨镁能耗降到5t标煤左右，节能近50%，减排近50%。

表15－2 三段主要工序吨镁能耗比较

改造前后	煅烧吨标煤 /t·Mg	还原吨标煤 /t·Mg	精炼吨标煤 /t·Mg	合计吨标煤 /t·Mg
改造前燃煤	2.24	5.36	0.38	7.98
改造后燃气	1.50	2.5	0.33	4.33

注：表中数据为全国平均值。

2010年，由于镁冶炼装备水平的提升，吨镁平均能耗降到5t标煤以下，与1998年比，节能60%以上。

（2）原镁生产的 CO_2 排放量每千克镁直接降为9.85kg CO_2 当量。2011年镁业分会与北京工业大学合作，采用生命周期评价方法对中国原镁生产的 CO_2 排放情况进行了分析和评价。

首先对镁冶炼企业进行资源和能耗数据调研，2011年有14.37%的镁产量是通过采用焦炉煤气作为镁冶炼的燃料；有34.7%采用发生炉煤气，有44.23%采用半焦气，有6.5%采用天然气，有0.15%用煤粉。其次基于中国资源和能源消费结构的特点，构建了面向镁冶炼工艺流程的生命周期评价模型和方法，研究范围涉及白云石资源的开采、原料运输、四段生产工艺、煤气生产、硅铁生产和电力消耗等过程，全面分析了原镁生产从“摇篮到大门”阶段的 CO_2 和 CH_x 等温室气体的排放情况，最后以不同能源利用类型的企业数量及其所对应的镁产量作为权重因子，中国原镁生产的 CO_2 气体直接（白云石分解＋燃料燃烧）排放的加权平均值为每千克镁9.85kg CO_2 当量。

考虑目前中国镁冶炼利用清洁能源、蓄热式高温空气燃烧技术、余热利用技术和新装备的推广应用仍有很大的提升空间。因此，未来中国原镁生产的 CO_2 排放的连续降低是完全有可能的。

（3）不同时期的皮江法炼镁各项技术经济指标。皮江法炼镁2011年与1988年相比，各项技术经济指标明显进步，见表15－3。

表15－3 1988年、1998年、2008年、2011年硅热法炼镁技术经济指标比较

分类	白云石消耗 /t·(t·Mg)$^{-1}$	硅铁消耗 /t·(t·Mg)$^{-1}$	煤耗 /t标煤·(t·Mg)$^{-1}$	电耗 /kW·h·(t·Mg)$^{-1}$
1988	14～18	1.4～2.0	16～18	2900～3600
1998	12～14	1.2～1.3	11～13.4	1200～1900
2008	10.5～11.0	1.08～1.1	5.6～6.2	1000～1500
2011	10.4～10.8	1.04～1.06	4.5～5.0	1000～1350

2011年与1988年相比，吨镁用白云石减少3.6～7.2t，下降25.7%～40%；硅铁减少0.36～0.94t，下降25.7%～47%；煤耗减少11.5～13t，下降71.88%～72.22%；电耗减少1900～2250kW·h，下降62.5%～65.5%。图15－6为2011年与1998年各项指标的比较示意图。

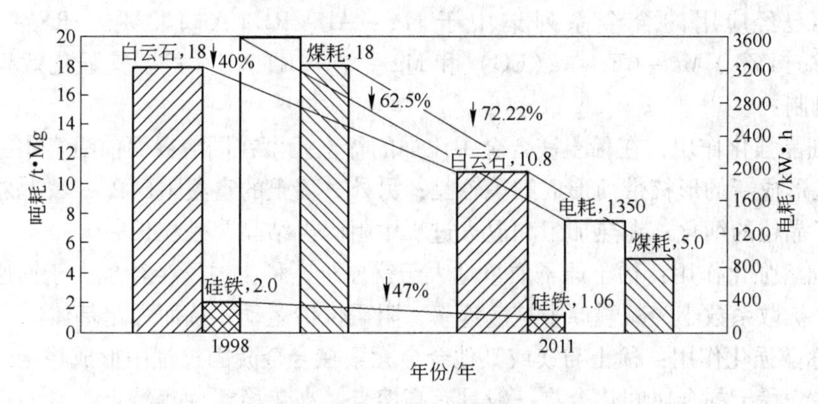

图 15－6　2011 年与 1998 年各项指标的比较示意图

15.3　镁及镁合金新材料的研究开发

镁及镁合金新材料自从列入科技“十五”攻关及“863”项目以来，各地开始加速了对镁及镁合金的研究、开发、生产与应用。近十年，国内大专院校、研究院所、企业进行产学研三结合对镁合金新材料进行了系统的研究开发，并取得了可喜的成绩，特别在稀土镁合金方面取得了较大进步，分别介绍如下。

15.3.1　高强镁合金的研究开发

随着镁合金在高温和高强度要求的航空、航天领域的应用，稀土元素应用于镁合金的研究被受到重视。大量研究表明，添加稀土元素对提高镁合金的强度和高温性能起到明显的作用。

在高强耐热镁稀土研究与应用方面，美国始终领先，欧洲和日本也非常活跃，许多应用型镁稀土合金都问世于欧洲。较早的如 EK、EZ、QE 系列，近期的 WE 系列。日本也有相近的 MC8（EZ33A）、MC9（QE22A）和 MC10（EZ41A）等稀土镁合金。我国与发达国家相比，实用镁稀土合金研究仍处起步阶段。图 15－7 所示为高强镁合金的研究开发进程及未来发展的示意图。

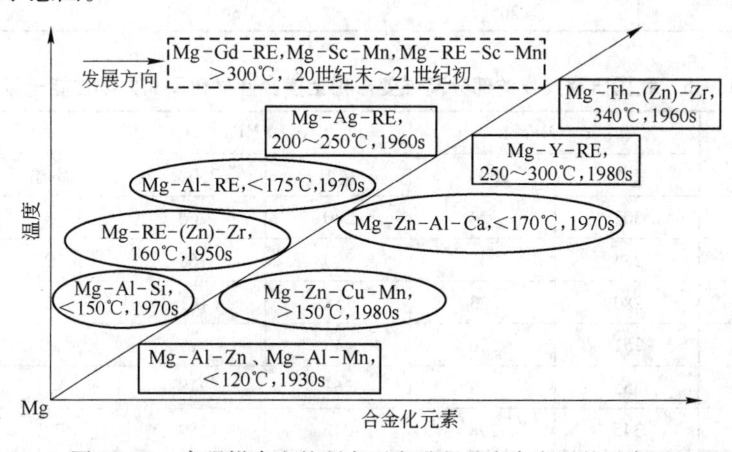

图 15－7　高强镁合金的研究开发进程及未来发展的示意图

目前，已经应用的合金系列集中于 Mg－Al－RE（AE）、Mg－RE－Zr（EK）、Mg－RE－Zn（EZ）、Mg－RE－Ag（EQ） 和 Mg－Y－RE（WE） 等。其强化效果基于以下三种作用机制：

（1）细晶强化作用：在稀土镁合金中添加的稀土元素在固液界面前沿富集引起成分过冷，过冷区形成新的形核带而形成细等轴晶；另外，稀土的富集阻碍 2－Mg 晶粒生长，进一步促进了晶粒的细化；在热加工和退火过程中阻碍再结晶及晶粒长大。

（2）固溶强化作用：稀土原子质量远大于镁原子，稀土原子半径也大于镁原子，稀土原子在镁中扩散系数小，减慢原子扩散速率，阻碍位错运动，从而强化基体。

（3）弥散强化作用：稀土与镁或其他合金元素在合金凝固过程中形成稳定的金属间化合物，这些含稀土的金属间化合物一般具有高熔点、高热稳定性等特点，它们呈细小化合物粒子弥散分布晶界和晶内，高温下可钉扎晶界，抑制晶界滑移，同时阻碍位错运动，强化合金基体。

表 15－4 和表 15－5 分别列出了我国研究开发的部分高强稀土镁合金的力学性能和我国研究开发的部分高强变形稀土镁合金材料及其力学性能一览表。表 15－6 为中科院长春应用化学研究所研究开发的部分镁合金室温力学性能一览表。表 15－7 为上海交通大学近年来研制成功的部分新型镁合金的力学性能。表 15－8 是重庆大学研究开发的新型镁合金的室温力学性能一览表。表 15－9 是中科院沈阳金属研究所研发的部分新型镁合金的力学性能。表 15－10 是中南大学研发的部分新型镁合金的力学性能。

表 15－4　我国研究开发的部分高强稀土镁合金的力学性能一览表

合金牌号	σ_b/MPa	$\sigma_{0.2}$/MPa	δ/%
AE42	226	139	11
ACM522	200	158	4
MIR153	197	157	2.2
ZE41	205	140	3.5
EZ33	160	112	2
QE22	260	195	3
WE54	280	172	2
WE43	265	186	2

表 15－5　我国研究开发的部分高强变形稀土镁合金材料及其力学性能一览表

镁合金	σ_b/MPa		$\sigma_{0.2}$/MPa		δ/%	
	室温	250℃	室温	250℃	室温	250℃
Mg－6Y－10Cd	302	324	270	260	3	5
Mg－7Y－4Ho	284	232	200	168	9	19
Mg－6Y－1.5Ce	280	223	158	141	6	17
Mg－6Y－1.5La	251	210	140	129	10	26
Mg－8Gd－1Dy	355	289	261	218	8.1	10.1
Mg－8Gd－5Er	345	298	242	189	7.5	9.2
Mg－8Gd－3Ho	279	211	175	131	7.6	8.3

表 15-6 中科院长春应用化学研究所研究开发的部分新型镁合金的力学性能

试验合金	状态	室温力学性能		
		σ_b/MPa	σ_s/MPa	δ/%
Mg-8.2Gd-2.8Er-0.34Zr	铸态	210	101	5.3
	T6(530℃×10h+230℃×100h)	261	173	5.1
Mg-8.1Gd-2.81Ho-0.38Zr	T6(530℃×10h+230℃×60h)	279	175	4.7
Mg-12Gd-4Y-2Nd-0.3Zn-0.6Zr	铸态	275	220	3.1
	T6(525℃×12h+225℃×48h)	310	280	2.8
Mg-8Gd-2Nd-1Y-0.6Zr	铸态	261	188	9.4
	T6(530℃×10h+230℃×100h)	293	221	4.6
Mg-12.3Zn-5.8Y-1.4Al	铸态	191	100	6.9
	T6(335℃×12h+200℃×5h)	203	106	4.9
Mg-8.31Gd-1.12Dy-0.38Zr	铸态	210	187	5.7
	T6(530℃×10h+230℃×100h)	355	261	3.8

表 15-7 上海交通大学近年来研制成功的部分新型镁合金的力学性能

试验合金	状态	室温力学性能		
		σ_b/MPa	σ_s/MPa	δ/%
Mg-4Gd-3.5Dy-3.1Nd-0.4Zr	T6(525℃×8h+200℃×64h)	298	179	3.3
Mg-11Gd-2Nd-0.5Zr	T6(525℃×4h+200℃×24h)	336	222	2.5
	T6(525℃×4h+10%冷变形+200℃×24h)	381	298	1.4
Mg-12Gd-3Y-0.5Zr	轧制	362	250	6.02
	轧制+T5(200℃×16h)	436	275	4.37
Mg-4Y-4Sm-0.5Zr	铸态	222	128	6.2
	T4(525℃×8h)	236	127	14.1
	T6(525℃×8h+200℃×16h)	338	216	6.9
Mg-5Zn-1Nd-0.4Zr	轧制	319	278	10.8
Mg-5Zn-2Nd-1.5Y-0.6Zr-0.4Ca	挤压	357	351	1.92

表 15-8 重庆大学研究开发的新型镁合金的室温力学性能

试验合金	状态	σ_b/MPa	σ_s/MPa	δ/%
Mg-10Gd-5Y-0.6Mn-1.0Zr	挤压	324	286	4.29
	挤压+T5(225℃×18h)	411	388	3.48
Mg-10Gd-5Y-0.6Mn-0.4Sc	挤压	314	282	4.68
	挤压+T5(225℃×18h)	406	385	3.41
Mg-10Gd-5Y-0.6Mn-0.3Ca	挤压	330	278	4.04
	挤压+T5(225℃×18h)	421	396	3.11

续表 15-8

试验合金	状态	σ_b/MPa	σ_s/MPa	δ/%
Mg-6Zn-0.45Zr-0.7Sc	挤压	350	278	14
	挤压+T6(450℃×3h+180℃×24h)	360	352	10
Mg-2Zn-1Mn-0.1Ce	挤压	280	200	20
Mg-4Zn-0.5Zr-5Y	挤压	400	375	15
Mg-1.5Zn-0.5Zr-0.1Nd	挤压	232	154	32
Mg-7Y-0.5Zr	挤压	280	183	29
Mg-9Zn-0.6Zr-0.5Er	挤压	366	313	22
	挤压+T5(200℃×10h)	372	342	18
Mg-1.5Zn-0.6Zr-4Er	挤压	271	231	30
Mg-8Zn-0.6Zr-1Y	挤压	360	320	19
Mg-Zn-Mn	T4+双级时效处理	360	340	6

表 15-9 中科院沈阳金属研究所研发的部分新型镁合金的力学性能

试验合金	状态	室温力学性能		
		σ_b/MPa	σ_s/MPa	δ/%
Mg-10Gd-3Y-0.5Zr	挤压	290	192	13
	挤压+T5(250℃×10h)	341	228	11
	挤压+T5(200℃×100h)	397	311	5.0
Mg-10Gd-3Y-1Zn-0.5Zr	挤压	347	231	11
	挤压+T5(250℃×10h)	382	255	9.0
	挤压+T5(200℃×100h)	428	339	4.0
Mg-5.8Zn-1.0Y-0.48Zr	轧制(轧制温度:320℃)	320	249	18
	轧制(轧制温度:350℃)	322	253	13
	轧制(轧制温度:380℃)	338	273	11
Mg-12Zn-1.2V-0.4Zr	挤压	320	231	13
Mg-5Y-4Nd	挤压+T5(200℃×72h)	351	274	7
Mg-8Li-3Zn-0.5Y	挤压	222	148	30.7
Mg-8Li-6Zn-1Y	挤压	239	159	20.4
Mg-8Li-9Zn-1.5Y	挤压	247	166	17.1
Mg-1Zn-1Gd	轧制	232	182	29.2
Mg-2Zn-1Gd	轧制	249	164	36.4

表 15-10 中南大学研发的部分新型镁合金的力学性能

试验合金	状态	室温力学性能		
		σ_b/MPa	σ_s/MPa	δ/%
Mg-4.9Zn-0.9Y-0.7Z	轧制(轧制温度400℃)	365	305	4.0
Mg-5Yb-0.5Zr	铸态	189	106	7.5
	挤压	304	268	12.9

续表 15－10

试验合金	状　态	室温力学性能		
		σ_b/MPa	σ_s/MPa	δ/%
Mg－6Zn－2Nd－1Y－0.5Zr	挤压＋轧制	359	238	13.0
	挤压＋轧制＋T5（150℃×22h）	350	281	13.0
Mg－9Gd－4Y－0.65Mn	挤压＋T6（520℃×2h＋150℃×24h）	336	310	11.2
	挤压＋T5（225℃×24h）	360	320	5.0
Mg－9Gd－4Y－0.6Zr	挤压＋T6（480℃×2h＋150℃×24h）	320	298	4.5
	挤压＋T5（225℃×24h）	370	350	3.5

15.3.2　耐蚀镁合金的研究开发

腐蚀是严重影响镁合金应用的最大问题之一。提高镁及镁合金的耐腐蚀性能是促进镁合金应用的关键之一。研究表明，提高镁及镁合金的耐腐蚀性能的主要措施是：一是高纯化，即严格控制合金中的杂质含量；二是添加稀土元素，提高合金的耐腐蚀性能。

（1）高纯耐腐蚀镁合金。影响镁合金耐蚀性的重要因素是 Fe、Cu、Ni 等金属杂质。降低镁合金中杂质含量成了提高镁合金耐蚀性的关键。第一步是采用高纯镁锭，如美国化学公司利用当地优良的白云石采用新电解法产出含 Fe 0.001%（质量分数，下同），Si 0.006%、Cu 不超过 0.001%、Ni 低于 0.0005% 的高纯镁锭，并用于生产压铸镁合金 AZ91HP、AZ91D、AZ91E 等。第二步采用 SF_6 气体保护熔炼，避免了熔剂杂质侵入金属液的可能性，从而提高合金的耐蚀性。高纯的 AZ91D 在盐雾试验中的耐蚀性是 AED91C 的 100 倍，比低碳钢好得多，也超过了压铸铝合金 A380。福特公司生产的 Ranger 汽车的离合器壳体就采用 AZ91D，在盐雾大气中运行了 10 年仍旧完好。国内目前这方面的研究也取得很大进展，如我国研究研制的新型压铸镁合金，其成分与德国的 TL－VW030 成分相当，但杂质含量低，除具有较高强度、硬度和韧性外，还有较高的抗蚀性能。

最常用的高纯耐腐蚀铸造镁合金的化学成分见表 15－11。由表可见，高纯镁合金成分不同之处在于严格规定了合金杂质的含量，尤其是 Fe、Ni 含量仅为一般合金的 1/10 左右，从而极大地提高了合金的耐蚀性，而力学性能则没有多大变化。经 10 天 ASTM 盐雾腐蚀速率试验表明，碳钢的腐蚀率为 30MPY，380 铸铝合金为 13MPY，而高纯铸镁合金 AZ91D、AZ91E 和 AZ41XB 仅为 4MPY，明显优于碳钢和铝合金。AZ91D 和 AM60B 已大量用作汽车零部件和要求耐蚀的军用直升机和其他军工用品。

表 15－11　部分高纯耐蚀铸造镁合金的化学成分

合金	化学成分/%			杂质（不大于）/%					
	Al	Zn	Mn	Si	Cu	Fe	Ni	其他单个	总量
AZ91C①	9.0	0.5	0.3	0.3	0.10	0.05	0.01	—	0.30
AZ91D	9.0	0.5	0.3	0.10	0.030	0.005	0.002	0.02	—
AZ91E	9.0	0.5	0.3	0.20	0.015	0.005	0.001	0.01	0.30

续表 15-11

合金	化学成分/%			杂质（不大于）/%					
	Al	Zn	Mn	Si	Cu	Fe	Ni	其他单个	总量
AM60B	6.0	0.22(max)	0.3	0.10	0.010	0.005	0.002	0.02	—
МЛ5ЛЦ②	15.5	0.5	0.3	0.08	0.05	0.007	0.001	—	0.14

①用作对比的一般合金。

②俄国合金。

（2）稀土耐腐蚀镁合金。国内外的研究已表明：稀土元素是提高镁合金耐蚀性能十分有益的元素。稀土镁合金一般具有良好的耐蚀性能，添加稀土元素的镁合金其耐蚀性能一般均高于不含稀土的成分相近的镁合金，而且近年来通过多元稀土复合与稀土元素和碱土金属的复合实现了镁合金耐蚀性能的突破，已研制成一些具有高耐蚀性的镁合金。因此，镁合金的稀土耐蚀合金化是提高镁合金耐蚀性能最有效、最有前途的发展方向，稀土耐蚀镁合金具有广泛的应用前景。

稀土元素提高镁合金耐蚀性能的作用机制是多方面综合作用的结果，许多研究者已做了分析研究，并对其作用机制提出了以下解释：

1）稀土元素加入镁合金，能和镁合金中的强阴极性杂质元素（如 Fe 等）形成金属间化合物，“捕捉”杂质元素 Fe 等，形成“沉渣”，被清除出合金液。

2）稀土元素加入 Mg-Al 合金能减少 β 相（$Mg_{17}Al_{12}$），并形成更细小分散分布的粒状、针状或片状的阴极性较弱的含稀土金属间化合物（如 Al_4ER 为基的相），尽管它们比基体有更正的腐蚀电位，但其阴极活性较低，降低了析出相与镁基体的电位差，减弱了阴极反应，抑制了析氢过程，这就使镁合金的微电偶腐蚀明显减弱。

3）稀土元素在表面膜中的富集，改进了表面膜和界面的微结构，表面膜更为致密，增强了表面膜的保护性，是稀土元素改进镁合金耐蚀性的重要原因。

4）镁在水中能形成镁的氢化物 MgH_2，在一定条件下，它能稳定存在，镁氢化物的形成，阻碍了镁的溶解。Nakatsugawa 等人假设 RE 的存在加速了 MgH_2 的形成，而足够量的镁氢化物将对镁的腐蚀溶解起阻挡层的作用。

15.3.3 耐热镁合金的研究开发

镁合金的高温性能较差，因而限制了镁合金的应用。如，常用 AZ91、AM60、AM50、AZ31 等系列的镁合金，占交通领域镁合金应用的 90% 以上。它们具有良好的室温性能，但当温度超过 120℃时，合金的强度随着温度的升高而大幅度下降。由于耐热性能差，特别是高温拉伸性能和抗蠕变性能差，使传统镁合金无法用于制造对高温性能要求较高的结构部件，严重限制了镁合金的推广应用。为了提高镁合金的耐热性能，世界各国都十分重视开发耐热镁合金，以满足工业实际需求和材料轻量化趋势的要求。

近年来研究开发的新型镁合金高温性能有了显著的改善，传统的 Mg-Zr 合金过去只耐 150℃，现在能耐 300℃的高温。美国的 Mg-Th 合金（Mg-2%～4% Th-1.5%～2.5% Zn-0.5%～1.0% Zr）热轧板，耐高温达 350℃，俄罗斯的 Mg-Nd(Mg-2%～4% Nd-1.0%～6% Zn-0.5%～1.0% Zr)，Mg-Y(Mg-10% Y-1%～2% Zn）等高温高强镁

合金，其挤压型材的耐高温程度也大大超过了150℃，这些耐高温镁合金主要用于制造飞机、发动机以替代高温用铝合金和钛合金。

传统高温压铸镁合金主要是AS系列，含Al量的减少和Si的加入，减少了$Mg_{17}Al_{12}$相，从而增加了硬度和熔点相对较高的Mg_2Si相，提高合金的高温强度，最近的发展是添加RE元素得到高温性能更好的AE系列镁合金。如AE42（Mg-4% Al-2% RE-0.3% Mn）合金，比传统的AS21的疲劳强度几乎提高了一倍。另据德国Magnesium Elektron Ltd报道，加入1%的Ca到AZ91合金或AS系列合金中也可在一定程度上改善其蠕变强度，但铸造性能却较差，取而代之的为Mg-Zn-Cu系。由于Cu的加入使其室温性能和150℃高温性能得到大幅度提高。

15.3.3.1 抗蠕变及耐热镁合金材料设计与途径

（1）镁合金高温蠕变抗力低的原因。耐热性主要是指材料在高温和外加载荷作用下抵抗蠕变及破坏的能力。高温蠕变变形的微观机制不仅包括滑移，而且晶界参与形变，形变量有时可以高达40%~50%。在高应力作用下，纯镁甚至在室温下即易于发生蠕变变形。与铝合金相比，镁合金更易于发生晶界滑移。

目前得到广泛应用的Mg-Al系合金（AZ系和AM系）在室温下具有良好的综合性能和抗大气腐蚀性能，铸造性能也良好，但是其力学性能在高于120~130℃时急剧下降，其高温蠕变抗力比常用铝合金低一个数量级还多。

AZ系和AM系镁合金高温蠕变抗力低的原因在于：合金中连续析出形成的时效析出相为$Mg_{17}Al_{12}$，它通常呈板条状，而且平行于镁基体的（0001）基面析出，且与基体之间无共格关系，不能为位错运动提供大的阻力，时效硬化效果不明显；另外，$Mg_{17}Al_{12}$的熔点低，仅为437℃，在不高的温度下即为一软质相，同时由于$Mg_{17}Al_{12}$与基体之间非共格，界面能高，因此在高温下易长大粗化，故而随温度升高，$Mg_{17}Al_{12}$极易软化粗化，不能有效钉扎晶界。此外，高温蠕变过程中，过饱和镁基体中$Mg_{17}Al_{12}$在晶界处的不连续析出是压铸AZ系和AM系合金高温蠕变抗力差的一个主要原因。晶界处不连续析出的$Mg_{17}Al_{12}$呈薄片状并与晶界几乎成直角，不仅为晶界滑移提供了更多的滑移表面，同时为临近晶粒的变形提供了额外的自由度，因而使晶界滑移和晶界迁移容易进行，不利于合金的抗蠕变性能。

（2）提高镁合金耐热性能的途径。从合金晶体结构的强度观点出发，耐热镁合金设计应从限制位错运动和强化晶界入手，这意味着可以通过以下一种或多种手段来实现提高镁合金的热稳定性和高温蠕变抗力的目的。

1）引入热稳定性高的第二相；

2）降低元素在镁基体中的扩散速率；

3）改善晶界结构状态和组织形态。

其中，1）可以通过加入能形成稳定的金属间化合物的合金元素或直接引入弥散强化的第二相来实现，而2）、3）则均可以通过适当的合金化或微合金化实现。

在元素周期表中，与镁形成金属间化合物的有ⅡA族的Ca、Sr，ⅢA族的Al、Zn，ⅣA族的Si、Ge、Sn、Pb，ⅤA族的Sb、Bi，ⅢB族的Th以及RE元素等；与Al形成金属间化合物的有ⅡA族的Ca、Sr，ⅢB族的Sc、Y、La、Ce、Pr、Nb，ⅦB族的Mn等。此外，合金元素的交互作用还可能形成某些复杂多元化合物。这些金属间化合物的热稳定性不同，存在的形态和分布不同，对合金耐热性的影响程度也不同。熔点是化合物热稳定性的主要衡量指标之一。表15－12为镁合金中常见的一些金属间化合物的熔点。某些碱土金属和稀土元素，如Ca、Sr、Ba、Ce可以起到表面活性元素的作用，它们富集于晶粒表面和晶界，填充晶界处的晶格缺陷、改善晶界结构状态，从而提高合金的高温性能。

表15－12 镁合金中常见金属间化合物的熔点

合金系	金属间化合物	化合物熔点/℃	合金系	金属间化合物	化合物熔点/℃
Mg－Ca	Mg_2Ca	714	Mg－Y	$Mg_{24}Y_5$	620
Mg－Sr	$Mg_{17}Sr_2$	606	Mg－Al－Ca	Al_2Ca	1079
Mg－Al	$Mg_{17}Al_{12}$	437	Mg－Al－Sc	$ScAl_2$	1420
Mg－Si	Mg_2Si	1087	Mg－Al－Y	YAl_2	1455
Mg－Sn	Mg_2Sn	772	Mg－Al－La	La_3Al_{11}	1240
Mg－Sb	Mg_3Sb_2	1245	Mg－Al－La	$LaAl_2$	1405
Mg－Bi	Mg_3Bi_2	823	Mg－Al－Ce	Ce_3Al_{11}	1235
Mg－Th	$Mg_{23}Th_6$	772	Mg－Al－Ce	$CeAl_2$	1480
Mg－Ce	$Mg_{12}Ce$	611	Mg－Al－Nb	Nb_3Al_{11}	1475
Mg－Nb	$Mg_{12}Nb$	560	Mg－Al－Nb	$NbAl_2$	1460

研究表明，通过添加Si、Ca、Sr、Sb、Bi、RE等元素来强化基体和晶界，提高高温强度和抗蠕变能力，其中以RE的作用最为显著。因为稀土可提供更为有效的高温强化相。稀土元素在镁基固溶体中形成的第二相，如Mg_9Ce、$Mg_{12}Nd$等金属间化合物，在高温下比较稳定，并且有很高的热硬性。这些金属间化合物在晶间分布可以减弱晶界滑移和位错蠕变，从而使稀土镁合金具有优秀的抗蠕变性能。下面分别讨论几种系列的耐热镁合金。

15.3.3.2 Mg－Al系耐热合金

这个系列的镁合金包括两大类，一类是现有AZ系合金的“改性”合金，主要是通过微合金化，改善现有AZ系合金，尤其是AZ91合金中的$Mg_{17}Al_{12}$相的形态结构特征和/或形成新的高熔点、高稳定性的第二相来提高其耐热性。研究工作已发现Sr、Li、Cu、Ba、Bi能改善AZ91合金中$Mg_{17}Al_{12}$相的形态和晶粒大小。AZ91合金中加入0.5%的Sn，使合金时效后在晶界析出弥散分布的Mg_2Sn相，有效抑制了晶界移动，使合金高温性能显著提高，尤其是屈服强度提高了近一倍。Bi、Sb的加入使AZ91合金中析出高热稳定性的Mg_3Bi_2相和Mg_3Sb_2相，并且在时效过程中还阻止了粗大的不连续析出相的形成，促进了晶内与基体具有共格结构的细小$Mg_{17}(Al, Zn, Bi)_{12}$和$Mg_{17}(Al, Sb)_{12}$相的析出，从而显著提高了合金的耐热性。

另一类Mg－Al系耐热合金是在Mg－Al二元合金基础上加入Si、RE、Ca、Sr等合金元素来改善其高温性能。这类合金早期的典型代表有AS41、AS21（Mg－Al－Si）和AE42

(Mg－Al－RE)，这三个牌号合金的室温强度都低于AZ91，但在较低应力下的高温抗蠕变性能优于AZ91。AS系耐热合金适用于150℃以下的场合，已用于汽车空冷发动机曲轴箱、风扇壳体和发动机支架。AS系中的细小弥散析出相为Mg_2Si。AS21具有较低的铝含量，$Mg_{17}Al_{12}$的数量减少，因而其蠕变强度和抗蠕变温度都高于AS41，但是铸造性能却较差。AE42合金具有最好的耐热性，适用于150℃环境下使用的工件，已被GM用于生产变速箱。AE42中的Al－RE化合物具有比Mg_2Si更高的热稳定性，可以有效钉扎晶界而阻碍晶界滑移。AE系合金中可能出现的Al－RE相有RE_3Al_{11}、$REAl_2$、$Mg_{12}RE$等。稀土的添加将导致成本的大幅度上升，此外，AS和AE系合金只适用于冷速较快的压铸件，因为较慢的冷却速度将导致粗大的Mg_2Si或Al－RE化合物的生成，使合金强韧性大大降低。可采用Ca微合金化改性AS41，使Mg_2Si细小，弥散分布，从而使其强度、韧性提高，并使AS41可用于砂型铸造。

碱土金属，如Mg、Ca、Sr与稀土元素，如Ce、Nb的某些相似行为促使研究者开发含碱金属类镁合金，以寻求可能替代稀土元素的较廉价的新型耐热镁合金。这一方向的研究导致了Mg－Al－Ca、Mg－Al－Sr类镁合金的研发，主要合金成分见表15－13。如ACM522和专利合金ACX都是Ca强化的高温镁合金，抗蠕变性能与AE42相同，而成本降低。但是这种合金的压铸性能差，易热裂和黏型。其显微组织特征为晶界弥散分布的Al_2Ca第二相。AJ(Mg－Al－Sr)系列锶强化合金（AJ52、N）已用于汽车动力系统工件。其150～170℃的蠕变抗力优于AE42和A380，175℃的抗拉强度和屈服强度优于AZ91D和A380，耐蚀性及工艺性同AZ91D，抗疲劳性与AM60相当。

表15－13　Mg－Al系部分耐热合金的化学成分（质量分数）　（%）

合金	Al	Ca	Sr	RE	Si	Mn	Zn
AJ52	4.53	—	1.75	—	0.010	0.27	0.018
AJ－N	4.55	0.19	0.53	—	<0.010	0.25	0.001
ACX	3～6	1.7～3.3	0～0.2	—	—	—	—
ACM522	5.3	2.0	—	2.6	—	0.17	—
MRI153	4.5～10	0.5～1.2	0.01～0.2	0.05～1.0	—	0.15～1.0	—

近年来采用在Mg－Al二元合金基础上加入两种或两种以上合金元素的多元复合强化法使Mg－Al耐热合金的综合性能得到了进一步的改善。如通用汽车公司开发的ACX系Mg－Al－Ca－Sr四元合金，另外含有微量Si元素其高温抗蠕变性能比AE42提高了25%以上，而耐蚀性则与AZ91D相同。日本Honda开发的耐热压铸镁合金ACM522，其成分为Mg－5Al－2Ca－2RE－0.17Mn，组织为初生α－Mg和在晶界分布的黑色Al－Ce相粒子和浅色的由Al－Ca、Mg－Ca等相组成的化合物。ACM522具有比AE42合金更高的蠕变抗力，其耐热性和耐腐蚀性能可以与A384铝合金媲美，而且铸造性能良好，已用于轿车发动机油盘和摩托车发动机盖。死海镁业开发的MRI153已在德国大众汽车动力系统工件上得到成功应用。

15.3.3.3　Mg－Zn系耐热合金

由于Zn增加热裂倾向和显微疏松，因此Mg－Zn系合金中第三组元元素的选用应首先考虑克服Mg－Zn二元合金所固有的脆性以及热收缩性。Mg－Zn－Cu合金是迄今应用比较成功的Mg－Zn系耐热合金，其150℃以下的高温性能较好。由于压铸时易热裂，这些合金仅可用于砂模或永久模制造。ZC62－F试样在150℃时的抗拉和屈服强度高于AS21A－F，ZC71－T6在100～177℃范围内的抗拉和屈服强度都高于AE42－F。但是这类合金的耐腐蚀性能较差。

Mg－Zn二元合金中加入Ca，可望提高合金的高温性能。目前这类合金尚处于实验室开发阶段，未得到商业化应用。研究表明，在含锌小于4%的Mg－Zn合金中添加大于0.5%Ca，在167℃以下析出几个原子层厚的细小盘片状化合物，可以显著提高Mg－Zn合金的蠕变抗力。当温度高于167℃时，析出物粗化，合金抗蠕变性能恶化；锌含量增加时，蠕变抗力也下降。含Ca析出物的成分为Mg_2Ca及Mg_5Ca_2Zn。Ca作为主要合金元素的Mg－Zn－Ca三元合金可望具有良好的室温和高温力学性能。Park等人对添加Ca或Zr的快速凝固MCZC合金（Mg－6%Zn－5%Ca－2%Co）和MCZZ合金（Mg－6%Zn－5%Ca－0.5%Zr）的研究表明，MCZC具有比MCZZ更高的热稳定性。在铸态的MCZC合金中，化合物相为Mg－Ca和Mg－Co－Zn沉淀相；150℃、1h时效后，沿晶界析出大量更细小的Mg－Ca－Zn－Co四元沉淀相，使合金得到进一步强化。Mg－Ca－Zn－Co四元合金相具有与MgCaZn三元合金相相同的晶体结构。温度升高至300℃，四元Mg－Ca－Zn－Co化合物相逐渐粗化。在MCZZ合金中，只存在MgZnCa一种化合物相。

15.3.3.4 Mg－Zn－Al系耐热合金

这一系列合金的特点是尽量利用廉价合金元素的多元合金化综合作用，来改善合金的综合性能。该系合金是近年来研究较为活跃的一个领域，目前已有多项专利合金。

在现有AZ系合金组成元素基础上，增加Zn含量、控制Zn/Al比，从而开发出一类新型镁合金——ZA系镁合金，如ZA102、ZA104、ZA124、ZA144等。与AZ系镁合金不同，ZA系合金中的主要化合物相为$Mg_{32}(Al, Zn)_{49}$，其熔点为535℃，比$Mg_{17}Al_{12}$具有更高的熔点和热稳定性，因而使合金高温蠕变抗力提高。ZA系合金的高温抗蠕变性能均大大优于AZ91，ZA124合金的高温抗蠕变性能与AS41相同，而耐磨蚀性和铸造性能则明显优于AS41。该类合金的不足是韧性较差，伸长率低。在ZA系合金中加入Ca和Sr，可以进一步提高ZA合金的蠕变抗力。Ca的作用比Sr更明显。少量的Ca和Sr固溶在镁基体中，大量的Ca和Sr存在于$Mg_xZn_yAl_z$化合物相中。

IMRA America Inc. 开发的ZAX8506等Mg－Zn－Al－Ca专利合金，其化学成分范围为2%～9%Al，6%～12%Zn，0.1%～2.0%Ca，该合金在150℃时的拉伸屈服强度不低于110MPa，其175℃、40MPa下的压缩蠕变速率比AZ91D低4倍，而且压铸性能良好。韩国现代汽车公司和日本UBE工业公司分别开发出Mg－Al－Zn－Si－Ca和Mg－Al－Zn－Si－Sr专利合金，其共同之处均是在Mg－Al－Zn－Si合金基础上，通过Ca、Sr元素对Mg_2Si增强相的“改性”作用（形态及大小的控制作用），从而获得具有高强、高的高温蠕变抗力的合金。此外，日本和以色列、德国也各自开发了Mg－Zn－Al系多元合金化专利耐热合金。这类专利合金的成分见表15－14。

表 15-14　Mg-Zn-Al 系部分耐热专利合金的化学成分

专利号	专利申请者	化学成分（质量分数）/%
US5855697，1997	IMRA America Inc.	2~9Al，6~12Zn，0.1~2.0Ca，0.2~0.5Mn（optional）
WO9740201，1997	HYUNDAI Motor Co.，Ltd.	5.3~10.0Al，0.7~6.0Zn，0.5~5.0Si，0.15~10.0Ca
US5669990，1996	UBE Industries Ltd.	6~12Al，6~12Zn，0.3~1.5Si，0.005~0.2Sr
EP1127950，2001	Mitsubishi Aluminium	2~6Al，0.2~1Zn，0.3~2Ca，0.01~1Sr，0.1~1Si，0.1~1Mn
US6139651，2000	Dead Sea Magnesium Ltd.；Volkswagen AG	4.5~10Al，5~10Zn，0.15~1.0Mn，0.005~1RE，0.01~0.2Sr，0.3~1.2Ca，少量 Be

15.3.3.5　Mg-RE 系耐热合金

Mg-RE 合金是重要的耐热合金系，适用于 200~300℃下长期工作的零部件。

因为，稀土元素在镁中具有较大的固溶度极限，而且随温度下降，固溶度急剧减少，可以得到较大的过饱和度，从而在随后的时效过程中析出弥散强化相。通常，稀土镁合金在 500~530℃固溶处理可以得到过饱和固溶体，然后在 150~250℃附近时效时均匀弥散地析出第二相。时效析出过程的主要特征是，时效初期形成六方 DO_{19}型结构，时效中期形成 β′析出相，此时得到最佳时效强化结果，时效后期为平衡析出相。因此，能获得显著的时效强化效果。

含 RE 的析出相通常具有高的热稳定性，同时 RE 元素在镁基体中的扩散速率较慢，使得 Mg-RE 合金具有较高的高温强度和优良的抗蠕变性能。

从表 15-15 可以看出，生成的镁稀土化合物熔点都在 550℃以上，具有很高的热稳定性。

表 15-15　镁稀土化合物熔点与最大固溶度

Mg-RE 中间化合物	$Mg_{41}Sm_5$	$Mg_{12}Nd$	$Mg_{12}Pr$	$Mg_{17}Hu_2$	$Mg_{24}Dy_5$	$Mg_{24}Ho_5$
熔点/℃	550	552	580	591	<600	<600
最大固溶度（质量分数）/%	5.8	3.6	1.7	≈0	25.8	28
Mg-RE 中间化合物	$Mg_{24}Er_5$	$Mg_{24}Y_5$	$Mg_{12}Ce$	$Mg_{12}La$	Mg_5Cd	Mg_2Yb
熔点/℃	<600	<605	616	640	642	718
最大固溶度（质量分数）/%	32.7	12.4	1.6	0.79	23.5	3.3

目前大多数的耐热镁合金都含有稀土，根据稀土在耐热镁合金中的含量（质量分数）不同，含稀土的耐热镁合金可分为以下三类：

（1）低稀土耐热镁合金（RE 总量<2%）。代表性的有 AE41、ZE41、QE21、ZE10A 等合金。另外还包括通过添加少量稀土元素 Ce、Y 等改善 AZ、AS、AM 等合金系高温性能，该系列镁合金可以满足民用领域的部分需求。

（2）中等稀土耐热镁合金（2%≤RE 总量<6%）。这个范围的合金较多，代表性的有 AE42、AE44、ACM5Z2、ZE33、ZE63、EQ21、QE22、QE22A、EK30、EK31、EK41 等多个系列。

（3）高稀土耐热镁合金（RE 总量≥6%）。合金有 WE33、WE43、WE54 等，以及目前开发的 Mg - 6Sc - 1Mn、Mg - 15Sc - 1Mn 和 Mg - 9Gd - 4Y - Zr 等 Mg - Cd 系合金。这些合金高温性能优异，可以在 250 ~ 300℃的温度下长期使用。从总的趋势来看，随着稀土含量的增加耐热镁合金的高温性能增强。

EK30A 是第一个以 RE 为主要合金元素的高温铸造镁合金，该合金满足了 205℃强度和抗蠕变性能的要求，在航空发动机上得到了应用。Mg - RE - Zr 中加入 Zn，可以进一步提高合金的力学性能，因此开发出了 EZ33、ZE41 等合金。ZE41 合金强度高，可应用于 200℃下工作的零件；EZ33 具有更高的蠕变抗力，最高工作温度可达 250℃，该合金正在逐步取代 EK30A 应用于航空发动机上。Ag 能明显改善 Mg - RE 合金的时效硬化效应，因此开发了 EQ21、QE22、QH21 等合金。EQ21 合金直到 250℃仍具有高强度。在室温到 200℃温度范围内，QE 型镁合金具有接近于含 Th 镁合金的优良的高温抗拉性能和蠕变抗力，QE22 合金具有很高的屈服强度和相对较好的疲劳抗力，200℃下的抗蠕变性能与 EZ33 相当，长期以来广泛用于飞机、导弹部件的生产。以 Th 代替部分的 QH21 合金具有比 QE22 合金更好的高温性能，其使用温度提高了 30 ~ 40℃；在含钇、钪镁合金开发以前，QH21 合金具有 250℃下最佳的拉伸强度和蠕变抗力。钇、钪对镁合金的有益影响是一个非常重要的发现。目前已开发出系列含 Y 的 WE 型合金，其中 Y 是以混合稀土形式加入的。WE54 是商业化合金中耐热性最好的，长期使用温度为 300℃，该合金具有显著的时效硬化效果，室温、高温拉伸性能和抗蠕变性能都非常优越，而且具有优良的抗腐蚀性能；其耐蚀性可与普通铸造铝合金媲美，高温强度甚至优于高温铝合金 RR350。在 WE54 基础上适当降低 Y、Nd 含量高温强度略有下降，但可以保持良好的韧性，因此开发了 WE43 合金，适于 250℃应用。该合金已广泛应用于赛车及航空飞行器变速箱壳体上。德国科学家试制的 Mg - Sc - Mn 新型耐热镁合金可望于 300℃以上的工作温度。

除以上几个系列的耐热镁合金之外，世界各国也根据各自的资源状况开发基于稀土元素的复合添加耐热镁合金牌号。日本专门为压铸汽车发动机油盘而研制开发了一种 Mg - Al - Ca - RE 系合金，通过添加 0.25% ~ 5.5% 的 Ca，达到降低 AE42 合金成本并获得更佳拉伸强度和蠕变强度的目的。以色列死海镁业和德国大众公司合作开发了另一种 Mg - Al - Ca - RE 系合金，主要有 MRI153M、MRI230D。MRI153M 合金能在 150℃高温环境及 50 ~ 80MPa 负荷下长时间使用。与 AZ91D、AE42、AS21 等合金相比，MRI153M 合金的高温条件下性能得到很大提高，见表 15 - 16，MRI230D 合金是一种更好的耐热镁合金，它的工作温度可以达到 190 ~ 200℃，具有优秀的铸造性能和耐腐蚀性能。

表 15 - 16 MRI153M、MRI230D 与 AZ91D、AE42、AS21 主要性能对比

性能		MRI153M	MRI230D	AZ91D	AE42	AS21
屈服强度/MPa	20℃	170	180	160	135	125
	150°C	135	150	105	100	87
抗拉强度/MPa	20℃	250	235	260	240	230
	150℃	190	205	160	160	120
伸长率/%	20℃	6	5	6	12	16
	150℃	17	16	18	22	27

研究工作还表明：

（1）采用碱土金属（Ca、Sr、Ba）来改善现有镁合金的耐热性能，并开发新型廉价耐热镁合金，是今后耐热镁合金发展的主要方向之一。但是，含碱土金属的镁合金只能在低于200℃的环境下工作，并且承载的负荷也较低，一般应用在汽车等民用领域。而高稀土的耐热镁合金可以在200～300℃的环境下长期服役，主要应用在航空飞行器和军事兵器领域，虽然加入稀土后成本较高，但其在镁合金中的作用目前还无法被其他合金取代。近年来，长春应用化学研究所系统研究了 Mg－8Cd－LRE（LRE：La、Ce 和 Nd）系和Mg－8Cd－HRE（HRE：Y、Dy、Hd 和 Er）系合金的组织和性能。研究结果表明，添加少量的轻稀土，能够降低 Cd 在 Mg 基体中的固溶度，但对提高合金的力学性能和耐热性作用效果有限。在添加的轻稀土元素中，Nd 的作用效果较好，其次为 Ce、La。添加的重稀土元素 Ho、Er、Y 和 Dy，在镁合金中有很大的固溶度，易取代 Gd 在基体中的位置，有利于提高 Gd 的时效硬化作用，从而提高合金的力学性能和耐热性。重稀土中 Y 和 Dy 的作用效果较好，其次为 Ho、Er。组合稀土的添加能改善合金的时效硬化特性，提高合金的力学性能。

（2）在 MB1 合金的基础上添加稀土 Y 开发成功的 Mg－(3%～4%)Y－2Mn 的新型变形镁合金，该合金是高强、耐热、抗蚀、可焊的板材合金，有优良的综合性能，室温 σ_b 达到350MPa，δ 可达5%；200℃的 σ_b 可达300MPa，δ 可达10%。可望在航天航空和交通运输上获得应用。

（3）加 Y 的 Mg－Zn－Zr 合金与 MB15 合金相比，具有更优良的工艺性能和力学性能，特别是该合金可用铸坯直接进行自由锻造和模锻，变形率≥50%时不会产生裂纹，新合金的铸坯和棒坯在自由锻和模锻后的强度均高于 MB15 合金，而伸长率基本相当。Mg－Zn－Zr－Y 合金从工艺性能、力学性能、使用性能、实际操作和成本等方面来看都优于 MB15 高强镁合金，挤压产品的性能与 MB25 合金相当，在国防军工和民用等方面都有广泛的应用前景。

15.3.3.6 弥散强化镁基合金和镁基复合材料

弥散强化因弥散相熔点很高且在基体中溶解度很小，其强化温度可大大提高，是提高镁合金高温性能最有潜力的方法。弥散强化曾使铝合金的耐高温极限提高到远超出传统析出强化铝合金所能达到的温度。但是，至今尚未有弥散强化镁基合金的商业化应用。据报道加拿大 ITM 在实验室开发出了两种弥散强化镁合金。美国对采用液态金属压力浸渗陶瓷颗粒预制块制备 Y_2O_3 弥散强化纯镁的工艺和材料性能进行了有意义的尝试和探索。

在镁基合金中加入纤维或颗粒强体可以明显提高镁合金的弹性模量，改善合金的耐磨性能，提高合金的室温、高温强度和抗蠕变性能。复合材料的这些固有优点使得镁基复合材料在航空航天、国防、电子、体育器材等领域有着广阔的应用前景。镁基复合材料采用的增加体主要是碳纤维、SiC 颗粒和纤维、Al_2O_3 颗粒和纤维等；镁基合金主要有 Mg－Al－Zn、Mg－Al－Mn、Mg－Al－RE、Mg－Zn－Cu、Mg－Ag－RE 等合金系。目前，镁基复合材料制备技术仅限于搅拌铸造、粉末冶金、挤压铸造、喷射沉积等外加增加相的材料制备方法，至今未有原位内生颗粒增加镁基复合材料的报道。由于镁基体与增加体之间的界面结合状况、腐蚀问题、复合材料制备工艺、成本、回收以及镁基合金本身存在的性能不足等问题使得镁基复合材料的规模应用还未成为现实。

15.3.4 高温压铸镁合金的研究开发

（1）Mg－Al－RE 系列（AE 系列）。AE 系列合金是早期开发的耐热镁合金，主要有 AE41、AE42 和 AE21 合金。添加 1% 的稀土元素可以有效地改善合金的高温强度，特别是铝含量少于 4% 的镁合金。

1）用稀土 Nd 提高压铸镁合金 AM50HP 高温力学性能。在压铸镁合金 AM50HP 中添加适量（0.2%～0.5%）的稀土 Nd，可提高其高温（200℃）力学性能。在 100℃时对拉伸性能改善最大。在该合金中，Nd 具有弥散强化作用，Mg_9Nd 能阻止晶界滑移。该合金的拉伸断口显示为混合型断口，随温度升高，韧性断裂部分增大，而脆性断裂部分减少，因而在高温下的塑性性能良好。该合金材料的压铸件已广泛用作高温使用的重要部件。

2）混合稀土对 AM60B 和 AZ91D 铸造镁合金组织性能影响。在最常用的两种 Mg－Al 压铸合金 AM60B 和 AZ91D 合金中加入适量（0.3%～1.5%）的含有 Ce、La、Nd、Pr 等的混合稀土，可与合金中的 Mg、Al、Mn 形成多种金属化合物，如 $Al_{11}RE_3$、$Al_{11}RE_4$、Al_3RE 及 $Al_{10}CeMn_7$ 和 Al_6LaMn_6 等，它们的形态与分布改善了合金的组织，细化晶粒，提高了合金材料的力学性能及综合性能指标。该类合金已广泛应用于压铸生产，主要制作工作温度不高于 120℃的壳体及箱盖等零件（如发动机机匣、汽车仪表盘以及笔记本电脑外壳等）。

（2）Mg－Al－Sr 系列（AJ 系列）。加拿大诺兰达（Moranda）公司在 AM50 的基础上添加 1.7%～2% 的锶而开发出新型耐高温专利镁合金 AJ52X。这种高温合金是 Mg－Al－Sr 系列，具有以下特点：高温性能好于 AE42；铸造性能与 AM 系列合金类似；工作温度为 150℃，最高工作温度可达 175℃；导热和导电性好；不含稀土或其他昂贵的合金元素。

（3）Mg－Al－Ca－RE 系列（ACM 系列）。日本本田（Honda）公司在 AM50 的基础上添加 2% 的稀土元素和 2% 的钙，开发出 ACM522 高温镁合金。这种基于 Mg－Al－Ca－RE 体系的高温合金，通过添加 0.25%～5.5% 的 Ca，在 150℃的温度范围内的抗蠕变性能好于 AE42，其耐高温和抗腐蚀性与 A384 铝合金相近，而且铸造性也很好。这种高温镁合金已在本田公司燃料电力混合车的发动机油底盘上得到使用，其质量比原铝合金材料零件少 35%。

死海（DSM）公司和大众（VW）公司开发出了两种名为 MRI153M 和 MRI230D 的 Mg－Al－Ca－RE 系列新型镁合金，在 150℃高温环境及 50～80MPa 负荷下长时间使用。MR1230D 合金是一种更好的耐热镁合金，它的工作温度可以达到 190～200℃，具有优秀的铸造性能和耐腐蚀性能。MRI153M 是一种不含铍，在高压及 150℃高温下仍有长期稳定工作能力的低成本、抗蠕变镁合金。这种合金具有很好的高温性能和抗蠕变性能，其铸造性与 AZ91D 近似，并已用于压铸帕萨特、奥迪等汽车的传动壳体之类的复杂件上，参见表 15－17。而 MRI230D 是一种全新的压铸镁合金，主要用于制造工作温度高达 190℃的发动机缸体。这种合金具有很好的抗蠕变性和铸造性，并且强度高，抗腐蚀性强。

表 15-17 MRI153M、MRI230D 与 AZ91D、AE42、AS21 主要性能对比

性能		MRI153M	MRI230D	AZ91D	AE42	AS21
屈服强度/MPa	20℃	170	180	160	135	125
	150°C	135	150	105	100	87
抗拉强度/MPa	20℃	250	235	260	240	230
	150℃	190	205	160	160	120
伸长率/%	20℃	6	5	6	12	16
	150℃	17	16	18	22	27

(4) Mg-Al-Si 系列 (AS 系列)。海德鲁 (Hydro) 公司在老牌 AS21 合金的基础上加入少量铈镧稀土元素，同时减少锰含量而开发出一种名为 AS21X 的车用抗蠕变压铸镁合金。

(5) Mg-Al-Ca 系列 (AXJ 系列)。通用 (GM) 公司在 AM50 镁合金的基础上添加 1.7%~3.3%的钙以及至少 0.2%的锶而研制成名为 AXJ 的 Mg-Al-Ca-Sr 新型镁合金。这种合金具有良好的抗蠕变性，但其钙元素的高含量对合金铸造性能的影响十分明显，因此 AXJ 合金的铸造性和热裂敏感性要比 AM50A 低一些。

(6) Mg-Zn-RE 系列 (MZE 系)。在铸造镁合金 ZM3、ZM6 中加入适量的稀土，能明显提高其铸造性能、高温塑性与强度。在良好的工艺条件下，可使成品率大大提高（由原来的 70%提高到 90%）。该类材料主要用于飞机、汽车、机械制造中重要受力部件，由于比强度高，有明显的减重作用，对于有些零件的铸件，其质量可由原来的 68kg 减到 38kg。

表 15-18 为我国开展研制的四种高温高强稀土铸造镁合金 ZM2、ZM3、ZM4、ZM6。前三种加入含铈的混合稀土，后一种为含钕量不小于 85%的钕混合稀土。这些合金都具有优良的高温抗拉强度和蠕变抗力，良好的室温和高温性能及高的热稳定性。该类合金的铸造性能良好，综合性能优良，在航空、汽车、交通运输和电子工业上均获得了广泛的应用。

表 15-18 稀土高温高强铸造镁合金的高温力学性能

合金成分	合金代号	热处理状态	σ_b/MPa		蠕变强度/MPa	
			200℃	250℃	200℃	250℃
ZMgZn4RE1Zr	ZM2	T1	110	—	—	—
ZMgRE3ZnZr	ZM3	F	—	110	50	25
ZMgRE3Zn2Zr	ZM4	T1	—	100	50	25
ZMgRE2ZnZr	ZM6	T6	—	145	—	30

另外，在上述合金中添加钪、钇、钐、钍等及重稀土金属后，也获得卓越的力学性能，被广泛应用于赛车及航空飞行器变速箱壳体上。

(7) Mg-RE-Zn 系列 (MEZ 系列)。ME (Magnesium Electron) 公司摒弃 Mg-Al 系

合金开发出了一种名为 MEZ 的全新压铸镁合金。这种镁合金包括2.5%的稀土元素，0.35%的Zn，0.3%Mn以及少量的Zr和Ca。这种合金在150～175℃的温度范围内具有很好的抗蠕变性能。

（8）Mg－Zn－Al－Ca系列（ZAX系列）。美国IMRA公司在AX系列合金的基础上添加8%的Zn，开发了ZAC8506高温镁合金。这种合金的机械强度、耐腐蚀性及铸造性都很好，但由于ZAX系列合金的共晶温度只有385℃，因此只能用于引擎的缸头上。

表15－19和表15－20分别列举了几种高温压铸镁合金的化学成分和性能。

表15－19 几种高温压铸镁合金的化学成分（质量分数） （%）

合金代号	Al	Mn	Zn	Si	Cu	Fe	其 他
AE42	3.55	0.23	0.002	—	<0.001	0.003	稀土2.15
AJ52X	4.53	0.27	0.0018	0.010	0.002	0.006	锶1.75
MRI153M	4.5～10	0.15～1.0	—	—	—	—	稀土0.05～1.0， 锶0.01～0.2，钙0.5～1.2
ACM522	5.3	0.17	—	—	0.00018	0.00019	稀土2.6，钙0.5～1.2
AS21X	2.02	0.060	0.22	1.03	0.0004	0.0023	

表15－20 几种高温压铸镁合金的性能比较

合金号	拉伸性能			蠕变条件	铸造性	备 注
	$\sigma_{0.2}$/MPa	σ_b/MPa	δ/%			
AE42	室温 139 121℃ 118 177℃ 106	室温 226 121℃ 177 177℃ 135	室温 11 121℃ 23 177℃ 28	0.33（3MPa/150℃/200h） 0.11（83MPa/150℃/200h） 0.08（34MPa/177℃/100h）	好	成本高，不适用于175℃以上
AJ52X	室温 145 150℃ 108 175℃ 103	室温 202 150℃ 164 175℃ 148	室温 4 150℃ 14 175℃ 15	0.03（35MPa/150℃/200h） 0.09（35MPa/175℃/200h） 0.03（50MPa/150℃/200h）	一般	铸造温度较高
ACM522	室温 158 150℃ 138 175℃ 132	室温 200 150℃ 175 175℃ 152	室温 4 150℃ 7 175℃ 9	N/A	一般	成本高
MRI153M	室温 165 150℃ 118	室温 250	室温 5	0.15（50MPa/150℃/100h）	好	不适用于125℃以上
AS21X	室温 120 150℃ 90 175℃ 80	室温 235 150℃ 125 175℃ 115	室温 12 150℃ 35 175℃ 32	0.1（40MPa/150℃/100h） 0.3（60MPa/175℃/100h） 0.7（80MPa/200℃/100h）	好	不适用于125℃以上
AXJ	室温 190 175℃ 146	室温 238 175℃ 196	室温 8 175℃ 15	0.05（83MPa/150℃/100h） 0.06（70MPa/175℃/100h） 0.20（56MPa/200℃/100h）	好	用于动力系统前景可观
MEZ	室温 97 150℃ 78 17℃ 73	N/A	室温 3 150℃ 8 175℃ 5	0.03（80MPa/175℃/100h）	一般	成本高
ZAC8506	室温 146 150℃ 117	室温 219 150℃ 159	室温 5 150℃ 11	0.26（35MPa/150℃/200h）	一般	不适用于175℃以上

从上表可以看出，多数高温镁合金以AM50为基础，添加一定量钙、锶或稀土而成。但稀土含量高（大于2.5%），成本就会很高，并且提高了压铸温度，出现黏膜现象，不易回收；而锶的添加会增加合金成本，钙容易引起合金件的热裂，不易压铸。

15.3.5 阻燃镁合金的研究开发

镁合金的熔炼中易氧化、燃烧的特点，使众多研究者更多地在熔剂保护、气体保护上去做大量工作，如何研制出一种阻燃镁合金，使其燃点高于熔点，从而阻止镁的氧化、烧损，这样就可以采用一般的铝合金熔炼方法来熔炼镁合金。在AZ91D合金中加入Be和RE元素，能使镁合金的燃点提高250～300℃，最高在800℃燃烧，常规力学性能与AZ91D相近。但是，Be的加入，将导致晶粒粗化，降低了合金的塑性，因此如何提高合金的塑性，还需进一步的研究。阻燃镁合金构想的提出具有重要的实用意义。

（1）加钙的阻燃镁合金。专利US6818075B1报道，大韩机械学与材料学院发明了一种新型的阻燃镁合金，其基本成分为：Ca 0.5%～1.0%，以下元素至少添加一种：Al 0.1%～3%，La 0.1%～3%，Na 0.1%～3%，Y 0.005%～3%；余量为Mg和杂质。在这种镁合金基体上有一层致密的坚固的氧化钙及下列氧化物（氧化铝，氧化镧，氧化钕，氧化钇）之一组成的膜。最外层为CaO膜，相当厚而且十分坚固，有阻燃作用，其下是氧化铝或其他氧化物薄膜。

（2）加稀土的阻燃镁合金。为了提高镁合金的着火点，在镁合金中同时加入Ca、Be和稀土可获得良好的结果，如研制开发的Mg－Be－RE（含BeO 1%～0.8%；RE 4%～1.5%）稀土镁合金，其着火点可提高250℃，且力学性能与AZ91D相当，是一种很实用的阻燃镁合金，在煤炭矿井、天然气及其他与容易燃烧物质接触的部件可获得广泛的应用。

15.3.6 超轻Mg－Li合金的研究开发

Mg－Li合金是密度最低的合金系，其密度可低至1.35～1.65g/cm^3，仅为铝合金的1/2，传统镁合金的3/4，因其具有的高的比强度、比刚度、优良的减振性和低温韧性，故在航空航天及兵器工业中显示广阔的应用前景。

15.3.6.1 Mg－Li合金发展概况

Mg－Li合金研究伊始，其目标就是发展在军事及航空、航天领域的应用。如美国最先开发成功的LAZ933 Mg－Li合金，于1960年就用于制造MI13装甲兵车车体部件，并通过了道路行驶试验。后来LA141 Mg－Li合金被纳入航空材料标准AMS4386，并已应用于Saturn－V航天飞机的计算机、电器仪表框架和外壳、防宇宙尘壁板等。前苏联已采用MA18、MA21 Mg－Li合金制备了强度与延性较好、组织稳定的Mg－Li合金部件，应用于电器仪表件、外壳零件等部位。

1980年以来，随着要求宇航器件减重、兵器轻量化的发展，对超轻材料的要求更加迫切，美国、欧洲、俄罗斯、日本以及朝鲜等国对Mg－Li合金及Mg－Li基复合材料的研制越来越重视。我国在这方面也开展了大量的基础性研发工作，但Mg－Li合金材料的应用刚刚起步。

15.3.6.2 典型的 Mg-Li 合金

（1）Mg-Li 二元合金。纯 Mg 中加入 Li 元素，即构成了最简单的二元 Mg-Li 合金。研究表明，加 Li 可提高合金的可加工性；与 β 相二元 Mg-Li 合金比较，（α+β）相二元 Mg-Li 合金初始强度高且加工硬化倾向大，但 β 相合金塑性成型能力远高于含（α+β）相二元 Mg-Li 合金。这两种 Mg-Li 合金加工硬化态在室温下稳定，然而退火时将发生快速回复和再结晶而软化。与 α 相 Mg-Li 合金比较，（α+β）相合金退火时于 β 相中析出针状 α 相，阻碍其再结晶，使再结晶温度升高。

（2）Mg-Li-Zn 合金。Mg-Li-Zn 合金为时效硬化型合金，图 15-8 所示为不同 Mg-Li-Zn 合金的时效硬化行为曲线。当合金中 Li 含量较少，合金由 α 相组成，时效时于基体 α 相中析出稳定相 θ(MgLiZn) 而产生硬化。

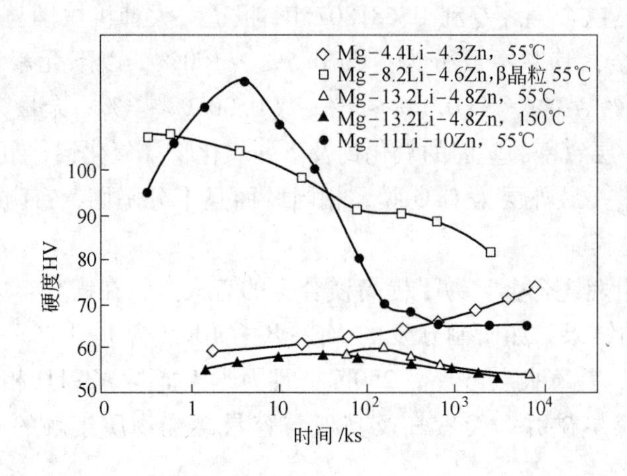

图 15-8 不同成分 Mg-Li-Zn 合金的时效硬化行为曲线

Li 含量增加，合金由（α+β）两相组成，Zn 主要溶解于 β 晶粒中；α 晶粒基本无时效硬化效应，而 β 晶粒将出现时效硬化及过时效的软化效应。这里 β 晶粒的时效硬化效应主要是亚稳 θ′($MgLi_2Zn$) 析出而导致的；过时效效应则是由于 β 晶粒中析出 α 粒子及稳定的 θ 相所造成。

Li 含量进一步增加，合金全部由 β 相组成，同样由于 β 晶粒中 θ′相及 α 粒子和稳定的 θ 相析出，而导致合金的时效硬化及过时效的软化。β 晶粒的时效析出过程及析出相的作用如下：

$$\beta \longrightarrow \frac{\text{析出 } \theta'(MgLi_2Zn)}{\text{时效硬化}} \longrightarrow \frac{\text{析出 } \alpha+\theta(MgLiZn)}{\text{过时效软化}}$$

研究还表明，Mg-Li-Zn 合金时效温度越高，达到峰值硬度的时间越短，且峰值硬度越低。同时 β 晶粒中 Zn 含量越低，θ 相析出延迟，硬化效果更好。

（3）Mg-Li-Al 合金。Mg-Li 合金中添加 Al，将提高合金的硬度及强度。随 Li 含量降低及 Al 含量增加，合金硬度（强度）增加。（α+β）相及 β 相组成的该系合金硬化（强化）的主要机制是固溶硬化（强化）。如 β 相合金经 1h 固溶处理时，随固溶处理温度升高，Al 在 β 相中固溶量增加，晶格常数减小，原子间结合力增加，导致合金淬火后硬度增加。固溶处理温度升高至 350℃，Al 全部固溶，合金硬度达到最大，如图 15－9 所示。相应地，随淬火温度增加，合金淬火后强度增加；然而 300℃以上淬火时，由于再结晶晶粒粗大，其强度反而有可能降低，如图 15－10 所示，且表现为脆性断裂；然而通过适当缩短保温时间，抑制再结晶仍可获得较高的强度及伸长率。

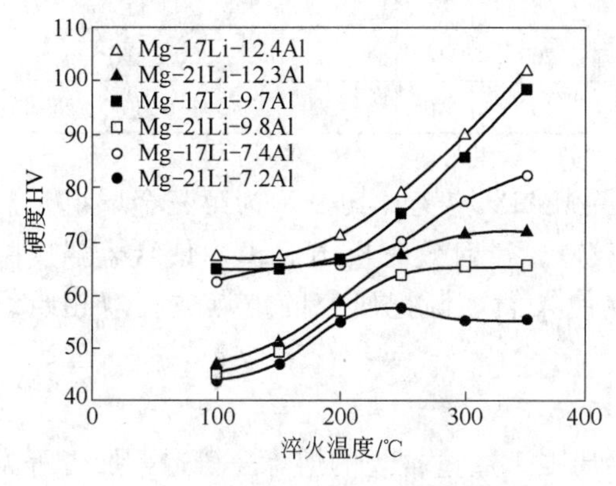

图 15－9 不同温度固溶油淬后的硬度曲线（保温 1h）

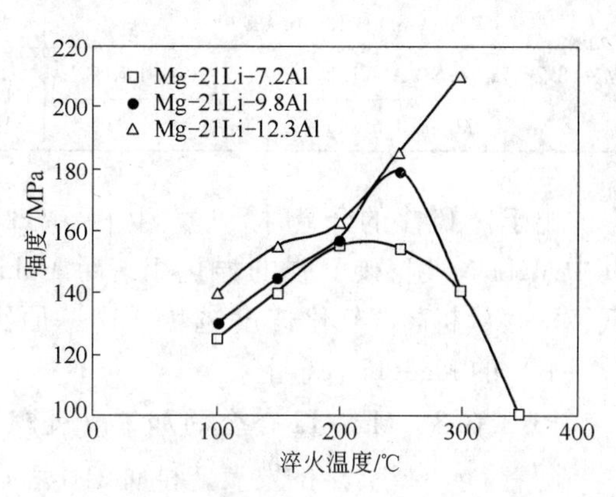

图 15－10 不同温度固溶油淬后的强度曲线（保温 1h）

Mg－Li－Al 合金经固溶（350℃，1h）淬火处理后的时效（50℃）过程中，由于 Spinodal 分解，将出现时效硬化及过时效的软化效应，如图 15－11 所示。

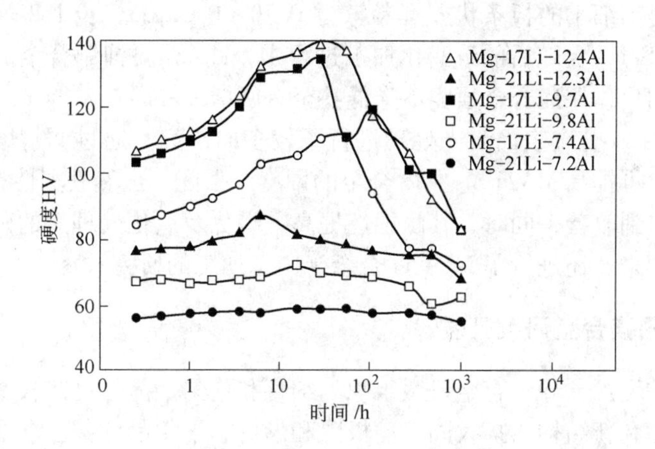

图 15－11 Mg－Li－Al 合金的时效硬化曲线

Zr 是一种常用的微量合金元素。研究表明，加 Zr 后 Mg－Li 合金铸态组织晶粒细化，冷加工性（压延量）增加，（α＋β）相合金的压延量可达到 90%，而不含 Zr 的合金通常是 β 相合金的压延量才可达到 70%。同时，Zr 抑制再结晶，加工组织的再结晶温度提高，以变形孪晶及滑移带为再结晶形核点。

Mg－Li 合金中添加稀土元素对合金有较好的强化作用，并可通过提高析出相的热稳定性，改善合金在较高温度下的力学性能。表 15－21 所示为部分 Mg－Li 合金的主要力学性能。

表 15-21 部分 Mg-Li 合金主要力学性能

合 金	σ_b/MPa	$\sigma_{0.2}$/MPa	δ/%	备 注
Mg-(11%~15%)Li-(1.0%~1.5%)Al (LA141)	122	85	17	铸态
	145	125	23	板、带(T7 态)
Mg-8.7%Li	132	93	52	棒材, 350℃挤压
Mg-8.8%Li-6.4%Al	239	184	33	棒材, 350℃挤压
Mg-8.2%Li-6.8%Al-1.2%Si-2.7%Ce-1.81%La	260	200	14	棒材, 350℃挤压
Mg-10.6%Li-1.57%Al	117	100	40	板材 300℃, 1h 淬火+210℃, 2h 时效

由于含 Li 多的合金时效时发生 $\beta \rightarrow MgLi_2X \rightarrow MgLiX$ 转变(其中 X 为第三金属组元),其中 $MgLi_2X$ 为又硬又强的强化相,而 MgLiX 较软,过时效时析出 MgLiX 使合金强度降低,Li 含量越高,软化速度越快。这一原因促使人们逐渐把研究的重点放在双相组织($\alpha+\beta$)的 Mg-Li 合金上。

15.3.6.3 Mg-Li 合金的加工(处理)方法

随着 Mg-Li 合金的发展,科研工作者已不局限于通过常规的熔炼—铸造—加工等方法来制备 Mg-Li 合金,逐渐开始采用快速凝固、激光表面技术、半固态加工等加工(处理)方法来制备 Mg-Li 合金,以提高合金的性能。

通过快速凝固可以获得晶粒细化、第二相细小且均匀分布的组织,并可减少或避免宏观偏析,从而提高合金的性能。如成分为 Mg-15.35Li-1.08Si 的($\alpha+\beta$)相合金采用快速凝固的方法,得到细小的板条状 α 晶粒(厚 $0.70 \pm 0.33\mu m$,长 $1.2 \pm 0.5\mu m$),以及微细的沉淀相(Mg_2Si),在随后的致密化加工过程中,Mg_2Si 要抑制合金的动态再结晶或使再结晶晶粒更加细化,保证合金强度不降低甚至有所增加。

前苏联对 Mg-Li 合金表面激光处理进行了较多的研究。通过调整熔化区结构使之精细化,细化晶粒,可提高 MA21 Mg-Li 合金的硬度、强度,虽然其塑性有一定下降,但其常温抗蠕变性能得到改善,同时,其耐蚀性提高,磷化及氧化处理后的磷化层和氧化层性能得到改善。近年来,还进行了 Mg-Li 合金半固态加工的研究。

15.3.7 快速凝固镁合金研究开发

随凝固速度的增加,导致合金显微组织的细化和均匀,晶粒度或枝晶距的减小;在许多情况下发现新相和新结构,扩大固溶度极限和形成非平衡晶体甚至非晶合金。如这些由于快速凝固造成的组织能在以后的加工过程中保留下来,能大大提高材料的性能。

快速凝固工艺改进镁合金性能的原因主要是:减小晶粒度而大大增加强度和塑性;晶界被沉淀或弥散质点所牵制,使合金高温强度得到改进;通过扩大溶解极限,有可能采用促使形成有效保护膜的合金元素,以及快速凝固合金呈现的成分高度均匀而消除铸件枝晶和枝晶间区之间形成的电偶,从而改进合金的耐蚀性。

采用熔液-离心铸造薄带,经切碎压实后,在几种不同温度下挤压成型的合金,挤压状态的拉伸性能比一般铸锭冶炼的合金有明显改进。如 Mg-7.62%Al-0.63%Mn-1.0%Zn-1.33%Ce(质量分数)合金,在 250℃压实和挤压,其平均 σ_b 为 468MPa,$\sigma_{0.2}$ 为 431MPa,δ 为 14.9%,其压缩强度优于一般铸锭冶金的合金,压缩和拉伸屈服强度比接近

1，腐蚀性能优于普通合金。

快速凝固工艺已被用于一般合金和发展新合金。典型的合金有 EA55 和 EA65 等，其成分和应用见表 15－22。

表 15－22 快速凝固镁合金的成分和应用

合 金	化学成分（质量分数）/%			应 用
	Al	RE	Zn	
EA55	5.0	4.9Nd	5.0	高强度（<150℃）
EA65	5.0	5.9Y	5.0	耐腐蚀

上述合金的强度性能可与高强度铝合金相比，而耐蚀性则与高纯镁合金相似，在中性盐雾中的腐蚀速率约为 8MPY（按 ASTM B117）。同样的合金如用金属型铸造，则镁件强度和耐蚀性比快速凝固合金低，但优于一般铸造镁合金。

20 世纪 50 年代，人们就开始采用快速凝固粉末挤压成型方法制备以 ZK60A 为代表的一些镁合金，该合金的挤压件仍保留快速凝固微细组织的特征。近年来，快速凝固工艺已用于开发新型变形镁合金并取得了重要进展。一般而言，镁合金的屈服强度和抗拉强度分别低于 200MPa 和 300MPa。通常情况下，快速凝固超高强度镁合金的抗拉强度高于 500MPa，比强度高于 250MPa/($g \cdot cm^{-3}$)。快速凝固工艺能显著提高镁合金室温力学性能、高温力学性能和抗腐蚀性能。

基于 Mg－Al 系，人们对添加了 Zn、Ce、Nd、Si、Ca 和混合稀土等元素的 80 余种不同成分的合金进行快速凝固工艺研究。研究结果表明，部分快速凝固合金在较高温度下的蠕变性能得到明显改善，而其他却因为微细晶粒内晶界滑移增加而加速蠕变变形。一些快速凝固镁合金呈现超塑性，在 150℃下就可以超塑性成型。此外，快速凝固镁合金显微组织细小且均匀，各种元素固溶度增加，从而抗蚀性得到明显改善，参见图 15－12。几种快速凝固 Mg－Ca 合金挤压成型件力学性能见表 15－23。从表中可以看出，Mg－Ca 系列合金室温强度很高，并随材料强度提高伸长率大幅度下降。与室温性能相比，温度高于 200℃时材料强度下降幅度超过 50%。这说明 Mg－Ca 系超高强度镁合金可以应用于室温工作环境，但无法用于 200～300℃的环境中。

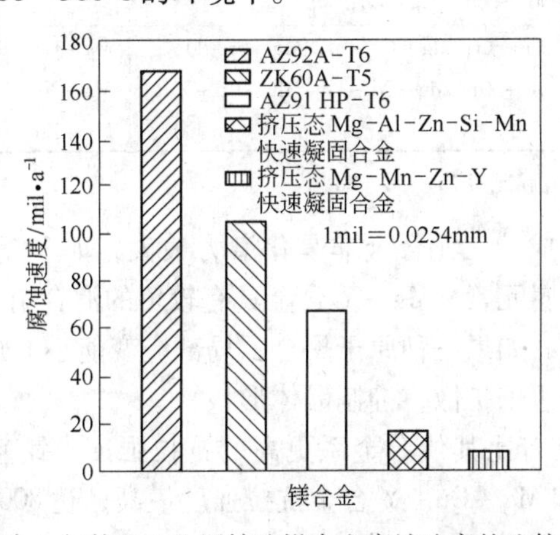

图 15－12 快速凝固镁合金与某些工业用铸造镁合金腐蚀速率的比较（21℃，3% NaCl 溶液）

表 15-23 Mg-Ca 系超高强度镁合金的性能（快速凝固，挤压材）

合金	σ_b/MPa			δ/%			E/GPa	ρ/g·cm^{-3}
	室温	200℃	300℃	室温	200℃	300℃		
Mg-2Ca	380	—	—	7.3	—	—	44.2	1.723
Mg-5Ca	458	—	—	0.9	—	—	47.8	1.715
Mg-12Ca	—	69	13	—	76.4	101.1	—	1.700
Mg-5Ca-5Zn	483	213	14	2.0	47.9	202.0	51.1	1.806
Mg-3Ca-5Ce	419	173	29	0.4	44.4	94.5	46.4	1.789
Mg-5Ca-3Si	260	87	39	6.4	115.7	27.2	40.8	1.745

美国 Allied Signal 公司采用平流铸造法制备出了性能最好的 EA55RS 变形镁合金型材（已报道），其挤压件性能与 2024-T6 铝合金相当，拉伸屈服强度达 343MPa，压缩屈服强度达 384MPa，抗拉强度 423MPa，伸长率 13%，腐蚀速率为 0.25mm/a。日本东北大学金属研究所人员采用气体雾化粉末，中温挤压成型工艺制备了高强度、高延展性的 Mg-1Zn-3Y 合金，强度高达 600MPa，伸长率达 16%。

15.3.8 镁基非晶合金

15.3.8.1 镁基非晶合金的研发概况

非晶态镁合金具有无定形原子结构，与对应的晶态合金相比，力学性能大大提高，合金强度和延展性得到了明显改善。此外，由于其独特的原子无序结构，兼有一般金属和玻璃的特性，呈现独特的物理化学特性，如 MgNi 合金具有储氢性能。镁基合金具有较强的非晶形成能力，能在较低冷速下获得大块非晶，制备工艺简单。制备镁基非晶合金的方法主要有熔体快淬法、机械合金化、金属模铸造、高压压铸等。表 15-24 列出了采用单辊快淬法制备的镁基非晶合金种类。

表 15-24 单辊快淬法制备的镁基非晶合金

合金组元	金属-金属系	金属-类金属系
二元系	Mg-Ca，Mg-Ni，Mg-Cu，Mg-Zn，Mg-Y	
三元系	Mg-Ca-Al，Mg-Ca-Li，Mg-Ca-M，Mg-Sr-M，Mg-Al-Ln，Mg-Al-Zn，Mg-Ni-Ln，Mg-Cu-Ln，Mg-Zn-Ln	Mg-Ca-Si，Mg-Ca-Ge，Mg-Ni-Si，Mg-Ni-Ge，Mg-Cu-Si，Mg-Cu-Ge，Mg-Zn-Si，Mg-Zn-Ge

注：Ln 指镧系金属；M 指过渡族元素 Ni、Cu、Zn。

具有 Mg-Mn-Ln 组成的三元合金非晶化潜力最大，如 Y 等，参见图 15-13。这类合金的共性是含有镧系金属元素。Mg-Y 合金具有较负的混合焓，并且镧系原子尺寸比镁原子大，而铜、镍比较小，如果三种原子聚合，局部应变能小。在熔融态金属的冷却过程中，以上两大因素会减少原子扩散，抑制晶体形核。

Mg-M-Ln 系非晶具有比其他合金系更高的抗拉强度，镁基非晶合金的力学性能见表 15-25。Mg-Ni-Y 和 Mg-Cu-Y 合金抗拉强度最高，达 800MPa 以上，是传统的晶态镁基合金的两倍。Mg-Ca-Al 和 Mg-Ca-Ni 合金强度比 Mg-Ni-Y 和 Mg-Cu-Y 合金低，但密度小，比强度仍很高。快速凝固 $Mg_{85}Zn_{12}Ce_3$ 合金，具有非晶和晶态两种微结构，具有更高的抗拉强度，断裂前具有明显的塑性变形。晶态相中含有超细密排六方结构的镁锌和镁铈的过饱和固溶体，并在非晶相中均匀分布。淬火状态下，非晶带抗拉强度达665MPa，在110℃下退火20s后强度超过930MPa，退火使平均颗粒尺寸从3nm增长到20nm。这些粒子有利于产生均匀的塑性变形。非晶合金为亚稳态材料，加热到某一临界温度 T_X 会出现晶化现象。随着固溶量增加，T_X 增高，T_X 与熔点的比值可达0.64，从而非晶态镁合金热稳定性高，能获得大型铸件和带材。

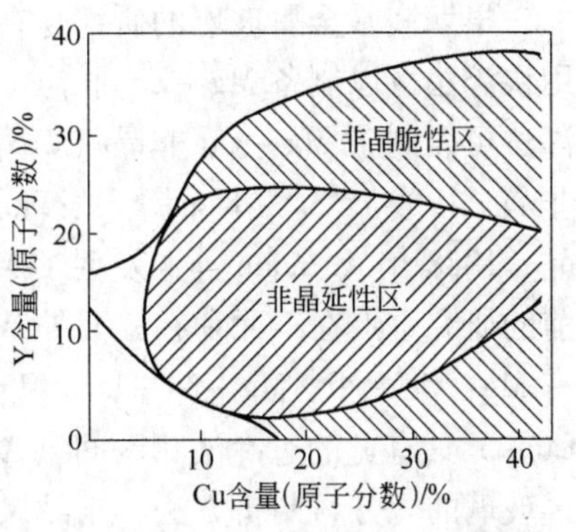

图15-13　Mg-Cu-Y合金相图中延展性较好的非晶成分范围

表15-25　镁基非晶合金的力学性能

合金成分（原子分数）/%	σ_f/MPa	E/GPa	HV	$\varepsilon_{t,f}=\sigma_f/E$	$\varepsilon_{t,v}=9.8HV/3E$
$Mg_{70}Ca_{10}Al_{20}$	670	35	199	0.019	0.019
$Mg_{90}Ca_{2.5}Ni_{7.5}$	670	40	182	0.017	0.015
$Mg_{87.5}Ca_5Ni_{7.5}$	720	47	176	0.015	0.012
$Mg_{84}Sr_1Ni_{15}$	680	40	215	0.017	0.018
$Mg_{80}Y_5Ni_{15}$	830	46	224	0.018	0.016
$Mg_{85}Y_{10}Cu_5$	800	44	205	0.018	0.015
$Mg_{80}Y_{10}Cu_{10}$	820	46	218	0.018	0.016

镁基非晶合金不存在晶界、位错和层错等结构缺陷，也没有成分偏析和第二相析出，这种组织和成分均匀性使其具备了抗局部腐蚀的先决条件。同时非晶态合金自身活性高，能在表面迅速形成均匀钝化膜，从而非晶合金抗腐蚀性优良。Mg-Ca-Al、Mg-Y-Al和Mg-Y-M的耐蚀性十分优异。研究热处理对快速凝固非晶态 $Mg_{82}Ni_{18}$ 薄带抗腐蚀性的影响，发现在160℃热处理4min后，部分晶化的试样在NaCl溶液中的腐蚀抗力明显提高。利用非晶晶化的特性，可以制备纳米晶或纳米非晶加纳米晶复相材料，获得最佳性能。因此，镁基非晶合金应用前景广阔。

15.3.8.2　镁基大块金属玻璃材料的研发

（1）概述。非晶态的镁合金强度可达一般晶态镁合金的2~3倍，比强度也成倍提高，原本难以解决的镁合金耐蚀性问题也得到了改善。自从20世纪发现大块玻璃形成能力（GFA）强的镁基金属玻璃以来，镁基大块金属玻璃的合金体系、制备方法不断完善，制备出的制品尺寸和强度也不断增加。2001年用水淬法制备的 $Mg_{65}Y_{10}Cu_{15}Ag_5Pd_5$ 制品直径为12mm。2003年用铜模低压铸造法制备的 $Mg_{65}Cu_{7.5}Zn_5Ag_5Y_{10}$ 制品直径为9mm。2003年制备的用Fe增强的（$Mg_{65}Cu_{7.5}Ni_{7.5}Zn_5Ag_{10}$）$100-x$Fe（$x=9$ 和13）制品的强度可达990MPa。2004年用 TiB_2 增强的镁基金属玻璃复合材料的强度已高达1135MPa。镁基大块金属玻璃材料已进入实用阶段。

早期镁基金属玻璃的研究是在已有镁合金体系上进行的，1977 年 A. Calka 等人发现了用快淬法可以制备 Mg – Zn 非晶（Zn 占 25% ~35%），1980 年 F. Sommer 等人发现了用快淬法可以制备 Mg – Cu 非晶（Cu 占 20% ~40%），1980 年 F. Sommer 等人发现了 Mg – Ni 非晶，1989 年 S. G. Kim 等人发现了 Mg – Y 非晶，1993 年 T. Shibata 等人发现了 Mg – Ca 非晶，1988 年 A. Inoue 等人发现了 Mg – RE – TM（TM—过渡族金属）镁基非晶合金体系。目前的研究重点在三元和在三元的基础上发展的多元镁基金属玻璃。三元镁基金属玻璃主要有 Mg – Ce – Ni、Mg – Ni – La、Mg – Ni – Y、Mg – Cu – Y，其中又以 Mg – Ni – La 和 Mg – Cu – Y 具有宽的过冷液相区间（ΔT_X）而研究最多。表 15 – 26 为几种主要的镁基大块金属玻璃的配方、制备方法、制品尺寸及其性质。总之，对大块镁基金属玻璃的研究具有十分重要的意义。目前对镁基金属玻璃的研究主要集中在以下几个方面：

1）镁基金属玻璃的形成机理，包括其合金热力学、动力学，以指导新合金系列的发展；

2）进一步提高镁基金属玻璃的玻璃形成能力，扩展过冷液态温度区域；

3）镁基金属玻璃制备的新工艺与新技术；

4）非晶合金基体与增强体构成的复合材料。

表 15 – 26　几种主要的大块镁基金属玻璃

镁基金属玻璃	T_g/K	T_X/K	$\Delta T_X = (T_X - T_g)$/K	制备方法	制品尺寸/mm
$Mg_{65}Cu_{15}Y_{10}Ag_5Pd_5$	436	468	32	水淬法	ϕ12 棒
$Mg_{65}Cu_{7.5}Ni_{7.5}Zn_5Ag_5Y_{10}$	426 ±1	464 ±1	38 ±1	铜模低压吹铸法	ϕ9 棒
$Mg_{65}Cu_{15}Y_{10}Ag_5Pd_5$	437	472	35	铜模低压吹铸法	ϕ7 棒
$Mg_{65}Cu_{15}Y_{10}Ag_{10}$	428	469	41	挤压铸造法	ϕ10 棒
$Mg_{65}Cu_{15}Y_{10}Ag_{10}$	428	469	41	高压压铸法	ϕ10 棒
$Mg_{85}Cu_5Y_{10}$	433	468	35	雾化粉末模压法	ϕ5 棒
$Mg_{65}Cu_{25}Y_{10}$	420	490	70	高压压铸法	ϕ7 棒
$Mg_{65}Cu_{20}Zn_5Y_{10}$	404	456	52	铜模低压吹铸法	ϕ6 棒
$Mg_{65}Cu_{20}Zn_5Y_{10}$	404	456	52	铜模低压吹铸法	厚 1mm，板条
$Mg_{62}Cu_{25}Y_{10}Li_3$	414	487	73	铜模低压吹铸法	厚 1mm，板条
$Mg_{65}Cu_{20}Co_5Y_{10}$	408	461	53	铜模低压吹铸法	厚 2mm，板条
$Mg_{65}Cu_{25}Gd_{10}$	408	478	70	铜模低压吹铸法	ϕ8 棒

镁基金属玻璃作为新一族非平衡材料，要实现工业化应用，必须朝着快速、简单、近终成型的方向发展。

（2）镁基金属玻璃成分选择依据及其玻璃的形成能力。获得大块金属玻璃应满足以下三个原则：

1）合金由三种以上元素组成；

2）各元素的原子尺寸差大于 12%；

3）主要组成元素间的混合焓为负值。

尺寸不同的相异原子之间相互使用所引起的短程有序，将使非晶态的转变温度 T_g 增高，由此引起过冷度降低，有利于非晶态的形成。由计算机模拟结果表明，与具有同一半径的均匀硬球相比，在同样的压力下，由不同半径的硬球所形成非晶态的体积较小，熵取正值，从而自由能就比较低。满足这三个原则的镁基金属玻璃是 Mg－TM（过渡族元素）－Ln（镧系元素）三元合金体系。Mg－Cu－Y 金属玻璃是 Mg－TM－Ln 体系的典型代表，合金的基本参数见表 15－27。

表 15－27　Mg－Cu－Y 合金中组元的有关参数

元　素	Mg	Cu	Y
原子半径/nm	0.16	0.128	0.182
组元－组元	Mg－Cu	Mg－Y	Cu－Y
原子半径差/nm	20	12.1	29.7
混合焓/kJ·mol^{-1}	－3	－6	－22

用 Ag 和 Pd 部分代替 Cu 可进一步提高其金属玻璃形成能力，由此发展了 Mg－Cu－Ag－Pd－Y 五元合金。采用 Zn 元素部分替代 $Mg_{65}Cu_{25}Y_{10}$ 中的 Cu 元素，得到 $Mg_{65}Cu_{20}Zn_5Y_{10}$ 合金，其金属玻璃形成能力显著提高，通过铜模低压吹铸可制备出直径为 6mm 的 $Mg_{65}Cu_{20}Zn_5Y_{10}$ 合金圆棒，金属玻璃形成的临界冷却速率估计值为 25K/s 数量级，与无 Zn 的合金相比，$Mg_{65}Cu_{20}Zn_5Y_{10}$ 四元合金的晶化转变更为复杂，晶化由四步完成，尽管过冷液态温度区间 ΔT_X 减小了约 9K，但晶化玻璃转变温度 T_{rg} 值略有增加。在 $Mg_{65}Cu_{25}Y_{10}$ 合金中添加 Co，可得到 $Mg_{65}Cu_{25X}Co_XY_{10}$ 合金，当 X 小于 5 时，Co 的添加对金属玻璃形成能力没有明显的影响，但当 X 增加到 7.5 时，由于稳定化合物 Co_3Y 相的形成，合金的玻璃形成能力明显下降，金属玻璃形成的临界冷却速率提高大约 4 倍，与无 Co 合金相比，含 Co 金属玻璃的玻璃转变温度 T_{rg} 降低。采用 Ni、Zn、Ag 元素部分替代 $Mg_{65}Cu_{25}Y_{10}$ 中的 Cu 元素，得到的 $Mg_{65}Cu_{7.5}Zn_5Ag_5Y_{10}$ 合金的约化玻璃转化温度 T_{rg} 为 0.59（$Mg_{65}Cu_{25}Y_{10}$ 的 T_{rg} 为 0.55），过冷液态温度区间 ΔT_X 稍有减小，玻璃形成能力与 $Mg_{65}Cu_{15}Y_{10}Ag_5Pd_5$、$Mg_{65}Cu_{15}Y_{10}Ag_{10}$ 的玻璃形成能力相当。由此有人提出在 T_{rg} 的值在 0.60 左右后，T_{rg} 对玻璃形成能力的影响就不再是主要影响因素了。

（3）镁基大块金属玻璃的制备方法。

1）水淬法。首先熔炼母合金，由于镁合金具有低熔点、低沸点和易挥发的特点，所以在熔炼时一般都要抽真空，再通入高纯氩气保护。熔炼好的母合金粉碎后装入铁管，通入高纯氩气封装，用感应线圈重新加热熔化，待熔液混合均匀后，把试管抛入冰水混合物中进行淬火。Inoue 等人用这种方法成功制得 ϕ12mm 的 $Mg_{65}Cu_{15}Y_{10}Ag_5Pd_5$ 试样，这是目前获得的最大尺寸的镁基金属玻璃试样。

2）金属模直接铸造法。金属模直接铸造是将熔炼好的液态金属直接浇入金属模型腔中，金属模具可水冷和不水冷。利用金属导热快从而实现快速冷却以获得大块金属玻璃。工艺过程比较简单，也易于操作，但由于金属冷却速度有限，所能得到的金属玻璃尺寸也有限。用这种方法制得的（$Mg_{0.98}Al_{0.02}$）$_{60}Cu_{30}Y_{10}$W 合金试样的最大直径为2mm。

3）铜模低压吹铸法。图15－14是铜模低压吹铸的示意图。首先将熔炼好的母合金粉碎装入管中，为防止氧化，整个装置置于真空室内，先抽真空，然后再通高纯氩气保护，用感应加热熔化母合金，待混合均匀后从试管顶端通氩气，把熔融的金属压入下方的水冷或无水冷铜模中，用这种方法成功制备出了ϕ9mm的$Mg_{65}Cu_{7.5}Ni_{7.5}Zn_5Ag_5Y_{10}$和$\phi$7mm的$Mg_{65}Cu_{15}Y_{10}Ag_5Pd_5$试样。

4）高压压铸法。图15－15为高压压铸法的示意图，其主要由熔炼母合金的缸套与活塞、施加高压的液压系统、铜模、排气系统等组成。在氩气保护条件下，母合金在带有高频感应的缸套内熔炼，通过液压推动活塞，将熔融的金属快速推入铜模中。该设备具有如下特点：熔体在很短的时间内完全充入铜模中，这将会产生更高的冷却速度；高压将导致熔体与铜模更紧密的接触，因而导热因子增加，从而提高冷却速度；凝固收缩引起的疏松等缺陷将减少；可以由液体直接成型复杂的铸件。用这种方法制备出了ϕ10mm的$Mg_{65}Cu_{15}Y_{10}Ag_{10}$金属玻璃制品。

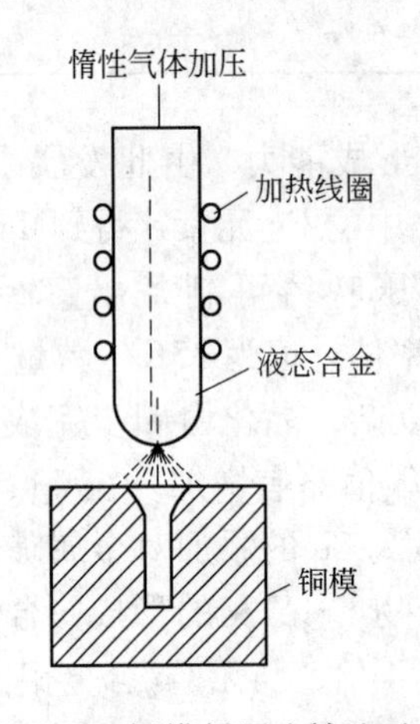

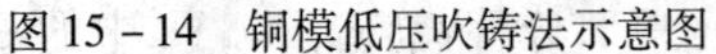
图15－14 铜模低压吹铸法示意图

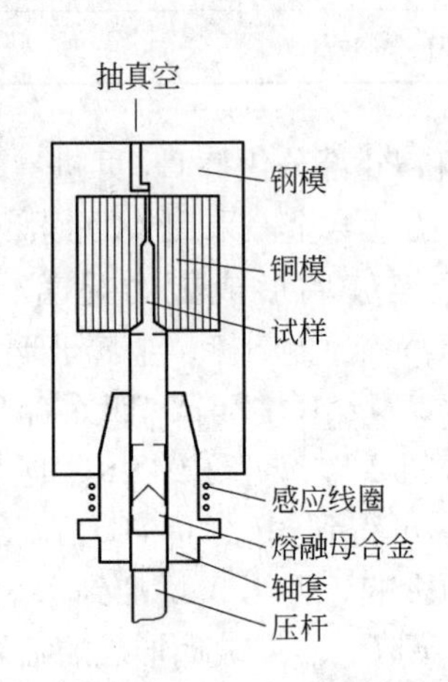

图15－15 高压压铸法的示意图

5）挤压铸造法。挤压铸造在提高铸件质量及其近终成型方面是一种极具潜力的制造方法。2000年Gu Kang Hyung等人利用挤压铸造的方法制备出了最大直径达ϕ10mm的Mg－Cu－Ag－Y大块金属玻璃。其方法为：将$Mg_{65}Cu_{15}Y_{10}Ag_{10}$合金放入真空下的石墨坩埚中感应熔化，然后用水压底注法将熔体压入水冷铜模型腔中，待熔体完全充满型腔后，在型腔内加压，直至金属完全凝固。

以上几种制备镁基金属玻璃的方法依次由简单到复杂，水淬法对流散热快，有较高的冷却速度。金属模直接铸造法工艺简单，也易于操作，但由于金属模冷却速度有限，所能得到的金属玻璃（BMG）尺寸也有限。铜模低压吹铸法由于铸件与模具之间的线膨胀系数不一样，又没有较大的压力去使很小的缝隙弥合，影响了铸件和模具之间的传热，但工艺简单，此种方法制备的镁基金属玻璃最多。高压压铸法由于在凝固的同时施以高压，可以保证铸件在凝固时与模具的紧密接触，传热效率高。挤压铸造法传热效率高、压力大，能近终成型，可减少铸件气孔和收缩等铸造缺陷，是一种极具潜力的金属玻璃（BMG）制备方法。

（4）镁基金属玻璃的性能。

1）镁基金属玻璃的力学性能。对于上面一些 Mg－Ln－TM 系镁基金属玻璃带材测试结果表明，其 σ_b 为 610～850MPa，E 为 40000～61000MPa，HV 为 193～237MPa，而相应的晶态镁合金的最高 σ_b、E 和 HV 分别大约为 300MPa、450MPa、850MPa。大多数成分的镁基金属玻璃的最大 δ 为1.4%～1.8%，几乎没有什么塑性变形能力，但却具有较高的弯曲延伸变形能力。典型镁基金属玻璃的力学性能见表 15－28。

表 15－28　典型镁基金属玻璃的力学性能

合金（下标为摩尔分数）	σ_b/MPa	E/MPa	HV	最大应变 $\varepsilon_f=\sigma_b/E$
$Mg_{70}Ca_{10}Al_{20}$	670	35000	199	0.019
$Mg_{90}Ca_{2.5}Ni_{7.5}$	670	40000	182	0.017
$Mg_{7.5}Ca_{5}Ni_{7.5}$	720	47000	176	0.015
$Mg_{84}Sr_{1}Ni_{16}$	680	40000	215	0.017
$Mg_{80}Y_{5}Ni_{15}$	830	46000	224	0.018
$Mg_{85}Y_{10}Cu_{5}$	800	44000	205	0.018
$Mg_{80}Y_{10}Cu_{10}$	820	46000	218	0.018
$Mg_{91}Y_{5}Mn_{4}$	550	30000	140	0.018

新近开发的晶体与非晶体混合态的镁基合金 $Mg_{65}Zn_{12}Ce_{3}$ 薄带，既有较高的抗拉强度，同时还具有很高的塑性变形能力。其中的微晶相是由含有 Zn 和 Ce 的过饱和超细固溶体颗粒组成。这些颗粒弥散也均匀分布在整个非晶相的基体上。在淬火的条件下，混晶带的 σ_b 只有 655MPa，δ 为 7%，但在 110℃ 经 20s 退火后，颗粒尺寸由 3nm 增加到 20nm，σ_b 则超过 930MPa，而 δ 降为 3%，这些颗粒的存在有助于实现均匀的塑性变形，而不像通常那样塑性变形仅发生在局部。

2）镁基金属玻璃的耐蚀性能。Inoue 等人把 $Mg_{70}Ca_{10}Al_{20}$ 非晶与 AZ91－T6 镁合金的耐蚀性能进行了比较，试验采用的腐蚀液为 3% NaCl 溶液，温度 27℃，结果与 AZ91－T6 耐蚀性相比，$Mg_{70}Ca_{10}Al_{20}$ 的耐蚀性能有了显著的提高。中国科学院金属研究所金属腐蚀与防护国家重点实验室还测量了 $Mg_{65}Cu_{25}Y_{10}$ 在 3.5% NaCl 溶液中的腐蚀行为，测试结果表明 $Mg_{65}Cu_{25}Y_{10}$ 在 3.5% NaCl 溶液中为活性溶解，发生不均匀腐蚀，原因是由于非晶金属中各种合金元素的电化学电位不同引起的微电偶腐蚀作用，晶态的 $Mg_{65}Cu_{25}Y_{10}$ 在 3.5% NaCl 溶液中有较好的腐蚀性能，非晶合金晶化后加以适当的热处理，改变组织结构可提高其耐蚀性能。

15.3.9　镁基复合材料

15.3.9.1　概述

镁合金基复合材料是以镁为基用连续或不连续的纤维或陶瓷颗粒作增强相的一种复合材料。与没有增强相的镁合金相比，弹性模量高了 40%，而其密度只有 0.2g/cm³。镁合金基复合材料较普通镁合金有更好的耐磨性和较低的线膨胀系数。例如镁基合金锻压复合材料 Melramo 72 是一种新研制的管状合金，比同等铝管材轻 18%，同时又保持了应用强度和韧性。由于其密度小，并具有强度高、刚性好、耐磨性高、线膨胀系数低等一系列优点，在交通运输、航空航天工业应用方面有很大潜力。美国海军用箔冶金扩散焊接方法制备了 $Mg-Li/B_4C_P$ 复合材料，其比刚度比工业钛合金高22%，屈服强度提高，延展性优良。镁基体对增强颗粒的浸润性也优于铝基复合材料。

SiC、玻璃、Saffil Al_2O_3 陶瓷等不同纤维增强的 AZ91 合金挤压件具有特殊的力学性能，参见表15－29。在180℃下，16%（体积分数）Saffil 纤维增强的 AZ91 合金挤压件的蠕变寿命比合金本身高1个数量级，疲劳极限是后者的2倍。通常，复合材料的室温弹性模量随纤维量的增加而线性增加。当 Saffil 纤维含量超过10%～15%（体积分数）时，复合材料的延展性和断裂韧性非常低。颗粒增强镁合金锻件的力学性能有所改进，例如经20%（体积分数）SiC 晶须增强的 AZ31 合金挤压件弹性模量增加了2倍多，但伸长率从15%下降至1%。

表15－29 SiC 晶须对挤压态 AZ31 镁合金力学性能的影响

材 料	E/GPa	σ_b/MPa	$\sigma_{0.2}$/MPa	δ/%
AZ31	45	290	221	15
AZ31＋10%（体积分数）SiC	69	368	314	1.6
AZ31＋20%（体积分数）SiC	100	447	417	0.9

采用 SiC、Al_2O_3 和碳纤维增强超轻 Mg－Li 合金时，在加热制备过程中因锂易与除 SiC 外的纤维发生反应而出现纤维降解。在 Mg－Li 合金中，锂及其合金晶格空位活性高，低温力学性能不稳定，纤维末端局部应力将连续释放并具有很高的应变速率。

用硼和石墨纤维增强的镁基复合材料可大幅度地提高室温性能，尤其是高温下的性能；但其性能具有明显的方向性，仅在纤维取向的方向增强。石墨纤维增强的材料还具有线膨胀系数低的特性，某些情况下可近于零。这对于高温应力相当可观或尺寸稳定性要求极其严格的情况有着特殊用途。短纤维，如切断的氧化铝或碳化硅晶须，能随机取向，基本上是各向同性，但具有适中的性能改进。过高的成本限制着这类纤维增强复合材料的应用。

采用普通镁合金液体冶金方法，以碳化硅、氧化铝一类价格低廉的颗粒增强材料，利用砂型铸造、压力铸造和挤压等工艺来制取的镁合金复合材料，由于工艺简单、成本较低而日益受到重视，并取得近于工业性应用的进展。

Dow Chemical Co. 研制的镁基复合材料，已经济地制出汽车发动机的试验零件。3种压铸镁基复合材料的性能见表15－30。

表15－30 3种压铸镁基复合材料的力学性能

材 料	热处理状态	E/GPa	σ_b/MPa	$\sigma_{0.2}$/MPa	δ/%
AZ91	F	44	196	155	3.0
AZ91＋20% SiC	F	56	252	237	0.9
ZK60A＋20% SiC	T6	61	320	288	1.4

AZ91C/SiC 材料的弹性模量 E，屈服强度 $\sigma_{0.2}$ 和拉伸强度 σ_b 随 SiC 颗粒百分数含量的增加而提高。如在室温时，含 25% 体积 SiC 的复合材料的弹性模量比未增强的合金高 72%，$\sigma_{0.2}$ 高 47%，σ_b 高 23%。当温度至 150℃时，复合材料的性能高于普通合金。缺点是当颗粒百分含量提高时，材料断裂应变降低。颗粒增强的镁合金铸锭可以用传统挤压工艺挤成各种型材，增强 ZK60A－T5 镁合金的性能，见表 15－31。

表 15－31 增强 ZK60A－T5（Mg－5.5Zn－0.5Zr）**挤压棒材的力学性能**

增强材料①	增强材料含量（体积分数）/%	σ_s/MPa	σ_b/MPa	δ/%	E/GPa
SiC_P	15	330	420	4.7	68
SiC_P	20	370	455	3.9	74
SiC_W	15	450	570	2.0	83
B_4C_P	20	405	490	2.0	83
未增强 P/M 同等材料	—	260	325	15.0	44

①P 为颗粒增强，W 为金属须增强。

镁基复合材料由于添加陶瓷颗粒等增强材料，切削加工十分困难。将精密铸造工艺用于铸造镁基复合材料，可满足各种形状复杂或薄壁零件的成型，并使切削加工量减至最小，两者的结合是降低成本、扩大应用的有效途径。

目前，镁合金的应用绝大部分为铸件，但快速凝固工艺和复合材料的研究成功，因其明显优点，将会扩大镁合金的应用。采用普通液体冶金方法的陶瓷颗粒增强复合材料，结合精密铸造成型工艺，由于工艺较简单和成本较低，预计在近期会有较大发展。

15.3.9.2 镁基复合材料的增强相

（1）SiC 颗粒或晶须。SiC 颗粒或晶须是最常见的镁基复合材料增强相。制备 SiC 增强镁基复合材料的方法，一种是利用陶瓷颗粒预制块下造成的真空产生负压，实现熔融基体对压实后的陶瓷颗粒预制块的浸渍，达到 SiC 颗粒在镁基体中均匀分布；另一种是用挤压铸造法，已成功地制造出 SiC/ZK51A 镁基复合材料。通过 TEM 和 SEM 观察，最适宜的制取温度为 760℃，界面未发生任何反应且结合良好。SiC 颗粒与镁基复合材料界面强度大于基体的撕裂强度，SiC 增强镁基复合材料的断裂形式趋向脆性断裂，材料的显微硬度、抗疲劳性和摩擦因数直接受界面距离影响。

SiC 在镁基复合材料中的强化机制主要来自细晶强化、析出强化和增强体的强化，而抗拉强度主要取决于基体镁颗粒之间、增强体颗粒与镁颗粒之间的结合情况，以及增强体颗粒在基体上的分布情况。球磨后的 Mg 粉达到很高的加工硬化程度，具有较多的位错和孪晶亚结构，在试样制备过程中会阻碍基体晶粒的长大，这样使镁基复合材料的屈服强度提高很多，而抗拉强度、伸长率及弹性模量变化不大，热压可以使其性能更趋稳定，低温下晶体缺陷在界面附近，但不影响材料的热导率，随着温度升高，缺陷向基体扩展，减少了热导率。

SiC 颗粒尺寸和含量对复合材料超塑性影响很大，颗粒体积百分含量增加，有利于组织稳定，对复合材料超塑性能有利，而颗粒尺寸增大则导致超塑性能的下降。在高温高应变速率的变形条件下，可使材料的伸长率和应变速率敏感性指数得到明显的提高，少量的界面液相对晶粒及颗粒的滑移在超塑性变形过程中可能起了重要的协调作用，是材料呈现高温高应变速率超塑性的必要条件。

SiC 晶须与颗粒都能显著提高复合材料的室温强度和弹性模量，SiC 晶须作用更明显，SiC 晶须复合材料经低温处理及预变形后残余应力降低，拉伸屈服强度得到改善。当 SiC 质量分数一定时，复合材料的阻尼性能随 SiC 尺寸的增大而增加。

(2) 碳（石墨）纤维。制备此种复合材料采用真空－压力浸渍工艺，纤维和基体界面上无化学反应迹象，这种材料阻尼性能无论在室温还是在高温下都优于镁合金，并随着温度升高，效果更明显，抗破坏能力优于 Al_2O_3 颗粒，温度的变化对界面附近热应力造成的残余应变、位错结构及孪晶都产生影响。

碳纤维增强镁基复合材料分为连续的和非连续的，连续石墨纤维增强镁基复合材料 Gr（连续）/Mg 具有良好的比刚度、抗热形变和机械加工性，非连续石墨纤维增强的镁基复合材料 Gr(非连续）/Mg 虽然有些性能不如 Gr(连续）/Mg，但它更经济，成型和加工都有明显的优势。通过合理的定向塑性变形加工，可使在镁基体中原来呈无序排列的短纤维将沿变形方向定向排列，当纤维的长径比超过临界值时，将呈现出接近连续纤维的增强效果。

(3) B_4C 颗粒。利用 B_4C 颗粒在常压下浸渍，可以获得高硬度的 B_4C/Mg 复合材料，且 B_4C 颗粒在镁基体中分布较均匀、界面稳定、成本低，并具有良好的耐腐蚀性能，具有很大的应用潜力。最常用的制备方法是通过挤压铸造工艺，制造出 B_4C 颗粒增强镁基复合材料，相对于在常压下浸渍，它具有高强度、高硬度、良好的成型性能和二次加工性能。

用 B_4C 颗粒作为增强相，一般同时加入 SiC 晶须，挤压态 $SiC_W + B_4C_P/MB15$ 复合材料由于颗粒的加入，抗拉强度提高 50%，弹性模量增加一倍，深腐蚀 SEM 形貌表明适当的预制件制作方法和挤压工艺可使增强相分布均匀。

(4) Al_2O_3 颗粒或纤维。Al_2O_3 颗粒增强镁基复合材料一般采用挤压铸造法，陶瓷相 Al_2O_3 很易被镁基体腐蚀，有不连续 MgO 形成，在界面上还可看到少量粗大的共晶 $Mg_{17}Al_{12}$ 析出相，经过长时间时效处理后，界面有较多的 $Mg_{17}Al_{12}$ 时效析出相，此时基体合金内也观察到很多片状 $Mg_{17}Al_{12}$ 连续析出物。

复合材料的温度发生变化时，Al_2O_3 颗粒和基体线膨胀系数不同，界面上将产生热应力，且很小的温度变化就能产生超出材料屈服点的热应力，通过阻尼应力测量器，测量了在室温和 400℃之间基体微观结构变化、塑性变形，表明位错以对数减少，且受到热处理和杂质原子的影响，进一步分析了应力曲线，计算了产生位错的来源和能量。

Al_2O_3 纤维增强镁基复合材料也是采用挤压铸造法制取，室温下产生的界面张力主要受基体影响，而在高温下主要受 Al_2O_3 纤维控制。由于加入 Al_2O_3 纤维，复合材料抗蠕变性大幅度提高，通过 TEM 观察界面微观结构，基体对于复合材料的抗蠕变性没有影响，纤维和基体界面结合紧密，很易把所受外在的载荷转变成纤维和基体之间的塑性变形，达到提高其抗蠕变性的作用。

(5) $Al_{18}B_4O_{33}$ 颗粒或晶须。$Al_{18}B_4O_{33}$ 颗粒或晶须增强镁基复合材料采用铸造方法制备，基体直接影响复合材料的力学性能。$Al_{18}B_4O_{33}$ 增强 AZ91D、MB15 和 MB8 镁合金，力学性能和热稳定性好；而 $Al_{18}B_4O_{33}$ 增强 ZK60 镁合金，力学性能和热稳定性比较差。通过

TEM 观察界面微观结构，$Al_{18}B_4O_{33}$颗粒增强的 AZ91D 合金在铸造和使用过程中，界面反应很少，但增强的 MB15、MB8 和 ZK80 合金中，界面反应较多。

（6）TiC 颗粒。TiC 颗粒增强镁基复合材料目前全部是采用原位反应法制取，具体过程一种是利用自蔓延高温 Ti－Al 合金，加入到熔化的镁中，通过半固态加工成型；另一种是直接将钛粉和碳粉加入到熔化的镁中，原位反应粉末尺寸小于 1μm，温度高于544℃。通过 SEM 和 XRD 分析表明，TiC 颗粒在合金中形成球状，被 Al 包围着，使 TiC 颗粒的润湿性明显提高，硬度和抗疲劳性非常好。

15.3.9.3 镁基复合材料的制备方法

（1）铸造冶金法。

1）搅拌铸造法。搅拌铸造法是利用高速旋转的搅拌器桨叶搅动金属熔体，使其剧烈流动并形成以搅拌旋转轴为中心的漩涡，将颗粒加入漩涡中，依靠漩涡的负压抽吸作用让颗粒进入金属熔体中。经过一段时间的搅拌，使颗粒均匀分布在熔体中，这是最简便的颗粒增强金属基复合材料制备工艺，成本低。如能采取措施，使增强物与金属熔体润湿良好，可以制取含有 SiC、Al_2O_3、SiO_2、云母或石墨等增强相的金属基复合材料。但在强烈搅拌的过程中不可避免地会有气体和夹杂物混入，增强相偏析和结团现象也难以避免，而且最终组织粗大。同时，基体与增强相之间易发生有害的界面反应，增强相的体积分数也受到一定的限制，产品性能低，性价比优势不明显。

2）液态浸渗法。液态浸渗法是先将陶瓷颗粒或碳纤维用胶黏剂黏结起来，做成预制件，用惰性气体或机械化装置作为压力媒体将金属液压入预制件的间隙中，凝固后即形成复合材料。按其具体工艺不同，又可分为压力浸渗法、无压浸渗法和真空浸渗法。压力浸渗法是一种熔体浸渗和压力铸造相结合的方法。该工艺的基体流程是：首先制备颗粒增强相预成型块，然后在压差作用下将熔体压入/渗入预制件间隙中，可制备体积分数高达50%的复合材料。但该工艺存在预制件在压力作用下易变形、微观组织不均匀、晶粒尺寸粗大，易发生有害的界面反应等缺点。

由于镁极易氧化燃烧，除非有气体保护，否则不适宜用搅拌法制备，采用浸渗工艺则比较理想。浸渗过程可以在挤压铸造机上进行，也有专用的浸渗装置。

在浸渗工艺中，增强相与镁合金熔体之间的浸润性对浸渗过程有重要影响，是关键工艺参数。浸润性取决于液体的表面能 γ_L、固相表面能 γ_S 和液固两相的界面能 γ_{LS}。根据 Young 方程

$$\gamma_S - \gamma_{LS} = \gamma_L \cos\theta$$

当 $\theta < 90°$时，两相可以浸润；而 $\theta > 90°$时两者难以浸润。一般来说，镁与陶瓷颗粒之间的浸润性较好（与 Al 相比）。另一个影响浸渗过程的因素是预制坯中的胶黏剂，因为它对熔体和增强相之间都有一定的反应和影响。在浸润性好的系统中，金属熔体首先会浸入到较狭小的毛细管中，而在浸润性差的系统中，熔体则首先进入通道较大的区域，然后才在细小的毛细管中浸渗，为了克服浸渗阻力，需要对熔体施以一定的压力。

（2）粉末冶金法。该方法是将预制好的纯镁粉或镁合金粉与陶瓷颗粒均匀地混合在一起，混合粉末通过真空除气、固结成型后，再进行热压、锻造、轧制等冷、热塑性加工，

制成所需形状、尺寸和性能的复合材料，粉末的固结方式有热压、等静压（冷等静压、热等静压和温等静压）等方法。

采用粉末冶金法制备镁基复合材料的优点是：基体合金的组织微细，增强相陶瓷颗粒的分数可根据需要随意调整，甚至可以达到50%以上，陶瓷颗粒的尺寸可在5μm以下。但不足之处是金属粉末在制备和储存过程中容易产生表面氧化，对材料的塑性及韧性不利。另外，制备大尺寸坯件或零部件时需要大型的成型设备和模具，加工成本较高。采用粉末冶金法制备镁基复合材料时所采用的温度较低，不会发生有害界面反应，还有利于提高材料的塑性和韧性。

制备复合材料用的金属粉末一般用机械破碎法和气体雾化法制备，机械破碎法制备的粉末形状复杂，尺寸较大，而雾化粉末颗粒的尺寸较细小，为球形和类球形。在采用气体雾化法制备粉末时，一般采用含有1% ~2%（体积分数）氧化的惰性气体作雾化介质，以保证生成的粉末表面被钝化，提高安全性。

为了提高粉末混合时陶瓷颗粒分散的均匀性，还可以采用球磨预处理工艺，在磨球的作用下，陶瓷颗粒被打击而黏附于金属粉末颗粒上，这样在随后的致密化和变形过程中就不易产生偏聚。另外，金属粉末与陶瓷颗粒的粒度搭配也会影响混合均匀性，当两者的平均粒度之比为5:1左右时，可以明显降低偏聚程度。粉末坯经挤压锻造等大变形处理后，粉末颗粒之间就会结合在一起，得到的材料可基本达到理论密度。

（3）喷射沉积法。喷射沉积技术是制备高性能合金材料的有效方法，若在喷射沉积过程中将陶瓷颗粒引入到雾化锥中，与雾化颗粒共沉积，可以制备出陶瓷颗粒增强的复合材料。

Schroder、Vervoort和Duszczyk等人最早开展了喷射共沉积镁基复合材料的研究。Schroder等人采用的增强相为Al_2O_3和SiC颗粒，研究了颗粒的特性、含量、尺寸、形状对AZ91和QE22合金基复合材料（采用雾化粉末挤压成型的方法制备）的性能的影响，并与喷射成型QE22/15% SiC_P材料进行了对比研究。这两种方法制备的复合材料的弹性模量，耐磨性都大幅度提高，膨胀系数下降。由于喷射成型是短流程工艺，材料制备比较简单、便利。喷射沉积颗粒增强金属基复合材料中颗粒的均匀分布，界面反应很轻微，因而性能优异。Vervoor和Duszczyk采用喷射沉积工艺制备了QE22合金及QE22/SiC_P复合材料坯，其孔隙体积分数高达20%。QE22合金经挤压后，具有优异的强度和塑性，其伸长率达到12%，而传统铸造QE22合金的伸长率只有2%。

（4）半固态成型法。半固态成型是镁基复合材料新的成型方法。半固态成型分为流变成型和触变成型，其中触变成型凭借其较容易控制和一定的特点，已形成了一定的商业化生产。镁合金半固态成型的详细特点及工艺参见本章的镁合金材料制备加工新工艺一节。

15.3.9.4 镁基复合材料的界面问题

镁基复合材料的设计和制备过程中，增强体、制备方法及工艺参数的选择是多种多样的，同时这些因素相互作用、相互影响，共同决定了材料的性能。而界面结构和性能是决定材料性能的关键因素，也是镁基复合材料中的热点问题。基体和增强体之间的结合状况，包括界面的形状、尺寸、成分、结构、增强体的种类和制备工艺、基体与增强体之间的物理和化学作用等，由于基体与增强体之间过度化学反应导致结合状况不好，共同影响复合材料的界面性能，复合材料达不到根据加和原则预期的性能，使得界面研究变得非常重要。界面问题就是通过界面优化，控制界面反应来获得能有效传递载荷、调节应力分布、阻止裂纹扩展的稳定的界面结构。

界面反应程度对形成合适的界面结构和性能有很大的影响，按界面反应程度的不同，可将其分为以下类型：

（1）有利于基体与增强体浸润、复合和形成最佳界面结合，如在 $Al_{18}B_4O_{33}$ 增强 AZ91D 镁合金中，TEM 分析观察 $Al_{18}B_4O_{33}$ 纤维与镁基界面结合紧密，没有发生界面化学反应，且基体与 $Al_{18}B_4O_{33}$ 之间的力学性能好，热稳定性高，黏结强度大，通过热挤压工艺，结合力进一步提高。

（2）有界面反应，增强体性能不下降，形成强界面结合，这类反应对颗粒增强的镁基复合材料是有利的，如在 Al_2O_3 颗粒增强镁基复合材料内，有不连续的 MgO 形成，在界面上还可看到少量粗大的共晶 $Mg_{17}Al_{12}$ 析出相，MgO、Al_2O_3 这两种尖晶相可以提高金属与陶瓷增强体之间的结合力，改善了液体金属与陶瓷增强体的浸润性。

（3）有界面反应，生成大量反应产物，材料的性能急剧下降，制备镁基复合材料过程中应严格避免此类反应的发生，如 $Al_{18}B_4O_{33}$ 增强 ZK60 镁合金中，就要尽量减少界面反应。

15.3.9.5 镁基复合材料的组织与性能

（1）镁基复合材料的超塑性。镁的塑性变形能力虽然较差，但可以通过细化晶粒的方法提高合金的塑性，改善其变形能力，且还可以大幅度提高力学性能。研究表明，具有微晶组织的镁合金和复合材料还能在高温下进行超塑性变形。在镁合金加入增强相后，材料的强度虽然可以进一步提高，但塑性降低，不过有研究发现这种复合材料的超塑应变速率有所提高，例如 H. Watanable 等人在研究陶瓷颗粒增强的 WE43 合金的超塑性时发现，细小且弥散分布的增强颗粒可以稳定镁合金在高温下的组织，协调晶界滑移，使得合金在保持较高屈服强度的同时也获得了很高的伸长率。

与镁合金不同的是，镁基复合材料的超塑变形行为的影响因素除了晶粒尺寸外，还有其他因素，图 15－16 所示为几种镁基复合材料的应变速率与晶粒尺寸之间的关系。增强颗粒可以抑制超塑变形过程中晶粒的长大。

镁基复合材料的主要变形机制是晶界滑移。但在变形过程中，在晶界和基体与增强相的界面处会造成应力集中，因此必须有相应的变形协调机制来保证超塑变形的延续，以防断裂。镁基复合材料在变形时产生的局部应力可以通过扩散流变来松弛。部分镁基复合材料的超塑性试验结果见表 15－32。

表 15－32 部分镁基复合材料的超塑性试验结果

基体		增强相				超塑变形参数及结果				
材料	$d_P/\mu m$	材料	形状	$d_P/\mu m$	体积分数/%	温度/℃	$\dot{\varepsilon}/s^{-1}$	$\delta/\%$	σ/MPa	m
AZ31	—	SiC	P	2	10	525	2.08×10^{-1}	228	19.8	0.36

续表 15-32

基体		增强相				超塑变形参数及结果				
材料	d_P/μm	材料	形状	d_P/μm	体积分数/%	温度/℃	$\dot{\varepsilon}/s^{-1}$	δ/%	σ/MPa	m
Mg-4Al	1.4	Mg_2Si	P	0.7	28	515	1×10^{-1}	368	15.0	0.5
Mg-5Zn	—	TiC	P	2~5	10	470	1.67×10^{-2}	205	9.4	0.33
Mg-5Zn	2	TiC	P	2~5	20	470	6.67×10^{-2}	295	15.0	0.43
ZK51	—	TiC	P	1	20	470	3×10^{-2}	136	4.1	0.3
Mg-4Zn	115.5	Mg_2Si	P	76	10	450	1.7×10^{-5}	206	1.6	0.5
Mg-4Zn	0.9	Mg_2Si	P	0.8	28	440	1×10^{-1}	290	10.0	0.5
AZ91	—	SiC	W	0.5/(30~100)①	13	430	5×10^{-2}	100	16.6	0.29
AZ91	7.1	SiC	P	3	5	410	1.32×10^{-4}	—	—	0.58
AZ91	15.2	MgO	P	4	5	410	2.6×10^{-4}	—	—	0.24
ZK60	0.5	SiC	P	2	17	400	1	350	35.9	0.5
Mg-5Al	<2	AlN	P	0.72	15	400	5×10^{-1}	236	33.8	0.39
AZ91	—	SiC	W	0.1~1/(30~100)①	20	400	5×10^{-1}	120	16.8	0.37
AZ91	15.1	SiC	P	3	20	405	2.6×10^{-4}	—	—	0.52
AM20	15.7	MgO	P	4	5	370	9.99×10^{-4}	—	—	0.35
ZK60	1.7	SiC	P	2	17	350	1×10^{-1}	450	15.4	0.5
Mg-9Li	3.5	B_4C	P	<20	5	200	1×10^{-3}	445	6.5	0.5
ZK60	1.7	SiC	P	2	17	190	1×10^{-4}	337	29.1	0.4

注：P为颗粒增强相；W为晶须增强相；m为应变速率敏感性指数。

①晶须直径/晶须长度。

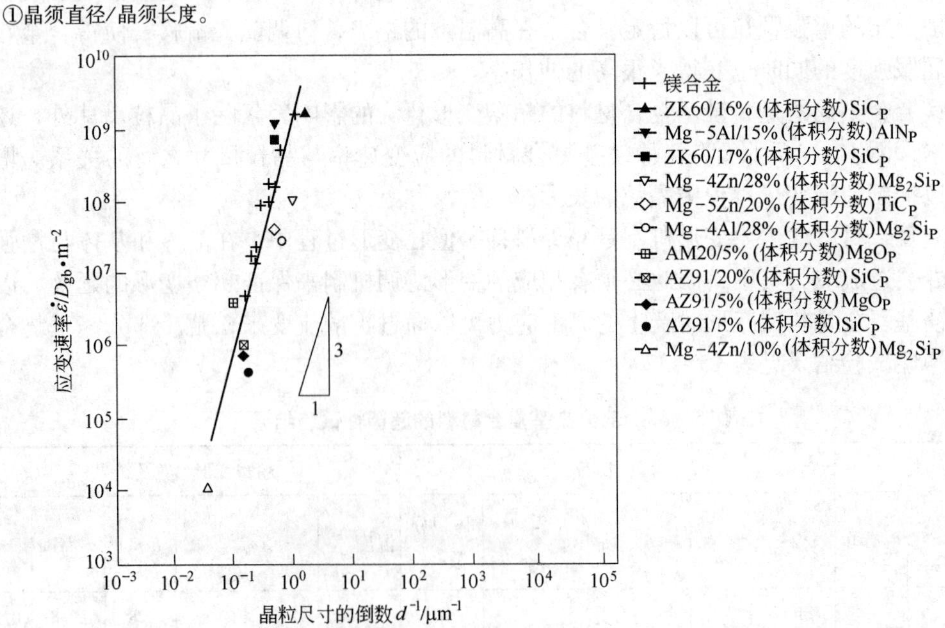

图15-16 镁基复合材料的应变速率$\dot{\varepsilon}$（晶界扩散补偿）与晶粒尺寸的倒数d^{-1}的关系

（2）镁基复合材料的组织特征。镁基复合材料的组织特征与其他金属基复合材料的组织相似，也是纤维状、颗粒状或晶须增强体分布于合金基体之中，由于两者的膨胀系数相差较大，在增强相周围存在高密度的位错缠结和残余应力，这有利于提高材料的强度。A. Luo 等人的研究表明，所加入的增强相可以细化基体合金的晶粒组织。这种细化机制有三种：一种是增强相表面作为基体合金的非均匀形核位置而提高形核速率；二是增强相从基体中吸收热量，提高界面处的冷速；三是增强相通过阻碍晶粒界的移动而阻碍晶粒的长大。由于上述原因，在同等条件下制备的复合材料的晶粒尺寸比合金晶粒尺寸要小得多。例如，AZ81/SiC_P 复合材料基体的晶粒尺寸约为 AZ80 合金晶粒的 1/3，这种复合材料的力学性能也比较高。

研究铸态 AZ81/SiC_P 复合材料的界面微观结构时发现，在 SiC_P 颗粒表面上发生了 $Mg_{17}Al_{12}$ 相形核并向熔体中扩展的现象，两者之间的界面为半共格界面，但由于凝固时界面起排斥作用，SiC 颗粒容易富集在晶界处。

研究 ZCM30/SiC_P 的界面结构时发现，在 SiC 颗粒表面生成的薄片状共晶相与 SiC 颗粒之间的结合强度比基体与 SiC 颗粒之间的结合强度高，这说明，这种共晶相的生成有利于提高复合材料的力学性能。

采用真空压力浸渍法制备了 ZM5/SiCp 复合材料，研究了复合材料的界面特征，发现界面结合紧密，界面区存在 Al 元素偏聚现象，并导致界面处针状和块状 $\beta-Mg_{17}Al_{12}$ 相的析出，由于 SiC 颗粒表面吸附了一定量的氧，在材料制备过程中，镁与氧反应，生成 MgO，附着在界面上，在界面附近的基体中存在高密度的位错缠结组织。

（3）镁基复合材料的力学性能。美国 DOW 化学公司等几家单位系统研究了镁基复合材料的制备工艺、组织性能特征。采用所研究成功的熔体搅拌与铸造技术，解决了在搅拌过程中陶瓷颗粒难以分散均匀，在混合料中混入大量空气以及在铸造成锭坯时，由于其中的空气难以去除和流动性差而造成的锭坯组织疏松问题，制造出了 SiC 颗粒含量高达 26%（体积分数）的镁基复合材料锭坯，其相对致密度达到 95% 以上，锭坯的直径达到 ϕ250mm 以上，重达 70kg。采用复合材料锭坯挤压出了 ϕ133mm × ϕ121mm 的管材，直径为 ϕ79mm 和 ϕ57.2mm 的圆棒材，截面为 13mm × 19mm 的矩形棒材，以及不规则截面的异型材。复合材料的基体合金有 AZ31B、AZ61A、AZ63A、AX80A、ZK60A、Z6[Mg + 6%（质量分数）Zn]、ZE62[Mg + 6%（质量分数）Zn + 2%（质量分数）Ce]、AZ90 和 AZ92A 等，增强体有 Al_2O_3 颗粒（平均粒度为 16μm）、SiC 颗粒（平均粒度分别为 36μm、16μm、10μm）、B_4C 颗粒（平均粒度 16μm）。由于基体镁合金的塑性变形能力较差，因此镁基复合材料的挤压成型工艺难度非常大，要求采用慢速挤压工艺。在上述材料中，AZ31B/SiC_P 的挤压成型性能较好。表 15 - 33 为 AZ31B/SiC_P 复合材料挤压管材（$\phi_{外}$ = 133mm，$\phi_{内}$ = 121mm）的力学性能。

表 15 - 33 AZ31B/(20% 体积分数) SiC_P 复合材料的力学性能

材 料	t/℃	E/GPa	σ_s/MPa	σ_b/MPa	σ_s（压缩）/MPa	δ/%
AZ31B/SiC_P（粒度 16μm）①	25	79(0.7)	251(0.7)	330(4.8)	179(2.1)	5.7(0.7)
	150	56(4.8)	154(0.0)	215(0.7)	158(11.0)	10.4(1.4)
AZ31B/SiC_P（粒度 10μm）①	5	79(4.8)	270(4.8)	341(10.8)	197(1.4)	4.0(0.8)
	150	68(4.8)	167(0.7)	215(0.7)	167(4.8)	9.2(1.1)

续表 15－33

材　料	t/℃	E/GPa	σ_s/MPa	σ_b/MPa	σ_s（压缩）/MPa	δ/%
AZ31B②	25	45	165	250	85	12.0
	150	—	105	170	95	39.0
ZK60A－T5②	25	45	270	340	205	12.0
	150	36	140	175	155	53.0

①各个温度下取三种复合材料试棒做试验，取性能平均值，括号内数据为标准偏差。

②管材的室温性能值代表其典型的性能值，高温性能值对其而言不是典型数据。

由表 15－33 可知，AZ31B/SiC_P 复合材料的强度、模量与 AZ31B 合金的相比，均有大幅度的提高，虽然 SiC 的含量高达 20%（体积分数），但材料的塑性仍然较好。另外，采用较细的 SiC 颗粒可以进一步提高复合材料的强度。虽然这几种复合材料的力学性能仅与未复合的 ZK60A（T5 态）合金的力学性能相当，但前者的模量高得多。

表 15－34 列出了美国 DOW 化学公司研制出的一些铸造和粉末冶金镁基复合材料的力学性能。可见这些镁基复合材料的力学性能非常优异，具有广泛的用途。同时由于陶瓷颗粒来源广、价格便宜，从而镁基复合材料的生产成本也较低，适合于工业生产及应用。

表 15－34　粉末冶金镁基复合材料的力学性能

材料①②	热处理	E/GPa	σ_b/MPa	材料①②	热处理	E/GPa	σ_b/MPa
AZ61A＋15% B_4C②	F	61	229	Mg＋20% B_4C	F	59	273
AZ61A＋20% B_4C	F	64	254	AZ31B＋20% SiC	F	102	466
AZ61A＋25% B_4C	F	78	258	Mg＋15% SiC④	F	62	422
AZ90③＋25% B_4C	F	97	460	Mg＋17% SiC⑤	F	68	465
ZK60A＋15% B_4C	T6	73	388	Mg＋18% SiC⑥	F	69	382
ZK60A＋20% B_4C	T6	78	398	Mg＋20% SiC⑦	F	72	386
ZK60A＋25% B_4C	T6	86	418	ZK60A＋15% SiC⑧	T5	78	399
Mg＋10% B_4C	F	57	280	ZK60A＋20% SiC⑨	T5	84	428

①根据 ASTM 的规定确定基体符号。

②材料中所加 B_4C 和 SiC 均为体积分数。

③AZ90 为 Mg＋9% Al＋0.5% Zn＋0.15% Mn 的四元合金。

④SiC 颗粒的平均尺寸为 1μm，采用强化弥散工艺混合 Mg 和 SiC 粉末。

⑤SiC 颗粒的平均尺寸为 2μm，采用强化弥散工艺混合 Mg 和 SiC 粉末。

⑥SiC 颗粒的平均尺寸为 3μm，采用强化弥散工艺混合 Mg 和 SiC 粉末。

⑦SiC 颗粒的平均尺寸为 3μm，采用干球磨法来混合 Mg 和 SiC 粉末。

⑧SiC 颗粒的平均尺寸为 4μm，采用干球磨法来混合 Mg 和 SiC 粉末。

⑨SiC 颗粒的平均尺寸为 3μm。

Laurent 等人采用熔体搅拌法制备了 AZ91D/SiC_PMMCs，制备时在固相线和液相线温度区间内加入 SiC，随后在液相线温度以上搅拌混合物以降低 SiC 颗粒与液态 AZ91D 之间的反应。表 15－35 中对比了 SiC 颗粒增强镁基复合材料 AZ91/SiC_P、AZ61/SiC_P 及未增强基体合金的力学性能。

表 15-35 AZ91/SiC_P、AZ61/SiC_P 及基体合金的力学性能

材料	$\sigma_{0.2}$/MPa	σ_b/MPa	δ	E/GPa
AZ91	168	311	21.0	49.0
AZ91/9.4%（体积分数）SiC_P	191	236	2.0	47.5
AZ91/15.1%（体积分数）SiC_P	208	236	1.0	54.0
AZ61	157	198	3.0	315.0
AZ61/20%（体积分数）SiC_P	260	328	2.5	80.0

为了研制性能更为优异的镁基复合材料，还可以采取 SiC 晶须、微细颗粒（2~5μm）和碳纤维作为增强体。表 15-36 列出了几种典型的 SiC 增强镁基复合材料的力学性能。表中数据表明，镁基复合材料强度很高，通过挤压成型可以进一步提高强度。这是挤压变形可以消除复合材料中的铸造缺陷有很大关系。对于晶须增强的镁基复合材料，在挤压变形过程中晶须会沿着挤压方向定向排列，提高了承载能力。

表 15-36 SiC 增强镁基复合材料的力学性能

基体合金	SiC 形态	状态	体积分数/%	σ_b/MPa	E/GPa	δ/%
AZ91	晶须	压铸态	20	439	—	—
		挤压态	20	623	—	
ZK51A	晶须	铸态	10	237.3	54.6	1.49
		铸态	20	301.5	65.1	0.91
		挤压态	10	280.5	62.3	1.86
		挤压态	20	379.8	81.6	1.18
MB2	颗粒（2μm）	挤压态	10	316	—	6.5
	颗粒（3μm）	挤压态	10	282	—	4.2
AZ91	颗粒	铸态	0	245	46	21
			9.4	236	47.5	2
			15.1	236	54	7
			20	328	80	2.5
Mg-12Li	晶须	铸态	20	200	69	1.43

在所有的镁合金中，Mg-Li 合金的密度最低。Li 被加入到 Mg 中形成合金以后，降低了镁晶体的轴比（c/a）值，改善了其滑移变形性能，特别是 Li 含量达到 5.7% 以上时，形成了具有体心立方结构的 β 相，使合金的塑性得到了更大幅度的提高，因此 Mg-Li 合金的比强度和比刚度非常高。但 Mg-Li 合金的力学性能仍不够理想，通过添加陶瓷增强相的方法可以改善其强度、刚度、硬度和模量等性能。表 15-37 为几种典型 Mg-Li 合金的力学性能。结果表明，与纯合金相比，含有增强相的 Mg-Li 基复合材料的强度和模量都有大幅度提高，但伸长率却很低。

表 15－37 几种典型 Mg－Li 合金的力学性能

复合材料基体	增强相	V_f/%①	σ_b/MPa	δ/%	HV	E/GPa
Mg－12Li	δ－Al_2O_3 短纤维	0	75	>10	35	45
		12	210	2.8	96	—
		24	280	2.0	113	—
	SiC 晶须	20	200	1.43	—	69
Mg－10.3Li－6Al－6Ag－4Cd	δ－Al_2O_3 短纤维	0	90	0.4	93	—
		12	167.5	0.3	103	—
		24	142.5	0.4	145	—
Mg－9Li	B_4C 颗粒	0	110	55	—	45.4
		5	162	13	—	49.0
Mg－14.1Li	B_4C 颗粒	0	180②	—	—	50.2
		10	214	—	—	615.1
		20	220	—	—	79.3
		30	244②	—	—	101.1

①V_f 为短纤维、晶须和颗粒的体积分数。

②压缩屈服强度。

碳纤维和石墨纤维因具有高强度、高模量等一系列优点，是制备复合材料的理想增强体，对于镁来说，由于两者之间不易反应，也是一种理想的增强材料，但它不适于高铝含量的镁合金，因为 Al 与 C 反应生成 Al_4C_3 相影响界面结合强度。此外 Al_2O_3、Saffil 纤维也是有效的增强纤维。纤维增强的镁基复合材料的强度和模量均很高，参见表 15－38。

表 15－38 镁金属基复合材料的力学性能

复 合 材 料	E/GPa	σ_s/MPa	σ_b/MPa	T/℃	注 释
P55/AZ91C(40%，体积分数)	172		827	室温	
FT700/AZ61(57%，体积分数)			968	室温	
Mg/T300			325	室温	纤维表面经处理
Mg/T300			522	室温	无表面处理
Mg－4Al/T300			328	室温	纤维表面经处理
Mg－4Al/T300(30%，体积分数)			645	室温	无表面处理
Mg/P55	159		659	室温	纵向
ZE41A/P55	204		279	室温	纵向
AZ91C/P55	184		587	室温	纵向
Mg/P55	20		12	室温	横向
ZE41A/P55	25		19	室温	横向
AZ91C/P55(40%，体积分数)	28		45	室温	横向
$AZ31B/SiC_P$(20%，体积分数)	79	270	341	室温	搅拌＋挤压
	68	467	215	150	

续表 15-38

复合材料	E/GPa	σ_s/MPa	σ_b/MPa	T/℃	注释
Mg-6Zn/SiC_P(20%，体积分数)	75 65 48 50	418 332 227 133	466 390 281 173	室温 95 150 200	搅拌+挤压
ZC71/SiC_P(12%，体积分数)		370 230 121	398 346 159	室温 100 200	搅拌+挤压
Mg/Al_2O_3	50		217 134	室温 200	挤铸
Mg-2.4Ag/Al_2O_3	53		258 253	室温 200	
Mg-2.4Ag/Al_2O_3	60		280 253	室温 200	
QE22/Al_2O_3(20%，体积分数，Saffil)	58		280 252	室温 200	
QE22/Al_2O_3(10%，体积分数)+SiC(15%，体积分数)	77	290	330 190	室温 200	挤铸

15.3.9.6 镁基复合材料的主要研发方向

（1）金属间化合物本身由于其原子有序排列与共价键的共存性，使其兼顾金属和陶瓷的性能特点，具有低的密度、高的强度和抗氧化性能，在高温下具有较高的强度保持率，用金属间化合物增强的镁基复合材料，有望成为新一代高温结构材料。

（2）增强相和镁基之间的界面问题将成为镁基复合材料研究的关键，直接影响材料的性能，进一步探究不同增强相和镁基体的界面反应、界面状态和界面的结合过程，将是镁基复合材料的研究重点，同时将成为材料设计的热点。

（3）镁基复合材料的环境性能方面研究，即如何解决与环境的适应性，实现其再生循环利用，实现社会可持续发展，将受到人们的关注。

15.3.10 阻尼镁合金材料

纯镁的阻尼性能极好，但力学性能很低，几种列入国际品牌的镁合金，虽然力学性能、比刚度较高，但阻尼性能较低。Mg-Zr 阻尼合金是新型的，密度小的阻尼合金，主要用于航天航空、国防等尖端领域。这种新型 Mg-Zr 系高阻尼 ZMJD-IS 的合金，具有优良的阻尼性能（阻尼指数 S、D、C 大于 40%），良好的切削性能和力学性能，合金各项性能指标接近原苏联牌号 МЦИ 镁合金，成本也低于 МЦИ。研究表明，ZMJK-IS 阻尼合金的晶粒大小适宜范围是 260~350 粒/mm^2，断口上有大量的洞坑，属延性断裂；ZMJD-IS 合金的阻尼内耗机制属位错型，高振幅条件下，ZMJD－IS 合金的阻尼性能随振幅增大而升高，而在 10Hz 左右阻尼性能与频率无关，是静滞后型内耗。在小振幅条件下，ZMJD－IS 合金的阻尼内耗随着温度的升高而增大，随振动时间的增长而降低，其次随时效时间延长而下降，三者都符合静滞后型内耗的特点。这种阻尼镁合金在国防军事、武器中有着很好的应用前景，比如可以作为鱼雷和导弹的减振部件。

纯镁、镁合金及镁基复合材料，由于成分、组织结构和微观缺陷的不同，其阻尼性能有所差异，但阻尼机理均属于位错型阻尼。镁合金中合金元素的含量与种类，晶界、相界以及一些热处理机制可在一定程度地影响其阻尼大小。由于镁基复合材料具有多种阻尼机制的作用，因此比镁合金有更高的阻尼性能。

最近，用扫描电镜以及内耗测试仪研究了 AZ91D 压铸镁合金的微观组织对减振性能的影响。结果表明，晶界、β 相、空洞和杂质等将使材料内耗增大，有利于减振。同时验证了 AZ91D 压铸镁合金是理想的减振材料。在室温下，振动频率为 5～8Hz 条件下，AZ91D 镁合金的减振性能约比 1100H18 铝合金高近 2 倍，比 60 号钢（淬火＋回火）态的减振性能高近 4 倍。AZ91D 镁合金中，随材料晶界和 $Mg_{17}Al_{12}$ 相增多，而内耗值增大，阻尼性能增高。

15.3.11 储氢镁合金材料

（1）金属镁储氢的特点及性能。氢能是一种不依赖化石燃料的、贮量丰富且无毒无害的二次清洁能源，但长期以来，氢的储存和运输一直是一个技术难题。储氢材料是伴随着氢能和环境保护在最近二三十年才发展起来的新型功能材料。由于其吸放氢特性优异，在配合氢能的开发中起着重要作用，从而受到各国的高度重视。迄今为止，在已开发的稀土系（AB_5 型）、钛系（AB 型）、锆系（AB_2 型）和镁系（A_2B 型）储氢合金中，镁系合金是最有发展前途的储氢材料之一。这是因为镁系储氢合金具有吸氢量大（吸氢质量 MH_2 为 7.6%，M_2NiH_4 为 3.6%）、电化学储氢容量高（理论值为 965mA·h/g）、密度小（1.74g/cm^3）、资源丰富（Mg 是地壳中储量列第六位的金属元素）、价格低廉和对环境负荷小等优点。但镁及其合金作为储氢材料也存在吸放速度慢、吸放氢温度高和反应动力学、热力学性能差等缺点，因而严重阻碍了其产业化的进程。

近年来的研究表明，镁系储氢合金可以通过下列途径改善其储氢性能：

1）元素取代。以降低其分解温度，并同时保持较高的吸氢量。

2）与其他合金组成复配体系。以改善其吸放氢动力学和热力学性质。

3）表面处理。采用有机溶剂、酸或碱来处理合金表面，使之具有高的催化活性及抗腐蚀性，加快吸、放氢速度。

4）新的合成方法。探索传统冶金法以外的新合成方法，而元素取代则被认为是改善镁系储氢合金性能最根本的途径。

（2）Mg－Ni 系合金 A、B 两侧的元素构成。Mg－Ni 系合金的典型代表是 A_2B 型 Mg_2Ni，A 侧（Mg）元素和 B 侧（Ni）元素是两种性质不同的金属元素，其中，A 侧元素与氢的反应为放热反应（$\Delta H<0$，称为放热型金属），氢在其中的溶解度随温度的上升而减小；而氢溶于 B 侧元素中时为吸热反应（$\Delta H>0$，称为吸热型金属），氢的溶解度随温度上升而增大。前者控制着储氢合金的储氢量，是组成储氢合金的关键元素；后者控制着储氢合金吸放氢的可逆性，起着调节生成热（ΔH）与金属氢化物分解压力的作用。在对 Mg－Ni 系 A_2B 型合金进行元素取代时，其主要方法是用ⅠA～ⅤB 族放热型金属元素，如 Ti、V、Ca、Zr、Re 和ⅢA 族的 Al 等部分取代 A 侧元素 Mg，和用ⅥB～ⅧB 族吸热型过渡族金属元素，如 Mn、Fe、Cr、Co、Zn、W、Cu 和 Ti、V、Zr 等部分取代 B 侧元素 Ni，如图 15－17 所示。最近几年来的研究显示，取代元素种类及化学计量对改善合金的吸放氢性能具有重要的影响，不仅如此，通过元素取代，还能够显著提高 Mg_2Ni 系合金的电化学性能。

近年来，随着机械合金化法（MA 或 MG）制备微晶级、纳米级和非晶 Mg－Ni 系储氢合金的研究工作不断深入，AB 型 MgNi 系逐渐引起了研究者的高度重视，其合金改性的主要方法之一也是采用元素取代，并且获得了一些较理想的结果。

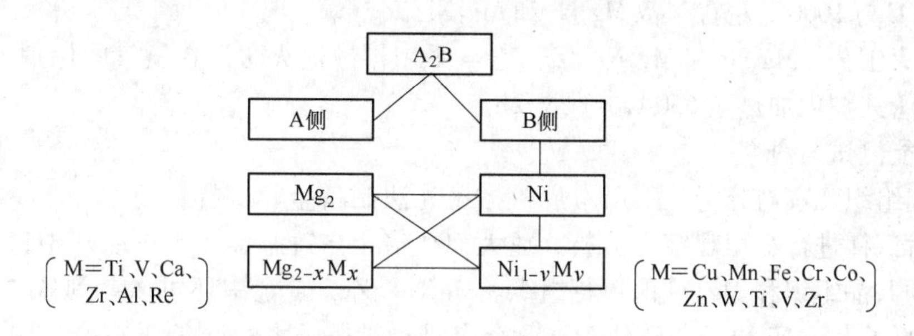

图 15－17　Mg－Ni 系储氢合金开发系统图

（3）Mg_2Ni 系储氢合金的制备工艺与性能研究。采用高温感应熔炼法在不充入保护气体，只是添加覆盖剂的条件下，成功的制备出了 Mg_2Ni 系储氢合金，缩短了合金的制备时间，降低了合金制备成本。通过该方法制备的储氢合金 Mg_2Ni 活化性能优良，二次活化后，其吸氢量就达到其理论值。

1）原材料。原材料为镁（块状）、镍（纯度 99% 以上，块状）、镁锆合金（含镁 74.4%，锆 25.58%，块状），具体化学成分见表 15－39。

表 15－39　镁锭的化学成分（质量分数）　（%）

Mg	Al	Mn	Fe	Si	Ni
915.63	0.12	0.27	0.22	0.48	0.028

2）合金制备方法。按照 Mg_2Ni 和 $Mg_2Ni_{0.9}Zr_{0.1}$ 中各元素的质量比分别称取两份镁（0.575kg 与 0.267kg）、两份镍（0.651g 与 0.599g）和一份镁锆合金（0.404g），考虑到镁在熔炼过程中的烧损，其中镁都是按 5% 的富余计算的。熔炼设备为 SS81－21 型中频无芯感应炉，其额定功率为 75kW，额定电压为 550V。两种镁基储氢合金的制备工艺如下：

①Mg_2Ni 的制备工艺。先在坩埚底部撒布少量覆盖剂；然后加镁，炉子升温，使镁逐渐熔化，待炉温达到 725℃左右时加镍，继续升温至 890℃，镁镍全部互熔（在制备过程中要不断地添加覆盖剂，并用测温计跟踪炉内温度）；最后在 860℃浇铸成型，风冷 20min 左右即可脱模。

②$Mg_2Ni_{0.9}Zr_{0.1}$的制备工艺。与Mg_2Ni的制备工艺大致相同，先在坩埚底部加覆盖剂；再加镁，炉温达到780℃时加镁锆合金，升温至1020℃时加镍（在熔炼过程中要不断加入覆盖剂，并用测温计跟踪炉内温度）；在940℃时浇注成型，风冷20min左右即可脱模。

最终所得到的两种储氢合金（Mg_2Ni和$Mg_2Ni_{0.9}Zr_{0.1}$）的样品为长15cm、直径1.5cm的棒材。

由于镁镍的熔点相差很大，分别为650℃与1455℃。所以采用传统的熔炼法将温度升高至1455℃以上，使镁与镍全部熔融来制备Mg_2Ni储氢合金是相当困难的。根据镁镍二元相图，若先将单质镁加热至熔融状态；继续升温至730℃左右，根据Mg_2Ni的化学计量比加入适量单质镍；再继续升温至900℃左右，形成熔融状态的Mg_2Ni合金。在较低的温度下，即900℃与1000℃左右制备Mg_2Ni和$Mg_2Ni_{0.9}Zr_{0.1}$。

3）退火工艺。Mg_2Ni和$Mg_2Ni_{0.9}Zr_{0.1}$合金采用扩散退火法，在氩气的保护下（2个大气压），在管式炉内加热至650℃，保温2h。

4）性能测试与研究。

①金相组织观察与分析。采用常规机械抛光法制备金相试样；使用Leitz－MM6型光学显微镜对试样进行金相观察和分析，放大200倍。在铸态金相组织照片中，可看到Mg和Mg_2Ni的共晶组织和Mg_2Ni的单相组织。$Mg_2Ni_{0.9}Zr_{0.1}$合金中还可以看到Zr的颗粒，这可能是Zr原子大于Ni原子，致使Mg_2Ni合金难于扩散长大；Zr原子在合金中大量形核，Mg_2Ni合金围绕其长大，由于形核很多，所以晶粒被细化。

从Mg_2Ni与$Mg_2Ni_{0.9}Zr_{0.1}$两种合金经过650℃(2h）扩散退火处理后的金相显微组织照片可以看出，与未经退火处理的试样对比，合金的组织变得均匀、细密，晶界变得圆滑；合金析出了球状体，而且Mg_2Ni相的相对含量增加。从理论上讲，这应该使氢气的扩散通道增加，同时在吸放氢的过程中，晶胞的膨胀和收缩比率相对减小，使合金不易粉化，这对提高合金的吸氢量和循环寿命是有益的。

②X射线结构分析和荧光能谱成分分析。试验在Rigakud/max－3A型X射线衍射仪上进行，采用Cu靶，石墨单色器，阳极电压为40kV、阴极电流为30mA。根据Mg_2Ni和$Mg_2Ni_{0.9}Zr_{0.1}$两种合金的X射线衍射图谱，通过标定，可以看出合金的主相为Mg_2Ni，尚有少量的Mg、Ni和Fe_2Si及$\delta-Ni_2Si$相。

对这两种合金试样进行成分分析发现，Mg_2Ni合金中Mg占45.29%，Ni占54.451%，另外合金中含有微量的Fe（0.058%）和Si（0.199%）。$Mg_2Ni_{0.9}Zr_{0.1}$合金中Mg占43.68%，Ni占47.643%，Zr占7.556%及极少量的Fe和Si。完全符合合金的设计要求。

③吸放氢性能测试与分析。吸放氢性能测试实验所用仪器是$p-c-T$测试仪。测试时，首先将合金块体在氩气保护下粉碎至3.5mm颗粒，称取15g合金装入化学床；然后接入实验系统，室温除气4h，再阶梯加热至100℃、200℃、300℃除气6h后，将床温降低至250℃，通入高纯氢，进行第一次活化。加热到350℃开始解吸，除气3h后进行第二次活化。

15g储氢合金Mg_2Ni第一次活化吸氢达5.26L（3.1%，质量分数）；第二次活化吸氢达5.83L（3.4%，质量分数）基本上达到了理论吸氢量（3.6%，质量分数），活化完成。然而储氢合金$Mg_2Ni_{0.9}Zr_{0.1}$活化相对困难，经过5个吸－放氢循环后，吸氢量仅为0.9%（质量分数），远远低于理论值。

以往采用熔炼法制备出的镁基储氢合金大约需要10次活化才能达到最大吸氢量（约为2.4%，质量分数），而本次采用高温感应熔炼法制备Mg_2Ni合金在经2次活化后，吸氢量达到了3.4%（质量分数），较以往用熔炼法制备的Mg_2Ni合金的储氢性能有很大改善。

（4）Mg_2Ni系合金的进一步改性。Mg－Ni系储氢合金是很有发展前途的储氢材料之一，但其存在放氢温度高、反复充放氢后的循环稳定性差等缺点，从而限制了其实际应用。采用元素取代，结合机械合金化进行改性是一个根本而有效的途径，通过不同合金元素部分取代Mg－Ni中的Mg、Ni，可以降低氢化物的生成热和吸放氢温度，提高氢原子的扩散能力，使活性点增多。同时，元素取代还能够有效抑制Mg－Ni系合金电极中Mg的氧化腐蚀，从而提高其循环寿命，并保持其高的储氢密度。近年来，科学家们在利用机械合金化制备化学或非化学计量的Mg－Ni系非晶态合金，并用合金元素进行取代改性方面做了大量的探索。国内采用机械合金化法制备的非晶态Mg－Ni系合金具有比表面大和电化学活性高的特点，可使Mg－Ni合金在室温下的充放电过程顺利实现。研究表明，非晶态$Mg_{50}Ni_{50}$系合金电极在第一次充放电循环即能完全活化，放电容量可达500mA·h/g左右，但其容量衰退很迅速。进一步对非晶态$Mg_{50}Ni_{50-x}M_x$（M代表Co、Al、Si等，$x=5\sim10$）三元合金研究表明，当采用Co、Al和Si等元素部分取代$Mg_{50}Ni_{50}$中的Ni时，三元合金的起始放电容量较合金有所降低（约为210～320mA·h/g），但可使合金的抗腐蚀性能得到提高，因而可以在较大程度上改善非晶合金的循环稳定性。这说明对Mg－Ni系储氢合金进行元素取代可以显著改善合金的吸放氢性能，尤其是可以提高合金的循环寿命。

Orimo和Zuttel等人用Co和Cu部分代替Ni和$Mg(Ni_{1-x}T_x)$（T＝Co和Cu），机械合金化80h后，在整个组成范围内形成非晶相，用Co和Cu替代时平衡氢压升高，平高线变陡，而H含量减少。以Al取代Mg制得的（$Mg_{1-x}Al_x$）Ni（$x=0\sim0.5$）合金，从其室温下的$p-c-T$曲线可以看出，随Al取代Mg含量的增加，储氢量减小，$p-c-T$曲线上的平台变陡，平台压升高。认为主要是因为纳米晶的晶格缺陷浓度高所致。为进一步改善氢化性质，必须进行热处理，以使晶粒长大和结晶应力释放。

Ti、V是改善MgNi合金电极循环寿命的有效元素。由于合金电极的放电容量在经反复充放电循环后快速衰减是因合金在KOH电解液中发生不可逆氧化，在合金表面生成$Mg(OH)_2$所致，而用Ti、V部分取代Mg则可以在合金表面形成致密的TiO_2或VO保护层，从而限制了$Mg(OH)_2$的生成，使电极循环寿命得以提高。迄今为止，获得的最佳含Ti合金是非晶$Mg_{0.7}Ti_{0.3}Ni$，研究显示该合金在20次充放电循环后，放电容量为初始值325mA·h/g的92%。Zhang等人研究的相同成分的合金，其初始放电容量达399mA·h/g，20次充放电循环后，充电容量尚余74%。Ruggeri等人通过对比$Mg_{0.5}Ti_{0.5}Ni$和MgNi两种电极在10次充放电循环后的容量衰减，证实因Ti的添加，在合金电极表面形成了TiO_2。Nohara等人用V部分替代Mg，机械合金化制得$Mg_{0.9}V_{0.1}Ni$，与MgNi相比，第1次放电容量差不多，但循环寿命提高，从而证明V的添加有效地防止了在合金表面形成$Mg(OH)_2$，在充放电循环过程中保护了合金的吸收氢性能。基于相同的原理，Iwakura等人研究了机械合金化非晶$Mg_{0.9}Ti_{0.1}Ni$、$Mg_{0.9}V_{0.1}Ni$和$Mg_{0.9}Ti_{0.006}V_{0.04}Ni$合金，从三种合金的充放电循环试验结果来看，合金放电容量随循环次数的衰减由于Ti、V的添加而受到抑制，其中，以 Ti、V 共同取代 Mg 的 $Mg_{0.9}Ti_{0.06}V_{0.04}Ni$ 合金的性能为最佳。研究认为，正是由于 Ti、V 对 Mg 的部分取代，在合金表面优先形成含有 Ti、V 的复合氧化层，从而减缓了在充放电时合金表面 Mg 的氧化过程 $Mg(OH)_2$ 的形成速率，有利于合金在多次充放电循环后仍保持高的放电容量。

Co、Cu、Fe 等元素以及不同含 Ni 量对 MgNi 系合金储氢性能和电化学性能也有不同程度的改善。

（5）一种低成本制造的高性能氢化镁（海德利夏的氢化镁）。2006 年，Hydrexia 公司开始研发镁存氢材料，成功设计和建造了第一座储氢系统，能存储 6g 氢。2010 年，Hydrexia 公司完成了 12 箱储氢系统，可存储 22kg 氢。Hydrexia 的氢化镁合金成本每克低于 0.04 美元。制备 Hydrexia 合金的特点是不需要球磨过程。它去除了传统流程，被研磨成十几微米厚的鳞状薄片，如图 15－18 所示。数量级大于纳米颗粒。这些薄片在空气中稳定，不像纳米颗粒那样有易燃的危险。

图 15－18 Hydrexia 的镁合金

Hydrexia 的合金独特之处在于一小部分附加的精炼材料可以减少亚共晶 $Mg-Mg_2Ni$ 系统中层间隔的共融合金，如图 15－19 和图 15－20 所示。掺杂的材料可改进氢化反应的活性，减少首次氢化反应时间，和氧化层的反应有关。

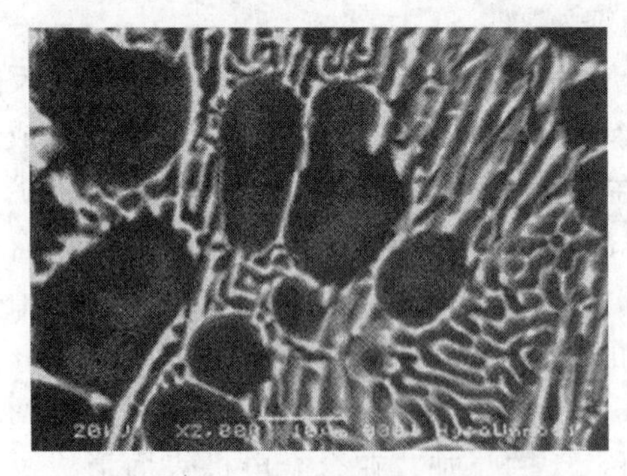

图 15－19 镁－14%（质量分数）镍

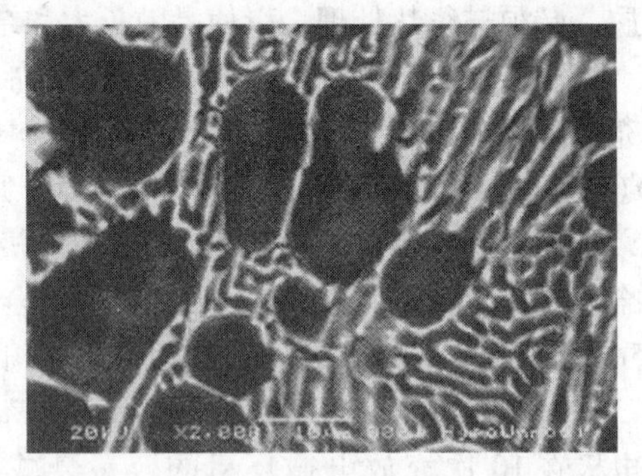

图 15－20 镁－14%（质量分数）镍和 990×10^{-6} 钠

（6）纳米镁基储氢材料。研究表明：镁在常压下，大约 523K 和 H_2 作用生成 MgH_2，在低压或稍高温度下又能释放出氢，即镁具有贮氢的作用，而且是储氢的有效材料，是非常优秀的金属储氢材料。纯镁的质量储氢量高达 7.6%，即 10kg 镁中可以储存 0.67kg 的氢，是所有可利用的金属储氢材料中储氢量最高的金属。把氢储存在镁合金中，可以控制释放的速度，保证利用的安全性。释放需要加热。目前研究人员已经把加热温度从300℃降到了150℃，但温度仍然较高，还需要继续研究镁的合金化和纳米化，争取降到100℃以下，即不高于燃料电池工作的温度。用镁合金来储存氢的技术，将来可以推广到汽车领域，成为汽车新动力。

针对镁储氢温度高、充放氢的速度慢，导致镁储氢的实用性较差的缺点，我国研究人员开展了纳米尺度镁储氢材料的研究，利用纳米材料的尺度效应，通过改善镁的热力学和动力学特性，实现低温快速充放氢。研制了等离子体气相沉积纳米金属粉体制备装置，采用氢等离子体在真空中是金属汽化并沉积，通过控制功率、气氛等参数，获得纳米尺寸的金属粒子。纳米镁粉的尺度在50~500nm之间，具有非常高的表面活性，在$p-c-T$充放氢测试中储氢容量达到6.2%以上，接近理论储氢容量。充放氢试验表明，纳米镁粉的充放氢温度和速度显著降低。

研究还表明：大容量复杂金属氢化物是一类具有应用前景的储氢材料，包括硼氢化物、氮氢化物和铝氢化物，但是这类材料放氢温度较高且可逆储氢性很差，如$LiBH_4$可逆储氢需要650℃、35MPa的苛刻条件。对反应球磨法制备稀土硼氢化物的研究表明，获得了La、Er、Y的硼氢化物，并初步测定了吸放氢热力学参数和可逆储氢性能。从制备过程来看，稀土硼氢化物的产率随球磨参数变化较大，因此需要优化反应条件来提高产率。储氢方面测试研究表明，稀土硼氢化物在1个大气压下的放氢温度约为400℃，放氢反应可一步完成且气体产物中无乙硼烷。更为重要的是在稀土硼氢化物能够在温和条件下进行部分可逆储氢（可逆性约为80%左右），其吸氢平台压仅为0.5~3.7MPa，远低于其他硼氢化物。并且经过多次循环吸放氢后，可逆储氢量几乎完全没有损失。

（7）镁电池的研究开发。由于镁的电极电位低，具有非常优秀的电化学性能，可以作为一次电池和二次电池应用，可用于制作各种高容量电池。镁还具有同锂相似的物理化学性质，且镁电池无毒，对环境无污染，安全性高，容易操作，更为重要的是，镁的资源储量非常丰富，价格也便宜，作为电池材料具有极大的优势。目前，已经成世界关注的焦点，研究与开发应用的镁电池有：镁干电池、镁可充电电池、镁海水激活电池、镁溶解氧电池、镁空气电池、镁燃料电池、镁水电池等，镁电池已经在军事上得到了应用。上海交通大学重点开展了可充镁电池、镁空气电池和高性能镍氢电池（含镁）的研究开发。在可充镁电池中，重点发展了正极材料和电解液成分设计和制备工艺，目前发展的MgCuMoS体系正极材料和有机电解液体系，比容量可以达到130mA·h/g以上，与目前商用锂离子电池比容量相当，并且循环稳定性和衰减性能都非常优秀。这一体系的可充镁电池研究处于世界先进水平。

15.3.12 镁燃料电池

15.3.12.1 概述

燃料电池被认为是21世纪首选的洁净高效能源，是全世界竞相开发的热点课题。燃料电池种类很多，典型的燃料电池是指氧气和氢气低温氧化还原催化燃烧产生水和电能，以氢气、氧气为发电物质、氢氧化钾溶液为电解质的碱性燃料电池开发最早，主要为空间任务，包括航天飞机提供动力和饮用水。燃料电池系统中，氧气、氢气的催化电极、隔膜、系统等都还存在相当的技术难度，虽历经数十年的大力攻关，目前仍处于产业化的初级阶段。尤其是氢能时代没有到来，氢气的制取、运输、储存的技术难度很大，以氢气为燃料电池的时代尚需时日。除氢气外，可以作为燃料电池的燃料还包括甲醇、甲烷、汽油、煤炭、金属（锌、镁、铝、钙、锂、铁等）。以金属为燃料的燃料电池又称金属燃料电池。不同金属燃料电化学性能比较，见表15－40。

表15－40 几种电池负极材料的相关数据

金属燃料电极	锂	钠	镁	铝	锌
标准电极电动势/V	－3.03	－2.71	－2.36	－1.66	－0.76
电化当量/g·(A·h)$^{-1}$	0.259	0.858	0.454	0.335	1.22
每克物质产生的电容量/A·h	3.86	1.16	2.2	2.98	0.82

镁是仅次于金属锂的高能电池阳极材料。镁燃料电池具有比能量高、使用安全方便，原材料来源丰富、成本低、燃料易于贮运、可使用温度范围宽及污染小等特点，有着优良的性能价格比。镁燃料电池的原理与氢/氧燃料电池原理相似，如图15－21所示。

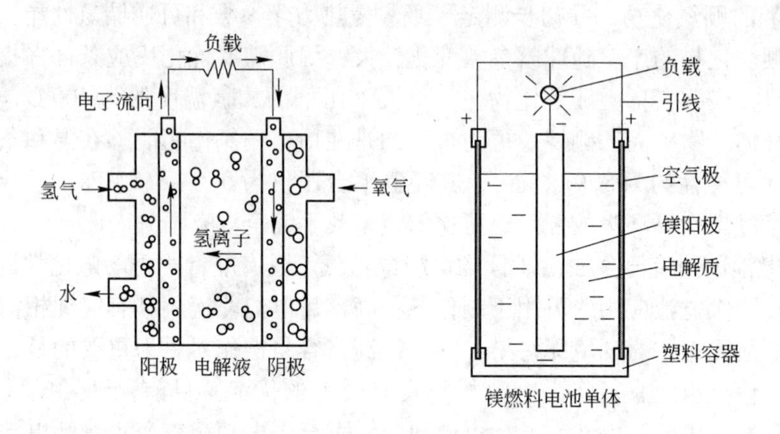

图15－21 燃料电池原理示意图

镁燃料电池由镁合金阳极、电解质和氧化剂（空气、氧气、双氧水或其他氧化剂）以及催化阴极三部分组成。目前主要研究的是中性盐电解质镁－空气燃料电池和镁－过氧化氢燃料电池系统。镁－空气燃料电池的放电反应机理如下：

在阳极，镁失去电子，发生氧化反应：$Mg \longrightarrow Mg^{2+} + 2e^-$ 2.37V

在阴极，氧气得到电子被还原：$O_2 + 2H_2O + 4e^- \longrightarrow 4OH^-$ 0.40V

电池总反应为：$Mg + 1/2O_2 + H_2O \longrightarrow Mg(OH)_2$ 2.77V

析氢反应：$Mg + 2H_2O \longrightarrow Mg(OH)_2 + H_2\uparrow$

与氢－氧燃料电池相比，镁燃料电池的技术难度小得多，因此，镁燃料电池已经在民用和军事上得到了应用。

15.3.12.2 镁燃料电池分类

镁燃料电池的种类很多，以下是有代表性的几种：

(1) 镁－空气备用电源。早在20世纪60年代，美国GE公司就对中性盐镁燃料电池进行了研究。备用电源是镁燃料电池的一个应用领域，可作为医院、学校备用电源、应急电源等，在备用时，可以干态长时间搁置，需要时，加入电解液即可应用。目前，加拿大 Greenvolt Power 公司（GP）研制出 100W 和 300W 级的镁/盐水/空气燃料电池（MAswFC），能量密度是铅酸电池的 20 倍以上，可为电视、照明灯、便携电脑、手机及 GPS 等设备供电。加拿大 Magpower Ystems 公司研制的盐水电解质镁/空气燃料电池，能连续提供 300W 的功率，成功应用于偏远地区水净化系统水泵的供电。

（2）无氧环境 Mg－H_2O_2 镁燃料电池。能量密度高、电压稳定、结构简单、安全、无污染、加注过氧化氢充电。极佳水下动力电源，主要用于智能自动无人驾驶航潜器，以海水作电解质。美国海底战事中心与麻省大学以及 BAE 公司共同研制成功了用于自主式潜航器的镁－过氧化氢燃料电池系统。该电池采用海水作电解质，镁合金作阳极材料，液态过氧化氢作阴极氧化剂。该电池提供了一个成本较低，并且更为安全的高能动力，是低速率、长寿命的自主式潜航器的理想驱动电源。

（3）镁－海水溶解氧镁燃料电池。1996 年，挪威与意大利开发了用于 180m 深的海底油井或气井探测的海洋水下自动控制系统的镁燃料电池，以镁合金作阳极，海水作电解质，海水中溶解的氧为氧化剂，阴极用碳纤维制造，由 6 个 2m 高的海水电池组成的开放结构，能量达到 650kW · h，系统寿命为 15 年。法国－挪威测试的超长航程深海智能自动无人驾驶航潜器，航程超过 3000km、下潜深度 600m，用于情报收集、反潜、侦察、极地探索等。单电池使用 234 根镁合金棒。我国将海水溶解氧镁燃料电池用做航标灯、水文流标、浮标、潜标和海下监控通讯设备电源等。

（4）镁海水激活电池。高性能镁阳极能满足鱼雷主驱动电源的需求，已经开发出镁燃料电池驱动的先进鱼雷。海水电池是在第二次世界大战期间由美国贝尔实验室设计、由通用电气公司进行工程发展而制成鱼雷电池组的。镁海水电池属一次性激活电池，其性能特点为电池储存寿命长，可达 5 年；比能量高，可达 88W · h/kg；放电电压平稳，安全可靠；激活速度快，激活时间仅为 2s（银锌电池为 10s）。世界上以海水激活的电池作动力的鱼雷型号也不少，镁海水激活电池包括镁－氧化银系列电池和镁－氯化亚铜系列电池。前者具有代表性的是美国 MK45F 鱼雷、英国“甫鱼”鱼雷、意大利 A244 鱼雷等；后者镁－氯化亚铜系列电池，其价格是镁－氧化银系列电池的 1/3，目前只有俄罗斯的 уэтт 和 тсэт80 型鱼雷。тсэт80 型鱼雷是世界最先进的潜射重型鱼雷，可以攻击大型舰船，包括航空母舰。

（5）微型镁燃料电池。有一种利用人体内部的葡萄糖、溶解氧为燃料的生物燃料电池，可以直接植入人体，作为心脏起搏器等人造器官的电源。生物燃料电池在葡萄糖燃料阳极室内，在酶催化剂作用下释放出质子，通过外电路到达阴极室的阴极催化电极。这种电池结构较复杂，而且电池产生的电量小，目前没有实现市场化。现在已经有人开始研究人体植入镁燃料电池，以镁合金阳极－溶解氧－催化还原阴极为电池。用制备 Nafion 膜固定的炭载血红素的蛋白质，如细胞色素 c（Cyt c）、肌红蛋白（Mb）、血红蛋白（Hb）的方法简单制得的生物催化剂对 H_2O_2 或 O_2 还原有较好的电催化活性。因此，这是一种较好的生物燃料电池阴极生物催化剂。这种镁燃料电池结构更简单和容易微型化，而且电容量大，很合适为心脏起搏器、血糖仪供电。

（6）镁－水电池。日本专家研发了一种新型环保水电池以代替普干电池。其结构是把炭粉等物质装进一个镁合金电池管内用力压紧，再注入清水，一枚水电池就诞生了。最大电流超过了350mA，这足以让一个微型手电筒发光了。水电池的主要原料是镁合金、炭粉和清水，不会对环境造成污染，而且可以多次回收利用。它的生产成本也只有普通电池的1/10。

（7）大功率镁燃料电池。电能不能储存是造成资源浪费的原因，可以把各种多余的都能用于冶炼镁铝锌等金属，铝或镁可以储存电能，然后在镁空气电池或铝空气电池发电，作为电动汽车的电源。有人提出计算依据，考虑到某些地区或时段的多余动力很便宜。同时，镁、铝储存和运输费用很低。总体计算，以金属为燃料的电池，在许多方面有经济价值。例如，1g镁的实际发电量大于1A时，相当于一节5号干电池的发电量。有资料介绍，美国加利福尼亚州在使用镁－空气电池的电动车上，有过只更换一次金属电极续驶里程达1600km的记录。

（8）固体氢气源的燃料电池。固体吸氢材料不仅可以作为标准氢/氧燃料电池的氢气燃料源，还可以制造二次电池的阴极。镁系储氢合金的储氢能力大（Mg_2NiH_4 含氢3.6%，稀土系 $LaNi_5Ha_6$ 含氢1.4%）、价廉、无污染，但目前镁系储氢合金吸放速度慢、反应动力性能差、释氢温度高、表面有致密氧化膜，阻碍实用化。近来，镁基复合储氢材料发展很快。例如，一种新的纳米晶/非晶镁基储氢材料产业化制备技术为：熔炼—快淬—放电等离子烧结—低温球磨。熔炼、快淬在一台设备内一次性完成，工艺更加简单，有利于稳定一致的纳米晶/非晶带的制备。用SPS烧结镁基储氢合金只需10min固相反应时间，完全不同于常规扩散烧结方法，大大缩短了制备时间。低温球磨能提高机械破碎的效率，强化非平衡效应，性能显著提高。

（9）特种镁燃料电池。中国科学院已研制出可在零下60℃时能放出常温条件下额定容量95%的低温系列特种电源，可在80℃时能放出常温条件下额定容量90%的高温系列特种电源，以及特殊能量达到镍氢电池近3倍、铅酸电池近10倍的长寿命系列特种电源和大功率系列特种电源。

15.3.12.3 镁燃料电池的产业化

镁燃料电池早期研究属于应用电化学领域。其电池的系统和阴极为通用技术，可以将其他电池的成果直接移植过来，阳极镁合金材料从属于阳极材料，早期并没有特别重视镁合金阳极，只是从工业镁合金牌号中选择。只要有具备不同电池的镁合金阳极性能，就可以开发多种形式和性能特点的燃料电池。同时，镁合金阳极是以消耗性的燃料使用的，因此，这种电池的发展将不断消费镁合金，同时镁合金阳极通常都是以加工镁合金的形态使用。因此，镁燃料电池的发展对镁产业具有很大的促进作用。镁合金阳极材料不仅需要高性能的镁合金功能材料，也需要先进的镁合金熔炼技术和加工技术。

镁电池和镁合金阳极种类很多，从理论上它们都有可能进一步发展成为商品。但是，近期有望成为商品的镁电池有：镁干电池、便携镁干电池组、镁燃料电池应急灯、镁水电池、备用镁燃料电源、大功率镁电池等，另外和它们配套的镁合金阳极。

15.3.12.4 镁燃料电池的研究热点

（1）电池系统和设计。镁燃料电池系统设计、镁电池的结构设计、镁电池产业化生产工艺都是产业化必须面对的挑战。而且，镁燃料电池产品的研发和电池设计不是镁行业的专业领域，这需要和电池行业或电化学行业联合公关解决。

（2）镁燃料电池阴极。燃料电池的阴极对镁燃料电池的性能有重要的影响，其组成和结构要实现将氧化剂最有效的催化转化成电池反应的阴极反应物质。寻找廉价、高效的氧还原电催化剂和研究新型结构的阴极制备技术是当前研究的热点。

催化剂主要有贵金属催化剂（铂、铂合金和银）、钙钛矿型氧化物催化剂、金属有机螯合物催化剂、MnO_2 催化剂等。贵金属铂基催化剂用作空气阴极氧还原电催化剂显示出良好的催化活性，但由于铂价格昂贵，限制了它的市场化与应用范围。近年来有关金属燃料电池用非铂催化剂阴极研究报道较多，并取得了较大的进展。银催化剂空气扩散电极在碱性电解质中的电催化性能在室温和大气压力条件下，当电极电势为 0.75V（vs. SHE）时，电流密度达到 $150mA/cm^2$。用 PTFE 作黏结剂，与银粉或氧化银粉催化剂相混合，通过冷压处理过程，得到高比表面积的多孔气体扩散电极，电流密度达到 $650mA/cm^2$，使用寿命长达 5000h。纳米 MnO_2 催化剂是一个研究热点，在 $0.85mg/cm^2$ 的低催化剂载量的情况下，氧化还原反应电流密度可达到 $100mA/cm^2$ 以上。

（3）阳极镁合金的研究。不同的电池产品需要不同的电极，但有共同的性能要求：点蚀、不均匀腐蚀、自腐蚀、电压滞后、钝化、负差效应等不严重。不同的镁电池，如果从功率上划分，包括微功率阳极镁合金、小功率阳极镁合金、中等功率阳极镁合金、大功率和超大功率阳极镁合金等。

1）微功率阳极镁合金。微功率工作的镁电池，一般工作电流很小，电池寿命很长。要求镁合金的自腐蚀、不均匀腐蚀最小。析氢过电位小的元素 Fe、Co、Ni、Cu 等是氢催化析出的元素。因此为了减少镁电极的损耗，需要把镁中的上述有害元素尽量降低，需要用纯度很高的镁合金。目前降低金属元素的超高纯净化熔炼技术不过关，需要攻克相关技术，例如可能需要区域熔炼技术。

2）小功率阳极镁合金。普通电池基本都处于小电流工作的状态。点蚀、不均匀腐蚀对电池容量的影响很突出。除了尽量降低析氢过电位小的元素 Fe、Co、Ni、Cu 等杂质元素的技术外，一般还可以微量活化元素，即除尽腐蚀的元素，将每处前沿区都变成活化点，使腐蚀均匀化。研究发现，稀土元素、钙都能作为腐蚀均匀化的合金元素加入，但必须控制在临界范围之内。

3）中等功率阳极镁合金。应急电池基本是工作在中等电流范围，此时对不均匀腐蚀、钝化、负差效应的要求不突出，一般采用工业镁合金，例如 AZ31、AZ61 等。

4）大功率和超大功率阳极镁合金。军用动力电池新型镁合金，镁合金阳极研究是热点和难点问题之一。为了克服金属镁的这些缺陷，可将镁和其他合金元素制成二元、三元及多元合金。采用在镁中添加汞等元素，并制备出很薄的镁片，作为一次用完的电极。镁通过添加合金元素制成镁合金后，增加了负电位，使反应产物易于脱落。研究重点是添加铅、铊；俄罗斯以添加汞、镓、铟等为方向。因此，含铅、铊、汞、镓、铟等大密度元素的镁合金已经成为重要的鱼雷电池阳极材料。毒性很大的元素、昂贵的稀有元素不适合一般用途。进一步的研究方向，是采用常规元素取代上述元素。

15.3.13 低密度多孔（泡沫）镁合金材料

多孔材料是具有特殊性能（如能量吸收性能等）的超轻材料。多孔材料已广泛用作吸收撞击能，隔音、阻燃、隔热、热交换和结构材料等。多孔材料可分为两种类型：开孔型材料——固体材料分布在形成孔隙面的小边缘的小圆柱内；闭孔型材料——固体材料分布在形成孔隙的小平面上。为了能应用多孔金属的能量吸收性能，要求其流变应力应低于产生危险或损伤的阈值。镁是制造多孔金属的理想材料之一。因为，镁的密度低，与铝相比，具备相对低的流变应力。密度为0.05g/cm^3 的开孔型镁合金多孔材料是一种典型的镁合金多孔（泡沫）材料。

用聚氨基甲酸酯模块制造开孔型 AZ91 镁合金。其生产原理为：将熟石膏倒入聚氨基甲酸酯模块中，形成石膏模，然后将此模加热到500℃。由于加热时聚氨基甲酸酯模块被去除，石膏就具备了多孔结构。将镁熔体倒入多孔的石膏模中，并加热到600℃。由于模具是抽真空的，因为重力铸造时镁熔体不能通过窄小的线路流入多孔的石膏模。通过水喷射，石膏模破碎，最后可获得开孔型镁合金多孔材料。开孔型 AZ91 镁合金多孔材料的特性列于表15－41中。

表15－41 开孔型 AZ91 多孔镁合金的特性

柱间距/mm	柱厚/mm	固体体积百分比/%	密度/g·cm^{-3}
(3.8~5.7) 平均值4.5	(0.2~0.4) 平均值0.3	2.7	0.049

从显微组织照片中可以看出，开孔型 AZ91 多孔镁合金的析出物为 $Mg_{27}Al_{12}$，这可能与多孔合金凝固时冷却速度高于 AZ91 铸造镁合金有关。

多孔金属的密度和压缩应力列于表15－42中。应当注意，开孔型 Mg 合金显示了较低密度（0.049g/cm^3）和相对低的稳定应力（0.11MPa）。因为多孔镁合金的低密度和相对低的稳定应力，所以具有较高的能量吸收潜力。

表15－42 多孔金属密度和压缩应力

材 料	结 构	密度/g·cm^{-3}	相对密度	平稳应力/MPa	相对应力
AZ91Mg	开孔	0.049	0.03	0.11	9.2×10^{-4}
Al	开孔	0.15~0.39	0.06~0.15	0.3~2.2	6.0×10^{-3}~4.1×10^{-2}
Al－7Mg	开孔	0.14~0.54	0.05~0.20	0.9~115.6	3.8×10^{-3}~15.1×10^{-2}
7075	开孔	0.25~0.56	0.09~0.21	1.6~13.5	4.6×10^{-3}~3.9×10^{-2}
Zn	开孔	0.34~0.54	0.05~0.08	0.1~2.2	5.3×10^{-4}~3.0×10^{-2}
Zn－4Cu	闭孔	1.0~2.0	0.15~0.27	5.6~22.3	2.7×10^{-2}~1.1×10^{-1}
M/SiC	闭孔	0.11~0.54	0.04~0.20	0.98~2.62	2.5×10^{-3}~6.7×10^{-3}

15.4 镁及镁合金材料制备与加工新工艺、新技术的研究开发

15.4.1 高纯镁精炼新工艺的研究开发

通常，纯镁分为Mg90(99.9%)、Mg95(99.95%)、Mg96(99.96%)三种牌号。其中，Mg90中杂质平均含量为总质量的0.07%(700×10^{-6})，符合规定的含量是：0.03% Fe，0.01% Mn，0.002% Cu，0.006% Si，0.01% Al，0.0005% Ni，0.002% Na，0.0008% Ti。

纯镁广泛用于钛、锆、铍、铀及其他一些金属的还原。在还原的过程中，杂质的主要部分已转入到还原金属。因此，要生产牌号较高质量的合金必须用高纯镁。

对于大多数镁基合金的铸造和变形合金而言，Mg90的纯度就足够了。只有一部分镁基合金要由Mg95(99.95%)或Mg96(99.96%)才能生产。研究表明，引起镁合金腐蚀和性能变差的主要杂质是铁和钠。因此，在某些技术领域里要求镁的纯度必须为99.98%或更高一些。比如，对于计算机和信息系统的高性能镁合金存储盘而言，就得采用杂质总含量不大于0.01%的铝镁合金。

在许多已知的精炼镁的方法中，实际上采用的是熔剂、沉淀、金属处理和过滤。精炼镁的标准熔剂主要是碱及碱土金属的氯化物和氟化物。这些成分中还有钛的氯化物（$TiCl_2+TiCl_3$）或硼的化合物（$B_2O_3+BF_4$）。

金属处理方法是通过往熔融镁中加入钛、锆或锰的氯化物和金属化合物来实现。该方法有很高的精炼效果，特别是精炼除铁、硅等杂质。但是因此而造成的精炼添加剂费用也很高。

金属处理精炼除铁的方法还包括，存在于保护熔剂或保护介质中的熔融镁能通过氩气或其他气体物质的喷射来除氢。然后，锆和硅以一定的比例混合到熔融镁中。

在精炼镁时，采用了精炼铝的一些有效措施。其中一个措施是，在采用专门的搅拌器和相互作用的气体间质量交换的混合工艺时，应使加入的熔剂或添加剂固定在熔融金属内循环。从而使反应速度和加入试剂的使用程度达到很高。

另一个措施是，在旋转的冷却体中熔体以馏分结晶的方法进行精炼。由于分配系数的不同，含有杂质的纯金属结晶，即共晶杂质集中在熔体中，包晶集中在铸锭中。

以熔剂和添加剂精炼为主要方法，在舱式电炉中，用钢杯或人造刚玉杯熔化重750~1000g的Mg90牌号的镁试料。熔化后取原始试样，涡轮搅拌器的转子下降到熔体中。当搅拌器旋转时，熔剂和其他精炼添加剂就加入到成型漏斗中，搅拌时间10min。之后沉淀15min后取样。

试验时采用如下熔剂和添加剂（%）：

（1）ВИ-2熔剂：$43MgCl_2$；37KCl；6.5BaCl；$4CaF_2$；4NaCl；$4CaCl_2$；1.5MgO。

（2）ФЛ5熔剂：$36MgCl_2$；36KCl；$6BaCl_2$；$5CaF_2$；$7MgF_2$；$10AlF_3$。

（3）ФЛ10熔剂：$28MgCl_2$；22KCl；$10BaCl_2$；$20MgF_2$；20CaF；$0.5B_2O_3$。

（4）含低氯化钛的合金：$6MgCl_2$；70KCl；8NaCl；$16(TiCl_3+TiCl_2)$。

（5）筛选及细化过的海绵钛（$-16+1$）。

（6）K_2TiF_6——牌号为Ч的钛氟酸钾。

（7）$ZrOCl_2$——在600℃温度下加热的氯酸锆$ZrOCl_2\cdot8H_2O$。

（8）锆浓缩物：含7%氧化钪的氧化锆。

（9）锆：纯锆碎屑。

用精炼铝所采用的装置以馏分结晶法对镁进行精炼，方法如下：在钢坩埚里熔化1.5～2.0kg的Mg90牌号的镁试料，取原始试样，待熔体冷却至690℃后将其降到钛合金制成的空心圆锥体中。圆锥体同导管相连，当它旋转时，通过小管子往型腔供给冷却压缩空气。

当圆锥体边界层的熔体温度达到660℃时，圆锥体内的镁就开始结晶，铸锭直径也就逐步增大。在实验室条件下，铸重为300～400g的铸锭大约需要10min。在热状态下从圆锥体中取出铸锭，为了取液体试样，需再重熔。镁铸锭和铝锭结晶的外观特征是类似的，未发现镁的燃烧。金属试样的分析用JMS－0.1BM－2定量光谱仪进行。

用熔剂和添加剂进行精炼的试验结果示于表15－43。所有试验的原始试样的成分是一样的，因为所有熔次都是由同一批次镁中的两个铸块的试片生产。从熔剂试验来看，加入49% $MgCl_2$ +49% MgF +2% B_2O_3 混合物时，镁的纯度比较小，钢的浓度减小了50%，硅减小了35%，铁减小了30%。

表15－43 高纯镁用熔剂和添加剂的精炼结果（俄罗斯） （%）

熔剂与添加剂	杂质含量										
	Na	Al	Si	Ti	Mn	Fe	Ni	Cu	Zr	Pb	Sn
原始试样	20×10^{-4}	63×10^{-4}	56×10^{-4}	7×10^{-4}	106×10^{-4}	340×10^{-4}	7×10^{-4}	22×10^{-4}	1.6×10^{-4}	3×10^{-4}	3×10^{-4}
熔剂精炼											
ФЛ5	15×10^{-4}	71×10^{-4}	52×10^{-4}	6×10^{-4}	100×10^{-4}	280×10^{-4}	6×10^{-4}	18×10^{-4}	1.3×10^{-4}	2×10^{-4}	3×10^{-4}
ФЛ3	18×10^{-4}	55×10^{-4}	58×10^{-4}	6×10^{-4}	102×10^{-4}	300×10^{-4}	6×10^{-4}	18×10^{-4}	1.5×10^{-4}	2×10^{-4}	2×10^{-4}
ВИ－2	18×10^{-4}	58×10^{-4}	67×10^{-4}	7×10^{-4}	100×10^{-4}	300×10^{-4}	5×10^{-4}	16×10^{-4}	1.0×10^{-4}	2×10^{-4}	2×10^{-4}
49% $MgCl_2$+49% MgF +2% B_2O_3	10×10^{-4}	60×10^{-4}	36×10^{-4}	2×10^{-4}	96×10^{-4}	240×10^{-4}	5×10^{-4}	20×10^{-4}	1×10^{-4}	0.4×10^{-4}	1.7×10^{-4}
冰晶石 + AlF_3 (2:1)	200×10^{-4}	440×10^{-4}	45×10^{-4}	4×10^{-4}	120×10^{-4}	350×10^{-4}	4×10^{-4}	21×10^{-4}	3×10^{-4}	0.7×10^{-4}	0.4×10^{-4}
含钛添加剂精炼											
低氯化钛合金 0.075Ti	7×10^{-4}	50×10^{-4}	22×10^{-4}	75×10^{-4}	104×10^{-4}	173×10^{-4}	3.5×10^{-4}	15×10^{-4}	1.3×10^{-4}	1×10^{-4}	1.4×10^{-4}
0.15Ti	7×10^{-4}	23×10^{-4}	20×10^{-4}	117×10^{-4}	85×10^{-4}	9×10^{-4}	5×10^{-4}	15×10^{-4}	1×10^{-4}	0.5×10^{-4}	2.5×10^{-4}
0.22Ti	9×10^{-4}	31×10^{-4}	25×10^{-4}	115×10^{-4}	75×10^{-4}	12×10^{-4}	3×10^{-4}	7×10^{-4}	1×10^{-4}	2×10^{-4}	3×10^{-4}
K_2TiF_6，0.8Ti	20×10^{-4}	38×10^{-4}	46×10^{-4}	6×10^{-4}	130×10^{-4}	360×10^{-4}	6×10^{-4}	20×10^{-4}	6×10^{-4}	0.7×10^{-4}	0.3×10^{-4}
海绵Ti，1.0Ti	12×10^{-4}	40×10^{-4}	36×10^{-4}	3×10^{-4}	70×10^{-4}	300×10^{-4}	5×10^{-4}	18×10^{-4}	5×10^{-4}	3×10^{-4}	4×10^{-4}
含锆添加剂精炼											
ZrO，Cl_2，1.1Zr	10×10^{-4}	42×10^{-4}	35×10^{-4}	4×10^{-4}	100×10^{-4}	280×10^{-4}	4×10^{-4}	16×10^{-4}	0.8×10^{-4}	2×10^{-4}	3×10^{-4}
锆浓度	6×10^{-4}	64×10^{-4}	39×10^{-4}	3×10^{-4}	106×10^{-4}	320×10^{-4}	8×10^{-4}	17×10^{-4}	0.7×10^{-4}	1×10^{-4}	4×10^{-4}
Zr + Si	12×10^{-4}	60×10^{-4}	340×10^{-4}	1.3×10^{-4}	60×10^{-4}	130×10^{-4}	10×10^{-4}	28×10^{-4}	8×10^{-4}	0.9×10^{-4}	0.4×10^{-4}

表15-44列出了馏分结晶时依次所得的两种铸锭的分析结果。从所得数据足以说明，馏分结晶在一次精炼过程中可除掉28%~25%的Fe、50%的Al、67%~50%的Si、50%~25%的Cu和67%~25%的Na。

表15-44 用馏分结晶法的精炼结果 (%)

试样	杂质含量									
	Na	Al	Si	Ti	Mn	Ni	Cu	Sn	Pb	Zr
原始的	20×10^{-4}	46×10^{-4}	56×10^{-4}	6×10^{-4}	106×10^{-4}	5×10^{-4}	22×10^{-4}	1.5×10^{-4}	1.2×10^{-4}	1.6×10^{-4}
1号铸锭	13×10^{-4}	26×10^{-4}	35×10^{-4}	9×10^{-4}	106×10^{-4}	1.9×10^{-4}	10×10^{-4}	0.8×10^{-4}	0.8×10^{-4}	1.3×10^{-4}
2号铸锭	10×10^{-4}	20×10^{-4}	30×10^{-4}	2×10^{-4}	130×10^{-4}	2×10^{-4}	5×10^{-4}	0.4×10^{-4}	1.5×10^{-4}	0.3×10^{-4}

研究过程中的工艺参数表明正在改善。但精炼并不能除掉锰；由于其浓度小和该分析方法的灵敏度不够，对其他加入的杂质（Ti、Ni、Sn、Pb、Zr）的精炼行为未作分析。

在该精炼方法中，每种杂质的精炼程度都是由每对镁-杂质的分配系数决定的。精炼镁和铝时的分配系数非常接近，其主要杂质按同样顺序分布。

上述精炼效果为一个周期所得。为了深度精炼，对那些尚未精炼到的镁可重熔后再进行精炼。熔体中杂质浓度减小到0.0001%时，其分配系数不再变化。

由以上分析可以得出如下结论：

（1）采用熔剂和添加剂对镁进行精炼的试验表明，往合金中加入低氯化钛是有效的。铁的浓度降低了25.6%，钠降低了65%，铝降低了60%，硅降低了64%，锰降低了20%。

加入添加剂时采用有效的质量交换，同以往的方法相比，可使低氯化物的耗量减少近1/3。

（2）用馏分结晶法对镁进行试验性精炼。一周期内，铁的浓度减小了3/4，铝减小了1/2，硅减小了1/2，铜减小了3/4，钠减小了1/2。

由于采用了低氯化钛对Mg90进行了预精炼，其综合精炼效果可得到杂质含量不大于下列值（$\times10^{-6}$）的镁：2Fe、10Al、10Si、4Cu、4Na、50Mn，纯度可达99.99%。

15.4.2 镁合金熔炼与保护新技术的研究开发

镁合金在熔铸及静置时，为防止氧化、燃烧，要用干燥的熔剂覆盖，它们很容易进入制品中，形成非金属夹杂，导致铸件力学性能及耐蚀性的恶化。大多数镁合金厂采用SF_6和Ar_2或CO_2的混合气体来保护，近来SF_6对全球变暖的作用已经引起关注，有证据表明SO_2可以代替SF_6，但SO_2同样存在大气污染问题。如何研制出一种无公害、有效的镁合金熔炼保护技术一直是国内外关注的问题。国内在熔体保护方面也做了大量的研究工作，并取得了较好的成果。如上海交大新研制的新型无公害熔剂JDWJ覆盖剂、JDWJ精炼剂，各项性能均优于从德国进口的熔剂。

为了减少各种金属元素在加入时的氧化损失，并具有除杂除渣作用，我国目前在熔炼镁合金时通常采用如表15-45所列的熔剂组分。这种熔剂的熔点虽然比光卤石熔剂或2号钙熔剂的熔点高，但其精炼效果好。

表 15-45 熔炼镁合金用的熔剂组分 (%)

$MgCl_2$	KCl	$BaCl_2$	CaF_2	MgF_2
25 ~ 34	25 ~ 29	12 ~ 15	15 ~ 20	15 ~ 20

熔炼镁合金时，必须严格控制操作条件，才能避免在固溶体和复杂晶格结构的间隙出现机械混合物（如 MgO），否则当出现氧化物后合金会变脆。

为了使压铸镁合金具有最好的高温性能（强度、硬度、耐蚀性），熔炼时应采用定向凝固技术来控制合金（AE、AZ、AM 系列）相中的共晶体的生长，使共晶体任何一种金相结构沿凝固方向规则排列来提高合金相中共晶体的力学性能。当金相组织中共晶成分越高，这种合金的冲击韧性、抗拉强度、高温性能越好，就越适合于汽车制造业的内部装备、驱动系统、发动机、弹簧及避震装置等部件的生产。

熔炼合金温度的控制与稳定是十分重要的，当 δ - 固溶体与金属化合物的浓度较高时，随着温度的下降，会从固溶体中析出次生相，若次生相沿界面以连续或断续的网状析出，呈现针状物或带尖角的块状态物时，合金的韧性及综合力学性能将大大降低，压力加工性也随之变坏。

近来发展起来的电磁搅拌、永磁搅拌，在线除气、多层过滤以及新型溶剂和多次精炼工艺、等温静置等新技术在镁合金熔炼生产中获得了广泛的应用。

镁合金在保护气体下的隔氧熔炼是一种比较成熟和普遍得到应用的先进工艺，与覆盖剂隔氧熔炼工艺相比，可显著提高镁合金熔炼纯度和减少工作环境的污染，因此越来越得到行业认可和应用推广。

镁合金熔炼保护气体的混配气系统，是镁合金在保护气体下隔氧熔炼的关键设备。目前一般采用将待混配单元气体直接进入混气阀，按所需比例节流混合的“动态节流混配方式”产生混合保护气体，该方式结构简单，但混配比精度较低，一般仅达到 0.5% 左右，且混配气稳定性较差，受混气阀结构的约束，可混配单元气体一般不超过三种，若需调节混配比还需配套购置气体分析仪方可测得气体的混配比情况。采用该“动态节流混配方式”的混配气系统，为确保镁合金熔炼过程中的隔氧安全性，只能提高其有效单元气体成分的混配比浓度，从而明显提高了设备的使用成本。

采用在静态储气罐内按所需比例高精度顺序控制待混配单元气体的静态进气压力的“静态压力混配方式”产生混合保护气体，并实行双罐轮换配供气组合结构，是一种高精度多元混配气系统。该方式占地面积较大，但可较经济地获得高达 0.1% 的混配比精度，且混配气稳定性较高，可混配单元气体超过三种以上。采用该混配气系统，可在确保镁合金熔炼过程中的隔氧安全性能的条件下，显著降低贵重的有效单元气体成分的混配比浓度和设备使用成本。

镁合金熔炼保护气体的高精度多元混配气系统，主要由多元气体储气瓶、两个配供气罐以及相应的气阀管路和 PLC 微机电控系统组成。可达到的主要技术经济指标为：混配比精度为 0.1%；可混配单元气体大于三种以上；最大混配供气流量大于 $20m^3/h$；混配供气压力可调范围为 0.01 ~ 0.40MPa。

如图 15-22 所示，以混配由 SF_6、CO_2 和空气这三种气体成分组成的镁合金熔炼保护气体为例，镁合金熔炼保护气体高精度三元混配气系统采用双储配气罐轮换配供气方式。

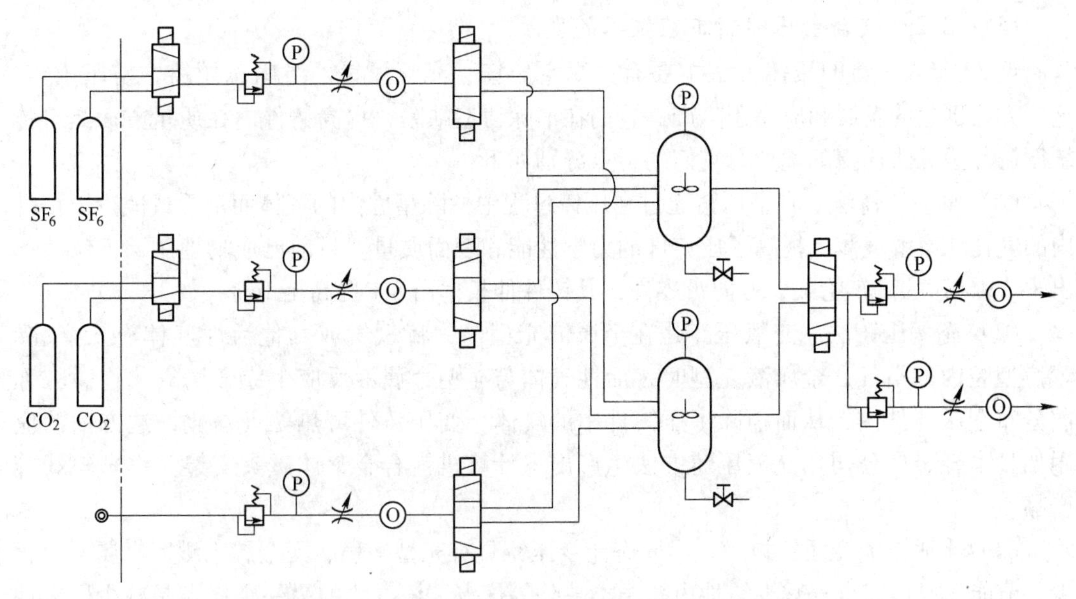

图 15－22　保护气体高精度多元混配气系统原理图

15.4.3　镁合金压铸新技术的研究开发

15.4.3.1　镁合金压铸设备的发展状况

20 世纪 80 年代末期，美、日、德三国相继开发出镁合金金属型铸造装置，该装置由熔炼炉、铸造炉和压铸机三部分组成，采用虹吸管输送金属液，并用 SF_6 保护，避免了非金属夹杂带入铸件，大大提高了铸件质量。目前，普遍应用于镁合金压铸生产的设备为冷室、热室压铸机。在冷室压铸机方面，美国 PRINCE 公司 1986 年生产出了第一台锁型力达 11.76MN 的大型镁合金压铸机，1990 年又生产出第一台锁型力达 13.72MN 的世界最先进的大型镁合金压铸机，该机集合金熔化、压铸于一体，并采用了取件机器人。用冷室压铸机生产的产品有奥迪汽车公司的 1440mm×3.5mm，重 4.2kg 的汽车仪表板，美国通用汽车公司的 1470mm×2mm 的直角承梁，还有汽车座框架和汽车轮毂产品。热室压铸机的锁型力一般在 7840kN 以下，热室压铸生产效率是同容量冷室压铸机的 2 倍，压铸件质量一般在 2kg 以下，非常适用于薄壁铸件的生产。用热室压铸机生产的产品有英国 Kirk Precision 公司生产的 2.5kg 重的自行车架，美国 White Metal Casting 公司生产的 610mm×610mm 的电脑外壳等产品。

据报道，1992 年仅美国、日本用于生产镁合金压铸件的冷、热室压铸机就超过了 160 台，生产的产品从汽车零部件到电子工业用电器壳体、手动工具、运动器材等。

进入 21 世纪以来，我国的镁合金压铸技术与装备制造都获得了迅速发展，大批镁合金压铸企业建立，并迅速发展。我国目前已经有不少设备制造企业具有生产镁合金压铸专用设备的能力，在自动化水平方面与国外企业也相差不大。

镁合金半固态压铸技术是近年发展起来的一项高新技术，高度自动化的镁合金半固态压铸成型机及其自动生产线在世界各国发展很快，并将成为生产镁合金铸件的一种有效的方法。

15.4.3.2 镁合金压铸新工艺技术的发展

近20年来，新的压铸方法主要有：真空压铸、充氧压铸、半固态压铸、挤压压铸，这些方法迅速的发展和应用于生产。它们在消除铸造缺陷，提高铸件内在质量方面具有传统压铸方法无法比拟的优点，它们的特点分别如下：

（1）真空压铸法。真空压铸通过在压铸过程中抽除型腔内的气体而消除或减少压铸件内的气孔和溶解气体，提高了压铸件的力学性能和表面质量。目前已成功地用该方法生产出了AM60B的汽车轮毂、方向盘零件，其铸件伸长率由8%提高至16%。

（2）充氧压铸法。充氧压铸是在金属液充型前，将氧气或其他活性气体充入型腔，置换型腔内的空气，金属液充型时，活性气体与充型金属液反应生成金属氧化物微粒弥散分布在压铸件内，从而消除了压铸件中的气体，使压铸件可热处理强化，这方面的应用如日本轻金属公司用充氧压铸方法生产出了计算机镁合金整体磁头支架、汽车轮毂等产品。

（3）半固态流变压铸技术。半固态流变压铸具有充型平稳、无金属飞溅，金属液氧化少、节能、操作安全、减少铸件内孔洞类缺陷等优点。该方法的另一个优点是减少了铸件的收缩率，对某些铸件甚至可以采用零起模斜度，显著减少了铸件的脱模阻力，提高了铸件的尺寸精度。1987年，美国DOW化学公司发明的镁合金半固态压铸工艺，为镁合金的半固态金属加工迈出了第一步，并取得了三项专利。目前该技术已在美国、加拿大、日本、中国等国家得到了应用，逐步实现了商业化，该公司又于1991年推出了第二代半固态压铸设备。已生产出的镁合金半固态压铸件有汽车传动器壳盖、点火器壳体等。

（4）镁合金半固态射铸技术的发展。半固态射铸技术正处于高速发展与不断完善阶段。镁合金半固态射铸对于提高铸造工序铸件的表面质量有着特别重要的意义。如何降低设备造价、减少维修费用、降低原材料成本、缩短射铸周期等已成为半固态射铸技术开发的主攻方向。

（5）挤压铸造。挤压铸造就是采用低的充型速度和最小的扰动，使金属液在高压下凝固，以获得可热处理的高致密度铸件的铸造工艺，其工艺原理如图15－23所示。挤压铸造还可分为正向挤压铸造和反向挤压铸造。与通常的压铸相比较，液态金属在压力下凝固是挤压铸造最主要的特点，可制造出高致密度、高性能的零部件。

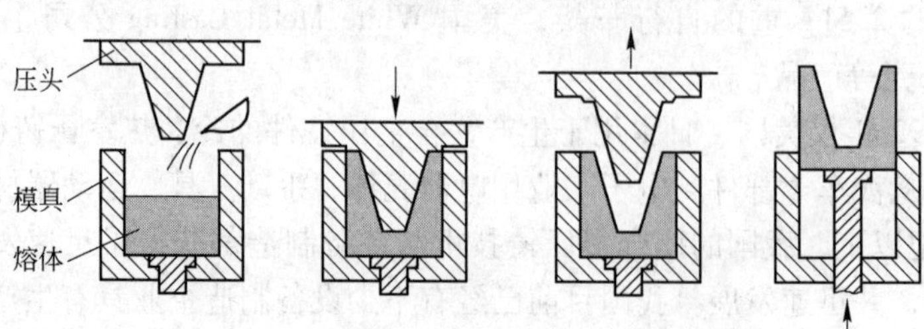

图15－23 挤压铸造工艺原理

挤压铸造最重要的工艺参数是铸型温度、浇注温度和合金的过热度。而合金的化学成分和物理性能直接影响浇注温度、充型压力、铸型温度、合金与铸型的相容性，进而影响铸件的寿命。挤压铸造所获得的铸件组织致密均一，晶粒细小，对厚壁铸件尤为合适，同时铸件具有很高的尺寸精度和低的表面粗糙度，更高的强度和硬度，参见表 15－46 和图 15－24 所示。进一步研究开发的挤压－低压铸造法和挤压－流变铸造法具有缩短生产周期、防止氧化、铸件组织均匀、可提高铸型寿命等优点。

表 15－46 不同铸造成型方法生产的镁合金铸件的质量

对比的铸件指标	低压铸造	压力铸造	真空压铸	半固态触变铸造	半固态流变铸造	挤压铸造
循环时间	3	2	3	1	3	2
表面精度	3	1	3	1	1	1
卷入气体	3	4	3	3	2	1
缩孔	4	4	4	1	1	1
可热处理性	1	4	1	1	1	1
可焊性	1	4	1	1	1	1

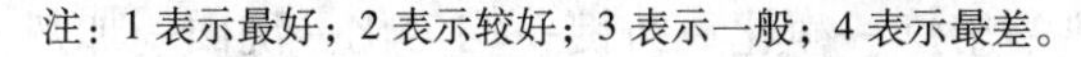

注：1 表示最好；2 表示较好；3 表示一般；4 表示最差。

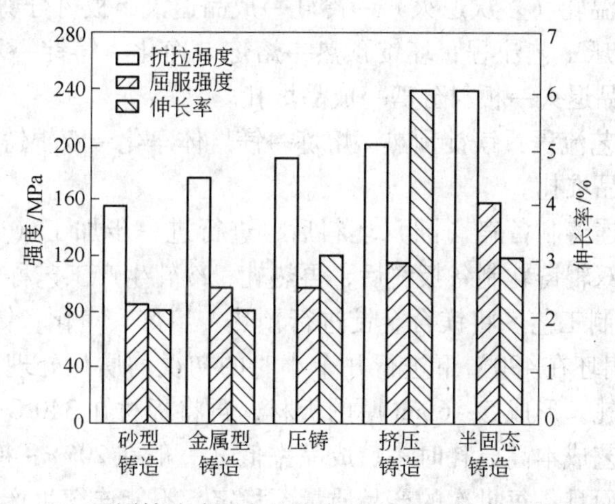

图 15－24 不同铸造成型方法生产的 AZ91D 镁合金的力学性能

（6）金属压缩成型技术（MCF）。美国俄亥俄精密成型公司研究的镁合金的压缩成型技术是在整个压铸件表面加压的成型方法。在压力下凝固，改善了金属微观组织，减小了晶粒尺寸和孔隙率，铸件致密均匀，生产出的铸件性能接近锻造方法，可用于生产性能要求高、形状复杂的铸件。

镁合金压铸新技术应该包括从镁合金配料到成品件加工全过程的各项技术，其中包括高效的熔炼技术、环境友好的熔体保护技术、熔体净化技术、模具与压铸件的温度控制技术与装备、先进的真空压铸技术、高效脱模技术、压铸工艺的优化技术、工件尺寸精确控制技术、表面处理技术、安全生产技术及深加工技术等新工艺、新技术的研究开发。近年来，在以上方面已获得了不同程度的改进和完善。

15.4.4 镁合金板材成型新技术的研究开发

15.4.4.1 概述

镁合金是目前工业上应用最轻的金属材料，由于它具有较强的比强性、比刚性、减震性和电磁屏蔽性及易切削性等综合性能而成为电子通讯、现代汽车、印刷影印、轨道交通、航空航天及军工武器等行业的重要新型材料，尤其是人类对能源和环境非常关注的今天，镁合金产品日益受到重视，具有广阔的市场开发应用前景。

随着近十年来的金属镁工业的发展，镁及镁合金的应用领域也在不断扩大，镁板的应用范围和前景同样十分广阔，铝板可以涉足的领域镁板基本也可涉足。使用镁板生产的冲压件，比起现在普遍采用镁压铸工艺生产的压铸件，具有成品率高、生产率高、产品强度高的优点。因此未来一部分镁压铸产品将会被镁板冲压产品取代。如进一步提高镁合金材料的性能，镁板将会被大规模用于制造汽车前后盖板、汽车门板、动车外壳、动车底座及床铺，以及飞机和火箭等航空航天器上。因此，镁合金板材的市场就像一片蓝海，发展潜力巨大。

15.4.4.2 镁板材的主要生产工艺

目前生产镁合金板带材的主要生产工艺路线有3种，分别为：

(1) 半连铸-轧制工艺流程：坯锭预热→熔炼→净化→铸锭→均匀化→洗面→加热→热轧（多次加热）→温轧（多次退火）→冷轧→成品退火→板材分剪→成品堆扎。

(2) 半连铸-挤压工艺流程：坯锭预热→熔炼→净化→铸锭→均匀化→车外圆→加热→挤压→冷轧→成品退火→板材分剪→成品堆扎。

(3) 双辊铸轧工艺流程：镁锭预热→熔炼→镁熔体净化→双辊铸轧→少量温轧→成品退火→板材分剪→成品堆扎。

通常，把立式半连铸制备扁（圆）坯料后，进行进一步加工（轧制、挤压）称为传统加工工艺，将采用双辊铸轧制备板坯后，再热轧、冷轧生产工艺称为新工艺。

(1) 半连铸-轧制工艺。将镁合金锭进行预热、熔炼、净化，铸造成一般为0.3m×1m×2m的扁坯，将扁坯在480℃下进行几个小时的初次均质化处理，然后进行多次、往返、连续的热轧、温轧，形成5~6mm厚的板材，再将板材在340℃下进行退火、精加工后生产出成品。该工艺成本高、耗时多、成品率低（一般在20‰~40‰之间），如果生产薄板，成品率更低；而且，每批次的产品质量不稳定、不能连续生产，产量受限，无法支持大规模、工业化生产，只能小规模为军工企业生产中厚板，每年产量大约在1000t左右，产品厚度和宽度均满足不了当前汽车制造和电子产品市场的需求。

半连铸-轧制工艺生产镁合金板材的坯料、热轧开坯及冷轧现场如图15-25所示。半连铸-轧制生产镁合金板材的典型工艺如下：

第一方案：板坯加热—粗轧（由铸坯轧到5.5mm）—板坯酸洗—板坯加热—中轧（由5.3mm轧到2.6mm）—中断剪切—板坯加热—精轧（由2.6mm轧到1.3mm）。

第二方案：板坯加热—粗轧（由铸坯轧到5.5mm）—板坯加热—二次粗轧（由5.5mm轧到3.0mm）—中断剪切—板坯酸洗—板坯加热—精轧（由2.7mm轧到1.3mm）。

(2) 挤压开坯工艺。镁合金塑性较差，热轧开坯时，板材边部会出现不同程度的开裂。为了提高板材生产的质量，采用挤压开坯是获得高质量板坯的一种有效方法。

图 15－25 半连铸－轧制工艺生产镁合金板材的坯料、热轧开坯及冷轧现场

根据拟生产的板材尺寸，选择挤压机的吨位和半连铸坯料的尺寸。通常，多采用 20～30MN 的挤压机，坯料直径在 200～300mm。国内一些厂家采用挤压法进行开坯，挤出带材厚度为 1～2mm，进一步轧制成更薄的板带；国外（日本三协）采用我国生产的镁合金铸棒，直接挤压出薄板的厚度为 0.7mm 的产品。挤压法制备镁合金板带的主要工艺参数选择如下。

加热方式：镁合金只允许在空气电阻炉中加热；铝合金可在空气电阻炉或感应炉中加热。

挤压温度：镁合金挤压温度稍低，为防止镁锭燃烧，各种合金允许加热的最高温度为 470℃；铝合金最高加热温度可达到 550℃。

挤压速度：镁合金挤压速度最高可达 20m/min，比硬铝合金的快，但只有软铝合金挤压速度的 1/3 左右。

模具尺寸：镁合金热挤压材的收缩率比铝合金大。

张力拉矫：镁合金挤压材要在加热到 100～200℃的条件下拉矫，这需要专用设备。铝合金挤压材可在室温中拉矫。

图 15－26 是挤压镁合金板坯的挤压现场照片。图 15－27 是挤压用的半连铸坯料和挤压出的镁合金板材。由图可见，挤压出的镁合金板材表面质量优良。

图 15－26 挤压镁合金板坯的挤压现场

（3）双辊铸轧工艺。双辊铸轧工艺是近年来在国内外重点开发的新工艺，该工艺将熔融后的镁合金液体直接用泵嘴均匀地喷射到双辊轧机辊面之间，用轧辊内的冷水冷固，通过辊缝一次性、连续铸轧成 3～3.5mm 板带，然后进行 2～5 次的连续温轧、平整、热处理等精加工后生产出 0.5～1.5mm 厚，600～1800mm 宽的镁卷材成品，成品率均在 93‰以上，直接应用于电子产品制造上。该工艺极大地提高了产品的成品率，省去了传统工艺多次轧制过程。生产率高、生产成本低、工艺成熟、产品质量稳定，可规模化、商业化生产，是目前生产低成本、高性能镁合金板材的现代工艺。图 15－28 是某企业采用双辊铸轧工艺生产镁合金板带的生产现场，图 15－29 是采用该工艺生产的镁合金板带（卷）。

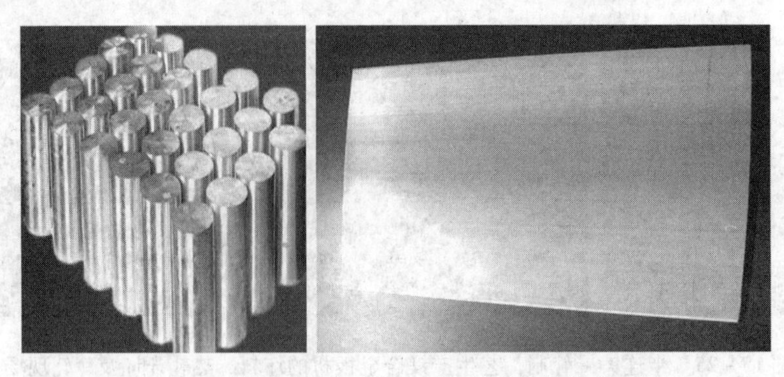

图 15－27 挤压用的半连铸坯料和挤压出的镁合金板材

图 15－28 采用双辊铸轧工艺生产镁合金板带的生产现场

图 15－29 双辊铸轧工艺生产的镁合金板带卷

15.4.4.3 镁合金板材生产的新进展

随着各国经济的发展，镁板材消费结构有了较大的变化，尤其是近几年，随着镁材价格的降低和高温耐热、高强耐蚀等新型镁合金的发展，使各国研发机构和商业公司对镁板的开发和生产颇感兴趣，镁板的生产技术日趋成熟。

CSIRO 一澳大利亚联邦科学与工业研究组织，该组织经过长达十多年的研究，在镁合金及镁合金板材生产方面取得了可喜的成果。CSIRO 已开发出了具有专利权的镁合金板材双辊铸轧技术，将熔融 AZ31 镁液喷射至双辊之间进行铸轧、冷却，即轧制出厚度为 3 ~ 3.5mm、宽幅为 600mm 的镁合金铸态卷板，再将铸态卷板进行少量的温轧及精加工后，即可生产出 3C 产品所需的宽幅 600mm，厚度 0.5 ~ 1.5mm 的成品镁板，工艺成熟，技术处于世界领先。CSIRO 的技术独特在于它能有效地优化显微组织，最小化缺陷，最大化镁板强度和成型性。CSIRO 生产的镁合金板样品已在日本和美国分别进行了制造 3C 产品零部件和汽车部件的精加工检验，被确定性能先进，符合生产 3C 产品和汽车零部件的要求。目前 CSIRO 正在致力于将宽幅为 600mm 镁板材技术进行商业化应用。

CSIRO 更期望将本项技术应用于汽车行业的镁板材生产上，但宽幅 600mm 的板材显然不能满足汽车工业的要求，目前汽车工业对镁合金板材的宽幅要求一般在 1800mm 以上，为此，CSIRO 正在进行该技术的进一步开发和产品尺寸的提升，使 600mm 的宽幅扩大至 1800 ~ 2000mm。

德国的 GKSS 镁技术工程中心对双辊铸轧镁合金板材技术也进行了多年的研究，尤其是在镁合金的铸造、压轧、表面防腐等方面在材料晶相控制和加工工艺上都有很多研究和前期技术储备，后段精加工方面也取得了新的进展。德国亥姆霍兹联合会是德国最大的国家级科研机构，新型镁合金的研发及其在工业领域的应用，是吉斯达赫材料研究中心研究的主要对象，该中心研发并建成的双辊铸轧和温轧示范厂，使板材连续地变薄。目前，这种优化后的宽幅为 650mm，最小厚度为 4mm 的 AZ31 镁合金铸轧板材各项参数符合批量生产工业用材的要求，并能吸引投资伙伴，进行合作生产或技术转让。

2011 年初，韩国浦项钢铁公司（POSCO）在韩国全罗南道的顺川建设镁板材项目，开发和生产宽幅镁合金板材，该项目年设计能力为 1 万吨镁合金板材，宽幅 1800 ~ 2000mm，产品定位于汽车行业，于 2012 年 10 月投产并实现商业化生产，现已成功生产出汽车前后盖板及门板产品，并与韩国现代、韩国起亚和日本丰田等汽车厂家签订意向供货协议。早在 2007 年，浦项在此就有一生产能力为 3000t/a，宽幅为 600mm 的镁板厂在运营，产品用于生产移动设备的硬质外壳，如移动手机和笔记本电脑。

德国 MagF Magnesium Flachprodukte（蒂森克虏伯镁板生产厂）于 2010 年与弗莱贝格工业大学联合，在德国弗莱贝格用铸轧技术生产镁合金板材，其宽幅为 180 ~ 650mm，厚度为 5mm，然后用温轧工艺生产厚度为 0.5 ~ 5.0mm 之间的不同尺寸的板材或卷材，产品用于汽车制造和航空航天制造业。

澳大利亚迪肯大学前沿材料研究院，莫纳什大学材料工程系开发的牌号 BX1 变形镁合金比传统的 AZ31 变形镁合金更具有可塑性，挤压速度快，生产效率高。BX1 合金用于挤压和锻造镁合金板材和型材，其挤压速度比传统的 AZ31 合金快 5 倍，与常用铝合金型材的挤压速度一样，这样会大大降低生产成本，该研究院已在其示范厂用这两种合金挤压出了 8m 长的型材和自行车轮毂，其市场应用前景广阔。

日本的 Gonda Metal、土耳其的 VIG Makina，英国的 Magnesium - Electron 也分别在生产和开发 AZ61 与 AZ31 等不同类型的镁合金板材，用于电子产品装配件和航空航天工业。

奥地利劳和是一家专门从事镁合金熔炉及相关热处理系统的研制、开发和生产企业，致力于研发世界最前沿镁生产工艺及设备，以拓宽镁原料的使用领域，通过该公司的多年研究和与欧美及亚太伙伴公司的合作，也已开发出了双辊铸轧技术，由液态镁合金可直接生产固态镁合金卷材。该公司已向全球的镁板生产商提供了 6 套镁合金熔炼系统，其中向韩国浦项镁业分别与2004年和2008年先后提供了两套设备，生产宽幅为800mm和1800mm的镁合金板材，其设备及生产工艺已得到了市场的广泛验证和认可。

另外，国内也有多家专业生产镁合金板材的厂家，如：中铝洛阳铜业铝镁板材厂、山西银光镁业集团、营口银河铝镁合金有限公司、西部钛业有限责任公司等，他们所用工艺均为传统轧制和双辊铸轧工艺，生产规模小，产品有中厚板和薄板。

美国法塔亨特公司2010年设计制造了一条生产镁板带的热轧线，生产线由可逆式轧机及相关附属设备组成，如图15－30所示。于2011～2012年，在橡树岭国家实验室投入中间试验，取得了阶段性的可喜成效，完全能够批量生产可满足用户需求的镁板带，不但可进行工业化生产，而且可改善所轧带材的显微组织，提高其可塑性与成型性能，保持良好的表面特性，还可使轧制后的热处理减至最低限度。中间试验由三个单位实施：法塔亨特公司提供生产线的成套设备，橡树岭国家实验室提供厂房与必要的技术支持，英国伊利可创镁业公司北美公司提供原材料及人力资源，并参与材料各项性能/组织的冶金评价。

图15－30 美国橡树岭国家实验室的镁带中试热轧线

2012年，该生产线成功地试产出了镁合金带材。生产线可接受带坯的规格：厚≤12.7mm，宽≤250mm。对轧制速度可进行同步或非同步控制。现在的进料辊道适于块片进料，但将来可容易改为带卷进料。

中试热轧生产线的基本组成单元：1台4辊可逆式热轧机（也可以用2辊或6辊轧机）；轧机两侧各有1台热卷取/升卷机，可将镁合金带卷加热和保持在既定的温度范围内；1套轧机驱动系统，可以在非对称轧制镁板时能独立驱动工作辊；可装/卸带卷的工作台，参见图15－31。

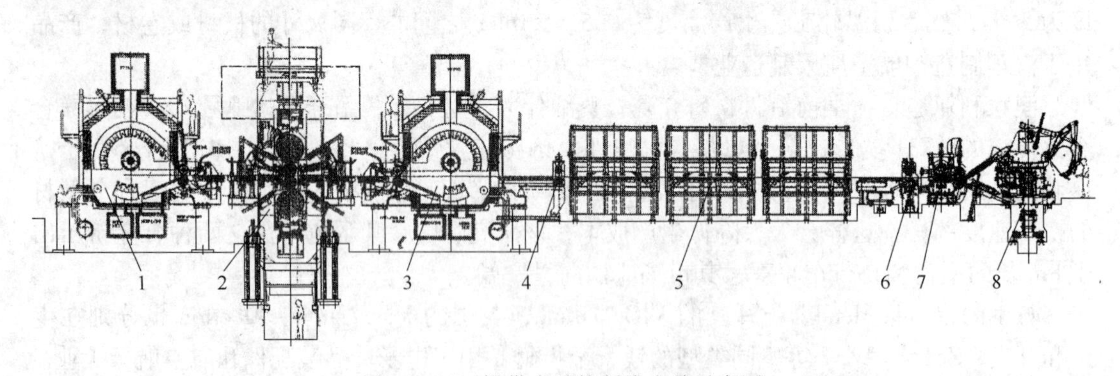

图15－31 镁带中试轧制线全貌示意图

1—1号热卷取/开卷机；2—4辊可逆式热轧机；3—2号热卷取/开卷机；4—出料侧喂料夹送辊；5—惰性气体冷却区；6—剪切机；7—辊矫机导向辊；8—开卷/卷取机组

法塔亨特的镁带轧制中试生产线具有以下特点：可实现可逆式多道次轧制，带材温度始终保持在200～450℃；可进行中间退火处理，软化带材组织；工作辊速度可是同步的，也可以是异步的。在异步轧制时，可向所轧带材导入更多机械功和热，从而可以减小镁的密集六方晶体结构的主要面织构，因此，所轧带材的可塑性及低温成型性能都得到改善；在运转的任何时候可全程提升轧制速度，加快变形速度；一个工作辊的直径作了适当的减小，以便在异步（非对称）轧制镁带时能适应接触弧长最小的情况下，仍有足够的扭转刚度与强度去平衡轧制负载的上升；辊缝的高速调控是通过液压系统进行的，因而调得又快又准，可得到厚度偏差均匀稳定的带材；每道次的压下率可达到恰如其分的最大值，使轧得的带材具有细小均匀的晶粒组织，各项力学性能得到全面提升；工作辊弯曲系统强而有力，轧制的板形好；可进行片轧制，也可以实现片－卷轧制，是一条高技术水平的顶尖镁带连续热轧中试生产线。

2013年初，西安航空基地与陕西工业技术研究院等三家企业共同签订协议，计划在西安航空城投资17亿元打造年产7万吨镁合金研发生产项目，将陆续在园区内建设新型镁合金板材、高铁轻轨和汽车专用镁合金型材、高纯度精炼镁锭、镁合金锭、冲压零部件等生产线，以镁合金精、深加工产品为主导，建成占地约250亩的高品质镁合金产品的研发、中试及产业化基地，总产能将达到7万吨以上。其中的镁板材项目，采用最新的“铸轧＋温轧”短流程工艺，年产3000t镁合金超宽超薄板卷带。项目建成后，将进一步扩大镁合金材料的应用市场，大幅降低镁合金产品的生产成本，提升镁合金产品的质量和制造水平。

目前，生产镁合金板材的研究院和企业及采用的工艺见表15－47。

表15－47 目前生产镁合金板材的研究院和企业及采用的工艺

<table>
<tr><th>国家</th><th>公司/研究院</th><th>产品尺寸（宽×厚）/mm×mm</th><th>采用工艺</th></tr>
<tr><td>韩国</td><td>POSCO（浦项）</td><td>600×1.5，1800×4.5</td><td>双辊铸轧</td></tr>
<tr><td rowspan="2">德国</td><td>MagF（蒂森克虏伯）</td><td>700×(4～7)</td><td>双辊铸轧</td></tr>
<tr><td>GKSS（亥姆霍兹）</td><td>600×4.5</td><td>双辊铸轧</td></tr>
<tr><td>土耳其</td><td>VIG Tubitak(图比塔克)</td><td>1500×(4.5～6.5)</td><td>双辊铸轧</td></tr>
<tr><td>澳大利亚</td><td>CSIRO(联邦科学与研究组织)</td><td>600×(3～3.5)</td><td>双辊铸轧</td></tr>
<tr><td>挪威</td><td>Hydro(海德鲁铝业)</td><td>700×4.5</td><td>双辊铸轧</td></tr>
<tr><td rowspan="2">日本</td><td>Mitsuish(三菱)</td><td>250×5</td><td>双辊铸轧</td></tr>
<tr><td>Gonda Metal(本田)</td><td>400×(2～6)</td><td>双辊铸轧</td></tr>
<tr><td rowspan="6">中国</td><td>洛阳铜业</td><td>600×7</td><td>双辊铸轧</td></tr>
<tr><td rowspan="2">营口银河</td><td>(1500～1600)×(10～100) 热轧</td><td>传统轧制</td></tr>
<tr><td>800×1.3，成卷冷轧</td><td>传统轧制</td></tr>
<tr><td>山西银光</td><td>600×(0.2～9)，成卷</td><td>双辊铸轧</td></tr>
<tr><td rowspan="2">西部钛业</td><td>中厚板：δ25mm×2600mm×～5000mm</td><td>双辊铸轧</td></tr>
<tr><td>薄板：δ(1.0～2.5)mm×～1500mm×～3000mm</td><td>传统轧制</td></tr>
<tr><td>英国</td><td>Elaktro(伊莱克创)</td><td>600×4.5</td><td>双辊铸轧</td></tr>
<tr><td>美国</td><td>橡树岭国家实验室</td><td>坯料12.7×250，成卷冷轧</td><td>传统轧制</td></tr>
</table>

15.4.5 镁及镁合金的半固态成型技术

15.4.5.1 概述

半固态金属加工又称半固态成型（Semi - solid Metal Forming Processes，简称SSF），是一种融合了铸造、锻造和挤压工艺的混合制造方法，被称为21世纪新兴的最具发展前途的金属精密成型关键技术之一。与普通的加工方法相比，半固态金属加工具有许多优点：

（1）应用范围广泛，凡具有明显固液两相区的合金，如镁基、铝基、锌基、铜基、铁基等合金材料均可实现半固态加工，目前应用最多的是铝合金和镁合金半固态加工。可适用多种加工工艺，如铸造、挤压、锻压等。

（2）SSF充型平稳，无湍流和喷溅，加工温度低，凝固收缩小，因而铸件尺寸精度高，SSF成型件尺寸与成品零件几乎相同，极大地减少了机械加工量，可以做到少或无切削加工，从而节约了能源和资源。同时SSF凝固时间短，有利于提高生产率。

（3）半固态合金已释放了部分结晶潜热，因而减轻了对成型装置，尤其是模具的热冲击，使其寿命大幅度提高。

（4）SSF成型装置表面平整光滑，铸件内部组织致密，内部气孔、偏析等缺陷少，晶粒细小，力学性能高，可接近或达到变形材料的力学性能。

（5）应用半固态加工工艺可改善制备复合材料中非金属材料的漂浮、偏析以及与金属基体不润湿的技术难题，这为复合材料的制备和成型提供了有利条件。

（6）与固态金属模锻相比，SSF的流动应力显著降低，因此SSF模锻成型速度高，而且可以成型十分复杂的零件。

（7）节约能源。以生产单位质量零件为例，半固态加工与普通铝合金、镁合金铸造相比，节能30%左右。

（8）半固态浆料成型压力低，容易制备大件，成型速度快，可以成型结构和外形复杂的零部件。

（9）成型零件的力学性能优异，特别是在强度提高的同时，保持较高的伸长率。

1987年，DOW化学公司开发成功了镁合金触变成型技术，从而使半固态技术在镁合金中的应用进入了商业化进程。后来，日本长冈技术科学大学采用半固态机械搅拌法制备AZ91D镁合金，研究了材料的组织和性能，取得了重要成果。Tisser等人也采用机械搅拌法制备了AZ91D合金，研究了其流变铸造技术。研究结果表明，随着搅拌时间、剪切速率的增加以及搅拌速度的降低，浆料中固相颗粒的尺寸均匀性和表面圆整度也逐渐增加。Thixoma公司以喷射沉积镁合金坯为原料，采用半固态成型技术制备了镁合金零件。美国威斯康辛Linberg触变成型发展中心采用触变成型机进行镁合金的半固态铸造，已生产出镁合金离合器片及汽车传动零件等。H. Miller等人认为，镁合金半固态铸造技术是最具发展潜力的新型铸造成型技术。

15.4.5.2 镁合金半固态成型工艺的分类

半固态加工的成型工艺路线主要有两条：一条是金属从液态冷却到半固态温度，然后对所得到的半固态浆料直接成型，通常被称为流变成型（Rheoforming）；另一条是将半固态浆料完全凝固，先制备成坯料，然后根据产品尺寸下料，再重新加热到半固态温度成型，通常被称为触变成型（Thixoforming），如图15－32所示。对触变成型，由于半固态坯料

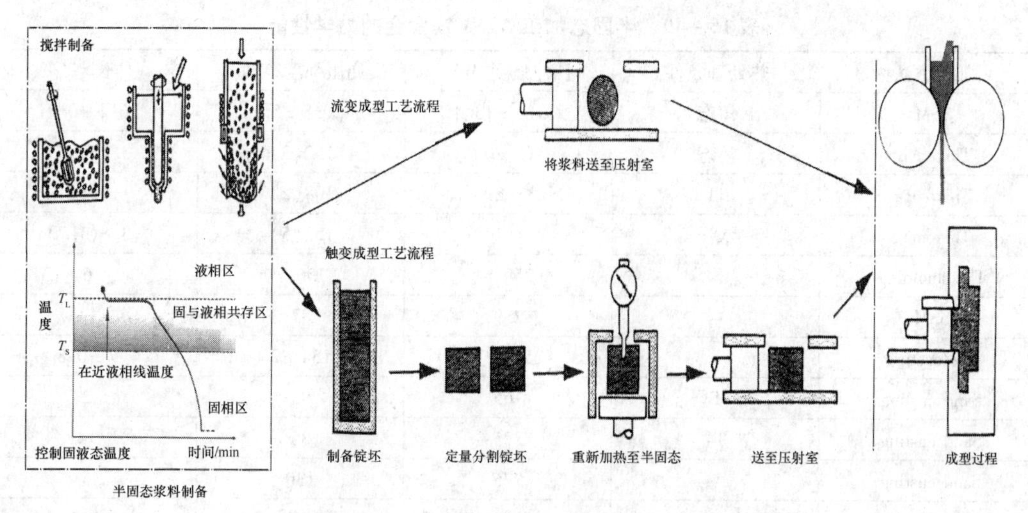

图 15-32　金属半固态加工的两条工艺流程

便于输送，易于实现自动化，因而在工业中较早得到了广泛应用。对于流变成型，由于将部分凝固的半固态浆料直接成型，具有高效、节能、短流程的特点，近年来发展得很快。

在金属半固态成型技术出现之前，一般的金属加工成型温度范围或者在液相线上，或者在固相线以下。在加工成型中涉及液相线与固相线之间液固两相区的只有液态模锻和压力铸造。液态模锻仅仅是通过提高模锻材料的锻造温度，降低材料的变形抗力，使之容易成型。压力铸造是在金属凝固过程中施加压力，提高铸件的材料密度（致密度）和力学性能。而半固态加工技术则是一种全新的金属加工工艺，它首先要制备初生相颗粒近球形的半固态浆料，然后对半固态浆料进行成型。半固态加工技术获得的制品显微结构呈非枝晶结构，组织致密，力学性能较高。

制备方法的选择应考虑实际需要、简便、可靠和经济效益等方面，即工艺流程要短，容易操作，过程稳定，产品质量稳定，最为重要的是经济效益高。现阶段半固态浆料的制备方法中，搅拌法生产具有非枝晶组织的坯料价格比普通铸造的坯料高 30% ~40%；SIMA法生产的坯料只适用于较小尺寸的场合。电磁搅拌法是目前最为成熟的工业化生产具有非枝晶组织坯料的方法，可以生产坯料直径为 0.0762 ~0.1524m 的铝、镁合金坯料。

15.4.5.3　镁合金半固态加工的力学性能

表 15-48 和表 15-49 为不同加工方法获得镁合金的力学性能比较。

表 15-48　不同铸造方法获得的 AZ91D 镁合金的力学性能

合金及状态	屈服应力/MPa	抗拉强度/MPa	伸长率/%
AZ91D SSM 铸造合金（铸态）	120.8 ±5.1	231.4 ±13.4	6.2 ±0.9
AZ91D SSM 铸造合金（T4 热处理）	87	239	11
AZ91D 模铸	154 ±2	253 ±12	7 ±0.8
AZ91C 砂型铸造（铸态）	95	165	2
AZ91C 砂型铸造（T4 热处理）	85	275	12
AZ91C 砂型铸造（T6 热处理）	130	275	5
AZ91C 金属模铸造（T4 热处理）	70	175	1.8
AZ91D 金属铸造（T6 热处理）	100	175	0.8

表15－49 半固态加工AZ91镁合金的力学性能

加工方法	热处理条件	拉伸强度/MPa	屈服强度/MPa	伸长率/%
SSM	铸态	231.4±13.4	120.8±5.1	6.2±0.9
Thixomag	铸态	211(20)	152(5)	3.6(1.7)
Thixomag	T1	233(29)	108(2)	9(3)
Thixomag	水淬	214(17)	153(5)	3.8(1.7)
Thixomolding		259.8	156.7	6
SSM	T4	239	87	11
Die casting		253±12	154±2	7±0.8
Sand casting	F	165	95	2
Sand casting	T4	275	85	14
Sand casting		275	130	5
PMC		175	70	1.8
PMC		175	100	0.8
Thixomolding		268.7	139.5	20.0
Die casting		232.2	112.1	13.0
Thixomag	铸态	242	129	12.8
Thixomag	水淬	250	128	15
Thixomag	T1	247	94	19.6
Thixomolding		278.2	147.5	18.8
Die casting		238.8	114.5	11.6

由表15－47可见，虽然半固态加工后零部件的塑性和韧性得到改善，但拉伸强度等性能变化不大。图15－33为半固态注射成型AZ91合金零部件的抗拉强度和伸长率与固相分数的关系。随着固相分数的增加，注射成型镁合金零部件的抗拉强度和伸长率均降低。材料塑性和韧性受固相分数的影响较大，固相分数低于0.2时，注射成型的镁合金零部件抗拉强度和伸长率超过230MPa和3%。半固态加工镁合金零件塑性和韧性的改善归功于充填模具时较少的气体夹杂和已凝固固相带来的较小缩松。

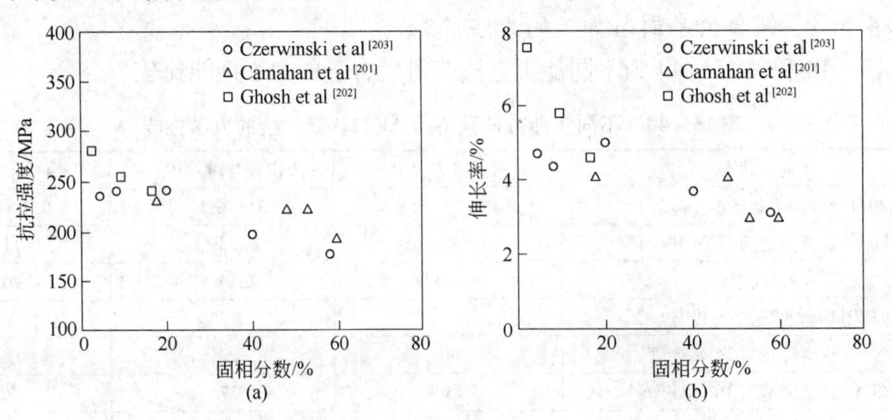

图15－33 注射成型镁合金零部件的力学性能与固相分数的关系

（a）抗拉强度与固相分数的关系；（b）伸长率与固相分数的关系

15.4.5.4 半固态浆料（坯料）制备方法及分类

（1）制备方法的分类。制备具有流变性能的半固态浆料或制备具有触变性的非枝晶组织结构的坯料是实现半固态加工的首要环节。半固态加工用浆料（坯料）要求初生相细小，呈非枝晶的近球状颗粒，并均匀分布在低熔点液相中。

目前，制备半固态浆料（非枝晶组织的坯料）的方法很多，根据目前大多数学者的分法，作者将现有的浆料或坯料制备方法分为三大类：搅拌法、非搅拌法和固相法。具有代表性的半固态浆料制备方法有：机械搅拌法、剪切冷却轧制法、双螺旋搅拌法、电磁搅拌法、超声波处理法、冷却斜槽法、阻尼冷管法、斜管法、化学晶粒细化法、新 MIT 法、NRC 法、不同熔体混合法、连续流变转换法、浇注温度控制法、流变容器制浆法、浆料快速冷却法、旋转热焓平衡法、喷射成型法、紊流效应法、SIMA 法、形变热处理、粉末冶金法等，参见图 15－34。

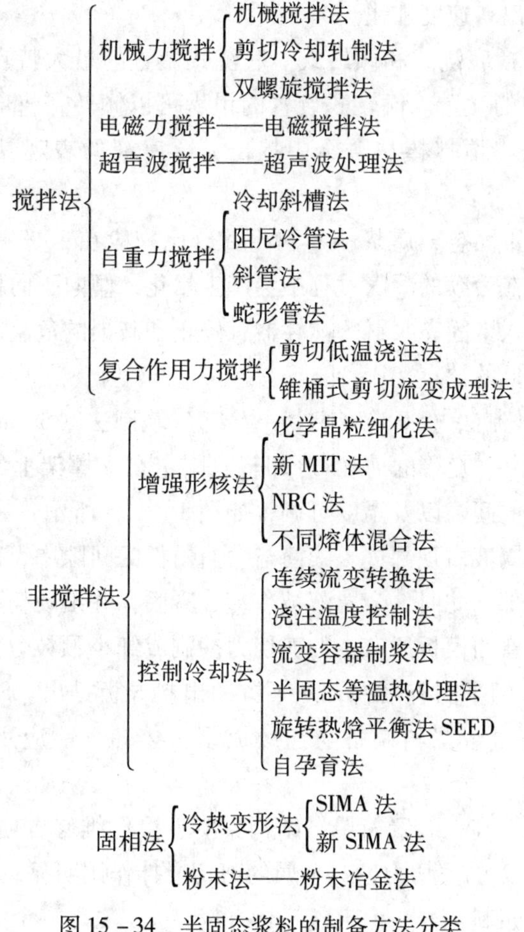

图 15－34 半固态浆料的制备方法分类

（2）几种制备方法。

1）机械搅拌法。机械搅拌法是最早采用的方法，其设备构造简单，它可以通过控制搅拌温度、搅拌速度和冷却速度等工艺参数，使初生树枝状晶破碎，熔体的温度趋于均匀，从而促进初生相成为近球形的结构。一般机械搅拌可分为连续式和间歇式两种类型，如图 15－35 所示。

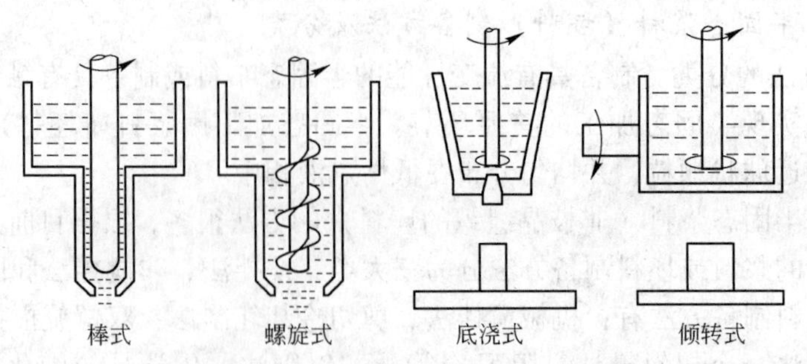

图 15-35 几种机械搅拌装置的示意图

连续铸造的方式包括棒式和螺旋式。棒式装置具有金属液不易氧化、固相分数易控制、能连续生产的优点；其缺点是出料速度较慢，搅拌棒易损耗。螺旋式装置由于具有向下挤压流体的作用，使出料速度加快。

间歇铸造的方式包括底浇式和倾转式。底浇式装置的最大特点是结构简单，但是它的底部密封塞影响铸型的设置。倾转式装置的坩埚可以倾转，将部分凝固的合金到入铸型，但在坩埚倾转前需将搅拌棒从合金中提出，金属液的表观黏度会因为停止搅拌而上升。

机械搅拌法制备的半固态金属浆料的固相百分比一般在30%～60%之间。低于30%时，破碎的树枝状晶粒在后续的凝固过程中会产生粗化，倾向于向枝晶发展；而高于60%时，浆料黏度过高，浸入半固态浆料的搅拌器有停止和破损的危险。机械搅拌法还存在搅拌操作困难，生产效率低的缺点。

2）剪切-冷却-轧制法（SCR）。剪切-冷却-轧制法（Shearing Cooling Rolling，简称SCR法）。SCR装置由一旋转的剪切/冷却辊、固定在支撑架上的弯曲模块和一个出料导板组成，滚筒和导板的间隙以及温度可调，如图15-36所示，右侧则为SCR法装置的示意简图。工作时，金属液由顶部进入滚筒与弯曲模板的间隙中，由旋转的滚筒所产生的摩擦力将其卷入间隙内部。此时，金属液被冷却、凝固，并出现树枝晶生长的趋向，但随即又被旋转滚筒和固定弯曲模板所产生的剪切力冲刷成细小颗粒分散在剩余液相中，最终成为初生相具有近球形的半固态浆料，从下方的出料导板排出。SCR法易与连续成型方法相结合，实现半固态合金浆料制备与连续成型一体化，能应用于生产大尺寸的金属制品。

SCR法具有冷却速率高、装置简单、结构紧凑、操作维修方便和生产效率高等特点，同时SCR法轧辊提供较大的剪切力，对金属的剪切搅拌作用明显，能制备高熔点和高固相体积分数的半固态金属浆料。

3）双螺旋搅拌法。双螺旋流变注射机由坩埚、双螺旋剪切装置和中央控制器等组成。双螺旋剪切装置是由筒体和一对相互紧密啮合的同向旋转螺旋组成，参见图15-37。螺旋轴的齿形经过特殊设计，能使金属熔体得到较高的剪切速率和较高的湍流强度。在挤压筒外沿着挤压机轴线方向分布着加热单元和冷却单元，形成一组加热-冷却带，温度控制精度可达到±1℃，能准确地控制半固态金属浆料固相体积百分数。

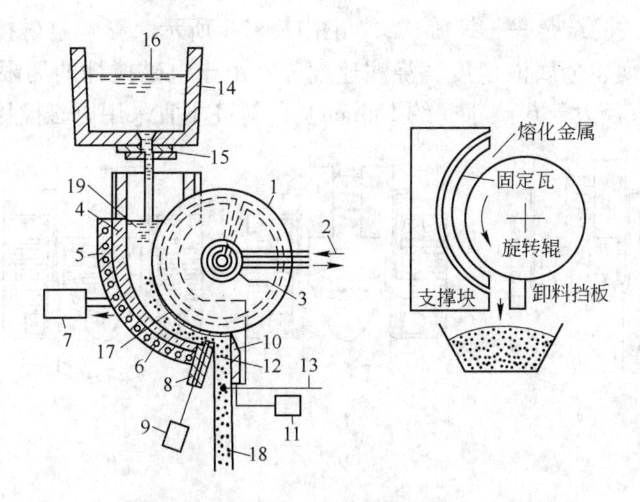

图 15-36 剪切-冷却-轧制设备及工艺示意图

1—搅拌器；2—冷却水系统；3—驱动系统；4—耐火板；5—可移动侧板；6—加热器；
7，11—驱动机械；8—挡板；9—挡板滑动驱动装置；10—刮擦部件；12—出料口；13—传感器；
14—铸桶；15—喷嘴；16—合金熔体；17—凝固壳；18—半凝固金属；19—冷却搅拌模

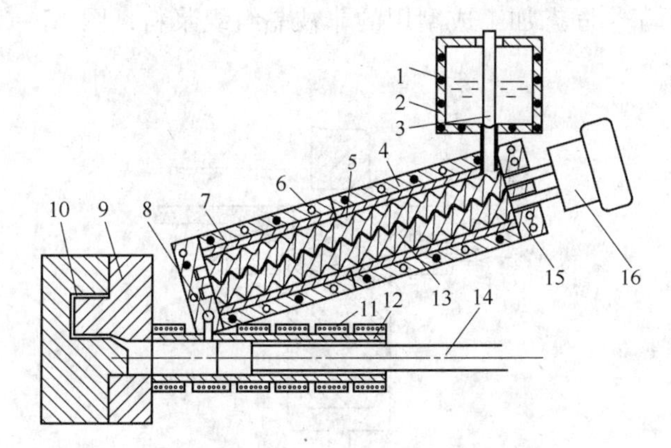

图 15-37 双螺旋搅拌制浆及流变挤压工艺示意图

1—保温炉加热器；2—保温炉；3—进料塞杆；4—搅拌筒体；5—筒体加热器；
6—冷却孔；7—衬套；8—出口阀；9—模具；10—成型零件；11—加热器；
12—挤压筒体；13—螺旋轴；14—柱塞；15—筒体端盖；16—驱动装置

该装置的工作原理是，熔融金属在坩埚中熔炼，达到比液相线温度高出约50℃的预定温度，将熔融金属保温15min，获得均匀的化学成分。当熔融金属为镁合金时，坩埚采用氩气保护。融熔金属以一定的速度进入双螺旋剪切装置，调整其温度，同时受到双螺杆的剪切作用，获得一定固相百分数的理想的半固态浆料。用Sn-15%Pb和Mg-30%Zn合金进行试验表明，它比单螺旋的机构能获得更细小、更不容易凝聚在一起的球形晶粒。半固态浆料通过剪切装置下端的出料口流出。

4）电磁搅拌法（MHD）。从搅拌金属液的流动方式来分，电磁搅拌有三种形式，一是水平式，即感应线圈平行于铸形的轴线方向，固相粒子在准等温面内流动，搅拌的作用是固相粒子球化的主要机制；一种是垂直式，即感应线圈与铸形的轴线方向垂直；另一种是上述两种旋转方式的结合——螺旋式，如图15－38所示。影响电磁搅拌效果的因素有搅拌功率、冷却速度、金属液温度、浇注速度等。由于电磁搅拌的局限性（“集肤”效应），通常认为，直径大于6英寸（约150mm）的铸坯不宜采用电磁搅拌法生产。

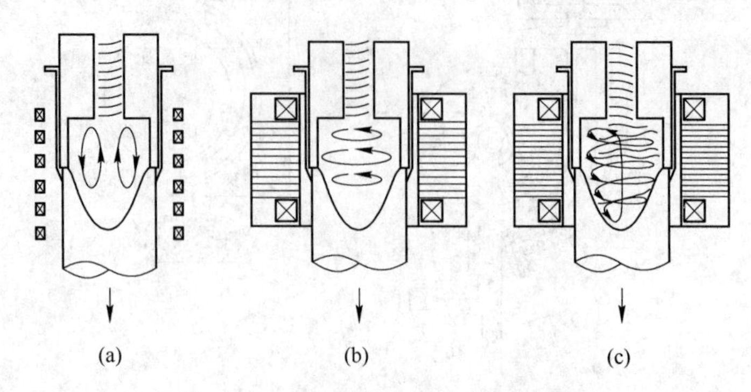

图15－38 不同的电磁搅拌方式示意图

（a）垂直式；（b）水平式；（c）螺旋式

5）超声波处理法。研究表明，对正在凝固中的熔体施加超声波振动（超声波处理）可以获得细小铸态组织。研究工作也表明，在稍高于液相线温度时对冷却的熔体进行超声处理，可以获得适用于半固态加工成型用的非枝晶组织浆料，图15－39为超声波处理法示意图。

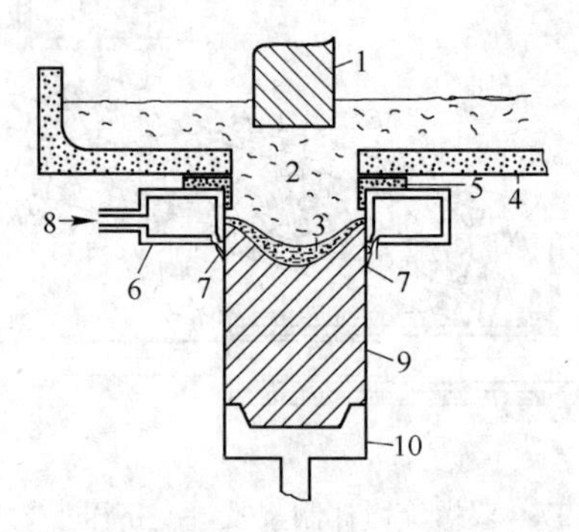

图15－39 超声波处理法示意图

1—超声波探头；2—金属熔体；3—固液两相区；4—中间包；5—隔离环；
6—结晶器；7—冷却水流；8—结晶器进水；9—坯料；10—引锭

6）冷却斜槽法。冷却斜槽法的原理是：将略高于液相线温度的熔融金属倒在冷却斜槽上，由于斜槽的冷却作用，在斜槽壁上有细小的晶粒形核长大，金属流体的冲击和材料的自重作用使晶粒从斜槽壁上脱落并翻转，以达到搅拌效果。通过冷却斜槽的金属浆料落入容器，控制容器温度，即缓慢冷却，冷却到一定的温度后保温，达到要求的固相体积分数，随后进行流变成型或触变成型。图15－40为冷却斜槽法制备半固态浆料—流变成型—二次加热—触变成型的工艺过程。

采用冷却斜槽法制备半固态浆料的固相百分数在3%～10%之间，其流动性基本同熔融金属一样。在流变铸造中，固相百分数越低，越容易铸造。因此，冷却斜槽法能应用于流变铸造成型很薄的铸件。

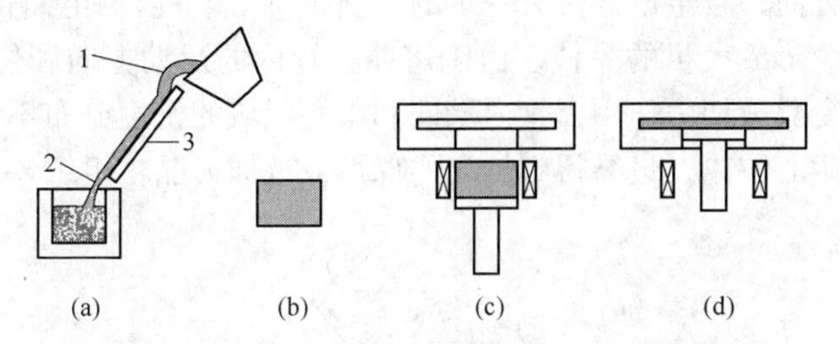

图 15－40 冷却斜槽法制备半固态浆料及成型工艺示意图
（a）浆料制备；（b）坯料；（c）二次加热；（d）半固态成型
1—熔融金属；2—半固态浆料；3—冷却斜板

7）阻尼冷管法。该方法是将高于液相线温度以上几度的合金熔体通过一个阻尼冷管。由于管子的阻尼作用，合金熔体被搅拌。同时，阻尼冷管周围设有冷却系统，使合金熔体被冷却，装置具有很好的调节冷却强度系统，因此能有效的调节合金熔体的冷却速度。合金熔体在管壁的冷却下形成许多细小的晶核，晶核形成后，将迅速长大，由于金属熔体流的冲击，使长大到一定尺寸的晶粒从管壁上脱落，随金属熔体流入下面的容器。进一步迅速冷却合金熔体，就能获得较理想的半固态浆料。两种不同结构的阻尼冷管装置，如图15－41所示。图15－41(a）是带分流楔的阻尼冷管，其特点是截面为扁长形，它能使金属熔体在经过扁长形截面时，由于截面面积的变小而流动速度加快，同时在出口的分流楔阻碍下，对金属熔体产生搅拌作用。同时，扁长形截面能增加截面的周长，从而增加了管壁的冷却作用。图15－41(b）是带螺旋芯头的阻尼冷管，其特点是螺旋芯头的材料密度比金属熔体的密度大一些，螺旋芯头在金属熔体的冲击下，由于螺旋斜面上的周向分力作用，使螺旋芯头转动。同时，金属熔体也向相反的方向转动，从而起到对金属熔体的搅拌作用。同时，合金熔体在管壁的冷却下形成许多细小的晶核，晶核形成后，将迅速长大，由于金属熔体流的冲击，使长大到一定尺寸的晶粒从管壁上脱落，随金属熔体流入下面的容器。两种方法的金属熔体压头高度都直接影响到金属熔体的流动速度。

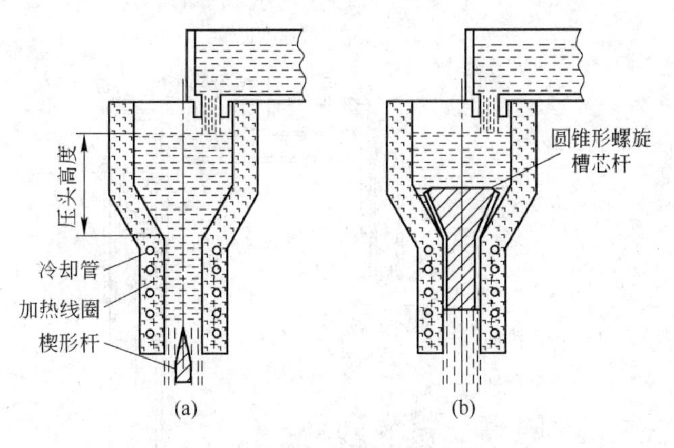

图 15－41 两种阻尼冷管法设备的示意图
（a）带分流楔的扁管法；（b）带螺旋芯头的圆管法

8）蛇形管法。图15－42为多弯道蛇形管浇注半固态浆料制备工艺示意图。在达到特定温度的金属熔体浇入蛇形管后，由于合金熔体是在具有一定弧度且封闭的蛇形弯道内流动并多次改变流动方向，合金熔体具有一定的“自搅拌”功能。蛇形管内壁附近的熔体在管壁激冷的作用下会形成大量的晶核，由于熔体在管内的运动方向和位移大小不断改变，使得浆料产生不断变化剪切力作用，管内壁面和中心区域的密度分布不一致，也会造成对流促使晶核向管内中心游离，最终得到均匀的球形或近球形晶粒组织。

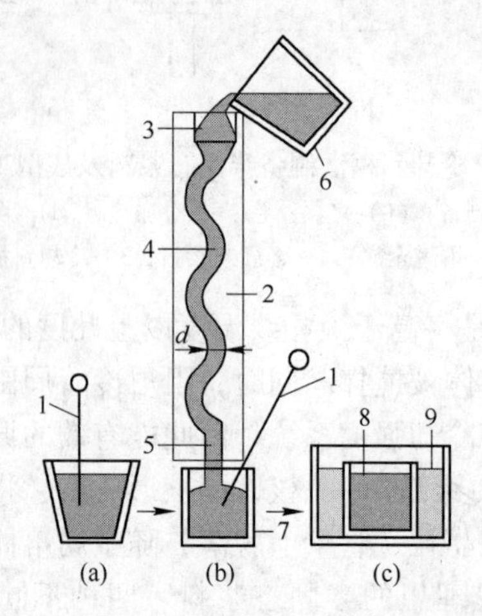

图 15-42 多弯道蛇形管浇注工艺示意图

(a) 控制金属熔体的浇铸温度；(b) 浇铸过程；(c) 浆料水淬冷却

1—热电偶；2—制浆制取系统；3—浇口；4—蛇形管道；5—垂直管道；6—熔炼坩埚；7—采集坩埚；8—浆料；9—冷却水

9）锥桶式剪切流变成型法。锥桶式流变成型机的基本结构如 15-43 所示，改装置的基本原理是利用两个刻有凸纹及沟槽的内、外锥桶的相对转动，使液态金属在凝固过程中发生剧烈的剪切变形，形成初生相细小且均匀圆整的半固态浆料。装置设计有可以调节内锥桶高度的举升机构，可以调整内外筒的缝隙大小从而改变制浆过程的时间和剪切力的大小，相对于传统 SCR 工艺有更大的灵活性。

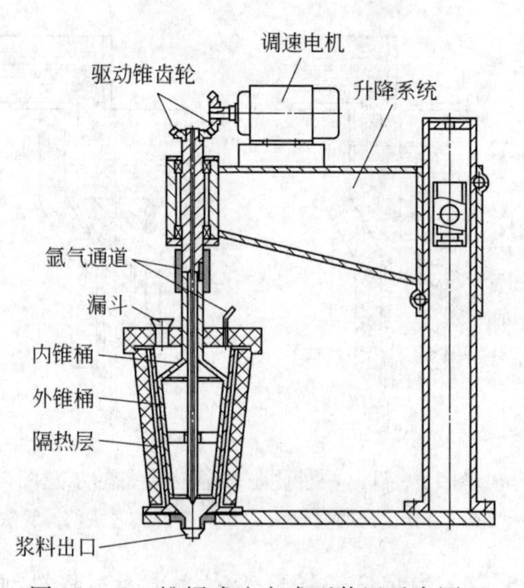

图 15-43 锥桶式流变成型装置示意图

10）流变铸造法（新 MIT 法）。流变铸造法（新 MIT 法）又称为“旋转冷却针法（Spinning Cold Finger）”，由于其设备简单，操作方便，这项技术在流变铸造中得到应用。实验研究认为，影响形成非枝晶半固态浆料的重要因素是合金的快速冷却和热传导。采用新 MIT 法，在一定的搅拌速度下，搅拌时间为 2s，就能获得适合半固态加工的非枝晶组织，进一步提高搅拌速度对产生球形晶粒没有太大影响。当合金温度低于液相线温度时，搅拌对最终的微观组织没有太大影响，只是利用搅拌消除过热，引起合金形核固化，而容器壁和浇注热传导（对流）起很大作用，基于这一点，MIT 改进的流变铸造是在快速热释放的同时进行搅拌。

如图 15－44（a）所示为新 MIT 工艺过程：用带有冷却作用的搅拌器插入温度在液相线温度以上几度的合金熔液中进行搅拌，搅拌数秒后，熔体温度降低到对应只有几个固相百分数的温度时，将搅拌器取出，将合金静止在半固态区间，进行短时间缓慢冷却或保持在绝热状态。合金在液相线温度以下，由于搅拌和冷却的共同作用，导致熔体体积中合金晶粒的过冷形核产生，而且固相合金晶粒在熔体中分布均匀，然后迅速冷却合金熔体，就能获得较理想的半固态浆料，图 15－44（b）是新 MIT 法熔体温度在加工区间的变化示意图。

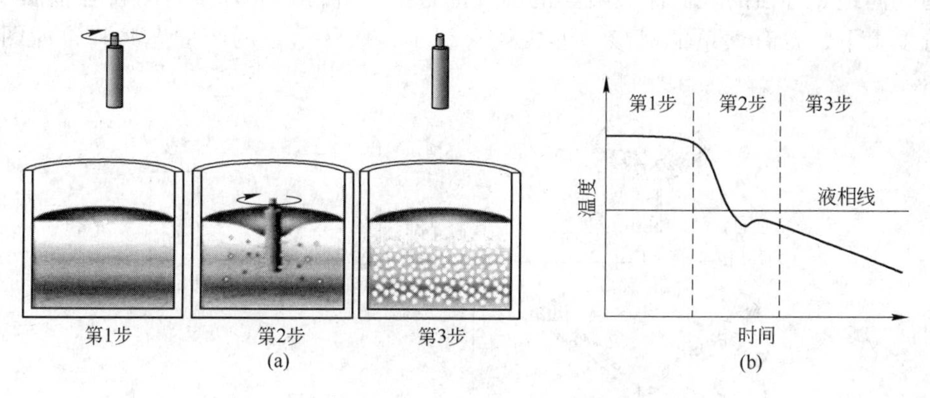

图 15－44　新 MIT 法制备半固态浆料示意图

（a）工艺步骤；（b）加工温度区间示意图

11）NRC 工艺。NRC 工艺（New Rheocasting Processing）是一种新流变工艺，广泛用于各种轻金属合金，尤其是镁合金。采用 NRC 工艺可以从熔融金属中直接制备出含有球状晶的半固态浆料，而不需要搅拌。而且采用这种方法制备出的产品具有良好的力学性能和微观组织。这个工艺有很多优点：生产成本低，相对于传统的触变成型，费用减少大约 20%；生产效率高，工具寿命长；产品力学性能好。

NRC 方法的生产工艺过程为：①将熔融金属控制在液相线温度以上几度范围内；②将熔融金属倒入隔热容器中，由于容器的冷却作用，在熔融金属内部产生大量的初生相晶粒；③在容器上下用陶瓷覆盖，防止过冷；④利用风冷将金属冷却到设定的半固态温度；⑤通过隔热容器外部的高频感应加热器调整浆料的温度，调整金属浆料的固相体积分数，形成球形浆料，满足成型需要，这个过程需要 3～5min；⑥翻转隔热容器，将半固态浆料倒入套筒，同时，上表面的氧化层沉到套筒底部，可防止氧化层进入产品；⑦将浆料直接倒入模腔中，并成型。具体工艺过程参见图15－45。

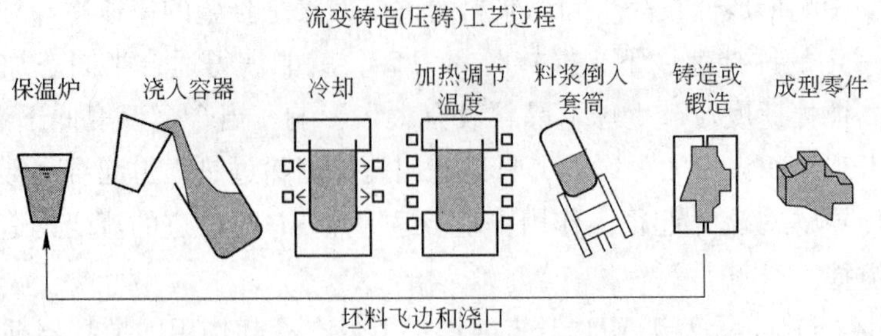

流变铸造(压铸)工艺过程
保温炉
浇入容器
冷却
加热调节温度
料浆倒入套筒
铸造或锻造
成型零件
坯料飞边和浇口

图15－45　NRC方法的工艺过程

NRC方法制备出的浆料微观组织特征：初始α相分布非常均匀；不存在残余共晶体，但存在残余金属间化合物；初始α相颗粒近似球形。

12）不同液体混合法制备半固态浆料。不同液体混合法是将两种或三种不同亚共晶成分的熔融合金混合，或将亚共晶和过共晶成分的熔融金属混合，待混合的两种或三种熔体均保持在液相线以上，没有晶核或晶核很少。混合是在绝热的容器中进行，或者在一个通过向绝热容器的表面涂镀石墨的静置混合槽中进行。混合得到的新合金温度在液相线温度上下，含有大量的晶核，形成具有细小、球状组织的半固态浆料，如图15－46所示。

(1)
两种熔体混合
球化处理和调整固相体积分数
送料
成型
(2)

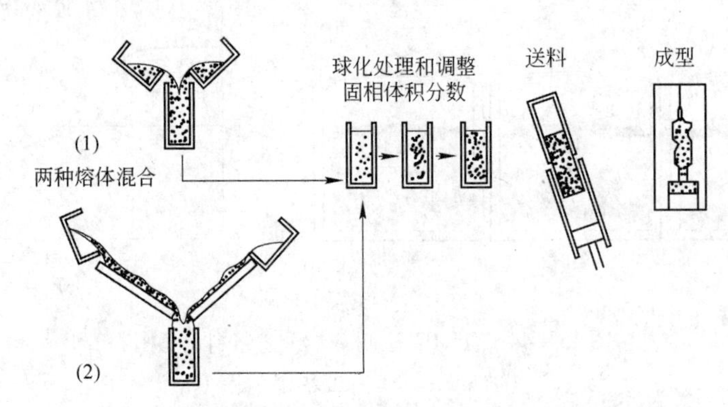

图15－46　不同液体混合法制备半固态浆料工艺示意图

通常，混合槽需要预热，保证熔体流过混合槽时，其温度保持在液相线温度以上。熔体在混合槽上以湍流方式流动，使其混合程度良好。两种熔体的混合导致自发的热传导（热释放），亚共晶吸收过共晶热量。通过控制不同熔体的成分和质量，能获得所需半固态浆料。如果两种将要混合的熔体是不同成分，通过控制热和质量传递（或扩散）获得含有大量初始α相颗粒。亚共晶合金温度、对流强度和初始相颗粒尺寸对半固态浆料最终微观组织有很大影响。

13）浇注温度控制法。浇注温度控制法又称为近液相线铸造法。由于采用搅拌法易造成被搅拌合金的夹杂等缺陷，SIMA又不适于大体积构件，研究者在研究非枝晶组织坯料制备方法时发现，通过控制合金的浇注温度，也就是低过热度浇铸或液相线温度下浇铸（sub－liquidus casting），初生枝晶组织可以转变为球状颗粒组织，该方法的特点是不需要加入任何合金元素，不需要进行任何搅拌，同时也无需复杂工艺和设备，并能获得更为完好的非枝晶结构组织。该方法已经对多种铸造合金和变形合金进行试验，效果良好。

采用近浇注温度控制法，对变形铝合金 2168、7075 和铸造铝合金 A356 等研究表明：在液相线温度附近，控制浇注温度和保温时间，调整冷却强度，获得了均匀、细小的蔷薇状或近球形组织，如图 15－47 所示。获得的材料经二次加热后转变为细小的等轴晶，此时得到的组织完全适合于半固态触变成型的需要。

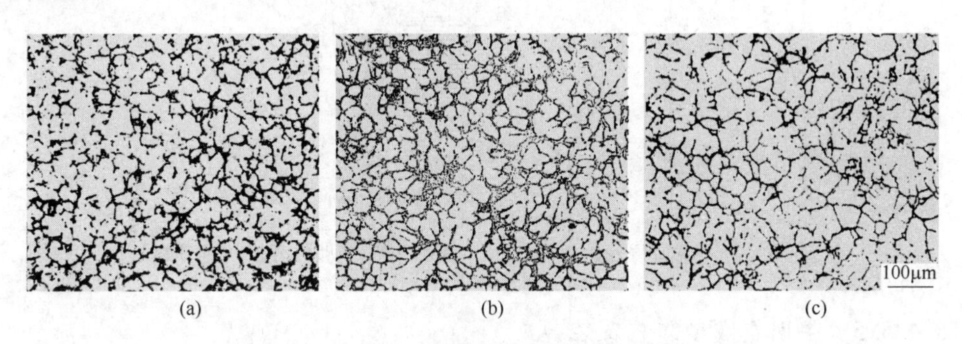

图 15－47 模铸和近液相线铸造法制备的铝合金组织

（a）模铸 A356；（b）半连续铸造 A356；（c）半连续铸造 7075

14）流变容器制浆法。流变容器制浆法是将过热度较低（接近液相线温度）的镁合金熔体倒入薄壁金属容器或保温容器中，将合金温度保持在半固态温度区间，进行短时间缓慢冷却或保持绝热状态，此时合金熔体内产生大量晶核，然后将合金冷却到指定温度，就可以获得非枝晶组织的浆料，进一步冷却凝固后可以获得具有非枝晶组织的镁合金坯料，如图 15－48 所示。

15）紊流效应法。该方法是将金属液通过特制的多流装置，使金属液的流动产生紊流效应，抑制枝晶的形成，因而可获得具有流变特性的金属浆料，其原理如图 15－49 所示。

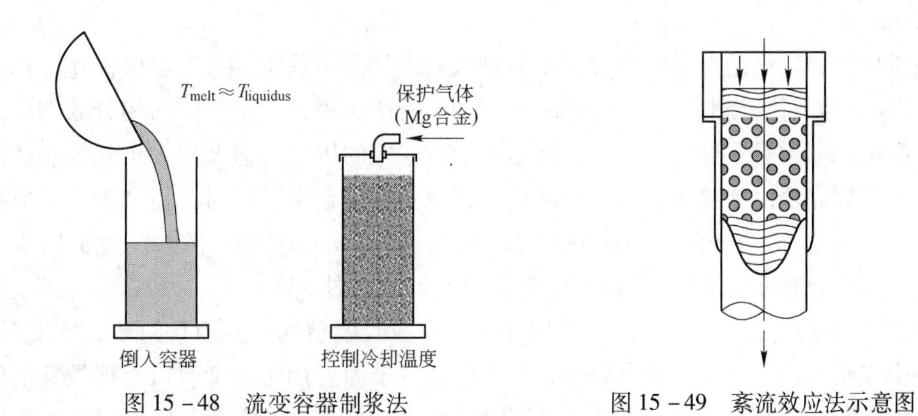

图 15－48 流变容器制浆法

图 15－49 紊流效应法示意图

16）应力诱发熔体激活法（Stress Induced Melt Activation，SIMA）。应力诱发熔体激活法是将常规铸锭经过挤压、辊压、轧制等变形工艺产生足够的冷变形、温变形甚至热变形，制成具有强烈拉伸形变结构显微组织棒料，然后加热到固液两相区，并保温一定时间，被拉长的晶粒变成了细小的粒状颗粒，随后快速冷却获得非枝晶组织坯料；另一种改进的SIMA法则将冷变形改为再结晶温度下的温变形，以保证最大应变硬化效果，图15－50所示为SIMA法工艺流程和温度变化图。

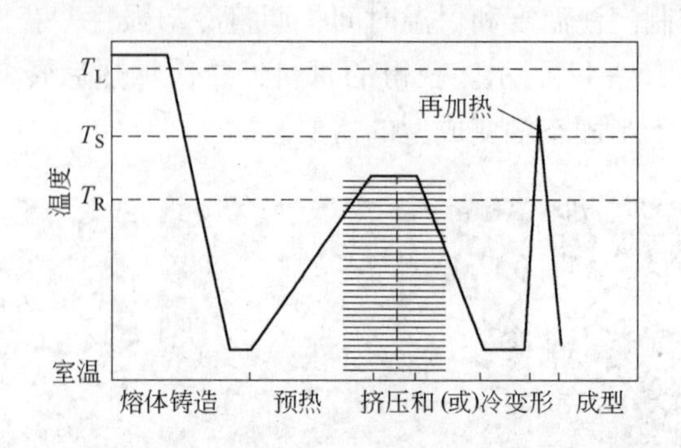

图15－50 应力诱发熔化激活法（SIMA）工艺路线及温度变化图

15.4.5.5 半固态成型工艺及装备

（1）流变成型。半固态流变成型工艺只是在通常的铸造成型工艺基础上，增加了半固态浆料制备工序，其典型的工艺流程为：金属或合金锭准备—熔炼—半固态浆料制备—半固态浆料输运—流变压铸、锻造或轧制成型等。

半固态流变成型工艺不需要事先制备非枝晶坯料，而是直接将制备的半固态浆料成型，因此它除了前面所述的优点外，还具有加工过程氧化夹杂减少，废料的回收和使用可在同一车间内完成等优点。虽然半固态浆液的保存和输送目前还有一定的困难，但仍然受到人们的关注，是未来半固态成型的一个重要发展方向。

半固态流变成型工艺的形式有很多种，这里只介绍双螺旋流变成型工艺。双螺旋半固态流变成型工艺是英国Brunel大学研究开发，它用于从液态金属直接制备出近终形产品。双螺旋流变成型机组由液态金属浇入系统、高速双螺旋剪切挤压系统、组合模具系统和中央控制系统组成。

成型零件时，定量的金属液经浇注系统进入双螺旋剪切系统，液态金属快速冷却至半固态温度区间的同时承受双螺旋剪切系统的剪切、挤压作用，至预定的固相分数和较为理想的非枝晶组织结构后，经过注射杆的挤压作用以预定的压力和速度注入预先加热的模具成型，这一过程完全由中央控制系统连续控制完成。在镁合金成型时，为减少流变成型过程中镁合金的氧化，熔炼和流变成型过程采用$N_2+0.5\%\sim1\%SF_6$保护。通常用于成型AZ91D合金零件，图15－51为双螺旋流变成型设备示意图。

双螺旋流变成型工艺由于是在密封的环境中完成浆料剪切、注射等过程，因此具有：成型零件微观组织均匀，缩松显著降低；具有较宽的半固态加工温度窗口，即较宽的固相分数范围内进行零件成型；可以在较低的浆料温度下成型，模具寿命长；精确的温度控制，保证浆料和零件组织的均匀度；较短的工作循环时间，成型零件材料性能较高，使得成型零件的成本降低。

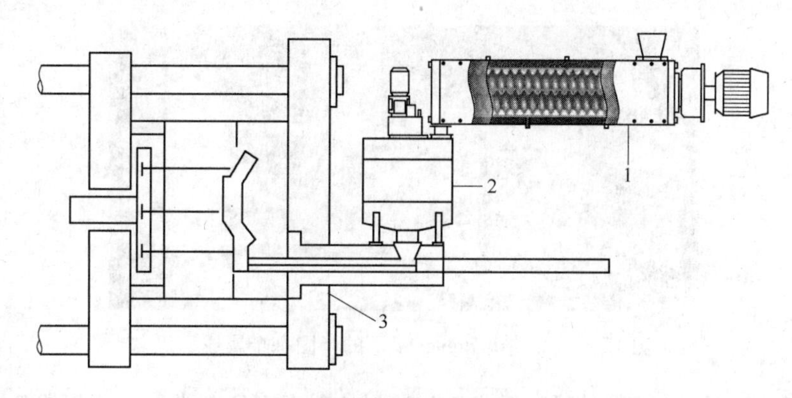

图 15－51　双螺旋流变成型设备示意图

1—双螺旋浆料制备单元；2—浆料收集与定量输送单元；3—压铸单元（HPDC）

（2）触变成型。触变成型是将得到的具有非枝晶组织结构的坯料按需要成型的零件质量进行分割，再重新将每块坯料加热至需要的部分重熔程度，进行压铸、锻造、轧制或挤压成型，其典型的工艺过程如图 15－52 所示。

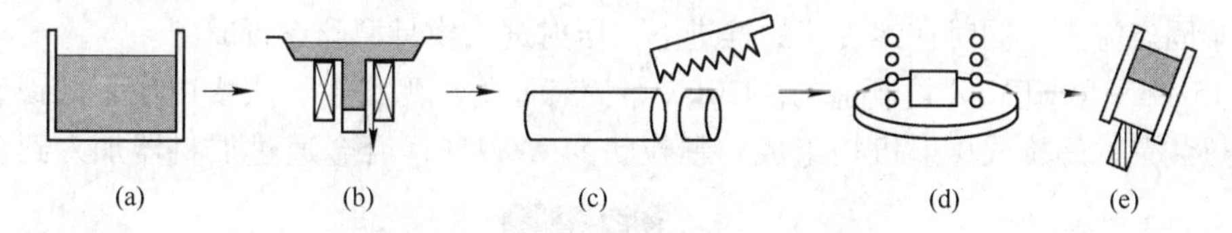

图 15－52　典型的触变成型工艺流程

（a）浆料准备；（b）锭坯制备；（c）定量分割；（d）二次加热；（e）触变成型

二次加热工序是触变成型工艺的关键工序，它要求严格、精确、均匀的控制好坯料加热温度，通常需要将加热温度控制在 2℃ 以内。图 15－53是 EFU 公司的一台半固态金属坯锭的加热设备外观照片（安全罩移去以后）。它由四个加热线圈和一个转台组成，每个加热线圈相互独立，功率在 2～50kW 可调。因此，加热器的调节范围很宽，能满足加热功率变化范围大的需求。该设备的四个线圈可同时加热四个坯锭，坯锭从室温加热到额定温度是在一个感应加热器中完成，这也增加了加热过程的可靠性和缩短了循环时间。加热坯锭最大直径可达 100mm，坯锭最大高度可达 250mm。加热电流的频率可调，可从 300Hz 至 550Hz。如连续加热直径 75mm，长度 180mm 的 AlSi7Mg 坯锭，加热速率为每小时 25 个锭。

图 15－53　EFU 公司的半固态金属坯锭的加热设备

触变成型设备，可以采用通用压力机和专用模具进行成型；也可以采用专用设备，提高生产效率，图 15－54 是瑞士在 Winkeln 的 Buhler 工厂的半固态金属成型机，它主要用于生产汽车零件，材料为 A356 和 357 铝合金。

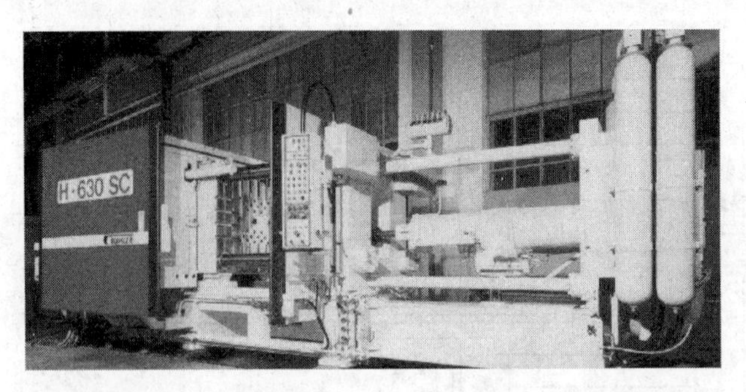

图15-54 瑞士Buhler工厂的半固态金属成型机

(3) 注射成型。半固态金属注射成型与塑料注射成型原理类似。注射成型工艺是将半固态金属浆料的制备、输送和成型过程融为一体，较好的解决了半固态金属浆料的保存输送和成型不易控制等难题，为半固态金属成型技术的应用开辟了新的前景。目前镁合金在注射成型工艺中应用较多，其成型工艺过程可分为两种方式：一种是直接把熔化金属液处理成半固态浆液，冷却至所需的固相分数后，辅以一定的工艺条件压射进入型腔进行成型；另一种工艺是将变形加工的小块镁合金碎屑送入螺旋推进系统，小块镁合金被变形和加热至半固态温度，同时在螺旋杆的推进下，压射进入模具型腔进行成型。

图15-55为HPM公司制造的3920kN半固态注射成型设备，主要由模具的锁型机构和带加热装置的螺旋式压射机构组成。颗粒状的AZ91D镁合金通过加料器加入到多段控

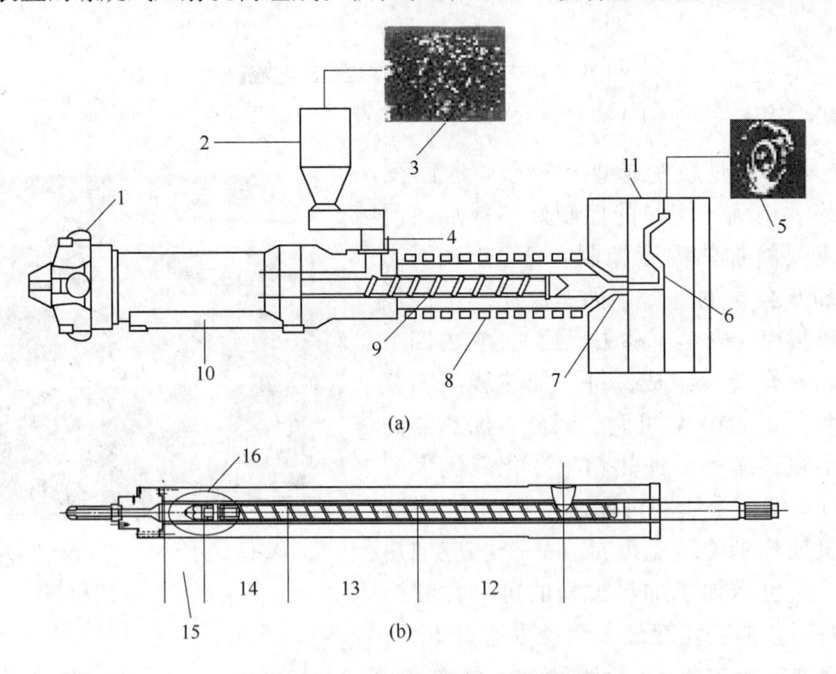

图15-55 半固态镁合金的注射成型设备结构图和螺旋推进区分布

(a) 设备结构；(b) 螺旋推进区分布

1—旋转驱动装置；2—料斗；3—镁粉；4—供料口；5—产品；6—入口；7—喷口；8—加热器；9—剪切螺旋；10—高速压模装置；11—模具；12—喂入区；13—压缩区；14—计量区；15—存储区；16—止回阀

温的圆筒中，加料器处通有氩气以防止氧化，圆筒内装有可前后移动、旋转的螺旋搅拌器，圆筒采用感应或电阻加热，转动的螺旋搅拌器在将加热至半固态的镁合金向前输送的同时，对半固态镁合金起到混合和剪切的作用，当一定数量的半固态镁合金进入螺旋搅拌器前方的储存室后，螺旋搅拌器以预定的速度将半固态镁合金浆料压射入模腔，压射完成时，螺旋搅拌器后退回复到原位。该设备的生产率为123kg/h，可以生产的最大零部件质量为1.5kg，镁合金AZ91D压射温度为580℃，较普通压铸低70～80℃，设备从启动到达到工作温度约需90min，螺旋压铸时的速度为250～380cm/min，半固态镁合金所受的压强为31～55MPa，设备由计算机控制，运行1h的平均能耗为29kW。图15－55(b)为螺旋推进区分布示意图。

15.4.5.6 半固态成型技术在镁合金零件制备中的应用

镁合金在汽车中的应用已有相当长的历史。1962年，每辆甲壳虫汽车上，镁合金零件的质量高达17kg。由于镁合金抗腐蚀能力较低，其应用后来陷入停滞状态。

近年来，由于半固态成型技术的应用，提高了镁合金的性能，也促进了镁合金在工业上的应用。如，利用半固态注射成型工艺制备的半固态镁合金零件在具有优良的常温力学性能的同时，高温性能也很优异，而且随着成型时浆料中固相率的提高，其高温性能也提高。

电子工业是当今发展最为迅速的行业，也是新兴的镁合金可广泛应用的领域。由于数字化技术的发展，电子器件趋向高度集成化和小型化，随之出现了大量便携式电子产品，如移动电话、手提电脑、小型摄录像机等。电子工业对镁合金需求的不断增长来源于镁合金具有密度小、刚度大和良好的薄壁铸造性能，同时镁合金还具有热导性好，热稳性高，电磁屏蔽性高。数码相机的壳体也可采用镁合金材料制成，质轻而又有较高的强度、刚度，并且具有金属质感。图15－56是半固态加工成型的镁合金零部件；图15－57是注射成型的镁合金仪表板盖；图15－58是半固态压铸生产的镁合金汽车零件。

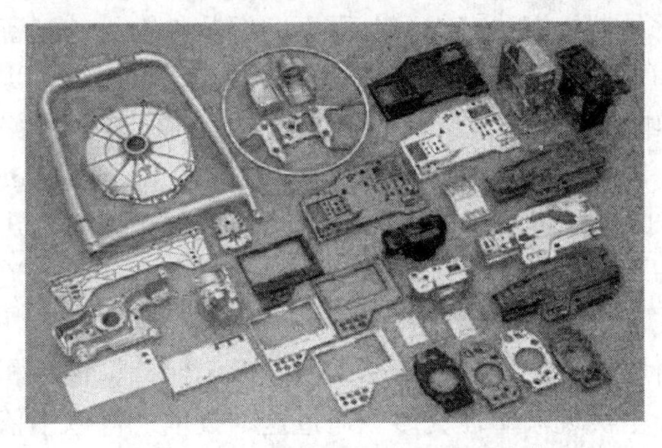

图15－56 半固态镁合金成型零件

图15－57 注射成型的镁合金仪表板盖

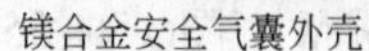
镁合金安全气囊外壳

镁合金方向盘芯

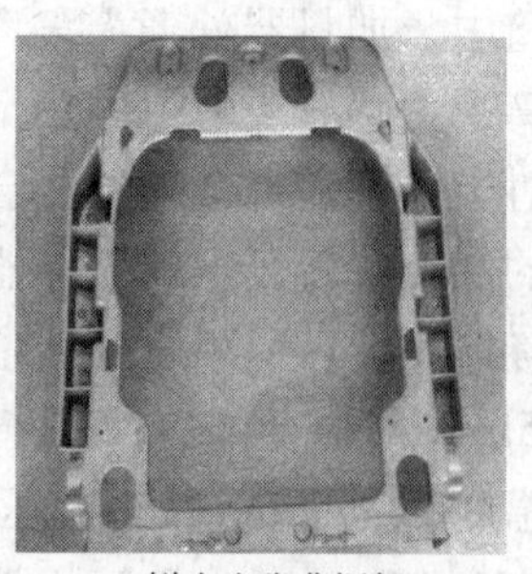
镁合金靠背框架

图15－58 半固态压铸生产的镁合金汽车零件

15.4.6 镁合金的超塑性成型技术

15.4.6.1 概述

目前，大多数的镁材产品都是通过铸造、尤其是用压铸和触变注射成型来加工成型。但是，为了生产出各种各样的镁合金产品、提高镁材产品的消费，有必要使用锻造、轧制和挤压等塑性变形来扩大镁材的应用。

由于镁合金具有很多优异的特性，因而人们致力于研究应用超塑性成型工艺生产镁合金制品。通常，对于传统超塑性材料，只有在非常低的应变速度范围（一般为$\leqslant 10^{-3}/s$）内才会获得高的伸长率。近年来，细晶镁合金的制备技术取得了重大突破，并研发了多种超塑性镁合金，为镁合金超塑性成型技术的发展创造了条件。

15.4.6.2 细晶镁合金制备技术

纯镁的晶粒尺寸细化到8μm以下时，其脆性转变温度可降至室温。若采用适当的合金化及快速凝固工艺将晶粒细化到1μm时，甚至在室温下镁合金亦可以具有超塑性，其伸长率可达1000%。因此通过镁合金晶粒细化可以调整材料的组织和性能，获得具有优良变形性能的材料。细化晶粒的方法有很多，下面介绍几种常见的制备细晶镁合金的方法。

（1）等径角挤压（ECAE）。近年来研究表明，大塑性变形可以成功制备具有超细晶（微米级，亚微米级和纳米级）微观结构的金属材料。前苏联科学家Segal于1981年提出了等截面通道角形挤压法，即等径角挤压法（Equal Channel Angular Extrusion，简称ECAE）。ECAE的基本原理：将润滑良好、与通道截面尺寸相差无几的块状试样放进入口通道，在外加载荷作用下，由冲头将试样挤到出口通道内。入口通道与出口通道之间存在一个夹角。在理想条件下，变形是通过在两等截面通道交截面（剪切平面）发生简单的切变实现的。经等径角挤压后，试样发生简单切变，但仍保持横截面积不变，挤压过程可以反复进行，从而在试样中实现大塑性变形。通过这项技术，可以不依赖粉末冶金和复杂的热机械处理而制备大体积块状细晶材料。

有研究表明，经过ECAE工艺制备出的镁合金具有独特的显微组织和优异的力学性能。W. J. Kim等人研究了AZ61镁合金经过不同道次等径角挤压后的微观组织和力学性能，得到了表15－50列出的结果。由表15－50可知，随着挤压道次的增加，晶粒明显细化且塑性大幅度提高。AZ61合金经过275℃下8道次挤压后，其伸长率由32%上升至55%。晶粒细化导致加工硬化率增大，从而能有效抑制变形过程中缩颈的形成，但是晶粒细化并没有像预期的那样提高AZ61镁合金的强度。AZ61镁合金经过8道次挤压后，抗拉强度特别是屈服强度反而有所下降。Yoshida 等人在对 ECAE - AZ31 镁合金的研究中也发现了上述类似的现象。

表 15 - 50　不同道次 ECAE 挤压后 AZ61 镁合金的晶粒尺寸与力学性能

ECAE 道次编号	晶粒尺寸/mm	σ_s/MPa	σ_b/MPa	δ/%
0	24.4	215	322	32
1	15.8	191	300	35
2	12.5	204	320	38
4	10.6	190	318	45
8	15.4	161	313	55

在纯镁及大部分镁合金中，室温变形时基面滑移占主导地位，因而可以认为其强度不仅受晶粒尺寸的影响，而且与其特殊的晶体学取向织构有关。经过一道次挤压后，镁及镁合金中部分基面与挤压方向平等的硬取向晶粒通过旋转成为软取向晶粒，从而晶粒细化的强化与织构所引起的软化效果大致相当。经过八个道次挤压后，镁合金的织构主要为 $(10\bar{1}1)[0\bar{1}11]+(10\bar{1}2)[1\bar{2}10]$，此时大部分晶粒的基面均为软取向，织构所引起的软化效应超过了晶粒细化所引起的强化效应，从而屈服强度明显降低。

（2）添加适当的合金化元素。根据合金化原理，明确各种元素在镁中产生的作用，针对不同的需要对镁合金中添加适当的微量合金元素，并进行显微组织和结构设计，引入固溶强化、沉淀强化或弥散强化等机制，可以达到细化晶粒，调整镁合金组织，提高和改善合金性能的目的。如 Sn、Sb、Bi 和 Pb 等元素在镁中有较大的极限固溶度，而且随着温度的下降，固溶度减小并生成弥散沉淀相。根据沉淀强化原理，这些元素能够提高镁合金的强度。而有的表面活性元素，可以减小粗大相的形成，起到细化晶粒的作用，甚至可以生成弥散相阻碍晶界的滑移。锆元素在镁合金中就是一种最有效的晶粒细化剂。

（3）大挤压比热挤压（$\lambda \geqslant 100$）。镁合金组织性能受塑性变形影响很大，因此可以通过塑性加工过程控制或改善镁合金坯料的组织性能，例如挤压镁合金棒材的性能有严重的各向异性，需采用热挤压法消除各向异性，通过采用不同的挤压温度、改变挤压比、挤压速度可以获得不同组织性能的镁合金，尤其通过大挤压比（变形量 80% 以上），可以改善挤压棒材的晶粒度和各向异性。

（4）形变热处理。形变热处理是将压力加工与热处理结合起来的金属热处理工艺。形变热处理主要用于形状简单、截面变化和加工余量不大的工件。形变热处理的工艺方法很多，主要有高温形变热处理和低温形变热处理两大类。

采用形变热处理工艺时可以省去一般热处理时的重新加热过程，还可以同时达到成型和改善显微组织的双重目的，使工件获得优异的强度和韧性，改善工艺和使用性能，发挥金属材料的潜力，提高零件质量和寿命。但是，在形变热处理过程中热稳定性不高时，某些晶粒易于长大，所以其应用范围有一定的局限性。

（5）快速凝固技术。采用快速凝固方法开发新型镁合金是一种制备新技术。快速凝固过程中，合金由液相到固相的冷却速度相当快（大于 105℃/s），能够获得在传统铸件和铸锭冷却速率下所得不到的成分、相结构或显微组织。采用快速凝固方法制备的镁合金材料具有以下特点：

1）室温的极限抗拉强度超过常规铸锭工艺（I/M）镁合金；压缩强度与拉伸强度的比值（CYS/TYS）由0.7增加到1.1；挤压态制品的伸长率在5%～15%的范围内，经热处理后可达22%，相应强度值仍高于I/M镁合金的强度。

2）快速凝固镁合金的大气腐蚀行为相当于新型高纯常规镁合金AZ91E及WE43，比其他镁合金腐蚀速率小，近两个数量级。

3）与其他轻合金相比，快速凝固镁合金在100℃以上的温度下具有优良的塑性变形行为和超塑性，且由于明显晶粒细化效果，使其疲劳抗力为I/M镁合金的2倍。

4）快速凝固镁合金与SiC等增强剂的相容性好，已经得到证实，因此快速凝固镁合金是复合材料的优秀载体。

双辊甩带快速凝固是采用双辊连续铸轧制备薄板带的近终成型技术，图15－59为采用双辊快速凝固成型制备镁薄带的示意图。图中，两辊直径相等，且内部通水强制冷却。镁合金熔液在惰性气体（Ar_2）气压作用下经喷嘴喷射到两相对旋转轧辊的缝隙处，建立起一个熔池，熔液从辊面处开始快速冷却、凝固，形成稳定的凝固壳。在不断转动的轧辊辊面摩擦力的作用下，两凝固壳向下移动，至最小缝隙处相遇形成薄带。

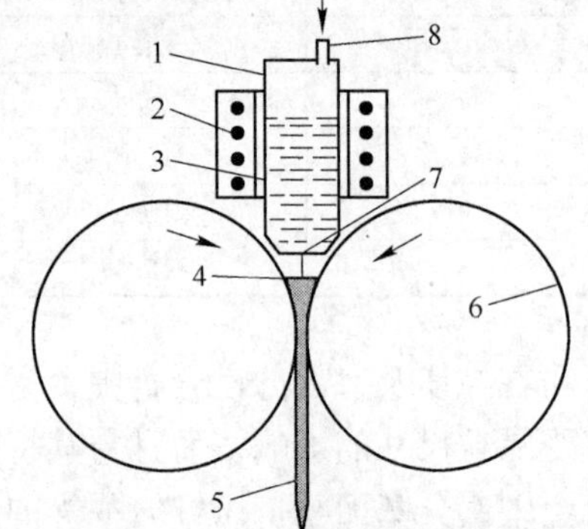

图15－59 镁薄带双辊快速凝固成型原理示意图

1—熔体容器；2—加热线圈；3—熔体；4—熔池；5—薄带；6—辊；7—喷嘴；8—加压Ar_2气入口

双辊快速凝固成型与雾化、喷射沉积和平流铸造相比，双辊快速凝固法不仅具有共同的优点，而且工艺路线短，制得的镁带不需破碎就可以进行后续加工，这样不仅大大降低了危险，生产效率也得到了提高。

目前新型镁合金及其成型工艺的开发，已经受到国内外材料工作者的高度重视。采用快速凝固（RS）+粉末冶金（PM）+热挤压工艺开发的Mg－Al－Zn系EA55RS变形镁合金，成为迄今报道的性能最佳的镁合金，其性能不但大大超过常规镁合金，比强度甚至超过7075铝合金，且具有超塑性（300℃，436%），腐蚀速率与2024－T6铝相当，还可同时加入SiCp等增强相，成为典型的先进镁合金材料。图15－60所示为镁合金经几种工艺细化晶粒后的晶粒尺寸与高温断裂伸长率的关系。

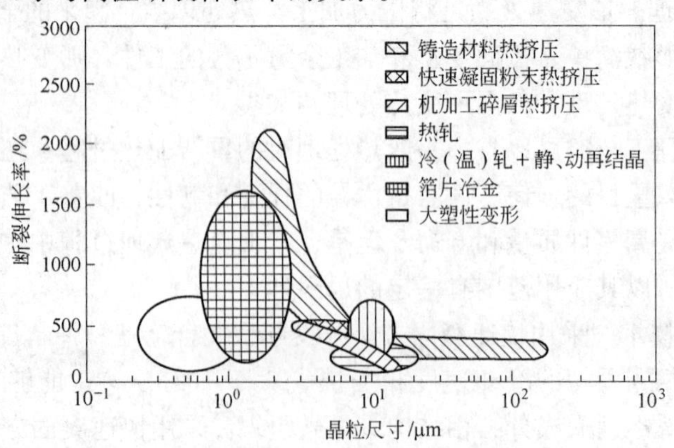

图15－60 镁合金经几种工艺细化晶粒后的晶粒尺寸与高温断裂伸长率的关系

15.4.6.3 镁合金超塑性成型技术

镁具有密排六方晶体结构，塑性差，难以塑性加工。晶粒细化能够大幅度提高镁合金的室温强度、塑性和超塑性成型性。研究表明，晶粒度为0.55μm的ZK60合金（Mg－6Zn－0.5Zr）在270℃下以$3.3\times10^{-3}s^{-1}$应变速率拉伸时所测得的最大应变速率敏感指数m值为0.5左右，总伸长率δ高达1000%以上。

快速凝固Mg－Al－Zn合金的超塑成型速率明显高于所有其他轻合金。例如，在150℃下应变速率大于$1\times10^{-3}s^{-1}$时，挤压态EA55B－RS及EA65A－RS合金的断裂伸长率为190%～220%，从而有可能生产成形状极为复杂的锻件而不会开裂；高于100℃时EA55B－RS的应变速率敏感性急剧增加。利用EA55B－RS合金的超塑成型性可以制造复杂形状的零件。275～300℃温度区间内，应变速率不小于$0.1s^{-1}$时，超塑镁合金的断裂伸长率从376%上升到436%。300℃是EA55B－RS板材理想的超塑成型温度。当成型温度为275℃，应变速率为$0.01s^{-1}$时，实验室规模坯料所制试样的伸长率约为300%，而小规模生产坯料制得的试样的伸长率为250%。当应变速率大于$0.01s^{-1}$时，EA55B－RS合金中出现某些应变硬化和屈服现象，这说明位错被溶质原子钉扎，但是塑性成型过程中并没有出现晶粒粗化。

275～300℃下，RSAZ91合金的伸长率大于1000%，而相应的铸锭材料仅为240%。RSAZ91的原始显微组织是0.1～0.3μm大小的$Mg_{17}Al_{12}$质点分布在（1.2±0.4）μm的均一晶粒内，经过300℃保温21h后，晶粒长大到（1.9±0.7）μm，对合金的超塑性无影响。铸造冶金AZ91合金的应变速率比RSAZ91合金低两个数量级，二者最大的应变速度敏感指数m均为0.6左右。位于温度稳定性不高$Mg_{17}Al_{12}$质点周围的孔隙随着应变速率的提高而增多，并且超塑变形激活能较镁的自扩散激活能低18%～36%，这说明晶界扩散是控制快速凝固AZ91合金变形的主要机制。由于存在孔隙，快速凝固AZ91合金的室温强度下降至385MPa，断裂伸长率降至17%。

对常规高温镁合金的研究表明，晶界滑移是超塑变形的最主要机制。冷轧态及退火态高温Mg－1.5Mn－0.3Ce合金板材在400℃、应变速率为$4\times10^{-4}s^{-1}$条件下变形时，其晶粒尺寸从100μm减小至10μm，相应的流变应力降至一半，且位错密度减小至1/16。此外，Mg－1.5Mn－0.3Ce合金板材发生晶界滑移所需的有效应力与晶内应力（消耗于位错运动，且对超塑变形不起作用）之间存在一个最佳的比例。400℃左右时，晶粒尺寸为100μm的Mg－1.5Mn－0.3Ce有效应力与晶内应力的最佳比例为50∶50，晶粒尺寸为10μm时则为70∶30；350℃时，其最佳比例为65∶35。EA55－RS合金在这种最佳超塑性条件下可能发生软化，从而降低通过平流铸造工艺获得的显著强化效果。EA55－RS合金的显微组织中存在稳定性不高$Mg_{32}(Al, Zn)_{39}$型20面体晶界相，该20面体相与RSAZ91中的$Mg_{17}Al_{12}$类似，在300℃左右溶解。

目前，形变加工速率低和成型温度高是超塑成型技术存在的两大问题。近年来，日本通过将合金晶粒细化至1μm以下获得了具有高速超塑性（应变速率$\geqslant10^{-2}s^{-1}$）和低温超塑性（温度约为$0.5T_m$）的镁合金。最近，也有研究报道AZ91铸件经等径角挤压后可获得晶粒尺寸约1μm的微细组织，并在200℃即$0.5T_m$低温下产生伸长率达661%的超塑性。

通过形变热处理同时控制再结晶和析出过程可以获得变形速率为$10^{-1}s^{-1}$左右的高速超塑性镁合金。最近，有人报道粉末冶金镁合金具有高应变速率超塑性或低温超塑性，甚至一种粉末冶金镁合金能同时具有高应变速率超塑性和低温超塑性。镁与铝的激活能相当，其晶界扩散系数比铝大一个数量级，从而镁合金的高温超塑性温度比铝合金低。

近年来，超塑性成型技术特别引人注意。一方面，它能将棒材、板材直接制造成形状复杂的产品，且加工成本比相应的压铸件低；另一方面，超塑性成型件的力学性能比相应的压铸件高。通常，传统的超塑性材料只在低应变速率区间（$10^{-3}s^{-1}$左右）才有大的伸长率，因而成型速率和生产率低，其超塑性成型商业化应用受到极大的限制，但是高应变速率超塑性在商业化应用中极具吸引力。镁合金的超塑性特征不仅意味着具有非常大的伸长率，而且还表现出非常低的流变应力。镁合金的超塑性成型甚至有可能以压缩气体作为成型的动力，实现复杂形状结构件在固态下近净成型，这已成为当前镁合金超塑性研究的一个重要焦点。

高应变速率超塑性一般是指在应变速率超过$1\times10^{-2}s^{-1}$下，获得超过200%的伸长率的超塑性能。大部分高应变速率超塑性材料是铝合金，但是最近的大量研究表明，镁合金的临界应变速率远高于铝合金的临界应变速率，所以，与铝合金相比较，镁合金在高应变速率下更有希望获得较好的超塑性能。

我国对超塑性技术的研究取得了一系列重要成果。据报道，超轻 Mg－8Li 合金在300℃、应变速率为$5\times10^{-4}s^{-1}$的条件下超塑性变形，获得的最大超塑伸长率δ达到960%，通过实验确定的应变速率敏感性指数m为0.64，该合金在高温低速情况下的变形机制是以晶界滑移为主。新型高强度镁合金 MB26 是在 MB15 合金基础上添加了富钇混合稀土元素制得的，对该合金超塑性拉伸和压缩变形行为的研究表明，热挤压态 MB26 合金不经过任何预处理即可具有良好的超塑性，在350～500℃、初始应变速率$\dot{\varepsilon}_0$为$1.67\times10^{-3}\sim4.1\times10^{-2}s^{-1}$条件下进行超塑性拉伸时，伸长率都高于520%。热挤压态 MB26 合金在最佳变形条件（400℃、$\dot{\varepsilon}_0=1.17\times10^{-2}s^{-1}$）下，成型时伸长率高达1450%，流变应力$\sigma$为15.7MPa，$m$为0.6。MB26 合金试样在变形过程中均匀流变，没出现明显的颈缩现象。MB26 合金在400℃、$\dot{\varepsilon}_0=15.3\times10^{-3}s^{-1}$变形条件下进行超塑性压缩，压缩真应变$\varepsilon$高达2.18时试样也没有出现破坏的迹象，$\sigma$仅为18MPa，$m$值在0.4以上，呈现极好的超塑性。从两者的比较可以看出，MB26 合金的超塑性拉伸最佳变形温度范围与超塑性压缩的相近，但是压缩过程中的稳态流变应力是拉伸时的2～3倍。此外，热挤压（或热轧）态 MB26 合金的超塑成型温度范围宽，超塑应变速率较高，从而不需要进行预处理，同时流变应力小以及塑性流动好，极有利于超塑成型的商业化应用。工业用 MB8 镁合金正交超塑性拉伸试验的结果表明，晶粒度仅为6.8μm的 MB8 镁合金板料在400℃，初始应变速率为$0.22\sim5.56\times10^{-3}s^{-1}$的变形条件下成型时，其最大伸长率为312%，流变应力低于20MPa，合金板材呈现良好的超塑性，适合一次超塑气压成型为形状较为复杂的壳体零件。

日本名古屋技术研究所复合材料研究室发现，采用熔液搅拌法铸造的镁基复合材料经挤压加工后进行轧制时，可出现高应变速率超塑性。在氩气保护气氛下熔炼的镁合金熔体与陶瓷颗粒搅拌混合后制备的铸件，可进行高速形变热处理。Mg－5%（质量分数）Zn/20%（体积分数）TiC 复合材料以 $0.1s^{-1}$ 左右的变形速率变形时，可以实现 300% 伸长率的变形加工。Mg－5%（质量分数）Al/15%（体积分数）AlN(粒径 0.72μm）的复合材料可以在 $0.8s^{-1}$ 左右或更高的变形速度实现伸长率高达 200% 的超塑性成型。他们正在进一步深入研究这种新型超塑性镁合金基复合材料的结晶组织微细化机理及其高应变速率超塑性变形机制，并将确立实用的高应变速率超塑性成型技术。

日本大阪城市技术研究所研究了 ZK60/17%（体积分数）SiCp 复合材料的低温超塑性行为。基体镁合金的化学成分是 Mg－6%（质量分数）Zn－0.5%（质量分数）Zr，增强相 SiC 颗粒形状不规则，平均粒径为 2μm。研究结果表明，这种镁基复合材料具有良好的超塑性，断裂伸长率超过 300%，应变速率与应力的平方成正比。ZK60/17%（体积分数）SiCp 复合材料在高温（325～500℃）和低温（175～202℃）下的激活能近似等于镁的晶界扩散激活能，说明了其低温超塑性变形机理主要是受晶界扩散控制的晶界滑移。国内的相关研究还表明，在 MB2 镁合金中加入（5～10)%（体积分数）平均粒径为 2μm 的 SiC 颗粒能够大幅度细化基体晶粒组织，这种材料在 485～540℃温度范围内呈现出高应变速率超塑性，在 525℃，应变速率为 $2.08s^{-1}$ 时，其最大伸长率可达 228%，应变速率敏感性指数 m 为 0.39。在高温高应变速率的变形条件下，当 SiC 颗粒的体积分数从 5% 增至 10%，材料的伸长率和应变速率敏感性指数明显提高。

近年来，对镁合金高应变速率超塑性的研究逐渐深入，越来越多的镁合金通过先进的制备技术，呈现出高应变速率超塑性。同时，对镁合金高应变速率超塑性变形机理的研究也有了很大的进展，其产品开始得到应用。目前研制成功的超塑性镁合金典型的细化晶粒工艺及超塑性材料性能见表 15－51。表 15－52 列出了镁合金高应变速率超塑性的研究成果。

表 15－51 镁合金典型的细化晶粒工艺及其超塑性性能

材料	加工方法	合 金	晶粒度 d/μm	温度 t/℃	变形速率 $\dot{\varepsilon}/s^{-1}$	流动应力 σ/MPa	伸长率 δ/%	m 值
铸造法	轧制	Mg－1.86Al－0.79Zn	33	450	8.3×10^{-3}	—	195	<0.3
		AZ31	5.5	350	1.7×10^{-4}	13.0	319	0.53
		AZ31	130	370	3×10^{-5}	12.0	196	0.3
		AZ61	6～11	290	3.3×10^{-4}	215.3	213	0.69
		AZ61	30	450	1×10^{-5}	1.18	401	0.5
		AZ61	8.7	400	2×10^{-4}	—	580	0.5
		AZ91	39.5	300	1.5×10^{-4}	38	604	—
		ZK60	6	290	1.7×10^{-4}	13.0	289	0.45
		ZK60	15.9	300	1.5×10^{-3}	22	501	—
		MA8	9.6	400	1×10^{-2}	2.0	303	0.14
		Mg－5.5Li	—	350	4×12^{-3}	21.0	180	0.2
		Mg－8Li－0.2Zr	13.0	350	8.3×10^{-4}	2.6	510	0.67
		Mg－8Li－1Zn	—	300	4.2×10^{-4}	3	840	0.72

续表 15-51

材料	加工方法	合 金	晶粒度 d/μm	温度 t/℃	变形速率 $\dot{\varepsilon}$/s^{-1}	流动应力 σ/MPa	伸长率 δ/%	m 值
粉末冶金法	挤压	AZ31	5.1	325	1×10^{-4}	7.0	600	0.5
		AZ61	17.1	375	3×10^{-3}	3.5	461	0.5
		AZ91	2.9	300	3.3×10^{-4}	9	980	0.5
		ZW3	8	300	1.7×10^{-4}	24.5	160	0.5
		ZK60	2.4	300	4×10^{-1}	15.4	728	0.5
		ZK60	3.3	325	1×10^{-2}	27.7	544	0.5
		WE43	1.5	400	4×10^{-4}	6.8	358	0.43
		Mg-3.3Al	2.2	400	3.3×10^{-2}	17.4	2100	0.94
		Mg-8Ce	7.2	400	1×10^{-2}	215.0	623	0.29
		Mg-5Al/AlN/15p	<2	400	5×10^{-1}	33.8	236	0.39
		Mg合金/AlN/15p	—	400	4.7×10^{-1}	17.7	256	0.43
		Mg合金/AlN/20p	—	400	7.1×10^{-2}	19.0	231	0.43
		Mg-5Zn/TiC/20p	2	470	6.7×10^{-2}	15.0	295	0.43
		ZK51/TiC/20p	—	470	3×10^{-2}	4.1	136	0.3
		AZ91/SiC/20w	—	400	5×10^{-1}	16.8	120	0.37
	大变形加工	MA8	0.3	180	5×10^{-4}	33	>150	0.38
		AZ91	0.5	200	6×10^{-5}	25	661	0.5
	切削粉末固化	AZ91	7.6	300	8.2×10^{-3}	3.9	310	0.5
		AZ91	4.1	250	3.3×10^{-4}	11.05	424	0.5
		AZ31	10.3	415	1.2×10^{-4}	—	—	0.38
		AZ91/SiC/5p	7.1	410	1.32×10^{-4}	—	—	0.58
	急冷凝固粉末固化	EA55RS	—	300	1×10^{-1}	—	436	—
		AZ88	—	300	2×10^{-2}	13.0	800	0.65
		Mg-8.3Al-8.1Ca	2	300	1×10^{-2}	8.0	1080	0.5
		AZ91	1.2	300	3.3×10^{-3}	—	1480	0.5
		AZ91	1~2	300	2×10^{-3}	15.0	418	0.37
		AZ91	1.4	1305	1×10^{-2}	28.8	277	0.5
		AZ105	—	300	2×10^{-2}	13.0	918	0.65
		Mg-10Al-5Ca(%，原子分数)	—	450	2×10^{-1}	19.3	733	0.47
		Mg-20Al-10Ca(%，原子分数)	—	450	1×10^{0}	47.3	200	0.42
		ZK61	1.8	350	1×10^{-1}	10.7	445	0.5
		ZK61	0.5	200	1×10^{-2}	59.2	283	0.5
		ZK61	0.5	200	1×10^{-3}	21.7	659	0.5
		ZA124	—	300	2×10^{-2}	13.0	500	0.65
		ZA128	—	300	2×10^{-2}	13.0	500	0.65
		WE56	0.5	500	1.7×10^{-1}	17.1	346	—
		Mg-2Y-1Zn(%，原子分数)	0.1~0.2	350	2×10^{-1}	—	700	0.4
		Mg-7.5Y-5Cu(%，原子分数)	—	450	3.2×10^{-1}	39.4	236	0.52
		Mg-4Al/Mg2Si/28p	1.4	515	1×10^{-1}	15.0	368	0.5
		Mg-4Zn/Mg2Si/28p	0.9	440	1×10^{-1}	10.0	290	0.5
		ZK60/SiC/17p	0.5	400	1×10^{0}	35.9	350	0.5
		ZK60/SiC/17p	2.1	350	1×10^{-1}	15.4	450	0.5
		ZK60/SiC/17p	1.7	190	1×10^{-4}	29.1	337	0.38

表 15-52　镁合金高应变速率超塑性的研究成果

镁合金材料	处理工艺	晶粒度 $d/\mu m$	最大伸长率 $\delta/\%$	应变速率 $\dot{\varepsilon}/s^{-1}$	温度 $t/℃$	m 值
P/MZK61	快速凝固粉末→烧结（235MPa）→热挤压（225℃/100:1）	0.5	283	1×10^{-2}	200	0.5
Mg-5%Zn	搅拌熔炼铸造→热挤压（400℃/25:1）→（TiCp 颗粒）→热轧制（400℃）		340	6.7×10^{-2}	470	0.33
Mg-5%Al	搅拌熔炼铸造→热挤压（400℃/44:1）→（AlN 颗粒）→热轧制（425℃）	2	200	5×10^{-1}	400~425	
MB26	铸态		1450	1.17×10^{-2}	400	0.6
MB2/SiC	铸态→热挤压（390℃）		228	2.08×10^{-1}	525	0.39
Mg-15.3%Al-15.1%Ca	快速凝固粉末→热挤压（180℃/620~930MPa）→热轧制（180℃/770~1040MPa/10:1）	2	1080	1×10^{-2}	300	0.5
ZK60/SiC/17p	粉末冶金法→热挤压	0.5	350	1	400	0.5
Mg-10.6%Si-4.0%Al	铸态→热挤压（350℃/100:1）→退火（515℃/0.5h）	1	370	1×10^{-1}	515	0.3
Mg-11.0%Si-4.0%Zn	铸态→热挤压（350℃/100:1）→退火（340℃/0.5h）	1	290	1×10^{-1}	440	0.3

镁合金高应变速率超塑性主要在晶粒度比较细小的镁合金中获得，晶粒度大都在 5μm 以下，这是因为在较高的应变速率下，塑性变形时间很短，晶界扩散和扩散蠕变等协调机制对于晶界滑移的贡献较小，这样就要求具有更细的晶粒度。

在镁合金高速超塑性变形过程中，晶粒组织比较稳定，不会发生晶粒长大，能保持细小而稳定的晶粒组织。由于这时可滑动的晶界增多，晶界面积也增大，晶粒度指数增大。所以，镁合金超塑性变形的应变速率敏感系数较高，有利于晶界的滑移。

随着镁合金研究和应用的进一步发展，在节约能源、追求环保的新工业时代，超塑性镁合金的应用将会日益增加，今后主要研究方向在以下三个方面：

（1）高应变速率超塑性的研究。

（2）大晶粒工业态镁合金超塑性的研究。

（3）镁合金低温超塑性的研究。

15.4.7　镁合金蜂窝板制备技术的研究开发

人造金属蜂窝板具有质量轻、强度高、刚性大、隔热隔声性能优异等一系列优点，现已在飞机、列车、船舶、建筑等领域中得到广泛应用。镁合金密度小，并具有良好的比强度、比刚度、可再循环性等一些非常明显的优势，在减轻构件的质量方面发挥特别重要作用。镁合金蜂窝板作为一种新型金属蜂窝板，具有广阔的应用前景。

（1）金属蜂窝芯的制备方法。金属蜂窝芯材的制备方法有展开法、压力黏接成型法、压力钎焊成型法。

1）展开法：由印刷机（或手工）将芯条胶涂在金属箔上形成胶条，相邻两层涂有胶条的金属箔应使胶条错开，即上一层纸的胶条位置正好在下一层纸张的相邻两胶条的中间。以这种方法相互黏接在一起的金属箔形成一块蜂窝芯子板，待其中的胶黏剂充分固化，再将蜂窝芯子切成一条条具有所要求高度的蜂窝芯子条，然后将蜂窝芯子拉伸展开，再将其定形胶固化后即成定形蜂窝芯子。

2）压力黏接成型法：首先在波形模具上，按手糊或模压成型工艺制成半六角形的波纹板，然后用黏接剂黏成芯子。压力成型法制成的蜂窝芯子，其蜂格尺寸正确，可制任何规格的蜂窝芯子。但需要大量模具，生产效率低，所以很少使用。

3）压力钎焊成型法：钎焊方法制造过程是将裁成一定宽度的板条按半正六角形的形状进行波纹加工，以形成蜂窝再用上下两块板将蜂窝芯夹紧，用夹具固定后，采用激光点焊机在平行面上接触点焊而成。

对于金属蜂窝夹层结构来说，面板与芯子如何连接是非常重要的，就目前来说，有五种连接方式，下面分别加以介绍：

1）胶接法：胶接法是把金属面和芯子用热固化胶在连续成型机内加热加压复合而成的建筑板材。胶接是目前人们较为关注的连接方法，连接过程中复合板不承受外加热循环，但连接前需进行表面预处理。

2）钎焊法：钎焊是材料连接的又一种方法。和其他焊接技术一样，均能使材料间的连接形成不可拆卸的冶金结合。材料钎焊连接时，一般是以搭接形式装配，接头间保持很小的间隙，选用比母材熔点低的填充材料，在低于母材熔点、高于钎料熔点的温度下，借助熔化钎料填满母材间的间隙，并通过钎料与母材的相互作用，冷却凝固成牢固的接头。

3）缝焊法：缝焊是指焊件装配成搭接或对接接头并置于两滚轮电极之间，滚轮加压焊件并转动，连续或断续送电，形成一条连续焊缝的电阻焊方法。

4）激光焊接法：激光焊是利用高能量技术的激光束作为热源的一种高效精密焊接方法。具有高能量密度、可聚焦、深穿透、高效率、高精度、适应性强等优点，受到各发达国家的重视，并应用于航空、航天、汽车制造、电子、轻工等领域。

5）界面瞬间液相扩散轧制连接法（TLP）：界面瞬间液相扩散轧制连接是利用过渡液相连接方法的原理使板材与金属芯材形成良好的大面积冶金结合的复合方法。TLP 连接是一种应用于许多合金系统的连接方法。其原理是在母材与中间层之间形成低熔点液相，然后通过溶质原子的扩散发生等温凝固，形成组织均匀的焊缝接头。

对于使用在金属热防护系统中的金属蜂窝夹层结构来说，目前多采用真空钎焊的方法连接面板与芯子，增加其强度，有效避免了脱胶等问题。

（2）镁合金蜂窝板的制备过程及工艺。通常，采用箔材无损伤精确成型法制备镁合金蜂窝芯，过程如图 15－61 所示。蜂窝芯制成后，采用胶接方法将表面防护处理的镁合金面板组装成镁合金蜂窝板，蜂窝板制备过程及结构如图 15－62 所示。常见的镁合金蜂窝芯的基材采用 AZ31B 镁合金，厚度一般为 0. 12mm 和 0. 16mm，孔格边长为 4. 7mm 的六角形。制成的蜂窝芯和蜂窝板如图 15－63 所示。

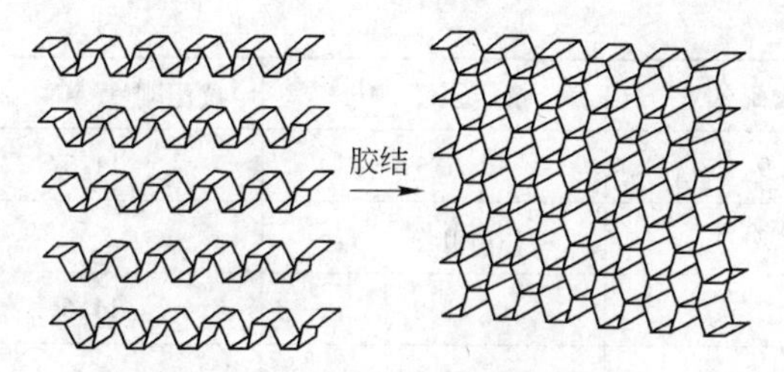

图 15－61 蜂窝芯制备过程示意图

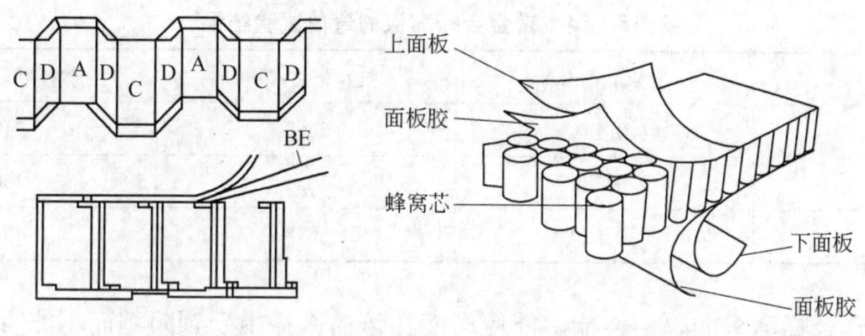

图 15－62 蜂窝板制备过程及结构示意图

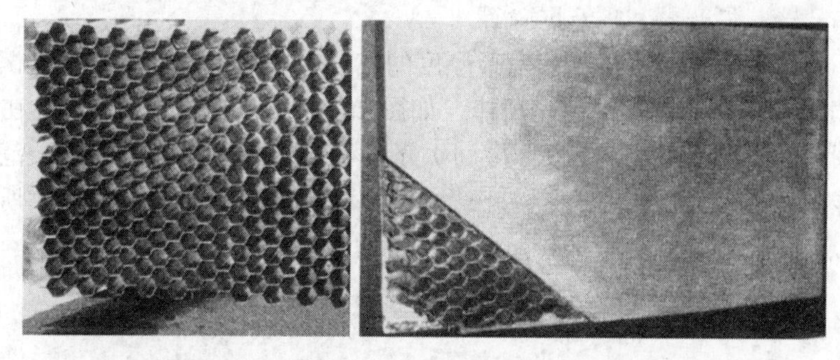

图 15－63 制成的蜂窝芯（左）和蜂窝板（右）

（3）镁合金蜂窝板的力学性能。试验对镁合金蜂窝板的压缩性能按 GB/T 1453—2005 标准进行测试，弯曲性能按 GB/T 1456—2005 标准进行测试。实验对蜂窝芯孔格边长为 4.7mm，高度为 9.1mm 的镁合金蜂窝板进行力学性能测试。测试结果见表 15－53 和表 15－54。

表 15－53 镁合金蜂窝板的压缩试验结果

试验编号	极限载荷/kN	抗压强度/MPa	抗压刚度/$MN \cdot m^{-1}$	临界应变值/%
1	8.9	2.5	15.1	9.79
2	3.4	1.0	9.4	5.78
3	1.4	0.4	3.3	4.81
4	5.1	1.4	11.9	8.43
5	9.7	2.8	31.3	9.27
6	5.7	1.6	13.6	12.75
7	3.2	0.9	12.2	4.54

续表15-53

试验编号	极限载荷/kN	抗压强度/MPa	抗压刚度/MN·m^{-1}	临界应变值/%
8	3.9	1.1	11.5	7.50
9	3.2	0.9	7.3	4.3
10	4.2	1.2	11.6	3.94
11	3.5	1.0	8.9	4.33

表15-54 镁合金蜂窝板的弯曲试验结果

试样编号	极限载荷/kN	抗弯强度/MPa	抗弯刚度/N·m^{-2}
1	0.45	36.2	2100
2	0.35	30.6	1500
3	0.45	38.8	1800

（4）镁合金蜂窝板的隔声性能。能使声能在传播途径中受到阻挡而不能直接通过的措施，称为隔声。通常，将能降低噪声级20~50分贝的这些设施称为隔声性能好的设施，包括隔墙、隔音罩、隔音幕和隔音屏障等。

采用900mm×900mm，厚度为蜂窝板厚度的镁合金蜂窝板进行隔声性能试验，获得隔声量（插入损失）随声音频率的变化规律，如图15-64所示。可以看出，在700Hz以下的中低频范围内，蜂窝板的隔声量大约为10分贝（dBA）；在700~780Hz范围内，出现一个隔声性能的低谷，分析认为这是由于蜂窝芯—面板之间的连接刚性较大所致。当频率大于800Hz以后，镁合金蜂窝板的隔声效果明显增强，大于20分贝（dBA）。

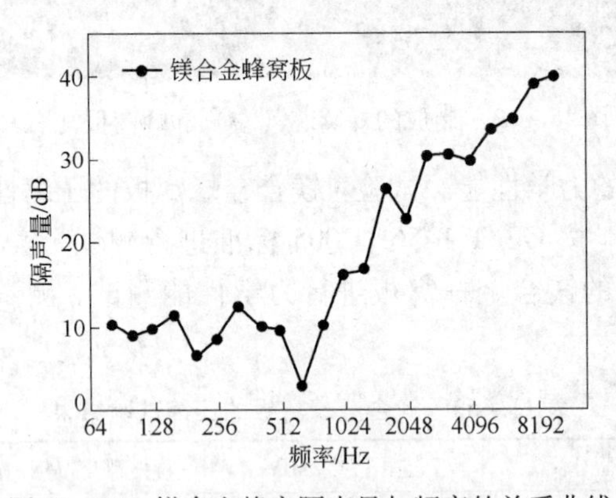

图15-64 镁合金蜂窝隔声量与频率的关系曲线

（5）镁合金蜂窝板的应用现状。国外在20世纪60年代开始将蜂窝板应用于建筑、车船、家具等领域，国内直到1990年左右才开始转向民用。目前，蜂窝板主要用在以下几个方面：

1）飞机。用蜂窝板制造的机翼、水平机翼以及民机的座舱、货舱地板、舱门隔板等有效地减轻了飞机结构质量，提高了活动件操纵的敏感性。如，俄罗斯将Nomex蜂窝作芯材组成的夹层结构件用作安-124运输机的货舱、图-204的发动机短舱和垂尾。我国的直九机采用由 Nomex 蜂窝组成的夹层结构件也达 280 多个，单机 Nomex 蜂窝用量 $260m^2$，占整机覆盖面积的 50% 左右。

2）火车内饰。蜂窝板可用来制造高速列车特别是轻轨、地铁车辆内饰板，如控制面板、舱壁、天花板垫板、行李架、厕所单元、盥洗室、地板、四角门和隔离舱门以及外部构件，如车顶、前端、护板、整个车体等。最高速度达 300km/h 的高速车辆 - 500 系“希望号”，其侧面及底架部采用了钎焊铝蜂窝板，其结果，获得了质量轻、耐高压、高刚性的车体结构，降低了车辆在高速运行中车厢内外的噪声。国内长春客车厂于 1990 年在 25A 型客车上采用了铝蜂窝复合板结构。据了解，深圳的第一辆地铁机车车辆天花板、地板及车厢两侧的隔板采用了从德国引进的热塑性胶黏剂连续复合的铝蜂窝板。

3）船舶。蜂窝夹层结构的结构件和非结构件分别比传统材料（如金属、木材、FRP）制造的对应构件轻 50% 和 75%。可用来制作快速渡轮的船壳、舱壁及赛艇的轻质桅杆。如美国海军采用了由 Nomex 蜂窝与铝或 FRP 面板构成的蜂窝板作舱壁以减少船重，改善船的灵活性和稳定性。

4）汽车。蜂窝夹层结构在汽车上已经获得了一定的应用，大部分是用于车身外蒙皮、车身结构、车架结构、保险杠、座椅、车门等处。如用 PPE 窝结构和玻纤增强热塑性面板材料复合而成的蜂窝板，设计应用于轿车的行李后搁板、承重地板等，可以产生非常大的损伤容限。用环氧系黏结剂将纸蜂窝芯与上下两层防锈钢板复合，形成的蜂窝板用作汽车地板和车顶衬里，具有较好的吸声性能。

5）建筑。蜂窝夹层结构在建筑领域有较多应用，如制作大型商场、地铁站、会议室的天花板，宾馆、银行的屏风、隔断以及高层建筑的外墙装饰板等。既美观，又可以大大减轻地震导致的人员伤亡和财产损失。

6）蓄能。金属蜂窝具有优良的吸光性能，就正六边形的空心柱体蜂格而言，蜂格的透光率对于平行光可达到 97% 以上，对于不平行的光线，蜂格壁可以将不垂直蜂窝平面的大部分光线遮挡。如果在蜂窝的单面贴以面板，则蜂窝便具有良好的吸光性能。

7）隔热。利用金属蜂窝的高孔隙率和耐高温、耐温度变化、抗氧化性能，可用其制作隔热材料。蜂窝本身并不具有隔热性能，但是蜂窝夹层板（金属板—蜂窝—金属板）却具有良好的隔热性能。在常用的蜂窝夹层板的蜂窝芯中，实体材料的体积仅占 1% ~3%，其余空间内是处于密封状态的空气，由于空气的隔热性能优于任何固体材料，所以蜂窝夹层板具有良好的隔热性能。

8）化工。利用金属蜂窝的高比表面积、高孔隙率、流体可透过性与可选择性等特点，在化工领域（制成的金属蜂窝，可以在化肥、制药、水处理、有机化工、食品等行业的液 - 液分离，固 - 液分离，气 - 固分离等工艺中发挥积极的作用）将会有潜在的广阔应用空间。

（6）镁合金蜂窝板在轨道交通上的应用前景。轨道车辆是轨道交通运输装备中的核心设备，特别是客运车辆在安全、正点、便捷等一系列要求下，技术含量高、设计复杂、工作环境恶劣，是轨道交通运输装备中的技术制高点。图 15 - 65 为 900mm × 900mm 蜂窝板实物，该蜂窝板采用了铝镁组合，以铝合金为蜂窝芯。

以动车组列车为代表的客运列车，除了结构要求外，需要舱内具有良好的乘坐条件。如恒温、恒湿、隔声、隔振、绝缘，而且既能拒绝外来电磁场的辐射，又能发射内部无线通讯信号功能。因此，车底板、车顶板、侧墙板、端墙板、车门、卧铺、仪器仪表舱等均

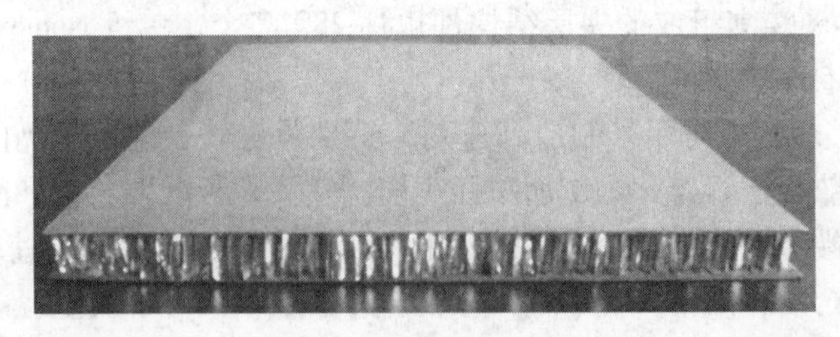

图 15－65 大规格镁－铝合金蜂窝板照片（上下板为镁合金、蜂窝芯为铝合金）

采用夹层结构。夹层结构中，最具有强度、效能优势的就是金属蜂窝板。图 15－66 为新一代动车组全镁合金卧铺：框架、悬挂机构采用镁合金挤压型材和锻造件，铺板采用镁合金蜂窝板。如果按照全镁合金卧铺单元设计，则可实现减重约 4500～5000kg。除此以外，客运车辆的车体为空心设计。这种设计除了增加车体强度和刚度外，仍旧希望达到隔声、隔热等物理功能效果。

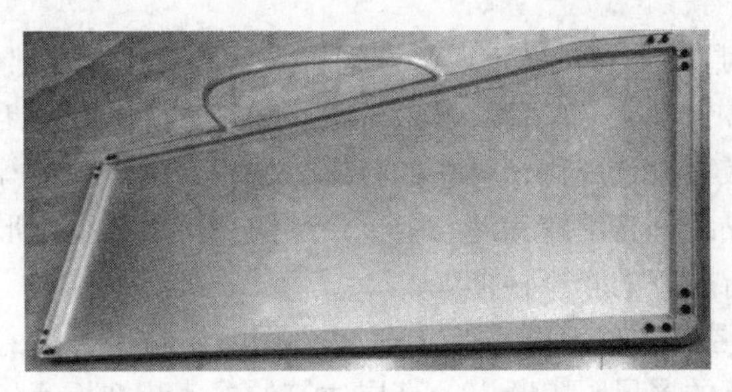

图 15－66 全镁合金新动车卧铺（框架：挤压型材；铺板：镁合金蜂窝板）

15.4.8 快速凝固/粉末冶金法制备变形镁合金技术

15.4.8.1 概述

镁合金在接近平衡状态的常规凝固条件下，微观组织比较粗大，晶粒尺寸一般在数十微米到数百微米之间，甚至达到毫米级。同时，析出相也比较粗大，而且在高温下极易粗化，因此采用常规铸造方法生产的镁合金材料的室温和高温强度都不是很理想，难以满足高性能结构材料的需求，大都是用于要求较低的工作环境中，一直没能成为一种能够工业化应用的工程材料。

快速凝固是一种新型的金属材料制备技术，基本原理是设法将合金熔体分散成细小的液滴，减小熔体体积与散热面积的比值，提高熔体凝固时的传热速度，抑制晶粒长大和消除成分偏析。与传统材料制备技术相比，快速凝固技术具有一系列优点，如合金熔体的凝固速度快、冷速高、合金元素过饱和固溶度高、晶粒组织细小、合金成分及组织均匀、容易产生亚稳相等。因此，快速凝固材料具有优异的力学性能和抗腐蚀性能。此外，这种技术不仅可以大幅度提高传统结构材料的性能，还可以开发出新合金体系。目前，快速凝固技术已被广泛用于新合金材料研制中。

快速凝固镁合金的发展经历了以下两个阶段。第一阶段（1950～1960 年），1953 年和 1955 年美国 DOW 化学公司先后采用气体雾化法和旋转冷却盘法制备镁合金；第二阶段（1980 年至今），美国 Allied Signal 公司开发了平面流变铸造工艺制备镁合金，相继遍布欧美的15个研究机构也进一步进行了研究与开发工作。日本在镁合金的快速凝固制备技术研究方面取得了重大进展，并成功开发出了新型超高强变形镁合金。

15.4.8.2 镁合金快速凝固工艺及其开发应用过程

快速凝固技术所包含的工艺方法很多，按照金属熔体的分散方式和冷却方式不同可以将其分为三大类：雾化法、模冷法和气相沉积法。采用这些工艺可以制备出粉末、箔片、薄带、纤维和薄膜状产品。

雾化法是制备金属粉末的有效方法，主要工艺有双流雾化法（包括亚音速气流雾化法、超声雾化法和高压水雾法）、离心雾化法（包括旋转圆盘法和旋转水法）以及机械等作用力雾化法（包括双辊或三辊雾化法、电动力学雾化法、多级雾化法、快速旋转罩雾化法和多级快冷装置法）等。对于镁及其合金，不能采用水或其他溶剂作为雾化介质和冷却剂，一般采用惰性气体。气体雾化法是镁合金比较常用的雾化方法。粉末在固结成型前要进行真空脱气处理，以去除表面吸附的气体、水分等。粉末固结方法有挤压、等静压等；塑性加工方法有挤压、轧制、锻造等。

采用模冷法可以制备出纤维状、带状、箔片状的产品，其制备工艺有枪法、双活塞法、熔体拖拽法、熔体提取法、急冷模法等。这些工艺的共同特点是使金属熔体与冷却模以接触热传导的方式散热，以获得冷速高、凝固速度快、组织细小均匀的产品。如果将金属蒸气沉积在低温基体上，则可以获得比上述方法更高的冷速，获得薄膜材料，这属于气相急冷法的范畴。

DOW化学公司最早采用旋转圆盘气体雾化法制备镁合金粉末，所用的装置原理如图15-67(a)所示。该公司用自行发明的保护气氛下无预压粉末直接挤压法制备出了性能优异的镁合金结构件，并被用于制作Cl33运输机的地板和固定的装货滑道。由于镁合金粉末易燃易爆，粉末处理困难，该方法不久便淘汰了。后来，美国Allied Sigmal公司及Pechiney/Norsk-Hydro公司相继开发了镁合金的平流铸造法（PEC）和模冷法（如熔体旋铸及双辊淬火法），并获得成功应用。图15-67(b)所示为Allied Signal公司开发的平流铸造设备原理图。

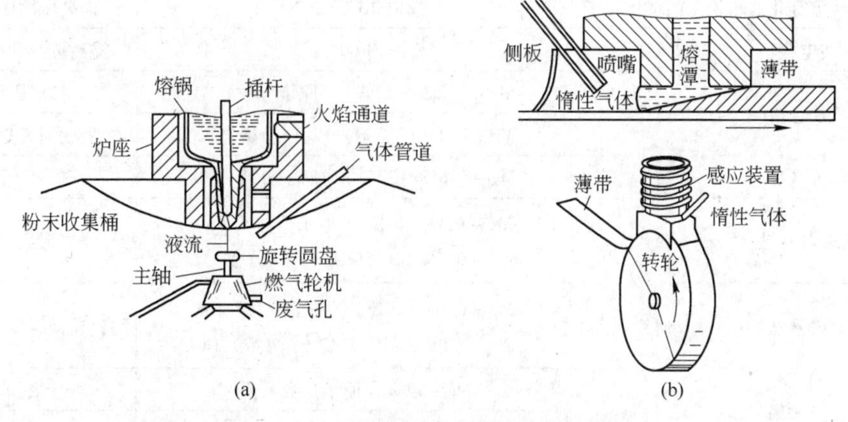

图15-67 镁合金快速凝固工艺用装置

(a) DOW化学公司的圆盘雾化装置；(b) Allied Signal公司的平面流变铸造装置

1960年，大功率枪法快淬技术被用于制备镁合金，使铝在镁中的固溶度由11.8%

（原子分数）提高到22%（原子分数），而弹射快淬法则将Mn的固溶度提高了2.5倍。英国Shffield大学采用悬浮熔融法、双活塞溅射快淬法制备了一系列的快速凝固镁合金。1970年初，S. Isserow和J. Rizzitano采用旋转电极法制备了ZK60合金粉末，并进一步制备了结构材料，其性能比相应的铸件高50%。

1977年，Calka等人首次采用自由射流冷块熔体旋铸法生产了镁合金连续带材，并首次制得了Mg-Zn非晶，随后在Mg-Sn、Mg-Pb合金中获得了亚稳相，在Mg-Ni、Mg-Cu、Mg-Ln（镧系元素）、Mg-Zn、Mg-Ca等二元系以及Mg-Ln-TM（过渡元素）、Mg-Ni-Ca、Mg-Y-Al、Mg-Y-Ca、Mg-Ca-Al、Mg-Zn-Al、Mg-Al-Ca、Mg-Ni-Y等三元系合金中获得了非晶相。

1981年Kattamis研究了激光束和电子束表面熔融法对高强变形ZK60镁合金微观组织和腐蚀性能的影响。1985年，Kalimullin和Kozhevnikov报道了激光表面处理可以增加MA21合金的固溶度和抗蚀性。M. O. Neal和Meschter分别于1984年和1986年采用双辊快淬法制备了Mg-Li合金，其性能较普通Mg-Li合金提高了50%~60%；1987年Grensing及Fraser采用离心雾化法研究出Mg-8Li-1.5Si合金。由于快速凝固带状、纤维状、丝状、薄片状材料不能直接应用，必须将其进一步破碎成粉状，再固结成坯，并挤压成所需的管、棒、杆、线、带、板和异型产品。

1989~1991年期间Norsk Hydro公司和Pechiney公司等开展了类似的研究工作，他们采用熔体旋铸法和平流铸造法制备出了AZ91合金条带，晶粒尺寸在1.5~5μm左右，合金抗蚀性显著提高，为普通材料的4倍。往AZ91D合金中添加Ca、Si等后，合金的力学性能特别是蠕变抗力明显提高。与普通铸造相比，快速凝固微晶态AZ91合金的蠕变抗力提高了100倍。

快速凝固工艺在镁合金制备中的应用见表15-55。

表15-55 快速凝固工艺在镁合金制备中的应用

方法	技术	产物	合金	影响
喷雾或液滴	气体雾化法	粉末	代表性工程合金	改善挤压材料的力学性能
	旋转盘雾化法	粉末或球状粒子	ZK60B、ZE62	提高压缩屈服强度
	旋转电极法	球状粒子	ZK60A	提高抗拉和冲击强度
	枪法急冷	薄片	Mg-（12%~23%）（原子分数）Al	扩展固溶度
			Mg-（14%~18%）（原子分数）Sn	生成面心立方新相
	枪弹快冷	薄片	Mg-（16%~23%）（原子分数）Pb	扩展固溶度
	旋转叶片法	薄片	Mg-（1%~6%）（原子分数）Mn、 Mg-（0.4%~1.5%）（原子分数）Zr	形成非晶
	双柱塞法	薄片	Mg-（8%~25%）（原子分数）Ni、 Mg-（9%~42%）（原子分数）Cu	细化显微组织、提高硬度
连续急冷铸造	熔体旋铸	带	Mg-30%（原子分数）Zn	形成非晶
			MgAlZn加Si/Mn或Si/RE	提高强度和耐蚀性
	双辊快淬	薄片	Mg-9%（质量分数）Li加Si或Ce	提高高温强度
	熔体溢流	带	AM60	降低镁管的生产成本

续表 15 - 55

方法	技 术	产 物	合 金	影 响
原位熔铸	激光或电子束	表面处理	ZK60	改善组织
	表面熔化		MA21	提高耐蚀性

15.4.8.3 高性能镁合金的快速凝固/粉末冶金（RS/PM）制备工艺

采用快速凝固工艺制备的镁合金产品，一般为尺寸很小的粉末和薄带、丝、薄片等，必须进行固结成型，并通过塑性加工（挤压、轧制、锻造等）制成管、棒、板、带、型材后才能使用。快速凝固镁合金在加热过程中容易发生非晶或准晶相的晶化反应、过饱和固溶体分解、沉淀相析出并迅速长大、微晶组织粗化等一系列相变和组织变化，从而破坏快速凝固材料所具有的优异力学及物理化学性能。通过选择适当的固结、成型和塑性加工方法，并严格控制工艺条件则可以克服以上不足，制备出高性能的快速凝固镁合金材。

粉末冶金技术中的一些通用粉末固结成型方法，如热等静压（HIP）、冷等静压（CIP）、热压（HP）、真空热压（VHP）、热挤压等可以用于快速凝固镁合金粉末及经破碎加工得到的粉末的成型。为了获得成型性能较好的合金坯锭，以供后续塑性加工成型使用，要求坯锭具有高密度、粉末颗粒间结合良好、无孔洞、裂纹等缺陷。固结成型的主要工艺参数有：固结成型的压力和加压时间、粉末的加热温度及保温时间等，这些参数要根据具体合金粉末状况，如粉末颗粒的形状、粒度分布，表面状态、粉末的硬度和塑性等来进行调整。

（1）快速凝固镁合金的破碎加工方法。快速凝固镁合金的产物有粉末和条、带、丝、片、线等两大类，粉末可以直接进行固结成型，而后者必须经过破碎加工成粉末后才能进行固结成型处理，以保证固结坯件的致密度和结合强度。可以采用机械破碎和气流破碎两种方法来制备粉末。由于镁合金化学性质活泼，其处理过程必须在惰性气氛中进行，以防止其氧化、燃烧。对于厚度较小的镁合金产物，为了安全起见，机械粉碎碎片的尺寸在0.1 ~ 1mm 左右就可以直接进行固结处理，不像其他有色金属及黑色金属还要进一步球磨处理。采用气流破碎时，会产生大量的超细粉尘，危险性很大，且微细粉尘的处理比较困难，故粉末不宜太细。为了控制粉末的粒度，可以进行过筛分级处理。

（2）粉末固结致密化技术。粉末在固结前要经过真空加热脱气处理，以除去粉末颗粒表面吸附的气体和水分。镁合金的脱气加热温度在 200 ~ 300℃之间，时间 1 ~ 24h 不等，可根据粉末情况进行调整。比较常用的快速凝固粉末固结方法有热等静压、热压、真空热压、热挤压、轧制和冲击波固结法等。图 15 - 68 所示为这几种工艺的原理。采用不同的固结成型工艺可以制得不同形状的合金坯锭，如粉末包套轧制法可以制备板坯，粉末挤压法可以制棒坯，等静压法和热压法可以制成不同形状的坯件等。这些坯锭经过进一步挤压、轧制、锻造后就可以制备出管、棒、杆、带、型材等产品。

（3）快速凝固/粉末冶金（RS/PM）技术在镁合金制备中的应用。Allied Signal 公司采用自行开发的 RS/PM 工艺，如图 15 - 69 所示。成功研制出了高性能的 EA55A 型材，其力学性能见表 15 - 56，这种合金型材是已报道的性能最佳的镁合金型材。

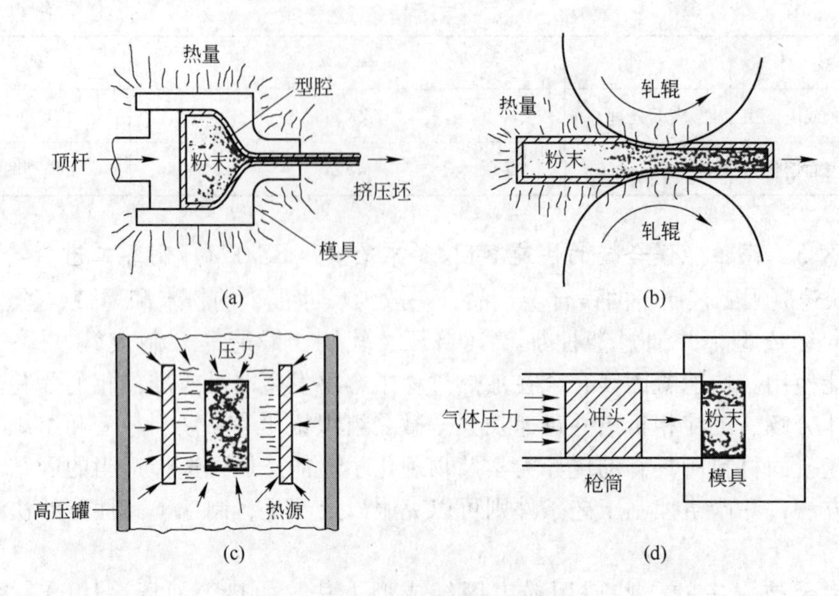

图 15－68 几种粉末固结工艺原理
（a）热挤；（b）热轧；（c）热等静压；（d）冲击压实

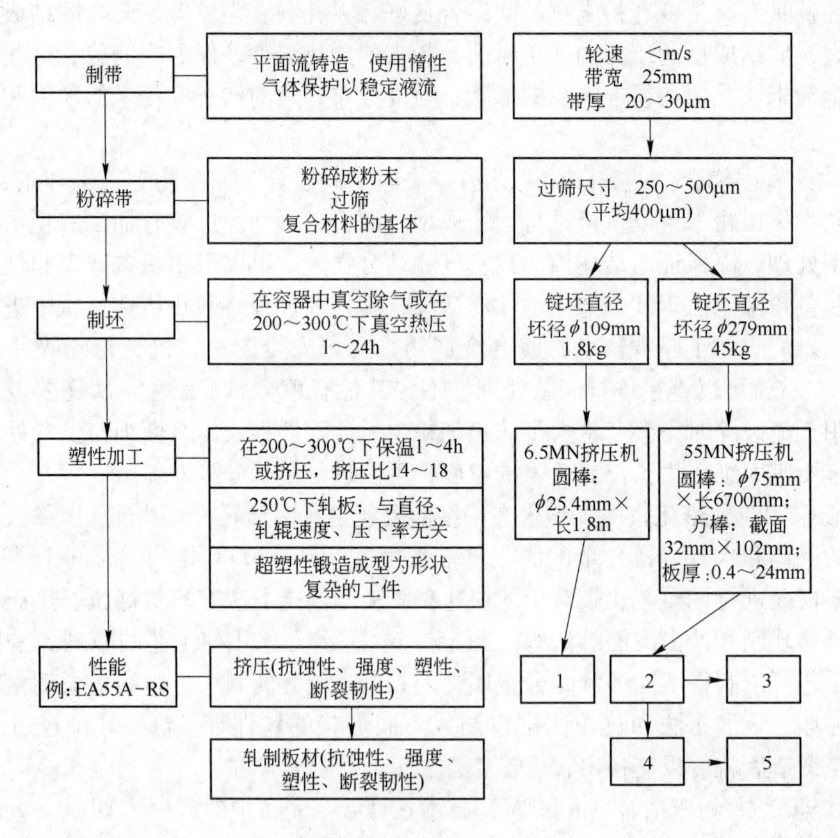

图 15－69 Allied Signal 公司的平面流铸造工艺制造快速凝固 EA 系镁合金及产品工艺流程
（图中 1～5 见表 15－56）

表 15-56 Allied Signal 公司开发的 RS EA55A 产品及其力学性能

序号	状 态	腐蚀速率 /mm·a^{-1}	σ_b /MPa	$\sigma_{0.2}$ /MPa	σ^{-1}② /MPa	δ/%	K_{IC} /MPa·m$^{1/2}$
1	挤压态的棒/杆	0.25	469~483	428~434	195	10~14	6
2	挤压态的棒/杆	0.25	482~474	400~415	—	12~14	6~8
3	经高温处理的 T4 状态棒①	0.25	415~434	371~406	—	14.7~24.5	长横向 $L-T$：9~15 短横向 $T-L$：6.5~7
4	轧制态	0.25	490~538	490~504	—	4~6	7
5	325℃，2h 处理态	0.25	407	304	—	14	—

①在 300℃或 350℃保温 30min 随后水淬。

②在 2800Hz 条件下的旋转弯曲疲劳强度。

15.4.9 喷射沉积法制备镁合金

15.4.9.1 喷射沉积技术的基本原理及特点

喷射沉积技术是一种节能、低消耗、低成本的净成型快速凝固新技术，是继铸造冶金和粉末冶金技术之后的第三类材料制备新技术，在美国、英国、日本等工业发达国家已经实现了产业化。不仅在军事、国防工业中有着重要应用，在民用工业如汽车等行业中也占有重要地位。

喷射沉积技术的原理是：将熔融金属或合金在惰性气氛中雾化，形成颗粒喷射流，直接喷射在较冷的基体上，经过撞击、聚结、凝固而形成沉积物，这种沉积物可以立即进行锻造、挤压或轧制加工，也可以是近净成型的产品。图 15-70 所示为喷射沉积技术的原理，它是一种介于铸造冶金和粉末冶金之间的技术，同时兼备了两者的大部分优点，并且克服了各自的主要缺点。

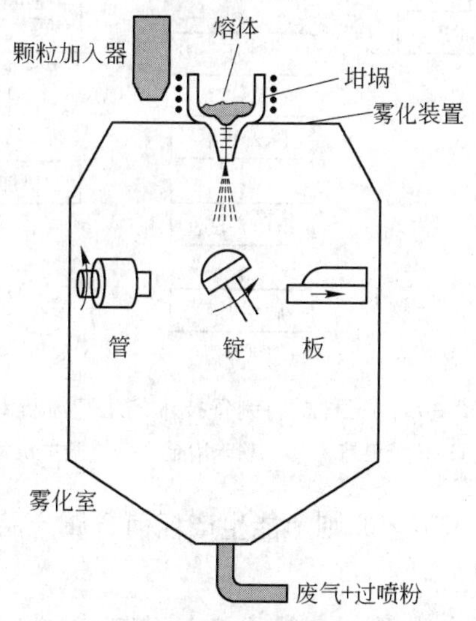

图 15-70 喷射沉积技术的原理图

与其他快速凝固技术相比，喷射沉积工艺具有更为广阔的发展前途，其主要特点表现在以下几个方面：

（1）冷却速度高。在喷射沉积过程中，颗粒飞行时的冷却速度可达$10^2 \sim 10^4$K/s，沉积物冷却速度可达$10^1 \sim 10^3$K/s，比传统铸造冶金方法的冷速高得多，在沉积物中能够得到快速凝固态组织，细小均匀，成分偏析度小。若采用合适的喷射沉积工艺，沉积坯的冷速还可以更高。例如坩埚移动式喷射沉积工艺中沉积坯的冷速达到10^4K/s以上。

（2）材料氧化程度小。喷射沉积过程在惰性气氛中瞬时完成，金属氧化程度小。由于液态金属一次成型、工艺流程短，减轻了材料的污染程度。

（3）材料力学性能优越。由于喷射沉积坯冷却速度大，组织细小均匀，且氧化程度比快速凝固/粉末冶金方法的低，因而材料的综合力学性能达到或高于粉末冶金/快速凝固材料，明显优于铸造材料，如断裂韧性K_{IC}有较大改善。这些材料可以满足特殊领域的要求。

（4）材料电化学性能优越。由于喷射沉积工艺克服了快速凝固和粉末冶金工艺产生的污染物，氧、氧化物弥散相和氢等的含量很低，因此材料电化学性能有较大提高。

（5）经济性。图15－71所示为不同制备技术（传统铸造冶金I/M、粉末冶金P/M和喷射沉积SF）的生产工艺流程，从图中看出喷射沉积是一种近净成型技术，工艺简单，与粉末冶金方法相比，产品生产工艺大大简化，且省去了粉末制备、除气、压制和烧结等工序，生产周期大大缩短，生产效率显著提高。

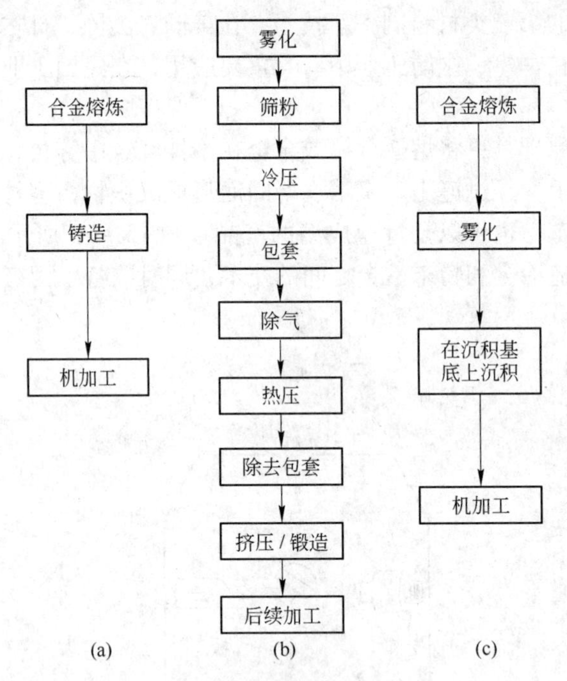

图15－71 三种材料制备技术的工艺流程对比
（a）传统铸造；（b）粉末冶金；（c）喷射沉积

（6）灵活性强。喷射沉积工艺原则上能生产任何金属产品，如复合材料、双金属和多金属材料及摩擦材料等。

15.4.9.2 喷射沉积镁合金的制备技术及性能研究

喷射沉积工艺生产周期短，生产效率高，且喷射沉积镁合金具有冷速高，晶粒细小均匀等特点，从而是制备高性能镁合金的有效方法。与普通铸造镁合金相比，喷射沉积镁合金在室温和高温下的抗拉强度和屈服强度有较大提高，而塑性明显改善。如果能摸索出最佳的喷射工艺条件，则力学性能有望进一步提高。由于喷射沉积工艺可以获得极高的冷速，使得人们可以自由地选择合金元素，并可提高合金元素浓度，为新型镁合金和高性能镁合金的研制和应用开辟了无限广阔的前景。此外，合金中含有一些非常规的元素，利用它们所生成的金属间化合物相和微细的弥散粒子，可以获得优异的力学性能和耐蚀性能。

Lavernia 和 Grant 等人是最早进行了镁合金喷射成型和挤压技术的研究。对不同 Mg、Ca 和 RE 含量的喷射 Mg－Al－Zn－X 合金力学性能进行了研究，高温下这些合金的强度和延性比传统镁合金高很多。有关 Mg－Al－Zr 和 Mg－Zn－Zr 合金的研究也有类似的结果。与挤压及时效态 ZK60 合金和 AZ80 铸件相比，LDC Mg－5.6%Zn－0.3%Zr（质量分数）和 LDC Mg－15.4%Al－0.2%Zr（质量分数）合金在不降低强度的条件下可获得更好的延展性。LDC Mg－5.6%Zn－0.3%Zr（质量分数）合金虽然含锆量较低，但合金的强度及延展性匹配良好，与熔体旋铸 ZK60 合金性能相同。LDC Mg－Zn－Zr 合金挤压过程中出现再结晶，而使晶粒细化达 5μm，随后 500℃固溶 1h 和在 130℃时效 48h 晶粒粗化到 30～40μm。但是 LDC Mg－Al－Zr 合金甚至在 413℃固溶 5h 和 205℃时效 20h 后也未出现粗化现象，这主要是因为存在更稳定的沉积相 Al_3Zr。

有关喷射沉积 Mg－Al－Zn－Nd 稀土镁合金性能研究结果表明，喷射沉积工艺性能明显改善稀土镁合金的性能。与传统铸锭冶金镁合金相比，喷射沉积稀土镁合金晶粒细小、组织均匀，σ_b 提高了 16.7%，$\sigma_{0.2}$ 提高了 27.8%，δ 提高了 15.3%。观察铸造和喷射沉积 WE54 合金的光学金相显微组织照片表明，喷射沉积镁合金的晶粒大小为 10～30μm，远小于传统铸造镁合金。沉积坯中从中层区域到最上层区域的显微组织均匀，晶粒是尺寸为 20μm 的等轴晶，靠近沉积坯最上层表面的晶粒最细，而接近沉积底部区域的晶粒粗化。喷射沉积 WE54 合金具有等轴晶组织，晶粒尺寸为 10μm 左右，孔隙度不超过 5%。喷射成型镁合金 QE22 与相应的铸造合金相比，晶粒细小，组织均匀，无宏观偏析，强度提高了 40%，含氢量最低可降到 2×10^{-6}，比镁粉末的含氢量低 6.5 倍。

与快速凝固/粉末冶金镁合金相比，喷射沉积镁合金通常含有最低程度的快速凝固工艺污染物，如氧、氧化物、氢等，从而断裂韧性有较大的改善，同时其他力学性能和电化学性能有较大的提高。Faure 等人报道，喷射沉积 Mg－7Al－4.5Ca－1.5Zn－1.0RE 和 Mg－15.5Al－2Ca－0.6Zn0－0.2Mn 合金的断裂韧性 K_{IC} 分别为 30MPa·$m^{1/2}$ 及 35MPa·$m^{1/2}$，较常规铸造态的有较大改善。这些合金的 σ_b 和 $\sigma_{0.2}$ 分别为 480MPa、435MPa 和 365MPa、305MPa，δ 分别为 5% 及 9.5%。两合金的断裂韧性和 10^7 次旋转弯曲疲劳抗力优于铸造合金 AZ80 及由熔体旋铸薄带制得的 RS AZ91＋2%Ca（质量分数）合金。表 15－57为气体雾化及喷射成型镁合金的性能。

表 15－57 气体雾化及喷射成型镁合金的性能

方法及合金	σ_b/MPa	σ_s/MPa	δ/%	K_{IC}/MPa·$m^{1/2}$	腐蚀速率/mm·a^{-1}
LDC Mg－8.4Al－0.2Zr①	351	253	18	—	—
LDC Mg－5.6Al－0.3Zr②	354	303	14	—	—
SF Mg－7Al－1.5Zn－4.5Ca－1.0RE	480	435	5	30	0.46
SF Mg－15.5Al－0.6Zn－2Ca－0.2Mn	365	305	9.5	35	0.15
SF QE22	350	290	10	—	3.3

续表 15－57

方法及合金	σ_b/MPa	σ_s/MPa	δ/%	K_{IC}/MPa·$m^{1/2}$	腐蚀速率/mm·a^{-1}
Ca Mg－3.2Nd－1.1Pr－1.5Mn	427	420	5.1	—	0.28
Ca AZ91	400	350	10	—	—
Ca ZE63	430	410	4	—	—
Ca ZK60－T6	403	376	17	—	—
GA QE22	415	380	4	—	—
GA Mg－7.9Al－0.7Si	405	291	19	—	14.7

注：如未作说明，则为挤压态；LDC 代表动态压实；SF 代表喷射成型；Ca 代表铸造；GA 代表气体雾化。

①235℃时效 20h。

②130℃时效 48h。

Elias 等人开展了镁合金的喷射沉积原位合金化工艺的研究，将铝粉和 Al－10% Si（质量分数）粉末喷射到 Mg－Mn 合金的液流中进行喷射共沉积。纯铝及 Al－10% Si（质量分数）粉末（粒径 56μm）分别与 Mg－Mn 合金熔体在喷射共沉积时发生反应，研究表明合金中存在粒径仅 30nm 的弥散相粒子。

喷射沉积技术不仅被用于制备传统牌号的镁合金，如 WE54 耐热变形镁合金（可用于 300℃以上）、QE22 抗蠕变砂型铸造镁合金、AS21 压铸镁合金和 AE42 高温压铸镁合金，还研究一些三元镁合金，如 Mg－Al－Ca 等。另有研究表明，喷射沉积工艺可以扩大合金元素的固溶度。表 15－58 列出了已研究的喷射沉积镁合金的成分，图 15－72 和图 15－73 列出了它们与其他铸锭冶金镁合金的力学性能比较。

表 15－58　喷射沉积镁合金的成分

合　金		合金元素（质量分数）/%							
		Ag	Al	Ca	Mn	SE①	Si	Y	Zr
传统镁合金	WE54	—	—	—	—	4.0	—	5.1	0.5
	QE22	2.2	—	—	—	1.8	—	—	0.3
	AE42	—	4.2	—	—	1.5	—	—	—
	AS21	—	2.9	—	0.25	0	1.0	—	—
新型镁合金	AE42＋Ca	—	4.0	5.6	—	1.3	—	—	—
	AS21＋Ca	—	3.2	4.4	—	—	0.9	—	—
	Mg9Al4Ca1Si	—	9.5	4.3	—	—	1.1	—	—
	Mg3Al4Ca	—	3.4	4.3	—	—	—	—	—
	Mg6Al6Ca	—	6.5	5.9	—	—	—	—	—
	Mg9Al6Ca	—	9.4	6.2	—	—	—	—	—

①SE 为富 Nd 的稀土。

从目前喷射沉积技术制备镁合金的现状来看，进一步优化喷射沉积工艺以获得更为优良的显微组织和性能还有待深入研究。另外，镁合金喷射沉积过程中的安全性需要特别注意。通常将 1%（体积分数）氧气通入惰性气体中来钝化处理粉末，防止喷射沉积过程中液滴和过喷粉末的自燃。为了安全处理过喷粉末，需要在喷射沉积结束后对粉末再进行一次钝化处理。

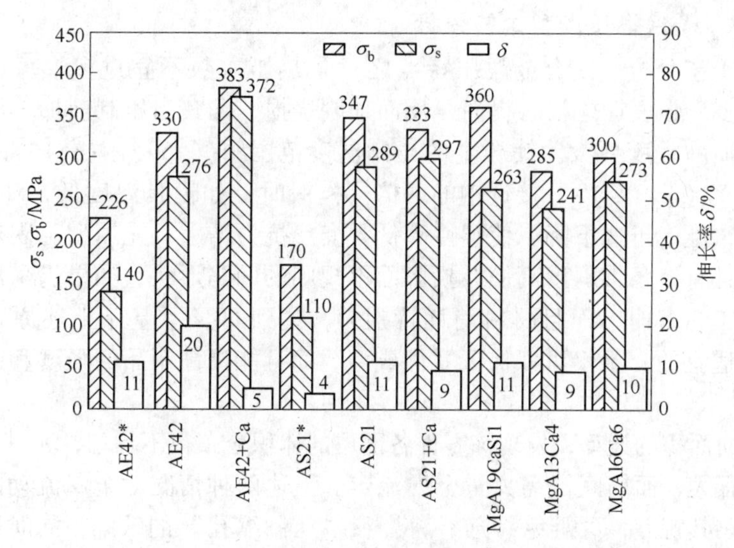

图 15-72 喷射沉积镁合金的室温力学性能

（＊HPDC 高压铸造）

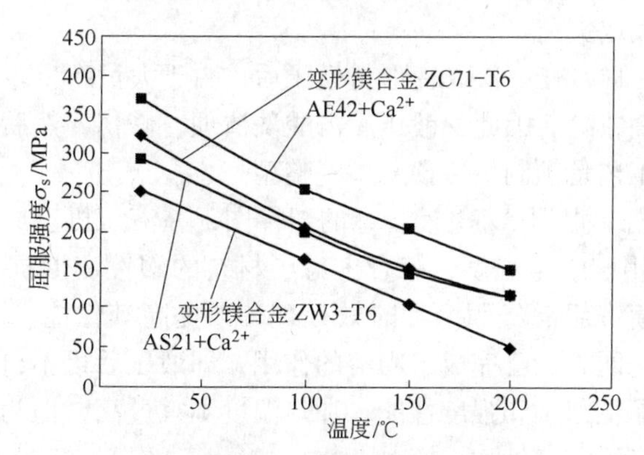

图 15-73 喷射沉积镁合金的屈服强度随温度的变化曲线

（＊＊喷射沉积＋挤压工艺制备）

15.4.10 镁合金等温锻压成型技术

下面以 AZ31 变形镁合金复杂散热器零件的等温锻压成型为例子，进行介绍和分析。

15.4.10.1 AZ31 变形镁合金散热器零件的特点

散热器是某电子系统的关键零件，该零件的几何形状复杂，其中部是五条纵向分布的高筋，筋的平均高宽比最大为 7.5，筋顶部最薄处 0.5mm，筋高 13mm，筋总长 375mm；外周是高低不平的不规则形状，高度差 2～10mm；散热器的不规则形状凸起部分用于固定电路板插件，五条高筋是重要的散热功能部位，其余高低不平处用以固定和连接飞行器机身，飞行器在飞行及降落过程中承受着很大的震动负荷。因此，要求零件流线沿其几何外形分布，不允许有流线紊乱、涡流及穿流现象，且要求晶粒尺寸细小均匀。该零件的几何尺寸大，水平投影面积近 $0.1m^2$，是航空无线电系统中较大的镁合金压制件。散热器的复杂形状和上述的高性能要求决定了该零件的成型工艺复杂，需采用合理的工艺和有效的措施，才能完成该零件的精密压制成型。

15.4.10.2 等温锻压成型工艺分析

（1）成型工艺分析。镁合金锻压特点之一是热压次数不宜过多，每加热、压制一次。锻压次数多，强度性能没有提高，反而加剧烧损，尤其当压制前加热温度高、保温时间长时，烧损的程度更大。镁合金的压制温度范围窄（150℃左右），而其导热系数很大（167.25W/(m·℃)），接近钢的两倍。模锻时，如模具温度低，坯料降温很快，尤其在薄壁处，温度迅速下降，使塑性降低，变形抗力增大，充填型腔困难。该散热器的形状复杂，且有多条带斜度高筋、投影面不规则的凹陷形状，如果仍采用机加工切削成型，不仅费工、费时，而且材料消耗特别大，达到60%。基于上述原因，采用等温成型工艺是最适宜的，不仅可以保证零件成型，而且能提高制品的强度和改善其表面组织状态。

对不同截面面积的计算，发现该零件各部位的体积分布很不均匀，尤其在筋部凸起部位需要金属量很大，而筋间恰需大量金属流走。上述两种情况对金属流动的需求相互补充，合理的利用其特点，可避免“充不满”和“压制缩孔”的缺陷，同时可用等厚的长方板坯直接模压成型。该零件在锻压方向具有陡壁的形状，其根部直棱直角不适合直接终成型压制，一次终成型模锻会发展成折叠甚至把筋部成型的模腔撑裂，因此必须采用预成型加整形，由圆角过渡成尖角。

镁合金和铝合金一样，在一次大变形量模压后，由于大量新生表面出现可能引起黏模现象，并且易产生折叠缺陷。因此，锻压后需酸洗清理、修伤，然后再进行二次模压，即整型。该零件的成型工艺是预制板→预成型→整型。

（2）加热工艺分析。根据AZ31镁合金的塑性图，在液压机上成型时，其模锻温度范围是350~360℃。采用该成型温度，综合考虑了材料的塑性变形抗力和成型后零件的性能。一般铝合金零件模锻后需经固溶和时效处理，以提高其性能。而AZ31镁合金不同，该合金在模锻前加热的同时，已完成了固溶的作用，即锻压后可不再固溶，直接进行时效处理。为保证压制后晶粒细小和强度性能，加热温度不宜过高，但为保证固溶效果和降低变形抗力，加热温度又不宜过低。

采用成型的模具与毛坯一同合模放入低温电阻炉内加热，炉内带有空气强制循环装置，保持炉温均匀，使炉内温度差不超过±10℃，出炉后毛坯和模具在环境温度下快速放入液压机锻压。由于AZ31合金热敏性较强，在模锻过程中受操作人员熟练水平、模锻速度、热模搬运速度、环境温度等多方因素影响，难以保证镁合金是在恒温下变形，因此对于变形程度大于80%的产品来说，会在型腔充满程度、压制力、模具强度、避免模锻件表面开裂等方面出现问题。为此设计了液压机用镁合金通用加热盘固定在压机工作台上，周边围有硅酸棉保温材料，并装配有热电偶温控装置，温度差控制在±8℃之内，以平衡热坯、模具与环境交换的热量。装置结构如图15-74所示。

（3）模具结构优化设计。这套散热器由四个零件组成，外形特征全是板片类，单侧都有高筋，外形尺寸近似。在设计散热器压模时，没有采用工程模具设计中把装料、压制、卸件、加热复合到一起的方式，而设计了通用模架。压制四种零件时，四种零件的凸、凹模可同时在等温炉内加热，节省了复合模的换模时间，形成四种零件和凸、凹模具循环加热，循环锻压的工作模式，最大限度地缩小模具与工件出炉后热量散失形成的温差。为此设计的快换模具保证了模具快速装卸，模具工作和卸料部分按次序各自独立，锻压各零件的模具间形成互换。这样的模具通用性较好，维修方便，比复合型模具节省了三套模架，使模具加工工艺简化，成本降低。模具结构如图15－75所示。

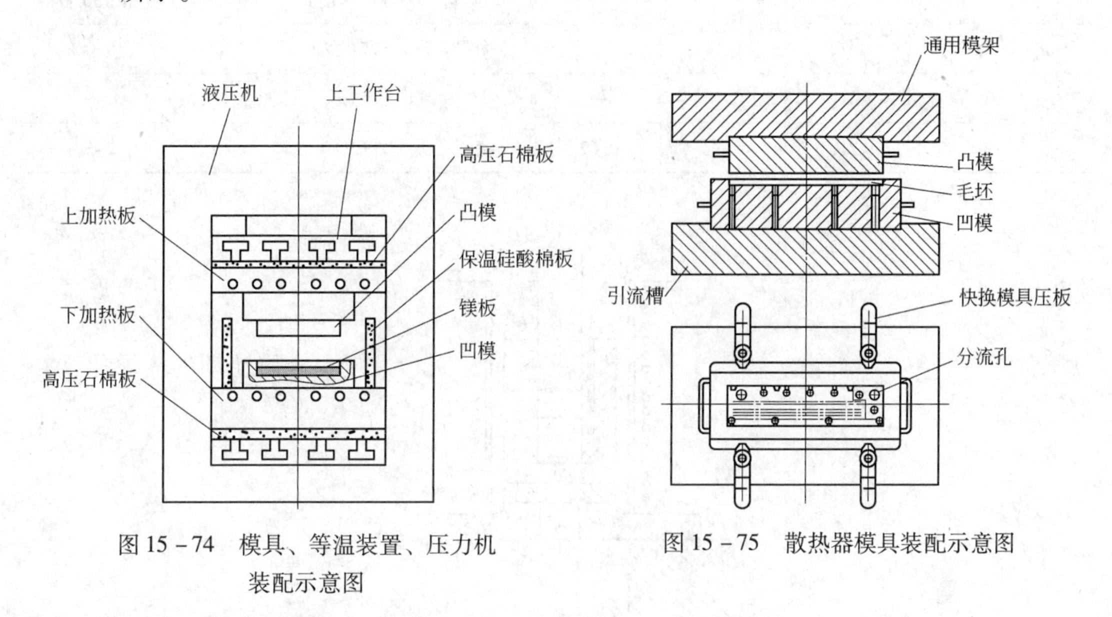

图15－74　模具、等温装置、压力机装配示意图

图15－75　散热器模具装配示意图

15.4.10.3　降低模压力的措施

在大型铝、镁合金锻压生产中，100MN液压机通常只能压制水平投影面积约为0.33m^{2}的零件，而散热器投影面积约0.1m^2，则需30～50MN的液压机，但现仅有一台6.3MN液压机。另外，该散热器有五条高筋，为了充填好此处型腔，需在筋底建立足够大的模压力，这就使整个压力大幅度提高。因此，对该散热器件，需采取措施降低模压力，否则，在充填高筋型腔时，可能使模具损坏。除采用等温成型工艺外，还采取了在凸模和凹模压力正方向、零件形状凹处加设大引流槽、分流孔，使型腔在未充满前通过引流和分流加大金属流动惯性，降低压机及模具的载荷，使金属处于高速充填状态，达到高筋部饱满成型的目的。

采用以上的等温模锻工艺、模具快换技术、材料分流、引流理论等成型技术生产出了合格的镁合金散热器零件，成型质量良好。零件的力学性能、显微组织和尺寸精度均符合要求。

15.4.11　镁合金粉末挤压技术

粉末挤压是一种新工艺，特别是对于镁合金来说是近年来才开始研究的。用粉末挤压法成型的镁合金挤压件，与同组成的铸坯挤压的材料，晶粒细密且强度更高，研制所用的Mg－1%Al和Mg－0.6%Zr合金粉末的成分及各种粒度粉末的分布比例见表15－59。

粉末挤压装置如图15－76所示，挤压筒内径为ϕ30mm，由油压机供压，用电炉炉加热。挤压成型ϕ6mm和ϕ15.5mm两种直径的镁合金棒材，其挤压比分别为25和13，变形程度为96%和91%。

表15-59 试验料的化学成分及粉末粒度分布比例

坯料种类	代号	化学成分/%		粉末粒度分布比例			
		Al	Zr	>60目	60~80目	80~150目	<150目
Mg-1%Al粉	AP	1.11	—	微量	17.8%	63.2%	19.0%
Mg-1%Al铸坯	AC	0.97	—	—	—	—	—
Mg-0.6%Zr粉	ZP	—	0.62	微量	12%	64%	24%

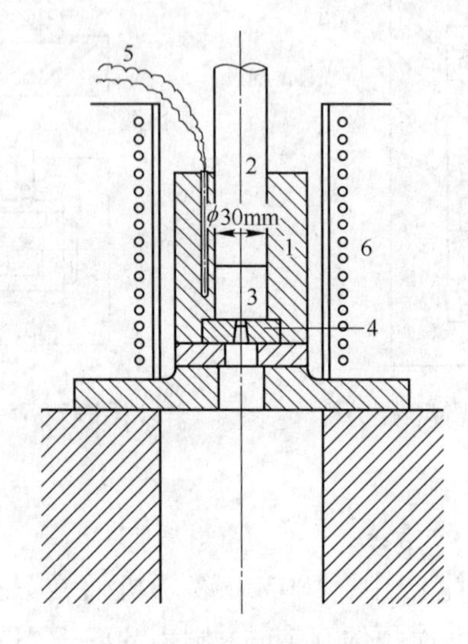

图15-76 挤压装置

1—挤压筒；2—挤压轴；3—坯料；4—挤压模；5—热电偶；6—电炉

粉末挤压程序如下：封闭挤压模孔，待挤压筒加热至350℃时放入粉末，保温时间30min，然后用约10t的压力压缩。接着，当挤压筒规定位置达到要求温度400~500℃时，保持约30min，然后以各种速度进行挤压。由试验机的自动记录装置绘图出负荷行程曲线。铸坯挤压与粉末情形相同，即把坯料放在挤压筒内加热，当达到要求温度时保持30min，然后挤压。

挤压速度为试料的挤出速度，在0.04~6.7m/min之间，速度的增减是靠调节试验机活门的送油速度实现的，所以不易正确控制。试验中，是根据材料从挤压模挤出开始至完了时的时间和挤压出的长度来测定的。测温时，要正确测出试料的温度，必须尽可能测量接近试料的挤压筒内侧的温度，以减小误差。此外，在挤压过程中均不采用润滑剂。

挤压时，对挤压力和摩擦力进行了测定。挤压后对产品的外观质量、组织、拉伸性能和硬度等进行了测试。

根据试验结果及其分析，可归纳出镁合金粉末挤压的工艺特点：

(1) 变形抗力K_e和摩擦系数μ比，同一组成成分的铸坯挤压材的大，且随温度下降而增高。

(2) 随着挤压过程的进行，最初粉末中存在的空隙分化变细，粉粒外形伸长，其表面上氧化物向挤压方向伸长。

（3）若挤压系数过小，则挤压材前端的粉粒结合不好，中心部与外层部变形程度差别很大。

（4）粉末挤压时温度必须比铸坯挤压温度高100℃以上，因为要破坏粉末表面的氧化膜使粉末相互结合，需要充分高的温度。温度低就显著产生松球状龟裂。

（5）在适宜的温度下挤压，速度快则效果好。

（6）挤压系数小时，挤出材各部的力学性能偏差大，且大于用铸坯挤压的偏差。

（7）退火时，强度下降比铸坯的小。这是由于分散的氧化物阻碍了晶粒的成长。

（8）Mg－1% Al 和 Mg－0.6% Zr 合金粉等量混合物挤压时，比单一粉末挤压时材料退火后强度下降小。

15.4.12　复合成型技术

复合成型技术是将两种以上成型方法结合在一起，如喷射＋铸轧、喷射＋锻造、喷射＋挤压。对于AZ31、AM60和AZ91之类的镁合金，可以采用喷射＋铸轧成型工艺，将镁合金在电炉内熔化，然后注入一个喷嘴内，该喷嘴将熔融镁合金喷射至连续旋转的双辊轮之间的间隙中，如图15－77所示，边凝固边进行轧制，辊轮内部用水冷却。这样被喷射镁合金半固态或固态层通过外轧辊、内轧辊和外部支撑辊使其辊轧成条料、管料和板料。其显微组织均匀，晶粒强化，性能优良，厚度为7.6～6.4mm，可达到成品板材的厚度公差要求。

喷射也可能和锻造、挤压复合生产高性能的镁合金件。喷射锻造过程示意图如图15－78所示。

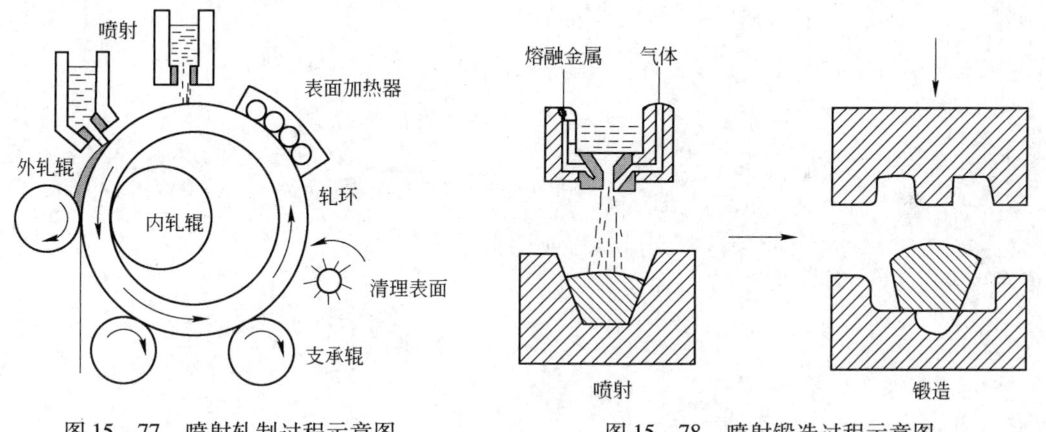

图15－77　喷射轧制过程示意图

图15－78　喷射锻造过程示意图

第4篇

镁及镁合金的应用、回收利用及生产安全与防护

16 镁及镁合金材料的市场需求与应用开发

16.1 概述

20世纪90年代中期，由于世界能源、资源危机与环境污染等问题日趋严重，全球掀起了镁合金开发应用的热潮。镁及其合金在轻量性、比强度、比刚度、导热性、减振能力、储能性、切削性、可回收性以及尺寸稳定性等方面都有独特优势。在汽车、电子、航空、航天、国防等领域具有重要的应用价值和广阔的应用前景，被誉为“21世纪绿色工程材料”。国内外研究机构近年来均在镁及镁合金的研究上倾注了大量的人力和财力，如美国、德国、澳大利亚、日本等工业发达国家于20世纪90年代以来相继出台了各自的镁研究计划，投资数十亿美元，协调和组织联合科研院所、企业等方面的研究力量，实施大型的综合性攻关。

我国在国家自然科学基金、国家科技攻关“十五”、“十一五”、“十二五”计划、“863”计划、“973”计划等项目的资助下，在镁合金熔炼、净化，高性能镁合金材料研究，镁合金成型技术开发，表面处理与防护等方面取得了大量研究成果，初步形成了从高品质镁材料生产到镁合金产品制造的完整产业链。

世界各国高度重视镁合金的研究与开发，将镁资源作为21世纪的重要战略物资，加强了镁合金在汽车、计算机、通信及航空航天等领域的研究、开发与应用，镁合金已成为世界最令人瞩目的绿色环保工程材料，属于21世纪的朝阳产业。因此，镁及镁合金得到了广泛的应用。

(1) 镁在冶金领域的应用。

1) 铝合金的添加元素。在铝合金中加入金属镁，使合金更轻、强度更高，抗腐蚀能力更好。

2) 钢铁脱硫的脱硫剂。整个北美、欧洲及中国钢铁生产中用镁粉作为钢铁脱硫剂，市场前景广阔。用镁粉作为钢铁脱硫剂不仅工艺简单，而且由于镁具有对硫的亲和力好，这种独特性质使钢铁生产在较低的成本下，能生产出低硫钢，这种低硫钢可用于汽车设备及结构体中。用镁脱硫不仅改善钢的可铸性、延展性、焊接性和冲击韧性，而且降低了结构件的质量。

3) 生产难熔金属的还原剂。镁既可作为生产稀有金属 Ti、Zr、Hf 等的还原剂，也可作为生产铍、硼的还原剂（$BeF_2 + Mg = Be + MgF_2$，$B_2O + 3Mg = 2B + 3MgO$）。

4) 脱氧剂。在铜基和镍基合金的生产过程中，镁通常被用作脱氧剂。镁还用作镍基合金、镍－铜合金、镍－铜—锌合金的合金化元素。

5) 球墨铸铁的球化剂。镁在球墨铸铁中起着球化作用，使铸件强度、延展性更高。

6) 其他用途。镁和钙的联合使用是铅液脱铋的重要手段。另外，在压铸锌合金中加入适量的金属镁，能提高其强度和改善尺寸稳定性。

（2）镁在化学工业的应用。在化学工业领域，镁被大量使用在生产复杂和特种有机物及金属有机物的工艺中。镁还被用于生产镁的烷基（或烃基）（alkyls）和芳基（aryls）金属化合物；在润滑油中用作中和剂；用于氩气和氢气的净化；在真空管道制造中用作吸气剂（getter）；用于生产硼、锂、钙的氢化物；用于锅炉用水的脱氧脱氯剂，等等。

（3）镁在电化学、牺牲阳极上的应用。在电化学方面的应用包括阴极保护、制造电池和光刻等。镁牺牲阳极用于延长各种金属装置的寿命，包括家用和工业用热水器（槽）；各种地下构建物，如土壤里的石油管道、地下电缆、管线、井体、储槽和塔基等；以及海水冷凝器、轮船船体、压载箱和海洋环境中使用的钢桩。

镁阳极可以制成各种形状，如在土壤及水中常用的为D形和梯形截面的棒状阳极，在热交换器中多用挤压的圆柱形阳极，在高电阻率土壤中或套管内多用带状阳极，在水下常用半球形阳极。

国内镁阳极使用量在不断增加，目前用作牺牲阳极的镁合金每年有3万~4万吨。

（4）镁在烟火领域的应用。镁在早期用来制作烟火，含铝量超过30%的镁铝合金粉末燃烧时会产生耀眼的白光，该白光比自然光更适合于摄影，从而被用作摄影闪光灯，镁粉还广泛用于焰火、礼花、军用信号弹、照明弹、燃烧弹等方面。

（5）在航空、航天、交通工具、3C产品、纺织等方面的应用。镁合金具有优异的性能，因而广泛应用于航空、航天、交通工具、3C产品、纺织和印刷等行业。镁合金零部件运动惯性低，应用到高速运动零部件上，效果尤为明显。另外，由于镁合金密度低，适合应用到需要运动和搬运的零部件上，同时制备同一零件时壁厚可以增大，从而满足了零件对刚度的需求，简化了常规零件增加刚度的复杂结构（如筋、肋等）制造工艺。此外，镁合金的中温性能使得它能够在飞机和导弹上替代工程塑料和树脂基复合材料；其高减振性能使其在飞机和导弹的电子仓上获得应用；其对X射线和热中子的低透射阻力使得镁合金特别适用于X射线机框和核燃料盒等。镁合金还长期被用于制造各种军事装备，如帐篷骨架、迫击炮座和导弹壳体等。由于含铝小于30%的细小镁铝合金颗粒在燃烧时产生耀眼的白光，该白光比自然光线还有利于照相，因此被广泛用于照相用的闪光灯和烟火业。近年来，随着资源的不断枯竭以及环保和安全所需，镁合金在汽车、摩托车、电子产品等方面的开发应用受到了全世界的极大关注。

在美国，镁作为结构材料，占镁全部需要量的30%左右，其余70%用于非结构用材，如作为铝合金的添加剂，球墨铸铁的球化剂等。在日本，镁作为结构材料还不足10%，其中大部分是铸造用材，少量是挤压材、锻造用材。我国的情况更是如此，目前结构材料用量更少。镁合金作为结构材的用途和应用领域见表16－1。大多是利用镁合金质轻、强度高、减振性好等特性。

表16－1　镁合金结构件的用途及应用领域

航空、航天	喷气发动机零件，车轮，窗框，人造卫星框架，直升飞机零件等
核工业	燃料覆盖材等

续表 16－1

陆上运输机械	汽车，摩托车，雪上汽车等曲轴箱，变速箱，盖子类，车轮，自行车架，轮毂等
装卸机械	搬运车，平板车，小推车，小艇等
电气，通信机械	携带式发报机机身，电子计算机零件，立体声拾音器，海滩救护电池，干电池外壳，手电筒，笔记本电脑等
光学机械	照相机，复写机，双筒望远镜机身，电视摄像机框架
其他	纺织设备，印刷设备，包装设备，化学化工机械及高速往复运动部件等

镁合金用于汽车的可能性，已由大众牌汽车的历史所证明。自 21 世纪来，人们越来越重视节能和环保，镁作为最轻的金属结构材料，越来越获得关注。总的来说，镁作为一种新兴的环保材料和最轻的结构材料具有广阔的应用前景。

16.2 镁及镁合金材料的市场与需求

16.2.1 世界镁及镁合金的生产量及消费量

近十年来，世界镁及镁合金的产量及消费量年平均增产率在 5% 以上，详见图 16－1 及表 16－2 2000～2015 年全球及我国金属镁的产量。2015 年全球的原镁产量达到 97.2 万吨，我国的原镁产量为 85.21 万吨，占全球原镁产量的 87.66%，年平均增产率为 14%。

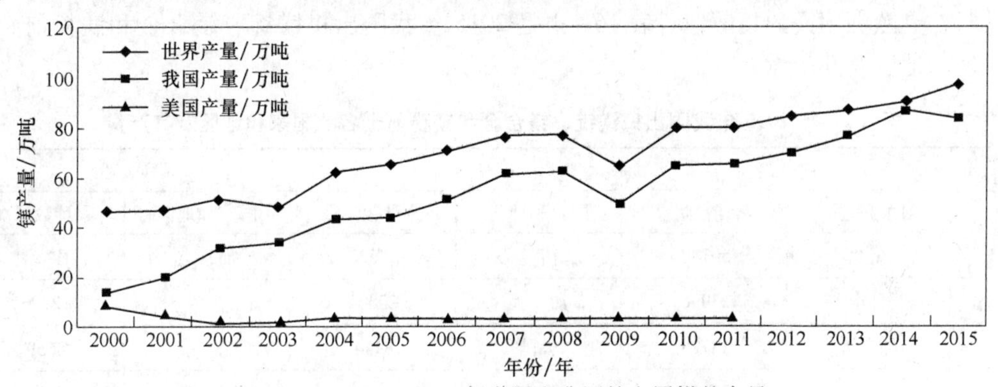

图 16－1 2000～2015 年世界和我国的金属镁的产量

表 16－2 2000～2015 年世界、我国和美国的金属镁的产量 （万吨）

年份	2000	2001	2002	2003	2004	2005	2006	2007	2008	2009	2010	2011	2012	2013	2014	2015
我国产量	14.21	19.97	32.5	34.18	44.24	45.08	51.97	62.47	63.07	50.18	65.38	66.06	69.83	76.97	87.39	85.21
世界产量	47	47.86	52.41	49.08	63.34	65.78	70.87	77.67	77.77	64.98	80.48	80.66	85.13	87.8	90.7	97.2
美国产量	9.40	5.00	2.50	4.30	4.30	4.30	4.30	4.30	4.50	4.50	4.50	4.50	—	—	—	—

由于我国的金属镁冶炼技术的进步，2000 年以来我国成为全球的主要金属镁生产国。表 16－3 列出了 2000～2015 年世界主要生产金属镁的国家及产量，由表可见：2000 年全球生产金属镁的国家有以色列、哈萨克斯坦、挪威、俄罗斯、巴西、加拿大、美国、中国，当时我国占世界金属镁产量的 47%；到 2015 年我国金属镁产量已经占到世界金属镁产量的 97.2%。

表16-3 2000~2015年世界主要生产金属镁的国家及产量 (万吨)

年份	中国	美国	俄罗斯	以色列	哈萨克斯坦	巴西	加拿大	挪威	世界合计
2000	14.21	9.40	4.10	3.17	1.04	0.57	8.57	4.14	47.00
2001	19.97	5.00	4.40	3.40	1.65	0.55	8.34	4.07	47.86
2002	32.50	2.50	4.00	2.80	1.80	0.50	8.00	0.31	52.41
2003	34.18	2.50	4.00	2.60	1.80	0.50	3.50	—	49.08
2004	44.24	4.30	3.50	0.80	1.60	1.50	5.40	—	63.34
2005	45.08	4.30	3.80	2.80	2.50	1.50	5.80	—	65.78
2006	51.97	4.30	3.60	2.80	2.00	1.50	4.70	—	70.87
2007	62.47	4.30	2.80	3.00	2.00	1.50	1.60	—	77.67
2008	63.07	4.50	3.50	3.50	2.00	1.20	0.00	—	77.77
2009	50.18	4.50	3.70	2.90	2.10	1.60	—	—	64.98
2010	65.38	4.50	4.00	3.00	2.00	1.60	—	—	80.48
2011	66.06	4.50	3.70	2.80	2.00	1.60	—	—	80.66
2012	69.83	—	3.70	3.00	2.10	—	—	—	85.13
2013	76.97	—	—	—	—	—	—	—	87.8
2014	87.39	—	—	—	—	—	—	—	90.7
2015	85.21	—	—	—	—	—	—	—	97.2

注：2010年以后，我国的金属镁产量超过全球产量的80%以上，国外的数据报道就越来越少。

2015年，中国镁产品出口到81个国家和地区。其中，出口到荷兰9.93万吨，集中在鹿特丹，是欧洲用镁的集散地。表16-4是2015年我国出口镁锭、镁合金和镁粉前十名的国家和地区及其产量。

表16-4 2015年我国出口镁锭、镁合金和镁粉前十名的国家和地区及其产量

序号	镁锭		镁合金		镁粉	
	国家和地区	累计数量/t	国家和地区	累计数量/t	国家和地区	累计数量/t
1	荷兰	50788	荷兰	35627	加拿大	19491
2	日本	23996	加拿大	20806	荷兰	12796
3	加拿大	18728	韩国	8144	土耳其	8659
4	印度	12819	日本	6542	印度	6189
5	韩国	12561	罗马尼亚	6423	日本	5877
6	阿联酋	10121	墨西哥	6156	美国	3729
7	斯洛文尼亚	7675	英国	5381	英国	3624
8	德国	4779	中国台湾	4823	墨西哥	2936
9	希腊	4554	意大利	3762	斯洛文尼亚	1734
10	中国台湾	4547	西班牙	3112	南非	1608
	合计	150368	合计	100777	合计	66643

表16-5是2005~2015年日本的金属镁的消费结构一览表。由表可见，日本近十年来的金属镁需求基本保持一个稳定的数量，即年需求量在4万吨左右，金属镁消费结构有一些变化，但是变化不大。

表 16-5 2005~2015 年日本的金属镁的消费结构一览表 （吨）

年 份		2005	2006	2007	2008	2009	2010	2011	2012	2013	2014	2015
结构材料	压铸	9633	9930	9640	7684	5493	6878	5742	6379	5800	5800	5900
	铸件	80	95	109	92	120	76	92	55	70	70	70
	注塑成型	1565	1261	1030	587	328	168	220	400	300	300	300
	加工材	1051	1091	1116	905	342	1165	1104	1384	1890	900	900
	小计	12329	12377	11895	9268	6283	8287	7158	8218	7960	7070	7170
添加剂	铝合金加工	18312	18694	20237	20124	17552	20185	19616	19485	18800	21000	21500
	钢铁脱硫	9922	9041	9048	7859	4075	5814	6124	4140	3950	5500	5000
	球墨铸铁	1534	2548	2526	2352	2238	2358	2306	2327	2340	2725	2700
	钛的冶炼	420	525	584	724	600	400	1193	740	60	420	500
	化学品和催化剂	—	—	—	—	—	—	—	1860	1800	1800	1900
	小计	30188	30808	32395	31059	24465	28757	29239	28552	26950	31445	31600
其他粉末		3066	2823	2286	1795	1241	897	1340	606	620	620	1200
国内需求合计		45583	46008	46576	42122	31989	37941	37737	37376	36695	35530	39715
出口		395	1011	859	891	567	1956	2583	642	700	330	575
总需求		45978	47019	47435	43013	32556	39897	40320	38018	37395	35860	40290

16.2.2 我国镁及镁合金的生产量及消费量

（1）我国镁及镁合金的生产量及消费量。在我国，至 2007 年 8 月 24 日前，镁价一直低于铝价，对一些下游加工企业，可从镁件代替部分铝件。由于有价格优势，国内消费市场需求增加，参见图 16-2 和表 16-6，由图和表可见，2000~2015 年国内镁消费量逐年增长。2007 年国内镁消费量增加到 26.30 万吨，是 2000 年的 12 倍，占世界消费量的 33.86%，从 2007 年起，中国已连续 6 年成为世界第一镁消费大国。2008 年因镁价大起大落，影响和制约了下游加工企业，不少企业改用铝合金，价格因素抑制消费，致使国内消费量下降到 15.8 万吨，同比下降 39.92 个百分点，但仍占世界消费量的 20.31%。2009~2015 年，镁价回归合理价位，国内消费也回升，2015 年跃升到 36.52 万吨，占世界消费量的 42.3%左右。

表 16-6 2000~2015 年我国的金属镁的产量、消费量及进出口量一览表

年份	2000	2001	2002	2003	2004	2005	2006	2007	2008	2009	2010	2011	2012	2013	2014	2015
产量/t	14.21	19.97	32.5	34.18	44.24	45.08	51.97	62.47	63.07	50.18	65.38	66.06	69.83	76.97	87.39	85.21
消费量/t	2.55	3.40	4.01	5.12	7.05	10.55	15.65	26.30	15.80	17.20	23.20	27.68	31.00	35.15	37.07	36.52
进口量/万吨	0.049	0.075	0.191	0.480	0.648	0.446	0.333	0.373	0.092	0.072	0.102	0.118	0.069	0.039	0.132	0.161
出口量/万吨	16.54	17.73	20.83	29.92	38.31	35.28	34.98	40.80	39.64	23.35	38.39	40.02	37.11	41.11	43.50	40.82

2015 年我国金属镁的消费量为 36.52 万吨，其中：铝合金添加用镁 12.56 万吨；炼钢脱硫用镁 3.30 万吨；球墨铸铁球化剂用镁 3.00 万吨；金属还原用镁 4.40 万吨；制备稀土镁合金用镁 0.80 万吨；铸件、压铸件、型材用镁 11.66 万吨；其他用金属镁 0.80 万吨，参见图 16-3。

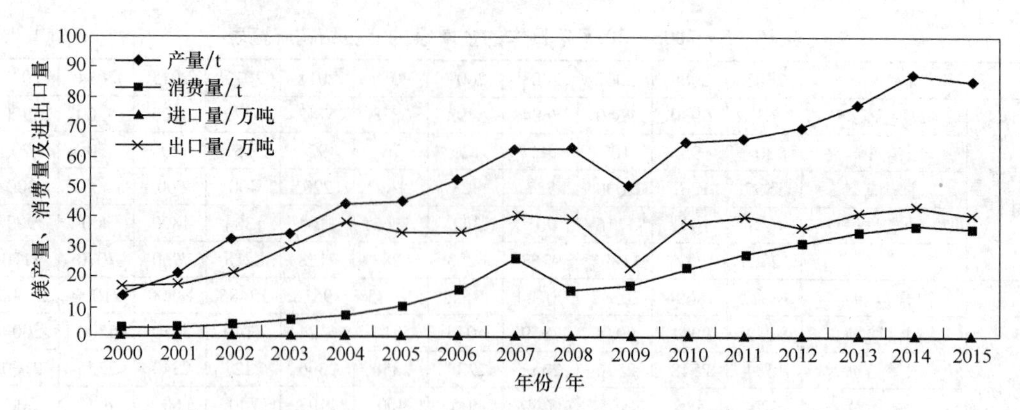

图 16-2 2000~2015 年我国的金属镁的产量、消费量及进出口量

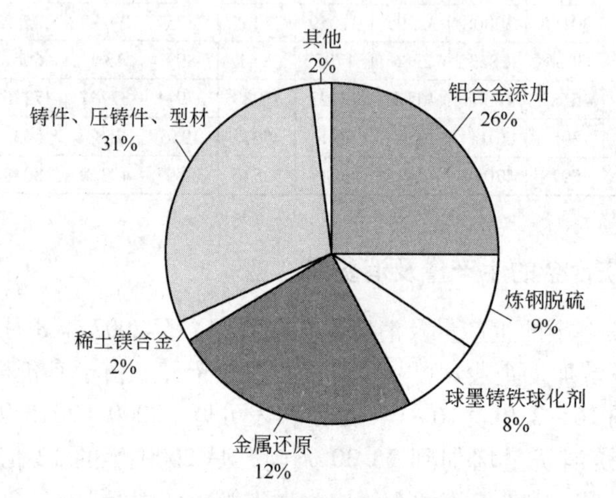

图 16-3 2015 年我国金属镁的消费结构

经过 2000~2015 年的发展，2015 年中国原镁产能是 2000 年产能的 6 倍，年均增长率为 14% 以上。我国的原镁产量自 1999 年以来，连续 16 年居世界首位。

镁冶炼继续朝规模化、大型化方向转变。2015 年，镁冶炼企业年产量在 5.0 万吨以上的有 10 家以上，产能占 60% 以上。表 16-7 为 2014 和 2015 年中国原镁生产企业前 10 名排序（镁协会员单位）。可见，镁冶炼继续向规模化发展的趋势放缓。

表 16-7 2014 年和 2015 年中国原镁生产企业前 10 名排序

序号	2014 年			2015 年		
	原镁生产企业	产能/t	产量/t	原镁生产企业	产能/t	产量/t
1	宁夏惠冶镁业集团有限公司	70000	52200	南京云海特种金属股份有限公司	60000	37000
2	山西银光华盛镁业股份有限公司	70000	43900	宁夏太阳镁业有限公司	35000	35000
3	南京云海特种金属股份有限公司	90000	40000	山西闻喜瑞格镁业有限公司	50000	34300
4	太原易威镁业有限公司	50000	37000	山西闻喜县八达镁业有限公司	30000	30000
5	山西闻喜县八达镁业有限公司	30000	30000	府谷县天宇镁合金有限公司	50000	30000
6	府谷县天宇镁合金有限公司	50000	26400	山西银光华盛镁业股份有限公司	70000	28400
7	府谷县泰达煤化有限责任公司	20000	23700	青海三工镁业有限公司	30000	25100

续表 16－7

序号	2014 年			2015 年		
	原镁生产企业	产能/t	产量/t	原镁生产企业	产能/t	产量/t
8	府谷县众鑫有限责任公司	20000	22800	府谷县泰达煤化有限责任公司	20000	24200
9	榆林市万源镁业(集团)有限责任公司	20000	22700	宁夏惠冶镁业集团有限公司	70000	24000
10	府谷县京府煤化有限责任公司	30000	20700	太原易威镁业有限公司	50000	24000

（2）我国镁及镁合金的进出口情况。2012 年，我国的金属镁产量已经占世界产量的 85%以上，因此我国的金属镁及产品的进出口量在一定程度上是反映全球的金属镁产量和需求量，参见表 16－6。

2012 年中国出口镁产品为 37.11 万吨，同比下降 7.26%。2012 年我国出口量下降的主要原因是由于全球在经济紧缩政策与部分欧洲国家主权债务危机影响下，欧洲经济形势严峻，以欧盟国家为代表的发达国家面临主权债务、需求疲软以及政策不力等问题，经济处于下行边缘。我国金属镁出口受此影响呈现全面下降态势，2012 年出口量为近三年最低。

表 16－8 为 2012～2015 年我国的镁产品进出口量及分类，表 16－9 为 2012 年中国金属镁、镁锭、镁合金、镁粉（粒）、加工材和镁制品出口前 20 名的国家及数量。

2012 年中国镁产品出口到 87 个国家和地区，按照总量计算，荷兰、加拿大、日本、美国、韩国是排在前五位的出口目的地，分别占 24.61%、12.32%、9.63%、7.14%、4.99%。中国对印度、墨西哥、阿联酋、瑞典、罗马尼亚、挪威、希腊等国的出口量呈现较大增长。

表 16－8　2012～2015 年我国的镁产品进出口量及分类

分　类	2012 年		2013 年		2014 年		2015 年	
	进口数量	出口数量	进口数量	出口数量	进口数量	出口数量	进口数量	出口数量
原镁(锭)/t	141.90	174500	20.05	212100	657.08	227300	224.33	206300
镁合金/t	22.36	92300	2.51	102000	68.62	106500	263.86	114600
镁废碎料/t	342.64	200	269.21	1600	450.37	2900	696.17	1400
镁屑、镁粒粉/t	97.96	87700	14.48	85400	13.90	88000	78.86	77700
镁合金加工材/t	44.27	7200	69.66	4500	120.45	3700	123.18	3200
镁及镁合金制品/t	45.39	9200	18.52	5700	14.71	6600	31.20	5000
合计/t	694.52	371100	394.43	441100	1325.11	435000	1619.60	408200

表 16－9　2012 年中国金属镁、镁锭、镁合金、镁粉(粒)、加工材和镁制品出口前 20 名的国家及数量

序号	金属镁		镁锭		镁合金		镁粉/粒		加工材		镁制品	
	目的国	数量/t	目的国	数量/t	目的国	数量/t	目的国	数量/t	目的国	数量/t	目的国	数量/t
1	荷兰	89308.24	荷兰	42101.08	荷兰	34766.29	美国	21244.99	韩国	3506.72	台湾省	3714.58
2	加拿大	44720.49	日本	22645.05	加拿大	17990.97	荷兰	12164.1	美国	1067.95	美国	2839.27
3	日本	34937.91	加拿大	16152.26	日本	7022.05	加拿大	9355	加拿大	812.54	沙特阿拉伯	490.45

续表 16-9

序号	金属镁		镁锭		镁合金		镁粉/粒		加工材		镁制品	
	目的国	数量/t	目的国	数量/t	目的国	数量/t	目的国	数量/t	目的国	数量/t	目的国	数量/t
4	美国	25906.76	印度	9409.85	韩国	4339.47	土耳其	7450.5	台湾省	513.72	加拿大	409.72
5	韩国	18122.02	韩国	8947.81	法国	3710.94	德国	6023.3	日本	260.86	澳大利亚	327.96
6	印度	14168.56	斯洛文尼亚	7017.94	罗马尼亚	3610.32	日本	4805.57	荷兰	240.3	意大利	271.15
7	台湾省	11578.84	阿拉伯联合酋长国	6710.16	英国	3580.63	印度	4444.43	意大利	147.62	韩国	204.82
8	德国	10906.58	挪威	5521.21	墨西哥	2945.76	斯洛伐克	3226	泰国	120.69	日本	164.39
9	斯洛文尼亚	9991.02	澳大利亚	5401.62	瑞典	2722.85	台湾省	3218.4	德国	98.23	英国	109.6
10	英国	9066	南非	4905.2	台湾省	1618.31	英国	3212	俄罗斯联邦	97.67	巴基斯坦	89.72
11	土耳其	8899.13	比利时	3732.69	德国	1326.06	墨西哥	2555.24	马来西亚	72.41	印度	65.86
12	墨西哥	6894.19	德国	3458	斯洛文尼亚	1293.08	乌克兰	1802.54	瑞典	43.75	孟加拉国	49.9
13	阿拉伯联合酋长国	6730.82	希腊	3078.11	以色列	1245.2	斯洛文尼亚	1680	孟加拉国	31.14	印度尼西亚	48.13
14	南非	6522.4	巴林	2801.46	比利时	1103.27	南非	1406	印度	27.03	伊朗	38.52
15	澳大利亚	5812.38	台湾省	2382.07	保加利亚	1017.41	韩国	1123.21	越南	24.14	荷兰	36.48
16	法国	5044.43	卡塔尔	2187.69	意大利	858.92	法国	608.45	阿根廷	24.13	哥伦比亚	32.52
17	挪威	5521.21	英国	2157.6	泰国	849.52	智利	560	柬埔寨	24.06	新加坡	24.7
18	比利时	5139	意大利	2015.57	美国	668.55	西班牙	484	新加坡	23.51	西班牙	22.63
19	罗马尼亚	4607.49	埃及	1442.29	西班牙	249.06	俄罗斯联邦	438	埃及	11.26	埃及	21.41
20	意大利	3476.26	土耳其	1430.53	印度	221.68	阿根廷	382	南非	10.61	阿拉伯联合酋长国	20.66

16.3 镁合金材料在交通运输业上的开发与应用

16.3.1 镁合金材料应用对交通运输轻量化的效果

随着世界能源危机与社会环境污染问题的日趋严重，汽车和摩托车节能和轻量化成为重要问题。因为世界上用于汽车的耗油量占世界交通运输系统的70%～80%，占世界石油总消耗的20%左右。为满足环境保护和节省燃料的要求，采用降低车体质量的材料，以减少能源消耗和污染。因为镁的密度是铝的2/3、锌的1/4，钢或铸铁的不到1/4，对于含30%玻璃纤维的聚碳酸酯复合材料来说，镁的密度也不超过它的10%。所以，镁合金作为一种轻量材料正越来越多地被应用于交通运输工具的生产制造业。

资料显示，汽车所用燃料的60%消耗于汽车自重。汽车质量每降低100kg，每百公里油耗可减少0.7L，二氯化碳排放可减少约5g/km，如果每辆汽车能使用70kg镁合金，CO_2的年排放量将减少30%以上。

车身的轻量化是降低燃料消耗的最有效的手段。如质量为875kg的汽车同1t重的汽车相比，重的车每1L汽油可行驶8.4km，轻的则为8.69km。即质量减轻12.5%，燃料费可降低2.6%。不仅如此，在轻量化以后，可使发动机至轮胎的齿轮传动速比减小，燃料消耗进一步下降。如果质量减轻10%，从齿轮速比和质量的减少两方面使燃料消耗可节约8.5%~10%。如果把10%轻量化普及到全部汽车的50%，其节约的能源换算成石油的话，可达100万吨以上。此外，镁材应用能使飞机、导弹、火箭、宇宙飞船以及摩托车、自行车和高速运动部件轻量化，具有重大的经济效益和社会效益。

目前，世界各大汽车公司已经将采用镁合金零件作为重要的发展方向。镁合金用作交通工具的零部件具有以下优点：

（1）减轻质量可以增加车辆的装载能力和有效载荷。同时，可改善刹车和加速性能。

（2）镁合金具有能量吸收能力，采用高性能镁合金可以提高汽车抗振动及耐碰撞能力，大大提高汽车的安全性能。

（3）镁合金压铸件有一次成型的优势，可将原来多种部件组合而成的构件一次成型，提高生产率和零部件的集成度，降低零部件的加工和装配成本，不仅能提高设计灵活性，还能减少制造误差和装配误差。

（4）提高燃油经济性综合标准，降低废气排放和燃油成本。

（5）镁合金对振动的阻尼能力优于铝和钢，汽车上一些做重复运动、断续运动的零部件采用镁合金材料，可吸收振动，延长使用寿命。

（6）镁合金零件非常容易机械加工。镁合金在无冷却液、无润滑剂的情况下能实现高负荷的加工，并可得到光洁的加工面。衡量机械加工性的指标之一是动力消耗量。表16-10是以镁合金为1的情况下，各种合金机械加工时的动力消耗量比较。由表可见，镁合金具有良好的加工性。

表16-10 机加工时动力消耗量比较

合金种类	镁合金	铝合金	黄铜	铸铁	软钢	镍合金
动力消耗量之比	1.0	1.8	2.3	3.5	6.3	10

（7）镁合金压铸件的经济性好。由于镁合金与铁亲和力极小，铁在镁中的溶解度很低，因此熔炼时可采用钢制坩埚或钢制冷室铸机。当使用相同的金属模时，镁和锌大体以同样速度压铸成型，而铝却相当慢。即单位体积的热容量比铝小得多，压铸时的实际操作速度比铝要快。由于镁对金属模的热冲击小，故具有延长模子寿命的优点。

（8）镁合金具有很好的回收性。即废旧镁合金零部件的回收，进一步循环使用并不影响材料的使用性能。再生镁的能耗是矿石冶炼能源的百分之几，十分有利于环保和节约资源。

（9）镁合金可满足交通运输业日益严格的节能和尾气排放要求，可生产出质量轻、耗油少、符合环保要求的新一代交通工具。

16.3.2 镁及镁合金在汽车上的应用与开发

16.3.2.1 国外镁合金在汽车上的应用与开发

汽车生产制造厂商利用镁合金减重已有70多年的历史。1930年德国首次在汽车上用镁合金73.8kg。1936年德国大众汽车公司开始用压铸镁合金生产“甲壳虫”汽车的曲轴箱、传动箱壳体等发动机传动系零件。到1980年，大众公司共生产了1900万辆甲壳虫汽车，用镁合金铸件共达38万吨，创批量生产镁合金的最高纪录。长期以来，尤其是90年代以来，德国在镁合金领域一直处于世界领先地位，奔驰汽车最早用镁合金车座支架，奥迪汽车第一个推出镁合金压铸仪表板，德国是推动镁合金压铸发展的先驱与主力军。大众汽车公司2002年推出的每百公里耗油（柴油）1L（实际为0.189L）的双座微型概念车，该车净重260kg，其中镁合金占35kg。2004年6月，宝马发布了采用镁合金的直列6缸引擎，曲轴箱内部采用铝合金，外部采用镁含金，排量3.0L，全球最轻的直列6缸引擎，净重161kg，使用镁合金减重7%（10kg）。

美国在1948~1962年的十多年间，采用热压铸件生产了数百万件镁铸件用在汽车上。福特、通用和克莱斯勒等公司一直致力于新型镁合金和镁合金离合器壳体、转向柱架、进气管及照明夹持器等汽车零部件的开发和应用，替代效果十分明显，促进了镁合金应用的发展。1992年福特用镁合金压铸件30个、通用45个、克莱斯勒20个，到1993年增加1倍，三大公司镁合金铸件用量占北美镁的总耗量的70%，达14282t。其中福特最多为8258t，通用为3436t，克莱斯勒为2588t。1997年通用汽车公司成功地开发出镁合金汽车轮毂，福特汽车公司也于1997年采用半固态压铸技术生产出镁合金赛车离合器片与汽车传递零件。1998年福特公司推出P2000系列的Diata混合动力轻质概念车使用了103kg镁合金，是目前单车使用镁合金最高纪录。

日本镁合金的开发与应用也十分迅速，1997~1998年汽车用镁合金压铸件增至3300t。20世纪80年代末期，日本开发出镁合金低压铸造装置，为镁合金的开发与应用提供了保证。如丰田汽车公司首先制造出镁合金汽车轮毂、转向轴系统、凸轮罩等零部件，2001年，丰田推出的4座轻量小型概念车ES3，采用镁合金为框架的网状结构。目前，日本各家汽车公司都在生产和应用了大量的镁合金壳体类压铸件。2004年，日本还利用阻燃性镁合金挤压材料制作的汽车顶箱，与FRP强化塑料相比，质量大约可减轻25%。

澳大利亚CAST公司于2004年9月成功研制出可在高温下使用并用于制造未来汽车引擎的镁合金AM-SCI，这种合金可减少引擎质量的70%，该合金已在德国大众汽车上进行了5.6万千米运行试验，美国福特汽车制造厂于2004年底率先使用该合金生产福特2.5L的DURATEC引擎。

20世纪70年代以来，各国尤其是发达国家对汽车的节能和尾气排放提出了越来越严格的限制，汽车轻量化呼声很强烈。1993年欧洲汽车制造商提出了“3L汽油轿车”的新概念，美国提出了“PNGV”（新一代交通工具）的合作计划。其目标是生产出消费者可承受的每百公里耗油3L的轿车，且整车至少80%以上的部件可以回收。这些要求迫使汽车制造商采用更多高新技术、生产质量轻、耗油少、符合环保要求的新一代汽车。单车用镁合金的质量已经成为衡量汽车性能的标准之一；1999年全球单车平均用镁合金铸件3kg，欧美单车用镁量较高，如“甲壳虫”单车用镁量已经超过20kg，预计20年后平均单车用镁量会超过100kg。

从长期看，汽车行业用镁增长点主要集中在车身、底盘和高温件。表16－11列出了未来几年内汽车工业可能使用镁制品的15种汽车零件的用量。图16－4所示是汽车在七个部位采用镁合金后将取得的减重效果。

表16－11 15种汽车零件的镁合金用量

序 号	零件名称	每车用量/t	序 号	零件名称	每车用量/kg
1	变速器壳体	4.8	9	转向支架	1.4
2	离合器壳体	4.0	10	仪表板	4.0
3	座椅骨架	8.0	11	车门框	8.0
4	转向盘芯	1.0	12	车顶架	2.7
5	汽缸盖罩盖	0.8	13	防护板	3.0
6	进气管	1.5	14	汽缸体	7.0
7	车轮毂	16	15	气 门	0.5
8	门锁芯壳	1.4			

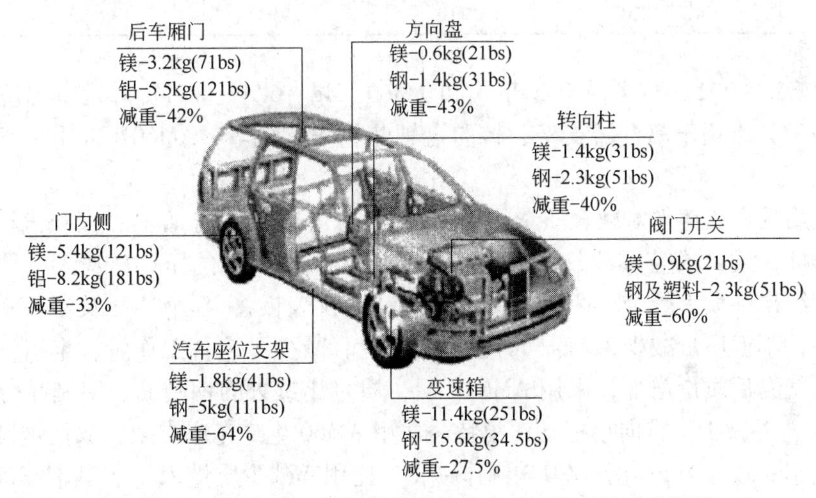

图16－4 汽车在七个部位采用镁合金后将取得的减重效果

汽车用镁合金零部件绝大部分是压铸件，在减少汽车质量、提高燃料经济性、保护环境、提高安全性和驾驶性、增强竞争力等方面效果显著，在汽车行业应用潜力大，用镁合金制造壳体类零件，不仅减轻质量，而且由于镁合金的阻尼衰减能力强，因而可以降低汽车运行时的噪声。

用镁合金制作结构件，是由于镁比强度高，在相同质量下可获得较高强度，而且阻尼良好并有很高的抗冲击韧性，尤其适合于制造经常承受冲击的零件。如转向轴经常承受较大的扭矩、座椅架和轮毂长时间承受冲击，采用阻尼良好的镁合金后，既减轻了汽车的自重，又提高了汽车行驶过程中的平稳性和安全性。随着技术的发展，镁合金结构件应用的数量将会增加。奥迪A6轿车单车的镁合金压铸件总用量目前已达14.2kg，未来将增至50～80kg。美国通用和福特汽车公司预计在今后20年内每辆汽车的镁合金用量将从目前的13kg提高到100kg。2004年4月，大众汽车公司首次推出了新研制成功的超级经济型轿车，属于迷你型，其燃油效率达到了每千米耗油少于1L，时速120km，整车框架由金属镁制成，外裹有用于加强的塑料表皮。德国大众汽车公司汽车材料研究中心主任弗里德里希博士在2001年国际镁协58届年会上称，在未来10年内，预计德国大众汽车公司的汽车上平均每辆车用镁量可以达到178kg。

目前，汽车常用镁合金材料的大致成分和一般性能见表16－12。

表16－12　汽车镁合金的成分和性能

合 金	成分（质量分数）/%	屈服强度/MPa	抗拉强度/MPa	伸长率/%	冲击韧性/J
AZ91	9Al，0.7Zn	150	230	3	1.5
AM60	6Al，0.3Mn	115	205	6	
AM50	5Al，0.3Mn	125	207	6	
ZA102	2Al 10Zn	172	221	3	
AS41	4Al，1Si	150	220	4	2.8
AS21	2Al，1Si	130	240	9	
AM1	4Al，1RE	103	234	15	4.3
AM2	4Al，2RE	110	244	17	4.5

AZ91D（Mg－9Al－0.7Zn－0.2Mn）和AM60（Mg－6Al－0.2Mn）是室温应用的压铸镁合金。AZ91D常用于离合器支架、转向盘轴凸轮盖支架等，AM60B常用于座位支架和设备仪表板。

汽车上用的镁压铸件对减轻质量和提高性能的影响是十分显著的。大众汽车的变速器用镁合金铸件，质量减轻4.5kg；奔驰公司用AM20和AM50的压铸座椅架，质量比用冲压－焊接钢结构件大大减少；通用EVI型车用镁制仪表板将20个冲压及塑料零件组合成一个压铸件，不但质量减少3.6kg，而且增加刚性，减少了装备工作量；丰田汽车的方向盘加装安全气囊后质量增加，采用AM60B后，质量比过去的钢制品、铝制品分别减少了45%和15%，并减少了转向系振动；福特公司用AM60生产车座支架，取代钢制支架，使座椅质量从4kg减为1kg；用AZ91D制作锁套，比用锌减少质量75%；其卡车离合器改用AZ9LD压铸件，不但无大气腐蚀问题，且耐海水腐蚀性也比铝合金壳体好，延长了使用寿命。

16.3.2.2 国内镁合金在汽车上的应用与开发

中国采用铸造镁合金已有30多年的历史，但在汽车工业上应用起步较晚，目前约有20家企业从事镁合金压铸件的生产和研究。一些科研院所、大学通过在AZ系合金中加入钙、硅、锑、锡、铋、稀土等元素，研制成功一系列新型高温抗蠕变镁合金。通过这些合金元素的微合金化作用，使AZ91D合金原来只能用于汽车的结构部件（如阀套、离合器壳体、方向盘轴、凸轮罩、刹车托板支架等）扩大到高温部件（如齿轮箱、曲轴箱、发动机壳体、油盘等）。第一汽车集团公司（一汽）、第二汽车集团公司（二汽）、上海汽车集团公司（上汽）以及长安汽车公司研究和开发镁合金在汽车工业上的应用方面发挥了重要作用。

上汽是在国内最早将镁合金应用在汽车上的企业，该公司20世纪90年代初首次在桑塔纳轿车上采用镁合金变速箱壳体、壳盖和离合器外壳，单车用镁合金为8.5kg。目前，桑塔纳轿车镁合金变速箱外壳年用镁量达2000t以上，镁合金踏板支架压铸件已经开始批量生产供货。电动汽车镁合金电机壳体零件全部通过台架试验，正在进行装车试验。

一汽开发了抗蠕变镁合金，用于制造高温负载条件下汽车动力系统部件，还成功开发出汽缸盖罩盖、脚踏板、方向盘、增压器壳体、传动箱罩盖等镁合金压铸件，并已应用于生产。一汽奥迪生产的Audi A6 2.8在控制系统中集中使用镁合金材料，使车体质量减轻了27kg。

二汽开发研究镁合金冷室压铸工艺生产汽车零件的全套技术。研究的镁合金零部件包括载重汽车脚踏板、变速箱上盖、制动阀壳体、真空助力器隔板、发动机汽室罩盖、富康轿车用方向盘芯、缸体罩盖、进气管、门锁芯壳、转向支架等系列产品。目前，二汽已有8种镁合金脚踏板安装在东风"天龙"系列型卡车上，2003年底用镁量已达300t以上。二汽研发和生产的镁合金压铸件与其他材料相比的减重情况见表16－13。

表16－13 东风汽车公司开发和生产的镁合金压铸件

零件名称	原用材料	质量/kg	应用车型	年产量/万件	镁件质量/kg
变速箱上盖	铝合金	2.5	中型车	15	1.6
中间隔板	铝合金	2.0	轻型车	6	1.4
发动机气室罩盖	铝合金	2.4	轻型车	5	1.6
方向盘	钢结构	4.0	微型轿车	6	0.9
离合器壳	铝合金	4.0	轿车	6	2.8
变速箱壳	铝合金	4.8	轿车	6	3.3
发动机支架	铝合金	1.5	轿车	6	0.9
阀体零件	锌合金	2.5	轻型车	10	0.7
脚踏板	钢件	5.0	轻型车	10	1.1

长安汽车集团生产的"长安之星"微型车实现了单车用镁合金8kg，这一水平刷新了国内领先水平，达到国际先进水平。生产的变速器上、下箱体延伸体和缸罩等7种零件已通过台架试验和道路试验。2004年已大批量装车进入市场销售。

中国汽车产业目前已进入一个高速增长期，2012年中国全年汽车产销量分别为1927.18万辆和1930.64万辆，如能达到单车用镁量15kg，中国汽车用镁量可达30万吨。除直接生产汽车的行业外，其他如深圳力劲、浙江岱山、威海万丰等已开始接受国外汽车零部件订单。中国汽车工业特别是汽车零部件产业逐步融入全球采购体系，利用国内镁资源优势所形成的价格优势，有望形成世界有影响力的镁合金零部件生产基地。欧洲汽车生产商正日益把亚洲尤其是中国作为采购便宜零部件的重要地区。

16.3.2.3 镁合金材料在汽车零部件中的主要应用

目前，镁合金材料主要用于的汽车零部件如下：

（1）车内构件：仪表盘、座椅架、座位升降器、座椅底架、操纵台架、气囊外罩、转向盘、锁合装置罩、转向柱、转向柱支架、收音机壳、小工具箱门、车窗马达罩、刹车与离合器踏板托架、气动踏板托架等。

（2）车体构件：门框、尾板、车顶框、车顶板、IP横梁等。

（3）发动机及传动系统：阀盖、凸轮盖、四轮驱动变速箱体、手动换挡变速器、离合器外壳与活塞、进气管、机油盘、交流电机支架、变速器壳体、齿轮箱壳体、油过滤器接头、马达罩、前盖、气缸头盖、分配盘支架、油泵壳、油箱、滤油器支架、左侧半曲轴箱、右侧半曲轴箱、空压机罩、左抽气管、右抽气管等。

（4）底盘：轮毂、引擎托架、前后吊杆、尾盘支架。美国福特、通用、克莱斯勒三家公司在每辆汽车上采用的镁合金铸件分别达到30个、45个和20个。瑞典最新推出的沃尔沃CP2000车型全重700kg，所用镁合金件达50kg，包括轮毂、离合器箱、转向齿轮箱、后悬臂、发动机架、进气歧管、气缸体等重要部件。表16－14～表16－17分别列出了欧美几种车型使用镁合金零部件的种类和数量情况。

表16－14 欧洲菲亚特Dino型汽车使用镁合金零部件数量

零部件名称	每车使用件数/件	质量/kg	零部件名称	每车使用件数/件	质量/kg
汽缸头盖	2	2.7	油泵喇叭口	1	0.354
汽缸头小盖	4	0.21	车　轮	5	27.78
分配盘支架	1	0.227	滤油器支架	1	0.512
引擎油雾供油箱	2	0.508	总　计	17	32.5
油泵壳	1	0.177			

表16－15 波舍尔911系列汽车使用镁合金零部件数量

零部件名称	每车使用件数/件	质量/kg	零部件名称	每车使用件数/件	质量/kg
左、右侧半曲轴箱	2	15.69	左、右抽气管	2	1.26
左、右链罩	2	1.29	齿轮箱	1	6.16
左、右链罩盖	2	0.82	齿轮箱前盖	1	1.20
分配轴上、下盖	4	1.70	中隔板	1	1.03
空压机罩	2	1.62	侧　盖	1	0.83
转　子	1	0.65	开孔轮盘	5	24.97
油原腔Ⅰ、Ⅱ	2	0.54	封闭盖	1	0.05
通风口盖	1	0.11	总　计	27	57.92

表16－16 欧美主要车型使用镁合金的状况

公　司	车　型	每辆车镁合金的用量
GM	Full Size Van，Sabana及Express	最大26.3kg
GM	Mini－Van，Safari及Astro	最大16.7kg
Ford	F.150卡车	14.9kg
Chrysler	Mini－Van	5.8kg
Buick	Pack Avenue	16.5kg
VW	Passat，Audi A4及A6	13.6～14.5kg
Porche	Boxster Roadster	16.9kg
Alfa－Romeo	156	16.3kg
Benz	SL	17.0～20.3kg

表 16－17 欧美汽车使用镁合金的部件

部件位置	镁化前材质	镁化前质量/lbs	镁化后质量/lbs	零部件	Ford	GM	Chrysler	Fiat	Benz	BMW
内装及车体相关件	Fe	3	1.5	内胎壳体						
	Fe/树脂	0.6	0.3	烟灰缸		*	*			
	Fe	11.5	5.9	顶框		*				
	Fe	23.2	8.8	椅框		*			*	*
	Fe	30	8	座椅支柱	*	*	*	*		
	Fe	2	1.5	座椅卷带盘			*			
	—	—	1.6	遮阳屏/盖框体	*	*			*	*
底盘相关件	Fe	1.25	0.9	ABS 固定架						
	Fe	2.3	1	叶片托架			*			
	Al	1.6	1.3	能量控制泵			*			
	Al	1.1	0.8	驾驶杆托架		*	*			
	Al	4.1	3.1	驾驶杆元件	*	*	*			
	Fe	2.8	1.2	方向盘	*	*	*			
	Al	58.8	30.8	轮毂	*	*	*	*	*	*
动力及传动相关件	Al	23	15	4WD 传送箱	*	*				
	Fe	5	2.5	交流发动机/AC 托架		*				
	Al	22	14	离合器箱体和活塞		*				
	Al	12	8	发动机箱体		*	*			
	Al	11	7.5	集成歧管		*				
	Al	0.5	0.26	滤油适配器		*			*	
	Al	1.5	1	AT Internal 零件		*				
	Al	6.5	2.3	汽缸盖	*	*			*	*

注：1. 1lbs = 0.45kg。
2. * 表示有应用。

图 16－5～图 16－8 列举了各国不同车型上所使用的镁合金汽车零部件的外形图。

图 16－5 汽车轮毂

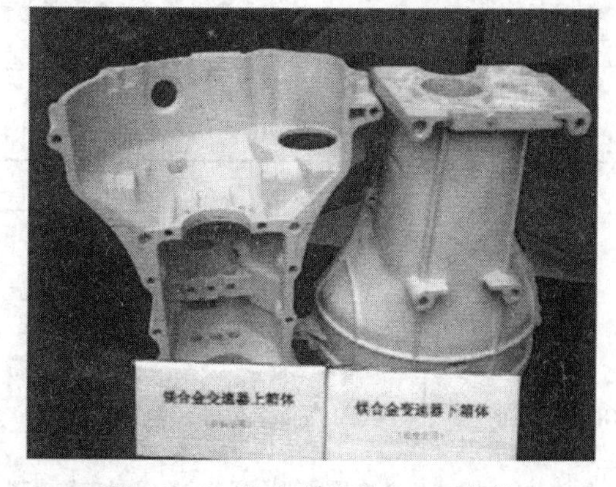

图 16－6 汽车变速器上、下箱体

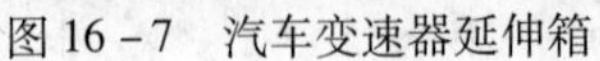
图16-7 汽车变速器延伸箱

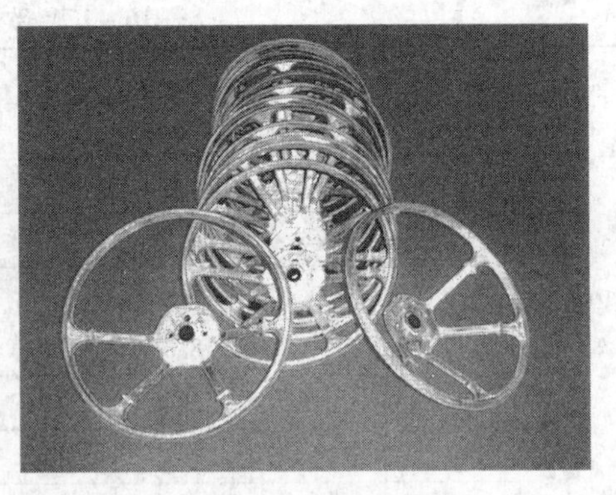
图16-8 汽车方向盘

图16-9所示为有关公司设计的一种镁合金概念车示意图，许多汽车部件可以采用镁合金制造。表16-18列出了几种新型汽车和卡车上的镁合金使用情况。

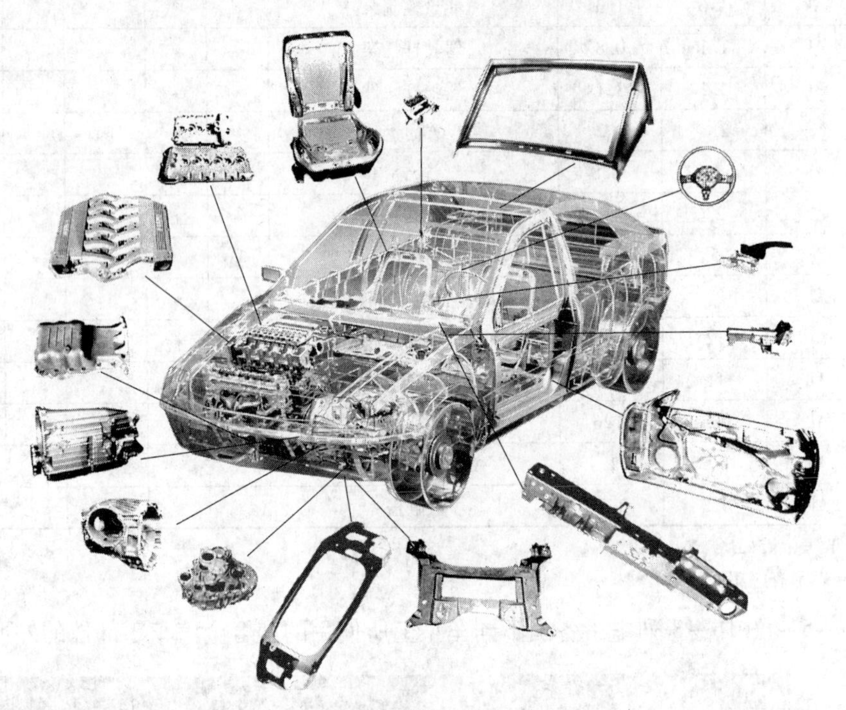
图16-9 镁合金概念车

表16-18 新型汽车和卡车上的镁合金部件

公 司	零部件	车 型	合 金
Ford	离合器、油盘、导轴	Ranger	AZ91HP AZ91B
General Motors	四轮驱动传动箱	Aerostar 1994	AZ91D
	手动变速箱	Bronco	AZ91D
	阀盖、气体净化器、离合器（手动）	Corvette	AZ91HP
	导热套	North Star V-8 1992	AZ91D
	离合器底盘、刹车底盘、导向轴支架	“W” Oldsmobile，Pontiac，Buick	AZ91D

续表 16-18

公 司	零部件	车 型	合 金
Chysler	传动托架、油盘 导向轴托座 传动托座、油盘	Jeep 1993 LH midsize 1993 Viper	— — —
Daimler - Benz	座椅框架	500SL	AM20/50
Alfa - Romeo	各种零部件（45kg）	GTV	AZ91B
Porsche AG	各种零部件（53kg）	911	—
	车轮（7.4kg）	944 Turbo	AZ91D
Honda	缸体头罩 车轮（5.9kg）	City Turbo Prelude	AZ91D AM60B
Toyota	导向轮	Lexus	AM60B
Fueling engineering	气缸体、油槽、凸轮轴外壳、前盖装配件	5HQ Quad 4 Aerotech	AZ91E ZE41A ZC63

16.3.2.4 镁合金在汽车上应用的新进展

（1）镁合金在发动机及传动系统中的应用。

1）全镁合金发动机缸体研制成功。据统计，车辆的旋转、往复运动和动力输出部件（动力系统、轮毂等）的惯性质量要远高于车辆的静态质量（车身等部件）。惯性质量大的部件每减少1kg的静态质量，就能减少10~15kg的惯性质量。因此，大型惯性质量部件的轻量化是减少能耗和尾气排放的最有效方式之一。

车辆质量最大的部件是发动机，而发动机中最大的部件是发动机缸体，其约占发动机总质量的20%~25%。从铸铁发动机缸体到铝合金缸体的更新换代，使其减重50%，若采用镁合金作为缸体材料能进一步降低发动机自重30%~40%，将极大地提高发动机的性能和能效。最近，BMW公司发布了一款采用镁合金和铝合金复合的发动机缸体（BMW R6 3.0L发动机缸体），比上一代铝合金发动机缸体减少了24%的质量。如果能制备全镁合金的发动机缸体，减重效果将更加显著。但由于镁合金材料和成型工艺上的欠缺，世界范围内全镁发动机缸体还不能够实际应用，目前尚处于研制阶段。

上海交通大学在国家“863”重点项目和国际合作重点的支持下，承担了美国通用汽车公司“镁合金发动机缸体研制”项目，开发下一代轻量化汽车发动机的V6缸体。经过几年的努力，在全镁发动机缸体上的研究取得了显著成效，通过计算机模拟，采用自主开发的JDM1镁合金，结合自主研发的精密砂型低压铸造、复杂铸件的组芯技术、树脂砂芯冷芯盒射芯技术和型砂阻燃剂与阻燃技术等工艺，成功地制备了质量良好的V6镁合金发动机缸体，如图16-10所示。该全镁合金汽车发动机缸体是世界首次研发成功，目前V6缸体镁合金样件正在美国通用公司进行台架试验。

图16-10 JDM1镁合金V6发动机缸体

2）镁基复合材料发动机缸套的研制。上海交大在现有自主开发的JDM1和JDM2合金的基础上，以Al_2O_3短纤维等为增强相，通过压力浸透、压铸、重力铸造等成型方式，设计并制备新型基复合材料。该镁合金缸套是以Mg-RE系耐热镁合金为基体合金，采用Al_2O_3短纤维为增强相，采用层流压铸技术一次成型，缸套如图16-11所示。通过压铸工艺制备出的短纤维增强镁基复合缸套，其屈服强度相对基体合金有大幅度提高，抗拉强度也有一定提高，蠕变性能明显高于基体合金，但复合材料的伸长率下降较明显。

图16-11 一次成型的单缸发动机复合材料缸套

3）镁合金发动机活塞的研制。活塞被称为发动机的心脏，作为汽车发动机中传递能量的一个非常重要的构件，对材料有特殊的要求：密度小、质量轻、热传导性好、线膨胀系数小；并有足够的高温强度、耐磨和耐蚀性能，尺寸稳定性好。由于其工作环境恶劣，发动机活塞通常采用耐热性良好的铸铁和高硅铝合金制造。但采用这类材料铸造的发动机活塞在与镁基复合材料制备的缸套配合工作时，会产生因材质差异过大而导致发动机运行时活塞与缸套之间的磨损量增大的现象。为了解决这一问题，上海交大开发了高稀土含量的JDM3合金，该合金可在300℃下长期使用。JDM3镁合金在300℃/50MPa条件下，稳态蠕变速率ε_{max}仅为$6.60\times10^{-8}s^{-1}$，100h的蠕变应变总量仅为1.76%，蠕变性能较好，能满足活塞的性能需求。同时，针对发动机活塞开发了其重力铸造和低压铸造成型工艺。图16-12所示为机加工后的镁合金发动机活塞。

4）低压铸造镁合金发动机支架。由于汽车大多为前轮驱动，大部分部件都集中在前舱，特别是动力系统，使得汽车的前舱质量过大，影响汽车的可操控性能和安全性能。汽车动力系统中，发动机支架占动力系统总重的8%～10%，采用钢梁焊接的发动机支架总重为25～30kg，而采用镁合金制造的发动机支架的质量为8～9kg，有明显减重效果。

由于从结构刚度考虑，镁合金发动机支架属于大型中空薄壁件，其框架尺寸为1400mm×1400mm，大部分壁厚均为3.5mm，仅能采用金属型+砂芯组合铸造而成，有很大的制造难度。上海交大针对发动机支架铸件的特点，对镁合金发动机支架铸件的低压铸造成型过程进行计算机模拟，调整铸造模具的结构和铸造成型工艺，采用结构力学分析软件分析镁合金发动机支架铸件在热处理过程中的变形趋势，设计出了合理的热处理工艺及装备。采用该技术已成功试制出质量良好的镁合金发动机支架铸件，如图 16－13 所示是研究开发的通用汽车公司下一代凯迪拉克 CTS 高档轿车的发动机支架。

图 16－12 机加工后的镁合金发动机活塞

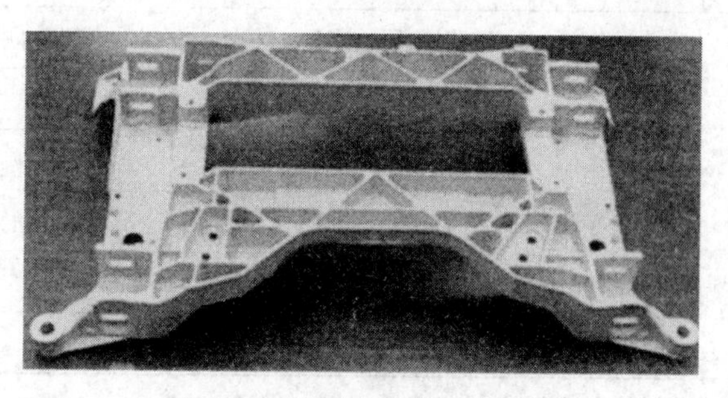

图 16－13 镁合金发动机支架

（2）镁合金在汽车轮毂中的应用。

1）锻造镁合金轮毂研制成功。荣镁镁合金轮毂采用整体一次锻压成型，在三向压应力状态下，受力均匀，锻件强度高，AZ80A 轮毂抗拉强度为 310MPa、屈服强度为 230MPa、伸长率为 12%。经锻造的轮毂，材料致密度高，经微弧氧化和表面涂装，经盐雾测试 2000h，明显优于铸造和压铸生产的轮毂，与低压铸造比，材料利用率可提高约 15% ~20%，毛坯精度高，加工余量少，加工效率高，降低了加工成本。

2010 年 7 月，经国家机动车质量监督中心（重庆）部件检验室检验：车轮型号为 8 × 17（仿德国宝马车轮），检验结果为动态弯曲疲劳 10 万次以上。受载荷正常，无可见裂纹；动态经向疲劳 50 万次以上，承载正常，无可见裂纹；冲击性能为轮辐轮辋无裂纹、无漏气。目前在江苏扬州建成了锻造轮毂专业化生产厂，可生产 18 ×8（6.9kg）、17 ×7.5（5.9kg）、16 ×7（4.7kg）、15 ×6（3.9kg）四种规格镁合金轮毂。目前正在扩大生产规模和推广应用，如图 16－14 所示。

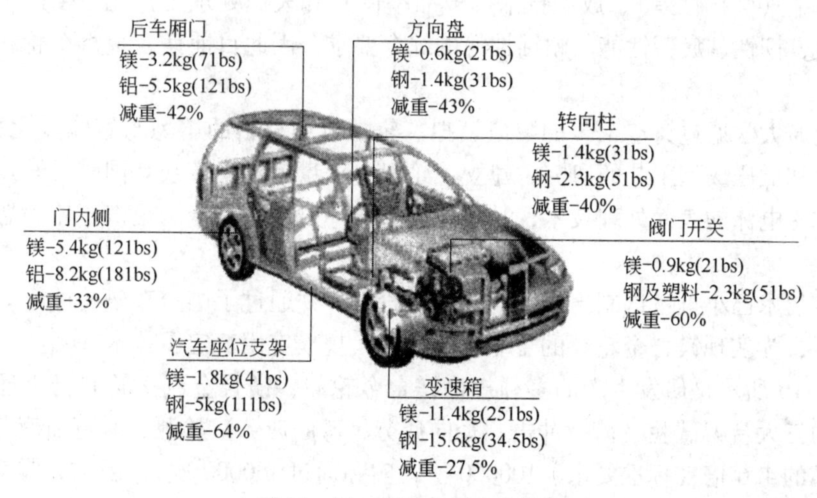

图 16－14 锻造的镁合金轮毂

2）镁合金轿车轮毂的研究开发。中北大学研制的镁合金赛车轮毂，已经在亚洲国际方程式（ACF）赛车中得到应用，填补了国内空白；轿车轮毂已通过台架考核，如表16－19和图16－15所示。

表16－19 镁合金轿车轮毂的台架测试结果

项　目	冲击试验	轮毂弯曲疲劳试验	轮毂径向疲劳试验
试验参数	落锤质量：630kg	弯曲力矩：3510N·m	径向负载：18750N
	试验胎压：200kPa	回转圈数：10万转	试验圈数：100万转
	试验高度：230mm	转速：700r/min	试验速度：50km/h
	冲击角度：13°	螺丝扭力：122N·m	螺丝扭力：122N·m
	试验轮胎：185/65R14		试验胎压：460kPa
结果	好	好	好

图16－15 部分交通运输用镁合金零件

3）镁含金轮毂的小批量试制。轮毂是轿车的关键部件，也是运动部件，具有较大的惯性质量，其惯性质量降低所带来的等价减重效益是普通减重的许多倍。发展轻质的镁合金轮毂具有比其他汽车部件更为显著的减重潜力（降低油耗），同时还能明显提高轿车的舒适性（减振效果）。因此，镁合金用于轮毂一直是汽车工业追求的梦想。然而采用目前的常规镁合金（强韧性差）、成型技术（成品率低）和表面处理工艺无法生产出满足汽车轮毂对强度、韧性、疲劳性能、耐蚀性等的综合要求，因此目前镁合金汽车轮毂还没有实际产量。

上海交通大学通过铸造工艺的数值模拟、轮毂专用材料的熔炼与熔体净化技术研究、轮毂的重力和低压成型工艺的研究，建立了轮毂小批量示范生产线。同时，开发了轮毂超声阳极氧化＋电泳的表面处理技术，其耐蚀性和抗冲击性可完全满足汽车轮毂恶劣的应用环境要求。

采用该技术已小批量试制出合格的镁合金轮毂，并通过了国家车辆检测中心的轮毂台架试验测试，为实现镁合金轮毂的工业化生产和大规模应用奠定了技术基础。

图16－16所示是研发生产的多种规格镁合金轮毂，镁合金汽车轮毂已经通过了国家权威部门的三大台架试验（落锤冲击、径向疲劳、弯曲疲劳）检测，其弯曲疲劳性能已达到测试标准的4.6倍（标准要求：100000次，实际通过460000次）。目前，镁合金轮毂正在美国通用汽车和德国大众汽车进行性能评价。

图 16－16　研发生产的多种规格镁合金轮毂

（3）镁合金在车体结构中的应用。

1）汽车零部件的开发和应用。重庆博奥镁铝金属有限公司与长安汽车公司联合国家镁合金工程中心，共同对长安 CVⅡ车型进行了零部件的开发综合应用，共开发 12 个零部件，总用镁量大约 20kg，其零部件全部通过了相关机构的性能检测及路试，已小批量的投入生产，代表了中国镁应用技术已居世界汽车工业用镁的前列。共用镁合金 12.99kg，共减重 6.605kg，见表 16－20。

表 16－20　长安 CVⅡ型用镁合金零部件减重对比

零件名称	替换前的材料	替换后的材料	替换前质量/kg	替换后质量/kg	共减重/kg	减轻率/%
CA20 油底壳	ADC12	AE44	4.5	3.366	1.134	25.2
CA20 汽缸盖罩	ADC12	AZ91D	2.125	1.436	0.689	32.4
CA20 变速器左箱体端盖	ADC12	AZ91D	0.35	0.238	0.112	32
CA20 变速器左箱体	ADC12	AZ91D	6.27	3.95	2.32	37
CA20 变速器右箱体	ADC12	AZ91D	6.35	4	2.35	37

2）镁合金汽车零部件上的规模应用。20 年来，在各汽车厂共同努力下已开发出了上百个汽车用镁合金零部件，其中大部分已投入在不同车型上，实现规模化生产，若将其相加，总重可以达到 100kg 以上，见表 16－21。

表16－21 汽车用部分镁合金零部件

部位	零部件	质量/kg	部位	零部件	质量/kg
悬挂系统	车轮（4×8）	14.5	车内	ABS 模块	0.5
	备用轮	2.7		离合器/刹车踏板、踏板组合件	1.4
	控制梁（2·后）	2.3		发电机箱	0.7
	控制梁（2·前）	3.6		DVD/EEC 部件	0.5
	引擎支架	5.4		雨刮电机/其他	0.9
	后支架/组装件	4.5		发电机/AC 支架	0.9
车身	缓冲器加强梁	3.2		变速箱（阀体、箱体、侧盖、导向器）	11.4
	门内框（4×7）	12.7			
	A/B 梁	3.6		传动箱（15%的质量×12%）	1.6
	加强件	4.1		引擎体	10.0
	行李架	1.4		支 架	2.3
	外车镜	0.7		套 管	2.7
车内	仪表盘梁	6.8		阀 盖	1.4
	其他 P 支撑件	3.6		进气歧管	2.7
	座椅后背	2.7		引擎架	2.3
	座椅垫	3.6		油 盘	2.7
	气囊件	0.7		前 盖	1.8
	转向部件（传动器盖、方向盘、动力转向、泵盖）	2.7		镁件总重	122.7

3）镁合金变速箱壳的研究开发。当前世界各大汽车公司把高新技术应用于汽车零部件和总成生产上，使安全、节能和环保技术得以广泛应用。山西金水河和天津德盛镁汽车部件有限公司是专门为汽车轻量化生产镁铝合金汽车部件的专业化生产厂，几年来为德国大众等国外知名品牌汽车提供了镁铝合金变速箱壳体、镁铝变速箱离合器壳体以及镁合金复合材料发动机等部件。目前正在努力开发新产品，如镁合金汽车零部件生产，实现规模生产并进入国际汽车零部件采购体系。图16－17是研究开发的德国大众 MQ350 变速箱壳、图16－18是研发的德国大众 MQ500 变速箱－离合器壳。

4）镁合金结构的汽车中控台研发。上海镁合金压铸有限公司是加拿大 Meridian Technologies Inc. 公司和上海汽车工业（集团）总公司下属上海乾通汽车附件有限公司合资成立的企业。公司主要生产镁合金汽车零部件，图16－19是研发的镁合金汽车中控结构，其特点是表面金属感强，坚硬触摸性好，比钢结构质量减轻40%（无内部结构），是一次切边成型的产品；图16－20是镁合金结构的中控台，是镁合金整体结构件，综合了18个冲件压件，比钢结构设计质量轻60%，质量减轻，整体性好；图

图16－17 德国大众 MQ350 变速箱壳

图 16－18　德国大众 MQ500 变速箱－离合器壳

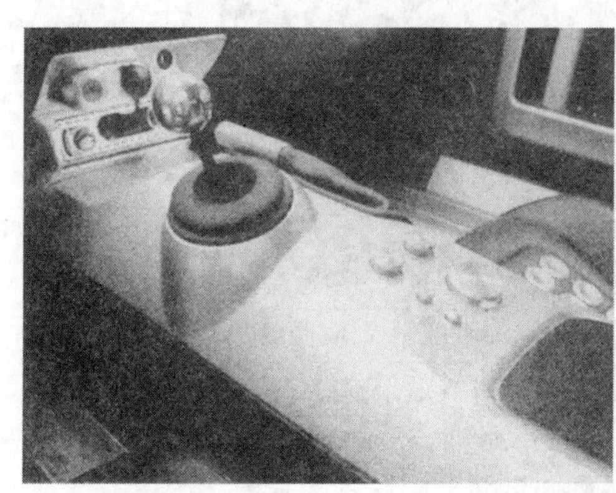

图 16－19　镁合金汽车中控结构

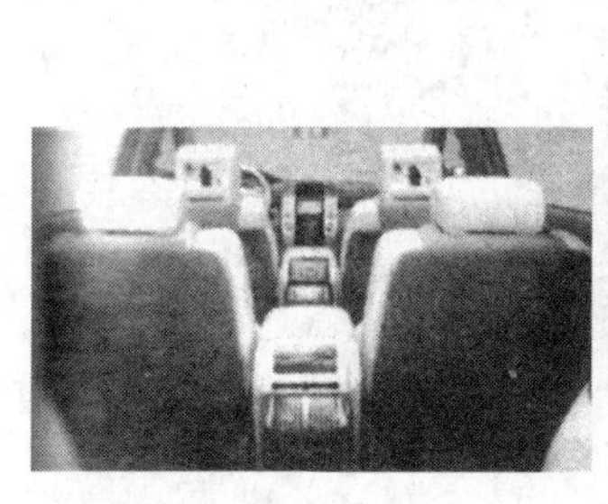

图 16－20　镁合金结构的中控台

16－21 是上海通用 SGM18 Buick LaCrosse 汽车的仪表板骨架；图 16－22 是 SVW－桑塔纳汽车的镁合金变速箱壳体/壳盖；图 16－23 是轿车的镁合金转向柱支架。

5）镁合金轿车发动机气缸罩盖。长春应用化学研究所与一汽集团合作用稀土镁合金研制了红旗轿车发动机气缸罩盖（如图 16－24 所示），合作研发了稀土镁合金 6DJ－460 马力柴油发动机气缸罩盖（如图 16－25 所示），合作开发了稀土镁合金座椅骨架（如图 16－26 所示）。

图 16-21 上海通用 SGM18 Buick LaCrosse 汽车的仪表板骨架

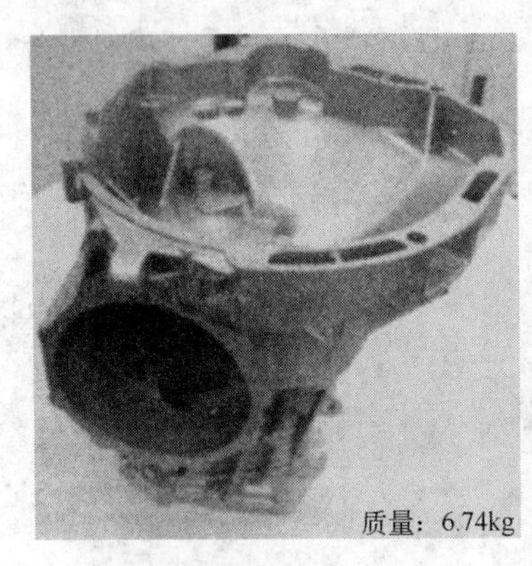

图 16-22 SVW-桑塔纳汽车的镁合金变速箱壳体/壳盖

图 16-23 轿车的镁合金转向柱支架

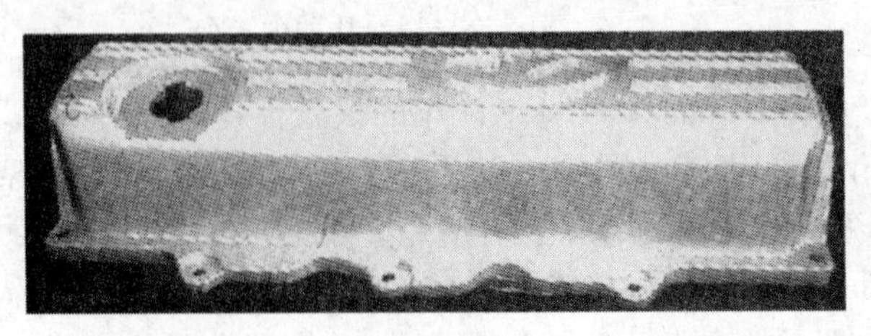

图 16-24 用稀土镁合金研制的红旗汽车 CA488 发动机气缸罩盖

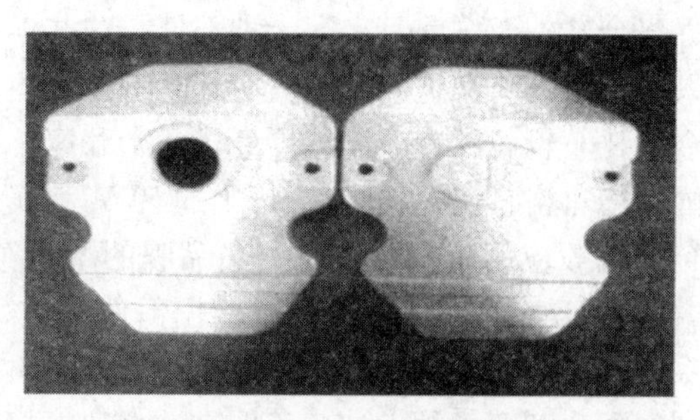

图 16－25 稀土镁合金 6DJ－460 马力柴油发动机气缸罩盖

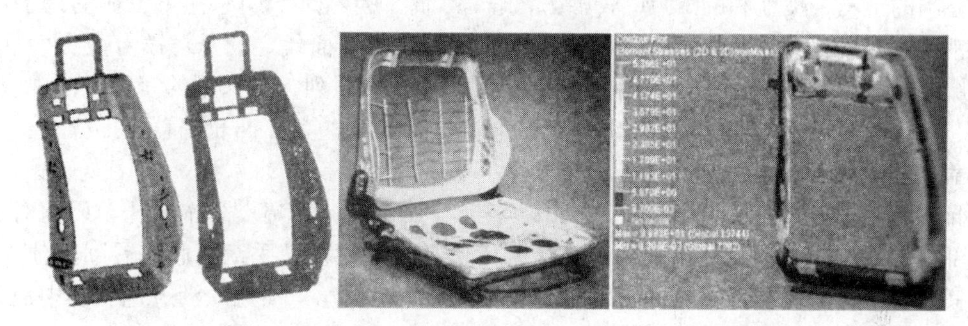

图 16－26 合作开发的稀土镁合金座椅骨架

16.3.3 镁合金材料在摩托车上的应用与开发

用镁合金制造摩托车发动机、轮毂、减速器、后扶手及减振系统部件等，不仅能减轻整车质量、提高整车加速和制动性能，还能降低行驶振动、排污量、噪声及油耗。由于镁合金具有极佳的减振性能，在驱动部件和传动部件上应用镁合金，可提高驾乘舒适度，同时便于镁合金回收利用。

16.3.3.1 国外镁合金在摩托车上的应用

镁合金应用于摩托车工业起源于 1930 年的欧洲，和汽车工业应用镁合金处于同一个时期。并且镁合金摩托车部件几乎与摩托车同时代诞生。例如，1938 年英国伯明翰轻武器工厂生产用一款名为："金星" 的摩托赛车，其变速箱壳体采用镁合金制造，参见图16－27。紧随其后的是 1939 年英国 AJS 公司推出的一款用于国际摩托车大奖赛的名为 "超级动力" 的摩托赛车，如图 16－28 所示，其曲轴箱体采用镁合金制造。

图 16－27 1938 年英国的 "金星" 摩托赛车

图 16－28 1939 年英国的 "超级动力" 摩托赛车

除了发动机部件仍然作为应用镁合金的主流之外，1970 年之后出现的其他镁合金部件，包括轮毂、制动盘、离合器外壳、前叉夹等十种部件。这些镁合金零件大多数由厂家根据自己的型号生产，只有轮毂、前叉夹和制动盘实现了专业化生产。其中轮毂的产业化水平最引人注目，镁合金摩托车轮毂的专业制造厂商多达十几家，其中知名的有意大利的马其西尼、马威克，英国的德玛格，美国的OZ，德国的PVM和镁合金科技公司。其中英国德玛格公司制造的镁合金轮毂应用于全球各种著名品牌的摩托车，车型超过了400种。从1980年开始，摩托车部件的镁合金化不断高涨，应用部件多达50余种，涵盖了发动机系统、传动系统、悬挂系统、框架以及各种附件。应用厂家几乎囊括了欧洲所有摩托车生产厂商，包括诸如意大利的阿普利亚、杜卡迪、英图古兹、比摩塔、奥古斯塔，英国的凯旋，德国的宝马，奥地利的KTM等顶级摩托车厂商。当然，早期摩托车工业的许多厂商都已销声匿迹，它们的摩托车产品也已成为收藏器，但取而代之的是对镁合金更大规模、更高层次的应用。其中较有代表性的有杜卡迪749~999系列，其采用的镁合金部件包括：轮毂、前叉夹、单侧摇臂、前灯总成、发电机盖、离合器边盖、凸轮箱盖、摇杆箱盖、引擎后盖、调速观察板盖、内汽缸盖、阀门盖、镜架、气帽等。

日本四大著名摩托车生产企业是本田、铃本、雅马哈、川崎。日本摩托车厂商对于镁合金部件的采用完全依照欧美的模式，最开始也是从发动机入手，而后扩展到其他部件。虽然镁合金部件的种类不如欧洲车多，但是其应用的规模丝毫不比欧洲逊色。其中最成功的是川崎ZX系列，其部件几乎包括了日本摩托车的所有镁合金部件。仅川崎ZX-6的发动机就采用了镁合金汽缸盖、机油箱面板、离合器盖、油泵盖，整个发动机减重达4kg，参见图16-29。另一个成功车系是本田RC51系列，每种车型的镁合金部件各有侧重点。其中RC51'S型侧重于发动机部件，包括镁合金离合器盖、镁合金汽缸盖、镁合金左右曲轴箱盖。RC51-C型摩托车侧重于运动部件，包括马其西尼牌镁合金前后轮毂、镁合金单侧摇摆臂。当然，其他RC51系列中的镁合金部件还包括后轮悬架、机油箱及隔板、离合器盖、油冷器阀门盖等。

美国的摩托公司在全球是最多的，比如日本的本田、铃本、雅马哈、川崎、意大利的阿普利亚、杜卡迪、德国的宝马、奥地利的KTM等著名摩托车制造商都在美国设有分公司。这些外国摩托车制造商在美国的成功同时也带动了镁合金部件在美国的推广。相反，美国本土的摩托车追求一种粗犷豪迈的风格，比如著名的哈利摩托，这种美式摩托车体积庞大，动力十足，其大量采用镀钢件，极少采用镁合金部件。但也有一些代表性作品，比如美国哈利·大卫逊的姐妹厂贝奥公司2002年所产的“霹雳XB9R”型，如图16-30所示的摩托车，其双前灯梁、头灯壳、仪表盘以及大量电镀配件和装饰件都由镁合金制成。

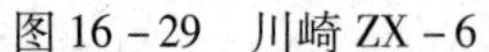

图16-29 川崎ZX-6

图16-30 贝奥2002“霹雳XB9R”型摩托车

16.3.3.2 国内镁合金在摩托车上的应用与开发

中国摩托车工业发展迅速，自1997年起，摩托车产量首次突破1000万辆，占世界摩托车总产量的43.6%。但国产四冲程及二冲程摩托车约有一半不能直接满足欧洲1号排放标准，而且振动、噪声不理想。重庆镁业科技股份有限公司承担了镁合金在摩托车上的应用“十五”国家科技攻关专题，以自主知识产权的核心技术体系，于2001年4月成功试制了LX150的“镁合金绿色概念摩托车”。如图16－31所示，其中发动机曲轴箱体、箱盖及前后轮毂、尾盖、后扶手等12个零部件用镁合金材料，挤压铸造生产的镁合金摩托车发动机如图16－32所示。轮毂质量减轻3kg，整辆摩托车质量减轻6kg左右，使摩托车的CO、NO_x排放降低约70%，达到并超过欧洲1号排放标准。该车的研制成功引起了世界各国的极大关注，同时也为绿色环保摩托车的发展指明了方向。采用镁合金制造了发动机左右曲轴箱体、箱盖、尾盖、前后轮毂、后制动盖及后扶手等零件。开创了中国摩托车大量采用镁合金的先例，实现了材料的合理替代。重庆隆鑫摩托每年生产发动机镁合金部件120万件、装车40万辆，力帆也相当，至今两家累计有700万～800万辆。并取得了很好的经济效益和社会效益。

图16－31 LX150的“镁合金绿色概念摩托车”

图16－32 挤压铸造生产的镁合金摩托车发动机

镁合金的开发与应用已成为摩托车材料技术发展的一个重要方向。现阶段镁合金主要用于制造摩托车发动机箱体、箱盖、消声器、车轮及一些覆盖件等。

图16－33是威海万丰镁业科技发展有限公司研究开发的镁合金摩托车轮，该公司是专门从事镁合金产品研究开发的企业，他们生产的镁合金汽车车轮、摩托车车轮、卡丁二车轮及其配件、镁合金壳体、汽车发动机配件等大量出口到美国、德国、澳大利亚等国家。配套国际知名的BMW、MV、CAGIVA等摩托车赛车生产厂。

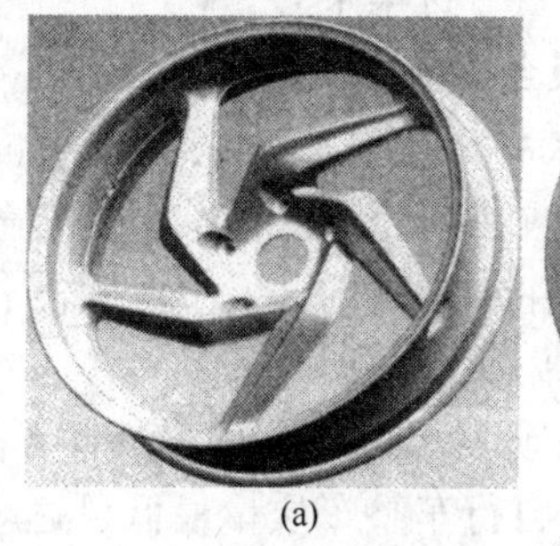

(a)

(b)

图16－33 镁合金轮

(a) 镁合金ATV轮；(b) MV摩托车轮

摩托车行业目前常用的镁合金材料以铸造镁合金为主，如AM、AZ、AS系列铸造镁合金，其中以AZ91D用量最大。由于人们对镁合金的特性缺乏深入了解，缺乏镁合金性能（特别是工艺性能、使用性能）数据库，目前镁合金在摩托车上的用量暂时还难与铝竞争。但随着一些共性技术的解决，镁合金在摩托车上的应用潜力很大，前景广阔。

16.3.4 镁合金材料在自行车上的应用与开发

自行车由于是人力驱动的工具，因而质量的减轻带来的效果非常显著，更轻的自行车能获得更好的加速性能、爬坡性能、转弯性能，并且更易操纵，因而在国外自行车行业流传着“产品轻1g多卖1美元”的说法，镁合金质量轻的特性满足了这一要求，用镁材制造自行车与用铝相比，可减重33%。用镁材制造的折叠式自行车车架质量仅1.4kg，总重仅为4kg。不仅如此，镁合金应用在自行车上还具有以下独特的优异性能：突出的疲劳无记忆性；更好的动力学性能；更好承力性（相对于塑料件）；极佳的减振特性（相对于钢、铝等金属部件）和舒适感。

16.3.4.1 国外镁合金在自行车上的应用

目前，国外自行车使用的镁合金部件包括：轮毂、车把夹、脚踏板、制动器、手把、前叉、框架等近十几个部件。提供这些部件的有意大利的Grimace、ITM、Deda Elementi，美国的Azonic、Easton、Sun Ringle、Time Impact、Primo、Odyssey，英国的Avid、Mozo等众多配件商。应用厂商包括诸如ANNONDALE、Pinarello、Padeta、Saracen Kili、Zuruck等全球著名自行车制造商，其中Pinarello公司是世界三大顶级自行车生产商之一。Paketa公司生产的38cm（15in）型（车架中轴中心与座管顶端的间距）的镁合金车架仅重1190g，如图16－34所示。

图16－34 Paketa公司生产的镁合金自行车框架及自行车

20世纪90年代初，Kili公司进行镁制自行车车架的压力铸造生产，但车架焊缝疲劳强度及可靠性不高。直到最近几年才能保证焊接件有稳定的高可靠性，该公司目前可以批量生产各种类型的镁合金自行车架。

16.3.4.2 国内镁合金在自行车上的应用

1996年达建公司率先投入镁合金前叉外管的开发。随后，台湾容轮业、司普等公司也相继投入，主要的开发项目着重于避振前叉外管等结构件。但是相对于在车架、车把、曲柄、座管及轮圈等大量主结构件的开发上，因需利用挤压管件、锻造型材以及配合焊接技术等，在技术上仍有待解决。

1999年，中国相关研发单位与自行车及其零部件厂商开始进行镁合金自行车的研发工作，目前生产的镁合金自行车整车质量最低可达8kg以下。台湾地区的自行车厂商已经将镁合金大量应用于跑车、登山车、折叠车等高级车种，折叠式镁合金自行车质量可降低至6.4kg。作为中国第一家批量生产镁合金自行车的企业，北京首特钢远东镁合金公司引进德国富来公司的大型热室压铸设备，压铸自行车的整体车架、接头及关键零件，所生产的名为“运动美”的自行车多次送到国家自行车检测中心进行检验，并通过了认证。如图16－35所示是上海格力轻合金有限公司研制的山地自行车。图16－36是台湾美利达公司的镁合金精英型山地车。图16－37是北京首特钢镁合金折叠自行车。上海交通大学轻合金精密成型国家工程中心（上海格力轻合金有限公司）研制的山地自行车，其整车车架和车轮均为镁合金。轻便型车自身质量仅8kg，最重的前后避振整体车架也只有15kg。

图16－35　上海格力轻合金有限公司研制的山地自行车

图16－36　台湾美利达公司的镁合金精英型山地车

图16－37　北京首特钢镁合金折叠自行车

在2001年的台北国际自行车展会场上，泰亿已展出了新型镁合金车架。至于零部件方面，达建（前叉）、台湾容轮业（前叉、曲柄大轮盘）、凯特（曲柄）、司普（前叉）、久裕（花鼓）、六哥（锻造零件）、维格（脚踏）、仪铭东（轮圈）、远东（轮圈）、展轮

(轮圈)、镒成等也都展出了商品化的镁合金自行车零部件。未来，在镁合金自行车的开发与制造上，将朝着更经济、大众化的方向发展。

图16－38是保定市东启镁合金型材有限公司研究开发的镁合金后驱动折叠自行车，该自行车轻便、省力，便于较长距离的行驶，能节省推行者的体力。

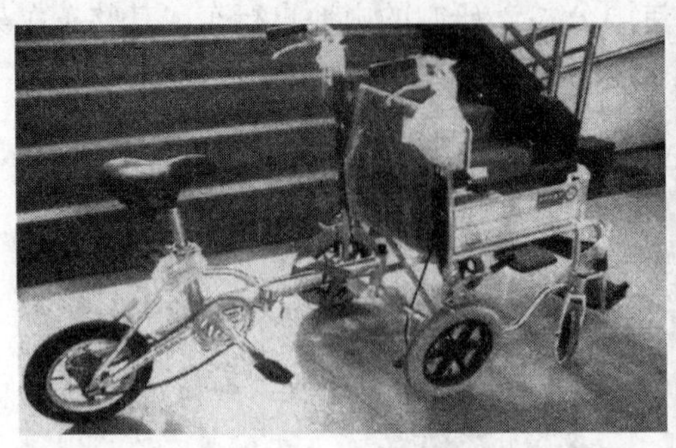

图16－38 镁合金后驱动折叠自行车

我国是世界自行车生产和消费的第一大国，2011年我国自行车产量为8345万辆，其中电动自行车产量超过2000万辆。车架和两个转圈采用镁合金代替铝合金，质量从原来的3.12kg减至2.08kg，减重达1.04kg。若按每辆自行车平均用镁合金1.0kg计算，新增自行车用镁合金将超过8万吨。因此，自行车行业对镁合金的需求也是十分可观的。

16.4 镁及镁合金材料在航空航天工业上的应用与开发

16.4.1 航空航天工业对材料性能的要求

（1）航空航天产品工作的极端条件。由于航空航天产品工作的特殊性，因此对材料提出了如下苛刻的性能要求：

1）低密度。由于飞行器的质量直接影响到它的机动性能，而空间站和卫星的质量决定了对运送工具的要求和费用，所以航空航天要求材料尽可能的轻质，也就是尽可能的低密度。表16－22为航空航天材料每减少0.45kg质量所带来的经济效益。商用飞机与汽车减重相同质量带来的燃油费用节省，前者是后者的近100倍，而战斗机的燃油费用节省又是商用飞机的近10倍。更重要的是其机动性能改善可以极大提高战斗力和生存能力。所以镁合金的低密度，为它在航空航天中的应用提供了较好的条件。

表16－22 航空航天材料每减少0.45kg质量所带来的经济效益

汽　车	商用飞机	战斗机	航天器
3美元	300美元	3000美元	30000美元

2）刚度和热导率。材料的比刚度和热导率是非常关键的参数。镁合金具有比刚度高和高的热导率。可使某些部位的振动（飞机的机翼）以及在低重力、高真空的太空环境中，可避免太阳照射使得电子设备过热而烧毁。

3）减振能力。镁合金具有良好的减振能力，可以保证航空航天产品承受较大的振动载荷；镁合金还具有高比强度、防辐射、良好的尺寸稳定性、电磁屏蔽性，可以抵御短波辐射和高能粒子的“轰击”。

（2）航空航天工业对材料性能的要求。结构减重和结构承载与功能一体化是飞机机体结构材料发展的重要方向。航空、航天领域要求镁合金力学性能和高温性能优异，抗蚀性好，有良好的综合性能。适合的合金包括 AZ91E、QE22（MSR）、ZE41（RZ5）、EQ21、（ZRE1）、WE43 等，其性能比较见图 16－39。从图中可知，飞机的各种机箱体、传送箱和电源装置，直升机主要传送系统的零部件，螺旋桨系统可以采用 ZE41 和 QE22 合金制造；而在高温下服役的零部件可采用 WE43 或 EQ21 合金制造。另外，WE43 合金还具有极好的耐蚀性能，可用作飞机螺旋桨罩壳。Mc Donnell Dougles MD50 直升飞机采用了 WE43 合金的变速箱壳体。

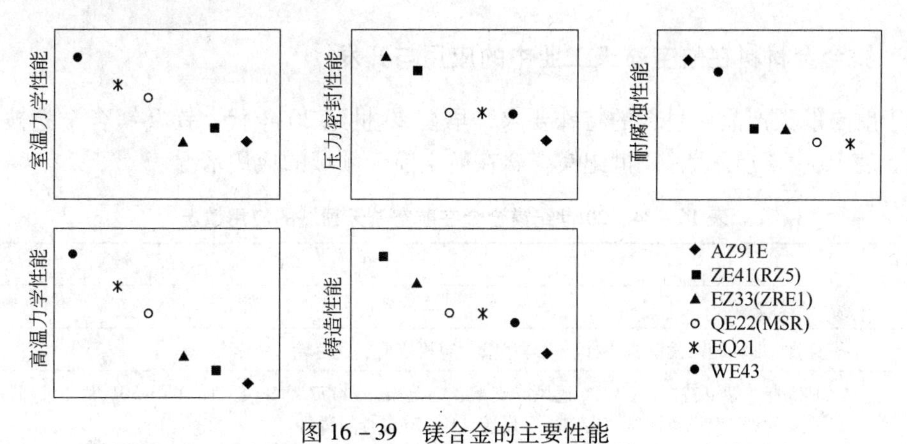

图 16－39　镁合金的主要性能

目前，常用的航空航天铸造镁合金及其性能和用途见表 16－23。

表 16－23　航空航天工业常用铸造镁合金的性能和用途

镁合金	性　能	缺　点	应　用
AZ91 AZ91E	最常用的商业镁合金，属于低成本镁合金，新型高纯度 AZ91E 能提供优良的抗腐蚀能力	就收缩和脱模而言，其铸造性能一般；中等力学性能，在厚壁铸件中表现更差；最高工作环境温度不超过 100℃；要求 T6 态热处理	用于航空器控制装置，各种支架、传动器壳体以及机轮
AZ92	由于更高含量的锌，比 AZ91 具有更高的室温抗拉强度；高纯净度牌号具有高的抗腐蚀性能，但生产较困难	与 AZ91 相近的铸造性能；比 AZ91 更好的力学性能，仍然不能用于高温环境；要求 T6 态热处理	与 AZ91 的应用相近
ZE41	良好的铸造性能，较容易生产；工作环境提高到了 150℃；优异的抗腐蚀能力	中等强度、中等抗腐蚀合金，比 AZ 合金更倾向于氧化	广泛应用的中等强度，较好的高温性能镁合金；主要用于航空发动机部件、辅助推进装置（APU）、直升机壳体的铸造
QE22	优良的铸造性能，生产较容易；极好的振动吸收性能；工作环境可达到 250℃；中等成本合金；要求 T5 热处理	比 ZE41 更难于铸造；高的综合腐蚀率；由于含有银属于高成本合金；要求 T6 态热处理	高强度高温合金；通常用于航空发动机壳体、发动机结构部件、发电机壳体等高温环境中工作的部件

续表16-23

镁合金	性能	缺点	应用
WE43A	很高的室温强度性能；极好的高温性能，工作温度可高达300℃；优异的抗腐蚀能力	最难铸造的镁合金；需要额外的熔化和铸造控制手段；由于含有钇使其成为高成本合金；要求T6态热处理	高强度的高温抗蠕变合金；用于发动机变速箱和直升机传动箱
EZ33	优良的铸造性能，生产较容易；极好的振动吸收性能；工作环境可达到250℃；中等成本合金；要求T5热处理	低强度合金；中等综合腐蚀率；比AZ合金更易氧化	适于较高工作温度的低强度应用特别适合既要求铸造质量又要求减振的部件；适用于减振部件、齿轮传动部件

16.4.2 镁合金材料在航空航天工业中的应用与开发

由于航空航天产品对材料的特殊要求，早在20世纪20年代，镁及镁合金就被用于航空领域。表16-24所示为20世纪镁合金在航空航天领域的应用情况。

表16-24 20世纪镁合金在航空航天领域的应用情况

时间	应用
20年代	飞机螺旋桨
30年代	发动机曲柄箱、发动机零件、飞球吊篮、客机座椅、起落轮
40年代	JU88起落架支持框，FW190遮风屏支架、起落架，He177&Ju90部件，BMW801发动机部件、机枪支架环、无线电设备底座、定向仪、尾轮，B-36轰炸机部件
50年代	RR Dart发动机部件，S55直升机发动机基座，火箭和导弹零部件，直升机齿轮箱、车轮及发动机部件、主起落轮，C-L2L和CL24运输机地板横梁
60年代	B-47和B-52主起落轮、卫星零部件，HC-直升机地板、飞机座舱顶棚框架，Appllo振动监测设备，S-64B起落架齿轮箱
70年代	F-20减速装置及座舱顶棚框、CH53E直升机传送箱
80年代	直升机传动系统，PW100涡轮发动机部件，Carrett TPE331等涡轮发动机部件、恒速传动、辅助动力设备、进气管、喷气发动机传动齿轮箱

随着镁合金制备技术的发展，材料的性能，如比强度、比刚度、耐热强度、蠕变等性能不断提高，其应用范围也不断扩大。目前其应用领域包括各民用、军用飞机的发动机零部件、螺旋桨、齿轮箱、支架结构以及火箭、导弹、卫星的一些零部件。如用ZM2制造WP7各型发动机的前支撑壳体和壳体盖；用ZM3镁合金制造J6飞机的WP6发动机的前舱铸件和WP11的离心机匣；用ZM4镁合金制造飞机液压恒速装置壳体、战机座舱骨架和镁合金机轮；以稀土金属钕为主要添加元素的ZM6铸造镁合金已扩大用于直升机WZ6发动机后减速机匣、歼击机翼肋等重要零件；研制的稀土高强镁合金MB25、MB26已代替部分中强铝合金，在歼击机上获得应用。

（1）国外航空航天工业中的镁合金应用情况。过去RZ5镁合金通常用于制造直升飞机的变速箱壳体和传动箱壳体，后来由于航空工业对材料的安全使用期限和抗腐蚀性能提出了更高的要求，使得WE43镁合金逐渐取代了RZ5的位置而成为制造包括主变速箱壳体在内的众多直升机部件的首选镁合金材料，比如欧洲直升机公司EC120型民用直升机和北约直升机工业公司的NH90军用直升机就采用了WE43合金制造的变速箱壳体。

ZRE1、MSR和EQ21镁合金也都被广泛用于飞机的发动机部件，如同WE43镁合金由于具有优良的抗腐蚀性能和高温性能而广泛用于变速箱壳体一样，这些合金的应用也将会得到持续增长。许多大型镁合金铸件由于有这些镁合金而得以制造，比如MSR镁合金制造的重达130kg的劳斯莱斯Tay和BR710型发动机的空压机壳体。其他的航空应用包括MSR或RZ5制造的F16、“欧洲战斗机”EF2000、旋风战斗机的辅助变速箱壳体，MSR或EQ21制造的“空中客车”A320、旋风战斗机和协和超音速飞机的发电机壳体。

镁合金锻造件也用作航空部件，英国西陆公司“海王”反潜直升机上的变速箱部件就是用ZW3镁合金锻造的。除此之外，镁合金锻件在航空发动机上以及机轮上都有应用，将来还可能用于高温环境下工作的部件。

前苏联的情况与西方国家有点类似，镁合金曾在1947年设计的AN-2飞机上就有使用，并以ML-5合金（镁-铝-锰系）铸件的形式用于飞机的飞行控制系统中。从1960年起BM65-1合金（MA-14）就用于飞机上小型锻件的生产。

与铸造镁合金相比，变形镁合金在组织上更细、成分上更均匀、内部更致密，因此变形镁合金比铸造镁合金具有高强度和高伸长率等优点。同时，在满足相同工作条件下，比变形铝合金更轻。因此，航空器特别是导弹、卫星以及航天飞机大量应用各种变形镁合金。例如，B-36重型轰炸机每架使用4086kg的镁合金薄板，喷气式歼击机“洛克希德F-80”的机翼也是用镁合金制造的，由于采用了镁板，使结构零件的数量从47758个减少到16050个；Talon超音速教练机有11%的机身是由镁制造的（160kg板材，128kg的铸件和少量挤压件、板材和管材）；B-52轰炸机用了165kg的镁合金（其中199件挤压件、19件锻件、542件砂型铸件和180kg的板材）；Falon GAR-1空对空导弹有90%的结构采用镁合金制造，其中弹身是由1mm的AZ31B-H24轧制板加工而成的，纵向焊接，然后拉深成型。“德热米奈”飞船的启动火箭“大力神”中曾使用了600kg左右的变形镁合金；“季斯卡维列尔”卫星中使用了675kg的变形镁合金；直径1m的“维热尔”火箭壳体是用镁合金挤压管材制造的；战术航空导弹的舱段、副翼蒙皮、壁板、加强框、舵面、隔框等厚件，诱饵鱼雷壳体，以及雷达、卫星上用的井字梁，也都大量采用变形镁合金。图16-40为某型号飞机上使用镁合金零部件的情况。

一般航空航天结构用镁合金主要是板材和挤压型材，也有部分是铸造件。用镁合金板材制造的飞机零部件有：各种壁板、整流罩、发动机罩、门、盖板、口盖框架、内部加强型材组合件、各种连接整流包皮、翼尖、尾面、副翼及襟翼蒙皮、油箱等。图16-40所示为某型号飞机上使用镁合金零部件的情况，由于大量采用了镁合金，质量大大减轻，飞行速度及航程均显著提高。DOW化学公司采用快速凝固ZK60镁合金挤压型材制造了C133运输机的地板支撑梁和固定装货滑道，如图16-41所示。

镁合金铸件在飞行器结构方面应用很多，包括各种民用、军用飞机和航空器，用量随具体结构而异，并在一定程度上取决于镁合金表面涂层技术的发展。在镁合金的应用过程中，要兼顾零部件的腐蚀行为和抗疲劳性能。提高合金的纯度可以改善耐腐蚀性能，而在合金表面涂层则可以提高其耐磨性能。图16-42所示为一种飞机框架材料，尺寸为1500mm×1000mm×200mm。

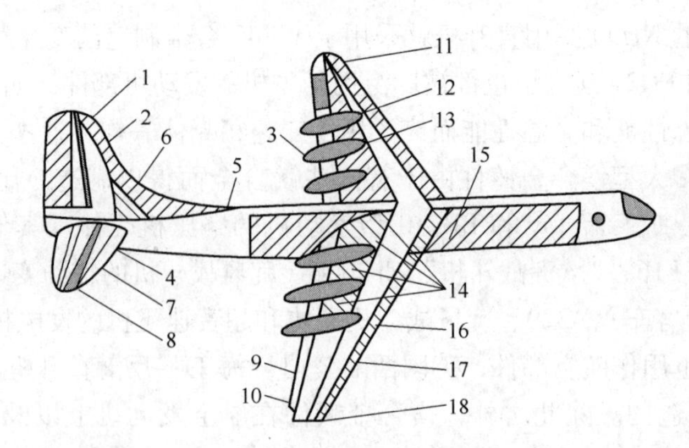

图 16－40　某型号飞机上使用镁合金的情况

1—方向舵上的蒙皮和整流器罩；2—垂直安定面的整流包皮；3—发动机整流罩；
4—水平安定面及升降舵的整流包皮；5—机身与垂直安定面的连接整流包皮；
6—机身与垂直安定面连接部分的蒙皮；7—前缘蒙皮；8—水平安定面的尖端；
9，10—襟翼、副翼的蒙皮；11，18—翼尖；12，13—发动机包皮；
14—机翼的中段蒙皮；15—机身蒙皮；16，17—机翼前缘蒙皮

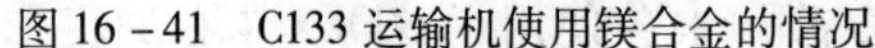

图 16－41　C133 运输机使用镁合金的情况

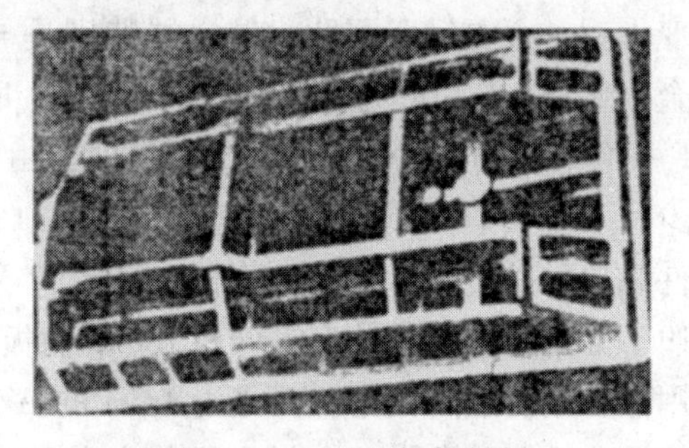

图 16－42　飞机框架材料

Mg－RE 合金的铸造性能及焊接性能均很好，被研制出来后就被用于制造结构复杂的军用飞机驾驶舱舱罩的框架。据 1969 年 Evans 报道，采用镁合金制造 Vampire 和 Venom 飞机的双座椅结构件是当时镁合金应用所达到的最高水平。由于镁合金双座椅结构件使用效果很好，从而直到现在还在应用。图 16－43 所示为座舱罩铸件。西班牙 CASA 在其战斗机上也采用了类似的结构件。镁合金飞行器中的另一个应用是钢丝索移动控制滑轮，然而欧洲生产商认为镁合金滑轮容易磨损，并不合适。但 BAe 公司通过在滑轮上涂上一层塑性涂层，如尼龙，从而使这种应用获得成功，并从 1960 年开始在大多数民用飞机上使用。

一些刚性较好的镁合金铸件还被广泛用于制造驾驶室中的手动控制装置件，如操纵杆及方向盘、中央操纵台及操纵盘等部件，并被应用于 Trident Bae146 等飞机上，此外还有 Fokker 的 F100 飞机。图 16－44 所示为 Breguet Atlantic 飞行员座椅。Kent Aerospace 和 LMI France 将复杂的镁合金铸件用于 Bae146、125 和 Air Bus 的压缩系统。先后有很多民用飞机使用了镁合金部件，数量达到 250 多种。

镁合金在航空发动机中的应用主要是压缩机尾部箱体和装有大量减速齿轮辅助设备的大齿轮箱。Pratt 和 Witney 发动机公司在 Bae146 飞机上采用了镁合金 ACCO Lycoming 双路式涡轮喷气发动机罩。

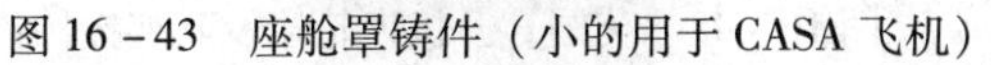

图 16－43 座舱罩铸件（小的用于 CASA 飞机）

图 16－44 Breguet Atlantic 飞行员座椅

另外，为了提高发动机热稳定性，允许较小的外壳间隙，同时增加发动机效率，制造商们研制了适用于民用和军用飞机的发动机箱体。民用飞机发动机箱体一般采用镁合金铸件，而军用飞机发动机箱体一般采用铝合金铸件。图 16－45 所示为几种发动机箱体。由此可见，镁合金用作发动机箱体材料优势明显。

(a)

(b)

图 16－45 发动机箱体

（a）T117BMW－Rolls Roys 发动机箱体（EQ21）；（b）Eurofighter ES Wedel 发动机箱体（QE22）

齿轮箱是镁合金大型铸件的另一个典型应用实例。Kent 航空铸造公司曾采用镁合金制造巨大的 Rolls Royce RB211 发动机齿轮箱，这类装置在合理的保护条件下可以正常服役很多年。此外，直升机螺旋桨推进器的齿轮箱也可以采用镁合金制造，图 16－46 所示为几种镁合金齿轮箱实物图，所用材料包括 ZE41、WE43 和 AZ91E 等。连接 BR710 发动机换向系统各零部件的驱动系统也可以采用 WE43 和 AZ91E 合金，见图 16－47，承载应力都处在合金强度和耐腐蚀能力范围内，部分铸件可以在较高温度下使用。图 16－48 所示为英国某型号直升机上使用的采用锻造法生产的齿轮箱及其连接件。

(a)

(b)

(c)

(d)

图 16－46 镁合金齿轮箱

（a）Turbine BR710 ZF－Luftfahrttechnik 齿轮箱及箱盖；（b）Tailrotorsystem Tiger ZF－Luftfahrttechnik 齿轮箱；（c）Tiger EC France 直升机主齿轮箱；（d）Strato2 ZF－Luftfahrttechnik 齿轮箱

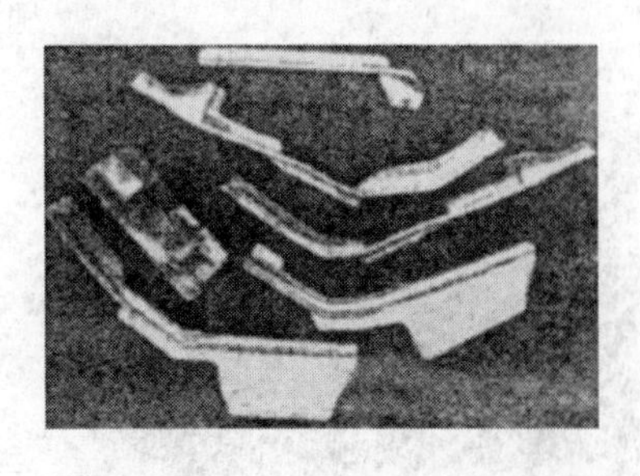

图 16-47 双臂曲轴(AZ91E、WE43)

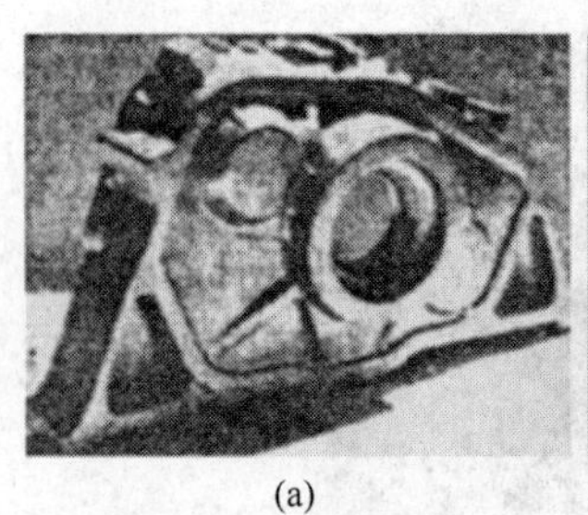

(a)

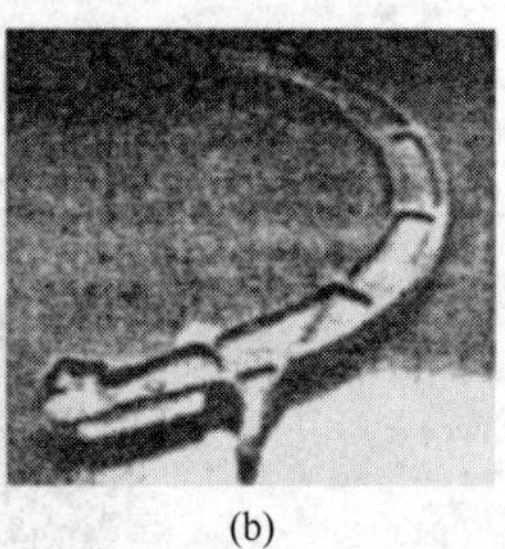

(b)

图 16-48 英国直升机齿轮箱及其连接件
(a) 阀盖 (ZK60-T6, 44kg); (b) 连接件 (AZ80-F)

在用于制造以上零部件的材料中，稀土镁合金具有比强度和比刚度高、耐热强度及蠕变性能优异等特点，既可满足航空结构材料减轻自重的需要，也可满足在200~300℃高温条件下长时间工作的航空发动机零部件的需要。欧美早期曾开发过EK、EZ、EQ、AE系列稀土镁合金，EK31、EZ33、QE22等合金都曾用于航空发动机。1980年末推出WE系列稀土镁合金，Mc Donnell公司已经用WE43代替ZE41作为MD500直升机零部件。我国在前苏联合金牌号体系基础上，至今已开发出了ZM3、ZM4、ZM6、ZM9系列稀土镁合金。

随着航空工业对零部件小型化、高效率的要求，目前已能生产厚度为3.5mm的铸造薄壁件，公差可以达到±0.5mm。直径为2mm的液压传动管道现已标准化生产，能够承受9MPa的压强。

镁合金航空适用于零部件的种类繁多，应用范围很广，下面仅列举加拿大Magellan公司，见表16-25和表16-26。

表 16-25 加拿大 Magellan 公司的部分航空镁合金产品

航空器系统	镁合金部件
镁合金航空发动机部件	前框、中间箱体、进气口箱体；螺旋推进器、变速箱壳体；压缩机进气口箱体；润滑泵壳体、传送泵壳体、燃料控制箱盖；发电机壳体、加速器壳体
机身零部件	支架、门壳体、货物装卸装置壳体；战斗机起飞助推系统；直升机主传动箱、附传动箱

表 16-26 加拿大 Magellan 公司部分航空镁合金产品的使用厂商及机型

航空器制造商	适用机型
阿古斯塔-西陆（Agusta-Westland）直升机公司	EH101
加拿大贝尔直升机公司	V22、BA609、206、427、430、AH-1T
波音民用	747、757、767
波音军用	CH47、AH-64
通用电气	J85、CF6-80、F404、F110、GE90、T700、LM6000、CFM56-5
美国汉密尔顿盛特兰（Hamilton Sundstrand）公司	F-15、F-16、F18-C/D、F-18E/F
美国霍尼韦尔（Honeywell）公司	TPE331、AS907、331-600、131-9、LV100、RE100
加拿大普惠（Pratt & Whitney Canada）公司	PT6、PW100、PW206、PW306、PW307、PW308、PW500、PW600
美国普惠（Pratt & Whitney）公司	PW2000、PW4000、PW6000、V2500

续表 16 – 26

航空器制造商	适用机型
英国劳斯莱斯公司	T56、Model 250、AE2100、AE3007、T800
美国西科斯基飞机公司（Sikorsky Aircraft）	CH53、UH – 60、SH – 60、RAH – 66、S92

注：以上铸件的直径可从 127 ~ 2000mm，质量可从 0.45 ~ 365kg。

（2）国内航空航天工业中的镁合金应用情况。我国的镁合金在航空航天领域被广泛应用于制造飞机、导弹、飞船、卫星等重要机械装备零件，以减轻零件质量，提高飞行器的机动性能，降低航天器的发射成本。早在 20 世纪 50 年代，中国仿制的飞机和导弹的蒙皮、框架及发动机机匣已采用镁稀土合金。70 年代后，随着中国航空航天技术的迅速发展，镁合金在歼击机、直升机、导弹、卫星等产品上逐步得到推广和应用，如 ZM6 铸造镁合金已经用于制造直升机后减速机匣、歼击机翼肋及 30kW 发电机的转子引线压板等重要零件。稀土高强镁合金 MB25 已代替部分中强铝合金，在歼击机上获得应用。目前，中国航空航天领域对减重的迫切需求，为镁合金新材料的开发与应用提供了机遇，同时也面临着挑战。镁合金材料在航空航天领域应用有两个制约因素：一是材料强度偏低，尤其是高温强度和抗蠕变性能较差；二是铸件易形成缩松和热裂纹，成品率低，塑性加工条件控制困难，导致组织力学性能不稳定。上海交大针对以上两个制约因素，系统研究了高强度稀土镁合金的液态成型时的铸造性能，结合铸件结构设计改进，涂层转移精密铸造技术等，成功地突破了高强稀土镁合金的成型难题，目前已经成功制备了多种结构复杂的镁合金机匣，如图 16 – 49 所示。这类机匣通常结构复杂，含有油路等冷却通道，而且工作条件温度较高，需要用高强度热镁合金制备，目前国内这类机匣以进口为主，但上海交大研制的镁合金机匣，对铸件的力学性能和缺陷探伤的检测结果表明，这类镁合金铸件已经达到甚至超过了进口产品的水平。

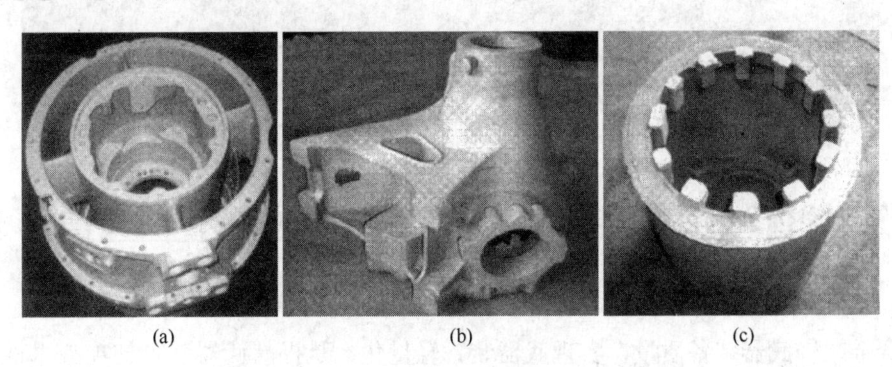

(a) (b) (c)

图 16 – 49 我国生产的铸造镁合金发动机机匣

（a）铸造镁合金某型直升机机匣；（b）铸造镁合金某型导弹壳体；（c）ϕ600mm × 400mm 轴套

除了镁合金铸件以外，越来越多的镁合金变形件也开始逐步应用于航空航天领域，这些变形件包括挤压型材和锻造零件。上海交大对高强度稀土镁金的挤压、锻造和轧制性能进行了系统的研究，目前已经能够生产各种不同截面的挤压型材，如 JDM2 合金与常规等温热挤压工艺相结合，成功地制备了某轻型导弹弹翼（见图 16 – 50a）；JDM1 合金与常规等温热挤压工艺相结合，成功地制备了 ϕ145mm 的无缝管（见图 16 – 50b），该管材用于某型轻型导弹壳体的制备；还通过分步自由锻与最终模锻相结合，成功地解决了多种大型承力构件的锻造难题，将促进镁合金在航空航天领域承力支架等结构件上的应用。

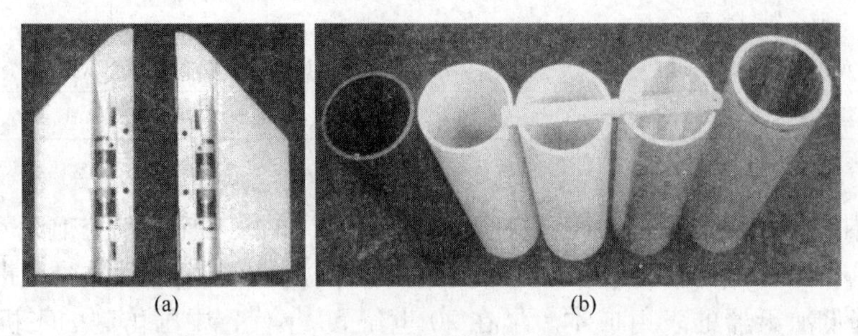

(a) (b)

图16-50 航空航天领域应用的镁合金产品

(a) JDM2镁合金等温挤压某轻型导弹尾翼；(b) JDM1合金等温挤压轻型导弹管材

中北大学研制的镁合金零件在某型号火箭和弹体上得到应用，大幅度提高了射程；纵火炬大幅度提高了装备的纵火性能，机加工时减少60%以上。

中科院长春应化所研制的稀土中间合金，制备出了高性能的MB26稀土镁合金，用于为神舟六号飞船上搭载航天相机制备零件，如图16-51某新型导弹试制稀土镁合金部件，成功实现减重13kg，产品已经完成定型试制。MB26镁合金，20世纪90年代就曾用于国产歼7和轰炸机的受力构件上。

图16-51 某新型导弹用稀土镁合金部件

16.5 镁及镁合金材料在常规武器（兵器工业）上的开发应用

16.5.1 现代兵器零部件的镁合金化及发展趋势

镁合金减轻武器装备质量，实现武器装备轻量化，是提高武器装备各项战术性能的理想结构材料。镁合金军事上的应用过去主要是在航空领域，近年来，镁合金及镁基复合材料已逐步在武器和弹药上得到成功应用，发展十分迅速。

镁合金最早应用于军事工业领域是在1916年，被用于制造77mm导线；在1930年的应用有大炮车轮和小雷投掷器（铸造法制备），1940年的应用有60mm迫击炮炮座（铸造件）、6000-16型大炮炮架（铸造件）、装填器杆（挤压件）、航空火箭发射器（挤压件）、机枪托架（铸造件）、空降部队用自行车框架部件（铸造件）、光学测距仪部件、探照灯灯壳（铸造件）、地面导弹发射器（挤压件）、T-31型20mm火炮（挤压及铸造件）、SIG33 15cm枪托架（铸造和锻造件）；到1950年，镁合金又被用于制造控制系统雷达

（多种方法制造）、M113 运输机机舱（花纹镁合金板）和齿轮箱（砂型铸造件）、M113 用 Mg－Li 合金壳体结构件（板材）、M274 战斗运输机机轮（铸造件）和底板炮手站台（挤压件）、M151 MUTT 车轮（铸造件）、M116 运输机舱顶拱部件和底板（挤压件和板材）、空降牵引机的车轮（铸造件）；在 1960 年，镁合金被用于生产迫击炮底座（锻件）、法国 AMX30 坦克车轮的变速箱（铸造件）、法国 AMX10 坦克枪枪架（铸造件）、XM102 105mm 榴弹炮炮架架尾（板材）、民兵导弹牵引车（板材和挤压件）、野外保养隐蔽所和直升机部件（挤压件）；1980 年以后，为了实现武器轻量化，镁合金在军事领域的应用逐渐扩大。目前，为了减轻各种常规兵器的质量，提高机动性，便于运输，使用镁合金材料的零部件越来越多，发展潜力很大。

从兵器零件的使用特点和性能要求分析，枪械武器、装甲车辆、导弹、火炮、弹药、光电仪器、武器用计算机及军用器材中有较大数量的铝合金零件和工程塑性件，根据目前镁合金材料的性能和使用特点，改用镁合金材料制造相关零件，技术上是可行的，并有如下发展趋向：

（1）采用镁合金及镁基复合材料替代武器装备的中、低强度要求的铝合金零件和部分黑色金属零件，实现武器装备轻量化。主要产品有：

1）枪械武器：机匣、弹匣、枪托体、下机匣、提把、前护手、弹托板、瞄具座等使用镁合金制造。

2）装甲车辆：坦克座椅骨架、机长镜、炮长镜、变速箱箱体、发动机滤座、进出水管、空气分配器座、机油泵壳体、水泵壳体、机油热交换器、机油滤清器壳体、气门室罩、呼吸器等用镁合金件。

3）导弹：导弹舱体、舵机本体、仪表舱体、舵架、飞行翼片等用镁合金材料。

4）火炮及弹药：供弹箱、牵引器、脚踏板、炮长镜、轮毂、引信体、风帽、药筒等。

5）光电产品：镜头壳体、红外成像仪壳体、底座等。

6）计算机及通信器材：军用计算机、通信器材箱体、壳体、板类等零件。

（2）替代工程塑料，解决零件老化、变形和变色的问题。目前，轻武器、光电及通信器材产品、战车仪表盘等采用工程塑料制造。工程塑料尤其是纤维增强塑料的比强度最高，但弹性模量小，比刚度远小于镁合金，且难以回收，环境适应性差，易磨损和老化变形、变色，既影响武器战术性能，又影响武器外观。该类零件采用镁合金及镁基复合材料可以从根本上克服工程塑料的这些缺陷。主要产品有：

1）枪械武器：塑料弹匣、护盖体、附件筒、前护手等。

2）光电产品：镜头塑料壳体、瞄具塑料壳体、夜视仪塑料壳体等。

3）军用器材：各类仪表盘、通信器材箱体、壳体零件、军用头盔等。

图 16－52 所示为目前已开发出的部分镁合金武器零件。

（3）导弹及其他飞行器零部件的镁合金化。过去镁合金在导弹上的应用较少，只在照明弹中使用镁粉。镁合金由于密度小，近年来在导弹、火箭等结构件中应用广泛，主要用于战术防空导弹的支座舱段与副翼蒙皮、壁板、加强框、舵面、隔框等零件，材料为 MB2、MB3、MB8 变形镁合金。卫星上采用了 ZM5 镁合金制作井字梁与相机架，以及各种仪器支架和壳体等。我国 1995～2000 年期间，为了减少脱壳动能穿甲弹质量，开展了高比强度镁合金弹托材料的研究。

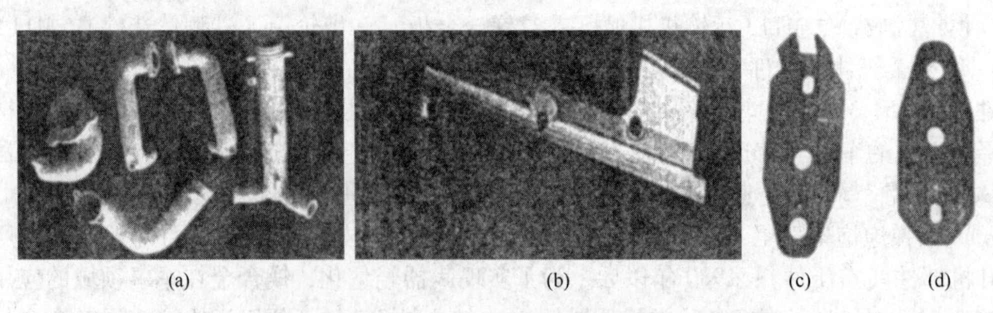

图16-52 部分镁合金武器零件

(a) 战车发动机镁合金水管；(b) 枪械镁合金机匣；(c)，(d) 枪械镁合金枪托

为满足弹、箭减重及高精度零件（如导弹控制系统）对材料高尺寸稳定性的需求，发展高强度、高刚度、低膨胀系数镁基复合材料是兵器材料的重要技术途径之一。美国陆军正在研制碳化硼颗粒增强镁基复合材料弹托来取代XM829型120穿甲弹的铝合金弹托，目的在于减轻弹托质量，提高穿甲威力。所研制出的镁基复合材料的线膨胀系数为$1.28\times10^{-6}℃^{-1}$，σ_b为506MPa，$\sigma_{压}$为695MPa，可满足兵器制导控制系统精密件的要求，例如光学系统万向支架、导弹控制元件、反射镜、陀螺仪等。

（4）新型镁合金材料的研发，促进了兵器零部件的镁化。近年来，新开发的耐热、耐磨、超轻（Mg-Li）等新型镁合金及镁基复合材料，由于具有一系列特殊性能，加速了兵器零部件的镁合金化。美国利用SiC镁合金复合材料制造螺旋桨、导弹尾翼等，在海军卫星上已将镁合金复合材料用于支架、轴套、横梁、T型架、支架、管件、直升飞机螺旋桨、导弹尾翼、内部加强的汽缸、战车和卫星天线结构、航天站镜架等结构件，其综合性能优于铝基复合材料。此外，Mg-Li超轻合金用于洲际远程导弹和航天飞行器，其减轻效果十分明显，对飞行器的速度、航程和载重等方面的提高产生了良好的作用。

16.5.2 镁合金材料在兵器工业中的应用与开发

（1）法国主力坦克AMX-30的CN105F1型105mm线膛炮的炮身管热护套采用镁合金制造，其车轮变速箱也使用了镁合金铸件，使其质量大大减轻。

（2）法国MK50式反坦克枪榴弹部分零件应用了镁合金材料，其全弹质量仅800g。

（3）俄罗斯生产的POSP6×12枪用变焦距观测镜采用镁合金壳体，该观测镜可装在多种枪上。

（4）英军装备的大口径120mm无后坐力反坦克炮采用了镁合金，大大减轻了质量，加上所配的M8-0.5in步枪，总重才308kg。

（5）美、法等国已将镁合金用于次口径脱壳弹软壳，穿甲弹弹托，并用镁合金制造了多种手枪零件。

（6）美军装备的M274 Al型军用吉普车采用了镁合金车身及桥壳，大大减轻了质量，具有良好的机动性及越野性能，4个士兵可以抬起来。有的装上无后坐力炮，成了最袖珍的自行火炮。

（7）美国制造的一种Racegun（强装药，运用了先进技术的战斗用手枪），其扳机等零件采用镁、钛合金，质量减轻45%，击发时间减少66%。

(8) 欧美一些国家已将镁合金用于便携式火器支架，单兵用通信器材壳体，德国、以色列采用镁合金制造枪托。

(9) 美军正在研制的21世纪士兵武器——理想单兵综合作战系统（OICW），计划用镁合金做壳体等构件，使质量从8.17kg降到6.37kg。

(10) 美军正研制的先进水陆两栖突击车（AAAV）采用镁合金WE43A作为动力传送舱、变速箱的壳体，并采用了先进的镁合金表面防护技术，经试验证明，表面性能良好。

16.6 镁及镁合金材料在电子工业中的应用与开发

16.6.1 现代电子产品对材料的要求

现代电子技术的发展，对电子器件用结构材料及部件的性能提出了越来越高的要求。为了适应电子器件轻、薄、小型化的发展方向，要求作为电子器件壳体的材料具有密度小、强度和刚度高、抗冲击和减振性好、电磁屏蔽能力强、散热性能好、容易成型加工、表面美观、耐用、成本低、易于回收和符合环保要求等特点。传统的塑料和铝材已逐渐难以满足使用要求，镁及其合金是制造电子器件壳体的理想材料，在电子及家用电器产品上具有广阔的应用前景。因此，近年来镁合金在电子器材中的应用正以25%的年增长率得到快速的发展，呈现了良好的发展前景。

采用镁及其合金制备的电子器件壳体具有一系列优点。

(1) 结构质量轻。电子器件的壳体一般采用工程塑料制造，如PC、PC/ABS、PBT/ABS、Nylon/PPE、碳纤维增强塑料等，也有一部分铝合金制件。为了减轻壳体质量，主要是采取减小壳体壁厚的方法。但上述材料在壁厚达到1mm以下后，其刚度、耐冲击和抗变形能力就会大幅度降低，难以满足使用要求。镁合金具有密度小、比强度和比刚度高、耐冲击性能好等优点，是制作电子器件壳体的理想材料。表16-27列出了各种外壳材料的性能对比，表16-28为不同便携式电器产品对镁合金材料提出的性能要求。

表16-27 外壳材料性能对比

材料	密度/$g \cdot cm^{-3}$	挠度/GPa	抗拉强度/MPa	材料	密度/$g \cdot cm^{-3}$	挠度/GPa	抗拉强度/MPa
ABS	1.23	2.25	35	PC CF10	1.25	6.67	104
PC/ABS	1.25	2.53	60	镁合金（AZ91D）	1.80	45	223
PC/ABS GF20	1.35	5.80	100				

注：PC为聚碳酸酯；GF为玻璃纤维；CF为碳纤维。

表16-28 不同便携式电器产品对镁合金性能的要求

产品	性能						
	密度	强度	耐热	散热	电磁屏蔽	尺寸精度	回收
照相机	√	√				√	√
摄影机	√	√		√	√	√	√

续表 16－28

产 品	性 能						
	密度	强度	耐热	散热	电磁屏蔽	尺寸精度	回收
数码相机	√	√				√	√
微型唱片播放器	√	√			√	√	√
PDAs	√	√		√	√	√	√
笔记本电脑	√	√		√	√	√	√
移动电话	√	√		√	√	√	√
硬盘驱动器	√	√			√	√	√
CD－ROM 驱动器	√	√			√	√	√
电视机	√	√	√	√	√	√	√
等离子显示器	√	√		√	√	√	√
LCD 投影仪	√	√	√	√	√	√	√
散热器	√		√	√			√

注：√表示产品对该性能要求较高。

个人电脑塑料外壳的典型壁厚为2.2mm，用壁厚为0.82mm的镁合金替换，可以减重46%，抗拉强度提高1.4倍。1995年3月，日本SONY公司首次将笔记本电脑的外壳厚度限制在1.0mm。日本Steel Workers公司采用镁合金半固态注射成型工艺成功地生产出了壁厚0.6～0.7mm的MD和笔记本电脑的外壳。图16－53所示为用镁合金制造的手提计算机、相机等3C产品机身，可以提高产品的精度和耐久度，使相机质量变轻、结构变小，易于携带。

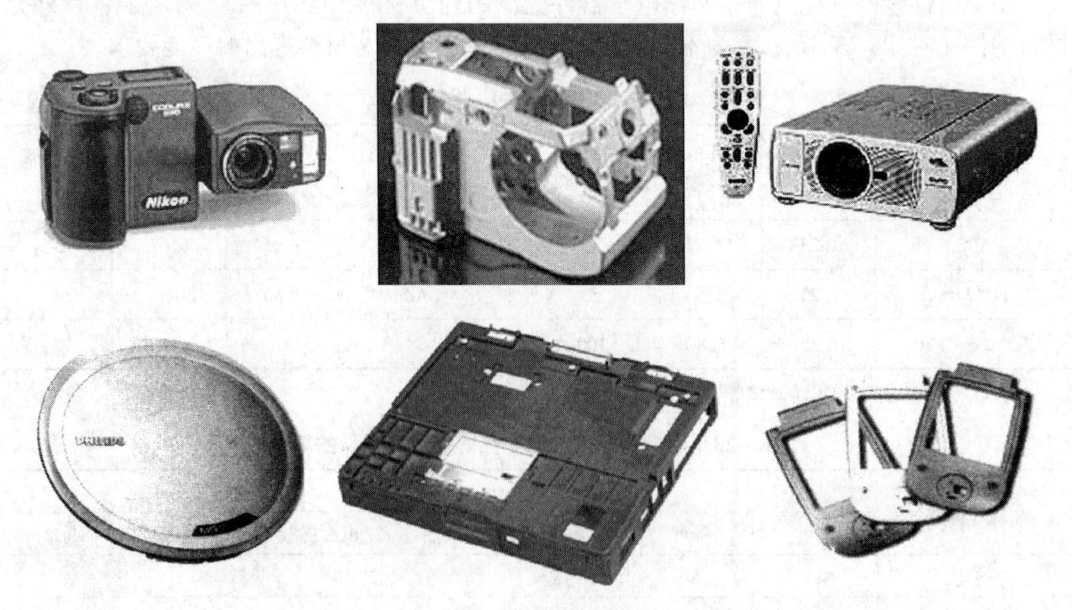

图16－53 镁合金材料生产的3C产品外壳

（2）散热性好。计算机在运行过程中会产生大量热量，导致机器内部温度升高，因此必须将热量迅速散发，才能使关键元器件的温度维持在可靠范围内，以确保系统的稳定性。

一般金属的热导率比塑料的高1~2个数量级。例如，AZ91D合金的热导率为79W/(m·K)，是塑料的数百倍。日本IBM分别采用ABS树脂和AZ91D镁合金制作了A4型笔记本电脑壳体，进行了散热性能对比试验，当电脑的功率为27W时，ABS树脂壳体内的温度为62.5℃，而镁合金壳体内的温度为56.5℃，这表明镁合金壳体的散热效果较好。

镁合金的热导率虽然略低于铝合金和铜合金，但远高于钛合金和钢铁材料，并且比热容是常用合金中较低的，因此镁合金外壳具有散热快的显著优点，是制作笔记本电脑外壳的首选材料。

目前的笔记本电脑采用的散热方式所允许的功率极限为15W，预计不久笔记本电脑的功率将达到25W，且散热设计可能主要取决于镁合金壳体的散热效果。日本松下公司1997年上市的采用镁合金外壳的便携式电脑CF25和CF-25MarkⅡ十分畅销。1998年以后，日本、中国台湾所有的笔记本电脑厂商均推出了以镁合金作外壳的机型，目前尺寸在38cm以下的几种机型已全面使用了镁合金作外壳。美国White Metal Casting公司生产的外形尺寸为610mm×610mm的计算机外壳是用镁合金压铸而成的。中国的联想、华硕等笔记本电脑从1999年开始也部分采用了镁合金外壳，采用该外壳在旅途中可提供抗压保护等优点，其外壳较塑料外壳坚韧20倍。

（3）电磁屏蔽能力强。手机、个人电脑在使用过程中会发出高频率的电磁波，当它穿过机体外壳时，不仅会对人体健康造成危害，还会干扰无线电信号。采用塑料制造电器件壳体时，为了提高其电磁屏蔽能力，一般采取表面喷涂导电漆、表面镀层、金属喷涂、在塑料内添加导电材料或辅助金属箔或金属板等方法，但这会增加生产工艺的复杂性、提高产品的生产成本和价格，且电磁屏蔽效果仍然很有限。与塑料相比，镁合金的电磁屏蔽性能非常优异，镁合金电子器件壳体不做上述表面处理就能获得很好的屏蔽效果。

日本IBM公司在笔记本电脑上对比了ABS树脂和镁合金壳体（AZ91D，壁厚1.4mm）对30~200MHz电磁波的屏蔽能力。后者在整个频率范围内的屏蔽能力可以稳定在90~100dB，而带电镀层（Cu2μm+Ni0.25μm）的ABS树脂壳体在30MHz时为35dB，200MHz时约为55dB。

镁合金在电子行业中的应用以3C产品（手机、笔记本电脑、数码相机）和家电产品为主导，用镁合金制造的壳罩与传统塑胶壳罩相比具有越来越强的竞争力。

（4）成本。注射成型镁合金制品的成本构成为：原材料与成型各占10%；二次加工与后处理各占30%、50%。据资料介绍，解决电磁屏蔽所需的费用占一部塑料壳体手机总成本的10%以上，采用镁合金可节省这一笔费用，并且，镁合金具有优异的切削加工性，也有助于降低生产成本。

（5）环境保护。随着对环境保护呼声的日益高涨，各国政府都在制定相应的环境保护法规，如日本1998年6月公布了《家电回收法》，规定自2001年起，电视、洗衣机、冰箱、空调必须强制回收，松下电器公司1998年3月率先推出铝、镁合金外壳的53cm的电视机，因为镁合金与无法回收的加碳铁/金属粉的塑料，或是与含有毒阻燃剂的阻燃性塑料相比，具有很大优势。只要花费相当于新料价钱的4%，即可将镁合金制品及废料回收使用，确实是环境友好的材料。

（6）其他优点。

1）减振性能良好：镁合金的比强度高于铝合金，比刚度、疲劳强度与铝合金相当，比阻尼容量是铝的10～25倍、锌合金的1.5倍，可大大减少噪声及振动，用在便携式设备上可减少外界振动对内部精密电子、光学元件的干扰。

2）质感极佳：镁合金外观及触摸质感佳，是工业设计师以及消费者的优先选择。

16.6.2 镁合金材料在电子工业中的应用与开发

欧美率先使用镁合金汽车零部件以减轻质量，随后向电子、电气行业发展。在亚洲，中国台湾直至目前均以镁合金为主体制作笔记本电脑壳体。日本通常在数码相机、CD机外壳、电脑零部件等方面逐渐普及，家用换气扇的叶片也用镁合金材料取代塑料，即使普通商品也使用镁，并考虑增加其用量。

国内整个电子、电气行业市场广阔，发展速度快，在零部件制造方面，从压铸到塑性成型都有一定工作基础，到2005年镁合金用量将达14520t，见表16－29。

表16－29 国内家电市场镁合金用量

产 品	1999年产量/万件	2000年产量/万件	产品用镁合金比例/%	单件镁合金用量/kg	2005年镁合金用量/t	2010年镁合金用量/t
手提电脑	86	1800	70	0.70	8820	
手提电话	1736	6000	50	0.02	600	
相机	5037	8500	30	0.10	2550	
摄录机及其他	432	8500	30	0.10	2550	

（1）便携式电脑。IBM（日本）公司在1991～1995年已经采用镁合金压铸7种便携电脑外壳，壁厚1mm的尺寸为226.1mm×65.1mm×10.2mm，壁厚1.3mm的尺寸为289.6mm×223.5mm×22.9mm；壁厚2.0mm的尺寸为387.5mm×304.8mm×43.2mm。索尼公司的VAIO产品风靡全球，外壳壁厚为1mm，质量仅20g。1997年3月松下公司上市的镁合金外壳便携式电脑CF－25和MarkⅡ十分畅销。Next型电脑壳上原先的ABC塑料件改为镁合金压铸后，尺寸精度、刚度和散热性都获得了改善。上海交通大学轻合金精密成型国家工程研究中心也制备了便携式电脑的镁合金外壳。据权威预测，今后33mm以上的笔记本型电脑显示器外壳都将采用镁合金制作。但一个钢模生产一定数量后会被磨损，成本又高，无法满足大批量要求。后来中国台湾地区的Watter科技公司和Catcher科技公司等模具制造商，将每个钢模的铸造产量提高到5万件，扩大了规模，节约了成本，使全球笔记本电脑制造商再次考虑用镁合金取代塑料的问题。

（2）通信器材。在移动通信方面，采用镁合金制造移动电话外壳后，电磁相容性大大改善，通信过程中的电磁波是通过无线接收和发送，减少了电磁波的散失，提高了移动电话的通信质量，并减少了电磁波对人体的伤害。此外，还提高了外壳的强度和刚度，不易损坏，满足了轻巧、美观、实用的要求。如美国芝加哥 White Metal Casting 公司用 AZ91 镁合金生产的雷达定位壳体压铸件的质量与原先的塑料壳体相等，而其刚性、强度和耐冲击性都得到极大改善。日本 Kyooera 公司也已将原来的 PC/ABS 塑料改为镁合金，据估计，外壳厚度可望减至 0.5mm 以内。

（3）摄录像器材。1995 年索尼公司成功地研制出了世界上第一台外壳采用镁合金压铸的数字摄像集成系统 VTR 并投放市场，以结构紧凑、质量轻、强度高、手感好、功能多而著称。压铸镁合金薄壁复杂形状铸件已经用于制造索尼便携式数字摄像机 DCR - VX1000 壳体。该壳体是一种大梁的结构，有 5 个压铸件，包括主框架、机械室和磁带室等这些铸件用 AZ91D 镁合金压铸后涂上一层丙烯酸树脂仿皮溶层。

（4）数码视听产品。索尼公司推出的 TCD - D100 数码随身听机壳为镁合金压铸件，机身尺寸为 72.9mm × 7.9mm × 11.7mm，带电池重 377g。松下公司推出的 SJ - MJ7 微型激光唱机，镁合金机壳壁厚 0.4 ~ 0.6mm，主机（长 × 宽）为 81.2mm × 72.9mm，不含 MD 碟片重 125g。索尼的 MZ - E50 新型微型唱机，其外壳采用镁合金半固态注射成型，壁厚仅为 0.6mm，含电池和 MD 碟片总重 120g。光学读写头也用镁合金取代了过去的锌合金。镁合金用于制造计算机硬盘底座也已经作了论证。镁合金在数码相机、军事电子通信器材中也在不断得到应用。

（5）稀土镁合金在 3C 产品中的应用新进展。在世界范围内，采用镁合金材料制备零件中，有 90% 以上的 3C 电子产品是用压铸方法加工而成的。AZ91D 是最常用的一种压铸镁合金，但是，AZ91D 合金的耐高温性能差，限制了其使用范围。有关学者研究结果表明，AZ91D 的抗拉强度随着温度的上升而下降，150℃ 的抗拉强度对比 25℃ 时，下降约为 30%。因此，为了提高 AZ91D 高温性能，人们尝试在 AZ91D 合金中添加铈、镧、钇等稀土元素，使合金的室温及高温力学性能均有明显的提高。稀土在提高高温性能的同时，也会影响合金的流动性能。

嘉瑞集团在研究混合稀土 La、Ce 和 Y 对 AZ91D 合金流动性能的改善及其影响机理，并通过对笔记本电脑外壳实际生产验证，为实际生产提供理论依据和指导。嘉瑞在 AZ91D 基础上，添加稀土元素 La(0 ~ 0.5%)、Ce(0 ~ 5%) 和 Y(0 ~ 0.3%)，其加入的方式是以低成本的 Mg - La - Ce 和 Mg - Y 中间合金的形式加入。试验在 600t 镁合金热室压铸机上进行，成功的试验和生产出了两款笔记本电脑外壳。

16.7 镁及镁合金材料在核工业上的应用与开发

镁的热中子吸收截面非常小，大约只有铝的 1/4。英国将镁合金作为天然铀燃料的包壳材料，在 CO_2 气体冷却的反应堆中使用。由于纯镁在高温 CO_2 气体中发生氧化并有质量迁移问题，在镁中添加少量的 Ca 和 Be（0.005% ~ 0.01%，质量分数）后，在高温 CO_2 气体中具有良好的耐腐蚀性能，称为 Magnox 合金。后来发现该合金焊接后易出现裂纹与含 Ca 有关，因此用添加少量 Al（0.8% ~ 1.0%，质量分数）替代 Ca。现在把作为结构材料的 Mg - Zr 和 Mg - Mn（Zr 和 Mn 含量分别为 0.55% 和 0.7%，质量分数）也称为 Magnox。表 16 - 30 列出了几种常用 Magnox 合金的化学成分。Mg - Al - Be 和 Mg - Zr 合金在500℃空气中暴露1000h的氧化可忽略不计，在500℃的CO_2气体中腐蚀速率只有20～30μm/a。

表16－30 几种常用Magnox合金的化学成分

合金元素	AL80	MN80	MN150	ZR55
Al	0.7%～0.9%	500	500	200
Be	0.002%～0.030%	—	—	—
Ca	80	80	80	80
Cu	100	100	100	100
Fe	60	300	300	60
Mn	150	0.7%～0.9%	1.3%～1.7%	150
Ni	50	50	50	50
Si	100	200	200	100
Tr	1	4	4	4
Zn	100	300	300	150
Zr	250	250	250	0.45%～0.65%

注：表中未标示单位为10^{-4}%，均为质量分数。

核反应堆用包覆套管要能承受反应堆的恶劣条件：高热、表面热流、强烈的γ射线辐射以及套管内表面所受到的某些破碎片的轰击等。大量的试验证明，镁合金套管在出口气体最高温度为400～500℃下工作的反应堆中充当包覆材料使用是完全胜任的。尤其在改善200～300℃的延性和400～500℃下的蠕变强度方面仍存在着可能。而对CO_2的相容性的极限温度可达500℃，保证了反应堆工作时的安全要求，不致引起燃烧。

核能发电是一种清洁能源，工业发达国家已把核电作为一种主要能源，一般占整个发电量的15%以上。我国也正在大量开发核电。因此，核反应堆用的包覆套管会不断增加。镁合金在核工业上的应用潜力很大。

16.8 镁及镁合金材料在冶金和化学工业上的应用与开发

16.8.1 镁材在冶金工业上的应用与开发

在冶金行业，镁被用于铸铁熔体的脱硫和石墨的球化，使球墨铸铁强度和韧性得到大幅度改善。镁也被广泛用作钢的脱硫剂，下面列出镁在冶金行业的主要应用。

（1）铝合金的添加元素。在铝合金中加入金属镁，使合金更轻、强度更高、抗腐蚀能力更好。

（2）钢铁脱硫的脱硫剂。整个北美、欧洲及中国钢铁生产中用镁粉作为钢铁脱硫剂，市场前景广阔。用镁粉作为钢铁脱硫剂不仅工艺简单，而且由于镁具有对硫的亲和力好，这种独特性质使钢铁生产在较低的成本下，能生产出低硫钢，这种低硫钢可用于汽车设备及结构体中。用镁脱硫不仅改善钢的可铸性、延展性、焊接性和冲击韧性，而且降低了结构件的质量。

（3）生产难熔金属的还原剂。镁既可作为生产稀有金属钛、锆、铍、铀、铪等的还原剂，也可作为生产铍、硼的还原剂（$BeF_2 + Mg = Be + MgF_2$，$B_2O + Mg = 2B + MgO$）。有工艺采用镁还原氯化钛制取海绵钛。

（4）脱氧剂。在铜基和镍基合金的生产过程中，镁通常被用作脱氧剂。镁还用作镍基合金、镍-铜合金、镍-铜-锌合金的合金化元素。

（5）球墨铸铁的球化剂。镁在球墨铸铁中起着球化作用，使铸件强度、延展性更高。

（6）镁和钙的联用。镁和钙的联合使用是不可或缺的铅液脱铋手段。特别是在 Betterton-Kroll 工艺中，镁和钙的联合使用是不可或缺的铅液脱铋工序。另外，镁被加入锌的压铸合金中，提高其强度和改善尺寸稳定性。

迄今，镁的最大应用领域是作为铝合金提高强度和抗腐蚀能力的合金化元素。铝镁合金既轻又硬，抗蚀性能好，可焊，可表面处理，是制造飞机、火箭、快艇、车辆等的重要材料。另外，镁被加入锌的压铸合金中，提高其强度和改善尺寸稳定性。镁还是其他锌产品，如屋面板材、光蚀板材、干电池壳、阳极氧化池结构等的重要化学成分。镁还用作镍基合金、镍-铜合金、镍-铜-锌合金的合金化元素，提高合金材料的性能。

16.8.2　镁材在化工工业上的应用与开发

在著名的 Gribnard 工艺中，镁被大量使用来制备复杂的和特殊的有机化合物及金属有机复合物。镁也被用于生产烷基（或烃基）（alkyls）镁和芳基（aryls）镁，用于润滑油中充当中和剂，用于氩气和氢气的纯化，在真空管制备过程中充当吸气剂（getter），用于氢化硼、氢化锂和氢化钙的制备，用于沸水中除氧和除氯，如用于锅炉用水的脱氧脱氯剂。镁及其合金产品的电化学应用包括阴极保护、电池和光刻等。牺牲阳极镁已用于延长家庭或工业热水器、地下结构（如电缆、管道、罐、塔基等）、海水蒸馏器、轮船壳体和海洋环境中的钢桩等的寿命。

镁合金可用于储氢，具有储氢量大、质量轻、资源丰富、价格便宜的优点，尤其是向 Mg 或 Mg_2Ni 中加入一定质量分数的其他系列储氢合金（如 TiFe、TiNi 等）可以明显催化 Mg 的吸、放氢性能。因此，它有望用于储氢介质和燃料电池。用镁制造的电池有干电池和蓄电池，如海水驱动电池。最近在制造半导体和太阳能电池用的高纯 Si 的工艺中，制取 SiH_4 时使用了 MgSi 合金。此外，因为镁良好的蚀刻特性、优良的力学性能和抗磨损能力而可用于光刻板。镁粉还可用于制备香料、农药等化学树脂的化学反应中。

16.9　镁牺牲阳极产品的应用与开发

国内镁阳极使用量在不断增加，目前用作牺牲阳极的镁合金每年有 5 万吨左右，并以 5% 左右的速率增长。镁牺牲阳极是利用镁的低电位特性，即在镁的电化学特性方面发挥它的独特作用。

镁在电化学方面的应用包括阴极保护、制造电池和光刻等。镁牺牲阳极用于延长各种金属装置的寿命，包括家用和工业用热水器（槽）；各种地下构建物，如土壤里的石油管道、地下电缆、管线、井体、储槽和塔基等；以及海水冷凝器、轮船船体、压载箱和海洋环境中使用的钢桩。

金属的电化学特性。金属浸泡在电解液里容易发生化学反应，根据电化学原理可知，金属周围电解液成分、黏附杂质、应力和透气性等的不同都有可能发生电化学腐蚀。在电化学腐蚀过程中，金属本身形成了许多原电池，某些部位充当阴极，另一些部位充当阳极，在阳极区域金属离子进入溶液当中，电子通过溶液流向阴极，而进入溶液中的正离子通过电解液从阳极流向阴极区域，因此形成了电流回路，导致了阳极的腐蚀，钢结构的阴极保护就是使被保护的钢结构成为阴极，电负性更高的其他金属，如镁作为阳极并形成回路，电子就从阳极流向作为阴极的钢结构，使钢不能变成正离子进入溶液，这样钢就得到了保护。

镁阳极主要用来保护浸泡在海水中的钢结构件，如轮船船体，或者保护埋在土壤里的石油管道，镁阳极大量用于热水槽的保护，目前，大多数家用热水器内胆都采用镁阳极保护。

镁阳极的有效阴极电热差远大于锌阳极。此外，镁与钢之间的电热差与电解液的 pH 值无关，这是镁阳极相对铝阳极和锌阳极的又一大优点。

纯镁是活泼金属，它可以直接用作牺牲阳极，添加元素是为了改善性能，阳极材料的合金组分对阳极有效电位及电流效率有着十分重要的影响，即使是微量的杂质元素也会影响其主要性能。

为适应各种环境，针对不同的保护对象，镁阳极可以作成各种各样，如在土壤及水中常用的为 D 形和梯形截面的棒状阳极，在热交换器中多用挤压的圆柱形阳极，在高电阻率土壤中或套管内多用带状阳极，在水下常用半球形阳极，在低电阻率环境中复合阳极是理想的阳极。

我国是产镁大国，过去由于对镁阳极的认识不够，所以牺牲阳极应用和消耗量不大，1985 年为 45t/a 左右，到现在镁合金阳极年消耗量也不过几千吨，因此我国生产的原镁绝大部分出口。

目前，我国生产镁牺牲阳极的企业很多，多家企业都具有相当规模的镁牺牲阳极生产能力，也都是世界有名的镁业公司。是以金属镁、镁合金及其加工产品研发、生产和销售为主的跨国集团公司。其主要产品有：金属镁及镁合金，如镁锭、高纯镁、铸造镁合金、变形镁合金；立式半连铸产品，如 ϕ92～482mm 圆坯、150mm×400、250mm×860mm，长度 5500mm 的方坯；各种铸造牺牲阳极，如高电位镁合金牺牲阳极、H－1 镁合金牺牲阳极、大吨位镁合金牺牲阳极、半球形等各种形状的牺牲阳极；挤压产品，如各种镁合金型材和棒材。该厂的生产工艺流程如图 16－54 所示。

镁阳极主要用于石油、天然气、煤气、热水器和海水钢结构件的防腐保护。随着石油、天然气、煤气、热水器及船舶工业等的发展，镁阳极的需要量会大幅度增加。我国镁阳极市场从 2000 年前后起步，随着国民经济的高速持续发展和人们生活水平的不断提高，镁阳极的应用范围和数量在不断的增长。目前，还以出口为主要市场。

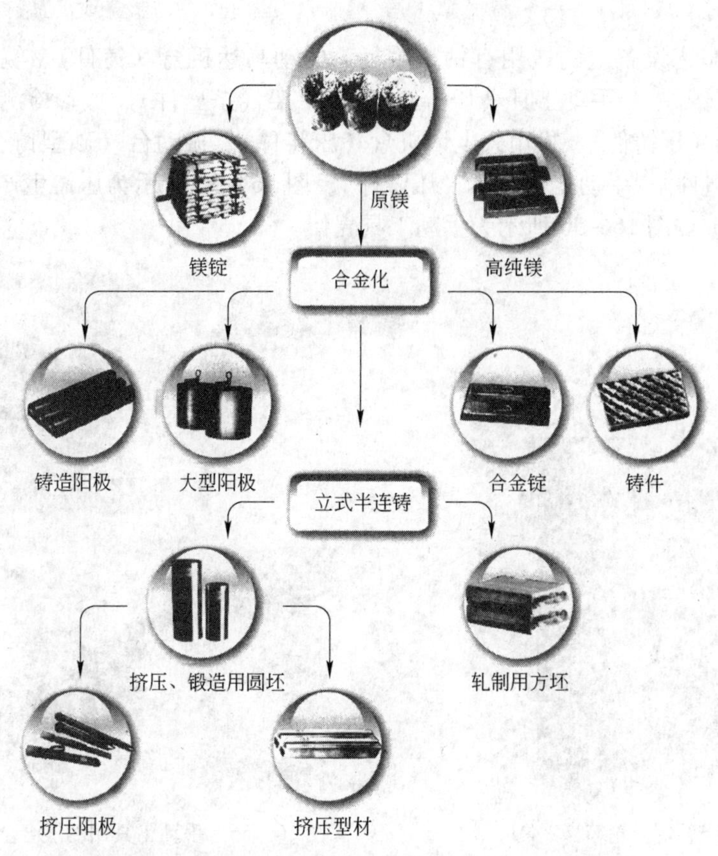

图 16－54　我国生产镁产品的典型生产工艺流程图

16.10　镁及镁合金在其他领域中的应用与开发

16.10.1　在烟火和照明上的应用

含量超过30%的镁铝合金微细粉末燃烧时会产生耀眼的白光，因此镁早期的工业应用是制造烟火。另外，该白光比自然光更适合于摄影，从而被用作摄影闪光灯。镁粉还广泛用于夜空摄影的焰火、各种礼花、军用信号弹、照明弹、燃烧弹等方面。

16.10.2　在其他民用领域中的应用

镁及其合金还被应用于电力工业、家庭消费品、家具、车床设备、办公室设备、光学设备、运动器械和医疗器械等众多领域，应用非常广泛。

（1）在电力工业领域，镁被用于制造广播元件和盒体（压铸件）、开关盒、变压器箱体和盖板、电动马达机盒、扩音器框架、多频道手提式无线电话机机盒、散热片等。

（2）在家庭消费品方面，镁被用于制造手提箱（板材和挤压件）、公文袋（挤压件）、割草机机盒（压铸件）、轮椅车轮（压铸件）、安全帽（压铸件）、真空吸尘器叶轮（压铸件）、缝纫机零件（铸件）、梯子（挤压件）、折叠椅（挤压件）、书架托架（压铸件）、电动刀刀柄（压铸件）。玩具汽车和火车（AZ91 镁合金压铸件），该模型质量为21g，仅为 Zn 产品的1/4。

（3）镁在车床设备上的应用有钻机手柄、电动马达机盒（铸件）、筑路用夯槌（铸件）、气锤（压铸件）、手动工具（压铸件）、脚手架（挤压件）、振动检测设备零件（压铸件）、射钉枪（压铸件）、投币式电话机盒（压铸件）、振动台（砂型铸造件）、铸造芯盒式（砂型铸造件）、手动工具壳体（压铸件）。图16－55所示为压铸生产的钻床设备齿轮箱，仅重400g。图16－56所示为手动工具壳体。

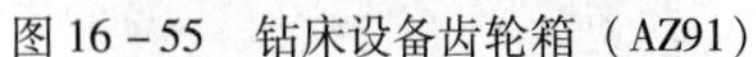

图16－55 钻床设备齿轮箱（AZ91）

图16－56 手动工具用的镁合金壳体

（4）采用镁制备的办公设备有打字机框架（压铸件）、现金出纳机框架和机盒（压铸件）、铅笔刀（挤压件）、姓名住址印写机（压铸件）、打印机卷轴（挤压件）、仓库磅秤零件（压铸件）、口述记录机结构件（声刻件和口述录音机部件，压铸件）、磁带卷轴（板材及挤压件）、记录磁盘（板材）、打印机台架（挤压件、压铸件）、照相机盒式（3M，压铸件）等。

（5）镁在光学器件领域的应用，有野外用双筒望远镜和戏剧镜结构（压铸件）、箱体、显微镜及经纬仪（压铸件）、三脚架（铸件、挤压件）、照相机盒式（压铸件）、电影放映机壳体（压铸件）、胶片盒（板材）、电视摄像机机盒（压铸件）。

（6）在运动器械方面，采用镁材的零部件有淡水用独木舟和船体（板材和挤压件）、弓箭把手（压铸件）、垒球球棒（压铸件）、背包架（挤压件）、钓鱼竿绕线轮（压铸件）、乒乓球拍（压铸件）、滑雪橇捆绑件（压铸件）。由高强镁合金材料制成的网球拍、弓箭手柄与一般铝合金相比，具有更好的抗拉、拉扭强度及耐疲劳限度，参见图16－57。

（7）在制造纺织机械零部件方面，如纺锤、纺织线卷轴、经纬杆、针杆、编织机部件、通丝框架等都可用镁合金制造。

（8）在医疗器械方面，用镁合金制造假肢等。

（9）在建筑方面，防锈性能好的铝镁合金丝编织成窗纱，具有质量轻、刚性好、耐锈蚀、光反射率高、通风好、编织牢固、易清洁等优点，是宾馆、公用建筑、民用住宅理想

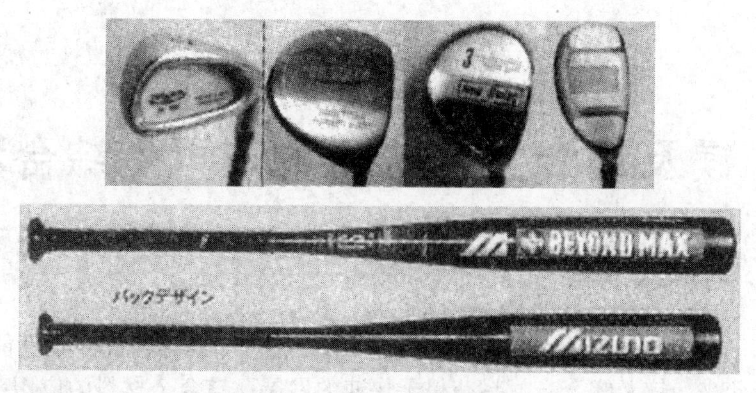

图 16－57　体育器械用镁合金

的新型窗纱。

（10）在医药方面，镁是人体不可缺少的元素之一。研究表明：镁是人体蛋白质、核酸、脂类、糖类等代谢以及神经肌肉传导收缩不可缺少的元素，人体中 300 多种酶的代谢由镁离子调节。缺少镁元素会使人产生疲乏感，易激动、抑郁、心跳加快和易抽搐等。人体的许多疾病，如动脉硬化、心脑血管病、高血压、糖尿病、白内障、骨质疏松、抑郁症等均与缺镁有关。镁长期摄入量不足，将导致心血管疾病和肿瘤的发生率显著增加。美国 RDN 新标准规定成年男子镁的日摄入量为 350mg，女性一般为 180mg。许多中老年人在工作中体能的消耗往往过度，专家称这可能与人体内缺镁有关。每个成年人的体内含有 10～25g 镁，约一半集中在骨骼内。因此，人们特别是中老年人应多吃一些含镁元素的食品或服用含镁元素的药品以补充人体镁元素的不足。

17 镁及镁合金废料回收与再生综合利用

17.1 概述

镁的资源丰富，制取容易，镁及镁合金具有一系列优良特性，回收性能也优于铝合金，因此，近年来，镁及镁合金材料获得了快速的发展。镁合金材料的应用范围和用量大幅度增加，每年的平均增长率为15%以上。随之，生产过程中产生的废料及产品报废所产生的废料也大幅度增多。因此，镁合金废料的回收与再生利用具有重大经济效益和社会效益，不仅能节约资源，节省能源，而且对减少环境污染也有重要意义，是发展我国循环经济，建设节约型社会的一个重要方面。但是，镁合金废料回收和再生利用在我国还是一个新课题，不像铝合金已经基本建立了完整的回收市场，开发了系统的回收与再生技术。而且镁是一个比较活泼的金属，容易氧化、燃烧、爆炸，给其回收与再生利用带来了许多困难。尽管如此，经过十多年的研究和实际应用，国内外已取得不少有价值的成果，将促进镁合金废料的回收与再生利用事业的发展。

镁合金废料的回收过程中，首先要严格对废料进行分类，然后按不同的类别进行前期的处理，将处理好的镁合金废料烘干。使用的坩埚必须要经过煤油渗透及X射线检验，证明无缺陷方可使用，所有熔炼工具要经过充分的预热。熔炼时根据废料的质量与一定比例的纯镁锭熔炼配制合金，废料和纯镁锭全部熔化后要取样化验，根据熔液中的化学成分和所需要生产的镁合金牌号的化学成分，计算出要添加的合金量，并根据要求依次加入。熔炼过程中要对熔液进行充分精炼，去除熔液中的杂质和气体，保证镁合金的质量。在实际生产中应严格按操作规程执行。目前，国内外已用镁合金废料生产出各种牌号、合格的镁合金锭几十万吨，促进了镁工业，特别是镁合金压铸工业的发展。

17.2 镁及镁合金废料的产生

镁及镁合金废料主要产生于压铸产品的生产和加工及镁制品的报废件。2005年我国的镁及镁合金废料将达到1万吨左右。

在压铸过程中所产生的废料有两种：一种是在压铸过程中产生的过剩镁合金，如料柄、流道、溢边、废零件、冒口结块、飞边、切屑、熔渣等。另一种是在机械加工中、喷漆过程中产生的废件。在压铸过程中，仅有30%～50%的给料用于成型，剩下50%～70%的给料都浪费在料柄和流道上了。因此，要达到减少环境污染和降低成本的目的，就必须找到回收料柄和流道等过剩镁合金和废品的方法。对于压铸成型的铸件大多数需要进行两次高精密机械加工，以达到最终的尺寸与性能要求。除削去多余的金属料和钻孔、抛光等产生的废料外，在机械加工中，由于加工尺寸没控制好也要产生废件；对于机械加工合格件，要进行表面处理和喷漆，在喷漆时由于没有控制好也将产生废品。近年，随着镁合金加工材的不断发展，产量不断增加，在塑性成型和深加工过程中也会产生不少（占

50%左右）废料。此外，镁及镁合金零件，当使用寿命到期或整机报废时，也会产生大量的废料。

17.3 废镁及镁合金的分类

随着镁及镁产品应用范围的不断扩大，在流通和再生产的过程中也会产生废料，但最主要产生于压铸产品的生产和加工中，因为目前绝大多数的镁制品都是通过压铸方法生产的。如何处理回收利用这些废料已经成为一个很重要的问题，而这个问题也已经引起了国际上的广泛重视。镁合金废料的分级运输、分级储存、分级处理非常重要，分级可以有助于加强镁合金废料的回收质量、节约能源和降低生产成本。

国际标准化组织（ISO）“轻金属及其合金”委员会“镁及镁合金”分会，于2001年3月20日在美国华盛顿召开的ISO/TC79/SC5年会上就提出了编制镁及镁合金废料分类分级的国际标准提案，提案要求对压铸及加工生产线上任何阶段产生的所有类型的废料制定分类分级标准，该提案将镁合金废料分为八级，见表17－1。

表17－1 镁及镁合金废料分类

类别	描　述	来　源	典型举例
1类	清洁并已分类的废料	压铸工序产生的	流道结块、铸口、飞边、毛刺以及废零件
2类	清洁并已分类的废料，但其中混有木制夹杂物和钢铁夹杂物	压铸工序产生的	含有钢铁夹杂物的废铸件
3类	沾有油漆和油污的1类和2类废料	压铸工序产生的	
4类	干燥、清洁的机加工碎屑和切屑	压铸件无润滑机加工时产生的	机加工碎屑和切屑
5类	沾有油和水的机加工碎屑和切屑	压铸件用油或油水乳状液润滑机加工时产生的	机加工碎屑和切屑
6类	不含盐类物质的炉渣	清洗熔炼时产生的	炉渣
7类	含有盐类物质的炉渣	在干燥条件下进行的模铸过程产生的	炉渣
8类	除以上1~7类以外的废料，多种牌号的合金随意混放并且已经长时间放置		

我国对生产过程产生的废料、产品报废所产生的废料进行分析的基础上，结合具体的情况制订了我国镁合金废料分类分级标准，见表17－2。

表17－2 我国镁合金废料分类分级标准

级别	废料特点	废料来源	典型举例
1级	清洁并已分类的废料	压铸工序	料饼、浇道结块、废零件
2级	清洁并已分类的废料，但其中混有钢铁等夹杂物的清洁废料	压铸、机加工序	冒口结块、飞边毛刺和含有钢铁等夹杂物的废铸件

续表 17－2

级别	废料特点	废料来源	典型举例
3级	沾有油污、油漆的1级和2级废料	压铸、涂装工序	生产废料
4级	各种镁粉、切屑、熔渣	熔化、压铸、机加工	清理的镁粉、机加切屑、熔渣
5级	除以上1～4级以外的废料，多种牌号的合金随意混合并已经长时间放置	回收废品和杂废料	外收废杂料

17.4 镁合金废料的回收工艺及方式

17.4.1 镁合金废料的回收工艺

镁的化学性质活泼，镁合金废料中往往含有大量氧化物及 Fe、Ni、Cu 等杂质元素。这些杂质显著降低镁合金的力学性能和抗蚀性能。因此，去除氧化物和杂质元素是镁合金废料回收要考虑的首要问题。压铸和机加工废料：有清洁废料和低级废料，清洁废料污染较少，回收后所生产的铸锭或铸件质量可与原生镁合金相当，符合 ASTM 标准；低级废料（如切屑、飞溅物、溢流、浮渣、淤渣）等含有较多氧化物且污染较严重，回收时须经过特殊处理才能达标；而经过涂层的报废镁合金零部件拆卸和分类价格昂贵，还要清洁表面的喷漆和涂层，回收时须考虑经济性和环境保护问题。

镁合金废料回收工艺流程见图 17－1。

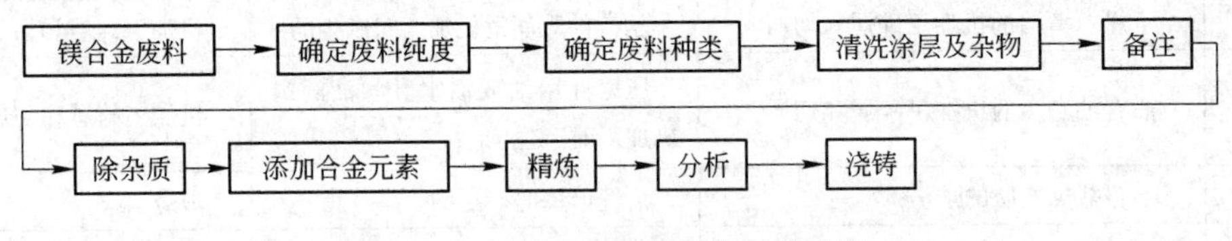

图 17－1 镁合金废料回收工艺流程

该工艺有以下两种方法：

（1）将回收的镁合金废料分类、破碎、酸浸、除去表面的涂层后，用熔剂精炼，加氩气底吹法除净合金熔体中的各种夹杂物。该方法须解决废料分类的方法和设备、酸浸采用的工艺及设备，还有废液的净化处理等，工艺较复杂。

（2）将回收的镁合金废料分类后，直接在熔炼炉中精炼，重熔废料时会导致严重的二氧化物，需要用特殊过滤器，将它们从废气中分离出来并稀释，挥发物及气体经过二次除尘达标后排放，熔体用熔剂精炼法加氩气底吹法除净各种夹杂物。该方法增加了收尘装置的投资费用，但工艺较简单。

17.4.2 镁合金废料的回收方式

（1）厂内回收。直接在压铸机旁进行，这样可以立即把干净的次品铸件放回坩埚。厂内回收只能处理小批量废品，并要求无氧化和其他杂质。欧洲镁压铸厂多采用厂内回收，废料进行封闭循环，不仅能保证压铸厂原料价格相对稳定，而且能保持整个生产体系的平衡。

（2）专业厂回收。建立专业的回收厂，处理量达1500t/a以上，才能满负荷运转。铁的含量可以通过锰来控制，铝和锌可以通过合金化操作或加大纯镁的投入比来调整，但镍和铜、硅的调整则很难。当从外部买回废料来加工时，又有可能带来别的风险。北美和日本的镁压铸厂多采用厂外回收，通过专业回收处理废料。

（3）废旧汽车上镁合金零部件的回收。镁合金在轿车上的应用，无论是零部件还是质量目前均低于铝合金，由于镁合金的密度比铝合金低1/3，比强度和比刚度较高，使得镁合金在轿车的用量逐步超过铝合金。

在旧轿车上回收轻金属，多采用切碎机切碎旧轿车主体后再分别回收不同的原材料。具体做法是：对碎块作进一步处理，其顺序为全部碎块通过空吸道，利用空气抽力吸走轻质塑料碎片；通过磁选机吸走钢铁碎块；通过浮选装置，利用不同浓度的浮选介质分别选出密度不同的镁合金和铝合金；用熔点不同，分别熔化分离出铝、锌，最终剩下的是高熔点铜。这种回收法流程合理，成本也不高。

17.5 镁及镁合金废料的前期处理

镁及镁合金废料必须按照分级标准进行分开储存，也可以按处理的方法进行储存。为了防止污染，镁合金废料的运输和储存最好用干净的并加有盖子的回收桶或干净的回收袋包装，在回收桶和回收袋上标明废料的等级及名称。

镁及镁合金废料储存时应放置在干燥、通风良好、单独存放镁合金废料的建筑屋内，禁止与可燃物放置在同一场所，存放镁合金废料的地点不可漏雨。

用镁及镁合金废料熔炼前必须先对镁合金废料进行分类处理，处理方法如下：

（1）清洁并已分类的废料，可直接进行熔炼。

（2）清洁并已分类的废料，但其中混有木制夹杂物和钢铁夹杂物的废料，必须将夹杂物去除后方可入炉熔炼。

（3）沾有油漆和油污的1级和2级废料须将油漆和油污去除后再进行熔炼。

（4）干燥、清洁的机加工屑和切屑经过压力机压成块状后，可以入炉进行熔炼。

（5）沾有油和水的机加工碎屑、切屑和炉渣较难处理，最好的办法是用专门的炉子在高温和真空下汽化后进行回收和利用。

（6）对炉渣烘干后，可以放入熔炼炉中进行熔炼。

（7）除上述废料以及多种牌号的合金随意混合，并且已经长时间放置的废料，应选出杂物、烘干后再投入熔炼炉中熔化。取样分析后，根据成分再决定冶炼何种牌号的镁合金。

17.6 废镁及镁合金的熔铸方法和生产过程

废镁及镁合金材料重熔过程中，关键技术是减少或消除各种金属或非金属夹杂和气体，净化镁合金熔体。生产中采用的方法比较多，但主要有三类方法，即：真空蒸馏法、熔剂精炼法和无熔剂精炼法。目前，生产中多采用边加精炼剂边通入氮气或氩气的方法精炼，可有效地去除熔体中的非金属夹杂物，同时又除气。熔剂精炼法是用熔剂洗涤镁熔体，利用熔剂与熔体的充分接触来湿润夹杂物，并将其聚合于熔剂中，随同熔剂沉淀于坩埚底部。熔剂应当具有良好的湿润、吸附夹杂的能力。下面分别介绍几种采用的方法。

17.6.1 镁切屑真空蒸馏法

利用金属元素的蒸气压不同，在一定的温度下可使镁与其他元素分离，达到提纯的目的。镁具有较高的蒸气压，则先挥发，其他金属仍为固态。挥发的气态镁在带水冷装置的结晶器上逐渐冷凝为镁块。但镁与锌的蒸气压相近，因此，可回收镁中含有的微量锌，这种纯镁只能用来配制含锌的镁合金。

真空蒸馏法不但质量好，镁回收率可达75% ~90%，但若工艺操作不当易产生爆炸，可能是由结晶器温度过高，冷却水门开关失灵引起的。这样罐内蒸馏镁得不到及时的冷凝，无法结晶，蒸发的镁原子悬浮在坩埚内，当开取镁时大量冷空气流入，因此镁原子与空气中的氧化合，发生放热反应，镁在空气中燃烧时，产生高温，在一定条件下就会引起爆炸现象。

17.6.2 熔剂熔炼法

（1）熔剂熔炼法的特点。熔剂法适用于表面附着有油、脱模剂、润滑剂的切屑、粉末、薄板，以及被腐蚀污染和表面处理过的镁合金废料。它要求熔剂能很好地吸附杂质，且能与镁合金熔体完全分离，以避免产生熔剂夹杂。主要是采用坩埚炉法和 Norsk Hydro 公司开发的盐浴槽法回收镁合金废料，后者也取得很好效果。

（2）熔剂熔炼法的熔炼过程。熔剂熔炼法是将坩埚预热至暗红色（400 ~500℃），在坩埚内壁及底部均匀地撒上一层粉状底熔剂。炉料预热至150℃以上，待底熔剂全部熔化以后依次加入回炉料、镁锭，并在炉料上撒一层熔剂，底熔剂的用量约占炉料质量的1% ~1.5%。升温熔炼，使炉料由固态变为液态，当熔液温度达700 ~720℃时，根据产品成分要求准确计算后，加入适量的铝、锌及中间合金铝锰等，使其成分达到产品要求的成分；然后加入精炼熔剂，进行精炼，其作用是使镁合金液中的有害元素等杂质与镁合金液分离，从而净化镁合金液。一般合金化和精炼的温度在730℃左右，精炼熔剂的加入量视熔液中氧化夹杂含量的多少而定，一般约为炉料质量的1.5% ~2%。将精炼好的镁合金液静置一定的时间，使其中密度较镁合金大的杂质成分沉淀到坩埚底部，从而得到纯净的镁合金液。一般静置时间为30min 左右。同时将温度降到700℃左右，通过吹氩进行除气。完成除气工作后，将镁合金液再静置一定的时间，使其内部成分均匀而不产生偏析；同时将温度降至660 ~680℃取样进行分析，成分合格后准备浇铸。一般吹氩的时间为10 ~20min（根据熔体内气体含量而定），静置时间为20min 左右。在整个静置过程中，采用 SO_2 气体保护，以防止镁合金液表面氧化和燃烧。

（3）坩埚炉法。其基本工艺流程见图 17－2。

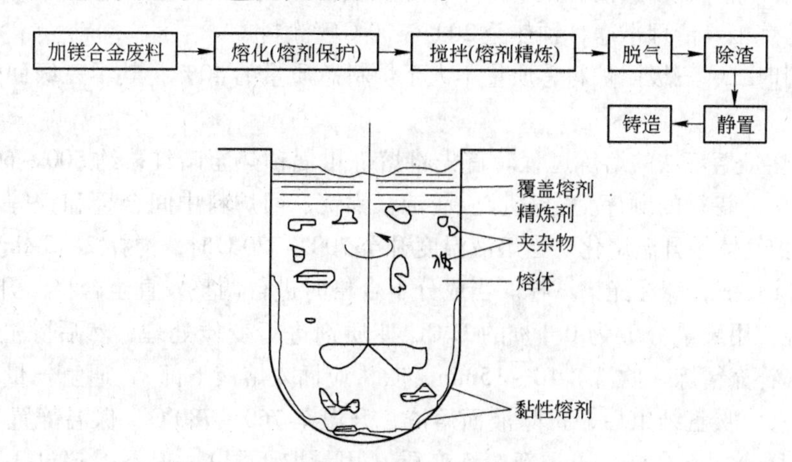

图 17－2　坩埚炉法回收镁合金基本工艺流程

坩埚炉法存在的问题是熔炼过程会放出有害的卤化氢气体；熔剂易污染再生的金属液，产生熔剂夹渣。

（4）盐浴槽法。这是 Norsk Hydro 公司开发的镁合金废料回收法，精炼炉为多室结构，如图 17－3 所示。各分室由带过滤网的小孔相连，镁合金在各个分室中逐步净化，最后被输送到保温炉进行化学成分调整。该方法可处理各类废料，尤其是角料，回收锭质量可与原合金锭媲美。

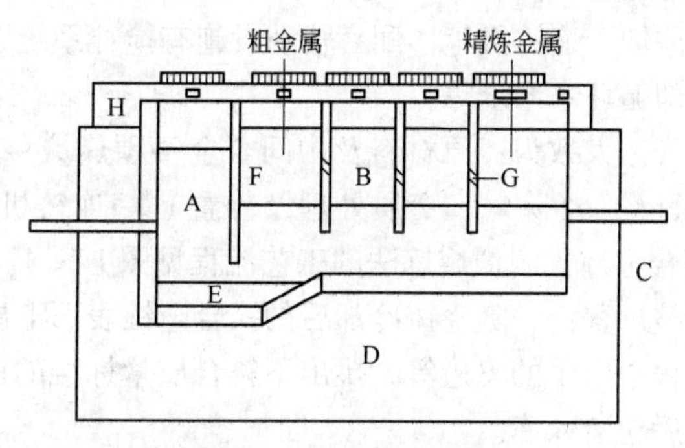

图 17－3　盐浴槽法精炼炉

（5）镁切屑的重熔工艺。熔化时先在炉内或坩埚内加入占炉料质量 15% 的无水光卤石（或 RJ－1 剂），形成熔池后，在 700～720℃用勺将少量切屑分批混入熔剂中，使与熔剂很好地混合。待熔完后在 710～720℃用 RJ－2 熔剂精炼 15min，使氧化物进入熔剂。然后升温至 850℃，静置 25～35min，使镁液中的熔渣充分沉淀下来后，降温至 680～700℃浇入预热的锭模中。熔剂总消耗量约为炉料质量的 25%。

17.6.3　无熔剂熔炼法

（1）无熔剂熔炼法的特点。无熔剂熔炼法主要是采取保护气体进行熔炼回收。因此，保护气体（SF_6、CO_2）的应用对于镁合金熔炼技术的发展具有重要意义。无熔剂法的原材料及熔炼工具准备基本上与熔剂熔炼时相同，不同之处在于：

1）使用SF_6、CO_2等保护性气体，C_2Cl_4变质精炼，氩气补充吹洗。

2）对熔炼工具清理干净，预热至200～300℃喷涂料。

3）配料时二、三级回炉料总质量不大于炉料总质量的40%，其中三级回炉料不得大于20%。

（2）无熔剂熔炼法的熔炼过程。首先将熔炼坩埚预热至暗红，约500～600℃，装满经预热的炉料，装料的顺序为合金锭、镁锭、铝锭、回炉料中间合金和锌等，盖上防护罩，通入防护气体，升温熔化。当熔液温度升至700～720℃时，搅拌2～5min，使成分均匀，之后清除炉渣，浇注光谱试样。当成分不合格时进行调整，直至合格。升温至730～750℃并保温，用质量分数为0.1%的C_2Cl_6变质剂进行变质处理，然后除渣。在700～720℃用氩气补充精炼（吹洗）10～15min（吹头应插入熔液下部），通氩气量以液面有平缓的沸腾为宜。吹氩结束后，扒除液面熔渣，升温至760～780℃，保温静置10～20min，浇注断口试样，如不合格，可重新精炼变质（用量取下限），但不得超过3次。熔液温度调至浇注温度进行浇注，并应在静置结束后2h内浇完。否则，应重新检查试样断口，不合格时需重新进行精炼变质处理。

将炉内的镁合金液采用倾倒的方式或者通过镁液泵将镁合金液注入连续铸锭机模具中，铸成镁合金锭。浇铸前应先将模具清理干净，预热至120～150℃，喷涂料（质量分数为：10%滑石粉、5%硼酸、2.4%水玻璃，余量为水）再预热至150～200℃。在浇铸过程中，使用SO_2气体保护以防止镁锭表面氧化或燃烧。

目前，镁合金冶炼行业主要使用的熔炼方法为熔剂熔炼法。熔剂熔炼法一般主要设备有预热炉、熔化炉、浇注炉、连铸机等，配套辅助设施有搅拌系统、压缩空气系统、熔炼过程气体保护系统、冷却循环水系统等。

熔剂熔炼法的熔炼工艺大致为：原材料及中间合金→预热炉→熔化炉→（熔化、合金化及精炼、静置）→浇注炉→（除气、变质处理及静置）→连铸机→（铸锭）→（表面精整、包装及入库）→镁合金锭。熔剂熔炼法的工艺流程见图17－4。

镁合金锭的表面精整过程：去除浇铸冷却后的镁合金锭表面上质量标准不允许存在的杂物，同时去除浇铸过程中产生的飞边等，挑出不符合质量标准的镁合金锭，整齐堆码并称量记录，贴上合格证后包装入库。

（3）双炉法无熔剂熔炼。这是典型的无熔剂法，适用于回收体积较大，清洁的镁合金废料，由Norsk Hydro公司开发，既可用于压铸系统，也可用于废料回收。

该装置包括熔炼炉和带有定量泵的处理炉，中间用虹吸管进行熔体传输，熔炼时用SF_6/空气等气氛进行保护，不使用熔剂，避免了熔剂夹杂。

与坩埚炉法相比，该法加料熔化操作与金属熔体处理和定量浇铸操作分开；杂质上浮至熔池表面，不会被虹吸管传送到处理炉中，处理和定量浇铸的温度控制显著改善，浇铸温度波动很小。

（4）双炉法氩气底吹过滤法和熔体过滤法。它们都属于无熔剂法，是Dow Chemical公司开发的，尚处于试验阶段，其原理是：底部吹氩气产生细小气泡在上浮过程中对熔体起搅拌作用，促进杂质分离。熔体过滤法则是利用离心过滤器从镁合金熔体中分离夹杂物的再生方法。

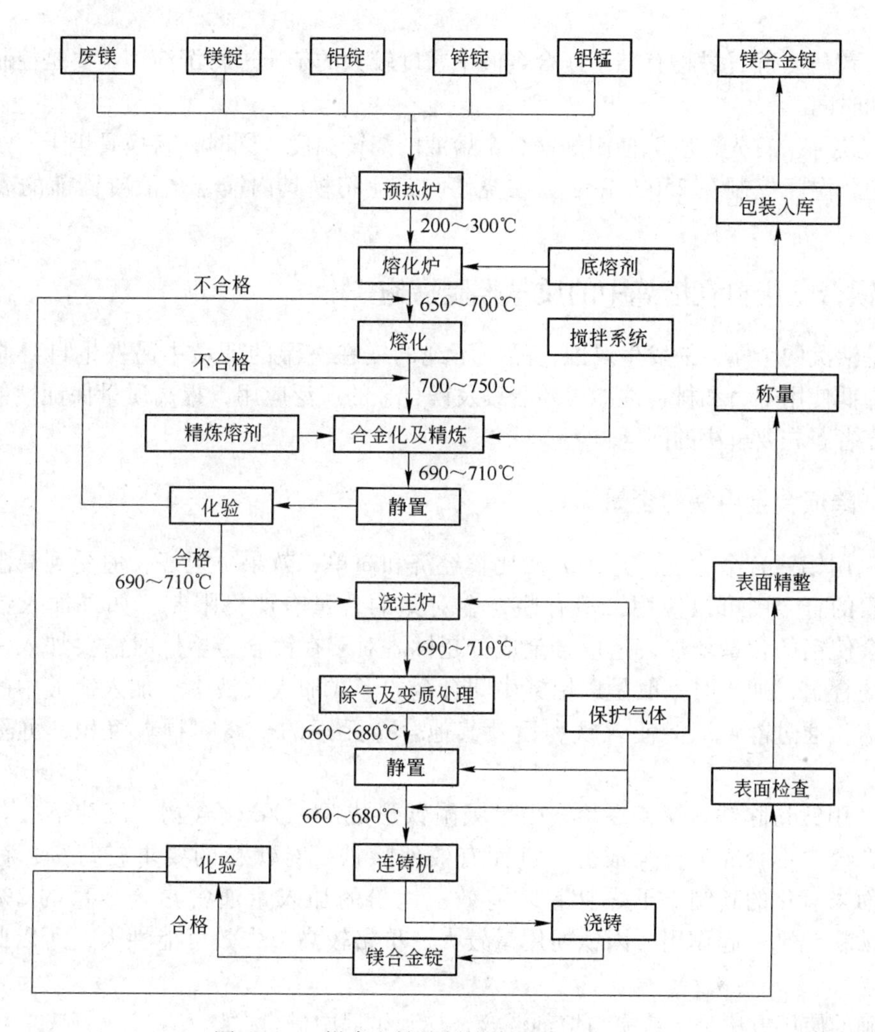

图 17－4　镁合金锭熔剂熔炼法的工艺流程

17.6.4　用废镁生产镁合金锭的工艺要点

在利用回收的废镁进行镁合金生产过程中，要把握和控制好各重要环节，有助于提高镁合金的质量。

（1）炉料的预热。所有炉料应预热去除掉其中的水分，以防止因炉料带入水分，而导致在生产过程中发生爆炸等安全事故和导致镁合金液中的气体含量增多。

（2）熔化。在熔化时，根据回炉料质量的不同应配一定量的纯镁锭，严格控制好熔化的温度，不宜过高。合理的温度有助于延长坩埚的使用寿命，同时可以防止坩埚内的铁和其他杂质在高温下进入镁合金液中。

（3）合金化和精炼。当镁液完全熔化后进行搅拌，然后取样分析。根据分析结果和所要生产的镁合金各元素的含量，经计算后决定要加入合金的多少。加入中间合金应在镁合金液上部加入，由于中间合金的密度比镁合金大，这样有助于使镁合金液的成分均匀而防止偏析。同时，应控制好合金加入和精炼的温度，以使镁合金中杂质元素去除更彻底。

（4）静置。静置过程有助于镁合金液中密度较大的杂质进行沉淀，主要是控制好静置的温度和时间。

（5）浇铸。首先，应该控制好镁合金熔液的浇铸温度。同时，将模具烘干、烘透，涂上脱模剂，温度控制在250℃左右。在浇铸时，应将模具内镁合金液凝固前的表面杂质除去。

17.7 镁合金废料在熔炼中的质量控制措施

镁是活泼的金属，易发生腐蚀，品质不纯的镁在潮湿的环境中易发生自身原电池腐蚀，会降低使用寿命和材料性能。随着镁及镁合金的广泛应用，提高质量保证性能就成为产品生产者首先要解决的问题。

17.7.1 降低合金中铁的含量

（1）用铝锰合金除铁。这种方法比较经济和简单，效果也很好，但受到局限。在含有锰元素的合金中可以使用，但有些合金对锰的含量有严格限制，如果加入铝锰合金后，就会使锰的含量增加，造成合金成分超标。对于在镁合金熔炼时需要加入一定量的锰元素的合金，加入时一般是以铝锰中间合金的形式加入镁液中。加入镁液中的锰与铁产生反应，通过静置沉淀使含铁和锰及其他合金元素的金属间颗粒沉积，可除去过多的铁。

（2）用钛粉除铁。钛粉在熔镁中可吸附铁形成Ti－Fe化合物，沉淀下去。而钛在多种镁合金中不会成为合金成分，进而有效地除铁。对钛粉的要求较苛刻，存放时间短，表面未氧化的新制、干燥钛粉才有效。钛粉的加入量通常是合金量的2%～3%，失效的钛粉几乎不起作用。因钛粉用量较大、价格较高、失效可能性大，所以此法的费用较高。

正确的使用方法是将钛粉与熔剂混合，加到坩埚中进行搅拌。

（3）用海绵钛除铁。为了找到廉价的除铁方法，可以用粒度小于3mm的新生海绵钛替代钛粉除铁。此种海绵钛可以是海绵钛生产过程中反应器上的黏锅料，或由等外钛破碎到一定粒度而成，其价格是钛粉的几分之一，要求为未受潮、未被腐蚀的新生海绵钛，以保证其活性。

除铁过程中，海绵钛粉及颗粒要在熔镁及合金液中翻滚，与金属镁熔体充分接触，完成除铁。在海绵钛粉和金属加入量相同的情况下，翻滚越强烈，搅拌时间越长，除铁效果越好。

除铁过程中，温度控制也很重要。盛装镁合金的容器一般为铸铁或锅炉钢制成，温度越高，会加速铁溶解进入镁合金；但温度低，镁及镁合金黏度大，分子自由能低，钛的活性差，除铁效果不好。考虑到上述因素，镁及镁合金熔液应控制在730～740℃之间除铁。这样，既可避免容器壁铁的溶解，又可提高钛的除铁活性。

（4）用低价含钛化合物除铁。钛的氧化物也可以除铁。钛厂可用还原炉生产低价氯化钛（$TiCl_2-TiCl_3$）的复合盐。这种低价化合物是一定粒度的海绵钛在反应器中与一种或几种氯苯盐制得的，是多种氯化物的复盐。这种低价氯化钛不仅可以有效地除去镁中的铁，同时由于其他氯化物的存在，还起到精炼剂的作用，除去钾、钠、钙、氯化镁、二氧化硅等杂质。此种复盐密度在3.7g/cm^{3}左右，在制作低铁镁和低铁镁合金中，由于密度差别大，有精炼时间短、除杂质效果好等特点。

（5）用氯化锰除铁。锰是AM系镁合金中的元素，含量在0.5%左右。氯化锰可用于除铁，随着氯化锰的加入，与合金中的镁发生反应为$MnCl_2 + Mg \rightarrow Mn + MgCl_2$，析出的锰与铁结合成铁锰合金沉降下去。一般情况下，在制作AM合金的过程中，氯化锰中的锰含量大于合金中的锰量，以满足析出的锰，一部分用于除铁，一部分形成合金成分。世界上最大的镁生产商道屋化学公司，就是用氯化锰制作低铁AM镁合金的。用氯化锰制备低铁AM合金，铁降低量在0.005%，合金中的锰量也在要求之内。

（6）用四氯化锆除铁。元素锆也可用于除铁。但锆的价格是钛的数倍，用锆除铁得不偿失。锆的氯化物也可除铁。用四氯化锆在镁液中做过除铁试验，铁降到0.006%，锆不会成为镁中的杂质。

值得一提的是：用钛、锆及其氯化物除铁的镁及镁合金中，硅含量也有所降低，而对其他元素无影响。

17.7.2　降低或消除合金中非金属夹杂的含量

镁的化学活性很强，空气中的氧、氮、水气等均能与镁反应生成难熔的氧化镁等非金属夹杂。非金属夹杂的存在不仅严重恶化合金的力学性能，还产生疏松、气孔等缺陷。在镁合金的熔炼中很重要的问题就是要消除上述夹杂，净化溶液。目前生产中主要使用精炼剂对镁合金溶液进行精炼来达到上述目的。熔剂精炼法是用熔剂洗涤镁溶液，利用熔剂与溶液的充分接触来湿润夹杂物，并将其聚合于熔剂中，随同溶剂沉淀于坩埚底部。为达到此目的，熔剂应当具有良好的湿润、吸附夹杂的能力。精炼工艺还应当设计正确，以防止产生新的夹杂。

氯盐的存在易使镁及合金发生腐蚀，对质量和寿命影响较大。在镁精炼及合金制作中，氯盐是不可缺少的，用来去除金属杂质和氧化物的精炼剂，会产生如下化学反应：

$$MgCl_2 + 2K \longrightarrow Mg + 2KCl$$

$$Ca + MgCl_2 \longrightarrow CaCl_2 + Mg$$

$$MgCl_2 + 5MgO \longrightarrow MgCl_2 \cdot 5MgO$$

$$MgCl_2 + CaO \longrightarrow MgCl_2 \cdot CaO$$

其他氯盐如氯化钾、氯化钠、氯化钙、氯化钡对调整精炼剂的熔点、润滑性、表面张力起作用。氯盐在镁精炼及镁合金制作中不可缺少。

由于密度差别小、精炼、静置时间的限制，在镁合金产品中不可避免地存在许多含氯盐微元。这些含氯盐微元的存在，使合金在潮湿环境易被酸化腐蚀。

由于氧化物对氯盐的亲和力强，镁合金中氧化物的存在是镁合金中氯盐存在的主要原因。要减少氧化物和氯盐在合金中的存在，就需要在保证精炼效果的前提下，提高精炼剂和金属间的密度差。镁的精炼温度为690～710℃，2号精炼剂的密度在1.64g/cm^{3}左右，镁在此温度下密度为1.54g/cm^3，二者的密度差较小。随着精炼搅拌的进行，精炼剂附着在氧化物上，在合金中形成无数氯盐氧化物微元。这就需要提高精炼剂的表面张力和与金属间的密度差，以增加精炼剂的汇集，提高沉降速度。低价氯化钛精炼剂在上述方面，优于2号精炼剂，精炼效果非常好。但此种精炼剂未被广泛采用。

其他氯盐精炼剂在熔融状态下，与镁合金密度相差不大，在保证精炼效果的前提下，减少精炼静置时间已不容易。

有一种简便方法，可以在不改变精炼剂种类的情况下提高精炼效果，有效降低镁合金中的氯盐和金属氧化物。此种方法是：先在精炼容器中加一定量的精炼剂，用通常的精炼方法搅拌精炼；之后，将盛镁金属的容器吊进三相通电加热的电炉中的上相进行加热。容器上部金属与下部金属形成温差，金属做由上至下的对流运动；当这种金属液流到容器底部，与容器底部的熔融精炼剂接触时，其中的氧化物和氯盐精炼剂微元被吸收。

熔融金属在精炼容器中进行对流运动，达到除杂质目的，要使金属都有时间与底部精炼剂接触。实践中，由容器中对流完成的时间控制，要考虑到如下方面：金属液的温度，容器中金属的温度，炉子的加热情况。金属液温度的高低对其流动性有影响；金属的液面高度决定由上至下的对流时间；保证加热炉的上部与底部形成温差，是金属液形成对流的条件。

用高1.64m，直径0.8m，内装2t镁合金的坩埚做试验。按常规方法精炼后，吊进上相通电加热，达到正常的红热状态，而下两相断电的三相竖式电炉中，进行静置对流精炼，时间都是30min。成品符合杂质含量要求。

17.7.3 防止外来杂质元素进入镁合金熔体

（1）防止电解质进入镁合金熔体。在精炼过程中，不断有熔剂撒到镁合金表面，熔剂熔化后进入金属；精炼结束后，为防止表面镁合金氧化燃烧，要向金属表面撒覆盖剂。覆盖剂是20%的硫粉和80%的精炼剂的混合物。表面精炼剂熔化后，逐渐向金属中渗透，即使在浇铸过程中，倾斜浇包中的镁合金表面保护膜破裂后，要向正待浇铸的镁合金表面撒覆盖剂。这些精炼工作中，无疑给镁合金增加了外来杂质。有的制造厂商采用氩气保护方法防止气体杂质的进入，但要在较密闭的氩气环境中进行精炼和浇铸才有效。在敞开容器表面喷氩气来阻止表面燃烧效果不大。

在精炼及浇铸温度不太高的情况下，采用喷硫粉的方法，制止熔体镁合金的表面氧化和燃烧效果较好。向装有硫粉的盒中通入一定的风量，将出口管朝向熔融金属，喷出的硫粉冲向镁合金表面燃烧，减轻了金属的表面氧化，防止了外来精炼剂的进入。

1）防止电解质进入镁中。在精炼中，不断有熔剂撒到镁合金表面，熔剂熔化后进入金属；精炼结束后，为防止镁合金表面氧化燃烧，要向金属表面撒覆盖剂（20%的硫粉和80%的精炼剂混合物），这样，无疑给镁合金增加了外来杂质，有的厂采用氩气保护，需在较密闭的氩气环境中进行精炼和浇铸才有效。

2）制止容器壁铁、锰进入镁中。坩埚通常由铸铁或锅炉钢制成。器壁上的铁容易进入镁及其合金中，形成杂质。解决办法是在坩埚壁覆盖一层氧化锌涂层，高温环境下不脱落，本身不会成为杂质进入镁合金，效果较好。

随着回收技术的不断发展，再生镁合金得到了与原生镁合金同样的应用。20世纪90年代Chrysler汽车公司用100%再生镁合金生产出性能完全合格的汽车零部件，成为镁工业发展的里程碑。

据报道，日本富士通公司开发出的一项新技术，能够100%回收和利用个人计算机和家电外壳中含有的镁合金。具体做法是将计算机外壳浸入溶液浓度为3%、氢离子浓度（pH值）为10的弱碱性氢氧化钾溶液当中，氢氧化钾离子和水分子进入涂膜表面的空隙，借助界面活性作用使涂膜分离。

该公司将回收的镁合金应用于笔记本电脑，减少了原生镁合金的用量，使计算机的生产成本降低10%左右。

中国虽然是镁资源大国，但无论从降低生产成本还是从防止环境污染出发，镁合金废料回收与利用都是镁合金生产体系中不可缺少的环节。因而研究开发镁合金的重熔精炼工艺和采用各种新型、高效的重熔处理剂可以降低生产成本、节约资源、节约能源，产生重大的经济效益和社会效益。

（2）制止容器壁铁、锰进入镁合金熔炼。盛装镁及其合金的精炼容器，通常为铸铁或锅炉钢制成。器壁上的铁容易进入镁及其合金中，形成杂质，影响镁合金质量，减少容器使用寿命。改用石墨坩埚器，又严重受到容量和成本的限制。解决的办法是在容器壁覆盖一层氧化锌涂层。其步骤是：先清理铁制容器内的脏物、毛刺、皮鳞，能砂洗更好。在干燥状态下将其加热到100℃左右，将氧化锌粉用适当的水玻璃稀释后，均匀地刷在容器内表面，利用容器余温将其烘干。通过这些处理，氧化锌紧密地覆盖在容器内表面，高温环境下不脱落，本身并不会成为杂质进入镁合金，效果较好。

上面介绍的镁及其合金质量的改进方法，生产者可根据用户对质量的要求和自身的情况选择取舍。

17.7.4 高纯镁合金的成分控制

要生产铜、镍和铁含量少的新型高纯镁合金，必须特别注意对原材料及熔体和材料处理操作规程的选择。重熔铸锭的铜和镍含量应低，用于处理熔融金属的设备和材料中必须不含铜和镍。

由于镁熔体通常是在用铁或钢制成的设备中进行处理的，因此必须特别小心，以避免增加铁在熔体中的含量。重熔铸锭中的最大铁含量为0.004%，这可通过在生产铸锭合金化熔体时添加锰来实现。通过静置沉淀使含铁和锰及其他合金元素的金属间颗粒沉积，可除去过多的铁。在这项处理之后，铁含量处于饱和状态的铸锭在所选铸造温度进行生产。因此，只要能避免过大的温度波动，并保持所需的最小锰含量，熔炼过程将不会导致铁含量增加。目前有多种用于熔炼、转运和计量镁合金液的系统。当液态镁合金通过这些系统时，它在成为成品的过程中，会经历复杂的热工过程。温度偏差会影响到合金的化学成分，如表17－3所示。

表17－3 热工过程对镁合金成分的影响

元 素	热工过程的影响
Al	在长时间的保温过程中，会损失少量的铝，这可能是由于在熔体表面形成的氧化层中增加了铝含量
Zn、Si、RE	锌、硅和稀土元素（RE＝铈＋镧＋镨＋钕）可大量溶于熔融镁合金，而且在整个熔炼和处理过程中，它们的浓度保持相当稳定

续表 17－3

元素	热工过程的影响
Mn、Fe	向镁合金中加入锰的目的是，将铁的溶解度降低到低于规定的最大值。当温度降低时，镁和铁的含量快速降低。当温度再次升高时，又缓慢增加。这反映了沉淀/沉积速度与金属间化合物颗粒的溶解度速度之间的差异。没有必要将锰和铁的含量恢复到它们最初的状态，因为铁可以从坩埚壁上溶解，从而在高铁和更低的锰含量之间建立起一种平衡关系
Be	加入 $(5\sim15)\times10^{-6}$ 的铍可降低熔融合金的表面氧化速度。由于在熔体保持过程中，它优先氧化，因此铍容易失去。在熔体的热工循环过程中或金属在坩埚中失火的情况下，这种损失甚至会更快
Ni	镍对镁合金的耐腐蚀性有极其不利的影响，且在成品零件中必须将其最大含量限制到不超过0.002%（在重熔铸锭中为0.001%）。镍很易溶于镁合金中，它可以从处理设备中摄取（例如，该设备采用高镍不锈钢制成）
Cu	铜也会降低镁合金的耐腐蚀性，尽管其允许含量远远大于镍。来自铜衬套等回收零件的污染，可使铜的含量增加到大于允许的最大极限值

采用上述的方法，经过实际的生产已取得了较好的效果，使生产的镁合金锭质量全部控制在要求的范围之内。以镁合金废料生产的AZ91D合金锭达到标准成分。

17.7.5 镁熔液中的除气处理

在镁合金的熔炼中还要消除镁液中的气体。溶入镁熔液中的气体主要是氢气。镁合金中的氢主要来源于溶剂中的水分、金属表面吸附的潮气以及金属腐蚀带入的水分。氢在镁熔液中的溶解度比在铝熔液中大2个数量级，凝固时的析出倾向也不如铝那么严重（镁合金熔液中氢的溶解度为固态的1.5倍），用快冷的方法可以使氢过饱和固溶于镁中，因而除气问题往往不大引起重视。镁合金中的含气量与铸件中的疏松程度密切相关。这是由于镁合金结晶间隔大，尤其在不平衡状态下，结晶间隔更大，因此在凝固过程中如果没有建立顺序凝固的温度梯度，熔液几乎同时凝固，形成分散细小的孔洞，不易得到外部金属的补充，引起局部真空，在真空的抽吸作用下，气体很容易在该处析出，而析出的气体又进一步阻碍熔液对孔洞的补充，最终疏松更加严重。试验证明，在生产条件下，当100g镁含氢气量超过 $14.5cm^3$ 时，镁合金中就会出现疏松。

传统除气工艺方法类似于铝熔炼所采用的通氯气方法。氯气经过石墨管引入镁熔液中，处理温度为725～750℃，时间为5～15min。温度高于750℃生成液态的 $MgCl_2$，有利于氯化物及其他悬浮夹杂的清除。如温度过高，形成的 $MgCl_2$ 过多，产生熔剂夹杂的可能性增加。氯气除气会消除镁－铝合金加“碳”的变质效果，因此用氯气除气应安排在“碳”变质工艺之前进行。生产中常常用 C_2Cl_6 和六氯化苯等有机氯化物对镁熔液进行除气，这些氯化物以片状压入熔液中，与氯气除气相比具有使用方便，不需要专用通气装置等优点，但 C_2Cl_6 除气效果不如氯气好。

现在生产中多采用边加精炼剂，边通入氮气或氩气的方法精炼，既可以有效地去除熔液中的非金属夹杂物，同时又除气。不但精炼效果好，而且可以缩短作业时间。

17.8 镁合金的检验方法

镁合金的质量不但在形成产品后需要检验，在熔炼过程中也需要检查，特别是用废镁熔炼时更是如此。熔炼过程中，镁合金主要检验化学元素成分是否在相关标准规定的范围内；而作为镁合金产品，不但需要检验其化学元素成分达到相关的标准，还需要检验其耐腐蚀程度、力学性能、含气体量、含氯离子量等，相应指标主要根据不同合金牌号的规定或用户要求而定。

一般情况下，大多数企业或用户都主要要求检验化学元素成分和耐腐蚀程度。

17.8.1 化学成分的检验

检验镁合金的化学成分，目前大多数企业都采用光谱分析仪进行检验，也可通过化学分析的方法进行检验。

对于 AZ91 等镁合金，一般采用原子吸收光谱分析法进行检验，主要检验以下化学元素：Al、Zn、Mn、Be、Si、Cu、Ni、Fe 等。

17.8.2 耐腐蚀程度的检验

检验镁合金的耐腐蚀程度，主要是检验镁合金中的金属杂质是否过高。镁合金中的杂质元素含量过高，对镁合金的力学性能、切削加工性能及其他各方面的性能都有着严重的影响。对于镁合金的耐腐蚀程度，一般都是通过一定比例的盐水，在一定的时间内喷出一定浓度的盐雾，检验其对镁合金试样的腐蚀程度来确定一定的等级。也有部分企业不使用盐水，而使用其他腐蚀溶液进行检验。

根据国家相关标准，一般镁合金耐腐蚀程度可分为 5 ~ 9 级（9 级表示耐腐蚀效果最好）。根据合金牌号的不同，大部分镁合金均要求耐腐蚀等级达到 8 级以上，也有部分特殊牌号的镁合金要求 7 级以上即可。

对于 AZ91D 等镁合金，大部分企业和用户要求其盐雾腐蚀等级为 8 级以上。

17.9 镁合金压铸废料绿色回收技术开发及应用

近年来，国家针对镁合金压铸生产成本的减控、企业资源的循环利用、生产安全管理和环境因素等问题，组织相关单位研究开发了镁合金工艺废料回收技术，实现了压铸镁合金废料的回收。这里以深圳嘉瑞集团为例，对镁合金压铸废料绿色回收技术的应用情况进行介绍。

深圳嘉瑞集团的镁合金压铸废料回收成本不足镁合金售价的 3%，并通过改进熔炼工艺，添加辅助合金材料，获得了符合 ASTM B94 标准的回收镁合金。同时，公司对表面质量、内部质量要求严格的电子产品实现了添加 50% 的回收镁合金，直接节省压铸原料成本 48.5%，进一步实现了公司节能减排的战略。

镁合金废料主要产生于压铸生产和加工，所产生的浇道、水口、渣包、废铸件约占总投炉料的 40% ~60%。随着能源和环保问题的日益突出，镁合金作为战略轻质材料和可回收性绿色材料备受关注，如何回收利用这些废料已引起国际上的广泛重视。

目前，除极少压铸厂能够自行回收镁合金废料外，压铸镁合金废料主要由镁合金铸锭供应商负责回收，重熔精炼。除废料收集保存等不安全因素外，废镁的异地重熔精炼还会导致压铸生产成本的提高，致使镁合金压铸产品在与其他材料的竞争中失去性价比优势。所以，对镁合金压铸厂来说，实现废镁合金的低成本现场回收，对降低压铸生产成本、降低废料的安全风险、实现资源的综合利用具有重要的意义。

17.9.1 镁合金废料无熔剂回收技术

近几年，镁合金废料的重熔精炼技术取得了很大进展。现有各种无熔剂重熔精炼回收技术的主要工艺流程，如图17-5所示。它由废料分类、清理预热、气体保护重熔、气体精炼除气、固体夹杂物理分离、化学成分调节、铸锭等主要工序构成。

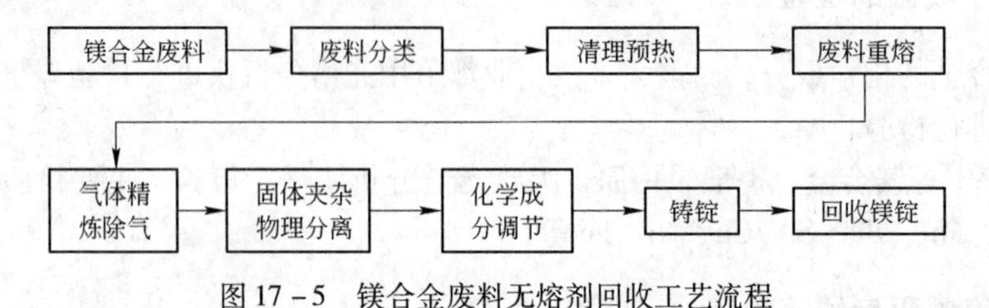

图17-5 镁合金废料无熔剂回收工艺流程

17.9.2 绿色回收技术经济指标

深圳嘉瑞集团自从引进新型绿色无熔剂回收系统以来，已回收镁合金达800t，回收率超过90%，同时对回收过程中各控制参数指标进行了测试，每吨废镁合金回收成本为596元（不包含设备折旧费），镁合金AZ91市价为20000元/吨，即回收费用不到合金售价的3%，见表17-4（2011年测算数据）。

表17-4 废镁无熔剂连续重熔回收系统技术经济指标

回收控制工艺指标	消耗量
废镁出锭率	>90%
耗电（0.7元/(kW·h)）	480~500kW·h/t（镁合金锭）
保护气体（氮气、氩气）	86元（镁合金锭）
易损件（过滤介质、定量泵、热电偶等）	8.4元/吨（镁合金锭）
厂房租金（18元/(米^2·月)）	3.6元/吨（镁合金锭）
人工资本（3人，2400元/(月·人)）	130元/吨（镁合金锭）
管理费用（人工费的15%）	18元/吨（镁合金锭）
吨镁合金废料回收成本	596元/吨（镁合金锭）

17.9.3 回收镁合金质量控制

（1）添加稀土除气、除渣。镁合金熔体中的夹气和夹渣量，是衡量镁合金质量的一个重要指标。嘉瑞集团废镁无熔剂回收在传统的通入Ar气精炼工艺的基础上，通过添加稀土来进一步去除镁合金熔体中的夹气和夹渣，充分利用稀土元素与O、S、H、N等元素有很强的化学作用，达到去除镁合金熔体中的H和氧化夹杂的目的。

Fe是镁合金废料回收必须重点控制的有害元素，去除铁杂质的常用方法是添加适量的锰。嘉瑞集团回收废镁除Fe在添加中间锰合金的同时，再添加稀土，同时利用设备多重过滤的效果。根据对实际生产成分的检测，回收镁合金中的铁含量为 0.001% ~ 0.002%，达到非常好的效果。

（2）添加稀土、铝铍防氧化燃烧。添加一定量的铍，可以有效控制镁合金浇铸时的氧化燃烧，但过量的铍会造成合金组织的粗化，因此添加量控制在 0.0015% ~0.0020%。嘉瑞集团尝试添加稀土元素，利用稀土元素与氧有良好的亲和力，并生产致密的氧化膜，能有效地防止燃烧。

17.9.4 绿色回收系统精炼效果

（1）合金成分分析对比。为了验证该回收系统回收镁合金锭精炼效果，对市购镁合金锭、热室压铸镁合金废料和回收镁合金锭进行了成分检测。表 17 -5 给出了热室压铸 AZ91D 市购铸锭、热室压铸工艺废料及回收铸锭化学成分对比分析结果。由表可知，回收锭中的 Al 和 Zn 的成分完全符合 ASTM B94 的要求，其中铁、铜和镍等问题元素含量都在 ASTM B94 范围内，可以直接用于压铸生产。

表 17 -5 市购镁合金锭、热室压铸工艺废料和重熔精炼回收锭化学成分对比分析

元素含量（质量分数）/%	Al	Zn	Mn	Si	Fe	Cu	Ni
标准成分	8.3 ~9.70	0.35 ~1.00	0.15 ~0.50	≤0.10	≤0.005	≤0.030	≤0.020
市购镁合金锭	9.32	0.64	0.183	0.045	0.0021	0.0036	<0.0012
废料头	8.72	0.76	0.117	0.072	0.0075	0.0065	<0.0012
回收镁合金锭	9.29	0.64	0.159	0.040	0.0019	0.0047	<0.0012

（2）合金显微组织对比分析。合金成分只是检测镁合金铸锭质量的一个重要指标，镁合金铸锭中的渣量、含杂量和气孔含量是衡量镁合金铸锭品质的主要指标。为此，对市购镁合金锭与本厂回收镁合金锭进行了显微组织分析，如图 17 -6 所示。

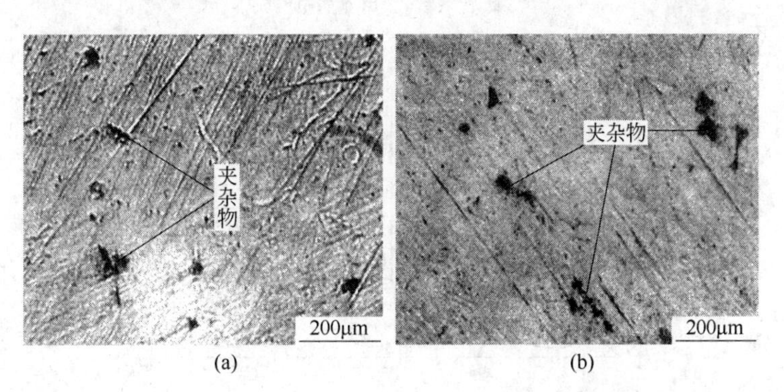

图 17 -6 本厂回收镁合金锭与市购镁合金锭的显微组织

（a）本厂回收镁合金锭；（b）市购镁合金锭

图中箭头所示为夹杂物。由图可知，两种材料都含有少量尺寸较大的夹杂物，大量的夹杂物与锰、稀土形成沉淀物，再经过设备自身沉降过滤除去，剩下的大部分都是尺寸细微，均匀分布，这些细微夹杂物的尺寸都在 10μm 以下。这说明，本厂回收镁合金锭的含

杂量与市购镁合金含杂量相当，完全可以作为压铸原料使用。

(3) 合金耐蚀性能对比分析。合金材料的耐蚀性是衡量合金品质的另一个重要指标。嘉瑞采用测试合金材料的腐蚀速率来评定合金的耐蚀性能。选取A和B两种材料，A为市购镁合金，B为本厂回收生产镁合金，试样都加工成规格为20mm×15mm×8mm长方体，在环境温度35℃、5%的NaCl溶液中进行了7d（168h）腐蚀失重试验，试验结果列于表17－6。

表17－6 市购镁合金与本厂回收镁合金腐蚀失重分析对比

试样编号	试验前质量/g	试验后质量/g	损失质量/g	腐蚀速度/g·(m^2·h)$^{-1}$
A	4.1648	4.0399	0.1309	2.597
B	4.2584	4.0871	0.1713	3.399

由结果可以看出，本厂生产的回收镁合金锭的腐蚀速率比市购（原始镁合金的腐蚀速率）只大0.802g/(m^2·h)，还将持续对回收合金锭的耐腐性能进一步改善。

17.9.5 回收镁合金在压铸生产中的应用

嘉瑞集团积极响应政府提出的“节能、减排”倡议，不断挖掘企业内部的资源潜力，实现公司资源的循环利用。传统方法回收的镁合金用作压铸原料的比例一般为20%左右，嘉瑞集团与兄弟单位联合开发了新型绿色无熔剂连续重熔回收技术，并不断改进熔炼工艺。在保证产品质量、稳定生产的前提下，公司实现了在表面积大而薄、表面质量和内部质量要求苛刻的电子类产品添加50%的回收镁合金的应用。添加不同比例的回收合金的公司产品的状况，如图17－7所示。添加不同比例的回收合金产品的合格率（压铸）很稳定，达到94%左右，添加20%的回收合金后，直接节省压铸原料成本19.4%，添加50%回收合金后，直接节省压铸原料成本48.5%。

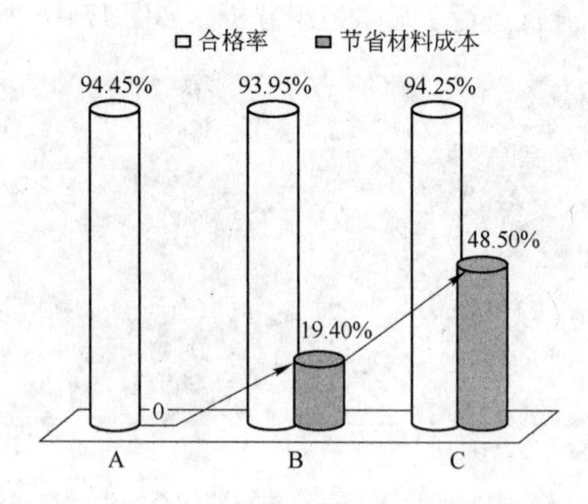

图17－7 添加不同比例的回收合金的公司产品的状况

A—不添加回收合金；B—添加20%的回收合金；C—添加50%的回收合金

有效地循环利用了资源，节约能源消耗，形成了压铸废料—回收合金—压铸原料的原料链模式。

综上所述，嘉瑞集团采用绿色无熔剂回收废镁技术，改进熔炼工艺，采用添加稀土、中间合金和各种过滤技术去除杂质，获得了品质优良、符合 ASTM B94 标准的回收镁合金，并且回收成本不足合金售价的3%。

回收镁合金实现了公司对表面积大而薄、表面质量和内部质量要求苛刻的电子类产品添加 50% 的回收镁合金的应用。添加 50% 回收合金后，直接节省压铸原料成本 48.5%。

镁合金压铸废料绿色无熔剂回收技术的产业化应用，使公司形成了压铸废料—回收合金—压铸原料的原料链模式，为公司实现节能、减排、资源的循环利用奠定了坚实基础。

17.10 镁合金压铸工艺废镁的现场再生技术与装备

镁合金的压铸是一种熔体利用率相对较低的深加工方法，且综合成品率也会因铸件的壁厚和复杂程度的不同而异。因此，压铸工艺废料量通常为浇铸量的30% ~70%。这些废料中，有相对清洁的块状废镁（如料饼、浇道和废旧铸件），其有效镁含量为 80% ~97%；也有渣含量较高的劣质废镁（如较脏的压铸渣包及无熔剂熔化浇铸炉、重熔精炼炉清出的底渣和面渣等），其有效镁含量为40% ~80%；另外，铸件生产和加工还产生一定比例的高危废镁（如飞边披缝、精整粉屑和机加工切屑），其有效镁含量为 50% ~90%，但这类废镁因其极高的比表面积，极易吸潮释放出大量的氢气，对其收集、储存、运输和处理造成极大的潜在安全威胁。

在粗废镁的重熔精炼主要采用熔剂和添加纯净度较高的粗镁的年代，压铸块状工艺废镁的再生只能采用送返镁合金冶炼厂的渠道，导致废镁再生成本高达铸锭采购价的20% ~40%，这显著提升了压铸件成本，削弱了镁压铸生产的经济效益和市场竞争力。

随着无熔剂重熔精炼技术及装备的开发和应用成熟，在压铸车间就地实现块状工艺废镁的重熔精炼再生成为可能。2007 年重庆硕龙科技有限公司和香港生产力促进局联合开发的首台“压铸废镁现场无熔剂连续自动重熔精炼铸锭系统”在东莞宜安投入使用，如图 17－8 所示。采用该系统，可实现热室和冷室压铸块状废镁的无熔剂连续自动重熔、精炼和铸锭。鉴于粗镁比废镁更纯、渣含量更低（通常为 1% ~5%）、更易实现无熔剂精炼，重庆硕龙在其大规格废镁再生系统中集成了“智能配料、连续合金化、换热燃气”等关键技术，形成了 SLJ 系列粗废镁无熔剂连续自动精炼系统。

图 17－8 年处理能力为 600t 的 SL－80J 废镁无熔剂连续自动重熔精炼铸锭系统

根据企业提供的生产统计数据：每生产 1t 再生镁合金锭的电耗为 400 ~ 500kW · h，氩气消耗为 0.8 ~ 1.2m³，冷室压铸块状废镁的再生收得率为 95% ~97%，热室压铸块状废镁的再生收得率为 90% ~92%。与送到镁合金冶炼厂再生相比，压铸车间再生除直接降低成本外，还消除了废镁库存和长途运输中的潜在安全隐患。

17.11 高危劣质废镁的蒸馏再生系统

镁合金的压铸生产过程中，不仅高比例生产块状工艺废镁，还以5% ~15%的比例生产着高危废镁（如铸件精整产生的粉屑、铸件机加工产生的切屑等）和劣质废镁（如熔炉的底渣、面渣和压铸的飞边、毛刺及披缝等）。由于缺乏有效的再生技术手段，面对这类极具安全隐患的高危废镁和含镁量低的劣质废镁，压铸企业通常只能以极低的价格将其"扫地出门"，或收集直接焚毁，以消除安全隐患。

事实上，高危废镁的有效镁含量可高达80%以上，就是炉渣劣质废镁，其有效镁含量也可高达50%左右，有极大的利用价值。重庆硕龙科技有限公司和香港生产力促进局联合开发的"高危劣质废镁蒸馏再生系统"，如图17－9所示，该装备能在装料后自动实现高危劣质废镁的蒸馏再生。

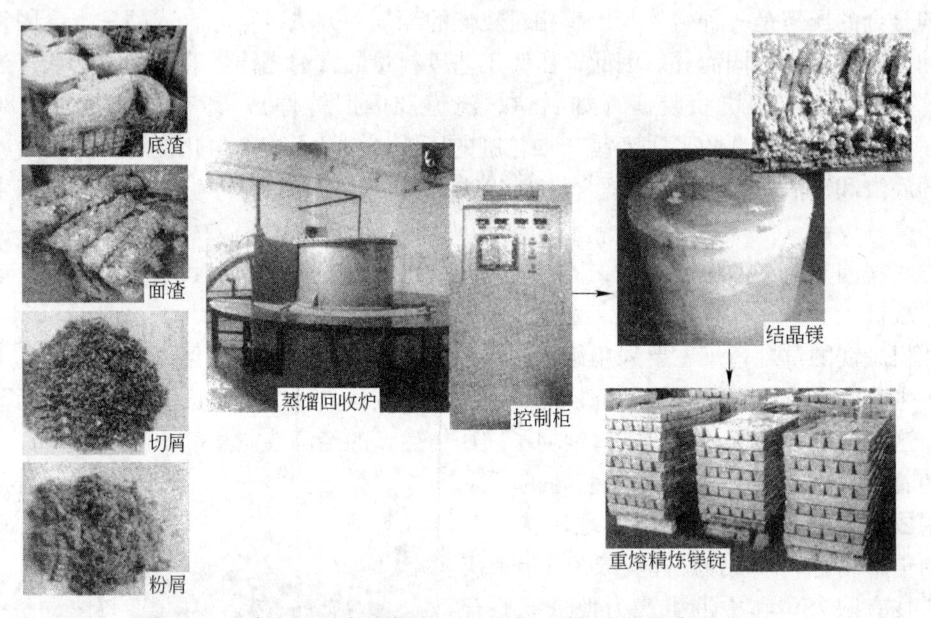

图17－9 高危劣质废镁蒸馏再生系统（最大废镁储存量250kg）

据应用企业提供的生产统计数据：1t高危劣质废镁可蒸馏获得99.99%以上纯度的结晶镁500 ~700kg，每千克结晶镁的电耗为5 ~7kW·h。每处理1t高危劣质废镁的纯经济效益为3000 ~5000元。如果采用廉价的燃气作为蒸馏加热能源，高危劣质废镁的蒸馏再生具有更加可观的直接经济效益。

18 镁及镁合金材料的安全生产与防护

18.1 概述

镁具有非常活泼的化学性质，镁粉、镁屑又极具易燃、易爆性，这是安全生产和防范的关键。在镁合金生产经营中不重视安全生产，将酿成毁灭性的灾难。例如，1964 年我国某厂的镁炉发生爆炸，不仅整个生产线化为灰烬，而且当场烧死 4 人、烧伤多人，造成重大的人身和财产损失。又如 2001 年 3 月 20 日西班牙 Dalphimetal 公司（生产镁合金汽车配件）在清理收集镁屑时不慎产生火花，引燃镁屑，并导致火灾发生，火灾造成 25t 镁锭、600t 镁成品、4 台全自动压铸机生产线和厂房被彻底烧毁。2003 年 12 月某压铸配套厂，在打磨工段由于没有做好镁粉的清扫工作，抛光轮产生火花引起存积在地面上的镁粉燃烧，并酿成火灾。2003 年 12 月 29 日美国 Garfield 公司（镁回收厂储藏库）发生燃烧和爆炸。因此，安全生产必须引起高度重视，安全生产刻不容缓。

18.2 镁及镁合金发生燃烧的化学反应机理

（1）镁合金发生燃烧的几种化学反应形式。

1）镁与水中的氧发生作用，产生氢气释放和产生放热反应，热量的积聚和释放出来的易燃氢气，引起燃烧和爆炸。

化学反应： $Mg + 2H_2O = Mg(OH)_2 + H_2\uparrow$

2）镁与空气中的氧发生作用，产生剧烈的燃烧，释放出高热，发出耀眼的白光。

化学反应： $2Mg + O_2 = 2MgO$

3）在潮湿状态下，镁与三氧化二铁中的氧发生作用，发生剧烈的燃烧，释放出高热，发出耀眼的白光。

化学反应： $3Mg + Fe_2O_3 = 3MgO + 2Fe$

因此，传统观念认为镁合金具有危险性，是一种不安全的材料。

（2）不同形态的镁合金产生燃烧的特点。近年来，通过大量的生产实践，人们已经逐步走出传统的误区。其实理论上存在的危险性在实践中并不能一概而论，事实上镁的块状固体相当安全，不会发生燃烧和爆炸。甚至，将镁块直接对着火焰加热和燃烧，也难引起镁的燃烧。

即使镁块被引燃，一旦将火焰撤离，镁块也会因为热量被迅速散失，温度降至燃点以下，火焰也会自动熄灭。

镁块具有热容量大、热量散失快、燃点高的特性。镁块的燃烧必须是先将固体镁块加热到 650℃（熔点），固体镁块熔化后再对着液体的镁继续加热到 1100℃（沸点），这里才会有镁蒸汽逸出，气体的镁才具有极强的燃烧和爆炸危害性。

但是镁的粉尘、碎屑、轻薄料的确也存在一定的燃烧、爆炸危害性。一般认为：当空气中镁粉尘浓度达到20mg/L就可能引起爆炸；直接对镁粉尘加热到450～560℃也可能引起镁粉尘的燃烧。

镁合金生产在压铸行业中发生的燃烧、爆炸事故也往往都是镁的粉尘、碎屑、轻薄料引起的。镁的粉尘、碎屑、轻薄料由于导热好、热积聚快、彼此间又不能充分散热，以及它们的表面积大、与氧接触充分（有利于镁与氧发生反应），一旦镁粉尘遇上火星、火花、火焰也会导致迅猛的燃烧和爆炸。因此镁合金的安全生产与否，取决于对镁的粉尘、碎屑、轻薄料的有效管理和控制。

18.3 镁及镁合金安全生产的条件与要求

18.3.1 对管理工作的要求

（1）要正确树立安全责任为天、生命至高无上的安全第一观念；并逐步养成安全是企业效益的保障，安全是企业最大的效益的正确认识。

（2）建立具体组织机构（公司、部门、班组），本着谁主管、谁负责的原则，落实安全生产责任制。

（3）企业的安全生产和管理最终表现为不折不扣地贯彻执行《安全生产法》，并结合企业自身安全生产特点，制订各种安全生产的制度和操作规范，同时加以严格执行。

18.3.2 镁合金安全生产对场地的要求

（1）生产场地要求空间高、自然通风好、场地宽敞、有充足的避险逃生通道。

（2）建筑设施必须是预制混凝土或砖混结构的，门窗和室内设施应具有阻燃或防火功能。

（3）生产场地应该划分为若干个相互独立、保持有相对安全距离的独立建筑物，并应该便于与各个作业区相互配套。

（4）生产现场及四周不允许存放易燃易爆物品，并应该设置明显的安全警示标志和安装有遇险报警装置。

（5）作业区和管理区配置的消防器材必须采用镁合金专用的“D级灭火器”，配置的其他消防器材只能是干沙、覆盖剂（其他消防器材不得用于镁合金火灾）。

（6）消防器材的配置地点应该标志明显，取用方便，并实行专人维护和保养、不得挪作他用。

（7）作业区必须实行严格的禁火、禁水管制，并防止火星、火花的产生。

（8）电源线路、电器设备的安装必须符合国家安全规范的规定，并安装有合适的过电流断电装置。

（9）电线排列和接头必须符合规范要求，不得乱接乱搭，并有可靠的防雷、防静电措施。

（10）生产现场应该按照规定配置足够的吸尘设备、排风扇，照明灯具必须是防爆型的照明灯具。

18.3.3　对操作人员的要求

（1）作业者的个人防护是从事镁合金压铸的基本条件。一般情况下，镁合金压铸人员的基本保护用品是：工作服，安全帽，防护面罩，隔热石棉手套，防火衣裤（耐热700℃以上），安全鞋。操作工人上岗前必须进行相应的安全培训，并且考试合格方能上岗。

（2）操作人员在进行作业以前，必须按规定正确穿戴劳动保护用品（穿无铁制鞋垫的劳保鞋，穿戴棉质口罩、平滑手套、平滑帽子、无口袋无袖口的工作服），未穿戴防护用品的人员不要靠近作业区域，不能进行操作。

（3）不准带病上岗或酒后上岗。

（4）作业区内严禁吸烟，并不得将火种、水及违禁物品带入作业区内。

（5）生产现场必须保持清洁卫生，不得留下油污水渍。

（6）镁屑、镁渣、飞边、轻薄料必须2h清理一次，并装入专用中转容器内运走和进行无害处理。

（7）操作工在镁合金熔炼炉前加料、打渣时，必须穿好工作服、戴上头盔，防止汗液滴入镁液中，引起爆炸和飞溅，导致灼伤皮肤。

18.3.4　对熔炼设备安全操作的要求

镁合金熔炼铸造过程中的安全涉及个人防护、熔炼安全、铸造安全。

镁合金的熔炼是生产中的重要环节，也是镁合金生产安全的关键环节。通常应该注意如下：

（1）炉体最好为双层结构设计，当内层坩埚破裂时，镁液可流到内外层之间的夹层中，同时报警停止加热，使熔化的镁液不致流到炉外面造成危险。

（2）要经常检查炉子有无锈蚀，如有锈蚀应及时清理，坩埚使用前必须经过煤油渗透及X射线检验，证明没有缺陷才能使用。

（3）坩埚每半年至少要吊出炉外全面检查一次，当壁厚减薄到原来厚度一半时，必须停止使用。出现小的孔洞或局部锈蚀，可以清理后补焊使用，不过一定要经过检查，确保安全。

（4）镁压铸时，熔炉镁液面随加料周期少量升降，液面与坩埚壁面的交界上方受到高温镁液和SF_6保护气体的轮番浸蚀腐蚀，易发生腐蚀斑坑，应注意定期检查并及时清理补焊；操作中还要注意控制好SF_6的浓度，浓度过高会使坩埚迅速腐蚀。

（5）镁锭在投入熔炉前，一定要预热到150℃以上。熔炉旁要备一有盖的装渣箱，从熔炉里面舀出来的料渣必须及时放到容器内，并马上盖上密封盖。

（6）熔化现场必须始终保持有一瓶混合保护气，以备突然停电或其他突发事件时急用。

18.3.5　镁合金压铸生产现场的要求

（1）压铸现场必须清洁，不允许有任何积水、油污存在，并要有良好的通风、排气条件，保持现场的干燥、干净。

（2）镁合金压铸车间除和普通压铸车间一样要求通风良好外，还对防火、防水有更严格的要求。车间建筑要用不可燃材料建成，地板的材料也要不吸水、耐热。屋顶抽风机不要设置在熔化炉的上方附近，以防漏雨。

(3) 镁合金压铸冲头速度也比铝合金压铸的高，为避免飞料伤人，有时在模具上分型面部位加装飞料挡板。压铸时前后安全门一定要关闭，操作者严禁站在分型面上。

(4) 生产现场的废料必须及时清理，应装在干燥的不燃容器内。飞料及粉尘也要及时清理。从各国镁压铸工厂以往实际所发生的起火事故来看，50%以上均由镁粉尘、废料的处理（如清理和存放问题）所导致，部分发生在加工环节，在熔炼环节产生的事故约占10%。

(5) 镁合金锭要存放在阴凉、干燥、通风的库房中，熔炼现场不宜存放过多的镁锭。

(6) 镁合金的水口料、废料也应放在不燃的容器内，并单独存放。

(7) 压铸机主机及熔炉的电力、燃料、冷却水、气体等供给应有远端控制，以备意外发生时可以关掉。

(8) 如果打磨区设置在车间内，一般要配置湿式吸尘器。车间应划出紧急通道并随时保证畅通。

(9) 压铸车间配置灭火器材，用于镁合金的灭火剂有干沙、覆盖剂、D级灭火器，这些灭火器材应放置在醒目的地方且便于现场紧急使用，干沙及覆盖剂要存放在容器内预防潮湿，并要经常检查。

18.3.6 镁合金压铸对设备的要求

由于镁合金的性质活泼，易燃易爆，镁合金压铸对设备的要求也较高，劣质的设备存在着潜在的危险。因此，镁合金压铸对设备的要求是：

(1) 压铸设备及成套装备的性能要求可靠性、安全性极高。禁止使用劣质的设备，因为劣质的设备极易造成灾害事故。

(2) 严格控制压铸过程的跑冒滴漏，出现问题应该及时处理。一般情况下，镁液初始的小面积的起火尚能采取一些措施扑救，一旦引起大火或蔓延、爆炸，则无法控制扑救，将会造成巨大的人员、财产伤亡损失。

(3) 压铸机四周严禁堆放杂物，特别是含水分材料和钢铁等。因压铸作业需将熔化的镁液以70～100m/s的速度（浇口处）射入模腔成型。由于熔化的镁液易燃易爆，遇氧气剧烈燃烧，遇水爆炸，遇铁锈、有水分的混凝土、含硅的耐火材料等均会剧烈反应，且发生火灾时难以扑灭。

为了保证安全生产与长期生产使用及恶劣使用条件下的可靠性，对镁合金压铸设备的质量要求极高。国内外均发生过很多的设备问题造成的重大安全事故表明，压铸设备与普通机械设备不同，不具备强大综合能力的厂家生产的劣质设备，极易造成重大的灾害事故，列举如下：

(1) 劣质坩埚在650℃以上（外层在700℃以上）高温条件下长期生产，外层易迅速氧化，内层因镁液的腐蚀和SF_6保护气体的腐蚀也会迅速浸蚀深入，穿孔后熔化的镁液流出起火爆炸将造成重大灾害事故。用传统土法的覆盖剂保护更会加剧腐蚀进程。优质设备的坩埚采用特殊研制的复合材料制成，内层耐腐蚀，外层耐热、耐高温氧化，可避免严重的穿孔事故。

（2）优质压铸设备的保护气体控制精确、稳定，气体成分、流量稳定均有足够保障，并具有在突发停电、突发事故等情况下的特殊自动保护装置，安全性极高。劣质设备气体成分、流量控制不准确，极易因浓度、流量过低造成熔炉起火或因浓度、流量过高造成熔炉迅速腐蚀、镁液泄漏起火爆炸，并缺少特别情况下的可靠自动保护措施。

（3）优质设备采用特殊研制的耐火材料，不与镁液反应。劣质设备采用普通耐火材料，在发生镁液泄漏时易与之发生剧烈反应起火爆炸。

（4）优质设备采用特殊研制的热作钢材，能耐高温镁合金的腐蚀，并能在650～700℃高温下保持良好的高温性能，如硬度、抗拉强度、屈服强度、韧性、抗蠕变性能和回火稳定性。劣质设备采用普通热作钢材，不能耐高温镁合金液的腐蚀，并难以保持良好的高温性能，变形、破裂或泄漏后极易造成在高压（40～80MPa）、高速（70～100m/s）下高温镁合金液的飞溅伤人或爆炸起火事故。

（5）优质设备对压射系统的控制精确、可靠，劣质设备设计不成熟，采用元件、材料质量低、不可靠，易于发生安全及压铸产品质量事故。优质设备采用优质国际名牌液压件，工作极为可靠且不漏油。劣质设备采用劣质液压元件，工作不可靠且绝大部分漏油，泄漏的油污与脱模剂喷洒的水分混合形成油水积聚在机器周边，一旦与高温镁液接触即易发生爆炸。

在设备的综合性能、质量方面，二者更是有着显著的差距。坩埚材质不良、保护气体成分不稳定均会影响合金的成分和性能，造成压铸件的内在质量下降，例如冷、热裂倾向的迅速增加，综合力学性能下降，耐蚀性达不到要求等。压射系统的性能不稳定也会造成铸件内部组织疏松、压铸产品力学性能不稳定及其他各种压铸缺陷。

18.4 各生产工序的安全生产要求和防护措施

18.4.1 镁合金熔炼过程中的安全与防护措施

镁合金熔炼时的常规保护措施比其他熔融金属的更加严格，要求生产人员使用面罩和防水衣。对镁而言，水汽不论其来源如何，都会增加熔体发生爆炸和着火的危险，尤其是当水汽与镁熔体接触时，会产生潜在的爆炸源 H_2。因此，镁合金熔炼过程中必须的安全与防护要求和措施如下：

（1）铸造场地要求。

1）操作场地应以阻燃材料建造，地面不能有积水或潮湿的地方。必须将场地整理成无任何积水并且是完全干燥的状态。铸造的操作现场绝对不可以放置可燃物体。

2）工作场地应保持干燥、整洁、通风良好和道路畅通。

3）熔炼场地应常备下列灭火剂，如滑石粉、RJ－1和RJ－3熔剂、干石墨粉、氧化镁粉等。镁合金燃烧时，严禁用水、二氧化碳或泡沫灭火剂灭火，这些物质会加速镁的燃烧并引起爆炸。严禁用砂子灭火，因为火势相当大时，SiO_2 与 Mg 反应，放出大量的热并促使镁剧烈燃烧。

（2）人身防护措施。

1）操作工人为防止溶液溅到身上，应备有棉制的工作服、手套、帽子及防护面具。

2）在极危险的时刻应身着防火服，但在一般情况下也不必过于防护以免妨碍操作。

(3) 安全操作规程。

1) 所有碎屑必须是干净的，并保持干燥，腐蚀产物应该预先清理干净。

2) 任何熔剂都必须密封保存，并保持干燥。

3) 避免镁熔体与铁锈接触。

4) 炉料和锭模必须预热，熔炼和浇注工具使用前应在洗涤熔剂中洗涤，并预热后方可使用。

5) 炉料不得超过坩埚实际容量的90%。

6) 为防止溶液与砂型接触时因反应而产生燃烧，要向砂型撒一些硫磺、硼酸等防燃剂。

7) 砂型中的水分一多就容易起火，所以一般在合模前要用喷灯或焊枪将铸型表面烤干。即使有很少的水分也容易与镁反应而发生溶液从浇口或冒口喷出的危险，对此必须高度警觉。

8) 人工手浇铸时，要用完全干燥的勺子从静置的坩埚中舀出溶液进行浇铸。用勺子从静止的坩埚中舀出溶液和向铸型里浇铸时是危险性最高的时候。当勺子干燥得不充分而残存有水分或在寒冷状态下勺子是潮湿的，勺子舀取溶液的瞬间会由于水分的影响而引发溶液的飞溅。即使勺子已经很干燥了，也时常有残存的微量水分。所以，在开始时不要急于舀取溶液，要先将勺子慢慢浸入溶液，以确保安全。在这种作业中最常发生的事故就是溶液飞溅。

9) 浇铸时溶液与空气接触容易产生氧化燃烧，所以一定要撒硫磺粉或者用保护气体(SO_2 气体或 $SF_6 + CO_2$ 混合气体)将溶液包覆起来以防止燃烧。

10) 坩埚使用前必须严格检查以防穿孔，其底部应备有安全装置以防渗漏。

11) 由于使用钢坩埚生成的铁锈积存在炉底，若坩埚泄漏，使镁溶液与铁锈接触发生剧烈的炽热反应。为了使与铁锈的反应控制到最小限度，须定期清除炉底铁锈和定期检查坩埚泄漏情况并及时处理。通常坩埚的维护如下：

①坩埚的检查。用水冲洗坩埚，去除挂着的铁锈，目检龟裂孔、坑等。这些缺陷处通常是漏液的地方，使用中应经常检查。作为定期检查项目，须测定坩埚厚度，用卡钳、超声波测厚仪进行全面的测定。如果有比规定厚度薄的地方，整个坩埚就要报废。

②溶液从坩埚漏出的情况。溶液从坩埚漏出时会产生剧烈的白烟，若大量漏出，接近火焰是很危险的。因此一发现白烟，立刻将坩埚吊出炉外，使溶液凝固不再漏出，放到安全地方。在有火焰的情况下，因有爆炸危险，应立刻停止供给燃料，采用铁板围住等紧急措施，操作人员撤离，决不可接近操作。

12) 铸造时最容易发生的事故就是溶液从铸造模的接合面泻出流到地面上，此时，如果地面是湿的就会引起溶液的飞溅，危及操作人员的安全。为此，不但要保持地面的干燥还应在铸型的周围铺设一些干燥的沙子。

13) 浇铸完后，浇口向大气敞开着容易引起燃烧，因此铸造完后应该用沙子将其掩盖。

14) 坩埚中残存的溶液应铸成锭，此时要特别注意铸锭模的清洁和干燥，防止由于水蒸气引起的溶液飞溅。

18.4.2 压铸工序的安全与防护措施

镁的压力铸造有冷室压铸和热室压铸。在冷室压铸中，只要操作程序正确，模具的精度没有问题就不会突然起火或者出现爆发式的燃烧。可是，在热室压铸中，有时会有意想不到的火焰喷出。特别是一旦有错位就会在模具的结合处发生喷火，尽管是在防护罩内发生不会对人体造成直接伤害，但是会给新操作工人带来极大的恐怖感。

（1）压铸工序可能出现的事故形式。

1）腔体内残存的水分与镁产生反应出现爆发式燃烧。

2）热室压铸机铸造时，由于错位造成未能很好地合模，使溶液喷出，引发火灾。

3）操作前没有对喷射管进行充分预热，喷射管内的露水与镁溶液产生反应发生爆炸。

4）溶液从坩埚中泄漏。

5）未经充分预热的工具进入溶液引发溶液飞溅。

6）在压铸机防护板壁面上残存的镁燃烧起来。

（2）安全操作规程。

1）镁合金压铸机上必须安装防护板或安全罩，以防止溶液的飞溅，因为安全罩可以有效保护人体免受伤害。

2）打开镁合金熔炉前应检查各项电器、仪表是否工作正常，气管是否连接完好，防止 N_2 和 SF_6 的泄漏。

3）加料前应检查各开口是否密闭，料嘴、料筒是否配合恰当。加料后要迅速盖上加料口、防止空气过多进入熔炉引起氧化燃烧。

4）熔化镁合金时，必须有气体保护，并且不得将有杂质的镁锭、镁粉、镁渣加入。

5）进入熔炉前的镁锭和清渣工具必须是干燥、无油，至少要预热到150℃。

6）每次开机前应将模具预热到150℃以上，不要喷涂过多的涂料，以免型腔内积水，引起危险。另外冲头及模具的冷却尽量不要用水冷。冲头的冷却可用风冷，模具的加热及冷却一般用耐高温油。

7）镁合金由于在燃烧时有耀眼的白光，以及有烟产生，看似可怕，其实镁合金的燃烧热只有汽油的一半。如果是现场有少量的镁燃烧，可迅速铲起，放入集渣箱内盖住，或者转移至空旷地方。如果镁液流散或无法铲起，则迅速撒干沙或覆盖剂覆盖，要均匀地撒在燃烧的镁上。当发现镁合金炉内有白烟时，可加大保护气体 SF_6 的流量，清理液面的氧化渣。如果仍不能制止，可投入几个预热过的镁锭，以迅速降低镁液温度。

8）当发现镁液面燃烧时，要迅速关闭加热系统，同时加大保护气体 SF_6 的流量，并在镁液表面撒入覆盖剂。D级灭火器非在必要时尽量不用，因为其价格昂贵且加压的气体容易把火吹散。炉外的镁合金灭火大多采用干沙覆盖扑灭较好。

9）镁压铸时熔炉坩埚的腐蚀锈蚀是难以完全避免的，万一发生坩埚破裂泄漏时的处理方法如下：当发现坩埚泄漏时，首先要迅速切断电源，然后穿戴防护用具，由泄液口的流量判断泄漏程度，做出不同的处理。如果泄液口没有镁液流出，可立即将覆盖剂大量丢入炉中及盛液皿中，然后用干燥的勺子从炉中舀出一些镁液，接着放入几锭预热过的镁锭，使坩埚内的镁液尽快凝固；如果流出的镁液不多，则立即将覆盖剂大量丢入炉中及盛液皿中，在盛液皿尚未满之前，尽快用勺子将炉内的镁液舀出一部分，然后连续丢入大量覆盖剂及镁锭，同时盛液皿中也要放入大量覆盖剂。接着离开现场，从远处观察动静。不过像这样的事故很少发生，关键是要平时按规定做好熔炉的定期检查及维护，确保防患于未然。

镁合金压铸比锌、铝合金潜在的危险大些，但只要按照正确的操作规程作业，安全问题就不是影响镁合金压铸发展的关键。镁合金压铸生产中的安全要点是保持现场的干燥、干净，严格按照正确的操作规范作业并妥善处理压铸及后加工产生的粉尘、切屑、废料等。使现场作业人员受到良好安全作业训练，并切记不可用水及普通灭火器来扑灭镁合金起火。

18.4.3　镁合金热处理安全与防护措施

不正确的热处理操作不但会损坏镁合金铸件，而且可能引起火灾，因此必须十分重视热处理时的安全技术。热处理的安全操作规程如下：

（1）加热前要准确校正仪表，检查电气设备。

（2）温度控制要严格。

（3）装炉前必须把镁合金工件表面的毛刺、碎屑、油污或其他污染物及水汽等清理干净，并保证工件和炉膛内部的干净、干燥。

（4）制品表面不可附着铝或锌。因这些污物会使局部发生熔化，成为着火的原因。

（5）镁合金工件不宜带有尖锐棱角，而且绝对禁止在硝盐浴中加热，以免发生爆炸。

（6）处理温度在350℃以上时，必须用1%以上的 SO_2 气体保护。

（7）生产车间必须配备防火器具。炉膛内只允许装入同种合金的铸件，并且必须严格遵守该合金的热处理工艺规范。

（8）若着火时，可加助熔剂，尽可能移出炉外放到安全场所。在无法移开的危急情况下，通入 BF_3 0.04%气体可消灭火灾。

（9）由于设备故障、控制仪表失灵或操作错误导致炉内工件燃烧时，应当立即切断电源，关闭风扇并停止保护气体的供应。如果热处理炉的热量输入没有增加，但炉温迅速上升从炉中冒出白烟，则说明炉内的镁合金工件已发生剧烈燃烧。

（10）绝对禁止用水灭火。镁合金发生燃烧后应该立刻切断所有电源、燃料和保护气体的输送，使得密封的炉膛内因缺氧而扑灭小火焰。如果火焰继续燃烧，那么根据火焰特点可以采取以下几种灭火方法。

1）如果火势不大，而且燃烧的工件容易安全地从炉中移出时，应该将工件转移到钢制容器中，并且覆盖上专用的镁合金灭火剂。

2）燃烧的工件既不容易接近又不能安全地转移，则可用泵把灭火剂喷洒到炉中，覆盖在燃烧的工件上面。

3）如果以上几种方法都不能安全地灭火，则可以使用瓶装的 BF_3 或 BCl_3 气体。BF_3 气体通过炉门或炉壁中的聚四氟乙烯软管将高压的 BF_3 气体从气瓶通入炉内，最低含量为0.04%（体积分数）。持续通入 BF_3，直到火被扑灭而且炉温降至370℃以下再打开炉门。BCl_3 气体也通过炉门或炉壁中的管道导入炉内，含量约为0.4%（体积分数）。为了保证足够的气体供应，最好给气瓶加热。BCl_3 可与燃烧的镁反应生成浓雾，包围在工件周围，达到灭火的目的。持续通入 BCl_3，直到火被扑灭而且炉温降至370℃为止。在完全密封的炉子内，可以使用炉内风扇使得 BF_3 或 BCl_3 气体在工件周围充分循环。

BCl_3 是首选的镁合金灭火剂，但是 BCl_3 的蒸气具有刺激性，与盐酸烟雾一样，对人体健康有害。BF_3 在较低浓度下就能发挥作用，同时不需要给气瓶加热就能保证 BF_3 气体的充足供应，而且其反应产物的危害性比 BCl_3 的小。

4）如果镁合金已燃烧了较长时间，并且炉底上已有很多液态金属，则上述两种气体也不能完全扑灭火焰，但仍有抑制和减慢燃烧的作用，可与其他灭火剂配合使用达到灭火目的。可供选择的灭火剂还有：干燥的石墨粉、重碳氢化合物和熔炼镁合金用熔剂（有时）等。这些物质可以隔绝 O_2，从而闷熄火焰，扑灭火灾。

（11）扑灭镁合金火灾时，除了要配备常规的人身安全保护设施外，还应该佩戴有色眼镜，以免镁合金燃烧时发出的强烈白光伤害眼睛。

18.4.4　镁合金材料机械加工中的安全与防护措施

镁呈细微粉状，在熔点以下是不会燃烧的。但切削粉或粉尘经局部受热而着火的危险性很大。切屑着火是由于刀具与材料的摩擦热过大，使得细粉尘的温度达到熔点以上而造成的。

对镁合金进行机加工时，必须考虑切屑着火的问题。切屑被加热到接近熔点以后会引燃。粗加工或中等精加工所产生的切屑大，机加工时不易引燃，然而火花可以引燃精加工产生的切屑，因此在镁合金机加工时所应注意的安全事项与防护措施如下：

（1）加工机械附近的机床应保持干燥，操作现场不要摆放容易引发火灾的物品。

（2）烟、火不允许靠近加工区。

（3）以防万一，要在各机械设备周边常备灭火器材，要备有金属火灾专用的灭火器材以及干燥砂、不锈的干燥的铸铁屑粉等。

（4）要保持加工件表面的清洁，若有砂等坚硬的异物附着在加工件的表面，在加工时会发生打出火花及损伤刀具的危险。

（5）机械加工前应清除铸件黏附的砂或其他硬物，对于嵌入有钢等硬质物的加工件，在切削加工时要特别注意。

（6）保持刀具锋利，前、后角大小合适，避免使用钝、卷边或有缺口的刀具。

（7）采用大进刀量的强力切削以形成厚切屑，避免小进刀量；如必须进行轻微的切削加工或精加工时，由于产生出的微粉或毛发状的细粉是高度易燃物，要充分注意。当进刀量小时，采用矿物油冷却以减少热量产生。

（8）在产生细切屑的高速切削场合，可吹压缩空气或二氧化碳气。

（9）切屑被引燃后，除非受到拨动，否则燃烧不起火苗。一旦切屑发生燃烧，应当采用合适的方法灭火。

（10）切削完毕，应该立即使工具脱离被加工件，工具与被加工件持续接触会产生微粉，并因摩擦热而使温度上升，从而引发起火的危险性很高。

（11）尽量不使用切削液，最好在干燥状态下进行机械加工，必须使用切削油时也要使用非水溶性的切削油。

（12）每隔一定时间要对切粉进行清扫收集，工作台面和器皿中不要存留过多的切粉，这样在万一发生火情时，易于控制和灭火。

（13）每日工作完毕后，必须对切粉进行干净彻底的清扫。

（14）对切粉要根据是否有切削油、种类以及合金的成分进行分类，然后放入特定的钢质容器妥善保管。

（15）要将盛有切粉的钢质容器放到离开作业场所的专用容器仓库存放。

（16）清扫切粉时严禁使用电动扫除机等电器设备。

（17）注意不要在衣服口袋、手套里存留切粉、微粉。

（18）在操作者能达到的地方，保证有充足的灭火设施。

18.4.5 镁合金材料在研磨时的安全与防护措施

粉状物质同空气混合，其爆炸的可能性较大，镁也同样。在研磨加工过程中，为了防止爆炸，操作时应注意以下几点：

（1）操作应在干燥的状态下进行，必须用研磨液时，多使用不含酸的油使粉末立刻消除。

（2）铬酸盐处理的表面不要研磨，化学处理的表面膜应去除。

（3）在研磨镁的研磨机上，不要研磨铁制品等易发生火花的材料，即应采用专用研磨机，研磨镁合金材料。

（4）工作场地要清洁干燥且通风。粉尘应集装在除钢质以外的材料或镀锌钢板制的容器内，至少一周倒一次，粉尘和至少5倍的砂子混合埋入地下，也可烧掉或放入氯化铁水溶液中生成稳定的氧化镁之后埋掉。

（5）加工机床要平稳。

（6）操作场地严禁烟火。

（7）要用特殊的湿式集尘机。

18.4.6 打磨、抛光、烤漆工序的安全与防护措施

用于镁合金打磨、抛光、烤漆工序的建筑物及生产操作安全与防护措施应具备以下条件：

（1）阻燃性结构，不漏雨，不漏水。

（2）通风、换气性良好，能保持室内的干燥状态。

（3）室温无异常上升现象。

（4）建筑物远离易燃物品，为确保邻接物发生火灾时不被引燃，要留有足够的空间通道。

（5）电器设备不会因静电而产生火花。

（6）配线等结构应做到不使切屑、微粉以及水分进入。

（7）地面不能是可燃物质，应是混凝土或防滑铁板做成，并要考虑到便于清扫粉末。

（8）悬挂标语、禁止明火、禁止洒水。

（9）应注重消除因撞击、静电和电源接头处产生的火花；生产现场不得穿有铁鞋垫的皮鞋，不得使用铁制工具（可以使用木制、铜制工具）和进行击打，严格禁止将火源、火种及水带入，吸尘、排风、照明设备必须是防爆的。

（10）在作业岗位上，必须按规定正确穿戴劳动保护用品（戴棉质口罩、平滑手套、

平滑帽子、无口袋无袖口的工作服)，并做到勤更换。

(11) 设置的湿式吸尘器应安装在户外，让镁粉尘浸泡在水容器中（溶液中含3%的NaCl和5%的$FeCl_2$)，并留有排气孔，有利于氢气的逸出。

(12) 油漆和稀释剂是含苯有毒的易燃品，应避免过多的皮肤接触和吸入，并小心防火。场地勤打扫，2h清洁一次，保持环境清洁卫生，防止镁粉、镁屑积聚。

(13) 烤漆工序必须做到无尘化施工，涂层宜使用耐高温、耐腐蚀的氟碳树脂漆类。

18.4.7 物资存储管理的安全与防护措施

(1) 镁材料（产品）管理的安全与防护措施。

1) 镁材料（产品）仓库适宜小型化、分隔化、分散化，镁锭堆垛不能超过5.5m，防止过量存储引起镁合金火灾而造成重大损失。

2) 镁的废料应实行专库存储，堆垛一般不超过1.4m^3，并适宜贮存于加盖阻燃的容器里。

3) 氧化剂、还原剂及易燃物质不能与镁材料（产品）混存混放，并留足通道（大于堆垛高度的50%）。

4) 严禁火源、火种及水进入仓库，防止镁材料（产品）被雨淋、水浸、受潮，并做好通风散热工作。

(2) 镁粉末的管理的安全与防护措施。

1) 在研磨加工中产生的粉末一般用湿式集尘器加以回收。被回收的粉末成泥状，里面含有少量的研磨材料。

2) 在切削加工中根据不同的条件也会产生出一些近似粉末状的屑，通常也当作粉末来处理。

3) 应用湿式集尘器回收的粉末。由于含有水分，在保管中与水发生反应产生氢气，当没有在水中沉降的时候由反应热而引发自燃的危险性较高。要尽快作废弃处理必须补充足够的水分。

4) 处于干燥状态或含有微量水分的镁粉末遇到明火容易被引燃并产生猛烈燃烧。因此在保管和做废弃处理时要格外小心，特别要注意防止由吸烟和焊接火花引发的事故。

5) 镁粉末比切屑更容易自燃，具有更大的危险性，特别是湿态的粉末危险性较高。因此对镁粉末，一定不能长期保管，要尽快做废弃处理，镁粉末的废气处理用化学方法进行比较安全。

6) 干燥状态下的镁粉末放在带有清洁盖子的钢制容器中保存虽然比较安全，但仍具有危险性。对于含有水分的镁粉末，原则上不要保存，不得已必须保存时，一定要对下述事情有充分了解，即：粉末比切屑的表面积大，与水分的反应性强。因此，氢气反应热的发生量相当多，具有更大的危险性。

7) 从湿式集尘器收集到的镁粉末，每天或者尽可能高频率地取出后立即进行废弃处理。不得已必须保管时，要尽可能缩短保管时间，并且要在不间断的监视状态下进行保管。

8) 通常应迅速将切屑做废弃物处理，不得已必须保存时，千万不要将镁粉末放置在密闭的容器中保管，被水溶性切屑油以及含0.2%以上脂肪酸的水或油浸湿的切屑产生氢气，为便于所产生氢气的释放，要在盖子上设置小孔，并将容器放在通风性良好的地方。

9）保管中要充分注意明火和自燃。

10）粉末状的镁发生自燃的危险性很高，特别被动植物油浸湿的镁切屑有更大的自燃危险性，要将切屑及其他易燃物品分开放置，并应尽快做废弃物处理。

11）建筑物应是阻燃结构的，要完全与可燃物品隔绝。

12）保管场地绝对不能漏雨。

13）湿式加工所用的切屑油中，有不溶于水的矿物油和溶于水的软化油，都含有水或油，不可与干燥状态下加工产生的粉末相混合。

14）使用不溶于水的切屑油和溶于水的切屑油产生的切屑也不宜混合，要分别装入容器中并加以标注。

18.4.8 熔渣（淤渣、浮渣）管理的安全与防护措施

（1）熔渣。在熔铸厂和压铸厂会产生许多熔渣，这些熔渣主要是在使用溶解剂进行精炼时产生的，其具体的组成成分各工厂不尽相同。熔剂一般是由氯化镁、氯化钾、以氯化钙为主要成分的氯化钡、氯化钙、氧化镁等组成。所谓淤渣是在使用溶解剂进行精炼时分离并沉降下去的非金属物、氧化物、氮化物及含有一定量粒状金属镁的老化溶剂为主的溶解渣。所谓浮渣是指在溶液表面产生的并且也附着在熔剂上的氧化皮膜、氮化物，含有非金属物比镁的密度轻，因而上浮。淤渣、浮渣上没有再生及回收的价值，一般作为废弃物处理。

（2）熔渣的处理。淤渣、浮渣中含有大量的氮化镁、微粒状镁以及作为溶解剂成分的氯化镁、氯化钙等，如果不加处理的丢弃，它们吸收水分后发热，会产生氢气、沼气、氨气等。在一定时间下会发生自燃现象，因此必须对产生的废弃物进行安全处理。另外，淤渣冷凝后形成岩石一般是硬的块状物，破碎、粉碎非常困难。水处理时需要尽可能是细小的状态，为此，在对熔渣进行处理时有必要做尽可能的细小化处理。

（3）熔渣的保管和废弃。所产生的淤渣由于是以氯化镁、氯化钙为主体的，因此有较强的吸湿性。另外，在淤渣中含有与水分反应产生氢气的微粒状的镁，产生氨气的氮化镁以及产生乙炔气体的碳化镁。

因此，有时候上述物质吸湿后由反应热引发气体燃烧从而出现自燃现象。为此，对于产生的淤渣原则上每天处理，不要保管。不得已非要保管时，即使是短时间的保管，也要保持干燥状态，隔断与湿气的接触，置于带盖的钢制容器中保管。对于简单的掩埋废弃处理，上述理由有自燃的可能性，因而是危险的。

18.5 消防安全防范管理措施

（1）镁合金安全生产的中心任务是：防止镁尘、镁粉、镁屑及镁的轻薄料发生燃烧和爆炸。

（2）消防安全及相关内容。

1）重视消防安全宣传。首先，要求人人了解和认识到：安全第一，三懂四会。

安全第一：注重安全隐患的排出；防消结合；注重有效地扑灭初期火灾。

三懂四会：懂得如何报警；懂得镁及镁合金的消防知识以及镁合金燃烧、爆炸的危害

性；懂得如何查找安全隐患；会设置和维护消防器材；会报警；会正确使用消防器材；会扑灭初期火灾。

2）镁火灾防护的三用、三防和四危害：三用，即会用“D灭”（D级灭火器）、干沙、覆盖剂；三防，防火、防水、防高温；四危害，强光、高热、迅猛燃烧、遇水爆炸。

3）镁火灾防护八措施：①尽早使用D级灭火器、干沙、覆盖剂来扑灭初期火灾；②报警；③断电；④降温；⑤禁水；⑥隔绝空气；⑦遇险逃生；⑧防止火源扩大。

（3）安全管理的相关内容。

1）管理的模式：安全生产管理的职能结构为：“安全生产委员会”并实行公司、部门、班组三级管理模式。

2）安全管理的核心内容：安全生产实行谁主管、谁负责的原则。

3）安全生产检查制度。“安委会”每月月末实施安全生产检查和考核。日常管理实行安全督察员巡查制度，并代表“安委会”深入基层巡视实施“一日四查”工作：查安全产生制度和安全生产作业规范的制订与落实；查有无违章操作的现象；查是否存在不安全的隐患；查对不安全的隐患是否得到及时有效的整改。同时，以确保安全生产得到实施。

附　录

附录1　国内外镁及镁合金现行标准

1.1　我国镁及镁合金国家标准、行业标准

我国镁及镁合金国家标准、行业标准见附表1。

附表1　我国镁及镁合金国家标准、行业标准

序号	标准编号	标准名称	标准级别
1	GB/T 3499—2011	原生镁锭	国家标准
2	GB/T 4296—2004	变形镁合金显微组织检验方法	国家标准
3	GB/T 4297—2004	变形镁合金低倍组织检验方法	国家标准
4	GB/T 5149.1—2004	镁粉　第1部分：铣削镁粉	国家标准
5	GB/T 5153—2003（201×）	变形镁及镁合金牌号和化学成分	国家标准（计划）
6	GB/T 5154—2010	镁及镁合金板、带	国家标准
7	GB/T 5155—2013	镁合金热挤压棒材	国家标准
8	GB/T 5156—2013	镁合金热挤压型材	国家标准
9	GB/T 13748.1—2013	镁及镁合金化学分析方法　第1部分：铝含量的测定	国家标准
10	GB/T 13748.2—2013	镁及镁合金化学分析方法　第2部分：锡含量的测定　邻苯二酚紫分光光度法	国家标准
11	GB/T 13748.3—2013	镁及镁合金化学分析方法　第3部分：锂含量的测定　火焰原子吸收光谱法	国家标准
12	GB/T 13748.4—2013	镁及镁合金化学分析方法　第4部分：锰含量的测定　高碘酸盐分光光度法	国家标准
13	GB/T 13748.5—2013	镁及镁合金化学分析方法　第5部分：钇含量的测定　电感耦合等离子体原子发射光谱法	国家标准
14	GB/T 13748.6—2013	镁及镁合金化学分析方法　第6部分：银含量的测定　火焰原子吸收光谱法	国家标准
15	GB/T 13748.7—2013	镁及镁合金化学分析方法　第7部分：锆含量的测定	国家标准
16	GB/T 13748.8—2013	镁及镁合金化学分析方法　第8部分：稀土含量的测定　重量法	国家标准
17	GB/T 13748.9—2013	镁及镁合金化学分析方法　第9部分：铁含量测定邻二氮杂菲分光光度法	国家标准
18	GB/T 13748.10—2013	镁及镁合金化学分析方法　第10部分：硅含量的测定　钼蓝分光光度法	国家标准
19	GB/T 13748.11—2013	镁及镁合金化学分析方法　第11部分：铍含量的测定　依莱铬氰蓝R分光光度法	国家标准
20	GB/T 13748.12—2013	镁及镁合金化学分析方法　第12部分：铜含量的测定	国家标准
21	GB/T 13748.13—2013	镁及镁合金化学分析方法　第13部分：铅含量的测定　火焰原子吸收光谱法	国家标准

续附表1

序号	标准编号	标准名称	标准级别
22	GB/T 13748.14—2013	镁及镁合金化学分析方法　第14部分：镍含量的测定　丁二酮肟分光光度法	国家标准
23	GB/T 13748.15—2013	镁及镁合金化学分析方法　第15部分：锌含量的测定	国家标准
24	GB/T 13748.16—2013	镁及镁合金化学分析方法　第16部分：钙含量的测定　火焰原子吸收光谱法	国家标准
25	GB/T 13748.17—2013	镁及镁合金化学分析方法　第17部分：钾含量和钠含量的测定　火焰原子吸收光谱法	国家标准
26	GB/T 13748.18—2013	镁及镁合金化学分析方法　第18部分：氯含量的测定　氯化银浊度法	国家标准
27	GB/T 13748.19—2013	镁及镁合金化学分析方法　第19部分：钛含量的测定　二安替比啉甲烷分光光度法	国家标准
28	GB/T 13748.20—2013	镁及镁合金化学分析方法　第20部分：ICP - AES测定元素含量	国家标准
29	GB/T 13748.21—2013	镁及镁合金化学分析方法　第21部分：光电直读原子发射光谱分析方法测定元素含量	国家标准
30	GB/T 13748.22—2013	镁及镁合金化学分析方法　第22部分：钍含量测定	国家标准
31	GB/T 17731—2009（201×）	镁合金牺牲阳极	国家标准（计划）
32	GB/T 19078—2003（201×）	铸造镁合金锭	国家标准（计划）
33	CB/T 20926—2007	镁及镁合金废料	国家标准
34	GB 21347—2012	镁冶炼企业单位产品能源消耗限额	国家标准
35	GB/T 23600—2009	镁合金铸件X射线实时成像检测方法	国家标准
36	GB/T 24481—2009	3C产品用镁合金薄板	国家标准
37	GB/T 24488—2009	镁合金牺牲阳极电化学性能测试方法	国家标准
38	GB/T 26284—2010	变形镁合金熔剂、氧化夹杂试验方法	国家标准
39	GB/T 26488—2011	镁合金压铸安全生产规范	国家标准
40	GB/T 26495—2011	镁合金压铸转向盘骨架坯料	国家标准
41	GB/T 29092—2012	镁及镁合金压铸缺陷术语	国家标准
42	GB 29742—2013	镁及镁合金冶炼安全生产规范	国家标准
43	GB/T ×××××-201×	铁水脱硫用钝化镁	国家标准（计划）
44	GB/T ×××××-201×	镁锂合金铸锭	国家标准（计划）
45	GB/T ×××××-201×	镁合金产品包装、标志、运输、贮存	国家标准（计划）
46	GB/T ×××××-201×	镁合金汽车座椅骨架坯料	国家标准（研究）
47	YS/T 495—2005	镁合金热挤压管材	行业标准
48	YS/T 588—2006	镁及镁合金挤制矩形棒材	行业标准
49	YS/T 626—2007	便携式工具用镁合金压铸件	行业标准
50	YS/T 627—2013	变形镁及镁合金圆铸锭	行业标准

续附表1

序号	标准编号	标 准 名 称	标准级别
51	YS/T 628—2007	雾化镁粉	行业标准
52	YS/T 695—2009	变形镁及镁合金扁铸锭	行业标准
53	YS/T 696—2015	镁合金焊丝	行业标准
54	YS/T 697—2009	镁合金热挤压无缝管	行业标准
55	YS/T 698—2009	镁及镁合金铸轧板材	行业标准
56	YS/T 782.5—2013	铝及铝合金板、带、箔行业清洁生产水平评价技术要求　第5部分：亲水铝箔	行业标准
57	YS/T 841—2012	镁冶炼行业清洁生产水平评价技术要求	行业标准
58	YS/T 1036—2015	镁稀土合金光电直读发射光谱分析方法	行业标准
59	YS/T ××××—201×	镁锂合金板材	行业标准（计划）
60	YS/T ××××—201×	热水器用镁合金牺牲阳极	行业标准（计划）
61	YS/T ××××.1—201×	镁冶炼生产专用设备　第1部分：预热器	行业标准（计划）
62	YS/T ××××.2—201×	镁冶炼生产专用设备　第2部分：回转窑	行业标准（计划）
63	YS/T ××××.3—201×	镁冶炼生产专用设备　第3部分：冷却器	行业标准（计划）

1.2　现行镁及镁合金国际标准

现行镁及镁合金国际标准见附表2。

附表2　现行镁及镁合金国际标准

序号	标准编号	标 准 名 称
1	ISO 791：1973	镁合金　铝的测定　8-羟基喹啉硫酸盐重量分析法
2	ISO 792：1973	镁及镁合金　铁的测定　邻菲啰啉光度法
3	ISO 794：1976	镁及镁合金　铜的测定　草酰二酰肼光度法
4	ISO 809：1973	镁及镁合金　锰的测定　过碘酸盐光度法（含量为0.01%~0.08%）
5	ISO 810：1973	镁及镁合金　锰的测定　过碘酸盐光度法（含量小于0.01%）
6	ISO 1178：1976	镁合金　可溶性锆的测定　茜素磺酸盐光度法
7	ISO 1783：1973	镁合金　锌的测定　容量法
8	ISO 1975：1973	镁及镁合金　硅的测定　还原硅钼铬合物分光光度法
9	ISO 2353：1972	镁及镁合金　含锆、稀土、钍和银的镁合金中锰含量的测定　高碘酸光度法
10	ISO 2354：1976	镁合金　不溶性锆的测定　茜素磺酸盐光度法
11	ISO 2377：1972	镁合金砂型铸件　基准试棒
12	ISO 3116：2007	镁及镁合金　变形镁合金
13	ISO 3255：1974	镁及镁合金化学分析　稀土的测定　重量法
14	ISO 4058：1977	镁及镁合金　镍的测定　丁二酮肟光度法
15	ISO 4194：1981	镁合金　锌含量的测定　火焰原子吸收光谱法
16	ISO 5196-1：1980	镁合金　钍的测定　第1部分：重量法

续附表2

序号	标准编号	标准名称
17	ISO 5196－2：1980	镁合金　钍的测定　第2部分：滴定法
18	ISO 7773：1983	镁合金　圆棒和圆管：尺寸偏差
19	ISO 8287：2011	纯镁锭　化学成分
20	ISO 11707：2011	镁及镁合金　铅、镉含量的测定
21	ISO 16220：2005 ISO 16220：2005/Amd 1：2007	镁及镁合金　镁合金铸锭和铸件
22	ISO 23079：2005	镁及镁合金　废料　要求、分类及验收
23	ISO 26202：2007	镁及镁合金　铸造阳极

1.3 现行镁及镁合金 ASTM 标准

现行镁及镁合金 ASTM 标准见附表3。

附表3　现行镁及镁合金 ASTM 标准

序号	标准编号	标准名称
1	ASTM B80—2009	镁合金砂铸件
2	ASTM B90（B90M）—2013	镁合金板带材
3	ASTM B91—2012	镁合金锻件
4	ASTM B93（B93M）—2009	镁合金砂模铸件、永久模铸件、压模铸件
5	ASTM B94—2013	镁合金模铸件
6	ASTM B107（B107M）—2013	镁合金挤压棒材、型材、管材、线材
7	ASTM B199—2012	镁合金永久模铸件
8	ASTM B403—2012	镁合金熔模铸件
9	ASTM B843—2013	镁合金牺牲阳极

附录2　国家标准 GB/T 3499—2011《原生镁锭》

2.1　产品分类

原生镁锭按化学成分分为六个牌号：Mg9999、Mg9998、Mg9995A、Mg9995B、Mg9990、Mg9980。

2.2　化学成分

原生镁锭的化学成分应符合附表4 的规定。

附表4　原生镁锭的化学成分

牌　号	化学成分（质量分数）/%											
	Mg	杂质元素（不大于）										
		Fe	Si	Ni	Cu	Al	Mn	Ti	Pb	Sn	Zn	其他单个杂质
Mg9999	99.99	0.002	0.002	0.003	0.0003	0.002	0.002	0.0005	0.001	0.002	0.003	—
Mg9998	99.98	0.002	0.003	0.0005	0.005	0.004	0.002	0.001	0.001	0.004	0.004	—
Mg9995A	99.95	0.003	0.006	0.001	0.002	0.008	0.006	—	0.005	0.005	0.005	0.005
Mg9995B	99.95	0.005	0.015	0.001	0.002	0.015	0.015	—	0.005	0.005	0.01	0.01
Mg9990	99.90	0.04	0.03	0.001	0.004	0.02	0.03	—	—	—	—	0.01
Mg9980	99.80	0.05	0.05	0.002	0.02	0.05	0.05	—	—	—	—	0.05

注：Cd、Hg、As、Cr^{6+} 元素，供方可不作常规分析，但应监控其含量，要求 $w(Cd + Hg + As + Cr^{6+}) \leqslant 0.03\%$。

2.3　表面质量

原生镁锭表面应平整清洁，不允许有残留熔剂、夹渣、冷隔、飞边、氧化燃烧产物及其他影响使用的缺陷，但允许有修理痕迹。

原生镁锭的酸洗、水洗、干燥等防蚀处理，由供需双方协商。不允许表面有残留酸，缩孔内不允许有水分。

2.4　规格

原生镁锭单块质量为（7.5 ±0.5）kg 或由供需双方协商并在合同中注明。

2.5　包装

原生镁锭用同牌号的镁质托盘或专用的干燥木质托盘盛装，表面用整体的塑料布包裹后，再用钢带、高强度塑料包装带或其他材料捆扎，应保证不散捆。钢带应符合 YB/T 025 的有关规定，推荐使用经过防锈处理的钢带。每捆应是同一牌号镁锭，净重为（1000 ±50）kg 或（500 ±20）kg。

2.6　运输

原生镁锭在常温状态下化学性质稳定，按常规方式运输。运输时用清洁的集装箱或有防雨措施的车辆进行。装卸时防止产品淋湿。

2.7 贮存

原生镁锭应贮存在干燥、清洁、通风、无腐蚀性介质的仓库内。

特别值得提出的是，为不断提高国际标准化工作水平和有色金属工业的国际地位，全国有色金属标准化技术委员会组织部分专家、学者，于2011年5月10日出席了在伦敦举办的ISO/TC79/SC5会议，推进由我国负责起草的ISO 8287《原生镁锭》国际标准，现已顺利发布实施。

附录3 产业政策、发展规划与相关法规

3.1 2000年以来国家一直把镁冶炼（综合利用除外）列入限制类目录

经国务院批准原国家经贸委发布第14号令，决定自1999年9月10日起施行《工商投资领域制止重复建设目录（第一批）》。目录中提出："制止新建镁冶炼项目"。2004年，国家发改委根据当时经济运行和产业发展的实际情况制定了《当前部分行业制止低水平重复建设目录》。在目录中，镁冶炼项目改列入限制类项目。2005年12月21日，国家发改委对外公布《促进产业结构调整暂行规定》和《产业结构调整指导目录》（2005年版），进一步明确把镁冶炼（综合利用除外）项目列入限制类。为遏制镁行业低水平重复建设和盲目发展，促进产业升级，镁业分会在2005年召开的珠海年会上提出了《皮江法炼镁行业准入制度和皮江法炼镁企业准入条件（征求意见稿）》，以使皮江法炼镁得到真正的、可持续的科学发展。

2010年版的《目录》中，国家仍把镁冶炼项目列入限制类。

2011年版的《产业结构调整指导目录》中，继续把镁冶炼项目（综合利用除外）列入限制类。

3.2 高品质镁合金铸造及板、管、型材加工技术开发项目列入鼓励类项目

2005年版的《规定》和《目录》中，国家把高品质镁合金铸造及板、管、型材加工技术开发项目列入鼓励类发展项目，将有利于镁产业结构调整，有利于由原镁生产高附加值、高科技含量的深加工产品转变。

3.3 国家科技部"十五"科技攻关计划与"十一五"科技支撑计划

2001年，科技部把"镁合金开发应用及产业化"项目列为"十五"国家科技攻关计划重大专项，拨款4100万元，引导、调动20多个企业、4所大学、7个研究院所，共筹集资金6亿元，鼓励并组织了跨地区、跨行业、跨部门的产、学、研联合攻关，在国内形成了东、西、南、北、中开发应用镁合金的热潮，为中国镁工业发展创造了一个良好的经济环境。经"十五"期间的努力，在国内建了一批产业化示范基地，极大地推动和发展了中国镁产品的应用，拉动了镁合金产量的上升，使镁合金加工材和制品产量增加，出口也有明显上升。

之后，国家又把镁合金的研发与应用研究列入"863"计划、"973"计划、国家自然科学基金项目及国家"十一五"科技支撑计划重点项目的《镁及镁合金关键技术开发与应用》。10年来，中国原镁冶炼技术不断提升，镁深加工技术不断创新，镁在各领域的应用不断扩大，科技攻关引领了镁业的健康发展。

3.4 国家工业和信息化部制订的《"十二五"产业技术创新规划》

在《"十二五"产业技术创新规划》（简称《规划》）中的重点领域技术发展方向，明确提出：有色金属工业应重点开发铝、镁冶炼重大节能技术；先进铝、镁合金材料制备技术；有色金属资源循环与再生金属回收利用技术；有色重金属污染防控及有色金属工业

环境保护技术等。

新材料产业重点开发新型轻合金材料等高端金属结构材料制备技术，其他功能合金等特种金属功能材料制备技术等。

《规划》中强调，着力促进科技成果转化，加快高新技术成果转化。积极推动重大专项科技成果产业化，发挥产业技术创新引领作用，支撑重点产业向高端化发展。推动信息、新材料、新能源、先进制造等高新技术领域研究成果的产业化，提高产业核心竞争力。加强节能减排及资源综合利用技术推广应用。推广先进制造技术和清洁生产方式，加强环保和资源综合利用技术的推广应用，提高材料利用率和生产效率，降低重点产业领域资源、能源消耗和污染物排放。在有色金属等原材料制造领域，推广各类先进环保技术，实现节能、减排、降耗。

在《规划》中又强调提出，要构建技术创新服务体系；推进产业技术创新战略联盟建设；推进重点领域技术创新战略联盟建设，建立健全产业协同创新的新机制，推动产业关键和共性技术研究。依托龙头企业，建立“产、学、研、用”相结合的开放技术平台，统一产业技术标准，协同研发新技术、新产品，共享技术成果，促进产业整体技术水平的提升。

3.5 国家工业和信息化部等编制的《新材料产业“十二五”发展规划》

新材料是材料工业发展的先导，是重要的战略性新兴产业。“十二五”期间，国家要加快培育和发展新材料产业，对引领材料工业升级转型，支撑战略性新兴产业发展以及构建国际竞争新优势具有重要的战略意义。

在《新材料产业“十二五”发展规划》（简称《规划》）中，明确了发展重点：特种金属功能材料；在高端金属结构材料中，提出新型轻合金材料，要以轻质、高强、大规格、耐高温、耐腐蚀、耐疲劳为发展方向，发展高性能铝合金、镁合金和钛合金，重点满足大飞机、高速铁路等交通运输装备的需要。加快镁合金制备及深加工技术开发，开展镁合金在汽车零部件、轨道列车等领域的应用示范。在新型轻合金材料技术中，强调高性能铸造镁合金及高强韧变形镁合金制备、低成本镁合金大型型材和宽幅板材加工、腐蚀控制及防护技术；在金属基复合材料中，强调了发展纤维增强铝基、钛基、镁基复合材料和金属层状复合材料，进一步实现材料轻量化、智能化、高性能化和多功能化，加快应用研究。

《规划》中的前沿材料方面，提出加强生物医用材料研究，提高材料生物相容性和化学稳定性，大力发展高性能、低成本生物医用高端材料和产品，推动医疗器械基础材料的升级换代。

3.6 有色金属工业“十二五”发展规划

有色金属工业“十二五”发展规划（简称《规划》）中，明确提出了镁的节能减排目标为4t（标煤）/吨镁；在大力发展精深加工产品中提出，大力发展铝、镁、钛等高强轻合金材料。

镁合金以开发生产汽车、高速列车及轨道交通车辆、电子信息、国防科技工业、电动工具等领域应用的大截面型材、板材、大型压铸件为重点，采用产、学、研、用相结合，通过增强创新能力及示范工程建设，加快高性能、低成本镁合金和深加工技术及产品开发，实现重大关键共性技术突破，建立以镁合金铸件、型材、锻件、板材为主体，终端产品相配套的完整产业化体系。

3.7　国家工业和信息化部制订的《工业产品质量发展“十二五”规划》

提高工业产品质量水平，是实现中国经济社会发展“十二五”规划目标的主要任务，也是推动工业经济转型升级、增强国际竞争力、走中国特色新型工业化道路的重要举措和有效途径。

《工业产品质量发展“十二五”规划》（简称《规划》）中提出，立足国内市场，面向国际市场，不断优化产品结构，丰富产品品种，提升质量档次，带动中国工业从以低端、低附加值产品研发生产格局为主，向以高端、高附加值产品研发生产格局为主转型升级。接轨国际先进标准，研制生产出符合国内外市场需求与发展趋势的高质量产品，提升中国工业产品的质量信誉与品牌形象。

《规划》提出主要任务，其中包括改善产品质量发展环境；健全质量发展政策与规章制度。在修订完善已有产业政策、部门规章与管理制度的基础上，建立形成目标清晰、任务明确、内容协调、措施配套的工业产品质量发展政策与规章体系，建立政策透明、措施有效、管理得力的质量发展政策与制度环境，为企业发挥主体作用提供明确、稳定、持久的政策预期与制度约束，保障工业产品质量的良性发展。

《规划》还强调了推动工业标准的贯彻实施。结合地方、行业特点和企业需要，组织行业协会和标准化专业机构开展工业标准方面的培训，促进现行国家标准和行业标准的贯彻实施。围绕质量、安全、卫生、环保和能源等领域，检查、监督企业严格执行国家强制性标准，防范和杜绝违标、降标生产。引导企业积极采用国际标准和国外先进标准组织生产。鼓励有条件的企业在现行国家标准和行业标准的基础上，制定和实施高于国家标准、行业标准的企业标准。

《规划》还指出，要严格行业准入与市场退出管理。加强对关系安全、卫生、环保以及国计民生等重点行业和重点领域的行业准入与市场退出管理。在产业政策中，将质量要求列为行业准入条件与考核重点，在严格审查申请企业的行业准入资质与能力的同时，重点加强对已获得准入资格的企业实际运营绩效的动态监控与考核，对不能持续满足质量要求的企业实施强制退出。进一步加强市场退出管理与制度建设，落实企业退出市场后的产品售后服务责任，有效保障国家利益、公共利益和消费者合法权益。

3.8　国家工业和信息化部发布的《镁行业准入标准》

3.8.1　制定准入条件的必要性——镁行业状况分析

镁行业属原材料工业，受国家宏观经济影响较大。近年来，国内外镁合金材料及其加工技术装备发展很快，国外镁的市场需求更加依赖中国镁的出口，极大地拉动了镁原材料的需求，促进了镁工业的发展。

中国原镁生产已连续13年居世界首位，目前占全球产量的80%，仍是硅热法炼镁技术主导了镁冶炼行业的发展，在冶炼企业推广节能减排技术，提升技术装备水平方面有很大进步。但在镁行业快速发展过程中，存在发展不平衡，能源、资源消耗高，结构不合理等亟待解决的矛盾和问题。

（1）产能增长过快，产能利用率低，投资过热、低水平重复建设突出，缺乏调控手段和市场准入规定要求。

（2）资源、能源消耗高，综合利用水平低。

（3）产品科技含量低，结构不合理。出口结构不合理，若继续大量的长期出口附加值低的初级产品，不仅会加剧中国能源、资源紧张的矛盾，而且也会给国民经济的可持续发展带来压力，不符合镁工业产业结构调整与优化升级的发展方向。

（4）企业数量多、规模小、产业集中度低、缺乏竞争力。集中度低，不仅导致资源配置不合理、缺乏竞争力，而且在国际市场上缺乏话语权，在市场价格上没有发挥应有的主导作用，行业整体利益受到影响。

（5）市场不规范，无序竞争现象时有发生。由于企业小而分散，各地能源、资源优势不一、成本不同的状况，一旦产能过剩，价格竞拼现象较为严重。“规范开放、竞争有序”的镁市场远未形成。

上述问题的存在，不仅影响到镁行业当前的运行质量，也不利于长远发展。急需有效调整产业结构，强化调控手段，杜绝低水平重复建设，出台相应的产业政策及镁行业准入条件（标准）。

3.8.2　制定准入条件的依据

针对当前国内镁工业发展现状，为加快转变发展方式，推进结构调整，实现镁行业科学可持续发展，经国务院批准的《产业结构调整指导目录》（2009年版）中，明确了把镁冶炼项目列入限制类，而把高品质镁合金铸造及板、管、型材加工技术开发项目列入鼓励类发展项目。这一政策导向，将有利于镁产业结构调整，有利于由原镁生产向高附加值、高科技含量的深加工产品转变。应切实贯彻落实国家有关镁工业发展的产业政策，今后几年国家要对镁工业采取以下措施：

（1）实行分类指导，严格控制新上项目。国家将制定和发布镁行业准入条件，支持技术水平高、市场前景好、有效益、对产业升级有重大作用的大型企业通过技改项目、重组等方式做大做强；对新建镁及镁合金项目严格控制，金融机构不得提供任何的新增授信支持，土地管理、城市规划和建设、环境保护、质检等部门不得办理有关手续。

（2）完善技术法规和标准，加大实施和监督检查力度。进一步完善有关镁产品质量、安全、环保、检测等方面的技术规范并严格实施，从根本上促进产业技术进步。对出台的《镁及镁合金冶炼安全生产规范》和《镁、钛工业污染物排放标准》以及环境保护、节能减排等相关技术政策法规和标准，要加大实施和监督检查的力度。

（3）转变发展方式，发展深加工。国内镁冶炼企业要重点开发高品质镁合金，多生产附加值高的品种。克服企业发展单一化，转向“价值链向上下游延伸的纵向一体化战略”，不断提高深加工产品比例。

（4）向大集团化发展，积极参与国际竞争。鼓励优势企业通过并购重组加速低成本扩张，促进大集团的形成和发展。提高镁行业集中度，优化资源配置。鼓励出口高附加值的深加工产品，进一步扩大国际市场份额，参与国际竞争。

（5）严格质量和环保执法，加大淘汰落后力度。加强质量、环保执法监管，加大抽查频次，建立长效监管机制。对目前镁冶炼规模小、能耗高、质量差、环境污染严重、技术落后的企业，要按照有关法律、法规和产业政策的要求，坚决予以淘汰。

3.8.3 镁行业准入条件的主要内容

2011年国家工业和信息化部发布了第7号公告，指出为加快产业结构调整，加强环境保护，综合利用资源，规范镁行业投资行为，制止盲目投资和低水平重复建设，促进镁工业健康发展，依据国家有关法律法规和产业政策，特制定了《镁行业准入条件》，现予以公告。

《公告》要求各有关部门和省、自治区、直辖市在对镁建设项目进行投资核准（备案）管理、国土资源管理、环境影响评价、信贷融资、安全监管等工作中要以行业准入条件为依据。

《镁行业准入条件》共分10个部分：（1）企业布局及规模；（2）工艺装备；（3）产品质量；（4）资源、能源消耗；（5）资源、能源综合利用；（6）环境保护；（7）安全生产与职业危害防护；（8）劳动保险；（9）监督管理；（10）附则。

（1）有关准入（值）条件。有关准入（值）条件见附表5～附表8。

附表5 镁冶炼企业生产能力准入规模

企业类型	准入值/万吨·年$^{-1}$
现有镁冶炼企业	≥1.5
新建镁及镁合金项目	≥5.0
改造、扩建镁冶炼项目	≥2.0

附表6 镁冶炼工艺技术指标

类别	准入值/%
还原镁收率	≥80
粗镁精炼收率	≥95
硅铁中硅利用率	≥70

附表7 产品标准

产品	质量应达到的标准
原生镁锭	GB/T 3499—2011
铸造镁合金锭	GB/T 19078—2003

附表 8　资源、能源消耗准入值

企业类型	现有企业	改、扩建企业	新建企业
白云石消耗/t	11.50	11.00	10.50
硅铁（Si > 75%）消耗/t	1.10	1.05	1.04
新水量/t	15.0	12.00	10.00
镁综合能耗（标煤）/t	6.0	5.50	5.00

注：根据气体燃料的热值和用量或煤制气用煤量折成标煤。

（2）资源、能源综合利用。镁还原渣综合利用率不低于 70%。镁还原渣中氯化镁的含量不大于 8%，在水泥的组分中，镁渣添加量不小于 12% 且不大于 25%。

生产全过程余热综合利用率不低于 80%，包括回转窑窑头、窑尾的余热及镁还原渣余热的综合利用等。

（3）环境保护。废气排放达到《镁、钛工业污染物排放标准》的要求。国家环保总局于 2010 年 9 月 27 日发布，10 月 1 日实施该标准（GB 25468—2010），标准 4.2 节中大气污染物排放控制要求，按附表 9 ~ 附表 11 规定执行。

附表 9　现有企业大气污染物排放浓度限值　（mg/m^3）

生产系统及设备		排放浓度限值		污染物排放监控位置
		颗粒物	二氧化硫	
矿山	破碎、筛分、转运等	100	—	
镁冶炼	原料制备	100	—	污染物净化设施排放口
	煅烧炉	200	800	
	还原炉	100	800	
	精炼	100	800	
	其他	100	800	

注：自 2011 年 1 月 1 日起至 2011 年 12 月 31 日止，现有企业执行附表 9 规定的大气污染物排放限值。

附表 10　新建企业大气污染物排放浓度限值　（mg/m^3）

生产系统及设备		排放浓度限值		污染物排放监控位置
		颗粒物	二氧化硫	
矿山	破碎、筛分、转运等	50	—	
镁冶炼	原料制备	50	—	污染物净化设施排放口
	煅烧炉	150	400	
	还原炉	50	400	
	精炼	50	400	
	其他	50	400	

注：自 2012 年 1 月 1 日起，现有企业执行附表 10 规定的大气污染物排放限值。自 2010 年 10 月 1 日起，新建企业执行附表 10 规定的大气污染物排放限值。

附表11　现有和新建企业边界大气污染物浓度限值　(mg/m³)

序号	污染物	浓度限值
1	二氧化硫	0.5
2	总悬浮颗粒物	1.0
3	氯气	0.02
4	氯化氢	0.15

注：企业边界大气污染物任何1h的平均浓度均应符合附表11规定的限值。

3.8.4　国家工业和信息化部制订的《镁冶炼企业准入公告管理暂行办法》

2011年3月10日，国家工业和信息化部以工信部原［2011］40号文，下发了《关于印发镁冶炼企业准入公告管理暂行办法的通知》，附《办法》（本手册省略该《办法》的附件）。

参考文献

[1] 徐河，刘静安，谢水生．镁合金制备与加工技术［M］．北京：冶金工业出版社，2007.
[2] 刘静安，谢水生．铝合金材料应用与开发［M］．北京：冶金工业出版社，2011.
[3] 刘静安．镁及镁合金的特性与挤压工艺特点［J］．中国镁业，2011（4）：20～27.
[4] 孟树昆．中国镁工业进展［M］．北京：冶金工业出版社，2012.
[5] 徐晋湘．中国镁工业发展报告［R］．中国镁业，2013（6）：12～16.
[6] 徐日瑶．硅热法炼镁生产工艺学［M］．长沙：中南大学出版社，2003.
[7] 丁文江，等．先进镁合金材料及其在航天航空领域中的应用［C］//镁分会第十四届年会文集，2011：99～111.
[8] 刘胜利．镁合金自行车的特色及其产品创新［C］//镁分会第十二届年会文集，2009：270～280.
[9] 李华伦．镁合金板在电池行业上的应用［C］//镁分会第十二届年会文集，2009：259～263.
[10] 王祝堂．镁合金薄带材轧制新进展［J］．中国镁业，2014（1）：11～16.
[11] 曹建勇．镁合金在汽车上的应用现状及未来发展趋势［C］//镁分会第十四届年会文集，2011：37～51.
[12] 孟健，等．稀土镁合金的研发与进展［J］．中国镁业，2012（12）.
[13] Shuisheng Xie, Youfeng He, Xujun Mi. Study on Semi－solid Magnesium Alloys Slurry Preparation and Continuous Roll－casting Process（in Magnesium Alloys－Design, Processing and Properties）［J］. In Tech, 2010.
[14] 张力群．镁合金压铸件新的应用实例与市场分析［C］//镁分会第十六届年会暨2013年全国镁行业大会，2013：101～111.
[15] 孙伯原．镁在汽车行业应用［C］//镁分会第十六届年会暨2013年全国镁行业大会，2013：151～165.
[16] 史代芬，等．新型储氢镁合金材料［J］．中国镁业，2013（10）：4～6.
[17] 刘金平，等．镁合金压铸废料绿色回收过程质量控制及应用综述［J］．中国镁业，2013（3）：4～7.
[18] 张文毓．镁合金的应用与市场分析［J］．中国镁业，2013（3）：8～12.
[19] 王永昌．国内外镁合金板材生产与展望［J］．中国镁业，2013（7）：4～8.
[20] 丁文江，曾小勤．中国镁材料研发的应用［J］．中国镁业，2013（9）：9～17.
[21] 尚轻时代金属信息咨询（北京）有限公司．2012年中国镁产品出口评述．尚镁第八期，2013.
[22] 权高峰，周鹤龄．镁合金蜂窝板研制与工业应用前景［J］．中国镁业，2014（1）：17～28.
[23] 权高峰，周鹤龄．中华人民共和国专利局，发明专利——镁合金蜂窝板及其生产工艺：中国，ZL200810011370. x［P］. 2008－05－09.
[24] 刘金平，等．镁合金压铸废料绿色回收过程质量控制及应用．深圳嘉瑞集团，2011.
[25] 王洪福．走低碳循环经济之路，推进节能减排综合利用．宁夏惠冶镁业集团有限公司，2011.
[26] 吴秀铭．“十二五”镁行业发展战略——创新［C］//镁业分会第十四届年会论文集．重庆，2011.
[27] マグネシウム技術便覧（Handbook of Advanced Magnesium Technology），日本マグネシウム協会编．
[28] 徐日瑶．金属镁生产工艺学［M］．长沙：中南大学出版社，2003.
[29] 丁文江，等．镁合金科学与技术［M］．北京：科学出版社，2007.
[30] 陈振华．变形镁合金［M］．北京：化学工业出版社，2005.
[31] 张洪国．“十一五”期间重点项目“镁及镁合金关键技术开发与应用”．有色协会科技部，2011.
[32] 曾小勤．稀土镁合金及功能材料研究与应用进展．上海交通大学，2012.

[33] 崔建忠．镁合金电磁连铸新技术．东北大学，2011.
[34] 孟健，唐定骧，鲁化一．稀土镁合金的研发与进展．长春应化所，2011.
[35] 刘正．镁合金在汽车上的应用．沈阳工业大学，2011.
[36] 许月旺．银光镁业新进展．山西银光华盛镁业股份公司，2011.
[37] 龙思远．重庆硕龙镁合金熔铸循环经济技术装备简介．重庆硕龙公司，2011.
[38] 姜永正．嘉瑞集团在镁深加工产品应用方面的新进展．嘉瑞集团，2011.
[39] 韩薇，孟树昆．镁冶炼科技发展报告［R］．中图有色金属工业协会，有色金属学会，2011.
[40] 孟树昆，韩薇．镁冶炼行业节能减排技术应用新进展［C］．节能环保型蓄热式炼镁炉窑技改创新项目推介会文集．西安，2009.
[41] 吴秀铭．2011 我国镁行业新态势［C］．镁业分会第十四届年会论文集．重庆，2011.
[42] 孟树昆，吴秀铭．2006 年中国镁工业发展报告［C］//IMA64 届世界镁业大会年会论文集．加拿大温哥华，2007.
[43] 孟树昆，吴秀铭，等．2007 年中国镁工业发展报告［C］//IMA65 届世界镁业大会年会论文集．波兰华沙，2008.
[44] 孟树昆，徐晋湘．2008 年中国镁工业发展报告［C］//IMA66 届世界镁业大会年会论文集．美国旧金山，2009.
[45] 孟树昆，吴秀铭，等．2009 年中国镁工业发展报告［C］//IMA67 届世界镁业大会年会论文集．中国香港，2010.
[46] 孟树昆，吴秀铭，等．2010 年中国镁工业发展报告［C］//IMA68 届世界镁业大会年会论文集．捷克布拉格，2011.
[47] 孟树昆，徐晋湘．2011 年中国镁工业发展报告［C］//IMA69 届世界镁业大会年会论文集．美国旧金山，2012.
[48] 孟树昆．调结构是转变镁工业发展方式的重要内容［C］//镁业分会第十三届年会论文集．宁夏，2010.
[49] 孟树昆．关于促进我国镁应用快速发展的几个问题［C］//镁业分会第十四届年会论文集．重庆，2011.
[50] 孟树昆．2012 年镁工业发展报告［J］．中国镁业，2013（2）：4 ~ 18.
[51] 李维钺．中外有色金属及合金牌号速查手册［M］．北京：机械工业出版社，2005.
[52] 林肇琦．有色金属材料学［M］．沈阳：东北工学院出版社，1986.
[53] 胡忠，张锡坤，朱世亮．铝、镁合金铸造实践［M］．北京：国防工业出版社，1965.
[54]《轻合金材料加工手册》编写组．轻金属材料加工手册（上、下册）［M］．北京：冶金工业出版社，1979.
[55]《中国航空材料手册》编委会．中国航空材料手册．第 3 卷，铝合金、镁合金［M］．北京：中国标准出版社，2002.
[56] 机械工程学会铸造专业学会．铸造手册．第 3 卷，铸造非铁合金［M］．北京：机械工业出版社，1999.
[57] 陈振华，等．镁合金［M］．北京：化学工业出版社，2004.
[58] 张津，章宗和，等．镁合金及应用［M］．北京：化学工业出版社，2004.
[59] 刘正，张奎，曾小勤．镁基轻质合金理论基础及其应用［M］．北京：机械工业出版社，2002.
[60] Michael M Avedesian，Hugh Baker. ASM Speciality Handbook—Magnesium and Magnesium Alloys［J］. Ohio：ASM International，1999：22.
[61] High - Purity Magnesium，Bulletin TIB 551，Dominion Magnesium Ltd.
[62] Polmear I J. Light Metals：Metallurgy of the Light Metals（3rd ed）. London：Edward Arnold,

1995. 204. Courtesy K J Gradwell. Ph. D. thesis, UK: University of Manchester, 1972.

[63] Cahn R W. 非铁合金的结构与性能. 第8卷 [M]. 丁道云等译. 北京: 科学出版社, 1999.

[64] Cahn R W, Haasen P, Kramer E J (ed). Materials Science and Technology – A Comprehensive Treatment in Matucha K H (ed). Structure and Properties of Nonferrous Alloys (Vol8). Weinheim: VCH, 1996.

[65] Kainer K U, Buch F von. The Current State of Technology and Potential for Futher Development of Magnesium Applications. in Kainer K U (ed). Kaiset F (trans). Magnesium Alloys and Technology. Weinheim: WILEY – VCH Verlag GmbH, 2003.

[66] King J F, Fowler G A, Lyon P. Proc. Conf. Light Weight Alloys for Aerospace Applications Ⅱ. Minerals, Metals and Materials Society, 1991: 423.

[67] Alves H, Koster U. Improved Corrosion and Oxidation Resistance of AM and AZ Alloys by Ca and RE Additions in Kainer K U (ed). Magnesium Alloys and Their Applications. Weinheim: WILEY – VCH Verlag GmbH, D – 69469, 2000: 439.

[68] Lorimer G W, Apps P J, Karimzadeh H, King J F. Improving the Preformance of Mg – Rare Earth Alloys by the Use of Gd or Dy Additions. Materials Science Forum, 2003, 419 ~ 422: 279 ~ 284.

[69] Rokhlin L L, Dobatkina T V, Nikitina N I. Constitution and Properties of the Ternary Magnesium Alloys Containing Two Rare – Earth Metals of Different Subgroups. Materials Science Forum, 2003, 419 ~ 422: 291 ~ 296.

[70] Yuan G Y, Liu M P, Ding W J, Inoue A. Development of a Cheap Creep Resistant Mg – Al – Zn – Si – base Alloy. Materials Science Forum, 2003, 419 ~ 422: 425 ~ 432.

[71] Erickson S C, King J F, Mellerud T. Conservring SF6 in magnesium melting operations [J]. Foundry management technology, 1998, 126 (6): 38 ~ 44, 49.

[72] Watanabe H, Mukai T, Ishikawa K, et al. Superplastic characateristics in an extruded AZ31 magnesium alloy [J]. Journal of Japan institute of light metals (Japan), 1999, 49 (8): 401 ~ 404.

[73] Wei L Y, Dunlop G L, Westengen H. Solidification Behaviour and Phase Constituents of Cast Mg – Zn – Misch Metal Alloys [J]. Journal of Materials Science, 1997, (32): 3335 ~ 3340.

[74] 清水光春, 竹内宏昌. Mg – Li 铸造合金の应力扩大系数 [J]. 铸造工学, 1997 (11): 899 ~ 903.

[75] Haferkamp H, Boehm R, Holzkamp U, et al. Alloy Development, Processing and Applications in Magnesium Lithium Alloys [J]. Materials Transactions, 2001, 42 (7): 1160 ~ 1171.

[76] Polmear I J. Recent Developments in Light Alloys [J]. Transactions JIM, 1996, 37 (1): 21 ~ 31.

[77] 王渠东, 吕宜振, 曾小勤, 等. 稀土在铸造镁合金中的应用 [J]. 特种铸造及有色合金, 1999 (1): 40 ~ 43.

[78] Anyanwu I A, Kamado S, Kojima Y. Creep Properties of Mg – Gd – Y – Zr Alloys [J]. Materials Transactions, 2001, 42 (7): 1212 ~ 1218.

[79] Nussbaum G, Regazzoni G, Gjestland H. SAE International Congress and Exposition. 1990: 115.

[80] Iohne O, Banger Φ, Gjestland H, et al. SAE International Congress and Exposition. 1990: 163.

[81] 郭鸿镇. 合金钢与有色合金锻造 [M]. 西安: 西安工业大学出版社, 1999.

[82] 中国第一汽车集团公司编写组. 机械工程材料手册. 第5版, 金属材料 [M]. 北京: 机械工业出版社, 1998.

[83] 美国金属学会. 金属手册. 第9版, 第14卷, 成型和锻造 [M]. 北京: 机械工业出版社, 1994.

[84] ASM International Handbook Committee. Forming and Forging. Metals Handbook, Ninth Edition. 1988, 14.

[85] 中国机械工程学会锻压学会. 锻压手册. 第1卷, 锻造 [M]. 北京: 机械工业出版社, 1996.

[86] 吕炎, 徐福昌, 等. 镁合金上机匣精锻工艺研究 [J]. 哈尔滨工业大学学报, 2000, 32

(4): 127.
[87] 尉胤红，王渠东，等．镁合金超塑性的研究现状及发展趋势［J］．材料导报，2002，16（9）：20.
[88] 王凯弘．镁合金冲锻成形技术于3C产业之应用［J］．金属工业，35（3）：37.
[89] 范永华，汪凌云，等．2002年材料科学与工程新进展——变形镁合金板材在退火时的组织演变［M］．北京：冶金工业出版社，2003.
[90] 薛治中．铝镁合金等温精锻试验研究［J］．锻压技术，1992（3）：10.
[91] 张培，王忠堂，等．镁合金的塑性加工技术［J］．金属成形工艺，2002（5）：1.
[92] 丁水，于彦车，张凯峰．MB15镁合金板材的超塑性能研究［J］．锻压技术，2003（3）：44.
[93] 周小玉，刘永秀，谢洪桐，等．铝锌镁合金的液态模锻［J］．锻压机械，1998（4）：33.
[94] 陈刚，陈鼎，严红革．高性能镁合金的特种制备技术［J］．轻合金加工技术，2003（6）：40.
[95] 胡亚民，王志强，钱进浩．金属复合成形技术的新进展［J］．现代制造工程，2002（10）：94.
[96] 王敏，杨根桓．工业用镁合金板材的超塑气压成形性能［J］．锻压机械，1998（4）：27.
[97] 陈拂晓，杨蕴林，等．MB26镁合金的超塑性与超塑挤压研究［J］．热加工工艺，2001（4）：16.
[98] 王忠堂，张培，等．镁合金管材挤压工艺及组织性能研究［J］．锻压机械，2002（1）：60.
[99] 黄少东，唐全波，赵祖德，等．用镁合金促进兵器装备轻量化［J］．金属成形工艺，2002（5）：8.
[100] 张宾，张坤，等．镁合金高温精密锻造的成形极限［J］．国外金属加工，2003（3）：14.
[101] 曾荣昌，柯伟，等．Mg合金的最新发展及应用前景［J］．金属学报，2001（2）：673.
[102] 张永强，张奎，等．压铸镁合金及其在汽车工业中的应用［J］．特种铸造及有色合金，1999，3（1）：54.
[103] 潘复生，张静，汪凌云，等．2002年材料科学与工程新进展——变形镁合金研究最新进展及应用前景［M］．北京：冶金工业出版社，2003.
[104] 敖炳秋，袁序弟，等．2002年材料科学与工程新进展——镁合金材料在汽车上应用及展望［M］．北京：冶金工业出版社，2003.
[105] 刘川林，曹洋，黄少东，等．2002年材料科学与工程新进展——镁合金等温成形工艺的研究和应用［M］．北京：冶金工业出版社，2003.
[106] 杨春楣，丁培道，任正德，等．2002年材料科学与工程新进展——双辊法连铸镁合金薄带坯工艺与碳钢组织研究［M］．北京：冶金工业出版社，2003.
[107] 汪凌云，潘复生，等．2002年材料科学与工程新进展——AZ31镁合金成形性能研究［M］．北京：冶金工业出版社，2003.
[108] 周海涛，等．2002年材料科学与工程新进展——AZ31镁合金热变形行为研究［M］．北京：冶金工业出版社，2003.
[109] 周正，等．2002年材料科学与工程新进展——ZK60和AZ31变形镁合金热变形行为的研究［M］．北京：冶金工业出版社，2003.
[110] 黄光胜，汪凌云，等．2002年材料科学与工程新进展——变形镁合金热挤压组织与性能研究［M］．北京：冶金工业出版社，2003.
[111] Manabu Kiuchi. Technology in Metal Forming Field Proceeding of the 6th ICIP, 1999.
[112] Manabn kiuchi. Journal of Japan Society for Foundry Engineering. 1988, 68 (1): 9.
[113] Chino Y, Shimojima K, Hosakawa H, et al. Effects of Microstructures on the Mechanical Properties for Forged Mg Alloys. Advanced Technology of Plasticity 2002 7th ICTP The Japan Society for Technology of Plasticity 2002.
[114] Yukutake E, Sugamata M, Kaneko J. Formability Mechanical Properties and Texture of AZ31 Magnesium sheets. Advanced Technology of Plasticity 2002 7th ICTP The Japan Society for Technology of

Plasticity 2002.

[115] Uemura H, Asakawa M, Hamada T, et al. Magnetic Scaling Rods Using Transformation Induced Plasticity. Advanced Technology of Plasticity 2002 7th ICTP The Japan Society for Technology of Plasticity 2002.

[116] Mono, Mizufune H, Narita M. Development of semicontinuous 4 stages ECAE Method. Advanced Technology of Plasticity 2002 7th ICTP The Japan Society for Technology of Plasticity 2002.

[117] 王祝堂．镁板材轧制工艺与性能［J］．有色金属加工，2004，33（3）：8～11.

[118] 李铮，赵凯，等．双辊铸轧法生产变形镁合金薄带新工艺的研究［J］．轻金属，2003：35～37.

[119] 杨晓婵．日本开发镁合金板连续生产技术［J］．现代材料动态，2003：10.

[120] Takuda H, Yoshii T, Hatta N. Finite element analysis of the fomability of a magnesium - based alloy AZ31 sheet [J]. Journal of Processing Technology, 1999 (89): 135～140.

[121] Shyong Lee, Yung - Hung Chen, Jian - Yih Wang. Isothermal sheet formability of magnesium alloy AZ31 and AZ61 [J]. Journal of Processing Technology, 2002 (124): 19～24.

[122] Doege E, Droder K. Sheet metal forming of magnesium wrought alloys - formability and process technology [J]. Journal of Materials Technology, 2001 (115): 14～19.

[123] 易孟阳．轧制工艺对TAI薄板深冲性能的影响［C］//钛科学与工程．第八届全国钛及钛合金学术交流会文集．上海：上海钢铁研究所出版，1993：V224～229.

[124] Ping L. Su H L, Donnadieu P, et al. Experimental investigation and thermodynamic calculation of the central part of the Mg - Al phase diagram [J]. Zeitschrift fuer Metallkunde, 1998, 89 (8): 536.

[125] Okamoto H. J. Phase Equilibria [J]. 1998, 19 (6): 598.

[126] Petersen G, Westengen H, Hoier R, et al. Microstructure of a pressure die cast magnesium - 4% aluminium alloy modified with rare earth additions [J]. Mater Sci Eng, 1996, 207A: 115.

[127] Villars P, Calvert L O. Pearson's Handbook of Crystallographic Data for Intermetallic Phases [M]. Metal Park, Ohio.

[128] Kojima Yo. Project of platform science and technology for advanced magnesium alloys [J]. Materials Transactions, 2000, 42 (7): 1154～1159.

[129] Aghion E, Bronfin B. Magnesium Alloys Development towards the 21st Century [J]. Materials Science Forum, 2000, 350～351: 19～28.

[130] Robert Brown. Magnesium automotive meeting [J]. Light Metal Age, 1992 (2): 18～24.

[131] William K. Toward the Light [J]. Automotive Engineers, 2001 (3): 46～48.

[132] Raymond F, Deker. The Renaissance in magnesium [J] Advanced Materials & Process, 154 (3): 31～33.

[133] K. H. 马图哈．非铁合金的结构与性能［M］．丁道云等译．北京：科学出版社，1999.

[134] Polmear I J. Magnesium alloys and application [J]. Materials Science and Technology, 1994 (1): 1～16.

[135] Luo A, Pekguleryuz M O. Review cast magnesium alloys for elevated temperature application [J]. Journal of Material Science, 1994, 29: 5259～5271.

[136] 曾荣昌，柯伟，徐永波，等．Mg合金的最新发展及应用情景［J］．金属学报，2001，37（7）：673～685.

[137] Pekguleryuz M O, Avedesion M M. Magnesium alloying, some potentials for alloy development [J]. Journal of Japan Institute of Light metals, 1992, 42 (12): 679～686.

[138] 袁广银，张为民，孙扬善．Sb低合金化对Mg9Al基合金显微组织和力学性能的影响［J］．中国有色金属学报，1999（4）：779～784.

[139] 孙扬善，翁坤忠，袁广银．Sn对镁合金显微组织和力学性能的影响［J］．中国有色金属学报，

1999 (1): 55 ~ 60.

[140] 袁广银，孙扬善，张为民，等 . Tensile and creep properties of Mg - 9Al based alloys containing bismuth [J] . Transactions of Nonferrous Metals Society of China, 2000 (4): 469 ~ 472.

[141] William Unsworth. A new magnesium alloy for automobile applications [J] . Light Metal Age, 1987 (7): 10 ~ 13.

[142] 白聿钦，赵丕峰，赵文波 . Ag 对 Mg - Al - Zn 系镁合金显微组织和力学性能的影响 [J] . 铸造, 2003, 52 (2): 98 ~ 100.

[143] Yuan G Y, Liu Z L, Wang Q D, et al. Microstructure Refinement of Mg - Al - Zn - Si Alloys [J] . Materials Letters, 2002, 56: 53 ~ 58.

[144] Horikir H, Kato A. New Mg Based Amorphous Alloys in Mg - Y - Mish Metal Systems [J] . Materials Science & Engineering, 1994, 2: 702 ~ 706.

[145] 美国金属学会 . 金属手册 . 第九版，第二卷，性能与选择：有色金属及纯金属 [M] . 范玉殿等译 . 北京：机械工业出版社，1994.

[146] 张诗昌，段汉桥，蔡启舟，等 . 主要合金元素对镁合金组织和性能的影响 [J] . 铸造，2001，50 (6): 310 ~ 314.

[147] William Unsworth. Meeting the High Temperature Aerospace Challenge [J] . Light Metal Age, 1986 (8): 15 ~ 18.

[148] Buch F V, Lietzau J, et al. Development of Mg - Sc - Mn alloys [J] . Materials Science and Engineering, 1991, A263: 1 ~ 7.

[149] Inoue A, Kato A, et al. Mg - Cu - Y amorphous alloys with high mechanical strengths produced by a metallic mold casting method [J] . Materials transactions JIM, 1991, 32 (7): 609 ~ 616.

[150] Stephn C. Conserving SF6 in Mg melting operation [J] . Foundry Management & Technology, 1998 (6): 39 ~ 49.

[151] 曾小勤，王渠东，丁文江 . 镁合金熔炼阻燃方法及进展 [J] . 轻合金加工技术，1999 (9): 5 ~ 8.

[152] Sakamot M. Mechanism of non - combustibility and ignition of Ca - bearing Mg melt proceeding of the fifth asian foundry congress [C] //380 ~ 389.

[153] 黄晓锋，周宏，何镇明 . 富铈稀土对镁合金起燃温度的影响 [J] . 中国有色金属学报，2001 (8): 638 ~ 641.

[154] Berger M. Structural refinement of cast magnesium alloys [J] . Materials Science and Technology, 2001, 17 (1): 15 ~ 23.

[155] Tamuara Y, Kono N, Motegi T, et al. Grain refining mechanism and casting structural of Mg - Zr alloy [J] . Journal of Japan Institute of Light Metals, 1998, 48 (4): 185 ~ 189.

[156] Chang S Y, Tezuka H, Kamio A. Mechanical properties and structure of ignition - proof Mg - Ca - Zr alloys produced by squeeze casting [J] . Materials Transactions JIM, 1997, 38: 526 ~ 535.

[157] 申泽骥，李宝东 . 镁合金铸造技术发展 [J] . 铸造，1999 (6): 4 ~ 7.

[158] 唐竣林，曾大本 . 镁合金触变成形技术的现状和发展 [J] . 中国铸造装备与技术，2000 (6): 3 ~ 5.

[159] Kubota K, Mabuchi M, Higashi K. Review processing and mechanical properties of fine - grained magnesium alloys [J] . Journal of Material Science, 1999 (34): 2255 ~ 2262.

[160] Hiroyuki, Mukai T, Kohzu M, et al. Low temperature superplasticity in a ZK60 magnesium alloy [J] . Materials Transactions JIM, 1999, 40 (8): 809 ~ 814.

[161] Mabuchi M, Iwsaki H, et al. Low temperature superplasticity in an AZ91 magnesium alloy processed by

ECAE [J] . Scripta Materialia, 1997, 136 (6): 681 ~686.

[162] Aizawa T, Mabuchi M. Superplastic injection forming of magnesium alloys [J] . Materials Science forum, 2001, 357 ~359: 35 ~40.

[163] Park K P, Birt M J, Mawella K J. Near net shape magnesium alloy components by superplastic forming and thixoforming [J] . Advanced Performance Materials, 1996 (10): 365 ~375.

[164] Mukai T, Watanabe H, Moriwaki K. Application of superplasticity in commercial magnesium alloy for fabrication of structural components [J] . Material Science and Technology, 2000, 16: 1314 ~1319.

[165] Junichi Kaneko, Makoto Sugamata, et al. Effect of texture on the mechanical properties and formability of magnesium wrought materials [J] . Journal of Japan Institute of Light metals, 2000, 64 (2): 141 ~147.

[166] Shuhei AIDA, Hiroshi OHNUKI, et al. Deep - drawability of cup on AZ31 magnesium alloy plate [J]. Journal of Japan Institute of Light Metals, 2000, 50 (9): 456 ~461.

[167] Doege E, Droder K. Sheet metal forming of magnesium wrought alloys - formability and process technology [J] . Journal of Material Processing Technology, 2001, 115: 14 ~19.

[168] Kim W J, Chung S W, et al. Superplasticity in thin magnesium sheets and deformation mechanism maps for magnesium alloys at elevated temperatures [J] . Acta mater, 2001, 49: 3337 ~3345.

[169] 关绍康，王迎新 . Al5TiB、RE 对 Mg - 8Zn - 4Al - 0. 3Mn 合金显微组织和时效过程的影响 [C] // 2002 年材料科学与工程新进展 . 北京：冶金工业出版社，2003.

[170] 张静，潘复生，郭正晓，等 . 含铝和含锰镁合金系中的合金相 [C] //2002 年材料科学与工程新进展 . 北京：冶金工业出版社，2003.

[171] 卢志文，汪凌云，范永革，等 . 新型抗蠕变镁合金的研究 [C] //2002 年材料科学与工程新进展. 北京：冶金工业出版社，2003.

[172] 申泽骥，谢华生，李宝东，等 . 镁合金表面钝化膜结构研究及钝化处理技术进展 [C] //2002 年材料科学与工程新进展 . 北京：冶金工业出版社，2003.

[173] 李瑛，余刚，刘跃龙，等 . 镁合金的表面处理及其发展趋势 [J] . 表面技术，2003，32 (2): 1 ~5.

[174] 卫中领，陈秋荣，郭韵聪，等 . 镁合金 SIMANODE 微弧阳极氧化膜性能研究 [C] //2002 年材料科学与工程新进展 . 北京：冶金工业出版社，2003.

[175] 邓志威，薛文斌，汪新福，等 . 铝合金表面微弧氧化技术 [J] . 材料保护，1996，29 (2): 15 ~16.

[176] 薛文彬，来永春，邓志威，等 . 镁合金微等离子体氧化膜的特性 [J] . 材料科学与工艺，1997，5 (2): 89 ~92.

[177] Alex J, Zozulin, Dusne E, Bartak. Anodized Coatings for Magnesium Alloys [J] . Metal Finishing, 1994, 92 (3): 39 ~44.

[178] 薛文斌，邓志威，来永春，等 . ZM5 镁合金微弧氧化膜的生长规律 [J] . 金属热处理学报，1998，19 (3) .

[179] 杨宁，龙晋明 . 稀土钝化 - 金属防腐蚀表面处理新技术 [J] . 稀土，2002，23 (2): 55 ~62.

[180] 张永君，严川伟，王福会，等 . 镁的应用及其腐蚀与防护 [J] . 材料保护，2002，35 (4): 4 ~6.

[181] Hideyuki Kuwahara, Yousef Al - Abdullat, Naoko Mazaki, et al. Precipitation of Magnesium Apatite on Pure Magnesium Surface during Immersing in Hank's Solution [J] . Materials Transactions, 2001, 42 (7): 1317 ~1321.

[182] 朱祖芳 . 镁合金部件（制品）的表面保护和装饰工艺 [J] . 材料保护，2002，35 (6): 4 ~5.

[183] 李宝东，申泽骥．镁合金铸件表面处理技术现状［J］．材料保护，2002，35（4）：1～3.
[184] 边风刚，刘家浚，李国禄，等．镁合金表面处理的发展现状［J］．材料保护，2002，35（3）：1～4.
[185] 蒲以明，张志强，杜荣，等．镁及镁合金表面处理初探［J］．铝加工，2002，25（6）：32～35.
[186] 张永君，严川伟，王福会，等．镁及镁合金环保型阳极氧化电解液及其工艺［J］．材料保护，2002，35（3）：39～46.
[187] 焦树强，旷亚非，陈金华，等．镁及其合金的腐蚀与阳极化处理［J］．电镀与环保，2002，22（3）：1～4.
[188] 郭兴伍，丁文江．镁合金阳极氧化的研究及发展现状［J］．材料保护，2002，35（2）：1～3.
[189] Yousef Al－Abdullat，Sadami，Tsutsumi，Naoki Nakajima，et al. Surface Modification of Magnesium by $NaHCO_3$ and Corrosion Behavior in Hank's Solution for New Biomaterial Applications［J］. Materials Transactions，2001，42（8）：1777～1780.
[190] US Pat. 6，291，076. Nakatsugawa，Isao. Cathodic Protective Coating on Magnesium or its Alloys［P］. 2001－09－18.
[191] US Pat. 6，280，598. Barton，Thomas Francis，Macculloch. Anodization of Magnesium and Magnesium Based Alloys［P］. 2001－08－28.
[192] US Pat. 6，214，067. Hanson，David B. Magnesium Oxychloride Plug－filled Magnesium Oxychloride Bonded Abrasive［P］. 2001－04－10.
[193] US Pat. 5，792，335. Barton，Thomas Francis. Anodization of Magnesium and Magnesium Based Alloys［P］. 1998－08－11.
[194] US Pat. 5，385，662. Kurze，Peter，Banerjee. Method of Producing Oxide Ceramic Layers on Barrier Layer－forming Metals and Articles Produced by the Method［P］. 1995－01－31.
[195] US Pat. 5，487，825. Kurze，Peter，Kletke. Method of Producing Articles of Aluminium，Magnesium or Titanium with an Oxide Ceramic Layer Filled with Fluorine Polymers［P］. 1996－01－30.
[196] 蒋百灵，张淑芬，吴建国，等．镁合金微弧氧化陶瓷层显微缺陷与相组成及其耐蚀性［J］．中国有色金属学报，2002，12（3）：454～457.
[197] 郝建民，蒋百灵，陈宏，等．微弧氧化和阳极氧化处理镁合金的耐蚀性对比［J］．材料保护，2003，36（1）：26～27.
[198] 余刚，刘跃龙，李瑛，等．Mg 合金的腐蚀与防护［J］．中国有色金属学报，2002，12（6）：1087～1098.
[199] 蒋百灵，张淑芬，吴建国，等．镁合金微弧氧化陶瓷层耐蚀性的研究［J］．中国腐蚀与防护学报，2002，22（5）：300～303.
[200] 薛文斌，邓志威，来永春，等．有色金属表面微弧氧化技术评述［J］．金属热处理，2000（1）：1～3.
[201] 蒋百灵，吴建国，张淑芬，等．镁合金微弧氧化陶瓷层生长过程及微观结构的研究［J］．材料热处理学报，2002，23（1）：5～7.
[202] Horton J A，Blue C A，Agnew S R. Plasma Arc Lamp Processing of Magnesium Alloy Sheet［J］. Magnesium Technology，2003：243～246.
[203] US Pat. 6，524，380. Triles，Owen M，Okey. Magnesium Methylate Coatings for Electromechanical Hardware［P］. 2003－02－25.
[204] US Pat. 6，335，099. Higuchi，Tsutomu，Suzuki. Corrosion Resistant，Magnesium－based Product Exhibiting Luster of Base. Metal and Method for Producing the Same［P］. 2002－01－01.
[205] 黎前虎，刘祖明．力劲集团镁合金压铸技术（二）——镁合金的表面处理［J］．汽车工艺与材

料，2003（3）：5.

[206] Hanawalt J D，Nelson C E，Peloubet J A. Corrosion Studies of Magnesium and Its Alloys [J]. Trans. Am. Ins. Mining Met. Eng，1942（147）：273 ~ 276.

[207] 朱祖芳．有色金属的耐腐蚀性能及其应用 [M]．北京：化学工业出版社，1995.

[208] Guangling Songa，Andrej Atrensa，Matthew Darguscha. Influence of Microstructure on the Corrosion of Diecast AZ91D [J]. Corrosion Science，1999（41）：249 ~ 273.

[209] Guangling Song，Andrej Atrens，Xianliang Wu. Corrosion Behavior of AZ21，AZ501 and AZ91 in Sodium Chloride [J]. Corrosion Science，1998（40）：1769 ~ 1791.

[210] Bonora P L，Andrei M，Elizer A，et al. Corrosion Behavior of Stressed Magnesium [J]. Science，2004（44）：729 ~ 749.

[211] 郝献超，周婉秋，郑志国．AZ31 镁合金在 NaCl 溶液中的电化学腐蚀行为研究 [J]．沈阳师范大学学报（自然科学版），2004（4）：117 ~ 121.

[212] 李瑛，张涛，王福会．AZ91D 镁合金手汗腐蚀机理研究 I，手汗模拟液中 AZ91D 镁合金腐蚀的动力学规律 [J]．中国腐蚀与防护学报，2004（5）：276 ~ 279.

[213] 林翠，李晓刚．AZ91D 镁合金在含 SO_2 大气环境中的初期腐蚀行为 [J]．中国有色金属学报，2004（10）：1658 ~ 1665.

[214] 蔡启舟，王立世，魏伯康，等．NaCl 水溶液中 AZ91 与 A3 钢的接触腐蚀 [J]．特种铸造及有色合金，2004（1）：31 ~ 33.

[215] 郑弃非，曹莉亚．镁合金的大气腐蚀试验研究 [J]．稀有金属，2004（1）：101 ~ 103.

[216] 何积铨，王湛，张巍，等．模拟大气环境中加速镁合金电偶腐蚀的研究 [J]．腐蚀科学与防护技术，2004（3）：141 ~ 143.

[217] 韩夏云，龙晋明，薛方勤，等．镁及镁合金应用与表面处理现状及发展 [J]．轻金属，2003（2）：48 ~ 51.

[218] 大下贤一郎，川口纯．镁合金的表面处理方法：中国，1288073 [P]．2001 - 03 - 12.

[219] 蓬原正伸，宫本智志，山添胜芳，等．用于镁合金的化学转化试剂、表面处理方法和镁合金基质：中国，1386902 [P]．2002 - 12 - 25.

[220] Chong，Teng Shih Shih. Conversion - coating Treatment for Magnesium Alloys by a Pemanganate - Phosphate Solution [J]. Materials Chemistry and Physics，2003（80）：191 ~ 200.

[221] Vuorilehto K. An Environmentally Friendly Water - activated Manganese Dioxide Battery [J]. Journal of Applied Electrochemistry，2003（33）：15 ~ 21.

[222] Ghali E. Corrosion and Protection of Magnesium Alloys [J]. Materials Science Forum，2000（350 ~ 351）：261 ~ 272.

[223] Hongwei Huo，Ying Li，Fuhui Wang. Corrosion of AZ91D Magnesium Alloy with a Chemical Conversion Coating and Electroless Nickel Layer [J]. Corrosion Science，2004（46）：1467 ~ 1477.

[224] 工程材料实用手册编辑委员会．工程材料实用手册（3），铝合金 镁合金 钛合金 [M]．北京：中国标准出版社，1989.

[225] 美国金属学会．金属手册．第九版，第六卷，焊接与钎焊 [M]．北京：机械工业出版社，1994.

[226] Wohlfahrt H，Juttner S. Arc Welding of Magnesium Alloys. In Mordike B L，Kainer K U（ed）. Magnesium Alloys and Their Application. The Conference of Magnesium Alloys and Their Application. Frankfurt（Germany）：Werkstoff - Informationsge - sellschaft mbH，1998.

[227] Rethmeier M，Wiesner S，Wohlfahrt H. Influences on the Static and Dynamic Strength of MIG - welded Magnesium Alloys. In Kainer K U（ed）. Magnesium Alloys and Their Applications. International Congress Magnesium Alloys and Their Applications. Weinheim（Federal Republic of germany）：Munich，2000.

[228] Krohn H, Singh S. Welding of Magnesium Alloys. In Mordike B L, Kainer K U (ed). Magnesium Alloys and Their Application. The Conference of Magnesium Alloys and Their Appokcation. Frankfurt (Germany): Werkstoff - Informationsge - sellschaft mbH, 1998.

[229] 顾曾迪，陈根宝，金心涛．有色金属焊接 [M]. 2版．北京：冶金工业出版社，1995.

[230] 曲广学，刘庆忠，郭道厚．AZ31镁合金薄板的焊接 [J]．焊接，2002 (2): 44.

[231] 郑荣，林然．AZ31B镁合金薄板TIG焊接 [J]．焊接，2003，4: 43.

[232] 苗玉刚，刘黎明，赵杰，等．变形镁合金熔焊接头组织特征分析 [J]．焊接学报，2003，24 (2): 63.

[233] Ashina T, Tokisue H. Some Characteristics of TIG Welded Joints of AZ31 Magnesium Alloy [J]. J Jpn Inst Met, 1995, 45 (2): 70.

[234] 刘黎明，苗玉刚，余刚，等．焊接热输入对AZ31B镁合金组织及力学性能的影响 [J]．中国有色金属学报，2003 (8).

[235] Munitz A, Cotler C, Stern A, et al. Mechanical properties and microstructure of gas tungsten arc welded magnesium AZ91D plates [J]. Materials Science and Engineer, 2001, A302: 68 ~ 73.

[236] HIRAGA Hitoshi, INOUE Takashi, et al. Effect of shielding gas and laser wavelength in laser welding of magnesium alloy sheet [J]. Yosetsu Gakkai Ronbunshu, 2001, 19 (4): 591 ~ 599.

[237] Draugelates, Ulrich, et al. Welding of magnesium alloys by means non - vacuum electron - beam welding and Cutting [J]. 2000, 52 (4): 62 ~ 67.

[238] Su S F, Chuang J, Lin H K, et al. Electron - beam welding behavior in Mg - Al - base alloys [J]. Metallurgical and Materials Transactions A, 2001, 33A (3): 1461 ~ 1473.

[239] Guenther Schubert, Armando Joaquin. Electron beam process delivers consistent welds [J]. Welding Journal, 2001, 80 (6): 53 ~ 57.

[240] Asahina, Toshikatsu, et al. Solidification crack sensitivity of TIG welded AZ31 magnesium alloy [J]. Journal of Japan Institute of light metals, 1999, 49 (12): 595 ~ 599.

[241] Toshikatau, et al. Mechanical properties of electron beam welded joints of AZ80 magnesium alloy [J]. Journal of Japan Institute of Light Metals, 1994, 44 (4): 210 ~ 215.

[242] 顾钰熹．特种工程材料焊接 [M]．沈阳：辽宁科学技术出版社，1996.

[243] Marya M, Edwards G R. Factors controlling the magnesium weld morphology in deep penetration welding by a CO_2 laser [J]. Journal of Materials Engineering and Performance, 2001, 10 (4): 435 ~ 443.

[244] Asahina, Toshikatsu, Hiroshi Tokisue. Some characteristics of TIG welded joints of AZ31 magnesium alloy [J]. Journal of Japan Institute of Light Metals, 1995, 45 (2): 70 ~ 75.

[245] Nakata K, Inoki S, et al. Weldability of friction stir welding of AZ91D magnesium alloy thixomolded sheet [J]. Journal of Japan Institute of Light Metals, 2001, 51 (10): 528 ~ 533.

[246] Munitz A, Cotler C, Stern A, et al. Mechanical Properties and Microstructure of Tungsten Arc Welded Magnesium AZ91D Plates [J]. Mater Sci Eng, 2001, A302: 68.

[247] Materials and Applications - Part Ⅰ Magnesium and Magnesium Alloys. Vo Welding Handbook (8th edition). American Welding Society, 1996.

[248] Draugelates U, Schram A, Bouaifi B, et al. Joining Technologies for Magnesium Alloys. In Mordike B L, Kainer K U (ed). Magnesium Alloys and Their Application. The Conference of Msgnesium Alloys and Their Application. Frankfurt (Germany) Werkstoff - Informationsge - sellschaft mbH, 1998.

[249] 张英明．线性镁和AZ31镁合金的电子束焊接性能 [J]．稀有金属快报，2003，4: 25.

[250] Haferkamp H, Dilthey U, Trager G, et al. Beam Welding of Magnesium Alloys. Mordike B L, Kainer K U (ed). Magnesium Alloys and Their Application. The Conference of Magnesium Alloys and Their Appli-

cation. Frankfurt (Germany): Werksto - Informationsge - sellschaft mbH, 1998.

[251] Munitz A, Cotler C, Shaham H, et al. Electron Beam Welding of Magnesium AZ91 Plates [J]. Welding Research Supplement, 2000, 7: 202.

[252] Guenther Schubert, Armando Joaquin. Electron Beam Welding of Die Cast Magnesium Advanced Materials & Processes [C]. 2001, 8: 67.

[253] Christian Vogelei, Dietrich von Dobeneck, Ingo Decker, et al. Strategies to Rede Porosity in Electron Beam Welds of Magnesium Die - Casting Alloys. In Kainer K U (ed). Magnesium Alloys and Their Applications. International Congress Magnesium Alloys and Their Application.

[254] Weinheim (Federal Republic of Germany): Munio 2000.

[255] 李志远，钱乙余，张九海，等. 先进连接方法 [M]. 北京：机械工业出版社，2000.

[256] 牛济泰，孙永，吴佩莲，等. SiCp/Mg 复合材料激光焊规范参数对焊缝强度的影响及数学模型的建立 [J]. 材料科学与工艺，1998，6 (4)：47.

[257] Zhao H, Debroy T. Pore Formation during Laser Beam Welding of Die - Casting Magnesium Alloy AM60B - Mechanism and Remedy [J]. Welding Research Supplement, 2000, 8: 204.

[258] Stephan W Kallee, Wayne M Thomas, Nicholas E Dave. Friction Stir Welding of Light Weight Materials. In Kainer K U (ed). Magnesium Alloys and Their Applications. Weinheim (Federal Republic of Germany): Munich, 2000.

[259] 徐卫平. MB8 镁合金薄板的搅拌摩擦焊 [J]. 材料工程，2002，(8)：35.

[260] Asahina T, Katoh K, Tokisue H. Fatigue Strength of Friction Welded Joints of AZ31 Magnesium Alloy [J]. J. Inst Light Met, 1994, 44 (3): 147.

[261] 萨洛金 C Я. 镁合金板料冲压技术 [M]. 北京：机械工业出版社，1958.

[262] 周海涛，马春江，曾小勤，等. 变形镁合金材料的研究进展 [J]. 材料导报，2003，11 (17)：16~18.

[263] Sebastian W, Stalmann A. Properties and Processing of Magnesium Wrought Products for Artomotive Applications [J]. Advanced Engineering Materials, 2001, (12): 969~974.

[264] Hans Wilfried Wagener. Deep Drawing of Magnesium Sheet Metal at Room Temperature [J]. Manufacturing Processes Sheet Metal Processing, 2004 (14): 616~620.

[265] Hofmann A. Deep Drawing of Process Optimized Blanks [J]. Materials Processing Technology, 2001, 119: 127~132.

[266] Teusuo Naka, Fusahito Yoshi Da. Deep Drawability of Type 5083 Aluminium - magnesium Alloy Sheet under Various Conditions of Temperature and Forming Speed [J]. Materials Processing Technology, 1999, 89~90: 19~23.

[267] Moon Y H, Kang Y K, Park J W, et al. Tool Temperature Control to Increase the Deep Drawability of Aluminum 1050 Sheet [J]. International Journal of Machine Tools & Manufactute, 2001 (41): 1283~1294.

[268] Shoichiro Yoshihara, Hisashi Nishimura, Hirokuni Yamamoto, et al. Formability Enhancement in Magnesium Alloy Stamping Using a Local Heating and Cooling Technique: Circular Cup Deep Drawing Process [J]. Materials Processing Technology, 2003, 142: 609~613.

[269] Yoshihara S, Yamamoto H, Manable K, et al. Formability Enhancement in Magnesium Alloy Deep Drqwing by Local Heating and Cooling Technique [J]. Materials Processing Technology, 2003, 143~144: 612~615.

[270] 尹德良，张凯锋，吴德忠. AZ31 镁合金非等温拉深性能的研究 [J]. 材料科学与工艺，2003，12 (1)：87~90.

[271] Takuda H, Yoshii T, Hatta N. Finite Element Analysis of the Formability of a Magnesium Based Alloy AZ31 Sheet [J]. Mater Process Tech., 1999, 89~90: 135~140.

[272] 何大钧，王勇勤．薄板拉深压边力调节装置及控制 [J]．锻压机械，2002 (2): 10~12.

[273] 彭庚新，刘红石．变力压边拉模设计 [J]．模具工业，1999 (9): 2021.

[274] 姜海峰，赵军，李硕本．变压边力拉深的原理及实验系统 [J]．塑性工程学报，1999 (6): 30~33.

[275] 杨连发，恽志东，田玲．适力压边拉深模设计 [J]．锻压技术，2003 (1): 50~52.

[276] Men H, Yang M C, Jian Xu. Glass-forming Ability of Mg-Cu-Co-Y Alloy [J]. Mater. Sci. Forum, 2002, 386~388: 39~46.

[277] Bartusch B, Schurack F, Eckert J. High Strength Magnesium-based Glass Matrix Composites [J]. Mater. Trans. JIM, 2002, 43: 1979~1984.

[278] Kato A, Inoue A, et al. Consolidation and Their Mechanical Properties of Amorphous Mg87.5Cu5Y7.5 and Mg70Ca10Al20 Powders Produced by High Press Gas Atomization [J]. Mater. Trans JIM, 1995, 36 (7): 977~981.

[279] Amiya K, Inoue A, et al. Preparation of Bulk Glassy Mg65Y10Cu15Ag5Pd5 Alloy of 12mm in Diameter by Water Quenching [J]. Mater Trans JIM, 2001, 42 (3): 543~545.

[280] Ma H, Ma E, Xu E. A New Mg65Cu7.5Zn5Ag5Y10 Bulk Metallic Glass with Strong Glass-forming Ability [J]. J. Mater. Tes., 2003, 18 (10): 228~229.

[281] Ma H, Xu J, Ma E. Mg-bassed Bulk Metallic Glass Composites with Plasticity and High Strength [J]. Applied Physics Letters, 2003, 83 (14): 2793~2795.

[282] 徐映坤，徐坚．陶瓷颗粒增强 Mg65Cu20Zn5Y10 块体金属玻璃复合材料 [J]．金属学报，2004 (40): 726~730.

[283] 王晓军，陈学定，等．大块镁基非晶态合金的研究进展 [J]．材料导报，2004, 18 (4): 77~81.

[284] 门华，徐坚．Mg-Cu-Zn-Y 块体金属玻璃的形成 [J]．金属学报，2001, 37 (12): 1243~1246.

[285] 门华，杨明川，徐坚．添加 Co 对 Mg65Cu25Y10 合金玻璃形成能力的影响 [J]．材料研究学报，2002, 16 (4): 379~384.

[286] 孙国元，陈光，刘平．制备 Mg 基大块金属玻璃的特种铸造方法 [J]．特种铸造及有色合金，2004 (1): 47~50.

[287] 王成，张庆生，江峰，等．非晶合金 Mg65Cu25Y10 在 3.5% NaCl 溶液中的腐蚀行为 [J]．中国有色金属学报，2002, 12 (5): 1016~1020.

[288] 王辉，曾美琴，罗堪昌，等．Mg 基贮氢合金研究进展 [J]．金属功能材料，2002, 9 (2): 4~7.

[289] 房文斌，张文从，于振兴，等．镁基储氢材料的研究进展 [J]．中国有色金属学报，2002, 12 (5): 853~862.

[290] Kohno T, Kanda M. Effect of partial substitution on hydrogen storage properties of Mg2Ni alloy [J]. J Electrochem Soc, 1997, 144 (7): 2384~2388.

[291] 袁华堂，李秋荻，王一菁，等．新型镁基储氢合金的合成及电化学性能的研究 [J]．高等学校化学学报，2002, 23 (4): 517~520.

[292] 吕光烈，陈林深，胡秀荣，等．Mg3AlNi2 (M=Ti, Al) 的晶体结构 [J]．金属学报，2001, 37 (5): 459~462.

[293] Lu G L, Chen L S, Wang L B, et al. Study on the phase composition of Mg2-XMXNi (M=Al, Ti) alloys [J]. J Alloys Comp, 2001, 321: L1~L2.

[294] 薛建设，李国勋，胡尧沁. Mg2Ni系储氢合金电化学性能的研究［J］. 稀有金属，2000，24（2）：128~130.

[295] Yuan H T，Li Q D，Song H N，et al. Electrochemical chatacteristics of Mg_2Ni – type alloys ptepared by mechanical alloying［J］. J Alloys Comp，2003，353：322~326.

[296] Ruden T J，Albright D I. High Ductility Magnesium Alloys in Automotive Applications［J］. Advanced Mater and Processes，1994，145（6）：28~32.

[297] Dwaim M. Development in the globe Mg market［J］. JOM，1995，47（7）：26~27.

[298] Flemings M C. Behavior of Metal Alloys in the Semi – Solid State［J］. Metal Trans，1991，22B（6）：269~293.

[299] Byton B，Clow. Magnesium Industry Oerview［J］. Advanced Materials & Processes，1996（4）：9~16.

[300] Luo A，Renaud J，Nakatsugawa I，et al. Magnesium Casting for Automotive Applications［J］. JOM，1995，47（7）：28~31.

[301] Flemings M C. SSM：Some Thoughts on Past Milestones And on the Path Ahead［C］//The 6th Int Conf on Semi – Solid Processing of Alloys and Composites. Turin（Italy），2000：11~14.

[302] Camahan R D. Influence of Solid Fraction on the Shrinkage and Physical Properties of Thixomolded Mg Alloys［J］. Die Casting Engineer，1996（5/6）：54~59.

[303] Pastermak L. Proceedings of the Second International Conference on the Semi – Solid Processing of Alloys and Composites［C］. 1992（6）：159~169.

[304] Wang K K，Peng H，Wang N，et al. Method and Apparatus for Injetion Molding of Semi – Solid Metal：US，5501266［P］. 1996-03-26.

[305] Wang N，Peng H，Wang K K. Rheomolding A One – Step Process for Producing Simi – Solid Metal Castyigs with Lowest Porosity［C］//Light Metals Proceedings of the 125th TMS Annual Meeting. 1996：781~786.

[306] 杨卯生，毛卫民，钏雪友. 半固态合金成形的技术现状与展望［J］. 包头钢铁学院学报，2001，20（6）：187~194.

[307] 兰光华编译. 镁在汽车上的应用［J］. 世界有色金属，2004.

[308] 向冬霞，曾建勇，王军. 镁合金配件在汽车、摩托车上的应用［J］. 汽车工艺与材料，2002（8/9）：41~43.

[309] 吕宜振，王渠东，曾小勤，等. 镁合金在汽车上的应用现状［J］. 汽车技术，1999（8）：28~31.

[310] Mordike B L，Ebert T. Magnesium Properties – application – ptenuial［J］. Mater Sci Eng A，2001，302：37~45.

[311] Inoue A. High Strength Bulk Amorphous Alloys with Low Critical Cooling Rates［J］. Mater. Trans. JIM，1995，36：866~875.

[312] Busch R，Liu W，Johnson W L. Themodynamics and Kinetics of the Mg65Cu25Y10 Bulk Metslic Glass Foming Liquid［J］. Jpn J. Appl. Phys.，1998，83：4134~4141.

[313] 刘静安. 铝材在汽车工业上的开发与应用［J］. 铝加工，1996（3）.

[314] 王博平. 铝材在汽车上的主要用途［J］. 铝加工技术，1993（1）.

[315] 陈深伟，等. 镁合金在汽车上的应用［J］. 稀有金属，1999，23.

[316] 刘静安. 镁合金加工技术发展趋势与开发应用前景［J］. 轻合金加工技术，2001，29（11）.

[317] 王祝堂. 世界镁产量与镁的用途［J］. 轻金属，1999（11）.

[318] 潘玉敏，等. 未来十年镁业展望与新增产能的预测［J］. 轻金属，2001（8）.

[319] 陈力禾，赵慧杰，刘正，等．镁合金压铸及在汽车工业中的应用［J］．铸造，1999（10）：45~50.

[320] Eliezer D，Aghion E，et al. Magnesium science，technology and application［J］．Advanced Performance Materials，1998（5）：201~202.

[321] Brown R. Magnesium automotive meeting［J］．Light Metal Age，1992（5~6）：18~20.

[322] 李玉兰，刘江，彭晓东．镁合金压铸件在汽车上的应用［J］．特种铸造及有色合金，1999，增刊（1）：120~122.

[323] 王益志．镁合金压铸的发展情景［J］．特种铸造及有色合金，1998，增刊：36~40.

[324] Paul M. Automotive die casting magnesium rewind up for the 21st century［J］．Die Casting Engineer，1997，41（3）：68~70.

[325] 王渠东，吕宜振，曾小勤，等．镁合金在电子器材壳体中的应用［J］．材料导报，2000（6）：22~24.

[326] 孙伯勤．镁合金压铸件在汽车行业中的巨大应用潜力［J］．特种铸造及有色合金，1998（3）：40.

[327] Albright D L，Ruden T，Davis J. High Ductility Magnesium Alloys in Automotive Applications［J］．Light Metal Age，1992，50（2）：28.

[328] Juricka I，Ptacek L，Ustohal V，et al. Magnesium Alloys In Czech Republic. In：Mordike B L，Kainer K U（ed）：Magnesium Alloys and Their Application. The Conference of Magnesium Alloys and Their Application. Frankfurt（Germany）：Werkstoff – Informationsge – sellschaft mbH，1998.

[329] Feirze C，Berek H，Kainer K U，et al. Fibre Reinforced Magnesium for Automotive Applications. In：Mordike B L，Kainer K U（ed）．Magnesium Alloys and Their Application. The Conference of Magnesium Alloys and Their Application. Wolfsburg，Germany：1998. Frankfurt（Germany）：Werkstoff – Inrofmationsge – sellschaft mbH，1998.

[330] 小原久．マクネシゥム合金の市场动向，工业材料特集：需要泫大するマクネシゥム合金，1999，47（5）：23.

[331] 刘正，王中光，王越，等．压铸镁合金在汽车工业中的应用和发展趋势［J］．特种铸造及有色合金，1999（5）：55.

[332] 王文先，张金山，许并社．镁合金材料的应用及其加工成型技术［J］．太原理工大学学报，2001，32（6）：599.

[333] Zeumer M，Honsel A G，Meschede，et al. Magnesium Alloys in New Aeronauticiment. In：Mordike B L，Kainer K U（ed）．Magnesium Alloys and Their Application. The Confercnce of Magnesium Alloys and Their Application. Wolfsburg，Germany，1998. Frankfurt（Germany）：Werkstoff – Informationsge – sellschaft mbH，1998.

[334] Becker J，Fischer G，Schemme K. Light Weight Construction Using Extrued Forged Semi – Finished Products Made of Magnesium Alloys. In：Mordike B L，K U（ed）．Magnesium Alloys and Their Application. The Conference of Magness Alloys and Their Application. Wolfsburg，Germany：1998. Frankfurt（Germany）stoff – Informationsge – sellschaft mbH，1998.

[335] 翟春泉，曾小勤，丁文江，等．镁合金的开发与应用［J］．机械工程材料，2001，25（6）．

[336] 工业材料编辑部．电气制品，工业材料特集：需要扩大するマクネシゥム合金，1999，47（5）：61.

[337] 写真で见るマクネシゥム成形事例．工业材料特集：需要泫大するマクネシゥム合金，1999，47（5）：64.

[338] Borries Bark，Carlo Bark，Egon Hauschel. Magnesium Diecastings – Example Suppoker. In：Mordike B

L，Kainer K U（ed）. Magnesium Alloys and Their Application. The Conferece of Magnesium Alloys and Their Application. Wolfsburg Germany：1998. Frankfurt（Germany）：Werkstof - fInformationsge - sellschaft mbH，1990，31：929.

[339] Inoue A，Kato A，Zhong T，et al. Mg - Cu - Y Amorphous Alloys with High Mechanical Strengths Produced by a Metallic Mold Casting Method［J］. Mater. Trans. JIM，1991，32：609.

[340] 马存真. 镁及镁合金废料国际标准提案介绍及我国镁废料现状［J］. 世界有色金属，2002（6）：70 ~ 72.

[341] Koichi Kimura，Kota Nishii，Motonobou Kawarada. Recycling Magnesium Alloy Housings Notebook Computers［J］. FUJITSU Sci. Tech. J. 38，1：102 ~ 111.

[342] 李宏伟. 镁及其合金生产中的质量问题［J］. 中国镁业，2002（6）：1 ~ 3.

[343] 张颂阳，耿茂鹏，谢水生，等. 铸轧对半固态镁合金组织的影响［J］. 塑性工程学报，2006，13（1）：82 ~ 85.

[344] 张莹，耿茂鹏，谢水生，等. 半固态镁合金板带双辊铸轧工艺参数研究［J］. 稀有金属，30（1）：21 ~ 25.

[345] 江运喜，黄国杰，谢水生，等. 半固态 AZ91D 镁合金压铸过程的数值模拟［J］. 塑性工程学报，2006，13（2）：89 ~ 92.

[346] 杨浩强，谢水生，李雷，等. 半固态镁合金连续铸轧过程的数值模拟［J］. 塑性工程学报，2006，13（6）.

[347] Shuisheng Xie，Haoqiang Yang，et al. Numerical simulation of semi - solid magnesium alloy in continuous roll - casting process，International Conference on Semi - Solid Processing of Alloys and Composites，Korea，Busan，2006.

[348] Hua - qing Li，Shui - sheng Xie，Jin - ping Liu，et al. Applicating of Caol - water slurry on the rotary calcining kiln of pedgion mangnesium reduction process［J］. Journal of caol science and engineering，2006，12（1）：96 ~ 100.

[349] Shuisheng Xie，Maopeng Geng，Songyang Zhang，et al. A New Technique of Casting - rolling Strips for Semi - solid Magnesium Alloys［J］. J. Mater. Sci. Technol.，2005，21（6）.

[350] 谢水生，李兴刚，江运喜. 镁合金汽车轮毂半固态触变成形的刚 - 粘塑性有限元分析［J］. 塑性工程学报，2005，12（2）.

[351] Xinggang Li，Shuisheng Xie，et al. Semi - solid Processing Technology of Magnesium Alloy［J］. Materials Science Forum，2005，488 ~ 489：307 ~ 312.

[352] Wu X，Luo P，et al. Severe Plastic Deformation of Magnesium Alloy AZ31 at Low Temperature［J］. Materials Forum，2005，29.

[353] 李华清，谢水生，吴朋越，等. 硅热还原炼镁工艺的发展探讨［J］. 轻金属，2005（9）：47 ~ 50.

[354] 江运喜，谢水生，杨浩强，等. 搅拌工艺参数对半固态 AZ91 镁合金流变特性的影响［J］. 中国有色金属学报，2005，15：35 ~ 38.

[355] 李华清，谢水生. 关于中国镁工业发展的思考［J］. 轻合金加工技术，2005（6）.

[356] 张莹，耿茂鹏，饶磊，等. 镁合金半固态双辊板带流变成形研究［J］. 铸造技术，2005，26（8）.

[357] 张莹，耿茂鹏，饶磊，等. 半固态镁合金双辊板带试验研究［J］. 热加工工艺，2005（10）.

[358] 张莹，耿茂鹏，等. 镁合金的双辊板带连续铸轧技术［J］. 铸造技术，2005，26（1）.

[359] 张莹，耿茂鹏，等. 模糊控制在半固态镁合金板带双辊连铸系统中的应用［J］. 冶金自动化，2004（6）.

[360] Xie S S, Yang H Q, et al. Damper Cooling Tube Method to Prepare Semi - Solid Slurry of Magnesium Alloy. International Conference on Semi - Solid Processing of Alloys and Composites, 塞浦路斯, 2004.

[361] Xinggang Li, Shuisheng Xie, Yunxi Jiang. Rigid - viscoplastic Finite Element Analysis on Semi - solid Thixoforming Automobile Wheel of AZ91D Magnesium Alloy, International Conference on Semi - Solid Processing of Alloys and Composites, 塞浦路斯, 2004.

[362] Yunxi Jiang, Shuisheng Xie, et al. The Influence of Procedure Parameters on Rheological Property of Semi - solid AZ91D Magnesium Alloy [J]. Journal of Rare Earths, 2004, 22 (8): 47 ~ 50.

[363] Shuisheng Xie, Xinggang Li, et al. Semi - solid Processing Technology of Magnesium Alloy [C] //2004 International Conference on Magnesium. Beijing, 2004.

[364] Shuisheng Xie, Xiaoshu Zeng, et al. The Influence of Procedure Parameters on The Characters of Semi - Solid AZ91 Magnesium Alloy. International Conference on Processing and Manufacture of Advanced Materials. Leganes, Madrid, Spain, 2003.

[365] 江运喜, 曾效舒, 等. 搅拌工艺对半固态 AZ91 镁合金性能的影响 [J]. 特种铸造及有色合金, 2003, 增刊: 276 ~ 278.

[366] 李亚琳, 韩静涛, 等. 镁合金 AZ91D 半固态坯料不同制备方法的微观组织比较 [J]. 兵器材料科学与工程, 2003, 26 (5): 28 ~ 31.

[367] 李亚琳, 韩静涛, 谢水生. 半固态 AZ91D 镁合金触变压缩过程中变形机制的研究 [J]. 兵器材料科学与工程, 2003, 26 (5): 21 ~ 24.

[368] 潘洪平, 谢水生, 丁志勇. 镁合金加工技术的研究与应用 [J]. 轻合金加工技术, 2002, 30 (7): 7 ~ 10.

[369] 张小立, 凌向军, 等. 电磁搅拌过程中镁合金半固态浆料初生相颗粒的团簇行为 [J]. 中国有色金属学报, 22 (9): 2448 ~ 2453.

[370] Ying Zhang, Shuisheng Xie, et al. Coupled Numerical Simulation of Process in Rheocasting - rolling for Semi - solid Magnesium Alloy Used By Slope. Advanced Materials Research, 2010, 89 ~ 91: 681 ~ 686, (2010) Trans Tech Publications, Switzerland.

[371] Ying Zhang, Shuisheng Xie, Maopeng Geng, et al. Coupled Numerical Simulation of Process in Rheocasting - rolling for Semi - solid Magnesium Alloy Used By Slope (斜槽法半固态镁合金流变铸轧数值模拟), Thermec, 2009, 先进材料加工及制造国际会议, 2009. 8. 25, 德国. 柏林. THERMEC2009.

[372] 李强, 谢水生, 等. 镁合金半固态成形研究进展 [J]. 金属铸锻焊技术, 2009, 38 (6): 140 ~ 143.

[373] 张莹, 赵海波, 等. AZ91D 镁合金流变铸轧板材微观组织分析 [J]. 兵器材料科学与工程, 2009 (4).

[374] 贺睿, 李雷, 等. 镁合金手机外壳的半固态压铸成形模拟及工艺参数优化研究 [J]. 河南理工大学学报, 2009, 28 (4): 514 ~ 517.

[375] Shuisheng Xie, Youfeng He, et al. Study on Semi - solid Continuous Roll - casting Strips of AZ91D Magnesium Alloy. International Conference on Semi - Solid Processing of Alloys and Composites, 2008.

[376] Ying Zhang, Shuisheng Xie, et al. Influence of processing parameters on microstructure of casting rolling semi - solid AZ91D magnesium alloys. International Conference on Semi - Solid Processing of Alloys and Composites, 2008.

[377] Shuisheng Xie, Guojie Huang, et al. Numerical Simulation and Experimental Research for Preparing Magnesium Semisolid Slurry by Damper Cooling Tube Method [J]. Rare Metals, 2008, 16 (8).

[378] Xie S S, Yang H Q, et al. Numerical Simulation and Parameters Optimization of Preparation of AZ91D Magnesium Alloy Semi - solid Slurry by Damper Cooling Tube Method [J]. The Chinese Journal of Non-

ferrous Metals，16：488～493.

[379] Xie S S，Huang G J，et al. Study on Numerical Simulation and Experiment of Fabrication Magnesium Semisolid Slurry by Damper Cooling Tube Method. The 10th International Conference on Numerical Methods in Industrial Forming Processes，Faculty of Engineering，University of Porto，Portugal.

[380] Yang H Q，Xie S S，et al. Numerical Simulation of the Preparation of Semi－solid Metal Slurry with Damper Cooling Tube Method [J]. Journal of University of Science and Technology Beijing，14：443～448.

[381] Xie S S，Yang H Q，et al. Numerical simulation of semi－solid magnesium alloy in continuous roll－casting process [C]. International Conference on Semi－Solid Processing of Alloys and Composites，Trans Tech Publications，Switzerland，Solid State Phenomena，116～117：583～586.

[382] Xie S S，Yang H Q，et al. Numerical Simulation of Semi－solid Magnesium Alloy in Continuous Casting Process [J]. Journal of Plasticity Engineering，14：80～88.

[383] Xie S S，He Y F，et al. Study on Semi－solid Continuous Roll－casting Strips of AZ91D Magnesium Alloy [C]. Proceedings of the 10th International Conference of Semi－solid Processing of Alloy and Composites，Solid State Phenomena，141～143：469～473.

[384] Zhixin Ma，Defu Li，Zhiwen Wang. Study on processing technology and structure of Mg－Y－Nd－Zr alloy [J]. Journal of Ceramic Processing Research，2006，7（2）.

[385] Zhixin Ma，Defu Li. Characterization of strengthening precipitate phases in WE54 alloy [C]. Second International Conference on Magnesium. Beijing，2006.

[386] Zhixin Ma，Defu Li，Zhiwen Wang. Research on processing technology of Mg－Y－Nd－Zr alloy [C]. Proceeding of the 9th Korea－China Workshop on Advanced Materials，Korea，2005.

[387] Defu Li，Zhixin Ma，Jiazhen Zhang. Study on flow stress of Mg－Gd－Y－Zr Magnesium alloy during hot－compression [C]. The 9th China－Russia Workshop on New Material and New Processing，Russia，2007.

[388] О·АДЕБЕДЕВ. 镁电解槽结构和氧化镁原料电解工艺的改进途径，《Цветны Металл》，1984（5）：60～63（俄文）.

[389] 刘静安. 轻合金挤压工模具手册 [M]. 北京：冶金工业出版社，2012.

[390] 柴跃生，孙钢，梁爱生. 镁及镁合金生产知识问答 [M]. 北京：冶金工业出版社，2006.

[391] 徐日瑶. 金属镁生产工艺学 [M]. 长沙：中南大学出版社，2000.

[392] 谢水生，李兴刚，王浩，等. 金属半固态加工技术 [M]. 北京：冶金工业出版社，2012.

[393] 牛卫民. 半固态金属成形技术 [M]. 北京：机械工业出版社，2000.

[394] 赵浩峰. 现代压力铸造技术 [M]. 北京：中国标准出版社，2003.

[395] 倪红军，王渠东，丁文江. 镁合金半固态铸造成型技术的研究与应用 [J]. 铸造技术，2000（5）：36～39.

[396] 谢水生. 半固态金属加工技术的工业应用及发展 [C] //第二届半固态金属加工技术研讨会. 北京，2002.

[397] 苏华钦，朱鸣芳，高志强. 半固态铸造的现状及发展前景 [J]. 特征铸造及有色合金，1998（5）：1～6.

[398] 冯乃祥，等. 提高我国镁冶金技术增强镁工业的竞争力 [J]. 轻金属，2003（9）.

[399] 高仑. 镁合金成形技术的开发与应用 [J]. 轻合金加工技术，2004，32（3）.

[400] 高自省. 镁及镁合金防腐与表面强化生产技术 [M]. 北京：冶金工业出版社，2012.

[401] 周钟霖. 镁合金表面处理方法：中国，01109763.9 [P]. 2006－02－01.

[402] 西川幸男，等. 镁合金成型制品及其制造方法：日本，98116332.7 [P]. 2003－07－02.

[403] 李华伦，等．用于镁合金板材生产的镁合金双辊连续铸造系统：中国，03118572.X [P]．2003－11.

[404] 宋光铃．镁合金腐蚀与防护 [M]．北京：化学工业出版社，2006.

[405] 潘复生，韩恩厚，等．高性能变形金属合金及加工技术 [M]．北京：科学出版社，2007.

[406] 郭兴伍．镁合金阳极氧化的研究与发展现状 [J]．材料保护，2002 (2)：1～3.

[407] 李宝东，等．镁合金铸件表面处理技术现状 [J]．材料保护，2002 (4)：1～3.

[408] 王立世，等．国外镁合金微弧氧化研究状况 [J]．材料保护，2004 (7)：61.

[409] 许海东，等．镁合金表面涂装前处理工艺研究 [J]．表面技术，2003 (6)：46～47.

[410] 涂运骅，等．镁合金涂装体系的应用现状及研究进展 [J]．材料保护，2003 (12)：1～4.

[411] 高自省，等．镁合金压铸生产技术 [M]．北京：冶金工业出版社，2012.

[412] 许并社，李明照．镁冶炼与镁合金熔炼工艺 [M]．北京：化学工业出版社，2006.

[413] 刘好增，罗大金，等．镁合金压铸工艺与模具 [M]．北京：化学工业出版社，2011.

[414] 白素琴．金属学及热处理 [M]．北京：冶金工业出版社，2009.

[415] 吴秀铭．我国镁合金板带生产与应用进展 [C] //中国有色金属工业协会镁业分会主办．镁合金板带生产与市场研讨会论文集．北京，2006.

[416] 王祝堂．我国镁及镁合金板带轧制回眸与进展 [C] //中国有色金属工业协会镁业分会主办．镁合金板带生产与市场研讨会论文集．北京，2006.

[417] 李向宇．变形镁合金板材生产工艺技术研究 [C] //中国有色金属工业协会镁业分会主办．镁合金板带生产与市场研讨会论文集．北京，2006.

[418] 李华伦，等．镁合金板带连轧工艺技术研究 [C] //中国有色金属工业协会镁业分会主办．镁合金板带生产与市场研讨会论文集．北京，2006.

[419] 王宇泰，等．镁合金挤压板材成形控制 [C] //中国有色金属工业协会镁业分会主办．镁合金板带生产与市场研讨会论文集．北京，2006.

[420] 王尔德．镁合金塑性加工制造技术 [C] //中国首届镁合金挤压技术国际讨论会文集．苏州，2006.

[421] 仝仲盛，等．AZ31 镁合金型材挤压生产工艺研究 [C] //中国首届镁合金挤压技术国际讨论会文集．苏州，2006.

[422] 周明，章宗和．镁合金挤压生产实践 [C] //中国首届镁合金挤压技术国际讨论会文集．苏州，2006.

[423] 白丁．国外镁加工材生产技术研究概况 [C] //中国首届镁合金挤压技术国际讨论会文集．苏州，2006.

[424] 张治民．镁合金塑性变形与发展 [C] //镁业分会第十届年会暨 2007 年全国镁行业大会，南京，2007.

[425] 刘黎明，等．镁合金连接技术及材料制备 [C] //镁业分会第十届年会暨 2007 年全国镁行业大会，南京，2007.

[426] 刘静安．镁及镁合金挤压模具的设计特点 [J]．轻合金加工技术，2011，39 (11)：43～48.

[427] 刘静安．镁及镁合金的特性与挤压工艺特点 [J]．铝加工，2011 (1)：23～26.

[428] 刘静安．镁及镁合金材料加工技术的现代化进展 [J]．铝加工，2007 (4)．

[429] 刘静安．镁及镁合金加工材料的发展趋势与开发应用 [J]．四川有色金属，2005 (4)．

[430] 刘静安．镁及镁合金材料的应用及市场开拓前景 [J]．铝加工，2007 (2)．

[431] 马志新．Mg－Gd－Y－Zr 合金高温变形行为与塑性变形机制研究 [D]．北京有色金属研究总院，2009.

[432] 马志新，李德富．WE54 镁合金中析出相的特点 [J]．特种铸造及有色合金，2006，26 (9)．

[433] 马志新，张家振，李德富．铸态 Mg－Gd－Y－Zr 合金均匀化工艺研究［J］．特种铸造及有色合金，2007，27（9）．

[434] 马志新，李德富．Mg－Y－Nd－Zr 合金的变形工艺及组织演化研究［J］．稀有金属，2006，30（6）．

[435] 马志新，张家振，李德富．Mg－Y－Nd－Zr 镁合金热压缩流变应力的研究［J］．热加工工艺，2007，36（22）．

[436] 张家振，马志新，李德富．热处理对 Mg－Y－Nd－Zr 合金组织和力学性能的影响［J］．热加工工艺，2007，36（18）．

[437] 张家振，马志新，李德富．预变形对 Mg－Gd－Y－Zr 合金力学性能的影响［J］．稀有金属，2008，32（4）．

[438] 王智文，李德富，马志新．AZ31 镁合金变形与强韧化研究［J］．热加工工艺，2006，35（12）．

[439] 刘静安．镁合金材料的应用及其加工技术的发展（1）［J］．轻合金加工技术，2007（6）．

[440] 郭学峰．细晶镁合金制备方法及组织与性能［M］．北京：冶金工业出版社，2010.

[441] 刘万成．轻合金板带材生产．中国有色职工教育教材编审办公室．

[442] 刘静安，等．镁合金加工工业及技术的发展特点与趋势［J］．有色金属加工，2013（1~2）．

[443] 刘静安．镁及镁合金挤压工业及技术发展概况与趋势［J］．中国镁业，2012（8）．

[444] 中国有色金属工业协会镁业分会．2014 年中国镁工业发展报告［J］．中国镁业，2015（2）．

[445] 中国有色金属工业协会镁业分会．2015 年中国镁工业发展报告［J］．中国镁业，2016（2）．